MSE
MATHEMATICS SCIENCE ENGINEERING

기본을 튼튼히 다질 수 있
한빛아카데미의 이공계 기본 교재 시리즈

개정판

MATLAB으로 배우는

공학수학

ENGINEERING MATHEMATICS

소상균 지음

한빛아카데미
Hanbit Academy, Inc.

지은이 **소상균** sanggso@hanbat.ac.kr

전북대학교 기계공학과를 졸업하였고, 미국 Oregon State University에서 석사 학위, 미국 University of California at Davis에서 박사 학위를 취득하였다. 국방기술품질원에서 연구원으로, ㈜삼성전기 자동차부품연구소에서 현가장치 프로젝트 팀장으로 근무하였다. 1998년부터 2025년 2월까지 국립 한밭대학교 전자공학과 교수로 재직했으며, 현재는 명예교수로 있다. 미국 Colorado State University에서 객원교수를 지냈고, 대한기계학회, 한국정밀공학회, 한국자동차공학회 등의 정회원으로 활동하고 있다.

MATLAB으로 배우는 공학수학 개정판

초판발행 2018년 4월 5일
6쇄발행 2025년 2월 3일

지은이 소상균 / **펴낸이** 전태호
펴낸곳 한빛아카데미㈜ / **주소** 서울시 서대문구 연희로2길 62 한빛아카데미㈜ 2층
전화 02-336-7112 / **팩스** 02-336-7199
등록 2013년 1월 14일 제2017-000063호 / **ISBN** 979-11-5664-386-9 93560

책임편집 김은정 / **기획** 임은혜 / **편집** 김은정 / **진행** 조우리
디자인 박정화 / **전산편집** 백지선 / **제작** 박성우, 김정우
영업 김태진, 김성삼, 이정훈, 임현기, 이성훈, 김주성 / **마케팅** 김호철, 심지연

이 책에 대한 의견이나 오탈자 및 잘못된 내용은 출판사 홈페이지나 아래 이메일로 알려주십시오.
파본은 구매처에서 교환하실 수 있습니다. 책값은 뒤표지에 표시되어 있습니다.
홈페이지 www.hanbit.co.kr / 이메일 question@hanbit.co.kr

Published by HANBIT Academy, Inc. Printed in Korea

MSE
MATHEMATICS
SCIENCE
ENGINEERING

기본을 튼튼히 다질 수 있는
한빛아카데미의 이공계 기본 교재 시리즈

MSE 시리즈로 전공의 초석을 다지자!

기본을 튼튼히 다질 수 있는 학습 구성

명쾌한 해답이 있는 콘텐츠

무엇을 왜 배우는지, 어떻게 풀고, 어디에 쓰는지를 알려줍니다.

핵심이 보이는 원리와 개념

명확한 정의와 논리적 전개로 핵심을 짚어줍니다.

개념을 다지는 예제

친절하고 상세한 풀이 과정을 보여줍니다.

응용력을 길러주는 연습문제

수준별/유형별 연습문제를 담았습니다.

지은이 머리말

수학은 두려움의 대상이 아니라 정복의 대상이다

우리나라의 공학도들은 초등학교에서부터 대학에 이르기까지 긴 시간 동안 수학을 배운다. 그만큼 공학을 배우는 데 수학은 꼭 필요한 지식임이 틀림없다. 보통 물리적인 개념과 자연계의 현상들은 수학적으로 모델링할 수 있고, 이러한 모델링 결과를 풀어냄으로써 실제 상황들을 정확하게 해석할 수 있다. 이 때문에 공학에서 수학적인 지식은 매우 중요하다.

이렇게 중요한 수학을 대학생들에게 강의하면서 느낀 점은, 그토록 오랫동안 수학을 학습했음에도 기초적인 지식이 부족하거나 관심이 없는 학생들이 의외로 많다는 것이다. 이러한 학생들을 보면서 '어떻게 하면 학생들이 공학수학을 쉽게 배울 수 있을까?'라는 고민을 하게 되었다. 고민 끝에, 요즘 학생들은 컴퓨터를 매우 좋아하고 능숙하게 잘 활용하므로 수학을 컴퓨터와 연계하여 가르치면 조금이나마 동기부여가 될 것이라 생각했다.

그리하여 이 책은 먼저 이론을 아주 기초적인 부분부터 학습하고, 관련 예제를 직접 풀어보는 것과 함께, 예제를 MATLAB으로 코딩하여 그 결과를 도출해 볼 수 있게 구성하였다.

물론 MATLAB 풀이 과정은 수치적으로도 계산이 되지만, Symbolic Math Toolbox를 이용하면 수식에 쓰여 있는 기호를 그대로 사용하여 연산되고, 기호로 그 결과를 나타내준다. 따라서 단순히 문제를 푸는 데도 도움이 될 뿐만 아니라, 문제의 해가 나타내는 의미까지 파악할 수 있으므로 이론의 전개 과정을 이해하는 데도 도움이 될 것이다.

또한 기본적인 문제 외에 응용문제를 제시하여 공식을 암기하고, 암기한 공식을 이용해 문제를 푸는 학습 방법에 익숙해져 있는 학생들에게 공학수학을 왜 배워야 하는지, 그리고 수학이 물리학, 자연과학, 공학 등에서 어떻게 연관되고 응용되고 있는지를 보여주는 데 역점을 두었다.

필자는 20년 남짓한 공학수학 강의 경험을 바탕으로 학생들이 흥미를 가지고 쉽게 이해할 수 있는 교재를 만들기 위해 최선을 다하였다. 부디 이 책으로 공부하는 모든 분들이 공학수학에 대한 자신감과 실력이 향상될 수 있기를 간절히 바란다.

이 책의 학습법

이 책은 수학 이론과 MATLAB 코딩을 함께 다루었기 때문에 어느 정도 MATLAB을 사용할 수 있어야 한다. 따라서 이 책에 수록되어 있는 MATLAB 사용법을 먼저 숙지한 뒤에 학습을 시작하기를 권한다.

수학적 기초가 없는 학생들을 위해 '각주' 또는 'Hint'에 문제를 풀 수 있는 공식이나 참고할 내용을 넣었다. 또한 MATLAB 풀이를 제시하는 곳에는 명령어 사용법이나 코드를 이해하는 데 도움이 되도록 'MATLAB TIP!'을 수록했다. 이를 잘 활용한다면 수학을 보다 쉽게 다룰 수 있을 것이다.

감사의 글

이 책을 쓰기로 결정하기까지 고심이 많았다. 이 책을 쓸 수 있도록 격려를 아끼지 않은 한빛아카데미(주) 관계자들에게 감사드리고, 시작부터 마지막까지 용기를 북돋아주고 응원해준 아내와 세 딸 혜진, 은진, 정진에게 감사한다. 무엇보다도 멀리 미국에서 책이 잘 집필되도록 기도와 성원을 보내준 Wayne & Jeanne Snyder 부부에게 깊이 감사한다. 그리고 원고를 읽으면서 잘못된 표현이나 수식을 찾아내는 데 도움을 준 한밭대학교 박종권 교수께 감사의 말을 전한다.

한밭대학교 덕명캠퍼스에서
지은이 소상균

미리보기

누구를 위한 책인가

공학을 전공하는 학생들에게 꼭 필요한 내용 위주로 목차를 구성했으며, 고등학교에서 수학에 대해 자신이 없는 학생들도 이해할 수 있도록 기초적인 내용부터 시작하여 난이도를 조금씩 높여가면서 설명하였다. 또한 이론적인 부분의 이해를 돕기 위해 매 장마다 충분한 예제와 유제를 수록했고, 아울러 MATLAB 프로그램을 사용한 풀이 방법을 추가하였다.

이 책을 시작하려면

이 책에서는 거의 대부분의 수학 문제를 MATLAB 프로그램을 사용하여 풀이하므로, MATLAB 프로그램의 사용법을 먼저 익히고 본격적으로 1장부터 학습하기를 권한다.

이 책의 구성요소

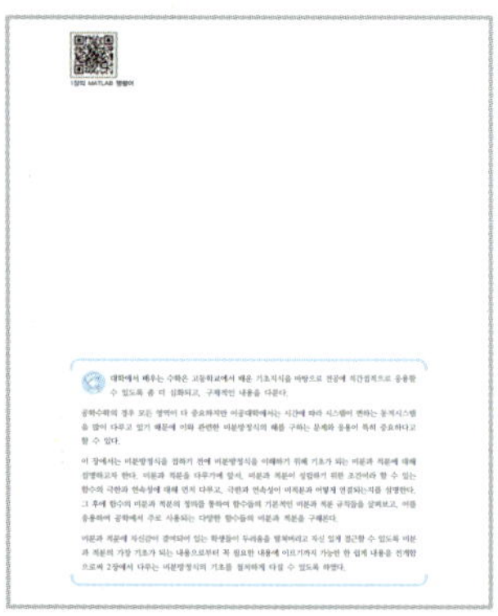

장 도입글 / 각 장의 MATLAB 명령어

해당 장의 내용을 왜 배워야 하는지, 다른 장과 어떤 관계가 있는지를 보여준다. 또한 QR 코드를 통해 해당 장에서 사용한 MATLAB 명령어의 기능과 사용법을 확인할 수 있다.

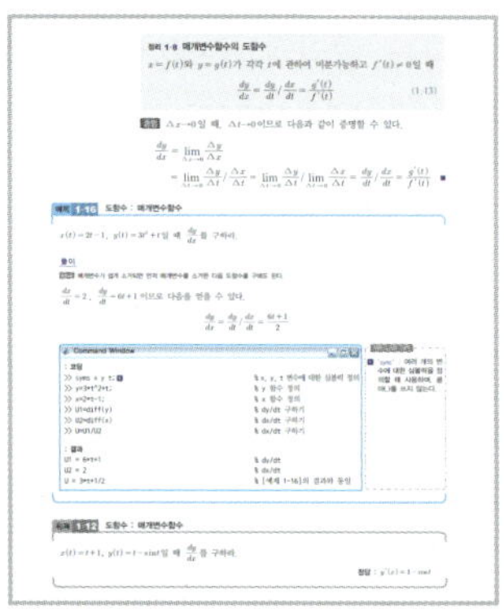

예제 / Hint

본문에서 다룬 개념들을 적용한 문제와 상세한 풀이를 담았다. 문제를 풀 때 도움이 되는 공식이나 내용을 [Hint]로 제시한다.

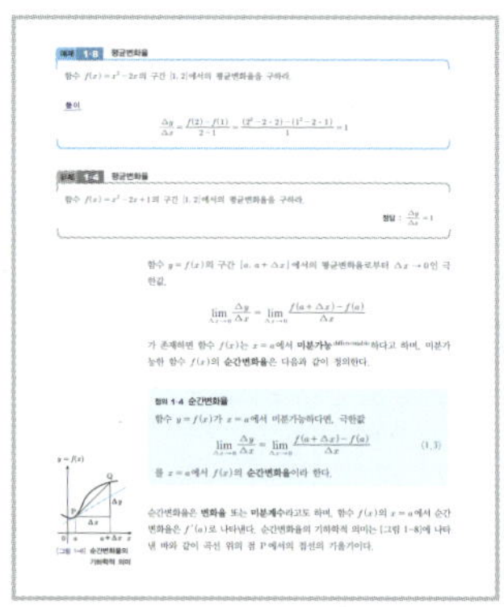

유제

바로 앞에 제시된 예제의 풀이를 참고하여 예제와 유사한 문제를 스스로 풀어보도록 하였다.

이 책의 구성

들어가기 전에 MATLAB 기초

기본적인 MATLAB 사용법과 자주 쓰이는 명령어를 담았다.

❶ 미분과 적분(1장)

공학수학에서 매우 중요한 미분방정식의 기초가 되는 극한과 연속성, 미분과 적분의 정의 및 관련된 규칙을 살펴보고, 다양한 함수들에 대한 미분과 적분을 구하는 방법을 다룬다.

❷ 미분방정식(2장 ~ 4장)

1계 미분방정식의 이해 및 해를 구하는 방법, 고계 미분방정식과 연립 미분방정식의 이해 및 해를 구하는 방법, 멱급수를 이용하여 상수계수나 변수계수를 갖는 선형 미분방정식의 해를 구하는 방법을 설명한다.

❸ 라플라스 변환(5장)

라플라스 변환의 이해, 다양한 함수의 라플라스 변환 방법, 라플라스 변환된 함수의 역변환을 구하는 방법을 다룬다. 미분방정식과 연립 미분방정식의 해를 구하는 방법에 대해 설명하고, 그와 관련된 다양한 문제를 다룬다.

❹ 벡터와 벡터함수의 미분적분학(6장 ~ 8장)

벡터의 기본 개념을 배우고, 벡터함수의 도함수와 관련된 다양한 이론과 응용을 다룬다. 또한 선적분, 이중적분, 면적분, 스토크스 정리, 가우스 발산정리, 평면 및 공간상에서의 벡터함수의 적분에 대해 다룬다.

❺ 행렬과 응용(9장 ~ 11장)

먼저 행렬의 기본 개념을 설명하고, 행렬을 이용하여 선형 연립방정식의 해를 구하는 방법을 소개한다. 마지막으로 선형 연립 미분방정식의 해를 구하는 문제를 다룬다.

❻ 푸리에 해석(12장)

직교함수, 푸리에 급수와 푸리에 적분의 개념을 설명하고, 무한 시간 구간에서 정의된 임의의 함수에 대해 임의의 주파수에서 함수의 정보를 얻는 푸리에 변환을 다룬다.

❼ 편미분방정식(13장)

편미분방성식의 기본 개념, 편미분방정식의 풀이 방법, 경계값과 초깃값 문제를 비롯하여, 물리계의 대표적인 편미분방정식의 해를 구하는 방법들을 다룬다.

❽ 복소 해석(14장)

복소수 및 복소함수에 관한 기본 개념, 복소함수의 도함수를 구하는 방법을 설명하고, 복소평면에서의 경로의 선적분, 복소함수 표현을 위한 급수와 유수에 대해 다룬다.

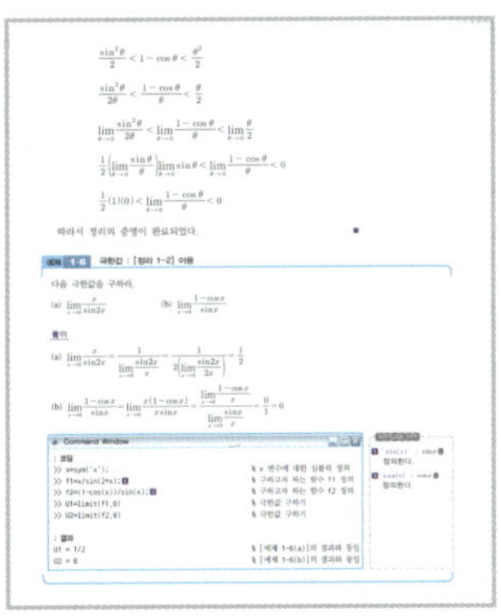

MATLAB 실습 / MATLAB TIP!

이론과 실습을 연계할 수 있도록 손으로 푼 예제를 MATLAB으로 검증하는 모습을 보여준다. [MATLAB TIP!]에서는 명령어의 기능을 설명한다.

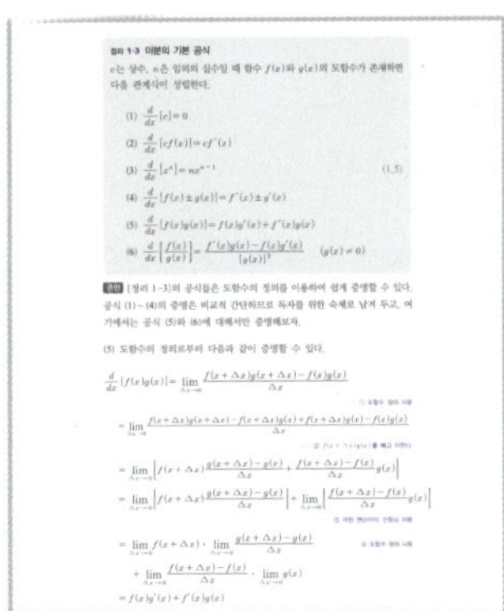

정리 및 증명

해당 주제에서 기억해 두어야 할 공식과 간단히 증명하는 과정을 보여준다.

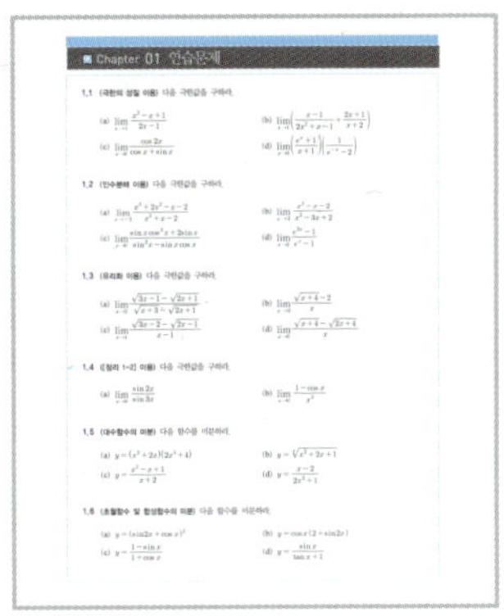

장별 연습문제

해당 장이 끝날 때마다 본문에서 익힌 내용을 문제를 통해 정리한다.

학습 로드맵

이 책은 두 학기에 배울 내용을 수록했으므로 가급적이면 1장에서부터 순차적으로 학습하면 좋다. 만약 한 학기용으로 사용한다면 MATLAB 기초, 2장~3장(미분방정식), 5장(라플라스 변환), 6장(벡터), 7장~8장(벡터함수의 미분적분학 중의 일부), 9장~11장(행렬과 응용)을 다루기를 권한다. 강의 순서는 해당 전공의 특성이나 학생들의 수준에 따라 다양하게 선택할 수 있다.

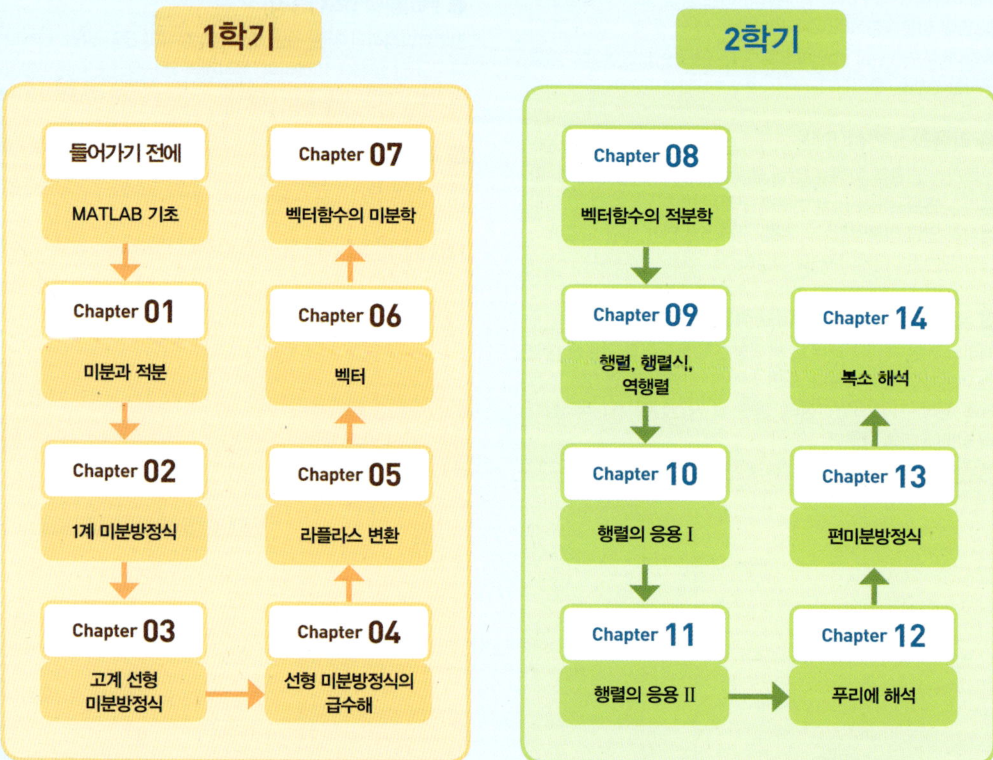

강의 계획

표준 스케줄 표(두 학기 강의)

1학기

주	해당 장	주제
1	들어가기 전에	MATLAB 기초
2	들어가기 전에	MATLAB 기초
3	1장	함수의 극한과 연속성, 미분, 적분
4	2장	물리적 시스템과 미분방정식, 변수분리형 미분방정식, 선형 미분방정식, 완전 미분방정식
5	3장	상수계수를 갖는 2계 동차/비동차 선형 미분방정식, 코시-오일러 방정식
6	3장	고계 선형 미분방정식, 선형 연립 미분방정식, 물리적 시스템에서의 응용
7	4장	멱급수 해법, 프로베니우스 방법, 르장드르 방정식, 베셀 방정식
8		중간고사
9	5장	라플라스 변환의 정의, 함수들의 라플라스 변환
10	5장	라플라스 변환의 이동정리, 라플라스 변환의 부가적인 특성, 라플라스 역변환
11	5장	라플라스 변환을 이용한 미분방정식의 해 구하기
12	6장	벡터의 기본 개념, 벡터의 내적, 방향코사인
13	6장	벡터의 성분과 사영, 벡터의 외적, 벡터 공간
14	7장	벡터함수, 곡선 운동, 편도함수 및 방향도함수, 발산과 회전
15		기말고사

2학기

주	해당 장	주제
1	8장	벡터함수 경로의 선적분
2	8장	이중적분, 그린 정리, 면적분, 스토크스 정리, 가우스 발산 정리
3	9장	행렬의 기본 개념, 행렬식, 역행렬
4	10장	선형 연립방정식의 해 구하기
5	10장	고윳값과 고유벡터
6	10장	행렬의 대각화, 행렬의 거듭제곱
7	11장	선형 연립 미분방정식, 동차형 선형 연립 미분방정식
8		중간고사
9	11장	비동차형 선형 연립 미분방정식, 행렬의 지수함수
10	12장	직교함수, 푸리에 급수
11	12장	푸리에 적분, 푸리에 변환
12	13장	편미분방정식의 기본 개념, 파동방정식, 열전도방정식, 라플라스 방정식
13	14장	복소수, 복소함수
14	14장	복소평면에서의 적분, 급수와 유수
15		기말고사

강의 보조 자료

PPT 자료와 연습문제 해답

- 한빛아카데미에서는 교수/강사님들의 효율적인 강의 준비를 위해 온라인과 오프라인으로 강의 보조 자료를 제공합니다.
- 다음 사이트에서 회원으로 가입하신 교수/강사님께는 교수용 PPT 자료와 연습문제 해답 및 풀이를 제공합니다.
  http://www.hanbit.co.kr
- 온라인에서 자료를 다운받으시려면 교수/강사 회원으로 가입한 후 인증을 거쳐야 합니다.

참고 문헌

- 고형준 외 2인 공역, 『공학수학 I』, 텍스트북스, 2014
- 김남현 외 2인 공역, 『공학수학 II』, 텍스트북스, 2014
- 최연욱, 『대학 공업수학』, 홍릉과학출판사, 2009
- 정인환 외 4인 공역, 『최신 공업수학』, 범한서적주식회사, 2002
- 용호택 외 2인 공역, 『MATLAB 공학응용』, 도서출판 아진, 2002
- Larson 외 2인, 『Calculus』, Houghton Mifflin company, 2002
- 김철 외 7인 공역, 『공업수학』, 청문각, 1998

목차

Chapter 07 벡터함수의 미분학

Chapter 08 벡터함수의 적분학

Chapter 09 행렬, 행렬식, 역행렬

Chapter 10 행렬의 응용 I

Chapter 11 행렬의 응용 II

Chapter 12 푸리에 해석

Chapter 13 편미분방정식

Chapter 14 복소 해석

들어가기 전에

MATLAB 기초

Basic of MATLAB

학습목표

- MATLAB의 기본적인 사용법을 이해할 수 있다.
- 이 책에서 사용한 MATLAB 명령어에 대해 자세히 이해할 수 있다.

1. MATLAB 개요

매스웍스Math Works 사에서 판매와 유지보수를 하고 있는 MATLAB은 컴퓨터 프로그램 언어로서, MS 윈도우, 매킨토시Macintosh와 같은 PC에서뿐만 아니라 유닉스UNIX와 같은 운영 체제에서도 운영될 수 있다. MATLAB은 MATrix LABoratory의 줄임말로, 숫자들의 계산을 쉽고 효과적으로 처리할 수 있을 뿐만 아니라 사용하고 있는 변수들의 값을 실시간으로 알 수 있으며, 벡터와 행렬의 조작이 매우 간편하다는 장점이 있다. 예를 들면 C 언어나 FORTRAN에서의 function 문이나 subroutine과 같은 기능을 MATLAB에서는 간단한 명령어가 해주기 때문에 타 프로그램 언어에 비해 매우 간단하게 벡터나 행렬 계산을 수행할 수 있다.

또한 MATLAB에는 **도구상자**toolbox라고 부르는 많은 부가적인 소프트웨어 모듈이 있어서 다양한 분야의 특별한 계산 및 프로그래밍이 가능하다. 예를 들면 **제어 시스템 도구상자**control system toolbox, **심볼릭 수학 도구상자**symbolic math toolbox, **시스템 최적화 도구상자**system optimization toolbox, **신호처리 도구상자**signal processing toolbox, **퍼지 도구상자**fuzzy toolbox, **신경망 도구상자**neural network toolbox, **실시간 작업 도구상자**real time workshop toolbox 및 그 밖에도 많은 도구상자가 있다.

여기에서는 MATLAB에 내해 잘 모르는 학생도 MATLAB을 충분히 잘 다룰 수 있도록 가급적 핵심 내용 위주로 명료하게 설명하고자 한다. 이 장에서는 MATLAB에 대한 지식을 어느 정도 습득한 뒤, 실제 공학수학 문제를 풀 때 MATLAB을 활용하도록 안내하는 데 그 목적을 두고 있다. 여기에서 설명하지 않은 내용에 대해 자세히 알고 싶으면 MATLAB Help 명령어를 사용하여 살펴보기 바란다.

MATLAB 프로그램은 최초 출시 이후로 지속적으로 업그레이드되고 있는데, 기본 명령어들이나 사용 방법 등에는 그다지 큰 변화가 없다. 참고로 이 책에서는 R2017a 버전을 사용하였다.

2. MATLAB 실행 방법 및 주요 기호들

2.1 MATLAB 실행하기

MS 윈도우즈나 매킨토시 시스템에서 MATLAB을 실행하려면 먼저 MATLAB 파일들이 저장되어 있는 디렉토리 안에서 'matlab'을 입력하거나 MATLAB 아이콘을 더블클릭하면 윈도우 화면에 [그림 1]과 같은 MATLAB의 기본 프롬프트인 '>>'가 나타난다.

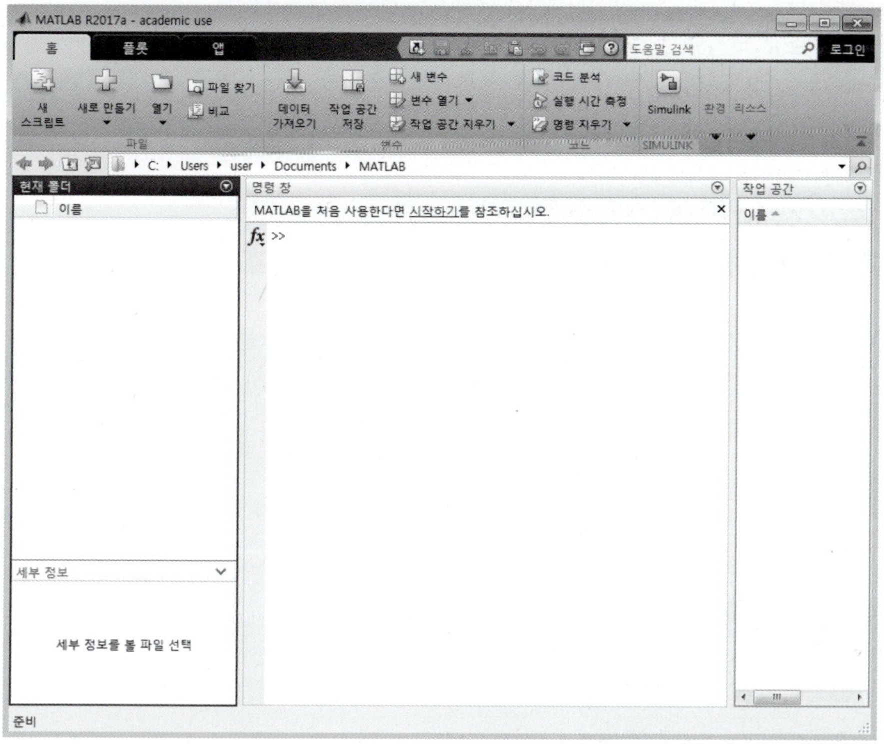

[그림 1] MATLAB 실행 화면

이제 프로그램을 실행하는 두 가지 방법이 있는데, MATLAB 프롬프트 '>>'에서 작업을 진행하는 방법과 'm 파일'을 만들어서 프로그램을 작성하는 방법이 있다. 프로그램 리스트가 길어지면 'm 파일'을 만들어 실행하는 방법이 훨씬 수월하고, 간단한 계산이라면 프롬프트에서 수행해도 된다. 이 책에서는 주로 간단한 문제를 풀기 때문에, 프롬프트에서 작업을 진행하였다. 'm 파일'을 만들어 프로그램을 작성하는 경우에 대해서는 4절에서 간단히 설명하였다.

예를 들어 5+3을 계산하기 위해서는 [그림 1]의 우측 화면 프롬프트에 5+3을 입력한 후 Enter 키(↵)를 누르면 다음과 같은 결과가 나온다.

```
>> 5+3 ↵

ans =
     8
```

만약 결과값에 변수를 지정하려면 다음과 같이 하면 된다.

```
>> a=5+3 ↵

a =
   8
```

2.2 MATLAB에서 자주 사용되는 기호

MATLAB에서는 변수를 지정할 때 영어의 대문자와 소문자를 서로 다른 변수로 인식하므로, 모두 사용할 수 있다. 또한 [표 1]과 같이 MATLAB 프로그램 자체적으로 미리 지정해 놓은 변수들이 있으므로 이러한 변수들은 변수를 지정할 때 사용하지 않도록 주의해야 한다.

[표 1] **미리 지정된 변수**

변수	설명
pi	원주율(π)
inf	무한대(∞)
NaN	숫자가 아님(Not a Number)
ans	일시적인 답을 지정하는 변수
i, j	허수($\sqrt{-1}$)를 의미

[표 2] MATLAB에서 자주 쓰이는 일반 기호 및 수식 기호

기호	설명
>>	MATLAB 프롬프트
'	벡터나 행렬의 전치(transpose)를 나타냄
' '	따옴표 안에 문자열을 나타냄 (예) xlabel('time')
%	주석(comment)을 의미하고, % 기호 다음 문장은 무시
[ ]	다항식, 벡터, 행렬 등을 나타낼 때 사용
( )	입력변수나 값을 지정할 때 주로 사용
;	주로 문장 끝에 표기하며, 화면에 결과값을 출력하지 않음
:	벡터를 만들 때 주로 사용
.	벡터나 행렬의 원소들끼리 계산할 때 사용
...	수식이나 문장이 길어 다음 줄에 이어서 쓸 때 사용
+	덧셈을 위한 수식 기호
−	뺄셈을 위한 수식 기호
*	곱셈을 위한 수식 기호
/	나눗셈을 위한 수식 기호
^	거듭제곱을 위한 수식 기호

또한 다음과 같은 명령어들이 자주 사용된다.

[표 3] MATLAB에서 자주 쓰이는 명령어들

명령어	설명
sqrt(x)	x의 제곱근 구하기
abs(x)	x의 절댓값 구하기
real(x)	x의 실숫값
imag(x)	x의 허숫값
sin(x)	x의 사인(sine) 값 구하기
asin(x)	x의 아크사인($\sin^{-1}(x)$) 값 구하기
cos(x)	x의 코사인(cosine) 값 구하기
acos(x)	x의 아크코사인($\cos^{-1}(x)$) 값 구하기
tan(x)	x의 탄젠트(tangent) 값 구하기
atan(x)	x의 아크탄젠트($\tan^{-1}(x)$) 값 구하기
exp(x)	x의 지수함수(e^x) 값 구하기
log(x)	x의 자연로그($\ln x$) 값 구하기
log10(x)	x의 상용로그($\log x$) 값 구하기

2.3 MATLAB에서 사용되는 관계 및 논리 연산자

다른 프로그래밍 언어에서와 마찬가지로 MATLAB에도 다음과 같은 관계 및 논리 연산자들이 있다.

[표 4] MATLAB에서 쓰이는 관계 및 논리 연산자들

명령어	설명	분류
A < B	A가 B보다 작음	관계 연산자
A > B	A가 B보다 큼	관계 연산자
A <= B	A가 B보다 작거나 같음	관계 연산자
A >= B	A가 B보다 크거나 같음	관계 연산자
A == B	A가 B와 같음	관계 연산자
A ~= B	A와 B가 같지 않음	관계 연산자
&	and 연산자	논리 연산자
|	or 연산자	논리 연산자
~	not 연산자	논리 연산자

3. 벡터와 행렬의 연산

1절에서 언급한 바와 같이 MATLAB은 다른 프로그래밍 언어들에 비해 벡터나 행렬을 생성하기가 매우 쉽고 간편하다. 이 절에서는 MATLAB에서 벡터와 행렬을 생성하고 연산하는 방법에 대해 설명하고자 한다.

3.1 벡터의 생성 및 연산

■ **벡터 생성**

벡터를 생성하기 위해서는 간단하게 대괄호 안에 원소를 입력하고 빈칸[space]이나 콤마로 원소들을 서로 분리하면 된다. 예를 들어 **행벡터**[row vector] $\vec{a} = [1\ \ 2\ \ 3]$을 나타내려면 다음과 같이 입력하면 된다.

```
>> a=[1 2 3]

또는

>> a=[1, 2, 3]
```

열벡터column vector $\vec{a}$를 생성하려면 다음과 같이 입력하면 된다.

```
>> a=[1 2 3]'

또는

>> a=[1, 2, 3]'

또는

>> a=[1; 2; 3]
```

이미 정의되어 있는 벡터들을 붙여서 새로운 벡터를 생성할 수도 있다. 예를 들어 $\vec{a}=[1, 2, 3]$, $\vec{b}=[4, 5, 6]$을 붙여 $\vec{c}$를 생성하려면 다음과 같이 입력하면 된다.

```
>> c=[a, b] ↵

c =
    1, 2, 3, 4, 5, 6
```

만약 원소들이 일정한 간격으로 증가하거나 감소하는 벡터를 만들려면 콜론(:) 기호를 사용하면 된다. 예를 들어 벡터가 0부터 시작하여 0.5까지 0.1씩 증가하는 벡터를 생성하려면 다음과 같이 입력하면 된다.

```
>> a=[0:0.1:0.5] ↵

a =
    0, 0.1000, 0.2000, 0.3000, 0.4000, 0.5000
```

역으로 0.5부터 시작하여 0까지 0.1씩 감소하는 벡터를 생성하려면 다음과 같이 입력하면 된다.

```
>> a=[0.5:-0.1:0] ↵

a =
   0.5000, 0.4000, 0.3000, 0.2000, 0.1000, 0
```

이렇게 생성된 벡터는 그래프를 그리는 데 매우 유용하게 사용된다. 예를 들어 x축을 0부터 5까지 0.2씩 증가하는 값으로 하여 함수 $y=x-2$의 그래프를 그려야 한다면 다음과 같이 입력하면 된다. 이때 'plot(x,y)'는 그래프를 그리는 명령어로서 5절에서 자세하게 다룬다. 또한 'grid'는 그래프에 격자를 삽입하는 명령어이다.

```
>> x=[0:0.2:5]; ↵
>> y=x-2; ↵
>> plot(x,y) ↵
>> grid ↵
```

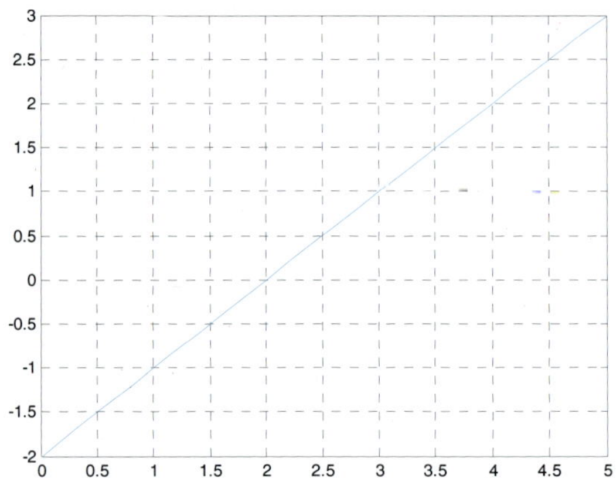

[그림 2] $y=x-2$의 그래프

임의의 두 숫자 사이에 일정한 간격을 갖는 벡터를 생성하는 또 다른 명령어로는 'linspace'가 있다. 예를 들어 0부터 10까지 6개의 원소를 사용하여 일정한 간격을 유지하는 벡터를 생성하려면 다음과 같이 입력하면 된다.

```
>> a=linspace(0,10,6) ↵

a =
   0, 2, 4, 6, 8, 10
```

역으로 감소하는 벡터를 생성하려면 숫자 0과 10의 위치를 바꾸면 된다.

■ 벡터 연산

벡터의 연산에서 주의해야 할 점은 연산하고자 하는 벡터들의 크기이다. 벡터의 덧셈과 뺄셈에서는 연산하고자 하는 벡터들의 크기가 같아야만 한다. 그러나 곱셈의 경우에는 벡터의 곱이 성립되어야 하기 때문에(곱의 성립 조건에 대해서는 9장 참조) 같은 크기의 행벡터와 같은 크기의 열벡터의 곱이 가능하고, 같은 크기의 열벡터와 같은 크기의 행벡터의 곱이 가능하다.

예를 들어 $\vec{a}=[1, 2, 3]$, $\vec{b}=[4, 5, 6]$일 때, 덧셈과 뺄셈의 연산을 위해서는 다음과 같이 입력하면 된다.

```
>> a=[1, 2, 3]; ↵
>> b=[4, 5, 6]; ↵
>> c=a+b ↵

c =
    5  7  9                               % c=[1+4, 2+5, 3+6]


>> d = a-b ↵

d =
   -3  -3  -3                             % d=[1-4, 2-5, 3-6]
```

위에서 정의한 두 벡터 $\vec{a}$와 $\vec{b}$를 곱하기 위해 다음과 같이 입력하면 오류 정보가 작업창 화면에 나타난다.

```
>> c=a*b ↵

다음 사용 중 오류가 발생함:  *
행렬 간 내부 차원(Inner Dimension)이 일치해야 합니다.
```

이는 벡터의 곱셈을 위해서는 내부 행렬의 크기가 같아야 한다는 의미이다. 따라서 두 벡터의 곱이 성립하도록 하기 위해서는 다음과 같이 입력하면 된다.

```
>> d=a*b' ↵

d =
    32                                    % d=(1×4+2×5+3×6)
```

다음과 같이 역으로의 곱도 가능하다.

```
>> e=a'*b ↵

e =
     4     5     6
     8    10    12
    12    15    18
```

$$e=\begin{bmatrix}1\\2\\3\end{bmatrix}[4\ 5\ 6]=\begin{bmatrix}1\times4 & 1\times5 & 1\times6\\2\times4 & 2\times5 & 2\times6\\3\times4 & 3\times5 & 3\times6\end{bmatrix}$$

또한 2.2절에서 설명한 원소끼리의 곱셈기호(.)를 사용하면 위에서 정의한 두 벡터 $\vec{a}$와 $\vec{b}$의 곱이 가능하다.

```
>> c=a.*b ↵

c =
     4    10    18                      % c=[1×4, 2×5, 3×6]
```

마찬가지로 다음과 같이 원소끼리의 나눗셈도 할 수 있다.

```
>> d=a./b ↵

d =
    0.2500    0.4000    0.5000
```

$$\vec{d}=\left[\frac{1}{4},\frac{2}{5},\frac{3}{6}\right]$$

마지막으로 다음과 같이 원소들의 거듭제곱 계산도 가능하다.

```
>> e=a.^2 ↵

e =
     1     4     9                      % e=[1^2, 2^2, 3^2]
```

3.2 행렬의 생성 및 연산

■ 행렬 생성

행렬을 생성하기 위한 가장 기본적인 방법은 한 행씩 입력하는 것이다. 행벡터를 생성한 후에 세미콜론(;)으로 각 행들을 구분하면 된다. 예를 들면 다음과 같다.

```
>> a=[1, 2, 3; 4, 5, 6; 7, 8, 9] ↵

a =
        1     2     3
        4     5     6
        7     8     9
```

행렬에서 많이 사용되는 **전치행렬**transpose of matrix을 나타내기 위해서는 기호(')를 사용한다. 예를 들면 행렬 $\vec{a}=\begin{bmatrix} 1 & 2 & 3 \\ 4 & 5 & 6 \end{bmatrix}$의 전치행렬 $\vec{b}$를 구하기 위해서는 다음과 같이 입력하면 된다.

```
>> a=[1, 2, 3; 4, 5, 6]; ↵
>> b=a' ↵

b =
        1     4
        2     5
        3     6
```

다음은 원소를 직접 입력하지 않고 어떤 특정한 행렬(벡터 포함)을 만드는 명령어를 나타낸다.

[표 5] 특정한 행렬 생성 명령어

명령어	설명
zeros(m,n)	모든 원소가 0인 m×n 행렬을 생성
ones(m,n)	모든 원소가 1인 m×n 행렬을 생성
eye(n)	$n \times n$의 단위행렬을 생성
size(a)	행렬 $\vec{a}$의 크기를 결정

다음은 zeros 명령어를 사용한 예이다.

```
>> a=zeros(2, 3) ↵

a =                                          % 모든 원소가 0인 2×3 행렬 생성
     0     0     0
     0     0     0
```

다음은 ones 명령어를 사용한 예이다.

```
>> b=ones(2, 3) ↵

b =                                          % 모든 원소가 1인 2×3 행렬 생성
     1     1     1
     1     1     1
```

다음은 eye 명령어를 사용한 예이다.

```
>> c=eye(3) ↵

c =                                          % 3×3 단위행렬 생성
     1     0     0
     0     1     0
     0     0     1
```

다음은 size 명령어를 사용한 예이다.

```
>> d=size(b) ↵

d =
     2   3 (=2×3 행렬을 의미)


>> e=size(c) ↵

e =
     3   3 (=3×3 행렬을 의미)
```

MATLAB에서는 행렬(벡터 포함)에 있는 특정 원소들을 지정할 수 있다. 만약 $\vec{a}$가 3×3 행렬이라면 $a(3, 2)$는 행렬 $\vec{a}$의 3행과 2열에 있는 원소를 의미한다. 이것을 이용하여 이미 지정된 행렬 안에 있는 임의의 원소를 바꿀 수 있다. 예를 들면 행렬 $\vec{a}$를 다음과 같이 가정했을 때,

$$\mathrm{a} = \begin{bmatrix} 1 & 2 & 3 & 4 \\ 5 & 6 & 7 & 8 \\ 3 & 4 & 5 & 6 \end{bmatrix}$$

행렬 $\vec{a}$의 2행, 3열의 원소 7을 0으로 바꾸고 싶으면 다음과 같이 입력하면 된다.

```
>> a(2, 3)=0 ↵

a =
      1     2     3     4
      5     6     0     8
      3     4     5     6
```

또한 콜론(:)을 사용하여 전체 또는 부분적인 행이나 열의 원소들로 구성된 행렬을 만들 수도 있다. 바로 위에 나타난 행렬 a에 대해 다음과 같이 입력하면 행렬 $\vec{b}$는 $\vec{a}$의 1행~2행, 2열~4열에 속해 있는 모든 원소들로 구성된다.

```
>> b=a(1:2, 2:4) ↵

b =
      2     3     4
      6     0     8
```

■ **행렬 연산**

벡터에서와 마찬가지로 행렬의 연산에서도 주의해야할 점은 연산하고자 하는 행렬들의 크기이다.

같은 크기를 갖는 임의의 두 행렬 $\vec{A}$와 $\vec{B}$에 대해 고려해 보자.

$$\vec{A} = \begin{bmatrix} a_{11} & a_{12} & \cdots & a_{1n} \\ a_{21} & a_{22} & \cdots & a_{2n} \\ \vdots & \vdots & \vdots & \vdots \\ a_{n1} & a_{n2} & \cdots & a_{nn} \end{bmatrix}, \quad \vec{B} = \begin{bmatrix} b_{11} & b_{12} & \cdots & b_{1n} \\ b_{21} & b_{22} & \cdots & b_{2n} \\ \vdots & \vdots & \vdots & \vdots \\ b_{n1} & b_{n2} & \cdots & b_{nn} \end{bmatrix}$$

두 행렬의 덧셈과 뺄셈은 같은 위치에 있는 원소들끼리 서로 더하고 빼면 되고, 그 결과는 다음과 같다.

$$\vec{A} \pm \vec{B} = \begin{bmatrix} a_{11} & a_{12} & \cdots & a_{1n} \\ a_{21} & a_{22} & \cdots & a_{2n} \\ \vdots & \vdots & \vdots & \vdots \\ a_{n1} & a_{n2} & \cdots & a_{nn} \end{bmatrix} \pm \begin{bmatrix} b_{11} & b_{12} & \cdots & b_{1n} \\ b_{21} & b_{22} & \cdots & b_{2n} \\ \vdots & \vdots & \vdots & \vdots \\ b_{n1} & b_{n2} & \cdots & b_{nn} \end{bmatrix}$$

$$= \begin{bmatrix} a_{11} \pm b_{11} & a_{12} \pm b_{12} & \cdots & a_{1n} \pm b_{1n} \\ a_{21} \pm b_{21} & a_{22} \pm b_{22} & \cdots & a_{2n} \pm b_{2n} \\ \vdots & \vdots & \vdots & \vdots \\ a_{n1} \pm b_{n1} & a_{n2} \pm b_{n2} & \cdots & a_{nn} \pm b_{nn} \end{bmatrix}$$

예를 들어 다음과 같은 두 행렬의 덧셈을 계산하고자 하면 아래와 같이 입력한다.

$$\vec{A} = \begin{bmatrix} 7 & 2 & 3 \\ 2 & 1 & 4 \end{bmatrix}, \quad \vec{B} = \begin{bmatrix} 2 & 4 & 1 \\ 4 & 3 & 2 \end{bmatrix}$$

```
>> A=[7, 2, 3; 2, 1, 4]; ↵
>> B=[2, 4, 1; 4, 3, 2]; ↵
>> C=A+B ↵

C =

     9     6     4
     6     4     6
```

뺄셈의 경우는 다음과 같이 입력한다.

```
>> D=A-B ↵

D =

     5    -2     2
    -2    -2     2
```

두 행렬의 곱은 [정의 9-4]에 의해 계산이 가능하다. 즉 행렬 $\vec{A}(m \times r)$와 $\vec{B}(r \times n)$를 곱하는 경우에 행렬 $\vec{A}$의 열의 개수(r)와 행렬 $\vec{B}$의 행의 개수(r)가 반드시 같아야만 행렬의 곱이 정의된다. 이때 곱하여 얻어지는 행렬 $\vec{C}$의 크기는 행의 개수가 행렬 $\vec{A}$의 행의 개수(m)이고, 열의 개수는 행렬 $\vec{B}$의 열의 개수(n)가 된다. 예를 들어

$$\vec{A} = \begin{bmatrix} 1 & 2 & 3 \\ 2 & 1 & 4 \end{bmatrix}, \quad \vec{B} = \begin{bmatrix} 2 & 1 \\ 3 & 2 \\ 3 & 4 \end{bmatrix}$$

이면, 두 행렬의 곱 $\vec{C} = \vec{A}\,\vec{B}$를 얻기 위해서는 다음과 같이 입력하면 된다.

```
>> A=[1, 2, 3; 2, 1, 4]; ↵
>> B=[2, 1; 3, 2; 3, 4]; ↵
>> C=A*B ↵

C =                        % C=[1×2+2×3+3×3  1×1+2×2+3×4; 2×2+1×3+4×3  2×1+1×2+4×4]
    17    17
    19    20
```

행렬을 나누는 방법에는 오른쪽 나누기(기호 '/')와 왼쪽 나누기(기호 '\')가 있으나, 이 책에서는 오른쪽 나누기만 사용하였다. 왼쪽 나누기는 역행렬을 곱한 결과와 동일하다. 즉 연립방정식 $\vec{A}\,\vec{x} = \vec{B}$의 해를 구하고자 할 때 $\vec{x} = \vec{A} \setminus \vec{B}$의 왼쪽 나누기를 사용하여 계산하면 되는데, 이것은 $\vec{x} = \vec{A}^{-1}\vec{B}$와 같다. 예를 들어 다음 행렬에 대해 $\vec{A}\,\vec{x} = \vec{B}$의 해를 구하려면 아래와 같이 입력한다.

$$\vec{A} = \begin{bmatrix} 0 & 1 & 1 \\ 2 & 3 & 1 \\ 2 & 0 & 1 \end{bmatrix}, \quad \vec{B} = \begin{bmatrix} 2 \\ 1 \\ 1 \end{bmatrix}$$

```
>> A=[0, 1, 1; 2, 3, 1; 2, 0, 1]; ↵
>> B=[2; 1; 1]; ↵
>> x=inv(A)*B ↵

x =
   -0.5000
         0
    2.0000
```

앞에서 정의한 $n \times n$ 행렬 $\vec{A}$의 각 원소들의 r제곱 행렬 $\vec{C}$는 다음과 같다.

$$\vec{C} = \begin{bmatrix} a_{11}^r & a_{12}^r & \cdots & a_{1n}^r \\ a_{21}^r & a_{22}^r & \cdots & a_{2n}^r \\ \vdots & \vdots & \vdots & \vdots \\ a_{n1}^r & a_{n2}^r & \cdots & a_{nn}^r \end{bmatrix}$$

$\vec{A} = \begin{bmatrix} 1 & 2 & 3 \\ 4 & 5 & 6 \end{bmatrix}$인 경우 각 원소들의 제곱 행렬을 구하려면 다음과 같이 입력한다.

```
>> A=[1, 2, 3; 4, 5, 6];
>> C=A.^2 ↵

C =                                          % C = [1^2 2^2 3^2; 4^2 5^2 6^2]

     1     4     9
    16    25    36
```

전치행렬은 벡터에서와 동일한 방법으로 구하면 되므로, 여기에서는 예를 들지 않기로 한다.

4. MATLAB 프로그램 작성

MATLAB에서 사용한 모든 프로그램 파일은 '.m'으로 끝나고, 데이터 파일은 '.mat'로 끝난다. 2절에서 설명한 바와 같이 MATLAB은 프롬프트에서도 프로그램을 실행할 수 있지만, 나중에 같은 프로그램을 자주 실행하려면 이미 입력했던 변수들을 다시 입력해야 하고, 앞에서 입력한 변수가 무엇인지를 파악하기가 매우 불편하다. 따라서 'm 파일'을 이용하여 프로그램을 만들어 실행하면 앞에서 언급한 불편함도 해소되고, 프로그램 수정editing도 매우 간편해진다.

m 파일을 이용하여 프로그램을 실행하는 예를 들어 보자.

$$\vec{A} = \begin{bmatrix} 1 & 2 \\ 2 & -1 \end{bmatrix}, \quad \vec{B} = \begin{bmatrix} -1 & 0 \\ 1 & -1 \end{bmatrix}$$

이 있을 때, 각 행렬들의 역행렬과 두 행렬의 곱 $\vec{A}\vec{B}$를 구하는 프로그램을 작성해보자. [그림 1]의 왼쪽 상단에 있는 "새 스크립트"를 클릭하면 [그림 3]과 같은 "편집기" 창이 생성된다. 여기에 문제를 풀기 위한 프로그램을 작성하고, 다시 메뉴바에서 [파일]-[저장]을 클릭하면 [그림 4]와 같은 창이 나타난다. 여기에 파일 이름(여기서는 test)을 입력하여 저장한다. 그리고 [그림 3]의 [실행] 아이콘을 클릭하면 [그림 5]와 같이 프로그램이 실행되고, 결과가 MATLAB 창에 나타난다.

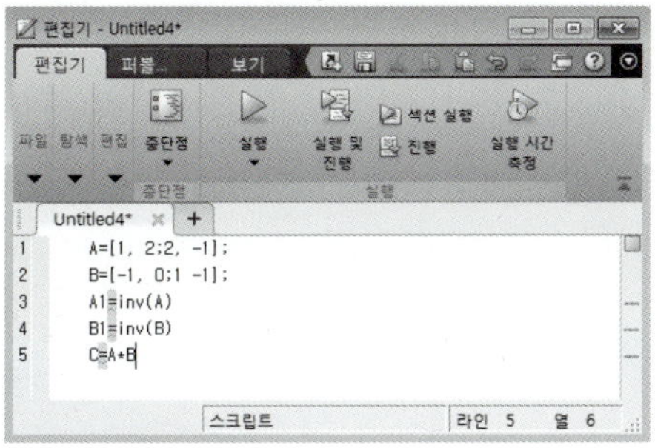

[그림 3] 편집기 창

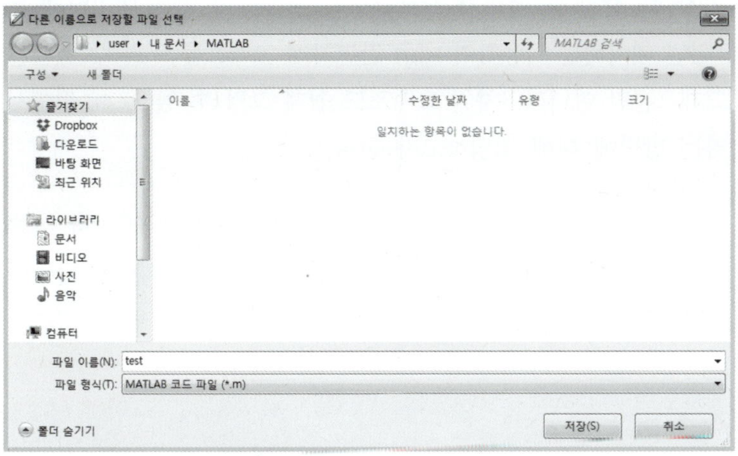

[그림 4] 파일이름 저장을 위한 창

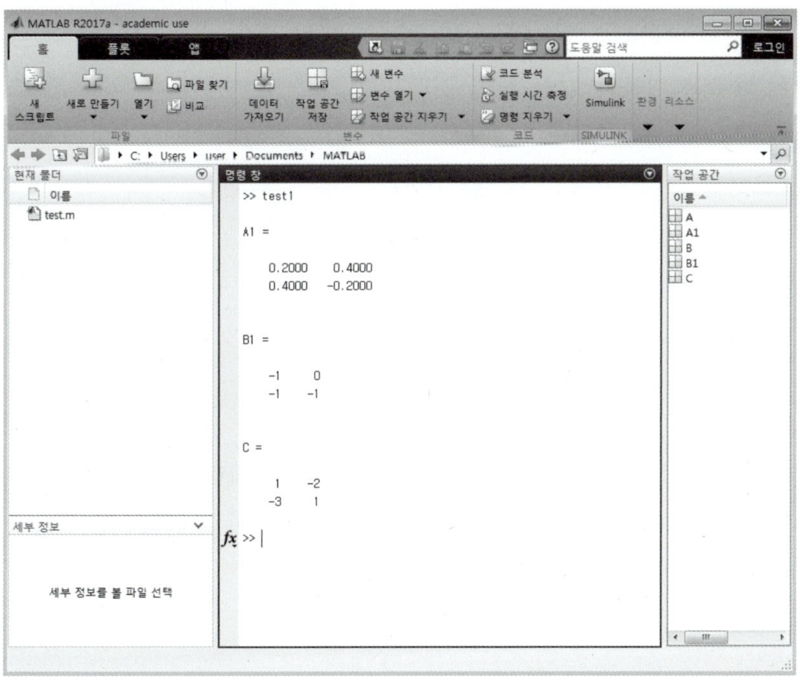

[그림 5] 프로그램 실행 결과

다른 프로그램 언어들과 마찬가지로 'm 파일'을 이용하면 아주 복잡한 문제를 해결할 수 있는 프로그램도 얼마든지 작성할 수 있다. 하지만 이 책에서는 그와 같은 복잡한 문제를 다루지 않으므로, 자세한 설명은 생략하기로 한다.

5. 그래프 그리기

MATLAB의 가장 큰 장점 중 하나가 프로그램을 실행하여 얻은 데이터 또는 이미 저장되어 있던 데이터를 이용하여 매우 간편하게 그래프를 그릴 수 있다는 것이다. 평면 그래프뿐만 아니라 3차원 그래프도 쉽게 그릴 수 있다. 이 절에서는 그래프 그리는 방법에 대해 설명하고자 한다.

그래프를 그릴 때 기본은 평면에서는 x축과 y축, 3차원에서는 x축, y축, z축의 동일한 개수의 데이터가 필요하다는 것이다. 이 데이터들은 벡터로 나타낼 수 있다. 다음 명령어를 사용하면 그래프를 그릴 수 있다.

```
>> plot(x, y)
```

여기서 x는 수평축의 데이터로 구성된 벡터이고, y는 x에 대응하는 수직축의 데이터로 구성된 벡터이다. 하나의 그림 화면에 여러 개의 그래프를 동시에 그리고자 할 때에는 다음과 같이 하면 된다.

```
>> plot(x1, y1, x2, y2, x3, y3, …)
```

또한 3차원 그래프를 그리기 위해서는 다음과 같이 입력하면 된다.

```
>> plot3(x, y, z)
```

여러 개의 그래프를 한 화면에 그리다 보면 서로 다른 그래프들을 구별할 수 있어야 한다. 이를 위해 [표 6]과 같은 기호들을 사용하여 그래프의 선 모양과 선 색들을 구분할 수 있다.

[표 6] 선 모양과 선 색 구분

선 모양	선 색
'-'　: 실선(________)	b : 파란색(blue)
':'　: 점선(..............)	g : 초록색(green)
'-.'　: 대시 점선(_._._._)	r : 빨간색(red)
'--'　: 대시선(--------)	c : 청록색(cyan)
'o'　: 원형선(oooooo)	m : 진홍색(magenta)
'+'　: + 선(++++++)	y : 노란색(yellow)
'*'　: * 선(*******)	k : 검은색(black)
'x'　: x 선(xxxxxxx)	w : 하얀색(white)

사용하는 방법은 다음과 같다.

```
>> plot(x1, y1, 'k-', x2, y2, 'b-', x3, y3, 'r:', ⋯)
```

예를 들어 다음과 같이 입력하여 프로그램을 실행하면 [그림 6]의 결과가 얻어진다.

```
>> x=0:0.1:2*pi;
>> y=cos(x);
>> z=sin(x);
>> plot(x, y, 'k-', x, z, 'b:')
```

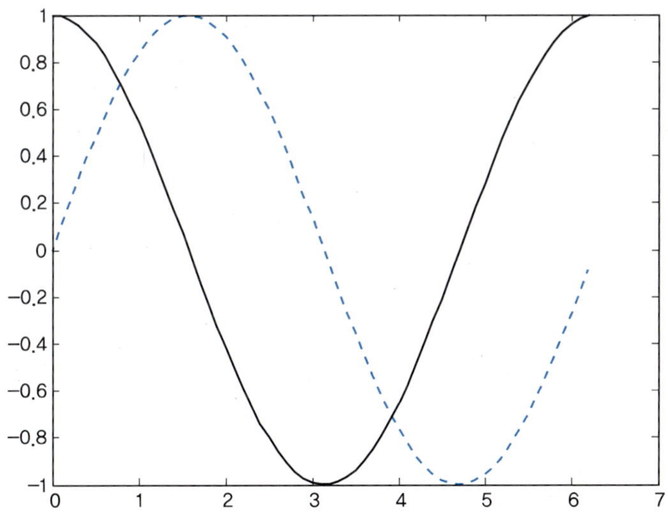

[그림 6] 선 모양과 선 색 구분

그래프를 그린 후에 좌표축의 범위를 변경하거나 먼저 그린 그래프를 보존한 상태로 다른 그래프를 동시에 그린다거나, 그래프에 표제를 넣는 명령어들을 살펴보자.

[표 7] **그래프 꾸미기 명령어**

기호	설명
axis([xmin, xmax, ymin, ymax])	x축과 y축의 범위를 정할 때 사용
hold on	현 그래프를 보존하고자 할 때 사용
hold off	현 그래프의 보존을 해제할 때 사용
xlabel('text')	x축에 표제를 달 때 사용
ylabel('text')	y축에 표제를 달 때 사용
zlabel('text')	z축에 표제를 달 때 사용
title('text')	그래프 상단에 제목을 표기할 때 사용
gtext('text')	그래프 안에서 마우스로 text 표기

다음과 같이 입력하여 프로그램을 실행하면 [그림 7]의 결과가 얻어진다.

```
>> x=0:0.1:2*pi;
>> y=cos(x);
>> z=sin(x);
>> plot(x,y,'k-')
>> grid on
>> axis([0, 2*pi, -1.1, 1.1])
>> hold on
>> plot(x,z,'b:')
>> grid on
>> axis([0, 2*pi, -1.1, 1.1])
>> xlabel('x')
>> ylabel('y, z')
>> title('y= cos x, z = sin x')
```

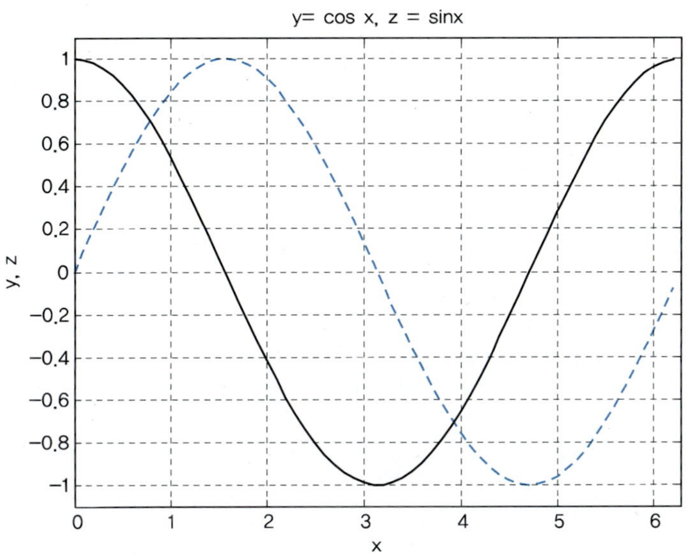

[그림 7] **그래프 조작 및 표제 삽입**

시간 영역에서 뿐만 아니라 주파수 영역에서도 그래프를 그릴 수 있는데, 이때 사용되는 명령어로 'semilogx, semilogy, loglog' 등이 있다. 명령어들에 대해 좀 더 자세히 알고 싶다면 help 문을 참조하기 바란다.

그래프를 행렬처럼 m행, n열의 형태로 나타내고자 할 때에는 다음과 같이 'subplot' 명령어를 사용하면 된다.

```
>> subplot(mnp)
```

여기서 p는 그래프가 놓이는 위치를 나타낸다. 예를 들어 다음과 같이 프로그램을 구성했다고 하면 [그림 8]과 같은 모양의 2×2 행렬 형태의 그래프가 얻어진다.

```
>> subplot(221)
>> plot(x1, y1)
>> subplot(222)
>> plot(x2, y2)
>> subplot(223)
>> plot(x3, y3)
>> subplot(224)
>> plot(x4, y4)
```

subplot(221) plot(x1, y1)	subplot(222) plot(x2, y2)
subplot(223) plot(x3, y3)	subplot(224) plot(x4, y4)

[그림 8] subplot 예시

6. MATLAB 심볼릭 툴박스 사용법

MATLAB의 또 다른 장점 중의 하나가 **심볼릭**symbolic 연산이 가능하다는 것이다. 숫자들의 계산이 아닌 문자를 사용해서도 연산이 가능하다. 따라서 그 결과도 숫자가 아닌 문자로 나오기 때문에 우리가 일상적으로 손으로 수학 문제를 풀어서 얻어낸 결과와 직접 비교할 수 있으므로 매우 유용하게 사용된다. MATLAB의 심볼릭 수학 툴박스에는 다양한 정보들이 있으나 여기에서는 이 책의 본문에서 주로 다뤄지는 내용 위주로 설명하고자 한다.

먼저 문자를 심볼릭으로 정의하기 위해서는 다음과 같이 정의할 수 있다(심볼릭 툴박스의 버전에 따라 약간의 차이는 있다). 예를 들면, x와 y를 심볼릭으로 정의하기 위해서는 다음과 같이 입력하면 된다.

```
>> x=sym('x');
>> y=sym('y');
```

또한 다음과 같이 입력하면 x가 실수임을 나타낸다.

```
>> x=sym('x', 'real')
```

그리고 여러 개의 문자들을 심볼릭으로 정의하려면 다음과 같이 입력하면 된다.

```
>> syms x y z
```

이제 간단한 심볼릭 연산을 수행해보도록 하자.

■ expand 명령어

$(x+y)^2$을 나타내기 위해서는 아래의 z1과 같이 정의하면 되고, 이를 계산하여 전개하고자 하면 expand 명령어를 사용하여 z2와 같이 입력하면 된다.

```
>> x=sym('x');
>> y=sym('y');
>> z1=(x+y)^2
>> z2=expand((x+y)^2)

z1 =
(x+y)^2
z2 =
x^2+2*x*y+y^2
```

■ factor 명령어

함수를 인수분해하는 명령어이다. 예를 들어 함수 x^3+y^3을 인수분해하려면 다음과 같이 입력하면 된다.

```
>> x=sym('x');
>> y=sym('y');
>> z=factor(x^3+y^3)

z =
[x+y, x^2-x*y+y^2]
```

■ simplify 명령어

심볼릭 계산에 의해 나타난 결과를 간단히 해주는 명령어이다. 예를 들어 $\sin^2 x+\cos^2 x=1$을 얻기 위해서는 다음과 같이 코딩한다.

```
>> x=sym('x');
>> y=sym('y');
>> z=(sin(x))^2+(cos(x))^2
>> U=simplify(z)

z =
   sin(x)^2+cos(x)^2
U =
   1
```

■ ezplot 명령어

함수식을 그림으로 그리라는 명령어이다. 예를 들어 함수 $y = x^2 - 2x + 1$에 대한 그래프를 그리려면 다음과 같이 입력하면 된다.

```
>> x=sym('x');
>> ezplot(x^2-2*x+1)
```

x의 구간이 정해지지 않으면 구간이 $[-2\pi,\ 2\pi]$로 지정되어 그 결과는 [그림 9(a)]와 같다. 구간을 지정할 때는 다음과 같이 입력하면 된다.

```
>> ezplot(x^2-2*x+1, [-2, 4])
```

이때 구간은 $[-2 \le x \le 4]$이며, 그 결과는 [그림 9(b)]와 같이 나타난다.

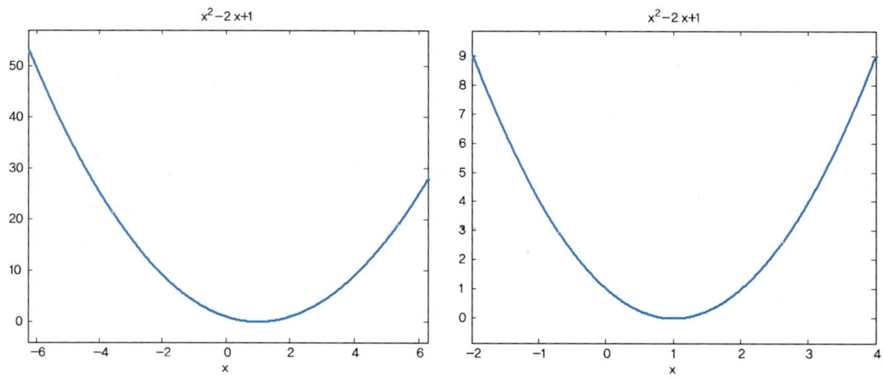

(a) x 구간 미지정 시($[-2\pi \le x \le 2\pi]$)　　(b) x 구간 지정 시($[-2 \le x \le 4]$)

[그림 9] ezplot의 예제

Chapter

01

미분과 적분

Differentiation and Integration

학습목표

- 함수의 극한과 연속성에 대해 이해하고, 극한과 연속성이 함수의 미분, 적분과 어떤 관계가 있는지 이해할 수 있다.
- 함수의 미분과 적분에 관한 정의를 통하여 함수들의 기본적인 미분과 적분 규칙들을 살펴보고, 이를 응용하여 다양한 함수들에 대한 미분과 적분을 구할 수 있다.
- 공학에서 가장 기초가 되는 매우 중요한 영역인 함수의 미분과 적분을 확실히 이해할 수 있다.

1장의 MATLAB 명령어

대학에서 배우는 수학은 고등학교에서 배운 기초지식을 바탕으로 전공에 직간접적으로 응용할 수 있도록 좀 더 심화되고, 구체적인 내용을 다룬다.

공학수학의 경우 모든 영역이 다 중요하지만 이공대학에서는 시간에 따라 시스템이 변하는 동적시스템을 많이 다루고 있기 때문에 이와 관련한 미분방정식의 해를 구하는 문제와 응용이 특히 중요하다고 할 수 있다.

이 장에서는 미분방정식을 접하기 전에 미분방정식을 이해하기 위해 기초가 되는 미분과 적분에 대해 설명하고자 한다. 미분과 적분을 다루기에 앞서, 미분과 적분이 성립하기 위한 조건이라 할 수 있는 함수의 극한과 연속성에 대해 먼저 다루고, 극한과 연속성이 미적분과 어떻게 연결되는지를 설명한다. 그 후에 함수의 미분과 적분의 정의를 통하여 함수들의 기본적인 미분과 적분 규칙들을 살펴보고, 이를 응용하여 공학에서 주로 사용되는 다양한 함수들의 미분과 적분을 구해본다.

미분과 적분에 자신감이 결여되어 있는 학생들이 두려움을 떨쳐버리고 자신 있게 접근할 수 있도록 미분과 적분의 가장 기초가 되는 내용으로부터 꼭 필요한 내용에 이르기까지 가능한 한 쉽게 내용을 전개함으로써 2장에서 다루는 미분방정식의 기초를 철저하게 다질 수 있도록 하였다.

1.1 함수의 극한과 연속성

함수의 미분과 적분을 이해하기에 앞서, 우선 함수의 극한과 연속성에 대한 개념을 정립해야 한다. 따라서 이 절에서는 극한과 연속성에 대한 기본적인 정의와 극한값을 구하는 방법들을 살펴볼 것이다.

1.1.1 함수의 극한

[그림 1-1]과 같이 주어진 함수 $y=f(x)$를 고려해보자.

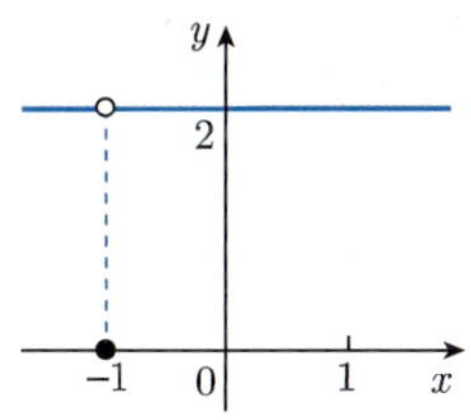

[그림 1-1] 함수 $f(x)$의 $x=-1$에서의 극한

$$f(x)=\begin{cases}2 & (x\neq -1)\\ 0 & (x=-1)\end{cases}$$

$x=-1$을 제외한 모든 x에 대해서 함숫값은 $f(x)=2$이다. 이 경우 $x=-1$에서 함수의 극한값이 존재하는지 아닌지를 살펴보고자 한다. 함수의 극한값이 존재하는지 보기 위해 x가 오른쪽으로부터 -1에 접근할 때의 함숫값과 x가 왼쪽으로부터 -1에 접근할 때의 함숫값을 비교해본다. 위 함수의 경우 오른쪽과 왼쪽에서 x가 -1에 접근할 때 함숫값은 모두 2이다. 따라서 $x=-1$에서 극한값이 존재함을 알 수 있다. 이때 "x가 -1에 접근할 때 $f(x)$의 극한값은 2이다."라고 하고, 다음과 같이 표기한다.

$$\lim_{x\to -1} f(x)=2$$

정의 1-1 극한

x가 오른쪽과 왼쪽으로부터 임의의 값 c에 접근할 때 함수 $f(x)$가 동일한 하나의 유한값 L에 접근하면, "x가 c에 접근할 때 함수 $f(x)$의 **극한값**limit은 L이다."라고 하고, 다음과 같이 표기한다.[1]

$$\lim_{x\to c} f(x)=L \tag{1.1}$$

1 $\lim_{x\to c} f(x)=L$ — $x\to c$: x가 접근하는 값, L: 극한값

여기서 주목해야 할 것은 극한값의 존재 여부는 함수 $f(c)$의 존재 여부, 연속성과는 무관하다는 사실이다. 다음 예제들을 통해 이 사실을 확인해보자.

예제 1-1 극한값 : 극한값이 존재하는 경우

다음 함수에 대해 $x=1$에서의 극한값을 구하라.

$$f(x)=2x+1 \quad (x \neq 1)$$

풀이

$x=1$에서 함숫값은 존재하지 않는다. 함수의 극한값이 존재하는지 보기 위해 x가 오른쪽으로부터 1에 접근할 때의 함숫값과 x가 왼쪽으로부터 1에 접근할 때의 함숫값을 비교해본다. 위 함수의 경우 비록 $x=1$에서는 함숫값이 존재하지 않지만, 오른쪽과 왼쪽에서 x가 1에 접근할 때 함숫값은 3에 접근한다. 따라서 $x=1$에서 극한값이 존재함을 알 수 있다. 즉, $\lim_{x\to 1} f(x)=3$이다.

예제 1-2 극한값 : 극한값이 존재하지 않는 경우

다음 함수에 대해 $x=0$에서의 극한값을 구하라.

$$f(x)=\frac{1}{x^2}$$

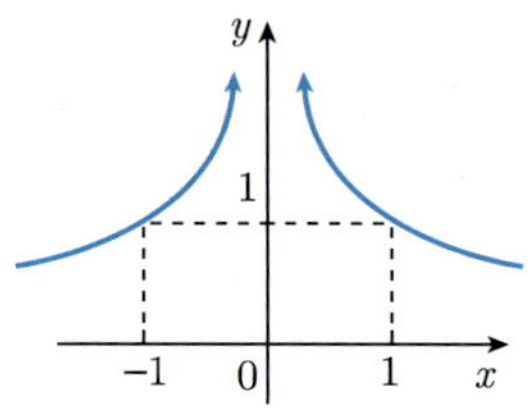

[그림 1-2]

풀이

x가 양쪽으로부터 0에 접근할 때의 함숫값이 모두 ∞이다([그림 1-2] 참조).
이 값은 유한한 값이 아니므로 $\lim_{x\to 0} f(x)$는 존재하지 않는다.

다음과 같은 극한의 기본 성질을 적용하여 함수의 극한을 구할 수 있다.

정리 1-1 극한의 성질

b와 c는 실수, n은 양의 정수이고, $\lim_{x\to c} f(x)=L$, $\lim_{x\to c} g(x)=K$이면 극한은 다음과 같은 성질을 갖는다.

(1) $\lim_{x\to c}[bf(x)]=bL$

(2) $\lim_{x\to c}[f(x)\pm g(x)]=L\pm K$

(3) $\lim_{x\to c}[f(x)g(x)]=LK$

(4) $\lim_{x\to c}[f(x)]^n=L^n$

(5) $\lim_{x\to c}\dfrac{f(x)}{g(x)}=\dfrac{L}{K} \qquad (K\neq 0)$

예제 1-3 극한값 : 극한의 성질 이용

다음 극한값을 구하라.

$$\lim_{x\to 0}\frac{x^2+x+2}{x-2}$$

풀이

Hint $x=0$을 곧바로 대입한다.

[정리 1-1(5)]를 이용하면 다음과 같이 극한값을 구할 수 있다.

$$\lim_{x\to 0}\frac{x^2+x+2}{x-2}=\frac{\lim_{x\to 0}(x^2+x+2)}{\lim_{x\to 0}(x-2)}=\frac{2}{-2}=-1$$

Command Window

: 코딩

```
>> x=sym('x'); 1                       % x 변수에 대한 심볼릭 정의
                                       % 숫자에 의한 계산이 아닌 기호에 의한
                                       % 연산 수행 시 사용
>> f=(x^2+x+2)/(x-2); 2                % 구하고자 하는 함수를 정의
>> U=limit(f,0) 3                      % 극한값 구하기
```

: 결과

```
U = -1                                 % [예제 1-3]의 결과와 동일
```

MATLAB TIP!

1 심볼릭 연산 가능 : `x=sym('x')`

2 사칙연산과 거듭제곱 표현
- 덧셈 : `'+'`
- 뺄셈 : `'-'`
- 곱셈 : `'*'`
- 나눗셈 : `'/'`
- x^n 의 표현 : `x^n`

3 `'limit(f,a)'`
- f : 구하고자 하는 함수
- a : 극한점 $x\to a$

예제 1-4 극한값 : 인수분해 이용

다음 극한값을 구하라.

$$\lim_{x\to 1}\frac{x^2+x-2}{x-1}$$

풀이

Hint 분자와 분모를 인수분해하고 약분한 뒤 $x=1$을 대입한다.

이 경우 $x=1$이라고 두면, 분자가 $\lim_{x\to 1}(x^2+x-2)=0$이 되고 분모도 $\lim_{x\to 1}(x-1)=0$이 되어, $\frac{0}{0}$의 꼴이므로 극한값을 얻을 수 없다. 이럴 때는 x에 1을 직접 대입하기 전에 분자와 분모를 인수분해하고 공통인자를 약분한 뒤, x에 1을 대입하면 된다.

$$\lim_{x\to 1}\frac{x^2+x-2}{x-1}=\lim_{x\to 1}\frac{\cancel{(x-1)}(x+2)}{\cancel{(x-1)}}=\lim_{x\to 1}(x+2)=3$$

Command Window

```
: 코딩
>> x=sym('x');                              % x 변수에 대한 심볼릭 정의
>> f=(x^2+x-2)/(x-1);                       % 구하고자 하는 함수를 정의
>> U=limit(f,1) 1                           % 극한값 구하기

: 결과
U = 3                                       % [예제 1-4]의 결과와 동일
```

MATLAB TIP!

1 세미콜론(;) : 결과값을 화면에 표시하고 싶지 않다면 코드 맨 끝에 ';'을 붙인다.

유제 1-1 극한값 : 인수분해 이용

다음 극한값을 구하라.

$$\lim_{x\to 3}\frac{x^2-7x+12}{x-3}$$

정답 : -1

예제 1-5 극한값 : 분모 유리화 이용

다음 극한값을 구하라.

$$\lim_{x\to 1}\frac{-x+1}{\sqrt{x}-\sqrt{2x-1}}$$

풀이

Hint 분모와 분자에 각각 $\sqrt{x}+\sqrt{2x-1}$을 곱하여 분모를 유리화한 뒤 약분하고 $x=1$을 대입한다.

$$\begin{aligned}\lim_{x\to 1}\frac{-x+1}{\sqrt{x}-\sqrt{2x-1}}&=\lim_{x\to 1}\frac{(-x+1)(\sqrt{x}+\sqrt{2x-1})}{(\sqrt{x}-\sqrt{2x-1})(\sqrt{x}+\sqrt{2x-1})}\\&=\lim_{x\to 1}\frac{(-x+1)(\sqrt{x}+\sqrt{2x-1})}{x-(2x-1)}\\&=\lim_{x\to 1}\frac{(-x+1)(\sqrt{x}+\sqrt{2x-1})}{-x+1}=1+1=2\end{aligned}$$

Command Window

```
: 코딩
>> x=sym('x');                              % x 변수에 대한 심볼릭 정의
>> f=(-x+1)/(sqrt(x)-sqrt(2*x-1)); 1        % 구하고자 하는 함수 f 정의
>> U=limit(f,1)                             % 극한값 구하기

: 결과
U = 2                                       % [예제 1-5]의 결과와 동일
```

MATLAB TIP!

1 'sqrt(x)' : $\sqrt{x}$를 정의한다.

유제 1-2 극한값 : 분모 유리화 이용

다음 극한값을 구하라.

$$\lim_{x\to 0}\frac{x}{\sqrt{x+1}-\sqrt{2x+1}}$$

정답 : -2

지금까지 살펴본 유리함수의 극한값을 구하는 문제와 별개로 삼각함수에서 매우 유용하게 사용되는 특별한 극한값에 관한 정리를 살펴보자.

정리 1-2 삼각함수의 특별한 극한값

(1) $\lim_{\theta\to 0}\frac{\sin\theta}{\theta}=1$ (2) $\lim_{\theta\to 0}\frac{1-\cos\theta}{\theta}=0$

증명

[정리 1-2]는 다음 도형들을 이용해 증명이 가능하다.

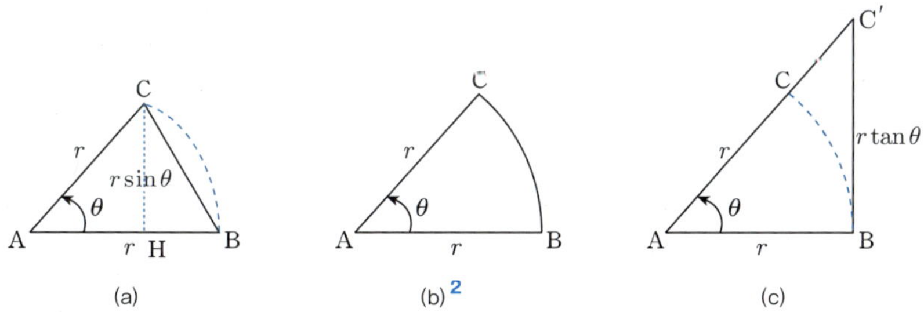

[그림 1-3] [정리 1-2]의 증명

2 부채꼴의 면적 : $\frac{1}{2}r^2\theta$

(1) [그림 1-3]에서 보는 바와 같이 (b)는 반경이 r, 사잇각이 θ인 부채꼴이고, (a)는 동일한 부채꼴로부터 얻어진 밑변이 r, 높이가 $r\sin\theta$인 삼각형 ABC이며, (c)는 동일한 부채꼴을 포함하면서 밑변의 길이가 r, 높이가 $r\tan\theta$인 직각삼각형 ABC′이다. 각 도형의 면적은 (a)의 경우 $\frac{r^2\sin\theta}{2}$, (b)는 $\frac{r^2\theta}{2}$, (c)는 $\frac{r^2\tan\theta}{2}$이다.

그림을 보면 알 수 있듯이, 도형의 면적은 (a) < (b) < (c) 순이다. 따라서

$$\frac{r^2\sin\theta}{2}<\frac{r^2\theta}{2}<\frac{r^2\tan\theta}{2}$$

이다. 위 부등식에 각각 $\dfrac{2}{r^2\sin\theta}$를 곱하면

$$1 < \frac{\theta}{\sin\theta} < \frac{1}{\cos\theta}$$

이고, 역수를 취하면

$$\cos\theta < \frac{\sin\theta}{\theta} < 1$$

이다. 마지막으로 극한을 취하면

$$\lim_{\theta\to 0}\cos\theta < \lim_{\theta\to 0}\frac{\sin\theta}{\theta} < \lim_{\theta\to 0}1, \text{ 즉 } 1 < \lim_{\theta\to 0}\frac{\sin\theta}{\theta} < 1$$

이며, 따라서 다음과 같은 결과가 나온다.

$$\lim_{\theta\to 0}\frac{\sin\theta}{\theta} = 1$$

(2) [그림 1-3(a)]를 사용하여 증명이 가능하다. 계산을 간단히 하기 위해 반경 $r=1$이라 가정하자. 그러면 $\overline{\mathrm{AH}}=\cos\theta$, $\overline{\mathrm{BH}}=1-\cos\theta$이고, 삼각형 BCH는 직각삼각형이므로 피타고라스 정리를 사용하면 $\overline{\mathrm{BC}}$의 길이는 다음과 같이 구해진다.

$$\begin{aligned}\overline{\mathrm{BC}} &= \sqrt{\overline{\mathrm{CH}}^{\,2}+\overline{\mathrm{BH}}^{\,2}}\\ &= \sqrt{(\sin\theta)^2+(1-\cos\theta)^2}\\ &= \sqrt{\sin^2\theta+1-2\cos\theta+\cos^2\theta}\\ &= \sqrt{2-2\cos\theta}\end{aligned}$$

한편, 그림에서 선의 길이 사이에는 다음과 같은 관계가 성립한다.

$$\overline{\mathrm{CH}} < \overline{\mathrm{BC}} < \widehat{\mathrm{BC}}$$ [3]

3 반경이 r이고 사잇각이 θ인 호의 길이는 $r\theta$이다.

여기서 $\widehat{\mathrm{BC}}$는 호의 길이를 나타낸다. $\overline{\mathrm{CH}}=\sin\theta$, $\widehat{\mathrm{BC}}=\theta$이므로

$$\sin\theta < \sqrt{2-2\cos\theta} < \theta$$

이다. 위 부등식을 이용하여 다음과 같이 식을 정리할 수 있다.

$$\frac{\sin\theta}{\sqrt{2}} < \sqrt{1-\cos\theta} < \frac{\theta}{\sqrt{2}}$$

$$\frac{\sin^2\theta}{2} < 1 - \cos\theta < \frac{\theta^2}{2}$$

$$\frac{\sin^2\theta}{2\theta} < \frac{1-\cos\theta}{\theta} < \frac{\theta}{2}$$

$$\lim_{\theta\to 0}\frac{\sin^2\theta}{2\theta} < \lim_{\theta\to 0}\frac{1-\cos\theta}{\theta} < \lim_{\theta\to 0}\frac{\theta}{2}$$

$$\frac{1}{2}\left(\lim_{\theta\to 0}\frac{\sin\theta}{\theta}\right)\lim_{\theta\to 0}\sin\theta < \lim_{\theta\to 0}\frac{1-\cos\theta}{\theta} < 0$$

$$\frac{1}{2}(1)(0) < \lim_{\theta\to 0}\frac{1-\cos\theta}{\theta} < 0$$

따라서 정리의 증명이 완료되었다. ■

예제 1-6 극한값 : [정리 1-2] 이용

다음 극한값을 구하라.

(a) $\lim_{x\to 0}\frac{x}{\sin 2x}$ (b) $\lim_{x\to 0}\frac{1-\cos x}{\sin x}$

풀이

(a) $\lim_{x\to 0}\frac{x}{\sin 2x} = \frac{1}{\lim_{x\to 0}\frac{\sin 2x}{x}} = \frac{1}{2\left(\lim_{x\to 0}\frac{\sin 2x}{2x}\right)} = \frac{1}{2}$

(b) $\lim_{x\to 0}\frac{1-\cos x}{\sin x} = \lim_{x\to 0}\frac{x(1-\cos x)}{x\sin x} = \frac{\lim_{x\to 0}\frac{1-\cos x}{x}}{\lim_{x\to 0}\frac{\sin x}{x}} = \frac{0}{1} = 0$

Command Window

```
: 코딩
>> x=sym('x');                       % x 변수에 대한 심볼릭 정의
>> f1=x/sin(2*x); 1                  % 구하고자 하는 함수 f1 정의
>> f2=(1-cos(x))/sin(x); 2           % 구하고자 하는 함수 f2 정의
>> U1=limit(f1,0)                    % 극한값 구하기
>> U2=limit(f2,0)                    % 극한값 구하기

: 결과
U1 = 1/2                             % [예제 1-6(a)]의 결과와 동일
U2 = 0                               % [예제 1-6(b)]의 결과와 동일
```

MATLAB TIP!

1 'sin(x)' : $\sin x$를 정의한다.

2 'cos(x)' : $\cos x$를 정의한다.

유제 1-3 극한값 : [정리 1-2] 이용

다음 극한값을 구하라.

(a) $\lim_{x\to 0}\frac{\sin^2 2x}{x^2}$ (b) $\lim_{x\to 0}\frac{1-\cos x}{\sin^2 x}$

정답 : (a) 4, (b) $\frac{1}{2}$

1.1.2 함수의 연속성

함수 $f(x)$가 $x=c$에서 **연속**continuous이라 함은 그 그래프가 $x=c$에서 끊어지지 않고 이어져 있는 상태를 말한다. [그림 1-4]는 함수 $f(x)$가 $x=c$에서 연속이 아닌 경우들을 보여준다. 이 세 경우가 아니면 함수는 $x=c$에서 연속이다.

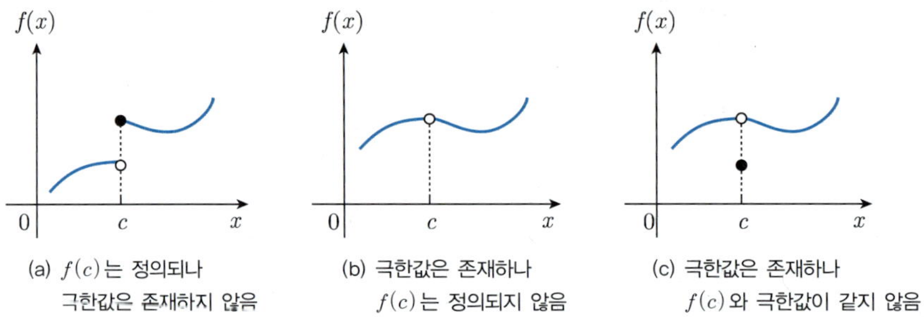

[그림 1-4] 연속이 아닌 함수의 유형

정의 1-2 함수의 연속성

함수 $f(x)$가 다음과 같은 조건들을 만족하면, 함수 $f(x)$는 $x=c$에서 연속이다.

(1) 극한값 $\lim_{x\to c} f(x)$가 존재한다.

(2) $f(c)$가 정의된다.

(3) $\lim_{x\to c} f(x)=f(c)$

예제 1-7 함수의 연속성

다음 함수들의 연속성 여부를 설명하라.

(a) $f(x)=\frac{x^2-4}{x-2}$ ([그림 1-5] 참조)

(b) $g(x)=\begin{cases} x+2 & (x\le 0) \\ -x+2 & (x>0)\end{cases}$ ([그림 1-6] 참조)

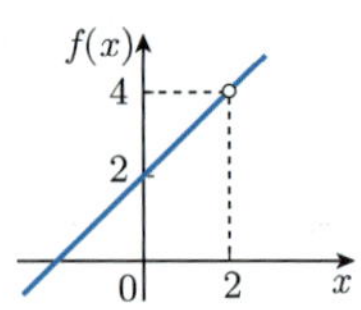

[그림 1-5]

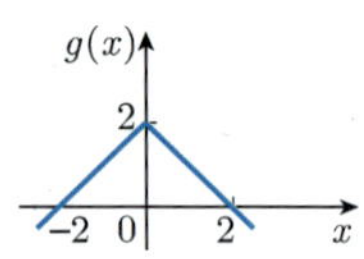

[그림 1-6]

풀이

(a) 분모가 0이 될 수 없으므로 $f(2)$는 정의되지 않는다. 따라서 $x=2$에서 함수 $f(x)$는 연속이 아니다. 비록 연속은 아니지만 $x=2$에서 극한값은 $\lim_{x \to 2} f(x)=4$이다.

(b) $\lim_{x \to 0} g(x)=2$, $g(0)=2$, $\lim_{x \to 0} g(x)=g(0)$이므로 함수 $g(x)$는 연속이다.

1.2 함수의 미분

이 절에서는 다양한 함수들의 미분을 구하는 방법을 설명한다. 이를 위해 먼저 평균변화율, 순간변화율, 도함수에 대한 정의를 소개할 것이다. 그런 다음, 이 정의로부터 얻어지는 미분 공식들을 사용하여 함수들의 미분을 구하고, 그와 관련된 유용한 정리를 살펴볼 것이다.

1.2.1 평균변화율, 순간변화율, 도함수

[그림 1-7]과 같이 구간 $[a, a+\Delta x]$에서 연속인 매끄러운 곡선 $f(x)$를 고려해보자. x가 a부터 $a+\Delta x$까지 증가하면 y 값은 $f(a) \sim f(a+\Delta x)$까지 변한다. x의 증가량과 y의 증가량 비를 **평균변화율**이라 하고, 다음과 같이 정의한다.

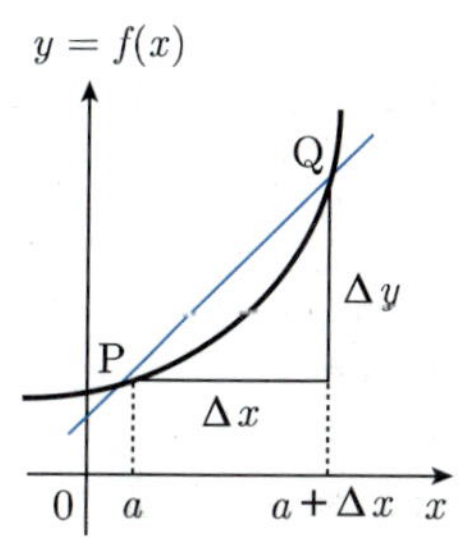

[그림 1-7] 평균변화율의 기하학적 의미

정의 1-3 평균변화율

함수 $y=f(x)$에서 x 값이 a부터 $a+\Delta x$까지 변할 때

$$\frac{\Delta y}{\Delta x}=\frac{f(a+\Delta x)-f(a)}{\Delta x} \tag{1.2}$$

를 구간 $[a, a+\Delta x]$에서 y의 **평균변화율**이라 한다.

평균변화율의 기하학적 의미는 [그림 1-7]에 나타낸 바와 같이 곡선 위의 두 점 P와 Q를 지나는 직선의 기울기이다.

예제 1-8 평균변화율

함수 $f(x)=x^2-2x$의 구간 $[1, 2]$에서의 평균변화율을 구하라.

풀이

$$\frac{\Delta y}{\Delta x}=\frac{f(2)-f(1)}{2-1}=\frac{(2^2-2\cdot 2)-(1^2-2\cdot 1)}{1}=1$$

유제 1-4 평균변화율

함수 $f(x)=x^2-2x+1$의 구간 $[1, 2]$에서의 평균변화율을 구하라.

정답 : $\frac{\Delta y}{\Delta x}=1$

함수 $y=f(x)$의 구간 $[a, a+\Delta x]$에서의 평균변화율로부터 $\Delta x\to 0$인 극한값,

$$\lim_{\Delta x\to 0}\frac{\Delta y}{\Delta x}=\lim_{\Delta x\to 0}\frac{f(a+\Delta x)-f(a)}{\Delta x}$$

가 존재하면 함수 $f(x)$는 $x=a$에서 **미분가능** differentiable하다고 하며, 미분가능한 함수 $f(x)$의 **순간변화율**은 다음과 같이 정의한다.

정의 1-4 순간변화율

함수 $y=f(x)$가 $x=a$에서 미분가능하다면, 극한값

$$\lim_{\Delta x\to 0}\frac{\Delta y}{\Delta x}=\lim_{\Delta x\to 0}\frac{f(a+\Delta x)-f(a)}{\Delta x} \tag{1.3}$$

를 $x=a$에서 $f(x)$의 **순간변화율**이라 한다.

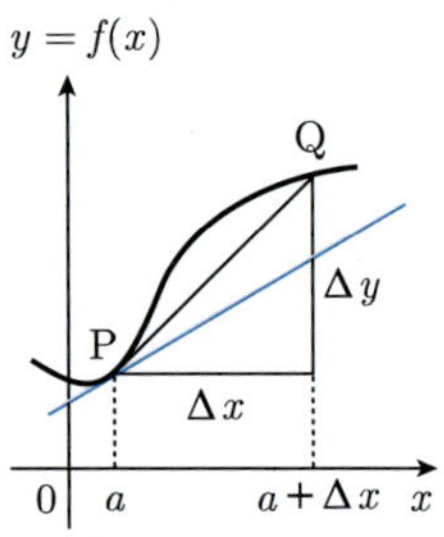

[그림 1-8] 순간변화율의 기하학적 의미

순간변화율은 **변화율** 또는 **미분계수**라고도 하며, 함수 $f(x)$의 $x=a$에서 순간변화율은 $f'(a)$로 나타낸다. 순간변화율의 기하학적 의미는 [그림 1-8]에 나타낸 바와 같이 곡선 위의 점 P에서의 접선의 기울기이다.

예제 1-9 순간변화율 : 접선의 기울기

함수 $f(x)=x^3+x$ 의 $x=1$ 에서의 접선의 기울기를 구하라.

풀이

Hint [정의 1-4] 참조

$$
\begin{aligned}
f'(1) &= \lim_{\Delta x \to 0} \frac{f(1+\Delta x)-f(1)}{\Delta x} \\
&= \lim_{\Delta x \to 0} \frac{[(1+\Delta x)^3+(1+\Delta x)]-(1^3+1)}{\Delta x} \quad \cdots\cdots \text{함수 } f(x)=x^3+x \text{에 } x \text{ 대신 } 1+\Delta x \text{와 } 1 \text{을 각각 대입} \\
&= \lim_{\Delta x \to 0} \frac{1^3+3(\Delta x)+3(\Delta x)^2+(\Delta x)^3+1+\Delta x-1^3-1}{\Delta x} \\
&= \lim_{\Delta x \to 0} \frac{4(\Delta x)+3(\Delta x)^2+(\Delta x)^3}{\Delta x} \\
&= \lim_{\Delta x \to 0} [4+3(\Delta x)+(\Delta x)^2] \\
&= 4
\end{aligned}
$$

유제 1-5 순간변화율 : 접선의 기울기

함수 $f(x)=x^2-2x+1$ 의 $x=1$ 에서의 접선의 기울기를 구하라.

정답 : $f'(1)=0$

순간변화율은 x가 임의의 상수 a에서 변화하는 정도(변화율)를 의미한다. 여기서 상수 a를 변수 x로 바꾸면 함수 $f(x)$의 **도함수**derivative를 다음과 같이 정의할 수 있다.

정의 1-5 도함수

함수 $y=f(x)$에서

$$\lim_{\Delta x \to 0} \frac{\Delta y}{\Delta x} = \lim_{\Delta x \to 0} \frac{f(x+\Delta x)-f(x)}{\Delta x} \tag{1.4}$$

를 x에 관한 y의 **도함수**라 한다.

함수 $y=f(x)$에서 도함수를 구하는 것을 "$f(x)$를 x에 관하여 **미분한다**."고 하고, y', $f'(x)$, $\dfrac{dy}{dx}$, $\dfrac{df(x)}{dx}$와 같은 기호로 나타낸다. 도함수 $f'(x)$의 기하학적 의미는 [그림 1-9]에 나타낸 바와 같이 함수 $f(x)$ 곡선 위의 임의의 점 $[x, f(x)]$에서의 접선의 기울기이다.

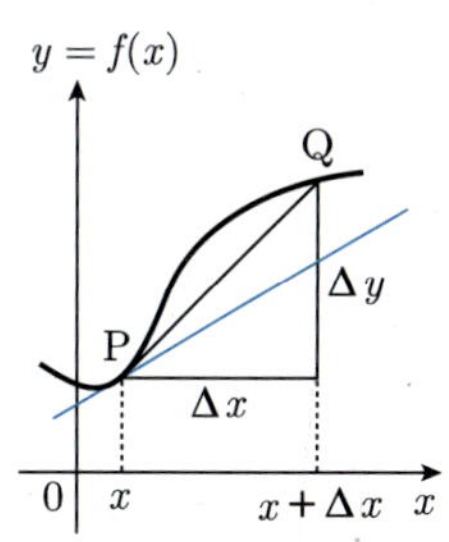

[그림 1-9] 도함수의 기하학적 의미

예제 1-10 도함수

도함수의 정의를 사용하여 $f(x)=x^3-2x$의 도함수를 구하라.

풀이

Hint [정의 1-5] 참조

$$\begin{aligned} f'(x) &= \lim_{\Delta x \to 0} \frac{f(x+\Delta x)-f(x)}{\Delta x} \\ &= \lim_{\Delta x \to 0} \frac{[(x+\Delta x)^3-2(x+\Delta x)]-(x^3-2x)}{\Delta x} \\ &= \lim_{\Delta x \to 0} \frac{x^3+3x^2\Delta x+3x(\Delta x)^2+(\Delta x)^3-2x-2\Delta x-x^3+2x}{\Delta x} \\ &= \lim_{\Delta x \to 0} \frac{3x^2\Delta x+3x(\Delta x)^2+(\Delta x)^3-2\Delta x}{\Delta x} \\ &= \lim_{\Delta x \to 0} [3x^2+3x(\Delta x)+(\Delta x)^2-2] \\ &= 3x^2-2 \end{aligned}$$

…… 함수 $f(x)=x^3-2x$에 x 대신 $x+\Delta x$와 x를 각각 대입

유제 1-6 도함수

도함수의 정의를 사용하여 $f(x)=x^2-4x+3$의 도함수를 구하라.

정답 : $f'(x)=2x-4$

1.2.2 미분 공식

1.2.1절에서 살펴본 바와 같이 도함수의 정의를 사용하면 미분가능한 함수의 도함수를 구할 수 있다. 그러나 이 방법을 사용하면 계산이 복잡해지므로 실제로는 간편한 공식을 사용하여 도함수를 구한다. 이 절에서는 다양한 함수들의 도함수를 구할 때 적용할 수 있는 공식들을 유도하고, 그 공식을 사용하여 도함수를 구하는 연습을 해보자.

정리 1-3 미분의 기본 공식

c는 상수, n은 임의의 실수일 때 함수 $f(x)$와 $g(x)$의 도함수가 존재하면 다음 관계식이 성립한다.

$$\text{(1)}\quad \frac{d}{dx}[c]=0$$

$$\text{(2)}\quad \frac{d}{dx}[cf(x)]=cf'(x)$$

$$\text{(3)}\quad \frac{d}{dx}[x^n]=nx^{n-1} \tag{1.5}$$

$$\text{(4)}\quad \frac{d}{dx}[f(x)\pm g(x)]=f'(x)\pm g'(x)$$

$$\text{(5)}\quad \frac{d}{dx}[f(x)g(x)]=f(x)g'(x)+f'(x)g(x)$$

$$\text{(6)}\quad \frac{d}{dx}\left[\frac{f(x)}{g(x)}\right]=\frac{f'(x)g(x)-f(x)g'(x)}{[g(x)]^2}\qquad (g(x)\neq 0)$$

증명 [정리 1-3]의 공식들은 도함수의 정의를 이용하여 쉽게 증명할 수 있다. 공식 (1) ~ (4)의 증명은 비교적 간단하므로 독자를 위한 숙제로 남겨 두고, 여기에서는 공식 (5)와 (6)에 대해서만 증명해보자.

(5) 도함수의 정의로부터 다음과 같이 증명할 수 있다.

$$\frac{d}{dx}[f(x)g(x)]=\lim_{\Delta x\to 0}\frac{f(x+\Delta x)g(x+\Delta x)-f(x)g(x)}{\Delta x}$$

…… ① 도함수 정의 사용

$$=\lim_{\Delta x\to 0}\frac{f(x+\Delta x)g(x+\Delta x)-f(x+\Delta x)g(x)+f(x+\Delta x)g(x)-f(x)g(x)}{\Delta x}$$

…… ② $f(x+\Delta x)g(x)$를 빼고 더한다.

$$=\lim_{\Delta x\to 0}\left[f(x+\Delta x)\frac{g(x+\Delta x)-g(x)}{\Delta x}+\frac{f(x+\Delta x)-f(x)}{\Delta x}g(x)\right]$$

$$=\lim_{\Delta x\to 0}\left[f(x+\Delta x)\frac{g(x+\Delta x)-g(x)}{\Delta x}\right]+\lim_{\Delta x\to 0}\left[\frac{f(x+\Delta x)-f(x)}{\Delta x}g(x)\right]$$

…… ③ 극한 연산자의 선형성 이용

$$=\lim_{\Delta x\to 0}f(x+\Delta x)\cdot\lim_{\Delta x\to 0}\frac{g(x+\Delta x)-g(x)}{\Delta x}$$

…… ④ 도함수 정의 사용

$$+\lim_{\Delta x\to 0}\frac{f(x+\Delta x)-f(x)}{\Delta x}\cdot\lim_{\Delta x\to 0}g(x)$$

$$=f(x)g'(x)+f'(x)g(x)$$

(6) 도함수의 정의로부터 다음과 같이 증명할 수 있다.

$$\frac{d}{dx}\left[\frac{f(x)}{g(x)}\right]=\lim_{\Delta x\to 0}\frac{\dfrac{f(x+\Delta x)}{g(x+\Delta x)}-\dfrac{f(x)}{g(x)}}{\Delta x}$$

…… ⑤ 도함수 정의 사용

$$=\lim_{\Delta x\to 0}\frac{1}{\Delta x}\frac{f(x+\Delta x)g(x)-f(x)g(x+\Delta x)}{g(x+\Delta x)g(x)}$$

$$=\lim_{\Delta x\to 0}\frac{1}{\Delta x}\frac{f(x+\Delta x)g(x)-f(x)g(x)+f(x)g(x)-f(x)g(x+\Delta x)}{g(x+\Delta x)g(x)}$$

…… ⑥ $f(x)g(x)$를 빼고 더한다.

$$=\frac{\displaystyle\lim_{\Delta x\to 0}\frac{[f(x+\Delta x)-f(x)]g(x)}{\Delta x}-\lim_{\Delta x\to 0}\frac{f(x)[g(x+\Delta x)-g(x)]}{\Delta x}}{\displaystyle\lim_{\Delta x\to 0}[g(x+\Delta x)g(x)]}$$

…… ⑦ 극한 연산자의 선형성 이용

$$=\frac{\left[\displaystyle\lim_{\Delta x\to 0}\frac{f(x+\Delta x)-f(x)}{\Delta x}\right]g(x)-f(x)\left[\displaystyle\lim_{\Delta x\to 0}\frac{g(x+\Delta x)-g(x)}{\Delta x}\right]}{\displaystyle\lim_{\Delta x\to 0}[g(x+\Delta x)g(x)]}$$

…… ⑧ 도함수 정의 사용

$$=\frac{f'(x)g(x)-f(x)g'(x)}{[g(x)]^2}$$

■

예제 1-11 도함수 : 미분 공식 사용

다음 함수의 도함수를 구하라.

(a) $y=(x+2)^2(x^2-1)^3$ (b) $y=\dfrac{(x^2+1)^2}{x^2+2}$

풀이

(a) [정리 1-3(5)]를 이용하여 도함수를 구해보자.

$$\frac{d}{dx}[(x+2)^2(x^2-1)^3]=(x+2)^2\frac{d}{dx}(x^2-1)^3+\frac{d}{dx}[(x+2)^2](x^2-1)^3$$

$$=(x+2)^2 3(x^2-1)^2(2x)+2(x+2)(x^2-1)^3$$

$$=2(x+2)(x^2-1)^2(x^2-1+3x^2+6x)$$

$$=2(x+2)(x^2-1)^2(4x^2+6x-1)$$

(b) [정리 1-3(6)]을 이용하여 도함수를 구해보자.

$$\frac{d}{dx}\left[\frac{(x^2+1)^2}{x^2+2}\right]=\frac{(x^2+2)\dfrac{d}{dx}(x^2+1)^2-(x^2+1)^2\dfrac{d}{dx}(x^2+2)}{(x^2+2)^2}$$

$$=\frac{(x^2+2)2(x^2+1)(2x)-(x^2+1)^2(2x)}{(x^2+2)^2}$$

$$=\frac{2x(x^2+1)(2x^2+4-x^2-1)}{(x^2+2)^2}$$

$$= \frac{2x(x^2+1)(x^2+3)}{(x^2+2)^2}$$

Command Window

```
: 코딩
>> x=sym('x');                                % x 변수에 대한 심볼릭 정의
>> U1=diff((x+2)^2*(x^2-1)^3) [1]             % 주어진 함수의 도함수 구하기
>> U2=diff((x^2+1)^2/(x^2+2))                 % 주어진 함수의 도함수 구하기

: 결과
U1 = (2*x+4)*(x^2-1)^3+6*x*(x^2-1)^2*(x+2)^2  % [예제 1-11(a)]의 결과와 동일
U2 = (4*x*(x^2+1))/(x^2+2)-(2*x*(x^2+1)^2)/(x^2+2)^2
                                              % [예제 1-11(b)]의 결과와 동일
```

MATLAB TIP!

[1] 'diff(f)' : 함수 f의 도함수를 구한다.

유제 1-7 도함수 : 미분 공식 사용

다음 함수의 도함수를 구하라.

(a) $y=(2x-1)^2(x^2+2x)$ (b) $y=\dfrac{(x^2-2)^2}{x+3}$

정답 : (a) $y'(x)=(2x-1)^2(2x+2)+4(2x-1)(x^2+2x)$, (b) $y'(x)=\dfrac{(x^2-2)(3x^2+12x+2)}{(x+3)^2}$

지금까지 **대수함수** algebraic function, 代數函數의 도함수를 구하는 방법에 대해 살펴보았다. 이제는 **초월함수** transcendental function, 超越函數에 대해 살펴보겠다.[4]

먼저 삼각함수 중에서 가장 간단한 함수들의 도함수를 구해보자. 다소 복잡한 삼각함수의 도함수를 구하는 문제는 이 책의 맨 뒤에 수록된 표를 참고하거나 연습문제로 남겨 놓겠다.

4 대수함수란 다항함수 간의 가감승제 및 제곱근 등으로 표현된 함수를 말하고, 대수함수가 아닌 함수를 초월함수라 한다. 초월함수에는 삼각함수, 지수함수, 로그함수 등이 있다.

정리 1-4 삼각함수의 도함수

(1) $$\frac{d}{dx}[\sin x] = \cos x \tag{1.6}$$

(2) $$\frac{d}{dx}[\cos x] = -\sin x \tag{1.7}$$

증명 도함수의 정의로부터 다음과 같이 증명할 수 있다.

(1) $$\frac{d}{dx}[\sin x] = \lim_{\Delta x \to 0} \frac{\sin(x+\Delta x)-\sin x}{\Delta x}$$

$$= \lim_{\Delta x \to 0} \frac{\sin x \cos \Delta x + \cos x \sin \Delta x - \sin x}{\Delta x}$$ …… ① $\sin(a+b) = \sin a \cos b + \cos a \sin b$

$$= \lim_{\Delta x \to 0} \frac{\cos x \sin \Delta x - \sin x (1 - \cos \Delta x)}{\Delta x}$$

$$= \lim_{\Delta x \to 0} \left[\cos x \frac{\sin \Delta x}{\Delta x} - \sin x \frac{1 - \cos \Delta x}{\Delta x} \right]$$

$$= \cos x \lim_{\Delta x \to 0} \frac{\sin \Delta x}{\Delta x} - \sin x \lim_{\Delta x \to 0} \frac{1 - \cos \Delta x}{\Delta x}$$ … ② [정리 1-2] $\lim_{\Delta x \to 0} \frac{\sin \Delta x}{\Delta x} = 1$, $\lim_{\Delta x \to 0} \frac{1 - \cos \Delta x}{\Delta x} = 0$

$$= (\cos x)(1) - (\sin x)(0)$$

$$= \cos x$$

(2) $$\frac{d}{dx}[\cos x] = \lim_{\Delta x \to 0} \frac{\cos(x + \Delta x) - \cos x}{\Delta x}$$

$$= \lim_{\Delta x \to 0} \frac{\cos x \cos \Delta x - \sin x \sin \Delta x - \cos x}{\Delta x}$$ …… ③ $\cos(a+b) = \cos a \cos b - \sin a \sin b$

$$= \lim_{\Delta x \to 0} \frac{-\sin x (\sin \Delta x) - \cos x (1 - \cos \Delta x)}{\Delta x}$$

$$= -\sin x \lim_{\Delta x \to 0} \frac{\sin \Delta x}{\Delta x} - \cos x \lim_{\Delta x \to 0} \frac{1 - \cos \Delta x}{\Delta x}$$ … ④ [정리 1-2] $\lim_{\Delta x \to 0} \frac{\sin \Delta x}{\Delta x} = 1$, $\lim_{\Delta x \to 0} \frac{1 - \cos \Delta x}{\Delta x} = 0$

$$= (-\sin x)(1) - (\cos x)(0)$$

$$= -\sin x$$ ■

예제 1-12 도함수 : 삼각함수

다음 함수의 도함수를 구하라.

(a) $y = \tan x$ (b) $y = \sec x$

풀이

(a) $$\frac{d}{dx}[\tan x] = \frac{d}{dx}\left[\frac{\sin x}{\cos x}\right]$$

$$= \frac{\frac{d}{dx}(\sin x)\cos x - \sin x \frac{d}{dx}(\cos x)}{\cos^2 x}$$ …… ① [정리 1-3(6)] 이용

$$= \frac{\cos x \cos x - \sin x(-\sin x)}{\cos^2 x}$$

$$= \frac{\cos^2 x + \sin^2 x}{\cos^2 x}$$ …… ② $\cos^2 x + \sin^2 x = 1$

$$= \frac{1}{\cos^2 x}$$ …… ③ $\frac{1}{\cos x} = \sec x$

$$= \sec^2 x$$

(b) $\frac{d}{dx}[\sec x] = \frac{d}{dx}\left[\frac{1}{\cos x}\right]$

$$= \frac{\cos x \frac{d}{dx}(1) - 1\frac{d}{dx}(\cos x)}{\cos^2 x} \qquad \cdots\cdots ④ \text{ [정리 1-3(6)] 이용}$$

$$= \frac{(0)(\cos x) - (1)(-\sin x)}{\cos^2 x}$$

$$= \frac{\sin x}{\cos^2 x}$$

$$= \frac{1}{\cos x}\frac{\sin x}{\cos x} \qquad \cdots\cdots ⑤ \ \frac{1}{\cos x} = \sec x,\ \frac{\sin x}{\cos x} = \tan x$$

$$= \sec x \tan x$$

Command Window

: 코딩

```
>> x=sym('x');                  % x 변수에 대한 심볼릭 정의
>> U1=diff(tan(x)) [1]          % 주어진 함수(tan(x))의 도함수 구하기
>> U2=diff(sec(x)) [2]          % 주어진 함수(sec(x))의 도함수 구하기
```

: 결과

```
U1 = 1+tan(x)^2 [3]             % [예제 1-12(a)]의 결과와 동일
U2 = sin(x)/cos(x)^2 [4]        % [예제 1-12(b)]의 결과와 동일
```

MATLAB TIP!

1. $\tan x$의 표현 : tan(x)
2. $\sec x$의 표현 : sec(x)
3. $1+\tan^2 x = \sec^2 x$
4. $\sec x \tan x$와 동일

유제 1-8 도함수 : 삼각함수

다음 함수의 도함수를 구하라.

(a) $y = \cot x$ (b) $y = \csc x$

정답 : (a) $y'(x) = -\csc^2 x$, (b) $y'(x) = -\csc x \cot x$

이제부터는 **지수함수** exponential function 의 도함수에 대해 살펴보자.

정리 1-5 지수함수의 도함수

(1) $\frac{d}{dx}[a^x] = a^x \ln a$ (1.8)

(2) $\frac{d}{dx}[e^x] = e^x$ (1.9)

증명

(1) 도함수의 정의로부터 다음과 같이 쓸 수 있다.

$$\frac{d}{dx}[a^x] = \lim_{\Delta x \to 0} \frac{a^{x+\Delta x} - a^x}{\Delta x} = \lim_{\Delta x \to 0} a^x \frac{a^{\Delta x} - 1}{\Delta x} = a^x \lim_{\Delta x \to 0} \frac{a^{\Delta x} - 1}{\Delta x}$$

…… ① 도함수 정의

$\lim_{\Delta x \to 0} \frac{a^{\Delta x} - 1}{\Delta x}$을 구하기 위해 $a^{\Delta x} - 1 = u$로 놓으면 $\Delta x \to 0$일 때 $u \to 0$이고, $a^{\Delta x} = 1 + u$, $\Delta x = \log_a(1+u)$가 된다. 그러므로

$$\lim_{\Delta x \to 0} \frac{a^{\Delta x} - 1}{\Delta x} = \lim_{u \to 0} \frac{u}{\log_a(1+u)}$$

$$= \lim_{u \to 0} \frac{1}{\frac{1}{u}\log_a(1+u)}$$

…… ② 로그 공식 : $c\log_a x = \log_a x^c$

$$= \lim_{u \to 0} \frac{1}{\log_a(1+u)^{1/u}}$$

…… ③ 극한값 e의 정의 : $\lim_{u \to 0}(1+u)^{1/u} = e$

$$= \frac{1}{\log_a e}$$

…… ④ 로그 공식 : $\log_a b = \frac{\ln b}{\ln a}$

$$= \frac{\ln a}{\ln e}$$

$$= \ln a$$

이다. 따라서 다음과 같이 정리할 수 있다.

$$\frac{d}{dx}[a^x] = a^x \lim_{\Delta x \to 0} \frac{a^{\Delta x} - 1}{\Delta x} = a^x \ln a$$

(2) 도함수의 정의로부터 다음과 같이 쓸 수 있다.

$$\frac{d}{dx}[e^x] = \lim_{\Delta x \to 0} \frac{e^{x+\Delta x} - e^x}{\Delta x} = \lim_{\Delta x \to 0} e^x \frac{e^{\Delta x} - 1}{\Delta x} = e^x \lim_{\Delta x \to 0} \frac{e^{\Delta x} - 1}{\Delta x}$$

…… ① 도함수 정의

$\lim_{\Delta x \to 0} \frac{e^{\Delta x} - 1}{\Delta x}$을 구하기 위해 $e^{\Delta x} - 1 = u$로 놓으면 $\Delta x \to 0$일 때 $u \to 0$이고, $e^{\Delta x} = 1 + u$, $\Delta x = \ln_e(1+u)$가 된다. 그러므로

$$\lim_{\triangle x \to 0} \frac{e^{\triangle x}-1}{\triangle x} = \lim_{u \to 0} \frac{u}{\ln_e(1+u)}$$

$$= \lim_{u \to 0} \frac{1}{\frac{1}{u}\ln_e(1+u)}$$ …… ② 로그 공식 : $c\ln_a x = \ln_a x^c$

$$= \lim_{u \to 0} \frac{1}{\ln_e(1+u)^{1/u}}$$ …… ③ 극한값 e의 정의 : $\lim_{u\to 0}(1+u)^{1/u} = e$

$$= \frac{1}{\ln_e e}$$ …… ④ 로그 공식 : $\ln_a b = \frac{\ln b}{\ln a}$

$$= 1$$

이다. 따라서 다음과 같이 정리할 수 있다.

$$\frac{d}{dx}[e^x] = e^x \lim_{\triangle x \to 0} \frac{e^{\triangle x}-1}{\triangle x} = e^x$$ ■

예제 1-13 도함수 : 지수함수

다음 함수의 도함수를 구하라.

(a) $y = \frac{2^x \sin x}{e^x+1}$ (b) $y = \frac{e^x+2}{e^{2x}-1}$

풀이

(a) $\frac{d}{dx}\left[\frac{2^x \sin x}{e^x+1}\right] = \frac{(2^x \ln 2 \sin x + 2^x \cos x)(e^x+1) - 2^x e^x \sin x}{(e^x+1)^2}$

(b) $\frac{d}{dx}\left[\frac{e^x+2}{e^{2x}-1}\right] = \frac{e^x(e^{2x}-1) - 2(e^x+2)e^{2x}}{(e^{2x}-1)^2} = \frac{-e^x(e^{2x}+4e^x+1)}{(e^{2x}-1)^2}$

Command Window

```
: 코딩
>> x=sym('x');                                  % x 변수에 대한 심볼릭 정의
>> U1=diff(2^x*sin(x)/(exp(x)+1)) 1 2 3          % 주어진 함수의 도함수 구하기
>> U2=diff((exp(x)+2)/(exp(2*x)-1))             % 주어진 함수의 도함수 구하기

: 결과
U1 = (2^x*cos(x))/(exp(x)+1)+(2^x*log(2)*sin(x))/(exp(x)+1)
     -(2^x*exp(x)*sin(x))/(exp(x)+1)^2          % [예제 1-13(a)]의 결과와 동일
U2 = exp(x)/(exp(2*x)-1)-(2*exp(2*x)*(exp(x)+2))/(exp(2*x)-1)^2
                                                % [예제 1-13(b)]의 결과와 동일
```

MATLAB TIP!

1 2^x 의 표현 : 2^x

2 $\sin x$ 의 표현 : sin(x)

3 e^x 의 표현 : exp(x)

유제 1-9 도함수 : 지수함수

다음 함수의 도함수를 구하라.

(a) $y=\dfrac{3^x\cos x}{e^{2x}}$ (b) $y=\dfrac{e^x+1}{\sin x}$

정답 : (a) $\dfrac{3^x(\cos x\ln 3-\sin x-2\cos x)}{e^{2x}}$, (b) $\dfrac{e^x(\sin x-\cos x)-\cos x}{\sin^2 x}$

이제 **로그함수** logarithmic function에 대해 고려해보자.

정리 1-6 로그함수의 도함수

(1) $$\frac{d}{dx}[\log_a x]=\frac{1}{x}\cdot\frac{1}{\ln a} \quad (1.10)$$

(2) $$\frac{d}{dx}[\ln x]=\frac{1}{x} \quad (1.11)$$

증명 도함수의 정의로부터 다음과 같이 증명할 수 있다.

(1)
$$\begin{aligned}\frac{d}{dx}[\log_a x]&=\lim_{\Delta x\to 0}\frac{\log_a(x+\Delta x)-\log_a x}{\Delta x} && \cdots\cdots \text{① 도함수 정의}\\
&=\lim_{\Delta x\to 0}\frac{1}{\Delta x}\log_a\frac{(x+\Delta x)}{x}\\
&=\lim_{\Delta x\to 0}\log_a\left(1+\frac{\Delta x}{x}\right)^{\frac{1}{\Delta x}} && \cdots\cdots \text{② 로그 공식 : } c\log_a x=\log_a x^c\\
&=\lim_{\Delta x\to 0}\log_a\left(1+\frac{\Delta x}{x}\right)^{\frac{x}{\Delta x}\frac{1}{x}}\\
&=\log_a e^{1/x}\\
&=\frac{1}{x}\log_a e\\
&=\frac{1}{x}\cdot\frac{1}{\ln a}\end{aligned}$$

(2)
$$\begin{aligned}\frac{d}{dx}[\ln x]&=\lim_{\Delta x\to 0}\frac{\ln(x+\Delta x)-\ln x}{\Delta x}\\
&=\lim_{\Delta x\to 0}\frac{1}{\Delta x}\ln\frac{(x+\Delta x)}{x}\\
&=\lim_{\Delta x\to 0}\ln\left(1+\frac{\Delta x}{x}\right)^{\frac{1}{\Delta x}}\end{aligned}$$

$$= \lim_{\triangle x \to 0} \ln\left(1+\frac{\triangle x}{x}\right)^{\frac{x}{\triangle x}\frac{1}{x}}$$

$$= \ln e^{1/x}$$

$$= \frac{1}{x}\ln e$$

$$= \frac{1}{x}$$ ■

예제 1-14 도함수 : 로그함수

다음 함수의 도함수를 구하라.

(a) $y = \log_2(\sin x)$ (b) $y = \sin x \ln 3x$

풀이

(a) $\frac{d}{dx}[\log_2(\sin x)] = \frac{1}{\sin x}\frac{1}{\ln 2}(\sin x)'$ …… ① $\frac{d}{dx}[\log_a x] = \frac{1}{x}\cdot\frac{1}{\ln a}$

$$= \frac{1}{\sin x}\frac{1}{\ln 2}\cos x = \frac{1}{\tan x \ln 2}$$

(b) $\frac{d}{dx}(\sin x \ln 3x) = \cos x \ln 3x + \sin x \frac{1}{3x}(3) = \cos x \ln 3x + \frac{\sin x}{x}$ …… ② $\frac{d}{dx}[\ln x] = \frac{1}{x}$

Command Window

: 코딩

```
>> x=sym('x');                          % x 변수에 대한 심볼릭 정의
>> U1=diff(log2(sin(x))) 1              % 주어진 함수의 도함수 구하기
>> U2=diff(sin(x)*log(3*x)) 2           % 주어진 함수의 도함수 구하기
```

: 결과

```
U1 = cos(x)/(log(2)*sin(x))             % [예제 1-14(a)]의 결과와 동일
U2 = sin(x)/x + log(3*x)*cos(x)         % [예제 1-14(b)]의 결과와 동일
```

MATLAB TIP!

1 $\log_2 x$ 의 표현 : log2(x)

2 $\ln x$ 의 표현 : log(x)

유제 1-10 도함수 : 로그함수

다음 함수의 도함수를 구하라.

(a) $y = \log_2(\cos x)$ (b) $y = \ln(\sin x)$

정답 : (a) $-\frac{\tan x}{\ln 2}$, (b) $\frac{\cos x}{\sin x}$

이제 **합성함수**composite function에 대해 고려해보자. 합성함수란 두 함수를 합성하여 얻은 함수로, $y=f(z)$, $z=g(x)$에 대해 $y=f[g(x)]$를 이르는 말이다. 합성함수의 도함수는 다음과 같이 구한다.

정리 1-7 합성함수의 도함수

$y=f(u)$와 $u=g(x)$가 각각 미분가능할 때 x에 대한 y의 도함수는

$$\frac{dy}{dx}=\frac{dy}{du}\cdot\frac{du}{dx} \tag{1.12}$$

이다. 이 법칙을 **연쇄법칙**chain rule이라 한다.

증명 x의 증분 Δx에 대해 $u=g(x)$와 $y=f(u)=f(g(x))$의 증분을 Δu, Δy라 하면, $\Delta u=g(x+\Delta x)-g(x)$이므로 $g(x+\Delta x)=g(x)+\Delta u=u+\Delta u$이고, $\Delta y=f(g(x+\Delta x))-f(g(x))=f(u+\Delta u)-f(u)$이다. 따라서

$$\begin{aligned}\frac{\Delta y}{\Delta x}&=\frac{\Delta y}{\Delta u}\cdot\frac{\Delta u}{\Delta x}=\frac{f(u+\Delta u)-f(u)}{\Delta u}\cdot\frac{\Delta u}{\Delta x}\\&=\frac{f(u+\Delta u)-f(u)}{\Delta u}\cdot\frac{g(x+\Delta x)-g(x)}{\Delta x}\end{aligned}$$

이고, $\Delta x\to0$일 때 $\Delta u\to0$이므로

$$\begin{aligned}\lim_{\Delta x\to0}\frac{\Delta y}{\Delta x}&=\lim_{\Delta u\to0}\frac{f(u+\Delta u)-f(u)}{\Delta u}\cdot\lim_{\Delta x\to0}\frac{g(x+\Delta x)-g(x)}{\Delta x}\\&=f'(u)\cdot g'(x)\end{aligned}$$

이다. 따라서 다음과 같이 연쇄법칙이 증명된다.

$$\frac{dy}{dx}=\frac{dy}{du}\cdot\frac{du}{dx}$$

■

예제 1-15 도함수 : 합성함수

다음 함수의 도함수를 구하라.

(a) $y=(x-\sin x)^2$　　　(b) $y=\left(\frac{e^x}{x-1}\right)^2$

풀이

(a) $u = x - \sin x$ 라 놓으면 $y = u^2$ 이므로

$$\frac{dy}{du} = 2u, \quad \frac{du}{dx} = 1 - \cos x$$

이고, 따라서 다음을 얻을 수 있다.

$$\frac{dy}{dx} = \frac{dy}{du} \cdot \frac{du}{dx} = 2u(1-\cos x) = 2(x - \sin x)(1 - \cos x)$$

(b) $u = \dfrac{e^x}{x-1}$ 이라 놓으면 $y = u^2$ 이므로

$$\frac{dy}{du} = 2u, \quad \frac{du}{dx} = \frac{(e^x)'(x-1) - e^x(x-1)'}{(x-1)^2} = \frac{e^x(x-2)}{(x-1)^2}$$

이고, 따라서 다음을 얻을 수 있다.

$$\frac{dy}{dx} = \frac{dy}{du} \cdot \frac{du}{dx} = 2u\frac{e^x(x-2)}{(x-1)^2} = 2\left(\frac{e^x}{x-1}\right)\frac{e^x(x-2)}{(x-1)^2} = \frac{2e^{2x}(x-2)}{(x-1)^3}$$

Command Window

```
: 코딩
>> x=sym('x');                                % x 변수에 대한 심볼릭 성의
>> U1=diff((x-sin(x))^2)                      % 주어진 함수의 도함수 구하기
>> U2=diff((exp(x)/(x-1))^2)                  % 주어진 함수의 도함수 구하기

: 결과
U1 = -2*(x-sin(x))*(cos(x)-1)                 % [예제 1-15(a)]의 결과와 동일
U2 = (2*exp(2*x))/(x-1)^2-(2*exp(2*x))/(x-1)^3  % [예제 1-15(b)]의 결과와 동일
```

유제 1-11 도함수 : 합성함수

다음 함수의 도함수를 구하라.

(a) $y = (x\sin x - e^x)^2$ (b) $y = \left(\dfrac{e^x}{e^x - 1}\right)^2$

정답 : (a) $y'(x) = 2(x\sin x - e^x)(x\cos x + \sin x - e^x)$, (b) $y'(x) = \dfrac{-2e^{2x}}{(e^x-1)^3}$

마지막으로 매개변수로 표현된 함수를 고려해 보자.

정리 1-8 매개변수함수의 도함수

$x=f(t)$와 $y=g(t)$가 각각 t에 관하여 미분가능하고 $f'(t)\neq 0$일 때

$$\frac{dy}{dx}=\frac{dy}{dt}\Big/\frac{dx}{dt}=\frac{g'(t)}{f'(t)} \tag{1.13}$$

증명 $\triangle x\to 0$일 때, $\triangle t\to 0$이므로 다음과 같이 증명할 수 있다.

$$\begin{aligned}\frac{dy}{dx}&=\lim_{\triangle x\to 0}\frac{\triangle y}{\triangle x}\\&=\lim_{\triangle t\to 0}\frac{\triangle y}{\triangle t}\Big/\frac{\triangle x}{\triangle t}=\lim_{\triangle t\to 0}\frac{\triangle y}{\triangle t}\Big/\lim_{\triangle t\to 0}\frac{\triangle x}{\triangle t}=\frac{dy}{dt}\Big/\frac{dx}{dt}=\frac{g'(t)}{f'(t)}\end{aligned}$$ ■

예제 1-16 도함수 : 매개변수함수

$x(t)=2t-1,\ y(t)=3t^2+t$일 때 $\dfrac{dy}{dx}$를 구하라.

풀이

Hint 매개변수가 쉽게 소거되면 먼저 매개변수를 소거한 다음 도함수를 구해도 된다.

$\dfrac{dx}{dt}=2,\ \dfrac{dy}{dt}=6t+1$ 이므로 다음을 얻을 수 있다.

$$\frac{dy}{dx}=\frac{dy}{dt}\Big/\frac{dx}{dt}=\frac{6t+1}{2}$$

Command Window

: 코딩
```
>> syms x y t; [1]          % x, y, t 변수에 대한 심볼릭 정의
>> y=3*t^2+t;               % y 함수 정의
>> x=2*t-1;                 % x 함수 정의
>> U1=diff(y)               % dy/dt 구하기
>> U2=diff(x)               % dx/dt 구하기
>> U=U1/U2                  % dx/dt 구하기
```

: 결과
```
U1 = 6*t+1                  % dy/dt
U2 = 2                      % dx/dt
U = 3*t+1/2                 % [예제 1-16]의 결과와 동일
```

MATLAB TIP!

[1] 'syms' : 여러 개의 변수에 대한 심볼릭을 정의할 때 사용하며, 콤마(,)를 쓰지 않는다.

유제 1-12 도함수 : 매개변수함수

$x(t)=t+1,\ y(t)=t-\sin t$일 때 $\dfrac{dy}{dx}$를 구하라.

정답 : $y'(x)=1-\cos t$

1.2.3 유용한 정리

이 절에서는 미분과 관련하여 유용하게 사용되는 정리들, 즉 롤의 정리와 평균값 정리, 로피탈 정리에 대해 소개할 것이다.

미분적분학에서 **롤[5]의 정리**Rolle's theorem는 미분가능한 함수에 대한 본질적인 성질로 다음에 설명할 평균값 정리의 특별한 경우이고, 평균값 정리를 증명하는 데 사용된다. 롤의 정리는 함숫값이 같은 두 점이 존재할 경우에 함수의 그래프를 그리면 그 두 값 사이에 접선의 기울기가 0이 되는 점이 반드시 존재한다는 정리로서, 도식적으로는 [그림 1-10]과 같이 나타낼 수 있고 수학적으로 다음과 같이 표현된다.

5 M. Rolle(1652 ~ 1719) 프랑스 수학자로서 x의 n 제곱근의 표시법을 발명하였다.

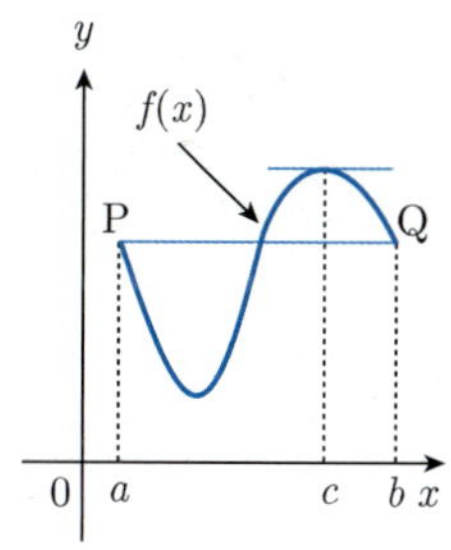

[그림 1-10] 롤의 정리 구간 (a, b)에서 미분이 가능할 때만 성립한다.

정리 1-9 롤의 정리

함수 $f(x)$가 폐구간 $[a, b]$에서 연속이고 개구간 (a, b)에서 미분가능하며 $f(a)=f(b)$이면

$$f'(c)=0 \qquad (a<c<b) \tag{1.14}$$

이 되는 c가 적어도 하나 존재한다.

증명 폐구간 $[a, b]$에서 연속이고, 개구간 (a, b)에서 미분가능하며, $f(a)=f(b)$의 관계를 만족하는 함수 $f(x)$는 폐구간 $[a, b]$에서 일정한 값을 갖는 함수(x축과 평행)이거나, 개구간 (a, b)에서 적어도 하나의 최댓값 또는 최솟값을 가진다. 그러므로 $f'(c)=0$ $(a<c<b)$인 점 c가 하나 이상 존재한다. ■

예제 1-17 롤의 정리

함수 $f(x)=(x-1)(x-3)^2$에 대해 $f'(c)=0$을 만족하는 $c(1<c<3)$를 구하라.

풀이

$f(1)=0=f(3)$이고, 함수 $f(x)=(x-1)(x-3)^2$은 구간 $1<x<3$에서 미분가능하므로 롤의 정리로부터 $f'(c)=0(1<c<3)$을 만족하는 c가 존재한다. 그러면

$$f'(x)=2(x-1)(x-3)+(x-3)^2=(3x-5)(x-3)$$

이므로 $f'(c)=0$이고, 구간 $1<c<3$을 만족시키는 값은 $c=\dfrac{5}{3}$이다.

롤의 정리와 유사한 **평균값 정리**mean value theorem는 a와 b 사이의 구간에서 평균변화율과 순간변화율이 같아지는 점이 a와 b 사이에 적어도 1개 이상 존재한다는 정리다. 기하학적으로는 [그림 1-11]에서 보는 바와 같이, 점 P와 점 Q를 잇는 매끄러운 곡선에 대해, 직선 PQ에 평행인 접선이 두 점 P와 Q 사이에 적어도 1개 이상 존재함을 의미한다.

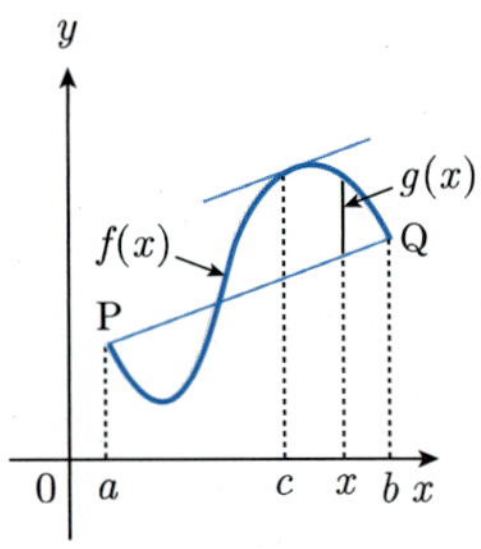

[그림 1-11] 평균값 정리

정리 1-10 평균값 정리

함수 $f(x)$가 폐구간 $[a, b]$에서 연속이고 개구간 (a, b)에서 미분가능하면

$$f'(c) = \frac{f(b)-f(a)}{b-a} \qquad (a < c < b) \tag{1.15}$$

를 만족하는 c가 적어도 하나 존재한다.

증명 $\dfrac{f(b)-f(a)}{b-a}$는 [그림 1-11]에서 보듯이 점 $[a, f(a)]$와 점 $[b, f(b)]$를 연결하는 직선의 기울기이다. 그 기울기를 m이라 하면

$$m = \frac{f(b)-f(a)}{b-a} \qquad \cdots\cdots ①$$

이고, 직선 PQ의 방정식은

$$y \quad f(a) = m(x \quad a) \qquad \cdots\cdots ②$$

이다. $g(x)$를 구간 $a < x < b$에서 $f(x)$와 직선 PQ에서의 y 값의 차로 정의하면

$$g(x) = f(x) - \underbrace{[m(x-a)+f(a)]}_{\text{식 ②의 } y \text{ 값}} \qquad \cdots\cdots ③$$

이다. 한편, $f(x)$가 구간 내에서 미분가능하고 연속이므로, $g(x)$도 구간 내에서 미분가능하고 연속이다. 또한 식 ③과 식 ①로부터

$$g(a) = f(a) - [m(a-a)+f(a)] = 0$$
$$g(b) = f(b) - [m(b-a)+f(a)] = f(b) - [\underbrace{f(b)-f(a)}_{\text{식 ① 이용}}+f(a)] = 0$$

이다. 즉 $g(a) = g(b) = 0$의 관계가 성립한다. 따라서 롤의 정리에 의해 $g'(c) = 0$이 되는 c가 구간 $a < c < b$ 내에 적어도 하나 존재한다. 위에서 정의한 $g(x)$를 미분하면, $g'(x) = f'(x) - m$이므로 $g'(c) = f'(c) - m = 0$이다. 따라서 다음과 같이 평균값 정리가 성립한다.

$$f'(c) = m = \frac{f(b)-f(a)}{b-a} \qquad (a < c < b)$$

■

예제 1-18 평균값 정리

함수 $f(x)=x^3$에 대해 x의 구간 $[0, 2]$에서 평균값 정리를 만족시키는 c 값을 구하라.

풀이

$f'(x)=3x^2$, $f'(c)=3c^2$이므로 x의 구간 $[0, 2]$에서 함수 $f(x)=x^3$에 대해 평균값 정리를 적용하면

$$\frac{f(2)-f(0)}{2-0}=\frac{(2)^3-(0)^3}{2-0}=3c^2$$

이므로, 구하는 c 값은 $\frac{2}{\sqrt{3}}$이다.

정리 1-11 평균값 정리의 확장

함수 $f(x)$와 $g(x)$가 폐구간 $[a, b]$에서 연속이고 개구간 (a, b)에서 미분 가능하며, $g'(x)\neq 0$이면

$$\frac{f'(c)}{g'(c)}=\frac{f(b)-f(a)}{g(b)-g(a)} \quad (a<c<b) \tag{1.16}$$

를 만족하는 c가 적어도 하나 존재한다.

증명 $g(a)\neq g(b)$라 가정하자. 만약 $g(a)=g(b)$이면 롤의 정리에 의해 구간 (a, b) 내의 x에 대해 $g'(x)=0$이 성립하는 x가 존재한다. 이는 $g'(x)\neq 0$의 조건과 모순이 되므로 $g(a)=g(b)$가 될 수 없다.

여기서 함수 $h(x)$를 다음과 같이 정의하자.

$$h(x)=f(x)-\left[\frac{f(b)-f(a)}{g(b)-g(a)}\right]g(x)$$

그러면

$$h(a)=f(a)-\left[\frac{f(b)-f(a)}{g(b)-g(a)}\right]g(a)$$

$$h(b)=f(b)-\left[\frac{f(b)-f(a)}{g(b)-g(a)}\right]g(b)$$

이고, 롤의 정리에 의해

$$h'(c)=f'(c)-\left[\frac{f(b)-f(a)}{g(b)-g(a)}\right]g'(c)=0$$

을 만족하는 c가 (a, b) 내에 적어도 하나 존재한다. 따라서 다음이 성립한다.

$$\frac{f'(c)}{g'(c)} = \frac{f(b)-f(a)}{g(b)-g(a)}$$ ■

함수의 극한을 구할 때 대수함수와 초월함수 또는 대수함수와 삼각함수 등이 결합되어 나타나는 경우가 종종 있다. 예를 들면 극한값

$$\lim_{x\to 0}\frac{x}{e^x-1}$$

는 $x \to 0$일 때 $\frac{0}{0}$의 형태를 보인다. 이러한 형태의 극한값을 구하기 위해 다음과 같은 **로피탈[6] 정리**L'Hospital theorem를 사용한다.

6 Guillaume L'Hospital (1661 ~ 1704) 프랑스 수학자로서 무한소 미분적분학(Infinitesimal calculus), 미분기하학 분야에 기여한 바가 크다.

정리 1-12 로피탈 정리

함수 $f(x)$와 $g(x)$가 폐구간 $[a, b]$에서 연속이고 개구간 (a, b)에서 미분 가능이며, $g'(x) \neq 0$이라 가정하자. $x \to a$일 때 $\frac{f(x)}{g(x)}$의 극한값이 $\frac{0}{0}$의 꼴이고, $x \to a$일 때 $\frac{f'(x)}{g'(x)}$의 극한값이 존재한다면 다음 관계식이 성립한다.

$$\lim_{x\to a}\frac{f(x)}{g(x)} = \lim_{x\to a}\frac{f'(x)}{g'(x)} \tag{1.17}$$

증명 도함수에 관한 식 (1.4)를 변형하면

$$f'(a) = \lim_{x\to a}\frac{f(x)-f(a)}{x-a}$$

이므로

$$\lim_{x\to a}\frac{f'(x)}{g'(x)} = \frac{f'(a)}{g'(a)} = \frac{\displaystyle\lim_{x\to a}\frac{f(x)-f(a)}{x-a}}{\displaystyle\lim_{x\to a}\frac{g(x)-g(a)}{x-a}} = \lim_{x\to a}\frac{\dfrac{f(x)-f(a)}{x-a}}{\dfrac{g(x)-g(a)}{x-a}}$$

$$= \lim_{x\to a}\frac{f(x)-f(a)}{g(x)-g(a)}$$

가 된다. 또한 $x \to a$일 때 $\frac{f(x)}{g(x)}$의 극한값이 $\frac{0}{0}$ 꼴이고, $x = a$에서 연속이므로

$$f(a) = \lim_{x\to a} f(x) = 0$$

$$g(a) = \lim_{x\to a} g(x) = 0$$

이며, 따라서 다음이 성립한다.

$$\lim_{x \to a} \frac{f'(x)}{g'(x)} = \lim_{x \to a} \frac{f(x) - f(a)}{g(x) - g(a)} = \lim_{x \to a} \frac{f(x)}{g(x)} \qquad ■$$

로피탈 정리는 극한값이 $\frac{\infty}{\infty}$의 경우에도 적용이 가능하다.

예제 1-19 극한값 : 로피탈 정리 이용 ①

로피탈 정리를 사용하여 다음 극한값을 구하라.

$$\lim_{x \to 0} \frac{\sqrt{x+4}-2}{\sqrt{x+9}-3}$$

풀이

분자의 극한이 $\lim_{x \to 0}(\sqrt{x+4}-2)=0$이고, 분모의 극한이 $\lim_{x \to 0}(\sqrt{x+9}-3)=0$이므로 로피탈 정리를 적용할 수 있고, 그 결과는 다음과 같다.

$$\lim_{x \to 0} \frac{\sqrt{x+4}-2}{\sqrt{x+9}-3} = \lim_{x \to 0} \frac{(\sqrt{x+4}-2)'}{(\sqrt{x+9}-3)'} = \lim_{x \to 0} \frac{(1/2)(x+4)^{-1/2}}{(1/2)(x+9)^{-1/2}} = \frac{3}{2}$$

Command Window

: 코딩
```
>> x=sym('x');                          % x 변수에 대한 심볼릭 정의
>> f=((sqrt(x+4)-2)/(sqrt(x+9)-3));     % 기호로 구하고자 하는 함수를 정의
>> U=limit(f,0)                         % 극한값 구하기
```

: 결과
```
U = 3/2                                 % [예제 1-19]의 결과와 동일
```

유제 1-13 극한값 : 로피탈 정리 이용 ①

로피탈 정리를 사용하여 다음 극한값을 구하라.

$$\lim_{x \to 0} \frac{x}{\sqrt{x+1}-1}$$

정답 : 2

예제 1-20 극한값 : 로피탈 정리 이용 ②

로피탈 정리를 사용하여 다음 극한값을 구하라.

(a) $\lim_{x \to 2} \frac{x^3-8}{x-2}$ (b) $\lim_{x \to 0} \frac{\sin x}{e^x - 1}$ (c) $\lim_{x \to \infty} \frac{\ln x}{x-1}$

풀이

(a) $\lim_{x\to2}\frac{x^3-8}{x-2}=\lim_{x\to2}\frac{(x^3-8)'}{(x-2)'}=\lim_{x\to2}\frac{3x^2}{1}=\frac{3(2)^2}{1}=12$

(b) $\lim_{x\to0}\frac{\sin x}{e^x-1}=\lim_{x\to0}\frac{(\sin x)'}{(e^x-1)'}=\lim_{x\to0}\frac{\cos x}{e^x}=\frac{\cos 0}{e^0}=1$

(c) $\lim_{x\to\infty}\frac{\ln x}{x-1}=\lim_{x\to\infty}\frac{(\ln x)'}{(x-1)'}=\lim_{x\to\infty}\frac{1/x}{1}=\frac{1/\infty}{1}=0$

Command Window

: 코딩
```
>> x=sym('x');                               % x 변수에 대한 심볼릭 정의
>> U1=limit((x^3-8)/(x-2),2)                 % (a)번 함수의 극한값 구하기
>> U2=limit(sin(x)/(exp(x)-1),0)             % (b)번 함수의 극한값 구하기
>> U3=limit(log(x)/(x-1),inf) 1              % (c)번 함수의 극한값 구하기
```

: 결과
```
U1 = 12                                      % [예제 1-20(a)]의 결과와 동일
U2 = 1                                       % [예제 1-20(b)]의 결과와 동일
U3 = 0                                       % [예제 1-20(c)]의 결과와 동일
```

MATLAB TIP!

1 'inf' : 무한대(∞)

유제 1-14 극한값 : 로피탈 정리 이용 ②

로피탈 정리를 사용하여 다음 극한값을 구하라.

(a) $\lim_{x\to0}\frac{(x-1)\sin x}{x^2-2x}$　　(b) $\lim_{x\to0}\frac{x}{e^x-1}$

정답 : (a) $\frac{1}{2}$, (b) 1

1.3 함수의 적분

우리는 뉴턴Newton의 운동 제2법칙을 잘 알고 있다. '물체에 작용하는 모든 힘의 합은 물체의 질량과 가속도의 곱과 같다.'라는 내용으로, 가속도 법칙이라고도 한다. 여기서 가속도는 속도를 미분한 값이다. 따라서 가속도가 주어졌을 때 주어진 가속도로부터 속도를 구하려면 미분을 되돌리는 방법이 있어야 하는데, 그런 방법이 바로 적분이다.

이 절에서는 적분에 관한 정의, 정리, 공식들을 살펴보고, 다양한 종류의 함수에 대한 적분을 구하는 방법을 다룰 것이다.

1.3.1 부정적분

함수 $f(x)$에 대해 $F'(x)=f(x)$를 만족할 때, 함수 F를 f의 **역도함수** antiderivatives 또는 **부정적분** indefinite integral이라 하고, 역도함수를 구하는 것을 '**$f(x)$를 적분한다.**'라고 한다. 따라서 부정적분을 다음과 같이 수식으로 정의할 수 있다.

정의 1-6 부정적분

함수 $f(x)$에 대해 $F'(x)=f(x)$의 관계가 성립하면,

$$\int f(x)\,dx=\int F'(x)\,dx=F(x)+c \tag{1.18}$$ [7]

이다. 여기서 c를 적분상수, $f(x)$를 피적분함수, x를 적분변수라 한다.

7 $\int$은 적분 기호이고, 인테그랄(integral)이라 읽는다.

위에서 정의한 부정적분과 미분(또는 도함수)의 관계를 다음과 같이 정의할 수 있다.

정의 1-7 부정적분과 미분[8]

$$\int\left[\frac{d}{dx}f(x)\right]dx=f(x)+c \tag{1.19}$$

$$\frac{d}{dx}\left[\int f(x)dx\right]=f(x) \tag{1.20}$$

8 미분은 적분의 역이고, 적분은 미분의 역이다.

식 (1.19)와 식 (1.20)을 미분의 기본 공식을 정리한 [정리 1-3]과 직접 비교해 봄으로써, 다음과 같은 적분의 기본 공식이 성립함을 알 수 있다.

정리 1-13 부정적분의 기본 공식

(1) $\int 0dx=c$

(2) $\int af(x)dx=a\int f(x)dx$ (a : 임의의 상수) (1.21)

(3) $\int x^n dx=\dfrac{x^{n+1}}{n+1}+c$ ($n\neq-1$)

(4) $\int[f(x)\pm g(x)]dx=\int f(x)dx\pm\int g(x)dx$

예를 들면 $f(x)=3x^2$의 부정적분을 구하기 위해 [정리 1-13]의 (2)와 (3)을 이용하여 다음과 같이 나타낼 수 있다.

9

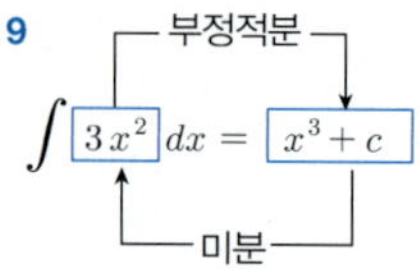

$$\int 3x^2 dx = 3\int x^2 dx = \frac{3}{2+1}x^{2+1}+c = x^3+c$$ 9

따라서 $3x^2$의 부정적분은 x^3+c, x^3+c의 미분은 $3x^2$임을 알 수 있다.

예제 1-21 부정적분

다음 함수의 부정적분을 구하라.

(a) $\int \left(\sqrt{x}+\frac{2}{\sqrt{x}}\right)dx$ (b) $\int \frac{x^3-2x^2+x-2}{x-2}dx$

풀이

(a) $\int \left(\sqrt{x}+\frac{2}{\sqrt{x}}\right)dx = \int \left(x^{\frac{1}{2}}+2x^{-\frac{1}{2}}\right)dx = \frac{2}{3}x^{\frac{3}{2}}+4x^{\frac{1}{2}}+c$

$= \frac{2}{3}x\sqrt{x}+4\sqrt{x}+c$

Check $\frac{d}{dx}\left(\frac{2}{3}x\sqrt{x}+4\sqrt{x}+c\right)=\sqrt{x}+\frac{2}{\sqrt{x}}$

(b) $\int \frac{x^3-2x^2+x-2}{x-2}dx = \int \frac{x^2(x-2)+x-2}{x-2}dx = \int (x^2+1)dx = \frac{1}{3}x^3+x+c$

Check $\frac{d}{dx}\left(\frac{1}{3}x^3+x+c\right)=x^2+1$

Command Window

```
: 코딩
>> x=sym('x');                              % x 변수에 대한 심볼릭 정의
>> U1=int(sqrt(x)+2/sqrt(x)) 1              % 주어진 함수의 적분 구하기
>> U2=int((x^3-2*x^2+x-2)/(x-2))            % 주어진 함수의 적분 구하기

: 결과
U1 = (2*x^(1/2)*(x+6))/3                    % [예제 1-21(a)]의 결과와 동일
U2 = (x*(x^2 + 3))/3                        % [예제 1-21(b)]의 결과와 동일
```

MATLAB TIP!

1 'int' : 적분 계산
- 부정적분 : int(f(t))
- 정적분 : int(f(t),a,b)
- a와 b는 적분 구간

유제 1-15 부정적분

다음 함수의 부정적분을 구하라.

(a) $\int \left(x\sqrt{x}+\frac{2}{x\sqrt{x}}\right)dx$ (b) $\int \frac{x^3-x^2+2x-2}{x-1}dx$

정답 : (a) $\frac{2}{5}x^{\frac{5}{2}}-4x^{-\frac{1}{2}}+c$, (b) $\frac{1}{3}x^3+2x+c$

[정리 1-13]에서 대수함수의 부정적분을 구하는 문제를 다뤘으므로, 이제는 초월함수에 대해 살펴보자.

먼저 삼각함수 중에서 가장 간단한 함수들에 대한 부정적분 값을 구해보자. 좀 더 복잡한 삼각함수들의 부정적분을 구하는 문제는 연습문제로 남겨 놓겠다. 이 책의 맨 뒤에 수록된 표를 참고하자.

정리 1-14 삼각함수의 부정적분

(1) $\int \sin x \, dx = -\cos x + c$ (1.22)

(2) $\int \cos x \, dx = \sin x + c$ (1.23)

증명 위 공식들은 모두 우변을 미분한 값이 좌변의 피적분함수와 같음을 보임으로써 증명이 가능하다. 예를 들면 (1)에서

$$\frac{d}{dx}(-\cos x + c) = \sin x$$

이므로, $\sin x$의 부정적분은 다음과 같다.

$$\int \sin x \, dx = -\cos x + c$$

(2)도 (1)과 마찬가지로 증명이 가능하다. ■

예제 1-22 부정적분 : 삼각함수

다음 함수의 부정적분을 구하라.

(a) $\int \cos^2 x \, dx$ (b) $\int \frac{\sin^4 x - \cos^4 x + \cos^2 x}{\sin^2 x} dx$

풀이

(a) $\int (\cos^2 x) dx = \int \frac{1+\cos 2x}{2} dx = \frac{1}{2}x + \frac{1}{4}\sin 2x + c$ …… ① 삼각함수의 반각 공식 : $\cos^2 x = \frac{1+\cos 2x}{2}$

(b) $\int \frac{\sin^4 x - \cos^4 x + \cos^2 x}{\sin^2 x} dx = \int \frac{\sin^4 x + \cos^2 x(1-\cos^2 x)}{\sin^2 x} dx$ …… ② $\sin^2 x + \cos^2 x = 1$

$$= \int \frac{\sin^4 x + \cos^2 x \sin^2 x}{\sin^2 x} dx$$

$$= \int (\sin^2 x + \cos^2 x) dx = x + c$$

Command Window

```
: 코딩
>> x=sym('x');                                  % x 변수에 대한 심볼릭 정의
>> U1=int((cos(x))^2)                           % 주어진 함수의 적분 구하기
>> U2=int(((sin(x))^4-(cos(x))^4+(cos(x))^2)/(sin(x))^2)
                                                % 주어진 함수의 적분 구하기

: 결과
U1 = x/2+sin(2*x)/4                             % [예제 1-22(a)]의 결과와 동일
U2 = x                                          % [예제 1-22(b)]의 결과와 동일
```

유제 1-16 부정적분 : 삼각함수

다음 함수의 부정적분을 구하라.

$$\int (\cos^2 x \sin x + \sin^3 x)dx$$

정답 : $-\cos x + c$

다음으로 지수함수의 부정적분을 구하는 방법을 알아보자.

정리 1-15 지수함수의 부정적분

(1) $\int a^x dx = \dfrac{a^x}{\ln a} + c$ (단, $a > 0$, $a \neq 1$) (1.24)

(2) $\int e^x dx = e^x + c$ (1.25)

증명 위의 공식들도 삼각함수에서와 마찬가지로 모두 우변을 미분한 값이 좌변의 피적분함수와 같음을 보여 증명할 수 있다. 예를 들면 (1)에서 $\dfrac{d}{dx}\left(\dfrac{a^x}{\ln a} + c\right) = a^x$ 이므로 다음이 성립한다.

$$\int a^x \, dx = \frac{a^x}{\ln a} + c$$

(2)도 (1)과 마찬가지로 증명이 가능하다. ■

예제 1-23 부정적분 : 지수함수

다음 함수의 부정적분을 구하라.

(a) $\int (3^x - 3e^{2x})dx$ (b) $\int \dfrac{e^{4x} - 9}{e^{2x} - 3}dx$

풀이

(a) $\int (3^x - 3e^{2x})dx = \frac{3^x}{\ln 3} - \frac{3}{2}e^{2x} + c$

(b) $\int \frac{e^{4x}-9}{e^{2x}-3}dx = \int \frac{(e^{2x}-3)(e^{2x}+3)}{e^{2x}-3}dx = \int (e^{2x}+3)dx = \frac{1}{2}e^{2x} + 3x + c$

Command Window

: 코딩

```
>> x=sym('x');                              % x 변수에 대한 심볼릭 정의
>> U1=int(3^x-3*exp(2*x))                   % 주어진 함수의 적분 구하기
>> U2=int((exp(4*x)-9)/(exp(2*x)-3))        % 주어진 함수의 적분 구하기
```

: 결과

```
U1 = 3^x/log(3)-(3*exp(2*x))/2              % [예제 1-23]의 결과와 동일
U2 = 3*x+exp(2*x)/2                         % [예제 1-23]의 결과와 동일
```

유제 1-17 부정적분 : 지수함수

다음 함수의 부정적분을 구하라.

(a) $\int \left(\frac{1}{2^x} + \frac{2}{e^{2x}}\right)dx$ (b) $\int \frac{2^{2x}-1}{2^x-1}dx$

정답 : (a) $-\frac{1}{2^x \ln 2} - \frac{1}{e^{2x}} + c$, (b) $\frac{2^x}{\ln 2} + x + c$

이제는 로그함수의 부정적분을 구하는 방법을 알아보자.

정리 1-16 로그함수의 부정적분

$$\int \frac{1}{x}dx = \ln x + c \tag{1.26}$$

증명 우변을 미분하면 좌변의 피적분함수 $\frac{1}{x}$이 나오므로, 식 (1.26)은 간단히 증명할 수 있다. ■

예제 1-24 부정적분 : 로그함수

다음 함수의 부정적분을 구하라.

$$\int \frac{2x^2-x-1}{x^2-x}dx$$

풀이

$$\int \frac{2x^2-x-1}{x^2-x}dx = \int \frac{(x-1)(2x+1)}{x(x-1)}dx = \int \frac{2x+1}{x}dx$$
$$= \int \left(2+\frac{1}{x}\right)dx = 2x + \ln x + c$$

Command Window

```
: 코딩
>> x=sym('x');                        % x 변수에 대한 심볼릭 정의
>> U=int((2*x^2-x-1)/(x^2-x))          % 주어진 함수의 적분 구하기

: 결과
U = 2*x+log(x)                         % [예제 1-24]의 결과와 동일
```

유제 1-18 부정적분 : 로그함수

다음 함수의 부정적분을 구하라.

$$\int \frac{x^2+2x-1}{x}dx$$

정답 : $\frac{1}{2}x^2+2x-\ln x+c$

1.3.2 치환적분

함수들의 부정적분을 구할 때 자주 사용되는 방법 중 하나가 **치환적분법**change of variables이다. 이 절에서는 치환적분의 공식을 사용하여 치환적분을 구하는 연습을 해볼 것이다. 치환적분은 미분에서 설명했던 연쇄법칙과 관련이 있다.

정리 1-17 치환적분에 의한 부정적분

$y=f(u)$이고 $u=g(x)$이면 다음이 성립한다.

$$\int f'(g(x))g'(x)dx = f(u)+c \tag{1.27}$$

증명 이 정리도 우변을 미분한 값이 좌변의 피적분함수와 같다는 것을 보임으로써 증명이 가능하다. 즉 식 (1.27)의 우변을 미분하면 다음과 같다.

$$\frac{d}{dx}[f(u)+c] = \frac{d}{dx}[f(g(x))+c] = f'(g(x))g'(x)$$

또한 다음과 같은 방법으로도 증명할 수 있다. $u=g(x)$에서 $du=g'(x)dx$이므로, 이 관계를 식 (1.27)의 좌변에 대입하면 다음과 같이 성립한다.

$$\int f'(g(x))g'(x)dx=\int f'(u)du=f(u)+c \qquad ■$$

예제 1-25 부정적분 : 치환적분법 사용 ①

다음 함수의 부정적분을 구하라.

$$\int (x^2+x)^2(2x+1)dx$$

풀이

Hint $(x^2+x)^2=f'(u)$로 놓으면 $x^2+x=u=g(x)$가 된다.

$u=g(x)=x^2+x$이라 하면 $g'(x)=2x+1$이다. 이를 정리하면 다음과 같다.

$$f'(g(x))=f'(u)=(x^2+x)^2=u^2$$
$$f(u)=\frac{1}{3}u^3=\frac{1}{3}(x^2+x)^3$$

따라서 [정리 1-17]을 적용할 수 있다.

$$\int f'(u)g'(x)dx=\frac{1}{3}(x^2+x)^3+c \qquad \cdots\cdots \; (a+b)^3=a^3+3a^2b+3ab^2+b^3$$

Command Window

: 코딩
```
>> x=sym('x');                    % x 변수에 대한 심볼릭 정의
>> U=int((x^2+x)^2*(2*x+1))       % 주어진 함수의 적분 구하기
```

: 결과
```
U = x^6/3+x^5+x^4+x^3/3 1         % [예제 1-25]의 결과와 동일
```

MATLAB TIP!

1 식 ①을 정리하면 1이 나온다.

유제 1-19 부정적분 : 치환적분법 사용 ①

다음 함수의 부정적분을 구하라.

$$\int (x^2-1)^2(2x)dx$$

정답 : $\frac{1}{3}(x^2-1)^3+c$

예제 1-26 부정적분 : 치환적분법 사용 ②

다음 함수의 부정적분을 구하라.

(a) $\int \frac{2x}{\sqrt{x^2-2}}dx$ (b) $\int 2x\cos x^2\,dx$

풀이

Hint 치환적분 절차

① 치환함수 $u=g(x)$를 찾는다. 보통 고차로 구성된 합성함수의 내부를 치환하는 것이 좋다.
② $du=g'(x)dx$를 계산한다.
③ 구하고자 하는 적분을 u의 항으로 다시 쓴다.
④ u에 대해 적분을 구한다.
⑤ u 대신 $g(x)$를 대입한다.
⑥ 결과를 미분하여 정답을 확인한다.

(a) $u=x^2-2$로 치환하면 $du=2x\,dx$이다. 따라서 구하고자 하는 부정적분은 다음과 같다.

$$\int \frac{2x}{\sqrt{x^2-2}}dx = \int \frac{1}{\sqrt{u}}du = 2\sqrt{u}+c = 2\sqrt{x^2-2}+c$$

(b) $u=x^2$으로 치환하면 $du=2x\,dx$이다. 따라서 구하고자 하는 부정적분은 다음과 같다.

$$\int 2x\cos x^2\,dx = \int \cos u\,du = \sin u + c = \sin x^2 + c$$

Command Window

: 코딩

```
>> x=sym('x');                    % x 변수에 대한 심볼릭 정의
>> U1=int(2*x/sqrt(x^2-2))        % 주어진 함수의 적분 구하기
>> U2=int(2*x*cos(x^2))           % 주어진 함수의 적분 구하기
```

: 결과

```
U1 = 2*(x^2 - 2)^(1/2)            % [예제 1-26(a)]의 결과와 동일
U2 = sin(x^2)                     % [예제 1-26(b)]의 결과와 동일
```

유제 1-20 부정적분 : 치환적분법 사용 ②

다음 함수의 부정적분을 구하라.

(a) $\int \frac{2x+1}{\sqrt{x^2+x}}dx$ (b) $\int \frac{\cos 2x}{\sin 2x}dx$

정답 : (a) $2\sqrt{x^2+x}+c$, (b) $\frac{1}{2}\ln(\sin 2x)+c$

예제 1-27 부정적분 : 치환적분법 사용 ③

다음 함수의 부정적분을 구하라.

$$\int \frac{x+2}{\sqrt{2x+1}-\sqrt{x-1}}\,dx$$

풀이

Hint 먼저 분모를 유리화한다.

$$\begin{aligned}\int \frac{x+2}{\sqrt{2x+1}-\sqrt{x-1}}\,dx &= \int \frac{x+2}{(\sqrt{2x+1}-\sqrt{x-1})}\frac{(\sqrt{2x+1}+\sqrt{x-1})}{(\sqrt{2x+1}+\sqrt{x-1})}dx \\ &= \int \frac{(x+2)(\sqrt{2x+1}+\sqrt{x-1})}{(2x+1)-(x-1)}dx \\ &= \int \frac{(x+2)(\sqrt{2x+1}+\sqrt{x-1})}{x+2}dx \\ &= \int (\sqrt{2x+1}+\sqrt{x-1})dx \\ &= \int \sqrt{2x+1}\,dx + \int \sqrt{x-1}\,dx\end{aligned}$$

…… ① 분모의 유리화

각각 $u=2x+1$과 $v=x-1$로 치환하여 치환적분을 적용하면 $du=2dx$, $dv=dx$이므로

$$\begin{aligned}\int \sqrt{2x+1}\,dx+\int \sqrt{x-1}\,dx &= \int u^{1/2}\left(\frac{1}{2}du\right)+\int v^{1/2}dv \\ &= \frac{1}{3}u^{3/2}+\frac{2}{3}v^{3/2}+c \\ &= \frac{1}{3}\left[(2x+1)^{3/2}+2(x-1)^{3/2}\right]+c\end{aligned}$$

… ② 다음과 같이 공식화하여 사용할 수도 있다.
$\int (ax+b)^n dx = \frac{1}{a}\frac{1}{n+1}(ax+b)^{n+1}+c$
(단, $a \neq 0$, $n \neq -1$)

Command Window

: 코딩

```
>> x=sym('x');                                  % x 변수에 대한 심볼릭 정의
>> U=int((x+2)/(sqrt(2*x+1)-sqrt(x-1)))         % 주어진 함수의 적분 구하기
```

: 결과

```
U = (2*x*(x-1)^(1/2))/3-(2*(x-1)^(1/2))/3
    +(2*x*(2*x+1)^(1/2))/3+(2*x+1)^(1/2)/3      % [예제 1-27]의 결과와 동일
```

유제 1-21 부정적분 : 치환적분법 사용 ③

다음 함수의 부정적분을 구하라.

$$\int \frac{2}{\sqrt{2x+3}-\sqrt{2x+1}}dx$$

정답 : $\frac{1}{3}\left[(2x+3)^{3/2}+(2x+1)^{3/2}\right]+c$

1.3.3 부분적분

두 함수가 곱해져 있는 경우에는 치환적분을 사용하여 적분값을 구할 수 있다. 그러나 치환적분으로 적분값을 구할 수 없는 경우가 종종 있는데, 예를 들면 $\int e^x \sin x \, dx$와 같은 경우이다.

이 절에서는 치환적분법으로 해결할 수 없는 두 함수가 곱해진 경우에 대한 적분법 중 하나인 **부분적분법**integration by parts에 대해 살펴볼 것이다. 부분적분법은 매우 다양한 함수들에 적용될 수 있기 때문에 치환적분법과 아울러 분명하게 이해하고 사용할 수 있도록 연습을 많이 해야 한다.

정리 1-18 부분적분에 의한 부정적분

u와 v가 x의 함수이고 미분가능하다면 다음이 성립한다.

$$\int u'v\,dx = uv - \int uv'\,dx \tag{1.28}$$

증명 부분적분법은 [정리 1-3]의 공식 (5)에 나타낸 함수의 곱에 관한 미분법[10]으로부터 유도될 수 있다.

$$\frac{d}{dx}[uv] = uv' + u'v$$

위 식의 양변을 x에 관해 적분하면 다음과 같다.

$$\int \left[\frac{d}{dx}(uv)\right]dx = \int uv'\,dx + \int u'v\,dx$$

$$uv = \int uv'\,dx + \int u'v\,dx$$

$$\int u'v\,dx = uv - \int uv'\,dx$$

■

부분적분법은 $u'v$를 적분하기 위해 u'과 v를 적절히 선택하여 또 다른 함수 uv'의 적분을 구하는 방법이므로, uv'의 적분이 $u'v$의 적분보다 더 쉽도록 u'과 v를 선택해야 한다.[11]

10 $\frac{d}{dx}[f(x)g(x)] = f(x)g'(x) + f'(x)g(x)$

11 **부분적분 방법**
u'의 적분이 u보다 더 간단하도록 u'을 선택하고, 남아 있는 함수를 v로 선택한다. 또는 v의 미분 v'이 v보다 더 간단하도록 v를 선택하고, 남아 있는 함수를 u'으로 선택한다.

예제 1-28 부정적분 : 부분적분법 사용 ①

다음 함수의 부정적분을 구하라.

$$\int e^{x}(x-2)\,dx$$

풀이

$u'=e^{x}$, $v=x-2$로 선택하면 $u=e^{x}$, $v'=1$(v'이 v보다 간단함)이므로 다음과 같이 부분적분에 의해 구한다.

$$\int \underset{u'}{e^{x}}\,\underset{v}{(x-2)}\,dx=\underset{u}{e^{x}}\,\underset{v}{(x-2)}-\int\left[\underset{u}{e^{x}}\,\underset{v'}{(1)}\right]dx=e^{x}(x-2)-e^{x}+c$$
$$=e^{x}(x-3)+c$$

Command Window

: 코딩

```
>> x=sym('x');                         % x 변수에 대한 심볼릭 정의
>> U=int(exp(x)*(x-2))                 % 주어진 함수의 적분 구하기
```

: 결과

```
U = exp(x)*(x-3)                       % [예제 1-28]의 결과와 동일
```

유제 1-22 부정적분 : 부분적분법 사용 ①

다음 함수의 부정적분을 구하라.

$$\int e^{2x}x\,dx$$

정답 : $\frac{1}{2}xe^{2x}-\frac{1}{4}e^{2x}+c$

지수함수와 삼각함수의 곱으로 이루어진 함수에 대한 부분적분의 예를 살펴보자.

예제 1-29 부정적분 : 부분적분법 사용 ②

다음 함수의 부정적분을 구하라.

$$\int e^{x}\cos x\,dx$$

풀이

Hint 부분적분을 2회 적용하여 구한다.

$u'=e^{x}$, $v=\cos x$로 선택하면 $u=e^{x}$, $v'=-\sin x$(이러한 경우에는 u'과 v를 어떻게 선택하든 상관없음)이므로 다음 식을 얻는다.

$$\int e^x \cos x\, dx = e^x \cos x - \int e^x(-\sin x)\, dx = e^x \cos x + \int e^x \sin x\, dx \qquad \cdots\cdots ①$$

이제 식 ①에서 우변의 $\int e^x \sin x\, dx$를 구하려면 부분적분을 다시 한 번 적용해야 한다. 이때 $u' = e^x$, $v = \sin x$로 선택하면 $u = e^x$, $v' = \cos x$이므로

$$\int e^x \sin x\, dx = e^x \sin x - \int e^x \cos x\, dx \qquad \cdots\cdots ②$$

이다. 따라서 식 ②를 식 ①에 대입하여 풀면 다음과 같이 $\int e^x \cos x\, dx$를 구할 수 있다.

$$\int e^x \cos x\, dx = \frac{1}{2} e^x (\sin x + \cos x) + c$$

Command Window

```
: 코딩
>> x=sym('x');                              % x 변수에 대한 심볼릭 정의
>> U=int(exp(x)*cos(x))                      % 주어진 함수의 적분 구하기

: 결과
U = (exp(x)*(cos(x)+sin(x)))/2               % [예제 1-29]의 결과와 동일
```

유제 1-23 부정적분 : 부분적분법 사용 ②

다음 함수의 부정적분을 구하라.

$$\int e^{2x} \cos 2x\, dx$$

정답 : $\frac{1}{4} e^{2x} (\cos 2x + \sin 2x) + c$

부분적분법 요약

유형 ❶ $\int x^n e^{ax} dx$, $\int x^n \sin ax\, dx$ (또는 $\int x^n \cos ax\, dx$)

$u' = e^{ax}$, $\sin ax$ (또는 $\cos ax$)로, $v = x^n$으로 선택하여 부분적분한다.

유형 ❷ $\int x^n \ln x\, dx$

$u' = x^n$으로, $v = \ln x$로 선택하여 부분적분한다.

유형 ❸ $\int e^{ax} \sin ax\, dx$ (또는 $\int e^{ax} \cos ax\, dx$)

둘 중 어떤 것을 선택해도 무방하다.

1.3.4 정적분

지금까지 적분 구간이 정해지지 않은 부정적분에 대해 살펴보았다. 이 절에서는 적분 구간이 정해진 **정적분**definite integral에 대해 살펴볼 것이다.

정의 1-8 정적분

구간 $[a, b]$에서 연속인 함수 $f(x)$에 대해 그 구간을 n 등분하여 [그림 1-12]와 같이 나타내고, $\Delta x = \dfrac{b-a}{n}$라 하면

$$\lim_{n\to\infty} \sum_{i=1}^{n} f(x_i)\Delta x = \int_a^b f(x)dx \tag{1.29}$$

를 함수 $f(x)$의 a에서 b까지의 **정적분**이라 한다. 이때 a를 정적분의 **하한값**lower limit, b를 정적분의 **상한값**upper limit이라 부른다.

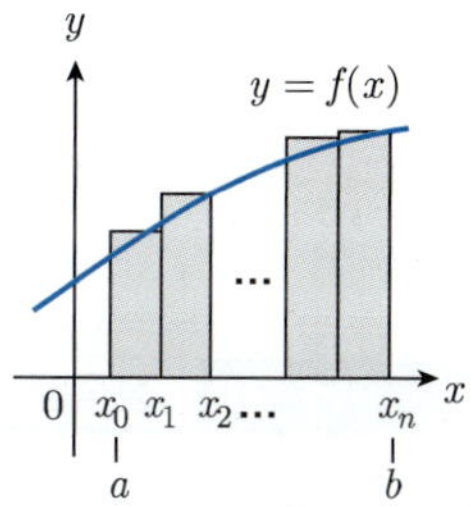

[그림 1-12] 정적분의 정의

위 정적분에 대해 다음과 같은 관계가 성립한다.

정의 1-9 정적분 관계식

$\int f(x)\,dx = F(x) + c$이면,

$$\begin{aligned}
&\int_a^b f(x)\,dx = F(b) - F(a) \\
&\int_a^a f(x)\,dx = F(a) - F(a) = 0 \\
&\int_a^b f(x)\,dx = -\int_b^a f(x)\,dx \\
&\int_a^b f(x)\,dx = \int_a^b f(t)\,dt \ \text{(적분변수에 무관)}
\end{aligned} \tag{1.30}$$

[정의 1-8]과 [정의 1-9]를 이용하여 정적분을 계산할 수 있고, 함수 $F(x)$를 구하는 데 있어서는 부정적분에서 사용했던 공식들이 그대로 적용된다.

정리 1-19 정적분의 기본 공식

임의의 상수 a, b, c에 대해 다음 공식이 성립한다.

$$\int_a^b c f(x)\,dx = c\int_a^b f(x)\,dx$$

$$\int_a^b [f(x) \pm g(x)]\,dx = \int_a^b f(x)\,dx \pm \int_a^b g(x)\,dx \qquad (1.31)$$

$$\int_a^b f(x)\,dx = \int_a^c f(x)\,dx + \int_c^b f(x)\,dx$$

앞서 배운 정적분 정의를 사용하여 주어진 함수들의 정적분을 구하는 연습을 해보자.

예제 1-30 정적분

다음 함수의 정적분을 구하라.

(a) $\int_1^2 (x^2 - x + 2)dx$　　　(b) $\int_1^2 \frac{x^2 + x - 2}{2x}dx$

풀이

(a) $$\int_1^2 (x^2 - x + 2)dx = \left[\frac{1}{3}x^3 - \frac{1}{2}x^2 + 2x\right]_1^2$$
$$= \left[\frac{1}{3} \cdot 2^3 - \frac{1}{2} \cdot 2^2 + 2 \cdot 2\right] - \left[\frac{1}{3} \cdot 1^3 - \frac{1}{2} \cdot 1^2 + 2 \cdot 1\right]$$
$$= \frac{17}{6}$$

(b) $$\int_1^2 \frac{x^2 + x - 2}{2x}dx = \int_1^2 \left(\frac{x}{2} + \frac{1}{2} - \frac{1}{x}\right)dx$$
$$= \frac{1}{4}x^2 + \frac{1}{2}x - \ln x\Big|_1^2$$
$$= 1 + 1 - \ln 2 - \left(\frac{1}{4} + \frac{1}{2} + 0\right)$$
$$= \frac{5}{4} - \ln 2$$

Command Window

: 코딩
```
>> x=sym('x');                        % x 변수에 대한 심볼릭 정의
>> U1=int(x^2-x+2,1,2) 1              % 주어진 함수의 적분 구하기
>> U2=int((x^2+x-2)/(2*x),1,2)        % 주어진 함수의 적분 구하기
```

: 결과
```
U1 = 17/6                             % [예제 1-30(a)]의 결과와 동일
U2 = 5/4-log(2)                       % [예제 1-30(b)]의 결과와 동일
```

MATLAB TIP!

1 정적분의 표현 : `int(f(x),a,b)`
- f(x) : 적분할 함수
- a : 정적분의 하한값
- b : 정적분의 상한값

유제 1-24 정적분

다음 함수의 정적분을 구하라.

(a) $\int_0^1 (3x^2+4x-3)dx$　　(b) $\int_{-1}^1 \frac{x^2+x-6}{x-2}dx$

정답 : (a) 0, (b) 6

정적분에서도 부정적분의 경우에 적용되었던 치환적분과 부분적분의 공식들이 다음과 같이 그대로 적용된다.

정리 1-20 치환적분에 의한 정적분

$y=f(u)$이고, $u=g(x)$이면

$$\int_a^b f'(g(x))g'(x)dx = f(\beta)-f(\alpha) \tag{1.32}$$

이다. 여기서 $\alpha=g(a)$, $\beta=g(b)$이다.

정리 1-21 부분적분에 의한 정적분

u와 v가 x의 함수이고 미분가능하다면, 다음이 성립한다.

$$\int_a^b u'v\,dx = uv\Big|_a^b - \int_a^b uv'\,dx \tag{1.33}$$

이제 치환적분과 부분적분을 사용하여 함수의 정적분 값을 구하는 연습을 해보자.

예제 1-31 정적분 : 치환적분법 사용

다음 함수의 정적분을 구하라.

(a) $\int_{\pi/6}^{\pi/2} \frac{\cos x}{1-\cos^2 x}dx$　　(b) $\int_1^e \frac{2(\ln x)^2}{x}dx$

풀이

(a) $\sin^2 x+\cos^2 x=1$을 이용하여 식을 정리하면 다음과 같다.

$$\int_{\pi/6}^{\pi/2} \frac{\cos x}{1-\cos^2 x}dx = \int_{\pi/6}^{\pi/2} \frac{\cos x}{\sin^2 x}dx$$

이때 $\sin x = u$로 치환하면 $\cos x\,dx = du$이고, $x=\frac{\pi}{6}$일 때 $u=\frac{1}{2}$, $x=\frac{\pi}{2}$일 때 $u=1$이다. 따라서 구하고자 하는 정적분은 다음과 같다.

$$\int_{\pi/6}^{\pi/2}\frac{\cos x}{\sin^2 x}dx = \int_{1/2}^{1}\frac{1}{u^2}du = -\frac{1}{u}\bigg|_{1/2}^{1} = -\frac{1}{1}-(-2)=1$$

(b) $\ln x = u$로 치환하면 $\frac{1}{x}dx = du$이고, $x=1$일 때 $u=0$, $x=e$일 때 $u=1$이다. 따라서 구하고자 하는 정적분은 다음과 같다.

$$\int_1^e \frac{2(\ln x)^2}{x}dx = 2\int_0^1 u^2 du = \left[\frac{2}{3}u^3\right]_0^1 = \frac{2}{3}$$

Command Window

: 코딩

```
>> x=sym('x');                              % x 변수에 대한 심볼릭 정의
>> U1=int(cos(x)/(1-(cos(x))^2),pi/6,pi/2)  % 주어진 함수의 적분 구하기
>> U2=int(2*(log(x))^2/x,1,exp(1)) 1        % 주어진 함수의 적분 구하기
```

: 결과

```
U1 = 1                                      % [예제 1-31(a)]의 결과와 동일
U2 = 2/3                                    % [예제 1-31(b)]의 결과와 동일
```

MATLAB TIP!

1 e의 표현 : exp(1)

유제 1-25 정적분 : 치환적분법 사용

다음 함수의 정적분을 구하라.

$$\int_1^2 \frac{2x+1}{x^2+x}dx$$

정답 : $\ln 3$

예제 1-32 정적분 : 부분적분법 사용

다음 함수의 정적분을 구하라.

(a) $\int_0^{\pi} x\sin x\,dx$ (b) $\int_1^2 x\ln x\,dx$

풀이

Hint $\int_a^b u'v\,dx = [uv]_a^b - \int_a^b uv'\,dx$

(a) $u'=\sin x$, $v=x$ 로 놓으면 $u=-\cos x$, $v'=1$ 이므로 따라서 구하고자 하는 정적분은 다음과 같다.

$$\int_0^{\pi} x\sin x\,dx = -x\cos x\bigg|_0^{\pi} + \int_0^{\pi}\cos x\,dx = \pi + \sin x\bigg|_0^{\pi} = \pi$$

(b) $u' = x$, $v = \ln x$로 놓으면 $u = \frac{1}{2}x^2$, $v' = \frac{1}{x}$이므로 구하고자 하는 정적분은 다음과 같다.

$$\begin{aligned}\int_1^2 x \ln x \, dx &= \left[\frac{1}{2}x^2 \ln x\right]_1^2 - \int_1^2 \frac{1}{2}x^2 \frac{1}{x} dx \\ &= \left[\frac{1}{2}x^2 \ln x\right]_1^2 - \left[\frac{1}{4}x^2\right]_1^2 \\ &= -\frac{3}{4} + 2\ln 2\end{aligned}$$

Command Window

: 코딩

```
>> x=sym('x');                    % x 변수에 대한 심볼릭 정의
>> U1=int(x*sin(x),0,pi)          % 주어진 함수의 적분 구하기
>> U2=int(x*log(x),1,2)           % 주어진 함수의 적분 구하기
```

: 결과

```
U1 = pi                           % [예제 1-32(a)]의 결과와 동일
U2 = log(4)-3/4                   % [예제 1-32(b)]의 결과와 동일
```

유제 1-26 정적분 : 부분적분법 사용

다음 함수의 정적분을 구하라.

$$\int_0^\infty xe^{-x}dx$$

정답 : 1

Chapter 01 연습문제

1.1 **(극한의 성질 이용)** 다음 극한값을 구하라.

(a) $\lim_{x \to 1} \frac{x^2 - x + 1}{2x - 1}$

(b) $\lim_{x \to 1} \left(\frac{x - 1}{2x^2 + x - 1} + \frac{2x + 1}{x + 2} \right)$

(c) $\lim_{x \to 0} \frac{\cos 2x}{\cos x + \sin x}$

(d) $\lim_{x \to 0} \left(\frac{e^x + 1}{x + 1} \right) \left(\frac{1}{e^{-x} - 2} \right)$

1.2 **(인수분해 이용)** 다음 극한값을 구하라.

(a) $\lim_{x \to -2} \frac{x^3 + 2x^2 - x - 2}{x^2 + x - 2}$

(b) $\lim_{x \to 2} \frac{x^2 - x - 2}{x^2 - 3x + 2}$

(c) $\lim_{x \to 0} \frac{\sin x \cos^2 x + 2\sin x}{\sin^2 x - \sin x \cos x}$

(d) $\lim_{x \to 0} \frac{e^{2x} - 1}{e^x - 1}$

1.3 **(유리화 이용)** 다음 극한값을 구하라.

(a) $\lim_{x \to 2} \frac{\sqrt{3x - 1} - \sqrt{2x + 1}}{\sqrt{x + 3} - \sqrt{2x + 1}}$

(b) $\lim_{x \to 0} \frac{\sqrt{x + 4} - 2}{x}$

(c) $\lim_{x \to 1} \frac{\sqrt{3x - 2} - \sqrt{2x - 1}}{x - 1}$

(d) $\lim_{x \to 0} \frac{\sqrt{x + 4} - \sqrt{2x + 4}}{x}$

1.4 **([정리 1-2] 이용)** 다음 극한값을 구하라.

(a) $\lim_{x \to 0} \frac{\sin 2x}{\sin 3x}$

(b) $\lim_{x \to 0} \frac{1 - \cos x}{x^2}$

1.5 **(대수함수의 미분)** 다음 함수를 미분하라.

(a) $y = (x^2 + 2x)(2x^3 + 4)$

(b) $y = \sqrt[4]{x^2 + 2x + 1}$

(c) $y = \frac{x^2 - x + 1}{x + 2}$

(d) $y = \frac{x - 2}{2x^2 + 1}$

1.6 **(초월함수 및 합성함수의 미분)** 다음 함수를 미분하라.

(a) $y = (\sin 2x + \cos x)^2$

(b) $y = \cos x\,(2 + \sin 2x)$

(c) $y = \frac{1 - \sin x}{1 + \cos x}$

(d) $y = \frac{\sin x}{\tan x + 1}$

(e) $y = 2^x \cos x$

(f) $y = \dfrac{x}{e^{2x}}$

(g) $y = \log_2(\tan x)$

(h) $y = \ln(\cos x)$

(i) $y = (2x^2 - x)^3$

(j) $y = \left(\dfrac{x}{x+1}\right)^2$

(k) $y = \dfrac{1}{\sqrt[3]{x}} + 2\dfrac{\sin x}{\cos 2x}$

(l) $y = x\left(\dfrac{1}{x^3} - \dfrac{2}{x+2}\right)$

(m) $y = \cos \sqrt[3]{x} - \sqrt[3]{\sin x} + \cos(\sin x)$

(n) $y = \dfrac{(1+2\ln x)^2}{2x}$

1.7 **(로피탈 정리 사용)** 다음 극한값을 구하라.

(a) $\lim_{x\to 1}\dfrac{2^x - 2}{x - 1}$

(b) $\lim_{x\to 0}\dfrac{e^x - 1}{x^2}$

(c) $\lim_{x\to 0}\dfrac{\sin x}{e^x - 1}$

(d) $\lim_{x\to 0}\dfrac{e^{2x} - e^{-2x}}{\sin x}$

(e) $\lim_{x\to 0}\dfrac{(1-\cos x)^2}{x}$

(f) $\lim_{x\to 2}\dfrac{\sqrt{x+2} - 2}{x - 2}$

1.8 **(부정적분)** 다음 함수의 부정적분을 구하고, 구한 결과를 미분하여 결과가 옳은지를 확인하라.

(a) $\int (2\sqrt{x} + 3x^3)dx$

(b) $\int \dfrac{x^3 - 1}{x - 1}dx$

(c) $\int (\sin^2 x)dx$

(d) $\int \dfrac{\sin^3 x + \cos^3 x - \sin x}{\cos^2 x}dx$

(e) $\int (\sec^2 x - 2\cos x)\,dx$

(f) $\int \dfrac{2^x - 3^x - 1}{2^x}dx$

1.9 **(기본 공식 이용)** 다음 함수의 부정적분을 구하라.

(a) $\int (2x+3)\,dx$

(b) $\int (2\sqrt{x} + 3x^2)\,dx$

(c) $\int (2\sin x + 3\cos x)\,dx$

(d) $\int \dfrac{1 + \cos x - \sin^2 x}{\cos x}dx$

(e) $\int \dfrac{4^{4x} - 9}{4^{2x} - 3}dx$

(f) $\int \dfrac{\sin^2 x - 2x + 3x\sin^3 x}{x\sin^2 x}dx$

1.10 **(치환적분 이용)** 다음 함수의 부정적분을 구하라.

(a) $\int (x^3-1)^2(3x^2)dx$

(b) $\int x\sqrt{3x+1}\,dx$

(c) $\int \frac{2x+1}{x^2+x-1}dx$

(d) $\int \frac{4}{\sqrt{x+2}-\sqrt{x-2}}\,dx$

(e) $\int \sin 2x \cos^2 2x\,dx$

(f) $\int \cos 2x \sin 2x\,dx$

(g) $\int \frac{3\ln x}{x}dx$

(h) $\int 2x\,e^{x^2}dx$

(i) $\int \frac{2x+1}{\sqrt{x^2+x+1}}dx$

1.11 **(부분적분 이용)** 다음 함수의 부정적분을 구하라.

(a) $\int e^x x\,dx$

(b) $\int e^x \sin x\,dx$

(c) $\int e^x(\sin x - x)\,dx$

(d) $\int x\ln x\,dx$

1.12 **(정적분)** 다음 함수의 정적분을 구하라.

(a) $\int_1^2 (x^2+3x-2)dx$

(b) $\int_0^\pi (\cos 2x + \sin 2x)dx$

(c) $\int_0^2 \frac{x^2}{x+2}dx - \int_0^2 \frac{4}{x+2}dx$

(d) $\int_0^2 \frac{1}{\sqrt{2x-1}-\sqrt{2x}}\,dx$

1.13 **(치환적분 이용)** 다음 함수의 정적분을 구하라.

(a) $\int_0^1 2x\sqrt{x^2+1}\,dx$

(b) $\int_0^2 2x\,e^{2-x^2}dx$

(c) $\int_1^e \frac{2}{x(2+\ln x)^2}dx$

(d) $\int_0^\pi \sin x \cos^3 x\,dx$

1.14 **(부분적분 이용)** 다음 함수의 정적분을 구하라.

(a) $\int_0^{\frac{\pi}{6}} x\cos x\,dx$

(b) $\int_0^\pi x^2 \cos x\,dx$

(c) $\int_0^\infty e^{-2x}\cos 2x\,dx$

(d) $\int_1^2 x^2 \ln x\,dx$

Chapter

02

1계 미분방정식

First Order Differential Equations

학습목표

- 물리적 시스템들로부터 미분방정식을 유도하는 과정을 이해함으로써 시스템 모델링에 대한 기초지식을 익힐 수 있다.
- 미분방정식의 가장 기본이 되는 1계 미분방정식을 이해하고, 해를 구할 수 있다.
- 가장 간단한 형태인 상수계수를 갖는 미분방정식의 해를 구하는 방법에 대해 변수분리형 미분방정식, 완전 미분방정식, 적분인자를 이용하는 미분방정식으로 구분하여 이해할 수 있다.
- 베르누이 방정식과 같이 변수계수를 갖는 미분방정식을 푸는 방법을 익힐 수 있다.

2장의 MATLAB 명령어

Note

- 2장부터는 매 라인 첫 부분의 프롬프트 '>>'을 생략한다.
- 2장부터는 앞 예제와 유사한 MATLAB 코딩은 QR 코드로 대체한다.

우리가 살고 있는 세상은 물리적 또는 화학적 현상, 생물학적 현상, 경제적 현상 등이 모여 있는 커다란 시스템이라고 할 수 있다. 이러한 시스템을 정확히 이해하고 해석하기 위해서는 관련 시스템들에 대한 수학적인 모델을 제시할 수 있어야 한다. 각각의 시스템에 대해 수학적인 모델을 구축하는 것을 수학적 모델링이라 한다. 수학적으로 모델링을 하려면 먼저 필요한 변수들을 정의하고, 정의된 변수에 물리법칙을 적용하여 미분방정식을 유도해야 한다. 이런 시스템에 관련된 변수들은 대부분 시간에 따라 변하기 때문에, 수학적으로 모델링하면 미분방정식으로 표현된다.

미분방정식은 형태에 따라 분류할 수 있다. 하나의 독립변수로 이루어진 미분방정식은 상미분방정식이라 하고, 두 개 이상의 다변수로 이루어진 방정식은 편미분방정식이라고 한다. 미분방정식의 **계수**는 그 방정식에서 가장 많이 미분된 함수의 미분 횟수로 정의할 수 있고, 미분 횟수에 따라 1계와 고계 미분방정식으로 구분된다. 또한 미분방정식에서 계수가 가장 높은 도함수의 차수에 따라 1계 2차, 2계 3차 미분방정식 등으로 불린다. 그리고 방정식의 선형성 여부에 따라 선형 미분방정식과 비선형 미분방정식으로 구분하기도 한다.

이 장에서는 미분방정식 중에서 가장 단순한 형태인 1계 선형 상미분방정식을 기준으로 미분방정식의 여러 조건들을 이용하여 해를 구하는 방법에 대해 살펴볼 것이다.

2.1 물리적 시스템과 미분방정식

이 절에서는 물리적인 현상을 수학적으로 모델링하여 미분방정식을 얻는 과정을 살펴볼 것이다.

[그림 2-1]과 같은 그림은 물리 교과서에서 자주 보았을 것이다. 스프링(스프링 상수 k)의 한쪽은 벽에 연결되어 있고, 다른 한쪽에는 질량이 m인 수레가 연결되어 있는 시스템이다.

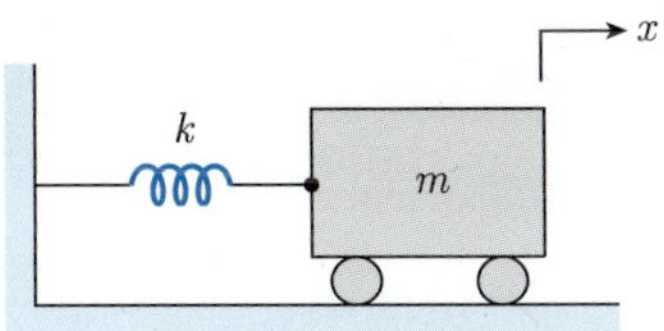

[그림 2-1] **질량-스프링 시스템**

이 시스템을 수학적으로 모델링하려면 어떻게 해야 할까? 먼저 필요한 변수와 **매개변수** parameters를 정의한 뒤, 물리법칙을 적용할 수 있도록 적절한 가정을 해야 한다. 이를 위해 물체의 움직이는 변위를 x라 놓고, 정지 위치로부터 오른쪽 방향의 변위를 양(+)의 변위, 왼쪽 방향의 변위를 음(−)의 변위라 정의하자. 이때 물체와 지면 사이의 마찰을 무시하고, 스프링은 **후크의 법칙** Hooke's law [1]을 적용할 수 있는 **이상적인 스프링** ideal spring이라 가정한다. 그러면 [그림 2-1]의 시스템에 **뉴턴의 제2법칙** Newton's second law [2]을 적용할 수 있고, 식 (2.1)과 같은 시스템의 운동방정식을 얻을 수 있다.

$$m\frac{d^2x}{dt^2} = \sum_{i=1}^{n} F_i \tag{2.1}$$

여기서 F_i는 질량체 m에 가해진 모든 힘을 나타내며, 이 시스템의 경우 스프링에 의한 힘 kx가 유일한 힘이다. 물론 중력 mg도 존재하지만 그것은 변위 x에 대해 수직 방향으로 작용하기 때문에 x의 변화에 아무런 영향을 미치지 못한다. 따라서 식 (2.1)은 다음과 같이 쓸 수 있다.

$$m\frac{d^2x}{dt^2} = -kx \tag{2.2}$$

$$m\frac{d^2x}{dt^2} + kx = 0 \tag{2.3}$$

1 **후크의 법칙**
탄성체의 경우, 물체에 하중을 가하면 하중과 변위는 정비례한다.

2 **뉴턴의 제2법칙**
운동하는 물체의 가속도는 힘이 작용하는 방향으로 일어나며, 그 힘의 크기에 비례한다.

식 (2.2)에서 kx 앞에 음의 부호가 붙은 이유는 kx의 작용 방향이 변위 x와 반대 방향, 즉 왼쪽이기 때문이다.

결과적으로 [그림 2-1]의 기계적인 시스템에 뉴턴의 제2법칙을 적용하여 식 (2.3)의 운동방정식을 유도했다. 식 (2.3)은 미분방정식이고, 선형이며, 도함수의 최고 계수가 2계이므로 2계 선형 미분방정식이다.

이번에는 [그림 2-2]와 같은 전기적인 시스템에 대해 고려해 보자.

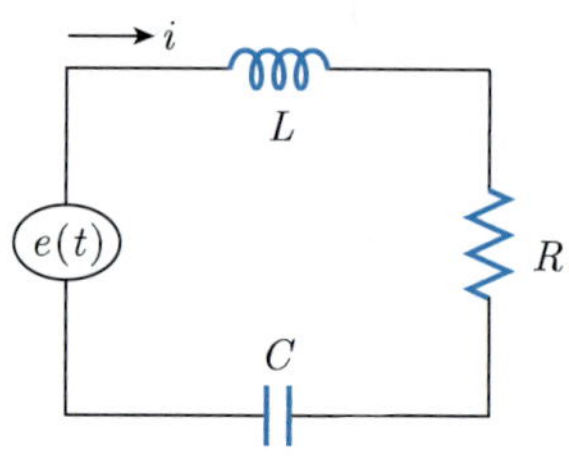

[그림 2-2] $L-R-C$ 시스템

입력전압을 $e(t)$, **인덕터** inductor의 인덕턴스를 L, **커패시터** capacitor의 커패시턴스를 C, **저항체** resistor의 저항을 R이라 놓고, 회로 내에 전류 i가 시계방향으로 흐른다고 가정하자. 그러면 이 시스템에 **키르히호프 전압법칙** Kirchhoff's voltage law [3]이 적용된다.

3 **키르히호프 전압법칙** 닫힌 전기회로에서 전압의 대수적인 합은 0이다.

전류가 저항체, 커패시터, 인덕터를 통과할 때 발생하는 **전압강하량** voltage drop은 각각 다음과 같다.

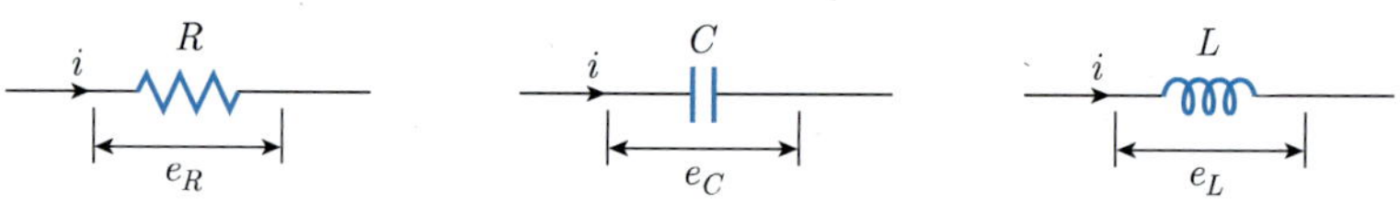

$e_R = iR$ $\qquad$ $e_C = \dfrac{1}{C}\displaystyle\int i\,dt$ $\qquad$ $e_L = L\dfrac{di}{dt}$

그 결과 [그림 2-2]는 키르히호프 전압법칙에 따라 다음과 같이 수학적으로 모델링된다.

$$L\frac{di}{dt} + Ri + \frac{1}{C}\int i\,dt = e(t) \qquad (2.4)$$

식 (2.4)는 적분과 미분이 섞여 있는 방정식이다. 이 식을 미분방정식으로 통일시키기 위해서는 전류 i를 전하량 q로 바꾸면 된다. 전류와 전하량 사이에는

$$i = \frac{dq}{dt} \tag{2.5}$$

의 관계가 성립하므로 식 (2.5)를 식 (2.4)에 대입하면

$$L\frac{d^2q}{dt^2} + R\frac{dq}{dt} + \frac{1}{C}q = e(t) \tag{2.6}$$

이다. [그림 2-2]의 전기적인 시스템은 식 (2.6)과 같이 수학적으로 모델링할 수 있다. 식 (2.6)은 미분방정식이고, 선형이며, 도함수의 최고 계수가 2계이므로 식 (2.3)과 마찬가지로 2계 선형 미분방정식이다.

이 외에도 주변에 존재하는 대부분의 동적인 시스템은 물리적인 법칙들을 사용하여 수학적으로 모델링할 수 있다. 이러한 모델링 식은 위와 같이 미분방정식으로 나타난다. 모델링 식 중에는 식 (2.6)과 같은 2계 선형 미분방정식도 있고, 좀 더 복잡한 고계 미분방정식도 있다. 2장에서는 미분방정식 중에서 가장 간단한 1계 선형 미분방정식의 풀이 과정에 대해 먼저 살펴보고, 3장에서 2계 이상의 고계 미분방정식에 대해 살펴보고자 한다.

2.2 변수분리형 미분방정식

1계 선형 미분방정식은 미분방정식 중에서 가장 간단한 형태이다. 예를 들어, [그림 2-2]의 시스템에서 인덕터와 커패시터를 제거하면 식 (2.6)으로부터 L항과 C항이 사라지므로 2계 항이 사라지고 시스템은 1계 선형 미분방정식이 된다.

즉 [그림 2-2]의 시스템에서 인덕터와 커패시터를 무시한다면 식 (2.6)은 다음과 같이 간단해진다.

$$R\frac{dq}{dt} = e(t) \tag{2.7}$$

식 (2.7)에 포함된 변수들은 다음과 같이 분리할 수 있다.

$$R\,dq = e(t)\,dt \tag{2.8}$$

식 (2.8)과 같은 유형의 1계 선형 미분방정식은 다음과 같이 정의할 수 있다.

4 $g(y)\ dy = f(x)\ dx$ (동일 변수) (동일 변수)

정의 2-1 변수분리형

대수적 방법으로 1계 선형 미분방정식을 $g(y)\dfrac{dy}{dx} = f(x)$와 같은 형태로 표현할 수 있다면, 이러한 미분방정식을 **변수분리형** separation of variables이라 하고, 다음과 같이 쓴다.[4]

$$g(y)\,dy = f(x)\,dx \tag{2.9}$$

변수분리형 미분방정식을 풀기 위해서는 식 (2.9)의 양변을 적분하면 된다.

$$\int g(y)\,dy = \int f(x)\,dx + c \tag{2.10}$$

예제 2-1 변수분리형

다음 미분방정식을 변수분리법으로 풀어라.

(a) $\dfrac{dy}{dx} = \dfrac{y}{x-1}$ (b) $\dfrac{dy}{dx} = \dfrac{2}{x^2-1}$

풀이

(a) $\dfrac{dy}{dx} = \dfrac{y}{x-1}$를 변수분리하면 $\dfrac{1}{y}dy = \dfrac{1}{x-1}dx$이다. 좌변을 적분하면 $\int \dfrac{1}{y}dy = \ln|y|$이고, 우변을 적분하면 $\int \dfrac{1}{x-1}dx = \ln|x-1|$이다. 좌변과 우변이 같으므로 다음과 같은 일반해를 얻는다.

$$\begin{aligned}\ln|y| &= \ln|x-1| + c_1\\ \ln|y| &= \ln|x-1| + \ln c \quad \cdots\cdots ① \; c = e^{c_1}\\ \ln|y| &= \ln c|x-1|\\ y &= c(x-1)\end{aligned}$$

(b) $\dfrac{dy}{dx} = \dfrac{2}{x^2-1}$를 변수분리하면 $dy = \dfrac{2}{x^2-1}dx$이고, 이제 양변을 적분하면

$$\begin{aligned}\int dy &= \int \frac{2}{x^2-1}dx\\ &= \int\left(\frac{1}{x-1} - \frac{1}{x+1}\right)dx\end{aligned}$$

이다. 따라서 다음과 같은 일반해를 얻는다.

$$y = \ln\frac{x-1}{x+1} + c$$

Command Window

: 코딩

```
syms x y; 1                                % x, y 변수에 대한 심볼릭 정의
U1=dsolve('Dy=y/(x-1)','x') 2              % 미분방정식 풀기
U2=dsolve('Dy=2/(x^2-1)','x')              % 미분방정식 풀기
```

: 결과

```
U1 = C*(x-1)                               % [예제 2-1(a)]의 결과와 동일
U2 = C+log(x-1)-log(x+1)                   % [예제 2-1(b)]의 결과와 동일
```

MATLAB TIP!

1 'dsolve' : 심볼릭 정의를 생략해도 된다.

2 'dsolve('f','x')' : 미분방정식 f의 해를 구한다.

- f : 미분방정식 입력
- x : 독립변수 지정

'dsolve('f')'는 독립변수를 t로 간주한다.

유제 2-1 변수분리형

다음 미분방정식을 변수분리법으로 풀어라.

(a) $\dfrac{dy}{dx}=y(x+1)$ (b) $\dfrac{dy}{dx}=\dfrac{y}{x(x-1)}$

정답 : (a) $y=ce^{\frac{1}{2}x^2+x}$, (b) $y=c\dfrac{x-1}{x}$

이제 초깃값이 주어지는 미분방정식과 관련된 예제를 풀어 보자.

예제 2-2 변수분리형 : 초깃값 문제

다음 미분방정식을 변수분리법으로 풀어라.

(a) $\dfrac{dy}{dx}=\dfrac{y}{x(x+1)}$ $(y(1)=2)$ (b) $x^2\dfrac{dy}{dx}+y^2=0$ $(y(1)=1)$

풀이

(a) $\dfrac{dy}{dx}=\dfrac{y}{x(x+1)}$를 변수분리하면, $\dfrac{1}{y}dy=\dfrac{1}{x(x+1)}dx$이다. 좌변을 적분하면 $\ln|y|$이고, 우변은 다음과 같이 적분한다.

$$\int\frac{1}{x(x+1)}dx=\int\left(\frac{1}{x}-\frac{1}{x+1}\right)dx=\ln|x|-\ln|x+1|$$
$$=\ln\left|\frac{x}{x+1}\right|$$

좌변과 우변이 같으므로

$$\ln|y|=\ln\left|\frac{cx}{x+1}\right|$$
$$y=c\frac{x}{x+1}$$

가 구해진다. 위 결과에 초깃값 $y(1)=2$를 대입하면 $c=4$가 얻어지므로, 구하고자 하는 해는 다음과

같다.

$$y = \frac{4x}{x+1}$$

(b) $x^2 \frac{dy}{dx} + y^2 = 0$을 변수분리하면 $\frac{1}{y^2}dy = -\frac{1}{x^2}dx$이다. 이제 양변을 적분하면 다음과 같은 결과를 얻는다.

$$\int \frac{1}{y^2}dy = -\int \frac{1}{x^2}dx$$

$$-\frac{1}{y} = -\left(-\frac{1}{x}\right) + c$$

위 결과에 초깃값 $y(1) = 1$을 대입하면 $c = -2$가 얻어지므로, 구하고자 하는 해는 다음과 같다.

$$y = \frac{x}{2x-1}$$

Command Window

: 코딩

```
U1=dsolve('Dy=y/(x*(x+1))','y(1)=2','x')1        % 미분방정식 풀기
U2=dsolve('Dy*x^2+y^2=0','y(1)=1','x')           % 미분방정식 풀기
```

: 결과

```
U1 = (4*x)/(x+1)                                 % [예제 2-2(a)]의 결과와 동일
U2 = -1/(1/x-2)                                  % [예제 2-2(b)]의 결과와 동일
```

MATLAB TIP!

1 'dsolve('f','a','b')'
: 초깃값이 주어질 때 사용한다.
- f : 미분방정식 입력
- a : 초깃값 입력
- b : 독립변수 지정

유제 2-2 변수분리형 : 초깃값 문제

다음 미분방정식을 변수분리법으로 풀어라.

(a) $\frac{dy}{dx} = y(x+1) \quad (y(0) = 1)$ (b) $\frac{dy}{dx} = \frac{y}{x(x-1)} \quad (y(2) = 1)$

정답 : (a) $y = e^{\frac{1}{2}x^2 + x}$, (b) $y = 2\frac{x-1}{x}$

예제 2-3 응용 자유낙하

[그림 2-3]과 같이 질량이 m인 공이 자유낙하하고 있다. 공기저항을 무시하고, 공의 속도 v를 시간 t에 대해 나타내라.

풀이

[그림 2-3]의 시스템에 뉴턴의 제2법칙을 적용하면

$$m\frac{d^2x}{dt^2}=mg \qquad \text{또는} \qquad m\frac{dv}{dt}=mg$$

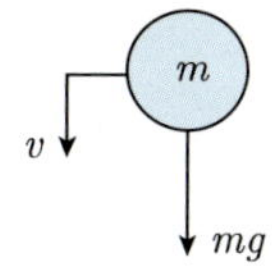

[그림 2-3] **자유낙하**

가 얻어지는데, 이는 변수분리형 미분방정식임을 알 수 있다. m을 소거한 뒤 변수분리법으로 v에 대해 풀면 다음과 같은 결과를 얻는다.

$$dv = g\,dt$$

$$\int dv = \int g\,dt$$

$$v = gt + c$$

2.3 선형 미분방정식

주어진 미분방정식이 **선형**linear이면 방정식의 계수order에 관계없이 해를 구하기가 수월해진다. 이 절에서는 선형 미분방정식으로 표현된 1계 미분방정식의 해를 구해보자.

정의 2-2 선형 미분방정식

1계 미분방정식의 유형이

$$\frac{dy}{dx} + a(x)y = f(x) \tag{2.11}$$

이면, 식 (2.11)은 **선형 미분방정식**linear differential equation이다. 여기서 $f(x)=0$이면 **동차형**homogeneous, $f(x)\neq 0$이면 **비동차형**nonhomogeneous이라 한다.

해를 구하기가 쉬운 동차형에 대해 먼저 살펴보자. 동차형은 2.2절에서 다뤘던 변수분리형과 같다. 따라서 식 (2.11)에서 $f(x)=0$으로 놓고, 변수분리하여 적분하면 다음과 같은 식을 얻을 수 있다.

$$\int \frac{1}{y}dy = -\int a(x)dx + c_1$$

$$\ln|y| = -\int a(x)\,dx + c_1$$

$$y = ce^{-\int a(x)dx} \qquad \cdots\cdots\ c = e^{c_1} \tag{2.12}$$

이때 식 (2.12)는 식 (2.11)의 **일반해** general solution 이다. 이미 2.2절에서 동차형과 유사한 형태의 변수분리형 문제를 풀어보았으나, 한 번 더 연습한다고 생각하고 동차형 선형 미분방정식에 대한 예제도 풀어보자.

예제 2-4 선형 미분방정식 : 동차형

다음 선형 미분방정식의 해를 구하라.

(a) $\dfrac{dy}{dx}+\dfrac{y}{x}=0$ (b) $\dfrac{dy}{dx}=\dfrac{y}{(x+1)(x+2)}$ $(y(0)=1)$

MATLAB 풀이

풀이

Hint • 선형 미분방정식의 유형 : $\dfrac{dy}{dx}+a(x)y=f(x)$

• 동차형 선형 미분방정식의 일반해 : $y=ce^{-\int a(x)dx}$

(a) 식 (2.12)를 사용하여 $\dfrac{dy}{dx}+\dfrac{y}{x}=0$을 풀면 $a(x)=\dfrac{1}{x}$이므로 구하고자 하는 해는 다음과 같다.

$$y=ce^{-\int \frac{1}{x}dx}=ce^{-\ln x}=c\frac{1}{x}$$

(b) $a(x)=-\dfrac{1}{(x+1)(x+2)}$ 이므로

$$y=ce^{-\int\left(-\frac{1}{(x+1)(x+2)}\right)dx}=ce^{\int\left(\frac{1}{x+1}-\frac{1}{x+2}\right)dx}=ce^{\ln\frac{x+1}{x+2}}=c\frac{x+1}{x+2}$$

이 얻어지고, 초깃값 $y(0)=1$을 대입하면 $c=2$이다. 따라서 초깃값 문제에 대한 해는 다음과 같다.

$$y=2\frac{x+1}{x+2}$$

유제 2-3 선형 미분방정식 : 동차형

다음 선형 미분방정식의 해를 구하라.

(a) $\dfrac{dy}{dx}+y(x-2)=0$ (b) $\dfrac{dy}{dx}+\dfrac{y}{x^2}=0$ $(y(-1)=e^{-1})$

정답 : (a) $y=ce^{-\frac{1}{2}x^2+2x}$, (b) $y=e^{1/x}$

이제 비동차 선형 미분방정식의 해를 구하는 방법을 살펴보자. 동차형의 일반해인 식 (2.12)의 양변에 $e^{\int a(x)dx}$을 곱하면

$$ye^{\int a(x)dx}=c \tag{2.13}$$

가 된다. 식 (2.13)의 양변을 미분하면

$$\frac{dy}{dx}e^{\int a(x)dx} + y\left(e^{\int a(x)dx}\right)' = 0 \qquad \cdots\cdots \quad \left(e^{\int a(x)dx}\right)'$$

$$= e^{\int a(x)dx}\frac{d}{dx}\left[\int a(x)dx\right]$$

$$\frac{dy}{dx}e^{\int a(x)dx} + y\,a(x)\,e^{\int a(x)dx} = 0 \qquad = a(x)e^{\int a(x)dx}$$

$$\left[\frac{dy}{dx} + a(x)y\right]e^{\int a(x)dx} = 0 \tag{2.14}$$

이다. 식 (2.14)의 [ ] 안은 식 (2.11)의 동차형과 같다. 식 (2.14)에 포함되어 있는

$$e^{\int a(x)dx} \tag{2.15}$$

를 선형 미분방정식의 적분인자 integrating factor 라고 한다. 이 적분인자를 사용하여 비동차 선형 미분방정식의 해를 구할 수 있다.

식 (2.15)를 식 (2.11)의 양변에 곱하면

$$\left[\frac{dy}{dx} + a(x)y\right]e^{\int a(x)dx} = f(x)e^{\int a(x)dx} \tag{2.16}$$

이고, 식 (2.16)의 좌변을 변형하여 다음과 같이 쓸 수 있다.

$$\frac{d}{dx}\left[y\,e^{\int a(x)dx}\right] = f(x)e^{\int a(x)dx} \tag{2.17}$$

식 (2.17)을 x에 대해 적분한 뒤, y에 대해 풀면

$$\int \frac{d}{dx}\left[y\,e^{\int a(x)dx}\right]dx = \int f(x)e^{\int a(x)dx}dx$$

$$y\,e^{\int a(x)dx} = \int f(x)e^{\int a(x)dx}dx + c \tag{2.18}$$

$$y = e^{-\int a(x)dx}\left[\int f(x)e^{\int a(x)dx}dx + c\right]$$

가 최종적으로 얻어진다. 이때 식 (2.18)이 식 (2.11)의 일반해이다.

정리 2-1 1계 선형 미분방정식의 풀이 공식

1계 비동차 선형 미분방정식 $\dfrac{dy}{dx}+a(x)y=f(x)$ 의 일반해는 다음과 같다.

$$y=e^{-\int a(x)dx}\left[\int f(x)e^{\int a(x)dx}dx+c\right]$$

이때 c는 적분상수, $e^{\int a(x)dx}$ 는 적분인자이다.

예제 2-5 선형 미분방정식 : 비동차형

다음 선형 미분방정식의 해를 구하라.

(a) $\dfrac{dy}{dx}-y=e^x$ (b) $\dfrac{dy}{dx}-2y=1 \quad (y(0)=1)$

MATLAB 풀이

풀이

(a) $a(x)=-1$이므로 적분인자는 $e^{\int(-1)dx}=e^{-x}$이고, $f(x)=e^x$이다. 이를 식 (2.18)에 대입하면 다음과 같은 일반해를 얻는다.

$$\begin{aligned}y&=e^{-\int a(x)dx}\left[\int f(x)e^{\int a(x)dx}dx+c\right]\\&=e^x\left[\int e^x e^{-x}\,dx+c\right]=e^x(x+c)\end{aligned}$$

(b) $a(x)=-2$이므로 적분인자는 $e^{\int(-2)dx}=e^{-2x}$이고, $f(x)=1$이다. 이를 식 (2.18)에 대입하면 다음과 같은 일반해를 얻는다.

$$\begin{aligned}y&=e^{-\int a(x)dx}\left[\int f(x)e^{\int a(x)dx}dx+c\right]\\&=e^{2x}\left[\int e^{-2x}dx+c\right]\\&=e^{2x}\left[-\frac{1}{2}e^{-2x}+c\right]\end{aligned}$$

여기에 초깃값 $y(0)=1$을 대입하면 $y(0)=1=-\dfrac{1}{2}+c$이고, $c=\dfrac{3}{2}$을 얻는다. 따라서 초깃값 문제에 대한 해는 다음과 같이 구할 수 있다.

$$y=-\frac{1}{2}+\frac{3}{2}e^{2x}$$

유제 2-4 선형 미분방정식 : 비동차형

다음 선형 미분방정식의 해를 구하라.

(a) $\dfrac{dy}{dx} - y = x + 1$ (b) $\dfrac{dy}{dx} + y = e^{2x} \quad (y(0) = 0)$

정답 : (a) $y = ce^{x} - x - 2$, (b) $y = \dfrac{e^{2x} - e^{-x}}{3}$

모든 미분방정식이 선형이면 앞에서 설명한 선형 미분방정식의 풀이법에 따라 풀면 된다. 그러나 일반적으로 미분방정식은 비선형이다. 그렇다면 비선형을 선형으로 변환하는 것이 가능할까? 간혹 어떤 비선형 미분방정식은 변수를 변환하여 비선형을 선형으로 바꿀 수 있기도 하다. 이 중 가장 유명한 것이 **베르누이[5] 방정식**으로, 다음과 같은 형태를 취한다.

5 Jakob Bernoulli (1654 ~ 1705) 스위스 수학자로서 '변분법'이란 계산 방법을 만들어 근대수학에 큰 공헌을 했다.

정의 2-3 베르누이 방정식

1계 비선형 미분방정식이 다음과 같은 형태를 취할 때

$$\frac{dy}{dx} + a(x)y = f(x)y^{n} \tag{2.19}$$

식 (2.19)를 베르누이 방정식이라 한다.

여기서 n은 임의의 상수이며, $n = 0$이거나 $n = 1$이면 식 (2.19)는 선형이고, 그 밖의 경우에는 비선형이 된다. 베루누이 방정식을 풀기 위해서는 먼저 비선형 미분방정식을 선형으로 바꾸어야 한다. 이를 위해

$$u = y^{1-n}$$

으로 치환하면

$$\frac{du}{dx} = (1-n)y^{-n}\frac{dy}{dx}$$

이고, 식 (2.19)의 $\dfrac{dy}{dx}$를 위 식에 대입하여 정리하면

$$\begin{aligned}\frac{du}{dx} &= (1-n)y^{-n}\left[f(x)y^{n} - a(x)y\right] \\ &= (1-n)f(x) - (1-n)a(x)y^{1-n}\end{aligned}$$

$$= (1-n)f(x) - (1-n)a(x)u$$

이므로

$$\frac{du}{dx} + (1-n)a(x)u = (1-n)f(x) \qquad (2.20)$$

가 된다. 식 (2.20)은 식 (2.11)의 선형 미분방정식과 같은 유형이므로 앞에서 설명한 선형 미분방정식 풀이법에 의해 풀면 된다.

예제 2-6 비선형 미분방정식 : 베르누이 방정식

다음 미분방정식의 해를 구하라.

$$\frac{dy}{dx} + \frac{1}{x}y = x^2y^2$$

MATLAB 풀이

풀이

주어진 식은 $n=2$인 베르누이 방정식이다. $u = y^{1-n} = y^{-1}$으로 놓으면

$$u' = \left(\frac{1}{y}\right)' = -\frac{1}{y^2}(y') = -\frac{1}{y^2}\left(-\frac{1}{x}y + x^2y^2\right) = \frac{1}{xy} - x^2 = \frac{1}{x}u - x^2$$

이므로 다음과 같고, 이는 선형 미분방정식이다.

$$u' - \frac{1}{x}u = -x^2$$

따라서 식 (2.18)을 이용하여 미분방정식의 해 u를 다음과 같이 구할 수 있다.

$$\begin{aligned}
u &= e^{\int \frac{1}{x}dx}\left[\int (-x^2)e^{-\int \frac{1}{x}dx}dx + c\right] \\
&= e^{\ln x}\left[\int (-x^2)e^{-\ln x}dx + c\right] \qquad \cdots\cdots \ e^{\ln x} = x \\
&= x\left[\int (-x^2)\frac{1}{x}dx + c\right] = x\left[-\frac{1}{2}x^2 + c\right] \\
&= -\frac{1}{2}x^3 + cx
\end{aligned}$$

$u = y^{-1}$을 대입하여 y의 해를 구하면 다음과 같은 해를 얻는다.

$$y = \frac{1}{-\frac{1}{2}x^3 + cx} = \frac{2}{2cx - x^3}$$

유제 2-5 **비선형 미분방정식 : 베르누이 방정식**

다음 미분방정식의 해를 구하라.

$$\frac{dy}{dx} + \frac{1}{x}y = xy^2$$

정답 : $y = \frac{1}{cx - x^2}$

2.4 완전 미분방정식

이변수 함수 $z = f(x, y)$를 고려해보자. 독립변수 x와 y에 대한 $z = f(x, y)$의 편도함수가 존재하면 이 함수의 **전미분**total differential은 다음과 같이 나타낼 수 있다.

$$dz = \frac{\partial f}{\partial x}dx + \frac{\partial f}{\partial y}dy \tag{2.21}$$

만약 $z = f(x, y)$가 상수 c이면,

$$dz = \frac{\partial f}{\partial x}dx + \frac{\partial f}{\partial y}dy = 0 \tag{2.22}$$

이다. 한 예로 $f(x, y) = x^2 - xy + y^2 = c$가 주어지면

$$dz = \frac{\partial f}{\partial x}dx + \frac{\partial f}{\partial y}dy = (2x - y)dx + (2y - x)dy = 0$$

이므로 위 식으로부터

$$\frac{dy}{dx} = \frac{2x - y}{x - 2y}$$

와 같은 미분방정식을 얻을 수 있다. 결과적으로 미분방정식

$$(2x - y)dx + (2y - x)dy = 0$$

의 해가 $f(x, y) = x^2 - xy + y^2 = c$임을 알 수 있다. 따라서 전미분 개념은 다음의 1계 미분방정식과 같은 유형의 해를 구할 때 매우 유용하게 쓰인다.

$$M(x, y)dx + N(x, y)dy = 0$$

정의 2-4 완전 미분방정식

1계 미분방정식

$$M(x,y)dx + N(x,y)dy = 0 \tag{2.23}$$

에 대해

$$\frac{\partial f(x,y)}{\partial x} = M(x,y), \quad \frac{\partial f(x,y)}{\partial y} = N(x,y)$$

를 만족하는 함수 $f(x,y)$가 존재하면, 그 함수의 전미분은 $df(x,y)=0$이고, $f(x,y)=c$는 식 (2.23)의 일반해이다. 이때 $M\,dx + N\,dy$를 **완전미분**exact differential이라 하고, 식 (2.23)을 **완전 미분방정식**exact differential equation이라 한다.

정리 2-2 완전미분 조건

M, N, $\dfrac{\partial M}{\partial y}$, $\dfrac{\partial N}{\partial x}$이 연속이라면 $M(x,y)dx + N(x,y)dy = 0$이 완전 미분방정식이 되기 위한 필요충분조건은 다음과 같다.

$$\frac{\partial M}{\partial y} = \frac{\partial N}{\partial x} \tag{2.24}$$

증명 [정의 2-4]에 의하면

$$\frac{\partial f(x,y)}{\partial x} = M(x,y), \quad \frac{\partial f(x,y)}{\partial y} = N(x,y)$$

이므로, 다음과 같이 편도함수를 취할 수 있다.

$$\frac{\partial}{\partial y}\left[\frac{\partial f(x,y)}{\partial x}\right] = \frac{\partial}{\partial y}M(x,y), \quad \frac{\partial}{\partial x}\left[\frac{\partial f(x,y)}{\partial y}\right] = \frac{\partial}{\partial x}N(x,y)$$

위 식을 정리하면

$$\frac{\partial^2 f(x,y)}{\partial y\,\partial x} = \frac{\partial}{\partial y}M(x,y), \quad \frac{\partial^2 f(x,y)}{\partial x\,\partial y} = \frac{\partial}{\partial x}N(x,y)$$

...... 편도함수는 도함수를 취하는 독립변수의 순서와 무관하다.

이다. 따라서 다음과 같이 증명할 수 있다.

$$\frac{\partial}{\partial y}M(x,y) = \frac{\partial^2 f(x,y)}{\partial y\,\partial x} = \frac{\partial}{\partial x}N(x,y)$$

■

예제 2-7 완전 미분방정식

다음 미분방정식의 해를 구하라.

(a) $(2x+y^2)dx+2xydy=0$ (b) $-ydx+(y^2-x)dy=0 \quad (y(0)=1)$

풀이

(a) $M(x,y)=2x+y^2$, $N(x,y)=2xy$라 놓으면

$$\frac{\partial M}{\partial y}=2y=\frac{\partial N}{\partial x}$$

이 성립하므로, $(2x+y^2)dx+2xy\,dy=0$은 완전 미분방정식이다. 따라서

$$\frac{\partial f(x,\,y)}{\partial x}=M(x,\,y),\quad \frac{\partial f(x,\,y)}{\partial y}=N(x,\,y)$$

를 만족하는 함수 $f(x,\,y)$가 존재한다. 그러면

$$\frac{\partial f(x,\,y)}{\partial x}=M(x,\,y)=2x+y^2$$

이므로, 위 식을 x에 관해 적분하여

$$\int\frac{\partial f(x,\,y)}{\partial x}dx=\int(2x+y^2)dx$$

$$f(x,\,y)=x^2+xy^2+g(y) \quad \cdots\cdots ①$$

① x에 관한 적분은 y를 상수로 간주하므로 적분상수가 $g(y)$이다.

를 구한다. 이제 $f(x,\,y)$를 y에 대해 편미분하면,

$$\frac{\partial f(x,\,y)}{\partial y}=2xy+g'(y)=N(x,\,y)=2xy$$

이므로

$$g'(y)=0,\quad g(y)=c_1$$

이다. 식 ①에 의하면 $f(x,\,y)=x^2+xy^2+c_1$이며, $f(x,\,y)=c_2$이므로 $c_2-c_1=c$라 놓으면 미분방정식의 해는 다음과 같다.

$$f(x,\,y)=x^2+xy^2=c$$

(b) $M(x,\,y)=-y$, $N(x,\,y)=y^2-x$라 놓으면

$$\frac{\partial M}{\partial y}=-1=\frac{\partial N}{\partial x}$$

이 성립하므로, $-ydx+(y^2-x)dy=0$은 완전 미분방정식이다. 따라서

$$\frac{\partial f(x, y)}{\partial x} = M(x, y), \quad \frac{\partial f(x, y)}{\partial y} = N(x, y)$$

를 만족하는 함수 $f(x, y)$가 존재한다. 그러면

$$\frac{\partial f(x, y)}{\partial x} = -y$$

이므로, 위 식을 x에 관해 적분하여

$$\int \frac{\partial f(x, y)}{\partial x} dx = \int (-y) dx$$

$$f(x, y) = -xy + g(y)$$

를 구한다. 이제 $f(x, y)$를 다시 y에 대해 편미분하면

$$\frac{\partial f(x, y)}{\partial y} = -x + g'(y)$$

이고, $\frac{\partial f(x, y)}{\partial y} = N(x, y) = y^2 - x$이므로

$$-x + g'(y) = y^2 - x, \quad g'(y) = y^2, \quad g(y) = \frac{1}{3}y^3 + c_1$$

이다. 이때 $f(x, y) = c_2$이므로 미분방정식의 일반해는 다음과 같다. 여기서도 적분상수 c의 처리는 (a)와 유사하다.

$$f(x, y) = -xy + \frac{1}{3}y^3 = c$$

초깃값 $y(0) = 1$을 대입하면 다음과 같이 상수 c를 구할 수 있다.

$$c = -(0)(1) + \frac{1}{3}(1)^3 = \frac{1}{3}$$

따라서 구하고자 하는 미분방정식의 해는 다음과 같다.

$$-xy + \frac{1}{3}y^3 = \frac{1}{3}$$

유제 2-6 완전 미분방정식

다음 미분방정식의 해를 구하라.

$$(x+1)dx + ydy = 0$$

정답 : $x^2 + 2x + y^2 = c$

일반적으로 미분방정식이 완전 미분방정식인 경우는 드물다. 이러한 경우에 미분방정식에 적분인자를 곱하여 완전 미분방정식으로 만들 수 있는 경우가 있다. 예를 들어, 미분방정식 $y\,dx + 2x\,dy = 0$은 $\dfrac{\partial M}{\partial y} = 1$이고 $\dfrac{\partial N}{\partial x} = 2$이므로 완전 미분방정식이 아니다. 그러나 방정식에 y를 곱하면 $y^2\,dx + 2xy\,dy = 0$은 $\dfrac{\partial M}{\partial y} = 2y = \dfrac{\partial N}{\partial x}$이므로 완전 미분방정식이 된다. 일반적으로 $M(x,\ y)dx + N(x,\ y)dy = 0$이 완전 미분방정식이 아니라고 가정하고, 방정식

$$\mu(x,\ y)M(x,\ y)dx + \mu(x,\ y)N(x,\ y)dy = 0 \tag{2.25}$$

을 완전 미분방정식으로 만들기 위한 적분인자 $\mu(x, y)$를 찾는 것이 가능할 때가 종종 있다. 식 (2.25)가 완전 미분방정식이 되기 위해서는 식 (2.24)를 여전히 만족해야 하므로

$$\frac{\partial}{\partial y}[\mu(x,y)M(x,y)] = \frac{\partial}{\partial x}[\mu(x,y)N(x,y)]$$

$$\mu(x,y)\frac{\partial M(x,y)}{\partial y} + \frac{\partial \mu(x,y)}{\partial y}M(x,y) = \mu(x,y)\frac{\partial N(x,y)}{\partial x} + \frac{\partial \mu(x,y)}{\partial x}N(x,y)$$

$$N(x,y)\frac{\partial \mu(x,y)}{\partial x} - M(x,y)\frac{\partial \mu(x,y)}{\partial y} = \left[\frac{\partial M(x,y)}{\partial y} - \frac{\partial N(x,y)}{\partial x}\right]\mu(x,y) \tag{2.26}$$

가 된다. 식 (2.26)에서 $\mu(x,y)$를 구하려면 미분방정식을 풀어야 하는데, 풀기가 쉽지 않다. 문제를 간단히 만들기 위해 적분인자 $\mu(x,y)$가 x만의 함수라고 가정하면, 식 (2.26)은 다음과 같이 된다.[6]

6 $\dfrac{\partial \mu(x,y)}{\partial y} = 0$

$$N(x,y)\frac{d\mu(x)}{dx} = \left[\frac{\partial M(x,y)}{\partial y} - \frac{\partial N(x,y)}{\partial x}\right]\mu(x)$$

$$\frac{1}{\mu(x)}\frac{d\mu(x)}{dx} = \frac{1}{N(x,y)}\left[\frac{\partial M(x,y)}{\partial y} - \frac{\partial N(x,y)}{\partial x}\right] \tag{2.27}$$

식 (2.27)의 좌변이 x만의 함수이므로 우변도 x만의 함수로 간주하여 다음과 같이 나타낼 수 있다.

$$\frac{1}{\mu(x)}\frac{d\mu(x)}{dx} = \frac{1}{N(x,y)}\left[\frac{\partial M(x,y)}{\partial y} - \frac{\partial N(x,y)}{\partial x}\right] = k(x) \tag{2.28}$$

식 (2.28)을 변수분리법에 의해 풀면 다음과 같이 적분인자를 구할 수 있다.

$$\frac{1}{\mu(x)}d\mu(x) = k(x)dx$$

$$\int \frac{1}{\mu(x)}d\mu(x) = \int k(x)dx$$

$$\ln\mu(x) = \int k(x)dx$$

$$\mu(x) = e^{\int k(x)\,dx} \tag{2.29}$$

여기서 $k(x)$는 다음과 같다.

$$k(x) = \frac{1}{N(x, y)}\left[\frac{\partial M(x, y)}{\partial y} - \frac{\partial N(x, y)}{\partial x}\right] \tag{2.30}$$

한편, $\mu(x, y)$가 y만의 함수라고 가정하면 같은 방법으로 적분인자를 다음과 같이 구할 수 있다.

$$\mu(y) = e^{\int k(y)\,dy} \tag{2.31}$$

여기서 $k(y)$는 다음과 같다.

$$k(y) = -\frac{1}{M(x, y)}\left[\frac{\partial M(x, y)}{\partial y} - \frac{\partial N(x, y)}{\partial x}\right] \tag{2.32}$$

예제 2-8 완전 미분방정식으로 변환

다음 미분방정식의 해를 구하라.

$$y^2dx + ydy = 0$$

풀이

$M(x, y) = y^2$, $N(x, y) = y$로 놓으면

$$\frac{\partial M(x, y)}{\partial y} = 2y, \quad \frac{\partial N(x, y)}{\partial x} = 0$$

이므로 완전 미분방정식이 아니다. 그러므로 완전 미분방정식으로 만들기 위한 적분인자를 구하는 것이 필요하다. 식 (2.30)으로부터

$$k(x) = \frac{1}{N(x, y)}\left[\frac{\partial M(x, y)}{\partial y} - \frac{\partial N(x, y)}{\partial x}\right] = \frac{1}{y}[2y - 0] = 2$$

이므로, 적분인자는 식 (2.29)에 의해

$$\mu(x) = e^{\int k(x)dx} = e^{\int (2)dx} = e^{2x}$$

이다. 주어진 미분방정식에 적분인자 e^{2x}을 곱하여 완전 미분방정식

$$e^{2x}y^2dx + e^{2x}y\,dy = 0$$

을 얻는다. 이제 [예제 2-7]과 유사한 방법으로 미분방정식의 해를 구하면 된다.

$$\frac{\partial f(x,\,y)}{\partial x} = \overline{M} = e^{2x}y^2\,,\quad \frac{\partial f(x,\,y)}{\partial y} = \overline{N} = e^{2x}y$$

로 놓고, $\dfrac{\partial f(x,\,y)}{\partial x}$를 x에 관해 적분하면

$$f(x,y) = \int e^{2x}y^2dx = \frac{1}{2}e^{2x}y^2 + g(y)$$

가 되고, $f(x,y)$를 다시 y에 관해 편미분하여 $\overline{N}$과 같다고 놓으면

$$\frac{\partial f(x,y)}{\partial y} = e^{2x}y + g'(y) = e^{2x}y$$

이다. 따라서 $g'(y) = 0$, $g(y) = c_1$이고, 함수 $f(x,y) = c_2$를 만족하는 함수 $f(x,y)$는 다음과 같다.

$$f(x,y) = \frac{1}{2}e^{2x}y^2 = c$$

…… 이 문제는 변수분리형으로 풀어도 된다.

유제 2-7 완전 미분방정식으로 변환

다음 미분방정식의 해를 구하라.

$$(x+y)dx + dy = 0$$

정답 : $y = ce^{-x} - x + 1$

예제 2-9 응용 *RC* 전기회로

[그림 2-4]와 같은 전기회로를 고려해보자. 입력전압 $e = 10\text{V}$, $C = 0.5\text{F}$, $R = 4\Omega$이다. 시간 $t = 0$일 때 전하량 $q(0) = 0$이었다면, 0.2초 후의 전하량은 몇 C인가?

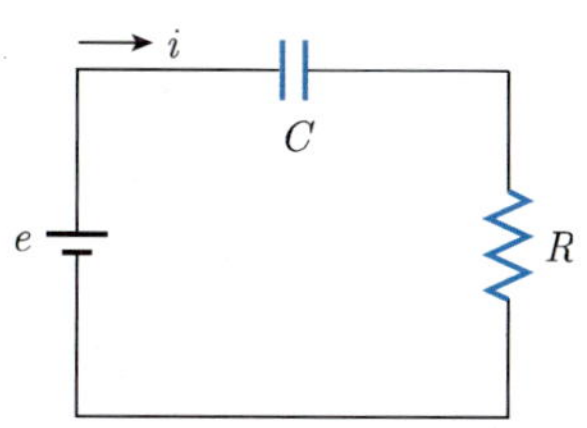

[그림 2-4] *RC* 전기회로[7]

7
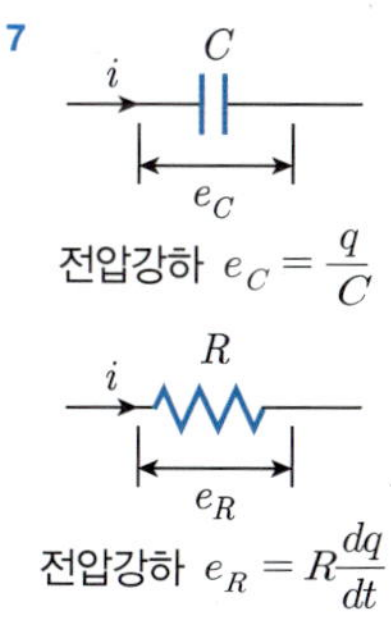

풀이

[그림 2-4]는 [그림 2-2]의 전기회로에서 인덕턴스 L이 빠진 회로이다. [그림 2-2]로부터 유도된 식 (2.4)의 미분방정식에서 L 항을 소거하면 [그림 2-4]에 대한 미분방정식을 다음과 같이 얻을 수 있다.

$$Ri+\frac{1}{C}\int i\,dt=e$$

$i=dq/dt$이므로 위 식은 다음과 같다.

$$R\frac{dq}{dt}+\frac{q}{C}=e$$

주어진 값, $C=0.5\mathrm{F}$, $R=4\Omega$, $e=10\mathrm{V}$와 초깃값 $q(0)=0$을 위 식에 대입하면 미분방정식은

$$4\frac{dq}{dt}+2q=10 \qquad (q(0)=0)$$

이고, 이는 변수분리형 미분방정식임을 알 수 있다. 따라서 변수분리하여 적분하면 다음과 같은 결과를 얻을 수 있다.

$$2\frac{dq}{dt}=5-q, \qquad \frac{dq}{q-5}=-\frac{1}{2}dt$$

$$\ln(q-5)=-\frac{1}{2}t+c_1, \qquad q-5=ce^{-\frac{1}{2}t} \quad (c=e^{c_1})$$

$q(0)=0$이므로 $c=-5$이다. 그러므로 전하량은

$$q(t)=-5e^{-\frac{1}{2}t}+5$$

이다. 따라서 $t=0.2$일 때 구하고자 하는 전하량은 다음과 같다.

$$q(0.2)=-5e^{-\frac{1}{2}(0.2)}+5=5-5e^{-0.1}[\mathrm{C}]\approx 0.4758[\mathrm{C}]$$

Command Window

: 코딩

```
U1=dsolve('2*Dq+q=5','q(0)=0','t') 1    % 미분방정식 풀기
U2=5-5*exp(-0.2/2)                      % 초깃값 t=0.2 대입
```

: 결과

```
U1 = 5-5*exp(-t/2)                      % [예제 2-9]의 결과와 동일
U2 = 0.4758                             % [예제 2-9]의 결과와 동일
```

MATLAB TIP!

1 `'dsolve('f','a','b')'`에서 독립변수 b가 시간 t일 경우에는 `'dsolve('f','a')'`도 가능

Chapter 02 연습문제

2.1 **(변수분리형)** 다음 미분방정식의 해를 구하라.

(a) $\dfrac{dy}{dx}=\dfrac{x(y-1)}{x^2-1}$

(b) $\dfrac{dy}{dx}+(x+1)y^2=0$

(c) $\dfrac{dy}{dx}+\dfrac{y}{x}=0$

(d) $\dfrac{dy}{dx}-ye^x=0$

(e) $e^x\dfrac{dy}{dx}=e^{-y}(1+e^x)$

(f) $\dfrac{dy}{dx}+2y-xy=0$

(g) $\dfrac{x}{y}\dfrac{dy}{dx}+x-2=0$

(h) $\dfrac{1}{y}\dfrac{dy}{dx}+2\cos x=0$

(i) $\dfrac{dy}{dx}+\dfrac{2x}{y+1}-\dfrac{2x}{y}=0$

(j) $\dfrac{dy}{dx}=\dfrac{y}{x}\ln x$

(k) $\dfrac{dy}{dx}+\dfrac{1}{y}\cos x=0$

(l) $\dfrac{dy}{dx}=y\tan x$

(m) $\dfrac{dy}{dx}+\dfrac{x}{y}=0 \quad (y(0)=-2)$

(n) $y\dfrac{dy}{dx}+x-1=0 \quad (y(1)=1)$

(o) $\dfrac{dy}{dx}=xy(y+1) \quad (y(0)=1)$

(p) $\dfrac{1}{x}\dfrac{dy}{dx}=y^2-y \quad (y(1)=2)$

(q) $\dfrac{dy}{dx}=e^{-x}-1 \quad (y(0)=1)$

(r) $\dfrac{dy}{dx}=-\dfrac{y^2}{x^2} \quad (y(1)=2)$

(s) $\dfrac{dy}{dx}=\dfrac{y}{2+x} \quad (y(0)=1)$

2.2 응용 **(변수분리형)** 오른쪽 그림과 같이 질량이 m인 공을 초속도 10m/s로 바로 위쪽으로 던졌다. 이때 공기저항과 같은 모든 저항을 무시하면 뉴턴의 제2법칙에 의해 다음과 같은 운동방정식을 유도할 수 있다. 1초가 지났을 때의 공의 속도를 구하라. 여기서 g는 중력가속도로 9.8m/s^{2}이다.

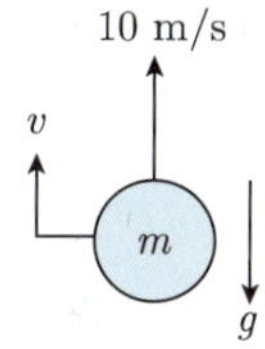

$$m\frac{dv}{dt}=-mg$$

2.3 응용 **(변수분리형)** 오른쪽 그림은 양 끝단이 베어링에 의해 지지되어 ω의 각속도로 회전하는 로터rotor를 보여주고 있다. 이 로터의 관성모멘트moment of inertia가 J이고, 로터와 베어링 사이의 마찰계수가 c이면, 로터에 관한 운동방정식이 뉴턴의 제2법칙에 의해 아래와 같이 얻어진다. 로터의 초기 각속도가 $\omega(0)=\omega_0$일 때, 로터의 회전 각속도 $\omega(t)$를 구하라.

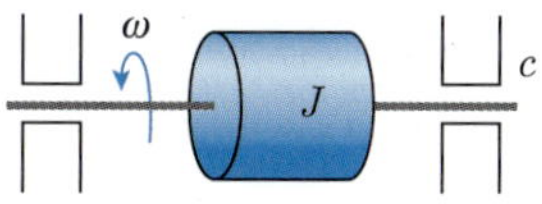

$$J\frac{d\omega}{dt}+c\omega=0 \qquad (\omega(0)=\omega_0)$$

2.4 (선형 미분방정식 : 동차형) 다음 미분방정식의 해를 구하라.

(a) $\dfrac{dy}{dx} - ye^x = 0$　　(b) $\dfrac{dy}{dx} + 3x^2y = 0$　　(c) $\dfrac{dy}{dx} = y\tan x$

(d) $\dfrac{dy}{dx} - y\cos x = 0 \quad (y(0) = 1)$　　(e) $\dfrac{dy}{dx} + \dfrac{x}{x^2 - 4}y = 0$

2.5 (선형 미분방정식 : 비동차형) 다음 미분방정식의 해를 구하라.

(a) $\dfrac{dy}{dx} + 2y = 2x$　　(b) $\dfrac{dy}{dx} + y = \cos x$

(c) $\dfrac{dy}{dx} + \dfrac{y}{x} = e^{-x}$　　(d) $\dfrac{dy}{dx} - y = x \quad (y(0) = 1)$

(e) $\dfrac{dy}{dx} = \dfrac{y + x}{x} \quad (y(1) = 1)$　　(f) $\dfrac{dy}{dx} - y = x + 2 \quad (y(0) = 2)$

2.6 (비선형 미분방정식 : 베르누이 방정식) 다음 미분방정식의 해를 구하라.

(a) $\dfrac{dy}{dx} + \dfrac{1}{x}y = x^3y^2$　　(b) $\dfrac{dy}{dx} + y = e^{-x}y^2$

2.7 (완전 미분방정식) 다음 미분방정식의 해를 구하라.

(a) $(2xy + 1)dx + x^2dy = 0$　　(b) $(2xy + y)dx + (x^2 + x)dy = 0$

(c) $(x - 1)dx + (y + 1)dy = 0$　　(d) $(4x + y)dx + (x - 4y)dy = 0$

(e) $(2e^x + 2y)dx + (2x + ye^{-y})dy = 0$　　(f) $(x^2 + y^2)dx + (2xy + 1)dy = 0$

(g) $(x^2 + y^2)dx + 2xydy = 0 \quad (y(1) = 1)$　　(h) $y^2dx + 2(xy + 1)dy = 0 \quad (y(0) = 1)$

2.8 (완전 미분방정식으로 변환) 다음 미분방정식의 해를 구하라.

(a) $(x^2 + x + y^2)\,dx + 2y\,dy = 0$　　(b) $y(x + 2)dx + 2xdy = 0$

(c) $(y + 1)dx - (x + 1)dy = 0$　　(d) $2y\,dx + xdy = 0$

(e) $xy\,dx + (x^2 + 2y^2)dy = 0$　　(f) $x^2y^3dx + 2x^3y^2dy = 0$

(g) $(x^2 + y^2)dx + y\,dy = 0 \quad (y(0) = 2)$　　(h) $xdx + (x^2y + y)dy = 0 \quad (y(0) = 2)$

2.9 **응용** **(*RL* 회로)** 그림과 같이 주어진 RL 전기회로에 대해 입력전압 $e = 10\text{V}$, $L = 2\text{H}$, $R = 4\Omega$이다. 시간 $t = 0$일 때 전류가 0 A(암페어)였다면, 0.2초 뒤의 전류는 몇 A인가?

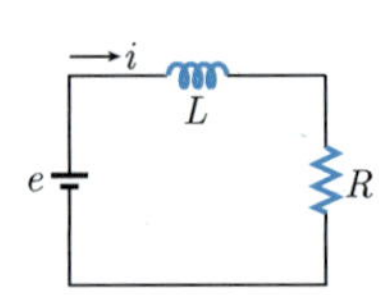

Chapter

03

고계 선형 미분방정식

Higher Order Differential Equations

학습목표

- 고계 선형 미분방정식을 이해하고, 동차·비동차 선형 미분방정식의 해를 구할 수 있다.
- 상수계수가 아닌 변수계수를 갖는 선형 미분방정식의 특별한 경우에 대한 해를 구할 수 있다.
- 물리적인 시스템에서 자주 나타나는 선형 연립 미분방정식의 해를 구할 수 있다.
- 실제 물리적인 시스템으로부터 상미분방정식 또는 연립 미분방정식을 유도하는 방법과 풀이 과정을 이해할 수 있다.

3장의 MATLAB 명령어

2장에서는 1계 선형 미분방정식에 대해 설명하였다. 이 장에서는 2계 이상의 고계 미분방정식에 대해 살펴볼 것이다. 상미분방정식은 크게 선형 미분방정식과 비선형 미분방정식으로 분류되는데, 비선형은 풀이 과정이 상당히 어려우므로 여기에서는 선형 미분방정식에 중점을 두고 설명하고자 한다.

먼저 미분방정식과 관련된 기본 개념을 익히기 위해 형태에 따른 방정식의 종류와 각각의 해의 유형에 대한 기본적인 내용들을 설명하고, 이어서 해를 구하는 방법들을 자세히 살펴보자.

3.1 기본 개념

일반적으로 n계 선형 미분방정식은 다음과 같이 나타낼 수 있다.

$$a_n(x)\frac{d^n y}{dx^n}+a_{n-1}(x)\frac{d^{n-1}y}{dx^{n-1}}+\cdots+a_1(x)\frac{dy}{dx}+a_0(x)y=f(x) \quad (3.1)$$

n이 2 이상이면 이를 **고계**higher order 선형 미분방정식이라 부른다.

식 (3.1)과 같이 종속변수 y와 y의 모든 도함수가 1차이면서 도함수의 계수가 모두 x만의 함수이면 이를 **선형**linear이라 하고, 그렇지 않으면 **비선형**nonlinear이라 한다. 예를 들어 다음 식은 y항이 1차가 아니고 2차이므로 비선형이다.

$$\frac{d^2y}{dx^2}+x^2\frac{dy}{dx}+y^2=e^x$$

식 (3.1)의 미분방정식에서 $f(x)=0$이면 **동차**homogeneous 미분방정식이 되고, $f(x)\neq 0$이면 **비동차**nonhomogeneous 미분방정식이 된다.

임의의 함수 $g(x)$를 미분방정식에 대입하였을 때 좌변과 우변이 같아지면 함수 $g(x)$가 미분방정식의 해가 되며, 해의 유형에 따라 다양하게 정의할 수 있다. $y=0$은 식 (3.1)의 동차형 미분방정식($f(x)=0$)을 만족시킨다. 이러한 해를 **자명해**trivial solution라고 하는데, 일반적으로 미분방정식을 푼다는 것은 자명해가 아닌 **비자명해**nontrivial solution를 구하는 것을 말한다.

또한 미분방정식의 해가 $y=g(x)$와 같이 독립변수와 종속변수가 분리된 형태로 나타나면 이를 **양함수 해**explicit solution라 하고, $g(x,y)=0$과 같이 독립변수와 종속변수가 분리되지 않은 형태로 나타나면 **음함수 해**implicit solution라 한다.

식 (3.1)의 비동차 미분방정식의 해를 구할 때, $f(x)=0$이라 가정하고 구한 해, 즉 동차 미분방정식의 해 $y_c(x)$를 **보조해**complementary solution라 하고, $f(x)$를 고려하고 구한 해 $y_p(x)$를 **특수해**particular solution라 한다. 또한 보조해와 특수해를 합한 해를 **일반해**general solution라 하고 다음과 같이 쓸 수 있다.

$$y(x)=y_c(x)+y_p(x)^{1} \quad (3.2)$$

1 일반해 = 보조해 + 특수해

미분방정식에서는 종종 $\frac{d}{dx}=D$로 표기하기도 한다. 이때 D를 **미분연산자**differential operator라 한다. 미분연산자를 사용하면 고계 도함수를 간단히 표현할 수 있는 장점이 있다. 예를 들면

$$\frac{d^3y}{dx^3} = \frac{d}{dx}\left[\frac{d}{dx}\left(\frac{dy}{dx}\right)\right] = D[D(Dy)] = D^3y$$

이다. 식 (3.1)의 미분방정식을 미분연산자를 사용하여 나타내면 다음과 같다.

$$a_n(x)D^ny + a_{n-1}(x)D^{n-1}y + \cdots + a_1(x)Dy + a_0(x)y = f(x) \quad (3.3)$$

미분방정식의 해를 구하는 데 있어서 **일차독립**linearly independent과 **일차종속**linearly dependent의 개념은 매우 중요하고 다음과 같이 정의된다.

정의 3-1 일차독립과 일차종속

다음과 같이 주어진 방정식

$$c_1y_1(x) + c_2y_2(x) + \cdots + c_ny_n(x) = 0 \quad (3.4)$$

을 만족시키는 0이 아닌 상수 $c_1, c_2, \cdots, c_n$이 존재하지 않는다면, 즉 $c_1 = c_2 = \cdots = c_n = 0$이 식 (3.4)를 만족시키는 유일한 경우일 때, 함수 $y_1, y_2, \cdots, y_n$들은 서로 **일차독립**이라 한다. 그리고 일차독립이 아닌 경우를 **일차종속**이라 한다.

예를 들어 $y_1 = e^{2x}$과 $y_2 = e^{-x}$을 고려해보자. 식 (3.4)에 의하면 $c_1e^{2x} + c_2e^{-x} = 0$은 오직 $c_1 = c_2 = 0$인 경우에만 만족되고, 그 밖의 어떤 경우에도 만족되지 않는다. 다시 말해, 상수 c에 대해 $e^{2x} \neq ce^{-x}$은 결코 성립되지 않는다. 이때 e^{2x}과 e^{-x}은 일차독립이다.[2]

2 두 함수가 일차종속일 조건은 하나의 함수가 다른 함수의 상수배일 경우이다.

정의 3-2 론스키안[3]

정의된 구간 내에서 $(n-1)$번 미분가능한 함수 $y_1, y_2, \cdots, y_n$에 대해 **론스키안**Wronskian $W(y_1, y_2, \cdots, y_n)$은 다음과 같이 정의된다.

$$W(y_1, y_2, \cdots, y_n) = \begin{vmatrix} y_1 & y_2 & \cdots & y_n \\ y_1' & y_2' & \cdots & y_n' \\ \vdots & \vdots & \vdots & \vdots \\ y_1^{(n-1)} & y_2^{(n-1)} & \cdots & y_n^{(n-1)} \end{vmatrix} \quad (3.5)$$

3 **론스키안**
식 (3.5)로 정의된 행렬식 (행렬식에 대해서는 9장 참조)

다시 말해, 첫 번째 행에는 함수를, 두 번째 행에는 1차 도함수를, $\cdots$, n번째 행에는 $(n-1)$ 도함수를 각각 배치시킨다. 이렇게 구성된 행렬의 **행렬식**determinant이 $W(y_1, y_2, \cdots, y_n)$이다.

앞서 예로 들었던 두 함수 $y_1 = e^{2x}$과 $y_2 = e^{-x}$의 론스키안은 다음과 같다.

$$W(y_1, y_2) = \begin{vmatrix} y_1 & y_2 \\ y_1' & y_2' \end{vmatrix} = \begin{vmatrix} e^{2x} & e^{-x} \\ 2e^{2x} & -e^{-x} \end{vmatrix} = -3e^{x}$$

론스키안은 미분가능한 함수들이 정해진 구간 내에서 서로 일차독립함수인지 일차종속함수인지를 결정하는 데 쓰인다.

정의 3-3 론스키안과 일차독립

만약 정해진 구간 내의 한 점에서 함수들의 론스키안 값이 0이 아니면, 그 함수들은 그 구간 내에서 일차독립이다.

[정의 3-3]은 여러 상황에서 유용하다. 예를 들면 만약 2계 미분방정식의 두 해가 서로 독립해인지 판별하기를 원한다면 론스키안을 사용하면 된다. 만약 론스키안이 0이 아니면 그 함수들은 서로 일차독립이다. 그러나 만약 론스키안이 0이면 그 함수들은 서로 일차독립일 수도 있고 일차종속일 수도 있다. 론스키안이 0이면 그 함수들 사이는 일차종속이라고 잘못 이해할 수 있으니, 주의해야 한다.

앞서 예로 들었던 두 함수 $y_1 = e^{2x}$과 $y_2 = e^{-x}$의 론스키안은 $-3e^{x}$이므로 모든 x에 대해 0이 아니다. 그러므로 $y_1 = e^{2x}$과 $y_2 = e^{-x}$은 서로 일차독립함수이다.

일차독립, 일차종속의 개념과 마찬가지로 미분방정식의 해를 구할 때 **중첩의 원리**principle of superposition가 매우 중요하게 적용된다.

정의 3-4 중첩의 원리

$y_1, y_2, \cdots, y_n$이 n계 동차 미분방정식

$$a_n(x)\frac{d^n y}{dx^n} + a_{n-1}(x)\frac{d^{n-1}y}{dx^{n-1}} + \cdots + a_1(x)\frac{dy}{dx} + a_0(x)y = 0$$

의 일차독립인 해(또는 **기본해**)라면, 그 함수들의 1차 결합도 미분방정식의 해가 된다. 이를 동차 미분방정식의 일반해라 하고, 다음과 같이 나타낼 수 있다.

$$y = c_1y_1 + c_2y_2 + \cdots + c_ny_n \tag{3.6}$$

예제 3-1 2계 미분방정식의 해

$y_1=e^{2x}$과 $y_2=e^{-2x}$이 미분방정식

$$\frac{d^2y}{dx^2}-4y=0$$

의 기본해임을 보이고, 일반해를 구하라.

풀이

$y_1=e^{2x}$을 미분방정식에 대입하면

$$\frac{d^2}{dx^2}(e^{2x})-4e^{2x}=4e^{2x}-4e^{2x}=0 \qquad \cdots\cdots ①$$

이므로, $y_1=e^{2x}$은 미분방정식의 해이다. 또한 $y_2=e^{-2x}$을 미분방정식에 대입하면

$$\frac{d^2}{dx^2}(e^{-2x})-4e^{-2x}=4e^{-2x}-4e^{-2x}=0 \qquad \cdots\cdots ②$$

이므로, $y_2=e^{-2x}$도 미분방정식의 해이다. 또한 $y_1=e^{2x}$과 $y_2=e^{-2x}$의 론스키안은

$$W(y_1,\, y_2)=\begin{vmatrix} y_1 & y_2 \\ y_1' & y_2' \end{vmatrix}=\begin{vmatrix} e^{2x} & e^{-2x} \\ 2e^{2x} & -2e^{-2x} \end{vmatrix}=e^{2x}(-2e^{-2x})-2e^{2x}(e^{-2x})=-4\neq 0 \qquad \cdots\cdots ③$$

이므로, $y_1=e^{2x}$과 $y_2=e^{-2x}$은 서로 일차독립해이다. 따라서 주어진 미분방정식의 일반해는 식 (3.6)에 의해 나음과 같다.

$$y=c_1y_1+c_2y_2=c_1e^{2x}+c_2e^{-2x} \qquad \cdots\cdots ④$$

Command Window

: 코딩

```
syms x y;                                   % x, y 변수에 대한 심볼릭 정의
y1=exp(2*x); y2=exp(-2*x);                  % 함수 y1, y2 정의
U1=diff(y1,2)-4*y1 [1]                      % y1의 기본해 여부 확인
U2=diff(y2,2)-4*y2                          % y2의 기본해 여부 확인
U3=[y1 y2;diff(y1) diff(y2)] [2]            % 행렬의 정의
U4=det(U3) [3]                              % 론스키안에 의한 독립성 확인
U5=dsolve('D2y-4*y=0','x') [4]              % 일반해 구하기
```

: 결과

```
U1 = 0                                      % [예제 3-1①]의 결과와 동일
U2 = 0                                      % [예제 3-1②]의 결과와 동일
U3 = [exp(2*x),   exp(-2*x)]                % 행렬 U3
     [2*exp(2*x), -2*exp(-2*x)]
U4 = -4                                     % [예제 3-1③]의 결과와 동일
U5 = C1*exp(2*x)+C2*exp(-2*x)               % [예제 3-1④]의 결과와 동일
```

MATLAB TIP!

1. `diff('f',n)` : 함수 f의 n계 도함수를 구한다.
   - f : 함수입력
   - n : n계 도함수 의미
2. `[a b;c d]` : 2×2 행렬을 나타낸다.
   - a, b, c, d : 행렬의 원소
3. `det(A)` : 행렬 A의 행렬식을 구한다.
4. `dsolve('D2y-4*y=0','x')` : 2계 미분방정식의 해를 구한다.

3.2 상수계수를 갖는 2계 동차 선형 미분방정식

3.1절에서는 미분방정식과 관련한 기본 개념들을 살펴보았다. 이 절에서는 고계 선형 미분방정식 중에서 가장 간단하고, 또한 널리 응용되고 있는 2계 선형 미분방정식에 대해 살펴볼 것이다. 2계 선형 미분방정식은 동차형과 비동차형으로 나뉘는데, 여기서는 동차형에 대해 먼저 알아보고, 비동차형은 3.3절에서 다룰 것이다.

식 (3.1)에서 $f(x)=0$이면 일반적인 n계 동차형이 되고

$$a_n(x)\frac{d^n y}{dx^n}+a_{n-1}(x)\frac{d^{n-1}y}{dx^{n-1}}+\cdots+a_1(x)\frac{dy}{dx}+a_0(x)y=0 \quad (3.7)$$

이다. 여기서 $a_0(x)$, $a_1(x)$, $\cdots$, $a_n(x)$가 x의 함수가 아니고 모두 상수라면, 식 (3.7)은 상수계수를 갖는 n계 동차 선형 미분방정식이다. 만약 $n=2$이면 2계가 되며, 다음과 같이 나타낸다. 여기서 a, b, c는 모두 상수이다.

$$a\frac{d^2y}{dx^2}+b\frac{dy}{dx}+cy=0 \quad (3.8)$$

식 (3.8)의 기본해의 형태를 $y=e^{\lambda x}$이라고 가정하자. 그러면 $y=e^{\lambda x}$이 식 (3.8)을 만족해야 하므로

$$y=e^{\lambda x},\quad y'=\lambda e^{\lambda x},\quad y''=\lambda^2 e^{\lambda x}$$

을 식 (3.8)에 대입하면

$$\begin{aligned} a\lambda^2 e^{\lambda x}+b\lambda e^{\lambda x}+ce^{\lambda x}&=0 \\ (a\lambda^2+b\lambda+c)e^{\lambda x}&=0 \end{aligned}$$

이다. 이때 $e^{\lambda x}$은 실수 영역에서 0이 될 수 없으므로

$$a\lambda^2+b\lambda+c=0 \quad (3.9)$$

이어야 한다. 식 (3.9)는 **특성방정식** characteristic equation이라 하고, 특성방정식의 근들을 **특성값** characteristic values이라 한다.

$e^{\lambda x}$이 식 (3.8)의 해가 되기 위해서는 λ가 2차 방정식인 식 (3.9)를 만족하면 된다. 따라서 특성값은 식 (3.9)로부터

$$\lambda_1 = \frac{-b+\sqrt{b^2-4ac}}{2a}$$
$$\lambda_2 = \frac{-b-\sqrt{b^2-4ac}}{2a} \tag{3.10}$$

이다. 식 (3.10)의 특성값은 근호 안에 있는 판별식에 따라 다음과 같이 세 가지 유형으로 분류된다.

- **유형 ❶** : $b^2-4ac>0$이면 서로 다른 실수
- **유형 ❷** : $b^2-4ac=0$이면 실수 중복값
- **유형 ❸** : $b^2-4ac<0$이면 복소수

미분방정식의 해는 전적으로 특성값 λ_1과 λ_2에 의존하는데, 특히 λ_1과 λ_2의 근의 유형에 따라 미분방정식의 해도 달라진다. 따라서 특성값의 유형별로 미분방정식의 해를 어떻게 구하는지 살펴보기로 하자.

3.2.1 특성값이 서로 다른 실수인 경우

$b^2-4ac>0$일 때는 λ_1과 λ_2가 같지 않으므로 $y_1=e^{\lambda_1 x}$과 $y_2=e^{\lambda_2 x}$이 각각 미분방정식의 해가 된다. 또한 [정의 3-1]에 의해 $y_1=e^{\lambda_1 x}$과 $y_2=e^{\lambda_2 x}$은 서로 일차 독립함수이므로 y_1과 y_2는 모두 기본해이다. 따라서 미분방정식 (3.8)의 일반해는

$$y=c_1e^{\lambda_1 x}+c_2e^{\lambda_2 x}$$

이다. 이 내용을 요약하면 다음과 같은 정리가 성립한다.

정리 3-1 2계 미분방정식의 일반해 : 특성값이 서로 다른 실수인 경우

식 (3.9)로부터 얻어진 특성값들이 서로 다른 실수이면, 미분방정식 (3.8)의 일반해는 다음과 같다.

$$y=c_1e^{\lambda_1 x}+c_2e^{\lambda_2 x} \tag{3.11}$$

예제 3-2 2계 미분방정식의 일반해 : 특성값이 서로 다른 실수인 경우

다음 2계 선형 미분방정식의 일반해를 구하라.

$$\frac{d^2y}{dx^2} - 3\frac{dy}{dx} - 4y = 0$$

풀이

주어진 미분방정식의 특성방정식은 $\lambda^2 - 3\lambda - 4 = 0$이고, 특성값은 $(\lambda-4)(\lambda+1) = 0$으로부터 $\lambda_1 = -1$과 $\lambda_2 = 4$이다. 따라서 기본해는

$$y_1 = e^{-x}, \quad y_2 = e^{4x}$$

이고, 일반해는

$$y = c_1 e^{-x} + c_2 e^{4x}$$

이다. 결과를 검산하려면 y를 주어진 미분방정식에 대입하여 방정식이 성립하는지 확인해보면 된다.

Command Window

: 코딩

```
U=dsolve('D2y-3*Dy-4*y=0','x')                % 일반해 구하기
```

: 결과

```
U = C1*exp(-x)+C2*exp(4*x)                    % [예제 3-2]의 결과와 동일
```

유제 3-1 2계 미분방정식의 일반해 : 특성값이 서로 다른 실수인 경우

다음 2계 선형 미분방정식의 일반해를 구하라.

$$\frac{d^2y}{dx^2} - 3\frac{dy}{dx} + 2y = 0$$

정답 : $y = c_1 e^{x} + c_2 e^{2x}$

예제 3-3 2계 미분방정식의 초깃값 문제 : 특성값이 서로 다른 실수인 경우

다음 2계 선형 미분방정식의 해를 구하라.

$$\frac{d^2y}{dx^2} + 5\frac{dy}{dx} + 4y = 0 \qquad (y(0) = 1, \ y'(0) = 2)$$

풀이

주어진 미분방정식의 특성방정식은 $\lambda^2 + 5\lambda + 4 = 0$이고, 특성값은 $\lambda_1 = -1$과 $\lambda_2 = -4$이다. 따라서 기본해는

$$y_1 = e^{-x}, \quad y_2 = e^{-4x}$$

이고, 일반해는

$$y = c_1 e^{-x} + c_2 e^{-4x}$$

이다. 적분상수 c_1과 c_2를 구하기 위해 위 식을 미분하여

$$y' = -c_1 e^{-x} - 4c_2 e^{-4x}$$

을 구하고, 초깃값 $y(0)=1$과 $y'(0)=2$를 y와 y'에 대입하면

$$y(0) = c_1 + c_2 = 1$$
$$y'(0) = -c_1 - 4c_2 = 2$$

가 된다. 두 식을 연립하여 풀면 $c_1 = 2$와 $c_2 = -1$이 구해진다. 따라서 구하고자 하는 미분방정식의 해는

$$y = 2e^{-x} - e^{-4x}$$

이다. 결과를 검산하려면 y를 주어진 미분방정식에 대입하여 방정식이 성립하는지 확인해보면 된다.

Command Window

: 코딩

```
U=dsolve('D2y+5*Dy+4*y=0','y(0)=1','Dy(0)=2','x') 1    % 해 구하기
```

: 결과

```
U = 2*exp(-x)-exp(-4*x)                                % [예제 3-3]의 결과와 동일
```

MATLAB TIP!

1 'dsolve' : 초깃값을 입력할 때 주의해야 함
예 'Dy(0)' = $y'(0)$
'y(0)' = $y(0)$

유제 3-2 2계 미분방정식의 초깃값 문제 : 특성값이 서로 다른 실수인 경우

다음 2계 선형 미분방정식의 해를 구하라.

$$\frac{d^2y}{dx^2} + 7\frac{dy}{dx} + 12y = 0 \qquad (y(0)=2, \; y'(0)=1)$$

정답 : $y = 9e^{-3x} - 7e^{-4x}$

3.2.2 특성값이 실수 중복값인 경우

$b^2 - 4ac = 0$인 경우에는 특성값이 $\lambda_{1,\,2} = -\dfrac{b}{2a}$이다. 따라서 기본해는

$$y_1 = e^{-\frac{b}{2a}x}$$

만 얻을 수 있다. 따라서 또 하나의 기본해 y_2를 구해야 한다. 이를 위해

$$y_2 = uy_1$$

이라 놓으면, 다음과 같다.

$$y_2{}' = uy_1{}' + u'y_1 = -\frac{b}{2a}ue^{-\frac{b}{2a}x} + u'e^{-\frac{b}{2a}x}$$

$$\begin{aligned} y_2{}'' &= \left(-\frac{b}{2a}\right)^2 ue^{-\frac{b}{2a}x} - \frac{b}{2a}u'e^{-\frac{b}{2a}x} - \frac{b}{2a}u'e^{-\frac{b}{2a}x} + u''e^{-\frac{b}{2a}x} \\ &= u''e^{-\frac{b}{2a}x} - \frac{b}{a}u'e^{-\frac{b}{2a}x} + \left(-\frac{b}{2a}\right)^2 ue^{-\frac{b}{2a}x} \end{aligned}$$

y_2도 기본해이므로 y_2, $y_2{}'$, $y_2{}''$을 미분방정식 식 (3.8)에 대입해도 성립해야 한다. 직접 대입해보면

$$\begin{aligned} ay'' + by' + cy = &\ a\left[u''e^{-\frac{b}{2a}x} - \frac{b}{a}u'e^{-\frac{b}{2a}x} + \left(-\frac{b}{2a}\right)^2 ue^{-\frac{b}{2a}x}\right] \\ &+ b\left[-\frac{b}{2a}ue^{-\frac{b}{2a}x} + u'e^{-\frac{b}{2a}x}\right] + cue^{-\frac{b}{2a}x} = 0 \end{aligned}$$

이고, $e^{-\frac{b}{2a}x} \neq 0$이므로 $e^{-\frac{b}{2a}x}$을 소거하고 정리하면

$$au'' - \frac{b^2 - 4ac}{4a}u = 0$$

이 얻어진다. $b^2 - 4ac = 0$이고, $a \neq 0$이므로

$$u'' = 0$$

이다. 따라서 다음 결과를 얻는다.

$$u' = C \ (\text{상수}), \ u = Cx$$

특성값이 중복값을 갖는 경우에 대한 또 하나의 기본해를 구해야 하므로, 여기서 상수를 간단하게 $C = 1$로 선택해도 된다. 그러면 두 번째 기본해는

$$y_2 = uy_1 = xe^{-\frac{b}{2a}x}$$

이다. 따라서 식 (3.8)의 일반해는

$$y = c_1 y_1 + c_2 y_2 = c_1 e^{-\frac{b}{2a}x} + c_2 x e^{-\frac{b}{2a}x} = (c_1 + c_2 x) e^{-\frac{b}{2a}x}$$

이다. 이 내용을 요약하면 다음과 같은 정리가 성립한다.

정리 3-2 2계 미분방정식의 일반해 : 특성값이 실수 중복값인 경우

식 (3.9)로부터 얻어진 특성값들이 실수 중복값을 갖는다면 미분방정식 식 (3.8)의 일반해는 다음과 같다.

$$y = (c_1 + c_2 x) e^{-\frac{b}{2a}x} \tag{3.12}$$

예제 3-4 2계 미분방정식의 일반해 : 특성값이 실수 중복값인 경우

다음 2계 선형 미분방정식의 일반해를 구하라.

$$\frac{d^2 y}{dx^2} - 2\frac{dy}{dx} + y = 0$$

MATLAB 풀이

풀이

Hint 실수 중복값인 경우 기본해 : $y_1 = e^{-\frac{b}{2a}x}$, $y_2 = u y_1 = x e^{-\frac{b}{2a}x}$

주어진 미분방정식의 특성방정식은 $\lambda^2 - 2\lambda + 1 = 0$이고, 특성값은 $\lambda_{1,2} = 1$이다. 따라서 기본해는

$$y_1 = e^x, \quad y_2 = xe^x$$

이고, 일반해는 다음과 같다.

$$y = c_1 e^x + c_2 x e^x$$

유제 3-3 2계 미분방정식의 일반해 : 특성값이 실수 중복값인 경우

다음 2계 선형 미분방정식의 일반해를 구하라.

$$\frac{d^2 y}{dx^2} - \frac{dy}{dx} + \frac{1}{4} y = 0$$

정답 : $y = c_1 e^{x/2} + c_2 x e^{x/2}$

예제 3-5 **2계 미분방정식의 초깃값 문제 : 특성값이 실수 중복값인 경우**

다음 2계 선형 미분방정식의 해를 구하라.

$$\frac{d^2y}{dx^2}+6\frac{dy}{dx}+9y=0 \qquad (y(0)=1,\ y'(0)=1)$$

MATLAB 풀이

풀이

주어진 미분방정식의 특성방정식은 $\lambda^2+6\lambda+9=0$이고, 특성값은 $\lambda_{1,2}=-3$이다. 따라서 기본해는

$$y_1=e^{-3x},\quad y_2=xe^{-3x}$$

이고, 일반해는

$$y=c_1e^{-3x}+c_2xe^{-3x}$$

이다. 적분상수 c_1과 c_2를 구하기 위해 초깃값 $y(0)=1$과 $y'(0)=1$을 이용하면

$$y(0)=c_1=1$$
$$y'(0)=-3c_1+c_2=1$$

이다. 두 식을 연립하여 풀면 $c_1=1$과 $c_2=4$가 구해진다. 따라서 구하고자 하는 미분방정식의 해는 다음과 같다.

$$y=e^{-3x}+4xe^{-3x}$$

유제 3-4 **2계 미분방정식의 초깃값 문제 : 특성값이 실수 중복값인 경우**

다음 2계 선형 미분방정식의 해를 구하라.

$$\frac{d^2y}{dx^2}+4\frac{dy}{dx}+4y=0 \qquad (y(0)=-1,\ y'(0)=1)$$

정답 : $y=-e^{-2x}-xe^{-2x}$

3.2.3 특성값이 복소수인 경우

$b^2-4ac<0$일 때는 특성값이 $\lambda_1=\alpha+\beta i$와 $\lambda_2=\alpha-\beta i$이다. 여기서 $\alpha=-\dfrac{b}{2a}$, $\beta=\dfrac{\sqrt{4ac-b^2}}{2a}$이다. 따라서 식 (3.8)의 기본해는

$$y_1=e^{\lambda_1 x}=e^{(\alpha+\beta i)x}$$
$$y_2=e^{\lambda_2 x}=e^{(\alpha-\beta i)x}$$

이고, 일반해는

$$y = c_1 y_1 + c_2 y_2 = c_1 e^{(\alpha+\beta i)x} + c_2 e^{(\alpha-\beta i)x} \tag{3.13}$$

이다. 위의 기본해와 일반해는 복소함수이므로, 이를 실변수함수로 변경하면 좋다. 식 (3.13)으로부터

$$\begin{aligned} y &= c_1 e^{(\alpha+\beta i)x} + c_2 e^{(\alpha-\beta i)x} \\ &= c_1 e^{\alpha x} e^{\beta x i} + c_2 e^{\alpha x} e^{-\beta x i} \\ &= e^{\alpha x}\left(c_1 e^{\beta x i} + c_2 e^{-\beta x i}\right) \end{aligned}$$

4 오일러 공식
$e^{ix} = \cos x + i\sin x$

이 된다. 제14장 복소해석에서 자세히 다루게 될 **오일러 공식**Euler's formula 4을 적용하여 위 식을 정리하면 다음과 같다.

$$\begin{aligned} y &= e^{\alpha x}\left[c_1(\cos\beta x + i\sin\beta x) + c_2\{\cos(-\beta x) + i\sin(-\beta x)\}\right] \\ &= e^{\alpha x}\left[c_1(\cos\beta x + i\sin\beta x) + c_2(\cos\beta x - i\sin\beta x)\right] \\ &= e^{\alpha x}\left[(c_1 + c_2)\cos\beta x + i(c_1 - c_2)\sin\beta x\right] \end{aligned}$$

···· $\cos(-x) = \cos x$
$\sin(-x) = -\sin x$

c_1과 c_2는 임의의 적분상수이므로 $c_1 + c_2 = C_1$, $i(c_1 - c_2) = C_2$로 놓으면 식 (3.8)의 일반해는 다음과 같다.

$$y = e^{\alpha x}(C_1\cos\beta x + C_2\sin\beta x)$$

정리 3-3 2계 미분방정식의 일반해 : 특성값이 복소수인 경우

식 (3.9)로부터 얻은 특성값들이 복소수 $\lambda_{1,2} = \alpha \pm \beta i$를 갖는다면, 미분방정식 식 (3.8)의 일반해는 다음과 같다.

$$y = e^{\alpha x}(C_1\cos\beta x + C_2\sin\beta x) \tag{3.14}$$

예제 3-6 2계 미분방정식의 일반해 : 특성값이 복소수인 경우

다음 2계 선형 미분방정식의 일반해를 구하라.

$$\frac{d^2y}{dx^2} + 9y = 0$$

MATLAB 풀이

풀이

주어진 미분방정식의 특성방정식은 $\lambda^2 + 9 = 0$이고, 특성값은 $\lambda_{1,2} = \pm 3i$이다. 식 (3.14)로부터 $\alpha = 0$, $\beta = 3$이므로, 주어진 미분방정식의 일반해는 다음과 같다.

$$y = e^{0x}(C_1\cos 3x + C_2\sin 3x) = C_1\cos 3x + C_2\sin 3x$$

유제 3-5 2계 미분방정식의 일반해 : 특성값이 복소수인 경우

다음 2계 선형 미분방정식의 일반해를 구하라.

$$\frac{d^2y}{dx^2}-4\frac{dy}{dx}+5y=0$$

정답 : $y=e^{2x}(C_1\cos x+C_2\sin x)$

예제 3-7 2계 미분방정식의 초깃값 문제 : 특성값이 복소수인 경우

다음 2계 선형 미분방정식의 해를 구하라.

$$\frac{d^2y}{dx^2}-2\frac{dy}{dx}+2y=0 \qquad (y(0)=-1,\ y'(0)=2)$$

MATLAB 풀이

풀이

주어진 미분방정식의 특성방정식은 $\lambda^2-2\lambda+2=0$이고, 특성값은 $\lambda_{1,2}=1\pm i$이다. 그러면 식 (3.14)로부터 $\alpha=1$, $\beta=1$이므로 미분방정식의 일반해는

$$y=e^x(C_1\cos x+C_2\sin x)$$

이다. 적분상수 C_1과 C_2를 구하기 위해 위 식을 미분하면

$$y'=e^x(-C_1\sin x+C_2\cos x)+e^x(C_1\cos x+C_2\sin x)$$

가 얻어지므로, 초깃값 $y(0)=-1$과 $y'(0)=2$를 대입하면

$$y(0)=C_1=-1$$
$$y'(0)=C_2+C_1=2$$

이고, 위 두 식을 연립하여 풀면 $C_1=-1$과 $C_2=3$이 구해진다. 따라서 구하고자 하는 미분방정식의 해는 다음과 같다.

$$y=e^x(-\cos x+3\sin x)$$

유제 3-6 2계 미분방정식의 초깃값 문제 : 특성값이 복소수인 경우

다음 2계 선형 미분방정식의 해를 구하라.

$$\frac{d^2y}{dx^2}-4\frac{dy}{dx}+6y=0 \qquad (y(0)=2,\ y'(0)=0)$$

정답 : $y=e^{2x}(2\cos\sqrt{2}x-2\sqrt{2}\sin\sqrt{2}x)$

3.3 상수계수를 갖는 2계 비동차 선형 미분방정식

3.2절에서는 상수계수를 갖는 2계 동차 선형 미분방정식에 대해 살펴보았다. 이 절에서는 상수계수를 갖는 2계 비동차 선형 미분방정식의 해를 구하는 방법 중에서 **미정계수법**method of undetermined coefficients과 **매개변수변환법**method of variation of parameters에 대해 살펴볼 것이다.

상수계수를 갖는 2계 비동차 선형 미분방정식의 일반형은 다음과 같다.

$$a_2 \frac{d^2y}{dx^2} + a_1 \frac{dy}{dx} + a_0 y = f(x) \tag{3.15}$$

식 (3.15)의 일반해는 식 (3.2)에 의하면 $y = y_c + y_p$이다. 이때 3.2절에서 구한 동차 선형 미분방정식의 일반해가 비동차 선형 미분방정식의 보조해 y_c가 된다. 그러므로 비동차형의 일반해를 구하기 위해서는 특수해 y_p가 결정되어야 한다. y_p를 구하는 방법 중에서 먼저 미정계수법에 대해 알아보자.

3.3.1 미정계수법

미정계수법은 입력함수 $f(x)$로부터 특수해 y_p를 가정하는 방법이다. 식 (3.15)에서 함수 $f(x)$가 취할 수 있는 형태는 매우 다양하다. $f(x)$가 다항식 함수, 삼각함수, 지수함수 또는 이들 함수들의 곱 형태를 취하는 경우에도 미정계수법을 적용할 수 있다. 이러한 함수들은 그 함수들의 도함수도 자신의 함수와 형태가 유사하기 때문에 y_p를 가정할 수 있다. 예를 들어, $f(x) = \sin x$라면 $f'(x) = \cos x$이므로 특수해 y_p를 다음과 같이 가정할 수 있다.

$$y_p = A\cos x + B\sin x$$

y_p가 미분방정식 식 (3.15)의 해이므로, y_p를 식 (3.15)에 대입하면 등식이 성립해야 한다. 따라서 좌변과 우변이 같다고 놓고, y_p의 계수 A와 B를 구하는 방법이 미정계수법이다.

미정계수법으로 y_p를 구하는 예제들을 풀어봄으로써 좀 더 확실히 이해해보자.

예제 3-8 미정계수법 : $f(x)$ = 지수함수인 경우

다음 2계 선형 미분방정식의 일반해를 구하라.

$$\frac{d^2y}{dx^2} - y = e^{2x}$$

MATLAB 풀이

풀이

Hint $f(x) = ce^{bx}$이면 $y_p = ae^{bx}$으로 가정한다.

먼저 동차 선형 미분방정식으로부터 보조해 y_c를 구해야 한다.

$$\frac{d^2y}{dx^2} - y = 0$$

의 특성방정식은 $\lambda^2 - 1 = 0$이고, 특성값이 $\lambda_1 = 1$, $\lambda_2 = -1$이다. 그러므로 보조해는

$$y_c = c_1e^x + c_2e^{-x}$$

이다. 이제 특수해 y_p를 미정계수법으로 구해보자. 입력함수가 $f(x) = e^{2x}$이므로 y_p를 입력함수와 유사하게 $y_p = ae^{2x}$ (단, a는 상수)으로 가정하고, 이것을 미분방정식에 대입하면

$$\begin{aligned}(ae^{2x})'' - (ae^{2x}) &= e^{2x}\\ 4ae^{2x} - ae^{2x} &= e^{2x}\\ a &= \frac{1}{3}\end{aligned}$$

이다. 따라서

$$y_p = \frac{1}{3}e^{2x}$$

이 얻어진다. 미분방정식의 일반해는 $y = y_c + y_p$이므로, 값을 대입하면 다음과 같다.

$$y = c_1e^x + c_2e^{-x} + \frac{1}{3}e^{2x}$$

유제 3-7 미정계수법 : $f(x)$ = 지수함수인 경우

다음 2계 선형 미분방정식의 일반해를 구하라.

$$\frac{d^2y}{dx^2} - 5\frac{dy}{dx} - 6y = e^x$$

정답 : $y = c_1e^{-x} + c_2e^{6x} - \frac{1}{10}e^x$

예제 3-9 미정계수법 : $f(x)$ = 다항식 함수인 경우

다음 2계 선형 미분방정식의 일반해를 구하라.

$$\frac{d^2y}{dx^2} + 2\frac{dy}{dx} - 8y = x^2 - x$$

MATLAB 풀이

풀이

Hint $f(x) = bx^n$이면 $y_p = a_nx^n + \cdots + a_1x + a_0$로 가정한다.

동차 선형 미분방정식

$$\frac{d^2y}{dx^2}+2\frac{dy}{dx}-8y=0$$

의 특성방정식은 $\lambda^2+2\lambda-8=0$이고, 특성값이 $\lambda_1=2, \lambda_2=-4$이므로, 보조해 y_c는 다음과 같다.

$$y_c=c_1e^{2x}+c_2e^{-4x}$$

특수해 y_p를 미정계수법으로 구하기 위해 $y_p=ax^2+bx+c$ (단, a, b, c는 상수)라 가정하면

$$y_p'=2ax+b, \quad y_p''=2a$$

이다. 따라서 y_p, y_p', y_p''을 미분방정식에 대입하면

$$2a+2(2ax+b)-8(ax^2+bx+c)=x^2-x$$

이고, 이 식을 x에 관해 정리하면

$$(8a+1)x^2+(-4a+8b-1)x+(-2a-2b+8c)=0$$

이다. 이 식이 x에 관계없이 항상 성립하려면 모든 계수들이 0이어야 하므로

$$8a+1=0, \quad -4a+8b-1=0, \quad -2a-2b+8c=0$$

이다. 위 식들을 연립하여 풀면 y_p에 포함되어 있는 상수가 다음과 같이 구해진다.

$$a=-\frac{1}{8}, \quad b=\frac{1}{16}, \quad c=-\frac{1}{64}$$

따라서

$$y_p=-\frac{1}{8}x^2+\frac{1}{16}x-\frac{1}{64}$$

이 얻어지고, 미분방정식의 일반해는 다음과 같다.

$$y=c_1e^{2x}+c_2e^{-4x}-\frac{1}{8}x^2+\frac{1}{16}x-\frac{1}{64}$$

유제 3-8 미정계수법 : $f(x)$= 다항식 함수인 경우

다음 2계 선형 미분방정식의 일반해를 구하라.

$$\frac{d^2y}{dx^2}-\frac{dy}{dx}-12y=4x$$

정답 : $y=c_1e^{-3x}+c_2e^{4x}-\frac{1}{3}x+\frac{1}{36}$

예제 3-10 미정계수법 : $f(x)=$ 삼각함수인 경우

다음 2계 선형 미분방정식의 일반해를 구하라.

MATLAB 풀이

$$\frac{d^2y}{dx^2}+3\frac{dy}{dx}+2y=\cos x$$

풀이

Hint $f(x)=\cos x$ 또는 $\sin x$ 이면 $y_p=a\cos x+b\sin x$ 로 가정한다.

동차 선형 미분방정식

$$\frac{d^2y}{dx^2}+3\frac{dy}{dx}+2y=0$$

의 특성방정식은 $\lambda^2+3\lambda+2=0$이고, 특성값이 $\lambda_1=-1$, $\lambda_2=-2$이므로 보조해는

$$y_c=c_1e^{-x}+c_2e^{-2x}$$

이다. 특수해를 $y_p=a\cos x+b\sin x$ (단, a, b는 상수)로 가정하면

$$y_p{}'=-a\sin x+b\cos x\,,\qquad y_p{}''=-a\cos x-b\sin x$$

이므로, y_p, $y_p{}'$, $y_p{}''$을 미분방정식에 대입하면

$$-a\cos x-b\sin x+3(-a\sin x+b\cos x)+2(a\cos x+b\sin x)=\cos x$$

이다. 이 식을 $\sin x$와 $\cos x$의 항으로 묶으면

$$(-a-3b+1)\cos x+(3a-b)\sin x=0$$

이다. 이 식이 x에 관계없이 항상 성립하려면 모든 계수들이 0이어야 하므로

$$-a-3b+1=0,\ \ 3a-b=0$$

이다. 즉 $a=\dfrac{1}{10}$, $b=\dfrac{3}{10}$ 이다. 따라서 특수해

$$y_p=\frac{1}{10}\cos x+\frac{3}{10}\sin x$$

가 얻어지고, 미분방정식의 일반해는 다음과 같다.

$$y=c_1e^{-x}+c_2e^{-2x}+\frac{1}{10}\cos x+\frac{3}{10}\sin x$$

유제 3-9 미정계수법 : $f(x)=$ 삼각함수인 경우

다음 2계 선형 미분방정식의 일반해를 구하라.

$$\frac{d^2y}{dx^2}-3\frac{dy}{dx}+2y=2\sin x$$

정답 : $y=c_1e^{x}+c_2e^{2x}+\frac{3}{5}\cos x+\frac{1}{5}\sin x$

예제 3-11 미정계수법 : $f(x)=$ 함수가 섞여 있는 경우 ①

다음 2계 선형 미분방정식의 일반해를 구하라.

$$\frac{d^2y}{dx^2}+4\frac{dy}{dx}+4y=e^x+x$$

풀이

동차 선형 미분방정식의 특성방정식은 $\lambda^2+4\lambda+4=0$이고, 특성값이 $\lambda_1=\lambda_2=-2$이므로 보조해는

$$y_c=c_1e^{-2x}+c_2xe^{-2x}$$

이다. 특수해를 $y_p=ae^x+bx+c$(단, a, b, c는 상수)로 가정하면

$$y_p{}'=ae^x+b, \qquad y_p{}''=ae^x$$

이므로, y_p, $y_p{}'$, $y_p{}''$을 미분방정식에 대입하면

$$ae^x+4(ae^x+b)+4(ae^x+bx+c)=e^x+x$$

가 되고, 위 식을 정리하면

$$(9a-1)e^x+(4b-1)x+4b+4c=0$$

이다. 이 식이 x에 관계없이 항상 성립하려면 모든 계수들이 0이어야 하므로

$$9a-1=0, \quad 4b-1=0, \quad 4b+4c=0$$

이다. 즉 $a=\frac{1}{9}$, $b=\frac{1}{4}$, $c=-\frac{1}{4}$이다. 따라서 특수해는

$$y_p=\frac{1}{9}e^x+\frac{1}{4}x-\frac{1}{4}$$

이고, 미분방정식의 일반해는 다음과 같다.

$$y=c_1e^{-2x}+c_2xe^{-2x}+\frac{1}{9}e^x+\frac{1}{4}x-\frac{1}{4}$$

Command Window

: 코딩

```
U1=dsolve('D2y+4*Dy+4*y=exp(x)+x','x')          % 일반해 구하기
U=simplify(U1) 1
```

: 결과

```
U = x/4+exp(x)/9+C1*exp(-2*x)+C2*x*exp(-2*x)-1/4     % [예제 3-11]의 결과와 동일
```

MATLAB TIP!

1 'simplify' : 풀이 결과를 간단히 해주는 명령어

유제 3-10 미정계수법 : $f(x)=$ 함수가 섞여 있는 경우 ①

다음 2계 선형 미분방정식의 일반해를 구하라.

$$\frac{d^2y}{dx^2}-3\frac{dy}{dx}+2y=2e^{-x}-x$$

정답 : $y=c_1e^x+c_2e^{2x}+\frac{1}{3}e^{-x}-\frac{1}{2}x-\frac{3}{4}$

예제 3-12 미정계수법 : $f(x)=$ 함수가 섞여 있는 경우 ②

다음 2계 선형 미분방정식의 일반해를 구하라.

$$\frac{d^2y}{dx^2}-\frac{dy}{dx}-2y=e^x\cos x$$

MATLAB 풀이

풀이

동차 선형 미분방정식의 특성방정식은 $\lambda^2-\lambda-2=0$이고, 특성값이 $\lambda_1=-1$, $\lambda_2=2$이므로 보조해는

$$y_c=c_1e^{-x}+c_2e^{2x}$$

이다. 특수해를 $y_p=e^x(a\cos x+b\sin x)$ (단, a, b는 상수)로 가정하면

$$y_p{}'=e^x(-a\sin x+b\cos x)+e^x(a\cos x+b\sin x)$$
$$y_p{}''=e^x(-a\cos x-b\sin x)+e^x(-a\sin x+b\cos x)+e^x(-a\sin x+b\cos x)+e^x(a\cos x+b\sin x)$$

이므로, y_p, $y_p{}'$, $y_p{}''$ 을 미분방정식에 대입하면

$$\begin{aligned}&e^x(-a\cos x-b\sin x)+e^x(-a\sin x+b\cos x)+e^x(-a\sin x+b\cos x)+e^x(a\cos x+b\sin x)\\&\quad-\left[e^x(-a\sin x+b\cos x)+e^x(a\cos x+b\sin x)\right]-2\left[e^x(a\cos x+b\sin x)\right]=e^x\cos x\end{aligned}$$

이고, 위 식을 정리하면

$$(3a-b+1)e^x\cos x+(a+3b)e^x\sin x=0$$

이다. 이 식이 x에 관계없이 항상 성립하려면 모든 계수들이 0이어야 하므로

$$3a-b+1=0,\ \ a+3b=0$$

이다. 위 식을 연립하여 풀면

$$a=-\frac{3}{10},\ \ b=\frac{1}{10}$$

이다. 따라서 특수해는

$$y_p=e^x\left(-\frac{3}{10}\cos x+\frac{1}{10}\sin x\right)$$

이고, 미분방정식의 일반해는 다음과 같다.

$$y = c_1 e^{-x} + c_2 e^{2x} + e^x\left(-\frac{3}{10}\cos x + \frac{1}{10}\sin x\right)$$

유제 3-11 미정계수법 : $f(x)=$ 함수가 섞여 있는 경우 ②

다음 2계 선형 미분방정식의 일반해를 구하라.

$$\frac{d^2y}{dx^2} - 2\frac{dy}{dx} - 3y = e^x \sin x$$

정답 : $y = c_1 e^{-x} + c_2 e^{3x} - \frac{1}{5}e^x \sin x$

지금까지 예제를 통해 살펴본 바를 정리해보자. 미정계수법을 사용하여 비동차 2계 선형 미분방정식의 특수해를 구하기 위해서는 입력함수 $f(x)$에 따라 특수해 y_p를 가정해야 하며, 가정하는 방법은 [표 3-1]과 같음을 알 수 있다.

[표 3-1] 미정계수법에 의한 특수해 가정

입력함수 유형	입력함수 $f(x)$	특수해 y_p의 가정
상수	k	K
다항식 함수	$a_n x^n + \cdots + a_1 x + a_0$	$b_n x^n + \cdots + b_1 x + b_0$
삼각함수	$a\cos\omega x$ 또는 $a\sin\omega x$	$A\cos\omega x + B\sin\omega x$
지수함수	ae^{bx}	Ae^{bx}
혼합형	$ae^{bx}\sin\omega x$ 또는 $ae^{bx}\cos\omega x$	$e^{bx}(A\sin\omega x + B\cos\omega x)$

그러나 [표 3-1]과 같은 방법으로 y_p를 가정하면 문제가 생기는 경우가 있다. 다음 예제들은 y_p를 가정할 때 주의가 필요한 경우를 보여준다.

예제 3-13 미정계수법 : y_p를 가정할 때 주의해야 하는 경우 ①

다음 2계 선형 미분방정식의 일반해를 구하라.

$$\frac{d^2y}{dx^2} + \frac{dy}{dx} - 2y = e^x$$

풀이

Hint $f(x) = e^{\alpha x}$의 α가 특성값의 하나와 일치하면 $y_p = ae^{\alpha x}$ 대신 $y_p = axe^{\alpha x}$으로 가정한다.

동차 선형 미분방정식의 특성방정식은 $\lambda^2 + \lambda - 2 = 0$이고, 특성값이 $\lambda_1 = 1$, $\lambda_2 = -2$이므로 보조해는

$$y_c = c_1 e^x + c_2 e^{-2x}$$

이다. 입력함수 $f(x) = e^x$ 이 동차형의 보조해 중 하나와 같음을 알 수 있다. 이 경우 $y_p = ae^x$ (단, a는 상수)으로 가정하고 주어진 미분방정식에 대입해보면

$$\frac{d^2 y_p}{dx^2} + \frac{dy_p}{dx} - 2y_p = (ae^x)'' + (ae^x)' - 2(ae^x) = 0 \neq e^x$$

이므로, $y_p = ae^x$ 은 주어진 미분방정식의 해가 될 수 없음을 알 수 있다. 따라서 y_p를 변경해야 한다. 3.2.2절에서 특성값이 $\lambda = \lambda_1$ 에서 실수 중복값일 때 기본해가 $e^{\lambda_1 x}$ 과 $xe^{\lambda_1 x}$ 임을 배웠다. 입력함수 $f(x)$ 가 동차형의 보조해 중 하나와 같을 경우에도 마찬가지로 y_p를 가정하면 된다.

이 예제에서는 $y_p = ae^x$ 대신 $y_p = axe^x$ 이라 가정하자.

$$y_p' = axe^x + ae^x, \quad y_p'' = axe^x + 2ae^x$$

이므로, y_p, y_p', y_p'' 을 미분방정식에 대입하면

$$(axe^x + 2ae^x) + (axe^x + ae^x) - 2(axe^x) = e^x$$

이고, 이 식이 x에 관계없이 항상 성립하려면 $a = \frac{1}{3}$ 이어야 한다. 따라서 특수해는

$$y_p = \frac{1}{3} xe^x$$

이고, 미분방정식의 일반해는 다음과 같다.

$$y = c_1 e^x + c_2 e^{-2x} + \frac{1}{3} xe^x$$

Command Window

: 코딩

```
U=dsolve('D2y+Dy-2*y=exp(x)','x')                % 일반해 구하기
```

: 결과

```
U = C1*exp(x)-exp(x)/9+(x*exp(x))/3+C2*exp(-2*x) 1    % [예제 3-13]의 결과와 동일
```

MATLAB TIP!

1 C1*exp(x)−exp(x)/9 =C3*exp(x)이다.

유제 3-12 미정계수법 : y_p를 가정할 때 주의해야 하는 경우 ①

다음 2계 선형 미분방정식의 일반해를 구하라.

$$\frac{d^2 y}{dx^2} - \frac{dy}{dx} - 2y = e^{-x}$$

정답 : $y = c_1 e^{-x} + c_2 e^{2x} - \frac{1}{3} xe^{-x}$

예제 3-14 미정계수법 : y_p를 가정할 때 주의해야 하는 경우 ②

다음 2계 선형 미분방정식의 일반해를 구하라.

$$\frac{d^2y}{dx^2} + y = \cos x$$

MATLAB 풀이

풀이

Hint $f(x) = \sin x$(또는 $\cos x$)가 동차형 해의 하나와 일치하면 $y_p = a\cos x + b\sin x$ 대신 $y_p = x(a\cos x + b\sin x)$로 가정한다.

동차 선형 미분방정식의 특성방정식이 $\lambda^2 + 1 = 0$이고, 특성값이 $\lambda_1 = i$, $\lambda_2 = -i$로 복소수이다. 그러므로 보조해는

$$y_c = c_1 \cos x + c_2 \sin x$$

이다. 이 경우에도 [예제 3-13]과 마찬가지로 입력함수 $f(x) = \cos x$가 동차형의 보조해 중 하나와 같음을 알 수 있다. 따라서 $y_p = a\cos x + b\sin x$ (단, a, b는 상수) 대신 $y_p = ax\cos x + bx\sin x$라고 가정하면

$$y_p' = -ax\sin x + a\cos x + bx\cos x + b\sin x$$
$$y_p'' = -ax\cos x - a\sin x - a\sin x - bx\sin x + b\cos x + b\cos x$$

이므로, y_p와 y_p''을 주어진 미분방정식에 대입하면

$$-ax\cos x - a\sin x - a\sin x - bx\sin x + b\cos x + b\cos x + ax\cos x + bx\sin x = \cos x$$

이고, 위 식을 정리하면

$$2a\sin x + (1-2b)\cos x = 0$$

이다. 이 식이 x에 관계없이 항상 성립하려면 $a = 0$, $b = \frac{1}{2}$이어야 한다. 따라서 특수해는

$$y_p = \frac{1}{2}x\sin x$$

이고, 미분방정식의 일반해는 다음과 같다.

$$y = c_1\cos x + c_2\sin x + \frac{1}{2}x\sin x$$

유제 3-13 미정계수법 : y_p를 가정할 때 주의해야 하는 경우 ②

다음 2계 선형 미분방정식의 일반해를 구하라.

$$\frac{d^2y}{dx^2} + 4y = \sin 2x$$

정답 : $y = c_1\cos 2x + c_2\sin 2x - \frac{1}{4}x\cos 2x$

예제 3-15 **미정계수법 : y_p를 가정할 때 주의해야 하는 경우 ③**

다음 2계 선형 미분방정식의 일반해를 구하라.

$$\frac{d^2y}{dx^2} - 6\frac{dy}{dx} + 9y = 4e^{3x}$$

MATLAB 풀이

풀이

Hint 동차형 해의 특성값이 실수 중복값을 갖고 $f(x) = e^{3x}$이 보조해 중의 하나와 일치하면 $y_p = ax^2e^{3x}$으로 가정한다.

동차 선형 미분방정식의 특성방정식은 $\lambda^2 - 6\lambda + 9 = 0$이고, 특성값이 $\lambda_{1,\,2} = 3$으로 실수 중복값을 갖는 경우이다. 그러므로 보조해는

$$y_c = c_1e^{3x} + c_2xe^{3x}$$

인데, 이 경우에도 입력함수 $f(x) = e^{3x}$이 동차형의 보조해 중 하나임을 알 수 있다. 그러므로 [예제 3-13]과 같은 방법으로 특수해를 $y_p = axe^{3x}$ (단, a는 상수)으로 가정해야 하지만 xe^{3x} 역시 보조해에 포함되므로, 이러한 경우에는 특수해를 $y_p = ax^2e^{3x}$으로 가정해야 한다. 그러면

$$y_p{}' = 3ax^2e^{3x} + 2axe^{3x}$$
$$y_p{}'' = 9ax^2e^{3x} + 12axe^{3x} + 2ae^{3x}$$

이므로, y_p, $y_p{}'$, $y_p{}''$을 주어진 미분방정식에 대입한 후 정리하면

$$(9ax^2e^{3x} + 12axe^{3x} + 2ae^{3x}) - 6(3ax^2e^{3x} + 2axe^{3x}) + 9(ax^2e^{3x}) = 4e^{3x}$$

$$(2a-4)e^{3x} = 0$$

이다. 이 식이 x에 관계없이 항상 성립하려면 $a = 2$이어야 한다. 따라서 특수해는

$$y_p = 2x^2e^{3x}$$

이고, 미분방정식의 일반해는 다음과 같다.

$$y = c_1e^{3x} + c_2xe^{3x} + 2x^2e^{3x}$$

유제 3-14 **미정계수법 : y_p를 가정할 때 주의해야 하는 경우 ③**

다음 2계 선형 미분방정식의 일반해를 구하라.

$$\frac{d^2y}{dx^2} - 2\frac{dy}{dx} + y = 4e^x$$

정답 : $y = c_1e^x + c_2xe^x + 2x^2e^x$

[예제 3-13] ~ [예제 3-15]에서 살펴보았듯이, 미분방정식의 특수해 y_p를 가정해서 미정계수법으로 풀 경우 [표 3-1]을 적용할 수 없을 때가 종종 나타난다. 이러한 경우에 y_p를 가정하는 방법을 앞의 예제에서 제시하였고, 이를 요약해 보면 다음과 같다.

특수해의 예외적인 가정

만약 가정하고자 하는 $\overline{y_p}$의 임의의 함수가 동차 미분방정식의 보조해 중 하나와 일치한다면, 그 보조해의 어느 항과도 일치되지 않을 때까지 $\overline{y_p}$에 x를 곱한 함수를 특수해 y_p로 가정한다. 즉

$$y_p = x^n \, \overline{y_p} \tag{3.16}$$

이다. 여기서 n은 자연수이다.

3.3.2 매개변수변환법

앞서 설명한 미정계수법은 풀이 과정이 쉽다는 장점이 있다. 하지만 미정계수가 많아지면 미정계수를 구하기 위해 연립방정식을 푸는 시간이 오래 걸린다. 또한 [예제 3-13] ~ [예제 3-15]에서 살펴본 바와 같이, 경우에 따라서는 [표 3-1]을 변형시켜 y_p를 가정해야 하는 복잡한 경우도 발생한다. 따라서 가정에 의해 계수를 정하는 방법이 아닌, 공식을 통해 직접 구하는 방법이 더 편리한 경우가 많다. 그것이 바로 지금부터 설명할 **매개변수변환법**method of variation of parameters과 같은 방법으로, 이는 수학자 **라그랑지**[5]가 제안한 것이다.

5 Joseph Louis Lagrange, (1736 ~ 1813) 이탈리아 수학자로서 해석역학 및 천체역학에 크게 기여했다.

상수계수를 갖는 2계 동차 선형 미분방정식 식 (3.15)[6]를 계수 a_2로 나눈 방정식을 고려해보자.

6 $a_2 \dfrac{d^2y}{dx^2} + a_1 \dfrac{dy}{dx} + a_0 y = f(x)$

$$\frac{d^2y}{dx^2} + b\frac{dy}{dx} + cy = g(x) \quad \cdots \; \frac{a_1}{a_2} = b,\ \frac{a_0}{a_2} = c,\ \frac{f(x)}{a_2} = g(x)\text{라 놓음} \tag{3.17}$$

식 (3.17)의 동차 미분방정식의 보조해

$$y_c = c_1 y_1(x) + c_2 y_2(x)$$

로부터 상수 c_1과 c_2를 함수 $u(x)$와 $v(x)$로 바꾼 형태, 즉

$$y_p = u(x)y_1(x) + v(x)y_2(x) \tag{3.18}$$

를 식 (3.17)의 특수해라고 가정하고 $u(x)$와 $v(x)$를 정함으로써 특수해를 구하는 방법이다.

지금부터 매개변수변환법으로 식 (3.17)의 특수해를 구해보자. 식 (3.18)을 미분하면

$$y_p' = uy_1' + u'y_1 + vy_2' + v'y_2$$

이다. u와 v의 2계 도함수가 나타나지 않도록

$$u'y_1 + v'y_2 = 0 \tag{3.19}$$

으로 가정하는 것이 편리하다. 그러면

$$y_p' = uy_1' + vy_2' \tag{3.20}$$

이고, 식 (3.20)을 미분하면

$$y_p'' = uy_1'' + u'y_1' + vy_2'' + v'y_2' \tag{3.21}$$

이 된다. 식 (3.18)의 y_p가 미분방정식의 해이므로 식 (3.18), 식 (3.20), 식 (3.21)을 식 (3.17)에 대입할 때 관계식이 성립해야 한다. 따라서

$$(uy_1'' + u'y_1' + vy_2'' + v'y_2') + b(uy_1' + vy_2') + c(uy_1 + vy_2) = g(x)$$

이고, 위 식을 정리하면

$$u(y_1'' + by_1' + cy_1) + v(y_2'' + by_2' + cy_2) + (u'y_1' + v'y_2') = g(x) \tag{3.22}$$

이다. 그런데 y_1과 y_2는 동차 미분방정식의 해이므로 식 (3.22)의 첫 두 항은 모두 0이다. 그러므로

$$u'y_1' + v'y_2' = g(x) \tag{3.23}$$

의 결과를 얻는다. 식 (3.19)와 식 (3.23)을 연립하여 풀면 u'와 v'을 구할 수 있고, 그 결과는 다음과 같다.

$$u' = \frac{-y_2}{y_1y_2' - y_1'y_2}g(x) \tag{3.24}$$

$$v' = \frac{y_1}{y_1 y_2' - y_1' y_2} g(x) \tag{3.25}$$

여기서 u'과 v'의 분모인 $y_1 y_2' - y_1' y_2$는 항상 0이 아니다. 왜냐하면 y_1과 y_2가 동차형 미분방정식의 서로 일차독립인 기본해이고, [정의 3-3]에서 설명한 바와 같이 서로 일차독립인 기본해들의 론스키안은 결코 0이 될 수 없기 때문이다.

$$W(y_1, y_2) = \begin{vmatrix} y_1 & y_2 \\ y_1' & y_2' \end{vmatrix} = y_1 y_2' - y_1' y_2 \neq 0$$

결과적으로 식 (3.24)와 식 (3.25)를 적분하여 u와 v를 구할 수 있고, u와 v를 식 (3.18)에 대입하여 특수해 y_p를 얻는다.

이제 매개변수변환법을 적용하여 해를 구하는 예제들을 살펴보자.

예제 3-16 매개변수변환법 : $f(x)=$ 다항식 함수인 경우

다음 2계 선형 미분방정식의 일반해를 구하라.

$$\frac{d^2y}{dx^2} - y = 4x$$

MATLAB 풀이

풀이

동차 선형 미분방정식의 특성방정식은 $\lambda^2 - 1 = 0$이고, 특성값이 $\lambda_1 = 1$, $\lambda_2 = -1$이다. 그러므로 기본해는

$$y_1 = e^x, \ y_2 = e^{-x}$$

이고, 보조해는

$$y_c = c_1 e^x + c_2 e^{-x}$$

이다. y_1과 y_2의 론스키안이

$$W(y_1, y_2) = y_1 y_2' - y_1' y_2 = e^x(-e^{-x}) - e^x(e^{-x}) = -2$$

이고, $g(x) = 4x$이므로 식 (3.24)로부터

$$u' = \frac{-y_2}{y_1 y_2' - y_1' y_2} g(x) = \frac{-e^{-x}}{-2}(4x) = 2xe^{-x}$$

이다. 이 식을 적분하면 …… ① 부분적분 이용

$$u = -2(x+1)e^{-x}$$

이 얻어진다. 또한 식 (3.25)으로부터

$$v' = \frac{y_1}{y_1 y_2' - y_1' y_2} g(x) = \frac{e^x}{-2}(4x) = -2xe^x$$

이고, 이 식을 적분하면 …… ② 부분적분 이용

$$v = -2(x-1)e^x$$

이 얻어진다. 따라서 특수해는 식 (3.18)로부터

$$y_p = u y_1 + v y_2 = -2(x+1)e^{-x}(e^x) - 2(x-1)e^x(e^{-x}) = -4x$$

이므로, 주어진 미분방정식의 일반해는 다음과 같다.

$$y = c_1 e^x + c_2 e^{-x} - 4x$$

유제 3-15 매개변수변환법 : $f(x)=$ 다항식 함수인 경우

다음 2계 선형 미분방정식의 일반해를 구하라.

$$\frac{d^2y}{dx^2} - 4y = x$$

정답 : $y = c_1 e^{2x} + c_2 e^{-2x} - \frac{1}{4}x$

예제 3-17 매개변수변환법 : $f(x)=$ 지수함수인 경우

다음 2계 선형 미분방정식의 일반해를 구하라.

$$\frac{d^2y}{dx^2} + 2\frac{dy}{dx} - 3y = e^{-x}$$

MATLAB 풀이

풀이

동차 선형 미분방정식의 특성방정식은 $\lambda^2 + 2\lambda - 3 = 0$이고, 특성값은 $\lambda_1 = 1$, $\lambda_2 = -3$이다. 그러므로 기본해는

$$y_1 = e^x, \quad y_2 = e^{-3x}$$

이고, 보조해는

$$y_c = c_1 e^x + c_2 e^{-3x}$$

이다. y_1과 y_2의 론스키안이

$$W(y_1, y_2) = y_1 y_2' - y_1' y_2 = e^x(-3e^{-3x}) - e^x(e^{-3x}) = -4e^{-2x}$$

이고, $g(x)=e^{-x}$이므로 식 (3.24)로부터

$$u'=\frac{-y_2}{y_1y_2'-y_1'y_2}g(x)=\frac{-e^{-3x}}{-4e^{-2x}}(e^{-x})=\frac{1}{4}e^{-2x}$$

이다. 이 식을 적분하면

$$u=-\frac{1}{8}e^{-2x}$$

이 얻어진다. 또한 식 (3.25)로부터

$$v'=\frac{y_1}{y_1y_2'-y_1'y_2}g(x)=\frac{e^{x}}{-4e^{-2x}}(e^{-x})=-\frac{1}{4}e^{2x}$$

이고, 이 식을 적분하면

$$v=-\frac{1}{8}e^{2x}$$

이 얻어진다. 따라서 식 (3.18)로부터 특수해는

$$y_p=uy_1+vy_2=\left(-\frac{1}{8}e^{-2x}\right)e^{x}+\left(-\frac{1}{8}e^{2x}\right)e^{-3x}=-\frac{1}{4}e^{-x}$$

이므로, 주어진 미분방정식의 일반해는 다음과 같다.

$$y=c_1e^{x}+c_2e^{-3x}-\frac{1}{4}e^{-x}$$

유제 3-16 매개변수변환법 : $f(x)=$ 지수함수인 경우

다음 2계 선형 미분방정식의 일반해를 구하라.

$$\frac{d^2y}{dx^2}-2\frac{dy}{dx}-3y=e^{x}$$

정답 : $y=c_1e^{-x}+c_2e^{3x}-\frac{1}{4}e^{x}$

3.4 코시-오일러 방정식

3.2절과 3.3절에서는 상수계수를 갖는 미분방정식에 대해 살펴보았다. 이 절에서는 변수계수를 갖는 미분방정식에 대해 설명할 것이다. 상수계수와 달리 변수

계수를 갖는 미분방정식은 풀이과정이 매우 복잡하고 어려우며, 풀 수 있는 경우라고 해도 4장에서 살펴볼 무한급수를 이용하는 방법밖에 없다.

그러나 변수계수를 갖는 미분방정식 중에서 코시-오일러 방정식이라 하는 특별한 경우는 상수계수를 갖는 미분방정식과 유사한 방법으로 방정식의 해를 구할 수 있다. 다음과 같이 변수계수를 갖는 2계 선형 미분방정식을 고려해보자.

$$ax^2\frac{d^2y}{dx^2}+bx\frac{dy}{dx}+cy=f(x) \tag{3.26}$$

식 (3.26)의 좌변에 있는 각 항들의 변수계수 x의 차수와 y의 도함수의 계수가 모두 동일하다는 점에 주목하자. 이와 같은 형태의 미분방정식을 **코시-오일러 방정식**Cauchy-Euler equation이라 한다.

식 (3.26)은 비동차 미분방정식이지만, 동차 미분방정식의 보조해를 구하면 3.3절에서 설명한 매개변수변환법으로 비동차 미분방정식의 특수해를 구할 수 있다. 따라서 여기서는 다음과 같은 동차 미분방정식의 보조해를 구하는 방법만 설명하고자 한다.

$$ax^2\frac{d^2y}{dx^2}+bx\frac{dy}{dx}+cy=0 \tag{3.27}$$

식 (3.27)의 첫 번째 기본해를

$$y_1=x^\lambda \tag{3.28}$$

이라 가정하고, 이를 식 (3.27)에 대입한다.

$$ax^2\{\lambda(\lambda-1)x^{\lambda-2}\}+bx\lambda x^{\lambda-1}+cx^\lambda=0$$

이제 위 식을 정리하면

$$[a\{\lambda(\lambda-1)\}+b\lambda+c]x^\lambda=0$$

이고, 이 식이 x에 관계없이 항상 성립하려면 다음이 성립해야 한다.

$$a\lambda^2+(b-a)\lambda+c=0 \tag{3.29}$$

x^λ이 식 (3.27)의 해가 되려면 λ가 2차 방정식인 식 (3.29)를 만족해야 한다. 따라서

$$\lambda_{1,\,2} = \frac{(a-b) \pm \sqrt{(b-a)^2 - 4ac}}{2a} \tag{3.30}$$

이고, 3.2절에서와 마찬가지로 λ 값이 세 가지 유형으로 나타난다.

- **유형 ❶** : $(b-a)^2 - 4ac > 0$이면 서로 다른 실수
- **유형 ❷** : $(b-a)^2 - 4ac = 0$이면 실수 중복값
- **유형 ❸** : $(b-a)^2 - 4ac < 0$이면 복소수

3.4.1 λ 값이 서로 다른 실수인 경우

$(b-a)^2 - 4ac > 0$일 때는 λ_1과 λ_2가 같지 않으므로, $y_1 = x^{\lambda_1}$과 $y_2 = x^{\lambda_2}$이 각각 미분방정식의 기본해가 된다. 따라서 미분방정식 (3.27)의 일반해는

$$y = c_1 x^{\lambda_1} + c_2 x^{\lambda_2}$$

이다. 이 내용을 요약하면 다음과 같은 정리가 성립한다.

정리 3-4 코시-오일러 방정식의 해 : λ 값이 서로 다른 실수인 경우

식 (3.29)로부터 얻어진 λ 값이 서로 다른 실수이면, 미분방정식 식 (3.27)의 일반해는 다음과 같다.

$$y = c_1 x^{\lambda_1} + c_2 x^{\lambda_2} \tag{3.31}$$

예제 3-18 코시-오일러 방정식의 해 : λ 값이 서로 다른 실수인 경우

다음과 같은 변수계수를 갖는 2계 선형 미분방정식의 일반해를 구하라.

$$x^2 \frac{d^2y}{dx^2} - 2x\frac{dy}{dx} + 2y = 0$$

MATLAB 풀이

풀이

주어진 미분방정식은 코시-오일러 방정식으로

$$(b-a)^2 - 4ac = (-2-1)^2 - 4(1)(2) = 1$$

이므로, 이 방정식은 유형 ❶에 해당한다. 또한 식 (3.30)으로부터 근을 구하면

$$\lambda_1 = \frac{(1+2) + \sqrt{(-2-1)^2 - 4(1)(2)}}{2(1)} = 2$$

$$\lambda_2 = \frac{(1+2) - \sqrt{(-2-1)^2 - 4(1)(2)}}{2(1)} = 1$$

이다. 따라서 주어진 미분방정식의 기본해

$$y_1 = x^{\lambda_1} = x^2, \quad y_2 = x^{\lambda_2} = x^1$$

이 얻어지고, 식 (3.31)로부터 미분방정식의 일반해는 다음과 같다.

$$y = c_1 y_1 + c_2 y_2 = c_1 x^2 + c_2 x$$

유제 3-17 코시–오일러 방정식의 해 : λ 값이 서로 다른 실수인 경우

다음과 같은 변수계수를 갖는 2계 선형 미분방정식의 일반해를 구하라.

$$x^2 \frac{d^2y}{dx^2} - 4x\frac{dy}{dx} + 4y = 0$$

정답 : $y = c_1 x + c_2 x^4$

3.4.2 λ 값이 실수 중복값인 경우

$(b-a)^2 - 4ac = 0$인 경우에는 식 (3.30)으로부터 특성값이 $\lambda_{1,\,2} = \dfrac{(a-b)}{2a}$가 되고, 기본해는

$$y_1 = x^{(a-b)/2a} \tag{3.32}$$

만 얻을 수 있다. 따라서 또 하나의 기본해 y_2를 구해야 한다. 이를 위해

$$y_2 = u y_1 \tag{3.33}$$

이라 놓으면, 다음과 같다.

$$y_2' = u y_1' + u' y_1$$
$$y_2'' = u y_1'' + 2u' y_1' + u'' y_1$$

y_2, y_2', y_2''을 식 (3.27)에 대입하면

$$a x^2 y_2'' + bx y_2' + c y_2$$
$$= ax^2(u y_1'' + 2u' y_1' + u'' y_1) + bx(u y_1' + u' y_1) + cu\, y_1 = 0$$

이고, 위 식을 정리하면

$$u(ax^2{y_1}'' + bx{y_1}' + cy_1) + ax^2y_1u'' + xu'(2ax{y_1}' + by_1) = 0 \quad (3.34)$$

이다. 이때 y_1이 식 (3.27)의 기본해이므로, 식 (3.34)의 첫 번째 괄호 안은 0이다. 또한 식 (3.32)를 식 (3.34)의 두 번째 괄호 안의 식에 대입하면

$$\begin{aligned} 2ax{y_1}' + by_1 &= 2ax\left(\frac{a-b}{2a}x^{(a-b)/2a-1}\right) + b\,x^{(a-b)/2a} \\ &= (a-b)x^{(a-b)/2a} + b\,x^{(a-b)/2a} = a\,x^{(a-b)/2a} = a\,y_1 \end{aligned}$$

이므로, 식 (3.34)는

$$axy_1(xu'' + u') = 0$$

이고, a, x, y_1은 0이 아니므로

$$x\,u'' + u' = 0$$

이 된다. 이제 두 번째 기본해를 찾기 위해 u를 구해야 하므로 위 식을 변수분리하여 적분하면

$$\begin{aligned} \int \frac{1}{u'}\,du' &= -\int \frac{1}{x}dx \\ \ln|u'| &= -\ln|x| \\ u' &= \frac{1}{x} \end{aligned}$$

이 얻어지고, 이를 다시 한 번 적분하면

$$u = \ln|x|$$

가 된다. 따라서 또 다른 기본해는 식 (3.33)으로부터

$$y_2 = u\,y_1 = (\ln|x|)\,x^{(a-b)/2a}$$

이고, 결과적으로 미분방정식 (3.27)의 일반해는

$$y = x^{(a-b)/2a}(c_1 + c_2\ln|x|)$$

가 된다. 이상을 요약하면 다음과 같은 정리가 성립한다.

정리 3-5 코시-오일러 방정식의 해 : λ 값이 실수 중복값인 경우

식 (3.29)로부터 얻어진 λ 값이 실수 중복값을 갖는다면, 미분방정식 식 (3.27)의 일반해는 다음과 같다.

$$y = x^{(a-b)/2a}(c_1 + c_2 \ln|x|) \tag{3.35}$$

예제 3-19 코시-오일러 방정식의 해 : λ 값이 실수 중복값인 경우

다음과 같이 변수계수를 갖는 2계 선형 미분방정식의 일반해를 구하라.

$$x^2 \frac{d^2y}{dx^2} - x\frac{dy}{dx} + y = 0$$

MATLAB 풀이

풀이

주어진 미분방정식은 코시-오일러 방정식이고

$$(b-a)^2 - 4ac = (-1-1)^2 - 4(1)(1) = 0$$

이므로, 이 방정식은 유형 ❷에 해당한다. 또한 식 (3.30)으로부터 근을 구하면

$$\lambda = \frac{a-b}{2a} = \frac{1-(-1)}{2(1)} = 1$$

이다. 따라서 주어진 미분방정식의 기본해

$$y_1 = x$$

가 얻어지고, 식 (3.35)로부터 미분방정식의 일반해는 다음과 같다.

$$y = x(c_1 + c_2 \ln|x|)$$

유제 3-18 코시-오일러 방정식의 해 : λ 값이 실수 중복값인 경우

다음과 같은 변수계수를 갖는 2계 선형 미분방정식의 일반해를 구하라.

$$4x^2 \frac{d^2y}{dx^2} + 8x\frac{dy}{dx} + y = 0$$

정답 : $y = x^{-1/2}(c_1 + c_2 \ln|x|)$

3.4.3 λ 값이 복소수인 경우

$(b-a)^2 - 4ac < 0$일 때는 식 (3.30)의 근이 $\lambda_1 = \alpha + \beta i$와 $\lambda_2 = \alpha - \beta i$이다. 여기서 $\alpha = \dfrac{(a-b)}{2a}$, $\beta = \dfrac{\sqrt{4ac-(b-a)^2}}{2a}$이다. 따라서 식 (3.27)의 기본해는

$$
\begin{aligned}
y_1 &= x^{\lambda_1} = x^{(\alpha+\beta i)} \\
y_2 &= x^{\lambda_2} = x^{(\alpha-\beta i)}
\end{aligned}
\tag{3.36}
$$

이고, 일반해는 다음과 같다.

$$y = c_1 y_1 + c_2 y_2 = c_1 x^{(\alpha+\beta i)} + c_2 x^{(\alpha-\beta i)} \tag{3.37}$$

위의 기본해와 일반해는 복소함수이므로 이를 실변수함수로 변경하면 좋다. 식 (3.37)로부터

$$
\begin{aligned}
y &= c_1 x^{(\alpha+\beta i)} + c_2 x^{(\alpha-\beta i)} \\
&= x^{\alpha}\left(c_1 x^{\beta i} + c_2 x^{-\beta i}\right)
\end{aligned}
\tag{3.38}
$$

이 된다. 또한 지수함수는 $x^n = e^{\ln x^n} = e^{n \ln|x|}$의 관계가 성립하므로, 식 (3.38)은 다음과 같이 나타낼 수 있다.

$$
\begin{aligned}
y &= x^{\alpha}\left(c_1 x^{\beta i} + c_2 x^{-\beta i}\right) \\
&= x^{\alpha}\left(c_1 e^{\beta i \ln|x|} + c_2 e^{-\beta i \ln|x|}\right)
\end{aligned}
$$

오일러 공식을 적용하여 위 식을 정리하면 다음과 같다.

$$
\begin{aligned}
y &= x^{\alpha}\left[c_1\{\cos(\beta \ln|x|) + i\sin(\beta \ln|x|)\} + c_2\{\cos(\beta \ln|x|) - i\sin(\beta \ln|x|)\}\right] \\
&= x^{\alpha}\left[(c_1+c_2)\cos(\beta \ln|x|) + i(c_1-c_2)\sin(\beta \ln|x|)\right]
\end{aligned}
$$

여기서 c_1과 c_2는 임의의 적분상수이므로 $c_1 + c_2 = C_1$, $i(c_1 - c_2) = C_2$로 놓으면 식 (3.27)의 일반해는 다음과 같다.

$$y = x^{\alpha}\left[C_1 \cos(\beta \ln|x|) + C_2 \sin(\beta \ln|x|)\right]$$

이상을 요약하면 다음과 같은 정리가 성립한다.

정리 3-6 코시-오일러 방정식의 해 : λ 값이 복소수인 경우

식 (3.29)로부터 얻어진 λ 값들이 복소수 $\alpha \pm \beta i$를 갖는다면 미분방정식 (3.27)의 일반해는 다음과 같다.

$$y = x^{\alpha}\left[C_1 \cos(\beta \ln|x|) + C_2 \sin(\beta \ln|x|)\right] \qquad (3.39)$$

여기서 $\alpha = \dfrac{(a-b)}{2a}$, $\beta = \dfrac{\sqrt{4ac-(b-a)^2}}{2a}$이다.

예제 3-20 코시-오일러 방정식의 해 : λ 값이 복소수인 경우

다음과 같이 변수계수를 갖는 2계 선형 미분방정식의 일반해를 구하라.

$$x^2\frac{d^2y}{dx^2} + x\frac{dy}{dx} + y = 0$$

MATLAB 풀이

풀이

주어진 미분방정식은 코시-오일러 방정식으로

$$(b-a)^2 - 4ac = (1-1)^2 - 4(1)(1) = -4$$

이므로, 이 방정식은 유형 ❸에 해당한다. 또한 식 (3.30)으로부터 근을 구하면

$$\lambda_{1,2} = \alpha \pm \beta i = \frac{a-b}{2a} \pm \frac{\sqrt{4ac-(b-a)^2}}{2a} i$$
$$= \frac{1-1}{2(1)} \pm \frac{\sqrt{4(1)(1)-(1-1)^2}}{2(1)} i = 0 \pm i$$

이다. 즉 $\alpha = 0$, $\beta = 1$이다. 따라서 식 (3.39)로부터 미분방정식의 일반해는 다음과 같다.

$$y = x^0\left[C_1 \cos(\ln|x|) + C_2 \sin(\ln|x|)\right] = C_1 \cos(\ln|x|) + C_2 \sin(\ln|x|)$$

유제 3-19 코시-오일러 방정식의 해 : λ 값이 복소수인 경우

다음과 같은 변수계수를 갖는 2계 선형 미분방정식의 일반해를 구하라.

$$x^2\frac{d^2y}{dx^2} + x\frac{dy}{dx} + 2y = 0$$

정답 : $y = c_1 \cos(\sqrt{2}\ln|x|) + c_2 \sin(\sqrt{2}\ln|x|)$

3.5 고계 선형 미분방정식

지금까지는 1계와 2계 선형 미분방정식에 대해 살펴보았다. 이 절에서는 3계 이상의 고계 선형 미분방정식에 대해 살펴볼 것이다. 고계 선형 미분방정식은 2계 선형 미분방정식을 확장한 형태이므로, 2계에 적용했던 이론을 고계에도 유사하게 적용할 수 있다. 변수계수를 갖는 고계 미분방정식은 풀이과정이 복잡하고 어려우므로 상수계수를 갖는 미분방정식에 한해 설명할 것이다. 다만 고계에서도 코시-오일러 방정식의 경우에는 변수계수를 갖는 미분방정식이라 할지라도 2계에서와 마찬가지로 어렵지 않게 해를 구할 수 있다.

다음과 같이 상수계수를 갖는 n계 비동차 선형 미분방정식을 고려해보자.

$$a_n y^{(n)}(x) + a_{n-1} y^{(n-1)}(x) + \cdots + a_1 y' + a_0 y = f(x) \qquad (3.40)$$

식 (3.40)의 비동차 미분방정식의 일반해는 3.1절의 식 (3.2)에서 설명한 바와 같이 보조해와 특수해를 합하여 다음과 같이 구할 수 있다.

$$y(x) = y_c(x) + y_p(x)$$

식 (3.40)의 보조해 $y_c(x)$를 구할 때 각각의 해들 사이에 서로 일차독립인 기본해를 먼저 구해야 하는 것이 매우 중요하다. 그리고 나서 구한 해들이 3.1절에서 설명한 [정의 3-1](일차독립과 일차종속), [정의 3-2](론스키안)와 [정의 3-3](론스키안과 일차독립)을 사용하여 기본해임을 반드시 확인해야만 한다.

예를 들어 보조해가 다음과 같이 구해졌다고 가정하자.

$$y_c(x) = c_1 y_1 + c_2 y_2 + \cdots + c_{n-1} y_{n-1} + c_n y_n \qquad (3.41)$$

그러면 식 (3.41)이 진정한 보조해인지를 확인하기 위해, 즉 각각의 해들 y_1, y_2, $\cdots$, y_{n-1}, y_n 사이에 서로 일차독립임을 확인하기 위해

$$W(y_1,\ y_2,\ \cdots,\ y_n) = \begin{vmatrix} y_1 & y_2 & \cdots & y_n \\ y_1' & y_2' & \cdots & y_n' \\ \vdots & \vdots & \vdots & \vdots \\ y_1^{(n-1)} & y_2^{(n-1)} & \cdots & y_n^{(n-1)} \end{vmatrix}$$

의 값이 0인지 아닌지를 점검해야만 한다. 이때 $W(y_1,\ y_2,\ \cdots,\ y_n) \neq 0$ 이면, 각각의 해들 사이가 일차독립이므로 식 (3.41)이 식 (3.40)의 보조해가 된다.

또한 중첩의 원리도 일차독립, 일차종속의 개념과 마찬가지로 고계 미분방정식의 해를 구할 때 2계에서의 방식 그대로 적용된다. 따라서 y_1, y_2, $\cdots$, y_n이 식 (3.40)의 n계 동차 미분방정식

$$a_n \frac{d^n y}{dx^n} + a_{n-1} \frac{d^{n-1} y}{dx^{n-1}} + \cdots + a_1 \frac{dy}{dx} + a_0\, y = 0 \tag{3.42}$$

의 일차독립 해(또는 **기본해**)들이라면, 해들의 1차 결합도 미분방정식의 해가 된다. 이를 동차 미분방정식 (3.42)의 **일반해**general solution 또는 비동차 미분방정식 (3.40)의 **보조해**complementary solution라 하고, 다음과 같이 나타낼 수 있다. 이는 식 (3.6)과 같다.

$$y_c = c_1 y_1 + c_2 y_2 + \cdots + c_n y_n$$

이제 고계 미분방정식의 풀이과정에 대해 살펴보자. 동차형 미분방정식 식 (3.42)의 기본해가 $y = e^{\lambda x}$이라 가정하고, 이를 식 (3.42)에 대입하면

$$a_n \lambda^n e^{\lambda x} + a_{n-1} \lambda^{n-1} e^{\lambda x} + \cdots + a_1 \lambda^1 e^{\lambda x} + a_0\, e^{\lambda x} = 0$$

이고, 공통인자 $e^{\lambda x}$으로 묶으면

$$\left[a_n \lambda^n + a_{n-1} \lambda^{n-1} + \cdots + a_1 \lambda^1 + a_0\right] e^{\lambda x} = 0$$

이다. 한편, $e^{\lambda x}$은 항상 0보다 크므로 위 식은 다음을 만족해야만 한다.

$$a_n \lambda^n + a_{n-1} \lambda^{n-1} + \cdots + a_1 \lambda^1 + a_0 = 0 \tag{3.43}$$

식 (3.43)은 식 (3.42)의 특성방정식이고, 특성방정식의 근들이 특성값이 된다. 따라서 식 (3.43)의 λ에 관한 n차 방정식의 근(특성값)에 따라 미분방정식의 해의 유형이 결정된다. 2계에서와 마찬가지로 고계에서도 세 종류의 유형이 복합적으로 나타난다. 고계 미분방정식의 경우에는 특성방정식이 고차이므로 특성값을 구하는 것이 가장 어려운 부분이다.

특성값 λ_1, λ_2, $\cdots$, λ_n이 모두 서로 다른 실수이면 각각의 해 $e^{\lambda_1 x}$, $e^{\lambda_2 x}$, $\cdots$, $e^{\lambda_n x}$ 사이에는 모두 일차독립이 성립한다. 따라서 각각의 해는 기본해가 되고, 따라서 보조해는 다음과 같다.

$$y_c = c_1 e^{\lambda_1 x} + c_2 e^{\lambda_2 x} + \cdots + c_n e^{\lambda_n x} \tag{3.44}$$

예제 3-21 고계 선형 미분방정식의 해 : λ 값이 서로 다른 실수인 경우

다음 3계 선형 미분방정식의 일반해를 구하라.

$$\frac{d^3y}{dx^3} - 2\frac{d^2y}{dx^2} - 5\frac{dy}{dx} + 6y = 0$$

풀이

주어진 미분방정식의 특성방정식은 $\lambda^3 - 2\lambda^2 - 5\lambda + 6 = 0$이고, 특성값은 $(\lambda-1)(\lambda+2)(\lambda-3) = 0$에서 $\lambda_1 = 1$, $\lambda_2 = -2$, $\lambda_3 = 3$이므로 기본해는 e^x, e^{-2x}, e^{3x}이다. 이 기본해는 서로 일차독립이다. 따라서 식 (3.44)로부터 일반해는 다음과 같다.

$$y = c_1e^x + c_2e^{-2x} + c_3e^{3x}$$

Command Window

```
: 코딩
U=dsolve('D3y-2*D2y-5*Dy+6*y=0','x') 1               % 일반해 구하기

: 결과
U = C1*exp(x)+C2*exp(3*x)+C3*exp(-2*x)                % [예제 3-21]의 결과와 동일
```

MATLAB TIP!

1 'Dny' : 함수 y의 n계 도함수를 나타낸다.

유제 3-20 고계 선형 미분방정식의 해 : λ 값이 서로 다른 실수인 경우

다음 3계 선형 미분방정식의 일반해를 구하라.

$$\frac{d^3y}{dx^3} + 5\frac{d^2y}{dx^2} + 6\frac{dy}{dx} = 0$$

정답 : $y = c_1 + c_2e^{-2x} + c_3e^{-3x}$

특성값 λ_1, λ_2, $\cdots$, λ_n 중에서 실수 중복값이 나타나는 경우, 즉 $\lambda_1 = \lambda_2$이면 3.2절에서 설명한 바와 같이 중복된 부분을 처리하여 보조해를 다음과 같이 구할 수 있다.

$$y_c = (c_1 + c_2x)e^{\lambda_1 x} + c_3e^{\lambda_3 x} + \cdots + c_ne^{\lambda_n x} \tag{3.45}$$

예제 3-22 고계 선형 미분방정식의 해 : λ 값이 실수 중복값인 경우

다음 3계 선형 미분방정식의 일반해를 구하라.

$$\frac{d^3y}{dx^3} - \frac{d^2y}{dx^2} = 0$$

MATLAB 풀이

풀이

주어진 미분방정식의 특성방정식은 $\lambda^3-\lambda^2=0$이다. 따라서 특성값은 $\lambda^2(\lambda-1)=0$에서 $\lambda_{1,2}=0$, $\lambda_3=1$이고, $\lambda_{1,2}=0$에서 중복도 2인 실수 중복값을 갖는다. 따라서 식 (3.45)로부터 일반해는 다음과 같다.

$$y=(c_1+c_2x)e^{0x}+c_3e^x=c_1+c_2x+c_3e^x$$

유제 3-21 고계 선형 미분방정식의 해 : λ 값이 실수 중복값인 경우

다음 3계 선형 미분방정식의 일반해를 구하라.

$$\frac{d^3y}{dx^3}+2\frac{d^2y}{dx^2}+\frac{dy}{dx}=0$$

정답 : $y=c_1+e^{-x}(c_2+c_3x)$

중복된 특성값의 수가 늘어나면 같은 방법으로 늘어난 수만큼 x를 곱하여 구하면 된다. 예를 들어 특성값의 **중복도**multiplicity가 m이면 다음과 같다.

$$y_c=\left(c_1+c_2x+\cdots\ c_mx^{m-1}\right)e^{\lambda_1x}+c_{m+1}e^{\lambda_{m+1}x}+\cdots+c_ne^{\lambda_nx} \quad (3.46)$$

예제 3-23 고계 선형 미분방정식의 해 : λ 값이 중복도 $m=3$의 실수 중복값인 경우

다음 4계 선형 미분방정식의 일반해를 구하라.

$$\frac{d^4y}{dx^4}+3\frac{d^3y}{dx^3}+3\frac{d^2y}{dx^2}+\frac{dy}{dx}=0$$

MATLAB 풀이

풀이

주어진 미분방정식의 특성방정식은 $\lambda^4+3\lambda^3+3\lambda^2+\lambda=0$이다. 특성값은 $\lambda(\lambda+1)^3=0$에서 $\lambda_1=0$, $\lambda_2=\lambda_3=\lambda_4=-1$이고, 중복도 3인 실수 중복값을 갖는다. $m=3$이므로 식 (3.46)으로부터 일반해는 다음과 같이 구할 수 있다.

$$y=c_1+\left(c_2+c_3x+c_4x^2\right)e^{-x}$$

유제 3-22 고계 선형 미분방정식의 해 : λ 값이 중복도 $m=3$의 실수 중복값인 경우

다음 4계 선형 미분방정식의 일반해를 구하라.

$$\frac{d^4y}{dx^4}-3\frac{d^3y}{dx^3}+3\frac{d^2y}{dx^2}-\frac{dy}{dx}=0$$

정답 : $y=c_1+e^x\left(c_2+c_3x+c_4x^2\right)$

마지막으로 특성값 λ_1, λ_2, $\cdots$, λ_n 중에서 복소수가 나타나는 경우, 즉 $\lambda_{1,\,2} = \alpha \pm \beta i$ 이면, 3.2절에서 설명한 바와 같이 복소수 부분을 처리하여 다음과 같이 보조해를 구할 수 있다.

$$y_c = e^{\alpha x}(c_1 \cos \beta x + c_2 \sin \beta x) + c_3 e^{\lambda_3 x} + \cdots + c_n e^{\lambda_n x} \tag{3.47}$$

예제 3-24 고계 선형 미분방정식의 해 : λ 값이 2개의 복소수인 경우

다음 3계 선형 미분방정식의 일반해를 구하라.

MATLAB 풀이

$$\frac{d^3y}{dx^3} + 3\frac{d^2y}{dx^2} + \frac{dy}{dx} - 5y = 0$$

풀이

주어진 미분방정식의 특성방정식은 $\lambda^3 + 3\lambda^2 + \lambda - 5 = 0$이다. 특성값은 $(\lambda - 1)(\lambda^2 + 4\lambda + 5) = 0$에서 $\lambda_1 = 1$, $\lambda_{2,\,3} = -2 \pm i$이고, 실수 1개와 복소수 2개를 갖는다. 따라서 식 (3.47)로부터 일반해는 다음과 같다.

$$y = c_1 e^{x} + e^{-2x}(c_2 \cos x + c_3 \sin x)$$

유제 3-23 고계 선형 미분방정식의 해 : λ 값이 2개의 복소수인 경우

다음 3계 선형 미분방정식의 일반해를 구하라.

$$\frac{d^3y}{dx^3} - 3\frac{d^2y}{dx^2} + \frac{dy}{dx} + 5y = 0$$

정답 : $y = c_1 e^{-x} + e^{2x}(c_2 \cos x + c_3 \sin x)$

복소근의 수가 늘어날 경우에도 복소근은 항상 쌍으로 존재하기 때문에 복소근에 해당되는 부분을 식 (3.47)의 첫 번째 항처럼 처리하면 된다. 만약 복소근이 4개, 즉 $\lambda_{1,\,2} = \alpha_1 \pm \beta_1 i$, $\lambda_{3,\,4} = \alpha_2 \pm \beta_2 i$, λ_5, $\cdots$, λ_n이라면 보조해는 다음과 같다.

$$\begin{aligned} y_c = {} & e^{\alpha_1 x}(c_1 \cos \beta_1 x + c_2 \sin \beta_1 x) + e^{\alpha_2 x}(c_3 \cos \beta_2 x + c_4 \sin \beta_2 x) \\ & + c_5 e^{\lambda_5 x} + \cdots + c_n e^{\lambda_n x} \end{aligned} \tag{3.48}$$

예제 3-25 고계 선형 미분방정식의 해 : λ 값이 4개의 복소수인 경우

다음 4계 선형 미분방정식의 일반해를 구하라.

$$\frac{d^4y}{dx^4}-2\frac{d^3y}{dx^3}+3\frac{d^2y}{dx^2}-2\frac{dy}{dx}+2y=0$$

MATLAB 풀이

풀이

Note 4계 이상의 고계 미분방정식은 특성값을 구하기가 어려우므로 공학용 계산기나 컴퓨터를 이용한다.

주어진 미분방정식의 특성방정식은 $\lambda^4-2\lambda^3+3\lambda^2-2\lambda+2=0$이다. 특성값은 $(\lambda^2+1)(\lambda^2-2\lambda+2)=0$에서 $\lambda_{1,2}=\pm i$, $\lambda_{3,4}=1\pm i$이고, 복소수 4개를 갖는다. 따라서 식 (3.48)로부터 일반해는 다음과 같다.

$$y=c_1\cos x+c_2\sin x+e^x(c_3\cos x+c_4\sin x)$$

유제 3-24 고계 선형 미분방정식의 해 : λ 값이 4개의 복소수인 경우

다음 4계 선형 미분방정식의 일반해를 구하라.

$$\frac{d^4y}{dx^4}+2\frac{d^3y}{dx^3}+3\frac{d^2y}{dx^2}+2\frac{dy}{dx}+2y=0$$

정답 : $y=c_1\cos x+c_2\sin x+e^{-x}(c_3\cos x+c_4\sin x)$

한 복소근이 중복되어 나타난다면, 즉 $\lambda_{1,2,3,4}=\alpha\pm\beta i$라면 다음과 같이 보조해를 구한다.

$$y_c=e^{\alpha x}\left[c_1\cos\beta x+c_2\sin\beta x+\left(c_3x\cos\beta x+c_4x\sin\beta x\right)\right]+c_5e^{\lambda_5 x}+\cdots+c_ne^{\lambda_n x} \tag{3.49}$$

예제 3-26 고계 선형 미분방정식의 해 : 중복 복소근인 경우

다음 5계 선형 미분방정식의 일반해를 구하라.

$$\frac{d^5y}{dx^5}-2\frac{d^4y}{dx^4}+8\frac{d^2y}{dx^2}-12\frac{dy}{dx}+8y=0$$

MATLAB 풀이

풀이

Note 4계 이상의 고계 미분방정식은 특성값을 구하기가 어려우므로 공학용 계산기나 컴퓨터를 이용한다.

주어진 미분방정식의 특성방정식은

$$\lambda^5-2\lambda^4+8\lambda^2-12\lambda+8=0$$

이다. 특성값은

$$(\lambda+2)(\lambda-1+i)^2(\lambda-1-i)^2=0$$

에서 $\lambda_1=-2$, $\lambda_{2,3,4,5}=1\pm i$이고, 실수 1개와 중복도 2인 복소수 4개를 갖는다. 따라서 식 (3.49)로부터 일반해는 다음과 같다.

$$y=c_1e^{-2x}+e^x\left[c_2\cos x+c_3\sin x+(c_4x\cos x+c_5x\sin x)\right]$$

식 (3.40)의 비동차 고계 선형 미분방정식의 일반해를 구하려면 식 (3.44) ~ 식 (3.49)를 사용하여 동차 선형 미분방정식의 보조해를 구한 뒤, 특수해 y_p를 구해야 한다. 특수해를 구하는 방법에는 미정계수법과 매개변수변환법이 있다. 두 방법을 활용한 풀이과정은 3.3절에서 이미 설명했으므로 여기서는 생략하기로 한다.

3.6 선형 연립 미분방정식

지금까지 독립변수 x와 종속변수 y인 미지수가 하나인 선형 미분방정식에 대해 살펴보았다. 그러나 실제 물리 시스템에서 종속변수는 하나가 아니라 2개 이상이고, 종속변수들 사이에 서로 영향을 주고받는 미분방정식들이 종종 나타난다. 이러한 미분방정식을 **연립 미분방정식**이라 하는데, 여기에서는 종속변수가 2개인 연립 미분방정식에 대해 다룰 것이다. 그리고 지금까지와는 달리 종속변수를 x와 y로 놓고, 독립변수를 t로 표기한다. 이 절에서는 연립 미분방정식의 해를 구하는 방법에 대해서만 설명하고, 관련된 물리적 시스템에 응용하는 예는 3.7절에서 다룰 것이다.

선형 연립 미분방정식은 주로 행렬을 이용하여 푸는 것이 쉽고 간편한데, 그 방법에 대해서는 11장에서 자세하게 설명하기로 하고, 여기에서는 연립방정식을 이용하여 미지수를 소거하여 해를 구하는 방법을 다룬다.

상미분방정식과 달리 연립 미분방정식에는 한 방정식 안에 미지수가 2개 이상 포함되어 있다. 그러므로 미지수의 개수를 줄여나감으로써 연립 미분방정식을 상미분방정식으로 바꿔 해를 구해야 한다. 방정식에 포함되어 있는 미지수를 소거할 때는 식 (3.3)에서 사용한 **미분연산자**[7]를 사용하면 매우 편리하다.

7 미분연산자 : $D=\frac{d}{dt}$

다음 각각의 예제를 통해 연립 미분방정식을 상미분방정식으로 변환했을 때 2계 동차 선형 미분방정식의 특성값 유형에 따라 해를 구하는 방법을 살펴보자.

예제 3-27 동차 선형 연립 미분방정식의 해 : 특성값이 서로 다른 실수인 경우

다음 선형 연립 미분방정식의 일반해를 구하라.

$$x'(t) = 2x(t) - 4y(t)$$
$$y'(t) = x(t) - 3y(t)$$

풀이

미분연산자 $D = \frac{d}{dt}$ 를 사용하여 위 식을 변환하면

$$(D-2)x + 4y = 0$$
$$-x + (D+3)y = 0$$

이 되고, 연립방정식처럼 표현된다. 따라서 두 식을 연립하여 y를 소거(또는 x를 소거)하면

$$(D-2)(D+3)x + 4x = 0, \quad (D^2 + D - 2)x = 0$$
$$(D-2)(D+3)y + 4y = 0, \quad (D^2 + D - 2)y = 0$$

이다. 이제 이 식들을 다시 미분방정식으로 바꾸면

$$x'' + x' - 2x = 0 \qquad \cdots\cdots ①$$
$$y'' + y' - 2y = 0 \qquad \cdots\cdots ②$$

이므로 연립 미분방정식이 2계 상미분방정식으로 변형된다. 식 ①(또는 식 ②)을 이용하여 x(또는 y)를 구하고, 구한 x(또는 y)를 주어진 미분방정식에 대입하여 y(또는 x)를 구하면 된다. 위 상미분방정식의 특성값들은 $\lambda_1 = 1$과 $\lambda_2 = -2$이다. 따라서 앞에서 설명한 풀이법에 의해 일반해를 구하면 다음과 같다.

$$x = c_1 e^t + c_2 e^{-2t} \quad (\text{또는 } y = c_1 e^t + c_2 e^{-2t})$$

이제 x(또는 y)를 주어진 미분방정식의 첫 번째(또는 두 번째) 식에 대입하면

$$c_1 e^t - 2c_2 e^{-2t} = 2(c_1 e^t + c_2 e^{-2t}) - 4y \quad (\text{또는 } c_1 e^t - 2c_2 e^{-2t} = x - 3(c_1 e^t + c_2 e^{-2t}))$$

이므로

$$y = \frac{1}{4}c_1 e^t + c_2 e^{-2t} \quad (\text{또는 } x = 4c_1 e^t + c_2 e^{-2t})$$

이 된다. 따라서 주어진 연립 미분방정식의 일반해는 다음과 같다.

$$\begin{aligned} x &= c_1 e^t + c_2 e^{-2t} \\ y &= \frac{1}{4}c_1 e^t + c_2 e^{-2t} \end{aligned} \qquad \left(\text{또는} \quad \begin{aligned} x &= 4c_1 e^t + c_2 e^{-2t} \\ y &= c_1 e^t + c_2 e^{-2t} \end{aligned} \right)$$

Command Window

: 코딩

```
[x,y]=dsolve('Dx=2*x-4*y, Dy=x-3*y') 1          % 일반해 구하기
```

: 결과

```
x = 4*C1*exp(t)+C2*exp(-2*t)
y = C1*exp(t)+C2*exp(-2*t)                      % [예제 3-27]의 결과와 동일
```

MATLAB TIP!

1 [x,y]=dsolve('f1,f2','a')
: 연립 미분방정식의 해를 구한다.
- f1, f2 : 연립 미분방정식
- a : 독립변수, 생략하면 디폴트로 't'가 독립변수

Note 종종 풀이 결과가 MATLAB의 결과와 다르게 나오는 경우가 있는데 이는 적분상수 C_1과 C_2의 처리에 따라 나타나는 현상이며, 자세히 비교해 보면 같은 결과임을 알 수 있다.

유제 3-25 동차 선형 연립 미분방정식의 해 : 특성값이 서로 다른 실수인 경우

다음 선형 연립 미분방정식의 일반해를 구하라.

$$x'(t) = -2x(t) - 4y(t)$$
$$y'(t) = x(t) + 3y(t)$$

정답 : $x = -c_1e^{2t} - 4c_2e^{-t}$, $y = c_1e^{2t} + c_2e^{-t}$

예제 3-28 동차 선형 연립 미분방정식의 해 : 특성값이 실수 중복값인 경우

다음 선형 연립 미분방정식의 일반해를 구하라.

$$x'(t) = 3x(t) + y(t)$$
$$y'(t) = -x(t) + y(t)$$

MATLAB 풀이

풀이

미분연산자 $D = \dfrac{d}{dt}$를 사용하여 위 식을 변환하면

$$(D-3)x - y = 0$$
$$x + (D-1)y = 0$$

이 되고, 연립방정식처럼 표현된다. 따라서 두 식을 연립하여 x를 소거하면 (y를 소거하는 과정은 생략)

$$(D^2 - 4D + 4)y = 0$$

이다. 이제 이 식들을 다시 미분방정식으로 바꾸면

$$y'' - 4y' + 4y = 0$$

이므로 [예제 3-27]과 같은 방법으로 풀면 된다. 위 상미분방정식의 특성값들은 중근인 $\lambda_{1,2} = 2$이므로, y의 일반해는 다음과 같다.

$$y = e^{2t}(c_1 + c_2 t)$$

이제 y를 주어진 미분방정식의 두 번째 식에 대입하면

$$c_2 e^{2t} + 2e^{2t}(c_1 + c_2 t) = -x + e^{2t}(c_1 + c_2 t)$$

이므로

$$x = -c_1 e^{2t} - e^{2t}(c_2 + c_2 t)$$

가 된다. 따라서 주어진 연립 미분방정식의 일반해는 다음과 같다.

$$x = -c_1 e^{2t} - e^{2t}(c_2 + c_2 t)$$
$$y = e^{2t}(c_1 + c_2 t)$$

유제 3-26 동차 선형 연립 미분방정식의 해 : 특성값이 실수 중복값인 경우

다음 선형 연립 미분방정식의 일반해를 구하라.

$$x'(t) = 3x(t) - y(t)$$
$$y'(t) = x(t) + y(t)$$

정답 : $x = e^{2t}(c_1 + c_2 + c_2 t)$, $y = e^{2t}(c_1 + c_2 t)$

예제 3-29 동차 선형 연립 미분방정식의 해 : 특성값이 복소수인 경우

다음 선형 연립 미분방정식의 일반해를 구하라.

$$x'(t) = x(t) - 2y(t)$$
$$y'(t) = 2x(t) + y(t)$$

MATLAB 풀이

풀이

미분연산자 $D = \dfrac{d}{dt}$ 를 사용하여 위 식을 변환하면

$$(D-1)x + 2y = 0$$
$$-2x + (D-1)y = 0$$

이 되고, 연립방정식처럼 표현된다. 따라서 두 식을 연립하여 y를 소거하면

$$(D-1)^2 x + 4x = 0$$

이고, 이제 이 식들을 다시 미분방정식으로 바꾸면

$$x'' - 2x' + 5x = 0$$

이다. 위 미분방정식의 특성값들은 $\lambda_{1,\,2}=1\pm 2i$이므로, x의 일반해는 다음과 같다.

$$x=e^t(c_1\cos 2t+c_2\sin 2t)$$

이제 x를 주어진 미분방정식의 첫 번째 식에 대입하면

$$e^t(-2c_1\sin 2t+2c_2\cos 2t)+e^t(c_1\cos 2t+c_2\sin 2t)=e^t(c_1\cos 2t+c_2\sin 2t)-2y$$

이므로

$$y=e^t(c_1\sin 2t-c_2\cos 2t)$$

가 된다. 따라서 주어진 연립 미분방정식의 일반해는 다음과 같다.

$$x=e^t(c_1\cos 2t+c_2\sin 2t)$$
$$y=e^t(c_1\sin 2t-c_2\cos 2t)$$

유제 3-27 동차 선형 연립 미분방정식의 해 : 특성값이 복소수인 경우

다음 선형 연립 미분방정식의 일반해를 구하라.

$$x'(t)=2x(t)+y(t)$$
$$y'(t)=-x(t)+2y(t)$$

정답 : $x=e^{2t}(c_1\cos t+c_2\sin t),\ y=e^{2t}(-c_1\sin t+c_2\cos t)$

마지막으로 비동차 선형 연립 미분방정식의 예제를 풀어보자.

예제 3-30 비동차 선형 연립 미분방정식의 해

다음 선형 연립 미분방정식의 일반해를 구하라.

MATLAB 풀이

$$x'(t)=-5x(t)-4y(t)+t$$
$$y'(t)=4x(t)+5y(t)+2$$

풀이

미분연산자 $D=\dfrac{d}{dt}$를 사용하여 위 식을 변환하면

$$(D+5)x+4y=t$$
$$-4x+(D-5)y=2$$

가 된다. 두 식을 연립하여 y를 소거하면

$$(D^2-25)x+16x=(D-5)t-8$$
$$(D^2-9)x=-5t-7$$

이고, 이 식을 다시 미분방정식으로 바꾸면

$$x''-9x=-5t-7 \qquad \cdots\cdots ①$$

이다. 동차 미분방정식의 특성값들은 $\lambda_1=3$과 $\lambda_2=-3$이므로 보조해는

$$x_c=c_1e^{3t}+c_2e^{-3t}$$

이다. 특수해 x_p를 미정계수법으로 구하기 위해

$$x_p=at+b$$

로 놓고, x_p를 식 ①의 x 대신 대입하면

$$-9(at+b)=-5t-7$$

이다. 이 식이 t에 관계없이 항상 성립하려면 $a=\frac{5}{9}$와 $b=\frac{7}{9}$이다. 따라서 특수해는

$$x_p=\frac{5}{9}t+\frac{7}{9}$$

이고, x의 일반해는 다음과 같다.

$$x=x_c+x_p=c_1e^{3t}+c_2e^{-3t}+\frac{5}{9}t+\frac{7}{9}$$

x를 주어진 미분방정식의 첫 번째 식에 대입하면 y의 일반해가 다음과 같이 구해진다.

$$y=-2c_1e^{3t}-\frac{1}{2}c_2e^{-3t}-\frac{4}{9}t-\frac{10}{9}$$

유제 3-28 비동차 선형 연립 미분방정식의 해

다음 선형 연립 미분방정식의 일반해를 구하라.

$$x'(t)=2x(t)-6y(t)+e^t$$
$$y'(t)=4x(t)-8y(t)-e^t$$

정답 : $x=\frac{3}{2}c_1e^{-2t}+c_2e^{-4t}+e^t$, $y=c_1e^{-2t}+c_2e^{-4t}+\frac{1}{3}e^t$

3.7 물리적 시스템에서의 응용

3.2절~3.6절에서 설명한 동차 및 비동차 선형 미분방정식과 선형 연립 미분방정식들은 실제 존재하는 물리적인 동적 시스템들로부터 유도될 수 있다. 지구상에 수많은 물리적인 시스템들이 존재하지만, 그 중에서도 매우 중요하게 다루어지는 대표적인 시스템들이 있다. 질량-댐퍼-스프링으로 구성된 기계 시스템과 인덕터-저항체-커패시터로 구성된 전기 시스템이 바로 그것이다. 이들 시스템은 나중에 설명하겠지만, 수학적으로 모델링한 식이 매우 흡사하기 때문에 서로 **상사 시스템** analogous systems이라고 부른다. 이 시스템들이 중요하게 다루어지는 이유는 모델링한 식이 2계 선형 미분방정식이기 때문이다.

이 절에서는 물리적 시스템들을 물리적인 법칙을 사용하여 수학적으로 모델링하고, 모델링한 미분방정식의 해를 구함과 동시에 물리적 현상들을 해석하는 데 중점을 두어 설명할 것이다. 주로 살펴볼 물리적 시스템은 질량-댐퍼-스프링 시스템과 인덕터-저항체-커패시터 시스템이며, 기타 시스템들도 부분적으로 살펴볼 것이다.

3.7.1 질량-스프링 시스템

응용 1 : 자유진동 질량-스프링 시스템

[그림 3-1]과 같이 질량과 스프링으로 구성된 시스템을 고려해보자. 실제 스프링은 모두 비선형이지만, 문제를 간단하게 하기 위해 선형스프링이라고 가정한다. 그러나 스프링이 선형스프링이 되기 위해서는 많은 가정을 해야 함을 알아두자.

스프링이 선형이면 **후크의 법칙** Hooke's law이 적용된다. 즉 스프링이 늘어난 길이는 스프링에 작용된 힘에 비례한다. [그림 3-1(a)]의 왼쪽 그림은 스프링에 질량을 매달기 전의 상태로, 이때는 스프링이 전혀 늘어나거나 줄어들지 않고 스프링의 자유길이를 그대로 유지하고 있다. 이 위치를 기준점으로 하여 변위를 측정하는 경우(변위 y)를 고려해보자. 이 상태에서 질량을 매달아 움직이면 시스템은 **뉴턴의 제2법칙**의 지배를 받으며 운동한다. 운동방정식을 유도하기 위해 **자유물체도** free body diagram [8]를 그리면 [그림 3-1(b)]의 왼쪽 그림과 같다.

8 **자유물체도란**
주위로부터 구속받지 않고 공간에 자유로이 떠 있는 물체를 자유물체(free body)라 하고, 자유물체에 작용하는 힘을 모두 표시한 그림을 자유물체도라 한다. 역학을 공부하는 사람은 자유물체도를 그릴 수 있는 능력을 갖춰야 한다.

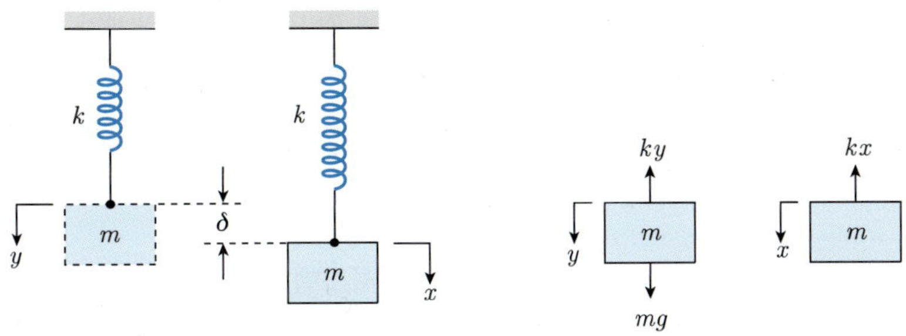

[그림 3-1] **자유진동 상태의 질량-스프링 시스템**

문제를 간단하게 하게 위해 운동 중에 나타나는 공기저항 같은 항들은 모두 무시하였다. [그림 3-1(b)]의 자유물체도에 뉴턴의 제2법칙을 적용하면

$$my'' = mg - ky$$

가 된다. 여기서 k는 스프링 상수로 단위는 N/m이고, g는 중력가속도로 $9.8\,\mathrm{m/s^2}$이다. 그리고 사용되는 독립변수는 시간 t이다. 위 식을 정리하면

$$my'' + ky = mg \tag{3.50}$$

이고, 이 식은 2계 비동차 선형 미분방정식이다.

이제 기준점을 [그림 3-1(a)]의 오른쪽 그림과 같이 스프링과 질량이 평형을 이룬 지점으로 잡고 변위를 측정하는 경우(변위 x)와 식 (3.50)의 시스템을 비교해보자. [그림 3-1(a)]에서 보는 바와 같이, 변위 x와 y 사이에는 $y = x + \delta$의 관계가 성립함을 알 수 있다. 여기서 δ는 스프링이 질량에 의해 늘어난 길이이다. 따라서 $y = x + \delta$를 식 (3.50)에 대입하면

$$\begin{aligned} m(x+\delta)'' + k(x+\delta) &= mg \\ mx'' + kx + k\delta &= mg \end{aligned}$$

가 된다. 그런데 $k\delta = mg$ 관계가 성립하므로 위 식은

$$mx'' + kx = 0 \tag{3.51}$$

이 된다. 식 (3.51)은 2계 동차 선형 미분방정식이며, 우변의 항이 0으로 입력이 가해지지 않은 경우이다. 이러한 운동을 **자유진동**free vibration이라 하고, 만약 입력이 가해진다면 **강제진동**forced vibration이라 한다. 식 (3.50)과 식 (3.51)로부터 알 수 있듯이, 어느 지점을 기준으로 하여 변위를 측정하느냐에 따라 모델링

식이 다르게 나타난다. 식 (3.51)이 식 (3.50)에 비해 간단하므로 질량체가 중력장 내에서 스프링과 연결되어 있는 시스템일 경우, 질량체와 스프링이 평형을 이룬 지점을 기준점으로 설정하여 변위를 측정([그림 3-1(a)]의 오른쪽 그림)하면 중력항을 고려하지 않아도 되는 장점이 있다.

9 **댐퍼**
유체(fluid)의 점성 또는 마찰 저항을 이용하여 충격이나 진동을 약하게 하는 장치로서 유체의 유동 속도에 비례하는 감쇠력을 발생시킨다.
$F = bx'$

식 (3.51)은 **댐퍼**damper 9를 고려하지 않은 **비감쇠 시스템**undamped system이며, **단순조화운동**simple harmonic motion을 하는 시스템이다. 이러한 시스템들은 고유의 진동수를 갖는다. 위 식에서

$$\omega_n^2 = \frac{k}{m} \tag{3.52}$$

라 놓을 수 있으며, 여기서 ω_n은 1초당 라디안(rad/s)으로 표시하는 **비감쇠 고유진동수**undamped natural frequency이다. 만약 고유진동수가 1초당 사이클 수(cycle/s, Hz)로 측정되면 이는 **고유주파수**가 되고, 기호 f_n으로 나타내기로 한다. 고유진동수와 고유주파수 사이에는 다음 관계가 성립한다.

$$\omega_n = 2\pi f_n = \sqrt{\frac{k}{m}}\ \text{rad/s} \tag{3.53}$$

또한 시스템이 일정한 주기 T로 진동하게 되는데, 고유진동수와 고유주파수, 주기 사이에는 다음 관계가 성립한다.

$$\omega_n = \frac{2\pi}{T} = 2\pi f_n \tag{3.54}$$

이때 식 (3.54)를 보면 주기는 고유주파수의 역수임을 알 수 있다.

한편, 비감쇠 시스템의 식 (3.51)을 고유진동수의 항으로 나타내면

$$x'' + \omega_n^2 x = 0 \tag{3.55}$$

이다. 이때 식 (3.55)는 2계 동차 선형 미분방정식이고, 미분방정식의 특성값이 $\lambda_{1,\,2} = \pm\,\omega_n i$ 이므로 일반해는 다음과 같다.

$$x(t) = c_1 \cos \omega_n t + c_2 \sin \omega_n t \tag{3.56}$$

식 (3.56)을 비감쇠운동 또는 단순조화운동이라 한다. 식 (3.56)은 삼각함수의 합성공식을 사용하여 다음과 같이 표현할 수도 있다.

$$x(t) = A\cos(\omega_n t - \phi)^{10} \tag{3.57}$$

10 $\cos(\alpha-\beta) = \cos\alpha\cos\beta + \sin\alpha\sin\beta$

여기서 $A = \sqrt{c_1^2 + c_2^2}$ 으로, 이를 **진폭** amplitude 이라 하며, $\phi = \tan^{-1}\left(\frac{c_2}{c_1}\right)$ 로, 이를 **위상각** phase angle 이라 한다.

이제 단순조화운동에서 초깃값이 주어지는 경우를 살펴보자. $x(0) = 0.6$, $x'(0) = 0.5$, $\omega_n = 1$로 주어진다면, 식 (3.56)으로부터 c_1과 c_2가 다음과 같이 결정된다.

$$x(0) = c_1\cos(0) + c_2\sin(0) = c_1 = 0.6$$
$$x'(t) = -c_1\sin(0) + c_2\cos(0) = c_2 = 0.5$$

따라서 식 (3.56)은 다음과 같이 된다.

$$x(t) = 0.6\cos t + 0.5\sin t \tag{3.58}$$

식 (3.58)의 운동을 그래프로 나타내보자. 컴퓨터 시뮬레이션을 위해 MATLAB을 사용하여 다음과 같이 코드를 작성할 수 있다.

Command Window

```
t=0:0.2:15; [1]                 % 시간 영역 설정
x=0.6*cos(t)+0.5*sin(t);        % x 계산
plot(t,x) [2]                   % 그래프 그리기
axis([0 15 -0.8 0.8])           % x-y축 한계 설정
xlabel('t (sec)')               % x축 라벨링
ylabel('x(t)')                  % y축 라벨링
```

MATLAB TIP!

1 't=a:b:c' : 벡터 생성
- 'a' : 시작값
- 'b' : 증가분
- 'c' : 최종값

2 'plot' 명령어를 사용하여 그래프를 그릴 수 있다.

시뮬레이션 결과는 [그림 3-2]와 같다.

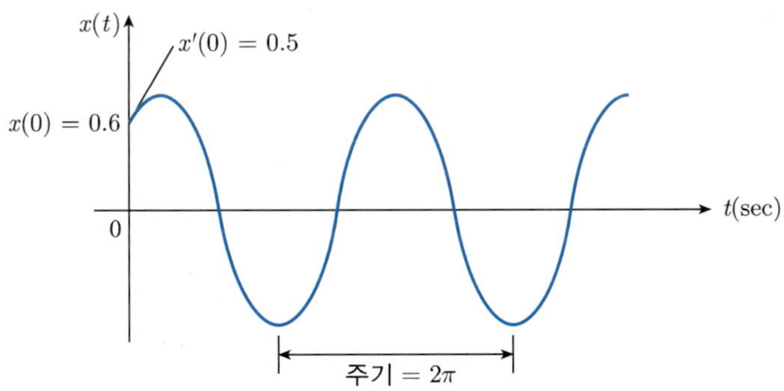

[그림 3-2] 비감쇠 자유진동

[그림 3-2]에 초깃값 $x(0)=0.6$과 $x'(0)=0.5$가 반영되었으며, 다음과 같이 주기 T와 진폭 A의 이론적인 계산값을 그림을 통해 확인할 수 있다.

$$T=\frac{2\pi}{\omega_n}=2\pi \text{ sec}$$

$$A=\sqrt{c_1^2+c_2^2}=\sqrt{0.6^2+0.5^2}=0.78$$

응용 2 : 강제진동 질량-스프링 시스템

이제는 지금까지 설명한 자유진동과는 다른 시스템을 살펴보자. [그림 3-3(a)]는 외부에서 시스템에 입력이 가해지고 있는 강제진동 시스템과 그 시스템의 자유물체도를 나타낸 것이다.

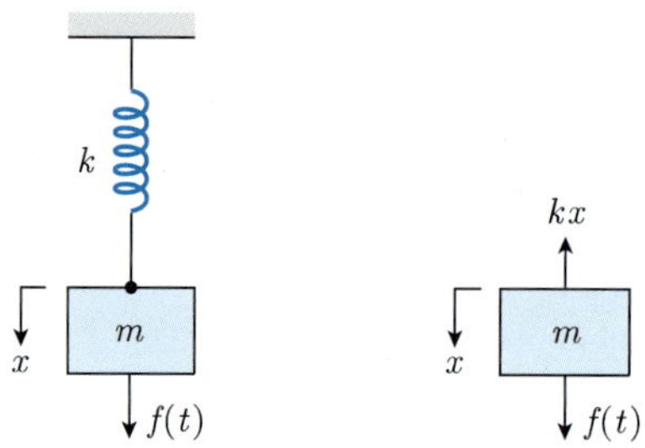

(a) 질량-스프링 시스템 (b) 자유물체도

[그림 3-3] **강제진동 질량-스프링 시스템**

[그림 3-3(b)]의 자유물체도를 사용하여 뉴턴의 제2법칙을 적용하면

$$mx''=f(t)-kx$$

이고, 위 식을 정리하면

$$mx''+kx=f(t) \tag{3.59}$$

이다. 여기서 $f(t)$는 외부에서 시스템에 가해지는 외력으로, 단위는 뉴턴(N)이다. 고유진동수를 사용하여 위 식을 다시 표현하면 다음과 같다.

$$x''+\omega_n^2x=\frac{f(t)}{m} \tag{3.60}$$

이제 식 (3.60)의 일반해를 구해보자. 먼저 동차 미분방정식의 보조해는 특성값이 $\lambda_{1,\,2}=\pm\omega_n i$ 이므로

$$x_c = c_1 \cos \omega_n t + c_2 \sin \omega_n t \tag{3.61}$$

이다. 그리고 외부로부터 가해지는 입력 $f(t)$가 일정한 주기 ω를 갖는 삼각함수 $f(t) = f_0 \cos \omega t$라 가정해보자. 식 (3.60)의 특수해는 미정계수법에 의해

$$x_p = A \cos \omega t + B \sin \omega t \tag{3.62}$$

로 놓을 수 있으므로, x_p를 미분하면

$$x_p{}' = -A\omega \sin \omega t + B\omega \cos \omega t$$

$$x_p{}'' = -A\omega^2 \cos \omega t - B\omega^2 \sin \omega t$$

가 된다. 따라서 x_p, $x_p{}''$, $f(t)$를 식 (3.60)에 대입하면

$$-A\omega^2 \cos \omega t - B\omega^2 \sin \omega t + \omega_n^2 (A \cos \omega t + B \sin \omega t) = \frac{f_0}{m} \cos \omega t$$

이고, 이를 정리하면

$$\left(A\omega_n^2 - A\omega^2 - \frac{f_0}{m}\right) \cos \omega t + (B\omega_n^2 - B\omega^2) \sin \omega t = 0$$

이므로, 위 식이 t에 관계없이 항상 성립하려면

$$A\omega_n^2 - A\omega^2 - \frac{f_0}{m} = 0$$

$$B\omega_n^2 - B\omega^2 = 0$$

이어야 한다. 이제 위 두 식을 연립하여 풀면

$$A = \frac{f_0}{m(\omega_n^2 - \omega^2)}, \quad B = 0$$

이므로, 식 (3.62)로부터 특수해는 다음과 같다.

$$x_p = \frac{f_0}{m(\omega_n^2 - \omega^2)} \cos \omega t \tag{3.63}$$

따라서 식 (3.60)의 일반해 x는 식 (3.61)과 식 (3.63)으로부터 다음과 같이 구할 수 있다.

$$x = c_1 \cos \omega_n t + c_2 \sin \omega_n t + \frac{f_0}{m(\omega_n^2 - \omega^2)} \cos \omega t \tag{3.64}$$

이제 초깃값이 주어지는 경우를 살펴보자. $x(0) = 1$, $x'(0) = -0.5$ 이고, 계산을 간단하게 하기 위해 $\omega_n = 1$, $\omega = 0.5$, $m = 1\text{kg}$, $f_0 = 1\text{N}$으로 가정하면, 식 (3.64)의 c_1과 c_2가 다음과 같이 결정된다.

$$x'(t) = -c_1 \omega_n \sin \omega_n t + c_2 \omega_n \cos \omega_n t - \frac{f_0 \omega}{m(\omega_n^2 - \omega^2)} \sin \omega t$$

이므로

$$x(0) = c_1 + \frac{1}{1-0.5^2} = 1 \qquad (c_1 = -\frac{1}{3})$$
$$x'(0) = c_2 \omega_n = -0.5 \qquad (c_2 = -0.5)$$

이다. 따라서 주어진 값과 얻어진 값을 식 (3.64)에 대입하면 방정식의 해는 다음과 같다.

$$x = -\frac{1}{3} \cos t - 0.5 \sin t + \frac{4}{3} \cos 0.5t \tag{3.65}$$

식 (3.65)의 운동을 그래프로 나타내보자. 컴퓨터로 시뮬레이션하기 위해 MATLAB을 사용하여 다음과 같이 코드를 작성할 수 있다.

Command Window

```
t=0:0.2:30;                                  % 시간 영역 설정
x=-1/3*cos(t)-0.5*sin(t)+4/3*cos(0.5*t);     % x 계산
plot(t,x)                                    % 그래프 그리기
xlabel('t (sec)')                            % x축 라벨링
ylabel('x(t)')                               % y축 라벨링
```

시뮬레이션 결과는 [그림 3-4]와 같다. [그림 3-4]에 초깃값 $x(0) = 1$과 $x'(0) = -0.5$ 가 반영되어 나타났다.

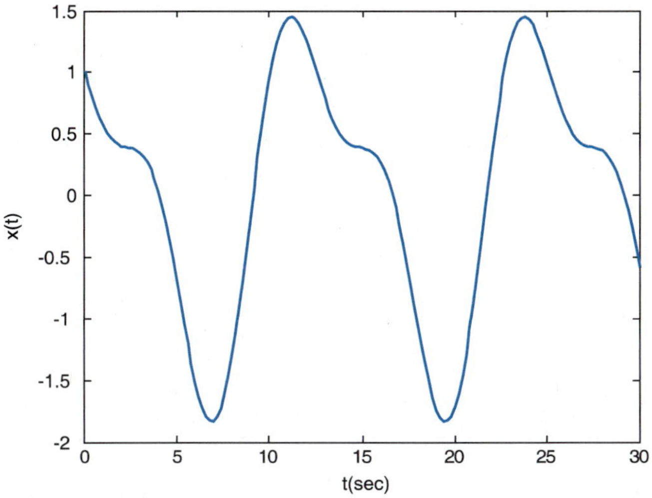

[그림 3-4] **비감쇠 강제진동 운동**

자유진동의 경우, 응답(또는 출력)은 시스템이 갖고 있는 고유진동수 ω_n에 의해 결정된다. 그러나 $f(t) = f_0 \cos \omega t$와 같이 주어지는 강제진동의 경우에는 시스템 고유진동수인 ω_n과 입력 $f(t)$에 포함되어 있는 진동수 ω를 조합한 결과로 응답이 결정됨을 알 수 있다.

만약 ω가 시스템 고유진동수 ω_n과 같은 경우에 대해 살펴보자. 식 (3.60)은 다음과 같이 다시 쓸 수 있다.

$$x'' + \omega_n^2 x = \frac{f_0}{m} \cos \omega_n t$$

이는 3.3절의 [예제 3-14]와 같이 입력함수가 보조해 중 하나와 같은 경우로, 미정계수법으로 풀 때 주의가 필요하다. 따라서 이 경우에는 특수해를

$$x_p = A t \cos \omega_n t + B t \sin \omega_n t$$

로 가정해야 한다. 그리고 동일한 방법으로 상수 A와 B를 구하여 미분방정식의 해를 구할 수 있다. 이 경우, $t \to \infty$이면 진폭이 $x(\infty) = \infty$가 되어 시스템이 파괴되는 경우가 발생된다. 이러한 현상을 **공진**resonance이라 한다. 따라서 진동시스템을 설계할 때 공진현상으로 인해 시스템이 파괴되지 않도록 신중을 기해야 한다.

응용 3 : LC 직렬 전기회로 시스템

질량–스프링 시스템 이외에 다른 여러 가지 물리적 시스템들도 식 (3.59)와 같은 강제 자유진동의 미분방정식과 유사하게 나타낼 수 있다. [그림 3–5]와 같은 LC 직렬 전기회로를 살펴보자. 회로 내에 흐르는 전류를 $i(t)$라 놓으면, 전류가 인덕터와 커패시터를 통과할 때 발생하는 전압강하는 2.1절에서 설명한 바[11]와 같으며, 키르히호프의 전압법칙을 사용하여 다음과 같은 관계식을 유도할 수 있다.

11
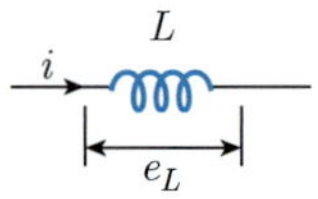

$$e_L = L\frac{di}{dt}$$

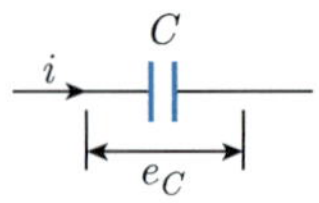

$$e_C = \frac{1}{C}\int i\,dt$$

$$L\frac{di}{dt} + \frac{1}{C}\int i\,dt = e(t)$$

그러나 커패시터의 전하량을 $q(t)$라 한다면 $i(t) = \frac{dq}{dt}$의 관계가 있으므로, 위 식은 다음과 같이 다시 쓸 수 있다.

$$L\frac{d^2q}{dt^2} + \frac{1}{C}q = e(t) \qquad (3.66)$$

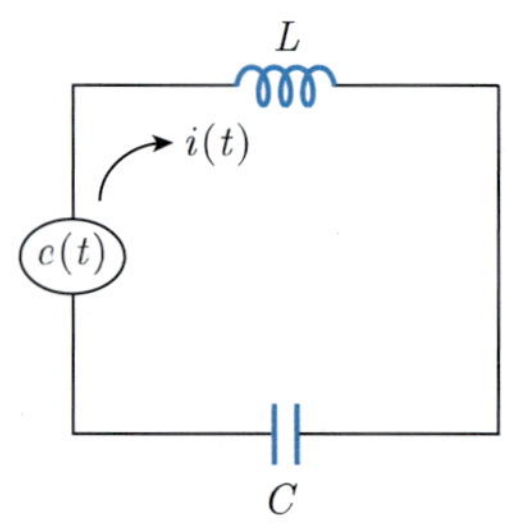

[그림 3–5] LC **직렬 전기회로**

식 (3.59)와 식 (3.66)을 비교해보면, 서로 다른 시스템을 수학적으로 모델링한 결과가 유사한 미분방정식으로 나타나는 것을 알 수 있다. 즉 식 (3.59)의 질량 m이 식 (3.66)의 인덕턴스 L과 대응되고, 식 (3.59)의 스프링 상수 k가 식 (3.66)의 커패시턴스의 역수 $\frac{1}{C}$과 대응되고, 또한 식 (3.59)의 외력 $f(t)$가 식 (3.66)의 입력전압 $e(t)$에 각각 대응된다. 이처럼 완전히 서로 다른 시스템이지만 유사한 수학적 모델링 식을 갖는 두 시스템을 **상사 시스템**이라 한다.

[그림 3–5]의 LC 직렬 전기회로 시스템도 앞서 설명한 강제진동의 질량–스프링 시스템과 같은 방법으로 문제를 풀 수 있으므로 풀이과정은 생략한다.

3.7.2 질량-댐퍼-스프링 시스템

응용 4 : 자유진동 질량-댐퍼-스프링 시스템

[그림 3-1]과 [그림 3-3]에서는 스프링과 질량에 어떠한 저항이나 마찰도 고려하지 않았다. 그러나 실제 시스템에는 저항이나 마찰 등이 존재한다. 따라서 이러한 요소들을 감쇠장치인 댐퍼를 사용하여 [그림 3-6]과 같이 나타낼 수 있다. 그러면 [그림 3-1(b)]의 자유물체도는 [그림 3-6(b)]와 같이 변경된다. 지금부터는 스프링과 질량이 평형을 이룬 위치를 기준점으로 삼아 변위를 측정하는 것으로 가정하자.

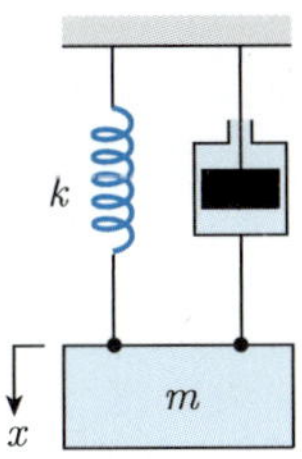

(a) 질량-댐퍼-스프링 시스템

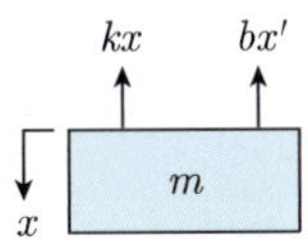

(b) 자유물체도

[그림 3-6] **자유진동 질량-댐퍼-스프링 시스템**

[그림 3-6(b)]의 자유물체도에 뉴턴의 제2법칙을 적용하면

$$mx'' = -bx' - kx$$

이므로, 위 식을 정리하면 다음과 같다.

$$mx'' + bx' + kx = 0 \tag{3.67}$$

이는 **감쇠 시스템** damping system 이며, 여기서 b는 **댐핑계수** damping coefficient 로 단위는 N·s/m 이다. 식 (3.67)의 특성방정식은

$$m\lambda^2 + b\lambda + k = 0$$

이고, 특성값은 다음과 같다.

$$\lambda_{1,\,2} = -\frac{b}{2m} \pm \frac{\sqrt{b^2 - 4mk}}{2m}$$

3.2절에서 설명한 바와 같이, 특성값에 따라 식 (3.67)의 일반해는 다음과 같이 유형이 달라진다.

- **유형 ❶ : 부족댐핑** underdamping, $b^2 - 4mk < 0$이면 λ가 복소수
- **유형 ❷ : 임계댐핑** critical damping, $b^2 - 4mk = 0$이면 λ가 실수 중복값
- **유형 ❸ : 과도댐핑** overdamping, $b^2 - 4mk > 0$이면 λ가 서로 다른 실수

임계댐핑 시에는 $b^2 - 4mk = 0$이므로 $b = 2\sqrt{km}$이다. 여기서 **댐핑비** damping ratio ζ를 다음과 같이 정의하면 편리하다.

$$\zeta = \frac{\text{댐핑계수}}{\text{임계댐핑 시 댐핑계수}} = \frac{b}{2\sqrt{km}} \tag{3.68}$$

12 $\omega_n = \sqrt{\dfrac{k}{m}}$

ζ와 ω_n[12]을 사용하여 식 (3.67)을 다시 쓰면 다음과 같다.

$$x'' + \frac{b}{m}x' + \frac{k}{m}x = 0$$

$$x'' + 2\zeta\omega_n x' + \omega_n^2 x = 0 \tag{3.69}$$

마찬가지로 특성방정식과 특성값도 ζ를 사용하여 다음과 같이 나타낼 수 있다.

$$\lambda^2 + 2\zeta\omega_n\lambda + \omega_n^2 = 0 \tag{3.70}$$

$$\lambda_{1,\,2} = -\zeta\omega_n \pm \omega_n\sqrt{\zeta^2 - 1} \tag{3.71}$$

따라서 위의 유형을 댐핑비 ζ를 기준으로 다음과 같이 쓸 수도 있다.

- **유형 ❶** : 부족댐핑, $0 < \zeta < 1$인 경우
- **유형 ❷** : 임계댐핑, $\zeta = 1$인 경우
- **유형 ❸** : 과도댐핑, $\zeta > 1$인 경우

이제 식 (3.69)를 사용하여 각각의 유형에 대한 해를 조사해보자.

■ 유형 ❶ : 부족댐핑($0 < \zeta < 1$)

이 경우 일반해는 식 (3.14)에 의해

$$x = e^{\alpha t}(c_1\cos\beta t + c_2\sin\beta t)$$

이므로, $\alpha = -\zeta\omega_n$, $\beta = \omega_n\sqrt{1-\zeta^2}$을 대입하여 다시 쓰면

$$x = e^{-\zeta\omega_n t}\left(c_1\cos\omega_n\sqrt{1-\zeta^2}\,t + c_2\sin\omega_n\sqrt{1-\zeta^2}\,t\right) \tag{3.72}$$

가 된다. 참고로 $\omega_d = \omega_n\sqrt{1-\zeta^2}$ 을 일반적으로 **감쇠고유진동수** damped natural frequency 라고 한다.

이제 초깃값이 주어지는 경우를 살펴보자. 예를 들어 $x(0)=1$, $x'(0)=0$, $\omega_n = 1$로 주어지고, 초깃값들을 식 (3.72)에 대입하면 상수 c_1은

$$x(0) = c_1\cos 0 + c_2\sin 0 = c_1 = 1$$

이고

$$\begin{aligned} x'(t) &= e^{-\zeta t}\left(-c_1\sqrt{1-\zeta^2}\sin\sqrt{1-\zeta^2}\,t + c_2\sqrt{1-\zeta^2}\cos\sqrt{1-\zeta^2}\,t\right) \\ &\quad -\zeta e^{-\zeta t}\left[c_1\cos\sqrt{1-\zeta^2}\,t + c_2\sin\sqrt{1-\zeta^2}\,t\right] \end{aligned}$$

이므로, c_2는 다음과 같이 결정된다.

$$x'(0) = c_2\sqrt{1-\zeta^2} - c_1\zeta = 0$$
$$c_2 = \frac{\zeta}{\sqrt{1-\zeta^2}}$$

따라서 식 (3.72)는 다음과 같이 된다.

$$x = e^{-\zeta t}\left[\cos\sqrt{1-\zeta^2}\,t + \frac{\zeta}{\sqrt{1-\zeta^2}}\sin\sqrt{1-\zeta^2}\,t\right] \qquad (3.73)$$

식 (3.73)의 운동을 그래프로 나타내보자. 컴퓨터로 시뮬레이션하기 위해 MATLAB을 사용하여 다음과 같이 코드를 작성할 수 있다.

Command Window

```
t=0:0.2:15;                                        % 시간 영역 설정
for jj=1:5 ❶                                       % 반복 명령 수행 시작
  zeta=0.1*jj;
  a=sqrt(1-zeta^2);
  x=exp(-zeta*t).*(1*cos(a*t)+1*zeta*sin(a*t)/a);  % x 계산
  plot(t,x)                                        % 그래프 그리기
  hold on ❷                                        % 한 화면에 그래프 모아 그리기
end                                                % 반복 명령 수행 끝
axis([0 15 -1 1])                                  % x-y축 한계 설정
xlabel('t  (sec)')                                 % x축 라벨링
ylabel('x(t)')                                     % y축 라벨링
```

MATLAB TIP!

❶ 'for' : 반복계산을 한다.

```
for j=1:n
  문장
end
```

❷ 'hold on' : 한 화면에 여러 개의 그래프를 동시에 그린다.

시뮬레이션 결과는 [그림 3-7]과 같다. 다양한 댐핑비 ζ에 따른 x의 변화를 살펴보기 위해 $\zeta = 0.1 \sim 0.5$ 범위로 그래프를 도시하였다.

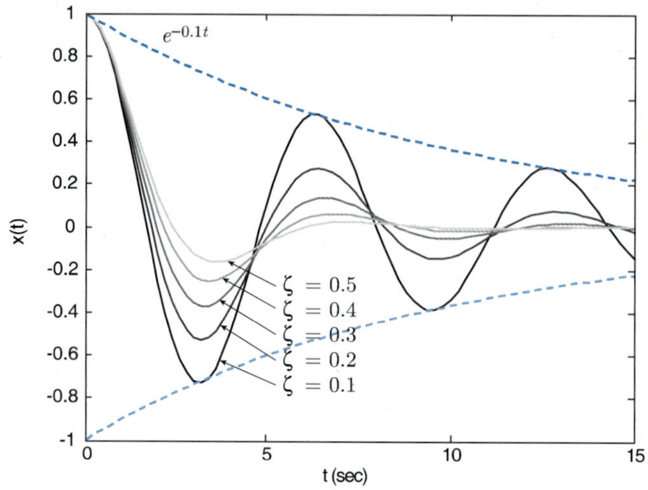

[그림 3-7] **부족댐핑**

[그림 3-7]에는 초깃값 $x(0) = 1$과 $x'(0) = 0$이 반영되어 나타나 있고, 댐핑비가 클수록 시간에 따라 진폭이 크게 감소하는 것을 알 수 있다.

■ **유형 ❷ : 임계댐핑($\zeta = 1$)**

이 경우 일반해는 식 (3.12)에 의해 다음과 같다.

$$x = (c_1 + c_2 t)e^{-\frac{b}{2a}t} = (c_1 + c_2 t)e^{-\zeta\omega_n t} = (c_1 + c_2 t)e^{-\omega_n t} \quad (3.74)$$

이제 초깃값이 주어지는 경우를 살펴보자. 예를 들어 $x(0) = 1$, $x'(0) = 0$, $\omega_n = 1$로 주어진다면, 식 (3.74)의 상수 c_1은

$$x(0) = c_1 = 1$$

이고

$$x'(t) = (c_1 + c_2 t)(-1)e^{-t} + c_2 e^{-t}$$
$$x'(0) = c_1(-1) + c_2 = 0$$

이므로, $c_2 = 1$ 이다. 따라서 식 (3.74)는 다음과 같이 된다.

$$x = (1 + t)e^{-t} \quad (3.75)$$

식 (3.75)의 운동을 그래프로 나타내보자. 컴퓨터 시뮬레이션을 위해 MATLAB을 사용하여 다음과 같이 코드를 작성할 수 있다.

Command Window

```
t=0:0.2:15;                     % 시간 영역 설정
x=exp(-t).*(1+t);               % x 계산
plot(t,x)                       % 그래프 그리기
axis([0 15 -0.2 1])             % x-y축 한계 설정
xlabel('t (sec)')               % x축 라벨링
ylabel('x(t)')                  % y축 라벨링
```

시뮬레이션 결과는 [그림 3-8]과 같다.

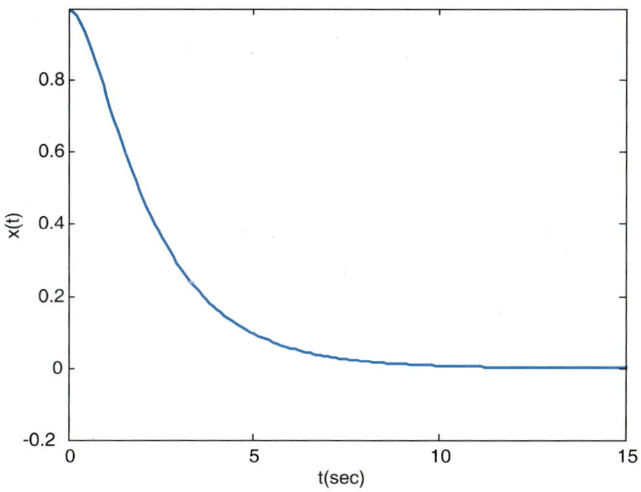

[그림 3-8] 임계댐핑

[그림 3-8]에도 초깃값 $x(0)=1$과 $x'(0)=0$이 반영되어 나타나 있다. 또한 $\zeta=1$인 경우이므로 진동이 전혀 일어나지 않음을 확인할 수 있다. 그러나 이 경우는 진동이 발생하는 경계이므로, 댐핑계수 ζ를 약간만 줄이면 다시 진동이 발생하기 시작한다.

■ **유형 ❸ : 과도댐핑($\zeta > 1$)**

이 경우 일반해는 식 (3.11)에 의해

$$x = c_1 e^{\lambda_1 t} + c_2 e^{\lambda_2 t}$$

이므로, 식 (3.71)의 특성값들을 위 식에 대입하면

$$x = c_1 e^{-\zeta\omega_n t + \omega_n\sqrt{\zeta^2-1}\,t} + c_2 e^{-\zeta\omega_n t - \omega_n\sqrt{\zeta^2-1}\,t}$$

이고, 이를 다시 쓰면 다음과 같다.

$$x = e^{-\zeta\omega_n t}\left(c_1 e^{\omega_n\sqrt{\zeta^2-1}\,t} + c_2 e^{-\omega_n\sqrt{\zeta^2-1}\,t}\right) \qquad (3.76)$$

마찬가지로 초깃값이 주어지는 경우를 살펴보자. 예를 들어 $x(0)=1$, $x'(0)=0$, $\omega_n=1$, $\zeta=1.2$로 주어지고, 초깃값들을 식 (3.76)에 대입하면

$$x(0) = c_1 + c_2 = 1 \qquad (3.77)$$

이다. 또한

$$x'(t) = e^{-\zeta\omega_n t}\left(c_1\omega_n\sqrt{\zeta^2-1}\,e^{\omega_n\sqrt{\zeta^2-1}\,t} - c_2\omega_n\sqrt{\zeta^2-1}\,e^{-\omega_n\sqrt{\zeta^2-1}\,t}\right)$$
$$-\zeta\omega_n e^{-\zeta\omega_n t}\left(c_1 e^{\omega_n\sqrt{\zeta^2-1}\,t} + c_2 e^{-\omega_n\sqrt{\zeta^2-1}\,t}\right)$$

이므로

$$x'(0) = c_1\omega_n\sqrt{\zeta^2-1} - c_2\omega_n\sqrt{\zeta^2-1} - \zeta\omega_n(c_1+c_2) = 0$$

이다. 이를 정리하면

$$c_1\left(\omega_n\sqrt{\zeta^2-1} - \zeta\omega_n\right) - c_2\left(\omega_n\sqrt{\zeta^2-1} + \zeta\omega_n\right) = 0$$

이다. 주어진 $\omega_n=1$, $\zeta=1.2$를 위 식에 대입하면

$$c_1\left(\sqrt{1.2^2-1} - 1.2\right) - c_2\left(\sqrt{1.2^2-1} + 1.2\right) = 0 \qquad (3.78)$$

이다. 따라서 식 (3.77)과 식 (3.78)을 연립하여 풀면 c_1과 c_2를 구할 수 있다.

$$c_1 = 1.4045,\ c_2 = -0.4045$$

따라서 식 (3.76)은 다음과 같이 된다.

$$x = e^{-1.2t}\left(1.4045e^{\sqrt{1.2^2-1}\,t} - 0.4045e^{-\sqrt{1.2^2-1}\,t}\right) \qquad (3.79)$$

이제 식 (3.79)의 운동을 그래프로 나타내보자. 컴퓨터로 시뮬레이션하기 위해 MATLAB을 사용하여 다음과 같이 코드를 작성할 수 있다.

```
t=0:0.2:15;                                  % 시간 영역 설정
x1=1.4045*exp(sqrt(1.2^2-1)*t); 1
x2=-0.4045*exp(-(sqrt(1.2^2-1)*t));
x=exp(-1.2*t).*(x1+x2);                      % x 계산
plot(t,x)                                    % 그래프 그리기
axis([0 15 -0.2 1])                          % x-y축 한계 설정
xlabel('t(sec)')                             % x축 라벨링
ylabel('x(t)')                               % y축 라벨링
```

MATLAB TIP!

1 'sqrt' : 제곱근을 계산한다.

시뮬레이션 결과는 [그림 3-9]와 같다.

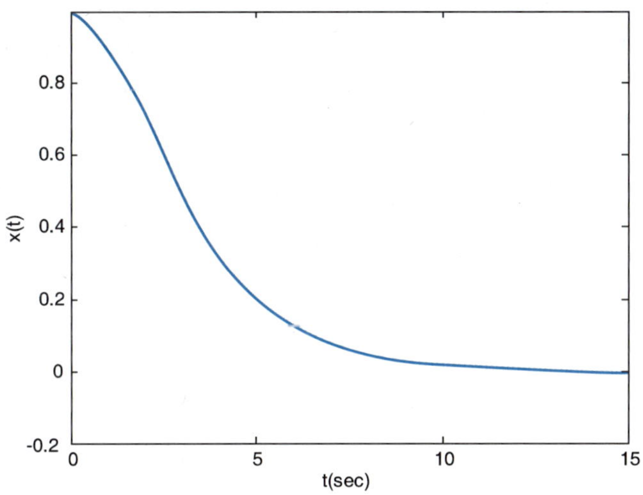

[그림 3-9] 과도댐핑

[그림 3-9]에도 초깃값 $x(0)=1$과 $x'(0)=0$이 반영되어 나타나 있다. 이 경우는 전혀 진동이 일어나지 않으나 **응답**response이 느리게 나타난다.

지금까지 특성방정식 (3.70)의 특성값 유형에 따라 선택되는 각각의 시스템에 대한 응답을 MATLAB을 사용하여 시뮬레이션했다. 각각의 결과를 비교해볼 수 있게 앞서 도시한 [그림 3-7]~[그림 3-9]를 그래프 하나에 다시 나타냈다. [그림 3-7]에서는 $\zeta=0.5$의 그래프를 사용했다.

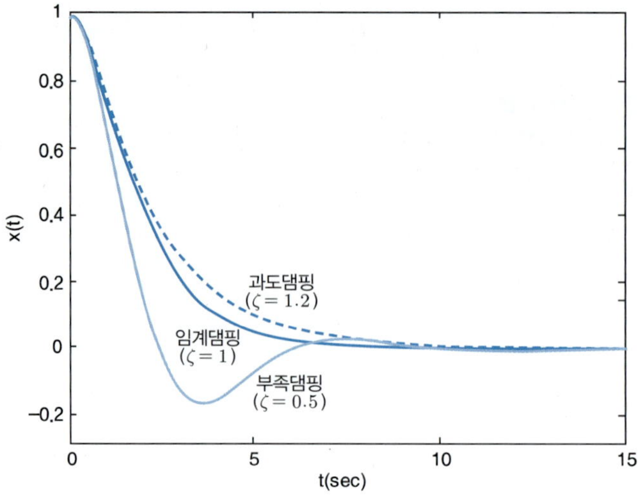

[그림 3-10] **댐핑 시스템의 전형적인 응답**

[그림 3-10]을 보면 부족댐핑($0 < \zeta < 1$)은 진동하지만 응답이 빠르고, 과도댐핑($\zeta > 1$)은 진동은 전혀 없지만 응답이 느리다. 임계댐핑($\zeta = 1$)은 그 중간임을 알 수 있다.

응용 5 : 강제진동 질량-댐퍼-스프링 시스템

[그림 3-11(a)]는 외부로부터 시스템에 입력이 가해진 강제진동 질량-댐퍼-스프링 시스템을 나타내고, [그림 3-11(b)]는 그 시스템에 대한 자유물체도이다.

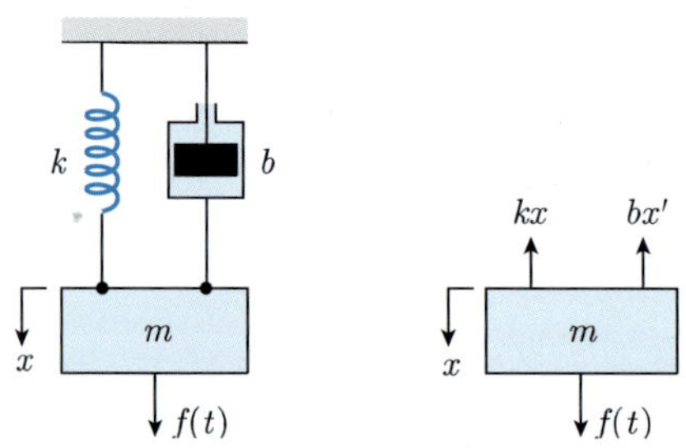

(a) 질량-댐퍼-스프링 시스템 (b) 자유물체도

[그림 3-11] **강제진동 질량-댐퍼-스프링 시스템**

[그림 3-11(b)]의 자유물체도에 뉴턴의 제2법칙을 적용하면

$$mx'' = f(t) - kx - bx'$$

이므로, 위 식을 정리하면 다음과 같다.

$$mx'' + bx' + kx = f(t) \tag{3.80}$$

따라서 2계 비동차 선형 미분방정식이 된다. 여기서 $f(t)$는 외부에서 시스템에 가해진 입력이다. 식 (3.80)을 댐핑비, 고유진동수의 항으로 다시 쓰면 다음과 같다.

$$x'' + 2\zeta\omega_n x' + \omega_n^2 x = \frac{f(t)}{m} \tag{3.81}$$

식 (3.81)의 동차 미분방정식의 특성방정식은 식 (3.70)과 같고, 특성방정식의 특성값은 식 (3.71)과 같으므로 식 (3.81)의 보조해는 다음과 같다.

$$x_c = e^{-\zeta\omega_n t}\left(c_1 e^{\omega_n\sqrt{\zeta^2-1}\,t} + c_2 e^{-\omega_n\sqrt{\zeta^2-1}\,t}\right) \tag{3.82}$$

여기에서는 자유진동처럼 댐핑비에 따라 해의 유형을 구분하지 않고 과도댐핑 하나의 식으로 나타냈다.

비동차 미분방정식 (3.81)의 특수해를 x_p라 놓으면 일반해는 $x = x_c + x_p$이다. 그러나 시간이 충분히 경과하면 x_c는 0이 된다. 왜냐하면 $t \to \infty$일 때 $e^{-\zeta\omega_n t} \to 0$이 되기 때문이다. 따라서 시간이 충분히 경과했을 때에는 일반해 x가 특수해 x_p와 같아지는 것을 알 수 있다. 이때 x_p를 **정상상태응답**steady state response이라 한다. 반면, 입력이 가해진 직후의 짧은 시간 동안에는 x_c가 반응을 나타내는데, 이러한 응답을 **과도응답**transient response이라 한다. 이러한 관계를 식으로 나타내면 다음과 같다.

$$\begin{aligned} x &= x_c(\text{보조해}) + x_p(\text{특수해}) \\ &= x_t(\text{과도응답}) + x_{ss}(\text{정상상태응답}) \end{aligned} \tag{3.83}$$

응용 6 : *LRC* 직렬 전기회로 시스템

[그림 3-12]와 같은 *LRC* 직렬 전기회로 시스템은 강제진동 질량-댐퍼-스프링과 상사 시스템이 된다. 회로 내에 흐르는 전류를 $i(t)$라 놓고, 회로에 키르히호프의 전압법칙을 적용하면

$$L\frac{di}{dt} + Ri + \frac{1}{C}\int i\,dt = e(t)$$

가 된다. 커패시터의 전하량 $q(t)$는 $i(t) = \dfrac{dq}{dt}$의 관계가 있으므로, 위 식은 다음과 같이 다시 쓸 수 있다.

$$L\frac{d^2q}{dt^2} + R\frac{dq}{dt} + \frac{1}{C}q = e(t) \tag{3.84}$$

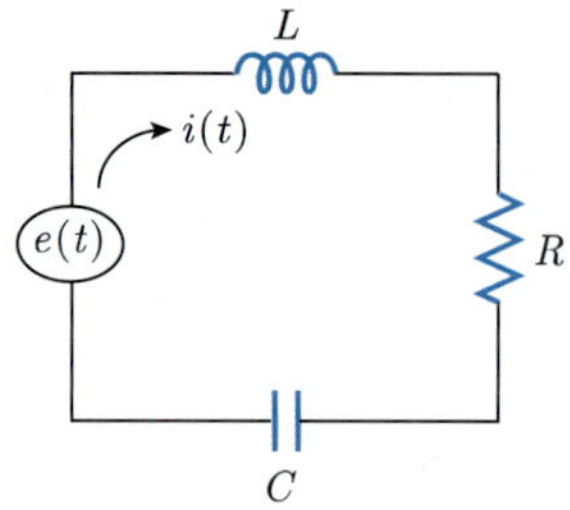

[그림 3-12] LRC 직렬 전기회로 시스템

식 (3.80)과 식 (3.84)를 비교해보면, 서로 다른 시스템을 수학적으로 모델링한 결과가 유사한 미분방정식으로 나타남을 알 수 있다. 따라서 [그림 3-11]과 [그림 3-12]는 서로 상사 시스템이다.

3.7.3 연립 미분방정식

물리적 시스템을 수학적으로 모델링하면 미지수들 사이에 서로 영향을 미치는 연립 미분방정식을 취하는 경우도 종종 있다. 여기서는 어떤 시스템들이 수학적으로 모델링했을 때 연립 미분방정식이 되는지를 살펴볼 것이다. 이들 연립 미분방정식의 풀이 과정은 3.6절에서 이미 설명하였으므로 여기서는 생략하기로 한다.

응용 7 : 액위 시스템

먼저 [그림 3-13]과 같은 **액위 시스템**liquid level system을 고려해보자. 입력관으로부터 q_i의 유량$(\mathrm{m}^3/\mathrm{s})$이 탱크에 유입되고 있고, 출력관을 통해 q_o의 유량이 탱크를 빠져나가고 있다. 이때 탱크의 물높이는 h 미터(m)이고, 탱크의 단면적은 C 제곱미터(m^2)이며, 물이 출구 쪽의 밸브를 빠져나갈 때 받는 저항은 R이다.

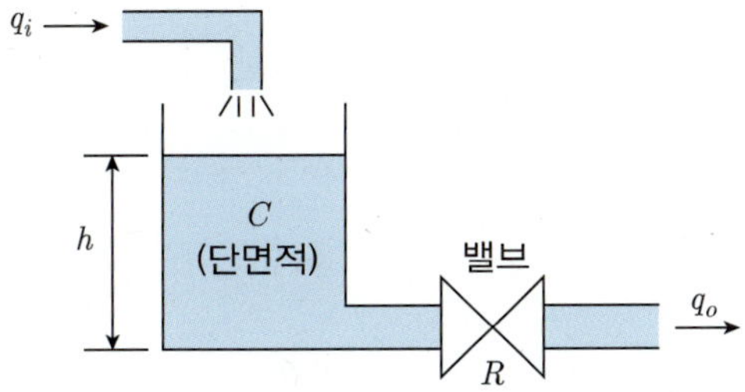

[그림 3-13] **액위 시스템 I**

시스템이 선형이라고 가정하면, 즉 유동이 **층류유동** laminar flow 이라면 저항 R은 밸브 양쪽의 물의 높이차에 비례하고, 밸브를 빠져나가는 유량 q_o에 반비례한다. 따라서 다음과 같은 관계식으로 나타낼 수 있다.

$$R = \frac{h}{q_o} \tag{3.85}$$

또한 짧은 시간동안 탱크 안에 저장된 유량은 다음 관계가 성립한다.

$$C\frac{dh}{dt} = q_i - q_o \tag{3.86}$$

따라서 식 (3.85)를 식 (3.86)에 대입하여 q_o를 소거하면

$$C\frac{dh}{dt} + \frac{h}{R} = q_i \tag{3.87}$$

이고, 식 (3.87)은 1계 비동차 선형 미분방정식이 된다.

이제 액위 시스템이 [그림 3-14]와 같이 주어진 경우를 살펴보자.

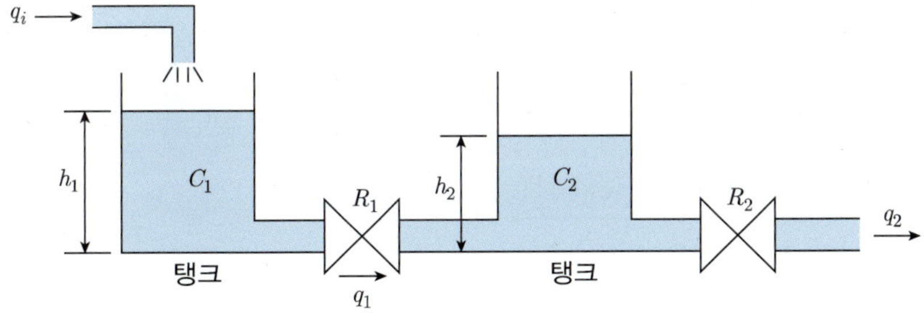

[그림 3-14] **액위 시스템 II**

이 시스템은 2개의 탱크가 중간밸브로 연결되어 있는 형태이다. 식 (3.85)와 식 (3.86)에 사용했던 식을 여기에도 적용해보면, 먼저 좌측 탱크로부터

$$C_1 \frac{dh_1}{dt} = q_i - q_1 \tag{3.88}$$

$$R_1 = \frac{h_1 - h_2}{q_1} \tag{3.89}$$

가 되고, 우측 탱크로부터

$$C_2 \frac{dh_2}{dt} = q_1 - q_2 \tag{3.90}$$

$$R_2 = \frac{h_2}{q_2} \tag{3.91}$$

가 된다. 식 (3.88) ~ 식 (3.91)로부터 q_1과 q_2를 소거하여 정리하면

$$C_1 \frac{dh_1}{dt} + \frac{1}{R_1} h_1 - \frac{1}{R_1} h_2 = q_i \tag{3.92}$$

$$C_2 \frac{dh_2}{dt} - \frac{1}{R_1} h_1 + \left(\frac{1}{R_1} + \frac{1}{R_2} \right) h_2 = 0 \tag{3.93}$$

이 얻어진다. 식 (3.92)와 식 (3.93)은 좌측 탱크와 우측 탱크의 물 높이 변화를 나타내는 1계 연립 미분방정식들이나.

응용 8 : RC 직렬 전기회로 시스템

[그림 3-15]의 전기시스템을 고려해보자.

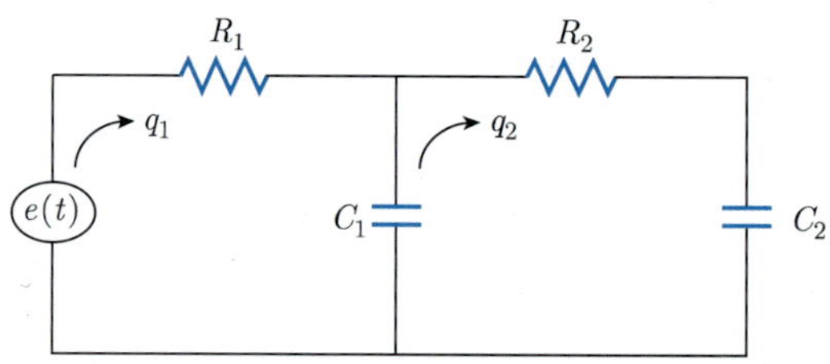

[그림 3-15] RC 직렬 전기회로 시스템

여기서 R_1과 R_2는 저항, C_1과 C_2는 커패시터, q_1과 q_2는 회로에 흐르는 전하량이다. 회로의 좌측 루프와 우측 루프에 각각 키르히호프 법칙을 적용하면

$$R_1 {q_1}' + \frac{1}{C_1}(q_1 - q_2) = e(t)$$

$$R_2 {q_2}' + \frac{1}{C_2} q_2 + \frac{1}{C_1}(q_2 - q_1) = 0$$

이 되고, 이를 정리하면

$$R_1 {q_1}' + \frac{1}{C_1} q_1 - \frac{1}{C_1} q_2 = e(t) \tag{3.94}$$

$$R_2 {q_2}' - \frac{1}{C_1} q_1 + \left(\frac{1}{C_1} + \frac{1}{C_2}\right) q_2 = 0 \tag{3.95}$$

이 된다. 식 (3.94)와 식 (3.95)는 전기회로에 흐르는 전하량들에 관한 1계 연립 미분방정식들이다.

식 (3.92)와 식 (3.93)을 식 (3.94)와 식 (3.95)와 비교해보면 알 수 있듯이, [그림 3-14]의 액위 시스템과 [그림 3-15]의 RC 직렬 전기회로 시스템은 서로 상사 시스템임을 알 수 있다.

응용 9 : 질량-댐퍼-스프링 시스템

[그림 3-16(a)]와 같이 주어진 질량-댐퍼-스프링 시스템을 고려해보자. [그림 3-16(a)]의 시스템에 대해 자유물체도를 그려보면 [그림 3-16(b)]와 같다.

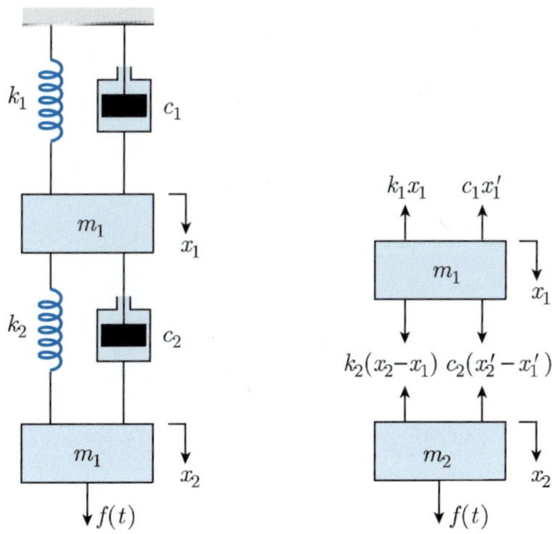

(a) 질량-댐퍼-스프링 시스템 (b) 자유물체도

[그림 3-16] 질량-댐퍼-스프링 시스템과 자유물체도

[그림 3-16(b)]의 자유물체도를 사용하여 뉴턴의 제2법칙을 적용해보면

$$m_1 x_1'' = -k_1 x_1 - c_1 x_1' + k_2(x_2 - x_1) + c_2(x_2' - x_1')$$
$$m_2 x_2'' = -k_2(x_2 - x_1) - c_2(x_2' - x_1') + f(t)$$

가 되고, 이를 정리하면

$$m_1 x_1'' + (c_1 + c_2)x_1' - c_2 x_2' + (k_1 + k_2)x_1 - k_2 x_2 = 0 \qquad (3.96)$$

$$m_2 x_2'' - c_2 x_1' + c_2 x_2' - k_2 x_1 + k_2 x_2 = f(t) \qquad (3.97)$$

이다. 여기서 식 (3.96)과 식 (3.97)은 2계 연립 미분방정식이다.

응용 10 : *LRC* 전기회로망

[그림 3-17]의 전기회로 시스템을 고려해보자.

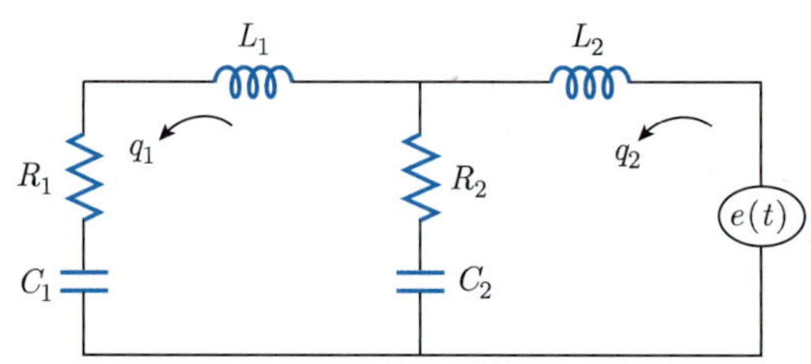

[그림 3-17] *LRC* 전기회로망

회로의 좌측 루프와 우측 루프에 각각 키르히호프 법칙을 적용하면

$$L_1 q_1'' + R_1 q_1' + \frac{1}{C_1} q_1 + R_2(q_1' - q_2') + \frac{1}{C_2}(q_1 - q_2) = 0$$

$$L_2 q_2'' + R_2(q_2' - q_1') + \frac{1}{C_2}(q_2 - q_1) = e(t)$$

가 되고, 이를 정리하면

$$L_1 q_1'' + (R_1 + R_2)q_1' - R_2 q_2' + \left(\frac{1}{C_1} + \frac{1}{C_2}\right)q_1 - \frac{1}{C_2} q_2 = 0 \qquad (3.98)$$

$$L_2 q_2'' - R_2 q_1' + R_2 q_2' - \frac{1}{C_2} q_1 + \frac{1}{C_2} q_2 = e(t) \qquad (3.99)$$

가 된다. 식 (3.98)과 식 (3.99) 역시 2계 연립 미분방정식이다. 그런데 식

(3.96), 식 (3.97)과 식 (3.98), 식 (3.99)를 비교해보면 알 수 있듯이, [그림 3-16]의 질량-댐퍼-스프링 시스템과 [그림 3-17]의 *LRC* 전기회로 시스템 역시 상사 시스템임을 알 수 있다.

그밖에도 다양한 형태의 연립 미분방정식들이 실제 시스템에 존재한다.

Chapter 03 연습문제

3.1 **(동차 미분방정식)** 다음 미분방정식의 일반해를 구하라.

(a) $\dfrac{d^2y}{dx^2} - y = 0$

(b) $\dfrac{d^2y}{dx^2} - 4y = 0$

(c) $\dfrac{d^2y}{dx^2} - \dfrac{dy}{dx} - 2y = 0$

(d) $\dfrac{d^2y}{dx^2} + 4\dfrac{dy}{dx} + 3y = 0$

(e) $\dfrac{d^2y}{dx^2} - \dfrac{dy}{dx} - 6y = 0$

(f) $\dfrac{d^2y}{dx^2} + 3\dfrac{dy}{dx} - 10y = 0$

(g) $\dfrac{d^2y}{dx^2} + 2\dfrac{dy}{dx} + y = 0$

(h) $\dfrac{d^2y}{dx^2} - 4\dfrac{dy}{dx} + 4y = 0$

(i) $\dfrac{d^2y}{dx^2} - 6\dfrac{dy}{dx} + 9y = 0$

(j) $\dfrac{d^2y}{dx^2} + 8\dfrac{dy}{dx} + 16y = 0$

(k) $\dfrac{d^2y}{dx^2} + 4y = 0$

(l) $\dfrac{d^2y}{dx^2} - 2\dfrac{dy}{dx} + 3y = 0$

(m) $\dfrac{d^2y}{dx^2} - 2\dfrac{dy}{dx} + 2y = 0$

(n) $\dfrac{d^2y}{dx^2} + 2\dfrac{dy}{dx} + 4y = 0$

(o) $\dfrac{d^2y}{dx^2} - 3\dfrac{dy}{dx} + 3y = 0$

(p) $\dfrac{d^2y}{dx^2} - \dfrac{dy}{dx} + 3y = 0$

3.2 **(동차 미분방정식의 초깃값 문제)** 다음 미분방정식의 해를 구하라.

(a) $\dfrac{d^2y}{dx^2} - 9y = 0 \qquad (y(0) = 1,\ y'(0) = 1)$

(b) $2\dfrac{d^2y}{dx^2} + \dfrac{dy}{dx} - y = 0 \qquad (y(0) = -1,\ y'(0) = 1)$

(c) $\dfrac{d^2y}{dx^2} - 2\dfrac{dy}{dx} - 8y = 0 \qquad (y(0) = -1,\ y'(0) = -1)$

(d) $3\dfrac{d^2y}{dx^2} + 3\dfrac{dy}{dx} - 6y = 0 \qquad (y(0) = 0,\ y'(0) = -1)$

(e) $\dfrac{d^2y}{dx^2} - 4\dfrac{dy}{dx} + 4y = 0 \qquad (y(0) = 2,\ y'(0) = 0)$

(f) $\dfrac{d^2y}{dx^2} + 2\dfrac{dy}{dx} + 3y = 0 \qquad (y(0) = 1,\ y'(0) = 1)$

(g) $\dfrac{d^2y}{dx^2} - 2\dfrac{dy}{dx} + 5y = 0 \qquad (y(0) = 2,\ y'(0) = -2)$

(h) $\dfrac{d^2y}{dx^2} - \dfrac{dy}{dx} + 4y = 0 \qquad (y(0) = -2,\ y'(0) = 1)$

3.3 (비동차 미분방정식) 미정계수법을 사용하여 다음 미분방정식의 일반해를 구하라.

(a) $\frac{d^2y}{dx^2} - \frac{dy}{dx} - 6y = e^{-x}$

(b) $\frac{d^2y}{dx^2} - 6\frac{dy}{dx} + 9y = x^2$

(c) $\frac{d^2y}{dx^2} - 9y = \cos x$

(d) $\frac{d^2y}{dx^2} + 2\frac{dy}{dx} - 3y = 2\sin x$

(e) $\frac{d^2y}{dx^2} + 3\frac{dy}{dx} + 2y = 2x + e^x$

(f) $\frac{d^2y}{dx^2} - y = e^{2x}\cos x$

(g) $\frac{d^2y}{dx^2} - y = e^x$

(h) $\frac{d^2y}{dx^2} - 4y = 2e^{2x}$

(i) $\frac{d^2y}{dx^2} + 4\frac{dy}{dx} + 4y = e^{-2x}$

(j) $\frac{d^2y}{dx^2} + 2\frac{dy}{dx} + y = 2e^{-x}$

3.4 (비동차 미분방정식의 초깃값 문제) 미정계수법을 사용하여 다음 미분방정식의 해를 구하라.

(a) $\frac{d^2y}{dx^2} + 3\frac{dy}{dx} - 4y = 2e^x \quad (y(0) = 0,\ y'(0) = -1)$

(b) $\frac{d^2y}{dx^2} + \frac{dy}{dx} - 6y = e^x \sin x \quad (y(0) = 1,\ y'(0) = -1)$

(c) $\frac{d^2y}{dx^2} - 4\frac{dy}{dx} + 3y = \cos x + e^{2x} \quad (y(0) = 1,\ y'(0) = 0)$

(d) $\frac{d^2y}{dx^2} + 5\frac{dy}{dx} + 4y = x + \cos x \quad (y(0) = 2,\ y'(0) = -1)$

(e) $\frac{d^2y}{dx^2} - 4\frac{dy}{dx} + 4y = 2x^2 + 2 \quad (y(0) = 1,\ y'(0) = -2)$

(f) $\frac{d^2y}{dx^2} - 6\frac{dy}{dx} + 9y = 2e^x + x - 2 \quad (y(0) = 1,\ y'(0) = 1)$

(g) $\frac{d^2y}{dx^2} - 9y = e^{3x} + \cos x \quad (y(0) = 1,\ y'(0) = 0)$

(h) $\frac{d^2y}{dx^2} - 2\frac{dy}{dx} + 2y = 2 \quad (y(0) = 1,\ y'(0) = 2)$

(i) $\frac{d^2y}{dx^2} - \frac{dy}{dx} - 2y = x \quad (y(0) = 0,\ y'(0) = 1)$

(j) $\frac{d^2y}{dx^2} - 2\frac{dy}{dx} - 3y = -1 \quad (y(0) = 1,\ y'(0) = 0)$

3.5 **(비동차 미분방정식)** 매개변수변환법을 사용하여 다음 미분방정식의 해를 구하라.

(a) $\frac{d^2y}{dx^2}-3\frac{dy}{dx}+2y=x+1$

(b) $\frac{d^2y}{dx^2}-2\frac{dy}{dx}+y=2e^x$

(c) $\frac{d^2y}{dx^2}+3\frac{dy}{dx}-4y=2e^x\cos x$

(d) $\frac{d^2y}{dx^2}-\frac{dy}{dx}-2y=2x^2-1$

(e) $\frac{d^2y}{dx^2}-4\frac{dy}{dx}+3y=\cos x+e^{2x}$

(f) $\frac{d^2y}{dx^2}+5\frac{dy}{dx}+4y=x+\cos x$

(g) $\frac{d^2y}{dx^2}-2\frac{dy}{dx}+y=2x$

(h) $\frac{d^2y}{dx^2}+6\frac{dy}{dx}+9y=xe^x-2$

(i) $\frac{d^2y}{dx^2}-4y=xe^{-x}+\sin x \quad (y(0)=1,\ y'(0)=0)$

(j) $\frac{d^2y}{dx^2}-2\frac{dy}{dx}+2y=\cos x+2x \quad (y(0)=1,\ y'(0)=1)$

3.6 **(코시-오일러 방정식)** 다음 미분방정식의 해를 구하라.

(a) $x^2\frac{d^2y}{dx^2}+4x\frac{dy}{dx}+2y=0$

(b) $2x^2\frac{d^2y}{dx^2}+5x\frac{dy}{dx}+y=0$

(c) $x^2\frac{d^2y}{dx^2}+5x\frac{dy}{dx}+4y=0$

(d) $x^2\frac{d^2y}{dx^2}+3x\frac{dy}{dx}+y=0$

(e) $x^2\frac{d^2y}{dx^2}+3x\frac{dy}{dx}+2y=0$

(f) $2x^2\frac{d^2y}{dx^2}+4x\frac{dy}{dx}+y=0$

3.7 **(고계 미분방정식)** 다음 미분방정식의 해를 구하라.

(a) $\frac{d^3y}{dx^3}+2\frac{d^2y}{dx^2}-\frac{dy}{dx}-2y=0$

(b) $\frac{d^3y}{dx^3}-2\frac{d^2y}{dx^2}-\frac{dy}{dx}+2y=0$

(c) $\frac{d^3y}{dx^3}+\frac{d^2y}{dx^2}-4\frac{dy}{dx}-4y=0$

(d) $\frac{d^3y}{dx^3}+2\frac{d^2y}{dx^2}-5\frac{dy}{dx}-6y=0$

(e) $2\frac{d^3y}{dx^3}+5\frac{d^2y}{dx^2}+\frac{dy}{dx}-2y=0$

(f) $\frac{d^3y}{dx^3}-3\frac{dy}{dx}+2y=0$

(g) $\frac{d^3y}{dx^3}-3\frac{dy}{dx}-2y=0$

(h) $\frac{d^3y}{dx^3}+3\frac{d^2y}{dx^2}-4y=0$

(i) $\frac{d^4y}{dx^4}-2\frac{d^3y}{dx^3}+2\frac{dy}{dx}-y=0$

(j) $\frac{d^4y}{dx^4}+\frac{d^3y}{dx^3}-3\frac{d^2y}{dx^2}-5\frac{dy}{dx}-2y=0$

(k) $\frac{d^3y}{dx^3}-\frac{d^2y}{dx^2}+2y=0$

(l) $\frac{d^3y}{dx^3}-\frac{d^2y}{dx^2}+\frac{dy}{dx}-y=0$

(m) $\dfrac{d^4y}{dx^4}+5\dfrac{d^2y}{dx^2}+4y=0$

(n) $\dfrac{d^4y}{dx^4}+8\dfrac{d^2y}{dx^2}+16y=0$

(o) $\dfrac{d^5y}{dx^5}-\dfrac{d^4y}{dx^4}+2\dfrac{d^3y}{dx^3}-2\dfrac{d^2y}{dx^2}+\dfrac{dy}{dx}-y=0$

3.8 (연립 미분방정식) 다음 미분방정식의 해를 구하라.

(a) $\dfrac{dx}{dt}=-3x+y\ ,\ \dfrac{dy}{dt}=x-3y$

(b) $\dfrac{dx}{dt}=x+3y,\ \dfrac{dy}{dy}=-x+5y$

(c) $\dfrac{dx}{dt}=y\ ,\ \dfrac{dy}{dt}=-x$

(d) $\dfrac{dx}{dt}=x+y\ ,\ \dfrac{dy}{dt}=y$

(e) $\dfrac{dx}{dt}=x-2y\ ,\ \dfrac{dy}{dt}=-2x+y$

(f) $\dfrac{dx}{dt}=x-y,\ \dfrac{dy}{dt}=x+y$

(g) $\dfrac{dx}{dt}=x+y\ ,\ \dfrac{dy}{dt}=-4y$

(h) $\dfrac{dx}{dt}=2x-\dfrac{1}{2}y,\ \dfrac{dy}{dt}=\dfrac{1}{2}x+y$

(i) $\dfrac{dx}{dt}=x+3y+t\ ,\ \dfrac{dy}{dt}=4x+2y+1$

(j) $\dfrac{dx}{dt}=-3x+2y+e^{-t},\ \dfrac{dy}{dt}=x-4y+2e^{-t}$

(k) $\dfrac{dx}{dt}=x+3y-t,\ \dfrac{dy}{dt}=-x+5y+t$

(l) $\dfrac{dx}{dt}=x-2y+\cos t,\ \dfrac{dy}{dt}=4x+7y+\sin t$

3.9 (연립 미분방정식의 초깃값 문제) 다음 미분방정식의 해를 구하라.

(a) $\dfrac{dx}{dt}=x+y\ ,\ \dfrac{dy}{dt}=4y\quad (x(0)=1,\ y(0)=0)$

(b) $\dfrac{dx}{dt}=2x-6y\ ,\ \dfrac{dy}{dt}=4x-8y\quad (x(0)=2,\ y(0)=1)$

(c) $\dfrac{dx}{dt}=y\ ,\ \dfrac{dy}{dt}=-x\quad (x(0)=-1,\ y(0)=-2)$

(d) $\dfrac{dx}{dt}=x+y\ ,\ \dfrac{dy}{dt}=y\quad (x(0)=1,\ y(0)=2)$

(e) $\dfrac{dx}{dt}=2x+4y\ ,\ \dfrac{dy}{dt}=3x+y\quad (x(0)=3,\ y(0)=-1)$

(f) $\dfrac{dx}{dt}=-5x+y\ ,\ \dfrac{dy}{dt}=-4x\quad (x(0)=-3,\ y(0)=0)$

(g) $\dfrac{dx}{dt}=x+y\ ,\ \dfrac{dy}{dt}=-4y\quad (x(0)=-2,\ y(0)=-2)$

(h) $\dfrac{dx}{dt}=3x+y\ ,\ \dfrac{dy}{dt}=-x+y\quad (x(0)=0,\ y(0)=2)$

(i) $\dfrac{dx}{dt}=-5x-4y+e^t\ ,\ \dfrac{dy}{dt}=4x+5y+2\quad (x(0)=1,\ y(0)=1)$

(j) $\dfrac{dx}{dt}=x-2y+2\ ,\ \dfrac{dy}{dt}=4x+7y+\cos t\quad (x(0)=0,\ y(0)=1)$

3.10 **응용** **(질량-스프링 시스템 : 자유진동)** [그림 3-1]과 같이 주어진 질량-스프링 시스템에서 질량 $m = 1\,\mathrm{kg}$, 스프링 상수 $k = 1\,\mathrm{N/m}$이다. 변위가 평형위치로부터 측정된다고 가정하고, 초깃값은 $x(0) = 0.2\,\mathrm{m}$, $x'(0) = 0\,\mathrm{m/s}$일 때, 질량 m이 움직이는 변위 $x(t)$를 구하라.

3.11 **응용** **(질량-스프링 시스템 : 강제진동)** [그림 3-3]과 같이 주어진 질량-스프링 시스템에서 질량 $m = 1\,\mathrm{kg}$, 스프링 상수 $k = 4\,\mathrm{N/m}$, 외력 $f(t) = \cos t$이고, 변위가 평형위치로부터 측정된다고 가정할 때, 질량 m이 움직이는 변위 $x(t)$를 구하라. 초깃값은 $x(0) = 0.1\,\mathrm{m}$, $x'(0) = 0.2\,\mathrm{m/s}$이다.

3.12 **응용** **(*LC* 전기회로)** 인덕턴스 $L = 1\,\mathrm{H}$, 커패시턴스 $C = 0.5\,\mathrm{F}$, 입력전압 $e(t) = 5\,\mathrm{V}$인 [그림 3-5]의 LC 전기회로에 대해, 초깃값들을 0으로 가정하고, 커패시턴스에 충전되는 전하량 $q(t)$를 구하라.

3.13 **응용** **(질량-댐퍼-스프링 시스템 : 부족댐핑)** [그림 3-6]과 같이 주어진 질량-댐퍼-스프링 시스템에서 질량 $m = 1\,\mathrm{kg}$, 댐핑계수 $b = 2\,\mathrm{N{-}s/m}$, 스프링 상수 $k = 2\,\mathrm{N/m}$이다. 변위가 평형위치로부터 측정된다고 가정하고, 초깃값은 $x(0) = 0.1\,\mathrm{m}$, $x'(0) = 0.2\,\mathrm{m/s}$일 때, 질량 m이 움직이는 변위 $x(t)$를 구하라.

3.14 **응용** **(질량-댐퍼-스프링 시스템 : 임계댐핑)** [그림 3-6]과 같이 주어진 질량-댐퍼-스프링 시스템에서 질량 $m = 1\,\mathrm{kg}$, 댐핑계수 $b = 4\,\mathrm{N{-}s/m}$, 스프링 상수 $k = 4\,\mathrm{N/m}$이다. 변위가 평형위치로부터 측정된다고 가정하고, 초깃값은 $x(0) = 0.2\,\mathrm{m}$, $x'(0) = 0.1\,\mathrm{m/s}$일 때, 질량 m이 움직이는 변위 $x(t)$를 구하라.

3.15 **응용** **(질량-댐퍼-스프링 시스템 : 과도댐핑)** [그림 3-6]과 같이 주어진 질량-댐퍼-스프링 시스템에서 질량 $m = 1\,\mathrm{kg}$, 댐핑계수 $b = 4\,\mathrm{N{-}s/m}$, 스프링 상수 $k = 3\,\mathrm{N/m}$이다. 변위가 평형위치로부터 측정된다고 가정하고, 초깃값은 $x(0) = 0.3\,\mathrm{m}$, $x'(0) = 0.1\,\mathrm{m/s}$일 때, 질량 m이 움직이는 변위 $x(t)$를 구하라.

3.16 **응용** **(*LRC* 전기회로)** [그림 3-12]로 주어진 LRC 전기회로에서 $L = 1\,\mathrm{H}$, $R = 2\,\Omega$, $C = 0.1\,\mathrm{F}$, 입력전압 $e(t) = 5\,\mathrm{V}$이고, 초깃값이 $q(0) = 0.3\,\mathrm{C}$, $q'(0) = 0.5\,\mathrm{C/s}$일 때, 커패시터의 충전 전하량 $q(t)$를 구하라.

Chapter

04

선형 미분방정식의 급수해

Series Solutions for Linear Differential Equations

학습목표

- 멱급수를 이해하고 멱급수를 이용하여 상수계수를 갖는 선형 미분방정식뿐만 아니라 변수계수를 갖는 미분방정식의 해를 구하는 방법을 이해할 수 있다.
- 멱급수에 의한 미분방정식의 해를 구하는 방법 중 프로베니우스 방법의 유형 ❶, 유형 ❷, 유형 ❸에 대해 학습하고, 르장드르 방정식에 의한 해법과 제1종 베셀함수와 제2종 베셀함수를 배울 수 있다.

4장의 MATLAB 명령어

2장과 3장에서는 상수계수를 갖는 미분방정식의 해를 구하는 문제에 대해 다루었다. 미분방정식의 계수가 상수가 아닌 변수가 되면 풀이과정이 매우 복잡하고 어렵기 때문에 그만큼 해를 구하기가 쉽지 않다. 변수계수를 갖는 미분방정식의 경우에는 3.4절에서 설명한 코시-오일러 방정식으로 풀 수 있지만, 이는 변수계수를 갖는 일반적인 미분방정식의 경우가 아니고 특정한 형태의 미분방정식에 국한하여 그 풀이가 가능하였다.

이 장에서는 더 일반적인 형태의 변수계수를 갖는 미분방정식의 해를 구하는 멱급수power series 해법에 대해 살펴보고자 한다.

4.1 멱급수 해법

멱급수 해법은 변수계수를 갖는 선형미분방정식의 해를 구하는 방법 중 하나이다. 무한급수를 이용하여 해를 구하기 때문에 풀이과정이 매우 길지만 변수계수를 갖는 미분방정식을 푸는 표준 방법이다.

멱급수는 다음과 같이 무한급수로 나타낼 수 있다.

$$\sum_{k=0}^{\infty} b_k (x-a)^k = b_0 + b_1(x-a) + b_2(x-a)^2 + \cdots \tag{4.1}$$

여기서 x는 변수이고, b_0, b_1, $\cdots$은 상수로서 이 **멱급수의 계수**coefficients of power series를 나타내고, a는 **멱급수의 중심**center of power series이다.

멱급수 중에서 가장 많이 사용되는 것이 **테일러**[1] **급수**Taylor series이고, 이는 다음과 같이 정의한다.

1 Brook Taylor(1685 ~ 1731) 영국 수학자로서 미분적분학의 발전에 기여했다.

$$\begin{aligned} f(x) &= \sum_{k=0}^{\infty} \frac{f^{(k)}(a)}{k!}(x-a)^k \\ &= f(a) + f'(a)(x-a) + \frac{f''(a)}{2!}(x-a)^2 + \cdots \end{aligned} \tag{4.2}$$

식 (4.2)에서 만약 $a=0$이면 이를 **매클로린**[2] **급수**Maclaurin series라고 한다. 주요 매클로린 급수의 예는 다음과 같다.

2 Colin Maclaurin (1698 ~ 1746) 스코틀랜드 수학자로서 미적분학·기하학·중력에 대한 아이작 뉴턴의 연구를 확장·발전시켰다.

$$\frac{1}{1-x} = \sum_{k=0}^{\infty} x^k = 1 + x + x^2 + \cdots \qquad (|x| < 1)$$

$$e^x = \sum_{k=0}^{\infty} \frac{x^k}{k!} = 1 + x + \frac{x^2}{2!} + \frac{x^3}{3!} + \cdots$$

$$\sin x = \sum_{k=0}^{\infty} \frac{(-1)^k x^{2k+1}}{(2k+1)!} = x - \frac{x^3}{3!} + \frac{x^5}{5!} - + \cdots$$

$$\cos x = \sum_{k=0}^{\infty} \frac{(-1)^k x^{2k}}{(2k)!} = 1 - \frac{x^2}{2!} + \frac{x^4}{4!} - + \cdots$$

$$\sinh x = \sum_{k=0}^{\infty} \frac{x^{2k+1}}{(2k+1)!} = x + \frac{x^3}{3!} + \frac{x^5}{5!} + \frac{x^7}{7!} + \cdots$$

$$\cosh x = \sum_{k=0}^{\infty} \frac{x^{2k}}{(2k)!} = 1 + \frac{x^2}{2!} + \frac{x^4}{4!} + \frac{x^6}{6!} + \cdots$$

멱급수 식 (4.1)은 $|x-a|<R$을 만족하는 범위 내에서 모든 x에 대해 **수렴한다**converge는 것을 쉽게 알 수 있다. 식 (4.1)이 수렴한다면 R을 **수렴반경**radius of convergence이라 하고, 다음과 같이 정의한다.

$$\frac{1}{R}=\lim_{k\to\infty}\frac{b_{k+1}}{b_k} \tag{4.3}$$

즉 식 (4.3)의 극한값이 존재하면 멱급수는 수렴하고, 수렴반경은 극한값의 역수가 된다. 한편, 수렴하지 않는 멱급수는 **발산한다**diverge고 한다.

예제 4-1 멱급수 수렴반경

다음 멱급수 $\sum_{k=0}^{\infty}(-1)^k x^k$의 수렴반경을 구하라.

풀이

수렴반경을 구하기 위해 식 (4.3)을 사용하면

$$\frac{1}{R}=\lim_{k\to\infty}\frac{b_{k+1}}{b_k}=\lim_{k\to\infty}\frac{(-1)^{k+1}}{(-1)^k}=\lim_{k\to\infty}\frac{(-1)^k(-1)^1}{(-1)^k}=-1$$

이므로 수렴반경 $R=-1$이다.

멱급수를 이용해서 미분방정식을 푸는 방법은 미정계수법과 비슷하다. 예를 들면, 변수계수를 갖는 미분방정식

$$y''+a(x)y'+b(x)y=0 \tag{4.4}$$

의 해를 다음과 같은 멱급수 형태로 나타낼 수 있다고 가정하자.

$$y=\sum_{k=0}^{\infty}b_k x^k=b_0+b_1x+b_2x^2+\cdots \tag{4.5}$$

그러면 다음과 같다.

$$y'=\sum_{k=1}^{\infty}kb_kx^{k-1}=b_1+2b_2x+3b_3x^2+\cdots \tag{4.6}$$

$$y''=\sum_{k=2}^{\infty}k(k-1)b_kx^{k-2}=2b_2+3\cdot2b_3x+4\cdot3b_4x^2+\cdots \tag{4.7}$$

식 (4.5) ~ 식 (4.7)을 주어진 미분방정식 식 (4.4)에 대입한 후, 관계식들을 사용하여 멱급수 해의 계수 b_0, b_1, b_2, $\cdots$을 정하면 된다.

먼저 간단한 1계 선형미분방정식의 해를 구하는 예제를 살펴보자.

예제 4-2 멱급수 해 구하기 : 상수계수를 갖는 1계 미분방정식

다음 1계 미분방정식의 일반해를 구하라.

$$y' - y = 0$$

풀이

미분방정식의 해가

$$y = \sum_{k=0}^{\infty} b_k x^k = b_0 + b_1 x + b_2 x^2 + \cdots$$

이라고 가정하면

$$y' = \sum_{k=1}^{\infty} k b_k x^{k-1} = b_1 + 2b_2 x + 3b_3 x^2 + \cdots$$

이다. 따라서 y와 y'을 주어진 미분방정식에 대입하면

$$(b_1 + 2b_2 x + 3b_3 x^2 + \cdots) - (b_0 + b_1 x + b_2 x^2 + \cdots) = 0$$

이 된다. 위 식의 좌변을 x에 관한 다항식으로 정리하면

$$(b_1 - b_0) + (2b_2 - b_1)x + (3b_3 - b_2)x^2 + \cdots = 0$$

이 되고, 이 식이 x에 관계없이 항상 성립하려면 모든 계수들이 0이 되어야 한다. 따라서

$$b_1 - b_0 = 0, \quad 2b_2 - b_1 = 0, \quad 3b_3 - b_2 = 0, \quad \cdots$$

의 관계를 얻을 수 있고, 이 방정식들을 풀면

$$\begin{aligned} b_1 &= b_0 \\ b_2 &= \frac{1}{2} b_1 = \frac{1}{2} b_0 = \frac{1}{2!} b_0 \\ b_3 &= \frac{1}{3} b_2 = \frac{1}{3 \cdot 2} b_0 = \frac{1}{3!} b_0 \\ &\vdots \end{aligned}$$

이 얻어진다. 그러므로 미분방정식의 해는 다음과 같이 나타낼 수 있다.

$$y = b_0 + b_0 x + \frac{b_0}{2!} x^2 + \frac{b_0}{3!} x^3 + \cdots = b_0 \left(1 + x + \frac{1}{2!} x^2 + \frac{1}{3!} x^3 + \cdots \right) = b_0 e^x$$

```
: 코딩
y=dsolve('Dy-y=0','x')                    % 일반해 구하기

: 결과
y = C*exp(x)                              % [예제 4-2]의 결과와 동일
```

유제 4-1 멱급수 해 구하기 : 상수계수를 갖는 1계 미분방정식

다음 1계 미분방정식의 일반해를 구하라.

$$y' - 2y = 0$$

정답 : $y = b_0 e^{2x}$

예제 4-3 멱급수 해 구하기 : 상수계수를 갖는 1계 미분방정식의 초깃값 문제

다음 초깃값 문제를 풀어라.

$$y' - y = x \qquad (y(0) = 1)$$

풀이

미분방정식의 해가

$$y = \sum_{k=0}^{\infty} b_k x^k = b_0 + b_1 x + b_2 x^2 + b_3 x^3 + b_4 x^4 + \cdots$$

이라고 가정하면

$$y' = \sum_{k=1}^{\infty} k b_k x^{k-1} = b_1 + 2b_2 x + 3b_3 x^2 + 4b_4 x^3 + \cdots$$

이다. 따라서 y와 y'을 주어진 미분방정식에 대입하면

$$(b_1 + 2b_2 x + 3b_3 x^2 + 4b_4 x^3 \cdots) - (b_0 + b_1 x + b_2 x^2 + b_3 x^3 + \cdots) = x$$

가 된다. 위 식의 좌변을 x에 관한 다항식으로 정리하면

$$(b_1 - b_0) + (2b_2 - b_1 - 1)x + (3b_3 - b_2)x^2 + (4b_4 - b_3)x^3 + \cdots = 0$$

이 되고, 이 식이 x에 관계없이 항상 성립하려면 모든 계수들이 0이 되어야 한다. 따라서

$$b_1 - b_0 = 0, \quad 2b_2 - b_1 = 1, \quad 3b_3 - b_2 = 0, \quad 4b_4 - b_3 = 0, \quad \cdots$$

의 관계를 얻을 수 있고, 이 방정식들을 풀면

$$b_1 = b_0,\quad b_2 = \frac{1+b_0}{2!},\quad b_3 = \frac{1+b_0}{3!},\quad b_4 = \frac{1+b_0}{4!},\quad \cdots$$

이 얻어진다. 그러므로 미분방정식의 해는 다음과 같이 나타낼 수 있다.

$$\begin{aligned} y &= \sum_{k=0}^{\infty} b_k x^k = b_0 + b_1 x + b_2 x^2 + b_3 x^3 + b_4 x^4 + \cdots \\ &= b_0 + b_0 x + \frac{1+b_0}{2!}x^2 + \frac{1+b_0}{3!}x^3 + \frac{1+b_0}{4!}x^4 + \cdots \\ &= b_0\left(1 + x + \frac{x^2}{2!} + \frac{x^3}{3!} + \frac{x^4}{4!} + \cdots\right) + \left(\frac{1}{2!}x^2 + \frac{1}{3!}x^3 + \frac{1}{4!}x^4 + \cdots\right) \\ &= b_0\left(1 + x + \frac{x^2}{2!} + \frac{x^3}{3!} + \frac{x^4}{4!} + \cdots\right) + \left(1 + x + \frac{1}{2!}x^2 + \frac{1}{3!}x^3 + \frac{1}{4!}x^4 + \cdots\right) - 1 - x \\ &= b_0 e^x + e^x - x - 1 = (b_0 + 1)e^x - x - 1 \end{aligned}$$

이제 $c = b_0 + 1$이라 놓으면 주어진 미분방정식의 일반해는

$$y = ce^x - x - 1$$

이 되고, 초깃값 $y(0) = 1$을 대입하면 $c = 2$이므로

$$y = 2e^x - x - 1$$

이 얻어진다.

Command Window

: 코딩

```
y=dsolve('Dy-y=x','y(0)=1','x')                % 일반해 구하기
```

: 결과

```
y = 2*exp(x)-x-1                               % [예제 4-3]의 결과와 동일
```

유제 4-2 멱급수 해 구하기 : 상수계수를 갖는 1계 미분방정식의 초깃값 문제

다음 1계 미분방정식의 해를 구하라.

$$y' - 2y = x \quad (y(0) = 0)$$

정답 : $y = \frac{1}{4}e^{2x} - \frac{1}{2}x - \frac{1}{4}$

앞의 두 예제는 멱급수를 이용하여 미분방정식의 해를 구하는 방법을 보여주기 위해 변수계수가 아닌 상수계수를 갖는 미분방정식을 사용했다. 이제 변수계수를 갖는 간단한 1계 미분방정식의 경우를 살펴보자.

예제 4-4 멱급수 해 구하기 : 변수계수를 갖는 1계 미분방정식

다음 변수계수를 갖는 1계 미분방정식을 풀어라.

$$y' - 2xy = 0$$

MATLAB 풀이

풀이

미분방정식의 해가

$$y = \sum_{k=0}^{\infty} b_k x^k = b_0 + b_1 x + b_2 x^2 + \cdots$$

이라고 가정하면

$$y' = \sum_{k=1}^{\infty} k b_k x^{k-1} = b_1 + 2b_2 x + 3b_3 x^2 + 4b_4 x^3 + \cdots$$

이므로 y와 y'을 주어진 미분방정식에 대입하면

$$(b_1 + 2b_2 x + 3b_3 x^2 + 4b_4 x^3 + \cdots) - 2x(b_0 + b_1 x + b_2 x^2 + \cdots) = 0$$

이다. 위 식의 좌변을 x에 관한 다항식으로 정리하면

$$b_1 + (2b_2 - 2b_0)x + (3b_3 - 2b_1)x^2 + (4b_4 - 2b_2)x^3 + \cdots = 0$$

이 되고, 이 식이 x에 관계없이 항상 성립하려면 모든 계수들이 0이어야 한다. 따라서

$$b_1 = 0, \quad 2b_2 - 2b_0 = 0, \quad 3b_3 - 2b_1 = 0, \quad 4b_4 - 2b_2 = 0, \quad \cdots$$

의 관계를 얻을 수 있고, 이 방정식들을 풀면 $b_1 = 0$이므로

$$b_3 = b_5 = b_7 = \cdots = 0$$

이다. 또한,

$$b_2 = b_0, \quad b_4 = \frac{1}{2} b_2 = \frac{1}{2!} b_0, \quad b_6 = \frac{1}{3} b_4 = \frac{1}{3!} b_0, \quad \cdots$$

이 계수들을 미분방정식의 해 y에 대입하면

$$\begin{aligned} y &= b_0 + b_1 x + b_2 x^2 + b_3 x^3 + \cdots \\ &= b_0 + b_0 x^2 + \frac{b_0}{2!} x^4 + \frac{b_0}{3!} x^6 + \cdots \\ &= b_0 \left(1 + x^2 + \frac{1}{2!} x^4 + \frac{1}{3!} x^6 + \cdots\right) \\ &= b_0 e^{x^2} \end{aligned}$$

이 주어진 미분방정식의 일반해가 된다. 이것은 변수분리하여 풀어도 같은 결과가 나온다.

유제 4-3 멱급수 해 구하기 : 변수계수를 갖는 1계 미분방정식

다음 변수계수를 갖는 1계 미분방정식을 풀어라.

$$y' + 2xy = 0$$

정답 : $y = b_0 e^{-x^2}$

다음으로 2계 미분방정식에 대해 살펴보자.

예제 4-5 멱급수 해 구하기 : 상수계수를 갖는 2계 미분방정식

다음 2계 선형미분방정식의 일반해를 구하라.

$$y'' - y = 0$$

MATLAB 풀이

풀이

미분방정식의 해가

$$y = \sum_{k=0}^{\infty} b_k x^k = b_0 + b_1 x + b_2 x^2 + \cdots$$

이라고 가정하면

$$y' = \sum_{k=1}^{\infty} k b_k x^{k-1} = b_1 + 2b_2 x + 3b_3 x^2 + \cdots$$

$$y'' = \sum_{k=2}^{\infty} k(k-1) b_k x^{k-2} = 2b_2 + 3 \cdot 2 b_3 x + 4 \cdot 3 b_4 x^2 + \cdots$$

이다. 따라서 y와 y''을 주어진 미분방정식에 대입하면

$$\left(2b_2 + 3 \cdot 2 b_3 x + 4 \cdot 3 b_4 x^2 + \cdots\right) - \left(b_0 + b_1 x + b_2 x^2 + \cdots\right) = 0$$

이 된다. 위 식의 좌변을 x에 관한 다항식으로 정리하면

$$(2b_2 - b_0) + (3 \cdot 2 b_3 - b_1)\, x + (4 \cdot 3 b_4 - b_2)\, x^2 + \cdots = 0$$

이 되고, 이 식이 x에 관계없이 항상 성립하려면 모든 계수들이 0이 되어야 한다. 따라서

$$\begin{gathered} 2b_2 - b_0 = 0 \\ 3 \cdot 2 b_3 - b_1 = 0 \\ 4 \cdot 3 b_4 - b_2 = 0 \\ \vdots \end{gathered}$$

의 관계를 얻을 수 있고, 이 방정식들을 풀면

$$b_2 = \frac{1}{2!}b_0, \quad b_4 = \frac{1}{4!}b_0, \quad \cdots$$

$$b_3 = \frac{1}{3!}b_1, \quad b_5 = \frac{1}{5!}b_1, \quad \cdots$$

이 얻어진다. 그러므로 미분방정식의 해는 다음과 같이 나타낼 수 있다.

$$y = \sum_{k=0}^{\infty} b_k x^k = b_0\left(1 + \frac{1}{2!}x^2 + \frac{1}{4!}x^4 + \cdots\right) + b_1\left(x + \frac{1}{3!}x^3 + \frac{1}{5!}x^5 + \cdots\right)$$
$$= b_0 \cosh x + b_1 \sinh x$$

위 식은 다음과 같이 나타낼 수도 있다.

$$\cosh x = \frac{e^x + e^{-x}}{2}, \quad \sinh x = \frac{e^x - e^{-x}}{2}$$

이므로

$$y = b_0 \frac{e^x + e^{-x}}{2} + b_1 \frac{e^x - e^{-x}}{2} = \frac{b_0 + b_1}{2}e^x + \frac{b_0 - b_1}{2}e^{-x}$$

이 된다. 이제 $c_1 = \dfrac{b_0 + b_1}{2}$, $c_2 = \dfrac{b_0 - b_1}{2}$으로 놓으면 주어진 미분방정식의 일반해는

$$y = c_1 e^x + c_2 e^{-x}$$

이고, 이것은 3장에서 설명한 방법으로 구한 결과와 같음을 알 수 있다.

유제 4-4 멱급수 해 구하기 : 상수계수를 갖는 2계 미분방정식

다음 2계 선형미분방정식의 일반해를 구하라.

Hint 매클로린 급수의 $\cos x$와 $\sin x$를 이용하라.

$$y'' + y = 0$$

정답 : $y = c_1 \cos x + c_2 \sin x$

예제 4-6 멱급수 해 구하기 : 변수계수를 갖는 2계 미분방정식

다음 변수계수를 갖는 2계 미분방정식을 풀어라.

$$x^2 y'' - 2xy' + 2y = 0$$

MATLAB 풀이

풀이

미분방정식의 해가

$$y = \sum_{k=0}^{\infty} b_k x^k$$

이라고 가정하면

$$y' = \sum_{k=1}^{\infty} k b_k x^{k-1}, \quad y'' = \sum_{k=2}^{\infty} k(k-1) b_k x^{k-2}$$

이므로 y, y', y''을 주어진 미분방정식에 대입하면

$$x^2 \sum_{k=2}^{\infty} k(k-1) b_k x^{k-2} - 2x \sum_{k=1}^{\infty} k b_k x^{k-1} + 2 \sum_{k=0}^{\infty} b_k x^k = 0$$

이고, 이를 정리하면 다음과 같다.

$$\sum_{k=2}^{\infty} k(k-1) b_k x^k - 2 \sum_{k=1}^{\infty} k b_k x^k + 2 \sum_{k=0}^{\infty} b_k x^k = 0$$

$$\sum_{k=0}^{\infty} k(k-1) b_k x^k - 2 \sum_{k=0}^{\infty} k b_k x^k + 2 \sum_{k=0}^{\infty} b_k x^k = 0$$

$$\sum_{k=0}^{\infty} [k(k-1) - 2k + 2] b_k x^k = 0$$

$$\sum_{k=0}^{\infty} (k-1)(k-2) b_k x^k = 0$$

위 식이 x에 무관하게 항상 성립하려면 x의 모든 계수 항이 0이어야 한다. 따라서

$$\sum_{k=0}^{\infty} (k-1)(k-2) b_k = 0$$

이다. 위 식은 $k=1$과 $k=2$를 제외한 모든 k에 대해 $b_k = 0$이어야 한다. 그러므로 주어진 미분방정식의 일반해는 다음과 같다.

$$y = b_1 x + b_2 x^2$$

4.2 프로베니우스 방법

임의의 함수 $f(x)$가 다음과 같이 멱급수로 표현된다면, 이 함수는 $x = a$에서 **해석적**analytic이라고 말한다.

$$f(x) = \sum_{k=0}^{\infty} b_k (x-a)^k \qquad (\text{수렴반경 } R > 0)$$

예를 들면, 함수 e^x, $\cos x$, $\sin x$ 등은 앞 절에서 멱급수로 표현할 수 있음을 보였다. 따라서 이러한 함수들은 모든 x에 대해 해석적이라고 할 수 있다.

정의 4-1 보통점과 특이점

미분방정식 $y''+a(x)y'+b(x)y=0$에 대해 $a(x)$와 $b(x)$가 모두 $x=x_0$에서 해석적이면 $x=x_0$은 미분방정식 $y''+a(x)y'+b(x)y=0$의 **보통점**ordinary point이고, 만약 $x=x_0$이 보통점이 아니면 모두 **특이점**singular point이다.

예제 4-7 보통점과 특이점

다음 미분방정식에서 $x=0$이 각 미분방정식의 보통점인지 특이점인지 결정하라.

(a) $(1-x)y''+xy'+y=0$ (b) $xy''+(x+2)y'+xy=0$

풀이

(a) 주어진 미분방정식을 다시 쓰면

$$y''+\frac{x}{(1-x)}y'+\frac{1}{(1-x)}y=0$$

이고, [정의 4-1]에서 $a(x)$와 $b(x)$는 다음과 같이 나타낼 수 있다.

$$a(x)=\frac{x}{1-x}=x(1+x+x^2+\cdots)$$
$$b(x)=\frac{1}{1-x}=1+x+x^2+\cdots$$

$a(x)$와 $b(x)$가 모두 $x=0$에서 멱급수로 표현이 가능하므로 $a(x)$와 $b(x)$는 $x=0$에서 해석적이다. 따라서 [정의 4-1]에 의해 $x=0$은 주어진 미분방정식의 보통점이다.

(b) 주어진 미분방정식을 다시 쓰면

$$y''+\frac{x+2}{x}y'+y=0$$

이고, $a(x)$는 $x=0$에서 정의되지 않는다. 따라서 $x=0$은 미분방정식의 특이점이다.

변수계수를 갖는 미분방정식의 경우 보통점에 대해서는 멱급수해를 찾는 데 큰 문제가 없지만, 특이점에 대해서는 미분방정식에 대한 두 개의 무한급수해를 찾기가 훨씬 더 어렵다.

프로베니우스[3] **방법**Frobenius method에 의해 이러한 특이점들을 갖는 미분방정식의 멱급수해를 구하기 위해 다음과 같이 특이점들을 정의할 수 있다.

3 Ferdinand Frobenius (1849 ~ 1917) 독일의 수학자로서 미분방정식의 급수해 풀이를 제안하였다.

정의 4-2 정칙 특이점과 비정칙 특이점

미분방정식 $y'' + a(x)y' + b(x)y = 0$에 대해 $(x-x_0)a(x)$, $(x-x_0)^2 b(x)$가 모두 $x = x_0$에서 해석적이면 $x = x_0$은 미분방정식 $y'' + a(x)y' + b(x)y = 0$의 **정칙 특이점** regular singular point이고, 정칙 특이점이 아닌 특이점들은 **비정칙 특이점** irregular singular point이다.

예를 들면 미분방정식

$$y'' + \frac{1}{x}y' + \frac{1}{x^2}y = 0$$

은 $x\,a(x) = 1$, $x^2 b(x) = 1$이므로 $x = 0$에서 해석적이다. 따라서 $x = 0$은 미분방정식의 정칙 특이점이 되고, 미분방정식

$$y'' + \frac{1}{x^2}y' + \frac{1}{x}y = 0$$

은 $x\,a(x) = \frac{1}{x}$이므로 $x = 0$에서 해석적이 아니다. 따라서 $x = 0$은 미분방정식의 비정칙 특이점이다.

정칙 특이점을 갖는 미분방정식을 풀기 위한 프로베니우스 방법은 다음과 같다.

정리 4-1 프로베니우스 방법

$x = x_0$가 미분방정식 $y'' + a(x)y' + b(x)y = 0$의 정칙 특이점이라면 다음과 같은 해가 적어도 하나 존재한다.

$$y = \sum_{k=0}^{\infty} b_k (x - x_0)^{k+r}$$

여기서 r은 결정되어야 하는 상수이다.

$x = 0$이 미분방정식

$$y'' + a(x)y' + b(x)y = 0 \tag{4.8}$$

의 정칙 특이점이라 가정하자. 그러면 식 (4.8)의 해가 [정리 4-1]에 의해

$$y = \sum_{k=0}^{\infty} b_k x^{k+r} = x^r \left(b_0 + b_1 x + b_2 x^2 + \cdots \right) \tag{4.9}$$

이므로

$$y' = \sum_{k=0}^{\infty} (k+r) b_k x^{k+r-1} \tag{4.10}$$

$$y'' = \sum_{k=0}^{\infty} (k+r)(k+r-1) b_k x^{k+r-2} \tag{4.11}$$

이고, 식 (4.9), 식 (4.10), 식 (4.11)을 미분방정식 식 (4.8)에 대입하면

$$\sum_{k=0}^{\infty} (k+r)(k+r-1) b_k x^{k+r-2} + a(x) \sum_{k=0}^{\infty} (k+r) b_k x^{k+r-1} + b(x) \sum_{k=0}^{\infty} b_k x^{k+r} = 0$$

이다. 이 식을 변형하면

$$\sum_{k=0}^{\infty} \Big[(k+r)(k+r-1) + (k+r) x a(x) + x^2 b(x) \Big] b_k x^{k+r-2} = 0 \tag{4.12}$$

이 된다. 그런데 $x=0$이 미분방정식의 정칙 특이점이므로 $xa(x)$와 $x^2 b(x)$는 해석적이어야 한다. 따라서 $xa(x)$와 $x^2 b(x)$는 $x=0$에서 다음과 같이 멱급수 전개가 가능하다.

$$xa(x) = d_0 + d_1 x + d_2 x^2 + \cdots, \quad x^2 b(x) = e_0 + e_1 x + e_2 x^2 + \cdots \tag{4.13}$$

이제 식 (4.13)을 식 (4.12)에 대입하면

$$\sum_{k=0}^{\infty} \Big[(k+r)(k+r-1) + (k+r)(d_0 + d_1 x + \cdots) + (e_0 + e_1 x + \cdots) \Big] b_k x^{k+r-2} = 0 \tag{4.14}$$

이고, 식 (4.14)가 x에 관계없이 항상 성립하려면 모든 x항의 계수들이 0이어야 한다. 식 (4.14)에서 x의 가장 낮은 차수 항을 고려해보자. k는 0부터 시작하므로 $k=0$일 때가 x의 가장 낮은 차수이고, 이때 x의 차수는 $r-2$이다. 따라서 식 (4.14)에서 x^{r-2}항의 계수를 0으로 놓으면

$$b_0 \left[r(r-1) + r d_0 + e_0 \right] = 0 \tag{4.15}$$

이다. 0이 아닌 b_0에 대해 식 (4.15)는 다음과 같이 된다.

$$r(r-1)+rd_0+e_0=0 \tag{4.16}$$

이 식 (4.16)을 **결정방정식**indicial equation이라 하며, 여기서 d_0와 e_0는 식 (4.13)으로 정의된다. 결정방정식은 r에 관한 이차방정식이므로 두 개의 근이 존재하며, 이 근들을 특이점 $x=0$의 **결정근**indicial roots 또는 **지수**exponents라고 한다.

프로베니우스 방법에 의하면 $x=0$이 미분방정식 $y''+a(x)y'+b(x)y=0$의 정칙 특이점이고, 식 (4.16)의 결정방정식에서 결정근이 r_1과 r_2라 하면, 미분방정식 $y''+a(x)y'+b(x)y=0$의 해는 결정근에 따라 다음과 같이 세 가지 유형으로 나타난다.

- **유형 ❶ : r_1과 r_2이 서로 다르고, 그 차가 정수가 아닌 경우**

  다음과 같이 일차독립인 두 해가 존재한다.

$$y_1(x)=\sum_{k=0}^{\infty}a_k x^{k+r_1}, \quad y_2(x)=\sum_{k=0}^{\infty}b_k x^{k+r_2} \tag{4.17}$$

- **유형 ❷ : $r_1=r_2$인 경우**

  다음과 같이 일차독립인 두 해가 항상 존재한다.

$$y_1(x)=\sum_{k=0}^{\infty}a_k x^{k+r_1} \qquad (a_0\neq 0) \tag{4.18}$$

$$y_2(x)=y_1(x)\ln x+\sum_{k=0}^{\infty}b_k x^{k+r_2} \tag{4.19}$$

- **유형 ❸ : r_1과 r_2가 서로 다르고, 그 차가 정수인 경우**

  다음과 같이 일차독립인 두 해가 존재한다.

$$y_1(x)=\sum_{k=0}^{\infty}a_k x^{k+r_1} \qquad (a_0\neq 0) \tag{4.20}$$

$$y_2(x)=Ky_1(x)\ln x+\sum_{k=0}^{\infty}b_k x^{k+r_2} \qquad (b_0\neq 0) \tag{4.21}$$

급수해의 경우 풀이과정이 길어지고 단순한 산술계산과 처리 부분이 많으므로 여기에서는 유형 ❶에 관한 예제만을 살펴보고, 유형 ❷와 유형 ❸은 독자들에게 연습문제로 남겨놓고자 한다.

예제 4-8 프로베니우스 방법 : 유형 ❶

다음 미분방정식을 풀어라.

$$2x^2y'' - xy' + y = 0$$

MATLAB 풀이

풀이

주어진 미분방정식은 다음과 같이 다시 쓸 수 있다.

$$y'' - \frac{1}{2x}y' + \frac{1}{2x^2}y = 0$$

따라서 $x=0$이 미분방정식의 정칙 특이점이고, 프로베니우스 방법을 사용할 수 있다. 미분방정식의 해를

$$y = x^r(b_0 + b_1x + b_2x^2 + \cdots) = \sum_{k=0}^{\infty} b_k x^{k+r}$$

이라 놓으면

$$y' = \sum_{k=0}^{\infty}(k+r)b_k x^{k+r-1}$$

$$y'' = \sum_{k=0}^{\infty}(k+r)(k+r-1)\,b_k x^{k+r-2}$$

이다. 이를 미분방정식에 대입하면

$$\sum_{k=0}^{\infty}(k+r)(k+r-1)\,b_k x^{k+r-2} - \frac{1}{2x}\sum_{k=0}^{\infty}(k+r)\,b_k x^{k+r-1} + \frac{1}{2x^2}\sum_{k=0}^{\infty}b_k x^{k+r} = 0$$

$$\sum_{k=0}^{\infty}\left[(k+r)(k+r-1) - \frac{1}{2}(k+r) + \frac{1}{2}\right]b_k x^{k+r-2} = 0 \qquad \cdots\cdots ①$$

이 된다. 위 식과 식 (4.14)를 비교하면 $d_0 = -\frac{1}{2}$, $e_0 = \frac{1}{2}$임을 알 수 있다. 이 값들을 식 (4.16)의 결정방정식에 대입하여 풀면

$$r(r-1) - \frac{1}{2}r + \frac{1}{2} = r^2 - \frac{3}{2}r + \frac{1}{2} = (r-1)\left(r - \frac{1}{2}\right) = 0$$

이므로, 결정근이 다음과 같이 구해진다.

$$r_1 = 1,\quad r_2 = \frac{1}{2}$$

이 결정근들은 서로 다르고 정수차가 아니므로 유형 ❶에 속한다.
해를 구하기 위해 $r_1 = 1$을 ①에 대입하면

$$\sum_{k=0}^{\infty}\left[(k+1)(k+1-1)-\frac{1}{2}(k+1)+\frac{1}{2}\right]b_k x^{k+1-2}=0$$

$$\sum_{k=0}^{\infty}k\left(k+\frac{1}{2}\right)b_k x^{k-1}=0$$

이다. 위 식이 x에 관계없이 항상 성립하기 위해서는 $k\left(k+\frac{1}{2}\right)b_k=0$이어야 한다. 이 식은 $k>0$이면 b_k는 항상 0이 되어야 성립하고, 오직 $k=0$일 때만 b_k가 0이 아닌 값을 취할 수 있다. 미분방정식의 해를 $y=x^r(b_0+b_1x+b_2x^2+\cdots)$이라 가정했으므로 $r_1=1$에 대응하는 첫 번째 해는

$$y_1(x)=b_0x$$

이다. 마찬가지로 두 번째 해를 구하기 위해 $r_2=\frac{1}{2}$을 ①에 대입하면

$$\sum_{k=0}^{\infty}\left[\left(k+\frac{1}{2}\right)\left(k+\frac{1}{2}-1\right)-\frac{1}{2}\left(k+\frac{1}{2}\right)+\frac{1}{2}\right]a_k x^{k+(1/2)-2}=0$$ …… ② 계수를 b_k 대신 a_k로 바꿈

$$\sum_{k=0}^{\infty}k\left(k-\frac{1}{2}\right)a_k x^{k-3/2}=0$$

이다. 위 식이 x에 관계없이 항상 성립하기 위해서는 $k\left(k-\frac{1}{2}\right)a_k=0$이어야 한다. 이 식은 $k>0$이면 a_k는 항상 0이 되어야 성립하고, 오직 $k=0$일 때만 a_k가 0이 아닌 값을 취할 수 있다. 따라서 $r_2=\frac{1}{2}$에 대응하는 미분방정식의 두 번째 해는

$$y_2(x)=a_0x^{1/2}$$

이 된다. 한편, $y_1(x)$와 $y_2(x)$는 일차독립인 해이고, 중첩의 원리에 의해 일반해는

$$y=c_1y_1(x)+c_2y_2(x)$$

이므로 주어진 미분방정식의 일반해는 다음과 같다.

$$y=c_1x+c_2x^{1/2}$$

유제 4-5 프로베니우스 방법 : 유형 ❶

다음 미분방정식을 풀어라.

$$8x^2y''+2xy'+y=0$$

정답 : $c_1x^{1/2}+c_2x^{1/4}$

4.3 르장드르 방정식

4 Adrien Legendre (1752 ~ 1833)
프랑스 수학자로서 적분학과 유클리드 기하학 등에 많은 업적을 남겼다.

물리학이나 공학 등에서 자주 등장하는 또 다른 미분방정식 중 하나가 **르장드르[4] 방정식** Legendre equation으로, 음이 아닌 정수 n에 대하여 다음과 같은 형태를 취한다.

$$(1-x^2)y'' - 2xy' + n(n+1)y = 0 \tag{4.22}$$

르장드르 방정식에서는 $x=0$이 보통점이기 때문에 급수해를 다음과 같이 가정할 수 있다.

$$y = \sum_{k=0}^{\infty} b_k x^k \tag{4.23}$$

이때 식 (4.23)을 식 (4.22)에 대입하면

$$(1-x^2)\sum_{k=2}^{\infty} k(k-1)b_k x^{k-2} - 2x\sum_{k=1}^{\infty} k b_k x^{k-1} + n(n+1)\sum_{k=0}^{\infty} b_k x^k = 0$$

이고, 이는 다음과 같이 다시 쓸 수 있다.

$$\sum_{k=2}^{\infty} k(k-1)b_k x^{k-2} - \sum_{k=2}^{\infty} k(k-1)b_k x^k - 2\sum_{k=1}^{\infty} k b_k x^k + n(n+1)\sum_{k=0}^{\infty} b_k x^k = 0 \tag{4.24}$$

식 (4.24)의 좌변의 첫 번째 멱급수에서 x의 차수를 다음과 같이 x^k으로 바꿀 수 있다.

$$\begin{aligned}\sum_{k=2}^{\infty} k(k-1)b_k x^{k-2} &= \sum_{k=0}^{\infty}(k+2)(k+1)b_{k+2}x^k \\ &= 2b_2 + 6b_3 x + \sum_{k=2}^{\infty}(k+2)(k+1)b_{k+2}x^k\end{aligned} \tag{4.25}$$

식 (4.24)의 좌변의 세 번째, 네 번째 멱급수 역시 다음과 같이 다시 쓸 수 있다.

$$-2\sum_{k=1}^{\infty} k b_k x^k = -2b_1 x - 2\sum_{k=2}^{\infty} k b_k x^k \tag{4.26}$$

$$n(n+1)\sum_{k=0}^{\infty} b_k x^k = n(n+1)(b_0 + b_1 x) + n(n+1)\sum_{k=2}^{\infty} b_k x^k \tag{4.27}$$

이제 식 (4.25) ~ (4.27)을 식 (4.24)에 대입하여 정리하면

$$2b_2 + n(n+1)b_0 + \left[(n-1)(n+2)b_1 + 6b_3\right]x$$
$$+ \sum_{k=2}^{\infty}\left[(k+2)(k+1)b_{k+2} - (k-n)(k+n+1)b_k\right]x^k = 0 \quad (4.28)$$

이다. 따라서 식 (4.28)이 x에 관계없이 항상 성립하기 위해서는

$$2b_2 + n(n+1)b_0 = 0$$
$$(n-1)(n+2)b_1 + 6b_3 = 0$$
$$(k+2)(k+1)b_{k+2} - (k-n)(k+n+1)b_k = 0$$

의 관계가 만족되어야만 한다. 그러므로 위의 세 식을 다음과 같이 다시 쓸 수 있다.

$$b_2 = -\frac{n(n+1)}{2!}b_0 \quad (4.29)$$

$$b_3 = -\frac{(n-1)(n+2)}{3!}b_1 \quad (4.30)$$

$$b_{k+2} = \frac{(k-n)(k+n+1)}{(k+2)(k+1)}b_k \qquad (k \geq 2) \quad (4.31)$$

이제 식 (4.31)에 $k=2,\ 3,\ 4,\ \cdots$ 을 대입하고, 식 (4.29)와 식 (4.30)을 사용하면

$$b_4 = \frac{(2-n)(n+3)}{4\cdot 3}b_2 = \frac{(n-2)n(n+1)(n+3)}{4!}b_0$$

$$b_5 = \frac{(3-n)(n+4)}{5\cdot 4}b_3 = \frac{(n-3)(n-1)(n+2)(n+4)}{5!}b_1$$

$$\vdots$$

이 얻어지므로 n이 짝수일 경우 b_n은 b_0항으로 나타낼 수 있고, n이 홀수일 경우 b_1항으로 나타낼 수 있다. 따라서 식 (4.23)으로 가정한 급수해는 다음과 같다.

$$y = \sum_{k=0}^{\infty} b_k x^k$$
$$= b_0 + b_1 x + b_2 x^2 + \cdots$$

$$= b_0\left[1-\frac{n(n+1)}{2!}x^2+\frac{(n-2)n(n+1)(n+3)}{4!}x^4+\cdots\right]$$

$$+b_1\left[x-\frac{(n-1)(n+2)}{3!}x^3+\frac{(n-3)(n-1)(n+2)(n+4)}{5!}x^5+\cdots\right] \tag{4.32}$$

식 (4.32)와 같은 르장드르 방정식의 해를 **르장드르 함수**라 한다.

4.4 베셀 방정식

만약 미분방정식이 음이 아닌 실수 ν에 대하여 다음과 같은 형태로 주어진다면 이를 **베셀[5] 방정식**Bessel equation이라 부른다.

5 Friedrich Bessel (1784 ~ 1846) 독일 천문학자 및 수학자로서 태양 중심 우주 체계에서 요하네스 케플러의 법칙을 포함하는 수학적 함수를 체계화시켰다.

$$x^2y''+xy'+(x^2-\nu^2)y=0 \tag{4.33}$$

이 방정식은 진동, 정전기장, 열전도 등과 같은 문제에서 자주 사용된다.

식 (4.33)에서 $x=0$은 베셀 방정식의 정칙 특이점이므로

$$y=\sum_{k=0}^{\infty}b_k x^{k+r} \tag{4.34}$$

형태의 해가 적어도 하나 존재한다. 그러므로 급수해를 구하기 위해 식 (4.34)를 식 (4.33)에 대입하면

$$x^2y''+xy'+(x^2-\nu^2)y=\sum_{k=0}^{\infty}(k+r)(k+r-1)b_kx^{k+r}$$

$$+\sum_{k=0}^{\infty}(k+r)b_kx^{k+r}+\sum_{k=0}^{\infty}b_kx^{k+r+2}-\nu^2\sum_{k=0}^{\infty}b_kx^{k+r}$$

이 된다. 위 식을 x에 대한 차수를 고려하여 다시 쓰면

$$\sum_{k=0}^{\infty}(k+r)(k+r-1)b_kx^{k+r}+\sum_{k=0}^{\infty}(k+r)b_kx^{k+r}+\sum_{k=0}^{\infty}b_kx^{k+r+2}-\nu^2\sum_{k=0}^{\infty}b_kx^{k+r}$$

$$=\left[r(r-1)+r-\nu^2\right]b_0x^r+\sum_{k=1}^{\infty}\left[(k+r)(k+r-1)+(k+r)-\nu^2\right]b_kx^{k+r}$$

$$+\sum_{k=0}^{\infty} b_k x^{k+r+2}$$

$$= (r^2 - \nu^2)\, b_0\, x^r + \sum_{k=1}^{\infty} \left[(k+r)^2 - \nu^2\right] b_k\, x^{k+r} + \sum_{k=0}^{\infty} b_k\, x^{k+r+2} = 0 \quad (4.35)$$

이다. 따라서 결정방정식은 x^r의 계수를 0으로 놓으면

$$r^2 - \nu^2 = 0$$

이고, 결정근은 다음과 같다.

$$r_1 = \nu, \quad r_2 = -\nu$$

먼저 $r_1 = \nu$에 대해 살펴보자. $r_1 = \nu$를 식 (4.35)의 우변에 대입하면

$$(r^2 - \nu^2)\, b_0\, x^r + \sum_{k=1}^{\infty} \left[(k+r)^2 - \nu^2\right] b_k\, x^{k+r} + \sum_{k=0}^{\infty} b_k x^{k+r+2}$$

$$= (\nu^2 - \nu^2)\, b_0\, x^\nu + \sum_{k=1}^{\infty} \left[(k+\nu)^2 - \nu^2\right] b_k\, x^{k+\nu} + \sum_{k=0}^{\infty} b_k x^{k+\nu+2}$$

$$= \sum_{k=1}^{\infty} \left[(k+\nu)^2 - \nu^2\right] b_k\, x^{k+\nu} + \sum_{k=0}^{\infty} b_k x^{k+\nu+2}$$

$$= \sum_{k=1}^{\infty} k(k+2\nu)\, b_k\, x^{k+\nu} + \sum_{k=0}^{\infty} b_k x^{k+\nu+2}$$

$$= (1+2\nu)\, b_1\, x^{1+\nu} + \sum_{k=2}^{\infty} k(k+2\nu)\, b_k\, x^{k+\nu} + \sum_{k=0}^{\infty} b_k x^{k+\nu+2}$$

↓ $k = n+2$로 놓으면 된다.

$$= (1+2\nu)\, b_1 x^{1+\nu} + \sum_{k=0}^{\infty} \left[(k+2)(k+2+2\nu) b_{k+2} + b_k\right] x^{k+\nu+2} = 0$$

$$(4.36)$$

식 (4.36)이 x에 관계없이 항상 성립하기 위해서는

$$(1+2\nu)\, b_1 = 0 \quad (4.37)$$

$$(k+2)(k+2+2\nu) b_{k+2} + b_k = 0 \quad (4.38)$$

이어야 한다. 식 (4.37)로부터 ν는 음이 아닌 실수이므로 $b_1 = 0$임을 알 수 있고, $b_1 = 0$이므로 식 (4.38)로부터 $b_3 = b_5 = b_7 = \cdots = 0$이 얻어진다. 즉 k가 홀수이면 b_k는 모두 0임을 알 수 있다. 따라서 k가 짝수인 경우만 고려하면 된

다. 이제 $k+2=2n(n=1, 2, 3, \cdots)$으로 놓으면 식 (4.38)로부터

$$b_{2n} = -\frac{1}{2^2 n(n+\nu)} b_{2n-2} \tag{4.39}$$

가 얻어진다. 그러므로 짝수항의 계수들을 다음과 같이 연속적으로 계산할 수 있다.

$$b_2 = -\frac{1}{2^2(1+\nu)} b_0$$

$$b_4 = -\frac{1}{2^2 2(2+\nu)} b_2 = \frac{1}{2^4 2!(1+\nu)(2+\nu)} b_0$$

$$b_6 = -\frac{1}{2^2 3(3+\nu)} b_4 = -\frac{1}{2^6 3!(1+\nu)(2+\nu)(3+\nu)} b_0$$

$$\vdots$$

$$b_{2n} = \frac{(-1)^n}{2^{2n} n!(1+\nu)(2+\nu)\cdots(n+\nu)} b_0 \qquad (n=1, 2, 3, \cdots) \tag{4.40}$$

4.4.1 제1종 베셀 함수

식 (4.40)의 일반적인 공식을 얻기 위해 b_0를 다음과 같이 가정하자.

$$b_0 = \frac{1}{2^\nu \nu!} \tag{4.41}$$

그렇다면 식 (4.40)은 다음과 같이 다시 쓸 수 있다.

$$b_{2n} = \frac{(-1)^n}{2^{2n+\nu} n!(n+\nu)!} \qquad (n=1, 2, 3, \cdots) \tag{4.42}$$

따라서 식 (4.33)의 짝수 계수로만 이루어진 급수해는 식 (4.34)로부터

$$y_1 = \sum_{n=0}^{\infty} b_{2n} x^{2n+r} = \sum_{n=0}^{\infty} \frac{(-1)^n}{2^{2n+\nu} n!(n+\nu)!} x^{2n+\nu} \tag{4.43}$$

이 된다. 식 (4.43)을 차수 ν의 **제1종 베셀 함수**라고 부르고 다음과 같은 기호를 사용하여 나타낸다.

$$J_\nu(x) = \sum_{n=0}^{\infty} \frac{(-1)^n}{2^{2n+\nu} n!(n+\nu)!} x^{2n+\nu} \tag{4.44}$$

식 (4.44)의 급수는 분모가 **계승**factorial이므로 모든 x에 대해 수렴한다는 사실을 알 수 있다.

식 (4.44)에서 차수 0의 베셀 함수는

$$\begin{aligned} J_0(x) &= \sum_{n=0}^{\infty} \frac{(-1)^n}{2^{2n}(n!)^2} x^{2n} \\ &= 1 - \frac{1}{2^2(1!)^2}x^2 + \frac{1}{2^4(2!)^2}x^4 - \frac{1}{2^6(3!)^2}x^6 + - \cdots \end{aligned}$$

이고, 차수 1의 베셀 함수는

$$\begin{aligned} J_1(x) &= \sum_{n=0}^{\infty} \frac{(-1)^n}{2^{2n+1} n!(n+1)!} x^{2n+1} \\ &= \frac{1}{2}x - \frac{1}{2^3(1!)(2!)}x^3 + \frac{1}{2^5(2!)(3!)}x^5 - \frac{1}{2^7(3!)(4!)}x^7 + - \cdots \end{aligned}$$

이다. 참고로 $J_0(x)$와 $J_1(x)$를 MATLAB을 사용하여 시뮬레이션해보면 [그림 4-1]과 같다.

Command Window

: 코딩

```
x=0:0.02:15;                         % x 구간 설정
J0=besselj(0,x); [1]                 % 제1종 베셀 함수 J0(x) 계산
J1=besselj(1,x);                     % 제1종 베셀 함수 J1(x) 계산
plot(x,J0,'b-',x,J1,'k-'); [2]       % J0(x)와 J1(x)의 그래프 그리기
xlabel('x'); ylabel('y');            % x축과 y축 라벨링
axis([0,15,-0.5,1.1]);               % 그래프 구간 설정
```

MATLAB TIP!

1. 'besselj(nu,x)' : 제1종 베셀 함수 $J_\nu(x)$를 구한다.
2. 'plot' : 그래프를 그린다.

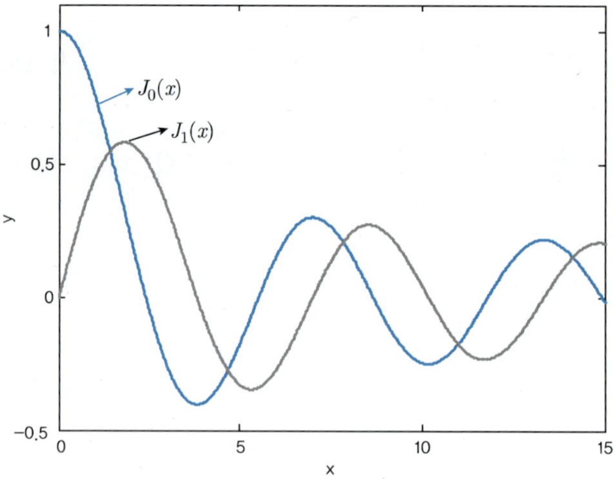

[그림 4-1] **제1종 베셀 함수**

차수 ν의 제1종 베셀 함수는 **감마함수**Gamma function를 사용하여 나타낼 수도 있다. 이 감마함수는 다음과 같이 정의된다.

정의 4-3 감마함수

$$\Gamma(\nu+1)=\int_0^\infty e^{-t}t^\nu dt \tag{4.45}$$

감마함수의 특성을 살펴보기 위해 식 (4.45)의 우변을 부분적분법을 사용하여 적분하면

$$\int_0^\infty e^{-t}t^\nu dt=\nu\int_0^\infty e^{-t}t^{\nu-1}dt=\nu\Gamma(\nu)$$

이므로

$$\Gamma(\nu+1)=\nu\Gamma(\nu) \tag{4.46}$$

이다. 또한 $\nu=0$이면

$$\Gamma(1)=\int_0^\infty e^{-t}dt=1$$

이므로 ν가 양의 정수라면

$$\Gamma(2) = 1\Gamma(1) = 1$$
$$\Gamma(3) = 2\Gamma(2) = 2 \cdot 1 = 2!$$
$$\Gamma(4) = 3\Gamma(3) = 3 \cdot 2! = 3!$$
$$\vdots$$

이고, 일반적으로 다음 관계가 성립한다.

$$\Gamma(\nu+1) = \nu! \tag{4.47}$$

한편 식 (4.47)을 사용하면 식 (4.41)은 다음과 같이 다시 쓸 수 있다.

$$b_0 = \frac{1}{2^{\nu}\Gamma(\nu+1)} \tag{4.48}$$

그러므로 식 (4.48)을 식 (4.40)에 대입하면

$$b_{2n} = \frac{(-1)^n}{2^{2n}n!(1+\nu)(2+\nu)\cdots(n+\nu)2^{\nu}\Gamma(\nu+1)} \qquad (n=1,\ 2,\ 3,\ \cdots) \tag{4.49}$$

이 된다. 한편 식 (4.46)에 의해

$$(\nu+1)\Gamma(\nu+1) = \Gamma(\nu+2)$$
$$(\nu+2)\Gamma(\nu+2) = \Gamma(\nu+3)$$
$$\vdots$$

이므로

$$(1+\nu)(2+\nu)\cdots(n+\nu)\Gamma(\nu+1) = \Gamma(\nu+n+1) \tag{4.50}$$

이다. 식 (4.50)을 식 (4.49)에 대입하면

$$b_{2n} = \frac{(-1)^n}{2^{2n+\nu}n!\,\Gamma(\nu+n+1)} \qquad (n=1,\ 2,\ 3,\ \cdots) \tag{4.51}$$

이 얻어지므로, 식 (4.44)로 표현된 차수 ν의 제1종 베셀 함수는 다음과 같이 표현할 수도 있다.

$$J_{\nu}(x) = \sum_{n=0}^{\infty} \frac{(-1)^n}{2^{2n+\nu}n!\Gamma(n+\nu+1)}x^{2n+\nu} \tag{4.52}$$

또 다른 결정근 $r_2 = -\nu$에 대해서는 식 (4.52)에 ν 대신 $-\nu$를 대입하여 다음과 같이 $J_{-\nu}(x)$를 나타낼 수 있다.

$$J_{-\nu}(x) = \sum_{n=0}^{\infty} \frac{(-1)^n}{2^{2n-\nu} n! \Gamma(n-\nu+1)} x^{2n-\nu} \tag{4.53}$$

식 (4.33)의 일반해를 구하기 위해서는 식 (4.52)의 $J_\nu(x)$와 일차독립인 또 다른 기본해가 요구된다.

결정근의 차 $r_1 - r_2 = \nu - (-\nu) = 2\nu$가 양의 정수가 아니라면, 이 경우는 프로베니우스 방법의 유형 ❶에 해당하므로 식 (4.17)에 의해 $J_\nu(x)$와 $J_{-\nu}(x)$가 일차독립인 기본해가 된다. 그러나 만약 $r_1 - r_2 = 2\nu$가 양의 정수이면 $J_\nu(x)$와 $J_{-\nu}(x)$는 일차독립인 해가 아니다. 따라서 식 (4.33)의 두 번째 급수해가 존재할 수도 있다. 이를 요약하면 [정리 4-2]가 성립된다.

정리 4-2 베셀 방정식의 일반해(ν가 정수가 아닌 경우)

ν가 정수가 아니면 베셀 방정식의 일반해는

$$y(x) = c_1 J_\nu(x) + c_2 J_{-\nu}(x) \tag{4.54}$$

이고, ν가 정수이면 $J_\nu(x)$와 $J_{-\nu}(x)$는 일차종속이다.

4.4.2 제2종 베셀 함수

[정리 4-2]에서 알 수 있듯이 ν가 정수가 아니면 $J_\nu(x)$와 $J_{-\nu}(x)$는 베셀 방정식의 기본해가 되지만, ν가 정수이면 $J_\nu(x)$와 $J_{-\nu}(x)$는 일차종속이므로 $J_\nu(x)$와 일차독립인 또 하나의 기본해가 필요하다. 이때 $J_\nu(x)$와 $J_{-\nu}(x)$가 다음과 같이 일차결합으로 정의된 함수

$$Y_\nu(x) = \frac{1}{\sin \nu\pi} \left[J_\nu(x) \cos \nu\pi - J_{-\nu}(x) \right] \tag{4.55}$$

가 $J_\nu(x)$와 일차독립인 기본해가 되고, 이를 차수 ν의 **제2종 베셀 함수**라고 한다.

정리 4-3 베셀 방정식의 일반해(ν가 정수인 경우)

ν가 정수이면 베셀 방정식의 일반해는

$$y(x) = c_1 J_\nu(x) + c_2 Y_\nu(x) \tag{4.56}$$

이다.

참고로 식 (4.55)의 제2종 베셀 함수를 다음과 같은 MATLAB 코딩을 사용하여 시뮬레이션해보면 [그림 4-2]와 같다.

Command Window

: 코딩

```
x=0:0.02:15;                          % x 구간 설정
Y0=bessely(0,x); [1]                  % 제2종 베셀 함수 Y_0(x) 계산
Y1=bessely(1,x);                      % 제2종 베셀 함수 Y_1(x) 계산
plot(x,Y0,'b-',x,Y1,'k-');            % Y_0(x)와 Y_1(x)의 그래프 그리기
xlabel('x'); ylabel('y');             % x축과 y축 라벨링
axis([0,15,-0.7,0.6]);                % 그래프 구간 설정
```

MATLAB TIP!

[1] 'bessely(nu,x)'
: 제2종 베셀 함수 $Y_\nu(x)$를 구한다.

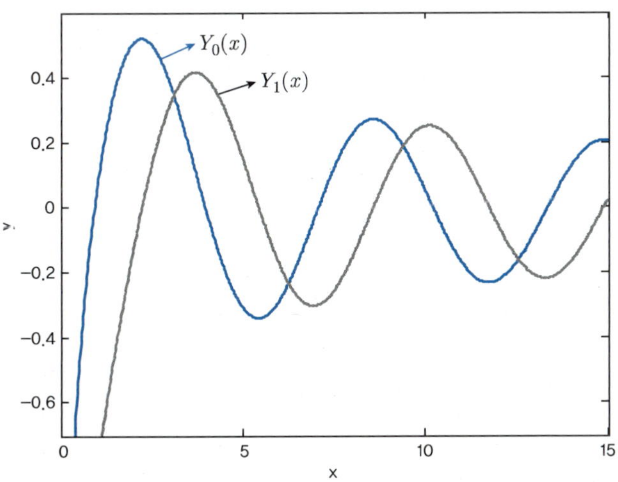

[그림 4-2] 제2종 베셀 함수

Chapter 04 연습문제

4.1 **(수렴반경)** 다음 멱급수의 수렴반경을 구하라.

(a) $\sum_{k=0}^{\infty} \frac{x^k}{2^k}$ (b) $\sum_{k=0}^{\infty} \frac{x^k}{k!}$

4.2 **(멱급수 이용)** 다음 미분방정식의 일반해를 구하라.

(a) $y' - 3y = 0$ (b) $y' + y = 0$

(c) $y' + y = 2x$ (d) $y'' - y' = 0$

(e) $y'' - 4y = 0$ (f) $y'' + 9y = 0$

(g) $y'' + 4y = 0$

4.3 **(멱급수 이용)** 다음 미분방정식의 초깃값 문제를 풀어라.

(a) $y' - 2y = 0 \quad (y(0) = 1)$ (b) $y' + 3y = 0 \quad (y(0) = 1)$

(c) $y'' - y' = 0 \quad (y(0) = 1,\ y'(0) = 1)$ (d) $y'' - 4y = 0 \quad (y(0) = 1,\ y'(0) = 0)$

4.4 **(변수계수를 갖는 경우)** 멱급수를 이용하여 다음 미분방정식의 해를 구하라.

(a) $y' - xy = 0$ (b) $y'' - xy' + y = 0$

(c) $y'' + xy' + y = 0$ (d) $y'' - 2xy' - 2y = 0$

(e) $y'' - xy = 0$ (f) $y'' + xy = 0 \quad (y(0) = 1,\ y'(0) = 0)$

(g) $y'' - xy' - y = 0 \quad (y(0) = 0,\ y'(0) = 1)$

4.5 **(프로베니우스 방법)** 다음 미분방정식의 해를 구하라.

(a) $3x^2y'' - xy' + y = 0$ (b) $x^2y'' + 2xy' - 2y = 0$

(c) $xy'' + y' - xy = 0$ (d) $2xy'' - y' + 2y = 0$

(e) $xy'' + (1-2x)y' + (x-1)y = 0$ (f) $x^2y'' + xy' + \left(x^2 - \frac{1}{4}\right)y = 0$

(g) $x^2y'' - xy' + (x^2+1)y = 0$ (h) $4xy'' + 2y' + y = 0$

4.6 **(르장드르 방정식)** 다음 르장드르 방정식의 일반해를 구하라.

$$(1-x^2)y'' - 2xy' + 6y = 0$$

4.7 **(베셀 방정식)** 다음 미분방정식의 일반해를 구하라.

(a) $x^2y'' + xy' + \left(x^2 - \frac{1}{16}\right)y = 0$ (b) $x^2y'' + xy' + 4xy = 0$

(c) $x^2y'' + xy' + (9x^2 - 4)y = 0$

Chapter

05

라플라스 변환

Laplace Transform

학습목표

- 라플라스 변환을 이해하고 다양한 함수의 라플라스 변환 방법을 배울 수 있다.
- 라플라스 변환된 함수의 역변환을 구하는 방법을 배움으로써 미분방정식과 연립 미분방정식의 해를 구할 수 있다.
- 다양한 유형의 관련 문제들을 풀어봄으로써 공학에서 매우 중요한 미분방정식의 해를 구하는 데 자신감을 가질 수 있다.

5장의 MATLAB 명령어

미분방정식은 공학이나 물리학 등에서 매우 중요하다. 물리적 시스템을 설명할 수 있는 미분방정식을 유도하는 것도 중요하고, 유도한 미분방정식의 해를 구하는 것도 중요하다. 다만, 비선형 미분방정식은 풀이가 어려우므로, 2 ~ 4장에서는 선형 미분방정식에 국한해서 해를 구하는 방법들을 설명했다. 이 장에서는 선형 미분방정식의 해를 구하는 또 다른 방법인 라플라스 변환을 소개하고자 한다. 아울러 11장에서는 행렬을 이용하여 선형 미분방정식의 해를 구하는 방법에 대해 설명하고자 한다.

이 장에서 설명하는 라플라스 변환을 미분방정식 문제에 적용하면 미분방정식이 대수방정식으로 바뀌게 되므로 문제를 풀기가 쉬워지고, 비동차 미분방정식의 해를 구할 때 일반해와 특수해를 따로 구분하여 구할 필요가 없다. 또한 초깃값 문제에 대해서도 초깃값을 원 미분방정식에 대입하여 적분상수를 구하는 과정 없이 라플라스 변환과 역변환 과정에서 자동적으로 고려되기 때문에 부가적으로 산술 계산을 하는 수고가 줄어든다. 다만, 함수에 대한 라플라스 변환과 변환된 함수의 역변환이 가능한 경우에만 미분방정식의 해를 구할 수 있기 때문에, 라플라스 변환과 역변환에 대해 확실하게 이해해둘 것을 당부하고 싶다.

5.1 라플라스 변환의 정의

실제 존재하는 다양한 유형의 **동적 시스템**Dynamic systems에 대해 해석상의 목적으로 **수학적인 모델링**Mathematical modeling을 해보면 미분방정식 형태로 표현된다. 이러한 미분방정식을 풀기 위한 방법 중 하나가 **라플라스[1] 변환**Laplace transform이다. 미분방정식에 라플라스 변환을 취하면 시간 t의 함수인 미분방정식이 복소변수 s에 관한 대수방정식으로 바뀌고, 이 대수방정식을 구하고자 하는 변수에 대해 푼 뒤 다시 역변환하면 미분방정식의 해가 구해진다. 이를 그림으로 나타내면 [그림 5-1]과 같다.

1 Marquis De Laplace (1749 ~ 1827) 프랑스 수학자

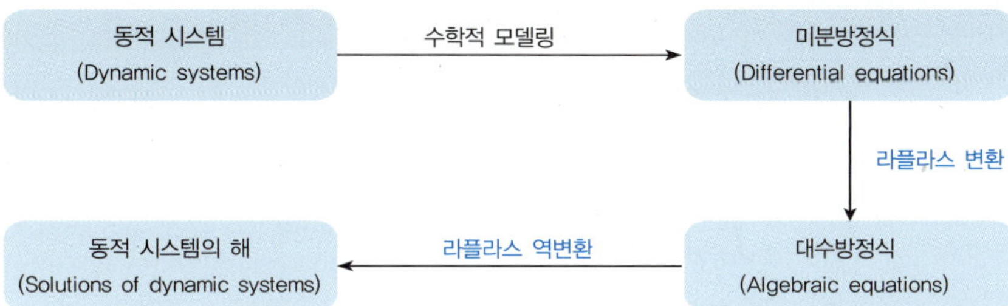

[그림 5-1] **라플라스 변환에 의한 시스템의 해 구하기**

이처럼 선형 미분방정식의 풀이에 있어서 도함수 형태가 아닌 대수방정식에 의해 선형 미분방정식의 해가 구해지기 때문에 라플라스 변환은 매우 널리 사용되고 있다. 이제 라플라스 변환에 대해 살펴보기로 한다.

위에서 언급한 바와 같이 선형 미분방정식의 해, 또는 동적 시스템의 해를 구하기 위해 매우 유용하게 사용되고 있는 라플라스 변환은 다음과 같이 정의된다.

정의 5-1 라플라스 변환의 정의

함수 $f(t)$가 $t \ge 0$ 에서 정의되고, 무한구간에서 적분이 존재한다면 함수 $f(t)$의 라플라스 변환은 다음과 같이 정의된다.

$$\mathcal{L}\left[f(t)\right] = \int_0^{\infty} e^{-st} f(t)dt = F(s) \tag{5.1}$$

여기서 $\mathcal{L}$ 는 **라플라스 연산자**Laplace operator이며, 영어 소문자는 시간함수를, 대문자는 변환하고자 하는 함수의 라플라스 변환함수를 나타낸다.

라플라스 변환은 이후 12장에서 설명할 푸리에 변환Fourier Transform과 매우 밀접한 관계가 있다. 식 (12.32)에서 함수 $f(t)$에 대한 푸리에 변환은 다음과 같이 정의한다.

$$\mathcal{F}[f(t)] = \int_{-\infty}^{\infty} e^{-i\omega t} f(t) dt$$

만약 함수 $f(t)$가 $t \geq 0$에 대해서만 정의된다면, 위 식은

$$\int_{0}^{\infty} e^{-i\omega t} f(t)\, dt \tag{5.2}$$

가 된다. 그러므로 $f(t)e^{-\sigma t}$의 푸리에 변환은 다음과 같다.

$$\begin{aligned}\mathcal{F}[f(t)e^{-\sigma t}] &= \int_{0}^{\infty} e^{-i\omega t} f(t) e^{-\sigma t} dt \\ &= \int_{0}^{\infty} e^{-(\sigma + i\omega)t} f(t) dt \quad \cdots\cdots \text{ 복소변수 } s = \sigma + i\omega \text{ 임을 기억하라.} \\ &= \int_{0}^{\infty} e^{-st} f(t) dt \qquad (5.3)\end{aligned}$$

즉 $f(t)e^{-\sigma t}$의 푸리에 변환이 라플라스 변환의 정의와 같다는 사실을 알 수 있다.

정리 5-1 라플라스 연산자의 선형성

앞에서 정의한 바에 의하면 라플라스 연산자는 선형 연산자linear operator 2이다. 이를 증명하려면 라플라스 연산자가 다음과 같은 관계식을 만족함을 보이면 된다.

$$\mathcal{L}[\alpha f(t) + \beta g(t)] = \alpha \mathcal{L}[f(t)] + \beta \mathcal{L}[g(t)] \tag{5.4}$$

2 미분 가능한 두 함수 $f(x)$, $g(x)$와 실수 α, β에 대해서 다음을 만족할 때, $L[D]$를 선형 연산자라고 한다. $L[D](\alpha f(x) + \beta g(x)) = \alpha L[D]f(x) + \beta L[D]g(x)$

증명 라플라스 변환의 정의를 이용해 다음과 같이 증명하면 된다.

$$\begin{aligned}\mathcal{L}[\alpha f(t) + \beta g(t)] &= \int_{0}^{\infty} e^{-st}[\alpha f(t) + \beta g(t)]\, dt \\ &= \int_{0}^{\infty} e^{-st}[\alpha f(t)]\, dt + \int_{0}^{\infty} e^{-st}[\beta g(t)]\, dt \\ &= \alpha \int_{0}^{\infty} e^{-st} f(t) dt + \beta \int_{0}^{\infty} e^{-st} g(t) dt \\ &= \alpha \mathcal{L}[f(t)] + \beta \mathcal{L}[g(t)]\end{aligned}$$

■

5.2 함수들의 라플라스 변환

라플라스 변환은 미분방정식을 풀기 위한 방법 중 하나이면서, 미분방정식으로 표현되어 있는 동적 시스템들의 시스템 전달함수를 구하기 위한 수단이 되기도 한다. 라플라스 변환이 이런 기능을 할 수 있으려면 미분방정식 내의 함수들에 대해 라플라스 변환을 구할 수 있어야 한다. 따라서 이 절에서는 일반적인 함수와 도함수에 대해 라플라스 변환을 구하는 연습을 할 것이다.

5.2.1 일반적인 함수의 변환

공학문제로 주로 등장하는 미분방정식의 경우, 입력함수로는 **단위계단함수** unit step function, **단위경사함수** unit ramp function, **지수함수** exponential function, **삼각함수** sinusoidal function, **펄스함수** pulse function 등이 많이 사용된다. 지금부터 이들 함수에 대해 라플라스 변환을 구하는 과정을 예제를 통해 살펴보자.

예제 5-1 라플라스 변환 : 단위계단함수

[그림 5-2]와 같이 주어진 단위계단함수 $f(t) = u(t)$[3]의 라플라스 변환을 구하라.

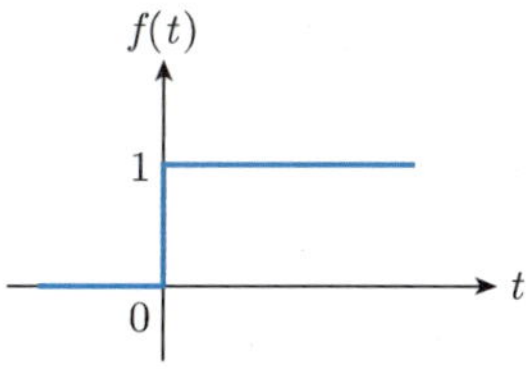

[그림 5-2] 단위계단함수

3 단위계단함수는 보통 $u(t)$를 사용하여 나타내는데, 어떤 책에서는 $1(t)$로 표기하기도 한다.

풀이

라플라스 변환의 정의를 사용하면 다음과 같다.

$$\mathcal{L}[u(t)] = \int_0^\infty e^{-st}(1)dt = -\frac{1}{s}\left[e^{-st}\right]_0^\infty = \frac{1}{s}$$

Command Window

: 코딩

```
t=sym('t');                % 변수 t의 심볼릭 정의
u=heaviside(t); 1          % 계단함수 정의
U=laplace(u) 2             % 정의된 함수에 대한 라플라스 변환값 구하기
```

: 결과

```
U = 1/s                    % [예제 5-1]의 결과와 동일
```

MATLAB TIP!

1 'heaviside' : 계단함수를 정의한다.

2 'laplace' : 라플라스 변환을 구한다.

유제 5-1 라플라스 변환 : 계단함수

다음 함수의 라플라스 변환을 구하라.

$$f(t)=\frac{1}{2}u(t)$$

정답 : $\mathcal{L}[f(t)]=\frac{1}{2}\frac{1}{s}$

예제 5-2 라플라스 변환 : 단위경사함수

[그림 5-3]과 같이 주어진 단위경사함수 $f(t)=t$의 라플라스 변환을 구하라.

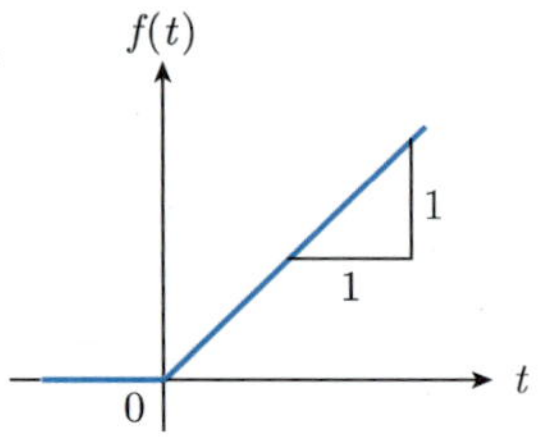

[그림 5-3] 단위경사함수

풀이

Hint 부분적분 : $\int_a^b u'\,v\,dt = uv\Big|_a^b - \int_a^b uv'dt$

라플라스 변환의 정의를 사용하면 다음과 같다.

$$\mathcal{L}[t]=\int_0^\infty e^{-st}(t)dt$$

부분적분을 이용해 적분값을 구한다.

$$\int_0^\infty e^{-st}(t)dt=\left[-\frac{t}{s}e^{-st}\right]_0^\infty+\frac{1}{s}\int_0^\infty e^{-st}dt$$
$$=\frac{1}{s}\mathcal{L}[1]=\frac{1}{s^2}$$

Command Window

: 코딩
```
t=sym('t');                % 변수 t의 심볼릭 정의
U=laplace(t) 1             % 정의된 함수에 대한 라플라스 변환값 구하기
```

: 결과
```
U = 1/s^2                  % [예제 5-2]의 결과와 동일
```

MATLAB TIP!

1 심볼릭을 사용하여 단위경사함수를 정의한다.

유제 5-2 라플라스 변환 : 경사함수

다음 함수의 라플라스 변환을 구하라.

$$f(t)=2t$$

정답 : $\mathcal{L}[f(t)]=\frac{2}{s^2}$

예제 5-3 라플라스 변환 : $f(t)=t^n$

함수 $f(t)=t^n$의 라플라스 변환을 구하라.

풀이

라플라스 변환의 정의를 사용하면 다음과 같다.

$$\mathcal{L}[t^n]=\int_0^\infty e^{-st}(t^n)dt$$

부분적분을 반복적으로 이용해 적분값을 구한다.

$$\begin{aligned}\int_0^\infty e^{-st}(t^n)dt &= \left[-\frac{t^n}{s}e^{-st}\right]_0^\infty+\frac{n}{s}\int_0^\infty e^{-st}t^{n-1}dt=\frac{n}{s}\mathcal{L}[t^{n-1}]\\ &=\frac{n}{s}\frac{n-1}{s}\mathcal{L}[t^{n-2}]\\ &=\frac{n}{s}\frac{n-1}{s}\frac{n-2}{s}\cdots\frac{2}{s}\mathcal{L}[t]\\ &=\frac{n}{s}\frac{n-1}{s}\frac{n-2}{s}\cdots\frac{2}{s}\frac{1}{s^2}\\ &=\frac{n!}{s^{n+1}}\end{aligned}$$

Command Window

: 코딩

```
t=sym('t');          % 변수 t의 심볼릭 정의
u=laplace(t^2)       % f(t)=t^2(n=2인 경우)에 대한 라플라스 변환 구하기
```

: 결과

```
U = 2/s^3            % [예제 5-3]의 결과와 동일
```

유제 5-3 라플라스 변환 : $f(t)=t^n$

다음 함수의 라플라스 변환을 구하라.

$$f(t)=t^3$$

정답 : $\mathcal{L}[f(t)]=\dfrac{3!}{s^4}$

예제 5-4 라플라스 변환 : 지수함수

[그림 5-4]와 같이 주어진 지수함수 $f(t)=e^{-at}$의 라플라스 변환을 구하라. 여기서 a는 양의 상수이다.

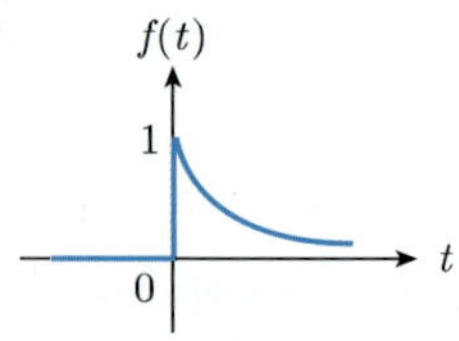

[그림 5-4] 지수함수

풀이

라플라스 변환의 정의를 사용하여 구한다.

$$\begin{aligned}\mathcal{L}[e^{-at}] &= \int_0^\infty e^{-st}(e^{-at})dt \\ &= \int_0^\infty e^{-(s+a)t}dt = \left[-\frac{1}{s+a}e^{-(s+a)t}\right]_0^\infty \\ &= \frac{1}{s+a}\end{aligned}$$

Command Window

: 코딩

```
syms a t;                    % 상수 a와 시간변수 t의 심볼릭 정의
U=laplace(exp(-a*t)) 1       % 정의된 함수에 대한 라플라스 변환값 구하기
```

: 결과

```
U = 1/(a+s)                  % [예제 5-4]의 결과와 동일
```

MATLAB TIP!

1 심볼릭을 사용하여 지수함수를 정의한다.

유제 5-4 라플라스 변환 : 지수함수

다음 함수의 라플라스 변환을 구하라.

$$f(t)=2e^{-2t}$$

정답 : $\mathcal{L}[f(t)]=\dfrac{2}{s+2}$

예제 5-5 라플라스 변환 : 사인함수

삼각함수 $f(t)=\sin at$의 라플라스 변환을 구하라. 여기서 a는 양의 상수이다.

풀이

라플라스 변환의 정의를 사용하면 다음과 같다.

$$\mathcal{L}[\sin at]=\int_0^\infty e^{-st}(\sin at)dt$$

부분적분을 이용해 전개하면 다음과 같다.

$$\begin{aligned}\mathcal{L}[\sin at] &= \int_0^\infty e^{-st}(\sin at)dt \\ &= \left[\frac{-e^{-st}\sin at}{s}\right]_0^\infty + \frac{a}{s}\int_0^\infty e^{-st}\cos at\,dt \\ &= \frac{a}{s}\int_0^\infty e^{-st}\cos at\,dt\end{aligned}$$

$\int_0^\infty e^{-st}\cos at\,dt$를 구하기 위해 부분적분을 다시 한 번 이용하면

$$\begin{aligned}\mathcal{L}[\sin at] &= \frac{a}{s}\left[\left[\frac{-e^{-st}\cos at}{s}\right]_0^\infty - \frac{a}{s}\int_0^\infty e^{-st}\sin at\,dt\right] \\ &= \frac{a}{s}\left[\frac{1}{s} - \frac{a}{s}\int_0^\infty e^{-st}\sin at\,dt\right] \\ &= \frac{a}{s^2} - \frac{a^2}{s^2}\mathcal{L}[\sin at]\end{aligned}$$

이다. 위 식을 $\mathcal{L}[\sin at]$에 대해 풀면 다음 결과를 얻는다.

$$\mathcal{L}[\sin at] = \frac{a}{s^2+a^2}$$

Command Window

: 코딩

```
syms a t;                    % 상수 a와 시간변수 t의 심볼릭 정의
U=laplace(sin(a*t)) 1        % 정의된 함수에 대한 라플라스 변환값 구하기
```

: 결과

```
U = a/(a^2+s^2)              % [예제 5-5]의 결과와 동일
```

MATLAB TIP!

1 'sin(a*t)' : 심볼릭을 사용하여 사인함수를 정의한다.

유제 5-5 라플라스 변환 : 사인함수

다음 함수의 라플라스 변환을 구하라.

$$f(t) = 2\sin t$$

정답 : $\mathcal{L}[f(t)] = \frac{2}{s^2+1}$

예제 5-6 라플라스 변환 : 코사인함수

삼각함수 $f(t) = \cos at$의 라플라스 변환을 구하라. 여기서 a는 양의 상수이다.

풀이

라플라스 변환의 정의를 사용하면 다음과 같다.

$$\mathcal{L}[\cos at] = \int_0^\infty e^{-st}(\cos at)dt$$

[예제 5-5]와 유사한 방법으로 구할 수 있으며, 결과는 다음과 같다.

$$\mathcal{L}[\cos at] = \frac{s}{s^2 + a^2}$$

Command Window

```
: 코딩
syms a t;                    % 상수 a와 시간변수 t의 심볼릭 정의
U=laplace(cos(a*t)) 1        % 정의된 함수에 대한 라플라스 변환값 구하기

: 결과
U = s/(a^2+s^2)              % [예제 5-6]의 결과와 동일
```

MATLAB TIP!

1 'cos(a*t)' : 심볼릭을 사용하여 코사인함수를 정의한다.

유제 5-6 라플라스 변환 : 코사인함수

다음 함수의 라플라스 변환을 구하라.

$$f(t) = 2\cos t$$

정답 : $\mathcal{L}[f(t)] = \dfrac{2s}{s^2+1}$

예제 5-7 라플라스 변환 : 펄스함수

[그림 5-5]와 같이 주어진 펄스 함수의 라플라스 변환을 구하라.

$$f(t) = \begin{cases} \dfrac{1}{t_0} & (0 \le t < t_0) \\ 0 & (t \ge t_0) \end{cases}$$

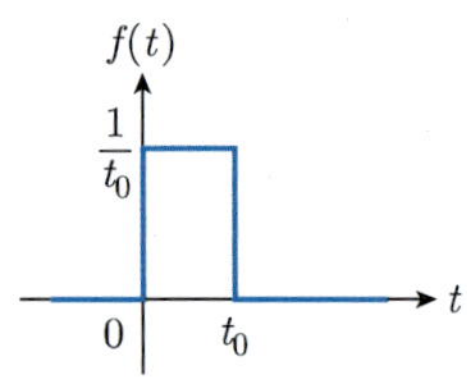

[그림 5-5] 펄스함수

풀이

라플라스 변환의 정의를 사용하여 전개하면 다음과 같다.

$$\begin{aligned}\mathcal{L}[f(t)] &= \int_0^\infty e^{-st}f(t)dt = \int_0^{t_0} e^{-st}\left(\frac{1}{t_0}\right)dt + \int_{t_0}^\infty e^{-st}(0)dt \\ &= \left[\frac{1}{-t_0 s}e^{-st}\right]_0^{t_0} = \frac{1-e^{-t_0 s}}{t_0 s}\end{aligned}$$

예제 5-8 라플라스 변환 : 임펄스함수

[그림 5-6]과 같이 주어진 **단위 임펄스**unit impulse 함수(델타함수 $\delta(t)$ 라고도 함)의 라플라스 변환을 구하라.

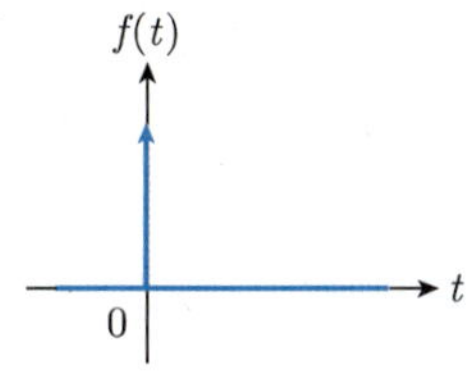

[그림 5-6] 임펄스함수

풀이

[예제 5-7]의 결과에 대해 $t_0 \to 0$으로 극한시키면 다음과 같다.

$$\mathcal{L}[f(t)] = \int_0^{\infty} e^{-st} f(t)\,dt = \lim_{t_0 \to 0} \frac{1-e^{-t_0 s}}{t_0 s}$$

극한값 계산을 위해 로피탈 정리([정리 1-12])를 사용하면 다음과 같은 변환 결과가 얻어진다.

$$\mathcal{L}[f(t)] = \lim_{t_0 \to 0} \frac{1-e^{-t_0 s}}{t_0 s} = \lim_{t_0 \to 0} \frac{s e^{-t_0 s}}{s} = 1$$

지금까지 미분방정식의 입력함수로 주로 등장하는 함수들의 라플라스 변환을 구하는 방법에 대해 설명하였다. 이제 라플라스 변환의 정의와 라플라스 연산자의 선형성을 이용하여 이러한 함수들의 다양한 조합에 대한 라플라스 변환을 구하는 예제들을 풀어보고자 한다.

예제 5-9 라플라스 변환 구하기

함수 $f(t) = t^2 - 1$의 라플라스 변환을 구하라.

MATLAB 풀이

풀이

[예제 5-1]에 의하면 $\mathcal{L}[1] = \frac{1}{s}$ 이고, [예제 5-3]에 의하면 $\mathcal{L}[t^2] = \frac{2}{s^3}$ 이므로 라플라스 연산자의 선형성을 이용하면 그 결과는 다음과 같다.

$$\mathcal{L}[t^2 - 1] = \frac{2}{s^3} - \frac{1}{s}$$

예제 5-10 라플라스 변환 구하기

함수 $f(t) = (t+1)^2$의 라플라스 변환을 구하라.

MATLAB 풀이

풀이

[예제 5-1]에 의하면 $\mathcal{L}[1] = \frac{1}{s}$, [예제 5-2]에 의하면 $\mathcal{L}[t] = \frac{1}{s^2}$, [예제 5-3]에 의하면 $\mathcal{L}[t^2] = \frac{2}{s^3}$ 이므로 라플라스 연산자의 선형성을 이용하면 그 결과는 다음과 같다.

$$\mathcal{L}\left[(t+1)^2\right]=\mathcal{L}\left[t^2+2t+1\right]=\frac{2}{s^3}+\frac{2}{s^2}+\frac{1}{s}$$

예제 5-11 라플라스 변환 구하기

함수 $f(t)=2e^{2t-1}$의 라플라스 변환을 구하라.

MATLAB 풀이

풀이

[예제 5-4]에 의하면 $\mathcal{L}\left[e^{2t}\right]=\frac{1}{s-2}$이므로 라플라스 연산자의 선형성을 이용하면 그 결과는 다음과 같다.

$$\mathcal{L}\left[2e^{2t-1}\right]=\mathcal{L}\left[\frac{2}{e}e^{2t}\right]=\frac{2}{e}\frac{1}{s-2}$$

예제 5-12 라플라스 변환 구하기

함수 $f(t)=\sin\left(t+\frac{\pi}{6}\right)$의 라플라스 변환을 구하라.

MATLAB 풀이

풀이

[예제 5-5]에 의하면 $\mathcal{L}\left[\sin t\right]=\frac{1}{s^2+1}$이고, [예제 5-6]에 의하면 $\mathcal{L}\left[\cos t\right]=\frac{s}{s^2+1}$이므로 삼각함수 합의공식과 라플라스 연산자의 선형성을 이용하면 그 결과는 다음과 같다.

$$\mathcal{L}\left[\sin\left(t+\frac{\pi}{6}\right)\right]=\mathcal{L}\left[\sin t\cos\frac{\pi}{6}+\cos t\sin\frac{\pi}{6}\right]=\mathcal{L}\left[\frac{\sqrt{3}}{2}\sin t+\frac{1}{2}\cos t\right]$$
$$=\frac{\sqrt{3}}{2}\frac{1}{s^2+1}+\frac{1}{2}\frac{s}{s^2+1}=\frac{s+\sqrt{3}}{2(s^2+1)}$$

예제 5-13 라플라스 변환 구하기

다음 함수의 라플라스 변환을 구하라.

$$f(t)=\begin{cases}0, & 0\le t<1\\ 2, & t\ge 1\end{cases}$$

풀이

라플라스 변환의 정의를 사용하여 함수 $f(t)$의 라플라스 변환을 구하면 그 결과는 다음과 같다.

$$\mathcal{L}\left[f(t)\right]=\int_0^\infty f(t)e^{-st}dt=\int_0^1(0)e^{-st}dt+\int_1^\infty(2)e^{-st}dt=\left[\frac{2}{-s}e^{-st}\right]_1^\infty=\frac{2}{s}e^{-s}$$

예제 5-14 라플라스 변환 구하기

다음 함수의 라플라스 변환을 구하라.

$$f(t)=\begin{cases}0, & 0\le t<1\\ e^{-2t}, & t\ge 1\end{cases}$$

풀이

라플라스 변환의 정의를 사용하여 함수 $f(t)$의 라플라스 변환을 구하면 그 결과는 다음과 같다.

$$\begin{aligned}\mathcal{L}\{f(t)\}&=\int_0^\infty f(t)e^{-st}\,dt=\int_0^1(0)e^{-st}dt+\int_1^\infty e^{-2t}e^{-st}dt=\int_1^\infty e^{-(s+2)t}dt\\&=\left[\frac{1}{-(s+2)}e^{-(s+2)t}\right]_1^\infty=\frac{1}{s+2}e^{-(s+2)}\end{aligned}$$

5.2.2 주기함수의 변환

임의의 함수 $f(t)$가 $T>0$인 주기 T를 갖는 **주기함수** periodic function 이면 $f(t)=f(t+T)$를 만족하고, 그 주기함수의 라플라스 변환은 첫 번째 주기만 적분하면 구할 수 있다.

정리 5-2 주기함수의 라플라스 변환

함수 $f(t)$가 구간 연속함수이고 주기 T인 주기함수이면, 그 함수의 라플라스 변환은 다음과 같다.

$$\mathcal{L}[f(t)]=\frac{1}{1-e^{-sT}}\int_0^T e^{-st}f(t)dt \tag{5.5}$$

증명 라플라스 변환의 정의에 의해

$$\begin{aligned}\mathcal{L}[f(t)]&=\int_0^\infty e^{-st}f(t)dt\\&=\int_0^T e^{-st}f(t)dt+\int_T^\infty e^{-st}f(t)dt\end{aligned}$$

가 된다. 우변의 두 번째 항을 $t=u+T$로 치환하여 치환적분으로 전개하자. 그러면 $dt=du$이고, $t=T$이면 $u=0$, $t=\infty$이면 $u=\infty$이므로 이러한 관계들을 우변 두 번째 항에 대입하고 정리하면 다음 결과를 얻는다.

$$\int_T^\infty e^{-st} f(t)dt = \int_0^\infty e^{-s(u+T)} f(u+T)du \qquad \cdots\cdots \ f\text{가 주기함수이므로 } f(u+T)=f(u)$$

$$= e^{-sT} \int_0^\infty e^{-su} f(u)du = e^{-sT} \mathcal{L}\,[f(t)]$$

따라서 위의 결과를 원 식에 대입하고 $\mathcal{L}\,[f(t)]$에 대해 풀면 다음 결과를 얻을 수 있다.

$$\mathcal{L}\,[f(t)] = \int_0^T e^{-st} f(t)dt + e^{-sT} \mathcal{L}\,[f(t)]$$

$$\therefore \ \mathcal{L}\,[f(t)] = \frac{1}{1-e^{-sT}} \int_0^T e^{-st} f(t)dt$$ ■

예제 5-15 주기함수의 라플라스 변환 구하기

[그림 5-7]과 같은 주기함수의 라플라스 변환을 구하라.

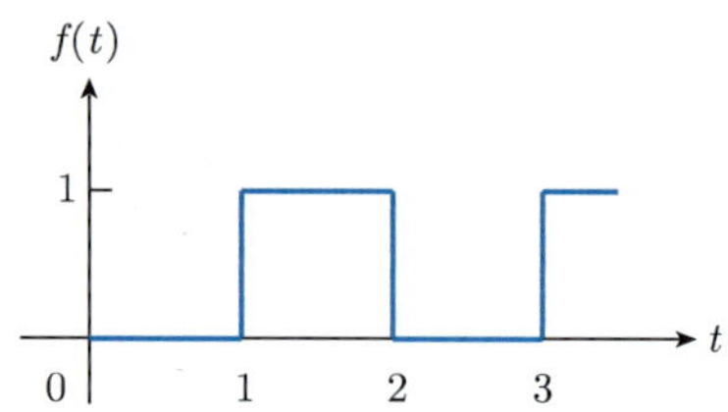

[그림 5-7]

풀이

그림에 주어진 함수 $f(t)$는 다음과 같은 주기 $2(T=2)$인 함수이고, $0 \le t < 1$에서는 $f(t)=0$, $1 \le t \le 2$에서는 $f(t)=1$이므로 [정리 5-2]를 사용하여 구하면 된다.

$$\begin{aligned}
\mathcal{L}\,[f(t)] &= \frac{1}{1-e^{-sT}} \int_0^T e^{-st} f(t)dt \\
&= \frac{1}{1-e^{-2s}} \left[\int_0^1 e^{-st}(0)dt + \int_1^2 e^{-st}(1)dt \right] \\
&= \frac{1}{1-e^{-2s}} \left[\frac{e^{-st}}{-s} \right]_1^2 = \frac{1}{1-e^{-2s}} \left(\frac{e^{-s}-e^{-2s}}{s} \right) \\
&= \frac{e^{-s}}{s(1+e^{s})}
\end{aligned}$$

유제 5-7 주기함수의 라플라스 변환 구하기

[그림 5-8]과 같은 주기함수의 라플라스 변환을 구하라.

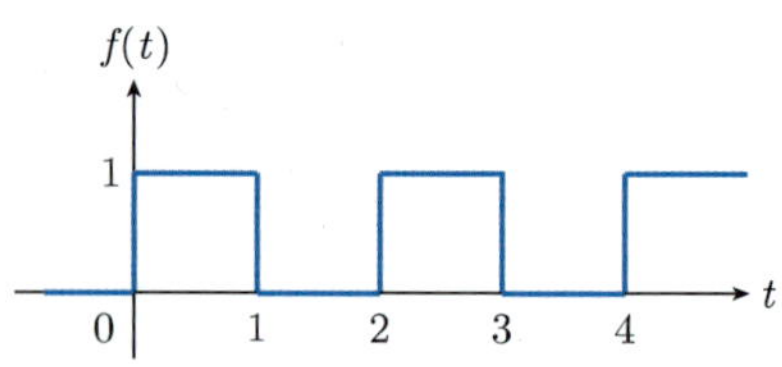

[그림 5-8]

정답 : $\mathcal{L}\,[f(t)] = \dfrac{1}{s(1+e^{-s})}$

5.2.3 도함수의 변환

앞서 언급한 바와 같이, 라플라스 변환의 주요 목적 중 하나가 미분방정식을 푸는 것이다. 이를 위해서는 함수의 도함수에 대한 라플라스 변환을 구할 수 있어야 한다.

■ 1계 도함수

정리 5-3 1계 도함수 1st Order Derivative Function

초기조건이 $f(0)$인 1계 도함수의 라플라스 변환은 다음과 같다.

$$\mathcal{L}\left[\frac{df}{dt}\right] = sF(s) - f(0) \tag{5.6}$$

증명 정의에 의해 $\dfrac{df}{dt}$의 라플라스 변환은 다음과 같다.

$$\mathcal{L}\left[\frac{df}{dt}\right] = \int_0^\infty e^{-st}\left[\frac{df}{dt}\right]dt$$

부분적분법을 이용해 적분을 계산하면 다음과 같다.

$$\begin{aligned}\int_0^\infty e^{-st}\left(\frac{df}{dt}\right)dt &= e^{-st}f(t)\Big]_0^\infty + s\int_0^\infty e^{-st}f(t)dt \\ &= sF(s) - f(0)\end{aligned}$$ ■

이를 MATLAB으로 확인해보자.

Command Window

: 코딩

```
u=sym('f(t)');        % 함수 f(t)의 심볼릭 정의
v=diff(u);            % 1계 도함수 f'(t)의 심볼릭 정의
U=laplace(v)          % 1계 도함수의 라플라스 변환값 구하기
```

: 결과

```
U = s*laplace(f(t),t,s)-f(0)        % [정리 5-3]의 결과와 동일
```

■ 2계 도함수

정리 5-4 2계 도함수 2nd Order Derivative Function

초기조건이 $f(0)$와 $f'(0)$인 2계 도함수의 라플라스 변환은 다음과 같다.

$$\mathcal{L}\left[\frac{d^2f}{dt^2}\right] = s^2F(s) - sf(0) - f'(0) \tag{5.7}$$

증명 정의에 의해 $\dfrac{d^2 f}{dt^2}$의 라플라스 변환은 다음과 같다.

$$\mathcal{L}\left[\frac{d^2 f}{dt^2}\right]=\int_0^\infty e^{-st}\left(\frac{d^2 f}{dt^2}\right)dt$$

[정리 5-3]을 증명할 때와 유사하게 부분적분법을 두 번 반복하여 사용하면 다음과 같이 구할 수 있다.

$$\begin{aligned}\int_0^\infty e^{-st}\left(\frac{d^2 f}{dt^2}\right)dt &= e^{-st}\frac{df}{dt}\bigg]_0^\infty + s\int_0^\infty e^{-st}\left(\frac{df}{dt}\right)dt \\ &= -f'(0)+s\,[\,sF(s)-f(0)\,] \\ &= s^2F(s)-sf(0)-f'(0)\end{aligned}$$

■

이를 MATLAB으로 확인해보자.

Command Window

: 코딩

```
u=sym('f(t)');                          % 함수 f(t)의 심볼릭 정의
v=diff(diff(u));                        % 2계 도함수 f''(t)의 심볼릭 정의
U=laplace(v)                            % 2계 도함수의 라플라스 변환값 구하기
```

: 결과

```
U = s^2*laplace(f(t),t,s)-D(f)(0)-s*f(0)     % [정리 5-4]의 결과와 동일
```

■ n계 도함수

정리 5-5 n계 도함수 nth Order Derivative Function

초기조건이 $f(0)$, $f'(0)$, $\cdots$, $f^{(n-1)}(0)$인 n계 도함수의 라플라스 변환은 다음과 같다.

$$\mathcal{L}\left[\frac{d^n f}{dt^n}\right]=s^nF(s)-s^{n-1}f(0)-s^{n-2}f'(0)-\cdots-f^{(n-1)}(0) \quad (5.8)$$

증명 정의에 의해 $\dfrac{d^n f}{dt^n}$의 라플라스 변환은 다음과 같다.

$$\mathcal{L}\left[\frac{d^n f}{dt^n}\right]=\int_0^\infty e^{-st}\left(\frac{d^n f}{dt^n}\right)dt$$

[정리 5-3]과 [정리 5-4]를 증명할 때와 유사한 방법으로 쉽게 증명할 수 있으므로 이에 대한 증명은 생략한다. ■

이를 MATLAB으로 확인해보자.

Command Window

```
: 코딩
u=sym('f(t)');                          % 함수 f(t)의 심볼릭 정의
v=diff(diff(diff(u)));                  % 3계 도함수 f'''(t)의 심볼릭 정의
U=laplace(v)                            % 3계 도함수의 라플라스 변환값 구하기

: 결과
U = s^3*laplace(f(t),t,s)-(D,2)(f)(0)-s*D(f)(0)-s^2*f(0) 1
                                        % [정리 5-5]의 결과와 동일
```

MATLAB TIP!

1 '(D,2)(f)(0)' : $f''(0)$을 나타낸다.
'D(f)(0)' : $f'(0)$을 나타낸다.

5.3 라플라스 변환의 이동정리

[정의 5-1]을 사용하여 함수 $f(t)$의 라플라스 변환을 구할 때, 다음과 같은 이동정리를 사용하면 계산이 매우 간단해진다. 이 절에서는 두 종류의 **이동정리** translation theorem에 대해 살펴볼 것이다.

정리 5-6 제1이동정리 First Translation Theorem

함수 $f(t)$의 라플라스 변환이 $\mathcal{L}[f(t)] = F(s)$이고, a가 임의의 실수이면 다음이 성립한다.

$$\mathcal{L}\left[e^{at}f(t)\right] = F(s-a) \tag{5.9}$$

증명 정의에 의해 $e^{at}f(t)$의 라플라스 변환은 다음과 같다.

$$\begin{aligned}\mathcal{L}\left[e^{at}f(t)\right] &= \int_0^\infty e^{-st}(e^{at}f(t))dt \\ &= \int_0^\infty e^{-(s-a)t}f(t)dt \\ &= F(s-a)\end{aligned}$$

■

예제 5-16 제1이동정리

주어진 함수들의 라플라스 변환을 구하라.

(a) $f(t)=e^{-2t}t$ (b) $f(t)=e^{-2t}\sin t$

풀이

(a) $\mathcal{L}[t]=\dfrac{1}{s^2}$ 이므로, 제1이동정리를 이용하면 다음과 같다.

$$\mathcal{L}[e^{-2t}t]=\frac{1}{(s+2)^2}$$

(b) $\mathcal{L}[\sin t]=\dfrac{1}{s^2+1}$ 이므로, 제1이동정리를 이용하면 다음과 같다.

$$\mathcal{L}[e^{-2t}\sin t]=\frac{1}{(s+2)^2+1}$$

```
Command Window

: 코딩
t=sym('t');                          % 시간변수 t의 심볼릭 정의
U1=laplace(exp(-2*t)*t)              % 구하고자 하는 함수에 대한 라플라스
U2=laplace(exp(-2*t)*sin(t))         % 변환값 구하기

: 결과
U1 = 1/(s+2)^2                       % [예제 5-16(a)]의 결과와 동일
U2 = 1/((s+2)^2+1)                   % [예제 5-16(b)]의 결과와 동일
```

유제 5-8 제1이동정리

주어진 함수들의 라플라스 변환을 구하라.

(a) $f(t)=e^{-t}(t-1)$ (b) $f(t)=e^{-t}\cos 2t$

정답 : (a) $\mathcal{L}[f(t)]=\dfrac{1}{(s+1)^2}-\dfrac{1}{s+1}$, (b) $\mathcal{L}[f(t)]=\dfrac{s+1}{(s+1)^2+2^2}$

정리 5-7 제2이동정리 Second Translation Theorem

함수 $f(t)$의 라플라스 변환이 $\mathcal{L}[f(t)]=F(s)$이고, $a>0$이면 다음이 성립한다. 여기서 $u(t)$는 단위계단함수이다.

$$\mathcal{L}[f(t-a)u(t-a)]=e^{-as}F(s) \tag{5.10}$$

증명 정의에 의해 $f(t-a)u(t-a)$의 라플라스 변환은 다음과 같다.

$$\begin{aligned}\mathcal{L}[f(t-a)u(t-a)] &= \int_0^{\infty} e^{-st} f(t-a)u(t-a)dt \\ &= \int_0^{a} e^{-st} f(t-a)(0)dt + \int_a^{\infty} e^{-st} f(t-a)(1)dt \\ &= \int_a^{\infty} e^{-st} f(t-a)dt\end{aligned}$$

치환적분을 이용하여 위 적분을 계산할 수 있다. $v=t-a$라 놓으면 $t=v+a$, $dv=dt$이고, $t=a$이면 $v=0$, $t=\infty$이면 $v=\infty$이다. 따라서 이 관계를 위에 대입하여 정리를 증명할 수 있다.

$$\begin{aligned}\mathcal{L}[f(t-a)u(t-a)] &= \int_a^{\infty} e^{-st} f(t-a)dt \\ &= \int_0^{\infty} e^{-s(v+a)} f(v)dv \\ &= e^{-as}\int_0^{\infty} e^{-sv} f(v)dv \\ &= e^{-as}F(s)\end{aligned}$$

■

예제 5-17 제2이동정리

주어진 함수들의 라플라스 변환을 구하라.

(a) $f(t)=(t-1)u(t-1)$ (b) $f(t)=tu(t-3)$

풀이

(a) $\mathcal{L}[t]=\dfrac{1}{s^2}$ 이므로 제 2이동정리를 이용하면 구하고자 하는 라플라스 변환은 다음과 같다.

$$\mathcal{L}[(t-1)u(t-1)]=\frac{e^{-s}}{s^2}$$

(b) $\mathcal{L}[tu(t-3)]=\mathcal{L}[(t-3+3)u(t-3)]$
$\quad =\mathcal{L}[(t-3)u(t-3)]+3\mathcal{L}[u(t-3)]$

이므로 제 2이동정리에 의해 다음을 얻는다.

$$\mathcal{L}[tu(t-3)]=\frac{e^{-3s}}{s^2}+\frac{3e^{-3s}}{s}$$

Command Window

```
: 코딩
t=sym('t');                        % 시간변수 t의 심볼릭 정의
u1=heaviside(t-1);                 % 함수 u(t-1)의 심볼릭 정의
u2=heaviside(t-3);                 % 함수 u(t-3)의 심볼릭 정의
U1=laplace((t-1)*u1)               % 문제(a)에 대한 라플라스 변환값 구하기
U2=laplace(t*u2)                   % 문제(b)에 대한 라플라스 변환값 구하기

: 결과
U1 = exp(-s)/s^2                   % [예제 5-17(a)]의 결과와 동일
U2 = (3*exp(-3*s))/s+exp(-3*s)/s^2 % [예제 5-17(b)]의 결과와 동일
```

유제 5-9 제2이동정리

주어진 함수들의 라플라스 변환을 구하라.

(a) $f(t)=e^{t-1}u(t-1)$ (b) $f(t)=e^{t}u(t-1)$

정답 : (a) $\mathcal{L}[f(t)]=\dfrac{e^{-s}}{s-1}$, (b) $\mathcal{L}[f(t)]=\dfrac{e^{-(s-1)}}{s-1}$

5.4 라플라스 변환의 부가적인 특성

5.4.1 라플라스 변환의 도함수

함수 $f(t)$에 t가 곱해진 함수의 라플라스 변환은 $f(t)$의 라플라스 변환함수 $F(s)$를 미분함으로써 얻을 수 있다.

라플라스 변환의 정의로부터 $F(s)=\int_0^{\infty} e^{-st}f(t)\,dt$이므로

$$\begin{aligned}\frac{d}{ds}F(s) &= \frac{d}{ds}\int_0^{\infty} e^{-st}f(t)dt \\ &= \int_0^{\infty}\frac{d}{ds}e^{-st}f(t)dt \\ &= -\int_0^{\infty} e^{-st}[tf(t)]\,dt \\ &= -\mathcal{L}[tf(t)]\end{aligned}$$

이다. 따라서 다음과 같은 관계식을 얻는다.

$$\mathcal{L}\left[tf(t)\right] = -\frac{d}{ds}F(s) \tag{5.11}$$

이와 마찬가지로

$$\begin{aligned}\mathcal{L}\left[t^2 f(t)\right] &= \mathcal{L}\left[t\{tf(t)\}\right] = -\frac{d}{ds}\mathcal{L}\left[tf(t)\right] \\ &= -\frac{d}{ds}\left(-\frac{d}{ds}\mathcal{L}\left[f(t)\right]\right) = \frac{d^2}{ds^2}\mathcal{L}\left[f(t)\right]\end{aligned}$$

이다. 따라서 다음과 같은 관계식을 얻는다.

$$\mathcal{L}\left[t^2 f(t)\right] = (-1)^2\frac{d^2}{ds^2}F(s) \tag{5.12}$$

이러한 방법으로 계속 진행하면 [정리 5-8]과 같이 일반화할 수 있다.

정리 5-8 라플라스 변환의 도함수

함수 $f(t)$의 라플라스 변환이 $\mathcal{L}\left[f(t)\right] = F(s)$이고, n이 양의 정수이면 다음이 성립한다.

$$\mathcal{L}\left[t^n f(t)\right] = (-1)^n\frac{d^n}{ds^n}F(s) \tag{5.13}$$

예제 5-18 라플라스 변환의 도함수

함수 $f(t) = t\sin t$에 대해 라플라스 변환을 구하라.

MATLAB 풀이

풀이

$$\mathcal{L}(t\sin t) = -\frac{d}{ds}\mathcal{L}(\sin t) = -\frac{d}{ds}\left(\frac{1}{s^2+1}\right) = \frac{2s}{(s^2+1)^2}$$

유제 5-10 라플라스 변환의 도함수

함수 $f(t) = t\cos t$에 대해 라플라스 변환을 구하라.

정답 : $\mathcal{L}(t\cos t) = \dfrac{s^2-1}{(s^2+1)^2}$

예제 5-19 라플라스 변환의 도함수 : 이동정리

함수 $f(t)=t^2e^t$의 라플라스 변환을 [정리 5-6]과 [정리 5-8]을 사용하여 각각 구하고, 그 결과를 비교하라.

MATLAB 풀이

풀이

[정리 5-6]을 사용하면 $\mathcal{L}\left(t^2\right)=\dfrac{2}{s^3}$ 이므로

$$\mathcal{L}\left(t^2e^t\right)=\frac{2}{(s-1)^3} \quad \cdots\cdots \text{①}$$

이고, [정리 5-8]을 사용하면

$$\mathcal{L}\left(t^2e^t\right)=(-1)^2\frac{d^2}{ds^2}\mathcal{L}\left(e^t\right)=\frac{d^2}{ds^2}\left(\frac{1}{s-1}\right)=\frac{2}{(s-1)^3} \quad \cdots\cdots \text{②}$$

이다. ①과 ②를 비교해 보면, 비록 사용한 방법은 달랐지만 같은 결과가 나옴을 알 수 있다.

유제 5-11 라플라스 변환의 도함수 : 이동정리

함수 $f(t)=t^2e^{-t}$의 라플라스 변환을 [정리 5-6]과 [정리 5-8]을 사용하여 각각 구하고, 그 결과를 비교하라.

정답 : $\mathcal{L}\left(t^2e^{-t}\right)=\dfrac{2}{(s+1)^3}$

5.4.2 합성적분

두 함수 $f(t)$와 $g(t)$의 **합성적분** convolution integral 은 다음과 같이 정의된다.

정의 5-2 합성적분

함수 $f(t)$와 $g(t)$가 구간 연속함수이면, 두 함수 $f(t)$와 $g(t)$의 합성적분을 $f*g$로 나타내며, 다음과 같이 정의한다.

$$h(t)=f(t)*g(t)=\int_0^t f(\tau)g(t-\tau)d\tau \tag{5.14}$$

두 함수의 합성적분은 교환법칙, 즉 $f(t)*g(t)=g(t)*f(t)$가 성립한다. 이와 같은 합성적분의 라플라스 변환을 구하면 [정리 5-9]와 같이 나타낼 수 있다.

정리 5-9 합성적분의 라플라스 변환

함수 $f(t)$와 함수 $g(t)$의 합성적분에 관한 라플라스 변환은 다음과 같다.

$$\mathcal{L}[f(t)*g(t)]=\mathcal{L}[f(t)]\mathcal{L}[g(t)]=F(s)G(s) \qquad (5.15)$$

합성적분의 라플라스 변환에 관한 증명은 다소 어려움이 있으므로 여기에서는 생략하고 그 결과만을 이용하도록 하겠다.

예제 5-20 합성적분

합성적분 정리를 이용해 함수 $v(t)=e^{-t}*\cos t$의 라플라스 변환을 구하라.

MATLAB 풀이

풀이

$\mathcal{L}[f(t)]=\mathcal{L}[e^{-t}]=\dfrac{1}{s+1}$, $\mathcal{L}[g(t)]=\mathcal{L}[\cos t]=\dfrac{s}{s^2+1}$ 이므로 [정리 5-9]에 의해 다음을 얻는다.

$$\mathcal{L}[v(t)]=\mathcal{L}(e^{-t}*\cos t)=\mathcal{L}(e^{-t})\mathcal{L}(\cos t)=\frac{1}{s+1}\frac{s}{s^2+1}=\frac{s}{(s+1)(s^2+1)}$$

유제 5-12 합성적분

합성적분 정리를 이용해 함수 $v(t)=t*\sin t$의 라플라스 변환을 구하라.

정답 : $\mathcal{L}[v(t)]=\dfrac{1}{s^2(s^2+1)}$

5.4.3 적분의 라플라스 변환

[정리 5-3]을 이용하면 함수의 적분에 관한 라플라스 변환을 쉽게 얻을 수 있다.

정리 5-10 적분의 라플라스 변환

$f(t)$의 라플라스 변환이 $F(s)$이면 $f(t)$의 적분에 관한 라플라스 변환은 다음과 같다.

$$\mathcal{L}\left[\int_0^t f(\tau)d\tau\right]=\frac{F(s)}{s} \qquad (5.16)$$

증명 $g(t) = \int_0^t f(\tau)d\tau$라 가정하면 $g'(t) = f(t)$이고, $g(0) = 0$이다. [정리 5-3]의 1계 도함수의 라플라스 변환 공식에 의하면

$$\mathcal{L}[g'(t)] = s\mathcal{L}[g(t)] - g(0) = s\mathcal{L}[g(t)]$$

이므로

$$\mathcal{L}[g(t)] = \frac{\mathcal{L}[g'(t)]}{s}$$

가 된다. 따라서 다음과 같다.

$$\begin{aligned}\mathcal{L}\left[\int_0^t f(\tau)d\tau\right] &= \mathcal{L}[g(t)] = \frac{\mathcal{L}[g'(t)]}{s} \\ &= \frac{\mathcal{L}[f(t)]}{s} = \frac{F(s)}{s}\end{aligned}$$

■

예제 5-21 적분의 라플라스 변환

[정리 5-10]을 이용해 다음 함수의 라플라스 변환을 구하라.

$$g(t) = \int_0^t e^{-\tau}d\tau$$

풀이

$f(\tau) = e^{-\tau}$이라 놓으면

$$F(s) = \mathcal{L}[f(\tau)] = \mathcal{L}[e^{-\tau}] = \frac{1}{s+1}$$

이다. 따라서 [정리 5-10]에 의하면 함수 $g(t)$의 라플라스 변환은 다음과 같다.

$$\mathcal{L}[g(t)] = \frac{F(s)}{s} = \frac{1}{s(s+1)}$$

Command Window

```
: 코딩
t=sym('t');                      % 변수 t의 심볼릭 정의
ft=int(exp(-t),0,t);             % 정적분함수 f(t) 정의
U=laplace(ft)                    % 함수의 라플라스 변환 구하기

: 결과
U = 1/s-1/(s + 1)                % [예제 5-21]의 결과와 동일
```

유제 5-13 적분의 라플라스 변환

[정리 5-10]을 이용해 다음 함수의 라플라스 변환을 구하라.

$$g(t) = \int_0^t \cos\tau d\tau$$

정답 : $\mathcal{L}[g(t)] = \frac{1}{s^2+1}$

[정리 5-10]의 적분의 라플라스 변환은 [정리 5-3]의 도함수의 라플라스 변환과 함께 동적 시스템의 전달함수를 구할 때 매우 유용하게 사용되므로 반드시 기억해두기 바란다.

5.5 라플라스 역변환

앞에서 설명한 바와 같이 시간영역의 함수 $f(t)$에 라플라스 변환을 취하면 복소영역의 $F(s)$ 함수로 바뀌게 된다. 이제 역으로 복소영역의 함수 $F(s)$에 **라플라스 역변환**inverse Laplace transform을 취하면 원래 시간영역의 함수 $f(t)$로 되돌아오고, 이를 다음과 같이 정의한다.

정의 5-3 라플라스 역변환

시간영역 함수 $f(t)$의 라플라스 변환이 $F(s)$라면 $F(s)$의 라플라스 역변환은 $f(t)$이고 다음과 같이 표기한다.

$$\mathcal{L}^{-1}[F(s)] = f(t) \tag{5.17}$$

라플라스 역변환의 정의를 보면 시간영역 함수 $f(t)$에 대한 라플라스 변환 $F(s)$가 구해진다면, 그것의 역변환도 쉽게 구해짐을 알 수 있다. 예를 들면, 단위계단함수 $f(t) = u(t)$의 라플라스 변환이 $F(s) = \frac{1}{s}$이므로 $F(s)$의 라플라스 역변환은 $\mathcal{L}^{-1}[F(s)] = \mathcal{L}^{-1}\left[\frac{1}{s}\right] = f(t) = u(t)$가 된다. 따라서 부록에 나타나 있는 라플라스 변환표를 이용하면 라플라스 변환뿐만 아니라 라플라스 역변환도 동시에 알 수 있다.

라플라스 변환에서 사용한 기호 $\mathcal{L}$는 선형 연산자이고, 라플라스 역변환에 사용되는 기호 $\mathcal{L}^{-1}$도 선형 연산자이다. 즉 $F(s)$와 $G(s)$가 각각 $f(t)$와 $g(t)$의 라플라스 변환 함수이고, α와 β가 임의의 상수일 때, 다음 관계가 성립한다.

$$\mathcal{L}^{-1}[\alpha F(s)+\beta G(s)] = \alpha\mathcal{L}^{-1}[F(s)] + \beta\mathcal{L}^{-1}[G(s)] \tag{5.18}$$

라플라스 역변환의 정의와 연산자 $\mathcal{L}^{-1}$이 선형 연산자임을 사용하여 함수의 라플라스 역변환을 구할 수 있다. 그러나 대부분의 함수들은 라플라스 변환표에 나타난 형태로 주어지지 않는다. 이러한 경우에는 역변환하고자 하는 함수를 라플라스 변환표에 나타난 형태로 바꾼 다음 역변환을 구하면 된다. 이러한 방법으로 다음 [예제 5-22]의 라플라스 역변환을 구해보자.

예제 5-22 라플라스 역변환

주어진 라플라스 변환 함수 $F(s)$의 라플라스 역변환을 구하라.

$$F(s) = \frac{s+1}{s^3+s}$$

풀이

주어진 함수는 라플라스 변환표로부터 직접 라플라스 역변환을 구할 수 없으므로, 먼저 다음과 같이 형태를 바꿔야 한다.

$$F(s) = \frac{s+1}{s(s^2+1)} = \frac{a}{s} + \frac{bs+c}{s^2+1}$$

위 식을 만족하는 상수 a, b, c를 구하면 $a=1,\ b=-1,\ c=1$이다. 따라서 위 식은 다음과 같이 다시 쓸 수 있다.

$$F(s) = \frac{1}{s} - \frac{s}{s^2+1} + \frac{1}{s^2+1}$$

이제 라플라스 변환표를 이용하여 다음과 같이 $F(s)$의 역변환을 구할 수 있다.

$$\begin{aligned}\mathcal{L}^{-1}[F(s)] &= \mathcal{L}^{-1}\left[\frac{1}{s}\right] - \mathcal{L}^{-1}\left[\frac{s}{s^2+1}\right] + \mathcal{L}^{-1}\left[\frac{1}{s^2+1}\right] \\ &= u(t) - \cos t + \sin t\end{aligned}$$

Command Window

: 코딩

```
s=sym('s');                      % 변수 s의 심볼릭 정의
Fs=(s+1)/(s^3+s);                % 함수 F(s) 정의
ft=ilaplace(Fs) [1]              % 주어진 함수의 라플라스 역변환 구하기
```

: 결과

```
ft =sin(t)-cos(t)+1              % [예제 5-22]의 결과와 동일
```

MATLAB TIP!

[1] 'ilaplace(F)' : 함수 $F(s)$의 라플라스 역변환을 구한다.

그러나 실제 문제들이 [예제 5-22]와 같이 간단한 형태로 주어지지 않으므로, 좀 더 복잡한 함수들의 라플라스 역변환을 구하기 위해서 **부분분수 전개법**partial fraction expansion이 널리 사용된다. 이제 부분분수 전개법에 대해 살펴보고자 한다.

함수 $f(t)$의 라플라스 변환이 함수 $F(s) = \dfrac{A(s)}{B(s)}$와 같이 유리함수로 주어진다고 가정하자. 여기서 $A(s)$와 $B(s)$는 s에 관한 다항식이고, $A(s)$는 차수가 m, $B(s)$는 차수가 n이고, $n \geq m$이다. 그러면 $F(s)$를 다음과 같이 표현할 수 있다.

$$F(s) = \frac{K(s-a_1)(s-a_2)\cdots(s-a_k)\cdots(s-a_m)}{(s-b_1)(s-b_2)\cdots(s-b_k)\cdots(s-b_n)} \tag{5.19}$$

여기서 K, a_i, b_j는 모두 상수이다. 그런데 $n \geq m$이므로 식 (5.19)는 다음과 같이 다시 쓸 수 있다.

$$F(s) = K + \frac{R_1}{s-b_1} + \frac{R_2}{s-b_2} + \cdots + \frac{R_k}{s-b_k} + \cdots + \frac{R_n}{s-b_n} \tag{5.20}$$

여기서 K는 $n > m$이면 0이고, $n = m$이면 $A(s)$를 $B(s)$로 나누었을 때의 몫이나. 그리고 R_k는 결정해야 할 상수들이다. K와 R_k 값들이 결정되면 식 (5.20)을 라플라스 역변환하여 함수 $f(t)$를 구할 수 있다.

$$\begin{aligned} f(t) &= \mathcal{L}^{-1}[F(s)] \\ &= \mathcal{L}^{-1}\left[K + \frac{R_1}{s-b_1} + \frac{R_2}{s-b_2} + \cdots + \frac{R_k}{s-b_k} + \cdots + \frac{R_n}{s-b_n}\right] \\ &= K\delta(t) + R_1 e^{b_1 t} + R_2 e^{b_2 t} + \cdots + R_k e^{b_k t} + \cdots + R_n e^{b_n t} \end{aligned} \tag{5.21}$$

$B(s)$는 식 (5.19)의 분모와 같이 인수분해되는데, 분모의 인자 $(s-b_k)$에 따라 다음과 같이 두 가지 유형으로 구분하여 R_k를 구할 수 있다. $n = m$인 경우에는 K 값을 쉽게 구할 수 있으므로, 여기서는 $n > m$인 경우에 대해서만 살펴보기로 하자.

■ 유형 ❶ : b_k 값이 모두 서로 다른 경우

식 (5.20)으로부터 식 (5.22)를 얻는다.

$$F(s) = \frac{A(s)}{B(s)} = \frac{R_1}{s-b_1} + \frac{R_2}{s-b_2} + \cdots + \frac{R_k}{s-b_k} + \cdots + \frac{R_n}{s-b_n} \tag{5.22}$$

이제 R_k를 구하는 방법에 대해 살펴보자. 물론 분모를 다시 통분하여 분자들끼리 계수를 비교하여 R_k를 구할 수는 있다. 하지만 계산이 많아지므로 좀 더 간편한 방법을 살펴보자. 식 (5.22)의 양변에 R_k의 분모 $(s-b_k)$를 곱한 뒤 s 대신 b_k를 대입하면

$$\begin{aligned}&\lim_{s\to b_k}\left[\frac{A(s)}{B(s)}(s-b_k)\right]\\&=\lim_{s\to b_k}\left[\frac{R_1(s-b_k)}{s-b_1}+\cdots+\frac{R_k\cancel{(s-b_k)}}{\cancel{s-b_k}}+\cdots+\frac{R_n(s-b_k)}{s-b_n}\right]\end{aligned}$$

가 되고, 우변은 R_k 항을 제외하고 모두 0이 된다. 따라서 위 식은 다음과 같이 간단히 나타낼 수 있다.

$$R_k=\left[\frac{A(s)}{B(s)}(s-b_k)\right]_{s=b_k} \tag{5.23}$$

한편, 식 (5.23)에서 $B(s)$는 그 자체에 인자 $(s-b_k)$를 갖고 있으므로 분자에 곱해진 $(s-b_k)$와 약분된다. 그러므로 약분한 뒤에 s 대신 b_k를 대입해도 아무 문제가 없다. 따라서 식 (5.23)을 사용하여 모든 R 값을 구할 수 있다.

예제 5-23 라플라스 역변환 : 유형 ❶

주어진 라플라스 변환 함수 $F(s)$의 라플라스 역변환을 구하라.

$$F(s)=\frac{s+3}{s^2-2s-3}$$

MATLAB 풀이

풀이

주어진 함수를 정리하면

$$F(s)=\frac{s+3}{s^2-2s-3}=\frac{s+3}{(s+1)(s-3)}=\frac{R_1}{s+1}+\frac{R_2}{s-3}$$

이므로, 식 (5.23)에 의해 R_1, R_2 값이 구해진다.

$$R_1=\left[\frac{s+3}{(s+1)(s-3)}(s+1)\right]_{s=-1}=-\frac{1}{2}$$

$$R_2=\left[\frac{s+3}{(s+1)(s-3)}(s-3)\right]_{s=3}=\frac{3}{2}$$

따라서 식 (5.21)에 의해 다음과 같이 라플라스 역변환이 구해진다.

$$f(t)=-\frac{1}{2}e^{-t}+\frac{3}{2}e^{3t}$$

유제 5-14 라플라스 역변환 : 유형 ❶

주어진 라플라스 변환 함수 $F(s)$의 라플라스 역변환을 구하라.

$$F(s)=\frac{2s-1}{s^2+3s+2}$$

정답 : $f(t)=5e^{-2t}-3e^{-t}$

■ 유형 ❷ : $(s-b)$의 인자가 p개 있는 경우

$B(s)$의 분모의 인자 중 $(s-b)$의 인자가 p개이면 서로 다른 인자는 $(n-p)$개가 되고, 식 (5.22)는 다음과 같이 쓸 수 있다.

$$\frac{A(s)}{B(s)}=\frac{R_1}{s-b}+\frac{R_2}{(s-b)^2}+\cdots+\frac{R_p}{(s-b)^p}+\frac{R_{p+1}}{s-b_{p+1}}+\cdots+\frac{R_n}{s-b_n} \tag{5.24}$$

식 (5.24)에서 $R_{p+1}\sim R_n$까지 $(n-p)$개의 상수들은 식 (5.23)의 방법으로 구하면 되지만, $R_1\sim R_p$까지 p개의 상수들은 식 (5.23)을 적용할 수 없다. $R_1\sim R_p$의 상수를 구하는 공식을 얻기 위해 식 (5.24)를 다음과 같이 다시 쓸 수 있다.

$$\frac{A(s)}{B(s)}=\frac{R_1}{s-b}+\frac{R_2}{(s-b)^2}+\cdots+\frac{R_p}{(s-b)^p}+C(s) \tag{5.25}$$

여기서 $C(s)$는 인자가 같지 않은 $(n-p)$개의 항을 하나로 묶은 것이다. 식 (5.25)의 양변에 $(s-b)^p$을 곱한 후, s 대신 b를 대입하면

$$\left[\frac{A(s)}{B(s)}(s-b)^p\right]_{s=b}$$
$$=\left[\frac{R_1(s-b)^p}{s-b}+\frac{R_2(s-b)^p}{(s-b)^2}+\cdots+\frac{R_p(s-b)^p}{(s-b)^p}+C(s)(s-b)^p\right]_{s=b} \tag{5.26}$$

이 된다. 식 (5.26)의 우변은 R_p만 남고 그 밖의 모든 항은 0이 된다. 따라서 R_p는 다음과 같이 구해진다.

$$R_p=\left[\frac{A(s)}{B(s)}(s-b)^p\right]_{s=b} \tag{5.27}$$

R_{p-1}은 식 (5.25)의 양변에 $(s-b)^p$을 곱하고 양변을 s에 대해 한 번 미분한 뒤, s 대신 b를 대입하면 구할 수 있다. 즉 R_{p-1}은 다음과 같다.

$$R_{p-1} = \left[\frac{d}{ds}\left\{\frac{A(s)}{B(s)}(s-b)^p\right\}\right]_{s=b} \tag{5.28}$$

이와 같은 과정을 반복하면 $R_1 \sim R_p$를 모두 구할 수 있고, 일반적인 식으로 다음과 같이 쓸 수 있다. 여기서 $j=1, 2, \cdots, p$이다.

$$R_j = \frac{1}{(p-j)!}\left[\frac{d^{p-j}}{ds^{p-j}}\left\{\frac{A(s)}{B(s)}(s-b)^p\right\}\right]_{s=b} \tag{5.29}$$

예제 5-24 라플라스 역변환 : 유형 ❷

주어진 라플라스 변환 함수 $F(s)$의 라플라스 역변환을 구하라.

$$F(s) = \frac{s-2}{s(s-1)(s+1)^2}$$

MATLAB 풀이

풀이

주어진 함수를 정리하면 다음과 같다.

$$F(s) = \frac{s-2}{s(s-1)(s+1)^2} = \frac{R_1}{s+1} + \frac{R_2}{(s+1)^2} + \frac{R_3}{s} + \frac{R_4}{s-1}$$

따라서 R_3과 R_4는 식 (5.23)을 이용해 구할 수 있지만, R_1과 R_2는 식 (5.29)를 이용해야 한다. 이때 $b=-1$, $p=2$이다. 상수 R_1, R_2, R_3, R_4는 다음과 같이 얻어진다.

$$\begin{aligned} R_1 &= \left[\frac{d}{ds}\left\{\frac{s-2}{s(s-1)(s+1)^2}(s+1)^2\right\}\right]_{s=-1} \\ &= \left[\frac{d}{ds}\left(\frac{s-2}{s(s-1)}\right)\right]_{s=-1} = \left[\frac{s(s-1)-(s-2)(2s-1)}{s^2(s-1)^2}\right]_{s=-1} = -\frac{7}{4} \end{aligned}$$

$$R_2 = \left[\frac{s-2}{s(s-1)(s+1)^2}(s+1)^2\right]_{s=-1} = -\frac{3}{2}$$

$$R_3 = \left[\frac{s-2}{s(s-1)(s+1)^2}s\right]_{s=0} = 2$$

$$R_4 = \left[\frac{s-2}{s(s-1)(s+1)^2}(s-1)\right]_{s=1} = -\frac{1}{4}$$

따라서 라플라스 역변환은 식 (5.21)과 제1이동정리에 의해 다음과 같이 구해진다.

$$f(t) = -\frac{7}{4}e^{-t} - \frac{3}{2}te^{-t} + 2u(t) - \frac{1}{4}e^t$$

유제 5-15 라플라스 역변환 : 유형 ❷

주어진 라플라스 변환 함수 $F(s)$의 라플라스 역변환을 구하라.

$$F(s)=\frac{1}{s(s-1)^2}$$

정답 : $f(t)=u(t)-e^t+te^t$

앞서 살펴본 두 가지 유형 외에도 $F(s)$의 분모의 인자가 $(s-\alpha-\beta i)$와 $(s-\alpha+\beta i)$의 형태를 취하는 경우도 있다. 그러나 이러한 경우도 유형 ❶이나 유형 ❷에 포함되는 경우이므로 별도로 분리하여 설명하지 않았다. [예제 5-25]는 이러한 경우의 예이다.

예제 5-25 라플라스 역변환 : 분모가 복소수 인자를 갖는 경우

주어진 라플라스 변환 함수 $F(s)$의 라플라스 역변환을 구하라.

$$F(s)=\frac{s-2}{s^2+1}$$

MATLAB 풀이

풀이

주어진 함수를 정리하면 다음과 같다.

$$F(s)=\frac{s-2}{s^2+1}=\frac{s-2}{(s+i)(s-i)}=\frac{R_1}{s+i}+\frac{R_2}{s-i}$$

R_1, R_2는 식 (5.23)을 이용해 다음과 같이 구할 수 있다.

$$R_1=\left[\frac{s-2}{(s+i)(s-i)}(s+i)\right]_{s=-i}=\frac{-i-2}{-2i}$$

$$R_2=\left[\frac{s-2}{(s+i)(s-i)}(s-i)\right]_{s=i}=\frac{i-2}{2i}$$

따라서 라플라스 역변환은 식 (5.21)에 의해

$$f(t)=\frac{i+2}{2i}e^{-ti}+\frac{i-2}{2i}e^{ti}$$

이 된다. $f(t)$가 복소함수이므로 오일러 공식을 사용하여 실수함수로 바꾸는 것이 좋다. 따라서

$$\begin{aligned}f(t)&=\frac{i+2}{2i}(\cos t-i\sin t)+\frac{i-2}{2i}(\cos t+i\sin t)\\&=\frac{1-2i}{2}(\cos t-i\sin t)+\frac{1+2i}{2}(\cos t+i\sin t)\end{aligned}$$

$$= \left(\frac{1-2i+1+2i}{2}\right)\cos t + \left(\frac{-2-i-2+i}{2}\right)\sin t$$
$$= \cos t - 2\sin t$$

가 되어, 결국 $f(t)$는 실수함수가 된다.

TIP 본 예제의 경우 부분분수 전개법을 사용하지 않고 라플라스 변환표를 이용하여 쉽게 구할 수도 있다. 즉 함수 $F(s)$를 다음과 같이 변형시키면 가능하다.

$$F(s) = \frac{s-2}{s^2+1} = \frac{s}{s^2+1} - 2\frac{1}{s^2+1}$$

따라서 함수 $F(s)$의 라플라스 역변환은 다음과 같다.

$$f(t) = \cos t - 2\sin t$$

유제 5-16 라플라스 역변환 : 분모가 복소수 인자를 갖는 경우

주어진 라플라스 변환 함수 $F(s)$의 라플라스 역변환을 구하라.

$$F(s) = \frac{2s-1}{s^2+9}$$

정답 : $f(t) = 2\cos 3t - \frac{1}{3}\sin 3t$

라플라스 역변환을 구하는 데 있어서 부분분수 전개법이 아닌 이동정리를 이용하여 구하는 방법도 있다. 다음 예제를 참고하기 바란다.

예제 5-26 라플라스 역변환 : 제1이동정리 이용

주어진 라플라스 변환 함수 $F(s)$의 라플라스 역변환을 구하라.

$$F(s) = \frac{s+2}{s^2+2s+2}$$

MATLAB 풀이

풀이

주어진 함수는 라플라스 변환표로부터 직접 라플라스 역변환을 구할 수 없으므로, 먼저 다음과 같이 형태를 바꿔야 한다.

$$F(s) = \frac{(s+1)+1}{(s+1)^2+1^2} = \frac{s+1}{(s+1)^2+1^2} + \frac{1}{(s+1)^2+1^2}$$

바뀐 $F(s)$는 [정리 5-6]의 제1이동정리, 삼각함수의 라플라스 변환 공식, 연산자의 선형성을 이용해 다음과 같이 역변환을 구할 수 있다.

$$\mathcal{L}^{-1}[F(s)] = \mathcal{L}^{-1}\left[\frac{s+1}{(s+1)^2+1^2} + \frac{1}{(s+1)^2+1^2}\right]$$
$$= \mathcal{L}^{-1}\left[\frac{s+1}{(s+1)^2+1^2}\right] + \mathcal{L}^{-1}\left[\frac{1}{(s+1)^2+1^2}\right]$$
$$= e^{-t}\cos t + e^{-t}\sin t$$

유제 5-17 라플라스 역변환 : 제1이동정리 이용

주어진 라플라스 변환 함수 $F(s)$의 라플라스 역변환을 구하라.

$$F(s) = \frac{s+1}{s^2-2s+5}$$

정답 : $f(t) = e^t\cos 2t + e^t\sin 2t$

예제 5-27 라플라스 역변환 : 부분분수 전개법과 제2이동정리 이용

주어진 라플라스 변환 함수 $F(s)$의 라플라스 역변환을 구하라.

$$F(s) = \frac{e^{-2s}}{s(s-1)}$$

풀이

주어진 함수는 라플라스 변환표로부터 직접 라플라스 역변환을 구할 수 없으므로, 먼저 부분분수 전개법을 사용하여 다음과 같이 바꾼다.

$$F(s) = \frac{1}{s(s-1)}e^{-2s} = \left[-\frac{1}{s} + \frac{1}{s-1}\right]e^{-2s} = -\frac{1}{s}e^{-2s} + \frac{1}{s-1}e^{-2s}$$

그러면 [정리 5-7]의 제2이동정리를 이용하여 주어진 함수의 라플라스 역변환이 다음과 같이 구해진다.

$$\mathcal{L}^{-1}[F(s)] = -u(t-2) + e^{t-2}u(t-2)$$

Command Window

```
: 코딩
s=sym('s');                          % 변수 s의 심볼릭 정의
Fs=exp(-2*s)/(s*(s-1));              % 함수 F(s) 정의
ft=ilaplace(Fs)                      % 주어진 함수의 라플라스 역변환 구하기

: 결과
ft = heaviside(t-2)*(exp(t-2)-1) 1   % [예제 5-27]의 결과와 동일
```

MATLAB TIP!

1 'heaviside(t-2)' : 단위 계단함수 $u(t-2)$를 나타낸다.

유제 5-18 **라플라스 역변환 : 부분분수 전개법과 제2이동정리 이용**

주어진 라플라스 변환 함수 $F(s)$의 라플라스 역변환을 구하라.

$$F(s)=\frac{s\,e^{-s}}{(s+1)(s-1)}$$

정답 : $f(t)=\frac{1}{2}u(t-1)\left[e^{-(t-1)}+e^{t-1}\right]$

5.6 미분방정식의 해 구하기

2장~4장에 걸쳐 미분방정식의 해를 구하는 방법에 대해 자세하게 설명했다. 이 절에서는 앞서 설명한 방법과 전혀 다른 방법인, 라플라스 변환과 라플라스 역변환을 사용하여 미분방정식의 해를 구하는 방법을 다룰 것이다.

라플라스 변환과 라플라스 역변환을 이용해 미분방정식을 풀 경우 몇 가지 장점이 있다.

❶ 2장~4장에서는 초깃값 문제를 풀 때, 일반해를 먼저 구하고, 얻어진 일반해에 초깃값을 대입하여 얻은 방정식 또는 연립방정식을 풀어서 적분상수들을 찾아야 했다. 하지만 라플라스 변환에서는 도함수를 라플라스 변환할 때 자동적으로 초깃값이 고려되기 때문에 적분상수를 매우 간편하게 구할 수 있다.

❷ 또한 비동차형의 일반해를 구할 때, 보조해와 특수해를 각각 구해야 하는 번거로움이 있었으나, 라플라스 변환법의 경우에는 해를 곧바로 구할 수 있다.

❸ 미분방정식에 라플라스 변환을 취하면 대수방정식으로 바뀌기 때문에 상대적으로 간단해진다.

따라서 주어진 미분방정식에 나타난 모든 함수들에 대해 라플라스 변환이 가능하고 변환된 함수에 대한 역변환이 가능하다면, 미분방정식을 라플라스 변환법으로 구하면 편리하다.

5.6.1 상미분방정식

여기에서는 먼저 라플라스 변환법을 활용하여 상미분방정식을 풀이하는 과정을 설명하고, 그 다음으로 연립 미분방정식을 풀이하는 과정을 설명할 것이다.

[정리 5-5]의 식 (5.8)에 나타난, 초깃값 $f(0)$, $f'(0)$, $\cdots$, $f^{(n-1)}(0)$인 n계 도함수의 라플라스 변환

$$\mathcal{L}\left[\frac{d^n f}{dt^n}\right]=s^n F(s)-s^{n-1}f(0)-s^{n-2}f'(0)-\cdots-f^{(n-1)}(0)$$

을 n계 선형 미분방정식인

$$a_n\frac{d^n y}{dt^n}+a_{n-1}\frac{d^{n-1}y}{dt^{n-1}}+\cdots+a_1\frac{dy}{dt}+a_0 y=g(t)$$

에 대입하면 다음과 같다.

$$\begin{aligned}&a_n[s^n Y(s)-s^{n-1}y(0)-s^{n-2}y'(0)-\cdots-s\,y^{(n-2)}(0)-y^{(n-1)}(0)]\\&\quad+a_{n-1}[s^{n-1}Y(s)-s^{n-2}y(0)-s^{n-3}y'(0)-\cdots-s\,y^{(n-3)}(0)-y^{(n-2)}(0)]\\&\quad+\cdots+a_1[s\,Y(s)-y(0)]+a_0\,Y(s)=G(s)\end{aligned}$$

이 식을 $Y(s)$에 대해 풀면 다음과 같다.

$$\begin{aligned}Y(s)=&\frac{1}{a_n s^n+a_{n-1}s^{n-1}+\cdots+a_1 s+a_0}\Big[a_n\{s^{n-1}y(0)+\cdots+y^{(n-1)}(0)\}\\&+a_{n-1}\{s^{n-2}y(0)+\cdots+y^{(n-2)}(0)\}+\cdots+a_1 y(0)+G(s)\Big]\end{aligned}\tag{5.30}$$

즉 시간 t에 관한 미분방정식이 s에 대한 대수방정식으로 바뀌었음을 알 수 있다. 이제 주어진 미분방정식의 해를 구하기 위해서는 식 (5.30)의 역변환만 구하면 된다.

라플라스 변환법을 사용한 미분방정식 풀이 과정을 확실하게 이해하기 위해 다음 예제를 살펴보자.

예제 5-28 동차 미분방정식

주어진 미분방정식의 해를 구하라.

$$y''-y'-2y=0,\quad (y(0)=1,\ y'(0)=1)$$

풀이

주어진 미분방정식의 양변에 라플라스 변환을 취하면

$$[s^2Y(s)-sy(0)-y'(0)]-[sY(s)-y(0)]-2Y(s)=0$$

이고, 초깃값들을 대입하면

$$[s^2Y(s)-s-1]-[sY(s)-1]-2Y(s)=0$$

이므로, $Y(s)$에 대해서 풀면

$$Y(s)=\frac{s}{s^2-s-2}=\frac{s}{(s+1)(s-2)}=\frac{1}{3}\frac{1}{s+1}+\frac{2}{3}\frac{1}{s-2}$$

이다. 따라서 역변환을 취하면 미분방정식의 해는 다음과 같이 얻어진다.

$$y(t)=\mathcal{L}^{-1}[Y(s)]=\mathcal{L}^{-1}\left[\frac{1}{3}\frac{1}{s+1}+\frac{2}{3}\frac{1}{s-2}\right]=\frac{1}{3}e^{-t}+\frac{2}{3}e^{2t}$$

3.2절에서 설명한 미분방정식의 해법과 비교해보기 위해 3.2절의 방법으로 해를 구해보자.

주어진 미분방정식의 특성방정식은 $\lambda^2-\lambda-2=0$이고, 특성방정식의 특성값은 $\lambda_1=-1$, $\lambda_2=2$이다. 따라서 미분방정식의 일반해는 다음과 같다.

$$y(t)=c_1e^{-t}+c_2e^{2t}$$

주어진 초깃값들을 일반해에 대입하여 상수 c_1과 c_2를 구하자. $y'(t)=-c_1e^{-t}+2c_2e^{2t}$이므로

$$y(0)=c_1+c_2=1,\quad y'(0)=-c_1+2c_2=1$$

이 얻어지고, 두 식을 연립하여 풀면 $c_1=\frac{1}{3}$과 $c_2=\frac{2}{3}$를 얻는다. 따라서 주어진 미분방정식의 해는 다음과 같다.

$$y(t)=\frac{1}{3}e^{-t}+\frac{2}{3}e^{2t}$$

이는 라플라스 변환법으로 구한 결과와 같으며, 라플라스 변환법에서는 초깃값에 의한 상수 구하기가 비교적 용이함을 알 수 있다.

Command Window

: 코딩

```
U=dsolve('D2y-Dy-2*y=0','Dy(0)=1','y(0)=1')        % 미분방정식의 해 구하기
```

: 결과

```
U = exp(-t)/3+(2*exp(2*t))/3                      % [예제 5-28]의 결과와 동일
```

유제 5-19 동차 미분방정식

주어진 미분방정식의 해를 구하라.

$$y'' - y' - 6y = 0, \quad (y(0) = 1,\ y'(0) = 0)$$

정답 : $y(t) = \frac{3}{5}e^{-2t} + \frac{2}{5}e^{3t}$

예제 5-29 비동차 미분방정식

주어진 미분방정식의 해를 구하라.

$$y'' - y = e^{-2t} \quad (y(0) = 1,\ y'(0) = 1)$$

풀이

주어진 미분방정식의 양변에 라플라스 변환을 취하면

$$[s^2 Y(s) - s\,y(0) - y'(0)] - Y(s) = \frac{1}{s+2}$$

이다. 여기에 초깃값들을 대입하면

$$s^2 Y(s) - s - 1 - Y(s) = \frac{1}{s+2}$$

이므로, $Y(s)$에 대해서 풀면 다음과 같다.

$$Y(s) = \frac{1}{s^2-1}\left(s+1+\frac{1}{s+2}\right) = \frac{s^2+3s+3}{(s+1)(s-1)(s+2)}$$

$Y(s)$의 역변환을 구하기 위해 5.5절의 부분분수 전개법을 사용하자. 위의 경우에는 유형 ❶에 해당된다.

$$Y(s) = \frac{s^2+3s+3}{(s+1)(s-1)(s+2)} = \frac{A}{s+1} + \frac{B}{s-1} + \frac{C}{s+2}$$

로 놓으면 다음과 같이 상수들을 얻는다.

$$A = \left[\frac{s^2+3s+3}{(s+1)(s-1)(s+2)}(s+1)\right]_{s=-1} = -\frac{1}{2}$$

$$B = \left[\frac{s^2+3s+3}{(s+1)(s-1)(s+2)}(s-1)\right]_{s=1} = \frac{7}{6}$$

$$C = \left[\frac{s^2+3s+3}{(s+1)(s-1)(s+2)}(s+2)\right]_{s=-2} = \frac{1}{3}$$

이를 이용하여 식을 정리하면

$$Y(s) = -\frac{1}{2}\frac{1}{s+1} + \frac{7}{6}\frac{1}{s-1} + \frac{1}{3}\frac{1}{s+2}$$

이 되고, 라플라스 역변환을 구하면 다음과 같은 해를 얻는다.

$$y(t) = -\frac{1}{2}e^{-t} + \frac{7}{6}e^{t} + \frac{1}{3}e^{-2t}$$

Command Window

```
: 코딩
% 'dsolve' 이용
U=dsolve('D2y-y=exp(-2*t)','Dy(0)=1','y(0)=1')        % 미분방정식의 해 구하기

% 라플라스 변환법 이용
s=sym('s');                                           % s의 심볼릭 정의
Ys=(s^2+3*s+3)/((s+1)*(s-1)*(s+2));                   % Y(s) 함수 정의
yt=ilaplace(Ys)                                       % Y(s)의 역변환 구하기

: 결과
U = exp(-2*t)/3-exp(-t)/2+(7*exp(t))/6                % [예제 5-29]의 결과와 동일
yt = exp(-2*t)/3-exp(-t)/2+(7*exp(t))/6               % U와 yt도 동일
```

유제 5-20 비동차 미분방정식

주어진 미분방정식의 해를 구하라.

$$y'' - y' = e^{-t}, \quad (y(0) = 1,\ y'(0) = 0)$$

정답 : $y(t) = \frac{1}{2}e^{-t} + \frac{1}{2}e^{t}$

다음 예제들은 실제 공학 분야에서 사용되는 응용문제이다. 지금부터 라플라스 변환법을 적용하여 해를 구하는 과정을 살펴볼 것이다.

예제 5-30 LC 전기회로

[그림 5-9]와 같은 LC 전기회로에서 $L = 1\text{H}$, $C = 0.25\text{F}$이고, $q(0) = 0$, $q'(0) = 0$일 때, 주어진 입력전압 $e(t)$에 대한 전하량 $q(t)$를 구하라.

MATLAB 풀이

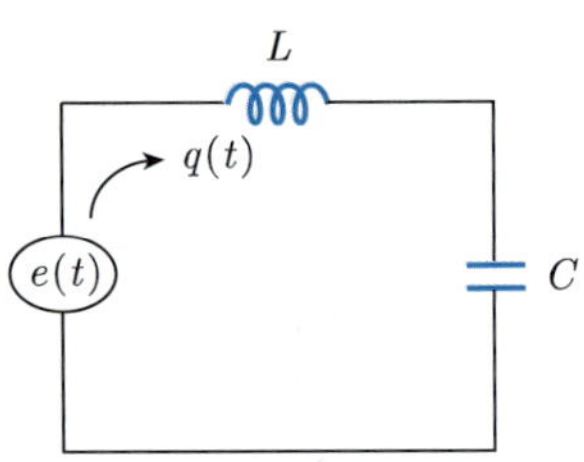

(a) 회로도

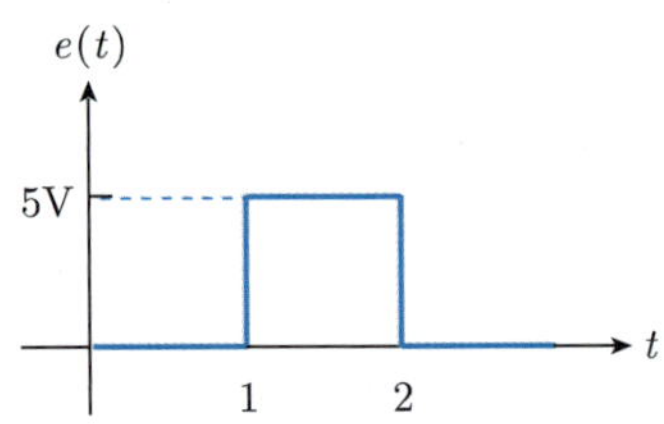

(b) 입력전압

[그림 5-9] LC 전기회로

풀이

[그림 5-9(a)]의 회로도에 대해 수학적으로 모델링한 식은 다음과 같으며, 2계 비동차 미분방정식이다.

$$Lq''(t)+\frac{1}{C}q(t)=e(t)$$

이 식을 라플라스 변환법으로 풀어보자. 위 식의 양변에 라플라스 변환을 취하면 다음과 같다.

$$\mathcal{L}\left[Lq''(t)+\frac{1}{C}q(t)\right]=\mathcal{L}\left[e(t)\right]$$

$$L\left[s^2Q(s)-sq(0)-q'(0)\right]+\frac{1}{C}Q(s)=E(s)$$

초깃값 $q(0)=0$, $q'(0)=0$을 대입하고 $Q(s)$에 대해 풀면

$$Q(s)=\frac{1}{Ls^2+\frac{1}{C}}E(s)$$

이고, $L=1\text{H}$, $C=0.25\text{F}$을 대입하면 다음과 같다.

$$Q(s)=\frac{1}{s^2+4}E(s)$$

한편, [그림 5-9(b)]로 주어진 전압 $e(t)$를 수식으로 표현하면

$$e(t)=5u(t-1)-5u(t-2)$$

이므로, $e(t)$의 라플라스 변환은 제2이동정리를 이용하면

$$E(s)=\frac{5e^{-s}}{s}-\frac{5e^{-2s}}{s}$$

이 된다. 따라서

$$\begin{aligned}
Q(s)&=\frac{1}{s^2+4}\left(\frac{5e^{-s}}{s}-\frac{5e^{-2s}}{s}\right)=\frac{5}{s(s^2+4)}e^{-s}-\frac{5}{s(s^2+4)}e^{-2s}\\
&=\left(\frac{A}{s}+\frac{Bs+C}{s^2+4}\right)e^{-s}-\left(\frac{A}{s}+\frac{Bs+C}{s^2+4}\right)e^{-2s}\\
&=\left(\frac{5}{4}\frac{1}{s}-\frac{5}{4}\frac{s}{s^2+4}\right)e^{-s}-\left(\frac{5}{4}\frac{1}{s}-\frac{5}{4}\frac{s}{s^2+4}\right)e^{-2s}
\end{aligned}$$

이 된다. 그러므로 제2이동정리를 다시 한 번 사용하여 $Q(s)$의 라플라스 역변환을 구하면 그 결과는 다음과 같다.

$$\begin{aligned}
q(t)&=\mathcal{L}^{-1}\left[\frac{5}{4}\frac{1}{s}e^{-s}-\frac{5}{4}\frac{s}{s^2+4}e^{-s}\right]-\mathcal{L}^{-1}\left[\frac{5}{4}\frac{1}{s}e^{-2s}-\frac{5}{4}\frac{s}{s^2+4}e^{-2s}\right]\\
&=\frac{5}{4}u(t-1)-\frac{5}{4}\cos\left[2(t-1)\right]u(t-1)-\frac{5}{4}u(t-2)+\frac{5}{4}\cos\left[2(t-2)\right]u(t-2)
\end{aligned}$$

예제 5-31 질량-스프링 시스템 : 자유진동

[그림 5-10]과 같이 구성된 질량-스프링 시스템이 있다. 변위가 질량 m과 스프링 상수 k인 스프링이 평형을 이루고 있는 위치로부터 측정된다고 가정하고, 질량에 초깃값이 $x(0)=x_0$, $x'(0)=x_0'$과 같이 주어졌을 때, 질량이 움직이는 변위를 구하라.

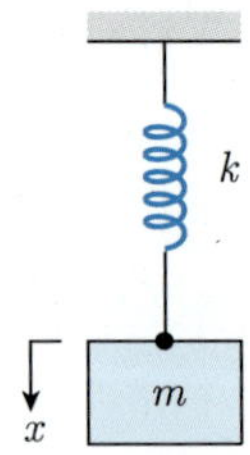

[그림 5-10] 자유진동 질량-스프링 시스템

풀이

3.7절에서 설명한 바와 같이 [그림 5-10]의 질량-스프링 시스템을 수학적으로 모델링한 식은 다음과 같다.

$$m x'' + k x = 0$$

이는 초깃값이 주어진 비감쇠 자유진동 문제로, 풀이 과정은 3.7절에 이미 설명했으며, 여기에서는 라플라스 변환법으로 풀어볼 것이다.

위 식의 양변에 라플라스 변환을 취하면

$$m\left[s^2X(s) - s\,x(0) - x'(0)\right] + kX(s) = 0$$

이고, 초깃값들을 대입한 후 $X(s)$에 대해 풀면

$$X(s) = \frac{ms\,x_0 + mx_0'}{ms^2+k} = \frac{s\,x_0 + x_0'}{s^2+\omega_n^2} \qquad \cdots\cdots\ \omega_n^2 = \frac{k}{m} \text{ 임을 기억하자.}$$

이다. $X(s)$의 라플라스 역변환을 구하기 위해 위 식을 다음과 같이 다시 쓸 수 있다.

$$X(s) = x_0\frac{s}{s^2+\omega_n^2} + \frac{x_0'}{\omega_n}\frac{\omega_n}{s^2+\omega_n^2}$$

위 식의 라플라스 역변환 함수, 즉 주어진 시스템에서 질량이 움직이는 변위를 구하면 다음과 같다.

$$x(t) = \mathcal{L}^{-1}\left[x_0\frac{s}{s^2+\omega_n^2} + \frac{x_0'}{\omega_n}\frac{\omega_n}{s^2+\omega_n^2}\right] = x_0\cos\omega_n t + \frac{x_0'}{\omega_n}\sin\omega_n t$$

Command Window

: 코딩

```
syms s x0 xp0 wn;                    % s, x0, x0', wn의 심볼릭 정의
Xs=(s*x0+xp0)/(s^2+wn^2);            % 함수 X(s) 정의
xt=ilaplace(Xs)                      % X(s)의 라플라스 역변환 구하기
```

: 결과

```
xt = x0*cos(wn*t)+xp0/wn*sin(wn*t)   % [예제 5-31]의 결과와 동일
```

예제 5-32 LC 전기회로 : 전원이 인가되지 않은 경우

[그림 5-11]과 같이 인덕턴스 L, 커패시턴스 C, 전원 $e(t)$로 구성된 LC 전기회로 시스템에 대해 전원이 인가되지 않은 상태에서 초깃값이 $q(0)=q_0$, $q'(0)=q_0'$과 같이 주어졌을 때 $q(t)$를 구하라.

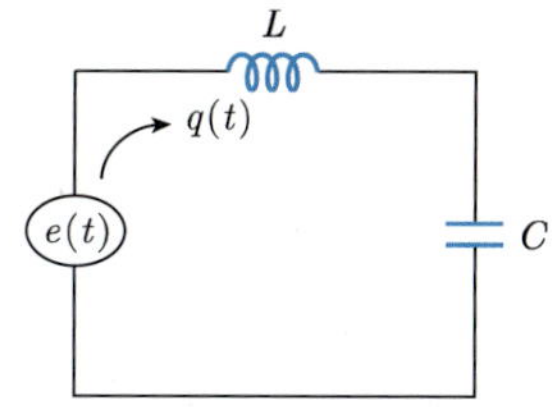

[그림 5-11] LC 전기회로 시스템 ([그림 5-10]과 상사 시스템)

풀이

[그림 5-11]의 시스템은 [그림 5-10]의 시스템과 상사 시스템이므로 풀이 과정은 [예제 5-31]과 동일하다.

예제 5-33 질량-스프링 시스템 : 강제진동

[그림 5-12]와 같이 구성된 질량-스프링 시스템이 있다. 변위가 질량 m과 스프링 상수 k인 스프링이 평형을 이루고 있는 위치로부터 측정된다고 가정하고, 질량에 외부로부터 힘 $f(t)=\cos\omega t$가 작용했을 때, 질량이 움직이는 변위를 구하라. 여기서 ω는 상수이고, 모든 초깃값들은 0이라 가정한다.

MATLAB 풀이

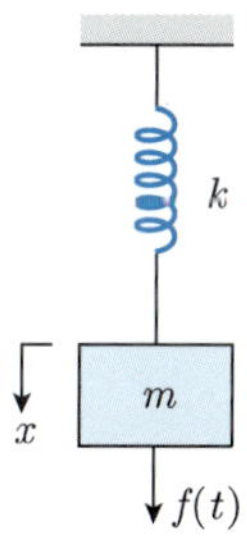

[그림 5-12] 강제 진동 질량-스프링 시스템

풀이

3.7절에서 설명한 바와 같이 [그림 5-12]의 질량-스프링 시스템을 수학적으로 모델링한 식은 다음과 같다.

$$mx''+kx=f(t)$$

이 문제는 비감쇠 강제진동 문제이다. 초깃값이 $x(0)=0$, $x'(0)=0$임을 고려하여, 위 식의 양변에 라플라스 변환을 취하면 다음과 같다.

$$ms^2X(s)+kX(s)=F(s)$$

위 식을 $X(s)$에 대해 풀고, 입력함수 $f(t)=\cos\omega t$의 라플라스 변환값을 대입하면 다음과 같다.

$$X(s)=\frac{F(s)}{ms^2+k}=\frac{1/m}{s^2+\omega_n^2}\frac{s}{s^2+\omega^2}$$

$X(s)$의 라플라스 역변환을 구하기 위해 부분분수 전개법을 사용하여, 위 식을 다음과 같이 다시 쓸 수 있다.

$$X(s)=\frac{1/m}{s^2+\omega_n^2}\frac{s}{s^2+\omega^2}=\frac{A_1s+A_2}{s^2+\omega_n^2}+\frac{B_1s+B_2}{s^2+\omega^2}$$

위 식으로부터 다음과 같은 상수들 사이의 관계식이 얻어진다.

$$A_1 + B_1 = 0$$

$$A_1\omega^2 + B_1\omega_n^2 = \frac{1}{m}$$

$$A_2 + B_2 = 0$$

$$A_2\omega^2 + B_2\omega_n^2 = 0$$

위 식들을 연립하여 풀면

$$A_1 = \frac{1}{m(\omega^2 - \omega_n^2)}, \quad B_1 = \frac{1}{m(\omega_n^2 - \omega^2)}, \qquad A_2 = B_2 = 0$$

이 되므로, 이 상수들을 $X(s)$에 대입하여 라플라스 역변환을 구하면 된다. 이를 위해 $X(s)$를 다음과 같이 다시 쓸 수 있다.

$$X(s) = \frac{A_1 s}{s^2 + \omega_n^2} + \frac{B_1 s}{s^2 + \omega^2}$$

따라서 위 식의 라플라스 역변환 함수, 즉 주어진 시스템에서 질량이 움직이는 변위는 다음과 같다.

$$\begin{aligned} x(t) &= \mathcal{L}^{-1}\left[\frac{A_1 s}{s^2 + \omega_n^2} + \frac{B_1 s}{s^2 + \omega^2}\right] \\ &= A_1 \cos \omega_n t + B_1 \cos \omega t \\ &= \frac{1}{m(\omega^2 - \omega_n^2)} \cos \omega_n t - \frac{1}{m(\omega^2 - \omega_n^2)} \cos \omega t \end{aligned}$$

예제 5-34 LC 전기회로 : 전원이 인가되는 경우

[그림 5-11]의 시스템에 대해 초깃값 대신 전원 $e(t)$가 인가되는 경우, $q(t)$를 구하라.

풀이

이러한 시스템은 [그림 5-12]의 시스템과 상사 시스템이므로 풀이 과정은 [예제 5-33]과 동일하다.

예제 5-35 질량 – 댐퍼 – 스프링 시스템 : 자유진동

[그림 5-13]과 같이 구성된 질량-댐퍼-스프링 시스템이 있다. 변위는 질량 m과 스프링 상수 k인 스프링이 평형을 이루고 있는 위치로부터 측정된다고 가정한다. 질량에 초깃값이 $x(0) = x_0$, $x'(0) = x_0'$과 같이 주어졌을 때, 질량이 움직이는 변위를 구하라. 여기서 b는 댐핑 계수이다.

MATLAB 풀이

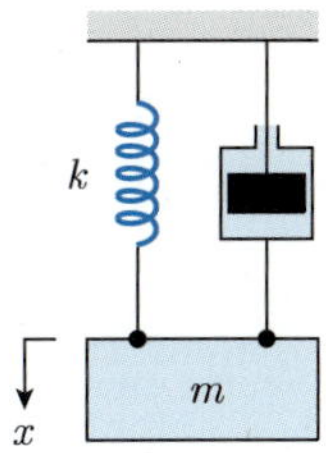

[그림 5-13] 자유진동 질량-댐퍼-스프링 시스템

풀이

[그림 5-13]의 질량-댐퍼-스프링 시스템을 수학적으로 모델링한 식은 다음과 같다.

$$mx'' + bx' + kx = 0$$

이 문제는 초깃값이 주어진 감쇠 자유진동 문제이다. 라플라스 변환법으로 풀기 위해 위 식의 양변에 라플라스 변환을 취하면

$$\mathcal{L}[mx''(t) + bx'(t) + kx(t)] = 0$$
$$m[s^2X(s) - sx(0) - x'(0)] + b[sX(s) - x(0)] + kX(s) = 0$$

이다. 초깃값들을 대입하여 $X(s)$에 대해 풀면 다음과 같다.

$$X(s) = \frac{msx_0 + mx_0' + bx_0}{ms^2 + bs + k} = \frac{sx_0 + x_0' + 2\zeta\omega_n x_0}{s^2 + 2\zeta\omega_n s + \omega_n^2}$$ ······ $\frac{b}{m} = 2\zeta\omega_n$ 임을 기억하자.

$X(s)$의 라플라스 역변환을 구하기 위해 위 식을 다음과 같이 다시 쓸 수 있다.

$$X(s) = \frac{sx_0 + x_0' + 2\zeta\omega_n x_0}{s^2 + 2\zeta\omega_n s + \omega_n^2} = \frac{x_0(s + \zeta\omega_n) + x_0' + \zeta\omega_n x_0}{(s + \zeta\omega_n)^2 + \omega_n^2 - \zeta^2\omega_n^2} \tag{5.31}$$

3.7.2절에서 설명한 바와 같이, 식 (5.31)은 댐핑비 ζ 값에 따라 세 가지 유형으로 구분하여 역변환을 구할 수 있다.

■ 유형 ❶ : 부족댐핑일 때($0 < \zeta < 1$)

이 경우에는 식 (5.31)의 $X(s)$를 다음과 같이 다시 쓸 수 있다.

$$X(s) = \frac{x_0(s + \zeta\omega_n) + \dfrac{x_0' + \zeta\omega_n x_0}{\omega_n\sqrt{1-\zeta^2}}\omega_n\sqrt{1-\zeta^2}}{(s + \zeta\omega_n)^2 + \left[\omega_n\sqrt{1-\zeta^2}\right]^2}$$
$$= \frac{x_0(s + \zeta\omega_n)}{(s + \zeta\omega_n)^2 + \left[\omega_n\sqrt{1-\zeta^2}\right]^2} + \frac{x_0' + \zeta\omega_n x_0}{\omega_n\sqrt{1-\zeta^2}} \frac{\omega_n\sqrt{1-\zeta^2}}{(s + \zeta\omega_n)^2 + \left[\omega_n\sqrt{1-\zeta^2}\right]^2}$$

위 식의 라플라스 역변환을 구하려면 제1이동정리를 사용해야 한다. 제1이동정리를 사용하여 라플라스 역변환을 취하면, 주어진 시스템의 질량이 움직이는 변위를 구할 수 있다.

$$x(t) = e^{-\zeta\omega_n t}\left[x_0\cos\omega_n\sqrt{1-\zeta^2}\,t + \frac{x_0' + \zeta\omega_n x_0}{\omega_n\sqrt{1-\zeta^2}}\sin\omega_n\sqrt{1-\zeta^2}\,t\right] \tag{5.32}$$

■ 유형 ❷ : 임계댐핑일 때($\zeta = 1$)

이 경우에는 식 (5.31)의 $X(s)$를 다음과 같이 다시 쓸 수 있다.

$$X(s) = \frac{x_0(s+\omega_n) + x_0{}' + \omega_n x_0}{(s+\omega_n)^2} = \frac{x_0}{s+\omega_n} + \frac{x_0{}' + \omega_n x_0}{(s+\omega_n)^2}$$

마찬가지로 제1이동정리를 사용하여 라플라스 역변환을 취하면, 주어진 시스템의 질량이 움직이는 변위를 구할 수 있다.

$$x(t) = e^{-\omega_n t}\left[x_0 + (x_0{}' + \omega_n x_0)\, t\right] \tag{5.33}$$

■ 유형 ❸ : 과도댐핑일 때($\zeta > 1$)

이 경우에는 식 (5.31)의 $X(s)$를 다음과 같이 다시 쓸 수 있다.

$$\begin{aligned} X(s) &= \frac{x_0 s + x_0{}' + 2\zeta\omega_n x_0}{(s+\zeta\omega_n)^2 - \omega_n^2(\zeta^2-1)} = \frac{x_0 s + x_0{}' + 2\zeta\omega_n x_0}{(s+\zeta\omega_n)^2 - \left[\omega_n\sqrt{(\zeta^2-1)}\right]^2} \\ &= \frac{x_0 s + x_0{}' + 2\zeta\omega_n x_0}{\left(s+\zeta\omega_n + \omega_n\sqrt{(\zeta^2-1)}\right)\left(s+\zeta\omega_n - \omega_n\sqrt{(\zeta^2-1)}\right)} \end{aligned}$$

위 식의 라플라스 역변환을 구하기 위해 부분분수 전개법을 사용하면

$$\begin{aligned} X(s) &= \frac{x_0 s + x_0{}' + 2\zeta\omega_n x_0}{\left(s+\zeta\omega_n + \omega_n\sqrt{(\zeta^2-1)}\right)\left(s+\zeta\omega_n - \omega_n\sqrt{(\zeta^2-1)}\right)} \\ &= \frac{A}{s+\zeta\omega_n + \omega_n\sqrt{(\zeta^2-1)}} + \frac{B}{s+\zeta\omega_n - \omega_n\sqrt{(\zeta^2-1)}} \end{aligned} \tag{5.34}$$

로부터 다음을 구할 수 있다.

$$A = \left[\frac{\left(x_0 s + x_0{}' + 2\zeta\omega_n x_0\right)\left(s+\zeta\omega_n + \omega_n\sqrt{(\zeta^2-1)}\right)}{\left(s+\zeta\omega_n + \omega_n\sqrt{(\zeta^2-1)}\right)\left(s+\zeta\omega_n - \omega_n\sqrt{(\zeta^2-1)}\right)}\right]_{s=-\zeta\omega_n - \omega_n\sqrt{(\zeta^2-1)}}$$

$$B = \left[\frac{\left(x_0 s + x_0{}' + 2\zeta\omega_n x_0\right)\left(s+\zeta\omega_n - \omega_n\sqrt{(\zeta^2-1)}\right)}{\left(s+\zeta\omega_n + \omega_n\sqrt{(\zeta^2-1)}\right)\left(s+\zeta\omega_n - \omega_n\sqrt{(\zeta^2-1)}\right)}\right]_{s=-\zeta\omega_n + \omega_n\sqrt{(\zeta^2-1)}}$$

따라서 식 (5.34)를 역변환하면 변위를 구할 수 있다.

$$x(t) = Ae^{\left(-\zeta\omega_n - \omega_n\sqrt{(\zeta^2-1)}\right)t} + Be^{\left(-\zeta\omega_n + \omega_n\sqrt{(\zeta^2-1)}\right)t} = e^{-\zeta\omega_n t}\left[Ae^{-\omega_n\sqrt{(\zeta^2-1)}\,t} + Be^{\omega_n\sqrt{(\zeta^2-1)}\,t}\right] \tag{5.35}$$

댐핑비에 따른 세 가지 유형의 결과들이 식 (5.32), 식 (5.33), 식 (5.35)와 같고, 이 식들을 3.7.2절의 결과들, 식 (3.73), 식 (3.75), 식 (3.76)과 비교해보면 서로 일치함을 알 수 있다(3.7.2절에서는 초깃값들을 $x(0)=1$, $x'(0)=0$이라 하였고, $\omega_n = 1$로 하였다).

예제 5-36 LRC 전기회로 : 전원이 인가되지 않은 경우

[그림 5-14]와 같이 인덕턴스 L, 저항 R, 커패시턴스 C, 전원 $e(t)$로 구성된 LRC 전기회로 시스템이 있다. 전원이 인가되지 않은 상태에서 초깃값이 $q(0)=q_0$, $q'(0)=q_0'$과 같이 주어졌을 때 $q(t)$를 구하라.

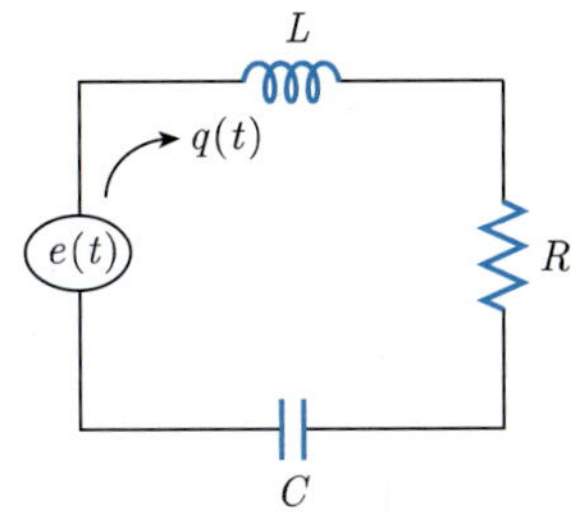

[그림 5-14] LRC 전기회로 시스템

풀이

[그림 5-14]의 시스템은 [그림 5-13]의 시스템과 상사 시스템이므로 풀이 과정은 [예제 5-35]와 동일하다.

예제 5-37 질량-댐퍼-스프링 시스템 : 강제진동

[그림 5-15]와 같이 구성된 질량-댐퍼-스프링 시스템이 있다. 변위는 질량 m과 스프링 상수 k인 스프링이 평형을 이루고 있는 위치로부터 측정된다고 가정한다. 질량에 외부로부터 힘 $f(t)=u(t)$가 작용했을 때, 질량이 움직이는 변위를 구하라. 여기서 $u(t)$는 단위계단입력, b는 댐핑 계수이고, 모든 초깃값들은 0이라 가정한다.

MATLAB 풀이

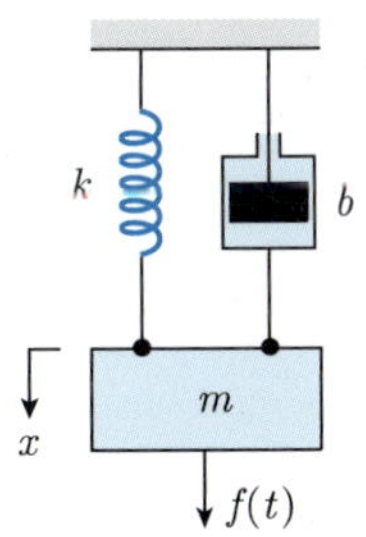

[그림 5-15] 강제진동 질량-댐퍼-스프링 시스템

풀이

[그림 5-15]의 질량-댐퍼-스프링 시스템을 수학적으로 모델링한 식은 다음과 같다.

$$mx''+bx'+kx=f(t)$$

이 문제는 감쇠 강제진동 문제이다. 초깃값이 $x(0)=0$, $x'(0)=0$임을 고려하여, 위 식의 양변에 라플라스 변환을 취하면 다음과 같다.

$$\mathcal{L}[mx''(t)+bx'(t)+kx(t)]=\mathcal{L}[f(t)]$$
$$ms^2X(s)+bsX(s)+kX(s)=F(s)$$

위 식을 $X(s)$에 대해 풀고, 입력함수 $f(t)=u(t)$의 라플라스 변환값을 대입하면 다음과 같다.

$$X(s)=\frac{F(s)}{ms^2+bs+k}=\frac{F(s)/m}{s^2+(b/m)s+(k/m)}=\frac{1/m}{s^2+2\zeta\omega_n s+\omega_n^2}\frac{1}{s}$$

[예제 5-35]에서와 같이 유형별로 구분하여 풀어야 하나, 여기서는 $0<\zeta<1$인 경우에 대해서만 설명한다. $X(s)$의 라플라스 역변환을 구하기 위해 부분분수 전개법을 사용하여, 위 식을 다음과 같이 다시 쓸 수 있다.

$$\begin{aligned}
X(s) &= \frac{1/m}{s^2+2\zeta\omega_n s+\omega_n^2}\frac{1}{s} \\
&= \frac{1}{m\omega_n^2}\left[\frac{1}{s}-\frac{s+2\zeta\omega_n}{s^2+2\zeta\omega_n s+\omega_n^2}\right] \\
&= \frac{1}{m\omega_n^2}\left[\frac{1}{s}-\frac{s+2\zeta\omega_n}{(s+\zeta\omega_n)^2+\omega_n^2(1-\zeta^2)}\right] \\
&= \frac{1}{m\omega_n^2}\left[\frac{1}{s}-\frac{s+2\zeta\omega_n}{(s+\zeta\omega_n)^2+\omega_d^2}\right] \\
&= \frac{1}{m\omega_n^2}\left[\frac{1}{s}-\frac{\zeta\omega_n}{(s+\zeta\omega_n)^2+\omega_d^2}-\frac{s+\zeta\omega_n}{(s+\zeta\omega_n)^2+\omega_d^2}\right] \\
&= \frac{1}{m\omega_n^2}\left[\frac{1}{s}-\frac{\zeta\omega_n}{\omega_d}\frac{\omega_d}{(s+\zeta\omega_n)^2+\omega_d^2}-\frac{s+\zeta\omega_n}{(s+\zeta\omega_n)^2+\omega_d^2}\right]
\end{aligned}$$

여기서 $\omega_d=\omega_n\sqrt{1-\zeta^2}$이고, 3.7.2절에서 정의한 바와 같이 **감쇠고유진동수** damped natural frequency 이다. 위 식의 라플라스 역변환을 구하면 질량이 움직이는 변위는 다음과 같이 얻을 수 있다.

$$\begin{aligned}
x(t) &= \frac{1}{m\omega_n^2}\left[u(t)-\frac{\zeta\omega_n}{\omega_d}e^{-\zeta\omega_n t}\sin\omega_d t-e^{-\zeta\omega_n t}\cos\omega_d t\right] \\
&= \frac{1}{m\omega_n^2}\left[u(t)-e^{-\zeta\omega_n t}\left(\frac{\zeta}{\sqrt{1-\zeta^2}}\sin\omega_d t-\cos\omega_d t\right)\right] \\
&= \frac{1}{m\omega_n^2}\left[u(t)-\frac{\zeta}{\sqrt{1-\zeta^2}}e^{-\zeta\omega_n t}\sin\left(\omega_d t+\tan^{-1}\frac{\sqrt{1-\zeta^2}}{\zeta}\right)\right]
\end{aligned}$$

위 식으로부터 질량이 움직이는 변위는 $x(0)=0$에서부터 $x(\infty)=\dfrac{1}{(m\omega_n^2)}$까지임을 알 수 있다. 만약 m, b, k에 대한 값들이 주어지면 MATLAB을 이용해 [그림 5-16]과 같은 형태의 응답곡선을 얻을 수 있다.

Command Window

```
t=0:0.2:15;                                              % 시간 영역 설정
m=1; b=0.2; k=1;                                         % 파라미터 값 지정
wn=sqrt(k/m);                                            % 비감쇠 고유진동수
zeta=2*wn*b/m;                                           % 댐핑비
wd=wn*sqrt(1-zeta^2);                                    % 감쇠고유진동수
x=1/(m*wn^2)*(1-exp(-zeta*wn*t).*... ❶
    (zeta/sqrt(1-zeta^2)*sin(wd*t)+cos(wd*t)));          % 변위 구하기
plot(t,x)                                                % 그래프 그리기
xlabel('t(sec)')                                         % x축 라벨링
ylabel('x(t)')                                           % y축 라벨링
```

MATLAB TIP!

❶ '...' : 긴 줄을 두 줄로 나누어 입력할 때 사용한다.

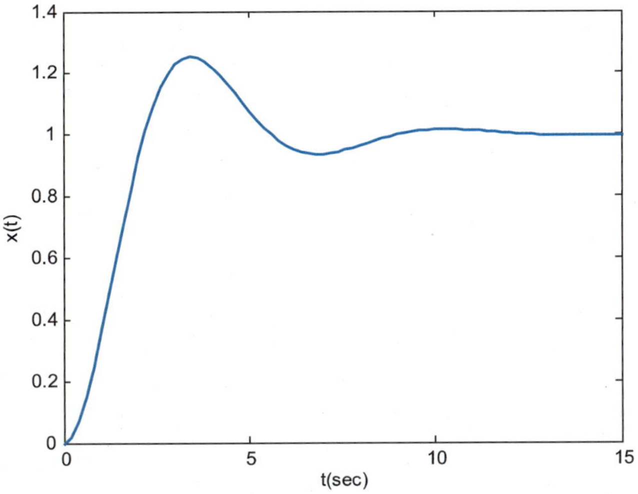

[그림 5-16] 감쇠 강제진동 운동

예제 5-38 LRC 전기회로 : 전원이 인가되는 경우

[그림 5-14]의 시스템에 대해 초깃값 대신 전원 $e(t)$가 인가되는 경우 $q(t)$를 구하라.

풀이

이러한 시스템은 [그림 5-15]의 시스템과 상사 시스템이므로 풀이 과정은 [예제 5-37]과 동일하다.

예제 5-39 LRC 전기회로의 실례

[그림 5-14]와 같은 LRC 전기회로에서 인덕턴스 $L=1\text{H}$, 저항 $R=4\Omega$, 커패시턴스 $C=0.05\text{F}$, $q(0)=0$, $q'(0)=0$이고, 입력전압 $e(t)$가 [그림 5-17]과 같이 주어질 때, 전하량 $q(t)$를 구하라.

MATLAB 풀이

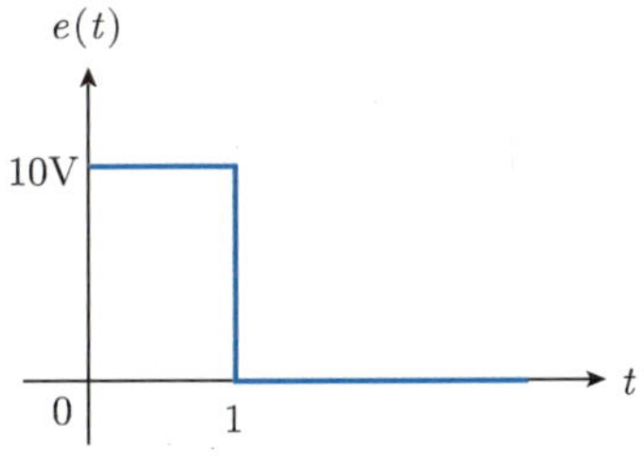

[그림 5-17] 입력전압

풀이

[그림 5-14]의 회로도에 대해 수학적으로 모델링한 식은 다음과 같다.

$$Lq'' + Rq' + \frac{1}{C}q = e(t)$$

위 식의 양변에 라플라스 변환을 취하면

$$\mathcal{L}\left[Lq''(t)+Rq'(t)+\frac{1}{C}q(t)\right]=\mathcal{L}\left[e(t)\right]$$

$$L[s^2Q(s)-s\,q(0)-q'(0)]+R[s\,Q(s)-q(0)]+\frac{1}{C}Q(s)=E(s)$$

이다. 초깃값 $q(0)=0$, $q'(0)=0$을 대입하여 $Q(s)$에 대해 풀면 다음과 같다.

$$Q(s)=\frac{1}{Ls^2+Rs+\dfrac{1}{C}}E(s)$$

여기에 $L=1\,\mathrm{H}$, $R=4\,\Omega$, $C=0.05\,\mathrm{F}$을 대입하면 다음과 같다.

$$Q(s)=\frac{1}{s^2+4s+20}E(s)$$

한편, [그림 5-17]로 주어진 전압 $e(t)$를 수식으로 표현하면

$$e(t)=10u(t)-10u(t-1)$$

이므로 $e(t)$의 라플라스 변환은 제2이동정리를 이용하면

$$E(s)=\frac{10}{s}-\frac{10}{s}e^{-s}$$

이 된다. 따라서 $Q(s)$는 다음과 같다.

$$\begin{aligned}Q(s)&=\frac{1}{s^2+4s+20}\left(\frac{10}{s}-\frac{10}{s}e^{-s}\right)\\&=\frac{10}{s(s^2+4s+20)}(1-e^{-s})\end{aligned}$$

$Q(s)$의 라플라스 역변환을 구하기 위해 부분분수 전개법을 사용하여, 위 식을 다음과 같이 다시 쓸 수 있다.

$$Q(s)=\frac{10}{s(s^2+4s+20)}(1-e^{-s})=\left(\frac{A_1}{s}+\frac{A_2s+A_3}{s^2+4s+20}\right)(1-e^{-s})$$

위 식을 풀면 $A_1=\dfrac{1}{2}$, $A_2=-\dfrac{1}{2}$, $A_3=-2$가 얻어지고, 이 값들을 대입하면

$$\begin{aligned}Q(s)&=\left(\frac{1}{2}\frac{1}{s}+\frac{-s/2-2}{s^2+4s+20}\right)(1-e^{-s})\\&=\left(\frac{1}{2}\frac{1}{s}-\frac{1}{2}\frac{s+2}{(s+2)^2+4^2}-\frac{1}{4}\frac{4}{(s+2)^2+4^2}\right)(1-e^{-s})\\&=\frac{1}{2}\frac{1}{s}-\frac{1}{2}\frac{s+2}{(s+2)^2+4^2}-\frac{1}{4}\frac{4}{(s+2)^2+4^2}\\&\quad-\left(\frac{1}{2}\frac{1}{s}-\frac{1}{2}\frac{s+2}{(s+2)^2+4^2}-\frac{1}{4}\frac{4}{(s+2)^2+4^2}\right)e^{-s}\end{aligned}$$

이 된다. 그러므로 제1이동정리와 제2이동정리를 사용하여 $Q(s)$의 라플라스 역변환을 구하면 그 결과는 다음과 같다.

$$q(t)=\frac{1}{2}u(t)-\frac{1}{2}e^{-2t}\cos 4t-\frac{1}{4}e^{-2t}\sin 4t$$
$$-\left[\frac{1}{2}-\frac{1}{2}e^{-2(t-1)}\cos 4(t-1)-\frac{1}{4}e^{-2(t-1)}\sin 4(t-1)\right]u(t-1)$$

지금까지 라플라스 변환법을 사용해 상미분방정식을 푸는 방법을 다뤘다. 이어서 라플라스 변환법을 사용해 연립 미분방정식을 푸는 방법을 알아보자.

5.6.2 연립 미분방정식

n계 상미분방정식에 라플라스 변환을 취하면 대수방정식으로 바뀐다. 이와 마찬가지로 연립 미분방정식에 라플라스 변환을 취하면 연립 대수방정식으로 바뀐다. 이 연립 대수방정식을 구하고자 하는 변수들에 대해 풀어서 각각 라플라스 역변환을 취하면 연립 미분방정식의 해를 구할 수 있다. 간단한 연립 미분방정식을 풀어보자.

예제 5-40 동차 연립 미분방정식

주어진 연립 미분방정식의 해를 구하라.

$$x'(t)=-2x+y \quad (x(0)=1)$$
$$y'(t)=x-2y \quad (y(0)=-1)$$

풀이

주어진 각각의 미분방정식에 라플라스 변환을 취하면

$$\mathcal{L}[x'(t)]=\mathcal{L}[-2x(t)+y(t)] \;\rightarrow\; sX(s)-x(0)=-2X(s)+Y(s)$$
$$\mathcal{L}[y'(t)]=\mathcal{L}[x(t)-2y(t)] \;\rightarrow\; sY(s)-y(0)=X(s)-2Y(s)$$

이다. 초깃값들을 대입하고 변수들을 정리하면

$$(s+2)X(s)-Y(s)=1 \qquad \cdots\cdots ①$$
$$-X(s)+(s+2)Y(s)=-1 \qquad \cdots\cdots ②$$

이 얻어진다. 식 ①과 식 ②를 연립하여 풀면

$$X(s)=\frac{1}{s+3} \qquad \cdots\cdots ③$$
$$Y(s)=-\frac{1}{s+3} \qquad \cdots\cdots ④$$

이 된다. 식 ③과 식 ④의 라플라스 역변환을 구하면 연립 미분방정식의 해가 다음과 같이 구해진다.

$$x(t)=e^{-3t} \quad \cdots\cdots ⑤$$

$$y(t)=-e^{-3t} \quad \cdots\cdots ⑥$$

Command Window

: 코딩

```
% 3.6절의 방법 이용
[x,y]=dsolve('Dx=-2*x+y', 'Dy=x-2*y', 'x(0)=1, y(0)=-1');

% 라플라스 변환에 의한 해는 간단하므로 생략
```

: 결과

```
x = exp(-3*t)
y = -exp(-3*t)                          % [예제 5-40]의 결과와 동일
```

유제 5-21 동차 연립 미분방정식

주어진 연립 미분방정식의 해를 구하라.

$$x'(t)=x+y \qquad (x(0)=1)$$

$$y'(t)=3x-y \qquad (y(0)=1)$$

정답 : $x(t)=e^{2t}$, $y(t)=e^{2t}$

예제 5-41 비동차 연립 미분방정식

주어진 연립 미분방정식의 해를 구하라.

$$x'(t)=2x+2y+1 \qquad (x(0)=1)$$

$$y'(t)=5x-y+1 \qquad (y(0)=1)$$

MATLAB 풀이

풀이

주어진 각각의 미분방정식에 라플라스 변환을 취하면

$$\mathcal{L}[x'(t)]=\mathcal{L}[2x(t)+2y(t)+1] \rightarrow sX(s)-x(0)=2X(s)+2Y(s)+\frac{1}{s}$$

$$\mathcal{L}[y'(t)]=\mathcal{L}[5x(t)-y(t)+1] \rightarrow sY(s)-y(0)=5X(s)-Y(s)+\frac{1}{s}$$

이다. 초깃값들을 대입하고 변수들을 정리하면

$$(s-2)X(s)-2Y(s)=\frac{s+1}{s} \quad \cdots\cdots ①$$

$$-5X(s)+(s+1)Y(s)=\frac{s+1}{s} \quad \cdots\cdots ②$$

이 얻어진다. 이제 식 ①과 식 ②를 연립하여 풀면

$$X(s) = \frac{s+1}{s(s-4)} \qquad \cdots\cdots ③$$

$$Y(s) = \frac{s+1}{s(s-4)} \qquad \cdots\cdots ④$$

이 된다. 식 ③과 식 ④의 라플라스 역변환을 구하면 연립 미분방정식의 해가 다음과 같이 구해진다.

$$x(t) = -\frac{1}{4} + \frac{5}{4}e^{4t} \qquad \cdots\cdots ⑤$$

$$y(t) = -\frac{1}{4} + \frac{5}{4}e^{4t} \qquad \cdots\cdots ⑥$$

유제 5-22 비동차 연립 미분방정식

주어진 연립 미분방정식의 해를 구하라.

$$x'(t) = 2x - 4y + 1 \quad (x(0) = 1)$$
$$y'(t) = x - 3y + 1 \quad (y(0) = 1)$$

정답 : $x(t) = y(t) = \frac{1}{2} + \frac{1}{2}e^{-2t}$

예제 5-42 응용 : 액위 시스템

3.7.3절에서 다룬 적이 있는 [그림 5-18]과 같은 액위 시스템을 고려해보자. 입력 유량이 $q_i(\mathrm{m}^3/\mathrm{s})$, 좌측 탱크를 빠져나가는 출력 유량이 $q_1(\mathrm{m}^3/\mathrm{s})$, 우측 탱크를 빠져나가는 출력 유량이 $q_2(\mathrm{m}^3/\mathrm{s})$이다. 이때 좌측 탱크의 물높이는 $h_1(\mathrm{m})$, 우측 탱크의 물높이는 $h_2(\mathrm{m})$, 좌측 탱크의 단면적은 $C_1(\mathrm{m}^2)$, 우측 탱크의 단면적은 $C_2(\mathrm{m}^2)$이고, R_1과 R_2는 물이 밸브를 빠져나갈 때 받는 저항이다. 물이 **층류 유동** laminar flow [4]을 한다고 가정하고, 유량 q_1과 q_2를 구하라. 단, 모든 초깃값은 0으로 간주한다.

4 **층류 유동**
유체가 불규칙한 요동인 난류(亂流)와는 반대로 매끄럽고 규칙적인 경로로 운동하는 유체유동의 한 형태를 말한다.

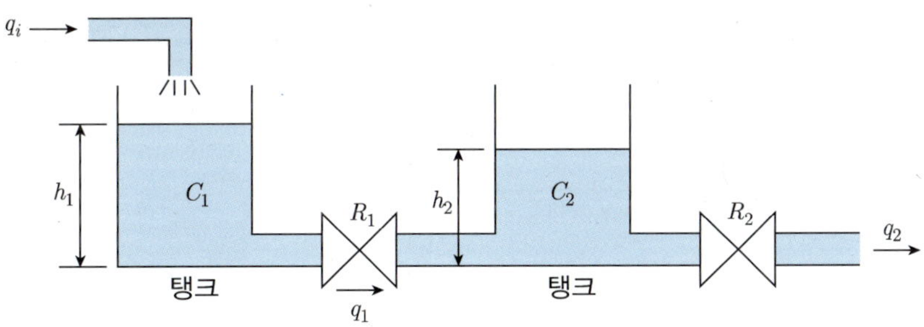

[그림 5-18] 액위 시스템

풀이

유동이 층류 유동이므로 밸브에서의 저항은 밸브 양쪽의 물의 높이 차에 비례하고, 밸브를 빠져나가는 유량에 반비례한다. 따라서 다음과 같은 관계식을 쓸 수 있다.

$$R_1 = \frac{h_1 - h_2}{q_1} \qquad \cdots\cdots ①$$

$$R_2 = \frac{h_2}{q_2} \qquad \cdots\cdots ②$$

또한 짧은 시간 동안 각각의 탱크 안에 저장된 유량은

$$C_1 \frac{dh_1}{dt} = q_i - q_1 \qquad \cdots\cdots ③$$

$$C_2 \frac{dh_2}{dt} = q_1 - q_2 \qquad \cdots\cdots ④$$

가 된다. 식 ①~식 ④로부터 h_1과 h_2를 소거하고 정리하면

$$C_1 R_1 \frac{dq_1}{dt} + C_1 R_2 \frac{dq_2}{dt} = q_i - q_1 \qquad \cdots\cdots ⑤$$

$$C_2 R_2 \frac{dq_2}{dt} = q_1 - q_2 \qquad \cdots\cdots ⑥$$

가 얻어진다. 식 ⑤와 식 ⑥은 좌측 탱크와 우측 탱크의 밸브를 통해 빠져나가는 유량의 변화를 나타내는 1계 연립 미분방정식들이다.

q_1과 q_2를 구하기 위해 식 ⑤와 식 ⑥에 라플라스 변환을 취하면 다음과 같다.

$$C_1 R_1 [sQ_1(s) - q_1(0)] + C_1 R_2 [sQ_2(s) - q_2(0)] = Q_i(s) - Q_1(s) \qquad \cdots\cdots ⑦$$

$$C_2 R_2 [sQ_2(s) - q_2(0)] = Q_1(s) - Q_2(s) \qquad \cdots\cdots ⑧$$

초깃값을 대입($q_1(0) = 0$, $q_2(0) = 0$)하고 변수들을 정리하면

$$(C_1 R_1 s + 1) Q_1(s) + C_1 R_2 s Q_2(s) = Q_i(s) \qquad \cdots\cdots ⑨$$

$$-Q_1(s) + (C_2 R_2 s + 1) Q_2(s) = 0 \qquad \cdots\cdots ⑩$$

이 얻어진다. 식 ⑨와 식 ⑩을 $Q_1(s)$와 $Q_2(s)$에 관해 연립하여 풀면 다음과 같다.

$$Q_1(s) = \frac{C_2 R_2 s + 1}{(C_1 R_1 s + 1)(C_2 R_2 s + 1) + C_1 R_2 s} Q_i(s) \qquad \cdots\cdots ⑪$$

$$Q_2(s) = \frac{1}{(C_1 R_1 s + 1)(C_2 R_2 s + 1) + C_1 R_2 s} Q_i(s) \qquad \cdots\cdots ⑫$$

이제, 유량 q_1과 q_2를 구하기 위해서는 식 ⑪과 식 ⑫의 라플라스 역변환을 구하면 된다. 이때 입력 $q_i(t)$가 주어져야 한다. 이 과정은 [예제 5-40], [예제 5-41]과 유사하므로 여기서는 생략하기로 한다.

예제 5-43 응용 : 질량-스프링 시스템

[그림 5-19]와 같이 주어진 질량-스프링 시스템에 외력 $f(t)$가 가해졌을 때, 각 질량들의 변위를 구하라. 단, 모든 변위는 스프링과 질량이 평형을 이루고 있는 위치로부터 측정되고, 모든 초깃값은 0으로 가정한다.

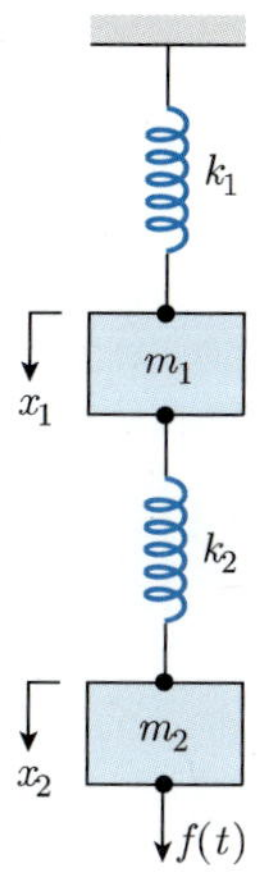

[그림 5-19] 질량-스프링 시스템

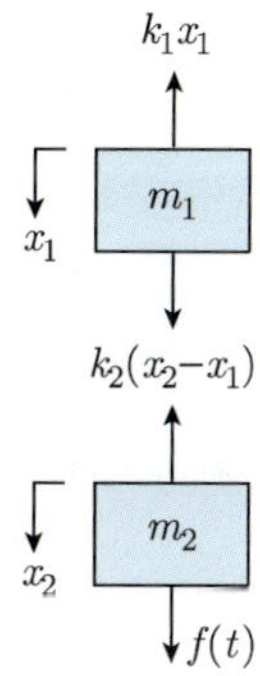

[그림 5-20] [그림 5-19] 시스템의 자유물체도

풀이

[그림 5-19]의 시스템에 대한 자유물체도는 [그림 5-20]과 같다.
자유물체도를 사용하여 뉴턴의 제2법칙을 적용해보면

$$m_1x_1'' = -k_1x_1 + k_2(x_2 - x_1) \quad \cdots\cdots ①$$

$$m_2x_2'' = -k_2(x_2 - x_1) + f(t) \quad \cdots\cdots ②$$

가 되고, 식 ①과 식 ②에 라플라스 변환을 취하면

$$m_1\left[s^2X_1(s) - s\,x_1(0) - x_1'(0)\right] = -k_1X_1(s) + k_2\left[X_2(s) - X_1(s)\right] \quad \cdots\cdots ③$$

$$m_2\left[s^2X_2(s) - s\,x_2(0) - x_2'(0)\right] = \quad k_2\left[X_2(s) - X_1(s)\right] + F(s) \quad \cdots\cdots ④$$

가 된다. 초깃값들을 무시하고 다음과 같이 정리할 수 있다.

$$\left(m_1s^2 + k_1 + k_2\right)X_1(s) - k_2X_2(s) = 0 \quad \cdots\cdots ⑤$$

$$-k_2X_1(s) + \left(m_2s^2 + k_2\right)X_2(s) = F(s) \quad \cdots\cdots ⑥$$

식 ⑤와 식 ⑥을 연립하여 $X_1(s)$와 $X_2(s)$에 대해 풀면 다음과 같다.

$$X_1(s) = \frac{k_2}{\left(m_1s^2 + k_1 + k_2\right)\left(m_2s^2 + k_2\right) - k_2^2}F(s) \quad \cdots\cdots ⑦$$

$$X_2(s) = \frac{m_1s^2 + k_1 + k_2}{\left(m_1s^2 + k_1 + k_2\right)\left(m_2s^2 + k_2\right) - k_2^2}F(s) \quad \cdots\cdots ⑧$$

이제, x_1과 x_2를 구하기 위해서는 식 ⑦과 식 ⑧의 라플라스 역변환을 구하면 된다. 이때 입력 $f(t)$는 주어져야 한다. 이 역변환을 구하는 과정은 [예제 5-40], [예제 5-41]과 유사하나, s에 대한 4차이기 때문에 풀이 과정이 복잡하므로 생략하기로 한다.

예제 5-44 전기회로망

[그림 5-21]과 같이 주어진 전기회로망이 있다. 회로의 각 루프에 흐르는 전류를 구하라. 단, 모든 초깃값은 0으로 가정한다.

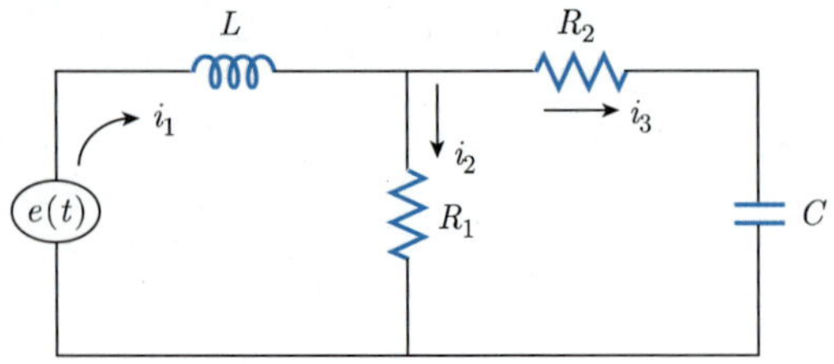

[그림 5-21] 전기회로망

풀이

회로의 좌측 루프와 우측 루프에 각각 키르히호프 전압법칙을 적용해보면

$$L\frac{di_1}{dt} + R_1 i_2 = e(t) \qquad \cdots\cdots ①$$

$$R_2 i_3 + \frac{1}{C}\int i_3 dt - R_1 i_2 = 0 \qquad \cdots\cdots ②$$

이다. 식 ②를 시간 t에 관해 미분하면

$$R_2\frac{di_3}{dt} + \frac{1}{C}i_3 - R_1\frac{di_2}{dt} = 0 \qquad \cdots\cdots ③$$

이 되고, 키르히호프 전류법칙에 의하면

$$i_1 = i_2 + i_3 \qquad \cdots\cdots ④$$

이므로 식 ③은 다음과 같이 다시 쓸 수 있다.

$$R_2\frac{di_1}{dt} - (R_1 + R_2)\frac{di_2}{dt} + \frac{1}{C}(i_1 - i_2) = 0 \qquad \cdots\cdots ⑤$$

따라서 식 ①과 식 ⑤는 연립 미분방정식이다. 이 풀이과정 역시 [예제 5-40], [예제 5-41]과 유사하므로 여기서는 생략하기로 한다.

Chapter 05 연습문제

5.1 (일반함수의 변환) 주어진 함수의 라플라스 변환을 구하라.

(a) $f(t) = 5t^2 + 2$

(b) $f(t) = (2t+1)^2$

(c) $f(t) = \cos 2t$

(d) $f(t) = \sin 3t$

(e) $f(t) = e^{2t-2}$

(f) $f(t) = te^{-2t}$

(g) $f(t) = t^2 e^{2t}$

(h) $f(t) = e^{-2t}\cos 2t$

(i) $f(t) = 2t\sin t$

(j) $f(t) = t\cos 2t$

(k) $f(t) = \sin 4t \cos 4t$

(l) $f(t) = \cos^2 at$

(m) $f(t) = \begin{cases} 2 & (0 \le t < 2) \\ -2 & (t \ge 2) \end{cases}$

(n) $f(t) = \begin{cases} 1 & (0 \le t < 1) \\ -2t & (t \ge 1) \end{cases}$

(o) $f(t) = \begin{cases} e^{-t} & (0 \le t < 1) \\ 0 & (t \ge 1) \end{cases}$

(p) $f(t) = \begin{cases} 2e^{-t} & (0 \le t < 1) \\ 0 & (t \ge 1) \end{cases}$

(q)

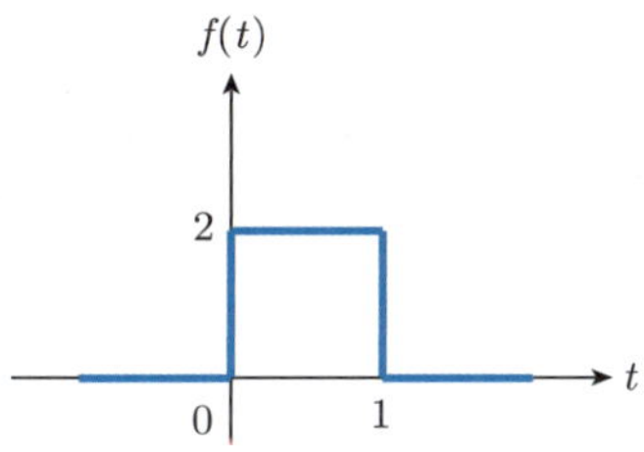

(r)

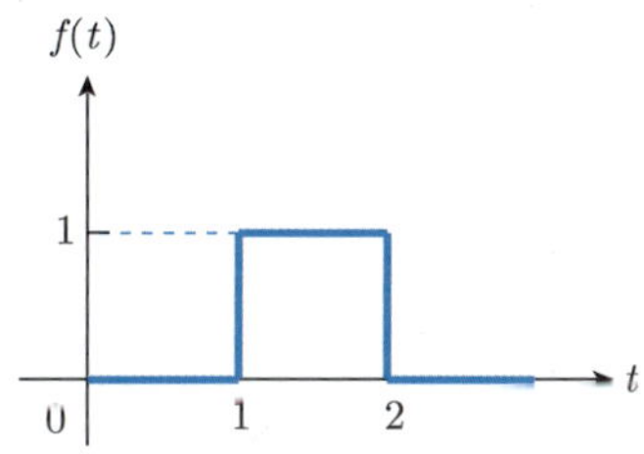

(s)

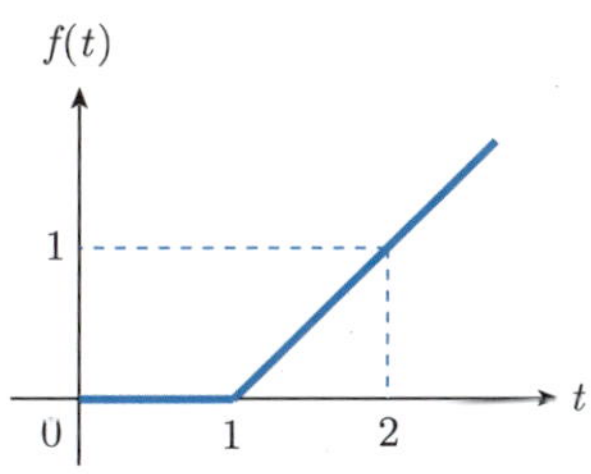

(t)

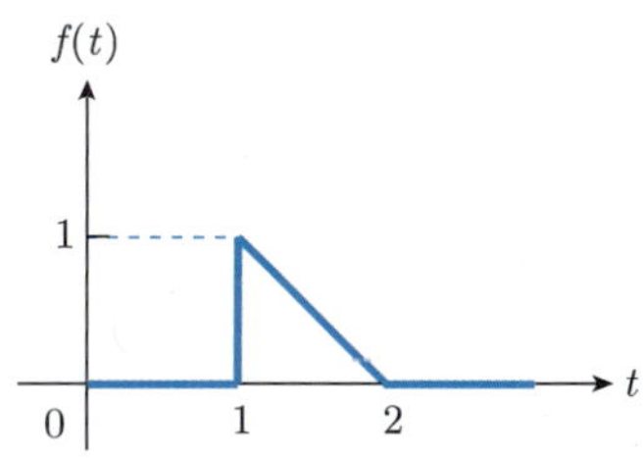

5.2 (주기함수의 변환) 주어진 주기함수의 라플라스 변환을 구하라.

(a)

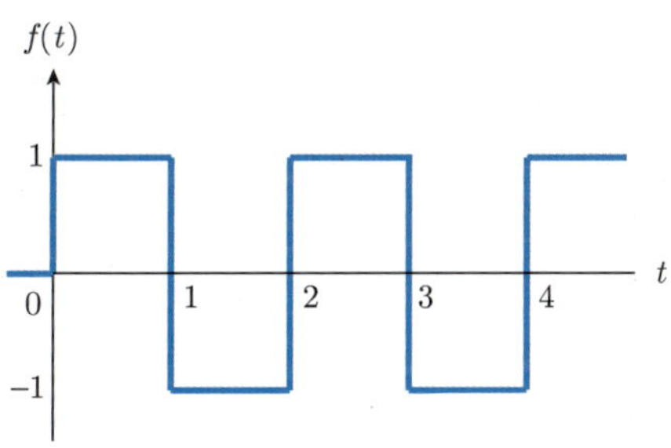

(b)

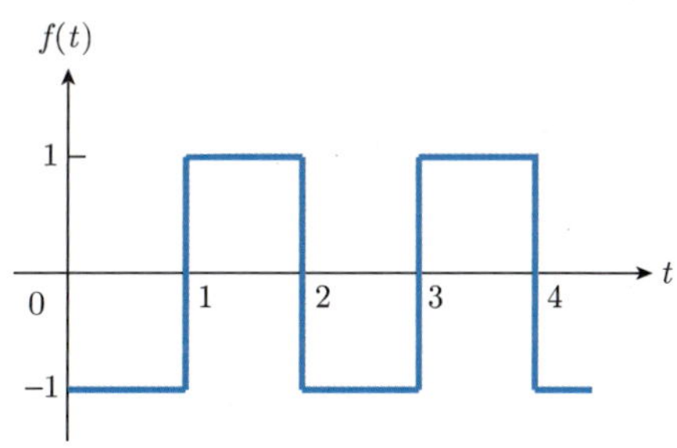

(c)

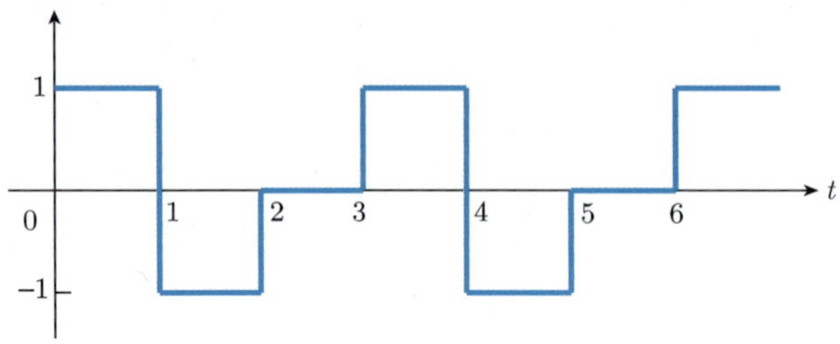

(d)

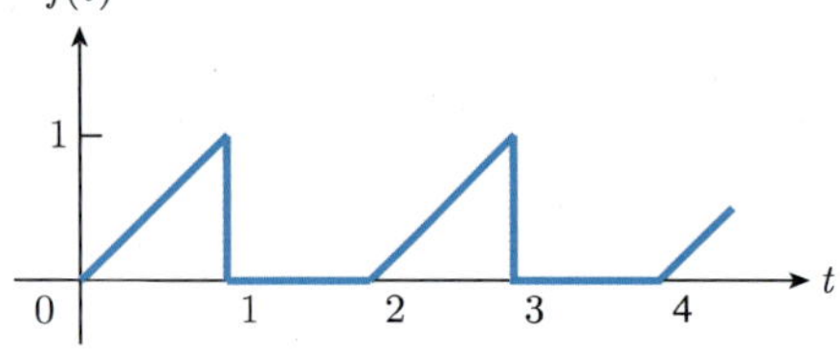

5.3 (이동정리 이용) [정리 5–6]과 [정리 5–7]을 사용하여 주어진 함수의 라플라스 변환을 구하라.

(a) $f(t)=e^{-2t}t^2$

(b) $f(t)=e^{-t}(\cos 2t+\sin 2t)$

(c) $f(t)=e^{t}\sin 2t$

(d) $f(t)=e^{-2t}\sin(2t+\theta)$

(e) $f(t)=(t-2)u(t-2)$

(f) $f(t)=2tu(t-1)$

(g) $f(t)=e^{2t}u(t-1)$

(h) $f(t)=u(t-\pi)\cos 2t$

5.4 (라플라스 변환의 도함수) [정리 5–8]을 이용해 주어진 함수의 라플라스 변환을 구하라.

(a) $f(t)=te^{-2t}$

(b) $f(t)=t^2e^{2t}$

(c) $f(t)=t\cos 2t$

(d) $f(t)=t^2\sin 2t$

(e) $f(t)=te^{-t}\sin 2t$

(f) $f(t)=te^{t}\cos 2t$

5.5 (합성적분의 변환) [정리 5–9]를 이용해 주어진 함수의 라플라스 변환을 구하라.

(a) $f(t)=2*t^2$

(b) $f(t)=e^{-t}*\cos t$

(c) $f(t)=e^{-t}*e^{t}$

(d) $f(t)=2t*e^{2t}$

(e) $f(t)=\cos t*\cos 2t$

(f) $f(t)=u(t)*\cos t$

5.6 (적분의 변환) [정리 5–10]을 이용해 주어진 함수의 라플라스 변환을 구하라.

(a) $f(t)=\int_0^t e^{-2\tau}d\tau$

(b) $f(t)=\int_0^t \sin 2\tau d\tau$

5.7 **(라플라스 역변환)** 주어진 함수의 라플라스 역변환을 구하라.

(a) $F(s)=\dfrac{s-2}{s^3+s^2-2s}$

(b) $F(s)=\dfrac{s+2}{s^2-4}$

(c) $F(s)=\dfrac{s+3}{s^2+4}$

(d) $F(s)=\dfrac{s+2}{s^2}$

(e) $F(s)=\dfrac{s+2}{s^3-s^2-s+1}$

(f) $F(s)=\dfrac{2}{s}-\dfrac{1}{s^2}+\dfrac{1}{s-3}$

(g) $F(s)=\dfrac{2}{s^3-9s}$

(h) $F(s)=\dfrac{1}{s^2+s-2}$

(i) $F(s)=\dfrac{1}{s^3-s^2+s-1}$

(j) $F(s)=\dfrac{s+1}{s^2+4}$

(k) $F(s)=\dfrac{1}{s^4-3s^2-4}$

(l) $F(s)=\dfrac{s+3}{s^3+s^2-2s}$

(m) $F(s)=\dfrac{2s+3}{(s-1)(s+1)(s-2)}$

(n) $F(s)=\dfrac{2s^2+s+2}{s(s+2)(s-3)(s-1)}$

(o) $F(s)=\dfrac{s+1}{s^4-16}$

5.8 **(이동정리 이용)** 이동정리를 이용해 주어진 함수의 라플라스 역변환을 구하라.

(a) $F(s)=\dfrac{1}{(s+1)^3}$

(b) $F(s)=\dfrac{2s+3}{s^2-4s+5}$

(c) $F(s)=\dfrac{s}{s^2+4s+8}$

(d) $F(s)=\dfrac{s+3}{(s+1)^2+4}$

(e) $F(s)=\dfrac{2s+1}{s^2+6s+13}$

(f) $F(s)=\dfrac{3s+1}{(s+2)^2}$

(g) $F(s)=\dfrac{s+2}{s^2(s+1)^2}$

(h) $F(s)=\dfrac{e^{-s}}{s^2}$

(i) $F(s)=\dfrac{2+e^{-2s}}{s+1}$

(j) $F(s)=\dfrac{e^{-2s}}{s^2+4}$

(k) $F(s)=\dfrac{e^{2s}}{(s-1)(s+3)}$

(l) $F(s)=\dfrac{s\,e^{-s}}{(s+1)(s-2)}$

(m) $F(s)=\dfrac{(s-2)e^{-2s}}{(s-1)(s^2+4)}$

5.9 **(미분방정식 풀이)** 라플라스 변환법을 이용해 주어진 미분방정식의 초깃값 문제를 풀어라.

(a) $y' + 2y = 0$ $\quad (y(0) = 1)$

(b) $2y' + y = 0$ $\quad (y(0) = 2)$

(c) $y' - 2y = e^{t}$ $\quad (y(0) = 2)$

(d) $y' - 2y = \cos t$ $\quad (y(0) = 0)$

(e) $y'' - y = 0$ $\quad (y(0) = 1,\ y'(0) = 1)$

(f) $y'' - 2y - 3 = 0$ $\quad (y(0) = -1,\ y'(0) = 1)$

(g) $y'' + 4y = e^{-2t}$ $\quad (y(0) = 0,\ y'(0) = 0)$

(h) $y'' - 3y' + 2y = e^{-t}$ $\quad (y(0) = 1,\ y'(0) = 0)$

(i) $y''' - 3y' + 2y = e^{-2t}$ $\quad (y(0) = 0,\ y'(0) = 0,\ y''(0) = 0)$

(j) $y''' + y'' - 2y' = 2$ $\quad (y(0) = 0,\ y'(0) = 1,\ y''(0) = 1)$

5.10 **(제1이동정리 이용)** 주어진 미분방정식의 초깃값 문제를 풀어라.

(a) $y' - 2y = e^{2t}$ $\quad (y(0) = 1)$

(b) $y' + y = e^{-t}$ $\quad (y(0) = 1)$

(c) $y'' - 2y' + 5y = 0$ $\quad (y(0) = -1,\ y'(0) = 1)$

(d) $y'' + 4y' + 4y = t$ $\quad (y(0) = 0,\ y'(0) = 0)$

(e) $y'' + 2y' + 5y = e^{-t}$ $\quad (y(0) = 0,\ y'(0) = 1)$

(f) $y'' + 4y' + 4y = e^{-t}$ $\quad (y(0) = 0,\ y'(0) = 0)$

(g) $y'' + y = e^{-t}\sin t$ $\quad (y(0) = 0,\ y'(0) = 0)$

5.11 **(제2이동정리 이용)** 주어진 미분방정식의 초깃값 문제를 풀어라.

(a) $y' - y = f(t)$ $\quad (y(0) = 0)$ $\quad f(t) = \begin{cases} 0 & (0 \le t < 2) \\ 2 & (t \ge 2) \end{cases}$

(b) $y' + 3y = f(t)$ $\quad (y(0) = 0)$ $\quad f(t) = \begin{cases} t & (0 \le t < 2) \\ 0 & (t \ge 2) \end{cases}$

(c) $y'' + y = f(t)$ $\quad (y(0) = 0),\ y'(0) = 0),\ f(t) = \begin{cases} -1 & (0 \le t < 2) \\ 0 & (t \ge 2) \end{cases}$

(d) $y'' - y' - 2y = u(t-1)$ $\quad (y(0) = 1,\ y'(0) = 1)$

(e) $y'' + y' - 6y = u(t-1) - u(t-2)$ $\quad (y(0) = 0,\ y'(0) = 1)$

(f) $y'' + y = \cos t\, u(t-\pi)$ $\quad (y(0) = 0,\ y'(0) = 1)$

5.12 **(라플라스 변환의 도함수)** [정리 5-8]을 이용해 주어진 미분방정식의 초깃값 문제를 풀어라.

(a) $y' + 2y = t\cos t$ $\quad (y(0) = 1)$

(b) $y'' + y' - 2y = te^{3t}$ $\quad (y(0) = 0,\ y'(0) = 0)$

5.13 **응용** 오른쪽 그림과 같이 주어진 질량-스프링 시스템이 있다. 질량 부위에 외부로부터 $f(t)=3\,\mathrm{N}$의 힘이 $0 \le t < 2$의 시간 동안 가해진 후 제거될 때, 질량이 움직이는 변위 $x(t)$를 구하라. 여기서 변위는 스프링과 질량이 평형을 이루고 있는 위치로부터 측정되고, $k=2\,\mathrm{N/m}$, $m=1\,\mathrm{kg}$이고, 모든 초깃값들은 0이라 가정한다.

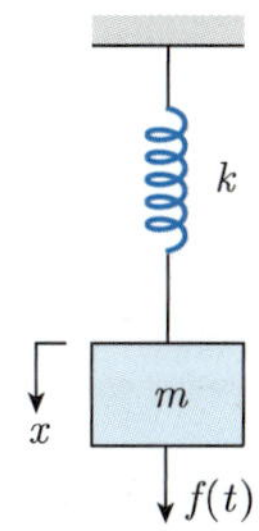

5.14 다음과 같은 RC 직렬회로에서 주어진 입력전압에 대한 전하량 $q(t)$를 구하라. 여기서 $R=2\Omega$, $C=0.25\,\mathrm{F}$, $q(0)=0$이다.

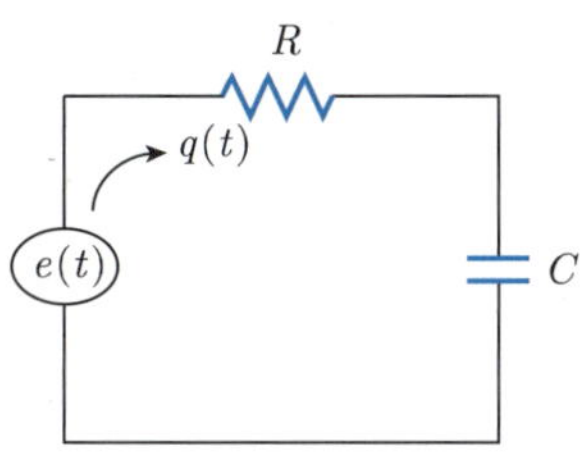

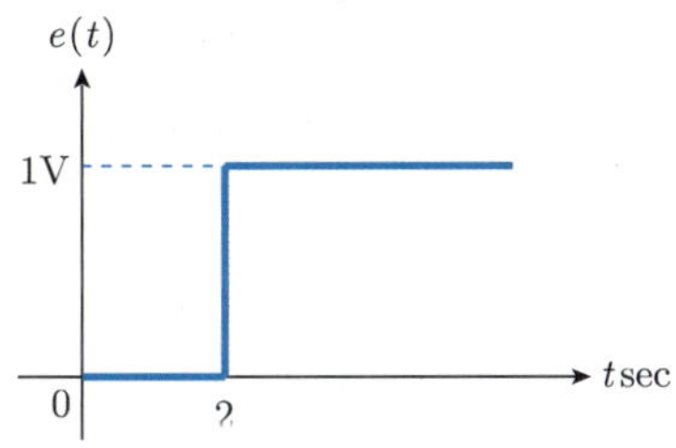

5.15 다음과 같은 RC 직렬회로에서 주어진 입력전압 $e(t)$에 대한 전하량 $q(t)$를 구하라. 여기서 $R=1\Omega$, 커패시턴스 $C=0.5\,\mathrm{F}$이고, $q(0)=1$이다.

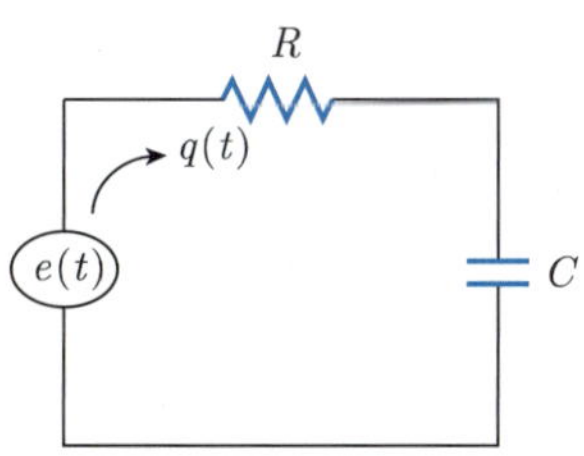

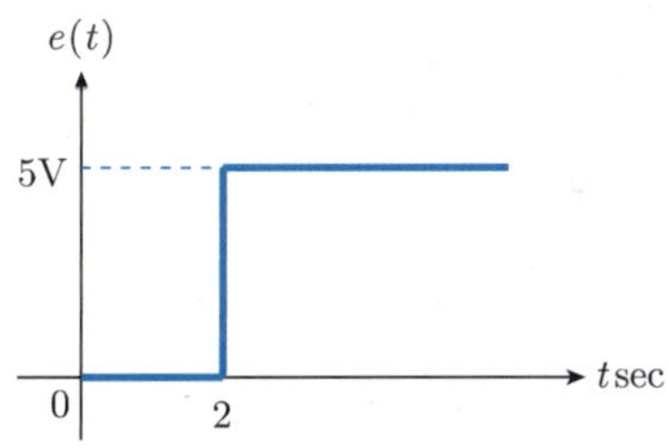

5.16 **(연립 미분방정식)** 주어진 연립 미분방정식을 풀어라.

(a) $x'(t)=y,\quad y'(t)=-x \qquad (x(0)=1,\quad y(0)=1)$

(b) $x'(t)=2x+y,\quad y'(t)=5x-2y \qquad (x(0)=1,\quad y(0)=1)$

(c) $x'(t)=x-2y,\quad y'(t)=2x-y \qquad (x(0)=2,\quad y(0)=1)$

(d) $x'(t)=x+y+e^{-2t},\quad y'(t)=-4x+y+e^{-2t} \qquad (x(0)=0,\quad y(0)=1)$

(e) $x''(t)=-y+\sin 2t,\quad y''(t)=-x-2\sin 2t \qquad (x(0)=0,\ x'(0)=0,\ y(0)=0,\ y'(0)=0)$

(f) $x''(t)=x+3y,\quad y''(t)=4x-e^{t} \qquad (x(0)=0,\quad x'(0)=1,\quad y(0)=0,\quad y'(0)=1)$

Chapter

06

벡터

Vector

학습목표

- 벡터의 기본이 되는 위치벡터, 단위벡터, 기저벡터 등과 같은 기본 개념을 이해할 수 있다.
- 내적과 외적의 정의와 성질 및 물리적인 응용과 기하학적 의미 등을 이해할 수 있다.
- 벡터의 방향코사인, 방향각, 벡터의 성분 및 사영을 구할 수 있다.
- 평면상에서 학습한 내용을 공간 상으로 확대하여 유사한 개념들을 공부하고, 특히 공간 벡터의 일차결합, 일차독립과 일차종속에 대한 개념을 이해함으로써 연립방정식이나 미분방정식의 일차독립 해를 구하는 데 응용할 수 있다.

6장의 MATLAB 명령어

과학이나 공학에서는 물리량을 스칼라와 벡터로 구분한다. 스칼라는 온도, 속력, 길이 등과 같이 실수 또는 크기만 갖는 물리량이고, 벡터는 힘, 속도, 모멘트와 같이 크기와 방향을 갖는 물리량이다.

스칼라량의 변화를 이용하여 수학적으로 다양한 이론들이 만들어지듯이 벡터를 이용하여 내적과 외적, 벡터함수, 벡터함수에 대한 도함수 및 방향도함수, 벡터장에서의 발산과 회전, 선적분, 이중적분, 면적분, 삼중적분 등 물리와 공학에서 널리 응용되는 다양한 이론들을 전개할 수 있다.

이 장에서는 앞에서 언급한 내용들을 토대로 공학이나 물리학에서 반드시 이해하고 넘어가야 할 벡터를 다룰 것이다. 또한 공학에 응용할 수 있도록 다양한 예제들을 수식적으로 그리고 MATLAB으로 직접 풀어볼 것이다.

벡터의 미분과 적분에 관한 내용들은 7장과 8장에서 다룰 것이다.

6.1 벡터의 기본 개념

벡터는 항상 **시작점**initial point과 **끝점**end point이 있고, 크기와 방향을 변경하지 않고도 자유롭게 평행이동 할 수 있다. 벡터는 영어 철자를 사용하여 $\vec{a}$, $\vec{b}$, $\vec{c}$와 같이 표기한다. 이 절에서는 평면상에서 위치벡터, 단위벡터, 기저벡터의 개념과 성질, 두 벡터의 끝점 사이의 거리를 구하는 내용들에 대해 살펴보고자 한다.

■ 위치벡터

임의의 벡터의 시작점을 직교좌표축의 원점에 위치시킨 벡터를 **위치벡터**position vector라 한다. [그림 6-1]에서 $\vec{a} = < a_1, a_2, a_3 >$는 위치벡터이고, 그 **크기**magnitude 또는 **노름**norm은 다음과 같이 나타낸다.

$$\| \vec{a} \| = \sqrt{a_1^2 + a_2^2 + a_3^2} \tag{6.1}$$

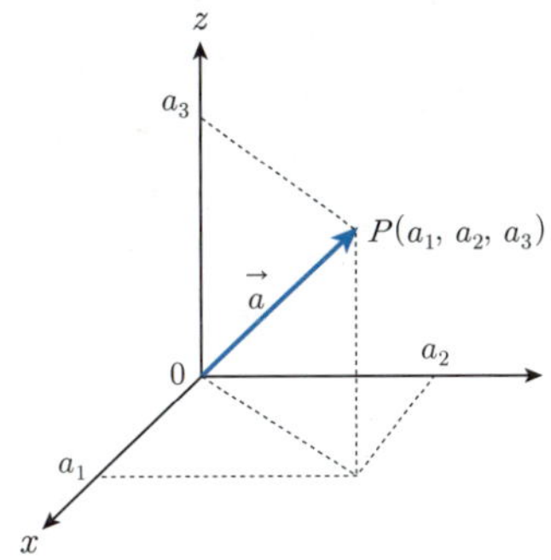

[그림 6-1] 위치벡터

예제 6-1 벡터의 크기

두 벡터 $\vec{a} = < 2, 1, -1 >$과 $\vec{b} = < 1, -1, 1 >$에 대해 두 벡터의 크기를 각각 구하라.

풀이

$\| \vec{a} \| = \sqrt{2^2 + 1^2 + (-1)^2} = \sqrt{6}$, $\| \vec{b} \| = \sqrt{1^2 + (-1)^2 + 1^2} = \sqrt{3}$

Command Window

```
: 코딩
a=[2 1 -1]; b=[1 -1 1]; 1                  % a와 b의 정의
a_mag=norm(a), b_mag=norm(b) 2             % a와 b의 크기 계산

: 결과
a_mag = 2.4495                             % [예제 6-1]의 결과와 동일
b_mag = 1.7321                             % [예제 6-1]의 결과와 동일
```

MATLAB TIP!

1 벡터의 정의 : a=[a1 a2 a3] 또는 a=[a1, a2, a3]

2 'norm(a)' : 벡터 a의 크기를 계산한다.

유제 6-1 벡터의 크기

두 벡터 $\vec{a} = < 2, 0, -1 >$과 $\vec{b} = < 0, -1, 1 >$의 크기를 각각 구하라.

정답 : $\| \vec{a} \| = \sqrt{5}$, $\| \vec{b} \| = \sqrt{2}$

위치벡터로 정의된 벡터의 주요 성질을 살펴보자.

정의 6-1 벡터의 기본 성질

두 벡터 $\vec{a} = < a_1, a_2, a_3 >$와 $\vec{b} = < b_1, b_2, b_3 >$가 위치벡터이고, k가 임의의 상수라면

(1) $\vec{a} \pm \vec{b} = < a_1 \pm b_1, a_2 \pm b_2, a_3 \pm b_3 >$

(2) $k\vec{a} = < ka_1, ka_2, ka_3 >$

(3) $k(\vec{a}+\vec{b}) = k\vec{a} + k\vec{b}$

(4) $\vec{a}+\vec{b} = \vec{b}+\vec{a}$ (교환법칙)

(5) $\vec{a}+(\vec{b}+\vec{c}) = (\vec{a}+\vec{b})+\vec{c}$ (결합법칙)

예제 6-2 벡터의 기본 성질

두 벡터 $\vec{a} = <2, 1, -1>$과 $\vec{b} = <1, -1, 1>$에 대해 $\vec{c} = \vec{a} - 2\vec{b}$를 구하라.

풀이

$$
\begin{aligned}
\vec{c} = \vec{a} - 2\vec{b} &= <2,1,-1> - 2<1,-1,1> \\
&= <2,1,-1> - <2,-2,2> \\
&= <2-2, 1+2, -1-2> \\
&= <0, 3, -3>
\end{aligned}
$$

Command Window

: 코딩
```
a=[2 1 -1]; b=[1 -1 1];        % a와 b의 정의
c=a-2*b [1]                    % c의 계산
```

: 결과
```
c = 0  3  -3                   % [예제 6-2]의 결과와 동일
```

MATLAB TIP!

[1] 벡터의 가감승제도 스칼라와 동일하게 한다.

유제 6-2 벡터의 기본 성질

두 벡터 $\vec{a} = <2, 0, -1>$과 $\vec{b} = <0, -1, 2>$에 대해 $\vec{c} = 2\vec{a} + 2\vec{b}$를 구하라.

정답 : $\vec{c} = <4, -2, 2>$

■ 단위벡터

벡터의 크기가 1인 벡터는 **단위벡터**unit vector이고, $\vec{u}$ 기호를 사용한다. 크기가 0이 아닌 임의의 $\vec{a}$ 방향으로의 단위벡터 $\vec{u}$는 $\vec{a}$를 $\vec{a}$의 크기로 나눠서 얻는다.

$$\vec{a} \text{ 방향으로의 단위벡터 } \vec{u} = \frac{\vec{a}}{\|\vec{a}\|} \tag{6.2}$$

예를 들어, $\vec{a} = < 2, 1, -1 >$일 때 $\vec{a}$ 방향으로의 단위벡터는 다음과 같다.

$$\vec{u} = \frac{\vec{a}}{\|\vec{a}\|} = \frac{< 2, 1, -1 >}{\sqrt{2^2 + 1^2 + (-1)^2}} = < \frac{2}{\sqrt{6}}, \frac{1}{\sqrt{6}}, \frac{-1}{\sqrt{6}} >$$

■ 기저벡터

[정의 6-1]을 사용하여 임의의 벡터 $\vec{a} = < a_1, a_2, a_3 >$를 나타내면 다음과 같다.

$$\vec{a} = < a_1, a_2, a_3 > = a_1 < 1, 0, 0 > + a_2 < 0, 1, 0 > + a_3 < 0, 0, 1 >$$

여기서 $< 1, 0, 0 >$은 x축 방향으로의 단위벡터, $< 0, 1, 0 >$은 y축 방향으로의 단위벡터, $< 0, 0, 1 >$은 z축 방향으로의 단위벡터이다. 이런 특정한 방향으로의 단위벡터는 [그림 6-2]와 같으며, 다음과 같은 기호로 나타낸다.

$$\vec{i} = < 1, 0, 0 >, \ \vec{j} = < 0, 1, 0 >, \ \vec{k} = < 0, 0, 1 > \tag{6.3}$$

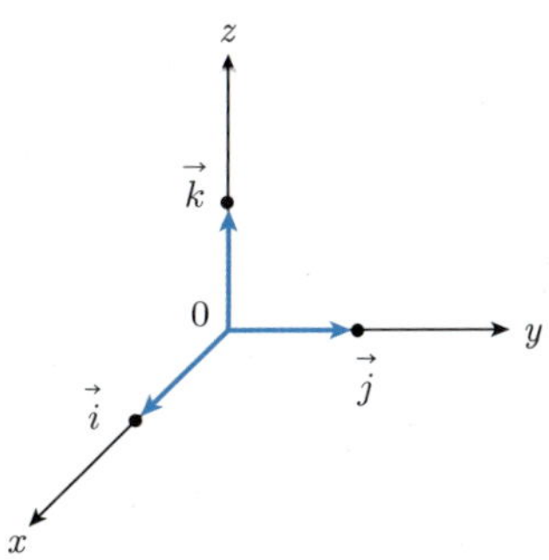

[그림 6-2] **3차원 벡터의 $\vec{i}$, $\vec{j}$, $\vec{k}$**

식 (6.3)을 사용하여 3차원 공간상의 임의의 $\vec{a}$는 다음과 같이 나타낼 수 있다.

$$\vec{a} = < a_1, a_2, a_3 > = a_1\vec{i} + a_2\vec{j} + a_3\vec{k}$$

식 (6.3)의 $\vec{i}$, $\vec{j}$, $\vec{k}$를 3차원 벡터들에 대한 **기저벡터**base vector라고 한다.

■ 두 점 사이의 거리

두 개의 위치벡터 $\overrightarrow{OP_1} = < x_1, y_1, z_1 >$과 $\overrightarrow{OP_2} = < x_2, y_2, z_2 >$의 끝점 사이의 거리는 다음과 같이 구할 수 있다.

$\overrightarrow{OP_1}$과 $\overrightarrow{OP_2}$가 위치벡터이므로

$$\overrightarrow{P_1P_2} = < (x_2 - x_1), (y_2 - y_1), (z_2 - z_1) >$$

이고, 벡터 $\overrightarrow{P_1P_2}$의 크기가 두 끝점 사이의 거리가 된다. 따라서 두 끝점 사이의 거리는 다음과 같다.

$$d = \sqrt{(x_2 - x_1)^2 + (y_2 - y_1)^2 + (z_2 - z_1)^2} \tag{6.4}$$

예제 6-3 두 점 사이의 거리

두 위치벡터 $\overrightarrow{OP_1} = < 1, -1, -1 >$과 $\overrightarrow{OP_2} = < 2, -1, 1 >$의 끝점 사이의 거리를 구하라.

풀이

$\overrightarrow{OP_1}$과 $\overrightarrow{OP_2}$가 위치벡터이므로

$$\overrightarrow{P_1P_2} = < (2-1), (-1+1), (1+1) > = < 1, 0, 2 >$$

이고, 벡터 $\overrightarrow{P_1P_2}$의 크기가 두 끝점 사이의 거리가 된다. 따라서 두 끝점 사이의 거리는 다음과 같다.

$$\| \overrightarrow{P_1P_2} \| = \sqrt{1^2 + 0^2 + 2^2} = \sqrt{5}$$

Command Window

: 코딩

```
a=[1 -1 -1]; b=[2 -1 1];          % a와 b의 정의
P12=b-a;                          % 끝점 연결 벡터 정의
P_mag=norm(P12)                   % 두 점 사이 거리 계산
```

: 결과

```
P_mag = 2.2361                    % [예제 6-3]의 결과와 동일
```

유제 6-3 두 점 사이의 거리

두 위치벡터 $\overrightarrow{OP_1} = < 1, 2, -1 >$과 $\overrightarrow{OP_2} = < 1, 1, -1 >$의 끝점 사이의 거리를 구하라.

정답 : $\| \overrightarrow{P_1P_2} \| = 1$

6.2 벡터의 내적

벡터들 사이에는 두 종류의 벡터곱, 즉 스칼라곱인 **내적**dot product or inner product과 벡터곱인 **외적**cross product이 있다. 이러한 벡터곱들은 기계역학이나 전기자기학 등에서 유용하게 사용된다. 이 책에서는 벡터 내적에 대해 먼저 설명한 뒤 벡터 외적에 대해 다룰 것이다.

정의 6-2 벡터 내적

두 벡터 $\vec{a}$와 $\vec{b}$의 내적은 다음과 같다.

$$\vec{a} \cdot \vec{b} = \| \vec{a} \| \; \| \vec{b} \| \cos\theta \tag{6.5}$$

여기서 θ는 두 벡터가 이루는 사잇각으로 $0 \le \theta \le \pi$이다.

$\vec{a}$와 $\vec{b}$가 0이 아닌 벡터이면 [정의 6-2]에 의해 다음과 같은 사실을 알 수 있다.

(1) θ가 예각$\left(0 \le \theta < \dfrac{\pi}{2}\right)$이면 $\vec{a} \cdot \vec{b} > 0$

(2) θ가 직각$\left(\theta = \dfrac{\pi}{2}\right)$이면 $\vec{a} \cdot \vec{b} = 0$

(3) θ가 둔각$\left(\dfrac{\pi}{2} < \theta \le \pi\right)$이면 $\vec{a} \cdot \vec{b} < 0$

[정의 6-2]로부터 두 벡터 $\vec{a}$와 $\vec{b}$가 이루는 각을 구할 수 있으며, 특히 (2)의 경우에서 $\theta = \dfrac{\pi}{2}$이면 $\vec{a} \cdot \vec{b} = 0$ 이므로 $\vec{a}$와 $\vec{b}$의 내적이 0이면 두 벡터는 서로 **직교**orthogonal함을 알 수 있다.

위의 결과를 $\vec{i}$, $\vec{j}$, $\vec{k}$ 사이에 적용하면 다음 관계식을 얻을 수 있다.

$$\begin{aligned} &\vec{i} \cdot \vec{i} = 1, \qquad \vec{j} \cdot \vec{j} = 1, \qquad \vec{k} \cdot \vec{k} = 1 \\ &\vec{i} \cdot \vec{j} = \vec{j} \cdot \vec{i} = 0, \quad \vec{i} \cdot \vec{k} = \vec{k} \cdot \vec{i} = 0, \quad \vec{j} \cdot \vec{k} = \vec{k} \cdot \vec{j} = 0 \end{aligned} \tag{6.6}$$

따라서 [정의 6-2]는 다음과 같이 나타낼 수도 있다. 두 벡터 $\vec{a} = < a_1, a_2, a_3 >$와 $\vec{b} = < b_1, b_2, b_3 >$의 내적은 다음과 같다.

$$\begin{aligned} \vec{a} \cdot \vec{b} &= < a_1, a_2, a_3 > \cdot < b_1, b_2, b_3 > \\ &= (a_1\vec{i} + a_2\vec{j} + a_3\vec{k}) \cdot (b_1\vec{i} + b_2\vec{j} + b_3\vec{k}) \\ &= a_1b_1 + a_2b_2 + a_3b_3 \end{aligned}$$

정리 6-1 벡터 내적의 성질

(1) $\vec{a} \cdot \vec{b} = \vec{b} \cdot \vec{a}$ (교환법칙)

(2) $\vec{a} \cdot (\vec{b} + \vec{c}) = \vec{a} \cdot \vec{b} + \vec{a} \cdot \vec{c}$ (분배법칙)

(3) $\vec{a} \cdot \vec{a} = \| \vec{a} \|^2 \geq 0$

예제 6-4 두 벡터가 이루는 각

두 벡터 $\vec{a} = \vec{i} + \sqrt{3}\vec{j}$와 $\vec{b} = -2\vec{i} + 2\sqrt{3}\vec{j}$가 이루는 각을 구하라.

풀이

$\vec{a} \cdot \vec{b} = -2+6=4$, $\| \vec{a} \| = \sqrt{1+3}=2$, $\| \vec{b} \| = \sqrt{4+12}=4$이므로, 식 (6.5)로부터

$$\cos\theta = \frac{\vec{a} \cdot \vec{b}}{\| \vec{a} \| \ \| \vec{b} \|} = \frac{4}{2 \cdot 4} = \frac{1}{2}$$

이다. 따라서 두 벡터가 이루는 사잇각은 다음과 같다.

$$\theta = \cos^{-1}\left(\frac{1}{2}\right) = 60^\circ$$

Command Window

: 코딩

```
a=[1 sqrt(3)];            % a의 정의
b=[-2 2*sqrt(3)];         % b의 정의
c=norm(a)*norm(b)         % 두 벡터 크기의 곱 ||a|| ||b|| 구하기
d=dot(a,b) 1              % a와 b의 내적 구하기
e=acos(d/c); 2            % 두 벡터가 이루는 각도 구하기(라디안)
theta=e*180/pi            % 두 벡터가 이루는 각도 구하기(각도)
```

: 결과

```
c = 8.0000                % [예제 6-4]의 결과와 동일
d = 4.0000                % [예제 6-4]의 결과와 동일
theta = 60.0000           % [예제 6-4]의 결과와 동일
```

MATLAB TIP!

1 'dot(a,b)' : 두 벡터 $\vec{a}$와 $\vec{b}$의 내적을 구한다.

2 'acos(x)' : $\cos^{-1}x$를 구한다.

유제 6-4 두 벡터가 이루는 각

두 벡터 $\vec{a} = \sqrt{3}\vec{i} + \vec{j}$와 $\vec{b} = \sqrt{3}\vec{i} - \vec{j}$가 이루는 각을 구하라.

정답 : $\theta = 60^\circ$

예제 6-5 직교 벡터

두 벡터 $\vec{a}=\vec{i}-\vec{j}-\vec{k}$와 $\vec{b}=2\vec{i}+\vec{j}+\vec{k}$가 서로 직교함을 보여라.

풀이

$\vec{a}\cdot\vec{b}=2-1-1=0$이므로 $\vec{a}$와 $\vec{b}$는 서로 직교한다.

Command Window

: 코딩

```
a=[1 -1 -1]; b=[2 1 1];          % a와 b에 대한 정의
c=dot(a,b)                       % a와 b의 내적 구하기
```

: 결과

```
c = 0                            % [예제 6-5]의 결과와 동일
```

유제 6-5 직교 벡터

두 벡터 $\vec{a}=2\vec{i}-\vec{j}-\vec{k}$와 $\vec{b}=-\vec{i}-\vec{j}-\vec{k}$가 이루는 각도를 구하라.

정답 : $\theta=90^\circ$

벡터 내적의 물리적 의미

일정한 크기의 힘 $\vec{F}$가 물체에 작용하여 [그림 6-3(a)]와 같이 힘 $\vec{F}$와 같은 방향으로 물체를 거리 d만큼 이동시켰다면, 힘 $\vec{F}$가 물체에 한 일은 $W=Fd$이다. 그러나 힘 $\vec{F}$가 그림 (b)와 같은 방향으로 작용했다면 $\vec{F}$가 물체에 한 일은 다음과 같이 두 벡터의 내적으로 나타낼 수 있다.

$$W=F\cos\theta\cdot d=\vec{F}\cdot\vec{d} \tag{6.7}$$

[그림 6-3] 내적의 물리적 의미

예제 6-6 힘이 물체에 한 일

일정한 크기의 힘 $\vec{F}=3\vec{i}+\vec{j}$가 물체에 작용하여 $P_1(1,-1)$에서 $P_2(2,3)$까지 이동시켰다. 힘의 단위는 뉴턴(N)이고 물체가 이동한 거리의 단위는 미터(m)일 때, 힘 $\vec{F}$가 물체에 한 일을 구하라.

풀이

물체의 이동거리를 벡터로 환산하면 다음과 같이 계산된다.

$$\vec{d} = \overrightarrow{P_1P_2} = \overrightarrow{OP_2} - \overrightarrow{OP_1} = <2, 3> - <1, -1> = <1, 4> = \vec{i} + 4\vec{j}$$

따라서 힘이 물체에 한 일은 다음과 같다.

$$W = \vec{F} \cdot \vec{d} = (3\vec{i} + \vec{j}) \cdot (\vec{i} + 4\vec{j}) = 7(\text{Nm})$$

Command Window

: 코딩

```
P1=[1 -1]; P2=[2 3];          % OP1과 OP2에 대한 정의
d=P2-P1;                      % 물체 이동거리를 벡터로 환산
F=[3 1];                      % 힘의 벡터 F에 대한 정의
W=dot(F,d)                    % W=F·d의 계산
```

: 결과

```
W = 7                         % [예제 6-6]의 결과와 동일
```

유제 6-6 힘이 물체에 한 일

일정한 크기의 힘 $\vec{F} = \vec{i} - 2\vec{j}$가 물체에 작용하여 $P_1(2, 2)$에서 $P_2(-1, -1)$까지 이동시켰다. 힘의 단위는 뉴턴(N)이고 물체가 이동한 거리의 단위는 미터(m)일 때, 힘 $\vec{F}$가 물체에 한 일을 구하라.

정답 : $W = 3(\text{Nm})$

6.3 방향코사인

3차원 공간에서 0이 아닌 임의의 벡터 $\vec{a} = a_1\vec{i} + a_2\vec{j} + a_3\vec{k}$와 단위벡터 $\vec{i}$, $\vec{j}$, $\vec{k}$ 사이에 이루는 각 α, β, γ를 $\vec{a}$의 **방향각**directional angles이라 하고, 방향각들에 대한 코사인, 즉 $\cos\alpha$, $\cos\beta$, $\cos\gamma$를 $\vec{a}$의 **방향코사인**directional cosines이라 부른다.

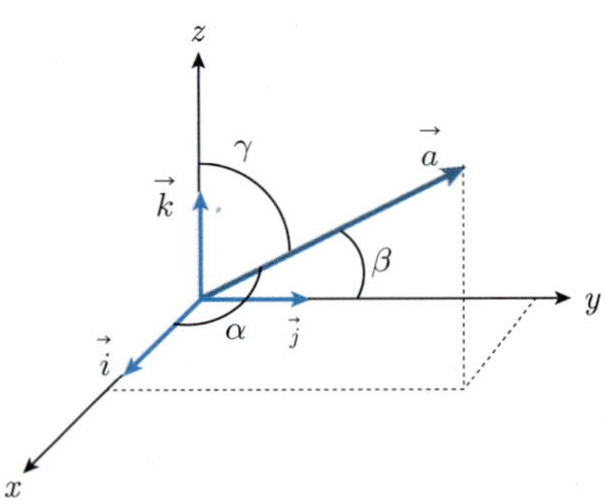

[그림 6-4] 방향코사인

식 (6.5)를 이용하여 [그림 6-4]로부터 $\vec{a}$의 방향코사인 값을 다음과 같이 구할 수 있다.

$$\cos\alpha = \frac{\vec{a}\cdot\vec{i}}{\|\vec{a}\|\ \|\vec{i}\|} = \frac{\left(a_1\vec{i}+a_2\vec{j}+a_3\vec{k}\right)\cdot\vec{i}}{\|\vec{a}\|} = \frac{a_1}{\|\vec{a}\|} \tag{6.8}$$

$$\cos\beta = \frac{\vec{a}\cdot\vec{j}}{\|\vec{a}\|\ \|\vec{j}\|} = \frac{\left(a_1\vec{i}+a_2\vec{j}+a_3\vec{k}\right)\cdot\vec{j}}{\|\vec{a}\|} = \frac{a_2}{\|\vec{a}\|} \tag{6.9}$$

$$\cos\gamma = \frac{\vec{a}\cdot\vec{k}}{\|\vec{a}\|\ \|\vec{k}\|} = \frac{\left(a_1\vec{i}+a_2\vec{j}+a_3\vec{k}\right)\cdot\vec{k}}{\|\vec{a}\|} = \frac{a_3}{\|\vec{a}\|} \tag{6.10}$$

한편, $\vec{a}$의 단위벡터와 방향코사인을 이용하면

$$\begin{aligned}\frac{\vec{a}}{\|\vec{a}\|} &= \frac{1}{\|\vec{a}\|}\left(a_1\vec{i}+a_2\vec{j}+a_3\vec{k}\right)\\ &= \frac{a_1}{\|\vec{a}\|}\vec{i}+\frac{a_2}{\|\vec{a}\|}\vec{j}+\frac{a_3}{\|\vec{a}\|}\vec{k}\\ &= (\cos\alpha)\vec{i}+(\cos\beta)\vec{j}+(\cos\gamma)\vec{k}\end{aligned}$$

이고, 이것이 단위벡터이므로 크기가 1임을 이용하면 다음과 같은 방향코사인들 사이의 관계식을 얻을 수 있다.

$$\cos^2\alpha+\cos^2\beta+\cos^2\gamma = 1 \tag{6.11}$$

예제 6-7 방향코사인과 방향각

$\vec{a}=\vec{i}+\vec{j}+\vec{k}$의 방향코사인과 방향각을 각각 구하라.

풀이

$\vec{a}$의 크기 $\|\vec{a}\| = \sqrt{1^2+1^2+1^2} = \sqrt{3}$ 이므로 방향코사인 값은 다음과 같다.

$$\cos\alpha = \frac{1}{\sqrt{3}},\quad \cos\beta = \frac{1}{\sqrt{3}},\quad \cos\gamma = \frac{1}{\sqrt{3}}$$

따라서 방향각은 다음과 같다.

$$\alpha=\beta=\gamma=\cos^{-1}\left(\frac{1}{\sqrt{3}}\right)\approx 0.9553 \approx 54.7^\circ$$

Command Window

: 코딩

```
a=[1 1 1];                       % a에 대한 정의
mag_a=norm(a);                   % a의 크기 계산
alpha=acos(1/mag_a)              % 방향각 α 구하기
beta=acos(1/mag_a)               % 방향각 β 구하기
gamma=acos(1/mag_a)              % 방향각 γ 구하기
```

: 결과

```
alpha = beta = gamma = 0.9553    % [예제 6-7]의 결과와 동일
```

유제 6-7 방향코사인과 방향각

$\vec{a}=\vec{i}-\vec{j}+2\vec{k}$의 방향코사인과 방향각을 각각 구하라.

정답 : $\cos\alpha=\dfrac{1}{\sqrt{6}}$, $\cos\beta=\dfrac{-1}{\sqrt{6}}$, $\cos\gamma=\dfrac{2}{\sqrt{6}}$

$\alpha\approx 65.9°$, $\beta\approx 114.1°$, $\gamma\approx 35.3°$

6.4 벡터의 성분과 사영

임의의 벡터 $\vec{a}=a_1\vec{i}+a_2\vec{j}+a_3\vec{k}$의 $\vec{i}$, $\vec{j}$, $\vec{k}$ 벡터들과의 내적은 각각 $\vec{a}$의 x축 방향, y축 방향, z축 방향으로의 **성분**components을 나타내고 다음과 같이 표기한다.

$$\begin{aligned} comp_{\vec{i}}\,\vec{a} &= \vec{a}\cdot\vec{i}=a_1 \\ comp_{\vec{j}}\,\vec{a} &= \vec{a}\cdot\vec{j}=a_2 \\ comp_{\vec{k}}\,\vec{a} &= \vec{a}\cdot\vec{k}=a_3 \end{aligned} \tag{6.12}$$

마찬가지로 $\vec{a}$에서 $\vec{b}$ 방향으로 향하는 임의의 벡터 방향으로의 성분을 구해보자. [그림 6-5]에서 보는 바와 같이 $\vec{a}$의 끝점에서 $\vec{b}$ 위에 수선을 그리면 만나는 점과 $\vec{a}$의 시작점까지의 길이가 $\vec{a}$의 $\vec{b}$ 방향으로의 성분이 된다. $\vec{a}$의 x축 방향으로의 성분이 $comp_{\vec{i}}\,\vec{a}=\vec{a}\cdot\vec{i}$ 임을 고려하면 $\vec{a}$의 $\vec{b}$ 방향으로의 성분도 동일하게 구할 수 있다.

$$comp_{\vec{b}}\vec{a} = \vec{a} \cdot \frac{\vec{b}}{\|\vec{b}\|} = \frac{\vec{a} \cdot \vec{b}}{\|\vec{b}\|} = \frac{\|\vec{a}\| \; \|\vec{b}\| \cos\theta}{\|\vec{b}\|} = \|\vec{a}\| \cos\theta \quad (6.13)$$

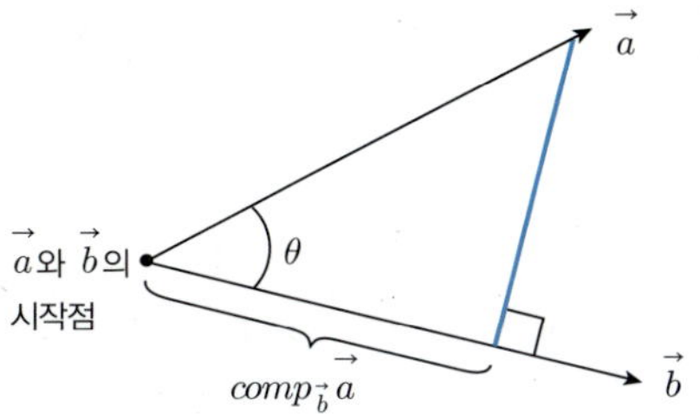

[그림 6-5] **벡터의 성분**

예제 6-8 벡터의 성분

$\vec{a} = 2\vec{i} - \vec{j} + \vec{k}$의 $\vec{b} = \vec{i} - \vec{j} + \vec{k}$ 방향으로의 성분을 구하라.

풀이

$\vec{b}$의 크기가 $\|\vec{b}\| = \sqrt{1^2 + (-1)^2 + 1^2} = \sqrt{3}$ 이므로 $\vec{b}$의 단위벡터는

$$\frac{\vec{b}}{\|\vec{b}\|} = \frac{\vec{i} - \vec{j} + \vec{k}}{\sqrt{3}}$$

이다. $\vec{a}$의 $\vec{b}$ 방향으로의 성분은 다음과 같다.

$$comp_{\vec{b}}\,\vec{a} = \vec{a} \cdot \frac{\vec{b}}{\|\vec{b}\|} = \frac{(2\vec{i} - \vec{j} + \vec{k}) \cdot (\vec{i} - \vec{j} + \vec{k})}{\sqrt{3}} = \frac{2+1+1}{\sqrt{3}} = \frac{4}{\sqrt{3}}$$

Command Window

: 코딩

```
a=[2 -1 1]; b=[1 -1 1];        % a와 b에 대한 정의
mag_b=norm(b);                 % b의 크기 계산
compa_b=dot(a, b/mag_b)        % a의 b 방향으로의 성분 구하기
```

: 결과

```
compa_b = 2.3094               % [예제 6-8]의 결과(=4/√3)와 동일
```

유제 6-8 벡터의 성분

$\vec{a} = \vec{i} - \vec{j} + \vec{k}$의 $\vec{b} = 2\vec{i} - 2\vec{j} + \vec{k}$ 방향으로의 성분을 구하라.

정답 : $comp_{\vec{b}}\,\vec{a} = \frac{5}{3}$

$\vec{a}$의 x축 방향으로의 **사영**projection은 $\vec{a}$의 x축 방향으로의 성분을 크기로 갖고 방향은 $\vec{i}$인 벡터, 즉 $proj_{\vec{i}}\vec{a} = \left(comp_{\vec{i}}\vec{a}\right)\vec{i} = a_1\vec{i}$이다. $\vec{a}$의 y축 방향과 z축 방향에 대해서도 유사하며, 이는 [그림 6-6]과 같다. 일반적으로 $\vec{a}$의 $\vec{b}$ 방향으로의 사영은 다음 식을 통해 구한다.

$$proj_{\vec{b}}\vec{a} = \left(comp_{\vec{b}}\vec{a}\right)\frac{\vec{b}}{\|\vec{b}\|} \tag{6.14}$$

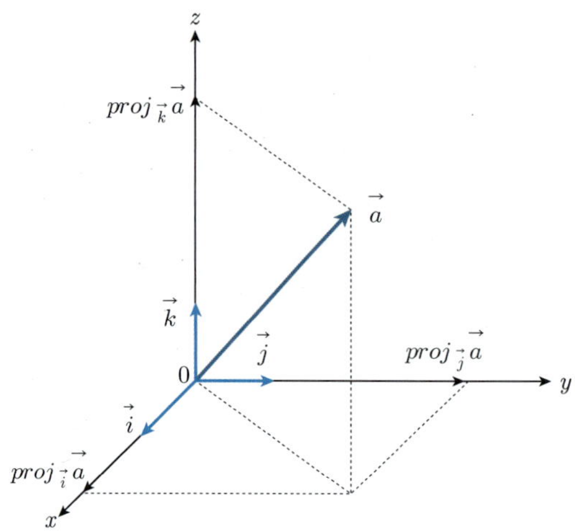

[그림 6-6] 벡터의 사영

예제 6-9 벡터의 사영 ①

$\vec{a} = -\vec{i} - 2\vec{j} - \vec{k}$의 $\vec{b} = 2\vec{i} - \vec{j} + 2\vec{k}$ 방향으로의 사영을 구하라.

풀이

[예제 6-8]에서와 같은 방법으로 $comp_{\vec{b}}\vec{a} = -\frac{2}{3}$가 얻어지므로 다음과 같다.

$$proj_{\vec{b}}\vec{a} = \left(comp_{\vec{b}}\vec{a}\right)\frac{\vec{b}}{\|\vec{b}\|} = -\frac{2}{3}\frac{1}{3}(2\vec{i} - \vec{j} + 2\vec{k}) = \frac{1}{9}(-4\vec{i} + 2\vec{j} - 4\vec{k})$$

Command Window

: 코딩

```
a=[-1 -2 -1]; b=[2 -1 2];          % a와 b에 대한 정의
mag_b=norm(b);                     % b의 크기 계산
compa_b=dot(a, b/mag_b);           % a의 b 방향으로의 성분
proja_b=compa_b/mag_b*b            % proj_b a 구하기
```

: 결과

```
proja_b = -0.4444 0.2222 -0.4444   % [예제 6-9]의 결과와 동일
```

유제 6-9 벡터의 사영 ①

$\vec{a}=3\vec{i}-2\vec{j}+\vec{k}$의 $\vec{b}=2\vec{i}-2\vec{j}+\vec{k}$ 방향으로의 사영을 구하라.

정답 : $proj_{\vec{b}}\vec{a}=\frac{1}{9}(22\vec{i}-22\vec{j}+11\vec{k})$

또한 [그림 6-7]에서 보는 바와 같이 $\vec{a}$를 $\vec{b}$ 방향과 $\vec{b}$와 수직인 방향으로 나눌 수 있으며, 다음과 같은 관계식으로 표현할 수 있다.

$$\vec{a}=proj_{\vec{b}}\vec{a}+proj_{\overrightarrow{b^{\perp}}}\vec{a} \tag{6.15}$$

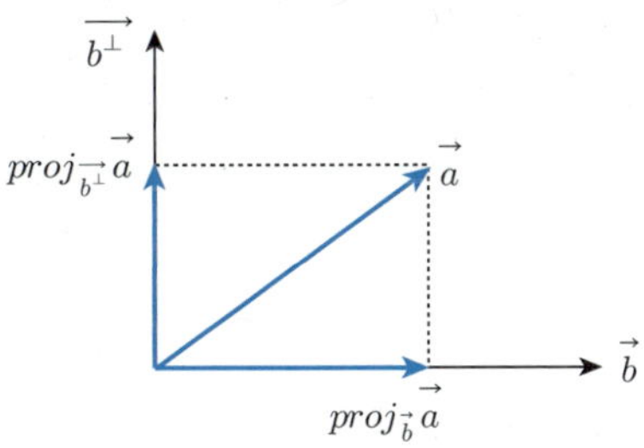

[그림 6-7] $proj_{\vec{b}}\vec{a}$와 $proj_{\overrightarrow{b^{\perp}}}\vec{a}$

예제 6-10 벡터의 사영 ②

임의의 벡터 $\vec{a}=\vec{i}-\vec{j}+\vec{k}$와 $\vec{b}=2\vec{i}+\vec{j}+\vec{k}$에 대해 다음을 구하라.

(a) $proj_{\vec{b}}\vec{a}$

(b) $proj_{\overrightarrow{b^{\perp}}}\vec{a}$

풀이

(a) 식 (6.13)과 식 (6.14)를 이용하여 다음과 같이 구할 수 있다.

$$\begin{aligned} proj_{\vec{b}}\vec{a} &= \left(\vec{a}\cdot\frac{\vec{b}}{\|\vec{b}\|}\right)\frac{\vec{b}}{\|\vec{b}\|} \\ &= \left[(\vec{i}-\vec{j}+\vec{k})\cdot\frac{2\vec{i}+\vec{j}+\vec{k}}{\sqrt{2^2+1^2+1^2}}\right]\frac{2\vec{i}+\vec{j}+\vec{k}}{\sqrt{2^2+1^2+1^2}} \\ &= \frac{2}{\sqrt{6}}\,\frac{2\vec{i}+\vec{j}+\vec{k}}{\sqrt{6}} \\ &= \frac{2\vec{i}+\vec{j}+\vec{k}}{3} \end{aligned}$$

(b) 식 (6.15)를 이용하여 다음과 같이 구할 수 있다.

$$proj_{\overrightarrow{b^{\perp}}}\vec{a}=\vec{a}-proj_{\vec{b}}\vec{a}=\vec{i}-\vec{j}+\vec{k}-\frac{2\vec{i}+\vec{j}+\vec{k}}{3}=\frac{\vec{i}-4\vec{j}+2\vec{k}}{3}$$

```
: 코딩
a=[1 -1 1]; b=[2 1 1];              % a와 b에 대한 정의
mag_b=norm(b);                      % b의 크기 계산
compa_b=dot(a, b/mag_b);            % a의 b 방향으로의 성분
proja_b=compa_b/mag_b*b             % proj_b a 구하기
proja_b1=a-proja_b                  % proj_b⊥ a 구하기

: 결과
proja_b = 0.6667 0.3333 0.3333      % [예제 6-10(a)]의 결과와 동일
proja_b1 = 0.3333 -1.3333 0.6667    % [예제 6-10(b)]의 결과와 동일
```

유제 6-10 벡터의 사영 ②

임의의 벡터 $\vec{a}=3\vec{i}-\vec{j}+2\vec{k}$와 $\vec{b}=\vec{i}-2\vec{j}+\vec{k}$에 대해 다음을 구하라.

(a) $proj_{\vec{b}}\vec{a}$ (b) $proj_{\vec{b^{\perp}}}\vec{a}$

정답 : (a) $proj_{\vec{b}}\vec{a}=\dfrac{7\vec{i}-14\vec{j}+7\vec{k}}{6}$, (b) $proj_{\vec{b^{\perp}}}\vec{a}=\dfrac{11\vec{i}+8\vec{j}+5\vec{k}}{6}$

6.5 벡터의 외적

6.2절에서 설명한 벡터의 내적은 스칼라곱이었다. 이 절에서는 벡터의 **외적**cross product에 대해 살펴볼 것이다. 벡터의 내적은 결과가 스칼라인 반면, 벡터의 외적은 결과가 벡터이며, 다음과 같이 정의된다.

정의 6-3 벡터 외적

두 벡터 $\vec{a}$와 $\vec{b}$의 외적은 다음과 같이 정의한다.

$$\vec{a}\times\vec{b}=(\|\vec{a}\|\ \|\vec{b}\|\sin\theta)\vec{\nu} \tag{6.16}$$

여기서 θ는 두 벡터가 이루는 사잇각으로서 $0\le\theta\le\pi$이고, $\vec{\nu}$는 두 벡터 $\vec{a}$와 $\vec{b}$가 이루는 평면과 직교하는 단위벡터이다.

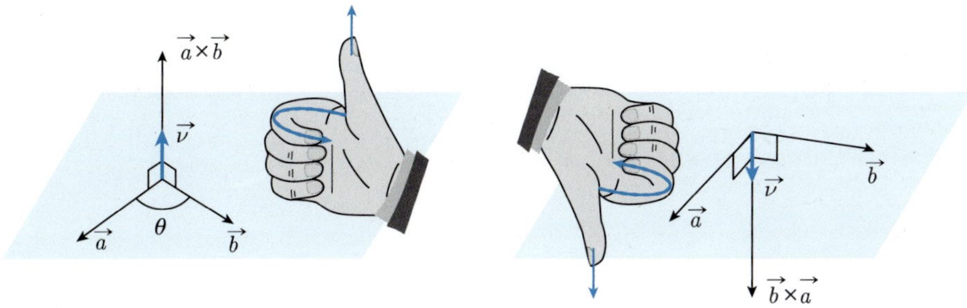

[그림 6-8] **벡터의 외적**

$\vec{a}\times\vec{b}$ 의 경우 [그림 6-8]의 왼쪽 그림과 같이 오른손 손가락들을 $\vec{a}$로 향하게 한 다음 $\vec{b}$ 방향으로 움켜쥐면, 엄지손가락이 향하는 방향이 $\vec{\nu}$의 방향이 된다. $\vec{b}\times\vec{a}$ 는 [그림 6-8]의 오른쪽 그림과 같이 $\vec{\nu}$의 방향을 구할 수 있다. 이것은 오른나사 법칙과도 같다.

[정의 6-3]을 이용하여 $\vec{i}$, $\vec{j}$, $\vec{k}$ 사이의 외적을 구해보면 다음과 같다.

$$\begin{aligned} &\vec{i}\times\vec{i}=\vec{0}, \quad &&\vec{j}\times\vec{j}=\vec{0}, \quad &&\vec{k}\times\vec{k}=\vec{0} \\ &\vec{i}\times\vec{j}=\vec{k}, &&\vec{j}\times\vec{k}=\vec{i}, &&\vec{k}\times\vec{i}=\vec{j} \\ &\vec{j}\times\vec{i}=-\vec{k}, &&\vec{k}\times\vec{j}=-\vec{i}, &&\vec{i}\times\vec{k}=-\vec{j} \end{aligned} \tag{6.17}$$

만약 임의의 벡터 $\vec{a}=a_1\vec{i}+a_2\vec{j}+a_3\vec{k}$와 $\vec{b}=b_1\vec{i}+b_2\vec{j}+b_3\vec{k}$가 주어진다면, 그 두 벡터의 외적은 식 (6.17)을 이용하여 다음과 같이 구할 수 있다.

$$\begin{aligned} \vec{a}\times\vec{b} &= \left(a_1\vec{i}+a_2\vec{j}+a_3\vec{k}\right)\times\left(b_1\vec{i}+b_2\vec{j}+b_3\vec{k}\right) \\ &= (a_2b_3-a_3b_2)\vec{i}+(a_3b_1-a_1b_3)\vec{j}+(a_1b_2-a_2b_1)\vec{k} \end{aligned} \tag{6.18}$$

식 (6.18)은 9장에서 설명할 2×2 행렬의 **행렬식**determinant으로 나타내면

$$\vec{a}\times\vec{b}=\begin{vmatrix} a_2 & a_3 \\ b_2 & b_3 \end{vmatrix}\vec{i}-\begin{vmatrix} a_1 & a_3 \\ b_1 & b_3 \end{vmatrix}\vec{j}+\begin{vmatrix} a_1 & a_2 \\ b_1 & b_2 \end{vmatrix}\vec{k} \tag{6.19}$$

가 된다. 따라서 식 (6.19)는 3×3 행렬의 행렬식의 성질을 이용하여 다음과 같이 나타낼 수 있다.

$$\vec{a}\times\vec{b}=\begin{vmatrix} \vec{i} & \vec{j} & \vec{k} \\ a_1 & a_2 & a_3 \\ b_1 & b_2 & b_3 \end{vmatrix} \tag{6.20}$$

예제 6-11 벡터의 외적

다음과 같이 주어진 두 벡터의 외적을 구하라.

$$\vec{a}=2\vec{i}-3\vec{j}-2\vec{k},\ \vec{b}=2\vec{i}-4\vec{j}$$

풀이

식 (6.20)에 의해 두 벡터의 외적은 다음과 같다.

$$\vec{a}\times\vec{b}=\begin{vmatrix}\vec{i} & \vec{j} & \vec{k}\\ 2 & -3 & -2\\ 2 & -4 & 0\end{vmatrix}=\begin{vmatrix}-3 & -2\\ -4 & 0\end{vmatrix}\vec{i}-\begin{vmatrix}2 & -2\\ 2 & 0\end{vmatrix}\vec{j}+\begin{vmatrix}2 & -3\\ 2 & -4\end{vmatrix}\vec{k}=-8\vec{i}-4\vec{j}-2\vec{k}$$

Command Window

: 코딩

```
a=[2 -3 -2]; b=[2 -4 0];          % a와 b에 대한 정의
axb=cross(a,b) 1                  % a와 b 외적 계산
```

: 결과

```
axb = -8 -4 -2                    % [예제 6-11]의 결과와 동일
```

MATLAB TIP!

1 'cross(a,b)' : 두 벡터 $\vec{a}$와 $\vec{b}$의 외적을 구한다.

유제 6-11 벡터의 외적

다음과 같이 주어진 두 벡터의 외적을 구하라.

$$\vec{a}=\vec{i}+2\vec{j}-\vec{k},\quad \vec{b}=\vec{i}+2\vec{j}-2\vec{k}$$

정답 : $\vec{a}\times\vec{b}=-2\vec{i}+\vec{j}$

또한 [정의 6-3]을 이용하면 임의의 두 벡터가 이루는 사잇각을 구할 수 있다.

예제 6-12 두 벡터가 이루는 각

다음과 같이 주어진 두 벡터가 이루는 사잇각을 구하라.

$$\vec{a}=-3\vec{i}-\vec{j}+\vec{k},\quad \vec{b}=\vec{i}-\vec{j}+2\vec{k}$$

풀이

$\vec{a}$와 $\vec{b}$의 크기는

$$\|\vec{a}\|=\sqrt{(-3)^2+(-1)^2+1^2}=\sqrt{11}$$
$$\|\vec{b}\|=\sqrt{1^2+(-1)^2+2^2}=\sqrt{6}$$

이고, 식 (6.20)에서 두 벡터의 외적이

$$\vec{a}\times\vec{b}=\begin{vmatrix}\vec{i} & \vec{j} & \vec{k}\\ -3 & -1 & 1\\ 1 & -1 & 2\end{vmatrix}=\begin{vmatrix}-1 & 1\\ -1 & 2\end{vmatrix}\vec{i}-\begin{vmatrix}-3 & 1\\ 1 & 2\end{vmatrix}\vec{j}+\begin{vmatrix}-3 & -1\\ 1 & -1\end{vmatrix}\vec{k}=-\vec{i}+7\vec{j}+4\vec{k}$$

이므로, $\vec{a}\times\vec{b}$의 크기는

$$\|\vec{a}\times\vec{b}\| = \sqrt{(-1)^2+7^2+4^2} = \sqrt{66}$$

이다. 또한 식 (6.16)에서 양변의 벡터에 대한 크기만을 고려하면

$$\|\vec{a}\times\vec{b}\| = \|\vec{a}\|\ \|\vec{b}\|\sin\theta\ \|\vec{\nu}\|$$

이고, $\vec{\nu}$가 단위벡터이므로

$$\sin\theta=\frac{\|\vec{a}\times\vec{b}\|}{\|\vec{a}\|\ \|\vec{b}\|}=\frac{\sqrt{66}}{\sqrt{11}\sqrt{6}}=1$$

이다. 따라서 두 벡터가 이루는 각도는 다음과 같다.

$$\theta=\sin^{-1}(1)=90^\circ$$

Command Window

: 코딩

```
a=[-3 -1 1]; b=[1 -1 2];                % a와 b에 대한 정의
axb=cross(a,b);                         % a와 b 외적 계산
sin_th=norm(axb)/(norm(a)*norm(b));     % sinθ 계산
th=asin(sin_th); [1]                    % a와 b가 이루는 각도 계산(radian)
th_ang=th*180/pi                        % a와 b가 이루는 각도 계산(degree)
```

: 결과

```
th_ang = 90                             % [예제 6-12]의 결과와 동일
```

MATLAB TIP!

1 'asin' : arcsine을 계산한다.

유제 6-12 두 벡터가 이루는 각

다음과 같이 주어진 두 벡터가 이루는 사잇각을 구하라.

$$\vec{a}=\vec{i}-\vec{j}+\vec{k},\qquad \vec{b}=-\vec{i}+\vec{j}+\vec{k}$$

정답 : $\theta=70.5^\circ$

앞에서 정의한 벡터의 외적에 대해 다음과 같은 성질을 만족한다.

정리 6-2 벡터 외적에 관한 성질

(1) $\vec{a}\times\vec{0}=\vec{0}\times\vec{a}=\vec{0}$　　(2) $\vec{a}\times\vec{a}=\vec{0}$

(3) $\vec{a}\times\vec{b}=-\vec{b}\times\vec{a}$　　(4) $\vec{a}\times(k\vec{b})=(k\vec{a})\times\vec{b}=k(\vec{a}\times\vec{b})$

(5) $\vec{a}\times(\vec{b}+\vec{c})=\vec{a}\times\vec{b}+\vec{a}\times\vec{c}$

(6) $\vec{a}\cdot(\vec{a}\times\vec{b})=\vec{b}\cdot(\vec{a}\times\vec{b})=0$

(7) $\vec{a}\times(\vec{b}\times\vec{c})\neq(\vec{a}\times\vec{b})\times\vec{c}$ (곱의 결합법칙이 성립하지 않음)

(8) $\vec{a}\times\vec{b}=\vec{0}$이면 $\vec{a}$와 $\vec{b}$는 평행이다.

여기서 k는 상수이다.

(6)은 $\vec{a}\times\vec{b}$의 방향이 $\vec{a}$와 $\vec{b}$를 포함하는 평면과 수직으로 만나기 때문에 성립되고, 그 외의 나머지 성질들은 외적의 정의로부터 쉽게 알 수 있다.

벡터의 외적의 기하학적 의미를 살펴보기 위해 평행하지 않은 두 벡터 $\vec{a}$와 $\vec{b}$를 고려해보자. 이 벡터들은 [그림 6-9]와 같이 평행사변형의 두 변이라 생각할 수 있다. 이때 삼각형 ABC의 면적은 다음과 같다.

$$\text{삼각형 ABC의 면적} = \frac{\|\vec{b}\|\ \|\vec{a}\|\sin\theta}{2} = \frac{\|\vec{a}\times\vec{b}\|}{2} \tag{6.21}$$

또한 평행사변형 ABCD의 면적은 삼각형 ABC의 2배이므로 다음과 같다.

$$\text{평행사변형 ABCD의 면적} = \|\vec{a}\times\vec{b}\| \tag{6.22}$$

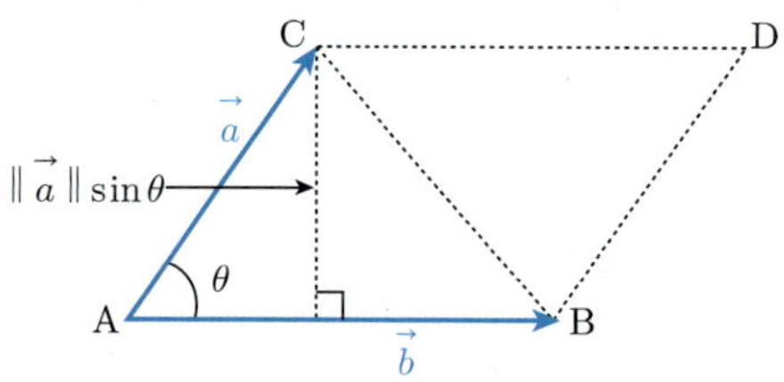

[그림 6-9] **삼각형, 평행사변형의 면적**

예제 6-13 평행사변형의 면적

다음과 같은 세 점에 의해 형성되는 평행사변형의 면적을 구하라.

$$P_1(2,-1,1),\ P_2(1,0,-1),\ P_3(-1,-1,1)$$

풀이

$\vec{a} = \overrightarrow{P_2P_1} = \vec{i} - \vec{j} + 2\vec{k}$와 $\vec{b} = \overrightarrow{P_2P_3} = -2\vec{i} - \vec{j} + 2\vec{k}$를 두 변으로 고려할 수 있으며, 외적은

$$\vec{a} \times \vec{b} = (\vec{i} - \vec{j} + 2\vec{k}) \times (-2\vec{i} - \vec{j} + 2\vec{k}) = \begin{vmatrix} \vec{i} & \vec{j} & \vec{k} \\ 1 & -1 & 2 \\ -2 & -1 & 2 \end{vmatrix} = -6\vec{j} - 3\vec{k}$$

이다. 그러므로 식 (6.22)에 의해 평행사변형의 면적은 다음과 같다.

$$A = \| \vec{a} \times \vec{b} \| = \| -6\vec{j} - 3\vec{k} \| = \sqrt{(-6)^2 + (-3)^2} = 3\sqrt{5}$$

Command Window

: 코딩

```
a=[1 -1 2]; b=[-2 -1 2];     % a와 b에 대한 정의
axb=cross(a,b);              % a와 b 외적 계산
U=norm(axb)                  % u×b의 크기(평행사변형 면적) 계산
```

: 결과

```
U = 6.7082                   % [예제 6-13]의 결과(=3√5)와 동일
```

유제 6-13 평행사변형의 면적

다음과 같은 세 점에 의해 형성되는 평행사변형의 면적을 구하라.

$$P_1(1, -1, -1), \quad P_2(-1, 1, -1), \quad P_3(1, -2, 1)$$

정답 : 6

벡터의 외적을 역학에 응용한 예를 살펴보자. 역학에서 임의의 한 점 P에 관한 힘 $\vec{F}$의 **모멘트**moment는 힘의 크기와 모멘트 팔의 길이의 곱으로 정의된다. 여기서 모멘트 팔의 길이는 힘의 작용선과 점 P의 수직 거리([그림 6-10]에서 d)를 의미한다. 그러므로 [그림 6-10]에서 힘 $\vec{F}$의 점 P에 관한 모멘트는

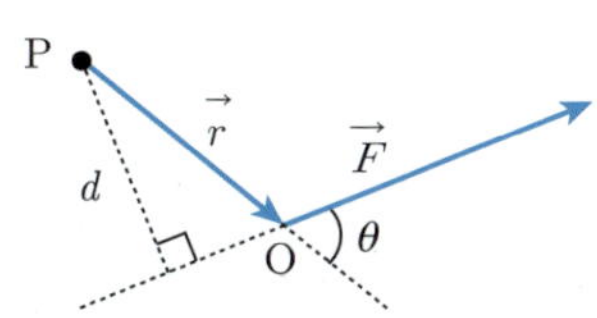

[그림 6-10] 힘의 모멘트

$$M = \| \vec{F} \| d = \| \vec{F} \| \, \| \vec{r} \| \sin\theta = \| \vec{r} \times \vec{F} \| \tag{6.23}$$

로 나타낼 수 있고, **모멘트 벡터**moment vector는 다음과 같다.

$$\overrightarrow{M} = \vec{r} \times \vec{F} \tag{6.24}$$

예제 6-14 모멘트 구하기

[그림 6-11]과 같이 반경 $R=2\text{m}$인 원형 디스크에 $|\vec{F}|=500\text{N}$의 힘이 가해졌다. 힘 $\vec{F}$의 원의 중심에 관한 모멘트 벡터를 구하라.

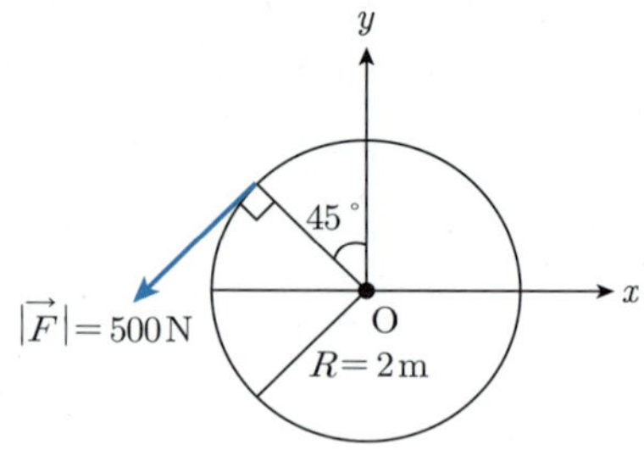

[그림 6-11]

풀이

xy좌표의 원점을 원의 중심으로 하여 힘과 팔의 길이를 벡터로 나타내면

$$\vec{F}=-500\cos45^\circ\vec{i}-500\sin45^\circ\vec{j},$$
$$\vec{r}=-2\cos45^\circ\vec{i}+2\sin45^\circ\vec{j}$$

이다. 따라서 식 (6.24)에 의해 모멘트 벡터는 다음과 같다.

$$\vec{M}=\vec{r}\times\vec{F}=\left(-2\cos45^\circ\vec{i}+2\sin45^\circ\vec{j}\right)\times\left(-500\cos45^\circ\vec{i}-500\sin45^\circ\vec{j}\right)$$
$$=1000\vec{k}\ (\text{Nm})$$

Command Window

: 코딩

```
F=[-500*cos(pi/4) -500*sin(pi/4) 0];        % F에 대한 정의
r=[-2*cos(pi/4) 2*sin(pi/4) 0];             % r에 대한 정의
M=cross(r,F)                                % 모멘트 벡터 계산
```

: 결과

```
M = 0 0 1000                                % [예제 6-14]의 결과와 동일
```

유제 6-14 모멘트 구하기

[그림 6-10]에서 $\vec{F}$와 $\vec{r}$이 다음과 같이 주어졌을 때 힘 $\vec{F}$의 점 P에 관한 모멘트 벡터를 구하라.

$$\vec{F}=10\vec{i}-20\vec{j},\quad \vec{r}=-4\vec{i}-2\vec{j}$$

정답 : $\vec{M}=100\vec{k}\ (\text{Nm})$

다음은 **스칼라 삼중곱**triple scalar product에 대해 살펴보자. 세 개의 벡터 $\vec{a}=a_1\vec{i}+a_2\vec{j}+a_3\vec{k}$, $\vec{b}=b_1\vec{i}+b_2\vec{j}+b_3\vec{k}$, $\vec{c}=c_1\vec{i}+c_2\vec{j}+c_3\vec{k}$에 대해 $\vec{a}\cdot(\vec{b}\times\vec{c})$를 스칼라 삼중곱이라 한다. 식 (6.19)를 이용하면

$$\vec{a}\cdot(\vec{b}\times\vec{c})=\left(a_1\vec{i}+a_2\vec{j}+a_3\vec{k}\right)\cdot\left(\begin{vmatrix}b_2&b_3\\c_2&c_3\end{vmatrix}\vec{i}-\begin{vmatrix}b_1&b_3\\c_1&c_3\end{vmatrix}\vec{j}+\begin{vmatrix}b_1&b_2\\c_1&c_2\end{vmatrix}\vec{k}\right)$$

이고, 벡터의 내적을 계산하면

$$\vec{a}\cdot(\vec{b}\times\vec{c})=a_1\begin{vmatrix} b_2 & b_3 \\ c_2 & c_3 \end{vmatrix}-a_2\begin{vmatrix} b_1 & b_3 \\ c_1 & c_3 \end{vmatrix}+a_3\begin{vmatrix} b_1 & b_2 \\ c_1 & c_2 \end{vmatrix}=\begin{vmatrix} a_1 & a_2 & a_3 \\ b_1 & b_2 & b_3 \\ c_1 & c_2 & c_3 \end{vmatrix} \quad (6.25)$$

가 된다. 또한 벡터의 내적은 교환법칙이 성립하므로 스칼라 삼중곱도 다음과 같이 교환법칙이 성립한다.

$$\vec{a}\cdot(\vec{b}\times\vec{c})=(\vec{b}\times\vec{c})\cdot\vec{a}=\begin{vmatrix} a_1 & a_2 & a_3 \\ b_1 & b_2 & b_3 \\ c_1 & c_2 & c_3 \end{vmatrix}=\begin{vmatrix} b_1 & b_2 & b_3 \\ c_1 & c_2 & c_3 \\ a_1 & a_2 & a_3 \end{vmatrix} \quad (6.26)$$

또한 행렬식의 특성으로부터 다음과 같은 결합법칙도 성립한다.

$$\vec{a}\cdot(\vec{b}\times\vec{c})=(\vec{a}\times\vec{b})\cdot\vec{c} \quad (6.27)$$

식 (6.27)이 성립함을 MATLAB을 이용하여 확인해보면 다음과 같다.

Command Window

: 코딩

```
% 식 (6.27)의 MATLAB에 의한 확인
syms a1 a2 a3 b1 b2 b3 c1 c2 c3 real [1]          % 심볼릭 정의
a=[a1 a2 a3]; b=[b1 b2 b3]; c=[c1 c2 c3];          % 벡터 정의
axb=cross(a,b); bxc=cross(b,c);                    % 외적 계산
x=dot(a,bxc)                                       % 내적 계산
y=dot(axb,c)                                       % 내적 계산
```

: 결과

```
x = a1*(b2*c3-b3*c2)+a2*(b3*c1-b1*c3)+a3*(b1*c2-b2*c1)
y = (a2*b3-a3*b2)*c1+(a3*b1-a1*b3)*c2+(a1*b2-a2*b1)*c3          % x와 y가 동일
```

MATLAB TIP!

[1] 여리 개의 문사늘늘 모두 실수로 정의하고자 할 때의 표현 방법을 보여준다.

스칼라 삼중곱의 기하학적 의미를 살펴보기 위해 동일 평면상에 있지 않은 세 벡터 $\vec{a}$, $\vec{b}$, $\vec{c}$를 고려해보자. 이 벡터들은 [그림 6-12]에서 보여주는 바와 같이 평행육면체의 세 변이 된다. 평행육면체의 부피는 밑면적×높이인데, 밑면적은 $\vec{a}$와 $\vec{b}$에 의해 형성되는 평행사변형의 면적이 되고, 높이는 $\vec{c}$의 $\vec{a}\times\vec{b}$ 방향으로의 성분이 된다. 그러므로 식 (6.13)과 식 (6.22)를 이용하면 평행육면체의 부피는 다음과 같다.

$$\text{평행육면체의 부피}=\underbrace{\|\vec{a}\times\vec{b}\|}_{\text{밑면적}}\underbrace{\left(\left|\vec{c}\cdot\frac{\vec{a}\times\vec{b}}{\|\vec{a}\times\vec{b}\|}\right|\right)}_{\text{높이}}=|\vec{c}\cdot(\vec{a}\times\vec{b})| \quad (6.28)$$

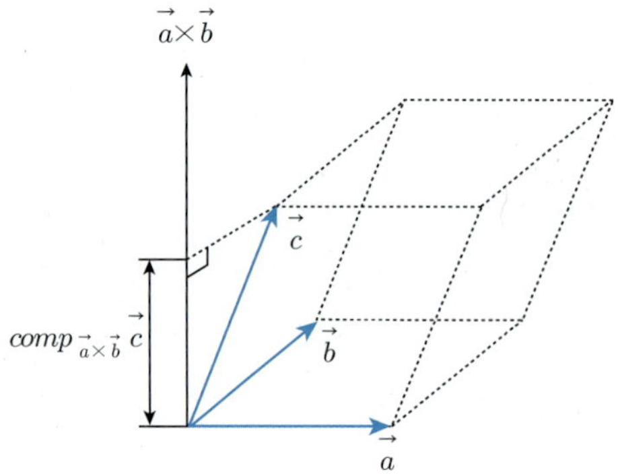

[그림 6-12] **평행육면체의 부피**

결과적으로 동일 평면상에 있지 않은 세 벡터 $\vec{a}$, $\vec{b}$, $\vec{c}$를 이웃하는 세 변으로 갖는 평행육면체의 부피는 세 벡터의 스칼라 삼중곱의 절댓값과 같음을 알 수 있다.

예제 6-15 평행육면체의 부피

다음과 같이 주어진 $\vec{a}$, $\vec{b}$, $\vec{c}$를 세 변으로 갖는 평행육면체의 부피를 구하라.

$$\vec{a}=-2\vec{i}-\vec{j}+2\vec{k},\quad \vec{b}=-\vec{i}+2\vec{j}-2\vec{k},\quad \vec{c}=2\vec{i}-2\vec{j}+\vec{k}$$

풀이

$\vec{a}$, $\vec{b}$, $\vec{c}$를 이웃하는 세 변으로 갖는 평행육면체의 부피는 스칼라 삼중곱의 절댓값이고 식 (6.28)과 같다. 따라서

$$\vec{c}\cdot(\vec{a}\times\vec{b})=\begin{vmatrix}2&-2&1\\-2&-1&2\\-1&2&-2\end{vmatrix}=2\begin{vmatrix}-1&2\\2&-2\end{vmatrix}-(-2)\begin{vmatrix}-2&2\\-1&-2\end{vmatrix}+1\begin{vmatrix}-2&-1\\-1&2\end{vmatrix}=3$$

이므로 평행육면체의 부피는 다음과 같다.

$$V=|\vec{c}\cdot(\vec{a}\times\vec{b})|=3$$

Command Window

: 코딩

```
a=[-2 -1 2]; b=[-1 2 -2]; c=[2 -2 1];          % 벡터 정의
axb=cross(a,b);                                % 외적 계산
x=dot(c,axb);                                  % 스칼라 삼중곱 계산
V=abs(x) [1]                                   % 절댓값(평행육면체 부피) 계산
```

: 결과

```
V = 3                                          % [예제 6-15]의 결과와 동일
```

MATLAB TIP!

[1] 'abs(x)' : x의 절댓값을 계산한다.

유제 6-15 평행육면체의 부피

다음과 같이 주어진 $\vec{a}$, $\vec{b}$, $\vec{c}$를 세 변으로 갖는 평행육면체의 부피를 구하라.

$$\vec{a}=\vec{i}-\vec{j}+\vec{k},\quad \vec{b}=-2\vec{i}+\vec{j}-2\vec{k},\quad \vec{c}=-\vec{i}-2\vec{j}+\vec{k}$$

정답 : $V=2$

동일 평면상의 벡터

임의의 세 벡터 $\vec{a}$, $\vec{b}$, $\vec{c}$가 동일 평면 상에 존재하기 위한 필요충분조건은 세 벡터의 스칼라 삼중곱이 0이다.

즉 세 벡터가 동일 평면상에 있기 위해서는 식 (6.28)에 의해 계산된 평행육면체의 부피가 0이면 되므로, 위의 필요충분조건이 성립함을 알 수 있다.

마지막으로 **벡터 삼중곱**triple cross product에 대해 살펴보자. 세 개의 벡터 $\vec{a}=a_1\vec{i}+a_2\vec{j}+a_3\vec{k}$, $\vec{b}=b_1\vec{i}+b_2\vec{j}+b_3\vec{k}$, $\vec{c}=c_1\vec{i}+c_2\vec{j}+c_3\vec{k}$에 대해 $\vec{a}\times(\vec{b}\times\vec{c})$를 벡터 삼중곱이라 한다. 벡터 삼중곱에 대해 다음과 같은 관계식이 성립한다.

정리 6-3 벡터 삼중곱

(1) $(\vec{a}\times\vec{b})\times\vec{c}=(\vec{a}\cdot\vec{c})\vec{b}-(\vec{b}\cdot\vec{c})\vec{a}$

(2) $\vec{a}\times(\vec{b}\times\vec{c})=(\vec{a}\cdot\vec{c})\vec{b}-(\vec{b}\cdot\vec{a})\vec{c}$

증명

(1) 세 개의 벡터를 $\vec{a}=a_1\vec{i}+a_2\vec{j}+a_3\vec{k}$, $\vec{b}=b_1\vec{i}+b_2\vec{j}+b_3\vec{k}$, $\vec{c}=c_1\vec{i}+c_2\vec{j}+c_3\vec{k}$라 놓으면 식 (6.18)에 의하여

$$\vec{a}\times\vec{b}=(a_2b_3-a_3b_2)\vec{i}+(a_3b_1-a_1b_3)\vec{j}+(a_1b_2-a_2b_1)\vec{k}$$

이고, 다시 $\vec{c}$와 외적을 취하면

$$\begin{aligned}(\vec{a}\times\vec{b})\times\vec{c}=&\,[(a_3b_1-a_1b_3)c_3-(a_1b_2-a_2b_1)c_2]\vec{i}\\&+[(a_1b_2-a_2b_1)c_1-(a_2b_3-a_3b_2)c_3]\vec{j}\\&+[(a_2b_3-a_3b_2)c_2-(a_3b_1-a_1b_3)c_1]\vec{k}\end{aligned}$$

이고, 위 식은 다음과 같이 다시 쓸 수 있다.

$$
\begin{aligned}
(\vec{a}\times\vec{b})\times\vec{c} = & \left[(a_1c_1+a_2c_2+a_3c_3)b_1-(b_1c_1+b_2c_2+b_3c_3)a_1\right]\vec{i} \\
& + \left[(a_1c_1+a_2c_2+a_3c_3)b_2-(b_1c_1+b_2c_2+b_3c_3)a_2\right]\vec{j} \\
& + \left[(a_1c_1+a_2c_2+a_3c_3)b_3-(b_1c_1+b_2c_2+b_3c_3)a_3\right]\vec{k}
\end{aligned}
$$

또한 내적의 정의를 사용하면 위 식은

$$
\begin{aligned}
(\vec{a}\times\vec{b})\times\vec{c} &= (\vec{a}\cdot\vec{c})b_1\vec{i}+(\vec{a}\cdot\vec{c})b_2\vec{j}+(\vec{a}\cdot\vec{c})b_3\vec{k} \\
&\quad -\left[(\vec{b}\cdot\vec{c})a_1\vec{i}+(\vec{b}\cdot\vec{c})a_2\vec{j}+(\vec{b}\cdot\vec{c})a_3\vec{k}\right] \\
&= (\vec{a}\cdot\vec{c})(b_1\vec{i}+b_2\vec{j}+b_3\vec{k})-(\vec{b}\cdot\vec{c})(a_1\vec{i}+a_2\vec{j}+a_3\vec{k})
\end{aligned}
$$

가 되고, 결과적으로 다음 관계식을 얻을 수 있다.

$$(\vec{a}\times\vec{b})\times\vec{c}=(\vec{a}\cdot\vec{c})\vec{b}-(\vec{b}\cdot\vec{c})\vec{a}$$

(2)는 (1)과 같은 방법으로 증명할 수 있으므로 증명을 생략한다. ■

[정리 6-3]에서 알 수 있는 바와 같이 벡터 삼중곱에서는 곱에 대한 결합법칙이 성립하지 않는다는 사실에 유의하기 바란다.

6.6 벡터 공간

지금까지 2차원과 3차원 공간 벡터에 관해 다루었다. 여기에서는 n차원 공간 벡터에 대해 설명하고자 한다. 2차원과 3차원 벡터는 좌표평면상에 표시할 수 있지만, n차원 벡터는 공간좌표상에 표시할 수 없다. 그러나 그 또한 벡터라고 생각할 수 있으며, 다음과 같이 표현한다.

$$\vec{x}=<x_1,\,x_2,\,\cdots,\,x_n>,\quad \vec{y}=<y_1,\,y_2,\,\cdots,\,y_n> \tag{6.29}$$

식 (6.29)와 같이 표현된 벡터를 **행벡터**row vector라 한다.

$$\vec{x}=\begin{pmatrix}x_1\\x_2\\\vdots\\x_n\end{pmatrix},\quad \vec{y}=\begin{pmatrix}y_1\\y_2\\\vdots\\y_n\end{pmatrix} \tag{6.30}$$

식 (6.30)과 같이 표현된 벡터를 **열벡터**column vector라 하며, x_1, x_2, $\cdots$, x_n을 $\vec{x}$의 성분이라 한다.

n차원 벡터에서도 2차원이나 3차원 벡터에서와 마찬가지로 다음이 성립한다.

정의 6-4 n차원 벡터의 기본 성질

두 개의 n차원 벡터가 $\vec{a} = < a_1, a_2, \cdots, a_n >$과 $\vec{b} = < b_1, b_2, \cdots, b_n >$이고, k가 임의의 상수라면 다음과 같은 관계가 성립한다.

(1) $\vec{a} \pm \vec{b} = < a_1 \pm b_1,\ a_2 \pm b_2,\ \cdots,\ a_n \pm b_n >$

(2) $k\vec{a} = < ka_1,\ ka_2,\ \cdots,\ ka_n >$

(3) $k(\vec{a} + \vec{b}) = k\vec{a} + k\vec{b}$

(4) $\vec{a} + \vec{b} = \vec{b} + \vec{a}$ (교환법칙)

(5) $\vec{a} + (\vec{b} + \vec{c}) = (\vec{a} + \vec{b}) + \vec{c}$ (결합법칙)

■ 단위벡터

n차원 벡터 $\vec{a} = < a_1, a_2, \cdots, a_n >$의 **크기**magnitude는

$$\| \vec{a} \| = \sqrt{a_1^2 + a_2^2 + \cdots + a_n^2} \tag{6.31}$$

이고, $\vec{a}$의 **단위벡터**unit vector는 다음과 같다.

$$\vec{u} = \frac{1}{\| \vec{a} \|} \vec{a} \tag{6.32}$$

예를 들어 $\vec{a} = < 2, 3, -1, 1 >$이면 $\vec{a}$의 크기는

$$\| \vec{a} \| = \sqrt{2^2 + 3^2 + (-1)^2 + 1^2} = \sqrt{15}$$

이고, $\vec{a}$의 단위벡터는 식 (6.32)에 의해 다음과 같이 표현할 수 있다.

$$\vec{u} = \frac{1}{\| \vec{a} \|} \vec{a} = \frac{1}{\sqrt{15}} < 2, 3, -1, 1 > = \left\langle \frac{2}{\sqrt{15}}, \frac{3}{\sqrt{15}}, \frac{-1}{\sqrt{15}}, \frac{1}{\sqrt{15}} \right\rangle$$

■ 기저벡터

6.1절에서는 3차원 공간 벡터에서 $\vec{i}$, $\vec{j}$, $\vec{k}$를 **기저벡터**base vector라 정의하였다. n차원 벡터 공간에서의 기저벡터는 다음과 같은 n개의 벡터가 된다.

$$\overrightarrow{e_1} = <1, 0, 0, \cdots, 0>, \ \overrightarrow{e_2} = <0, 1, 0, \cdots, 0>, \ \cdots, \ \overrightarrow{e_n} = <0, 0, 0, \cdots, 1> \tag{6.33}$$

따라서 임의의 벡터 $\vec{a} = < a_1, a_2, \cdots, a_n >$은 다음과 같이 표현할 수 있다.

$$\vec{a} = < a_1, a_2, \cdots, a_n > = a_1 \overrightarrow{e_1} + a_2 \overrightarrow{e_2} + \cdots + a_n \overrightarrow{e_n} \tag{6.34}$$

■ 일차독립과 일차종속

3.1절에서 이미 설명한 바 있는 **일차독립**linearly independent과 **일차종속**linearly dependent의 개념은 미분방정식에서 뿐만 아니라 벡터에서도 매우 중요한 개념이다. 이를 설명하기 위해 먼저 벡터의 일차결합을 다음과 같이 정의한다.

정의 6-5 벡터의 일차결합

벡터공간상의 n개의 벡터 $\overrightarrow{x_1}, \overrightarrow{x_2}, \cdots, \overrightarrow{x_n}$과 스칼라 $c_1, c_2, \cdots, c_n$에 대해

$$c_1 \overrightarrow{x_1} + c_2 \overrightarrow{x_2} + \cdots + c_n \overrightarrow{x_n}$$

의 형태로 표현된 식을 $\overrightarrow{x_1}, \overrightarrow{x_2}, \cdots, \overrightarrow{x_n}$의 **일차결합**linear combination이라 한다.

예를 들면 $<3, 0, -3, 2> = 2<2, 1, -1, 1> - <1, 2, 1, 0>$이므로 벡터 $<3, 0, -3, 2>$는 벡터 $<2, 1, -1, 1>$과 벡터 $<1, 2, 1, 0>$의 일차결합이다.

벡터의 일차결합을 사용하여 다음과 같이 일차독립과 일차종속에 대해서도 정의할 수 있다.

정의 6-6 벡터의 일차독립과 일차종속

$\overrightarrow{x_1}, \overrightarrow{x_2}, \cdots, \overrightarrow{x_n}$의 일차결합으로 표현된 방정식

$$c_1 \overrightarrow{x_1} + c_2 \overrightarrow{x_2} + \cdots + c_n \overrightarrow{x_n} = \vec{0} \tag{6.35}$$

을 만족시키는 0이 아닌 상수 $c_1, c_2, \cdots, c_n$이 존재하지 않는다면, 즉 $c_1 = c_2 = \cdots = c_n = 0$이 식 (6.35)를 만족시키는 유일한 경우라면 $\overrightarrow{x_1}, \overrightarrow{x_2}, \cdots, \overrightarrow{x_n}$들은 서로 **일차독립**이고, 일차독립이 아닌 경우가 **일차종속**이다.

[정의 6-6]의 일차독립은 어떤 벡터도 다른 벡터들의 일차결합으로 나타낼 수 없는 경우를 말한다.

예제 6-16 일차독립과 일차종속 ①

3차원의 기저벡터 $\vec{i}$, $\vec{j}$, $\vec{k}$가 서로 일차독립인지 일차종속인지를 판별하라.

풀이

이들 벡터 사이가 일차독립인지 일차종속인지를 판별하기 위해 식 (6.35)를 적용하면

$$c_1\vec{i} + c_2\vec{j} + c_3\vec{k} = \vec{0}$$

이고, 다음과 같이 다시 쓸 수 있다.

$$c_1 < 1, 0, 0 > + c_2 < 0, 1, 0 > + c_3 < 0, 0, 1 > = < 0, 0, 0 >$$

따라서 위 식을 정리하고 풀면

$$< c_1, c_2, c_3 > = < 0, 0, 0 >$$

이므로, $c_1 = 0, c_2 = 0, c_3 = 0$이 얻어진다. 그러므로 $\vec{i}$, $\vec{j}$, $\vec{k}$는 서로 일차독립이다.

Command Window

```
: 코딩
syms('c1','c2','c3');                      % c1, c2, c3의 심볼릭 정의
i=[1 0 0]; j=[0 1 0]; k=[0 0 1];           % 기저벡터들을 정의
U1=c1*i+c2*j+c3*k                          % 일차독립과 일차종속 판별식

% 또 다른 풀이 방법
i=[1 0 0]; j=[0 1 0]; k=[0 0 1];           % 벡터의 정의
U2=det([i;j;k]) 1                          % 행렬식 계산

: 결과
U1 = [c1 c2 c3]                            % 즉 c1=c2=c3=0 (일차독립)
U2 = 1 2                                   % U2=0이 아니므로 일차독립
                                           % [예제 6-16]의 결과와 동일
```

MATLAB TIP!

1. 'det(A)' : 행렬 A의 행렬식(determinant)을 계산한다(9장 참조).
2. 행렬식의 결과가 0이 아니면 주어진 벡터들은 서로 일차독립이다

유제 6-16 일차독립과 일차종속 ①

다음과 같이 주어진 $\vec{a}$, $\vec{b}$, $\vec{c}$가 서로 일차독립인지 일차종속인지를 판별하라.

$$\vec{a} = \vec{i} - \vec{j}, \quad \vec{b} = -2\vec{i} - 2\vec{k}, \quad \vec{c} = -2\vec{j} + \vec{k}$$

정답 : 일차독립

예제 6-17 일차독립과 일차종속 ②

다음의 $\vec{a}$, $\vec{b}$, $\vec{c}$가 서로 일차독립인지 일차종속인지를 판별하라.

$$\vec{a}=2\vec{i}-3\vec{j}+\vec{k},\quad \vec{b}=\vec{i}-2\vec{j}-2\vec{k},\quad \vec{c}=4\vec{i}-6\vec{j}+2\vec{k}$$

풀이

$\vec{a}$, $\vec{b}$, $\vec{c}$가 서로 일차독립인지 일차종속인지를 판별하기 위해 식 (6.35)를 적용하면

$$c_1\vec{a}+c_2\vec{b}+c_3\vec{c}=\vec{0}$$

이고, 위 식에 주어진 값들을 대입하면

$$c_1<2,-3,1>+c_2<1,-2,-2>+c_3<4,-6,2> \ =<0,0,0>$$

이다. 따라서 다음과 같은 연립방정식이 얻어진다.

$$\begin{aligned}2c_1+c_2+4c_3&=0\\-3c_1-2c_2-6c_3&=0\\c_1-2c_2+2c_3&=0\end{aligned}$$

위 연립방정식을 풀면 $c_1=2k$, $c_2=0$, $c_3=-k$이고, 여기서 k는 임의의 상수이다. 따라서 식 (6.35)를 만족하는 0이 아닌 상수 c_1, c_2, c_3가 존재하므로 $\vec{a}$, $\vec{b}$, $\vec{c}$는 서로 일차종속이다.

Command Window

: 코딩
```
a=[2 -3 1]; b=[1 -2 -2]; c=[4 -6 2];          % 벡터의 정의
U=det([a; b; c])                              % 행렬식 계산
```

: 결과
```
U = 0 [1]                                     % U = 0이므로 일차종속
                                              % [예제 6-17]의 결과와 동일
```

MATLAB TIP!

[1] 행렬식의 결과가 0이면 주어진 벡터들은 서로 일차종속이다.

유제 6-17 일차독립과 일차종속 ②

다음과 같이 주어진 $\vec{a}$, $\vec{b}$, $\vec{c}$가 서로 일차독립인지 일차종속인지를 판별하라.

$$\vec{a}=-\vec{i}+2\vec{j},\quad \vec{b}=-2\vec{i}-2\vec{k},\quad \vec{c}=-\vec{i}-2\vec{j}-2\vec{k}$$

정답 : 일차종속

예제 6-18 일차독립과 일차종속 ③

다음의 $\vec{a}$, $\vec{b}$, $\vec{c}$가 서로 일차독립인지 일차종속인지를 판별하라.

$$\vec{a} = <1, 1, 0, 2>, \quad \vec{b} = <0, 1, -1, 2>, \quad \vec{c} = <1, 0, 2, -2>$$

풀이

$\vec{a}$, $\vec{b}$, $\vec{c}$가 서로 일차독립인지 일차종속인지를 판별하기 위해 식 (6.35)를 적용하면

$$c_1\vec{a} + c_2\vec{b} + c_3\vec{c} = \vec{0}$$

이고, 위 식에 주어진 값들을 대입하면

$$c_1 <1, 1, 0, 2> + c_2 <0, 1, -1, 2> + c_3 <1, 0, 2, -2> = <0, 0, 0, 0>$$

이다. 따라서 위 식은

$$<c_1, c_1, 0, 2c_1> + <0, c_2, -c_2, 2c_2> + <c_3, 0, 2c_3, -2c_3> = <0, 0, 0, 0>$$

이 되고, 위 식으로부터 다음과 같은 연립방정식이 얻어진다.

$$c_1 + c_3 = 0, \quad c_1 + c_2 = 0, \quad -c_2 + 2c_3 = 0, \quad 2c_1 + 2c_2 - 2c_3 = 0$$

위 연립방정식을 풀면 $c_1 = c_2 = c_3 = 0$이다. 그러므로 $\vec{a}$, $\vec{b}$, $\vec{c}$는 서로 일차독립이다.

Command Window

: 코딩

```
a=[1 1 0 2]; b=[0 1 -1 2]; c=[1 0 2 -2];    % 벡터의 정의
U=rank([a;b;c]) 1                            % 행렬계수 계산
```

: 결과

```
U = 3 2                                      % 일차독립
                                             % [예제 6-18]의 결과와 동일
```

MATLAB TIP!

1 'rank(A)' : 행렬 A의 행렬 계수(rank)를 계산한다(9장 참조).

2 정방행렬 square matrix이 아닌 경우 행렬계수로 확인한다. 위 예제의 경우 행렬이 3×4이고, 행렬계수가 3이므로 일차독립이고, 행렬계수가 2 이하이면 일차종속이다.

■ **내적**

n차원의 두 벡터 $\vec{a}$와 $\vec{b}$에 대한 내적은 다음과 같이 정의된다.

정의 6-7 벡터의 내적

n차원의 두 벡터 $\vec{a} = <a_1, a_2, \cdots, a_n>$과 $\vec{b} = <b_1, b_2, \cdots, b_n>$의 내적은 다음과 같다.

$$\vec{a} \cdot \vec{b} = <a_1, a_2, \cdots, a_n> \cdot <b_1, b_2, \cdots, b_n> = a_1b_1 + a_2b_2 + \cdots + a_nb_n \qquad (6.36)$$

두 벡터 $\vec{a}$와 $\vec{b}$가 **직교**orthogonal하기 위한 필요충분조건은 $\vec{a} \cdot \vec{b} = 0$이다.

예제 6-19 n차원 벡터의 직교 여부 확인

다음의 두 벡터 $\vec{a}$와 $\vec{b}$가 서로 직교함을 보여라.

$$\vec{a} = <1, 0, 2, -1>, \quad \vec{b} = <2, -1, -1, 0>$$

풀이

두 벡터 $\vec{a}$와 $\vec{b}$의 내적은

$$\begin{aligned}\vec{a} \cdot \vec{b} &= <1, 0, 2, -1> \cdot <2, -1, -1, 0> \\ &= 1 \times 2 + 0 \times (-1) + 2 \times (-1) + (-1) \times 0 = 0\end{aligned}$$

이므로 두 벡터 $\vec{a}$와 $\vec{b}$가 서로 직교한다.

Command Window

```
: 코딩
a=[1 0 2 -1]; b=[2 -1 -1 0];          % 벡터의 정의
U=dot(a,b)                             % 두 벡터의 내적 계산

: 결과
U = 0                                  % 내적이 0이므로 직교
                                       % [예제 6-19]의 결과와 동일
```

유제 6-18 n차원 벡터의 직교 여부 확인

다음의 두 벡터 $\vec{a}$와 $\vec{b}$가 서로 직교하는지의 여부를 판단하라.

$$\vec{a} = <1, -1, 0, 1>, \quad \vec{b} = <1, -2, -2, 1>$$

정답 : 직교 안 함

Chapter 06 연습문제

6.1 (벡터의 기본 연산) 다음과 같이 주어진 벡터에 대해 다음을 구하라.

$$\vec{a} = <2, 2, -3>, \quad \vec{b} = <0, 1, -2>, \quad \vec{c} = <3, -1, -4>$$

(a) $2\vec{a} - \vec{b}$　　(b) $-\vec{a} - \vec{b} + 2\vec{c}$　　(c) $2\vec{a} + \vec{b} - 2\vec{c}$

(d) $\| \vec{a} - 2\vec{b} \|$　　(e) $\| \vec{a} - \vec{b} - 2\vec{c} \|$　　(f) $\| -\vec{a} + \vec{b} - 2\vec{c} \|$

6.2 (두 점 사이 거리) 다음과 같이 주어진 두 위치벡터의 두 끝점 사이의 거리를 구하라.

(a) $\overrightarrow{OP_1} = <2, 4>$, $\overrightarrow{OP_2} = <1, 3>$

(b) $\overrightarrow{OP_1} = <1, 2>$, $\overrightarrow{OP_2} = <-1, -2>$

(c) $\overrightarrow{OP_1} = <-2, 1>$, $\overrightarrow{OP_2} = <2, -2>$

(d) $\overrightarrow{OP_1} = <3, -2>$, $\overrightarrow{OP_2} = <0, 4>$

(e) $\overrightarrow{OP_1} = <0, 1, 4>$, $\overrightarrow{OP_2} = <-1, 0, 3>$

(f) $\overrightarrow{OP_1} = <1, 2, -1>$, $\overrightarrow{OP_2} = <2, -1, 2>$

(g) $\overrightarrow{OP_1} = <3, -2, -1>$, $\overrightarrow{OP_2} - <2, 1, -2>$

(h) $\overrightarrow{OP_1} = <3, 0, 2>$, $\overrightarrow{OP_2} = <-2, 2, 3>$

6.3 (벡터의 내적) 다음 두 벡터의 내적을 구하라.

(a) $\vec{a} = <1, 4>$, $\vec{b} = <-1, 2>$　　(b) $\vec{a} = <2, 2>$, $\vec{b} = <1, -2>$

(c) $\vec{a} = <1, -4>$, $\vec{b} = <3, 3>$　　(d) $\vec{a} = <2, -2>$, $\vec{b} = <3, -2>$

(e) $\vec{a} = <0, -1, 2>$, $\vec{b} = <1, 1, 2>$　　(f) $\vec{a} = <1, -2, 1>$, $\vec{b} = <3, 3, 1>$

(g) $\vec{a} = <2, -2, 0>$, $\vec{b} = <4, -1, 2>$　　(h) $\vec{a} = <0, -3, 1>$, $\vec{b} = <2, -2, -3>$

6.4 (벡터의 내적) 벡터의 내적을 이용하여 다음 두 벡터가 이루는 각을 구하라.

(a) $\vec{a} = <1, -2>$, $\vec{b} = <-3, -2>$　　(b) $\vec{a} = <2, -2>$, $\vec{b} = <1, 2>$

(c) $\vec{a} = <2, -4>$, $\vec{b} = <-4, -2>$　　(d) $\vec{a} = <2, -3>$, $\vec{b} = <-3, -2>$

(e) $\vec{a} = <0, 1, -2>$, $\vec{b} = <1, 1, -2>$　　(f) $\vec{a} = <2, -2, 1>$, $\vec{b} = <3, 3, 2>$

(g) $\vec{a} = <3, -1, 0>$, $\vec{b} = <1, 4, 2>$　　(h) $\vec{a} = <3, -3, 1>$, $\vec{b} = <1, -1, -6>$

6.5 **(벡터의 내적)** 주어진 두 벡터가 서로 직교하도록 상수 c를 정하라.

(a) $\vec{a} = <2, -2>$, $\vec{b} = <c, -2>$ (b) $\vec{a} = <4, c>$, $\vec{b} = <1, 2>$

(c) $\vec{a} = <c, 1, 2>$, $\vec{b} = <1, 1, -3>$ (d) $\vec{a} = <c, 2, 1>$, $\vec{b} = <3, -2, 2c>$

6.6 **응용** **(벡터의 내적)** 일정한 크기의 힘 $\vec{F}$가 물체에 작용하여 물체를 점 P_1에서 점 P_2까지 이동시켰다. 힘의 단위는 뉴턴(N)이고 물체가 이동한 거리의 단위는 미터(m)일 때, 힘이 물체에 한 일을 구하라.

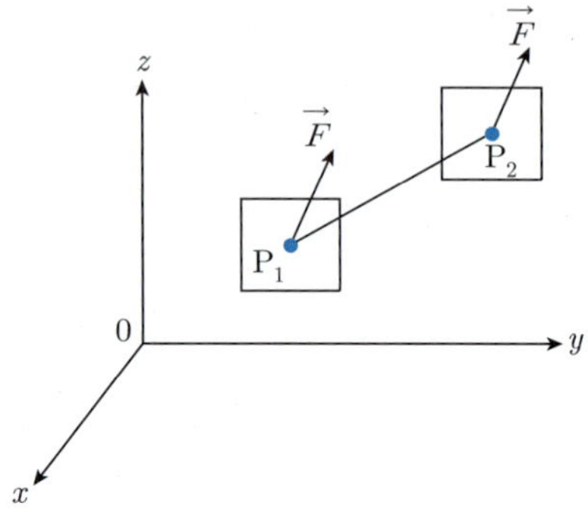

(a) $\vec{F} = 2\vec{i} - 2\vec{j}$, $P_1(-1, 2)$, $P_2(-3, 4)$

(b) $\vec{F} = 3\vec{i} - \vec{j}$, $P_1(-3, 1)$, $P_2(-1, -3)$

(c) $\vec{F} = 2\vec{i} - \vec{j} + 2\vec{k}$, $P_1(-1, -1, 2)$, $P_2(-2, -4, 1)$

6.7 **(방향코사인, 방향각)** 다음과 같이 주어진 벡터의 방향코사인과 방향각을 구하라.

(a) $\vec{a} = <3, 1, 1>$ (b) $\vec{a} = <3, -1, 2>$

(c) $\vec{a} = <-2, -2, 1>$ (d) $\vec{a} = <2, -3, -2>$

(e) $\vec{a} = <-3, 4, -2>$ (f) $\vec{a} = <2, 1, 1>$

6.8 **응용** **(방향코사인, 방향각)** 오른쪽 그림과 같이 한 비행체가 관찰자로부터 x축 8km, y축 10km, z축 4km에 있다. 이 비행체의 방향코사인과 방향각을 구하라.

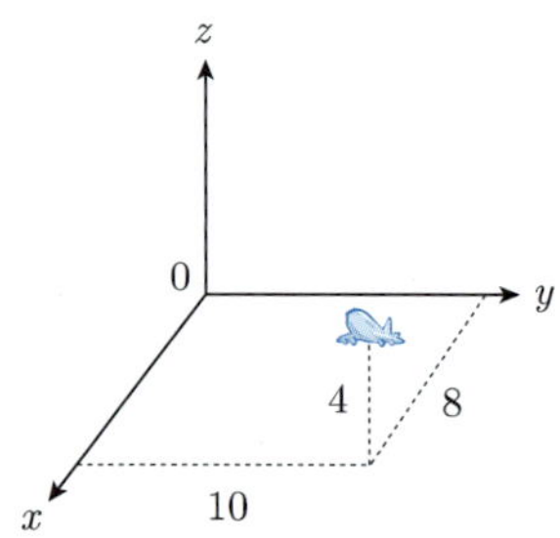

6.9 **(벡터의 성분)** 다음과 같이 주어진 $\vec{a}$의 $\vec{b}$ 방향으로의 성분($comp_{\vec{b}}\vec{a}$)을 구하라.

(a) $\vec{a} = <2, -1, 3>$, $\vec{b} = <1, 0, -2>$

(b) $\vec{a} = <2, -2, 0>$, $\vec{b} = <3, -1, 2>$

(c) $\vec{a} = <1, -2, 1>$, $\vec{b} = <-1, -1, 3>$

6.10 **(벡터의 사영)** 다음과 같이 주어진 $\vec{a}$의 $\vec{b}$ 방향으로의 사영($proj_{\vec{b}}\vec{a}$)을 구하라.

(a) $\vec{a} = <1, -1, 1>$, $\vec{b} = <1, 1, -2>$

(b) $\vec{a} = <2, -2, 1>$, $\vec{b} = <2, -1, 1>$

(c) $\vec{a} = <1, -2, 1>$, $\vec{b} = <-1, -1, 3>$

(d) $\vec{a} = <1, -1, -1>$, $\vec{b} = <-1, -1, 2>$

6.11 **(벡터의 사영)** 임의의 벡터 $\vec{a} = 2\vec{i} + 2\vec{j} - \vec{k}$와 $\vec{b} = \vec{i} + 2\vec{j} - 2\vec{k}$에 대해 다음을 구하라.

(a) $proj_{\vec{b}}\vec{a}$

(b) $proj_{\vec{b^{\perp}}}\vec{a}$

(c) $proj_{(\vec{a}+\vec{b})}\vec{a}$

(d) $proj_{(\vec{a}-\vec{b})}\vec{a}$

6.12 **(벡터의 외적)** 다음 두 벡터의 외적을 구하라.

(a) $\vec{a} = \vec{i} - 3\vec{j}$, $\vec{b} = 3\vec{i} - 2\vec{j}$

(b) $\vec{a} = 2\vec{i} + 3\vec{j}$, $\vec{b} = -\vec{i} - \vec{j}$

(c) $\vec{a} = 4\vec{i} - \vec{j}$, $\vec{b} = 3\vec{i} + 2\vec{j}$

(d) $\vec{a} = -2\vec{i}\ \ 3\vec{j}$, $\vec{b} = -\vec{i} + 2\vec{j}$

(e) $\vec{a} = 2\vec{i} + 2\vec{j} - \vec{k}$, $\vec{b} = \vec{i} + 2\vec{j} + 3\vec{k}$

(f) $\vec{a} = \vec{i} + 3\vec{j} - 2\vec{k}$, $\vec{b} = \vec{i} - 2\vec{k}$

(g) $\vec{a} = -2\vec{i} + 4\vec{j} - \vec{k}$, $\vec{b} = 2\vec{i} - \vec{j} - 2\vec{k}$

(h) $\vec{a} = -\vec{i} - 3\vec{j} + 2\vec{k}$, $\vec{b} = \vec{i} - \vec{j} + 4\vec{k}$

6.13 **(벡터의 외적)** 벡터의 외적을 이용하여 다음 두 벡터가 이루는 각을 구하라.

(a) $\vec{a} = <-1, -2>$, $\vec{b} = <3, -2>$

(b) $\vec{a} = <2, 2>$, $\vec{b} = <1, -2>$

(c) $\vec{a} = <1, -4>$, $\vec{b} = <-4, -1>$

(d) $\vec{a} = <3, -3>$, $\vec{b} = 1<-1, -2>$

(e) $\vec{a} = <0, -1, -2>$, $\vec{b} = <-1, 1, 0>$

(f) $\vec{a} = <3, 2, 1>$, $\vec{b} = <1, 1, 2>$

(g) $\vec{a} = <1, -2, -1>$, $\vec{b} = <-1, 1, 2>$

(h) $\vec{a} = <2, 3, 1>$, $\vec{b} = <1, -1, 2>$

6.14 응용 **(벡터의 외적)** 다음과 같은 세 점에 의해 형성되는 삼각형의 면적을 구하라.

(a) $P_1(2, -1, 1)$, $P_2(-2, 1, 2)$, $P_3(3, 0, -2)$

(b) $P_1(1, -1, 0)$, $P_2(-1, 2, 1)$, $P_3(1, 1, -1)$

6.15 응용 **(벡터의 외적)** 다음과 같은 세 점에 의해 형성되는 평행사변형의 면적을 구하라.

(a) $P_1(-2, 3, 2)$, $P_2(-3, -1, -2)$, $P_3(1, -3, -1)$

(b) $P_1(-1, 2, 1)$, $P_2(-2, 1, -2)$, $P_3(1, -1, 1)$

6.16 **응용** **(벡터의 외적)** 오른쪽 그림과 같이 반경 R이 1m 인 원형 디스크에 $|\vec{F}|=100\,\mathrm{N}$의 힘이 가해졌다. 힘 $\vec{F}$의 원의 중심에 관한 모멘트 벡터를 구하라.

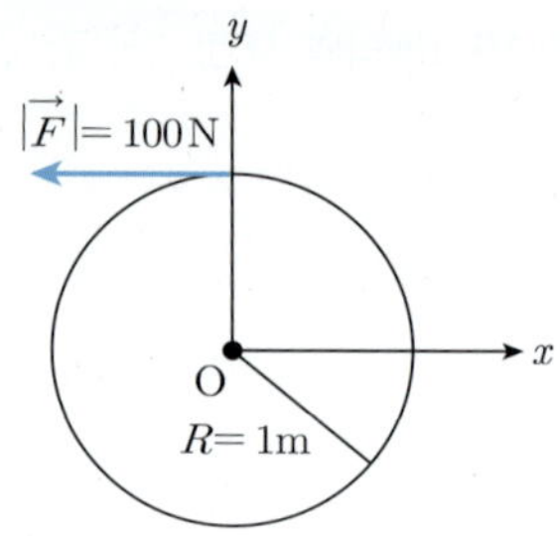

6.17 **응용** **(스칼라 삼중곱)** 다음의 $\vec{a}$, $\vec{b}$, $\vec{c}$를 세 변으로 갖는 평행육면체의 부피를 구하라.

(a) $\vec{a}=2\vec{i}+\vec{j}+3\vec{k}$, $\vec{b}=\vec{i}+3\vec{j}+2\vec{k}$, $\vec{c}=3\vec{i}+2\vec{j}+0\vec{k}$

(b) $\vec{a}=-\vec{i}+\vec{j}-2\vec{k}$, $\vec{b}=-3\vec{i}-2\vec{j}-3\vec{k}$, $\vec{c}=-2\vec{i}-\vec{j}-\vec{k}$

6.18 **응용** **(스칼라 삼중곱)** 다음의 $\vec{a}$, $\vec{b}$, $\vec{c}$가 동일 평면상에 존재하는지를 결정하라.

(a) $\vec{a}=2\vec{i}-3\vec{j}+\vec{k}$, $\vec{b}=-\vec{i}-2\vec{j}-3\vec{k}$, $\vec{c}=-\vec{i}-2\vec{j}-\vec{k}$

(b) $\vec{a}=-\vec{i}-\vec{j}-\vec{k}$, $\vec{b}=-2\vec{i}+2\vec{j}-\vec{k}$, $\vec{c}=\vec{i}+\vec{j}+\vec{k}$

6.19 **(벡터 공간)** 다음의 $\vec{a}$, $\vec{b}$, $\vec{c}$가 서로 일차독립인지 일차종속인지를 판별하라.

(a) $\vec{a}=\vec{i}-\vec{j}+2\vec{k}$, $\vec{b}=2\vec{i}+\vec{j}-\vec{k}$, $\vec{c}=\vec{i}+\vec{j}+2\vec{k}$

(b) $\vec{a}=\vec{i}+\vec{j}-\vec{k}$, $\vec{b}=-3\vec{i}-2\vec{j}-\vec{k}$, $\vec{c}=\vec{i}-\vec{j}+\vec{k}$

(c) $\vec{a}=3\vec{i}-3\vec{k}$, $\vec{b}=2\vec{i}+\vec{j}-\vec{k}$, $\vec{c}=\vec{i}+2\vec{j}+\vec{k}$

6.20 **(벡터 내적)** 다음과 같이 주어진 4차원 벡터 $\vec{a}$와 $\vec{b}$의 내적을 구하라.

(a) $\vec{a}=<2,-1,-2,-3>$, $\vec{b}=<-2,-1,3,2>$

(b) $\vec{a}=<-2,-1,-1,3>$, $\vec{b}=<2,-2,-1,1>$

6.21 **(벡터 내적)** 다음과 같이 주어진 4차원 벡터 $\vec{a}$와 $\vec{b}$가 서로 직교함을 보여라.

(a) $\vec{a}=<1,-2,-1,3>$, $\vec{b}=<-3,2,-1,2>$

(b) $\vec{a}=<-3,-2,1,-2>$, $\vec{b}=<1,-3,-1,1>$

Chapter

07

벡터함수의 미분학

Differentiation of vector functions

학습목표

- 벡터가 함수가 되었을 때 필요한 함수의 극한과 연속성, 도함수의 계산 등을 이해할 수 있다.
- 위치벡터함수, 속도벡터함수, 가속도벡터함수의 기본 개념을 이해할 수 있다.
- 벡터함수의 편도함수와 방향도함수, 도함수와 관련된 벡터 연산자들, 벡터장에서의 회전과 발산 등 벡터함수 전반을 학습함으로써 곡선 운동을 이해할 수 있다.

7장의 MATLAB 명령어

6장에서는 벡터가 공간적인 개념을 나타내거나 물리 현상을 설명할 때 매우 유용하다는 것을 설명했다. 벡터가 시간에 따라 변하게 되면 벡터함수가 되는데, 스칼라 함수와 마찬가지로 도함수의 개념을 이해하는 것이 필수적이다.

이 장에서는 벡터함수에 대한 극한과 연속성, 도함수 계산 등에 대해 먼저 살펴보고, 곡선을 따라 움직이는 벡터함수의 위치벡터함수, 속도벡터함수, 가속도벡터함수를 구함으로써 벡터함수의 곡선 운동을 확실하게 이해하고자 한다. 또한 다변수함수에 대한 편도함수를 구하는 방법과 임의의 벡터 방향으로의 도함수인 방향도함수를 구하는 방법 및 응용에 대해서 배울 것이다. 마지막으로 물리학이나 공학 등에서 매우 널리 응용되고 있는 벡터장에서의 발산과 회전에 대해서도 살펴볼 것이다.

그런 다음 벡터함수의 미분에 관한 전반적인 내용을 확실히 이해하고, 공학에 응용할 수 있도록 다양한 예제들을 수식적으로 그리고 MATLAB으로 직접 풀어볼 것이다.

7.1 벡터함수

어떤 물체가 2차원이나 3차원 공간상에서 $t_0 \le t \le t_1$의 시간 동안 [그림 7-1] 처럼 주어진 경로 C를 따라 이동하는 경우를 고려해 보자.

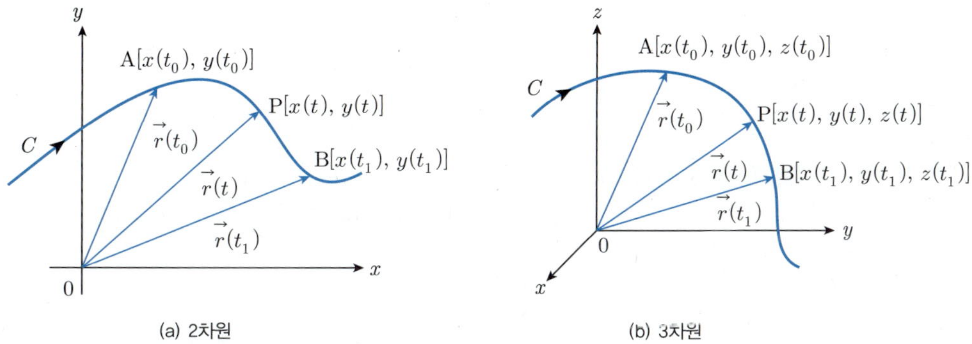

[그림 7-1] **벡터함수**

2차원일 때 좌표값이 $x = f(t),\ y = g(t)$로 주어진다면 경로 C를 **매개곡선** parametric curve이라 하고, 구간 $t_0 \le t \le t_1$에서 연속인

$$x = f(t),\ \ y = g(t) \tag{7.1}$$

는 **매개방정식** parametric equations, 함수 $f(t)$와 $g(t)$는 **성분함수** component functions 라 한다. 이는 3차원일 때도 동일하게 정의되며, 매개방정식은

$$x = f(t),\ \ y = g(t),\ \ z = h(t) \tag{7.2}$$

이고, 성분함수는 $f(t),\ g(t),\ h(t)$이다. [그림 7-1]에서 나타낸 바와 같이 점 A와 점 B의 위치벡터는 $\vec{r}(t_0)$와 $\vec{r}(t_1)$이고, 매개방정식들을 사용하여 다음과 같이 나타낼 수 있다.

$$\vec{r}(t_0) = x(t_0)\vec{i} + y(t_0)\vec{j} + z(t_0)\vec{k} = f(t_0)\vec{i} + g(t_0)\vec{j} + h(t_0)\vec{k}$$
$$\vec{r}(t_1) = x(t_1)\vec{i} + y(t_1)\vec{j} + z(t_1)\vec{k} = f(t_1)\vec{i} + g(t_1)\vec{j} + h(t_1)\vec{k}$$

$\vec{r}(t)$는 $t_0 \le t \le t_1$ 구간에서의 위치벡터로서, 다음과 같이 나타낼 수 있다.

$$\vec{r}(t) = x(t)\vec{i} + y(t)\vec{j} + z(t)\vec{k} = f(t)\vec{i} + g(t)\vec{j} + h(t)\vec{k} \tag{7.3}$$

이때 $\vec{r}(t)$는 시간 t에 따라 벡터가 변하므로 이를 **벡터함수** vector function라 한다. 여기서 t는 **매개변수** parametric variable이다.

예제 7-1 곡선의 방정식

다음과 같이 주어진 벡터함수가 나타내는 곡선의 방정식을 구하고 그래프를 그려라.

$$\vec{r}(t)=(t+1)\vec{i}+(t^2-2t+1)\vec{j}$$

풀이

식 (7.1)을 사용하여 매개변수 t를 소거하고 x와 y 사이의 관계식을 구하면 된다. 식 (7.1)에 의하면 $x=t+1$, $y=t^2-2t+1$이므로 $t=x-1$이고, $y=t^2-2t+1=(x-1)^2-2(x-1)+1=x^2-4x+4$이다. 이는 2차 방정식으로 [그림 7-2]와 같다.

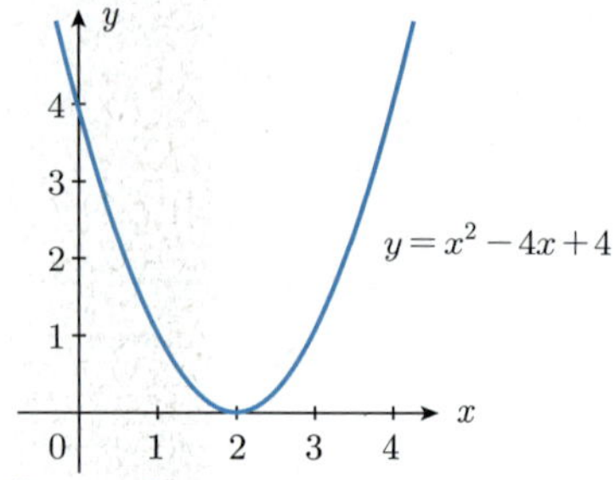

[그림 7-2]

Command Window

: 코딩

```
x=sym('x');           % x의 심볼릭 정의
t=x-1;                % 매개변수 t 소거를 위해 x로 표기
y=t^2-2*t+1;          % y의 정의
ezplot(y,[0 4]) 1     % 함수의 그래프 그리기
```

: 결과

```
% [예제 7-1]의 결과([그림 7-2])와 동일
```

MATLAB TIP!

1 'ezplot(f,[a b])' : 함수 $f(x)$의 그래프를 그린다.
- [a,b] : x가 a부터 b 사이의 영역임을 나타낸다.

■ 벡터함수의 극한과 연속성

벡터함수의 도함수를 구하기 위해 먼저 **벡터함수의 극한**limit과 **연속성**continuity에 대해 살펴보자. 1장에서 설명한 함수의 극한과 연속성에서와 유사하게 이론을 전개할 수 있다.

정의 7-1 벡터함수의 극한

3차원 벡터함수 $\vec{r}(t)=f(t)\vec{i}+g(t)\vec{j}+h(t)\vec{k}$에 대해 만약 성분함수들의 극한 $\lim_{t\to c} f(t)$, $\lim_{t\to c} g(t)$, $\lim_{t\to c} h(t)$가 존재하면 벡터함수의 극한은 다음과 같다.

$$\lim_{t\to c}\vec{r}(t)=\lim_{t\to c}f(t)\vec{i}+\lim_{t\to c}g(t)\vec{j}+\lim_{t\to c}h(t)\vec{k} \tag{7.4}$$

즉 벡터함수의 극한값은 성분함수의 극한값에 따른다.

예제 7-2 벡터함수의 극한

다음과 같이 주어진 벡터함수에 대해 벡터함수의 극한 $\lim_{t\to 0}\vec{r}(t)$를 구하라.

$$\vec{r}(t)=\left(\frac{\cos 2t+1}{2}\right)\vec{i}+(t^2+2)\vec{j}+\left(\frac{e^{-t}-1}{2}\right)\vec{k}$$

풀이

[정의 7-1]을 사용하면

$$\lim_{t\to 0}\vec{r}(t)=\lim_{t\to 0}\left(\frac{\cos 2t+1}{2}\right)\vec{i}+\lim_{t\to 0}(t^2+2)\vec{j}+\lim_{t\to 0}\left(\frac{e^{-t}-1}{2}\right)\vec{k}$$

이다. 성분함수들의 극한값은 다음과 같이 얻어진다.

$$\lim_{t\to 0}f(t)=\lim_{t\to 0}\left(\frac{\cos 2t+1}{2}\right)=1$$
$$\lim_{t\to 0}g(t)=\lim_{t\to 0}(t^2+2)=2$$
$$\lim_{t\to 0}h(t)=\lim_{t\to 0}\left(\frac{e^{-t}-1}{2}\right)=0$$

따라서 벡터함수의 극한은 다음과 같다.

$$\lim_{t\to 0}\vec{r}(t)=\lim_{t\to 0}f(t)\vec{i}+\lim_{t\to 0}g(t)\vec{j}+\lim_{t\to 0}h(t)\vec{k}=\vec{i}+2\vec{j}$$

Command Window

: 코딩

```
t=sym('t');              % t 변수의 심볼릭 정의
f=(cos(2*t)+1)/2;        % 함수 f(t) 정의
g=t^2+2;                 % 함수 g(t) 정의
h=(exp(-t)-1)/2;         % 함수 h(t) 정의
U1=limit(f,0); [1]       % f(t)의 극한값 구하기
U2=limit(g,0);           % g(t)의 극한값 구하기
U3=limit(h,0);           % h(t)의 극한값 구하기
U=[U1 U2 U3]             % 벡터함수 r(t)의 극한값
```

: 결과

```
U = [1 2 0]              % [예제 7-2]의 결과와 동일
```

MATLAB TIP!

[1] 'limit(f,a)' : 함수의 극한값을 구한다.
- f : 구하고자 하는 함수
- a : 극한점 $t\to a$

유제 7-1 벡터함수의 극한

다음과 같이 주어진 벡터함수에 대해 벡터함수의 극한 $\lim_{t\to 0}\vec{r}(t)$를 구하라.

$$\vec{r}(t)=\left(\frac{\sin 2t-2}{\cos t}\right)\vec{i}+\left(\frac{t-1}{e^{-t}}\right)\vec{j}+\left(\frac{e^{t}+1}{t^2+1}\right)\vec{k}$$

정답 : $\vec{r}(t)=-2\vec{i}-\vec{j}+2\vec{k}$

식 (7.4)로 정의되는 벡터함수의 극한은 다음과 같은 성질이 있다.

정리 7-1 극한의 성질

a, b가 실수이고, 벡터함수의 극한이 $\lim_{t\to c}\overrightarrow{r_1}(t)=\overrightarrow{R_1}$ 과 $\lim_{t\to c}\overrightarrow{r_2}(t)=\overrightarrow{R_2}$ 이면 다음과 같은 관계가 성립한다.

(1) $\lim_{t\to c}\left[a\,\overrightarrow{r_1}(t)\right]=a\,\overrightarrow{R_1}$

(2) $\lim_{t\to c}\left[a\overrightarrow{r_1}(t)\pm b\,\overrightarrow{r_2}(t)\right]=a\overrightarrow{R_1}\pm b\overrightarrow{R_2}$

(3) $\lim_{t\to c}\left[\overrightarrow{r_1}(t)\cdot\overrightarrow{r_2}(t)\right]=\overrightarrow{R_1}\cdot\overrightarrow{R_2}$

[정리 7-1]은 극한 연산자(lim)가 선형 연산자임을 이용하여 증명할 수 있다.

또한 벡터함수의 연속성은 1장에서 설명한 함수의 연속성([정의 1-2])과 유사하게 다음과 같이 정의된다.

정의 7-2 벡터함수의 연속성

상수 c에 대해 벡터함수 $\vec{r}(t)$가 다음과 같은 조건들을 만족한다면, 벡터함수 $\vec{r}(t)$는 $t=c$에서 연속이다.

(1) 극한값 $\lim_{t\to c}\vec{r}(t)$가 존재한다.

(2) $\vec{r}(c)$가 정의된다.

(3) $\lim_{t\to c}\vec{r}(t)=\vec{r}(c)$이다.

■ **벡터함수의 도함수**

벡터함수의 도함수도 함수의 도함수([정의 1-5])와 유사하게 다음과 같이 정의된다.

정의 7-3 벡터함수의 도함수

연속이고 극한이 존재하는 모든 t의 구간에서 벡터함수 $\vec{r}(t)$의 도함수는 다음과 같다.

$$\frac{d\vec{r}(t)}{dt}=\vec{r}\,'(t)=\lim_{\Delta t\to 0}\frac{\Delta\vec{r}(t)}{\Delta t}=\lim_{\Delta t\to 0}\frac{\vec{r}(t+\Delta t)-\vec{r}(t)}{\Delta t}\qquad(7.5)$$

[정의 7-3]으로부터 벡터함수의 도함수 $\vec{r}'(t)$는 다음과 같이 성분함수의 도함수로 나타낼 수 있다.

정리 7-2 벡터함수의 도함수 계산

3차원의 벡터함수가 $\vec{r}(t)=f(t)\vec{i}+g(t)\vec{j}+h(t)\vec{k}$ 이고, 성분함수 $f(t)$, $g(t)$, $h(t)$가 모두 미분가능하면, 벡터함수 $\vec{r}(t)$의 도함수는 다음과 같다.

$$\vec{r}'(t)=f'(t)\vec{i}+g'(t)\vec{j}+h'(t)\vec{k} \tag{7.6}$$

증명 $\vec{r}(t)=f(t)\vec{i}+g(t)\vec{j}+h(t)\vec{k}$이므로 벡터함수의 도함수에 관한 식 (7.5)를 이용하면 다음과 같이 쉽게 증명할 수 있다.

$$\begin{aligned}
&\vec{r}'(t)\\
&=\lim_{\Delta t\to 0}\frac{\vec{r}(t+\Delta t)-\vec{r}(t)}{\Delta t}\\
&=\lim_{\Delta t\to 0}\frac{[f(t+\Delta t)\vec{i}+g(t+\Delta t)\vec{j}+h(t+\Delta t)\vec{k}]-[f(t)\vec{i}+g(t)\vec{j}+h(t)\vec{k}]}{\Delta t}\\
&=\lim_{\Delta t\to 0}\frac{[f(t+\Delta t)-f(t)]\vec{i}+[g(t+\Delta t)-g(t)]\vec{j}+[h(t+\Delta t)-h(t)]\vec{k}}{\Delta t}\\
&=\lim_{\Delta t\to 0}\frac{[f(t+\Delta t)-f(t)]}{\Delta t}\vec{i}+\lim_{\Delta t\to 0}\frac{[g(t+\Delta t)-g(t)]}{\Delta t}\vec{j}\\
&\qquad+\lim_{\Delta t\to 0}\frac{[h(t+\Delta t)-h(t)]}{\Delta t}\vec{k}\\
&=f'(t)\vec{i}+g'(t)\vec{j}+h'(t)\vec{k}
\end{aligned}$$

■

예제 7-3 벡터함수의 도함수

다음과 같이 주어진 벡터함수의 도함수를 구하라.

$$\vec{r}(t)=(e^{-t}\sin t)\vec{i}+(t^2+2t)\vec{j}+(te^{-2t}-2)\vec{k}$$

풀이

[정리 7-2]에 의해 벡터함수의 도함수는 다음과 같다.

$$\begin{aligned}
\vec{r}'(t)&=\frac{d}{dt}(e^{-t}\sin t)\vec{i}+\frac{d}{dt}(t^2+2t)\vec{j}+\frac{d}{dt}(te^{-2t}-2)\vec{k}\\
&=(e^{-t}\cos t-e^{-t}\sin t)\vec{i}+(2t+2)\vec{j}+(-2te^{-2t}+e^{-2t})\vec{k}
\end{aligned}$$

Command Window

: 코딩

```
t=sym('t');                          % t 변수의 심볼릭 정의
f=exp(-t)*sin(t);                    % 함수 f(t) 정의
g=t^2+2*t;                           % 함수 g(t) 정의
h=t*exp(-2*t)-2;                     % 함수 h(t) 정의
U1=diff(f); 1                        % f(t)의 도함수 구하기
U2=diff(g);                          % g(t)의 도함수 구하기
U3=diff(h);                          % h(t)의 도함수 구하기
U=[U1 U2 U3]                         % r(t)의 도함수
```

: 결과

```
U = [exp(-t)*cos(t)-exp(-t)*sin(t), 2*t+2, exp(-2*t)-2*t*exp(-2*t)]
                                     % [예제 7-3]의 결과와 동일
```

MATLAB TIP!

1 'diff(f)' : 함수 $f(t)$의 도함수를 구한다.

유제 7-2 벡터함수의 도함수

다음과 같이 주어진 벡터함수의 도함수를 구하라.

$$\vec{r}(t) = (e^{-2t}\cos t)\vec{i} + (2+t\sin t)\vec{j} + (t^2-2t+1)\vec{k}$$

정답 : $\vec{r}\,'(t) = -e^{-2t}(\sin t + 2\cos t)\vec{i} + (t\cos t + \sin t)\vec{j} + (2t-2)\vec{k}$

■ 도함수의 기하학적 의미

벡터함수에 대한 도함수의 기하학적 의미를 살펴보기 위해 [그림 7-3]과 같이 경로 C를 따라 움직이는 곡선을 고려해 보자.

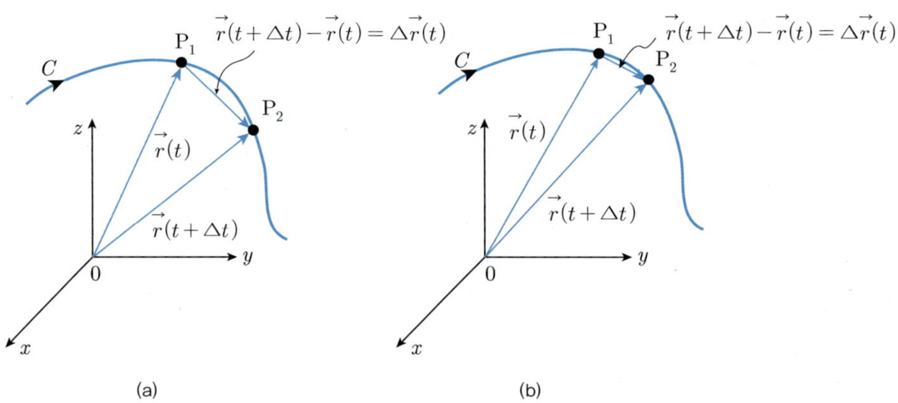

[그림 7-3] 벡터함수에 대한 도함수의 기하학적 해석

[정의 7-3]에 의하면 벡터함수의 도함수는

$$\vec{r}'(t) = \lim_{\Delta t \to 0} \frac{\Delta \vec{r}(t)}{\Delta t} = \lim_{\Delta t \to 0} \frac{\vec{r}(t+\Delta t) - \vec{r}(t)}{\Delta t}$$

이고, $\vec{r}(t+\Delta t) - \vec{r}(t)$는 [그림 7-3(a)]에 잘 나타나 있다. 만약 Δt가 충분히 작다면 $\vec{r}(t+\Delta t)$가 $\vec{r}(t)$와 거의 같아지기 때문에 [그림 7-3(b)]와 같이 된다. 이때는 벡터 $\Delta \vec{r}(t) = \vec{r}(t+\Delta t) - \vec{r}(t)$와 벡터 $\vec{r}(t)$가 이루는 각도는 수직에 가까워진다. 한편, 도함수 식의 분모 Δt는 숫자로서 스칼라이므로, 벡터 $\Delta \vec{r}(t)$의 방향을 바꾸지는 못한다. 따라서 벡터함수의 도함수는 $\Delta t \to 0$일 때이므로 점 P_1에서의 접선방향이고, **접선벡터**tangential vector임을 알 수 있다.

예제 7-4 벡터함수의 경로와 접선벡터

다음과 같이 주어진 벡터함수에 의해 움직이는 경로 C를 그리고, $\vec{r}'(0)$과 $\vec{r}'\left(\frac{\pi}{4}\right)$를 구하라.

$$\vec{r}(t) = 2\cos 2t\,\vec{i} + 2\sin 2t\,\vec{j} \qquad (0 \le t \le \pi)$$

풀이

매개방정식이

$$x = 2\cos 2t, \quad y = 2\sin 2t$$

이므로, 매개변수 t를 소거하면 경로 C는

$$x^2 = 4\cos^2 2t, \quad y^2 = 4\sin^2 2t$$

이고, 따라서

$$x^2 + y^2 = 4\cos^2 2t + 4\sin^2 2t, \quad x^2 + y^2 = 2^2$$

이 된다. 이는 원점을 중심으로 하고 반경이 2인 원의 경로를 따라 움직이고 [그림 7-4]와 같다.

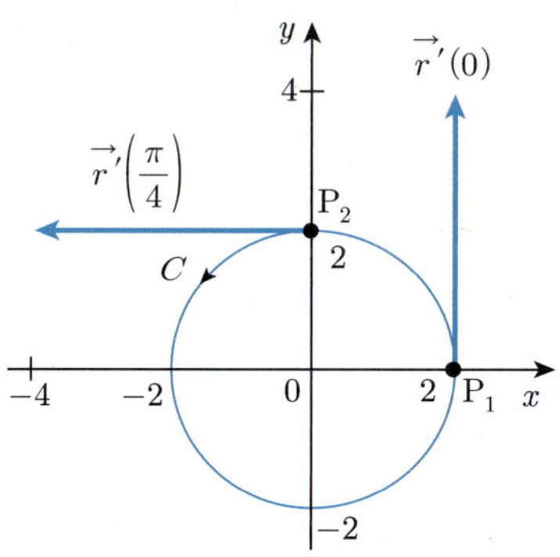

[그림 7-4]

또한 $\vec{r}(t)=2\cos 2t\vec{i}+2\sin 2t\vec{j}$에 식 (7.6)을 이용하면

$$\vec{r}'(t) = -4\sin 2t\vec{i} + 4\cos 2t\vec{j}$$

이므로

$$\vec{r}'(0)=4\vec{j},\quad \vec{r}'\left(\frac{\pi}{4}\right)=-4\vec{i}$$

이고, 각각 [그림 7-4]의 점 P_1과 점 P_2에서의 접선벡터이다. 여기서 점 P_1은 $\vec{r}(0)$이므로 (2, 0)이고, 점 P_2는 $\vec{r}\left(\frac{\pi}{4}\right)$이므로 (0, 2)이다.

Command Window

: 코딩

```
syms('x','t');                               % x, t의 심볼릭 정의

% 움직이는 경로 그리기
t1=1/2*(acos(x/2));                          % 매개변수 t 소거를 위해 x로 표기
y=2*sin(2*t1);                               % y의 정의
ezplot(y); hold on; ezplot(-y); 1            % 함수의 그래프 그리기
axis([-3 3 -3 3]); 2                         % x, y 범위 설정

% r'(0)와 r'(π/4) 구하기
rt=[2*cos(2*t) 2*sin(2*t)];                  % 벡터함수 r(t) 정의
drt=[diff(2*cos(2*t)),diff(2*sin(2*t))];     % 벡터함수 r'(t) 계산
U1=subs(drt,t,0) 3                           % r'(0) 계산
U2=subs(drt,t,pi/4)                          % r'(π/4) 계산
```

: 결과

```
% 움직이는 경로는 [그림 7-4]와 동일한 결과
U1 = [0 4]                                   % [예제 7-4]의 결과와 동일
U2 = [-4 0]                                  % [예제 7-4]의 결과와 동일
```

MATLAB TIP!

1 'ezplot(y)' : 함수 y에 대한 그래프를 그린다.

2 'axis([a b c d])' : 그래프의 범위를 설정한다.
- a : x 최소, b : x 최대
- c : y 최소, d : y 최대

3 'subs(f,t,n)' : 심볼릭변수에 숫자를 대입한다. 함수 f 안에 있는 t 변수에 n을 대입하라는 의미이다.

유제 7-3 벡터함수의 접선벡터

다음과 같이 주어진 벡터함수의 $\vec{r}'(0)$을 구하라.

$$\vec{r}(t)=\left(\frac{\sin t}{2}\right)\vec{i}+(e^{-t}+1)\vec{j}+(e^{-t}\sin t-1)\vec{k}$$

정답 : $\vec{r}'(0)=\frac{1}{2}\vec{i}-\vec{j}+\vec{k}$

■ 도함수의 성질

벡터함수 도함수의 성질은 다음과 같다.

정리 7-3 벡터함수 도함수의 성질

$\overrightarrow{r_1}(t)$, $\overrightarrow{r_2}(t)$가 미분가능한 벡터함수이고, $a(t)$는 미분가능한 스칼라 함수, c는 임의의 상수이면, 다음과 같은 관계식이 성립한다.

(1) $\dfrac{d}{dt}\left[c\,\overrightarrow{r_1}(t)\right] = c\dfrac{d}{dt}\left[\overrightarrow{r_1}(t)\right] = c\,\overrightarrow{r_1}'(t)$

(2) $\dfrac{d}{dt}\left[\overrightarrow{r_1}(t) + \overrightarrow{r_2}(t)\right] = \dfrac{d}{dt}\left[\overrightarrow{r_1}(t)\right] + \dfrac{d}{dt}\left[\overrightarrow{r_2}(t)\right] = \overrightarrow{r_1}'(t) + \overrightarrow{r_2}'(t)$

(3) $\dfrac{d}{dt}\left[a(t)\overrightarrow{r_1}(t)\right] = a(t)\dfrac{d}{dt}\left[\overrightarrow{r_1}(t)\right] + \dfrac{d\,a(t)}{dt}\overrightarrow{r_1}(t)$

(4) $\dfrac{d}{dt}\left[\overrightarrow{r_1}(t) \cdot \overrightarrow{r_2}(t)\right] = \overrightarrow{r_1}(t) \cdot \dfrac{d}{dt}\left[\overrightarrow{r_2}(t)\right] + \dfrac{d}{dt}\left[\overrightarrow{r_1}(t)\right] \cdot \overrightarrow{r_2}(t)$

(5) $\dfrac{d}{dt}\left[\overrightarrow{r_1}(t) \times \overrightarrow{r_2}(t)\right] = \overrightarrow{r_1}(t) \times \dfrac{d}{dt}\left[\overrightarrow{r_2}(t)\right] + \dfrac{d}{dt}\left[\overrightarrow{r_1}(t)\right] \times \overrightarrow{r_2}(t)$

증명 위 정리 중에서 (1)~(3)은 쉽게 증명이 가능하므로 증명을 생략하고, (4)와 (5)에 대해서만 증명하고자 한다. 증명을 위해 $\overrightarrow{r_1}(t)$와 $\overrightarrow{r_2}(t)$는 2차원 벡터 함수이고, $\overrightarrow{r_1}(t) = f_1(t)\vec{i} + g_1(t)\vec{j}$, $\overrightarrow{r_2}(t) = f_2(t)\vec{i} + g_2(t)\vec{j}$라고 가정한다.

(4)
$$\begin{aligned}
\frac{d}{dt}\left[\overrightarrow{r_1}(t) \cdot \overrightarrow{r_2}(t)\right] &= \frac{d}{dt}\left[\{f_1(t)\vec{i} + g_1(t)\vec{j}\} \cdot \{f_2(t)\vec{i} + g_2(t)\vec{j}\}\right] \\
&= \frac{d}{dt}\left[f_1(t)f_2(t) + g_1(t)g_2(t)\right] \\
&= f_1(t)f_2{}'(t) + f_1{}'(t)f_2(t) + g_1(t)g_2{}'(t) + g_1{}'(t)g_2(t) \\
&= f_1(t)f_2{}'(t) + g_1(t)g_2{}'(t) + f_1{}'(t)f_2(t) + g_1{}'(t)g_2(t) \\
&= \left[f_1(t)\vec{i} + g_1(t)\vec{j}\right] \cdot \left[f_2{}'(t)\vec{i} + g_2{}'(t)\vec{j}\right] \\
&\quad + \left[f_1{}'(t)\vec{i} + g_1{}'(t)\vec{j}\right] \cdot \left[f_2(t)\vec{i} + g_2(t)\vec{j}\right] \\
&= \overrightarrow{r_1}(t) \cdot \frac{d}{dt}\left[\overrightarrow{r_2}(t)\right] + \frac{d}{dt}\left[\overrightarrow{r_1}(t)\right] \cdot \overrightarrow{r_2}(t)
\end{aligned}$$

(5)
$$\begin{aligned}
\frac{d}{dt}\left[\overrightarrow{r_1}(t) \times \overrightarrow{r_2}(t)\right] &= \frac{d}{dt}\left[\{f_1(t)\vec{i} + g_1(t)\vec{j}\} \times \{f_2(t)\vec{i} + g_2(t)\vec{j}\}\right] \\
&= \frac{d}{dt}\left[\{f_1(t)g_2(t) - f_2(t)g_1(t)\}\vec{k}\right] \\
&= \left[f_1(t)g_2{}'(t) + f_1{}'(t)g_2(t) - \{g_1(t)f_2{}'(t) + g_1{}'(t)f_2(t)\}\right]\vec{k} \\
&= \left[f_1(t)g_2{}'(t) - g_1(t)f_2{}'(t)\right]\vec{k} + \left[f_1{}'(t)g_2(t) - g_1{}'(t)f_2(t)\right]\vec{k} \\
&= \left[f_1(t)\vec{i} + g_1(t)\vec{j}\right] \times \left[f_2{}'(t)\vec{i} + g_2{}'(t)\vec{j}\right] \\
&\quad + \left[f_1{}'(t)\vec{i} + g_1{}'(t)\vec{j}\right] \times \left[f_2(t)\vec{i} + g_2(t)\vec{j}\right] \\
&= \overrightarrow{r_1}(t) \times \frac{d}{dt}\left[\overrightarrow{r_2}(t)\right] + \frac{d}{dt}\left[\overrightarrow{r_1}(t)\right] \times \overrightarrow{r_2}(t)
\end{aligned}$$
■

예제 7-5 벡터함수의 도함수

주어진 두 벡터함수에 대해 다음 문제를 풀어라.

$$\vec{r_1}(t)=\sin t\,\vec{i}+\cos t\,\vec{j},\quad \vec{r_2}(t)=e^{-t}\vec{i}+e^{-t}\vec{j}$$

(a) $\dfrac{d}{dt}\left[\vec{r_1}(t)\cdot\vec{r_2}(t)\right]$ (b) $\dfrac{d}{dt}\left[\vec{r_1}(t)\times\vec{r_2}(t)\right]$

풀이

(a)

$$\begin{aligned}\frac{d}{dt}\left[\vec{r_1}(t)\cdot\vec{r_2}(t)\right]&=\frac{d}{dt}\left[\left\{f_1(t)\vec{i}+g_1(t)\vec{j}\right\}\cdot\left\{f_2(t)\vec{i}+g_2(t)\vec{j}\right\}\right]\\&=\frac{d}{dt}\left[f_1(t)f_2(t)+g_1(t)g_2(t)\right]=\frac{d}{dt}\left[e^{-t}\sin t+e^{-t}\cos t\right]\\&=e^{-t}(\cos t-\sin t)-e^{-t}(\sin t+\cos t)\\&=-2e^{-t}\sin t\end{aligned}$$

[정리 7-3(4)]를 사용하여 구해도 같은 결과를 얻는다.

(b)

$$\begin{aligned}\frac{d}{dt}\left[\vec{r_1}(t)\times\vec{r_2}(t)\right]&=\frac{d}{dt}\left[\left\{f_1(t)\vec{i}+g_1(t)\vec{j}\right\}\times\left\{f_2(t)\vec{i}+g_2(t)\vec{j}\right\}\right]\\&=\frac{d}{dt}\left[\left\{f_1(t)g_2(t)-f_2(t)g_1(t)\right\}\vec{k}\right]=\frac{d}{dt}(e^{-t}\sin t-e^{-t}\cos t)\vec{k}\\&=\left[e^{-t}(\cos t+\sin t)-e^{-t}(\sin t-\cos t)\right]\vec{k}\\&=2e^{-t}\cos t\,\vec{k}\end{aligned}$$

[정리 7-3(5)]를 사용하여 구해도 같은 결과를 얻는다.

Command Window

: 코딩

```
t=sym('t','real'); [1]                    % t 변수의 심볼릭 정의
f1=sin(t); g1=cos(t);                     % 벡터함수 r1의 성분함수 정의
f2=exp(-t); g2=exp(-t);                   % 벡터함수 r2의 성분함수 정의
r1=[f1 g1 0];                             % 벡터함수 r1 정의
r2=[f2 g2 0];                             % 벡터함수 r2 정의
rd=dot(r1,r2);                            % r1과 r2의 내적 계산
U1=diff(rd)                               % 내적의 도함수 계산
rc=cross(r1,r2);                          % r1과 r2의 외적 계산
U2=diff(rc)                               % 외적의 도함수 계산
```

: 결과

```
U1 = -2*exp(-t)*sin(t)
U2 = [0, 0, 2*exp(-t)*cos(t)]             % [예제 7-5]의 결과와 동일
```

MATLAB TIP!

[1] 'sym('t','real')' : t를 실수로 한정한다.

유제 7-4 **벡터함수의 도함수**

주어진 두 벡터함수에 대해 다음 문제를 풀어라.

$$\vec{r_1}(t) = (t+1)\vec{i} + \cos t\,\vec{j}, \quad \vec{r_2}(t) = (t-1)\vec{i} + \sin t\,\vec{j}$$

(a) $\dfrac{d}{dt}\left[\vec{r_1}(t) \cdot \vec{r_2}(t)\right]$ (b) $\dfrac{d}{dt}\left[\vec{r_1}(t) \times \vec{r_2}(t)\right]$

정답 : (a) $2t + \cos 2t$, (b) $t(\cos t + \sin t)\vec{k}$

■ 고계 도함수

지금까지 벡터함수의 1계 도함수에 대해 살펴보았다. 2계 이상의 고계 도함수도 1계 도함수와 마찬가지로 각각의 성분함수를 계속 미분하여 구하며, 다음과 같이 설명할 수 있다.

정리 7-4 벡터함수의 고계 도함수 계산

3차원의 벡터함수가 $\vec{r}(t) = f(t)\vec{i} + g(t)\vec{j} + h(t)\vec{k}$이고, 성분함수 $f(t)$, $g(t)$, $h(t)$가 모두 n번 미분가능하면, 벡터함수 $\vec{r}(t)$의 n계 도함수는 다음과 같다.

$$\vec{r}^{(n)}(t) = f^{(n)}(t)\vec{i} + g^{(n)}(t)\vec{j} + h^{(n)}(t)\vec{k} \tag{7.7}$$

예제 7-6 **벡터함수의 고계 도함수**

다음과 같이 주어진 벡터함수에 대해 2계 도함수 $\vec{r}''(t)$를 구하라.

$$\vec{r}(t) = (e^{-2t}\cos t)\vec{i} + (t^2 + 2t)\vec{j} + e^{-2t}\vec{k}$$

풀이

1계 도함수는

$$\vec{r}'(t) = -e^{-2t}(\sin t + 2\cos t)\vec{i} + (2t+2)\vec{j} - 2e^{-2t}\vec{k}$$

이므로, 2계 도함수는 다음과 같다.

$$\vec{r}''(t) = e^{-2t}(3\cos t + 4\sin t)\vec{i} + 2\vec{j} + 4e^{-2t}\vec{k}$$

Command Window

: 코딩

```
t=sym('t');                              % t 변수의 심볼릭 정의
r=[exp(-2*t)*cos(t) t^2+2*t exp(-2*t)];  % 벡터함수 r(t) 정의
rd=diff(r);                              % r(t)의 1계 도함수 계산
r2d=diff(rd)                             % r(t)의 2계 도함수 계산
```

: 결과

```
r2d = [3*exp(-2*t)*cos(t)+4*exp(-2*t)*sin(t), 2, 4*exp(-2*t)]
                                         % [예제 7-6]의 결과와 동일
```

유제 7-5 벡터함수의 고계 도함수

다음과 같이 주어진 벡터함수에 대해 2계 도함수 $\vec{r}''(t)$를 구하라.

$$\vec{r}(t) = (t + e^{-t})\vec{i} + \cos 2t\,\vec{j} + t^2\vec{k}$$

정답 : $\vec{r}''(t) = e^{-t}\vec{i} - 4\cos 2t\vec{j} + 2\vec{k}$

7.2 곡선 운동

7.1절에서는 벡터함수의 기본 개념과 벡터함수의 도함수를 구하는 방법을 살펴보았다. 이 절에서는 곡선을 따라 움직이는 벡터함수의 운동에 대해 살펴본다.

벡터함수 $\vec{r}(t)$가 움직이는 궤적이 그리는 매끄러운 곡선을 C라 하면, 다음 개념들을 이용하여 곡선 운동을 설명할 수 있다.

■ 단위접선벡터

$\vec{r}(t)$의 도함수 $\vec{r}'(t)$의 기하학적 의미는 곡선 C의 접선방향에 대한 벡터함수이다. 따라서 **단위접선벡터**unit tangential vector를 다음과 같이 정의할 수 있다.

정의 7-4 단위접선벡터

벡터함수 $\vec{r}(t)$의 1계 도함수가 $\vec{r}'(t)$이면 단위접선벡터는 다음과 같다.

$$\vec{T} = \frac{\vec{r}'(t)}{\| \vec{r}'(t) \|} \tag{7.8}$$

식 (7.8)로 정의된 단위접선벡터는 다음과 같이 나타낼 수도 있다.

정리 7-5 단위접선벡터

곡선 C가 호의 길이 s를 매개변수로 하여 표현될 수 있다면, 즉 $\vec{r}(s)=x(s)\vec{i}+y(s)\vec{j}+z(s)\vec{k}$ 라면 단위접선벡터는 다음과 같다.

$$\vec{T}=\frac{d\vec{r}}{ds} \tag{7.9}$$

증명 $\vec{r}'(t)$가 접선벡터이고, s가 호의 길이를 나타내는 매개변수이므로

$$\|\vec{r}'(t)\|=\frac{ds}{dt}$$

이다. 따라서 [정의 7-4]로부터 다음과 같은 결과가 나온다.

$$\vec{T}=\frac{\vec{r}'(t)}{\|\vec{r}'(t)\|}=\frac{d\vec{r}}{dt}\Big/\frac{ds}{dt}=\frac{d\vec{r}}{ds}$$ ■

예제 7-7 단위접선벡터

다음과 같이 주어진 벡터함수에 대해 $t=\frac{\pi}{3}$일 때 단위접선벡터를 구하라.

$$\vec{r}(t)=2\cos t\,\vec{i}+2\sin t\,\vec{j}$$

풀이

주어진 벡터함수의 접선벡터함수는

$$\vec{r}'(t)=-2\sin t\,\vec{i}+2\cos t\,\vec{j}$$

이고, 접선벡터함수의 크기는

$$\|\vec{r}'(t)\|=\sqrt{(-2\sin t)^2+(2\cos t)^2}=2$$

이다. 따라서 단위접선벡터는 식 (7.8)에 의해

$$\vec{T}(t)=\frac{\vec{r}'(t)}{\|\vec{r}'(t)\|}=\frac{-2\sin t\,\vec{i}+2\cos t\,\vec{j}}{2}$$

이며, $t=\frac{\pi}{3}$일 때는 다음과 같다.

$$\vec{T}\left(\frac{\pi}{3}\right)=\frac{\vec{r}'(\pi/3)}{\|\vec{r}'(\pi/3)\|}=-\frac{\sqrt{3}}{2}\vec{i}+\frac{1}{2}\vec{j}$$

Command Window

: 코딩

```
t=sym('t','real'); r=sym('r');             % t와 r 변수의 심볼릭 정의
rt=[2*cos(t) 2*sin(t)];                    % 벡터함수 r(t) 정의
dr=diff(rt);                               % r'(t)의 계산
dr_m=sqrt(dr(1)^2+dr(2)^2); 1              % r'(t)의 크기 계산
dr_m=simplify(dr_m); 2                     % dr_m을 간략화
T=dr/dr_m;                                 % 단위접선벡터 T(t) 계산
T_p=subs(T, t, pi/3) 3                     % t 변수 값 대입
```

: 결과

```
T_p = [-3^(1/2)/2 1/2]                     % [예제 7-7]의 결과와 동일
```

MATLAB TIP!

1 벡터 dr=[1,2,3]일 때 dr(1)은 첫 번째 원소 1을, dr(2)는 두 번째 원소 2를 지정한다.

2 'simplify' : 계산된 함수를 간략화한다.

3 'subs(T,{x,y},{a,b})' : 함수 T에서 $x=a$, $y=b$로 대입할 때 사용한다. 변수가 1개인 경우에는 좌측과 같이 사용해도 가능하다.

유제 7-6 단위접선벡터

다음과 같이 주어진 벡터함수에 대해 단위접선벡터를 구하라.

$$\vec{r}(t) = -\frac{1}{2}\cos 2t\,\vec{i} + \frac{1}{2}\sin 2t\,\vec{j}$$

정답 : $\sin 2t\,\vec{i} + \cos 2t\,\vec{j}$

[그림 7-5]와 같은 곡선 경로 C에 대해 살펴보면 시간이 경과함에 따라 경로의 방향이 변하고 있고, 따라서 단위접선벡터 $\vec{T}$의 방향도 [그림 7-5]에서 나타낸 바와 같이 변하는 것을 알 수 있다. 이때 곡선이 심하게 굽은 구간과 완만하게 굽은 구간 사이에 단위접선벡터의 변화 정도가 차이가 있음을 알 수 있다. 즉 곡선이 완만하게 변한 구간에서는 단위접선벡터의 방향이 크게 변하지 않지만, 곡선이 급격하게 굽은 구간에서는 단위접선벡터의 방향도 급격하게 바뀌고 있다. 따라서 단위접선벡터는 곡선 경로 C의 굽은 정도를 나타내는 척도로 사용할 수 있다.

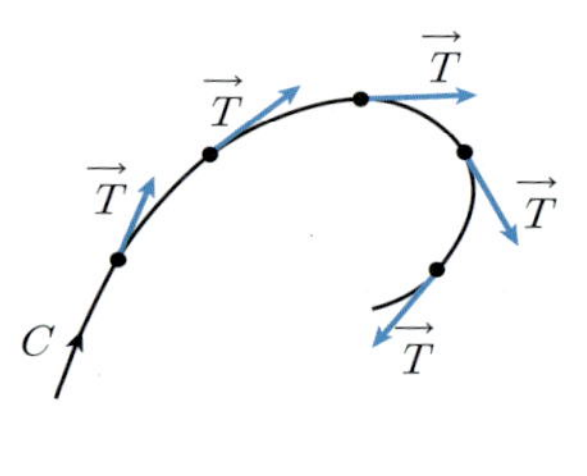

[그림 7-5] 단위접선벡터

■ 곡률

곡선 경로 C의 굽은 정도를 나타내는 척도인 **곡률**curvature은 다음과 같이 정의된다.

정의 7-5 곡률

$\vec{r}(t)$가 경로 C를 따라 움직이는 벡터함수이고 s가 호의 길이이면, 곡선 상의 임의의 점에서의 곡률은 다음과 같다.

$$\kappa = \| \vec{T}'(s) \| = \| \vec{r}''(s) \| \tag{7.10}$$

식 (7.10)으로 정의된 곡률은 다음과 같이 나타낼 수도 있다.

정리 7-6 곡률

$\vec{r}(t)$가 경로 C를 따라 움직이는 벡터함수이고, s가 호의 길이이며, $\vec{T}$가 단위접선벡터이면 곡률 κ는 다음과 같다.

$$\kappa = \frac{\| \vec{T}'(t) \|}{\| \vec{r}'(t) \|} \tag{7.11}$$

증명 식 (7.10)으로부터 곡률은 다음과 같다.

$$\kappa = \| \vec{T}'(s) \| = \left\| \frac{d\vec{T}}{ds} \right\| = \left\| \frac{d\vec{T}/dt}{ds/dt} \right\| = \frac{\| \vec{T}'(t) \|}{\| \vec{r}'(t) \|}$$

■

■ 곡률반경

경로 C 위에 있는 임의의 점에서의 곡률은 식 (7.10)이나 식 (7.11)에 의해 결정된다. 곡률이 결정되면 **곡률반경**radius of curvature은 다음과 같이 정의된다.

정의 7-6 곡률반경

경로 C를 따라 움직이는 벡터함수 $\vec{r}(t)$의 곡률이 κ이면 곡률반경(ρ)은 곡률에 반비례한다.

$$\rho = \frac{1}{\kappa} \tag{7.12}$$

예제 7-8 곡률과 곡률반경

다음과 같이 주어진 벡터함수에 대해 곡률과 곡률반경을 구하라.

$$\vec{r}(t) = \sin t\,\vec{i} + \cos t\,\vec{j}$$

풀이

주어진 벡터함수의 접선벡터함수는

$$\vec{r}\,'(t) = \cos t\,\vec{i} - \sin t\,\vec{j}$$

이고, 접선벡터함수의 크기는

$$\| \vec{r}\,'(t) \| = \sqrt{(\cos t)^2 + (-\sin t)^2} = 1$$

이다. 따라서 단위접선벡터는 식 (7.8)에 의해

$$\vec{T}(t) = \frac{\vec{r}\,'(t)}{\| \vec{r}\,'(t) \|} = \frac{\cos t\,\vec{i} - \sin t\,\vec{j}}{1} = \cos t\,\vec{i} - \sin t\,\vec{j}$$

이며, 단위접선벡터의 도함수는

$$\vec{T}\,'(t) = -\sin t\,\vec{i} - \cos t\,\vec{j}$$

이고, 크기는

$$\| \vec{T}\,'(t) \| = \sqrt{(-\sin t)^2 + (-\cos t)^2} = 1$$

이다. 따라서 곡률은

$$\kappa = \frac{\| \vec{T}\,'(t) \|}{\| \vec{r}\,'(t) \|} = \frac{1}{1} = 1$$

이고, 곡률반경은 식 (7.12)에 의해 곡률의 역수이므로

$$\rho = \frac{1}{\kappa} = 1$$

이다. 참고로 벡터함수가

$$\vec{r}(t) = x(t)\,\vec{i} + y(t)\,\vec{j} = r\sin at\,\vec{i} + r\cos at\,\vec{j} \quad \text{(위 예제의 경우 } r=1,\ a=1\text{)}$$

일 때

$$x(t) = r\sin at,\quad y(t) = r\cos at$$

이므로

$$x^2 + y^2 = r^2\sin^2 at + r^2\cos^2 at,\quad \text{즉 } x^2 + y^2 = r^2$$

이 되고, 이는 중심이 원점이고 반경이 r인 원의 궤적이다. 그러므로 곡률반경은 어디에서나 일정하고, 원의 반경 r과 같다.

```
Command Window
: 코딩
t=sym('t','real'); r=sym('r','positive'); [1]    % t와 r 변수의 심볼릭 정의
rt=[sin(t) cos(t)];                             % 벡터함수 r(t) 정의
dr=diff(rt);                                    % r'(t)의 계산
dr_m=sqrt(dr(1)^2+dr(2)^2);                     % r'(t)의 크기 계산
dr_m=simplify(dr_m);                            % dr_m을 간략화
T=dr/dr_m;                                      % 단위접선벡터 T(t) 계산
dT=diff(T);                                     % T'(t)의 계산
dT_m=sqrt(dT(1)^2+dT(2)^2);                     % T'(t)의 크기 계산
dT_m=simplify(dT_m);                            % dT_m을 간략화
K=dT_m/dr_m                                     % 곡률 κ 계산
rho=1/K                                         % 곡률반경 ρ 계산

: 결과
K = 1 (곡률)                                    % [예제 7-8]의 결과와 동일
rho = 1 (곡률반경)                              % [예제 7-8]의 결과와 동일
```

MATLAB TIP!

[1] 'sym('r', 'positive')' : r을 양수로 한정한다.

유제 7-7 곡률과 곡률반경

다음과 같이 주어진 벡터함수에 대해 곡률과 곡률반경을 구하라.

$$\vec{r}(t) = 3\cos 2t\,\vec{i} + 3\sin 2t\,\vec{j}$$

정답 : $\kappa = \dfrac{1}{3}$, $\rho = 3$

■ 단위법선벡터

접선벡터에 수직이고 벡터의 크기가 1인 벡터를 **단위법선벡터**unit normal vector라 하고, 다음과 같이 쓸 수 있다.

정리 7-7 단위법선벡터

$\vec{r}(t)$가 경로 C를 따라 움직이는 벡터함수이고 $\vec{T}$가 단위접선벡터이면, 단위접선벡터에 수직인 단위법선벡터는 다음과 같다.

$$\vec{N} = \frac{\vec{T}'(t)}{\| \vec{T}'(t) \|} \tag{7.13}$$

증명 $\vec{T}$가 단위접선벡터이므로 내적은

$$\vec{T} \cdot \vec{T} = 1$$ …… 내적의 정의 사용

이다. 위 식을 t에 대해 미분하면

$$\vec{T}(t) \cdot \vec{T}'(t) + \vec{T}'(t) \cdot \vec{T}(t) = 0\ , \quad 2\vec{T}(t) \cdot \vec{T}'(t) = 0$$

즉 $\vec{T}(t)$와 $\vec{T}'(t)$의 내적이 0이다. 그러므로 $\vec{T}'(t)$는 $\vec{T}(t)$와 직교함을 알 수 있다. 따라서 $\vec{T}(t)$와 직교하고 그 크기가 1인 단위법선벡터는

$$\vec{N} = \frac{\vec{T}'(t)}{\| \vec{T}'(t) \|}$$

가 된다. ■

예제 7-9 곡률과 단위법선벡터

다음과 같이 주어진 벡터함수에 대해 곡률과 단위법선벡터를 구하라.

$$\vec{r}(t) = -\frac{1}{2}\cos 2t\,\vec{i} + \frac{1}{2}\sin 2t\,\vec{j} + t\,\vec{k}$$

풀이

주어진 벡터함수의 접선벡터함수는

$$\vec{r}'(t) = \sin 2t\,\vec{i} + \cos 2t\,\vec{j} + \vec{k}$$

이고, 접선벡터함수의 크기는

$$\| \vec{r}'(t) \| = \sqrt{(\sin 2t)^2 + (\cos 2t)^2 + 1^2} = \sqrt{2}$$

이다. 따라서 단위접선벡터는 식 (7.8)에 의해

$$\vec{T}(t) = \frac{\vec{r}'(t)}{\| \vec{r}'(t) \|} = \frac{\sin 2t\,\vec{i} + \cos 2t\,\vec{j} + \vec{k}}{\sqrt{2}}$$

이며, 단위접선벡터의 도함수는

$$\vec{T}'(t) = \frac{2\cos 2t\,\vec{i} - 2\sin 2t\,\vec{j}}{\sqrt{2}}$$

이고, 크기는

$$\| \vec{T}'(t) \| = \frac{\sqrt{(2\cos 2t)^2 + (-2\sin 2t)^2}}{\sqrt{2}} = \frac{2}{\sqrt{2}} = \sqrt{2}$$

이다. 그러므로 곡률은

$$\kappa = \frac{\| \vec{T}'(t) \|}{\| \vec{r}'(t) \|} = \frac{\sqrt{2}}{\sqrt{2}} = 1$$

이 된다. 또한 단위법선벡터는 식 (7.13)으로부터 다음과 같다.

$$\vec{N} = \frac{\vec{T}'(t)}{\| \vec{T}'(t) \|} = \frac{(2\cos 2t\vec{i} - 2\sin 2t\vec{j})/\sqrt{2}}{\sqrt{2}} = \cos 2t\vec{i} - \sin 2t\vec{j}$$

Command Window

: 코딩

```
t=sym('t','real');                          % t변수의 심볼릭 정의
rt=[-1/2*cos(2*t) 1/2*sin(2*t) t];          % 벡터함수 r(t) 정의
dr=diff(rt);                                % r'(t)의 계산
dr_m=sqrt(dr(1)^2+dr(2)^2+dr(3)^2);         % r'(t)의 크기 계산
dr_m=simplify(dr_m);                        % dr_m을 간략화
T=dr/dr_m;                                  % 단위접선벡터 T(t) 계산
dT=diff(T);                                 % T'(t)의 계산
dT_m=sqrt(dT(1)^2+dT(2)^2+dT(3)^2);         % T'(t)의 크기 계산
dT_m=simplify(dT_m);                        % dT_m을 간략화
K=dT_m/dr_m                                 % 곡률 κ 계산
Nt=dT/dT_m                                  % 단위법선벡터 N(t) 계산
```

: 결과

```
K = 1                                       % [예제 7-9]의 결과와 동일
Nt = [cos(2*t), -sin(2*t), 0]               % [예제 7-9]의 결과와 동일
```

유제 7-8 곡률과 단위법선벡터

다음과 같이 주어진 벡터함수에 대해 곡률과 단위법선벡터를 구하라.

$$\vec{r}(t) = \frac{1}{2}\sin t\,\vec{i} + \frac{1}{2}\cos t\,\vec{j}$$

정답 : $\kappa = 2$, $\vec{N} = -\sin t\,\vec{i} - \cos t\,\vec{j}$

■ 위치, 속도, 가속도벡터함수

곡선 경로 C를 따라 이동하는 물체의 위치가 시간 t에서 $\vec{r}(t) = f(t)\vec{i} + g(t)\vec{j} + h(t)\vec{k}$로 주어진다면 $\vec{r}(t)$를 **위치벡터함수** position vector function라 하고, 그것의 1계 도함수를 **속도벡터함수** velocity vector function, 2계 도함수를 **가속도벡터함수** acceleration vector function라 한다. 이는 다음과 같이 나타낼 수 있다.

$$\vec{v}(t) = \vec{r}'(t) = f'(t)\vec{i} + g'(t)\vec{j} + h'(t)\vec{k}$$
$$\vec{a}(t) = \vec{r}''(t) = f''(t)\vec{i} + g''(t)\vec{j} + h''(t)\vec{k}$$

예제 7-10 속도벡터함수와 가속도벡터함수

다음의 위치벡터함수 $\vec{r}(t)$에 대해 속도벡터함수 $\vec{v}(t)$ 및 가속도벡터함수 $\vec{a}(t)$를 구하라.

$$\vec{r}(t) = (t^2 - 2t)\vec{i} + (te^{-2t})\vec{j}$$

풀이

위치벡터함수 $\vec{r}(t)$로부터 속도벡터함수 $\vec{v}(t)$와 가속도벡터함수 $\vec{a}(t)$는 다음과 같이 구해진다.

$$\vec{r}(t) = (t^2 - 2t)\vec{i} + (te^{-2t})\vec{j}$$
$$\vec{v}(t) = \vec{r}'(t) = (2t-2)\vec{i} + (-2te^{-2t} + e^{-2t})\vec{j}$$
$$\vec{a}(t) = \vec{r}''(t) = 2\vec{i} + (4te^{-2t} - 4e^{-2t})\vec{j}$$

Command Window

: 코딩

```
t=sym('t','real');                    % t변수의 심볼릭 정의
rt=[t^2-2*t t*exp(-2*t)];             % 벡터함수 r(t) 정의
vt=diff(rt)                           % 속도벡터함수의 계산
at=diff(vt)                           % 가속도벡터함수의 계산
```

: 결과

```
vt = [2*t-2, exp(-2*t)-2*t*exp(-2*t)]     % [예제 7-10]의 결과와 동일
at = [2, 4*t*exp(-2*t)-4*exp(-2*t)]       % [예제 7-10]의 결과와 동일
```

유제 7-9 속도벡터함수와 가속도벡터함수

다음의 위치벡터함수 $\vec{r}(t)$에 대해 속도벡터함수 $\vec{v}(t)$ 및 가속도벡터함수 $\vec{a}(t)$를 구하라.

$$\vec{r}(t) = (\sin 2t)\vec{i} + (t\cos t)\vec{j}$$

정답 : $\vec{v}(t) = (2\cos 2t)\vec{i} + (-t\sin t + \cos t)\vec{j}$
$\vec{a}(t) = -4\sin 2t\,\vec{i} - (t\cos t + 2\sin t)\vec{j}$

위치벡터함수가 $\vec{r}(t) = a\cos\omega t\,\vec{i} + a\sin\omega t\,\vec{j}$로 주어진 곡선 운동에 대한 속도벡터함수와 가속도벡터함수에 대해 살펴보자. 여기서 ω는 상수라 가정하자.

주어진 위치벡터함수는 xy 좌표평면상에서 반경 a이고 중심이 원점인 원의 경로를 따라 움직인다. 속도벡터함수 $\vec{v}(t)$와 가속도벡터함수 $\vec{a}(t)$는 위치벡터함수를 미분하여 다음과 같이 구할 수 있다.

$$\vec{v}(t) = \vec{r}\,'(t) = -a\omega\sin\omega t\,\vec{i} + a\omega\cos\omega t\,\vec{j} \quad \cdots\cdots \ \vec{v}(t)\text{는 경로에 접선 방향이다.}$$

$$\begin{aligned}\vec{a}(t) = \vec{r}\,''(t) &= -a\omega^2\cos\omega t\,\vec{i} - a\omega^2\sin\omega t\,\vec{j} \\ &= -\omega^2\left(a\cos\omega t\,\vec{i} + a\sin\omega t\,\vec{j}\right) \\ &= -\omega^2\,\vec{r}(t) \quad \cdots\cdots \ \vec{r}(t)\text{와 } \vec{a}(t)\text{는 크기는 다르지만 방향은 반대이다 ([그림 7-6] 참조).}\end{aligned}$$

또한 속도벡터함수의 크기와 가속도벡터함수의 크기는 다음과 같이 구해진다.

$$\|\vec{v}(t)\| = v = \sqrt{(-a\omega\sin\omega t)^2 + (a\omega\cos\omega t)^2} = a\omega$$

$$\|\vec{a}(t)\| = \sqrt{(-a\omega^2\cos\omega t)^2 + (-a\omega^2\sin\omega t)^2} = a\omega^2 = \frac{v^2}{a}$$

이는 원운동의 변위, 속도, 가속도 크기에 대해 이미 알고 있는 것과 동일한 결과이다.

[그림 7-6]에 위치벡터함수, 속도벡터함수, 가속도벡터함수 사이의 도식적인 관계를 나타냈는데, 속도벡터함수는 항상 경로의 접선 방향이다. 또한 가속도벡터함수는 위치벡터함수와 반대 방향이며, 항상 원의 중심을 향하기 때문에 **구심 가속도**centripetal acceleration라고 한다.

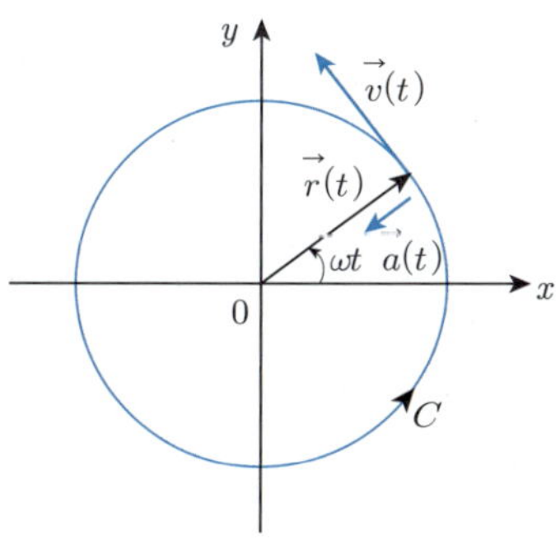

[그림 7-6] **원운동의 위치, 속도, 가속도벡터함수**

곡선 운동을 하는 물체의 가속도 역시 중요하다. 물체의 가속도는 물체가 받는 힘과 직접적인 관계가 있기 때문이다. 앞서 원운동에서 살펴본 바에 따르면, ω가 일정한 원운동의 경우 가속도는 구심 가속도가 작용한다. 평면 상에서 일반적인 곡선 운동의 경우 다음 정리와 같이 접선성분과 법선성분으로 나타낼 수 있다.

정리 7-8 가속도벡터함수

경로 C를 따라 움직이는 위치벡터함수 $\vec{r}(t)$에 대해 속도벡터함수의 크기를 v라 하고 곡률을 κ라고 하면, 가속도벡터함수는 다음과 같다. 여기서 $\vec{T}$는 단위접선벡터이고, $\vec{N}$은 단위법선벡터이다.

$$\vec{a}(t) = \frac{dv}{dt}\vec{T} + \kappa v^2 \vec{N} \tag{7.14}$$

증명 앞에서 설명한 바와 같이 위치벡터함수를 미분하여 얻어지는 속도벡터함수 $\vec{v}(t)$는 항상 경로의 접선 방향으로 작용하기 때문에 다음과 같이 나타낼 수 있다.

$$\vec{v}(t) = v\,\vec{T}$$

속도벡터함수를 미분하면 가속도벡터함수가 되므로, 가속도벡터함수는

$$\vec{a}(t) = \vec{v}\,'(t) = v\frac{d\vec{T}}{dt} + \frac{dv}{dt}\vec{T}$$

이다. 식 (7.13)에 의하면 단위법선벡터가

$$\vec{N} = \frac{\vec{T}\,'}{\|\vec{T}\,'\|}$$

이므로

$$\vec{T}\,' = \|\vec{T}\,'\|\,\vec{N}$$

이고, 식 (7.11)에 의하면 곡률이

$$\kappa = \frac{\|\vec{T}\,'\|}{\|\vec{r}\,'(t)\|}$$

이므로

$$\|\vec{T}\,'\| = \kappa\,\|\vec{r}\,'(t)\| = \kappa v$$

이다. 따라서 가속도벡터함수는 다음과 같다.

$$\vec{a}(t) = v\frac{d\vec{T}}{dt} + \frac{dv}{dt}\vec{T} = v\,\|\vec{T}\,'\|\,\vec{N} + \frac{dv}{dt}\vec{T} = \kappa v^2\vec{N} + \frac{dv}{dt}\vec{T}$$ ■

가속도벡터함수에 관한 식 (7.14)에서 $\dfrac{dv}{dt}$ 를 **가속도의 접선성분**tangential component of acceleration, κv^2 을 **가속도의 법선성분**normal component of acceleration이라 한다.

7.3 편도함수 및 방향도함수

벡터함수가 2변수 이상의 함수로 주어지는 경우에는 벡터함수의 도함수를 구할 때 **편도함수** 또는 **편미분**partial derivative을 사용해야 한다. 따라서 다변수함수로 주어지는 벡터함수의 편도함수를 구하기 위해서는 다변수함수에 대한 편도함수를 먼저 구해야만 한다.

2변수함수에 대한 편도함수는 다음과 같이 정의되고, 3변수 이상의 다변수함수도 유사하게 정의된다.

정의 7-7 편도함수

벡터함수가 다음과 같은 2변수함수라 하자.

$$z = f(x, y)$$

(1) z의 x에 관한 편도함수는 다음과 같다.

$$z_x = f_x = \frac{\partial z}{\partial x} = \frac{\partial f}{\partial x} = \lim_{\Delta x \to 0} \frac{f(x+\Delta x, y) - f(x, y)}{\Delta x}$$

(2) z의 y에 관한 편도함수는 다음과 같다.

$$z_y = f_y = \frac{\partial z}{\partial y} = \frac{\partial f}{\partial y} = \lim_{\Delta y \to 0} \frac{f(x, y+\Delta y) - f(x, y)}{\Delta y}$$

단, 편도함수는 위의 극한이 존재하는 경우에만 정의된다.

위의 극한에서 알 수 있는 바와 같이, x에 관하여 편도함수를 구할 때는 y가 극한을 취하는 과정에서 변하지 않고 일정한 것으로 간주하므로, y를 상수로 가정하고 미분하면 된다. 반대로 y에 관하여 편도함수를 구할 때는 x가 극한을 취하는 과정에서 변하지 않고 일정한 것으로 간주하므로, x를 상수로 가정하고 미분하면 된다.

예제 7-11 2변수함수의 1계 편도함수

다음과 같이 주어진 2변수함수에 대해 편도함수 z_x와 z_y를 구하라.

$$z = -x^2 + 2x^2y - y^3$$

풀이

[정의 7-7]을 사용하여 x와 y에 대한 편도함수를 다음과 같이 구할 수 있다.

$$z_x = -2x + 4xy$$
$$z_y = 2x^2 - 3y^2$$

Command Window

: 코딩

```
x=sym('x'); y=sym('y');        % x와 y 변수의 심볼릭 정의
z=-x^2+2*x^2*y-y^3;            % 함수 z를 정의
U1=diff(z) 1                   % x에 대한 편미분 계산
U2=diff(z,y) 2                 % y에 대한 편미분 계산
```

: 결과

```
U1 = 4*x*y-2*x                 % [예제 7-11]의 결과와 동일
U2 = 2*x^2-3*y^2               % [예제 7-11]의 결과와 동일
```

MATLAB TIP!

1 'diff(z)' : 함수 z를 x에 대해 편미분한다. 즉 편미분할 때 x가 디폴트 변수이다.

2 'diff(z,y)' : 함수 z를 y에 대해 편미분한다.

유제 7-10 2변수함수의 1계 편도함수

다음과 같이 주어진 2변수함수에 대해 편도함수 z_x와 z_y를 구하라.

$$z = 2xy^2 - x^3y + x^2y^2$$

정답 : $z_x = 2y^2 - 3x^2y + 2xy^2$, $z_y = 4xy - x^3 + 2x^2y$

1계 편도함수는 [정의 7-7]과 같고, 2계 편도함수는 다음과 같이 정의된다.

정의 7-8 2계 편도함수

벡터함수가 다음과 같은 2변수함수라 할 때,

$$z = f(x,\ y)$$

(1) z의 x에 관한 2계 편도함수는 다음과 같다.

$$z_{xx} = \frac{\partial}{\partial x}\left(\frac{\partial z}{\partial x}\right) = \frac{\partial^2 z}{\partial x^2}$$

(2) z의 y에 관한 2계 편도함수는 다음과 같다.

$$z_{yy} = \frac{\partial}{\partial y}\left(\frac{\partial z}{\partial y}\right) = \frac{\partial^2 z}{\partial y^2}$$

(3) z의 x와 y가 혼합된 2계 편도함수는 다음과 같다.

$$z_{xy} = \frac{\partial}{\partial y}\left(\frac{\partial z}{\partial x}\right),\ z_{yx} = \frac{\partial}{\partial x}\left(\frac{\partial z}{\partial y}\right)$$

[정의 7-8]에서 z의 x와 y가 혼합된 2계 편도함수는 미분하는 순서에 관계없이 같다. 즉 $z_{xy} = z_{yx}$이다. [정의 7-8]에는 2계 편도함수까지만 표기하였으나, 3계 이상 고계 편도함수도 유사하게 정의된다.

예제 7-12 2변수함수의 2계 편도함수

다음과 같이 주어진 2변수함수에 대해 편도함수 z_{xx}, z_{yy}, z_{xy}, z_{yx}를 구하라.

$$z = 2x^2 \sin y - 2x^2y^3 - 2xy$$

MATLAB 풀이

풀이

x에 관한 1계 편도함수가

$$z_x = \frac{\partial z}{\partial x} = 4x\sin y - 4xy^3 - 2y$$

이므로, 2계 편도함수는

$$z_{xx} = \frac{\partial}{\partial x}\left(\frac{\partial z}{\partial x}\right) = 4\sin y - 4y^3$$

$$z_{xy} = \frac{\partial}{\partial y}\left(\frac{\partial z}{\partial x}\right) = 4x\cos y - 12xy^2 - 2$$

이고, y에 관한 1계 편도함수가

$$z_y = \frac{\partial z}{\partial y} = 2x^2\cos y - 6x^2y^2 - 2x$$

이므로, 2계 편도함수는

$$z_{yy} = \frac{\partial}{\partial y}\left(\frac{\partial z}{\partial y}\right) = -2x^2\sin y - 12x^2y$$

$$z_{yx} = \frac{\partial}{\partial x}\left(\frac{\partial z}{\partial y}\right) = 4x\cos y - 12xy^2 - 2$$

이다. 여기서 $z_{xy} = z_{yx}$임을 알 수 있다.

유제 7-11 2변수함수의 2계 편도함수

다음과 같이 주어진 2변수함수에 대해 편도함수 z_{xx}, z_{yy}, z_{xy}를 구하라.

$$z = 2\cos y + x^2y^2 - 4$$

정답 : $z_{xx} = 2y^2$, $z_{xy} = 4xy$, $z_{yy} = -2\cos y + 2x^2$

2변수함수는 다음과 같은 **연쇄법칙**chain rule이 성립한다.

정리 7-9 연쇄법칙

$z = f(x, y)$가 미분가능한 2변수함수이고, $x = g(u, v)$와 $y = h(u, v)$가 1계 편도함수를 갖는다면, 다음과 같은 관계가 성립한다.

$$\frac{\partial z}{\partial u} = \frac{\partial z}{\partial x}\frac{\partial x}{\partial u} + \frac{\partial z}{\partial y}\frac{\partial y}{\partial u}$$
$$\frac{\partial z}{\partial v} = \frac{\partial z}{\partial x}\frac{\partial x}{\partial v} + \frac{\partial z}{\partial y}\frac{\partial y}{\partial v} \qquad (7.15)$$

예제 7-13 연쇄법칙

다음과 같이 주어진 2변수함수에 대해 편도함수 $\frac{\partial z}{\partial u}$와 $\frac{\partial z}{\partial v}$를 구하라.

$$z = x^2 - x^2y^2 + y^2, \quad x = u^2v - ue^{-v}, \quad y = 2u^2v - u^2$$

MATLAB 풀이

풀이

식 (7.15)를 이용하면 다음과 같다.

$$\frac{\partial z}{\partial u} = \frac{\partial z}{\partial x}\frac{\partial x}{\partial u} + \frac{\partial z}{\partial y}\frac{\partial y}{\partial u}$$
$$= (2x - 2xy^2)(2uv - e^{-v}) + (-2x^2y + 2y)(4uv - 2u)$$

$$\frac{\partial z}{\partial v} = \frac{\partial z}{\partial x}\frac{\partial x}{\partial v} + \frac{\partial z}{\partial y}\frac{\partial y}{\partial v}$$
$$= (2x - 2xy^2)(u^2 + ue^{-v}) + (-2x^2y + 2y)(2u^2)$$

유제 7-12 연쇄법칙

다음과 같이 주어진 2변수함수에 대해 편도함수 $\dfrac{\partial z}{\partial u}$와 $\dfrac{\partial z}{\partial v}$를 구하라.

$$z = 2xy + x^2y^2,\ \ x = uv + e^{-u},\ \ y = uv + e^{-v}$$

정답 : $\dfrac{\partial z}{\partial u} = (2y + 2xy^2)(v - e^{-u}) + (2x + 2x^2y)v,\ \dfrac{\partial z}{\partial v} = (2y + 2xy^2)u + (2x + 2x^2y)(u - e^{-v})$

[정리 7-9]에서 x와 y가 모두 t의 함수이면, [정리 7-9]는 다음과 같이 다시 쓸 수 있다.

정리 7-10 연쇄법칙

$z = f(x, y)$가 미분가능한 2변수함수이고, $x = g(t)$, $y = h(t)$이면 다음과 같다.

$$\frac{dz}{dt} = \frac{\partial z}{\partial x}\frac{dx}{dt} + \frac{\partial z}{\partial y}\frac{dy}{dt} \tag{7.16}$$

예제 7-14 연쇄법칙

다음과 같이 주어진 함수에 대해 $\dfrac{dz}{dt}$를 구하라.

$$z = x^2 - x^2y^2,\ \ x = 2\sin 2t + 2\cos 2t,\ \ y = 2\cos t - \sin t$$

MATLAB 풀이

풀이

식 (7.16)을 사용하면 다음과 같다.

$$\begin{aligned}\frac{dz}{dt} &= \frac{\partial z}{\partial x}\frac{dx}{dt} + \frac{\partial z}{\partial y}\frac{dy}{dt} \\ &= (2x - 2xy^2)(4\cos 2t - 4\sin 2t) + 2x^2y(2\sin t + \cos t)\end{aligned}$$

유제 7-13 연쇄법칙

다음과 같이 주어진 함수에 대해 $\dfrac{dz}{dt}$를 구하라.

$$z = x^2 + y^2,\ \ x = \sin t + \cos t,\ \ y = \sin t - \cos t$$

정답 : $\dfrac{dz}{dt} = 2x(\cos t - \sin t) + 2y(\cos t + \sin t)$

■ 그래디언트 또는 기울기

벡터 미분적분학에서 **그래디언트**gradient 또는 **기울기**는 스칼라장의 최대 증가율을 나타내는 벡터장이다. 그래디언트를 나타내는 벡터장을 화살표로 표시할 때, 화살표의 방향은 증가율이 최대가 되는 방향이며, 화살표의 길이는 증가율이 최대일 때 증가율의 크기를 나타낸다. 이는 다음과 같이 정의한다.

정의 7-9 그래디언트 또는 기울기

미분가능한 2변수함수 $f(x, y)$ 또는 3변수함수 $f(x, y, z)$의 그래디언트는 다음과 같다.

$$\nabla f(x, y) = grad\ f = \frac{\partial f}{\partial x}\vec{i} + \frac{\partial f}{\partial y}\vec{j}$$

$$\nabla f(x, y, z) = grad\ f = \frac{\partial f}{\partial x}\vec{i} + \frac{\partial f}{\partial y}\vec{j} + \frac{\partial f}{\partial z}\vec{k}$$

여기서 그래디언트를 나타내는 데 사용된 **벡터 미분연산자**vector differential operator ∇을 **델**del 또는 **나블라**nabla라고 하고, 다음과 같이 정의한다.

$$\nabla = \frac{\partial}{\partial x}\vec{i} + \frac{\partial}{\partial y}\vec{j} \quad \text{또는} \quad \nabla = \frac{\partial}{\partial x}\vec{i} + \frac{\partial}{\partial y}\vec{j} + \frac{\partial}{\partial z}\vec{k}$$

예제 7-15 그래디언트

다음과 같이 주어진 함수에 대해 점 $(1, 2, 1)$에서 ∇f를 구하라.

$$f(x,y,z) = x^2 - xyz + 2xy^2 + z^2$$

풀이

스칼라 함수 $f(x, y, z)$의 그래디언트는

$$\begin{aligned}\nabla f(x, y, z) &= \frac{\partial f}{\partial x}\vec{i} + \frac{\partial f}{\partial y}\vec{j} + \frac{\partial f}{\partial z}\vec{k} \\ &= (2x - yz + 2y^2)\vec{i} + (-xz + 4xy)\vec{j} + (-xy + 2z)\vec{k}\end{aligned}$$

이다. 따라서 주어진 점 $(1, 2, 1)$에서의 그래디언트는

$$\begin{aligned}\nabla f(1,2,1) &= [2(1) - 2(1) + 2(2^2)]\vec{i} + [-1(1) + 4(1)(2)]\vec{j} + [-1(2) + 2(1)]\vec{k} \\ &= 8\vec{i} + 7\vec{j}\end{aligned}$$

이다.

Command Window

: 코딩

```
syms('x','y','z');                          % x, y, z의 심볼릭 정의
f=x^2-x*y*z+2*x*y^2+z^2;                    % 함수 f 정의
fx=diff(f,x); fy=diff(f,y); fz=diff(f,z);   % f_x, f_y, f_z 계산
gf=[fx fy fz];                              % grad f의 표현
U=subs(gf,{x,y,z},{1,2,1}) 1                % grad f에 좌표값(1,2,1) 대입
```

: 결과

```
U = [8 7 0]                                 % [예제 7-15]의 결과와 동일
```

MATLAB TIP!

1 'subs(E,{x,y,z},{a,b,c})' : 함수 E에서 $x=a$, $y=b$, $z=c$로 대입할 때 사용한다.

유제 7-14 그래디언트

다음과 같이 주어진 함수에 대해 점 $(1,0,1)$에서 ∇f를 구하라.

$$f(x,\ y,\ z)=xyz+x^2+y^2+z^2$$

정답 : $\nabla f(1,\ 0,\ 1)=2\vec{i}+\vec{j}+2\vec{k}$

그래디언트의 물리적인 의미를 좀 더 쉽게 설명하기 위해 다음과 같은 예를 들 수 있다. 어느 방 안의 공간 온도 분포가 스칼라장 $T(x,y,z)$로 주어지고, 그 온도는 시간에 따라 변하지 않는다고 가정하자. 이때 방 안의 어느 한 점 $P(x_0,y_0,z_0)$에서의 온도는 $T(x_0,y_0,z_0)$로 표시할 수 있다. 이 경우에 그 지점에서의 그래디언트는 $\nabla T(x_0,y_0,z_0)$이고, 벡터 $\nabla T(x_0,y_0,z_0)$의 방향이 그 지점에서 온도가 가장 빨리 증가하는 방향이 되고, 벡터 $\nabla T(x_0,y_0,z_0)$의 크기는 그 지점에서 온도의 증가율을 나타낸다.

그래디언트를 이용해 다른 방향의 증가율을 구하려면 기울기와 그 방향의 단위 벡터의 내적을 취하면 되고, 이것이 방향도함수가 된다. 이는 [정의 7-10]에서 설명할 것이다.

■ 라플라시안

n차원 실수 공간의 스칼라 함수 f에 대해 다음과 같은 관계가 성립한다.

정리 7-11 라플라시안 Laplacian

n차원 실수 공간의 스칼라 함수 $f(x_1, x_2, \cdots, x_n)$ 에 대해

$$\nabla \cdot \nabla f = \nabla^2 f = \frac{\partial^2 f}{\partial x_1^2} + \frac{\partial^2 f}{\partial x_2^2} + \cdots + \frac{\partial^2 f}{\partial x_n^2} \tag{7.17}$$

의 관계가 성립하고, 이것을 **라플라시안**이라 한다.

증명 함수 f의 그래디언트는

$$\nabla f = \frac{\partial f}{\partial x_1}\overrightarrow{e_1} + \frac{\partial f}{\partial x_2}\overrightarrow{e_2} + \cdots + \frac{\partial f}{\partial x_n}\overrightarrow{e_n}$$

…… $\overrightarrow{e_j}$는 기저벡터 : 식 (6.33) 참조

이므로

$$\begin{aligned}\nabla \cdot \nabla f &= \left(\frac{\partial}{\partial x_1}\overrightarrow{e_1} + \frac{\partial}{\partial x_2}\overrightarrow{e_2} + \cdots + \frac{\partial}{\partial x_n}\overrightarrow{e_n}\right) \cdot \left(\frac{\partial f}{\partial x_1}\overrightarrow{e_1} + \frac{\partial f}{\partial x_2}\overrightarrow{e_2} + \cdots + \frac{\partial f}{\partial x_n}\overrightarrow{e_n}\right) \\ &= \frac{\partial^2 f}{\partial x_1^2} + \frac{\partial^2 f}{\partial x_2^2} + \cdots + \frac{\partial^2 f}{\partial x_n^2}\end{aligned}$$

…… $\overrightarrow{e_j} \cdot \overrightarrow{e_j} = 1$

이다. ■

일반적으로 3차원 공간 좌표 x, y, z에 대한 라플라시안이 자주 사용되고, 다음과 같이 표현된다.

$$\nabla^2 f = \frac{\partial^2 f}{\partial x^2} + \frac{\partial^2 f}{\partial y^2} + \frac{\partial^2 f}{\partial z^2}$$

또한 $\nabla^2 f = 0$을 만족시키는 스칼라 함수 f를 **조화함수** harmonic function라 하고, 방정식 $\nabla^2 f = 0$을 **라플라스 방정식** Laplace equation이라 한다. 라플라스 방정식의 중요성은 중력장에서 뉴턴의 법칙과 동일한 식이 물리 법칙으로도 얻어질 수 있다는 것이다.

■ 방향도함수

방향도함수 directional derivatives는 편도함수의 일반적인 표현으로서, 다음과 같이 정의된다.

정의 7-10 방향도함수

미분가능한 2변수함수 $f(x, y)$ 또는 3변수함수 $f(x, y, z)$의 단위벡터 $\vec{u}$ 방향으로의 방향도함수는 다음과 같다.

$$D_{\vec{u}} f = \nabla f \cdot \vec{u} \tag{7.18}$$

방향도함수는 임의의 방향으로의 편도함수를 나타내고, 이 중 특별히 x 방향으로의 방향도함수는 $\dfrac{\partial f}{\partial x}$, y 방향으로의 방향도함수는 $\dfrac{\partial f}{\partial y}$, z 방향으로의 방향도함수는 $\dfrac{\partial f}{\partial z}$가 된다. 즉 x 방향으로의 단위벡터는 $\vec{u} = \vec{i}$, y 방향으로의 단위벡터는 $\vec{u} = \vec{j}$, z 방향으로의 단위벡터는 $\vec{u} = \vec{k}$ 이므로 x 방향, y 방향, z 방향으로의 방향도함수는 다음과 같다.

$$D_{\vec{i}} f = \nabla f \cdot \vec{i} = \left(\frac{\partial f}{\partial x}\vec{i} + \frac{\partial f}{\partial y}\vec{j} + \frac{\partial f}{\partial z}\vec{k}\right) \cdot \vec{i} = \frac{\partial f}{\partial x}$$

$$D_{\vec{j}} f = \nabla f \cdot \vec{j} = \left(\frac{\partial f}{\partial x}\vec{i} + \frac{\partial f}{\partial y}\vec{j} + \frac{\partial f}{\partial z}\vec{k}\right) \cdot \vec{j} = \frac{\partial f}{\partial y}$$

$$D_{\vec{k}} f = \nabla f \cdot \vec{k} = \left(\frac{\partial f}{\partial x}\vec{i} + \frac{\partial f}{\partial y}\vec{j} + \frac{\partial f}{\partial z}\vec{k}\right) \cdot \vec{k} = \frac{\partial f}{\partial z}$$

예제 7-16 방향도함수 : 2변수함수

다음과 같이 주어진 함수 $f(x, y)$에 대해 점 $(1, 1)$에서 $\vec{a} = \vec{i} - \vec{j}$ 방향으로의 방향도함수를 구하라.

$$f(x, y) = 3x^2 - 2xy - y^2$$

풀이

$\vec{a}$의 단위벡터는

$$\frac{\vec{a}}{\|\vec{a}\|} = \frac{\vec{i} - \vec{j}}{\sqrt{2}}$$

이고

$$\nabla f(x, y) = \frac{\partial f}{\partial x}\vec{i} + \frac{\partial f}{\partial y}\vec{j} = (6x - 2y)\vec{i} + (-2x - 2y)\vec{j}$$

$$\nabla f(1, 1) = 4\vec{i} - 4\vec{j}$$

이므로, 방향도함수의 정의를 사용하면

$$D_{\vec{a}}f = \nabla f(1,1) \cdot \frac{\vec{a}}{\| \vec{a} \|} = (4\vec{i} - 4\vec{j}) \cdot \frac{\vec{i} - \vec{j}}{\sqrt{2}} = 4\sqrt{2}$$

가 구해진다.

Command Window

: 코딩

```
syms('x','y');                      % x, y의 심볼릭 정의
a=[1 -1];                           % a 정의
a_u=a/norm(a);                      % a의 단위벡터 정의
f=3*x^2-2*x*y-y^2;                  % 함수 f 정의
fx=diff(f,x); fy=diff(f,y);         % f_x, f_y 계산
gf=[fx fy];                         % grad f 표현
gf_p=subs(gf,{x,y},{1,1});          % grad f 좌표값(1,1) 대입
D_a=dot(gf_p,a_u)                   % 방향도함수 계산
```

: 결과

```
D_a = 4*2^(1/2)                     % [예제 7-16]의 결과와 동일
```

유제 7-15 방향도함수 : 2변수함수

다음과 같이 주어진 함수 $f(x, y)$에 대해 점 $(1, -1)$에서 $\vec{a} = -\vec{i} + \vec{j}$ 방향으로의 방향도함수를 구하라.

$$f(x, y) = x^2y + xy^2$$

정답 : $D_{\vec{a}}f = 0$

예제 7-17 방향도함수 : 3변수함수

다음과 같이 주어진 함수 $f(x, y, z)$에 대해 점 $(1, -1, 2)$에서 $\vec{a} = \vec{i} + \vec{j} - \vec{k}$ 방향으로의 방향도함수를 구하라.

$$f(x,y,z) = xyz + x^2 + y^2 + z^2$$

풀이

$\vec{a}$의 단위벡터는

$$\frac{\vec{a}}{\| \vec{a} \|} = \frac{1}{\sqrt{3}}(\vec{i} + \vec{j} - \vec{k})$$

이고

$$\nabla f(x, y, z) = \frac{\partial f}{\partial x}\vec{i} + \frac{\partial f}{\partial y}\vec{j} + \frac{\partial f}{\partial z}\vec{k}$$
$$= (yz+2x)\vec{i} + (xz+2y)\vec{j} + (xy+2z)\vec{k}$$

$$\nabla f(1,-1,2) = [(-1)(2)+2(1)]\vec{i} + [(1)(2)+2(-1)]\vec{j} + [(1)(-1)+2(2)]\vec{k}$$
$$= 3\vec{k}$$

이므로, 방향도함수의 정의를 사용하면

$$D_{\vec{a}}f = \nabla f(1, -1, 2) \cdot \frac{\vec{a}}{\|\vec{a}\|}$$
$$= 3\vec{k} \cdot \left(\frac{\vec{i}+\vec{j}-\vec{k}}{\sqrt{3}}\right) = -\sqrt{3}$$

이 구해진다.

Command Window

: 코딩

```
syms('x','y','z');                           % x, y, z의 심볼릭 정의
a=[1 1 -1];                                  % a 정의
a_u=a/norm(a);                               % a의 단위벡터 성의
f=x*y*z+x^2+y^2+z^2;                         % 함수 f 정의
fx=diff(f,x); fy=diff(f,y); fz=diff(f,z);    % fx, fy, fz 계산
gf=[fx fy fz];                               % grad f의 표현
gf_p=subs(gf,{x,y,z},{1,-1, 2});             % grad f에 좌표값 (1,-1,2)대입
D_a=dot(gf_p,a_u)                            % 방향도함수 계산
```

: 결과

```
D_a = -3^(1/2)                               % [예제 7-17]의 결과와 동일
```

유제 7-16 방향도함수 : 3변수함수

다음과 같이 주어진 함수 $f(x, y, z)$에 대해 점 $(1, 1, -1)$에서 벡터 $\vec{a} = -\vec{i} + \vec{j}$ 방향으로의 방향도함수를 구하라.

$$f(x, y, z) = x^2y + xy^2 + yz^2$$

정답 : $D_{\vec{a}}f = \frac{1}{\sqrt{2}}$

방향도함수의 기하학적 의미를 살펴보기 위해 [그림 7-7]을 고려해 보자. 함수 f와 그래디언트 ∇f와 θ의 각을 이루는 방향으로의 단위벡터를 $\vec{u}$라 할 때,

∇f의 $\vec{u}$ 방향으로의 성분은 식 (6.12)에 의하면

$$comp_{\vec{u}} \nabla f = \nabla f \cdot \vec{u} \tag{7.19}$$

이다. 따라서 ∇f의 $\vec{u}$ 방향으로의 방향도함수는 f의 그래디언트인 ∇f의 $\vec{u}$ 방향으로의 성분과 같다.

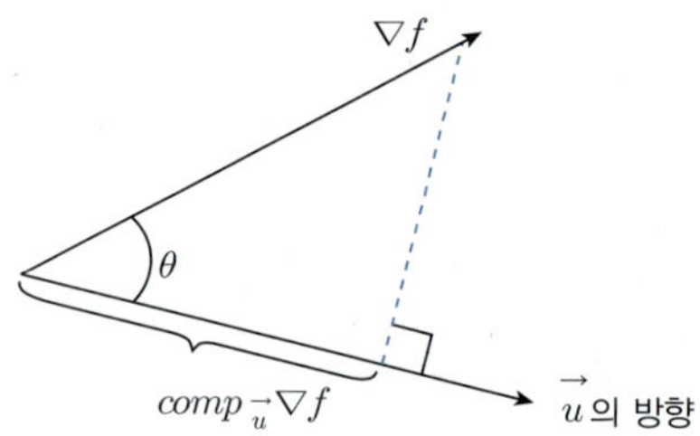

[그림 7-7] 방향도함수의 기하학적 의미

또한 ∇f의 $\vec{u}$ 방향으로의 방향도함수는 ∇f와 $\vec{u}$의 내적이므로

$$\nabla f \cdot \vec{u} = \| \nabla f \| \ \| \vec{u} \| \cos\theta = \| \nabla f \| \cos\theta \tag{7.20}$$

이다. 따라서 방향도함수는 $\cos\theta = 1\,(\theta = 0°)$일 때 최댓값이 $\| \nabla f \|$이고, $\cos\theta = -1\,(\theta = 180°)$일 때 최솟값이 $-\| \nabla f \|$이며, $\theta = 90°$일 때 0이 된다. 이를 달리 표현하면, 함수 f가 가장 급격하게 증가하는 방향은 $\theta = 0°$일 때이므로 ∇f의 방향이 되고, 함수 f가 가장 급격하게 감소하는 방향은 $\theta = 180°$일 때이므로 ∇f와 반대 방향이 된다. ∇f와 직교하는 방향에서는 함수 f가 증가하지도 감소하지도 않는다.

예제 7-18 방향도함수의 응용

온도장에서 열은 온도가 가장 급격하게 감소하는 방향으로 흐른다. 온도장 $T(x, y, z)$가 다음과 같이 주어질 때, 점 $(1, 1, 1)$에서 온도가 가장 급격히 증가하는 방향과 가장 급격히 감소하는 방향을 구하고, 그 방향에서의 증가 또는 감소하는 크기를 구하라.

$$T(x, y, z) = 3x^2y - xy^2z - xyz + 5$$

풀이

표면 온도가 가장 급격하게 증가하는 방향은 ∇T의 방향이므로

$$\nabla T(x, y, z) = \frac{\partial T}{\partial x}\vec{i} + \frac{\partial T}{\partial y}\vec{j} + \frac{\partial T}{\partial z}\vec{k}$$
$$= (6xy - y^2 z - yz)\vec{i} + (3x^2 - 2xyz - xz)\vec{j} + (-xy^2 - xy)\vec{k}$$

이고, 점 $(1, 1, 1)$을 대입하면

$$\nabla T(1, 1, 1) = 4\vec{i} - 2\vec{k}$$

이다. 또한 온도가 가장 급격하게 감소하는 방향은 $-\nabla T$의 방향이므로

$$-\nabla T(1, 1, 1) = -4\vec{i} + 2\vec{k}$$

이다. 그리고

$$\| \nabla T(1, 1, 1) \| = \sqrt{4^2 + (-2)^2} = 2\sqrt{5}$$

이므로, 온도가 증가하는 최댓값은 $\| \nabla T(1, 1, 1) \| = 2\sqrt{5}$ 이고, 감소하는 최솟값은 $- \| \nabla T(1, 1, 1) \| = -2\sqrt{5}$ 이다.

Command Window

: 코딩

```
syms('x','y','z');                          % x, y, z의 심볼릭 정의
T=3*x^2*y-x*y^2*z-x*y*z+5;                  % 함수 T 정의
Tx=diff(T,x); Ty=diff(T,y); Tz=diff(T,z);   % Tx, Ty, Tz 계산
gT=[Tx Ty Tz];                              % grad T의 표현
gT_p=subs(gT,{x,y,z},{1,1,1})               % grad T에 좌표값(1,1,1) 대입
T_max=norm(gT_p)                            % grad T의 최댓값 계산
T_min=-T_max                                % grad T의 최솟값 계산
```

: 결과

```
gT_p = [4, 0, -2]                           % ∇T(1, 1, 1) = 4i - 2k와 동일
T_max = 20^(1/2)                            % [예제 7-18]의 결과와 동일
T_min = -20^(1/2)                           % [예제 7-18]의 결과와 동일
```

유제 7-17 방향도함수의 응용

해발고도 $H(x, y)$가 다음과 같이 주어질 때, 위치 $P(1, 3)$에서 가장 가파른 비탈길의 방향이 어디인지 결정하라.

$$H(x, y) = -x^2 y + xy^2 + 500$$

정답 : $\nabla H(1, 3) = 3\vec{i} + 5\vec{j}$

7.4 발산과 회전

벡터 미분적분학에서 또 하나의 중요한 특성이 발산과 회전이다. 이는 앞에서 설명했던 델 연산자

$$\nabla = \frac{\partial}{\partial x}\vec{i} + \frac{\partial}{\partial y}\vec{j} \quad \text{또는} \quad \nabla = \frac{\partial}{\partial x}\vec{i} + \frac{\partial}{\partial y}\vec{j} + \frac{\partial}{\partial z}\vec{k}$$

가 임의의 벡터장

$$\vec{F}(x, y, z) = P(x, y, z)\vec{i} + Q(x, y, z)\vec{j} + R(x, y, z)\vec{k}$$

와 결합하여 만들어지며, 중요한 물리적 특성을 갖고 있다.

■ 발산

발산[divergence]은 델 연산자가 벡터장 $\vec{F}(x, y, z)$와 결합하여 스칼라 함수를 만들어내는 경우로서, 다음과 같이 정의된다.

정의 7-11 발산

벡터장 $\vec{F}(x, y, z) = P(x, y, z)\vec{i} + Q(x, y, z)\vec{j} + R(x, y, z)\vec{k}$의 발산은 다음과 같다.

$$\text{div}\,\vec{F} = \frac{\partial P}{\partial x} + \frac{\partial Q}{\partial y} + \frac{\partial R}{\partial z} = \nabla \cdot \vec{F} \tag{7.21}$$

참고로

$$\begin{aligned}\nabla \cdot \vec{F} &= \left(\frac{\partial}{\partial x}\vec{i} + \frac{\partial}{\partial y}\vec{j} + \frac{\partial}{\partial z}\vec{k}\right) \cdot (P\vec{i} + Q\vec{j} + R\vec{k}) \\ &= \frac{\partial P}{\partial x} + \frac{\partial Q}{\partial y} + \frac{\partial R}{\partial z}\end{aligned}$$

이다. 예를 들면 벡터장 $\vec{F}(x, y, z) = 2xyz\,\vec{i} + y^3 z\,\vec{j} + x^2 z\,\vec{k}$ 의 발산은

$$\text{div}\,\vec{F} = \frac{\partial P}{\partial x} + \frac{\partial Q}{\partial y} + \frac{\partial R}{\partial z} = 2yz + 3y^2 z + x^2$$

이다.

예제 7-19 벡터장의 발산

다음 벡터장 $\vec{F}$에 대해 div $\vec{F}$를 구하라.

$$\vec{F}(x,y,z) = xy\,\vec{i} + yz\,\vec{j} + xz\,\vec{k}$$

풀이

$$\begin{aligned}\operatorname{div}\vec{F} &= \frac{\partial}{\partial x}(xy) + \frac{\partial}{\partial y}(yz) + \frac{\partial}{\partial z}(xz) \\ &= x + y + z\end{aligned}$$

Command Window

: 코딩

```
syms('x','y','z');                                   % x, y, z의 심볼릭 정의
F1=x*y; F2=y*z; F3=x*z;                              % F1, F2, F3 정의
divF=diff(F1,x)+diff(F2,y)+diff(F3,z)                % div F 계산
```

: 결과

```
divF = x+y+z                                         % [예제 7-19]의 결과와 동일
```

유제 7-18 벡터장의 발산

다음 벡터장 $\vec{F}$에 대해 div $\vec{F}$를 구하라.

$$\vec{F}(x,\, y,\, z) = y^2 z\,\vec{i} + x^2 z\,\vec{j} + xy\,\vec{k}$$

정답 : div $\vec{F} = 0$

발산의 물리적인 의미를 살펴보기 위해 [그림 7-8]과 같이 세 변의 길이가 각각 Δx, Δy, Δz이고, 부피가 $\Delta V = \Delta x \Delta y \Delta z$인 작은 직육면체의 요소로부터 유출되는 유체의 양을 고려해 보자.

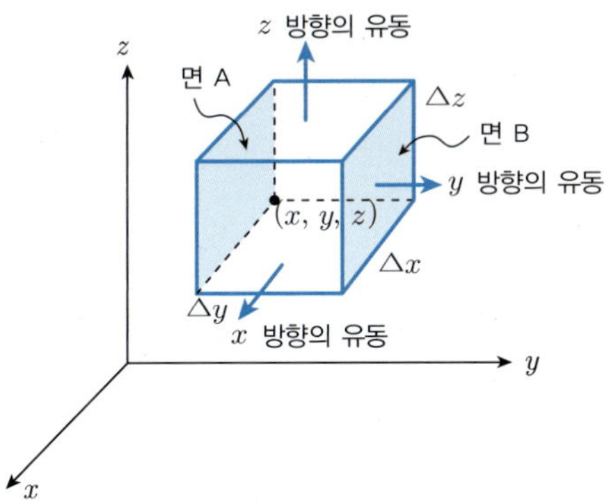

[그림 7-8] 유체의 3차원 유동

유체는 **압축성 유체**compressible fluid라 가정하고, 유체의 **속도장**velocity field을 $\vec{v} = v_1\vec{i} + v_2\vec{j} + v_3\vec{k}\,[\mathrm{m/s}]$라고 하자. 그리고 유체의 단위체적당 질량을 나타내는 **밀도**density를 $\rho\,[\mathrm{kg/m^3}]$라 하고, 새로운 벡터장 $\vec{u}$를 다음과 같이 정의하자.

$$\vec{u} = \rho\vec{v} = u_1(x,\, y,\, z)\vec{i} + u_2(x,\, y,\, z)\vec{j} + u_3(x,\, y,\, z)\vec{k} \quad [\mathrm{kg/(m^2 \cdot s)}]$$

먼저 y축 방향으로의 유출량을 계산해 보면, 면 A(면적 $\triangle x \triangle z$)를 통과하여 $\triangle t$시간 동안에 직육면체 안으로 들어오는 유체의 양은 근사적으로

$$u_2(x,\, y,\, z)\triangle x \triangle z \triangle t \ [\mathrm{kg}]$$

이고, 반면에 반대쪽 면 B를 통해 흘러나가는 유체의 양은 근사적으로

$$u_2(x,\, y+\triangle y,\, z)\triangle x \triangle z \triangle t \ [\mathrm{kg}]$$

이며, 그 차가 y축 방향으로 직육면체로부터 흘러나간 유체의 양이 되고, 다음과 같다.

$$u_2(x,\, y+\triangle y,\, z)\triangle x \triangle z \triangle t - u_2(x,\, y,\, z)\triangle x \triangle z \triangle t$$

따라서 위 식에서 $\triangle y \to 0$으로 놓으면 y축 방향으로 흘러나간 유체의 양은

$$\begin{aligned}
&\lim_{\triangle y \to 0} \frac{u_2(x,\, y+\triangle y,\, z)\triangle x \triangle y \triangle z \triangle t - u_2(x,\, y,\, z)\triangle x \triangle y \triangle z \triangle t}{\triangle y} \\
&= \lim_{\triangle y \to 0} \frac{u_2(x,\, y+\triangle y,\, z) - u_2(x,\, y,\, z)}{\triangle y}\triangle V \triangle t \quad (\triangle V = \triangle x \triangle y \triangle z) \\
&= \frac{\partial u_2}{\partial y}\triangle V \triangle t
\end{aligned}$$

가 된다. 같은 방법으로 x축과 z축 방향으로의 유출량도 구할 수 있으며, x축 방향으로의 유출량은

$$\frac{\partial u_1}{\partial x}\triangle V \triangle t$$

이고, z축 방향으로의 유출량은

$$\frac{\partial u_3}{\partial z}\triangle V \triangle t$$

이다. 따라서 총 유출량은 x축, y축, z축 방향으로의 유출량을 합한 값이다.

$$\left(\frac{\partial u_1}{\partial x}+\frac{\partial u_2}{\partial y}+\frac{\partial u_3}{\partial z}\right)\Delta V\Delta t$$

한편, 직육면체 안에서 질량의 손실은 밀도의 시간에 대한 변화율로 나타나므로

$$-\frac{\partial \rho}{\partial t}\Delta V\Delta t$$

이고, 이것이 x축, y축, z축 방향으로의 총 유출량과 같다. 따라서 이러한 관계를 수식으로 정리하면 다음과 같다.

$$\left(\frac{\partial u_1}{\partial x}+\frac{\partial u_2}{\partial y}+\frac{\partial u_3}{\partial z}\right)\Delta V\Delta t = -\frac{\partial \rho}{\partial t}\Delta V\Delta t$$

$$\frac{\partial u_1}{\partial x}+\frac{\partial u_2}{\partial y}+\frac{\partial u_3}{\partial z}+\frac{\partial \rho}{\partial t}=0$$

$$\mathrm{div}\,\vec{u}+\frac{\partial \rho}{\partial t}=0$$

$$\mathrm{div}\,(\rho\vec{v})+\frac{\partial \rho}{\partial t}=0 \qquad (7.22)$$

식 (7.22)를 압축성 유체 유동의 **연속방정식**continuous equation이라 한다. 만약 유체 유동이 **정상 유동**steady flow이면 밀도가 시간에 따라 변하지 않으므로 $\frac{\partial \rho}{\partial t}=0$이고, 식 (7.22)로부터

$$\mathrm{div}\,(\rho\vec{v})=0$$

이고, 유체가 **비압축성 유체**incompressible fluid이면 밀도 ρ가 상수이므로

$$\mathrm{div}\,\vec{v}=0 \qquad (7.23)$$

이 된다. 식 (7.23)은 유동하는 유체가 비압축성이기 위한 필요충분조건이다. 만약 $\mathrm{div}\,\vec{v}>0$ 이면 유체가 직육면체 밖으로 흘러나가는 양이 많다는 의미이고, $\mathrm{div}\,\vec{v}<0$ 이면 유체가 직육면체 안으로 흘러들어오는 양이 많다는 의미이다.

예제 7-20 비압축성 유동

다음과 같이 주어진 속도 벡터장 $\vec{F}$에 대해 유동이 비압축성임을 보여라.

$$\vec{F} = x^2 y\,\vec{i} + 2xy^2 z\,\vec{j} - (2xyz + 2xyz^2)\,\vec{k}$$

풀이

유체의 비압축성을 보이기 위해서는 $\mathrm{div}\,\vec{F} = 0$임을 보이면 된다.

$$\begin{aligned}\mathrm{div}\,\vec{F} &= \frac{\partial}{\partial x}(x^2 y) + \frac{\partial}{\partial y}(2xy^2 z) - \frac{\partial}{\partial z}(2xyz + 2xyz^2) \\ &= 2xy + 4xyz - 2xy - 4xyz = 0\end{aligned}$$

$\mathrm{div}\,\vec{F} = 0$이므로 비압축성 유동이다.

Command Window

: 코딩

```
syms('x','y','z');                                % x, y, z의 심볼릭 정의
F1=x^2*y; F2=2*x*y^2*z; F3=-(2*x*y*z+2*x*y*z^2);  % F1, F2, F3 정의
divF=diff(F1,x)+diff(F2,y)+diff(F3,z)             % div F 계산
```

: 결과

```
divF = 0                                          % [예제 7-20]의 결과와 동일
```

유제 7-19 압축성 유동

다음과 같이 주어진 속도 벡터장 $\vec{F}$에 대해 점 $(1, 0, 1)$에서 유동이 압축성인지 비압축성인지를 판단하라.

$$\vec{F}(x, y, z) = 2x^2 y\vec{i} + (x^2 + yz)\vec{j} + 2x^3\vec{k}$$

정답 : 압축성 유동

■ 회전

회전curl은 델 연산자가 벡터장 $\vec{F}(x, y, z)$와 결합하여 벡터 함수를 만들어내는 경우로서, 다음과 같이 정의된다.

정의 7-12 회전

벡터장 $\vec{F}(x, y, z) = P(x, y, z)\vec{i} + Q(x, y, z)\vec{j} + R(x, y, z)\vec{k}$의 회전은 다음과 같다.

$$\text{curl}\,\vec{F} = \left(\frac{\partial R}{\partial y} - \frac{\partial Q}{\partial z}\right)\vec{i} + \left(\frac{\partial P}{\partial z} - \frac{\partial R}{\partial x}\right)\vec{j} + \left(\frac{\partial Q}{\partial x} - \frac{\partial P}{\partial y}\right)\vec{k} = \nabla \times \vec{F} \tag{7.24}$$

참고로 식 (7.24)는 다음과 같다.

$$\nabla \times \vec{F} = \begin{vmatrix} \vec{i} & \vec{j} & \vec{k} \\ \dfrac{\partial}{\partial x} & \dfrac{\partial}{\partial y} & \dfrac{\partial}{\partial z} \\ P & Q & R \end{vmatrix}$$

예제 7-21 벡터장의 회전

다음과 같이 주어진 벡터장 $\vec{F}$의 회전을 구하라.

$$\vec{F}(x, y, z) = x\vec{i} + y\vec{j} + z\vec{k}$$

풀이

$P=x$, $Q=y$, $R=z$이므로 벡터장 $\vec{F}$의 회전은

$$\text{curl}\,\vec{F} = \nabla \times \vec{F} = \begin{vmatrix} \vec{i} & \vec{j} & \vec{k} \\ \dfrac{\partial}{\partial x} & \dfrac{\partial}{\partial y} & \dfrac{\partial}{\partial z} \\ x & y & z \end{vmatrix}$$

$$= \left(\frac{\partial z}{\partial y} - \frac{\partial y}{\partial z}\right)\vec{i} + \left(\frac{\partial x}{\partial z} - \frac{\partial z}{\partial x}\right)\vec{j} + \left(\frac{\partial y}{\partial x} - \frac{\partial x}{\partial y}\right)\vec{k} = \vec{0}$$

이다.

Command Window

: 코딩

```
syms('x','y','z');                  % x, y, z의 심볼릭 정의
p=x; q=y; r=z;                      % 벡터장 F 정의
fx=diff(r,y)-diff(q,z);             % curl F의 x 성분 계산
fy=diff(p,z)-diff(r,x);             % curl F의 y 성분 계산
fz=diff(q,x)-diff(p,y);             % curl F의 z 성분 계산
curl_f=[fx fy fz]                   % curl F의 계산
```

: 결과

```
curl_f = [0 0 0]                    % [예제 7-21]의 결과와 동일
```

유제 7-20 벡터장의 회전

다음과 같이 주어진 벡터장 $\vec{F}$의 회전을 구하라.

$$\vec{F} = xy\vec{i} + yz\vec{j} + xz\vec{k}$$

정답 : $\text{curl}\,\vec{F} = -y\vec{i} - z\vec{j} - x\vec{k}$

유체의 흐름과 관련하여 회전의 물리적인 의미는 유체의 흐름에서 회전하려는 경향의 척도로 사용된다. 벡터장 $\vec{F}$가 유체의 유동장일 때, 만약 $\text{curl}\,\vec{F} \neq \vec{0}$ 이면 **회전적 유동** rotational flow이고, $\text{curl}\,\vec{F} = \vec{0}$ 이면 이 유체는 **비회전적 유동** irrotational flow이다. 비회전적 유동은 유체가 자체적으로 회전하지 않는다는 의미가 아니고, 흐름에 있어서 **소용돌이** whirlpool 또는 vortex가 없다는 뜻이다.

예제 7-22 비회전적 유동

다음과 같이 주어진 물의 흐름 속도장 $\vec{v}$가 비회전적임을 보여라.

$$\vec{v}(x, y, z) = \frac{2x}{x^2+y^2}\vec{i} + \frac{2y}{x^2+y^2}\vec{j} \qquad (x \neq 0,\ y \neq 0)$$

풀이

속도장 $\vec{v}$의 x, y, z 성분을 각각 v_x, v_y, v_z라 놓으면

$$v_x = \frac{2x}{x^2+y^2},\ v_y = \frac{2y}{x^2+y^2},\ v_z = 0$$

이다. 따라서

$$\text{curl}\,\vec{v} = \begin{vmatrix} \vec{i} & \vec{j} & \vec{k} \\ \dfrac{\partial}{\partial x} & \dfrac{\partial}{\partial y} & \dfrac{\partial}{\partial z} \\ v_x & v_y & v_z \end{vmatrix} = \left(\frac{\partial v_z}{\partial y} - \frac{\partial v_y}{\partial z}\right)\vec{i} + \left(\frac{\partial v_x}{\partial z} - \frac{\partial v_z}{\partial x}\right)\vec{j} + \left(\frac{\partial v_y}{\partial x} - \frac{\partial v_x}{\partial y}\right)\vec{k}$$

인데, 여기서 z 성분은 없기 때문에

$$\frac{\partial v_z}{\partial y} - \frac{\partial v_y}{\partial z} = 0\ ,\ \frac{\partial v_x}{\partial z} - \frac{\partial v_z}{\partial x} = 0$$

이다. 그러므로

$$\text{curl}\,\vec{v} = \left(\frac{\partial v_y}{\partial x} - \frac{\partial v_x}{\partial y}\right)\vec{k}$$

$$= \left[\frac{\partial}{\partial x}\left(\frac{2y}{x^2+y^2}\right) - \frac{\partial}{\partial y}\left(\frac{2x}{x^2+y^2}\right)\right]\vec{k}$$

$$= \left[\frac{-4xy}{(x^2+y^2)^2} - \frac{(-4xy)}{(x^2+y^2)^2}\right]\vec{k} = \vec{0}$$

이고, 속도장 $\vec{v}$는 비회전적이다.

Command Window

: 코딩

```
syms('x','y','z');                              % x, y, z의 심볼릭 정의
vx=2*x/(x^2+y^2); vy=2*y/(x^2+y^2); vz=0;       % 속도 벡터장 v 정의
cx=diff(vz,y)-diff(vy,z);                       % curl v의 x 성분 계산
cy=diff(vx,z)-diff(vz,x);                       % curl v의 y 성분 계산
cz=diff(vy,x)-diff(vx,y);                       % curl v의 z 성분 계산
curl_v=[cx cy cz]                               % curl v의 계산
```

: 결과

```
curl_v = [0, 0, 0]                              % [예제 7-22]의 결과와 동일
```

유제 7-21 비회전적 유동

다음과 같이 주어진 속도 벡터장 $\vec{v}$에 대해 점 $(1,1,1)$에서 유동이 회전적인지 비회전적인지를 판단하라.

$$\vec{v} = y^2 z\,\vec{i} + x^2 z\,\vec{j} + xy\,\vec{k}$$

정답 : 비회전적 유동

Chapter 07 연습문제

7.1 (벡터함수의 궤적) 다음 벡터함수에 의해 그려지는 곡선의 궤적에 관한 방정식을 구하고 좌표평면상에 스케치하라.

(a) $\vec{r}(t) = \cos t\,\vec{i} + t\,\vec{j}$

(b) $\vec{r}(t) = t\,\vec{i} + 2t^2\,\vec{j}$

(c) $\vec{r}(t) = 2\cos t\,\vec{i} + 2\sin t\,\vec{j}$

(d) $\vec{r}(t) = \cos t\,\vec{i} + 2\sin t\,\vec{j}$

(e) $\vec{r}(t) = 3\sin t\,\vec{i} + 3\cos t\,\vec{j} + 2\vec{k}$

(f) $\vec{r}(t) = 2\vec{i} + \cos t\,\vec{j} + \sin t\,\vec{k}$

7.2 (벡터함수의 극한) 다음 벡터함수의 극한 $\lim_{t \to 0} \vec{r}(t)$를 구하라.

(a) $\vec{r}(t) = \cos t\,\vec{i} + t\,\vec{j}$

(b) $\vec{r}(t) = t\,\vec{i} + (2t^2 - 1)\,\vec{j}$

(c) $\vec{r}(t) = (t^2 - 2t + 1)\,\vec{i} + \left(\dfrac{\sin 2t}{t}\right)\vec{j} + \left(\dfrac{e^{-t} - 1}{2t}\right)\vec{k}$

(d) $\vec{r}(t) = \left(\dfrac{\cos 2t - 1}{2t}\right)\vec{i} + \left(\dfrac{t^2}{2\cos t - 2}\right)\vec{j} + \left(\dfrac{t + 2}{2}\right)\vec{k}$

7.3 (벡터함수의 극한) 다음 벡터함수의 극한 $\lim_{t \to \infty} \vec{r}(t)$를 구하라.

(a) $\vec{r}(t) = \left(\dfrac{t^2 - 1}{e^t}\right)\vec{i} + 2\vec{j}$

(b) $\vec{r}(t) = \left(\dfrac{2t^2 - 2t + 1}{t^2 - 1}\right)\vec{i} + \left(\dfrac{2}{t - 1}\right)\vec{j} + (2e^{-t})\,\vec{k}$

(c) $\vec{r}(t) = \left(\dfrac{\ln t + 1}{t - 1}\right)\vec{i} + \left(\dfrac{2t}{e^t - 1}\right)\vec{j} - \vec{k}$

(d) $\vec{r}(t) = \left(\dfrac{e^{-2t} - 1}{e^{-t} + 1}\right)\vec{i} + \left(\dfrac{2t}{t + 3}\right)\vec{j} + \left(\dfrac{e^{-t} - 2t - 1}{t + 1}\right)\vec{k}$

7.4 (벡터함수의 도함수) 다음 벡터함수의 도함수 $\vec{r}'(t)$와 $\vec{r}'(0)$을 구하라.

(a) $\vec{r}(t) = (t^2 + 2t)\,\vec{i} + \left(\dfrac{2}{t - 1}\right)\vec{j} + (2e^{-2t})\,\vec{k}$

(b) $\vec{r}(t) = (e^{-2t}\cos 2t)\,\vec{i} + (2t^2 + 2)\,\vec{j} + (e^{-2t} + 2)\,\vec{k}$

7.5 (벡터함수의 도함수) 주어진 두 벡터함수에 대해 다음 문제를 풀어라.

$$\vec{r_1}(t) = 2e^{-t}\vec{i} + \sin 2t\,\vec{j}, \quad \vec{r_2}(t) = (t^2 - 2t)\vec{i} + e^{2t}\vec{j}$$

(a) $\dfrac{d}{dt}\left[\vec{r_1}(t) \cdot \vec{r_2}(t)\right]$

(b) $\dfrac{d}{dt}\left[\vec{r_1}(t) \times \vec{r_2}(t)\right]$

7.6 (벡터함수의 도함수) 벡터함수 $\vec{r}(t)$, $\vec{r}\,'(t)$들이 모두 미분가능한 경우 다음 도함수를 구하라.

(a) $\dfrac{d}{dt}\left[\vec{r}\,'(t) \times t\,\vec{r}(t)\right]$

(b) $\dfrac{d}{dt}\left[\vec{r}\,'(t) \times e^t\,\vec{r}(t)\right]$

(c) $\dfrac{d}{dt}\left[\vec{r}(t) \cdot \{\vec{r}(t) \times \vec{r}\,'(t)\}\right]$

(d) $\dfrac{d}{dt}\left[\vec{r}\,'(t^2) + t\,\vec{r}(t^2)\right]$

7.7 (벡터함수의 도함수) 다음 벡터함수의 도함수 $\vec{r}\,''(t)$와 $\vec{r}\,'''(t)$를 구하라.

(a) $\vec{r}(t) = (t^2e^t - 2)\vec{i} + (t\ln t)\vec{j} + (e^{-t}\sin 2t)\vec{k}$

(b) $\vec{r}(t) = e^{-2t}\vec{i} + \sin 2t\,\vec{j} + t^2\vec{k}$

7.8 (곡률과 곡률반경) 다음과 같이 주어진 벡터함수에 대해 곡률과 곡률반경을 구하라.

$$\vec{r}(t) = r\cos 2t\,\vec{i} + r\sin 2t\,\vec{j}$$

7.9 (곡률과 단위법선벡터) 다음과 같이 주어진 벡터함수에 대해 $t = \dfrac{\pi}{2}$에서 곡률과 단위법선벡터를 구하라.

$$\vec{r}(t) = \cos t\,\vec{i} + \sin t\,\vec{j} + t\,\vec{k}$$

7.10 (속도 및 가속도벡터함수) 다음의 위치벡터함수에 대해 속도벡터함수 및 가속도벡터함수를 구하라.

(a) $\vec{r}(t) = (t^2\cos t)\vec{i} + (t-3)\vec{j}$

(b) $\vec{r}(t) = (2t^2 - 2)\vec{i} + \left(\dfrac{2}{t-1}\right)\vec{j}$

(c) $\vec{r}(t) = (t^2e^{-t})\vec{i} + (2t\sin t - e^t)\vec{j} + (e^{-2t}\cos t)\vec{k}$

7.11 **(1계 편도함수)** 다음과 같이 주어진 2변수함수에 대해 편도함수 z_x와 z_y를 구하라.

(a) $z = x^2 \cos y + 5x^3y^2 + 2y^3 + 6$ (b) $z = 2x^3y + x^2y^2 + 2xy - y^3$

(c) $z = \dfrac{x^2y + 2x}{y^2 + 1}$ (d) $z = \dfrac{2\sqrt{xy} + y}{x^2 + y^2}$

(e) $z = 3\cos^3 2x - x^2 \sin^3 2y$ (f) $z = (x^2 - 2xy + 2y^3)^2$

7.12 **(2계 편도함수)** 다음과 같이 주어진 2변수함수에 대해 편도함수 z_{xx}, z_{xy}, z_{yy}를 구하라.

(a) $z = x^2 \cos y + 5x^3y^2 + 2y^3 + 6$ (b) $z = 2xy - x^4y^2 - xy - xy^3 + 2y$

(c) $z = 2x \sin^2 2y - y^2 \cos^2 2x$ (d) $z = (x^2 - xy + 2y^2)^2 + x^2 + y^2$

7.13 **(연쇄 법칙)** 다음과 같이 주어진 2변수함수에 대해 편도함수 $\dfrac{\partial z}{\partial u}$와 $\dfrac{\partial z}{\partial v}$를 구하라.

(a) $z = 2x^2 - 5x^3y^2$, $x = u\cos v + u^2e^{-v}$, $y = 2uv^2$

(b) $z = 2x^2y - xy^2$, $x = -u^2 + 2u^2v - v^3$, $y = 2u^3v + u^2v^2 + 2uv$

7.14 **(연쇄 법칙)** 다음과 같이 주어진 2변수함수에 대해 $\dfrac{dz}{dt}$를 구하라.

(a) $z = 2e^{-xy} - x^2y^2$, $x = \cos 2t + 2e^{-2t}$, $y = 2t^2 - \sin t$

(b) $z = ye^{-x} - xe^{-y}$, $x = e^{-2t}\cos t - e^{-2t}\sin t$, $y = 2t^2 - t$

7.15 **(그래디언트)** 다음 함수에 대해 주어진 점에서 그래디언트를 계산하라.

(a) $f(x, y) = 2xy - xy^3 + 2y$, 점 $(1, 2)$

(b) $f(x, y) = 2x\sin^2 2y - y^2\cos 2x$, 점 $\left(\dfrac{\pi}{2}, \dfrac{\pi}{2}\right)$

(c) $f(x, y, z) = x^2y + xyz - 2xy^2z$, 점 $(2, 1, 1)$

7.16 **(방향도함수)** 다음 함수에 대해 주어진 점에서 $\vec{a}$ 방향으로의 방향도함수를 구하라.

(a) $f(x, y) = x^2y + xy$, 점 $(2, -1)$, $\vec{a} = \vec{i} + \vec{j}$

(b) $f(x, y) = x^2(2xy - y)^2$, 점 $(-1, 1)$, $\vec{a} = 2\vec{i} + \vec{j}$

(c) $f(x, y, z) = 2xy^2z + ze^{-xy}$, 점 $(0, -1, -2)$, $\vec{a} = -\vec{i} + 2\vec{j} - 2\vec{k}$

7.17 **(벡터함수의 방향도함수)** [연습문제 7.16]에서 구한 방향도함수의 최댓값과 최솟값을 구하라.

7.18 응용 **(벡터함수의 방향도함수)** 해발고도 $H(x, y)$가 다음과 같이 주어질 때, 위치 $P(5, 1)$에서 가장 가파른 비탈길의 방향이 어디인지 결정하라.

$$H(x, y) = -2x^2 - 3y^2 + 1000$$

7.19 응용 **(벡터함수의 방향도함수)** 어떤 물체 표면의 온도분포 $T(x, y, z)$가 다음과 같이 주어질 때, 점 $(1, 2, 1)$에서 온도가 가장 급격히 증가하는 방향과 가장 급격히 감소하는 방향을 구하고, 그 방향에서의 증가 또는 감소하는 크기를 구하라.

$$T(x, y, z) = 2x^2 - 3y^2 - 2xz^2 + 10$$

7.20 **(벡터함수의 발신)** 다음 벡터장의 발산을 구하라.

(a) $\vec{F}(x, y, z) = x\vec{i} + y\vec{j} + z\vec{k}$

(b) $\vec{F} = (x-y)^2\vec{i} - xyz\vec{j} + yze^{2x}\vec{k}$

(c) $\vec{F}(x, y, z) = xe^y\vec{i} + e^{-x}z\vec{j} + xyz\vec{k}$

(d) $\vec{F}(x, y, z) = xy^2z^2\vec{i} + (yz - xz)\vec{j} + x^2y^2\vec{k}$

(e) $\vec{F}(x, y, z) = xe^{-z}\vec{i} + ye^{-x}\vec{j} + ze^{-y}\vec{k}$

(f) $\vec{F}(x, y, z) = x^2\cos yz\,\vec{i} + y^2\sin xz\,\vec{j} + z^2\vec{k}$

7.21 응용 **(벡터함수의 발산)** 다음과 같이 주어진 벡터장 $\vec{F}$가 비압축성임을 보여라.

$$\vec{F} = 2(x-y)^2\vec{i} - 4xy\vec{j} + 2y(x+2z)\vec{k}$$

7.22 **(벡터함수의 회전)** 다음 벡터장의 회전을 구하라.

(a) $\vec{F}(x, y, z) = (x^2 + 2yz)\vec{i} + (xyz + z^2)\vec{j} + xyz\vec{k}$

(b) $\vec{F}(x, y, z) = 2x^2y\vec{i} + (x^2 + yz)\vec{j} + 2x^3\vec{k}$

(c) $\vec{F}(x, y, z) = xe^y\vec{i} + e^{-x}z\vec{j} + xyz\vec{k}$

(d) $\vec{F}(x, y, z) = xy^2z^2\vec{i} + (yz - xz)\vec{j} + x^2y^2\vec{k}$

(e) $\vec{F}(x, y, z) = xe^{-z}\vec{i} + ye^{-x}\vec{j} + ze^{-y}\vec{k}$

(f) $\vec{F}(x, y, z) = x^2\cos yz\,\vec{i} + y^2\sin xz\,\vec{j} + z^2\vec{k}$

7.23 응용 **(벡터함수의 회전)** 다음과 같이 주어진 물의 흐름 속도장 $\vec{v}$가 비회전적임을 보여라.

$$\vec{v}(x, y) = \frac{2x}{(x^2 + y^2)^2}\vec{i} + \frac{2y}{(x^2 + y^2)^2}\vec{j} \qquad (x \neq 0,\ y \neq 0)$$

7.24 **(기본 공식)** 다음의 공식이 성립함을 보여라.

(a) $\nabla^2 f = \text{div}(\nabla f)$

(b) $\text{div}(\text{curl}\,\vec{f}) = 0$

(c) $\text{curl}(\nabla f) = \vec{0}$

Chapter

08

벡터함수의 적분학

Integration of vector functions

학습목표

- 벡터함수는 미분뿐만 아니라 적분의 계산도 필요하다. 이 장에서는 벡터함수의 적분에 대해 이해할 수 있다.
- 선적분과 적분 경로에 대해 독립인 선적분, 이중적분, 면적분, 스토크스 정리, 삼중적분, 가우스 발산정리에 대해 배우고, 평면 및 공간상에서의 벡터함수에 대한 적분을 이해할 수 있다.

8장의 MATLAB 명령어

6장에서는 벡터의 개념을 주로 설명하였고, 7장에서는 벡터함수에 대한 미분(또는 도함수)에 대한 전반적인 내용들을 살펴보았다. 이 장에서는 벡터함수에 대한 적분에 관하여 다루고자 한다.

벡터함수의 적분은 일반적인 함수의 적분과는 다른 방법으로 계산하며, 적분의 종류도 다양하다. 예를 들면 경로에 대한 선적분, 이중적분, 면적분, 삼중적분이 있고, 다양한 적분을 구하기 위한 다양한 정리가 적용된다. 그러므로 여기에서는 이러한 적분들을 계산하는 데 필요한 정의와 수학, 물리학 및 공학 등에서 매우 중요하게 응용되고 있는 벡터함수 적분을 위한 정리들에 대해 다루고자 한다.

그런 다음 벡터함수의 적분에 관한 전반적인 내용을 확실히 이해하고, 공학에 응용할 수 있도록 다양한 예제들을 수식적으로 그리고 MATLAB으로 직접 풀어볼 것이다.

벡터함수의 적분에 관한 개념은 공학문제를 이해하는 데 기초가 되는 중요한 내용을 많이 담고 있으므로 기초에서부터 확실하게 이해하고 넘어가는 것이 필요하고, 이에 대한 공학과의 연관성 및 응용력을 습득하는 데 초점을 맞춰 공부해야 할 것이다. 참고로 벡터함수의 적분은 다른 분야에서도 물론 널리 사용되고 있으나, 특히 전자기학에서 매우 중요하게 적용되고 있으므로 관련 전공자들은 이 장을 확실하게 이해해두어야 한다.

8.1 선적분

벡터함수의 적분 중에서 선적분에 대해 먼저 설명하기로 한다. **선적분**line integral 은 정적분

$$\int_a^b f(x)\,dx$$

의 자연스런 확장을 의미한다. 즉 정적분은 함수 $f(x)$를 $x=a$에서부터 $x=b$까지 적분하는 데 비해, 선적분은 평면 또는 공간상의 임의의 곡선 C를 따라 적분한다. 여기서 C를 **적분 경로**path of integration라 하고, [그림 8-1]과 같이 정의한다.

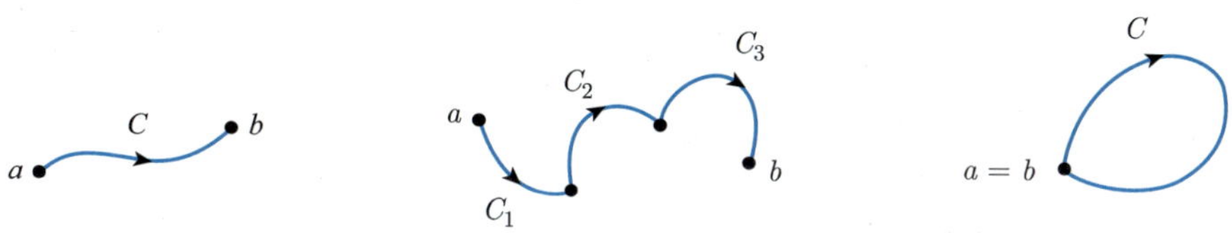

(a) 매끄러운 곡선 (b) 구간별 매끄러운 곡선 (c) 닫힌 곡선

[그림 8-1] **적분 경로 유형**

만약 적분 경로 C가 주어졌을 때 벡터함수 $\vec{F}$의 적분 경로 C에 대한 선적분은 다음과 같이 정의된다.

> **정의 8-1 선적분**
>
> 적분 경로 C가 주어지면 벡터함수 $\vec{F}$의 적분 경로 C에 대한 선적분은 다음과 같다.
>
> $$\int_C \vec{F}\cdot d\vec{r} \tag{8.1}$$

위 식에서 적분 경로가 **닫힌 곡선**closed curve이라면 식 (8.1)을 다음과 같이 나타내기도 한다.

$$\oint_C \vec{F}\cdot d\vec{r}$$

8.1.1 평면상에서의 선적분

벡터함수 $\vec{F}= P(x,y)\vec{i}+ Q(x,y)\vec{j}$ 이고, 적분 경로 C가 $\vec{r}(t) = x(t)\vec{i}+ y(t)\vec{j}$ $(a \le t \le b)$일 때, 식 (8.1)은 다음과 같이 쓸 수 있다.

$$\int_C \vec{F} \cdot d\vec{r} = \int_C (P\vec{i}+ Q\vec{j}) \cdot (dx\vec{i}+ dy\vec{j}) = \int_C (Pdx + Qdy) \quad (8.2)$$

따라서 이후부터 평면상에서의 선적분은 식 (8.2)의 우변항과 같이 표기하기로 하며, 이를 간단히 다음과 같이 표기한다.

$$\int_C (Pdx + Qdy) = \int_C Pdx + Qdy$$

식 (8.2)의 선적분 값을 구하기 위해서는 선적분을 정적분으로 변환하여 계산해야 한다. 이때 적분 경로가 매개변수 t로 정의되느냐, 아니면 $y = f(x)$ 형태인 **양함수**explicit function로 정의되느냐에 따라 다음과 같이 구분하여 계산한다.

❶ 경로함수가 매개변수로 주어지는 경우

경로 C가 $\vec{r}(t) = x(t)\vec{i} + y(t)\vec{j}$ $(a \le t \le b)$와 같이 매개변수로 주어진다면 벡터함수 $\vec{F} = P(x, y)\vec{i} + Q(x, y)\vec{j}$ 의 선적분은

$$\int_C (Pdx + Qdy) = \int_a^b \left(P\frac{dx}{dt} + Q\frac{dy}{dt}\right)dt \quad (8.3)$$

로 계산할 수 있다.

예제 8-1 경로의 선적분 계산 : 경로가 매개변수로 주어진 경우

벡터함수 $\vec{F}$가 아래와 같이 주어지고, 경로 $\vec{r}(t)$가 [그림 8-2]와 같이 주어졌을 때, $\vec{F}$의 경로 $\vec{r}(t)$에 따른 선적분을 계산하라.

$$\vec{F} = -x\,\vec{i} + y\,\vec{j}, \quad \vec{r}(t) = -\cos t\,\vec{i} - \sin t\,\vec{j} \quad \left(0 \le t \le \frac{\pi}{2}\right)$$

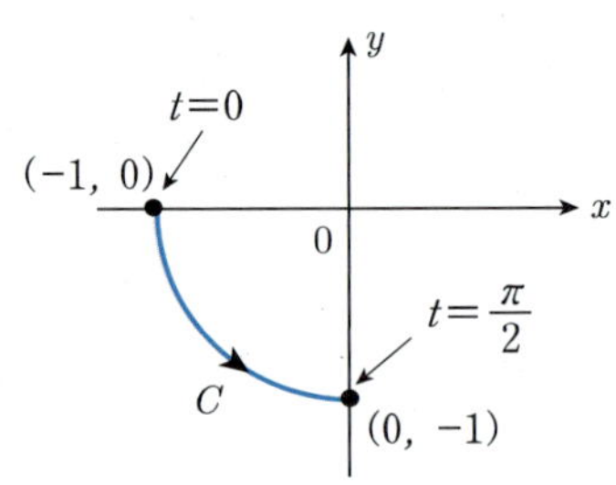

[그림 8-2]

풀이

$\vec{r}(t) = x(t)\,\vec{i} + y(t)\,\vec{j} = -\cos t\,\vec{i} - \sin t\,\vec{j}$이므로 $x = -\cos t$, $y = -\sin t$이다. 따라서

$$\vec{F} = -x\,\vec{i} + y\,\vec{j} = \cos t\,\vec{i} - \sin t\,\vec{j}$$

이다. 또한

$$\vec{r}(t) = -\cos t\,\vec{i} - \sin t\,\vec{j}$$

이므로

$$\vec{r}\,'(t) = \sin t\,\vec{i} - \cos t\,\vec{j}$$

이다. 그러므로 선적분은 식 (8.3)에 의해 다음과 같이 된다.

$$\begin{aligned}\int_C \vec{F} \cdot d\vec{r} &= \int_a^b \left(P\frac{dx}{dt} + Q\frac{dy}{dt}\right)dt && \cdots\cdots ①\ \vec{F} = P\vec{i} + Q\vec{j} = -x\,\vec{i} + y\,\vec{j} = \cos t\,\vec{i} - \sin t\,\vec{j} \\ &= \int_0^{\frac{\pi}{2}} [\cos t(\sin t) + (-\sin t)(-\cos t)]\,dt \\ &= \int_0^{\frac{\pi}{2}} \sin 2t\,dt && \cdots\cdots ②\ 2\sin t\cos t = \sin 2t \\ &= \left[-\frac{1}{2}\cos 2t\right]_0^{\frac{\pi}{2}} = 1 && \cdots\cdots ③\end{aligned}$$

Command Window

: 코딩

```
t=sym('t','real');              % t 변수의 심볼릭 정의
r=[-cos(t) -sin(t)];            % 경로함수 r(t) 정의
x=-cos(t); y=-sin(t);           % x(t)와 y(t)의 정의
F=[-x y];                       % 벡터함수 F의 계산
rd=diff(r);                     % r'(t)의 계산
f=dot(F,rd) 1                   % F와 r'(t)의 내적 계산
U=int(f,0,pi/2) 2               % 선적분 계산
```

: 결과

```
f = 2*cos(t)*sin(t)             % [예제 8-1②]의 결과와 동일
U = 1                           % [예제 8-1③]의 결과와 동일
```

MATLAB TIP!

1 'dot(a,b)' : 두 벡터함수 $a(t)$와 $b(t)$의 벡터내적을 구한다.

2 'int(f,a,b)' : 함수 $f(t)$의 a에서 b까지 정적분을 구한다.

유제 8-1 경로의 선적분 계산 : 경로가 매개변수로 주어진 경우

벡터함수 $\vec{F}$와 경로 $\vec{r}(t)$가 아래와 같이 주어졌을 때, $\vec{F}$의 경로 $\vec{r}(t)$에 따른 선적분을 계산하라.

$$\vec{F} = -x\,\vec{i} + y\,\vec{j},\ \ \vec{r}(t) = \cos t\,\vec{i} + \sin t\,\vec{j} \quad (0 \le t \le \frac{\pi}{2})$$

정답 : $\int_C \vec{F} \cdot d\vec{r} = 1$

❷ 경로함수가 양함수로 주어지는 경우

경로 C가 $y=f(x)$ $(a \le x \le b)$와 같이 양함수로 주어진다면 벡터함수 $\vec{F}=P(x,y)\vec{i}+Q(x,y)\vec{j}$ 의 선적분은

$$\int_C P(x,\, y)dx + Q(x,\, y)\,dy = \int_a^b \left[P(x,\, f(x))dx + Q(x,\, f(x))\frac{dy}{dx}dx \right] \tag{8.4}$$

로 계산할 수 있다.

또한 C가 $x=g(y)$ $(c \le y \le d)$와 같은 형태의 양함수로 주어진다면 벡터함수 $\vec{F}=P(x,y)\vec{i}+Q(x,y)\vec{j}$ 의 선적분은

$$\int_C P(x,\, y)dx + Q(x,\, y)\,dy = \int_c^d \left[P(g(y),\, y)\frac{dx}{dy}dy + Q(g(y),\, y)dy \right] \tag{8.5}$$

로 계산할 수 있다.

예제 8-2 경로의 선적분 계산 : 경로가 양함수로 주어진 경우 ①

경로 C가 $y=x+1$ $(0 \le x \le 1)$일 때, 다음 선적분을 계산하라.

$$\int_C xydx - 2xydy$$

풀이

이 경우에는 식 (8.4)를 적용할 수 있다. 따라서 선적분은 다음과 같다.

$$\int_C xydx - 2xydy = \int_0^1 [x(x+1)dx - 2x(x+1)dx] = \int_0^1 (-x^2-x)dx$$

$$= \left[-\frac{1}{3}x^3 - \frac{1}{2}x^2 \right]_0^1 = -\frac{5}{6}$$

Command Window

: 코딩

```
x=sym('x','real');                      % x 변수의 심볼릭 정의
y=x+1;                                  % 양함수 정의
U=int(x*y,0,1)+int(-2*x*y*diff(y),0,1)  % 식 (8.4)에 의한 선적분 계산
```

: 결과

```
U = -5/6                                % [예제 8-2]의 결과와 동일
```

유제 8-2 경로의 선적분 계산 : 경로가 양함수로 주어진 경우 ①

경로 C가 $y=x^2$ $(0 \le x \le 1)$일 때, 다음 선적분을 계산하라.

$$\int_C -ydx + xydy$$

정답 : $\int_C -ydx+xydy = \frac{1}{15}$

예제 8-3 경로의 선적분 계산 : 경로가 양함수로 주어진 경우 ②

경로 C가 $x=-y^2+1$ $(0 \le y \le 1)$일 때, 다음 선적분을 계산하라.

$$\int_C x^2ydx - xy^2dy$$

풀이

이 경우는 식 (8.5)를 적용할 수 있다. 따라서 선적분은 다음과 같다.

$$\begin{aligned}\int_C x^2ydx - xy^2dy &= \int_0^1 \left[(-y^2+1)^2 y\frac{dx}{dy}dy - (-y^2+1)y^2dy\right] \\ &= \int_0^1 (-2y^6+5y^4-3y^2)dy \\ &= \left[-\frac{2}{7}y^7+y^5-y^3\right]_0^1 \\ &= -\frac{2}{7}\end{aligned}$$

Command Window

: 코딩

```
y=sym('y','real');                              % y 변수의 심볼릭 정의
x=-y^2+1;                                       % 양함수 정의
U=int(x^2*y*diff(x),0,1)-int(x*y^2,0,1)         % 식 (8.5)에 의한 선적분 계산
```

: 결과

```
U = -2/7                                        % [예제 8-3]의 결과와 동일
```

유제 8-3 경로의 선적분 계산 : 경로가 양함수로 주어진 경우 ②

경로 C가 $x=-3y-1$ $(0 \le y \le 1)$일 때, 다음 선적분을 계산하라.

$$\int_C -2xydx + xydy$$

정답 : $\int_C -2xydx+xydy = -\frac{21}{2}$

만약 경로 C가 **구간별 매끄러운 곡선** piecewise smooth curves 으로 주어진다면, 적분 경로 C에 대한 선적분은 각 구간별 선적분의 합으로 나타낸다. 즉 $C = C_1 + C_2 + \cdots + C_n$ 이면, 식 (8.2)의 선적분은 다음과 같다.

$$\int_C Pdx + Qdy = \int_{C_1} Pdx + Qdy + \int_{C_2} Pdx + Qdy + \cdots + \int_{C_n} Pdx + Qdy \tag{8.6}$$

여기서 식 (8.6)은 경로 C가 닫힌 곡선이거나 열린 곡선임에 관계없이 항상 성립한다.

예제 8-4 닫힌 경로에 대한 경로의 선적분 계산

적분 경로가 [그림 8-3]과 같이 닫힌 경로로 주어졌을 때, 다음 선적분을 계산하라.

$$\oint_C xy\,dx - y^2 dy$$

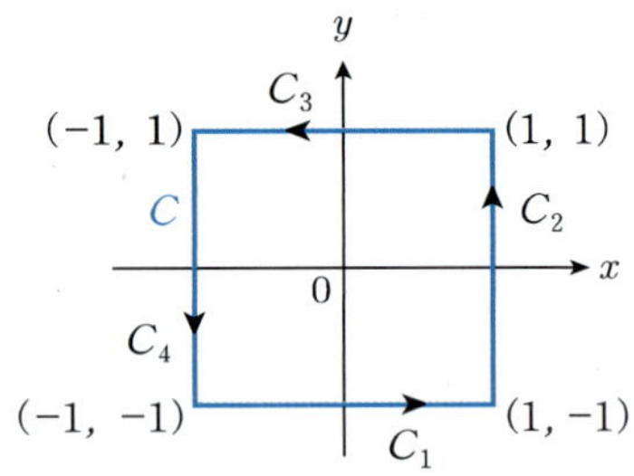

[그림 8-3]

풀이

[그림 8-3]에 주어진 경로 C_1, C_2, C_3, C_4는 모두 구간별 매끄러운 곡선이므로, 식 (8.6)을 만족한다. 따라서

$$\oint_C xy\,dx - y^2 dy = \int_{C_1} xy\,dx - y^2 dy + \int_{C_2} xy\,dx - y^2 dy + \int_{C_3} xy\,dx - y^2 dy + \int_{C_4} xy\,dx - y^2 dy$$

이다. C_1은 $y = -1$, $dy = 0$이므로 x를 매개변수로 하는 식 (8.4)를 이용하여

$$\int_{C_1} xy\,dx - y^2 dy = \int_{-1}^{1} [x(-1)dx - (-1)^2(0)] = 0$$

을 구하고, C_2는 $x = 1$, $dx = 0$이므로 y를 매개변수로 하는 식 (8.5)를 이용하여

$$\begin{aligned}\int_{C_2} xy\,dx - y^2 dy &= \int_{-1}^{1} [(1)y(0) - (y^2)dy] \\ &= -\int_{-1}^{1} y^2 dy = -\frac{2}{3}\end{aligned}$$

를 구하고, C_3는 $y = 1$, $dy = 0$이므로 x를 매개변수로 하는 식 (8.4)를 이용하여

$$\int_{C_3} xy\,dx - y^2 dy = \int_{1}^{-1} [x(1)dx - (1)^2(0)] = 0$$

…… 경로 C_3의 경우 매개변수 x는 1에서 −1로 이동하므로 적분 구간이 $\int_1^{-1}$ 임을 기억하자.

을 구한다. 마지막으로 C_4는 $x = -1$, $dx = 0$이므로 y를 매개변수로 하는 식 (8.5)를 이용하여

$$\int_{C_4} xy\,dx - y^2dy = \int_1^{-1}[(-1)y(0)-(y^2)dy]$$
$$= -\int_1^{-1} y^2 dy = \frac{2}{3}$$

를 구한다. 그러므로 경로에 대한 선적분은 다음과 같다.

$$\oint_C xy\,dx - y^2dy = 0 - \frac{2}{3} + 0 + \frac{2}{3} = 0$$

Command Window

: 코딩

```
x=sym('x','real'); y=sym('y','real');     % x와 y 변수의 심볼릭 정의
U1=int(x*(-1)*diff(x),-1,1)               % 식 (8.4)에 의한 선적분 계산
U2=int(-y^2*diff(y),-1,1)                 % 식 (8.5)에 의한 선적분 계산
U3=int(x*(1)*diff(x),1,-1)                % 식 (8.4)에 의한 선적분 계산
U4=int(-y^2*diff(y),1,-1)                 % 식 (8.5)에 의한 선적분 계산
U=U1+U2+U3+U4
```

: 결과

```
U1 = 0, U2 = -2/3, U3 = 0, U4 = 2/3, U = 0     % [예제 8-4]의 결과와 동일
```

유제 8-4 닫힌 경로에 대한 경로의 선적분 계산

적분 경로가 [그림 8-4]와 같이 닫힌 곡선으로 주어졌을 때, 다음 선적분을 계산하라.

$$\oint_C xydx + xdy$$

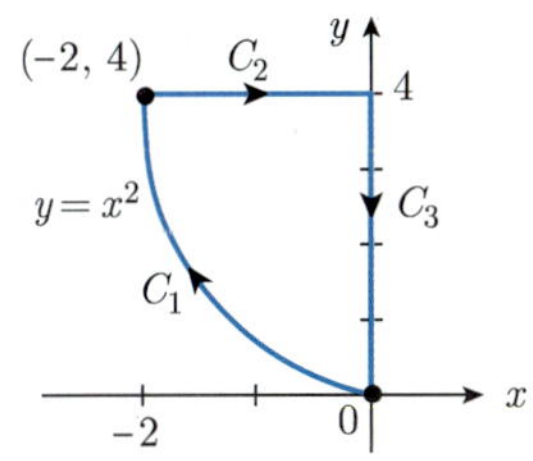

[그림 8-4]

정답 : $\oint_C xydx + xdy = -\frac{28}{3}$

정적분의 경우, 적분 구간에 따라 다음과 같은 관계가 성립한다.

$$\int_a^b f(x)\,dx = -\int_b^a f(x)\,dx$$

이와 유사하게 선적분의 경우에서도 [그림 8-5]와 같이 적분 경로가 반대이면, 다음과 같은 관계가 성립한다.

$$\int_C P\,dx + Q\,dy = -\int_{-C} P\,dx + Q\,dy \tag{8.7}$$

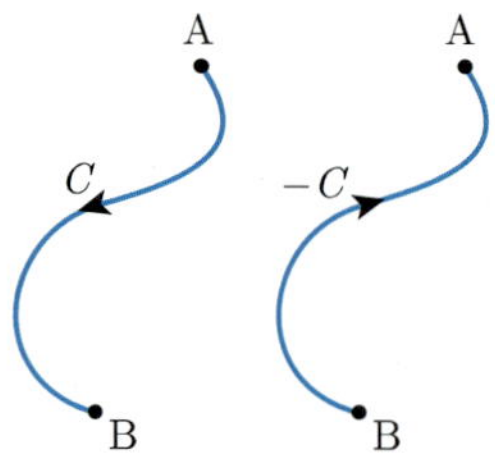

[그림 8-5] 반대방향의 경로에 대한 선적분

예제 8-5 경로의 선적분 계산 : 경로가 반대방향인 경우

경로 C가 각각 [그림 8-6]의 (a), (b)와 같을 때, 각 경로에 대해 다음 식의 선적분을 계산하라.

$$\oint_C xy^2\,dx + (xy+1)\,dy$$

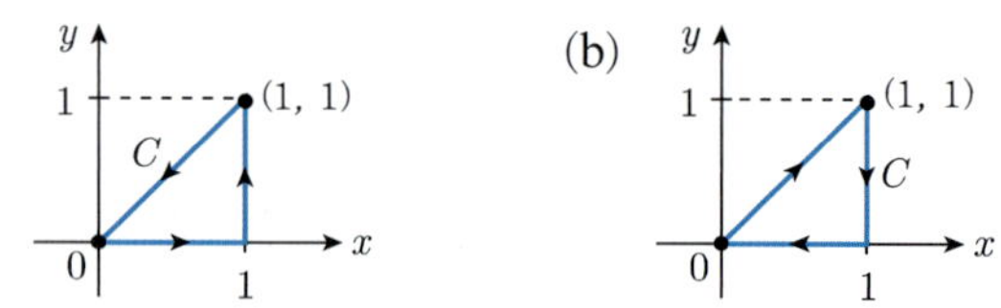

[그림 8-6]

풀이

(a) [예제 8-4]와 같은 방법으로 경로의 선적분을 구하면 다음과 같은 결과가 얻어진다.

$$\begin{aligned}\oint_C xy^2dx+(xy+1)dy &= \int_0^1 x(0)^2dx+[x(0)+1](0)+\int_0^1 (1)y^2(0)+[(1)y+1]dy \\ &\quad +\int_1^0 x(x)^2dx+[x(x)+1]dx \\ &= 0+\left[\frac{1}{2}y^2+y\right]_0^1+\left[\frac{1}{4}x^4+\frac{1}{3}x^3+x\right]_1^0=-\frac{1}{12}\end{aligned}$$

(b) 이는 (a)와 경로가 반대인 경우이고 경로의 선적분은 다음과 같이 구해진다.

$$\begin{aligned}\oint_C xy^2dx+(xy+1)dy &= \int_0^1 x(x^2)dx+[x(x)+1]dx+\int_1^0 (1)y^2(0)+[(1)y+1]dy \\ &\quad +\int_1^0 x(0)^2dx+[x(0)+1](0) \\ &= \left[\frac{1}{4}x^4+\frac{1}{3}x^3+x\right]_0^1+\left[\frac{1}{2}y^2+y\right]_1^0+0=\frac{1}{12}\end{aligned}$$

(a)와 (b)의 선적분 결과를 비교해 보면 식 (8.7)과 같음을 알 수 있다.

MATLAB 코딩 [예제 8-4]와 유사하므로 생략

8.1.2 공간상에서의 선적분

공간상에서의 선적분도 평면에서의 선적분에서 만족되었던 내용들이 동일하게 적용된다. 다만 벡터함수와 경로에서 각각 z축 방향으로 $\vec{k}$ 성분이 추가되는 부분만 차이가 있다.

즉 벡터함수는 $\vec{F}=P(x, y, z)\vec{i}+Q(x, y, z)\vec{j}+R(x, y, z)\vec{k}$이고, 적분 경로 C는 $\vec{r}(t)=x(t)\vec{i}+y(t)\vec{j}+z(t)\vec{k}$ $(a \le t \le b)$이다. 이때 공간상에서의 선적분은

$$\int_C \vec{F}\cdot d\vec{r}=\int_C P\,dx+Q\,dy+R\,dz \tag{8.8}$$

이고, 식 (8.8)은 다음과 같이 계산할 수 있다.

$$\int_C P\,dx+Q\,dy+R\,dz=\int_a^b\left(P\frac{dx}{dt}+Q\frac{dy}{dt}+R\frac{dz}{dt}\right)dt \tag{8.9}$$

예제 8-6 공간상에서의 경로의 선적분 계산

경로 C가 $\vec{r}(t)=\sin t\,\vec{i}+\cos t\,\vec{j}+t\vec{k}\,(0 \le t \le 2\pi)$일 때, 다음 경로의 선적분을 구하라.

$$\int_C x\,dx+y\,dy+z\,dz$$

풀이

경로 C에 대해 $\vec{r}(t)=x(t)\,\vec{i}+y(t)\,\vec{j}+z(t)\,\vec{k}=\sin t\,\vec{i}+\cos t\,\vec{j}+t\,\vec{k}$이므로

$$x=\sin t,\ \ y=\cos t,\ \ z=t,\ \ \frac{dx}{dt}=\cos t,\ \ \frac{dy}{dt}=-\sin t,\ \ \frac{dz}{dt}=1$$

이다. 따라서 경로의 선적분은

$$\begin{aligned}\int_C x\,dx+y\,dy+z\,dz&=\int_0^{2\pi}\left(x\frac{dx}{dt}+y\frac{dy}{dt}+z\frac{dz}{dt}\right)dt\\&=\int_0^{2\pi}[\sin t\cos t+\cos t(-\sin t)+t]dt=\frac{1}{2}t^2\bigg|_0^{2\pi}\\&=2\pi^2\end{aligned}$$

이다.

```
Command Window
: 코딩
t=sym('t','real');                                    % t 변수의 심볼릭 정의
x=sin(t); y=cos(t); z=t;                              % x, y, z 변수 지정
dx=diff(x); dy=diff(y); dz=diff(z);                   % x, y, z의 미분
U=int(x*dx,0,2*pi)+int(y*dy,0,2*pi)+int(z*dz,0,2*pi)  % 경로의 선적분

: 결과
U = 2*pi^2                                            % [예제 8-6]의 결과와 동일
```

유제 8-5 공간상에서의 경로의 선적분 계산

경로 C가 $\vec{r}(t)=\sin t\,\vec{i}+\cos t\,\vec{j}+t\vec{k}$ $\left(0 \le t \le \dfrac{\pi}{2}\right)$일 때, 다음 경로의 선적분을 구하라.

$$\int_C y\,dx + x\,dy + xy\,dz$$

정답 : $\displaystyle\int_C y\,dx + x\,dy + xy\,dz = \frac{1}{2}$

8.1.3 힘에 의한 일

6.2절에서 일정한 크기의 힘 $\vec{F}$가 물체에 작용하여 물체를 변위 $\vec{d}$만큼 이동시켰을 때, 힘 $\vec{F}$가 물체에 한 일을 $W=\vec{F}\cdot\vec{d}$라고 했다. 이로부터 매끄러운 곡선 C를 따라 작용하는 힘의 벡터장

$$\vec{F}=P(x,y,z)\vec{i}+Q(x,y,z)\vec{j}+R(x,y,z)\vec{k}$$

는 C의 위치에 따라 크기와 방향이 모두 변한다. 이러한 경우에 대해 경로 C를 따라 $\vec{F}$가 한 일은 다음과 같이 정의된다.

정의 8-2 힘에 의한 일

곡선의 경로 C가 $\vec{r}(t)=x(t)\vec{i}+y(t)\vec{j}+z(t)\vec{k}$ $(a \le t \le b)$를 따라 움직일 때, 경로 C를 따라 힘

$$\vec{F}=P(x,y,z)\vec{i}+Q(x,y,z)\vec{j}+R(x,y,z)\vec{k}$$

가 한 일은 다음과 같다.

$$W=\int_C \vec{F}\cdot d\vec{r}=\int_C P\,dx+Q\,dy+R\,dz \qquad (8.10)$$

예제 8-7 힘이 물체에 한 일

경로 C가 $\vec{r}(t) = -\cos t\,\vec{i} + \sin t\,\vec{j}\ (0 \le t \le \pi)$일 때, 힘 $\vec{F} = \vec{i} + 2\vec{j}$ 가 경로를 따라 한 일을 구하라.

풀이

경로 C가 $\vec{r}(t) = -\cos t\,\vec{i} + \sin t\,\vec{j}$이므로

$$x = -\cos t,\ y = \sin t,\ \frac{dx}{dt} = \sin t,\ \frac{dy}{dt} = \cos t$$

이고, 힘은 $\vec{F} = \vec{i} + 2\vec{j}$ 이므로 $P(x, y) = 1$, $Q(x, y) = 2$이다. 따라서 경로를 따라 힘 $\vec{F}$가 한 일은 식 (8.10)에 의해 다음과 같다.

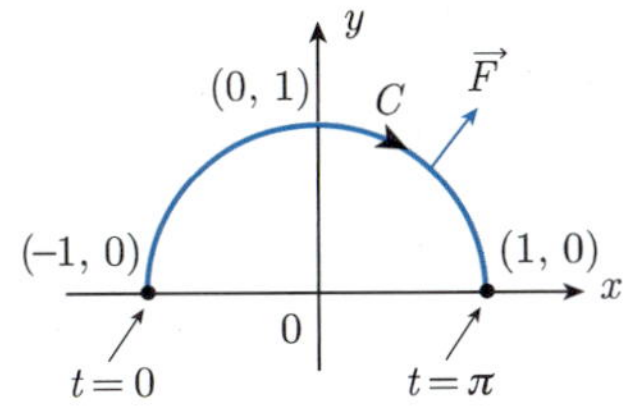

[그림 8-7]

$$\begin{aligned} W &= \int_C Pdx + Qdy = \int_0^\pi \left(\frac{dx}{dt} + 2\frac{dy}{dt} \right) dt \\ &= \int_0^\pi [(\sin t) + 2(\cos t)]\, dt \\ &= \Big[-\cos t + 2\sin t \Big]_0^\pi = 2 \end{aligned}$$

Command Window

: 코딩

```
t=sym('t','real');                  % t 변수의 심볼릭 정의
x=-cos(t); y=sin(t);                % x, y 변수 지정
dx=diff(x); dy=diff(y);             % x와 y의 미분
U=int(1*dx+2*dy,0,pi)               % 일 계산
```

: 결과

```
U = 2                               % [예제 8-7]의 결과와 동일
```

유제 8-6 힘이 물체에 한 일

경로 C가 $\vec{r}(t) = \cos t\,\vec{i} - \sin t\,\vec{j}\ (0 \le t \le \frac{\pi}{2})$일 때, 힘 $\vec{F} = -2\vec{i} + \vec{j}$가 경로를 따라 한 일을 구하라.

정답 : $W = \int_C Pdx + Qdy = 1$

8.1.4 적분 경로에 대해 독립인 선적분

일반적인 경우 선적분은 적분 경로에 따라 그 결과가 다르게 나타난다. 즉 적분의 시작점과 끝점 사이의 어느 경로를 따라 적분했느냐에 따라 그 결과가 다르다. 이러한 사실은 다음 예제에서 확인할 수 있다.

예제 8-8 경로에 따라 적분 결과가 다른 경우

[그림 8-8]과 같이 주어진 경로에 대해 다음 선적분을 계산하고, 선적분 값이 경로에 따라 다른지 여부를 확인하라.

(a) $\int_{C_1} (xy-2)\,dx + x^2\,dy$ (b) $\int_{C_2} (xy-2)\,dx + x^2\,dy$

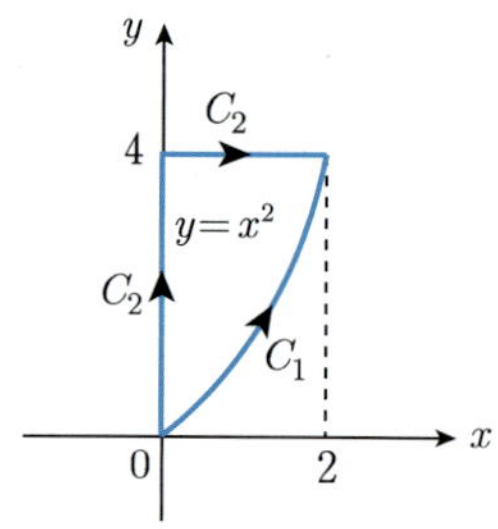

[그림 8-8]

풀이

(a) 경로 C_1은 양함수 $y=x^2$ $(0 \le x \le 2)$으로 주어진 경우이다. 따라서 경로 C_1에 대한 선적분은 식 (8.4)를 이용하여 다음과 같이 계산된다.

$$\begin{aligned}\int_{C_1} (xy-2)\,dx + x^2\,dy &= \int_0^2 [x(x^2)-2]\,dx + x^2(2x\,dx)\\ &= \int_0^2 (3x^3-2)\,dx\\ &= \left[\frac{3}{4}x^4 - 2x\right]_0^2\\ &= 8\end{aligned}$$

(b) 경로 C_2에 대한 선적분은 두 직선 경로에 대한 선적분의 합으로 구할 수 있으며, 그 결과는 다음과 같다.

$$\begin{aligned}\int_{C_2} (xy-2)dx + x^2dy &= \int_0^4 [(0)y-2](0)+(0)^2dy + \int_0^2 [x(4)-2]dx + x^2(0)\\ &= [2x^2-2x]_0^2\\ &= 4\end{aligned}$$

(a)와 (b)의 결과를 보면 동일한 함수의 선적분 값이 경로에 따라 다르게 나타남을 알 수 있다.

Command Window

: 코딩

```
x=sym('x','real');                          % x 변수의 심볼릭 정의
y=x^2;                                      % 경로 C1에 대한 양함수 정의
U1=int(x*y-2,0,2)+int(x^2*diff(y),0,2)      % 경로 C1에 대한 선적분 계산
U2=int(4*x-2,0,2)                           % 경로 C2에 대한 선적분 계산
```

: 결과

```
U1 = 8                                      % [예제 8-8(a)]의 결과와 동일
U2 = 4                                      % [예제 8-8(b)]의 결과와 동일
```

유제 8-7 경로에 따라 적분 결과가 다른 경우

[그림 8-8]과 같이 주어진 경로에 대해 다음 선적분을 계산하고, 선적분 값이 경로에 따라 다른지 여부를 확인하라.

(a) $\int_{C_1} (x^2 - y)\,dx + 3x\,dy$ (b) $\int_{C_2} (x^2 - y)\,dx + 3x\,dy$

정답 : (a) 16, (b) $-\frac{16}{3}$, 경로에 따라 다름

그렇다면 선적분 값이 경로에 관계없이 항상 같은 경우가 과연 존재할까? 대답은 '예'이다. 다음 예제를 통해 알아보자.

예제 8-9 경로에 독립인 선적분

경로 C가 [그림 8-9]와 같이 네 개의 경로로 주어졌을 때, 각각의 경로에 대해 다음 선적분을 계산하고, 결과를 비교하라.

$$\int_C y^2\,dx + 2xy\,dy$$

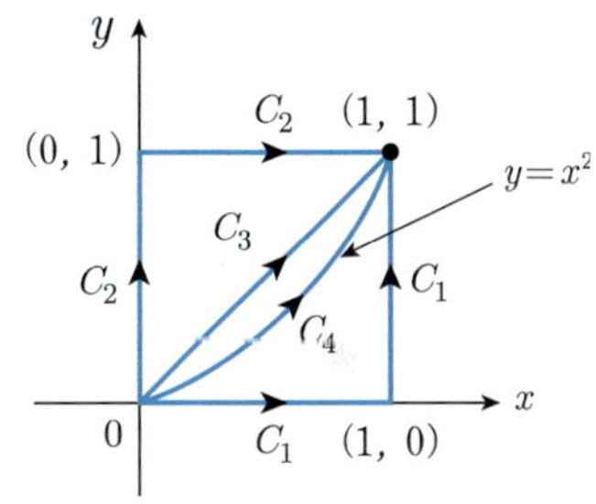

[그림 8-9]

풀이

경로 C_1과 C_2에 대한 선적분은 앞의 [예제 8-8(b)]와 유사한 방법으로 다음과 같이 구할 수 있다.

$$\int_{C_1} y^2\,dx + 2xy\,dy = \underbrace{\int_0^1 0^2\,dx + 2x(0)(0)}_{x\text{축상 경로의 선적분}} + \underbrace{\int_0^1 y^2(0) + 2(1)y\,dy}_{\text{수직축상 경로의 선적분}}$$

$$= \int_0^1 2y\,dy = 1$$

$$\int_{C_2} y^2\,dx + 2xy\,dy = \underbrace{\int_0^1 y^2(0) + 2(0)y\,dy}_{y\text{축상 경로의 선적분}} + \underbrace{\int_0^1 1^2\,dx + 2(1)(1)(0)}_{\text{수평축상 경로의 선적분}}$$

$$= \int_0^1 1^2\,dx = 1$$

경로 C_3는 양함수 $y = x$ $(0 \le x \le 1)$로 주어진 경우이고, 경로 C_4는 양함수 $y = x^2$ $(0 \le x \le 1)$으로 주어진 경우이다. 따라서 경로 C_3와 C_4에 대한 선적분은 다음과 같이 계산된다(식 (8.4) 이용).

$$\int_{C_3} y^2\,dx + 2xy\,dy = \int_0^1 x^2\,dx + 2xx\,dx$$

$$= \int_0^1 3x^2\,dx = \left[\frac{3}{3}x^3\right]_0^1 = 1$$

$$\int_{C_4} y^2\,dx + 2xy\,dy = \int_0^1 (x^2)^2\,dx + 2x(x^2)(2x)\,dx$$

$$= \int_0^1 5x^4\,dx = \left[\frac{5}{5}x^5\right]_0^1 = 1$$

결론적으로, 네 경로에 대한 선적분 값은 모두 동일함을 알 수 있다.

Command Window

: 코딩

```
x=sym('x'); y=sym('y');                          % x, y 변수의 심볼릭 정의
U1=int(2*y,0,1)                                  % 경로 C1 에 대한 선적분 계산
y=x;                                             % 경로 C3 에 대한 양함수 정의
U3=int(x^2,0,1)+int(2*x*y*diff(y),0,1)           % 경로 C3 에 대한 선적분 계산
y=x^2;                                           % 경로 C4 에 대한 양함수 정의
U4=int(x^4,0,1)+int(2*x*y*diff(y),0,1)           % 경로 C4 에 대한 선적분 계산
```

: 결과

```
U1 = U3 = U4 =1                                  % [예제 8-9]의 결과와 동일
% 경로 C2에 대한 선적분은 C1과 유사하므로 코딩 생략
```

유제 8-8 경로에 독립인 선적분

경로 C가 [그림 8-9]와 같이 네 개의 경로로 주어졌을 때, 각각의 경로에 대해 다음 선적분을 계산하고, 결과를 비교하라.

$$\int_C (x^2+y)\,dx + (x-2y)\,dy$$

정답 : 네 경로 모두 $\frac{1}{3}$

[예제 8-9]와 [유제 8-8]의 결과는 우연이 아니다. 위 예제에서와 같이 선적분 값들이 적분 경로에 관계없이 일정한 경우, 이러한 선적분을 **적분 경로에 대해 독립인 선적분**, 또는 **적분 경로에 무관한 선적분**line integral independent of path이라 한다. 그러면 이제 어떤 경우에 선적분이 적분 경로에 대해 독립이 되는지를 살펴보자.

2변수함수 $\phi(x, y)$의 미분은

$$d\phi = \frac{\partial \phi}{\partial x}dx + \frac{\partial \phi}{\partial y}dy$$

이고, 3변수함수 $\phi(x, y, z)$의 미분은

$$d\phi = \frac{\partial\phi}{\partial x}dx + \frac{\partial\phi}{\partial y}dy + \frac{\partial\phi}{\partial z}dz$$

이다. 이 함수들에 대한 **완전미분**exact differential을 다음과 같이 정의할 수 있다.

정의 8-3 완전미분

2변수함수 $\phi(x, y)$에 대해

$$d\phi = P(x, y)\,dx + Q(x, y)\,dy$$

를 만족시키는 $\phi(x, y)$가 존재한다면 $d\phi$를 **완전미분**이라 하고, 3변수함수 $\phi(x, y, z)$에 대해서도

$$d\phi = P(x, y, z)\,dx + Q(x, y, z)\,dy + R(x, y, z)\,dz$$

를 만족시키는 $\phi(x, y, z)$가 존재한다면 $d\phi$를 **완전미분**이라 한다.

3변수함수에 대해 $d\phi = P(x, y, z)\,dx + Q(x, y, z)\,dy + R(x, y, z)\,dz$가 완전미분이기 위해서는 다음과 같은 관계가 성립해야만 한다.

$$P = \frac{\partial\phi}{\partial x},\quad Q = \frac{\partial\phi}{\partial y},\quad R = \frac{\partial\phi}{\partial z} \tag{8.11}$$

예를 들면, $d\phi = 2y\,dx + 2x\,dy$는 완전미분이다. 왜냐하면 $d\phi = 2y\,dx + 2x\,dy$를 만족시키는 $\phi(x, y) = 2xy$가 존재하기 때문이다.

선적분의 적분 경로에 대한 독립과 완전미분 사이의 관계는 [정리 8-1]과 같으며, 이는 매우 중요하다.

정리 8-1 적분 경로에 대해 독립인 선적분

2변수함수 $\phi(x, y)$에 대해 $d\phi = P\,dx + Q\,dy$가 완전미분이면 선적분 $\int_C Pdx + Qdy$는 적분 경로에 대해 독립이고, 다음과 같이 적분 경로 C의 양끝점 a와 b에만 의존한다.

$$\int_C Pdx + Qdy = \phi(b) - \phi(a) \tag{8.12}$$

3변수함수 $\phi(x, y, z)$에 대해서도 같은 결과가 성립한다.

$$\int_C Pdx + Qdy + Rdz = \phi(b) - \phi(a) \tag{8.13}$$

증명 3변수함수 $\phi(x, y, z)$에 대해 $d\phi = P\,dx + Q\,dy + R\,dz$가 완전미분이므로 다음 관계가 성립한다.

$$\int_C P\,dx + Q\,dy + R\,dz = \int_a^b d\phi = [\phi]_a^b = \phi(b) - \phi(a) \qquad ■$$

예제 8-10 완전미분인 경우

[예제 8-9]의 문제에서 $y^2 dx + 2xy\,dy$가 완전미분임을 보이고, 적분 경로를 잇는 두 점 $a(0, 0)$과 $b(1, 1)$에 대해 $\int_C y^2 dx + 2xy\,dy$를 계산하라.

풀이

$d(xy^2) = y^2 dx + 2xy\,dy$가 성립하므로 $y^2 dx + 2xy\,dy$는 완전미분이고, $\phi(x, y) = xy^2$(ϕ를 구하는 방법은 [예제 8-11]과 [예제 8-12]에서 설명한다.)이다. 따라서 식 (8.12)를 이용하면

$$\int_C y^2 dx + 2xy\,dy = \int_a^b d(xy^2) = \int_{(0,0)}^{(1,1)} d(xy^2) = \Big[xy^2 \Big]_{(0,0)}^{(1,1)} = 1$$

이 얻어지고, 이는 [예제 8-9]의 결과와 같다.

Command Window

: 코딩
```
x=sym('x'); y=sym('y');                               % x, y 변수의 심볼릭 정의
P=diff(x*y^2,x)                                       % 함수 P(x, y) 계산
Q=diff(x*y^2,y)                                       % 함수 Q(x, y) 계산
                                                      % 계산 결과가 P(x, y) = y^2,
                                                      % Q(x, y) = 2xy이므로 φ = xy^2이 존재
Pi=x*y^2;                                             % φ = xy^2 정의
U=subs(Pi,{x,y},{1,1})-subs(Pi,{x,y},{0,0}) [1]       % 선적분 계산
```

: 결과
```
P = y^2                                               % P(x, y)와 동일
Q = 2*x*y                                             % Q(x, y)와 동일
U = 1                                                 % [예제 8-10]의 결과와 동일
```

MATLAB TIP!

[1] `subs(f,{x,y},{a,b})` : 함수 $f(x, y)$ 안에 있는 x 대신 a를, y 대신 b를 대입하여 계산해 준다.

유제 8-9 완전미분인 경우

$xy^2 dx + x^2 y\,dy$가 완전미분인 것을 보이고, 적분 경로를 잇는 두 점 $a(0, 0)$과 $b(1, 1)$에 대해 $\int_C xy^2 dx + x^2 y\,dy$를 계산하라.

정답 : [정의 8-3]을 만족하는 $\phi(x, y) = \frac{1}{2}x^2 y^2$이 존재하므로 완전미분이고, $\int_C xy^2 dx + x^2 y\,dy = \frac{1}{2}$

[정리 8-1]에 의하면 선적분 $\int_C P\,dx + Q\,dy + R\,dz$가 적분 경로에 대해 독립이기 위한 필요충분조건은 $P\,dx + Q\,dy + R\,dz$가 완전미분이어야 한다. 그렇다면 무엇보다도 $P\,dx + Q\,dy + R\,dz$가 완전미분인지 아닌지를 판별하는 방법을 알아내는 것이 필요하다. [정리 8-2]는 이에 대한 해법을 제시해준다.

정리 8-2 적분 경로에 대한 독립성(완전미분) 판정

2변수함수의 경우 $P\,dx + Q\,dy$가 완전미분이 되기 위한 필요충분조건은

$$\frac{\partial P}{\partial y} = \frac{\partial Q}{\partial x} \tag{8.14}$$

이고, 3변수함수의 경우 $P\,dx + Q\,dy + R\,dz$가 완전미분이 되기 위한 필요충분조건은 다음과 같다.

$$\frac{\partial P}{\partial y} = \frac{\partial Q}{\partial x},\quad \frac{\partial P}{\partial z} = \frac{\partial R}{\partial x},\quad \frac{\partial Q}{\partial z} = \frac{\partial R}{\partial y} \tag{8.15}$$

증명

(i) 2변수함수의 경우 완전미분이 되기 위해서는 식 (8.11)의 앞의 두 식이 성립해야 한다. 즉

$$P = \frac{\partial \phi}{\partial x},\quad Q = \frac{\partial \phi}{\partial y}$$

이다. 이것은 벡터함수 $\vec{F} = P(x, y)\vec{i} + Q(x, y)\vec{j}$ 에 대해

$$\vec{F} = \operatorname{grad}\phi \text{ [1]}$$

가 성립함을 의미한다.

한편, $\operatorname{curl}(\operatorname{grad}\phi) = \vec{0}$ [2]이므로

$$\operatorname{curl}(\operatorname{grad}\phi) = \operatorname{curl}\vec{F} = \left(\frac{\partial P}{\partial y} - \frac{\partial Q}{\partial x}\right)\vec{k} = \vec{0}$$

이다. 따라서

$$\frac{\partial P}{\partial y} = \frac{\partial Q}{\partial x}$$

가 된다.

1 $\operatorname{grad}\phi = \frac{\partial \phi}{\partial x}\vec{i} + \frac{\partial \phi}{\partial y}\vec{j}$

2 $\operatorname{curl}(\operatorname{grad}\phi) = \left(\frac{\partial}{\partial x}\vec{i} + \frac{\partial}{\partial y}\vec{j}\right) \times \left(\frac{\partial \phi}{\partial x}\vec{i} + \frac{\partial \phi}{\partial y}\vec{j}\right) = \left(\frac{\partial^2 \phi}{\partial x\,\partial y} - \frac{\partial^2 \phi}{\partial y\,\partial x}\right)\vec{k} = \vec{0}$

(ii) 3변수함수에 대해서도 동일한 방법으로 증명할 수 있다. 식 (8.11)이 성립되어야 한다. 즉

$$P=\frac{\partial\phi}{\partial x},\quad Q=\frac{\partial\phi}{\partial y},\quad R=\frac{\partial\phi}{\partial z}$$

이므로, 이것은 벡터함수 $\vec{F}=P(x,y,z)\vec{i}+Q(x,y,z)\vec{j}+R(x,y,z)\vec{k}$ 에 대해

3 $\text{grad}\,\phi = \frac{\partial\phi}{\partial x}\vec{i}+\frac{\partial\phi}{\partial y}\vec{j}+\frac{\partial\phi}{\partial z}\vec{k}$

$$\vec{F}=\text{grad}\,\phi$$ [3]

가 성립함을 의미한다.

한편, $\text{curl}\,(\text{grad}\,\phi)=\vec{0}$ (공간상에서도 평면상에서와 마찬가지로 성립)이므로

$$\begin{aligned}\text{curl}\,(\text{grad}\,\phi)&=\text{curl}\,\vec{F}\\&=\left(\frac{\partial}{\partial x}\vec{i}+\frac{\partial}{\partial y}\vec{j}+\frac{\partial}{\partial z}\vec{k}\right)\times(P\vec{i}+Q\vec{j}+R\vec{k})\\&=\left(\frac{\partial R}{\partial y}-\frac{\partial Q}{\partial z}\right)\vec{i}+\left(\frac{\partial P}{\partial z}-\frac{\partial R}{\partial x}\right)\vec{j}+\left(\frac{\partial Q}{\partial x}-\frac{\partial P}{\partial y}\right)\vec{k}\\&=\vec{0}\end{aligned}$$

이다. 따라서

$$\frac{\partial P}{\partial y}=\frac{\partial Q}{\partial x},\quad \frac{\partial P}{\partial z}=\frac{\partial R}{\partial x},\quad \frac{\partial R}{\partial y}=\frac{\partial Q}{\partial z}$$

으로서, 모든 증명을 마쳤다. ■

예제 8-11 완전미분에 의한 경로의 독립성 확인 : 평면

다음과 같이 주어진 선적분이 두 점 $a(2,1)$에서 $b(-2,-1)$까지 이르는 적분 경로 C에 대해 독립임을 보이고, 선적분 값을 계산하라.

$$\int_C (2xy+1)\,dx+(x^2-1)\,dy$$

풀이

먼저 식 (8.14)를 사용하여 $(2xy+1)dx+(x^2-1)dy$가 완전미분인지를 판별해 보자. $P=2xy+1$, $Q=x^2-1$이므로

$$\frac{\partial P}{\partial y}=2x=\frac{\partial Q}{\partial x}$$

이고, $(2xy+1)dx+(x^2-1)dy$는 완전미분이다. 따라서 주어진 선적분은 적분 경로에 대해 독립이고, $d\phi=(2xy+1)dx+(x^2-1)dy$를 만족하는 ϕ가 존재한다. 적분 경로가 주어지지 않고 양끝점의 좌표만 주어졌으므로, 선적분 값을 얻기 위해서는 ϕ를 구해야만 한다. 한편

$$d\phi=\frac{\partial\phi}{\partial x}dx+\frac{\partial\phi}{\partial y}dy$$

이므로, $d\phi$에 대한 앞의 두 식을 비교하면

$$\frac{\partial\phi}{\partial x}=2xy+1=P$$

$$\frac{\partial\phi}{\partial y}=x^2-1=Q$$

임을 알 수 있다. 위 두 관계식을 사용하여 다음과 같이 ϕ를 구할 수 있다.

$$\frac{\partial\phi}{\partial x}=2xy+1$$

을 x에 관해 적분하면

$$\phi(x,\ y)=x^2y+x+c(y)$$

이고, 여기서 $c(y)$는 적분상수이다. 얻어진 ϕ를 다시 y에 관해 편미분하면

$$\frac{\partial\phi}{\partial y}=x^2+c'(y)$$

이므로, 이것을 Q와 비교하면 $c'(y)=-1$임을 알 수 있다. 따라서 $c(y)=-y+C$ (C는 상수)이다. 결과적으로

$$\phi(x,\ y)=x^2y+x-y+C$$

가 얻어진다. 그러나

$$d\phi=d(x^2y+x-y+C)\text{와 } d\phi=d(x^2y+x-y)$$

모두 $d\phi=(2xy+1)dx+(x^2-1)dy$를 만족시키므로, $C=0$으로 간주하고

$$\phi(x,\ y)=x^2y+x-y$$

를 택한다. 그러면 식 (8.12)에 의해 선적분 값이 다음과 같이 얻어진다.

$$\begin{aligned}\int_C(2xy+1)\,dx+(x^2-1)\,dy&=\int_{(2,1)}^{(-2,-1)}d\phi\\&=\left[x^2y+x-y\right]_{(2,1)}^{(-2,-1)}\\&=-10\end{aligned}$$

```
Command Window
: 코딩
x=sym('x'); y=sym('y');                        % x, y 변수의 심볼릭 정의
P=2*x*y+1; Q=x^2-1;                            % 함수 P(x,y)와 Q(x,y) 정의
Py=diff(P,y)                                   % ∂P/∂y 계산
Qx=diff(Q,x)                                   % ∂Q/∂x 계산
Pi=x^2*y+x-y;                                  % φ(x,y) 정의
U=subs(Pi,{x,y},{-2,-1})-subs(Pi,{x,y},{2,1})  % 선적분 계산

: 결과
Py = 2*x                                       % ∂P/∂y와 동일
Qx = 2*x                                       % ∂Q/∂x와 동일
% 위의 계산 결과가 ∂P/∂y = 2x = ∂Q/∂x이므로 완전미분 성립
U = -10                                        % [예제 8-11]의 결과와 동일
```

유제 8-10 완전미분에 의한 경로의 독립성 확인 : 평면

다음과 같이 주어진 선적분이 두 점 $a(1,\,-1)$에서 $b(2,\,2)$까지 이르는 적분 경로 C에 대해 독립임을 보이고, 선적분 값을 계산하라.

$$\int_C (y^2+x)\,dx+(2xy-1)\,dy$$

정답 : $\dfrac{\partial P}{\partial y}=2y=\dfrac{\partial Q}{\partial x}$이므로 경로에 독립이고, $\displaystyle\int_C (y^2+x)\,dx+(2xy-1)\,dy=\frac{11}{2}$

예제 8-12 완전미분에 의한 경로의 독립성 확인 : 공간

다음과 같이 주어진 선적분은 점 $(-1,0,-1)$과 점 $(2,1,1)$ 사이의 적분 경로에 대해 독립임을 보이고, 선적분 값을 계산하라.

$$\int_C (y-z)\,dx+(x+y)\,dy+(-x+z)dz$$

풀이

3변수함수에 대한 식 (8.15)를 사용하여 $(y-z)\,dx+(x+y)\,dy+(-x+z)dz$가 완전미분인지를 판별하도록 하자. $P=y-z$, $Q=x+y$, $R=-x+z$이므로

$$\frac{\partial P}{\partial y}=1=\frac{\partial Q}{\partial x},\qquad \frac{\partial P}{\partial z}=-1=\frac{\partial R}{\partial x},\qquad \frac{\partial Q}{\partial z}=0=\frac{\partial R}{\partial y}$$

이고, 식 (8.15)가 모두 만족된다. 그러므로 $(y-z)\,dx+(x+y)\,dy+(-x+z)dz$는 완전미분이다. 따라서 $\displaystyle\int_C (y-z)\,dx+(x+y)\,dy+(-x+z)dz$는 적분 경로에 대해 독립이다. 이제 선적분 값을 얻기 위해서는 ϕ를 구해야만 한다.

$$d\phi=\frac{\partial\phi}{\partial x}dx+\frac{\partial\phi}{\partial y}dy+\frac{\partial\phi}{\partial z}dz$$

이므로, $d\phi$에 대한 앞의 두 식을 비교하면

$$\frac{\partial\phi}{\partial x}=y-z=P,\quad \frac{\partial\phi}{\partial y}=x+y=Q,\quad \frac{\partial\phi}{\partial z}=-x+z=R$$

임을 알 수 있다. 위 세 관계식을 사용하여 다음과 같이 ϕ를 구할 수 있다.

$$\frac{\partial\phi}{\partial x}=y-z$$

를 x에 관해 적분하면

$$\phi=x(y-z)+c(y,\,z)$$

이고, $c(y,\,z)$는 적분상수이다. 얻어진 ϕ를 다시 y에 관해 편미분하면

$$\frac{\partial\phi}{\partial y}=x+\frac{\partial}{\partial y}c(y,\,z)$$

이고, 이것은 $Q(=x+y)$와 같아야 하므로

$$\frac{\partial}{\partial y}c(y,\,z)=y$$

이며, 위 식을 y에 관해 적분하면 $c(y,\,z)=\frac{1}{2}y^2+c(z)$가 된다. 여기서 $c(z)$도 적분상수이다. $c(y,\,z)$를 위의 ϕ에 관한식에 대입하여 ϕ를 다시 쓰면

$$\phi=x(y-z)+\frac{1}{2}y^2+c(z)$$

이다. 마지막으로 ϕ를 다시 z에 관해 편미분하면

$$\frac{\partial\phi}{\partial z}=-x+c'(z)$$

이고, 이것이 $R(=-x+z)$과 같아야 하므로 $c'(z)=z$이고, $c(z)=\frac{1}{2}z^2+C$ (C는 상수)이다. 결과적으로

$$\phi(x,\,y,\,z)=x(y-z)+\frac{1}{2}y^2+\frac{1}{2}z^2+C \quad \text{또는} \quad \phi(x,\,y,\,z)=x(y-z)+\frac{1}{2}y^2+\frac{1}{2}z^2$$

이다. 그러면 식 (8.13)에 의해 선적분 값이 다음과 같이 얻어진다.

$$\begin{aligned}\int_C(y-z)dz+(x+y)dy+(-x+z)dz&=\int_a^b d\phi\\&=\left[xy-xz+\frac{1}{2}y^2+\frac{1}{2}z^2\right]_{(-1,0,-1)}^{(2,1,1)}\\&=\frac{3}{2}\end{aligned}$$

Command Window

```
: 코딩
x=sym('x'); y=sym('y'); z=sym('z');                  % x, y, z 변수의 심볼릭 정의
P=y-z; Q=x+y; R=-x+z;                                % 함수 P(x,y,z), Q(x,y,z),
                                                     % R(x,y,z) 정의
Py=diff(P,y), Qx=diff(Q,x)                           % ∂P/∂y, ∂Q/∂x 계산
Pz=diff(P,z), Rx=diff(R,x)                           % ∂P/∂z, ∂R/∂x 계산
Qz=diff(Q,z), Ry=diff(R,y)                           % ∂Q/∂z, ∂R/∂y 계산
Pi=x*y-x*z+(y^2+z^2)/2; [1]                          % φ(x,y,z) 정의
U=subs(Pi,{x,y,z},{2,1,1})-subs(Pi,{x,y,z},{-1,0,-1})  % 선적분 계산

: 결과
Py = 1 = Qx                                          % ∂P/∂y=∂Q/∂x
Pz = -1 = Rx                                         % ∂P/∂z=∂R/∂x
Qz = 0 = Ry                                          % ∂Q/∂z=∂R/∂y
% ∂P/∂y=∂Q/∂x , ∂P/∂z=∂R/∂x , ∂Q/∂z=∂R/∂y 이므로 완전미분 성립
U = 3/2                                              % [예제 8-12]의 결과와 동일
```

MATLAB TIP!

[1] 'int' : 적분 결과에 적분상수를 보여주지 않으므로 ϕ를 심볼릭에 의해 구하기가 어렵다.

유제 8-11 완전미분에 의한 경로의 독립성 확인 : 공간

다음과 같이 주어진 선적분은 점 $(0, 0, 0)$과 점 $(1, 1, 1)$ 사이의 적분 경로에 대해 독립임을 보이고, 선적분 값을 계산하라.

$$\int_C x\,dx + y\,dy + z\,dz$$

정답 : 적분 경로에 대해 독립이고, $\int_C xdx + ydy + zdz = \frac{3}{2}$

선적분이 경로에 대해 독립인 경우, $d\phi = P\,dx + Q\,dy$ 를 만족시키는 ϕ가 존재함을 알았다. 이를 벡터장 $\vec{F} = P\vec{i} + Q\vec{j}$와 위치벡터함수 $\vec{r} = x\vec{i} + y\vec{j}$를 사용하여 다음과 같이 나타낼 수도 있다.

$$d\phi = \frac{\partial \phi}{\partial x}dx + \frac{\partial \phi}{\partial y}dy = P\,dx + Q\,dy$$
$$= (P\vec{i} + Q\vec{j}) \cdot (dx\,\vec{i} + dy\,\vec{j}) = \vec{F} \cdot d\vec{r}$$

또한

$$P = \frac{\partial \phi}{\partial x}, \quad Q = \frac{\partial \phi}{\partial y}$$

이므로 다음과 같은 관계가 성립한다.

$$\vec{F} = \frac{\partial \phi}{\partial x}\vec{i} + \frac{\partial \phi}{\partial y}\vec{j} = \text{grad}\,\phi = \nabla \phi \qquad (8.16)$$

이때 ϕ를 $\vec{F}$의 **퍼텐셜 함수**potential function라 한다. 만약 $\vec{F}$가 **힘의 장**force field일 경우, 이 힘에 의해 물체가 A에서 B의 위치로 움직일 때, 이 힘이 물체에 한 일은 경로에 관계없이 일정하다. 그러므로 $\vec{F}$는 **보존장**conservative field이고, 보존장에서는 **에너지 보존의 법칙**law of energy conservation[4]이 성립한다.

식 (8.16)은 공간상에서도 동일하게 적용된다.

4 운동에너지(kinetic energy)와 퍼텐셜에너지(potential energy)의 합은 일정하다.

예제 8-13 퍼텐셜 함수

$\vec{F}=(x-y)\vec{i}+(-x+y)\vec{j}$의 퍼텐셜 함수를 구하라.

풀이

먼저 $\vec{F}$의 퍼텐셜 함수가 존재하는지를 확인해야 한다. 만약 퍼텐셜 함수가 존재한다면 식 (8.16)이 만족되어야 하고, 식 (8.16)이 만족되면 식 (8.14)를 만족하거나 또는 curl $\vec{F}=\vec{0}$이다. [예제 8-11]에서는 식 (8.14)를 사용했으므로 여기에서는 curl $\vec{F}=\vec{0}$ 을 만족하는지에 의해 퍼텐셜 함수의 존재 여부를 확인해보자.

$$\text{curl } \vec{F}=\nabla\times\vec{F}=\begin{vmatrix} \vec{i} & \vec{j} & \vec{k} \\ \dfrac{\partial}{\partial x} & \dfrac{\partial}{\partial y} & \dfrac{\partial}{\partial z} \\ (x-y) & (-x+y) & 0 \end{vmatrix}$$

$$=\frac{\partial}{\partial x}(-x+y)\vec{k}-\frac{\partial}{\partial y}(x-y)\vec{k}=\vec{0}$$

…… curl $\vec{F}=\vec{0}$ 이면 퍼텐셜 함수가 존재한다.

따라서 $\vec{F}$의 퍼텐셜 함수가 존재한다.

이제 퍼텐셜 함수를 구하면 되는데, 구하는 방법은 [예제 8-11]의 경우와 동일하다.

$$\frac{\partial\phi}{\partial x}=x-y=P, \qquad \frac{\partial\phi}{\partial y}=-x+y=Q$$

에서 $\dfrac{\partial\phi}{\partial x}=x-y$를 x에 관해 적분하면

$$\phi=\frac{1}{2}x^2-xy+c(y)$$

이고, ϕ를 다시 y에 관해 편미분하면

$$\frac{\partial\phi}{\partial y}=-x+c'(y)=-x+y=Q$$

이므로

$$c'(y)=y, \ \ c(y)=\frac{1}{2}y^2+C$$

이며, $c(y)$를 위의 ϕ에 관한 식에 대입하면 퍼텐셜 함수 ϕ는 다음과 같다.

$$\phi=\frac{1}{2}x^2-xy+\frac{1}{2}y^2+C$$

```
Command Window

: 코딩
x=sym('x'); y=sym('y');                % x, y 변수의 심볼릭 정의
P=x-y; Q=-x+y;                         % 함수 P(x,y), Q(x,y) 정의
Py=diff(P,y), Qx=diff(Q,x)             % ∂P/∂y, ∂Q/∂x 계산

: 결과
Py = -1 = Qx                           % ∂P/∂y=∂Q/∂x이므로 완전미분이 성립하고,
                                       % 퍼텐셜 함수가 존재함
```

유제 8-12 퍼텐셜 함수

$\vec{F}=(x+2xy)\vec{i}+x^2\vec{j}$의 퍼텐셜 함수를 구하라.

정답 : $\phi=\dfrac{1}{2}x^2+x^2y+C$

8.2 이중적분

이 절에서 설명하는 **이중적분**double integral은 정적분의 정의와 유사하나, 정적분은 함수 $f(x)$를 x축의 구간에서 적분하는 반면, 이중적분은 함수 $f(x, y)$를 [그림 8-10]에서 보는 바와 같은 xy 평면 내의 **닫힌 유계 영역**closed and bounded region에서 적분하는 것이 다르다. 여기서 **닫힌 영역**closed region이라 함은 경계 부분이 적분 영역에 포함된다는 의미이다.

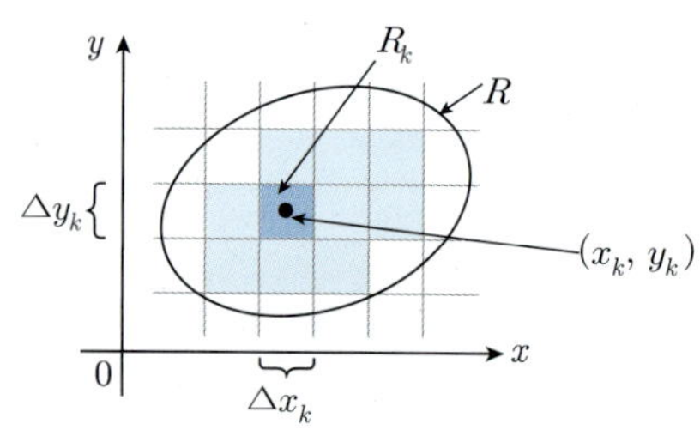

[그림 8-10] 영역 R의 분할

영역 R을 x축과 y축에 평행선을 그어 여러 부분으로 분할한 뒤, 영역 R 안에 완전히 포함되는 직사각형에 번호를 1부터 n까지 부여한다. 이중 임의의 직사각형 R_k 내의 한 점 (x_k, y_k)를 택하여 그 점을 포함하는 사각형의 면적이 $\triangle A_k(= \triangle x_k \triangle y_k)$이고, 대각선의 길이가 $\triangle s\left(= \sqrt{(\triangle x_k)^2 + (\triangle y_k)^2}\right)$라 한다면 다음과 같은 극한이 존재한다.

$$\lim_{\triangle s \to 0} \sum_{k=1}^{n} f(x_k, y_k) \triangle A_k$$

만약 위의 극한값이 점 (x_k, y_k)의 선택에 무관하다면 이중적분은 다음과 같이 정의된다.

정의 8-4 이중적분

2변수함수 $f(x, y)$가 닫힌 영역 R에서 정의된다면 영역 R에 대한 $f(x,y)$의 이중적분은 다음과 같다.

$$\iint_R f(x, y)\, dA = \iint_R f(x, y)\, dx\, dy = \lim_{\triangle s \to 0} \sum_{k=1}^{n} f(x_k, y_k) \triangle A_k \quad (8.17)$$

함수 $f(x, y)$와 $g(x, y)$가 영역 R에서 정의된 연속함수이고, 영역 R이 [그림 8-11]과 같이 서로 중복되지 않는 부분 영역 R_1과 R_2의 합이라면, [정의 8-4]로부터 이중적분은 다음과 같은 성질을 갖는다.

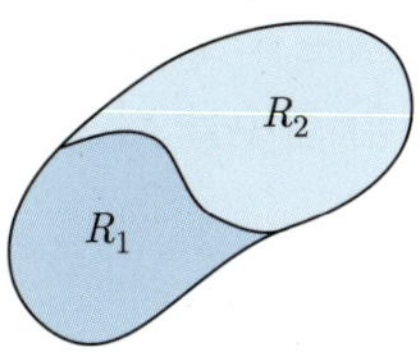

[그림 8-11] 영역 $R\,(R = R_1 \cup R_2)$

정리 8-3 이중적분의 성질

(1) $\displaystyle\iint_R c\, f(x, y)\, dA = c \iint_R f(x, y)\, dA$ (c는 상수)

(2) $\displaystyle\iint_R [f(x, y) \pm g(x, y)]\, dA = \iint_R f(x, y)\, dA \pm \iint_R g(x, y)\, dA$

(8.18)

(3) $\displaystyle\iint_R f(x, y)\, dA = \iint_{R_1} f(x, y)\, dA + \iint_{R_2} f(x, y)\, dA$

또한 다음과 같은 이중적분에 대한 **평균값 정리**mean value theorem가 성립한다.

정리 8-4 이중적분의 평균값 정리

함수 $f(x, y)$가 영역 R에서 연속이고, R의 면적이 A이면

$$\iint_R f(x, y)\,dA = f(x_0, y_0)\,A \tag{8.19}$$

를 만족하는 점 (x_0, y_0)이 R 내에 적어도 하나 존재한다.

8.2.1 이중적분 계산

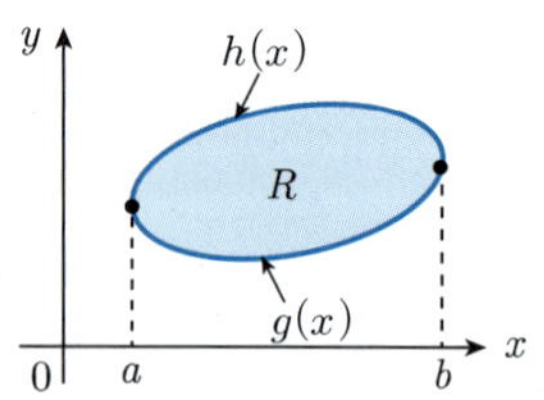

[그림 8-12] 식 (8.20)을 적용할 수 있는 경우

영역 R 내에서의 이중적분은 정적분을 두 번 계산하여 얻을 수 있는데, 주어진 영역 R의 형태에 따라 다르게 계산할 수 있다.

먼저 R이 [그림 8-12]와 같이 주어진다면, R은 다음과 같이 표현된다.

$$a \le x \le b, \quad g(x) \le y \le h(x)$$

여기서 $g(x)$와 $h(x)$는 R의 경계를 나타낸다. 이 경우 이중적분은

$$\iint_R f(x, y)\,dA = \int_a^b \left[\int_{g(x)}^{h(x)} f(x, y)\,dy \right] dx \tag{8.20}$$

와 같이 계산할 수 있다. 즉 x를 상수로 간주하고 위 식의 괄호 안의 적분을 $g(x) \le y \le h(x)$ 구간에 걸쳐 수행하고 난 뒤, 얻어진 x만의 함수를 다시 x에 관해 $a \le x \le b$ 구간에 걸쳐 적분하면 된다.

예제 8-14 이중적분 계산 ①

[그림 8-13]과 같이 영역 $R(0 \le x \le 1,\ x^2 \le y \le x)$이 주어졌을 때, 다음 함수에 대해 이중적분을 계산하라.

$$f(x, y) = 2x - y$$

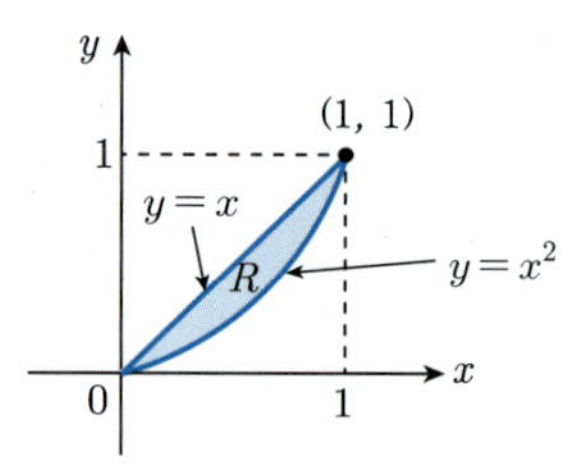

[그림 8-13]

풀이

식 (8.20)을 사용하면

$$\iint_R f(x,y)dA = \int_a^b \left[\int_{g(x)}^{h(x)} f(x,y)dy\right]dx$$
$$= \int_0^1 \left[\int_{x^2}^{x} (2x-y)dy\right]dx = \int_0^1 \left(\left[2xy - \frac{1}{2}y^2\right]_{x^2}^{x}\right)dx$$
$$= \int_0^1 \left(2x^2 - \frac{1}{2}x^2 - 2x^3 + \frac{1}{2}x^4\right)dx \quad \cdots\cdots ①$$
$$= \left[\frac{1}{2}x^3 - \frac{1}{2}x^4 + \frac{1}{10}x^5\right]_0^1$$
$$= \frac{1}{10} \quad \cdots\cdots ②$$

이 얻어진다.

Command Window

: 코딩

```
x=sym('x'); y=sym('y');      % x, y 변수의 심볼릭 정의
f=2*x-y;                     % 함수 f(x,y) 정의
U1=int(f,y,x^2,x) [1]        % f(x,y)의 y에 대해 적분 계산
U2=int(U1,x,0,1)             % U1의 x에 대해 적분 계산
```

: 결과

```
U1 = (x^2*(x-1)*(x-3))/2     % [예제 8-14①]의 ( )안의 결과와 동일
U2 = 1/10                    % [예제 8-14②]의 결과와 동일
```

MATLAB TIP!

[1] int(f,y,a,b) : 함수 $f(x, y)$를 y에 대해 적분 구간 a에서 b까지 적분해준다.

유제 8-13 이중적분 계산 ①

[그림 8-13]과 같이 영역 $R(0 \le x \le 1,\ x^2 \le y \le x)$이 주어졌을 때, 다음 함수에 대해 이중적분을 계산하라.

$$f(x,y) = x - 2y$$

정답 : $\iint_R f(x,y)dA = -\frac{1}{20}$

만약 R이 [그림 8-14]와 같이 주어진다면, R은 다음과 같이 표현된다.

$$a \le y \le b, \quad p(y) \le x \le q(y)$$

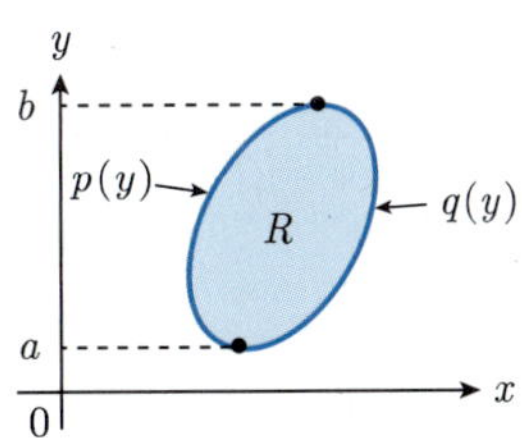

[그림 8-14] 식 (8.21)을 적용할 수 있는 경우

여기서도 $p(y)$와 $q(y)$는 R의 경계를 나타내며, 이 경우 이중적분은

$$\iint_R f(x,\ y)\,dA = \int_a^b \left[\int_{p(y)}^{q(y)} f(x,\ y)\,dx \right] dy \qquad (8.21)$$

와 같이 계산할 수 있다. 이제는 y를 상수로 간주하고 위 식의 괄호 안의 적분을 $p(y) \le x \le q(y)$ 구간에 걸쳐 수행하고 난 뒤, 얻어진 y만의 함수를 다시 y에 관해 $a \le y \le b$ 구간에 걸쳐 적분하면 된다.

예제 8-15 이중적분 계산 ②

[그림 8-15]와 같이 영역 $R(y \le x \le \sqrt{y},\ 0 \le y \le 1)$이 주어졌을 때, 다음 함수에 대해 이중적분을 계산하라.

$$f(x,\ y) = 2x - y$$

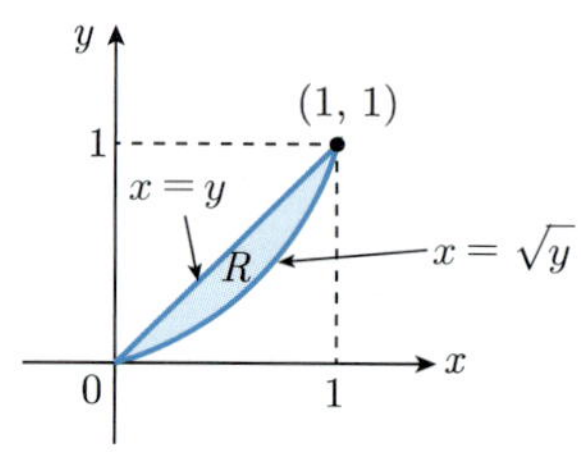

[그림 8-15]

풀이

식 (8.21)을 사용하면

$$\begin{aligned}\iint_R f(x,y)\,dA &= \int_a^b \left[\int_{p(y)}^{q(y)} f(x,y)\,dx \right] dy \\ &= \int_0^1 \left[\int_y^{\sqrt{y}} (2x-y)\,dx \right] dy = \int_0^1 \left(\left[x^2 - xy \right]_y^{\sqrt{y}} \right) dy \\ &= \int_0^1 (y - y\sqrt{y})\,dy \qquad \cdots\cdots ① \\ &= \left[\frac{1}{2}y^2 - \frac{2}{5}y^{5/2} \right]_0^1 \\ &= \frac{1}{10} \qquad \cdots\cdots ②\end{aligned}$$

이고, [예제 8-14]와 같은 결과가 얻어진다.

Command Window

: 코딩

```
x=sym('x'); y=sym('y');        % x, y 변수의 심볼릭 정의
f=2*x-y;                       % 함수 f(x, y) 정의
U1=int(f,x,y,sqrt(y))          % f(x, y)의 x에 대해 적분 계산
U2=int(U1,y,0,1)               % U1의 y에 대해 적분 계산
```

: 결과

```
U1 = y-y^(3/2)                 % [예제 8-15①]의 ( ) 안의 결과와 동일
U2 = 1/10                      % [예제 8-15②]의 결과와 동일
```

유제 8-14 이중적분 계산 ②

[그림 8-15]와 같이 영역 $R(y \le x \le \sqrt{y},\ 0 \le y \le 1)$이 주어졌을 때, 다음 함수에 대해 이중적분을 계산하라.

$$f(x, y) = x - 2y$$

정답 : $\iint_R f(x, y)dA = -\frac{1}{20}$, [유제 8-13]의 결과와 동일

8.2.2 이중적분의 변수변환

이중적분의 경우 적분순서를 바꿔서 계산해도 동일한 결과를 얻을 수 있으며, 적분순서를 바꿈으로써 적분값을 손쉽게 구할 수 있는 경우가 종종 있다. 또한 적분변수의 변환이 요구되는 경우도 있다. 이중적분의 변수변환에 관해 간단히 살펴보자.

정적분에서 적분변수 x를 적분변수 v로 치환하고자 할 때, 다음과 같은 방법을 사용한다.

$$\int_a^b f(x)\,dx = \int_\alpha^\beta f(x(v))\frac{dx}{dv}dv$$

여기서 α와 β는 변수 v로 치환한 상태에서의 적분 구간을 나타낸다. 정적분에서와 마찬가지로 이중적분의 경우에도 적분변수를 바꿀 수 있는데, 이를 **변수변환**change of variables이라 하고, 다음과 같은 방법으로 수행한다.

정리 8-5 이중적분의 변수변환

함수 $f(x, y)$가 영역 R에서 연속이면 변수 x와 y를 변수 u와 v로 치환하는 공식은

$$\iint_R f(x, y)\,dx\,dy = \iint_{R^*} f[x(u, v), y(u, v)]\left|\frac{\partial(x, y)}{\partial(u, v)}\right|du\,dv \qquad (8.22)$$

이다. 여기서 R^*는 xy 평면의 영역 R에 대응하는 uv 평면의 영역이다.

식 (8.22)에서 $\frac{\partial(x, y)}{\partial(u, v)}$를 **자코비안[5] 행렬**Jacobian matrix이라 부르고, 기호는 J로 표기하며, 다음과 같이 정의한다.

5 Carl Gustav Jacobi (1804 ~ 1851)
독일의 수학자로서 편미분방정식, 변분법의 해석 등의 업적이 있다.

$$J=\frac{\partial(x,\ y)}{\partial(u,v)}=\begin{bmatrix}\frac{\partial x}{\partial u} & \frac{\partial x}{\partial v}\\ \frac{\partial y}{\partial u} & \frac{\partial y}{\partial v}\end{bmatrix} \tag{8.23}$$

그러므로 **자코비안 행렬의 행렬식**determinant of Jacobian matrix은 다음과 같다.

$$|J|=\left|\frac{\partial(x,\ y)}{\partial(u,\ v)}\right|=\begin{vmatrix}\frac{\partial x}{\partial u} & \frac{\partial x}{\partial v}\\ \frac{\partial y}{\partial u} & \frac{\partial y}{\partial v}\end{vmatrix}=\frac{\partial x}{\partial u}\frac{\partial y}{\partial v}-\frac{\partial x}{\partial v}\frac{\partial y}{\partial u} \tag{8.24}$$

예제 8-16 자코비안 행렬의 행렬식 계산

다음 식에 대해 직교좌표계 x와 y를 극좌표계 r과 θ로 치환하기 위해 필요한 자코비안 행렬의 행렬식을 계산하라.

$$x=r\cos\theta,\quad y=r\sin\theta$$

풀이

식 (8.24)를 사용하면 자코비안 행렬의 행렬식은 다음과 같이 구할 수 있다.

$$\begin{aligned}|J|&=\left|\frac{\partial(x,\ y)}{\partial(r,\ \theta)}\right|=\begin{vmatrix}\frac{\partial x}{\partial r} & \frac{\partial x}{\partial \theta}\\ \frac{\partial y}{\partial r} & \frac{\partial y}{\partial \theta}\end{vmatrix}=\frac{\partial x}{\partial r}\frac{\partial y}{\partial \theta}-\frac{\partial x}{\partial \theta}\frac{\partial y}{\partial r}\\ &=\cos\theta(r\cos\theta)-(-r\sin\theta)(\sin\theta)=r(\cos^2\theta+\sin^2\theta)\\ &=r\end{aligned}$$

Command Window

```
: 코딩
r=sym('r'); t=sym('t');              % r, t(θ 의미) 변수의 심볼릭 정의
x=r*cos(t); y=r*sin(t);              % x와 y 정의

% 방법 1
a=diff(x,r); b=diff(x,t);            % ∂x/∂r과 ∂x/∂θ 계산
c=diff(y,r); d=diff(y,t);            % ∂y/∂r과 ∂y/∂θ 계산
J=[a b;c d];                         % 자코비안 행렬 생성
JA=det(J);                           % 자코비안 행렬의 행렬식 계산
U=simplify(JA)                       % 계산결과 단순화

% 방법 2
J=jacobian([x; y],[r t]); 1          % 명령어에 의한 자코비안 행렬 생성
JA=det(J);                           % 자코비안 행렬의 행렬식 계산
U=simplify(JA)                       % 계산결과 단순화

: 결과
U = r                                % [예제 8-16]의 결과와 동일
```

MATLAB TIP!

1 'jacobian' : 자코비안 행렬을 구한다.

예제 8-17 자코비안 행렬을 이용한 이중적분 계산

영역 R이 [그림 8-16]과 같이 반원으로 주어질 때 변수변환, $x = r\cos\theta$, $y = r\sin\theta$를 사용하여 다음 이중적분을 계산하라.

$$\iint_R (x + y^2)\,dx\,dy$$

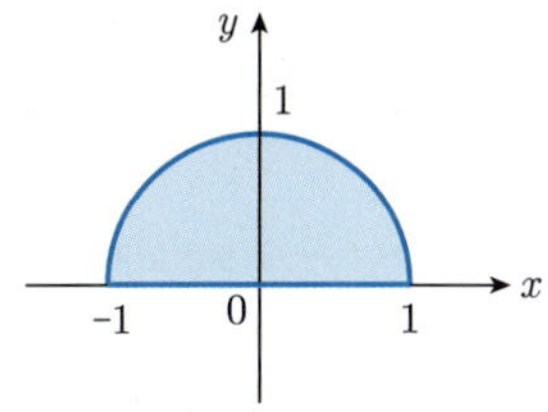

[그림 8-16]

풀이

Hint 사인함수의 반각 공식 : $\sin^2\theta = \dfrac{1-\cos 2\theta}{2}$

영역 R이 반경이 1인 반원이므로 $-1 \le x \le 1,\ 0 \le y \le \sqrt{1-x^2}$ 이다. 이 경우 [예제 8-14] 또는 [예제 8-15]와 같은 방법으로 이중적분을 구하려면

$$\begin{aligned}\iint_R (x+y^2)\,dx\,dy &= \int_{-1}^{1}\left[\int_0^{\sqrt{1-x^2}}(x+y^2)dy\right]dx \\ &= \int_{-1}^{1}\left(\left[xy+\frac{1}{3}y^3\right]_0^{\sqrt{1-x^2}}\right)dx \\ &= \int_{-1}^{1}\left[x\sqrt{1-x^2}+\frac{1}{3}\left(\sqrt{1-x^2}\right)^3\right]dx\end{aligned}$$

이므로, 적분을 구하기가 쉽지 않다. 이러한 경우 변수변환, $x = r\cos\theta$, $y = r\sin\theta$를 사용하면 쉽게 적분할 수 있다. [그림 8-16]으로부터 영역 R^*는 $0 \le r \le 1,\ 0 \le \theta \le \pi$이므로, 식 (8.22)에 의하면

$$\iint_R (x+y^2)\,dx\,dy = \iint_{R^*} f[x(u,v),\,y(u,v)]\left|\frac{\partial(x,y)}{\partial(u,v)}\right|du\,dv$$

이다. 여기서 $u=r$, $v=\theta$, $du=dr$, $dv=d\theta$, $f[x(u,v),\,y(u,v)] = x+y^2 = r\cos\theta + (r\sin\theta)^2$, $\left|\dfrac{\partial(x,y)}{\partial(u,v)}\right| = r$이므로, 위 식은 다음과 같이 적분할 수 있다.

$$\begin{aligned}\iint_R (x+y^2)\,dx\,dy &= \int_0^{\pi}\int_0^{1}\left[\{r\cos\theta+(r\sin\theta)^2\}r\,dr\right]d\theta \\ &= \int_0^{\pi}\left\{\left[\frac{1}{3}r^3\cos\theta+\frac{1}{4}r^4\sin^2\theta\right]_0^1\right\}d\theta \\ &= \int_0^{\pi}\left(\frac{1}{3}\cos\theta+\frac{1}{4}\sin^2\theta\right)d\theta \\ &= \int_0^{\pi}\left(\frac{1}{3}\cos\theta+\frac{1}{4}\,\frac{1-\cos 2\theta}{2}\right)d\theta \qquad \cdots\cdots \text{ 사인함수의 반각 공식 이용} \\ &= \left[\frac{1}{3}\sin\theta+\frac{1}{4}\left(\frac{1}{2}\theta-\frac{1}{4}\sin 2\theta\right)\right]_0^{\pi} \\ &= \frac{\pi}{8}\end{aligned}$$

Command Window

```
: 코딩
% 방법 1
x=sym('x'); y=sym('y');                          % x, y 변수의 심볼릭 정의
f=x+y^2;                                         % 함수 f(x, y) 정의
U1=int(f,y,0,sqrt(1-x^2));                       % f(x, y)의 y에 대해 적분 계산
U=int(U1,x,-1,1)                                 % U1의 x에 대해 적분 계산

% 방법 2
r=sym('r'); t=sym('t');                          % r, t(θ 의미) 변수의 심볼릭 정의
x=r*cos(t); y=r*sin(t);                          % x와 y 정의
J=jacobian([x; y],[r t]);                        % 자코비안 행렬 생성
JA=det(J);                                       % 자코비안 행렬의 행렬식 계산
U2=int((x+y^2)*JA,r,0,1);                        % f(x, y)의 r에 대해 적분 계산
U=int(U2,t,0,pi)                                 % U2의 θ에 대해 적분 계산

% 방법 3
f1=inline('(r*cos(t)+(r*sin(t)).^2).*r','r','t'); ❶
                                                 % 이중적분의 피적분함수 정의
U=dblquad(f1,0,1,0,pi) ❷                         % f1에 대한 이중적분 계산

: 결과
U = pi/8                                         % [예제 8-17]의 결과와 동일
```

MATLAB TIP!

❶ 'inline' : 피적분함수를 정의한다.

❷ 'dblquad' : 이중적분을 구한다.

유제 8-15 자코비안 행렬을 이용한 이중적분 계산

영역 R이 [그림 8-16]과 같이 반원으로 주어질 때 변수변환, $x=r\cos\theta$, $y=r\sin\theta$를 사용하여 다음 이중적분을 계산하라.

$$\iint_R (x^2+y)\,dx\,dy$$

정답 : $\iint_R f(x, y)dA = \frac{\pi}{8}+\frac{2}{3}$

8.3 그린 정리

구간별 매끄러운 단순 닫힌 곡선piecewise simply closed smooth curve에 대한 선적분은 평면 영역에서 그 곡선으로 둘러싸인 영역에 대한 이중적분으로 변환될 수 있고, 그 역의 관계도 성립한다. [그림 8-17]에서 보는 바와 같이 곡선 C로 둘러싸인 영역 R이 C의 좌측에 있으면 **양의 방향**, 영역 R이 C의 우측에 있으면 **음의 방향**이라 한다.

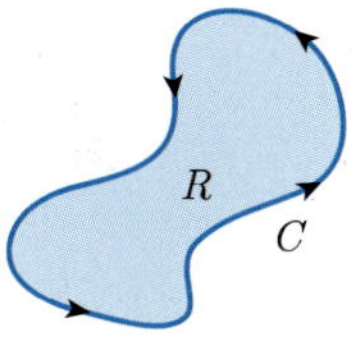

(a) 양의 방향

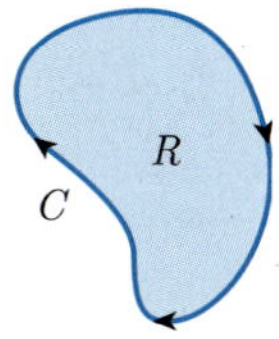

(b) 음의 방향

[그림 8-17] **곡선 C의 방향**

이 절에서 다룰 **그린[6] 정리**Green theorem는 선적분과 이중적분 사이의 상호 관계를 보여 주는 정리이고 다음과 같이 나타낼 수 있다.

6 George Green (1793 ~ 1841) 영국의 수학자로서 진동, 파동, 탄성이론 등의 업적이 있다.

정리 8-6 그린 정리

구간별 매끄러운 단순 닫힌 곡선 C가 영역 R을 둘러싸고 있고, $P(x, y)$와 $Q(x, y)$가 R의 모든 점에서 연속이며, 또한 연속인 편도함수 $\dfrac{\partial P}{\partial y}$와 $\dfrac{\partial Q}{\partial x}$를 갖는다면 다음과 같다.

$$\iint_R \left(\frac{\partial Q}{\partial x} - \frac{\partial P}{\partial y}\right) dA = \oint_C P\,dx + Q\,dy \qquad (8.25)$$

증명 [그림 8-12]와 [그림 8-14]에서와 같이 영역이 주어진 경우에 한해서 증명해 보자. 이때는 영역이 다음과 같이 주어진다.

$$\text{영역 I} : a \le x \le b, \quad g(x) \le y \le h(x)$$
$$\text{영역 II} : a \le y \le b, \quad p(y) \le x \le q(y)$$

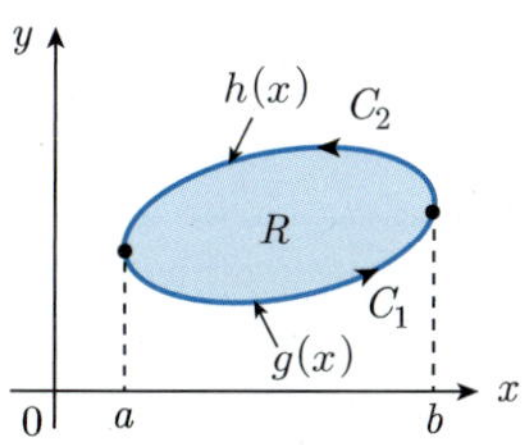

[그림 8-18] **영역 I**

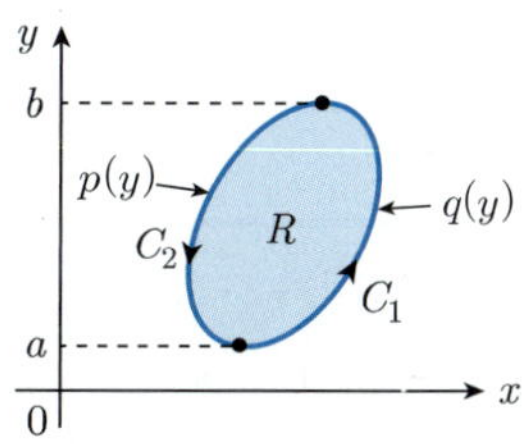

[그림 8-19] **영역 II**

식 (8.20)을 이용하면 다음과 같다.

$$-\iint_R \frac{\partial P}{\partial y}\,dA = -\int_a^b \left[\int_{g(x)}^{h(x)} \frac{\partial P}{\partial y}\,dy\right] dx$$
$$= -\int_a^b [P(x, h(x)) - P(x, g(x))]\,dx$$

$$= \int_a^b P[x,\ g(x)]\,dx + \int_b^a P[x,\ h(x)]\,dx$$

$$= \int_{C_1} P(x,\ y)dx + \int_{C_2} P(x,\ y)dx \quad \cdots\cdots ① \text{ 선적분 계산 공식 참조}$$

$$= \oint_C P(x,\ y)\,dx \quad \cdots\cdots ② \text{ [그림 8-18] 참조}$$

또한 영역 II에 대해 식 (8.21)을 이용하면 다음과 같다.

$$\iint_R \frac{\partial Q}{\partial x}\,dA = \int_a^b \left[\int_{p(y)}^{q(y)} \frac{\partial Q}{\partial x}\,dx\right] dy$$

$$= \int_a^b [\,Q(q(y),\ y) - Q(p(y),\ y)]\,dy$$

$$= \int_a^b Q[q(y),\ y]\,dy + \int_b^a Q[p(y),\ y]\,dy$$

$$= \int_{C_1} Q(x,\ y)\,dy + \int_{C_2} Q(x,\ y)\,dy \quad \cdots\cdots ③ \text{ 선적분 계산 공식 참조}$$

$$= \oint_C Q(x,\ y)\,dy \quad \cdots\cdots ④ \text{ [그림 8-19] 참조}$$

따라서 ②와 ④로부터

$$\iint_R \left(\frac{\partial Q}{\partial x} - \frac{\partial P}{\partial y}\right) dA = \oint_C P\,dx + Q\,dy \quad \cdots\cdots ⑤ \ \oint_C Pdx + \oint_C Qdy = \oint_C Pdx + Qdy$$

가 성립함을 증명할 수 있다. ■

예제 8-18 그린 정리를 이용한 선적분 계산

C가 [그림 8-20]과 같은 원을 따라 반시계방향으로 움직이는 경로이고, 영역 R이 원의 내부일 때 그린 정리를 사용하여 다음 선적분을 계산하라.

$$\oint_C (x^3 + 2y)\,dx + (5x - y^2)\,dy$$

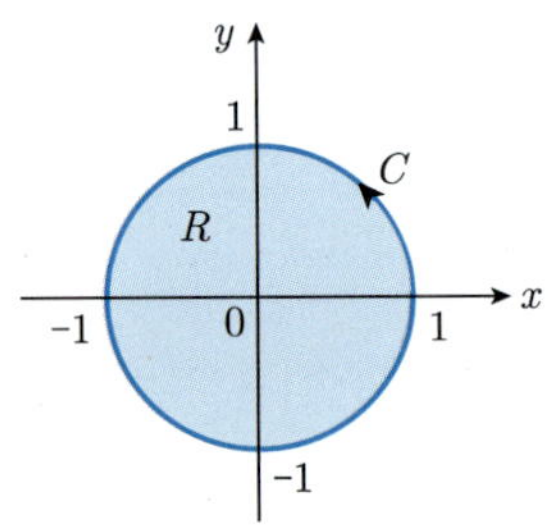

[그림 8-20]

풀이

그린 정리를 사용하여 계산해 보자.

$$P(x,y) = x^3 + 2y,\quad Q(x,y) = 5x - y^2$$

이므로

$$\frac{\partial P}{\partial y} = 2,\quad \frac{\partial Q}{\partial x} = 5$$

이다. 따라서 식 (8.25)를 사용하면

$$\oint_C (x^3+2y)dx+(5x-y^2)dy = \iint_R \left(\frac{\partial Q}{\partial x}-\frac{\partial P}{\partial y}\right)dA$$
$$= \iint_R (5-2)dA = 3\iint_R dA \quad \cdots\cdots ①$$

이다. 이중적분을 구하기 위해 식 (8.22)의 변수변환을 사용하면

$$3\iint_R dA = 3\iint_R dxdy = 3\int_0^{2\pi}\int_0^1 rdrd\theta$$
$$= 3\int_0^{2\pi}\left[\frac{1}{2}r^2\right]_0^1 d\theta = \left[\frac{3}{2}\theta\right]_0^{2\pi}$$
$$= 3\pi \quad \cdots\cdots ②$$

가 구해진다. 한편 식 ①로부터 $\iint_R dA$는 영역 R의 면적이므로 $\iint_R dA = \pi r^2 = \pi$이고, 이것은 이중적분의 결과인 식 ②와 같음을 알 수 있다.

Command Window

: 코딩

```
x=sym('x'); y=sym('y');          % x, y 변수의 심볼릭 정의
P=x^3+2*y; Q=5*x-y^2;            % 함수 P(x, y)와 Q(x, y) 정의
Py=diff(P,y);                    % ∂P/∂y 계산
Qx=diff(Q,x);                    % ∂Q/∂x 계산
f=Qx-Py;                         % 이중적분 함수 f(x, y) 정의
a=-sqrt(1-x^2); b=-a;            % 적분구간 정의
U1=int(f,y,a,b);                 % f(x, y)의 y에 대해 적분 계산
U=int(U1,x,-1,1)                 % U1의 x에 대해 적분 계산
```

: 결과

```
U = 3*pi                         % [예제 8-18 ②]의 결과와 동일
```

유제 8-16 그린 정리를 이용한 선적분 계산

C가 [그림 8-20]과 같은 원을 따라 반시계방향으로 움직이는 경로이고, 영역 R이 원의 내부일 때 그린 정리를 사용하여 다음 선적분을 계산하라.

$$\oint_C (x^2+2y)\,dx+(3x+y^2)\,dy$$

정답 : $\oint_C (x^2+2y)\,dx+(3x+y^2)\,dy = \pi$

8.4 면적분

지금까지 설명한 선적분과 이중적분은 평면상의 영역에서 적분을 구할 때 사용한다. 지금부터 설명하고자 하는 **면적분**surface integral은 공간상의 곡면 위에서 적분을 구하는 경우이다. 앞 절에서도 언급한 바와 같이 이중적분은 정적분의 정의와 유사하고 정적분을 일반화한 것이며, 마찬가지로 선적분을 일반화한 것이 면적분이라 할 수 있다.

면적분을 설명하기에 앞서 곡면의 면적에 대해 살펴보고자 한다. 곡선에 대한 호의 길이 s가 정적분에 의해 다음과 같이 구해진다는 것을 이미 알고 있다.

$$s=\int_a^b \sqrt{1+\left(\frac{dy}{dx}\right)^2}\,dx$$

이와 유사하게 xy 평면의 영역 R 위에 있는 곡면 $z=f(x,\ y)$의 면적에 대해서도 다음과 같이 정의할 수 있다.

정의 8-5 곡면의 면적

함수 $z=f(x,\ y)$가 xy 평면의 영역 R에서 연속인 1계 편도함수 f_x와 f_y를 갖는다면 R에서 함수 f의 곡면의 면적은 다음과 같다.

$$S=\iint_R \sqrt{1+[f_x(x,\ y)]^2+[f_y(x,\ y)]^2}\,dA \tag{8.26}$$

또한 다음 관계식을 **곡면 면적의 미분**differential of surface area이라 한다.

$$dS=\sqrt{1+[f_x(x,\ y)]^2+[f_y(x,\ y)]^2}\,dA \tag{8.27}$$

이제 면적분을 정의해 보자. [그림 8-21]에서 보는 바와 같이 함수 $f(x,\ y,\ z)$가 곡면 S를 포함하는 공간상에서 정의되고, 곡면의 xy 평면에 대한 사영을 R이라 하자. 곡면 S를 곡면의 면적이 ΔS_k인 n개의 부분곡면으로 분할하여 이를 xy 평면에 사영하면 xy 평면의 영역 R에서도 면적이 ΔA_k인 n개의 직사각형 R_k로 분할된다. 이때 R_k의 대각선의 길이를 Δs라 하면 다음과 같이 면적분이 정의된다.

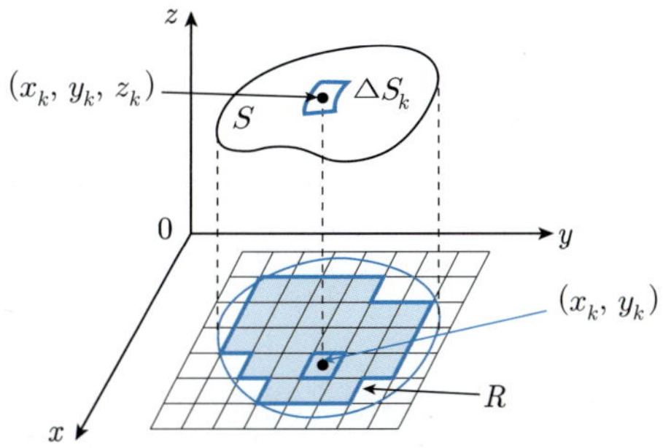

[그림 8-21] 면적분

정의 8-6 면적분

3변수함수 $f(x, y, z)$가 곡면 S를 포함하는 공간에서 정의되면 S에 대한 $f(x, y, z)$의 면적분은 다음과 같다.

$$\iint_S f(x, y, z)\,dS = \lim_{\triangle s \to 0} \sum_{k=1}^{n} f(x_k, y_k, z_k)\triangle S_k \tag{8.28}$$

식 (8.28)의 면적분은 곡면 S가 어느 평면으로 사영되었느냐에 따라 다음과 같이 이중적분으로 변환하여 계산할 수 있다.

❶ xy 평면으로 사영된 경우

$$\iint_S f(x, y, z)\,dS \tag{8.29}$$

$$= \iint_R f[x, y, p(x, y)]\sqrt{1 + [p_x(x, y)]^2 + [p_y(x, y)]^2}\,dA$$

여기서 $z = p(x, y)$는 영역 S로부터 영역 R의 xy 평면으로 사영되는 곡면 S의 방정식이고, p_x와 p_y는 $p(x, y)$의 x와 y에 관한 편도함수이다.

❷ yz 평면으로 사영된 경우

$$\iint_S f(x, y, z)\,dS \tag{8.30}$$

$$= \iint_R f[q(y, z), y, z]\sqrt{1 + [q_y(y, z)]^2 + [q_z(y, z)]^2}\,dA$$

여기서 $x = q(y, z)$는 영역 S로부터 영역 R의 yz 평면으로 사영되는 곡면 S의 방정식이고, q_y와 q_z는 $q(y, z)$의 y와 z에 관한 편도함수이다.

❸ ***xz* 평면으로 사영된 경우**

$$\iint_S f(x, y, z)\,dS \tag{8.31}$$

$$= \iint_R f[x, r(x, z), z]\sqrt{1+[r_x(x, z)]^2+[r_z(x, z)]^2}\,dA$$

여기서 $y=r(x, z)$는 영역 S로부터 영역 R의 xz 평면으로 사영되는 곡면 S의 방정식이고, r_x와 r_z는 $r(x, z)$의 x와 z에 관한 편도함수이다.

면적분의 계산에 관한 이해를 돕기 위해 xy 평면으로 사영된 경우에 대한 예제를 풀어보도록 하자.

예제 8-19 면적분 계산

곡면 S가 포물기둥 $z=2-x^2$, $x=0$, $y=0$, $y=2$, $z=0$으로 이루어진 경우 다음의 면적분을 계산하라.

$$\iint_S 3x\,dS$$

풀이

식 (8.29)에서 $z=p(x,y)=2-x^2$이므로 $p_x=-2x$, $p_y=0$이고, $dS=\sqrt{1+z_x^2+z_y^2}\,dA=\sqrt{1+4x^2}\,dA$이다. 따라서 면적분은 다음과 같다.

$$\iint_S 3x\,dS=\iint_R 3x\sqrt{1+4x^2}\,dA=\int_0^2\int_0^{\sqrt{2}} 3x\sqrt{1+4x^2}\,dx\,dy$$ ······ x에 관한 적분 시 치환적분 이용

x에 대해 적분한 후, y에 대해 적분하면 결과는 다음과 같다.

$$\iint_S 3x\,dS=13$$

Command Window

: 코딩

```
x=sym('x'); y=sym('y');            % x, y 변수의 심볼릭 정의
f=3*x*sqrt(1+4*x^2);               % x 변수에 대한 피적분함수 정의
U1=int(f,0,sqrt(2));               % x 변수에 대한 적분 값 계산
U=int(U1,0,2)                      % y 변수에 대한 적분 값 계산
```

: 결과

```
U = 13                             % [예제 8-19]의 결과와 동일
```

8.5 스토크스 정리

8.1절에서 설명한 선적분은 2차원 벡터장 $\vec{F}(x, y) = P(x, y)\vec{i} + Q(x, y)\vec{j}$ 에 대해

$$\int_C \vec{F} \cdot d\vec{r} = \int_C P\,dx + Q\,dy$$

로 정의되고, 경로 C 방향으로의 단위벡터를 $\vec{T} = \dfrac{d\vec{r}}{ds}$ 이라 하면, 위 식은 다음과 같이 다시 쓸 수 있다.

$$\int_C \vec{F} \cdot d\vec{r} = \int_C \vec{F} \cdot \vec{T}\,ds$$

또한 벡터장 $\vec{F}$의 **회전**curl은

$$\begin{aligned}\operatorname{curl} \vec{F} &= \nabla \times \vec{F} \\ &= \left(\frac{\partial Q}{\partial x} - \frac{\partial P}{\partial y}\right)\vec{k}\end{aligned}$$

이므로, 그린 정리 식 (8.25)는 다음과 같이 다시 쓸 수 있다.

$$\begin{aligned}\oint_C P\,dx + Q\,dy &= \iint_R \left(\frac{\partial Q}{\partial x} - \frac{\partial P}{\partial y}\right) dA \\ &= \iint_R (\operatorname{curl} \vec{F}) \cdot \vec{k}\,dA\end{aligned}$$

따라서 2차원 벡터장에서는 $\vec{F}$의 접선성분에 대한 선적분이 $\operatorname{curl} \vec{F}$의 법선성분에 대한 이중적분과 같음을 알 수 있다.

마찬가지로 3차원 벡터장에 대해서도 접선성분에 대한 선적분을 $\operatorname{curl} \vec{F}$의 법선성분에 대한 이중적분으로 나타낼 수 있는데, 이를 **스토크스[7] 정리**Stokes' theorem라 한다.

7 George Stokes (1819 ~ 1903) 아일랜드의 수학자 및 물리학자로서 점성유체론, 광학 등에 공헌하였다.

정리 8-7 스토크스 정리

S가 공간에서 구간별 매끄러운 곡면이고, C를 S의 경계가 되는 구간별 매끄러운 단순 닫힌 곡선이라 하자. 벡터장 $\vec{F}(x, y, z)$가 S를 포함하는 3차원 공간 영역에서 연속이고, 또한 연속인 1계 편도함수를 갖는 벡터함수라고 하면

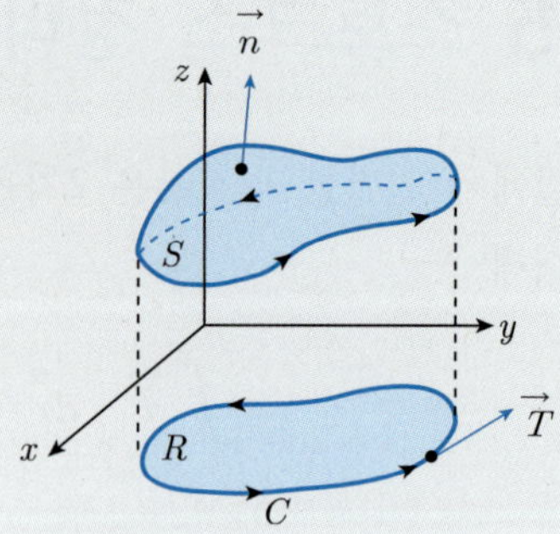

[그림 8-22] 스토크스 정리

$$\oint_C \vec{F} \cdot d\vec{r} = \oint_C \vec{F} \cdot \vec{T} ds = \iint_S (\text{curl } \vec{F}) \cdot \vec{n} \, dS \qquad (8.32)$$

이다. 여기서 $\vec{T}$는 경로 C 방향으로의 단위접선벡터이고, $\vec{n}$은 곡면 S의 단위법선벡터이다.

그린 정리와 스토크스 정리로부터 알 수 있듯이 선적분은 면적분으로 변환이 가능하고, 면적분을 선적분으로 변환도 가능하다. 다음 예제를 통하여 이를 확인해 보고자 한다.

예제 8-20 스토크스 정리

C가 위에서 볼 때 반시계방향이고, 평면 $x+y+z=1$과 좌표평면과의 교선이면, 3차원 벡터장 $\vec{F}(x, y, z) = (2x+y)\vec{i} + (x+y)\vec{j} + (x-z)\vec{k}$에 대해 스토크스 정리를 사용하여 $\oint_C \vec{F} \cdot d\vec{r}$을 구하라.

풀이

$h(x, y, z) = x+y+z-1$로 놓으면 이 평면의 단위법선벡터는

$$\vec{n} = \frac{\nabla h}{\|\nabla h\|} = \frac{\vec{i}+\vec{j}+\vec{k}}{\sqrt{3}}$$

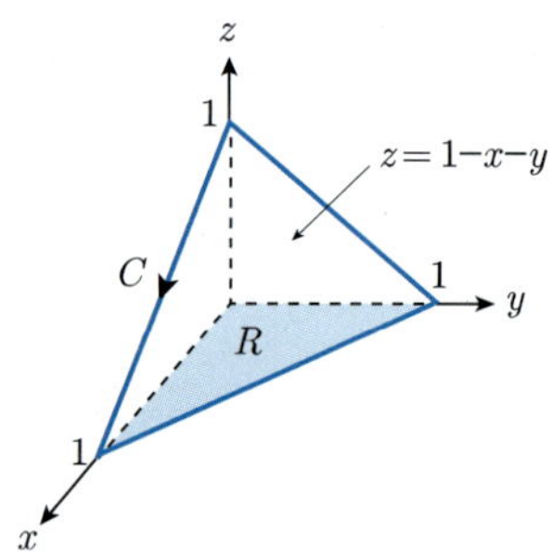

[그림 8-23]

이다. 벡터장 $\vec{F} = (2x+y)\vec{i} + (x+y)\vec{j} + (x-z)\vec{k}$로부터

$$\text{curl } \vec{F} = \begin{vmatrix} \vec{i} & \vec{j} & \vec{k} \\ \dfrac{\partial}{\partial x} & \dfrac{\partial}{\partial y} & \dfrac{\partial}{\partial z} \\ (2x+y) & (x+y) & (x-z) \end{vmatrix} = -\vec{j}$$

이고,

$$\text{curl } \vec{F} \cdot \vec{n} = -\frac{1}{\sqrt{3}}$$

이므로 스토크스 정리를 사용하면

$$\oint_C \vec{F}\cdot d\vec{r} = \iint_S \text{curl } \vec{F}\cdot \vec{n}\, dS = \iint_S \left(-\frac{1}{\sqrt{3}}\right) dS$$

이다. 또한 $z=1-x-y$으로부터 $z_x=-1$, $z_y=-1$이므로 식 (8.29)를 사용하여 면적분을 계산하면

$$\begin{aligned}\iint_S \left(-\frac{1}{\sqrt{3}}\right) dS &= \iint_R \left(-\frac{1}{\sqrt{3}}\right)\sqrt{1+(z_x)^2+(z_y)^2}\, dA \\ &= \iint_R \left(-\frac{1}{\sqrt{3}}\right)\sqrt{1+(-1)^2+(-1)^2}\, dA \\ &= -\iint_R dA \qquad \cdots\cdots \iint_R dA\text{는 [그림 8-23]의 음영 부분의 면적} \\ &= -\frac{1}{2}\end{aligned}$$

이다.

유제 8-17 스토크스 정리

C가 위에서 볼 때 반시계방향이고, 평면 $x+y+z=1$과 좌표평면과의 교선이면, 3차원 벡터장 $\vec{F}(x,y,z)=(x-2y)\vec{i}+(y-2z)\vec{j}+(z-2x)\vec{k}$에 대해 스토크스 정리를 사용하여 $\oint_C \vec{F}\cdot d\vec{r}$을 구하라.

정답 : $\oint_C \vec{F}\cdot d\vec{r}=3$

8.6 가우스 발산 정리

가우스[8] 발산 정리 Gauss' divergence theorem는 간단히 **가우스 정리** 또는 **발산 정리**라고도 하며, 8.4절에서 다루었던 면적분을 **삼중적분**triple integral으로 변환시키는 정리이다. 그러므로 가우스 발산 정리를 설명하기에 앞서 삼중적분에 대해 간단히 살펴보고자 한다.

8 Carl F. Gauss (1777 ~ 1855) 독일의 수학자로서 통계학, 해석학, 미분기하학 등에 공헌하였다.

삼중적분은 8.2절에서 다루었던 이중적분을 일반화한 것이다. 이중적분에서는 2변수함수를 평면 영역 R에 대해 적분하였으나, 삼중적분은 3변수함수를 공간 영역 T에 대해 적분한다. 삼중적분은 이중적분에서와 마찬가지로 다음과 같이 정의된다.

함수 $f(x, y, z)$가 공간상의 닫힌 유계 영역 T에서 정의될 때, 영역 T 안에 완전히 포함되는 부피 $\triangle V_k$ 인 n개의 부분 영역을 만든다. 그 부분 영역 중 임의의 한 점 (x_k, y_k, z_k)를 택하여 그 점에 속하는 부분 영역 T_k 의 가장 긴 대각선의 길이를 $\triangle s$ 라 한다면, 다음과 같은 극한이 존재한다.

$$\lim_{\triangle s \to 0} \sum_{k=1}^{n} f(x_k, y_k, z_k) \triangle V_k$$

만약 위의 극한값이 점 (x_k, y_k, z_k)의 선택에 무관하다면 삼중적분은 다음과 같이 정의된다.

정의 8-7 삼중적분

3변수함수 $f(x, y, z)$가 닫힌 유계 영역 T에서 정의된다면 영역 T에 대한 $f(x, y, z)$의 삼중적분은 다음과 같다.

$$\iiint_T f(x, y, z)\, dx\, dy\, dz = \lim_{\triangle s \to 0} \sum_{k=1}^{n} f(x_k, y_k, z_k) \triangle V_k \quad (8.33)$$

이중적분에서와 유사하게 삼중적분의 경우에도 세 번 연속 적분함으로써 적분값을 계산할 수 있다. 이중적분에서는 적분순서가 $dx\,dy$와 $dy\,dx$의 두 가지가 있었지만, 삼중적분의 경우에는 dx, dy, dz의 조합에 의한 여섯 가지의 적분순서가 있음을 쉽게 알 수 있다.

예제 8-21 삼중적분 계산

[그림 8-24]에서 보는 바와 같이 주어진 입체의 부피를 삼중적분을 이용하여 구하라.

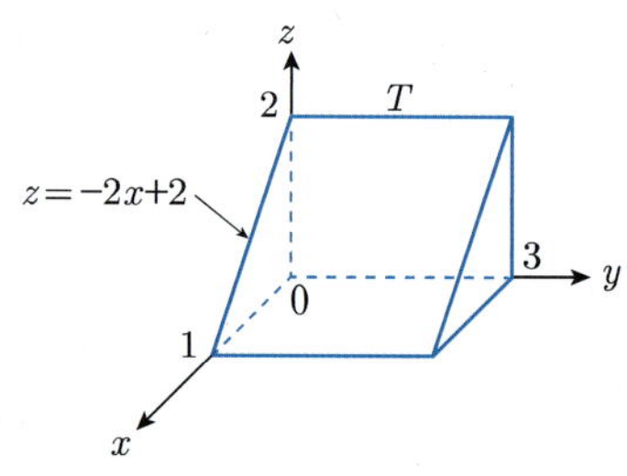

[그림 8-24]

풀이

$dx\,dz\,dy$의 적분순서에 따라 다음과 같이 입체의 부피를 구한다.

$$V = \iiint_T dV = \int_0^3 \int_0^2 \int_0^{1-\frac{1}{2}z} dx\,dz\,dy$$

$$= \int_0^3 \int_0^2 \left(1 - \frac{1}{2}z\right) dz\,dy$$

$$= \int_0^3 \left[z - \frac{1}{4}z^2\right]_0^2 dy$$

$$= \int_0^3 dy$$

$$= 3$$

```
Command Window
: 코딩
x=sym('x'); y=sym('y'); z=sym('z');          % x, y, z 변수의 심볼릭 정의
U1=int(1,0,1-1/2*z);                         % x에 대하여 적분
U2=int(U1,z,0,2);                            % z에 대하여 적분
U=int(U2,y,0,3)                              % y에 대하여 적분

: 결과
U = 3                                        % [예제 8-21]의 결과와 동일
```

유제 8-18 삼중적분 계산

[그림 8-24]에 주어진 입체의 부피를 삼중적분을 이용하여 구하되 [예제 8-21]의 풀이과정과 달리 적분순서를 $dz\,dx\,dy$로 바꿔서 구해보자.

정답 : $V=\iiint_T dV=3$ ([예제 8-21]의 결과와 동일)

이제 가우스 발산 정리에 대해 살펴보고자 한다. 2차원 벡터장 $\vec{F}(x,\ y)=P(x,\ y)\vec{i}+Q(x,\ y)\vec{j}$ 에 대해 경로의 선적분은

$$\int_C \vec{F}\cdot d\vec{r}=\int_C \vec{F}\cdot\vec{T}ds=\int_C P\,dx+Q\,dy$$

로 정의됨을 이미 알고 있다. 만약 $\vec{T}$ 가 경로 C 방향으로의 단위접선벡터이면 $d\vec{r}=\vec{T}ds$ 이므로, $d\vec{r}=dx\,\vec{i}+dy\,\vec{j}$ 일 때 $\vec{T}=\left(\frac{dx}{ds}\right)\vec{i}+\left(\frac{dy}{ds}\right)\vec{j}$ 이다. 또한 $\vec{n}$이 C의 단위법선벡터이면 $\vec{n}=\left(\frac{dy}{ds}\right)\vec{i}-\left(\frac{dx}{ds}\right)\vec{j}$가 되므로, 그린 정리에 의해 다음 관계식을 얻을 수 있다.

$$\begin{aligned}\oint_C \vec{F}\cdot\vec{n}\,ds&=\oint_C\left[(P\vec{i}+Q\vec{j})\cdot\left(\frac{dy}{ds}\vec{i}-\frac{dx}{ds}\vec{j}\right)\right]ds\\&=\oint_C P\,dy-Q\,dx &&\cdots\cdots ①\ \text{벡터의 내적 이용}\\&=\iint_R\left(\frac{\partial P}{\partial x}+\frac{\partial Q}{\partial y}\right)dA &&\cdots\cdots ②\ \text{그린 정리 이용}\\&=\iint_R \operatorname{div}\vec{F}\,dA &&\cdots\cdots ③\ \text{발산 정리 이용}\qquad(8.34)\end{aligned}$$

식 (8.34)는 가우스 발산 정리의 특별한 경우이고, 이 식을 3차원 공간으로 일반화한 것이 [정리 8-8]의 가우스 발산 정리이다.

정리 8-8 가우스 발산 정리

S가 공간에서 구간별 매끄러운 곡면이고, T는 공간상의 닫힌 유계 영역이라 하자. 벡터장 $\vec{F}(x, y, z) = P(x, y, z)\vec{i} + Q(x, y, z)\vec{j} + R(x, y, z)\vec{k}$가 영역 T에서 연속이고, 연속인 1계 편도함수를 갖는 벡터함수라면

$$\iint_S \vec{F} \cdot \vec{n}\, dS = \iiint_T \text{div}\, \vec{F}\, dV \tag{8.35}$$

이다. 여기서 $\vec{n}$은 곡면 S의 바깥방향으로 향하는 단위법선벡터이다.

가우스 발산 정리의 증명은 복잡하므로 여기서는 생략하고, 다음 예제를 통하여 그 결과를 확인해 보기로 하자.

예제 8-22 가우스 발산 정리

공간상의 닫힌 유계 영역 T가 [그림 8-25]와 같이 구 $x^2+y^2+z^2=4$에 의해 둘러싸인 영역일 때, 가우스 발산 정리를 사용하여 벡터장 $\vec{F}=(2x+y)\vec{i}+(x+z)\vec{j}+(y+z)\vec{k}$의 바깥방향으로의 $\iint_S \vec{F} \cdot \vec{n}\, dS$를 구하라.

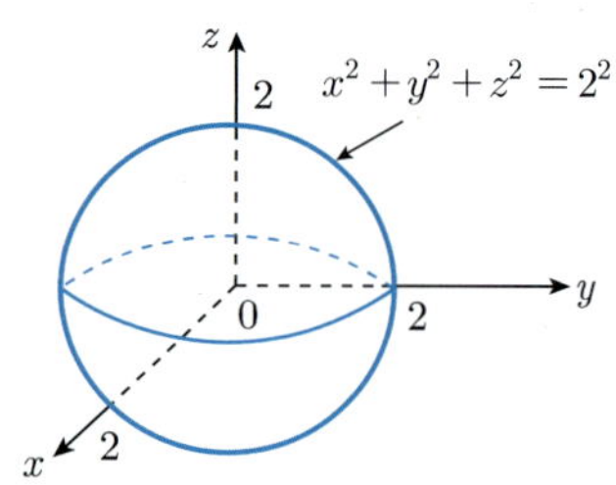

[그림 8-25]

풀이

Hint 구의 부피 : $\iiint_T dV = \frac{4}{3}\pi(r^3)$

가우스 발산 정리를 이용하여 $\iint_S \vec{F} \cdot \vec{n}\, dS$를 구하기 위해서는 $\iiint_T \text{div}\vec{F}\, dV$를 구하면 된다. 여기서 벡터장 $\vec{F}$의 발산은

$$\text{div}\vec{F} = \nabla \cdot \vec{F} = \left[\frac{\partial}{\partial x}\vec{i} + \frac{\partial}{\partial y}\vec{j} + \frac{\partial}{\partial z}\vec{k}\right] \cdot \left[(2x+y)\vec{i} + (x+z)\vec{j} + (y+z)\vec{k}\right] = 3$$

이므로, 식 (8.35) 우변의 삼중적분은 다음과 같다.

$$\iiint_T \text{div}\vec{F}\, dV = \iiint_T (3)\, dV = 3\left(\frac{4}{3}\pi(2^3)\right) = 32\pi$$ …… 구의 부피 계산

유제 8-19 가우스 발산 정리

공간상의 닫힌 유계 영역 T가 [그림 8-25]와 같이 구 $x^2+y^2+z^2=4$에 의해 둘러싸인 영역일 때, 가우스 발산 정리를 사용하여 벡터장 $\vec{F}=(x-y)\vec{i}+(y-z)\vec{j}+(x-z)\vec{k}$의 바깥방향으로의 $\iint_S \vec{F} \cdot \vec{n}\, dS$를 구하라.

정답 : $\iint_S \vec{F} \cdot \vec{n}\, dS = \frac{32}{3}\pi$

Chapter 08 연습문제

8.1 (선적분 계산 : 매개변수로 주어지는 경우) 경로함수가 매개변수로 주어지는 다음 선적분 값을 구하라.

(a) $\displaystyle\int_C (xy-x)\,dx,\quad \int_C (xy-x)\,dy,\quad \int_C (xy-x)\,ds$

$C:\ x=t,\quad y=2t+1,\quad 0\le t\le 2$

(b) $\displaystyle\int_C (x^2+xy+y^2)\,dx,\quad \int_C (x^2+xy+y^2)\,dy,\quad \int_C (x^2+xy+y^2)\,ds$

$C:\ x=2t,\quad y=-t+1,\quad 0\le t\le 1$

(c) 벡터함수 $\vec{F}$가 아래와 같이 주어지고, 경로 $\vec{r}(t)$가 오른쪽 그림과 같이 주어졌을 때, $\vec{F}$의 경로 $\vec{r}(t)$에 따른 선적분을 계산하라.

$\vec{F}=x\,\vec{i}-y\,\vec{j}\ ,\quad \vec{r}(t)=\cos t\,\vec{i}+\sin t\,\vec{j}\quad (0\le t\le \pi)$

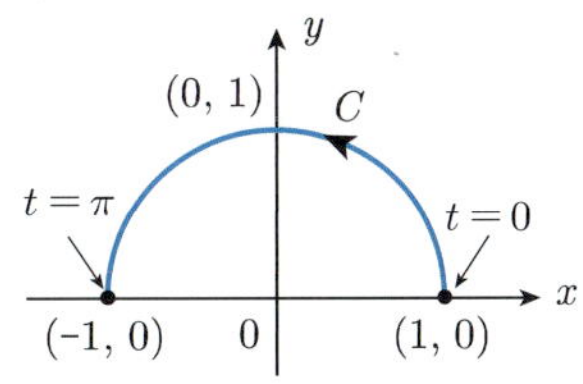

8.2 (선적분 계산 : 양함수로 주어지는 경우) 경로함수가 양함수로 주어지는 다음 선적분 값을 구하라.

(a) $\displaystyle\int_C 2xy\,dx-3xy^2\,dy,\quad C:\ y=2x+3,\ 0\le x\le 2$

(b) $\displaystyle\int_C x^2y\,dx+xy\,dy,\quad C:\ y=x^2+1,\ 0\le x\le 1$

(c) $\displaystyle\int_C 3x^2y\,dx-2xy^2\,dy,\quad C:\ x=y^2+1,\ 0\le y\le 1$

(d) $\displaystyle\int_C 2xy\,dx-xy^2\,dy,\quad C:\ x=y^2-2y,\ 0\le y\le 1$

8.3 (선적분 계산 : 열린 경로) 경로 C가 각각 그림의 (a)~(d)와 같을 때, 각 경로에 대해 다음 식의 선적분을 계산하라.

$$\int_C 2x^2y\,dx-xy\,dy$$

(a)

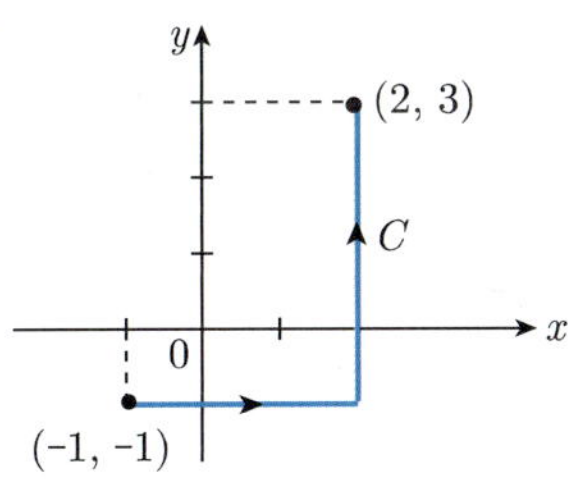

(b)

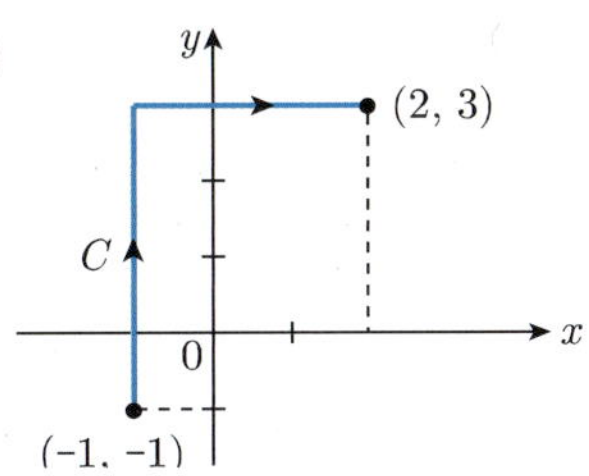

(c)

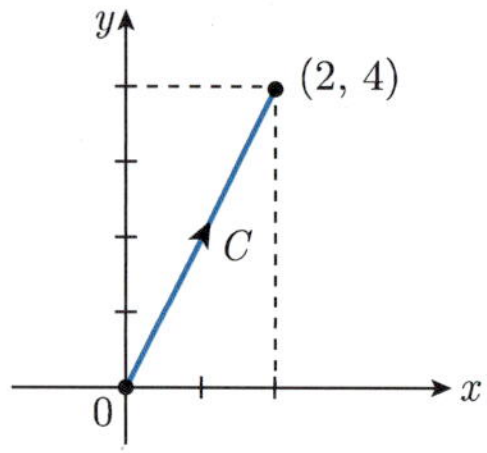

(d)

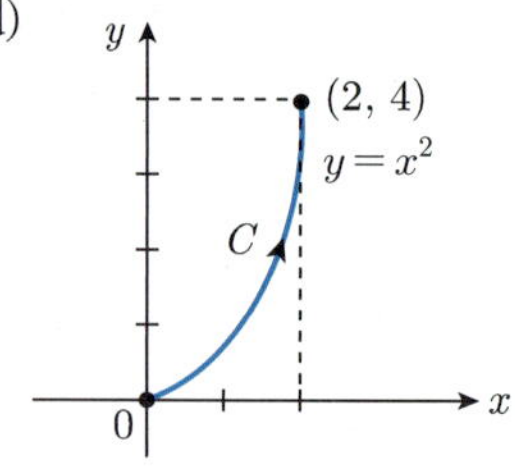

8.4 **(선적분 계산 : 닫힌 경로)** 경로 C가 각각 그림의 (a), (b)와 같을 때, 각 경로에 대해 다음 식의 선적분을 계산하라.

$$\oint_C xy^2\,dx + (2xy+1)\,dy$$

(a)

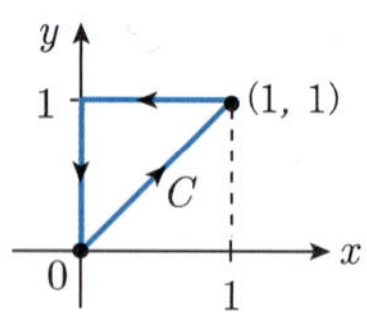

(b)

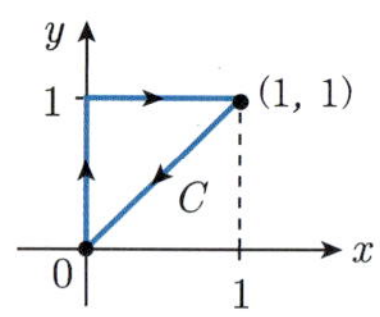

8.5 **(선적분 계산 : 닫힌 경로)** 경로 C가 오른쪽 그림과 같을 때, 다음 식의 선적분을 계산하라.

$$\oint_C xy\,dx + x^2 dy$$

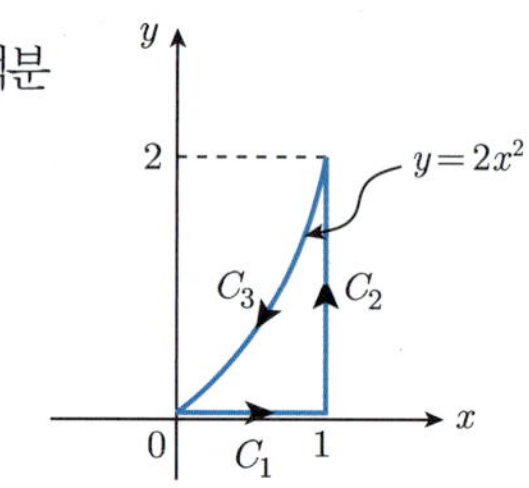

8.6 **(선적분 계산 : 경로가 반대방향인 경우)** 경로 C가 오른쪽 그림과 같이 $\vec{r}(t) = \cos t\,\vec{i} + \sin t\,\vec{j}\ \left(0 \le t \le \frac{\pi}{2}\right)$일 때, 다음 경로의 선적분을 구하라.

(a) $\int_C x\,dx + xy\,dy$ (b) $\int_{-C} x\,dx + xy\,dy$

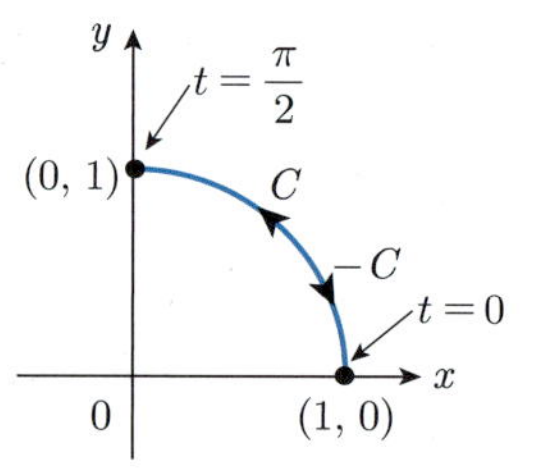

8.7 **(선적분 계산 : 공간상에서의 선적분)** 경로 C가 $\vec{r}(t) = \sin t\,\vec{i} + \cos t\,\vec{j} + t\vec{k}\,(0 \le t \le 2\pi)$일 때, 다음 경로의 선적분을 구하라.

$$\int_C z\,dx + x\,dy + y\,dz$$

8.8 **응용** **(힘에 의한 일)** 경로 C가 $\vec{r}(t)=\sin t\,\vec{i}+\cos t\,\vec{j}\,(0\le t\le\pi)$일 때, 아래와 같이 주어진 힘이 경로를 따라 한 일을 구하라.

(a) $\vec{F}=x\vec{i}+y\vec{j}$ (b) $\vec{F}=\vec{i}+2\vec{j}$

8.9 **응용** **(힘에 의한 일)** 경로 C가 오른쪽 그림과 같을 때, 힘 $\vec{F}=-2xy\vec{i}+3y\vec{j}$가 경로를 따라 한 일을 구하라.

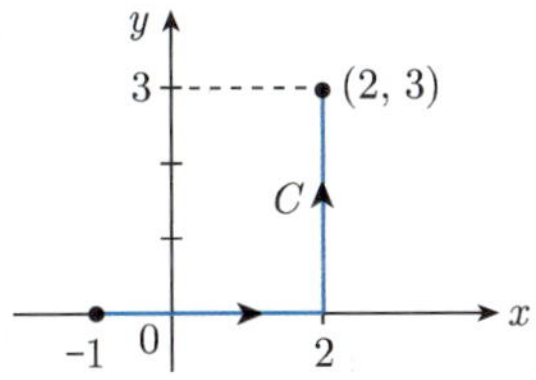

8.10 **응용** **(힘에 의한 일)** 경로 C가 오른쪽 그림과 같을 때, 힘 $\vec{F}=(x-2y)\vec{i}+(2xy-y)\vec{j}$가 경로를 따라 한 일을 구하라.

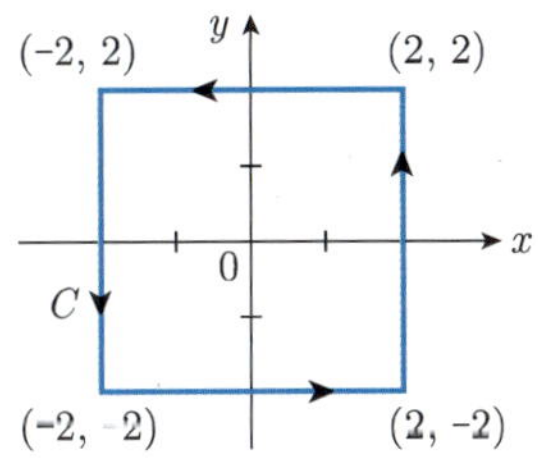

8.11 **응용** **(힘에 의한 일)** 경로 C가 오른쪽 그림과 같을 때, 힘 $\vec{F}=(x-2y)\vec{i}+(2xy-y)\vec{j}$가 경로를 따라 한 일을 구하라.

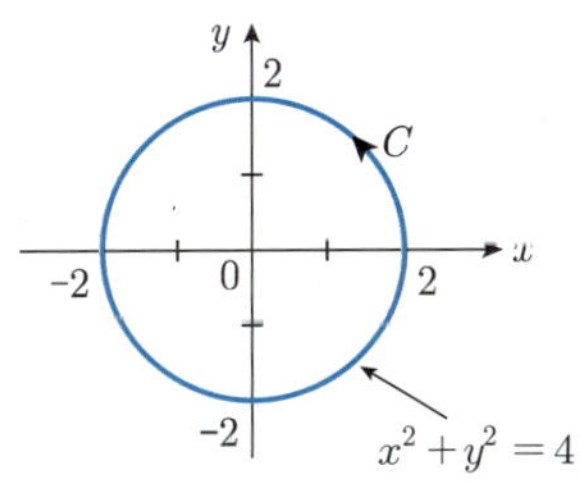

8.12 **응용** **(힘에 의한 일)** 경로 C가 오른쪽 그림과 같을 때, 힘 $\vec{F}=2\vec{i}+3\vec{j}$가 경로를 따라 한 일을 구하라.

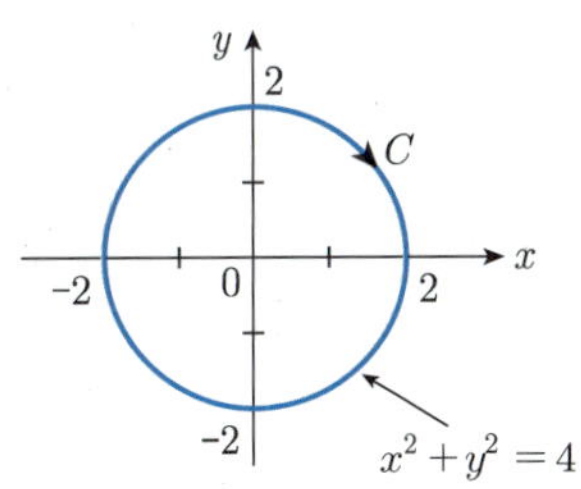

8.13 **응용** **(힘에 의한 일)** 경로 C가 $\vec{r}(t)=3t\vec{i}+t\vec{j}-2t\vec{k}\,(1\le t\le 2)$일 때, 힘 $\vec{F}=xy\vec{i}+yz\vec{j}+xz\vec{k}$가 경로를 따라 한 일을 구하라.

8.14 **(적분 경로에 대해 독립성 확인)** 오른쪽 그림과 같이 주어진 경로에 대해 다음 선적분을 계산하고 선적분 값이 경로에 따라 다른지 여부를 확인하라.

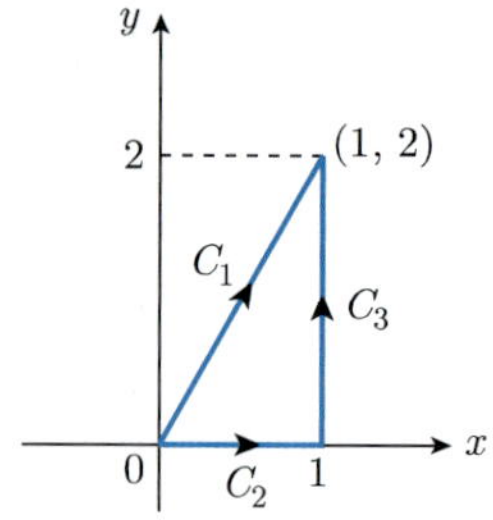

(a) $\int_{C_1} xy\,dx - y^2\,dy$

(b) $\int_{C_2+C_3} xy\,dx - y^2\,dy$

8.15 **(적분 경로에 대해 독립성 확인)** 오른쪽 그림과 같이 점 a에서 점 b까지 주어진 경로에 대해 다음 선적분을 계산하고 선적분 값이 경로에 따라 다른지 여부를 확인하라.

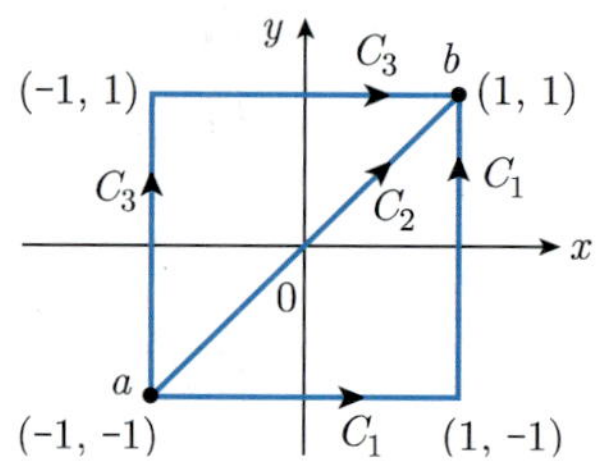

(a) $\int_{C_1} (2xy+1)\,dx + (x^2-1)\,dy$

(b) $\int_{C_2} (2xy+1)\,dx + (x^2-1)\,dy$

(c) $\int_{C_3} (2xy+1)\,dx + (x^2-1)\,dy$

8.16 **(적분 경로에 대해 독립인 선적분)** 다음과 같이 주어진 선적분이 점 $(1, 0)$과 점 $(2, 2)$ 사이의 적분 경로에 대해 독립임을 보이고, 선적분 값을 계산하라.

(a) $\int_C xy^2\,dx + x^2y\,dy$ (b) $\int_C -2xy\,dx - x^2\,dy$

8.17 **(적분 경로에 대해 독립인 선적분)** 다음과 같이 주어진 선적분은 점 $(1, 0, 1)$과 점 $(2, 1, 1)$ 사이의 적분 경로에 대해 독립임을 보이고, 선적분 값을 계산하라.

(a) $\int_C 2xz\,dx + 2yz\,dy + (x^2+y^2)dz$ (b) $\int_C yz\,dx + xz\,dy + xydz$

8.18 **(퍼텐셜 함수)** 다음 벡터장 $\vec{F}$의 퍼텐셜 함수를 구하라.

(a) $\vec{F} = (x+y)\,\vec{i} + (x-y)\,\vec{j}$

(b) $\vec{F} = (x^2+2xy^2+1)\,\vec{i} + (2x^2y-2y-3)\,\vec{j}$

(c) $\vec{F} = (2x\cos y + x - y)\,\vec{i} + (-x^2\sin y - x - 1)\,\vec{j}$

(d) $\vec{F} = yz\,\vec{i} + xz\,\vec{j} + xy\,\vec{k}$

(e) $\vec{F} = (2xy+z)\,\vec{i} + (x^2+z)\,\vec{j} + (x+y)\,\vec{k}$

8.19 **응용** **(힘에 의한 일)** 힘 $\vec{F} = (-x+2e^{-y}+1)\,\vec{i} + (y-2xe^{-y}-1)\,\vec{j}$ 가 $a(-1, -1)$ 에서 $b(1, 1)$ 까지 이르는 경로 C 를 따라 한 일을 구하라.

8.20 **(이중적분 계산)** 오른쪽 그림과 같이 주어진 영역 $R(0 \le x \le 1,\ x^2 < y < x)$에 대해 다음 함수의 이중적분을 계산하라.

$$f(x, y) = x + y$$

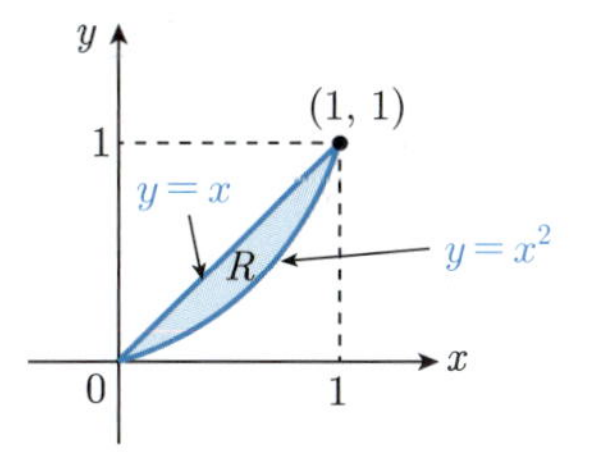

8.21 **(이중적분 계산)** 오른쪽 그림과 같이 주어진 영역 $R(y \le x \le \sqrt{y},\ 0 \le y \le 1)$에 대해 다음 함수의 이중적분을 계산하라.

$$f(x, y) = x + y$$

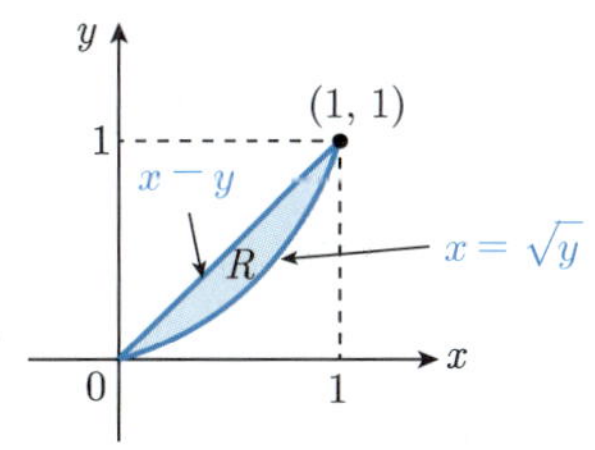

8.22 **(이중적분의 변수변환)** 영역 R이 오른쪽 그림과 같이 사분원으로 주어질 때 변수변환, $x = r\cos\theta$, $y = r\sin\theta$를 사용하여 다음 이중적분을 계산하라.

$$\iint_R y^2\,dx\,dy$$

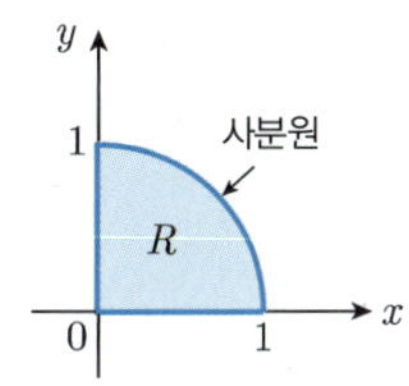

8.23 **(그린 정리)** C가 오른쪽 그림과 같이 $y = x^2$ 과 $y = \sqrt{x}$ 로 둘러싸인 경계를 나타낼 때, 다음의 선적분을 계산하라.

$$\oint_C (x^2+y^2)\,dx + (2x-y)\,dy$$

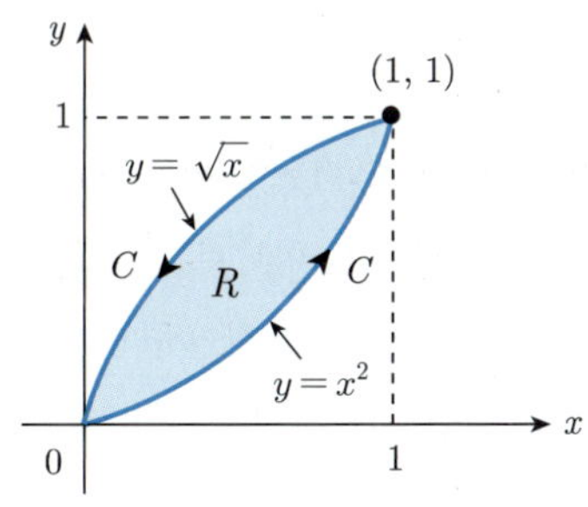

8.24 **(그린 정리)** C가 오른쪽 그림과 같은 타원을 따라 반시계방향으로의 움직이는 경로이고, 영역 R이 타원의 내부일 때 그린 정리를 사용하여 다음 선적분을 계산하라.

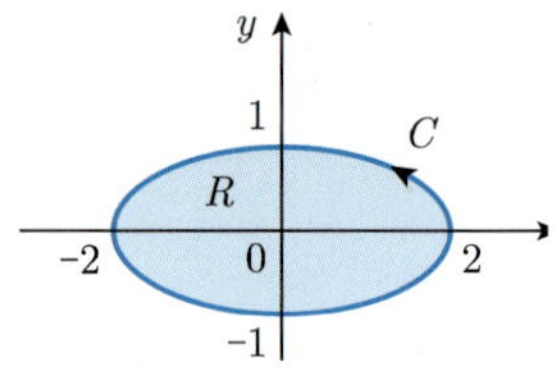

$$\oint_C (2x^2-4y)\,dx+(x+e^y)\,dy$$

8.25 **(면적분 계산)** 곡면 S가 포물면 $z=x^2+y^2 \le 4$로 주어진 경우, 다음의 면적분을 계산하라.

$$\iint_S (x^2+y^2+2z^2)\,dS$$

8.26 **(스토크스 정리)** 오른쪽 그림과 같이 곡면 S가 포물면 $z=f(x,y)=-(x^2+y^2)+1\ \ (z\ge 0)$로 주어진 경우, 3차원 벡터장 $\vec{F}(x,y,z)=z\vec{i}+x\vec{j}+y\vec{k}$에 대해 스토크스 정리가 성립함을 확인하라.

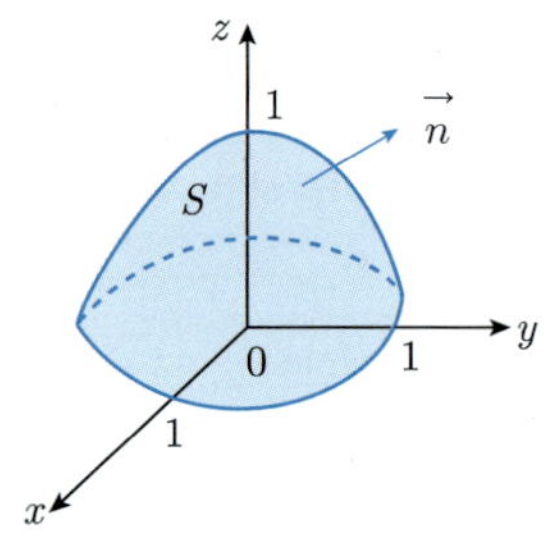

8.27 **(삼중적분 계산)** 오른쪽 그림에서 보는 바와 같이 $x=2$, $y=x$, $z=1-y^2$에 의해 형성된 입체의 부피를 구하라.

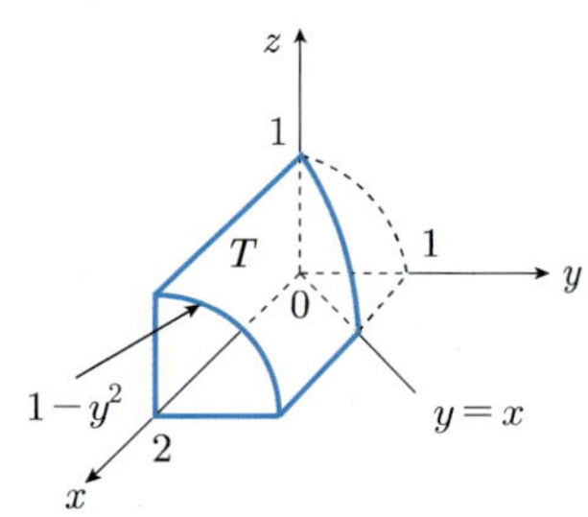

8.28 T가 오른쪽 그림과 같이 $x^2+y^2+z^2=4$로 둘러싸인 영역일 때, 벡터장 $\vec{F}=x\vec{i}+y\vec{j}+z\vec{k}$에 대해 가우스 발산 정리가 성립함을 확인하라.

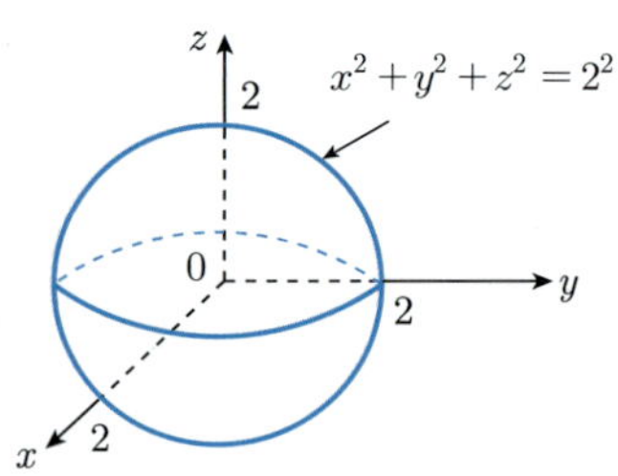

Chapter

09

행렬, 행렬식, 역행렬

Matrix, Determinant, Inverse Matrix

학습목표

- 대수학, 통계학, 공학 등에서 매우 중요하고 폭넓게 사용되고 있는 행렬의 기본 개념을 먼저 학습한다. 행렬의 정의, 행렬의 연산, 특수행렬, 전치행렬, 행렬계수 및 관련 개념을 이해할 수 있다.
- 일차독립과 일차종속의 판별에 유용하게 사용되고, 역행렬을 구하는 데도 중요하게 사용되는 행렬식에 대한 전반적인 개념을 이해할 수 있다.
- 역행렬의 정의 및 성질을 살펴보고 역행렬을 구할 수 있다.

9장의 MATLAB 명령어

직사각형 모양의 수나 함수의 배열을 행렬이라 한다. 행렬은 대수 연립방정식의 해를 구하는 수단으로 사용되고, 또한 공학 분야의 수치해석, 최적화 이론 등에서 매우 중요하게 사용되고 있다. 특히 선형 연립 미분방정식은 3장과 5장에서 설명한 방법으로도 풀 수 있지만, 행렬을 이용해서도 풀 수 있다. 이처럼 행렬은 공학에서 매우 유용하게 사용되고 있다. 그만큼 행렬 및 관련 이론은 매우 중요하므로 9장, 10장, 11장에 걸쳐 자세하게 살펴보고자 한다.

이 장에서는 행렬의 기본 개념들을 먼저 익힌 후 행렬의 연산, 특수행렬과 전치행렬에 대해 공부할 것이다. 또한 벡터와 시스템 방정식의 일차독립과 일차종속의 판별 및 역행렬을 구하는 데 중요하게 사용되는 행렬식을 배우고, 마지막으로 역행렬 구하는 방법에 대해 학습하기로 한다.

9.1 행렬의 기본 개념

이 절에서는 행렬의 기본 개념을 이해하기 위해 필요한 기본 정의와 행렬의 연산을 소개하고, 특수한 형태를 취하는 특수행렬에 대해 살펴보고자 한다.

9.1.1 기본 정의 및 연산

정의 9-1 행렬

아래와 같이 수나 함수를 직사각형 모양으로 괄호 안에 배열해 놓은 것을 **행렬**matrix이라 한다.

$$\overrightarrow{A} = \begin{bmatrix} a_{11} & a_{12} & \cdots & a_{1n} \\ a_{21} & a_{22} & \cdots & a_{2n} \\ \vdots & \vdots & \vdots & \vdots \\ a_{m1} & a_{m2} & \cdots & a_{mn} \end{bmatrix} \tag{9.1}$$ [1]

여기서 a_{ij}는 행렬의 **원소**entry or element라 하고, 첨자 i와 j는 각각 **행**row과 **열**column의 위치를 나타낸다.

1 행렬의 표기 방법은 여러 가지가 있는데, 이 책에서는 벡터의 표기와 마찬가지로 문자 위에 화살표를 그어 나타내기로 한다.

예를 들면

$$\begin{bmatrix} 1 & 0 & 3 \\ 2 & 2 & 1 \\ 4 & 0 & 6 \end{bmatrix}, \quad \begin{bmatrix} -1 & 0 & 2 \\ 1 & -2 & -2 \end{bmatrix}, \quad [a\ b\ c], \quad \begin{bmatrix} 2x & c^x \\ e^{-x} & x \end{bmatrix}$$

은 모두 행렬이다.

식 (9.1)과 같이 행의 수가 m개이고, 열의 수가 n개인 행렬은 **행렬의 크기**size of matrix가 $m \times n$이라 말한다. 따라서 앞의 행렬들은 왼쪽부터 오른쪽으로 순서대로 3×3, 2×3, 1×3, 2×2 행렬이다. 특히 $m=n$인 행렬을 **정방행렬**square matrix이라고 한다. 즉 정방행렬은 다음과 같이 표기할 수 있다.

$$\overrightarrow{A} = \begin{bmatrix} a_{11} & a_{12} & \cdots & a_{1n} \\ a_{21} & a_{22} & \cdots & a_{2n} \\ \vdots & \vdots & \vdots & \vdots \\ a_{n1} & a_{n2} & \cdots & a_{nn} \end{bmatrix} \tag{9.2}$$

식 (9.2)와 같은 $n \times n$ 정방행렬의 원소들 중에 행과 열의 위치가 같은 원소들

$(a_{11},\ a_{22},\ \cdots,\ a_{nn})$을 **주대각원소**main diagonal element라고 한다.

또한 다음과 같이 행의 개수가 하나인 $1 \times n$ 행렬

$$\vec{A} = [a_1\ a_2\ \cdots\ a_n]$$

을 **행벡터**row vector라 하고, 다음과 같이 열의 개수가 하나인 $n \times 1$ 행렬

$$\vec{A} = \begin{bmatrix} a_1 \\ a_2 \\ \vdots \\ a_n \end{bmatrix}$$

을 **열벡터**column vector라 한다.

임의의 두 행렬 $\vec{A}$와 $\vec{B}$는 서로 행렬의 크기가 같으면 덧셈과 뺄셈을 할 수 있다.

정의 9-2 행렬의 덧셈과 뺄셈

행렬 $\vec{A}$와 $\vec{B}$가 $m \times n$ 행렬이면 행렬의 덧셈과 뺄셈은 다음과 같이 정의된다.

$$\vec{A} \pm \vec{B} = (a_{ij} \pm b_{ij})_{m \times n} \tag{9.3}$$

여기서 a_{ij}와 b_{ij}는 각각 행렬 $\vec{A}$와 $\vec{B}$의 원소들을 나타낸다.

즉 행렬의 덧셈과 뺄셈은 두 행렬의 대응되는 원소들끼리 서로 더하고 빼면 된다.

예제 9-1 행렬의 덧셈과 뺄셈

다음과 같이 주어진 두 행렬 $\vec{A}$, $\vec{B}$의 덧셈과 뺄셈을 구하라.

$$\vec{A} = \begin{bmatrix} -2 & 2 & 1 \\ 2 & -1 & 2 \\ 3 & -1 & -1 \end{bmatrix},\quad \vec{B} = \begin{bmatrix} 3 & -1 & 1 \\ -2 & 1 & 2 \\ 2 & 3 & -1 \end{bmatrix}$$

풀이

❶ **행렬의 덧셈**

$$\vec{A} + \vec{B} = \begin{bmatrix} -2 & 2 & 1 \\ 2 & -1 & 2 \\ 3 & -1 & -1 \end{bmatrix} + \begin{bmatrix} 3 & -1 & 1 \\ -2 & 1 & 2 \\ 2 & 3 & -1 \end{bmatrix}$$

$$=\begin{bmatrix}(-2)+3 & 2+(-1) & 1+1\\ 2+(-2) & (-1)+1 & 2+2\\ 3+2 & (-1)+3 & (-1)+(-1)\end{bmatrix}$$

$$=\begin{bmatrix}1 & 1 & 2\\ 0 & 0 & 4\\ 5 & 2 & -2\end{bmatrix}$$

❷ 행렬의 뺄셈

$$\vec{A}-\vec{B}=\begin{bmatrix}-2 & 2 & 1\\ 2 & -1 & 2\\ 3 & -1 & -1\end{bmatrix}-\begin{bmatrix}3 & -1 & 1\\ -2 & 1 & 2\\ 2 & 3 & -1\end{bmatrix}$$

$$=\begin{bmatrix}(-2)-3 & 2-(-1) & 1-1\\ 2-(-2) & (-1)-1 & 2-2\\ 3-2 & (-1)-3 & (-1)-(-1)\end{bmatrix}$$

$$=\begin{bmatrix}-5 & 3 & 0\\ 4 & -2 & 0\\ 1 & -4 & 0\end{bmatrix}$$

Command Window

: 코딩

```
A=[-2 2 1;2 -1 2;3 -1 -1]; [1]            % 행렬 A 정의
B=[3 -1 1;-2 1 2;2 3 -1];                  % 행렬 B 정의
U1=A+B                                      % 행렬 덧셈 A+B 계산
U2=A-B                                      % 행렬 뺄셈 A-B 계산
```

: 결과

```
U1 =
     1     1     2
     0     0     4
     5     2    -2

U2 =
    -5     3     0
     4    -2     0
     1    -4     0                         % [예제 9-1]의 결과와 동일
```

MATLAB TIP!

[1] '[ ]' : 행렬을 정의
';' : 행렬에서 행을 구분

유제 9-1 행렬의 덧셈과 뺄셈

다음과 같이 주어진 두 행렬 $\vec{A}$, $\vec{B}$의 덧셈과 뺄셈을 구하라.

$$\vec{A}=\begin{bmatrix}-1 & 3\\ 1 & -2\end{bmatrix},\ \vec{B}=\begin{bmatrix}1 & -2\\ -3 & 2\end{bmatrix}$$

정답 : $\vec{A}+\vec{B}=\begin{bmatrix}0 & 1\\ -2 & 0\end{bmatrix}$, $\vec{A}-\vec{B}=\begin{bmatrix}-2 & 5\\ 4 & -4\end{bmatrix}$

행렬 $\overrightarrow{A}$에 임의의 상수를 곱하는 연산은 다음과 같이 정의된다.

정의 9-3 행렬의 상수 곱

k가 임의의 상수이고, 행렬 $\overrightarrow{A}$가 식 (9.1)과 같이 정의되면 다음과 같다.

$$k\overrightarrow{A}=\begin{bmatrix} ka_{11} & ka_{12} & \cdots & ka_{1n} \\ ka_{21} & ka_{22} & \cdots & ka_{2n} \\ \vdots & \vdots & \vdots & \vdots \\ ka_{m1} & ka_{m2} & \cdots & ka_{mn} \end{bmatrix} \tag{9.4}$$

예제 9-2 행렬의 상수 곱

$k=3$이고 $\overrightarrow{A}$가 다음과 같을 때, $k\overrightarrow{A}$를 구하라.

$$\overrightarrow{A}=\begin{bmatrix} 2 & 1 & -2 \\ -2 & 1 & 3 \\ 1 & -2 & -1 \end{bmatrix}$$

MATLAB 풀이

풀이

식 (9.4)로부터 다음과 같다.

$$3\overrightarrow{A}=\begin{bmatrix} 3\times 2 & 3\times 1 & 3\times(-2) \\ 3\times(-2) & 3\times 1 & 3\times 3 \\ 3\times 1 & 3\times(-2) & 3\times(-1) \end{bmatrix}$$

$$=\begin{bmatrix} 6 & 3 & -6 \\ -6 & 3 & 9 \\ 3 & -6 & -3 \end{bmatrix}$$

유제 9-2 행렬의 상수 곱

$k=-1$이고 $\overrightarrow{A}$가 다음과 같을 때, $k\overrightarrow{A}$를 구하라.

$$\overrightarrow{A}=\begin{bmatrix} 1 & 2 \\ -2 & 3 \end{bmatrix}$$

정답 : $k\overrightarrow{A}=\begin{bmatrix} -1 & -2 \\ 2 & -3 \end{bmatrix}$

행렬에 관한 정의들을 고려하여 다음과 같은 행렬의 연산에 관한 정리를 쉽게 얻어낼 수 있다.

정리 9-1 행렬의 연산

k가 임의의 상수이고 $\vec{A}$, $\vec{B}$, $\vec{C}$가 $m \times n$ 행렬이면, 다음과 같은 관계가 성립한다.

(1) $\vec{A}+\vec{B}=\vec{B}+\vec{A}$ (덧셈의 교환법칙)

(2) $\vec{A}+(\vec{B}+\vec{C})=(\vec{A}+\vec{B})+\vec{C}$ (덧셈의 결합법칙)

(3) $\vec{A}+\vec{0}=\vec{A}$ [2]

(4) $1(\vec{A})=\vec{A}$

(5) $\vec{A}+(-\vec{A})=\vec{0}$

(6) $k(\vec{A}+\vec{B})=k\vec{A}+k\vec{B}$ (분배법칙)

2 $\vec{0}$은 9.1.2절에서 설명할 영행렬을 의미한다.

행렬의 덧셈과 뺄셈과는 달리 행렬의 곱셈은 다음과 같이 특별하게 정의되며, 계산 과정에서 오류가 발생하기 쉬우므로 매우 세심한 주의가 요구된다.

정의 9-4 행렬의 곱셈

$\vec{A}=[a_{ij}]$ 가 $m \times r$ 행렬이고, $\vec{B}=[b_{ij}]$가 $r \times n$ 행렬이면 행렬의 곱($\vec{A}\vec{B}=\vec{C}$)이 다음과 같이 정의되고, $\vec{C}=[c_{ij}]$는 $m \times n$ 행렬이 된다.

$$\begin{bmatrix} a_{11} & a_{12} & \cdots & a_{1r} \\ a_{21} & a_{22} & \cdots & a_{2r} \\ \vdots & \vdots & \cdots & \vdots \\ a_{j1} & a_{j2} & & a_{jr} \\ \vdots & \vdots & \cdots & \vdots \\ a_{m1} & a_{m2} & \cdots & a_{mr} \end{bmatrix} \begin{bmatrix} b_{11} & b_{12} & \cdots & b_{1k} & \cdots & b_{1n} \\ b_{21} & b_{22} & \cdots & b_{2k} & \cdots & b_{2n} \\ \vdots & \vdots & \vdots & \vdots & \cdots & \vdots \\ b_{r1} & b_{r2} & \cdots & b_{rk} & \cdots & b_{rn} \end{bmatrix} = \begin{bmatrix} c_{11} & c_{12} & \cdots & c_{1k} & \cdots & c_{1n} \\ c_{21} & c_{22} & \cdots & c_{2k} & \cdots & c_{2n} \\ \vdots & \vdots & \vdots & \vdots & \cdots & \vdots \\ c_{j1} & c_{j2} & \cdots & c_{jk} & \cdots & c_{jn} \\ \vdots & \vdots & \vdots & \vdots & \cdots & \vdots \\ c_{m1} & c_{m2} & \cdots & c_{mk} & \cdots & c_{mn} \end{bmatrix} \quad (9.5)$$

여기서 $c_{jk}=\sum_{l=1}^{r} a_{jl}b_{lk}=a_{j1}b_{1k}+a_{j2}b_{2k}+\cdots+a_{jr}b_{rk}$이다.

[정의 9-4]와 같이 행렬 $\vec{A}$와 $\vec{B}$를 곱하는 경우 행렬 $\vec{A}$의 열의 개수(r)와 행렬 $\vec{B}$의 행의 개수(r)가 반드시 같아야만 행렬의 곱이 정의된다. 이때 곱하여 얻어지는 행렬 $\vec{C}$는 행의 개수가 행렬 $\vec{A}$의 행의 개수(m)이고, 열의 개수가 행렬 $\vec{B}$의 열의 개수(n)이다.[3]

3

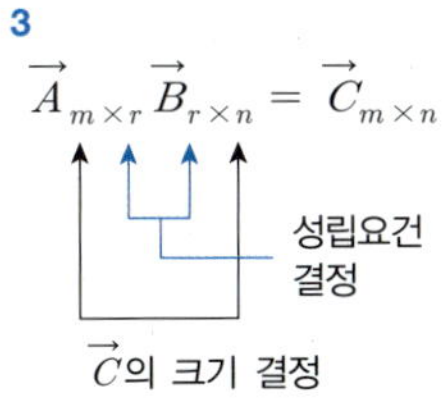

예제 9-3 행렬의 곱셈 ①

다음 행렬 $\vec{A}$와 $\vec{B}$의 곱 $\vec{A}\vec{B}$를 구하라.

$$\vec{A}=\begin{bmatrix}1 & -1\\ -2 & 1\\ 0 & 2\end{bmatrix},\quad \vec{B}=\begin{bmatrix}-2 & 2 & 1\\ 1 & -1 & -2\end{bmatrix}$$

풀이

행렬 $\vec{A}$의 열의 개수가 2이고, 행렬 $\vec{B}$의 행의 개수도 2이므로 행렬의 곱이 정의된다. 또한 두 행렬의 곱에 의해 얻어지는 행렬 $\vec{C}$는 행의 개수가 $\vec{A}$의 행의 개수(3)가 되고, 열의 개수가 $\vec{B}$의 열의 개수(3)가 되므로 3×3 행렬이 된다. 따라서

$$\vec{A}\vec{B}=\begin{bmatrix}1 & -1\\ -2 & 1\\ 0 & 2\end{bmatrix}\begin{bmatrix}-2 & 2 & 1\\ 1 & -1 & -2\end{bmatrix}=\begin{bmatrix}c_{11} & c_{12} & c_{13}\\ c_{21} & c_{22} & c_{23}\\ c_{31} & c_{32} & c_{33}\end{bmatrix}$$

이므로, $\vec{C}$의 원소들이 식 (9.5)에 의해 다음과 같이 구해진다.

$$c_{11}=1\cdot(-2)+(-1)\cdot(1)=-3 \qquad c_{12}=1\cdot(2)+(-1)\cdot(-1)=3$$
$$c_{13}=1\cdot(1)+(-1)\cdot(-2)=3 \qquad c_{21}=(-2)\cdot(-2)+1\cdot(1)=5$$
$$c_{22}=(-2)\cdot(2)+1\cdot(-1)=-5 \qquad c_{23}=(-2)\cdot(1)+1\cdot(-2)=-4$$
$$c_{31}=0\cdot(-2)+2\cdot(1)=2 \qquad c_{32}=0\cdot(2)+2\cdot(-1)=-2$$
$$c_{33}=0\cdot(1)+2\cdot(-2)=-4$$

따라서 $\vec{A}\vec{B}$는 다음과 같다.

$$\vec{A}\vec{B}=\vec{C}=\begin{bmatrix}-3 & 3 & 3\\ 5 & -5 & -4\\ 2 & -2 & -4\end{bmatrix}$$

Command Window

: 코딩

```
A=[1 -1;-2 1;0 2];                    % 행렬 A 정의
B=[-2 2 1;1 -1 -2];                   % 행렬 B 정의
C=A*B 1                               % 행렬의 곱 AB 계산
```

: 결과

```
C =
    -3     3     3
     5    -5    -4
     2    -2    -4                    % [예제 9-3]의 결과와 동일
```

MATLAB TIP!

1 '*' : 행렬의 곱도 일반 수나 함수의 곱에서 사용하는 기호와 같다.

유제 9-3 행렬의 곱셈 ①

다음 행렬 $\vec{A}$와 $\vec{B}$의 곱 $\vec{A}\,\vec{B}$를 구하라.

$$\vec{A}=\begin{bmatrix} 2 & -1 \\ -2 & 1 \end{bmatrix},\quad \vec{B}=\begin{bmatrix} -1 & 1 & 2 \\ 2 & -1 & -2 \end{bmatrix}$$

정답 : $\vec{A}\,\vec{B}=\begin{bmatrix} -4 & 3 & 6 \\ 4 & -3 & -6 \end{bmatrix}$

예제 9-4 행렬의 곱셈 ②

다음 행렬 $\vec{A}$와 $\vec{B}$의 곱 $\vec{A}\,\vec{B}$를 구하라.

$$\vec{A}=\begin{bmatrix} 2 & 2 \\ -1 & 2 \end{bmatrix},\quad \vec{B}=\begin{bmatrix} 2 & -2 \\ -1 & 1 \\ -1 & 2 \end{bmatrix}$$

풀이

행렬 $\vec{A}$의 열의 개수가 2이고, 행렬 $\vec{B}$의 행의 개수가 3이므로 행렬의 곱을 구할 수 없다.

Command Window

: **코딩**

```
A=[2 2;-1 2];                % 행렬 A 정의
B=[2 -2;-1 1;-1 2];          % 행렬 B 정의
C=A*B                        % 행렬의 곱 AB 계산
```

: **결과**

```
다음 사용 중 오류가 발생함: *
행렬 간 내부 차원(Inner Dimension)이 일치해야 합니다.
```

유제 9-4 행렬의 곱셈 ②

다음 행렬 $\vec{A}$와 $\vec{B}$의 곱 $\vec{A}\,\vec{B}$를 구하라.

$$\vec{A}=\begin{bmatrix} 2 & -1 \\ -2 & 1 \end{bmatrix},\quad \vec{B}=\begin{bmatrix} -1 & 2 & -1 \end{bmatrix}$$

정답 : 행렬의 곱이 성립 안 됨

행렬의 곱셈에 관한 [정의 9-4]에 의하면 행렬의 곱셈의 교환법칙은 성립되지 않음이 명백하다. 그러나 다음과 같이 결합법칙과 분배법칙은 성립된다.

정리 9-2 행렬의 연산

k는 임의의 상수이고, 행렬 $\vec{A}$, $\vec{B}$, $\vec{C}$가 아래의 곱셈이 정의될 수 있는 크기라고 가정할 때, 다음과 같은 관계가 성립된다.

(1) $\vec{A}(\vec{B}\vec{C}) = (\vec{A}\vec{B})\vec{C}$ (곱셈의 결합법칙)

(2) $\vec{A}(\vec{B}+\vec{C}) = \vec{A}\vec{B}+\vec{A}\vec{C}$ (곱셈의 좌 분배법칙)

(3) $(\vec{B}+\vec{C})\vec{A} = \vec{B}\vec{A}+\vec{C}\vec{A}$ (곱셈의 우 분배법칙)

(4) $k(\vec{A}\vec{B}) = (k\vec{A})\vec{B} = \vec{A}(k\vec{B})$

9.1.2 특수행렬

행렬 중에서 특별한 형태를 취하고 있기 때문에 유용하게 사용되는 행렬들에 대해 살펴보자.

다음과 같이 행렬의 모든 원소가 0으로 구성된 행렬을 **영행렬**zero matrix이라 한다.

$$\vec{0} = \begin{bmatrix} 0 & 0 \\ 0 & 0 \end{bmatrix}, \quad \vec{0} = \begin{bmatrix} 0 & 0 & 0 \\ 0 & 0 & 0 \end{bmatrix}$$

다음과 같이 정방행렬의 **주대각원소**main diagonal elements를 제외한 모든 원소가 0인 행렬을 **대각행렬**diagonal matrix이라 한다.

$$\vec{A} = \begin{bmatrix} 2 & 0 \\ 0 & 3 \end{bmatrix}, \quad \vec{B} = \begin{bmatrix} 3 & 0 & 0 \\ 0 & 0 & 0 \\ 0 & 0 & 2 \end{bmatrix}, \quad \vec{C} = \begin{bmatrix} a_{11} & 0 & \cdots & 0 \\ 0 & a_{22} & \cdots & 0 \\ \vdots & \vdots & \vdots & \vdots \\ 0 & 0 & \cdots & a_{nn} \end{bmatrix}$$

다음과 같이 대각행렬 중에서 모든 주대각원소가 1인 행렬을 **단위행렬**identity matrix이라 한다.

$$\vec{I}_2 = \begin{bmatrix} 1 & 0 \\ 0 & 1 \end{bmatrix}, \quad \vec{I}_3 = \begin{bmatrix} 1 & 0 & 0 \\ 0 & 1 & 0 \\ 0 & 0 & 1 \end{bmatrix}, \quad \vec{I}_n = \begin{bmatrix} 1 & 0 & \cdots & 0 \\ 0 & 1 & \cdots & 0 \\ \vdots & \vdots & \vdots & \vdots \\ 0 & 0 & \cdots & 1 \end{bmatrix}_{n \times n}$$

정방행렬에서 주대각원소의 위 또는 아래에 있는 모든 원소가 0인 행렬을 **삼각**

행렬triangular matrix이라 한다. 이때 주대각원소의 위에 있는 모든 원소들이 0이면 **하삼각행렬**lower triangular matrix, 주대각원소의 아래에 있는 모든 원소들이 0이면 **상삼각행렬**upper triangular matrix이라 한다. 예를 들면 다음과 같다.

- 하삼각행렬

$$\vec{A}=\begin{bmatrix}2&0&0\\1&1&0\\3&2&2\end{bmatrix},\quad \vec{B}=\begin{bmatrix}a_{11}&0&\cdots&0\\a_{21}&a_{22}&\cdots&0\\\vdots&\vdots&\vdots&\vdots\\a_{n1}&a_{n2}&\cdots&a_{nn}\end{bmatrix}$$

- 상삼각행렬

$$\vec{C}=\begin{bmatrix}2&1&0&2\\0&1&2&1\\0&0&3&3\\0&0&0&1\end{bmatrix},\quad \vec{D}=\begin{bmatrix}a_{11}&a_{12}&\cdots&a_{1n}\\0&a_{22}&\cdots&a_{2n}\\\vdots&\vdots&\vdots&\vdots\\0&0&\cdots&a_{nn}\end{bmatrix}$$

행렬에는 행과 열의 위치가 뒤바뀐 행렬도 있는데, 이를 **전치행렬**transpose of matrix이라 부르고, 다음과 같이 정의한다.

정의 9-5 전치행렬

$m\times n$인 행렬 $\vec{A}$의 전치행렬 $\vec{A}^T$은 행렬의 크기가 $n\times m$이 되고, 다음과 같이 나타낸다.

$$\vec{A}=\begin{bmatrix}a_{11}&a_{12}&\cdots&a_{1n}\\a_{21}&a_{22}&\cdots&a_{2n}\\\vdots&\vdots&\vdots&\vdots\\a_{m1}&a_{m2}&\cdots&a_{mn}\end{bmatrix}\text{이면, }\vec{A}^T=\begin{bmatrix}a_{11}&a_{21}&\cdots&a_{m1}\\a_{12}&a_{22}&\cdots&a_{m2}\\\vdots&\vdots&\vdots&\vdots\\a_{1n}&a_{2n}&\cdots&a_{mn}\end{bmatrix}\qquad(9.6)$$

즉 행렬 $\vec{A}$의 전치행렬 $\vec{A}^T$은 $\vec{A}$의 첫 번째 행이 $\vec{A}^T$의 첫 번째 열이 되고, $\vec{A}$의 두 번째 행이 $\vec{A}^T$의 두 번째 열이 되고, 마지막으로 $\vec{A}$의 m번째 행이 $\vec{A}^T$의 m번째 열이 되어 만들어지는 $n\times m$ 행렬이다.

예를 들면

$$\vec{A}=\begin{bmatrix}1&2&3\\4&5&6\end{bmatrix}\text{ 이면, }\vec{A}^T=\begin{bmatrix}1&4\\2&5\\3&6\end{bmatrix}$$

이다. 전치행렬의 성질은 다음과 같다.

정리 9-3 전치행렬의 성질

k는 임의의 상수이고, $\overrightarrow{A}$와 $\overrightarrow{B}$가 아래의 연산이 정의될 수 있는 크기라고 가정할 때, 다음과 같은 관계가 성립된다.

(1) $(\overrightarrow{A}^T)^T = \overrightarrow{A}$

(2) $(k\overrightarrow{A})^T = k\overrightarrow{A}^T$

(3) $(\overrightarrow{A}+\overrightarrow{B})^T = \overrightarrow{A}^T + \overrightarrow{B}^T$

(4) $(\overrightarrow{A}\,\overrightarrow{B})^T = \overrightarrow{B}^T\overrightarrow{A}^T$

예제 9-5 전치행렬

다음 행렬 $\overrightarrow{A}$와 $\overrightarrow{B}$에 대해 $(\overrightarrow{A}\,\overrightarrow{B})^T = \overrightarrow{B}^T\overrightarrow{A}^T$임을 확인하라.

$$\overrightarrow{A} = \begin{bmatrix} 1 & 0 & -2 \\ -2 & 1 & 1 \\ 1 & -2 & 0 \end{bmatrix}, \quad \overrightarrow{B} = \begin{bmatrix} 0 & 1 & -1 \\ -1 & 1 & 2 \\ 1 & -2 & 1 \end{bmatrix}$$

풀이

행렬의 곱

$$\begin{aligned}\overrightarrow{A}\,\overrightarrow{B} &= \begin{bmatrix} 1 & 0 & -2 \\ -2 & 1 & 1 \\ 1 & -2 & 0 \end{bmatrix}\begin{bmatrix} 0 & 1 & -1 \\ -1 & 1 & 2 \\ 1 & -2 & 1 \end{bmatrix} \\ &= \begin{bmatrix} -2 & 5 & -3 \\ 0 & -3 & 5 \\ 2 & -1 & -5 \end{bmatrix}\end{aligned}$$

이므로, $\overrightarrow{A}\,\overrightarrow{B}$의 전치행렬은

$$(\overrightarrow{A}\,\overrightarrow{B})^T = \begin{bmatrix} -2 & 0 & 2 \\ 5 & -3 & -1 \\ -3 & 5 & -5 \end{bmatrix}$$

이다. 또한

$$\begin{aligned}\overrightarrow{B}^T\overrightarrow{A}^T &= \begin{bmatrix} 0 & -1 & 1 \\ 1 & 1 & -2 \\ -1 & 2 & 1 \end{bmatrix}\begin{bmatrix} 1 & -2 & 1 \\ 0 & 1 & -2 \\ -2 & 1 & 0 \end{bmatrix} \\ &= \begin{bmatrix} -2 & 0 & 2 \\ 5 & -3 & -1 \\ -3 & 5 & -5 \end{bmatrix}\end{aligned}$$

가 되므로, $(\overrightarrow{A}\,\overrightarrow{B})^T = \overrightarrow{B}^T\overrightarrow{A}^T$임을 확인할 수 있다.

Command Window

: 코딩

```
A=[1 0 -2;-2 1 1;1 -2 0];        % 행렬 A 정의
B=[0 1 -1;-1 1 2;1 -2 1];        % 행렬 B 정의
C=A*B;                           % 행렬의 곱 AB 계산
U1=C' [1]                        % AB의 전치행렬 (AB)^T 계산
U2=B'*A'                         % B^T A^T 계산
```

: 결과

```
U1 =
    -2     0     2
     5    -3    -1
    -3     5    -5
U2 =
    -2     0     2
     5    -3    -1
    -3     5    -5                % [예제 9-5]의 결과와 동일
```

MATLAB TIP!

[1] 'C'' : 행렬 C의 전치행렬을 구한다.

유제 9-5 전치행렬

행렬 $\vec{A} = \begin{bmatrix} -1 & 0 & -2 \\ -2 & 2 & 1 \end{bmatrix}$ 의 전치행렬을 구하라.

정답 : $\vec{A}^T = \begin{bmatrix} -1 & -2 \\ 0 & 2 \\ -2 & 1 \end{bmatrix}$

정방행렬 $\vec{A}$의 전치행렬 $\vec{A}^T$이 $\vec{A}$와 같을 때, 행렬 $\vec{A}$를 **대칭행렬**symmetric matrix 이라 한다. 즉 대칭행렬은 다음 관계식을 만족한다.

$$\vec{A}^T = \vec{A}$$

또한 다음 관계식을 만족하는 행렬을 **반대칭행렬**skew-symmetric matrix or anti-symmetric matrix이라 한다.

$$\vec{A}^T = -\vec{A}$$

대칭행렬과 반대칭행렬의 예는 다음과 같다.

- 대칭행렬

$$\vec{A} = \begin{bmatrix} 3 & -1 & 2 \\ -1 & 2 & -1 \\ 2 & -1 & 1 \end{bmatrix}$$

- 반대칭행렬

$$\vec{B} = \begin{bmatrix} 0 & 2 & -1 \\ -2 & 0 & -4 \\ 1 & 4 & 0 \end{bmatrix}$$

9.1.3 행렬계수

다음과 같이 표기되는 $n \times n$ 행렬 $\vec{A}$의 경우

$$\vec{A} = \begin{bmatrix} a_{11} & a_{12} & \cdots & a_{1n} \\ a_{21} & a_{22} & \cdots & a_{2n} \\ \vdots & \vdots & \vdots & \vdots \\ a_{n1} & a_{n2} & \cdots & a_{nn} \end{bmatrix}$$

$$\vec{r_1} = [a_{11}\ a_{12}\ \cdots\ a_{1n}],\ \vec{r_2} = [a_{21}\ a_{22}\ \cdots\ a_{2n}],\ \cdots,\ \vec{r_n} = [a_{n1}\ a_{n2}\ \cdots\ a_{nn}]$$

과 같은 n개의 행벡터가 존재하고

$$\vec{c_1} = \begin{bmatrix} a_{11} \\ a_{21} \\ \vdots \\ a_{n1} \end{bmatrix},\quad \vec{c_2} = \begin{bmatrix} a_{12} \\ a_{22} \\ \vdots \\ a_{n2} \end{bmatrix},\quad \cdots,\quad \vec{c_n} = \begin{bmatrix} a_{1n} \\ a_{2n} \\ \vdots \\ a_{nn} \end{bmatrix}$$

과 같은 n개의 열벡터가 존재한다.

이때 각각의 행벡터들은 서로 일차독립이거나 일차종속의 관계이다. 이 중에서 행렬 $\vec{A}$ 안에 있는 서로 일차독립인 행의 최대 개수를 **행렬계수**rank라 부르고, rank$(\vec{A})$로 표기한다. 또한 $n \times n$ 행렬의 경우 **최대 행렬계수**full rank는 n이고, 만약 행렬계수가 $m(m < n)$이면 **부족한 행렬계수**rank defect는 $(n-m)$이다.

예제 9-6 행렬계수

다음 행렬 $\vec{A}$, $\vec{B}$, $\vec{C}$의 행렬계수를 구하라.

(a) $\vec{A} = \begin{bmatrix} -1 & 2 & -1 \\ -2 & 2 & 2 \\ 0 & -1 & -2 \end{bmatrix}$ (b) $\vec{B} = \begin{bmatrix} 1 & -1 & -2 \\ -1 & 1 & 2 \\ 2 & -2 & -1 \end{bmatrix}$ (c) $\vec{C} = \begin{bmatrix} 1 & -2 & -1 \\ -2 & 4 & 2 \\ -1 & 2 & 1 \end{bmatrix}$

풀이

(a) **[방법 1]** 행렬 $\vec{A}$의 행렬계수를 구하기 위해서는 먼저 $\vec{A}$의 행벡터들(또는 열벡터들) 사이의 일차독립성 여부에 대한 확인이 필요하고, 이를 위해서는 3장의 [정의 3-1]을 이용한다. $\vec{A}$의 행벡터들을

$$\vec{r_1} = [-1\ 2\ -1],\quad \vec{r_2} = [-2\ 2\ 2],\quad \vec{r_3} = [0\ -1\ -2]$$

이라 한다면, $\vec{r_1}$, $\vec{r_2}$, $\vec{r_3}$ 사이의 일차독립성을 결정하기 위해서는 [정의 3-1]에 따라

$$k_1\vec{r_1} + k_2\vec{r_2} + k_3\vec{r_3} = \vec{0}$$

을 만족하는 0이 아닌 k_i 가 존재하는지를 결정하면 된다. 따라서 위 식에 $\vec{r_1}$, $\vec{r_2}$, $\vec{r_3}$를 각각 대입하면

$$k_1[-1\ 2\ -1]+k_2[-2\ 2\ 2]+k_3[0\ -1\ -2]=[0\ 0\ 0]$$

이므로, 다음 관계식을 얻을 수 있다.

$$\begin{aligned} -k_1-2k_2&=0 \\ 2k_1+2k_2-k_3&=0 \\ -k_1+2k_2-2k_3&=0 \end{aligned}$$

위 식을 연립하여 풀면 $k_1=k_2=k_3=0$인 경우에만 성립하므로, 0이 아닌 k_i가 존재하지 않음을 알 수 있다. 그러므로 3개의 행벡터는 서로 일차독립이다. 따라서 $\vec{A}$ 의 행렬계수는 3이다. 즉 $\text{rank}(\vec{A})=3$ 이고, 부족한 행렬계수는 0이다.

[방법 2] 행벡터 $\vec{r_1}$, $\vec{r_2}$, $\vec{r_3}$ 로 구성되는 3×3 행렬 $\vec{A}$의 $\det(\vec{A})=-8\neq0$이므로 $\vec{r_1}$, $\vec{r_2}$, $\vec{r_3}$은 서로 일차독립이고, 행렬계수는 3이다. $\det(\vec{A})$를 구하는 방법에 대해서는 9.2절에서 다룰 것이다.

[방법 3] 가우스-조단 소거법(Gauss-Jordan elimination method)을 이용하여 행렬 $\vec{A}$를 행사다리꼴(또는 기약 행사다리꼴) 형태로 변경하여 확인도 가능하다(10.1.3절 참조).

(b) 행렬 $\vec{B}$의 경우 $\vec{r_1}$과 $\vec{r_3}$는 일차독립이다. 그러나 $\vec{r_1}$과 $\vec{r_2}$가 일차종속의 관계가 성립하므로 일차독립인 최대 행의 개수는 2이다. 따라서 $\vec{B}$의 행렬계수는 2이며, 부족한 행렬계수는 1이다.

(c) 행렬 $\vec{C}$의 경우 $\vec{r_1}$과 $\vec{r_2}$, $\vec{r_2}$와 $\vec{r_3}$, $\vec{r_1}$과 $\vec{r_3}$ 모두 일차종속이므로 일차독립인 최대 행의 개수는 1이다. 따라서 $\vec{C}$의 행렬계수는 1이고 부족한 행렬계수는 2이다.

Command Window

: 코딩

```
A=[-1 2 -1;-2 2 2;0 -1 -2];          % 행렬 A 정의
B=[1 -1 -2;-1 1 2;2 -2 -1];          % 행렬 B 정의
C=[1 -2 -1;-2 4 2;-1 2 1];           % 행렬 C 정의
U1=rank(A) 1                         % 행렬 A의 행렬계수 구하기
U2=rank(B)                           % 행렬 B의 행렬계수 구하기
U3=rank(C)                           % 행렬 C의 행렬계수 구하기
```

: 결과

```
U1 = 3
U2 = 2
U3 = 1                               % [예제 9-6]의 결과와 동일
```

MATLAB TIP!

1 'rank(A)' : 행렬 $\vec{A}$의 행렬계수를 구한다.

유제 9-6 행렬계수

다음 행렬 $\vec{A}$의 행렬계수를 구하라.

$$\vec{A}=\begin{bmatrix}-1 & 2 & -1\\ -2 & 2 & 2\\ -1 & 0 & 3\end{bmatrix}$$

정답 : $\text{rank}(\vec{A})=2$

행렬계수는 10장에서 설명할 동차형 선형 연립방정식의 해의 개수를 결정하는 수단으로 사용되기도 한다.

9.2 행렬식

임의의 $n\times n$ 행렬 $\vec{A}$ 에 대해 $\vec{A}$ 의 **행렬식**determinant 이라 불리는 수數가 대응된다. 이 행렬식을 기호로는 다음과 같이 표현한다.

$$\det\vec{A}=|\vec{A}| \tag{9.7}$$

행렬식은 나중에 다룰 역행렬을 구할 때, 연립방정식의 해를 구할 때와 같이 행렬 이론의 전개에 중요하게 사용되고 있다.

9.2.1 행렬식의 계산

행렬식은 다음과 같이 정의한다.

정의 9-6 행렬식 계산(2×2 행렬)

행렬 $\vec{A}=\begin{bmatrix}a_{11} & a_{12}\\ a_{21} & a_{22}\end{bmatrix}$ 에 대해 행렬식은 다음과 같이 정의된다.

$$\det\vec{A}=\begin{vmatrix}a_{11} & a_{12}\\ a_{21} & a_{22}\end{vmatrix}=a_{11}a_{22}-a_{12}a_{21} \tag{9.8}$$

예를 들어 $\vec{A}=\begin{bmatrix}-1 & 2\\ 1 & -3\end{bmatrix}$ 이면 행렬 $\vec{A}$ 의 행렬식은 다음과 같다.

$$\det\vec{A}=\begin{vmatrix}-1 & 2\\ 1 & -3\end{vmatrix}=(-1)(-3)-(2)(1)=1$$

정의 9-7 행렬식 계산(3×3 행렬)

행렬 $\overrightarrow{A}=\begin{bmatrix} a_{11} & a_{12} & a_{13} \\ a_{21} & a_{22} & a_{23} \\ a_{31} & a_{32} & a_{33} \end{bmatrix}$에 대해 행렬식은 다음과 같이 정의된다.

$$\det \overrightarrow{A}=\begin{vmatrix} a_{11} & a_{12} & a_{13} \\ a_{21} & a_{22} & a_{23} \\ a_{31} & a_{32} & a_{33} \end{vmatrix}=a_{11}a_{22}a_{33}+a_{12}a_{23}a_{31}+a_{13}a_{21}a_{32} -a_{13}a_{22}a_{31}-a_{12}a_{21}a_{33}-a_{11}a_{23}a_{32} \quad (9.9)$$

예를 들어 $\overrightarrow{A}=\begin{bmatrix} -1 & 2 & 1 \\ 0 & -1 & 2 \\ 1 & 2 & -1 \end{bmatrix}$이면 행렬 $\overrightarrow{A}$의 행렬식은

$$\begin{aligned}\det \overrightarrow{A} &= \begin{vmatrix} -1 & 2 & 1 \\ 0 & -1 & 2 \\ 1 & 3 & -1 \end{vmatrix} \\ &= (-1)(-1)(-1)+(2)(2)(1)+(1)(0)(3) \\ &\quad -(1)(-1)(1)-(2)(0)(-1)-(-1)(2)(3) \\ &= 10 \end{aligned}$$

이다. 2×2 행렬이나 3×3 행렬의 경우에는 [정의 9-6]과 [정의 9-7]을 사용하여 직접 계산할 수 있으며, [그림 9-1]의 방법을 사용하면 쉽게 기억할 수 있다.

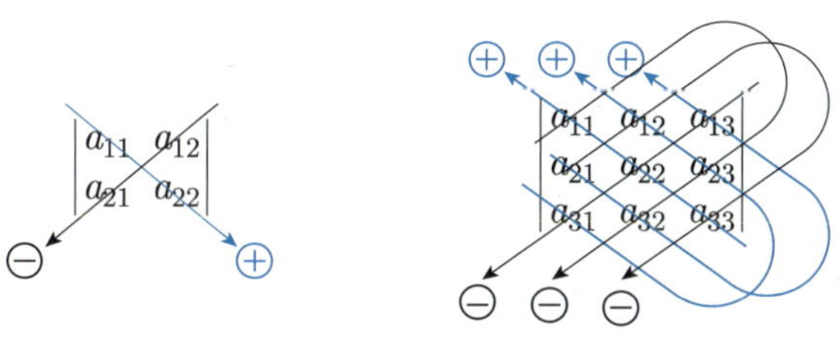

(a) 2×2 행렬 (b) 3×3 행렬

[그림 9-1] **행렬식 계산**

정방행렬의 크기가 4×4 이상인 행렬의 행렬식을 계산하기 위해서는 [정의 9-6]과 [정의 9-7]을 적용할 수 있도록 2×2나 3×3의 소행렬에 대한 행렬식을 구하는 문제로 바꿔 계산할 수 있다. 이에 대한 이해를 돕기 위해 3×3 행렬의 행렬식을 구하는 식 (9.9)를 예로 들어보자.

$$\begin{aligned}\det \overrightarrow{A} &= a_{11}a_{22}a_{33}+a_{12}a_{23}a_{31}+a_{13}a_{21}a_{32}-a_{13}a_{22}a_{31}-a_{12}a_{21}a_{33}-a_{11}a_{23}a_{32} \\ &= a_{11}(a_{22}a_{33}-a_{23}a_{32})+a_{12}(-a_{21}a_{33}+a_{23}a_{31})+a_{13}(a_{21}a_{32}-a_{22}a_{31})\end{aligned}$$

위 식의 괄호 안의 각 항들은 2×2 행렬의 행렬식으로 간주하여 다음과 같이 나타낼 수 있다.

$$\det\vec{A} = a_{11}\begin{vmatrix} a_{22} & a_{23} \\ a_{32} & a_{33} \end{vmatrix} + a_{12}\left[-\begin{vmatrix} a_{21} & a_{23} \\ a_{31} & a_{33} \end{vmatrix}\right] + a_{13}\begin{vmatrix} a_{21} & a_{22} \\ a_{31} & a_{32} \end{vmatrix}$$
$$= a_{11}M_{11} + a_{12}(-M_{12}) + a_{13}M_{13}$$

여기서

$$M_{11} = \begin{vmatrix} a_{22} & a_{23} \\ a_{32} & a_{33} \end{vmatrix}, \quad M_{12} = \begin{vmatrix} a_{21} & a_{23} \\ a_{31} & a_{33} \end{vmatrix}, \quad M_{13} = \begin{vmatrix} a_{21} & a_{22} \\ a_{31} & a_{32} \end{vmatrix}$$

이고, M_{11}은 행렬 $\vec{A}$의 1행과 1열을 제거하여 형성된 2×2 행렬의 행렬식, M_{12}는 행렬 $\vec{A}$의 1행과 2열을 제거하여 형성된 2×2 행렬의 행렬식, M_{13}은 행렬 $\vec{A}$의 1행과 3열을 제거하여 형성된 2×2 행렬의 행렬식을 각각 나타낸다. 일반적으로 행렬 $\vec{A}$의 i행과 j열을 제거하여 형성된 부분행렬의 행렬식 M_{ij}를 **소행렬식**minor determinant이라 한다. 또한

$$C_{ij} = (-1)^{i+j}M_{ij} \tag{9.10}$$

로 놓으면

$$\det\vec{A} = a_{11}C_{11} + a_{12}C_{12} + a_{13}C_{13} \tag{9.11}$$

이 된다. C_{1j}를 a_{1j}의 **여인수**cofactor라 하며, 식 (9.11)은 행렬 $\vec{A}$의 1행에 대해 여인수 전개를 하여 행렬식을 구하는 식이다.

1행에 대한 여인수 전개뿐만 아니라 행렬의 임의의 행 또는 열에 대해 여인수로 전개해도[4] 동일하게 행렬식을 구할 수 있으며, 3×3 행렬식의 경우 다음과 같이 9개의 여인수가 존재한다.

4 0을 많이 포함하고 있는 행 또는 열을 택하여 여인수 전개하면 계산이 간편해진다.

$$\begin{array}{lll} C_{11} = M_{11} & C_{12} = -M_{12} & C_{13} = M_{13} \\ C_{21} = -M_{21} & C_{22} = M_{22} & C_{23} = -M_{23} \\ C_{31} = M_{31} & C_{32} = -M_{32} & C_{33} = M_{33} \end{array}$$

예제 9-7 여인수 전개에 의한 행렬식 계산

다음 행렬 $\vec{A}$의 행렬식을 구하라.

$$\vec{A}=\begin{bmatrix} 2 & 1 & -2 \\ -3 & 0 & 1 \\ 1 & -2 & 2 \end{bmatrix}$$

풀이

이 행렬은 2행에 대해 여인수 전개를 하여 구해보자. 식 (9.11)을 $\vec{A}$의 2행에 대해 여인수 전개하면

$$\det\vec{A}=\begin{vmatrix} 2 & 1 & -2 \\ -3 & 0 & 1 \\ 1 & -2 & 2 \end{vmatrix}=(-3)C_{21}+(0)C_{22}+(1)C_{23}$$

이다. 또한 여인수들은 다음과 같다.

$$C_{21}=(-1)^{2+1}\begin{vmatrix} 2 & 1 & -2 \\ -3 & 0 & 1 \\ 1 & -2 & 2 \end{vmatrix}=-\begin{vmatrix} 1 & -2 \\ -2 & 2 \end{vmatrix}=-[(1)(2)-(-2)(-2)]=2$$

$$C_{22}=(-1)^{2+2}\begin{vmatrix} 2 & 1 & -2 \\ -3 & 0 & 1 \\ 1 & -2 & 2 \end{vmatrix}=\begin{vmatrix} 2 & -2 \\ 1 & 2 \end{vmatrix}=[(2)(2)-(-2)(1)]=6$$

$$C_{23}=(-1)^{2+3}\begin{vmatrix} 2 & 1 & -2 \\ -3 & 0 & 1 \\ 1 & -2 & 2 \end{vmatrix}=-\begin{vmatrix} 2 & 1 \\ 1 & -2 \end{vmatrix}=-[(2)(-2)-(1)(1)]=5$$

따라서

$$\begin{aligned}\det\vec{A}&=(-3)C_{21}+(0)C_{22}+(1)C_{23}\\&=(-3)(2)+(0)(6)+(1)(5)\\&=-1\end{aligned}$$

이다.

Command Window

: 코딩

```
A=[2 1 -2;-3 0 1;1 -2 2];        % 행렬 A 정의
U=det(A) [1]                     % 행렬 A의 행렬식 계산
```

: 결과

```
U = -1                           % [예제 9-7]의 결과와 동일
```

MATLAB TIP!

[1] 'det(A)' : 행렬 $\vec{A}$의 행렬식을 구한다.

유제 9-7 여인수 전개에 의한 행렬식 계산

다음 행렬 $\vec{A}$의 행렬식을 구하라.

$$\vec{A}=\begin{bmatrix} 0 & 1 & -3 \\ -1 & 3 & 2 \\ 2 & -2 & 3 \end{bmatrix}$$

정답 : $\det\vec{A}=19$

일반적으로 $n\times n$ 행렬의 경우에도 3×3 행렬의 경우에서와 마찬가지로 여인수 전개에 의해 행렬식을 구할 수 있다.

정리 9-4 행렬식 계산($n\times n$ 행렬)

행렬 $\vec{A}$가 a_{ij}가 원소인 $n\times n$ 행렬이라 할 때

(1) i번째 행에 대해 여인수 전개를 하면 행렬식은 다음과 같다.

$$\det\vec{A}=a_{i1}C_{i1}+a_{i2}C_{i2}+\cdots+a_{in}C_{in} \tag{9.12}$$

(2) j번째 열에 대해 여인수 전개를 하면 행렬식은 다음과 같다.

$$\det\vec{A}=a_{1j}C_{1j}+a_{2j}C_{2j}+\cdots+a_{nj}C_{nj} \tag{9.13}$$

예제 9-8 여인수 전개에 의한 행렬식 계산

다음 행렬 $\vec{A}$의 행렬식을 구하라.

$$\vec{A}=\begin{bmatrix} 1 & 2 & 0 & -2 \\ 1 & 0 & -1 & 0 \\ 0 & 1 & 2 & 1 \\ 2 & -1 & 0 & -2 \end{bmatrix}$$

MATLAB 풀이

풀이

이 행렬은 두 번째 행에 0이 2개 있으므로 두 번째 행에 대해 여인수 전개를 하여 행렬식을 구하면 계산이 간단해진다. 식 (9.12)를 이용하면

$$\begin{aligned}\det\vec{A}&=a_{21}C_{21}+a_{22}C_{22}+a_{23}C_{23}+a_{24}C_{24}\\&=(1)C_{21}+(0)C_{22}+(-1)C_{23}+(0)C_{24}\end{aligned}$$

이다. 따라서 C_{22}와 C_{24}는 구하지 않아도 되고, C_{21}과 C_{23}은 다음과 같이 얻어진다.

$$C_{21}=(-1)^{2+1}\begin{vmatrix} 2 & 0 & -2 \\ 1 & 2 & 1 \\ -1 & 0 & -2 \end{vmatrix}$$ …… ① 1행에 대해 여인수 전개

$$= -\left[(2)(-1)^{1+1}\begin{vmatrix} 2 & 1 \\ 0 & -2 \end{vmatrix} + (0)(-1)^{1+2}\begin{vmatrix} 1 & 1 \\ -1 & -2 \end{vmatrix} + (-2)(-1)^{1+3}\begin{vmatrix} 1 & 2 \\ -1 & 0 \end{vmatrix}\right]$$

$$= -2[(2)(-2)-(1)(0)]+2[(1)(0)-(2)(-1)]$$

$$=12$$

$$C_{23}=(-1)^{2+3}\begin{vmatrix} 1 & 2 & -2 \\ 0 & 1 & 1 \\ 2 & -1 & -2 \end{vmatrix}$$ …… ② 2행에 대해 여인수 전개

$$= -\left[(0)(-1)^{2+1}\begin{vmatrix} 2 & -2 \\ -1 & -2 \end{vmatrix} + (1)(-1)^{2+2}\begin{vmatrix} 1 & -2 \\ 2 & -2 \end{vmatrix} + (1)(-1)^{2+3}\begin{vmatrix} 1 & 2 \\ 2 & -1 \end{vmatrix}\right]$$

$$= -(1)[(1)(-2)-(-2)(2)]+(1)[(1)(-1)-(2)(2)]$$

$$=-7$$

그러므로

$$\det \overrightarrow{A} = (1)C_{21} + (-1)C_{23} = (1)(12) + (-1)(-7) = 19$$

이다.

유제 9-8 여인수 전개에 의한 행렬식 계산

다음 행렬 $\overrightarrow{A}$의 행렬식을 구하라.

$$\overrightarrow{A} = \begin{bmatrix} 2 & 1 & 1 & 1 \\ 0 & 2 & -1 & 2 \\ -2 & 1 & 0 & 0 \\ 1 & -2 & 0 & -2 \end{bmatrix}$$

정답 : $\det \overrightarrow{A} = -7$

9.2.2 행렬식의 성질

행렬식은 다음과 같은 성질이 있다.

성질 ❶

$n \times n$ 행렬 $\overrightarrow{A}$의 임의의 행 또는 열이 영벡터이면 $\det \overrightarrow{A} = 0$이다.

증명 $\vec{A}$의 i행의 모든 원소가 0인 영벡터라 하자. 즉 $a_{i1} = a_{i2} = \cdots = a_{in} = 0$이면 식 (9.12)를 사용하여 i행에 대해 여인수 전개를 하여 행렬 $\vec{A}$의 행렬식을 구한다.

$$\det \vec{A} = a_{i1}C_{i1} + a_{i2}C_{i2} + \cdots + a_{in}C_{in} \quad = (0)C_{i1} + (0)C_{i2} + \cdots + (0)C_{in} = 0$$

마찬가지로 $\vec{A}$의 j 열의 모든 원소가 0인 경우에도 식 (9.13)을 사용하여 j 열에 대해 여인수 전개를 하면 같은 결과를 얻을 수 있다. ■

예제 9-9 행렬식의 성질 ❶

다음 행렬 $\vec{A}$의 행렬식을 구하라.

$$\vec{A} = \begin{bmatrix} 2 & 1 & 0 & 1 \\ 3 & 2 & 0 & 1 \\ -2 & 0 & 0 & 2 \\ 1 & 1 & 0 & -2 \end{bmatrix}$$

MATLAB 풀이

풀이

$\vec{A}$의 세 번째 열의 모든 원소가 0이므로 식 (9.13)을 이용하여 세 번째 열에 대해 여인수 전개를 하여 행렬식을 구하면 된다.

$$\begin{aligned} \det \vec{A} &= a_{13}C_{13} + a_{23}C_{23} + a_{33}C_{33} + a_{43}C_{43} \\ &= (0)C_{13} + (0)C_{23} + (0)C_{33} + (0)C_{43} \\ &= 0 \end{aligned}$$

유제 9-9 행렬식의 성질 ❶

다음 행렬 $\vec{A}$의 행렬식을 구하라.

$$\vec{A} = \begin{bmatrix} 1 & 0 & 2 \\ 2 & 0 & 1 \\ -3 & 0 & -2 \end{bmatrix}$$

정답 : $\det \vec{A} = 0$

성질 ❷

행렬 $\vec{B}$가 $n \times n$ 행렬 $\vec{A}$의 임의의 두 행 또는 두 열을 서로 교환하여 얻어진 행렬이라면 $\det \vec{A} = -\det \vec{B}$이다.

증명 행렬 $\vec{B}$가 $\vec{A}$의 두 인접 행을 교환하여 얻어진 행렬인 경우에 대해 살펴보자. 행렬 $\vec{A}$와 $\vec{B}$가 다음과 같다고 가정하자.

$$\vec{A} = \begin{bmatrix} a_{11} & a_{12} & \cdots & a_{1n} \\ a_{21} & a_{22} & \cdots & a_{2n} \\ \vdots & \vdots & \vdots & \vdots \\ a_{i1} & a_{i2} & \cdots & a_{in} \\ a_{(i+1)1} & a_{(i+1)2} & \cdots & a_{(i+1)n} \\ \vdots & \vdots & \vdots & \vdots \\ a_{n1} & a_{n2} & \cdots & a_{nn} \end{bmatrix}, \quad \vec{B} = \begin{bmatrix} a_{11} & a_{12} & \cdots & a_{1n} \\ a_{21} & a_{22} & \cdots & a_{2n} \\ \vdots & \vdots & \vdots & \vdots \\ a_{(i+1)1} & a_{(i+1)2} & \cdots & a_{(i+1)n} \\ a_{i1} & a_{i2} & \cdots & a_{in} \\ \vdots & \vdots & \vdots & \vdots \\ a_{n1} & a_{n2} & \cdots & a_{nn} \end{bmatrix}$$

$\det\vec{A}$ 를 i행에 대해 여인수 전개를 하여 구하고, $\det\vec{B}$ 를 $(i+1)$행에 대해 여인수 전개를 하여 구하면

$$\det\vec{A} = a_{i1}C_{i1} + a_{i2}C_{i2} + \cdots + a_{in}C_{in}$$
$$\det\vec{B} = a_{i1}C_{(i+1)1} + a_{i2}C_{(i+1)2} + \cdots + a_{in}C_{(i+1)n}$$

이다. 소행렬식 M_{ij} 가 행렬 $\vec{A}$ 의 i행과 j열을 삭제하고 얻어진 행렬의 행렬식일 때, 행렬 $\vec{B}$ 의 $(i+1)$행과 j열을 삭제하고 얻어진 행렬의 행렬식도 M_{ij} 가 된다는 사실을 감안하면, 식 (9.10)으로부터

$$C_{(i+1)j} = (-1)^{i+1+j}M_{ij} = -(-1)^{i+j}M_{ij} = -C_{ij}$$

이므로

$$\begin{aligned} \det\vec{B} &= -a_{i1}C_{i1} - a_{i2}C_{i2} - \cdots - a_{in}C_{in} \\ &= -\det\vec{A} \end{aligned}$$

이다. 다른 방법으로 행과 열을 교환하는 경우에도 유사하게 증명할 수 있다. ■

예제 9-10 행렬식의 성질 ❷

다음 두 행렬에 대해 행렬식의 성질 ❷가 성립함을 확인하라.

$$\vec{A} = \begin{bmatrix} 2 & 1 & -3 \\ -2 & 1 & 2 \\ 0 & -2 & 3 \end{bmatrix}, \quad \vec{B} = \begin{bmatrix} -3 & 1 & 2 \\ 2 & 1 & -2 \\ 3 & -2 & 0 \end{bmatrix}$$

MATLAB 풀이

풀이

행렬 $\vec{B}$ 는 행렬 $\vec{A}$ 의 1열과 3열을 교환하여 얻어진 행렬이다. $\det\vec{A}$ 를 구하기 위해 1열에 대해 여인수 전개를 하면

$$\det\vec{A} = \begin{vmatrix} 2 & 1 & -3 \\ -2 & 1 & 2 \\ 0 & -2 & 3 \end{vmatrix} = (2)C_{11} + (-2)C_{21} + (0)C_{31}$$

이다. 또한 여인수들은 다음과 같다.

$$C_{11}=(-1)^{1+1}\begin{vmatrix} 2 & 1 & -3 \\ -2 & 1 & 2 \\ 0 & -2 & 3 \end{vmatrix}=\begin{vmatrix} 1 & 2 \\ -2 & 3 \end{vmatrix}$$

$$=[(1)(3)-(2)(-2)]=7$$

$$C_{22}=(-1)^{2+1}\begin{vmatrix} 2 & 1 & -3 \\ -2 & 1 & 2 \\ 0 & -2 & 3 \end{vmatrix}=-\begin{vmatrix} 1 & -3 \\ -2 & 3 \end{vmatrix}$$

$$=-[(1)(3)-(-3)(-2)]=3$$

$$C_{31}=(-1)^{3+1}\begin{vmatrix} 2 & 1 & -3 \\ -2 & 1 & 2 \\ 0 & 2 & 3 \end{vmatrix}=\begin{vmatrix} 1 & -3 \\ 1 & 2 \end{vmatrix}$$

$$=[(1)(2)-(-3)(1)]=5$$

따라서

$$\det \vec{A} = (2)C_{11}+(-2)C_{21}+(0)C_{31}$$

$$=(2)(7)+(-2)(3)+(0)(5)=8$$

이다. 같은 방법으로 $\det\vec{B}$를 구하면 $\det\vec{B}=-8$임을 알 수 있다. 그러므로 $\det\vec{A}=-\det\vec{B}$이다.

유제 9-10 행렬식의 성질 ❷

다음 두 행렬에 대해 행렬식의 성질 ❷가 성립함을 확인하라.

$$\vec{A}=\begin{bmatrix} 3 & 1 & 3 \\ -1 & 2 & 1 \\ 2 & 1 & 2 \end{bmatrix},\quad \vec{B}=\begin{bmatrix} 2 & 1 & 2 \\ -1 & 2 & 1 \\ 3 & 1 & 3 \end{bmatrix}$$

정답 : $\det\vec{A}=-2$, $\det\vec{B}=2$

성질 ❸

$n\times n$ 행렬 $\vec{A}$의 임의의 두 행 또는 두 열이 같으면 $\det\vec{A}=0$ 이다.

증명 행렬 $\vec{A}$ 의 i행과 j행이 같다고 하자. 이 두 행을 서로 교환해서 행렬 $\vec{B}$를 만들면 행렬식의 성질 ❷에 의해 $\det\vec{B}=-\det\vec{A}$이다. 한편, i행과 j행이 같으므로 행렬 $\vec{A}$와 행렬 $\vec{B}$는 같은 행렬이다. 그러므로 $\det\vec{A}=\det\vec{B}=-\det\vec{A}$이고, $2\det\vec{A}=0$이 되어, 결국 $\det\vec{A}=0$이다. ■

예제 9-11 행렬식의 성질 ❸

다음 행렬 $\vec{A}$에 대해 행렬식의 성질 ❸이 성립함을 확인하라.

$$\vec{A}=\begin{bmatrix}-2 & 3 & -2\\ 1 & 0 & 1\\ 2 & 1 & 2\end{bmatrix}$$

MATLAB 풀이

풀이

행렬 $\vec{A}$의 1열과 3열이 같음을 알 수 있다. 앞 예제들에서와 같은 방법으로 $\det\vec{A}$를 구하면 $\det\vec{A}=0$이 나오며, 성질 ❸의 내용과 일치한다.

유제 9-11 행렬식의 성질 ❸

다음 행렬 $\vec{A}$에 대해 행렬식의 성질 ❸이 성립함을 확인하라.

$$\vec{A}=\begin{bmatrix}-1 & -2 & -1\\ 2 & 3 & 2\\ 3 & 2 & 3\end{bmatrix}$$

정답 : $\det\vec{A}=0$

성질 ❹

행렬 $\vec{B}$가 $n\times n$ 행렬 $\vec{A}$의 임의의 한 행(또는 열)에 상수 c를 곱하여 얻어진 행렬이라면 $\det\vec{B}=c\det\vec{A}$이다.

증명 행렬 $\vec{B}$가 행렬 $\vec{A}$의 i행에 상수 c를 곱하여 얻어진 행렬이라면

$$\vec{A}=\begin{bmatrix}a_{11} & a_{12} & \cdots & a_{1n}\\ a_{21} & a_{22} & \cdots & a_{2n}\\ \vdots & \vdots & \vdots & \vdots\\ a_{i1} & a_{i2} & \cdots & a_{in}\\ \vdots & \vdots & \vdots & \vdots\\ a_{n1} & a_{n2} & \cdots & a_{nn}\end{bmatrix},\quad \vec{B}=\begin{bmatrix}a_{11} & a_{12} & \cdots & a_{1n}\\ a_{21} & a_{22} & \cdots & a_{2n}\\ \vdots & \vdots & \vdots & \vdots\\ c\,a_{i1} & c\,a_{i2} & \cdots & ca_{in}\\ \vdots & \vdots & \vdots & \vdots\\ a_{n1} & a_{n2} & \cdots & a_{nn}\end{bmatrix}$$

이다. 행렬 $\vec{B}$의 행렬식을 구하기 위해 행렬 $\vec{B}$의 i행에 대해 여인수 전개를 하면 다음과 같다.

$$\begin{aligned}\det\vec{B}&=c\,a_{i1}C_{i1}+c\,a_{i2}C_{i2}+\cdots+c\,a_{in}C_{in}\\ &=c\left(a_{i1}C_{i1}+a_{i2}C_{i2}+\cdots+a_{in}C_{in}\right)\\ &=c\det\vec{A}\end{aligned}$$

■

예제 9-12 행렬식의 성질 ❹

다음 행렬 $\vec{A}$와 $\vec{B}$에 대해 행렬식의 성질 ❹가 성립함을 확인하라.

$$\vec{A}=\begin{bmatrix}-1 & -2 & 1\\ 1 & 3 & 2\\ 2 & 2 & -1\end{bmatrix},\quad \vec{B}=\begin{bmatrix}-1 & -2 & 2\\ 1 & 3 & 4\\ 2 & 2 & -2\end{bmatrix}$$

MATLAB 풀이

풀이

행렬 $\vec{A}$의 행렬식을 구하면 $\det\vec{A}=-7$이고, 행렬 $\vec{B}$의 행렬식을 구하면 $\det\vec{B}=-14$이다. 결과적으로 행렬 $\vec{B}$가 행렬 $\vec{A}$의 3열에 상수 2를 곱하여 얻어진 행렬이므로 $\det\vec{B}=-14=2\det\vec{A}$가 되고, 성질 ❹와 일치한다.

유제 9-12 행렬식의 성질 ❹

다음 행렬 $\vec{A}$와 $\vec{B}$에 대해 행렬식의 성질 ❹가 성립함을 확인하라.

$$\vec{A}=\begin{bmatrix}-1 & -1 & 2\\ 3 & 2 & 1\\ 1 & 1 & -3\end{bmatrix},\quad \vec{B}=\begin{bmatrix}-1 & -2 & 2\\ 3 & 4 & 1\\ 1 & 2 & -3\end{bmatrix}$$

정답 : $\det\vec{A}=-1$, $\det\vec{B}=-2$
$(\det\vec{B}=2\det\vec{A})$

성질 ❺

$n\times n$ 행렬 $\vec{A}$의 임의의 한 행(또는 열)이 다른 행(또는 열)의 상수배이면 $\det\vec{A}=0$ 이다.

증명 행렬 $\vec{A}$의 j행이 i행의 c배라고 하자. 즉

$$(a_{j1}\ a_{j2}\ \cdots\ a_{jn})=c(a_{i1}\ a_{i2}\ \cdots\ a_{in})$$

이면 행렬식의 성질 ❹에 의해 $\det\vec{A}$는 i행과 j행이 같은 행렬의 행렬식에 c배 한 값이 된다. 그런데 행렬식의 성질 ❸에 의하면 임의의 두 행이 같으면 행렬식은 0이므로, 결국 $\det\vec{A}=0$이다. ■

예제 9-13 행렬식의 성질 ❺

다음 행렬 $\vec{A}$에 대해 행렬식의 성질 ❺가 성립함을 확인하라.

MATLAB 풀이

$$\vec{A}=\begin{bmatrix} 2 & 1 & -4 \\ -2 & 3 & 4 \\ 1 & -2 & -2 \end{bmatrix}$$

풀이

행렬 $\vec{A}$는 3열이 1열의 -2배인 행렬이다. 행렬 $\vec{A}$의 행렬식을 구하면 $\det\vec{A}=0$이 나오며, 성질 ❺의 내용과 일치한다.

유제 9-13 행렬식의 성질 ❺

다음 행렬 $\vec{A}$에 대해 행렬식의 성질 ❺가 성립함을 확인하라.

$$\vec{A}=\begin{bmatrix} -1 & 2 & 2 \\ -2 & 0 & 4 \\ 2 & -1 & -4 \end{bmatrix}$$

정답 : $\det\vec{A}=0$

성질 ❻

$n\times n$ 행렬 $\vec{A}$, $\vec{B}$, $\vec{C}$가 i행(또는 j열)을 제외한 모든 원소가 같고, $\vec{C}$의 i행(또는 j열)의 원소가 $\vec{A}$와 $\vec{B}$의 i행(또는 j열) 원소들의 합과 같다면 행렬식은 다음과 같은 관계가 성립한다.

$$\det\vec{C}=\det\vec{A}+\det\vec{B}$$

증명 행렬 $\vec{A}$, $\vec{B}$, $\vec{C}$의 i행이 다르다고 가정하면 행렬은 다음과 같이 쓸 수 있다.

$$\vec{A}=\begin{bmatrix} a_{11} & a_{12} & \cdots & a_{1n} \\ a_{21} & a_{22} & \cdots & a_{2n} \\ \vdots & \vdots & \vdots & \vdots \\ a_{i1} & a_{i2} & \cdots & a_{in} \\ \vdots & \vdots & \vdots & \vdots \\ a_{n1} & a_{n2} & \cdots & a_{nn} \end{bmatrix},\quad \vec{B}=\begin{bmatrix} a_{11} & a_{12} & \cdots & a_{1n} \\ a_{21} & a_{22} & \cdots & a_{2n} \\ \vdots & \vdots & \vdots & \vdots \\ b_{i1} & b_{i2} & \cdots & b_{in} \\ \vdots & \vdots & \vdots & \vdots \\ a_{n1} & a_{n2} & \cdots & a_{nn} \end{bmatrix},\quad \vec{C}=\begin{bmatrix} a_{11} & a_{12} & \cdots & a_{1n} \\ a_{21} & a_{22} & \cdots & a_{2n} \\ \vdots & \vdots & \vdots & \vdots \\ a_{i1}+b_{i1} & a_{i2}+b_{i2} & \cdots & a_{in}+b_{in} \\ \vdots & \vdots & \vdots & \vdots \\ a_{n1} & a_{n2} & \cdots & a_{nn} \end{bmatrix}$$

행렬 $\vec{C}$의 행렬식을 구하기 위해 i행에 대해 여인수 전개를 하면 다음과 같이 증명이 완성된다.

$$\begin{aligned}\det \vec{C} &= (a_{i1}+b_{i1})\,C_{i1} + (a_{i2}+b_{i2})\,C_{i2} + \cdots + (a_{in}+b_{in})\,C_{in} \\ &= (a_{i1}C_{i1} + a_{i2}C_{i2} + \cdots + a_{in}C_{in}) + (b_{i1}C_{i1} + b_{i2}C_{i2} + \cdots + b_{in}C_{in}) \\ &= \det\vec{A} + \det\vec{B}\end{aligned}$$

■

예제 9-14 행렬식의 성질 ❻

다음 행렬 $\vec{A}$, $\vec{B}$, $\vec{C}$에 대해 행렬식의 성질 ❻이 성립함을 확인하라.

MATLAB 풀이

$$\vec{A}=\begin{bmatrix}-1 & 1 & -2\\ 1 & 2 & 1\\ 3 & 2 & -2\end{bmatrix},\ \vec{B}=\begin{bmatrix}-1 & 1 & -2\\ 1 & 2 & 1\\ -1 & -1 & 2\end{bmatrix},\ \vec{C}=\begin{bmatrix}-1 & 1 & -2\\ 1 & 2 & 1\\ 2 & 1 & 0\end{bmatrix}$$

풀이

행렬 $\vec{A}$, $\vec{B}$, $\vec{C}$는 3행을 제외한 모든 원소들이 같고, 행렬 $\vec{C}$의 3행의 원소들은 행렬 $\vec{A}$와 $\vec{B}$의 3행의 원소들의 합과 같음을 상기하자. 앞에서 설명한 방법에 의해 행렬 $\vec{A}$, $\vec{B}$, $\vec{C}$에 대해 행렬식 값을 구해보면 다음과 같다.

$$\det\vec{A}=19,\ \det\vec{B}=-10,\ \det\vec{C}=9$$

따라서 $\det\vec{C}=\det\vec{A}+\det\vec{B}$ 가 성립함을 알 수 있다.

유제 9-14 행렬식의 성질 ❻

다음 행렬 $\vec{A}$, $\vec{B}$, $\vec{C}$에 대해 행렬식의 성질 ❻이 성립함을 확인하라.

$$\vec{A}=\begin{bmatrix}1 & -2 & 1\\ -3 & 1 & -2\\ 2 & 1 & -3\end{bmatrix},\ \vec{B}=\begin{bmatrix}1 & -3 & 1\\ -3 & 2 & -2\\ 2 & 1 & -3\end{bmatrix},\ \vec{C}=\begin{bmatrix}1 & -5 & 1\\ -3 & 3 & -2\\ 2 & 2 & -3\end{bmatrix}$$

정답 : $\det\vec{A}=20$, $\det\vec{B}=28$, $\det\vec{C}=48$
$(\det\vec{C}=\det\vec{A}+\det\vec{B})$

성질 ❼

$n\times n$ 행렬 $\vec{B}$가 행렬 $\vec{A}$의 임의의 한 행(또는 열)에 0이 아닌 상수 c를 곱하고, 이 결과를 다른 행(또는 열)에 더하여 얻어진 행렬이라 하면 $\det\vec{B}=\det\vec{A}$이다.

증명 행렬 $\vec{B}$의 m행이 행렬 $\vec{A}$의 i행에 c를 곱해서 m행에 더하여 얻어진 행렬이라 하자. 그러면 행렬 $\vec{A}$와 $\vec{B}$는 다음과 같다.

$$\vec{A} = \begin{bmatrix} a_{11} & a_{12} & \cdots & a_{1n} \\ a_{21} & a_{22} & \cdots & a_{2n} \\ \vdots & \vdots & \vdots & \vdots \\ a_{i1} & a_{i2} & \cdots & a_{in} \\ \vdots & \vdots & \vdots & \vdots \\ a_{m1} & a_{m2} & \cdots & a_{mn} \\ \vdots & \vdots & \vdots & \vdots \\ a_{n1} & a_{n2} & \cdots & a_{nn} \end{bmatrix}, \quad \vec{B} = \begin{bmatrix} a_{11} & a_{12} & \cdots & a_{1n} \\ a_{21} & a_{22} & \cdots & a_{2n} \\ \vdots & \vdots & \vdots & \vdots \\ a_{i1} & a_{i2} & \cdots & a_{in} \\ \vdots & \vdots & \vdots & \vdots \\ a_{m1}+ca_{i1} & a_{m2}+ca_{i2} & \cdots & a_{mn}+ca_{in} \\ \vdots & \vdots & \vdots & \vdots \\ a_{n1} & a_{n2} & \cdots & a_{nn} \end{bmatrix}$$

행렬식의 성질 ❻에 의해

$$\det \vec{B} = \det \vec{A} + \det \vec{C}$$

이다. 여기서 행렬 $\vec{C}$는 다음과 같다.

$$\vec{C} = \begin{bmatrix} a_{11} & a_{12} & \cdots & a_{1n} \\ a_{21} & a_{22} & \cdots & a_{2n} \\ \vdots & \vdots & \vdots & \vdots \\ a_{i1} & a_{i2} & \cdots & a_{in} \\ \vdots & \vdots & \vdots & \vdots \\ ca_{i1} & ca_{i2} & \cdots & ca_{in} \\ \vdots & \vdots & \vdots & \vdots \\ a_{n1} & a_{n2} & \cdots & a_{nn} \end{bmatrix} \begin{matrix} \\ \\ \\ \leftarrow i\text{행} \\ \\ \leftarrow m\text{행} \\ \\ \\ \end{matrix}$$

또한 행렬 $\vec{C}$의 m행이 i행의 상수배이므로 행렬식의 성질 ❺에 의해

$$\det \vec{C} = 0$$

이므로, 결과적으로

$$\det \vec{B} = \det \vec{A}$$

가 된다. ■

예제 9-15 행렬식의 성질 ❼

다음 행렬 $\vec{A}$와 $\vec{B}$에 대해 행렬식의 성질 ❼이 성립함을 확인하라.

$$\vec{A} = \begin{bmatrix} -1 & -2 & -1 \\ 2 & -2 & 3 \\ 1 & 0 & -3 \end{bmatrix}, \quad \vec{B} = \begin{bmatrix} -1 & -2 & -1 \\ 2 & -2 & 3 \\ -1 & -4 & -5 \end{bmatrix}$$

MATLAB 풀이

풀이

행렬 $\vec{B}$의 3행은 행렬 $\vec{A}$의 1행에 2를 곱한 뒤, $\vec{A}$의 3행에 더하여 얻어진 행렬임을 알 수 있다. 앞에서 설명한 방법에 의해 행렬 $\vec{A}$와 $\vec{B}$에 대해 행렬식 값을 구해보면 다음과 같다.

$$\det\vec{A} = -26, \quad \det\vec{B} = -26$$

따라서 $\det\vec{B} = \det\vec{A}$ 가 성립함을 알 수 있다.

유제 9-15 행렬식의 성질 ❼

다음 행렬 $\vec{A}$와 $\vec{B}$에 대해 행렬식의 성질 ❼이 성립함을 확인하라.

$$\vec{A} = \begin{bmatrix} 2 & -2 & -1 \\ -1 & 2 & 1 \\ 1 & 3 & -2 \end{bmatrix}, \quad \vec{B} = \begin{bmatrix} 2 & -2 & -1 \\ -1 & 2 & 1 \\ -3 & 7 & 0 \end{bmatrix}$$

정답 : $\det\vec{A} = -7$, $\det\vec{B} = -7$
$(\det\vec{A} = \det\vec{B})$

성질 ❽

$n \times n$ 행렬 $\vec{A}$와 $\vec{B}$에 대해 $\det(\vec{A}\,\vec{B}) = \det\vec{A} \cdot \det\vec{B}$ 이다.

증명 일반적인 행렬은 10.1절에서 설명할 기본행 연산을 사용하여 대각행렬로 바꿀 수 있다. 그러므로 행렬식의 성질 ❽을 간단히 증명하기 위해 다음과 같이 행렬 $\vec{A}$는 대각행렬이고, 행렬 $\vec{B}$는 일반행렬이라 가정하고 증명하도록 하자.

$$\vec{A} = \begin{bmatrix} d_1 & 0 & \cdots & 0 \\ 0 & d_2 & \cdots & 0 \\ \vdots & \vdots & \vdots & \vdots \\ 0 & 0 & \cdots & d_n \end{bmatrix}, \quad \vec{B} = \begin{bmatrix} b_{11} & b_{12} & \cdots & b_{1n} \\ b_{21} & b_{22} & \cdots & b_{2n} \\ \vdots & \vdots & \vdots & \vdots \\ b_{n1} & b_{n2} & \cdots & b_{nn} \end{bmatrix}$$

두 행렬의 곱은

$$\vec{A}\,\vec{B} = \begin{bmatrix} d_1b_{11} & d_1b_{12} & \cdots & d_1b_{1n} \\ d_2b_{21} & d_2b_{22} & \cdots & d_2b_{2n} \\ \vdots & \vdots & \vdots & \vdots \\ d_nb_{n1} & d_nb_{n2} & \cdots & d_nb_{nn} \end{bmatrix}$$

이고, $\vec{A}\,\vec{B}$의 행렬식은

$$\det(\vec{A}\,\vec{B}) = \begin{vmatrix} d_1 b_{11} & d_1 b_{12} & \cdots & d_1 b_{1n} \\ d_2 b_{21} & d_2 b_{22} & \cdots & d_2 b_{2n} \\ \vdots & \vdots & \vdots & \vdots \\ d_n b_{n1} & d_n b_{n2} & \cdots & d_n b_{nn} \end{vmatrix}$$

이다. 행렬식의 성질 ❹를 반복하여 사용하면 다음과 같이 증명이 완성된다.

$$\begin{aligned} \det(\vec{A}\,\vec{B}) &= d_1 \begin{vmatrix} b_{11} & b_{12} & \cdots & b_{1n} \\ d_2 b_{21} & d_2 b_{22} & \cdots & d_2 b_{2n} \\ \vdots & \vdots & \vdots & \vdots \\ d_n b_{n1} & d_n b_{n2} & \cdots & d_n b_{nn} \end{vmatrix} \\ &= d_1 d_2 \begin{vmatrix} b_{11} & b_{12} & \cdots & b_{1n} \\ b_{21} & b_{22} & \cdots & b_{2n} \\ \vdots & \vdots & \vdots & \vdots \\ d_n b_{n1} & d_n b_{n2} & \cdots & d_n b_{nn} \end{vmatrix} \\ &= \underbrace{d_1 d_2 \cdots d_n}_{\det \vec{A}} \begin{vmatrix} b_{11} & b_{12} & \cdots & b_{1n} \\ b_{21} & b_{22} & \cdots & b_{2n} \\ \vdots & \vdots & \vdots & \vdots \\ b_{n1} & b_{n2} & \cdots & b_{nn} \end{vmatrix} \\ &= \det \vec{A} \cdot \det \vec{B} \end{aligned}$$

■

예제 9-16 행렬식의 성질 ❽

다음 행렬 $\vec{A}$와 $\vec{B}$에 대해 행렬식의 성질 ❽이 성립함을 확인하라.

$$\vec{A} = \begin{bmatrix} 1 & -2 & -1 \\ -2 & 0 & -2 \\ 1 & 3 & 1 \end{bmatrix}, \quad \vec{B} = \begin{bmatrix} -1 & 0 & -1 \\ 1 & 2 & 2 \\ -2 & 2 & -2 \end{bmatrix}$$

MATLAB 풀이

풀이

두 행렬 $\vec{A}$와 $\vec{B}$의 곱은

$$\vec{A}\,\vec{B} = \begin{bmatrix} -1 & -6 & -3 \\ 6 & -4 & 6 \\ 0 & 8 & 3 \end{bmatrix}$$

이다. 이제 각 행렬에 대해 행렬식을 구하면 다음과 같다.

$$\det \vec{A} = 12, \ \det \vec{B} = 2, \ \det \vec{A} \cdot \det \vec{B} = (12)(2) = 24, \ \det(\vec{A}\,\vec{B}) = 24$$

따라서 $\det(\vec{A}\,\vec{B}) = \det \vec{A} \cdot \det \vec{B}$가 성립함을 알 수 있다.

유제 9-16 행렬식의 성질 ❽

다음 행렬 $\vec{A}$와 $\vec{B}$에 대해 행렬식의 성질 ❽이 성립함을 확인하라.

$$\vec{A}=\begin{bmatrix}2&-1&1\\-2&-1&1\\2&0&2\end{bmatrix},\quad \vec{B}=\begin{bmatrix}-2&-1&-1\\0&1&2\\-1&2&-1\end{bmatrix}$$

정답 : $\det\vec{A}=-8$, $\det\vec{B}=11$, $\det(\vec{A}\,\vec{B})=-88$

> **성질 ❾**
>
> 행렬 $\vec{A}^{T}$이 $n\times n$ 행렬 $\vec{A}$의 전치행렬이면 $\det\vec{A}^{T}=\det\vec{A}$이다.

행렬식의 성질 ❾는 수학적 귀납법으로 증명할 수 있으나, 매우 길어지므로 여기에서는 생략한다.

예제 9-17 행렬식의 성질 ❾

다음 행렬 $\vec{A}$에 대해 행렬식의 성질 ❾가 성립함을 확인하라.

MATLAB 풀이

$$\vec{A}=\begin{bmatrix}1&2&-4\\-2&-1&3\\-1&-2&2\end{bmatrix}$$

풀이

행렬 $\vec{A}$의 전치행렬은

$$\vec{A}^{T}=\begin{bmatrix}1&-2&-1\\2&-1&-2\\-4&3&2\end{bmatrix}$$

이다. 그러므로 $\vec{A}$와 $\vec{A}^{T}$의 행렬식을 구하면

$$\det\vec{A}=-6,\quad \det\vec{A}^{T}=-6$$

이고, $\det\vec{A}^{T}=\det\vec{A}$가 성립함을 알 수 있다.

유제 9-17 행렬식의 성질 ❾

다음 행렬 $\vec{A}$에 대해 행렬식의 성질 ❾가 성립함을 확인하라.

$$\vec{A}=\begin{bmatrix}-1&1&-2\\2&0&1\\-1&-1&3\end{bmatrix}$$

정답 : $\det\vec{A}=-4$, $\det\vec{A}^{T}=-4$

성질 ⑩

삼각행렬(상삼각행렬 또는 하삼각행렬) $\vec{A}$ 의 행렬식은 다음과 같다.

$$\det \vec{A} = a_{11}a_{22} \cdots a_{nn}$$

여기서 $a_{11}, a_{22}, \cdots, a_{nn}$ 은 행렬 $\vec{A}$ 의 주대각원소이다.

증명 하삼각행렬도 유사하게 증명되므로 여기서는 상삼각행렬에 대해서만 증명하겠다. $n \times n$ 상삼각행렬 $\vec{A}$ 는 다음과 같다.

$$\vec{A} = \begin{bmatrix} a_{11} & a_{12} & \cdots & a_{1n} \\ 0 & a_{22} & \cdots & a_{2n} \\ \vdots & \vdots & \vdots & \vdots \\ 0 & 0 & \cdots & a_{nn} \end{bmatrix}$$

행렬 $\vec{A}$ 의 행렬식을 구하기 위해 1열에 대해 여인수 전개를 하면

$$\begin{aligned} \det \vec{A} &= a_{11}C_{11} + a_{21}C_{21} + \cdots + a_{n1}C_{n1} \\ &= a_{11}C_{11} + (0)C_{21} + \cdots + (0)C_{n1} \\ &= a_{11}\left[(-1)^{1+1}\det \begin{bmatrix} a_{22} & a_{23} & \cdots & a_{2n} \\ 0 & a_{33} & \cdots & a_{3n} \\ \vdots & \vdots & \vdots & \vdots \\ 0 & 0 & \cdots & a_{nn} \end{bmatrix}\right] = a_{11}\det \begin{bmatrix} a_{22} & a_{23} & \cdots & a_{2n} \\ 0 & a_{33} & \cdots & a_{3n} \\ \vdots & \vdots & \vdots & \vdots \\ 0 & 0 & \cdots & a_{nn} \end{bmatrix} \end{aligned}$$

이다. 다시 순차적으로 a_{22}, a_{33}, $\cdots$, a_{nn} 열에 대해 여인수 전개를 하면 $\vec{A}$ 의 행렬식은 다음과 같이 구해진다.

$$\det \vec{A} = a_{11}a_{22} \cdots a_{nn}$$ ■

예제 9-18 행렬식의 성질 ⑩

다음 행렬 $\vec{A}$ 에 대해 행렬식의 성질 ⑩이 성립함을 확인하라.

MATLAB 풀이

$$\vec{A} = \begin{bmatrix} -3 & 2 & 3 \\ 0 & -1 & -2 \\ 0 & 0 & 2 \end{bmatrix}$$

풀이

행렬 $\vec{A}$ 는 상삼각행렬이다. 행렬 $\vec{A}$ 의 행렬식을 구하기 위해 1열에 대해 여인수 전개를 하면

$$\det \vec{A} = (-3)(-1)^{1+1}\det \begin{bmatrix} -1 & -2 \\ 0 & 2 \end{bmatrix} = (-3)(-1)(2) = 6$$

이다.

유제 9-18 행렬식의 성질 ⑩

다음 행렬 $\overrightarrow{A}$에 대해 행렬식의 성질 ⑩이 성립함을 확인하라.

$$\overrightarrow{A}=\begin{bmatrix}2 & 2 & -1\\ 0 & -3 & 2\\ 0 & 0 & -2\end{bmatrix}$$

정답 : $\det\overrightarrow{A}=(2)(-3)(-2)=12$

정리 9-5 여인수의 성질

$\overrightarrow{A}$가 $n\times n$ 행렬이고, a_{i1}, a_{i2}, $\cdots$, a_{in}이 $\overrightarrow{A}$의 i행의 원소이고, C_{j1}, C_{j2}, $\cdots$, C_{jn}이 $\overrightarrow{A}$의 j행의 원소들에 대한 여인수라 하면

$$a_{i1}C_{j1}+a_{i2}C_{j2}+\cdots+a_{in}C_{jn}=0 \qquad (i\neq j) \tag{9.14}$$

이고, 또한 a_{1j}, a_{2j}, $\cdots$, a_{nj}가 $\overrightarrow{A}$의 j열의 원소이고, C_{1k}, C_{2k}, $\cdots$, C_{nk}가 $\overrightarrow{A}$의 k열의 원소들에 대한 여인수라 하면

$$a_{1j}C_{1k}+a_{2j}C_{2k}+\cdots+a_{nj}C_{nk}=0 \qquad (j\neq k) \tag{9.15}$$

이다.

증명 열들에 대한 경우도 행들에 대한 결과와 유사하므로 행들에 대한 결과에 대해서만 증명하도록 하겠다. $\overrightarrow{B}$를 $\overrightarrow{A}$의 j행을 i행으로 대치한 행렬이라 하자. 그러면 $\overrightarrow{B}$는 i행과 j행의 두 행이 같은 행렬이므로 $\det\overrightarrow{B}=0$ 이다. 행렬 $\overrightarrow{B}$의 행렬식을 구하기 위해 j행에 대해 여인수 전개를 하면

$$\begin{aligned}\det\overrightarrow{B}&=a_{j1}C_{j1}+a_{j2}C_{j2}+\cdots+a_{jn}C_{jn}\\&=0\end{aligned}$$

이다. 그러나 $\overrightarrow{B}$의 j행의 원소가 i행의 원소와 같으므로

$$a_{i1}C_{j1}+a_{i2}C_{j2}+\cdots+a_{in}C_{jn}=0$$

이 된다. ■

9.3 역행렬

이 절에서는 행렬에서 매우 중요하게 사용되는 개념 중 하나인 역행렬에 대해 다루고자 한다.

9.3.1 역행렬의 정의 및 성질

역행렬의 정의는 다음과 같다.

정의 9-8 역행렬

만약 $n \times n$ 행렬 $\vec{A}$에 대해

$$\vec{A}\vec{B} = \vec{B}\vec{A} = \vec{I}$$

인 관계를 만족시키는 행렬 $\vec{B}$가 존재한다면 $\vec{B}$를 $\vec{A}$의 **역행렬**inverse matrix이라 하고, $\vec{B} = \vec{A}^{-1}$으로 표기하며, 행렬 $\vec{A}$를 **가역행렬**invertible matrix 또는 **정칙행렬**nonsingular matrix이라 한다. 여기서 $\vec{I}$는 $n \times n$ 단위행렬이다.

예를 들면 두 행렬이 다음과 같이 주어진 경우를 고려해 보자.

$$\vec{A} = \begin{bmatrix} -2 & -1 \\ 2 & -1 \end{bmatrix}, \quad \vec{B} = \begin{bmatrix} -\frac{1}{4} & \frac{1}{4} \\ -\frac{1}{2} & -\frac{1}{2} \end{bmatrix}$$

두 행렬의 곱은

$$\vec{A}\vec{B} = \begin{bmatrix} -2 & -1 \\ 2 & -1 \end{bmatrix} \begin{bmatrix} -\frac{1}{4} & \frac{1}{4} \\ -\frac{1}{2} & -\frac{1}{2} \end{bmatrix} = \begin{bmatrix} 1 & 0 \\ 0 & 1 \end{bmatrix} = \vec{I}$$

$$\vec{B}\vec{A} = \begin{bmatrix} -\frac{1}{4} & \frac{1}{4} \\ -\frac{1}{2} & -\frac{1}{2} \end{bmatrix} \begin{bmatrix} -2 & -1 \\ 2 & -1 \end{bmatrix} = \begin{bmatrix} 1 & 0 \\ 0 & 1 \end{bmatrix} = \vec{I}$$

이므로, [정의 9-8]에 의해 $\vec{B}$는 $\vec{A}$의 역행렬 또는 $\vec{A}$는 $\vec{B}$의 역행렬이다.

반면, 행렬 $\vec{A}$ 가 다음과 같이 주어진다면 $\vec{A}$ 는 역행렬이 존재하지 않는다.

$$\vec{A} = \begin{bmatrix} -2 & -1 \\ 2 & 1 \end{bmatrix}$$

$\vec{A}$ 의 역행렬이 존재하려면 행렬 $\vec{B} = \begin{bmatrix} b_{11} & b_{12} \\ b_{21} & b_{22} \end{bmatrix}$ 에 대해

$$\begin{aligned} \vec{A}\,\vec{B} &= \begin{bmatrix} -2 & -1 \\ 2 & 1 \end{bmatrix} \begin{bmatrix} b_{11} & b_{12} \\ b_{21} & b_{22} \end{bmatrix} \\ &= \begin{bmatrix} -2b_{11} - b_{21} & -2b_{12} - b_{22} \\ 2b_{11} + b_{21} & 2b_{12} + b_{22} \end{bmatrix} = \begin{bmatrix} -(2b_{11} + b_{21}) & -(2b_{12} + b_{22}) \\ 2b_{11} + b_{21} & 2b_{12} + b_{22} \end{bmatrix} \\ &= \begin{bmatrix} 1 & 0 \\ 0 & 1 \end{bmatrix} \end{aligned}$$

의 관계를 만족하는 $\vec{B}$ 의 원소들이 구해져야 하지만

$$\vec{A}\,\vec{B} = \begin{bmatrix} -(2b_{11} + b_{21}) & -(2b_{12} + b_{22}) \\ 2b_{11} + b_{21} & 2b_{12} + b_{22} \end{bmatrix}$$

의 1행과 2행이 배수 관계에 있으므로 단위행렬이 될 수 없다. 따라서 행렬 $\vec{A}$ 는 역행렬이 존재하지 않는다. 모든 $n \times n$ 행렬의 역행렬이 존재하는 것은 아니며, 역행렬이 존재하지 않는 행렬을 **특이행렬**singular matrix이라 한다. 역행렬의 존재 여부를 확인하는 방법은 나중에 설명하기로 하고, 역행렬의 경우 다음 정리가 성립한다.

정리 9-6 역행렬의 성질

행렬 $\vec{A}$와 $\vec{B}$가 $n \times n$ 행렬이라 하면 다음 관계가 성립된다.

(1) $(\vec{A}^{-1})^{-1} = \vec{A}$

(2) $(\vec{A}\,\vec{B})^{-1} = \vec{B}^{-1}\vec{A}^{-1}$

증명

(1) 역행렬의 정의를 사용하자. $\vec{B}$가 $\vec{A}$ 의 역행렬이면

$$\vec{B} = \vec{A}^{-1}$$

이므로, 이 식을 역행렬의 정의에 관한 식에 대입하면

$$\vec{A}\,\vec{B} = \vec{A}\,\vec{A}^{-1} = \vec{B}\,\vec{A} = \vec{A}^{-1}\vec{A} = \vec{I}$$

이고, 이를 다시 쓰면

$$\vec{A}^{-1}\vec{A} = \vec{A}\,\vec{A}^{-1} = \vec{I}$$

이다. 따라서 역행렬의 정의에 의해 $\vec{A}^{-1}$ 의 역행렬은 $\vec{A}$ 임을 알 수 있고, 결과적으로

$$(\vec{A}^{-1})^{-1} = \vec{A}$$

이다.

(2) 역행렬의 정의를 사용하면 다음과 같은 관계식을 얻을 수 있다.

$$(\vec{B}^{-1}\vec{A}^{-1})(\vec{A}\,\vec{B}) = \vec{B}^{-1}(\vec{A}^{-1}\vec{A})\vec{B} = \vec{B}^{-1}(\vec{I})\vec{B} = \vec{B}^{-1}\vec{B} = \vec{I}$$
$$(\vec{A}\,\vec{B})(\vec{B}^{-1}\vec{A}^{-1}) = \vec{A}(\vec{B}\,\vec{B}^{-1})\vec{A}^{-1} = \vec{A}(\vec{I})\vec{A}^{-1} = \vec{A}\,\vec{A}^{-1} = \vec{I}$$

따라서 $\vec{A}\,\vec{B}$ 의 역행렬은 $\vec{B}^{-1}\vec{A}^{-1}$ 이므로

$$(\vec{A}\,\vec{B})^{-1} = \vec{B}^{-1}\vec{A}^{-1}$$

이 된다. ■

9.3.2 수반행렬

역행렬을 구하는 공식을 설명하기에 앞서 수반행렬의 정의를 이해하고 넘어가야만 한다. 식 (9.10)에서 $n \times n$ 행렬 $\vec{A}$ 의 원소 a_{ij} 의 여인수 C_{ij} 에 관하여 나타낸 바 있다. 수반행렬은 다음과 같이 정의된다.

정의 9-9 수반행렬

$n \times n$ 행렬 $\vec{A}$ 의 원소들에 대한 여인수들로 구성된 행렬의 전치행렬을 **수반행렬**adjoint matrix이라 하고, $adj\ \vec{A}$ 로 표기하며 이는 다음과 같다.

$$adj\ \vec{A} = \begin{bmatrix} C_{11} & C_{12} & \cdots & C_{1n} \\ C_{21} & C_{22} & \cdots & C_{2n} \\ \vdots & \vdots & \vdots & \vdots \\ C_{n1} & C_{n2} & \cdots & C_{nn} \end{bmatrix}^T = \begin{bmatrix} C_{11} & C_{21} & \cdots & C_{n1} \\ C_{12} & C_{22} & \cdots & C_{n2} \\ \vdots & \vdots & \vdots & \vdots \\ C_{1n} & C_{2n} & \cdots & C_{nn} \end{bmatrix}$$

수반행렬은 [정의 9-9]에서 보는 바와 같이 행렬 $\overrightarrow{A}$ 의 모든 원소들에 대한 여인수들을 구해야 하기 때문에 계산량이 매우 많으며, 행렬의 크기가 커질수록 구하기가 힘들어진다. 그러나 컴퓨터를 이용하여 쉽게 구할 수 있다.

9.3.3 역행렬을 구하는 공식

역행렬을 구하는 방법에는 공식을 이용하는 방법과 10.1절에서 설명할 기본행 연산에 의한 방법이 있다. 여기에서는 공식을 이용하여 역행렬을 구하는 방법에 대해 살펴보고자 한다. 임의의 $n \times n$ 행렬 $\overrightarrow{A}$ 의 역행렬은 다음 정리를 사용해서 구할 수 있다.

정리 9-7 역행렬 구하기

$n \times n$ 행렬 $\overrightarrow{A}$ 의 역행렬을 구하는 공식은 다음과 같다.

$$\overrightarrow{A}^{-1} = \frac{1}{\det \overrightarrow{A}}\, adj\ \overrightarrow{A} \tag{9.16}$$

여기서 $\det \overrightarrow{A} \neq 0$ 이다.

증명 $\det \overrightarrow{A} \neq 0$ 이라 가정하면

$$(\overrightarrow{A})\,(adj\ \overrightarrow{A}) = [c_{ij}]_{n \times n} = \begin{bmatrix} a_{11} & a_{12} & \cdots & a_{1n} \\ a_{21} & a_{22} & \cdots & a_{2n} \\ \vdots & \vdots & \vdots & \vdots \\ a_{n1} & a_{n2} & \cdots & a_{nn} \end{bmatrix} \begin{bmatrix} C_{11} & C_{21} & \cdots & C_{n1} \\ C_{12} & C_{22} & \cdots & C_{2n} \\ \vdots & \vdots & \vdots & \vdots \\ C_{1n} & C_{2n} & \cdots & C_{nn} \end{bmatrix}$$

이다. 여기서

$$\begin{aligned} c_{ij} &= (\overrightarrow{A}\text{의 } i\text{행}) \cdot (adj\ \overrightarrow{A}\text{의 } j\text{열}) \\ &= (a_{i1}\ a_{i2}\ \cdots\ a_{in}) \cdot \begin{pmatrix} C_{j1} \\ C_{j2} \\ \vdots \\ C_{jn} \end{pmatrix} \\ &= a_{i1}C_{j1} + a_{i2}C_{j2} + \cdots + a_{in}C_{jn} \end{aligned}$$

이다. 그런데 $i = j$ 이면 c_{ij} 는 $\det \overrightarrow{A}$ 를 구하기 위한 $\overrightarrow{A}$ 의 i 행에 대한 여인수 전개와 같으므로

$$c_{ij} = a_{i1} C_{i1} + a_{i2} C_{i2} + \cdots + a_{in} C_{in} = \det \overrightarrow{A}$$

이고, $i \neq j$이면 [정리 9-5]에 의해

$$c_{ij} = 0$$

이다. 이를 다시 쓰면

$$c_{ij} = \begin{cases} \det \overrightarrow{A} & (i = j) \\ 0 & (i \neq j) \end{cases}$$

이므로

$$(\overrightarrow{A})\,(adj\ \overrightarrow{A}) = [c_{ij}]_{n \times n} = \begin{bmatrix} \det \overrightarrow{A} & 0 & \cdots & 0 \\ 0 & \det \overrightarrow{A} & \cdots & 0 \\ \vdots & \vdots & \vdots & \vdots \\ 0 & 0 & \cdots & \det \overrightarrow{A} \end{bmatrix} = (\det \overrightarrow{A})\ \overrightarrow{I} \qquad \cdots\cdots \text{①}$$

의 관계를 얻을 수 있다. 이제

$$\overrightarrow{A}^{-1} = \frac{1}{\det \overrightarrow{A}}\ adj\ \overrightarrow{A}$$

의 관계를 증명하기 위해 $\overrightarrow{A}\,\overrightarrow{B} = \overrightarrow{I}$ 이면 $\overrightarrow{B} = \overrightarrow{A}^{-1}$ 이므로

$$(\overrightarrow{A})\left(\frac{1}{\det \overrightarrow{A}}\ adj\ \overrightarrow{A}\right) = \overrightarrow{I}$$

임을 보이면 된다. 이는 식 ① 을 사용하여 쉽게 보일 수 있다. 즉

$$\begin{aligned} (\overrightarrow{A})\left(\frac{1}{\det \overrightarrow{A}}\ adj\ \overrightarrow{A}\right) &= \frac{1}{\det \overrightarrow{A}}\,[\overrightarrow{A}\,(adj\ \overrightarrow{A})] \\ &= \frac{1}{\det \overrightarrow{A}}\,(\det \overrightarrow{A})\,\overrightarrow{I} = \overrightarrow{I} \end{aligned}$$

이므로

$$\overrightarrow{A}^{-1} = \frac{1}{\det \overrightarrow{A}}\ adj\ \overrightarrow{A}$$

이다. ■

예제 9-19 역행렬 구하기

다음 행렬 $\vec{A}$의 역행렬을 구하라.

$$\vec{A} = \begin{bmatrix} -1 & 2 & 1 \\ 2 & -1 & 2 \\ 0 & -2 & -1 \end{bmatrix}$$

풀이

식 (9.16)을 사용하여 역행렬을 구하기 위해서는 $\det \vec{A}$와 $adj\,\vec{A}$를 구해야 한다. 식 (9.9)를 사용하면 $\det \vec{A} = -5$가 얻어진다. $adj\,\vec{A}$를 구하기 위해 $\vec{A}$의 모든 원소들에 대한 여인수들을 구하면

$$C_{11} = (-1)^{1+1}\begin{vmatrix} -1 & 2 \\ -2 & -1 \end{vmatrix} = 5, \quad C_{12} = (-1)^{1+2}\begin{vmatrix} 2 & 2 \\ 0 & -1 \end{vmatrix} = 2, \quad C_{13} = (-1)^{1+3}\begin{vmatrix} 2 & -1 \\ 0 & -2 \end{vmatrix} = -4$$

$$C_{21} = (-1)^{2+1}\begin{vmatrix} 2 & 1 \\ -2 & -1 \end{vmatrix} = 0, \quad C_{22} = (-1)^{2+2}\begin{vmatrix} -1 & 1 \\ 0 & -1 \end{vmatrix} = 1, \quad C_{23} = (-1)^{2+3}\begin{vmatrix} -1 & 2 \\ 0 & -2 \end{vmatrix} = -2$$

$$C_{31} = (-1)^{3+1}\begin{vmatrix} 2 & 1 \\ -1 & 2 \end{vmatrix} = 5, \quad C_{32} = (-1)^{3+2}\begin{vmatrix} -1 & 1 \\ 2 & 2 \end{vmatrix} = 4, \quad C_{33} = (-1)^{3+3}\begin{vmatrix} -1 & 2 \\ 2 & -1 \end{vmatrix} = -3$$

이고, 따라서

$$adj\,\vec{A} = \begin{bmatrix} C_{11} & C_{12} & C_{13} \\ C_{21} & C_{22} & C_{23} \\ C_{31} & C_{32} & C_{33} \end{bmatrix}^T = \begin{bmatrix} C_{11} & C_{21} & C_{31} \\ C_{12} & C_{22} & C_{32} \\ C_{13} & C_{23} & C_{33} \end{bmatrix}$$

$$= \begin{bmatrix} 5 & 0 & 5 \\ 2 & 1 & 4 \\ -4 & -2 & -3 \end{bmatrix}$$

이다. 그러므로 $\vec{A}$의 역행렬은

$$\vec{A}^{-1} = \frac{1}{\det \vec{A}}\, adj\,\vec{A}$$

$$= \frac{1}{-5}\begin{bmatrix} 5 & 0 & 5 \\ 2 & 1 & 4 \\ -4 & -2 & -3 \end{bmatrix}$$

이다. 검산을 해보면 다음과 같다.

$$\vec{A}\left(\vec{A}^{-1}\right) = \begin{bmatrix} -1 & 2 & 1 \\ 2 & -1 & 2 \\ 0 & -2 & -1 \end{bmatrix} \frac{1}{-5}\begin{bmatrix} 5 & 0 & 5 \\ 2 & 1 & 4 \\ -4 & -2 & -3 \end{bmatrix}$$

$$= \begin{bmatrix} 1 & 0 & 0 \\ 0 & 1 & 0 \\ 0 & 0 & 1 \end{bmatrix}$$

$$= \vec{I}$$

```
Command Window
: 코딩
A=[-1 2 1;2 -1 2;0 -2 -1]; 1                    % 행렬 A 정의
A1=sym([-1 2 1;2 -1 2;0 -2 -1]); 1              % 행렬 A를 심볼릭으로 정의
U1=inv(A) 2                                      % 행렬 A의 역행렬 계산
U2=inv(A1)                                       % 행렬 A의 심볼릭 계산

: 결과
U1 = -1.0000         0   -1.0000
     -0.4000   -0.2000   -0.8000
      0.8000    0.4000    0.6000

U2 = [-1,     0,    -1]
     [-2/5, -1/5, -4/5]
     [ 4/5,  2/5,  3/5]                    % [예제 9-19]의 결과와 동일
```

MATLAB TIP!

1 계산 결과를 소수점으로 얻고 싶으면 A와 같이 코딩하고, 정확한 숫자로 얻고 싶으면 A1과 같이 'sym' 기호를 사용한다.

2 'inv(A)' : 행렬 $\vec{A}$의 역행렬을 구한다.

유제 9-19 역행렬 구하기

다음 행렬 $\vec{A}$의 역행렬을 구하라.

$$\vec{A} = \begin{bmatrix} -2 & 3 & 0 \\ 1 & -2 & 1 \\ 3 & 0 & -1 \end{bmatrix}$$

정답 : $\vec{A}^{-1} = \begin{bmatrix} \frac{1}{4} & \frac{3}{8} & \frac{3}{8} \\ \frac{1}{2} & \frac{1}{4} & \frac{1}{4} \\ \frac{3}{4} & \frac{9}{8} & \frac{1}{8} \end{bmatrix}$

앞에서 역행렬이 존재하지 않는 행렬을 **특이행렬**이라 하였다. 식 (9.16)에 의하면 $n \times n$ 행렬 $\vec{A}$의 역행렬이 존재하기 위한 필요충분조건은 $\det \vec{A} \neq 0$ 임을 알 수 있다. 따라서 $\det \vec{A} = 0$ 이면 그 행렬 $\vec{A}$는 역행렬이 존재하지 않으며 특이행렬이다.

예제 9-20 특이행렬

다음 행렬 $\vec{A}$가 특이행렬임을 확인하라.

$$\vec{A} = \begin{bmatrix} -2 & 1 & -2 \\ 1 & -3 & 1 \\ -1 & -2 & -1 \end{bmatrix}$$

풀이

식 (9.9)를 사용하여 행렬식을 구하면 $\det \vec{A} = 0$ 이 나온다. 따라서 $\vec{A}$는 특이행렬이다.

Command Window

: 코딩

```
A=[-2 1 -2;1 -3 1;-1 -2 -1];          % 행렬 A 정의
U=det(A)                              % 행렬 A의 행렬식 계산
```

: 결과

```
U = 0                                 % [예제 9-20]의 결과와 동일
```

유제 9-20 특이행렬

다음 행렬 $\vec{A}$가 특이행렬임을 확인하라.

$$\vec{A} = \begin{bmatrix} -1 & 1 & -2 \\ 2 & 4 & 4 \\ 3 & 3 & 6 \end{bmatrix}$$

정답 : $\det \vec{A} = 0$

Chapter 09 연습문제

9.1 **(행렬의 기본 개념)** 다음 두 행렬이 같도록 상수 a와 b를 결정하라.

(a) $\vec{A}=\begin{bmatrix} 2 & -1 \\ -2 & 3 \end{bmatrix}$, $\vec{B}=\begin{bmatrix} 2 & a+2 \\ -2 & b-1 \end{bmatrix}$

(b) $\vec{A}=\begin{bmatrix} 4 & -1 \\ -2 & a-b \end{bmatrix}$, $\vec{B}=\begin{bmatrix} 2a & -1 \\ -2 & b \end{bmatrix}$

9.2 **(행렬의 가감 연산)** 아래와 같이 주어진 행렬에 대해 다음을 구하라.

$$\vec{A}=\begin{bmatrix} 2 & -1 & 0 \\ -2 & 3 & 2 \\ 1 & 2 & -1 \end{bmatrix},\quad \vec{B}=\begin{bmatrix} 0 & 4 & 2 \\ -1 & 3 & -2 \\ 2 & -2 & 3 \end{bmatrix},\quad \vec{C}=\begin{bmatrix} 3 & -1 & 2 \\ -1 & 2 & -2 \\ 1 & -3 & 0 \end{bmatrix}$$

(a) $2\vec{A}-4\vec{B}$ (b) $-2\vec{A}-\vec{B}$ (c) $2(\vec{A}+2\vec{B})$

(d) $2\vec{A}+\vec{B}-\vec{C}$ (e) $-2\vec{A}-(\vec{B}+2\vec{C})$ (f) $-2(\vec{A}-\vec{B})-\vec{C}$

(g) $-\vec{A}+\vec{B}^T+\vec{C}$ (h) $(2\vec{A}-\vec{B})^T-\vec{C}$ (i) $(\vec{A}+\vec{B}+\vec{C})^T$

9.3 **(행렬의 곱셈)** 아래와 같이 주어진 행렬에 대해 다음을 구하라.

$$\vec{A}=\begin{bmatrix} 2 & -1 \\ -2 & 3 \end{bmatrix},\quad \vec{B}=\begin{bmatrix} 0 & 4 \\ -1 & -3 \end{bmatrix},\quad \vec{C}=\begin{bmatrix} 3 & -1 \\ -1 & 2 \end{bmatrix}$$

(a) $\vec{A}\vec{B}$ (b) $\vec{B}\vec{A}$ (c) $\vec{C}(\vec{A}\vec{B})$

(d) $(\vec{A}\vec{B})\vec{C}$ (e) $\vec{A}(\vec{B}\vec{C})$ (f) $(\vec{C}\vec{A})\vec{B}$

(g) $\vec{A}^T\vec{B}$ (h) $\vec{A}^T\vec{B}^T\vec{C}^T$ (i) $(\vec{A}\vec{B}\vec{C})^T$

9.4 **(행렬계수)** 다음 행렬에 대해 행렬계수를 구하라.

(a) $\vec{A}=\begin{bmatrix} 2 & -2 & 2 \\ -3 & 2 & 2 \\ 2 & 1 & -1 \end{bmatrix}$ (b) $\vec{B}=\begin{bmatrix} 2 & 1 & 3 \\ -1 & 2 & -1 \\ 3 & 4 & 5 \end{bmatrix}$ (c) $\vec{C}=\begin{bmatrix} 1 & -1 & 2 \\ -2 & 2 & -4 \\ -1 & 1 & -2 \end{bmatrix}$

9.5 **(행렬식)** 다음 행렬의 행렬식을 구하라.

(a) $\vec{A}=\begin{bmatrix} 2 & -1 \\ -3 & 1 \end{bmatrix}$ (b) $\vec{B}=\begin{bmatrix} 2 & 3 & 1 \\ 2 & 0 & 3 \\ -1 & -2 & -1 \end{bmatrix}$ (c) $\vec{C}=\begin{bmatrix} 0 & -2 & -1 & 2 \\ -1 & 2 & 1 & -2 \\ 2 & 0 & 1 & 1 \\ 0 & -1 & 0 & 1 \end{bmatrix}$

9.6 **(행렬식)** 다음 행렬 $\vec{B}$는 행렬 $\vec{A}$의 1행과 3행을 교환하여 얻은 행렬이다. 두 행렬에 대해 $\det \vec{A} = -\det \vec{B}$ 임을 확인하라.

$$\vec{A} = \begin{bmatrix} 2 & 1 & -2 \\ -2 & 1 & 0 \\ 1 & -3 & 2 \end{bmatrix}, \quad \vec{B} = \begin{bmatrix} 1 & -3 & 2 \\ -2 & 1 & 0 \\ 2 & 1 & -2 \end{bmatrix}$$

9.7 **(행렬식)** 다음 행렬 $\vec{A}$와 행렬 $\vec{B}$는 행렬 $\vec{B}$의 3행이 행렬 $\vec{A}$의 3행에 2를 곱하여 얻어진 부분만 다르다. $\det \vec{B} = 2\det \vec{A}$ 임을 확인하라.

$$\vec{A} = \begin{bmatrix} 2 & 1 & -2 \\ -2 & 2 & 0 \\ 1 & -2 & 1 \end{bmatrix}, \quad \vec{B} = \begin{bmatrix} 2 & 1 & -2 \\ -2 & 2 & 0 \\ 2 & -4 & 2 \end{bmatrix}$$

9.8 **(행렬식)** 다음 두 행렬에 대해 $\det(\vec{A}\vec{B}) = (\det \vec{A})(\det \vec{B})$ 임을 확인하라.

$$\vec{A} = \begin{bmatrix} 1 & -2 & 0 \\ -1 & 2 & 1 \\ 2 & 0 & -1 \end{bmatrix}, \quad \vec{B} = \begin{bmatrix} 2 & 1 & -2 \\ -2 & 0 & 1 \\ 1 & -2 & 2 \end{bmatrix}$$

9.9 **(행렬식)** 다음 행렬에 대해 $\det \vec{A}^T = \det \vec{A}$ 임을 확인하라.

$$\vec{A} = \begin{bmatrix} 2 & -1 & -1 \\ 3 & 0 & 2 \\ -1 & -3 & -2 \end{bmatrix}$$

9.10 **(행렬식)** 다음 하삼각행렬의 행렬식이 주대각원소의 곱과 같음을 확인하라.

$$\vec{A} = \begin{bmatrix} 1 & 0 & 0 \\ -2 & -2 & 0 \\ 1 & 2 & -3 \end{bmatrix}$$

9.11 **(역행렬)** 다음 행렬의 역행렬을 구하라.

$$\vec{A} = \begin{bmatrix} -2 & 5 \\ -1 & -4 \end{bmatrix}, \quad \vec{B} = \begin{bmatrix} -1 & 2 & -1 \\ 2 & 0 & 3 \\ 1 & -3 & -2 \end{bmatrix}$$

9.12 **(특이행렬)** 다음 행렬 $\vec{A}$가 특이행렬임을 확인하라.

$$\vec{A} = \begin{bmatrix} -1 & 1 & -2 \\ 0 & -2 & 4 \\ -1 & -1 & 2 \end{bmatrix}$$

Chapter

10

행렬의 응용 I

Applications of Matrix I

학습목표

- 9장에서 배운 행렬의 개념을 이용하여 다양한 형태의 선형 연립방정식의 해를 구할 수 있다.
- 복잡한 선형 연립방정식을 체계적으로 푸는 데 행렬이 어떻게 활용되는지를 이해할 수 있다.
- 공학에서 매우 유용하고 중요하게 사용되는 고윳값과 고유벡터의 개념을 이해하고, 행렬을 사용하여 선형 연립 미분방정식의 해를 구할 수 있다.
- 고윳값과 고유벡터와 관련하여 행렬을 대각화하는 방법을 이해하고, 행렬의 거듭제곱 연산을 할 수 있다.

10장의 MATLAB 명령어

선형 연립방정식은 수학에서 자주 접하는 문제 중 하나이고, 시간과 무관한 정적인 시스템의 경우 풀이 방법이 매우 다양하다. 하지만 행렬을 사용하면 간편하게 해를 구할 수 있어 매우 유용하다. 해를 구하는 데 있어서 미지수 개수와 방정식의 개수가 적으면 쉽게 풀 수 있지만 미지수와 방정식의 개수가 많아지면 연립방정식의 해를 구하는 것이 그리 간단한 문제가 아니다. 이 장에서는 선형 연립방정식의 해를 체계적으로 구하는 다양한 방법들에 대해 설명하고, 이에 대한 예제들을 풀어 봄으로써 풀이 과정에 대해 확실하게 이해하도록 하였다.

다음으로 수학이나 공학에서 매우 중요한 개념으로 사용되고 있는 고윳값과 고유벡터의 기본 개념과 의미를 소개하고, 구하는 방법에 대해서도 구체적으로 살펴보고자 한다. 고윳값과 고유벡터는 실질적인 의미도 중요하지만 이를 이용하여 선형 연립 미분방정식의 해를 구할 수 있다는 점에서 매우 중요한 개념임에 틀림없다. 따라서 이 장에서 설명하고 있는 고윳값과 고유벡터에 대해 확실하게 이해하고, 자신 있게 문제를 풀 수 있도록 철저하게 학습할 것을 강조하고 싶다.

마지막으로 제어공학에서 매우 큰 의미를 찾을 수 있는 행렬의 대각화에 대해 살펴보고자 한다. 선형 연립 미분방정식을 행렬로 표현할 때 나타나는 행렬을 대각화할 경우 미분방정식이 디커플링(decoupling) 되기 때문에 미분방정식의 해가 쉽게 얻어진다. 그러므로 행렬의 대각화하는 방법에 대해 확실하게 이해할 필요가 있다. 아울러 행렬의 거듭제곱도 종종 나타나는데, 이를 계산하는 방법에 대해서도 이 장의 마지막 부분에서 간단하게 설명하고자 한다.

10.1 선형 연립방정식의 해 구하기

선형 연립방정식은 수학, 물리학, 공학 등에서 자주 나타나기 때문에, 해를 구할 수 있느냐가 매우 중요한 이슈가 된다. 이 절에서는 실제 해를 구하는 방법에 대해 하나씩 살펴보고자 한다.

10.1.1 역행렬에 의한 방법

미지수가 n개이고 방정식이 n개인 다음과 같은 경우를 고려해 보자.

$$\begin{aligned} a_{11}x_1 + a_{12}x_2 + \cdots + a_{1n}x_n &= b_1 \\ a_{21}x_1 + a_{22}x_2 + \cdots + a_{2n}x_n &= b_2 \\ \vdots \quad & \quad \vdots \\ a_{n1}x_1 + a_{n2}x_2 + \cdots + a_{nn}x_n &= b_n \end{aligned} \tag{10.1}$$

여기서, x_1, x_2, $\cdots$, x_n 은 미지수이고, a_{ij} 와 b_j 는 상수이다. 식 (10.1)은 행렬방정식으로 다음과 같이 쓸 수 있다.

$$\overrightarrow{A}\,\overrightarrow{X} = \overrightarrow{B} \tag{10.2}$$

여기서

$$\overrightarrow{A} = \begin{bmatrix} a_{11} & a_{12} & \cdots & a_{1n} \\ a_{21} & a_{22} & \cdots & a_{2n} \\ \vdots & \vdots & \vdots & \vdots \\ a_{n1} & a_{n2} & \cdots & a_{nn} \end{bmatrix}, \quad \overrightarrow{X} = \begin{bmatrix} x_1 \\ x_2 \\ \vdots \\ x_n \end{bmatrix}, \quad \overrightarrow{B} = \begin{bmatrix} b_1 \\ b_2 \\ \vdots \\ b_n \end{bmatrix}$$

이다. 만약 행렬 $\overrightarrow{A}$ 가 가역행렬이면 식 (10.2)의 양변 좌측에 $\overrightarrow{A}^{-1}$을 곱해도 등식은 성립한다. 그러므로 식 (10.2)는 다음과 같이 다시 쓸 수 있다.

$$\begin{aligned} \overrightarrow{A}^{-1}\overrightarrow{A}\,\overrightarrow{X} &= \overrightarrow{A}^{-1}\overrightarrow{B} \\ \overrightarrow{I}\,\overrightarrow{X} &= \overrightarrow{A}^{-1}\overrightarrow{B} \\ \overrightarrow{X} &= \overrightarrow{A}^{-1}\overrightarrow{B} \end{aligned} \tag{10.3}$$

결과적으로 식 (10.3)이 선형 연립방정식 (10.1)의 해가 된다.

예제 10-1 역행렬을 이용한 연립방정식의 해 : $\vec{B} \neq \vec{0}$ 인 경우(2×2)

다음 연립방정식의 해를 구하라.

$$-x_1 + x_2 = 2$$
$$2x_1 - x_2 = 3$$

풀이

위 식을 식 (10.2)와 같은 형태로 다시 쓰면

$$\begin{bmatrix} -1 & 1 \\ 2 & -1 \end{bmatrix}\begin{bmatrix} x_1 \\ x_2 \end{bmatrix} = \begin{bmatrix} 2 \\ 3 \end{bmatrix}$$

이다. $\det\begin{bmatrix} -1 & 1 \\ 2 & -1 \end{bmatrix} = -1 \neq 0$이므로 식 (10.3)을 이용하여 해를 구할 수 있다. 식 (10.3)을 적용하면

$$\begin{bmatrix} -1 & 1 \\ 2 & -1 \end{bmatrix}^{-1}\begin{bmatrix} -1 & 1 \\ 2 & -1 \end{bmatrix}\begin{bmatrix} x_1 \\ x_2 \end{bmatrix} = \begin{bmatrix} -1 & 1 \\ 2 & -1 \end{bmatrix}^{-1}\begin{bmatrix} 2 \\ 3 \end{bmatrix}$$

$$\begin{bmatrix} x_1 \\ x_2 \end{bmatrix} = \begin{bmatrix} -1 & 1 \\ 2 & -1 \end{bmatrix}^{-1}\begin{bmatrix} 2 \\ 3 \end{bmatrix} \qquad \cdots\cdots ①$$

이다. 그리고 식 ①의 2×2 행렬의 역행렬은

$$\begin{bmatrix} -1 & 1 \\ 2 & -1 \end{bmatrix}^{-1} = \frac{1}{\det\begin{bmatrix} -1 & 1 \\ 2 & -1 \end{bmatrix}}\begin{bmatrix} -1 & -1 \\ -2 & -1 \end{bmatrix} = \frac{1}{-1}\begin{bmatrix} -1 & -1 \\ -2 & -1 \end{bmatrix} = \begin{bmatrix} 1 & 1 \\ 2 & 1 \end{bmatrix} \qquad \cdots\cdots ②$$

이므로, 식 ②를 식 ①에 대입하면 구하고자 하는 해는 다음과 같다.

$$\begin{bmatrix} x_1 \\ x_2 \end{bmatrix} = \begin{bmatrix} 1 & 1 \\ 2 & 1 \end{bmatrix}\begin{bmatrix} 2 \\ 3 \end{bmatrix} = \begin{bmatrix} 5 \\ 7 \end{bmatrix}$$

따라서 $x_1 = 5$, $x_2 = 7$이다.

Command Window

: 코딩

```
A=[-1 1;2 -1];              % 행렬 A 정의
B=[2;3];                    % 행렬 B 정의
U=inv(A)*B                  % 역행렬을 이용한 연립방정식의 해 구하기
```

: 결과

```
U = 5
    7                       % [예제 10-1]의 결과와 동일
```

MATLAB TIP!

1 'inv(A)' : 행렬 $\vec{A}$의 역행렬을 구한다.

유제 10-1 역행렬을 이용한 연립방정식의 해 : $\vec{B} \neq \vec{0}$인 경우(2×2)

다음 연립방정식의 해를 구하라.

$$-2x_1 + x_2 = 3$$
$$2x_1 + x_2 = -1$$

정답 : $x_1 = -1,\ x_2 = 1$

예제 10-2 역행렬을 이용한 연립방정식의 해 : $\vec{B} \neq \vec{0}$인 경우(3×3)

다음 연립방정식의 해를 구하라.

$$3x_1 + x_2 - x_3 = 0$$
$$-x_1 + 3x_2 - x_3 = -1$$
$$x_1 - x_2 - x_3 = -2$$

풀이

위 식을 식 (10.2)와 같은 형태로 다시 쓰면

$$\begin{bmatrix} 3 & 1 & -1 \\ -1 & 3 & -1 \\ 1 & -1 & -1 \end{bmatrix}\begin{bmatrix} x_1 \\ x_2 \\ x_3 \end{bmatrix} = \begin{bmatrix} 0 \\ -1 \\ -2 \end{bmatrix}$$

이다. $\det\begin{bmatrix} 3 & 1 & -1 \\ -1 & 3 & -1 \\ 1 & -1 & -1 \end{bmatrix} = -12 \neq 0$이므로 식 (10.3)을 이용하여 해를 구할 수 있다. 식 (10.3)을 적용하면

$$\begin{bmatrix} x_1 \\ x_2 \\ x_3 \end{bmatrix} = \begin{bmatrix} 3 & 1 & -1 \\ -1 & 3 & -1 \\ 1 & -1 & -1 \end{bmatrix}^{-1}\begin{bmatrix} 0 \\ -1 \\ -2 \end{bmatrix} \qquad \cdots\cdots ①$$

이다. 식 ①의 3×3 행렬의 역행렬은

$$\begin{bmatrix} 3 & 1 & -1 \\ -1 & 3 & -1 \\ 1 & -1 & -1 \end{bmatrix}^{-1} = -\frac{1}{12}\begin{bmatrix} -4 & 2 & 2 \\ -2 & -2 & 4 \\ -2 & 4 & 10 \end{bmatrix} \qquad \cdots\cdots ②$$

이므로, 식 ②를 식 ①에 대입하면 구하고자 하는 해는 다음과 같다.

$$\begin{bmatrix} x_1 \\ x_2 \\ x_3 \end{bmatrix} = -\frac{1}{12}\begin{bmatrix} -4 & 2 & 2 \\ -2 & -2 & 4 \\ -2 & 4 & 10 \end{bmatrix}\begin{bmatrix} 0 \\ -1 \\ -2 \end{bmatrix} = \begin{bmatrix} \frac{1}{2} \\ \frac{1}{2} \\ 2 \end{bmatrix}$$

따라서 $x_1 = \frac{1}{2},\ x_2 = \frac{1}{2},\ x_3 = 2$이다.

```
Command Window
: 코딩
A=[3 1 -1;-1 3 -1;1 -1 -1];          % 행렬 A 정의
B=[0;-1;-2];                          % 행렬 B 정의
U=inv(A)*B                            % 역행렬을 이용한 연립방정식의 해 구하기

: 결과
U = 0.5000
    0.5000
    2.0000                            % [예제 10-2]의 결과와 동일
```

유제 10-2 역행렬을 이용한 연립방정식의 해 : $\vec{B} \neq \vec{0}$ 인 경우(3×3)

다음 연립방정식의 해를 구하라.

$$
\begin{aligned}
x_1 + x_2 - x_3 &= 0 \\
-x_1 + 2x_2 + x_3 &= -1 \\
2x_1 - x_2 - x_3 &= 1
\end{aligned}
$$

정답 : $x_1 = \frac{1}{3},\ x_2 = -\frac{1}{3},\ x_3 = 0$

$\vec{B} \neq \vec{0}$ 인 식 (10.1)의 연립방정식에 대해 유일한 해가 존재하기 위해서는 식 (10.2)의 행렬 $\vec{A}$ 에 대해 $\det \vec{A} \neq 0$ 이어야 한다. 만약 $\det \vec{A} \neq 0$ 이고, $\vec{B} = \vec{0}$ 이면, 구하고자 하는 해는 모두 0이다. 이것은 식 (10.3)에 $\vec{B} = \vec{0}$ 을 대입해 보면 쉽게 알 수 있다. 이러한 해를 **자명한 해** trivial solution 라 한다. 식 (10.2)에서 만약 $\vec{B} = \vec{0}$ 일 때, **자명하지 않은 해** nontrivial solution 를 갖기 위해서는 반드시 $\det \vec{A} = 0$ 이어야 한다. 즉 $\vec{A}$ 가 특이행렬이면 $\vec{B} = \vec{0}$ 이라 할지라도 자명하지 않은 해가 존재한다.

$\vec{B} \neq \vec{0}$ 인 경우를 **비동차형** nonhomogeneous 연립방정식이라 하고, $\vec{B} = \vec{0}$ 인 경우를 **동차형** homogeneous 연립방정식이라 한다.

예제 10-3 $\vec{B} = \vec{0}$ 일 때 자명한 해를 갖는 경우

다음 연립방정식의 해를 구하라.

$$
\begin{aligned}
3x_1 + x_2 - x_3 &= 0 \\
-x_1 + 3x_2 - x_3 &= 0 \\
x_1 - x_2 - x_3 &= 0
\end{aligned}
$$

풀이

이 예제는 $\vec{B}=\vec{0}$ 을 제외하고 [예제 10-2]와 동일하다. 위 식을 식 (10.2)와 같은 형태로 다시 쓰면

$$\begin{bmatrix} 3 & 1 & -1 \\ -1 & 3 & -1 \\ 1 & -1 & -1 \end{bmatrix}\begin{bmatrix} x_1 \\ x_2 \\ x_3 \end{bmatrix}=\begin{bmatrix} 0 \\ 0 \\ 0 \end{bmatrix}$$

이고,

$$\det\begin{bmatrix} 3 & 1 & -1 \\ -1 & 3 & -1 \\ 1 & -1 & -1 \end{bmatrix}=-12\neq 0$$

이다. 식 (10.3)을 적용하면

$$\begin{bmatrix} x_1 \\ x_2 \\ x_3 \end{bmatrix}=\begin{bmatrix} 3 & 1 & -1 \\ -1 & 3 & -1 \\ 1 & -1 & -1 \end{bmatrix}^{-1}\begin{bmatrix} 0 \\ 0 \\ 0 \end{bmatrix}$$

이고, [예제 10-2]에서 구한 역행렬을 이용하면

$$\begin{bmatrix} x_1 \\ x_2 \\ x_3 \end{bmatrix}=-\frac{1}{12}\begin{bmatrix} -4 & 2 & 2 \\ -2 & -2 & 4 \\ -2 & 4 & 10 \end{bmatrix}\begin{bmatrix} 0 \\ 0 \\ 0 \end{bmatrix}$$

이다. 따라서 $x_1=0$, $x_2=0$, $x_3=0$으로서, 자명한 해이다.

Command Window

: 코딩

```
A=[3 1 -1;-1 3 -1;1 -1 -1];     % 행렬 A 정의
B=[0;0;0];                      % 행렬 B 정의
U=inv(A)*B                      % 역행렬을 이용한 연립방정식의 해 구하기
```

: 결과

```
U = 0
    0
    0                           % [예제 10-3]의 결과와 동일
```

유제 10-3 $\vec{B}=\vec{0}$ 일 때 자명한 해를 갖는 경우

다음 연립방정식의 해를 구하라.

$$x_1+x_2-x_3=0$$
$$-x_1+2x_2+x_3=0$$
$$2x_1-x_2-x_3=0$$

정답 : $x_1=0$, $x_2=0$, $x_3=0$

예제 10-4 $\vec{B}=\vec{0}$일 때 자명하지 않은 해를 갖는 경우

다음 연립방정식의 해를 구하라.

$$\begin{aligned} -x_1+2x_2-x_3&=0 \\ -2x_1+2x_2+2x_3&=0 \\ -x_1+3x_3&=0 \end{aligned}$$

풀이

위 식을 식 (10.2)와 같은 형태로 다시 쓰면

$$\begin{bmatrix} -1 & 2 & -1 \\ -2 & 2 & 2 \\ -1 & 0 & 3 \end{bmatrix}\begin{bmatrix} x_1 \\ x_2 \\ x_3 \end{bmatrix}=\begin{bmatrix} 0 \\ 0 \\ 0 \end{bmatrix}$$

이고, 이 예제가 [예제 10-3]과 다른 점은

$$\det\begin{bmatrix} -1 & 2 & -1 \\ -2 & 2 & 2 \\ -1 & 0 & 3 \end{bmatrix}=0$$

인 사실이다. 따라서 식 (10.3)을 적용할 수 없다. 이러한 유형의 해를 구하는 방법에 대해서는 10.1.3절에서 자세히 다루기로 하고, 여기에서는 그 결과만 제시하고자 한다.

$$\begin{bmatrix} x_1 \\ x_2 \\ x_3 \end{bmatrix}=\begin{bmatrix} 3 \\ 2 \\ 1 \end{bmatrix}k$$

즉 $x_1=3k$, $x_2=2k$, $x_3=k$로서, 자명하지 않은 해가 구해진다. 여기서 k는 임의의 상수이다.

Command Window

: 코딩

```
A=[-1 2 -1;-2 2 2;-1 0 3];          % 행렬 A 정의
B=[0;0;0];                          % 행렬 B 정의
U=rref(A) 1 2                       % A를 기약 행사다리꼴 형태로 변환
```

: 결과

```
U = 1    0    -3
    0    1    -2
    0    0     0                    % x1 = 3k, x2 = 2k, x3 = k를 의미
```

MATLAB TIP!

1 'rref(A)' : 행렬 $\vec{A}$를 기약 행사다리꼴로 변환한다.

2 기약 행사다리꼴 : 10.1.3절 참조

유제 10-4 $\vec{B}=\vec{0}$일 때 자명하지 않은 해를 갖는 경우

다음 연립방정식의 해를 구하라.

$$x_1 - x_2 - 2x_3 = 0$$
$$-x_1 + x_2 + 2x_3 = 0$$
$$2x_1 - 2x_2 - x_3 = 0$$

정답 : $x_1 = k,\ x_2 = k,\ x_3 = 0$

10.1.2 크래머 공식에 의한 방법

이 절에서는 **크래머[1] 공식**Cramer's formula을 이용하여 선형 연립방정식의 해를 구하는 방법에 대해 설명하고자 한다.

1 Gabriel Cramer (1704 ~ 1752) 스위스의 수학자

앞에서 비동차형 선형 연립방정식의 경우 $\det \vec{A} \neq 0$ 이면, 유일한 해가 존재한다는 사실을 알았다. 크래머 공식은 유일한 해를 행렬식으로 구하는 방법이다. 예를 들어 다음과 같은 미지수가 2개이고, 방정식이 2개인 선형 연립방정식을 고려해 보자.

$$a_{11}x_1 + a_{12}x_2 = b_1 \qquad \cdots\cdots ①$$
$$a_{21}x_1 + a_{22}x_2 = b_2 \qquad \cdots\cdots ②$$

식 ①과 식 ②를 행렬방정식으로 표현하면 다음과 같다.

$$\begin{bmatrix} a_{11} & a_{12} \\ a_{21} & a_{22} \end{bmatrix} \begin{bmatrix} x_1 \\ x_2 \end{bmatrix} = \begin{bmatrix} b_1 \\ b_2 \end{bmatrix} \qquad \cdots\cdots ③$$

식 ①$\times a_{22}-$ 식 ②$\times a_{12}$의 연산을 통하여 x_2를 소거하여 x_1을 구하면

$$x_1 = \frac{a_{22}b_1 - a_{12}b_2}{a_{11}a_{22} - a_{12}a_{21}} \qquad \cdots\cdots ④$$

이고, 식 ②$\times a_{11}-$ 식 ①$\times a_{21}$의 연산을 통하여 x_1을 소거하여 x_2를 구하면

$$x_2 = \frac{a_{11}b_2 - a_{21}b_1}{a_{11}a_{22} - a_{12}a_{21}} \qquad \cdots\cdots ⑤$$

이다. 식 ④와 식 ⑤의 분모는 행렬식으로 표시하면

$$a_{11}a_{22}-a_{12}a_{21}=\begin{vmatrix} a_{11} & a_{12} \\ a_{21} & a_{22} \end{vmatrix}$$

로서 식 ③의 계수행렬의 행렬식과 같다. 그러므로 식 ①과 식 ②가 유일한 해를 갖기 위해서는

$$\begin{vmatrix} a_{11} & a_{12} \\ a_{21} & a_{22} \end{vmatrix} \neq 0 \qquad \cdots\cdots ⑥$$

을 만족해야 함을 알 수 있다. 이것은 앞에서 역행렬을 이용한 해 구하는 방법을 설명할 때에도 언급한 바가 있다. 또한 식 ④와 식 ⑤의 분자도 다음과 같이 행렬식으로 나타낼 수 있다.

$$a_{22}b_1-a_{12}b_2=\begin{vmatrix} b_1 & a_{12} \\ b_2 & a_{22} \end{vmatrix}, \quad a_{22}b_1-a_{12}b_2=\begin{vmatrix} a_{11} & b_1 \\ a_{21} & b_2 \end{vmatrix}$$

그러므로 식 ①과 식 ②가 유일한 해를 갖는 경우 식 ④와 식 ⑤를 행렬식으로 다시 쓰면

$$x_1=\frac{\begin{vmatrix} b_1 & a_{12} \\ b_2 & a_{22} \end{vmatrix}}{\begin{vmatrix} a_{11} & a_{12} \\ a_{21} & a_{22} \end{vmatrix}}, \quad x_2=\frac{\begin{vmatrix} a_{11} & b_1 \\ a_{21} & b_2 \end{vmatrix}}{\begin{vmatrix} a_{11} & a_{12} \\ a_{21} & a_{22} \end{vmatrix}} \qquad \cdots\cdots ⑦$$

이며, 이 식 ⑦이 미지수 2개이고 방정식이 2개인 선형 연립방정식 식 ①과 식 ②의 크래머 공식에 의한 해가 된다.

식 ⑦의 결과를 참고하여 미지수가 n개이고 방정식이 n개인 식 (10.1) 또는 식 (10.2)와 같은 일반적인 경우를 고려해 보자. 행렬방정식은 $\overrightarrow{A}\,\overrightarrow{X}=\overrightarrow{B}$ 이고, 방정식이 유일한 해를 갖는 경우이므로 $\det\overrightarrow{A}\neq 0$ 이다. 그리고 행렬 $\overrightarrow{A}$의 i열의 원소들을 $\overrightarrow{B}$로 대치한 새로운 행렬 $\overrightarrow{A_i}$를 다음과 같이 정의하자.

$$\overrightarrow{A_i}=\begin{bmatrix} a_{11} & a_{12} & \cdots & a_{1\,i-1} & b_1 & a_{1\,i+1} & \cdots & a_{1n} \\ a_{21} & a_{22} & \cdots & a_{2\,i-1} & b_2 & a_{2\,i+1} & \cdots & a_{2n} \\ \vdots & \vdots & \vdots & \vdots & \vdots & \vdots & \vdots & \vdots \\ a_{n1} & a_{n2} & \cdots & a_{n\,i-1} & b_n & a_{n\,i+1} & \cdots & a_{nn} \end{bmatrix} \tag{10.4}$$

예를 들면

$$\overrightarrow{A_1} = \begin{bmatrix} b_1 & a_{12} & \cdots & a_{1n} \\ b_2 & a_{22} & \cdots & a_{2n} \\ \vdots & \vdots & \vdots & \vdots \\ b_n & a_{n2} & \cdots & a_{nn} \end{bmatrix}, \quad \overrightarrow{A_2} = \begin{bmatrix} a_{11} & b_1 & \cdots & a_{1n} \\ a_{21} & b_2 & \cdots & a_{2n} \\ \vdots & \vdots & \vdots & \vdots \\ a_{n1} & b_n & \cdots & a_{nn} \end{bmatrix}, \cdots$$

이다. 그러면 크래머 공식을 다음과 같이 정리할 수 있다.

정리 10-1 크래머 공식

$n \times n$ 행렬 $\overrightarrow{A}$에 대해 $\det \overrightarrow{A} \neq 0$이면 선형 연립방정식 $\overrightarrow{A}\,\overrightarrow{X} = \overrightarrow{B}$의 해는 다음과 같다.

$$x_1 = \frac{\det \overrightarrow{A_1}}{\det \overrightarrow{A}}, \quad x_2 = \frac{\det \overrightarrow{A_2}}{\det \overrightarrow{A}}, \quad \cdots, \quad x_n = \frac{\det \overrightarrow{A_n}}{\det \overrightarrow{A}} \tag{10.5}$$

여기서 $\overrightarrow{A_1}$, $\overrightarrow{A_2}$, $\cdots$, $\overrightarrow{A_n}$은 식 (10.4)에서 정의하였다.

증명 $\det \overrightarrow{A} \neq 0$이므로 $\overrightarrow{A}^{-1}$은 존재하고, $\overrightarrow{A}\,\overrightarrow{X} = \overrightarrow{B}$의 해는 식 (10.3)에 의하면

$$\overrightarrow{X} = \overrightarrow{A}^{-1}\overrightarrow{B} = \frac{1}{\det \overrightarrow{A}} \begin{bmatrix} C_{11} & C_{21} & \cdots & C_{n1} \\ C_{12} & C_{22} & \cdots & C_{n2} \\ \vdots & \vdots & \vdots & \vdots \\ C_{1n} & C_{2n} & \cdots & C_{nn} \end{bmatrix} \begin{bmatrix} b_1 \\ b_2 \\ \vdots \\ b_n \end{bmatrix}$$

$$= \frac{1}{\det \overrightarrow{A}} \begin{bmatrix} b_1 C_{11} + b_2 C_{21} + \cdots + b_n C_{n1} \\ b_1 C_{12} + b_2 C_{22} + \cdots + b_n C_{n2} \\ \vdots \quad\quad \vdots \quad\quad \vdots \quad\quad \vdots \\ b_1 C_{1n} + b_2 C_{2n} + \cdots + b_n C_{nn} \end{bmatrix}$$

이다. i번째 해 x_i를 고려해 보면

$$x_i = \frac{1}{\det \overrightarrow{A}}(b_1 C_{1i} + b_2 C_{2i} + \cdots + b_n C_{ni}) \quad \cdots\cdots ⑧$$

이다. 여기서 $b_1 C_{1i} + b_2 C_{2i} + \cdots + b_n C_{ni}$는 행렬 $\overrightarrow{A_i}$의 i열에 대해 여인수 전개를 하여 구한 $\det \overrightarrow{A_i}$와 같다.[2] 따라서 식 ⑧은

2 식 (9.13) 참조

$$x_i = \frac{\det \overrightarrow{A_i}}{\det \overrightarrow{A}}$$

이다. 그러므로 크래머 공식이 성립된다. ■

예제 10-5 크래머 공식을 이용하여 해 구하기

크래머 공식을 이용하여 다음 연립방정식의 해를 구하라.

$$-x_1 - 2x_2 + x_3 = 2$$
$$-2x_1 - 2x_2 + x_3 = 4$$
$$-x_1 - 4x_2 + 3x_3 = 3$$

풀이

위 식을 식 (10.2)와 같은 형태로 다시 쓰면

$$\begin{bmatrix} -1 & -2 & 1 \\ -2 & -2 & 1 \\ -1 & -4 & 3 \end{bmatrix} \begin{bmatrix} x_1 \\ x_2 \\ x_3 \end{bmatrix} = \begin{bmatrix} 2 \\ 4 \\ 3 \end{bmatrix}$$

이므로

$$\vec{A} = \begin{bmatrix} -1 & -2 & 1 \\ -2 & -2 & 1 \\ -1 & -4 & 3 \end{bmatrix}, \quad \vec{B} = \begin{bmatrix} 2 \\ 4 \\ 3 \end{bmatrix}$$

$$\vec{A_1} = \begin{bmatrix} 2 & -2 & 1 \\ 4 & -2 & 1 \\ 3 & -4 & 3 \end{bmatrix}, \quad \vec{A_2} = \begin{bmatrix} -1 & 2 & 1 \\ -2 & 4 & 1 \\ -1 & 3 & 3 \end{bmatrix}, \quad \vec{A_3} = \begin{bmatrix} -1 & -2 & 2 \\ -2 & -2 & 4 \\ -1 & -4 & 3 \end{bmatrix}$$

이다. 따라서 크래머 공식을 적용하면 구하고자 하는 해는

$$x_1 = \frac{\det \vec{A_1}}{\det \vec{A}} = \frac{\det \begin{bmatrix} 2 & -2 & 1 \\ 4 & -2 & 1 \\ 3 & -4 & 3 \end{bmatrix}}{\det \begin{bmatrix} -1 & -2 & 1 \\ -2 & -2 & 1 \\ -1 & -4 & 3 \end{bmatrix}} = -2, \quad x_2 = \frac{\det \vec{A_2}}{\det \vec{A}} = \frac{\det \begin{bmatrix} -1 & 2 & 1 \\ -2 & 4 & 1 \\ -1 & 3 & 3 \end{bmatrix}}{\det \begin{bmatrix} -1 & -2 & 1 \\ -2 & -2 & 1 \\ -1 & -4 & 3 \end{bmatrix}} = \frac{1}{2},$$

$$x_3 = \frac{\det \vec{A_3}}{\det \vec{A}} = \frac{\det \begin{bmatrix} -1 & -2 & 2 \\ -2 & -2 & 4 \\ -1 & -4 & 3 \end{bmatrix}}{\det \begin{bmatrix} -1 & -2 & 1 \\ -2 & -2 & 1 \\ -1 & -4 & 3 \end{bmatrix}} = 1$$

이다.

Command Window

: 코딩

```
A=sym([-1 -2 1;-2 -2 1;-1 -4 3]); 1     % 행렬 A를 심볼릭으로 정의
A1=sym([2 -2 1;4 -2 1;3 -4 3]);         % 행렬 A1을 심볼릭으로 정의
A2=sym([-1 2 1;-2 4 1;-1 3 3]);         % 행렬 A2를 심볼릭으로 정의
A3=sym([-1 -2 2;-2 -2 4;-1 -4 3]);      % 행렬 A3를 심볼릭으로 정의
```

```
x1=det(A1)/det(A)                       % 해 x1 계산
x2=det(A2)/det(A)                       % 해 x2 계산
x3=det(A3)/det(A)                       % 해 x3 계산

: 결과
x1 = -2
x2 = 1/2
x3 = 1                                  % [예제 10-5]의 결과와 동일
```

MATLAB TIP!

1 'sym' : 행렬을 심볼릭으로 정의하며, 결과가 소수점이 아닌 숫자로 나타난다.

유제 10-5 크래머 공식을 이용하여 해 구하기

크래머 공식을 이용하여 다음 연립방정식의 해를 구하라.

$$-x_1 + 2x_2 = 1$$
$$x_1 - x_2 + x_3 = 2$$
$$x_1 + x_2 + 2x_3 = 2$$

정답 : $x_1 = -7$, $x_2 = -3$, $x_3 = 6$

그러나 4×4 이상의 행렬은 행렬식을 구하기가 간단하지 않으므로 크래머 공식을 적용하여 선형 연립방정식의 해를 구하기가 쉽지 않다. 그러므로 행렬의 크기가 커지면 컴퓨터로 해를 구하는 것이 편리하다.

10.1.3 가우스 및 가우스-조단 소거법에 의한 방법

10.1.1절과 10.1.2절에서는 선형 연립방정식의 풀이 방법 중에서 역행렬을 이용하는 경우와 크래머 공식을 이용하여 푸는 방법에 대해 간단히 설명하였다. 이 절에서는 선형 연립방정식을 좀 더 쉽게 풀 수 있는 방법으로 알려져 있는 **가우스 소거법**과 **가우스-조단 소거법**에 대해 소개하고자 한다. 이 두 방법은 모두 행렬에서의 **기본행 연산**을 이용하여 해를 구하는 방법들이다.

비동차형 선형 연립방정식

미지수가 2개, 방정식이 2개인 가장 간단한 형태의 다음 선형 연립방정식을 고려해 보자.

$$a_{11}x + a_{12}y = b_1$$
$$a_{21}x + a_{22}y = b_2$$

이 방정식들은 모두 xy 좌표평면상의 직선의 방정식이다. 따라서 두 직선의 형태에 따라 다음과 같이 해의 유형이 세 가지로 나뉜다.

유형 ❶ : 두 직선이 한 점에서 만나는 경우 (유일한 해가 존재)
유형 ❷ : 두 직선이 중첩되는 경우 (무수히 많은 해가 존재)
유형 ❸ : 두 직선이 평행하고 만나지 않는 경우 (해가 존재하지 않음)

각각의 경우를 대표하는 연립방정식의 예들을 [그림 10-1]과 같이 xy 좌표평면상에 나타내 보자.

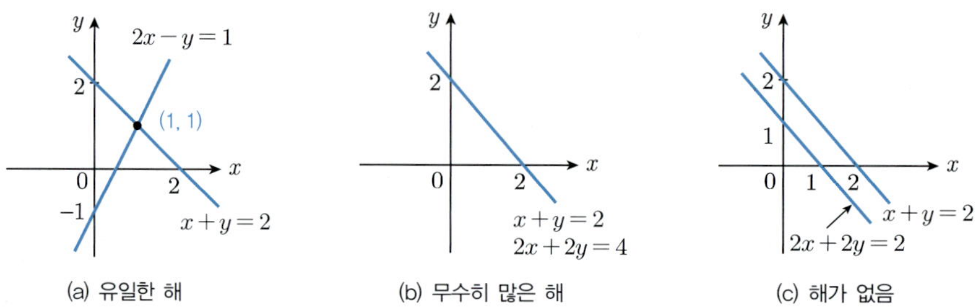

[그림 10-1] **직선의 유형에 따른 해의 유형**

유형 ❶은 그래프에 [그림 10-1(a)]와 같이 나타낼 수 있으며, 두 직선이 xy 좌표평면상의 한 점 (1,1)에서 만나고, 그 만나는 교점이 두 연립방정식의 해가 된다. 유형 ❷는 [그림 10-1(b)]와 같으며, 두 직선이 정확하게 겹친다. 따라서 직선상의 모든 점이 해가 된다. 유형 ❸은 [그림 10-1(c)]와 같으며, 두 직선의 교점이 없고 평행하다. 그러므로 두 연립방정식은 해가 존재하지 않는다.

일반적으로 미지수가 n개이고 방정식이 n개인 비동차형 선형 연립방정식의 경우에도 해의 형태가 앞에서 예시한 바와 같이 세 가지 유형을 취하게 된다. 이제 행렬을 이용하여 해를 구하는 과정을 설명하고자 한다.

10.1절에서 사용하였던 미지수가 n개이고 방정식이 n개인 선형 연립방정식을 고려해 보자.

$$\begin{aligned} a_{11}x_1 + a_{12}x_2 + \cdots + a_{1n}x_n &= b_1 \\ a_{21}x_1 + a_{22}x_2 + \cdots + a_{2n}x_n &= b_2 \\ &\vdots \\ a_{n1}x_1 + a_{n2}x_2 + \cdots + a_{nn}x_n &= b_n \end{aligned} \tag{10.6}$$

식 (10.6)을 풀기 위해 다음과 같은 연산을 해도 방정식의 해는 변하지 않는다.

① 임의의 한 식에 영이 아닌 상수를 곱한다.

② 한 미지수를 소거하기 위해 임의의 방정식에 상수배를 한 다음 임의의 또 다른 방정식에 더해도 된다.

③ 임의의 두 방정식의 순서를 바꾸어도 된다.

이제 식 (10.6)을 행렬방정식으로 다시 쓰면 다음과 같다.

$$\begin{bmatrix} a_{11} & a_{12} & \cdots & a_{1n} \\ a_{21} & a_{22} & \cdots & a_{2n} \\ \vdots & \vdots & \vdots & \vdots \\ a_{n1} & a_{n2} & \cdots & a_{nn} \end{bmatrix} \begin{bmatrix} x_1 \\ x_2 \\ \vdots \\ x_n \end{bmatrix} = \begin{bmatrix} b_1 \\ b_2 \\ \vdots \\ b_n \end{bmatrix}$$

$$\overrightarrow{A}\,\overrightarrow{X} = \overrightarrow{B} \tag{10.7}$$

위의 세 가지 연산을 식 (10.7)에 적용해 보면 다음과 같으며, 이를 **기본행 연산** elementary row operation이라 한다.

① 임의의 한 행에 영이 아닌 상수를 곱한다.

② 임의의 한 행에 상수배를 한 다음, 임의의 또 다른 행에 더한다.

③ 임의의 두 행을 교환한다.

기본행 연산에 대한 기호는 다음과 같이 표기하기로 한다.

① 행렬의 i행에 상수 c를 곱한다. : cM_i

② i행에 상수 c를 곱한 다음, j행에 더한다. : $cM_i + M_j$

③ i행과 j행을 교환한다. : M_{ij}

기본행 연산을 수행할 때에는 $\overrightarrow{A}$ 행렬과 $\overrightarrow{B}$의 값만 바뀌고 $\overrightarrow{X}$는 변화가 없기 때문에 식 (10.7)을 간단히 다음과 같이 나타내면 편리하다.

$$\left(\begin{array}{cccc|c} a_{11} & a_{12} & \cdots & a_{1n} & b_1 \\ a_{21} & a_{22} & \cdots & a_{2n} & b_2 \\ \vdots & \vdots & \vdots & \vdots & \vdots \\ a_{n1} & a_{n2} & \cdots & a_{nn} & b_n \end{array}\right) \tag{10.8}$$

식 (10.8)을 **확대행렬** augmented matrix이라 한다.

예제 10-6 기본행 연산

[예제 10-5]의 문제에 대해 기본행 연산을 수행하여 해를 구하라.

$$\begin{aligned} -x_1-2x_2+x_3&=2\\ -2x_1-2x_2+x_3&=4\\ -x_1-4x_2+3x_3&=3 \end{aligned}$$

풀이

위 식을 식 (10.2)와 같은 형태로 다시 쓰면

$$\begin{bmatrix} -1 & -2 & 1 \\ -2 & -2 & 1 \\ -1 & -4 & 3 \end{bmatrix}\begin{bmatrix} x_1 \\ x_2 \\ x_3 \end{bmatrix}=\begin{bmatrix} 2 \\ 4 \\ 3 \end{bmatrix}$$

이므로 확대행렬은

$$\left(\begin{array}{ccc|c} -1 & -2 & 1 & 2 \\ -2 & -2 & 1 & 4 \\ -1 & -4 & 3 & 3 \end{array}\right)$$

이다. 확대행렬에 대해 기본행 연산들을 수행해 보면

$$\left(\begin{array}{ccc|c} -1 & -2 & 1 & 2 \\ -2 & -2 & 1 & 4 \\ -1 & -4 & 3 & 3 \end{array}\right) \xrightarrow{-M_1} \left(\begin{array}{ccc|c} 1 & 2 & -1 & -2 \\ -2 & -2 & 1 & 4 \\ -1 & -4 & 3 & 3 \end{array}\right) \xrightarrow[M_1+M_3]{2M_1+M_2} \left(\begin{array}{ccc|c} 1 & 2 & -1 & -2 \\ 0 & 2 & -1 & 0 \\ 0 & -2 & 2 & 1 \end{array}\right)$$

$$\xrightarrow{\frac{1}{2}M_2} \left(\begin{array}{ccc|c} 1 & 2 & -1 & -2 \\ 0 & 1 & -\frac{1}{2} & 0 \\ 0 & -2 & 2 & 1 \end{array}\right) \xrightarrow[2M_2+M_3]{-2M_2+M_1} \left(\begin{array}{ccc|c} 1 & 0 & 0 & -2 \\ 0 & 1 & -\frac{1}{2} & 0 \\ 0 & 0 & 1 & 1 \end{array}\right)$$

$$\xrightarrow{\frac{1}{2}M_3+M_2} \left(\begin{array}{ccc|c} 1 & 0 & 0 & -2 \\ 0 & 1 & 0 & \frac{1}{2} \\ 0 & 0 & 1 & 1 \end{array}\right) \qquad \cdots\cdots ①$$

이다. 결과적으로 다음 해를 얻을 수 있다.

$$x_1=-2,\quad x_2=\frac{1}{2},\quad x_3=1$$

이 결과들은 [예제 10-5]에서 구한 결과와 같다.

Command Window

: 코딩

```
A1=sym([-1 -2 1 2;-2 -2 1 4;-1 -4 3 3]);     % 행렬 A의 확대행렬 정의
U=rref(A1)                                    % 확대행렬의 기약 행사다리꼴 계산
                                              (‘❷ 기약 행사다리꼴의 정의’ 참조)
```

```
: 결과
U = [1, 0, 0, -2]
    [0, 1, 0, 1/2]
    [0, 0, 1, 1]                          % [예제 10-6]의 ①의 결과와 동일
```

유제 10-6 기본행 연산

[유제 10-5]의 문제에 대해 기본행 연산을 수행하여 해를 구하라.

$$-x_1+2x_2=1$$
$$x_1-x_2+x_3=2$$
$$x_1+x_2+2x_3=2$$

정답 : $x_1=-7,\ x_2=-3,\ x_3=6$

행렬을 이용하여 선형 연립방정식의 해를 구하기 위해서는 [예제 10-6]에서 살펴본 바와 같이 확대행렬에 대해 기본행 연산을 수행하여 확대행렬을 가능한 간단하게 만들면 된다는 사실을 알았다. 확대행렬을 간단하게 변환할 때 다음과 같이 두 종류의 형태로 변환이 가능하다.

❶ 행사다리꼴 row echelon form의 정의

(i) 모든 원소가 0인 행은 행렬의 맨 아래에 둔다.

(ii) 0이 아닌 행들에서 처음으로 나타나는 원소는 1(선행 1)이다.

(iii) 0이 아닌 행들이 계속 나타날 때, 아래 행의 선행 1이 위 행의 선행 1보다 우측에 있다.

❷ 기약 행사다리꼴 reduced row echelon form의 정의

(i) 행사다리꼴의 정의를 모두 만족한다.

(ii) 선행 1이 존재하는 열에서는 그 열의 선행 1을 제외한 나머지 모든 원소들은 0이다.

예를 들어 다음과 같은 확대행렬들을 고려해 보자.

① $\left(\begin{array}{ccc|c} 1 & 2 & 0 & 2 \\ 0 & 1 & 1 & 1 \\ 1 & 0 & 1 & 2 \end{array}\right)$ ② $\left(\begin{array}{ccc|c} 1 & 2 & 0 & 2 \\ 0 & 1 & 1 & 1 \\ 0 & 0 & 0 & 2 \end{array}\right)$ ③ $\left(\begin{array}{ccc|c} 1 & 2 & 0 & 1 \\ 0 & 1 & 0 & 1 \\ 0 & 0 & 1 & 2 \end{array}\right)$ ④ $\left(\begin{array}{ccc|c} 1 & 0 & 0 & 2 \\ 0 & 1 & 0 & 1 \\ 0 & 0 & 1 & 3 \end{array}\right)$

①은 3행의 선행 1이 2행의 선행 1보다 좌측에 있으므로 행사다리꼴이 아니다. ②는 0이 아닌 행들(1행과 2행)이 선행 1로 시작되었고 2행의 선행 1이 1행의

선행 1보다 우측에 있으며, 모든 원소가 0인 행은 맨 아래(3행)에 있으므로 행사다리꼴이다. 또한 ③도 역시 행사다리꼴이지만 선행 1이 존재하는 2열에서 0이 아닌 2가 1행에 존재하므로 기약 행사다리꼴은 아니다. ④는 기약 행사다리꼴의 조건을 모두 충족한다.

확대행렬에 기본행 연산을 수행하여 행사다리꼴로 바꾼 다음 **역대입법** back substitution [3]으로 해를 구하는 방법을 **가우스[4] 소거법** Gauss elimination method 이라 하고, 기약 행사다리꼴로 바꾸어 해를 구하는 방법을 **가우스-조단[5] 소거법** Gauss-Jordan elimination method 이라 한다. [예제 10-6]은 가우스-조단 소거법을 사용한 경우이다.

다음 예제들을 통해 살펴보겠지만, 가우스 소거법은 행사다리꼴로부터 바로 해가 구해지지 않고 역대입법에 의해 해를 구해야 하는 번거로움이 있다. 반면, 가우스-조단 소거법은 변환된 기약 행사다리꼴의 각 행들로부터 직접 미지수들에 대한 값을 얻을 수 있다.

3 역대입법 : 계수행렬(또는 확대행렬)을 행사다리꼴로 변환하여 마지막 행으로부터 위로 올라가면서 해들을 구하는 기법

4 Karl Friedrich Gauss (1777 ~ 1855)
독일의 수학자로서 정수론, 해석학, 정전기학 등에 공헌하였다.

5 Wilhelm Jordan (1842 ~ 1899)
독일의 측지학자인데, 가우스-조단 소거법으로 인해 수학자로도 기억된다.

예제 10-7 **비동차형 선형 연립방정식 : 유일한 해가 존재하는 경우**

다음 선형 연립방정식의 해를 가우스 소거법과 가우스-조단 소거법을 사용하여 구하라.

$$\begin{aligned} x_1 + 2x_2 + x_3 &= -1 \\ 2x_1 + x_2 - 2x_3 &= 0 \\ x_1 - x_2 + x_3 &= 2 \end{aligned}$$

MATLAB 풀이

풀이

위 식을 확대행렬을 이용하여 다시 쓰면 다음과 같다.

$$\left(\begin{array}{ccc|c} 1 & 2 & 1 & -1 \\ 2 & 1 & -2 & 0 \\ 1 & -1 & 1 & 2 \end{array}\right)$$

❶ 가우스 소거법

기본행 연산을 수행하여 행사다리꼴로 바꾸면 다음과 같다.

$$\left(\begin{array}{ccc|c} 1 & 2 & 1 & -1 \\ 2 & 1 & -2 & 0 \\ 1 & -1 & 1 & 2 \end{array}\right) \xrightarrow[-M_1+M_3]{-2M_1+M_2} \left(\begin{array}{ccc|c} 1 & 2 & 1 & -1 \\ 0 & -3 & -4 & 2 \\ 0 & -3 & 0 & 3 \end{array}\right) \xrightarrow{-\frac{1}{3}M_2} \left(\begin{array}{ccc|c} 1 & 2 & 1 & -1 \\ 0 & 1 & 4/3 & -2/3 \\ 0 & -3 & 0 & 3 \end{array}\right)$$

$$\xrightarrow{3M_2+M_3} \left(\begin{array}{ccc|c} 1 & 2 & 1 & -1 \\ 0 & 1 & 4/3 & -2/3 \\ 0 & 0 & 4 & 1 \end{array}\right) \xrightarrow{\frac{1}{4}M_3} \left(\begin{array}{ccc|c} 1 & 2 & 1 & -1 \\ 0 & 1 & 4/3 & -2/3 \\ 0 & 0 & 1 & 1/4 \end{array}\right)$$

마지막 확대행렬이 행사다리꼴이다. 3행으로부터 $x_3 = \frac{1}{4}$ 임을 알 수 있고, 2행으로부터 $x_2 + \frac{4}{3}x_3 = -\frac{2}{3}$ 이므로 $x_3 = \frac{1}{4}$ 을 대입하면 $x_2 = -1$ 이다. 1행으로부터 $x_1 + 2x_2 + x_3 = -1$ 이므로 $x_2 = -1$ 과 $x_3 = \frac{1}{4}$ 을 대입하면 $x_1 = \frac{3}{4}$ 이 구해진다. 이렇게 해를 역으로 구해 나가는 방법이 앞에서 설명한 역대입법이다.

❷ 가우스-조단 소거법

❶의 마지막에 나타난 행사다리꼴을 기약 행사다리꼴로 변환하면 다음과 같다.

$$\left(\begin{array}{ccc|c} 1 & 2 & 1 & -1 \\ 0 & 1 & 4/3 & -2/3 \\ 0 & 0 & 1 & 1/4 \end{array}\right) \xrightarrow{-2M_2 + M_1} \left(\begin{array}{ccc|c} 1 & 0 & -5/3 & 1/3 \\ 0 & 1 & 4/3 & -2/3 \\ 0 & 0 & 1 & 1/4 \end{array}\right) \xrightarrow[-\frac{4}{3}M_3 + M_2]{\frac{5}{3}M_3 + M_1} \left(\begin{array}{ccc|c} 1 & 0 & 0 & 3/4 \\ 0 & 1 & 0 & -1 \\ 0 & 0 & 1 & 1/4 \end{array}\right)$$

위의 마지막 확대행렬이 기약 행사다리꼴이다. 이 기약 행사다리꼴로부터 우리는 해가 $x_1 = \frac{3}{4}$, $x_2 = -1$, $x_3 = \frac{1}{4}$ 임을 곧바로 알 수 있다.

유제 10-7 비동차형 선형 연립방정식 : 유일한 해가 존재하는 경우

다음 선형 연립방정식의 해를 가우스 소거법과 가우스-조단 소거법을 사용하여 구하라.

$$\begin{aligned} x_1 - x_2 + x_3 &= 2 \\ 2x_1 - x_2 + x_3 &= 1 \\ x_1 - 2x_2 + x_3 &= 2 \end{aligned}$$

정답 : $x_1 = -1$, $x_2 = 0$, $x_3 = 3$

[예제 10-7]에서는 선형 연립방정식이 유일한 해를 갖는 경우, 가우스 소거법이나 가우스-조단 소거법을 사용하여 해를 구하는 방법에 대해 설명하였다. 이번에는 해가 무수히 많이 존재하는 경우에 대한 문제를 풀어보도록 하자.

예제 10-8 비동차형 선형 연립방정식 : 해가 무수히 많이 존재하는 경우

다음 선형 연립방정식의 해를 가우스-조단 소거법을 사용하여 구하라.

$$\begin{aligned} x_1 - 2x_2 + x_3 &= 1 \\ 2x_1 + x_2 + 2x_3 &= 2 \\ x_1 + 3x_2 + x_3 &= 1 \end{aligned}$$

MATLAB 풀이

풀이

위 식에 기본행 연산을 수행하여 기약 행사다리꼴로 바꾸면 다음과 같다.

$$\left(\begin{array}{ccc|c} 1 & -2 & 1 & 1 \\ 2 & 1 & 2 & 2 \\ 1 & 3 & 1 & 1 \end{array}\right) \xrightarrow[-M_1+M_3]{-2M_1+M_2} \left(\begin{array}{ccc|c} 1 & -2 & 1 & 1 \\ 0 & 5 & 0 & 0 \\ 0 & 5 & 0 & 0 \end{array}\right) \xrightarrow{\frac{1}{5}M_2} \left(\begin{array}{ccc|c} 1 & -2 & 1 & 1 \\ 0 & 1 & 0 & 0 \\ 0 & 5 & 0 & 0 \end{array}\right)$$

$$\xrightarrow[-5M_2+M_3]{2M_2+M_1} \left(\begin{array}{ccc|c} 1 & 0 & 1 & 1 \\ 0 & 1 & 0 & 0 \\ 0 & 0 & 0 & 0 \end{array}\right)$$

위의 마지막 확대행렬이 기약 행사다리꼴이다. 이 기약 행사다리꼴의 3행으로부터는 아무런 정보를 얻을 수 없다. 2행으로부터 $x_2 = 0$임을 알 수 있고, 1행으로부터 $x_1 + x_3 = 1$의 관계를 만족하는 모든 x_1과 x_3가 선형 연립방정식의 해가 될 수 있다. 만약 $x_3 = c$(임의의 상수)라 놓으면 $x_1 = 1 - c$가 된다. 그런데 c는 임의의 상수이므로 무수히 많은 해가 존재한다. 즉 해는 다음과 같다.

$$\begin{pmatrix} x_1 \\ x_2 \\ x_3 \end{pmatrix} = \begin{pmatrix} 1-c \\ 0 \\ c \end{pmatrix}$$

유제 10-8 비동차형 선형 연립방정식 : 해가 무수히 많이 존재하는 경우

다음 선형 연립방정식의 해를 가우스-조단 소거법을 사용하여 구하라.

$$\begin{aligned} x_1 - x_2 + x_3 &= 2 \\ -x_1 + x_2 + 5x_3 &= 6 \\ -x_1 + x_2 + 2x_3 &= 2 \end{aligned}$$

정답 : $x_1 = \frac{2}{3} + c$, $x_2 = c$, $x_3 = \frac{4}{3}$ (c는 임의의 상수)

예제 10-9 비동차형 선형 연립방정식 : 해가 존재하지 않는 경우

다음 선형 연립방정식의 해를 가우스-조단 소거법을 사용하여 구하라.

$$\begin{aligned} 2x_1 - x_2 + 2x_3 &= 1 \\ 3x_1 - 2x_2 + x_3 &= 2 \\ x_1 - x_2 - x_3 &= 3 \end{aligned}$$

MATLAB 풀이

풀이

위 식에 기본행 연산을 수행하여 기약 행사다리꼴로 바꾸면 다음과 같다.

$$\left(\begin{array}{ccc|c} 2 & -1 & 2 & 1 \\ 3 & -2 & 1 & 2 \\ 1 & -1 & -1 & 3 \end{array}\right) \xrightarrow{M_{13}} \left(\begin{array}{ccc|c} 1 & -1 & -1 & 3 \\ 3 & -2 & 1 & 2 \\ 2 & -1 & 2 & 1 \end{array}\right) \xrightarrow[-2M_1+M_3]{-3M_1+M_2} \left(\begin{array}{ccc|c} 1 & -1 & -1 & 3 \\ 0 & 1 & 4 & -7 \\ 0 & 1 & 4 & -5 \end{array}\right)$$

$$\xrightarrow[-M_2+M_3]{M_2+M_1} \left(\begin{array}{ccc|c} 1 & 0 & 3 & -4 \\ 0 & 1 & 4 & -7 \\ 0 & 0 & 0 & 2 \end{array}\right) \xrightarrow{\frac{1}{2}M_3} \left(\begin{array}{ccc|c} 1 & 0 & 3 & -4 \\ 0 & 1 & 4 & -7 \\ 0 & 0 & 0 & 1 \end{array}\right)$$

$$\xrightarrow[7M_3+M_2]{4M_3+M_1} \left(\begin{array}{ccc|c} 1 & 0 & 3 & 0 \\ 0 & 1 & 4 & 0 \\ 0 & 0 & 0 & 1 \end{array}\right)$$

위의 마지막 확대행렬이 기약 행사다리꼴이다. 이 기약 행사다리꼴의 3행을 보면 $0x_1+0x_2+0x_3=1$이라는 모순되는 식이 나온다. 즉 주어진 선형 연립방정식은 해가 존재하지 않음을 알 수 있다.

유제 10-9 비동차형 선형 연립방정식 : 해가 존재하지 않는 경우

다음 선형 연립방정식의 해를 가우스–조단 소거법을 사용하여 구하라.

$$\begin{aligned} x_1-x_2+x_3&=2 \\ -2x_1-x_2+2x_3&=2 \\ -x_1-2x_2+3x_3&=2 \end{aligned}$$

정답 : 해가 존재하지 않음

위에서 살펴본 예제들을 통해 비동차형 선형 연립방정식의 해의 유형에 대해 다음과 같은 결론을 얻을 수 있다.

비동차형 선형 연립방정식의 해의 유형

유형 ❶ : 식 (10.2)의 계수행렬 $\overrightarrow{A}$를 행사다리꼴(또는 기약 행사다리꼴)로 변환했을 때, 맨 아래에 있는 행이 0이 아닌 행이면 유일한 해가 존재한다([예제 10-7] 참조).

유형 ❷ : 식 (10.2)에 의해 형성된 확대행렬 $\overrightarrow{A}$를 행사다리꼴(또는 기약 행사다리꼴)로 변환하였을 때, 모든 원소가 0으로 구성된 행이 하나 이상 나타나면 무수히 많은 해가 존재한다([예제 10-8] 참조).

유형 ❸ : 식 (10.2)에 의해 형성된 확대행렬 $\overrightarrow{A}$를 행사다리꼴(또는 기약 행사다리꼴)로 변환하였을 때, 맨 마지막 행이 0이 아닌 임의의 상수 c에 대해 $0=c$의 관계가 되면 해가 존재하지 않는다([예제 10-9] 참조).

동차형 선형 연립방정식

비동차형과 마찬가지로 동차형의 경우에도 식 (10.2)의 계수행렬을 행사다리꼴(또는 기약 행사다리꼴)로 변환하여 해의 유형을 구분할 수 있다. 비동차형은 유일한 해가 존재하거나, 무수히 많은 해가 존재하거나, 해가 존재하지 않는다. 그러나 동차형은 다르다. 다음 예제들을 통하여 이러한 사실을 확인해 보도록 하자.

예제 10-10 동차형 선형 연립방정식 : 자명하지 않은 해가 없는 경우

다음 선형 연립방정식의 해를 가우스-조단 소거법을 사용하여 구하라.

MATLAB 풀이

$$x_1+2x_2+x_3=0$$
$$2x_1+x_2-2x_3=0$$
$$x_1-x_2+x_3=0$$

풀이

위 식에 기본행 연산을 수행하여 기약 행사다리꼴로 바꾸면 다음과 같다.

$$\left(\begin{array}{ccc|c}1&2&1&0\\2&1&-2&0\\1&-1&1&0\end{array}\right)\xrightarrow[-M_1+M_3]{-2M_1+M_2}\left(\begin{array}{ccc|c}1&2&1&0\\0&-3&-4&0\\0&-3&0&0\end{array}\right)\xrightarrow{-\frac{1}{3}M_2}\left(\begin{array}{ccc|c}1&2&1&0\\0&1&4/3&0\\0&-3&0&0\end{array}\right)$$

$$\xrightarrow{3M_2+M_3}\left(\begin{array}{ccc|c}1&2&1&0\\0&1&4/3&0\\0&0&4&0\end{array}\right)\xrightarrow{-2M_2+M_1}\left(\begin{array}{ccc|c}1&0&-5/3&0\\0&1&4/3&0\\0&0&1&0\end{array}\right)$$

$$\xrightarrow[-\frac{4}{3}M_3+M_2]{\frac{5}{3}M_3+M_1}\left(\begin{array}{ccc|c}1&0&0&0\\0&1&0&0\\0&0&1&0\end{array}\right)$$

····· 동차형의 경우에는 확대행렬을 사용하지 않고 계수행렬 $\vec{A}$를 사용하여 기본행 연산을 수행해도 된다.

위의 마지막 확대행렬이 기약 행사다리꼴이다. 이 기약 행사다리꼴의 3행에 의해 $x_3=0$, 2행에 의해 $x_2=0$, 1행에 의해 $x_1=0$을 얻을 수 있다. 즉 주어진 선형 연립방정식은 자명한 해를 갖고, 자명하지 않은 해는 존재하지 않음을 알 수 있다.

유제 10-10 동차형 선형 연립방정식 : 자명하지 않은 해가 없는 경우

다음 선형 연립방정식의 해를 가우스-조단 소거법을 사용하여 구하라.

$$3x_1-x_2+x_3=0$$
$$-2x_1-x_2+x_3=0$$
$$-x_1-x_2+3x_3=0$$

정답 : $x_1=x_2=x_3=0$

예제 10-11 동차형 선형 연립방정식 : 자명하지 않은 해가 존재하는 경우 ①

다음 선형 연립방정식의 해를 가우스-조단 소거법을 사용하여 구하라.

MATLAB 풀이

$$-2x_1 + x_2 + x_3 = 0$$
$$3x_1 + 2x_2 - 2x_3 = 0$$
$$x_1 + 3x_2 - x_3 = 0$$

풀이

위 식에 기본행 연산을 수행하여 기약 행사다리꼴로 바꾸면 다음과 같다.

$$\left(\begin{array}{ccc|c} -2 & 1 & 1 & 0 \\ 3 & 2 & -2 & 0 \\ 1 & 3 & -1 & 0 \end{array}\right) \xrightarrow{M_{13}} \left(\begin{array}{ccc|c} 1 & 3 & -1 & 0 \\ 3 & 2 & -2 & 0 \\ -2 & 1 & 1 & 0 \end{array}\right) \xrightarrow[2M_1+M_3]{-3M_1+M_2} \left(\begin{array}{ccc|c} 1 & 3 & -1 & 0 \\ 0 & -7 & 1 & 0 \\ 0 & 7 & -1 & 0 \end{array}\right)$$

$$\xrightarrow{-\frac{1}{7}M_2} \left(\begin{array}{ccc|c} 1 & 3 & -1 & 0 \\ 0 & 1 & -1/7 & 0 \\ 0 & 7 & -1 & 0 \end{array}\right) \xrightarrow[-7M_2+M_3]{-3M_2+M_1} \left(\begin{array}{ccc|c} 1 & 0 & -4/7 & 0 \\ 0 & 1 & -1/7 & 0 \\ 0 & 0 & 0 & 0 \end{array}\right)$$

위의 마지막 확대행렬이 기약 행사다리꼴이다. 이 기약 행사다리꼴은 3행의 모든 원소가 0이다. 이 경우 2행과 1행으로부터 다음 관계식을 얻을 수 있다.

$$x_2 - \frac{1}{7}x_3 = 0$$
$$x_1 - \frac{4}{7}x_3 = 0$$

미지수가 3개인데 방정식은 2개이다. 따라서 x_3을 임의의 상수로 가정할 수 있다. 만약 $x_3 = 0$이라 하면 $x_1 = x_2 = x_3 = 0$이 되어 자명한 해가 된다. 그러나 자명하지 않은 해를 구해야 하므로 $x_3 = c$(0이 아닌 상수)로 가정하자.

그러면 위 식들로부터 $x_1 = \frac{4}{7}c$, $x_2 = \frac{1}{7}c$가 나온다. 결과적으로 주어진 선형 연립방정식의 해는

$$\begin{pmatrix} x_1 \\ x_2 \\ x_3 \end{pmatrix} = \begin{pmatrix} \frac{4}{7} \\ \frac{1}{7} \\ 1 \end{pmatrix} c$$

이다.

유제 10-11 동차형 선형 연립방정식 : 자명하지 않은 해가 존재하는 경우 ①

다음 선형 연립방정식의 해를 가우스-조단 소거법을 사용하여 구하라.

$$3x_1 - x_2 + x_3 = 0$$
$$-2x_1 - x_2 + x_3 = 0$$
$$x_1 - 2x_2 + 2x_3 = 0$$

정답 : $x_1 = 0$, $x_2 = x_3 = c$ (c는 0이 아닌 상수)

예제 10-12 동차형 선형 연립방정식 : 자명하지 않은 해가 존재하는 경우 ②

다음 선형 연립방정식의 해를 가우스-조단 소거법을 사용하여 구하라.

$$-x_1 + 2x_2 - 3x_3 = 0$$
$$2x_1 - 4x_2 + 6x_3 = 0$$
$$x_1 - 2x_2 + 3x_3 = 0$$

풀이

위 식에 기본행 연산을 수행하여 기약 행사다리꼴로 바꾸면 다음과 같다.

$$\left(\begin{array}{ccc|c} -1 & 2 & -3 & 0 \\ 2 & -4 & 6 & 0 \\ 1 & -2 & 3 & 0 \end{array}\right) \xrightarrow{-M_1} \left(\begin{array}{ccc|c} 1 & -2 & 3 & 0 \\ 2 & -4 & 6 & 0 \\ 1 & -2 & 3 & 0 \end{array}\right) \xrightarrow[-M_1+M_3]{-2M_1+M_2} \left(\begin{array}{ccc|c} 1 & -2 & 3 & 0 \\ 0 & 0 & 0 & 0 \\ 0 & 0 & 0 & 0 \end{array}\right)$$

위의 마지막 확대행렬이 기약 행사다리꼴이다. 이 기약 행사다리꼴은 2행과 3행의 모든 원소가 0이다. 이 경우 1행으로부터 다음 관계식을 얻을 수 있다.

$$x_1 - 2x_2 + 3x_3 = 0$$

미지수가 3개인데 방정식은 1개이다. 따라서 2개의 변수를 가정해야 해가 구해진다. $x_2 = c_2$, $x_3 = c_3$로 가정해도 문제없지만 좀 더 간단한 결과를 얻기 위해 $x_2 = c$, $x_3 = 0$으로 가정하면, 위의 해는

$$\begin{pmatrix} x_1 \\ x_2 \\ x_3 \end{pmatrix} = \begin{pmatrix} 2 \\ 1 \\ 0 \end{pmatrix} c \qquad \cdots\cdots ①$$

이고, 만약 $x_2 = 0$, $x_3 = c$로 가정한다면 위의 해는

$$\begin{pmatrix} x_1 \\ x_2 \\ x_3 \end{pmatrix} = \begin{pmatrix} -3 \\ 0 \\ 1 \end{pmatrix} c \qquad \cdots\cdots ②$$

가 된다. 식 ①과 식 ②는 서로 일차독립이므로 둘 다 주어진 선형 연립방정식의 해가 될 수 있다. [예제 10-11]에서는 한 세트의 일차독립 해가 얻어졌지만 여기에서는 두 세트의 일차독립 해가 얻어진다는 사실에 주목해야 한다.

```
: 코딩
A1=sym([-1 2 -3 0;2 -4 6 0;1 -2 3 0]);          % 행렬 A의 확대행렬 정의
U=rref(A1)                                      % 확대행렬의 기약 행사다리꼴 계산

: 결과
U = [1, -2, 3, 0]
    [0,  0, 0, 0]
    [0,  0, 0, 0]                               % [예제 10-12]의 결과와 동일
```

유제 10-12 동차형 선형 연립방정식 : 자명하지 않은 해가 존재하는 경우 ②

다음 선형 연립방정식의 해를 가우스-조단 소거법을 사용하여 구하라.

$$x_1 - x_2 + x_3 = 0$$
$$-2x_1 + 2x_2 - 2x_3 = 0$$
$$-x_1 + x_2 - x_3 = 0$$

정답 : $\begin{pmatrix} x_1 \\ x_2 \\ x_3 \end{pmatrix} = \begin{pmatrix} -1 \\ 0 \\ 1 \end{pmatrix} c,\ \begin{pmatrix} x_1 \\ x_2 \\ x_3 \end{pmatrix} = \begin{pmatrix} 1 \\ 1 \\ 0 \end{pmatrix} c$ (c는 0이 아닌 상수)

위에서 살펴본 예제들을 통하여 동차형 선형 연립방정식의 해의 유형에 대해 다음과 같은 결론을 얻을 수 있다.

동차형 선형 연립방정식의 해의 유형

유형 ❶ : 식 (10.2)의 계수행렬 $\vec{A}$를 행사다리꼴(또는 기약 행사다리꼴)로 변환하였을 때, 맨 아래에 있는 행이 0이 아닌 행이면 자명하지 않은 해가 존재하지 않는다([예제 10-10] 참조). 이때에는 $\det \vec{A} \neq 0$인 경우이다.

유형 ❷ : 식 (10.2)의 계수행렬 $\vec{A}$를 행사다리꼴(또는 기약 행사다리꼴)로 변환하였을 때, 모든 원소가 0으로 구성된 행의 개수만큼 자명하지 않은 해가 존재한다([예제 10-11]에서는 1개, [예제 10-12]에서는 2개). 이때에는 $\det \vec{A} = 0$이다. 참고로 0으로 구성된 행의 개수는 9.1.3절에서 설명한 **부족한 행렬계수**rank defect와도 일치한다.

위의 결론은 식 (10.2)에서 보는 바와 같이 미지수의 개수와 방정식의 개수가 같은 경우에 대해 성립하고, 만약 미지수 개수가 방정식의 개수보다 많다면 동차형 선형 연립방정식은 항상 자명하지 않은 해를 갖는다.

예제 10-13 동차형 선형 연립방정식 : 미지수의 개수가 방정식 개수보다 많은 경우

다음 선형 연립방정식의 해를 가우스-조단 소거법을 사용하여 구하라.

$$x_1 - 3x_2 - 2x_3 = 0$$
$$2x_1 - x_2 + 2x_3 = 0$$

MATLAB 풀이

풀이

위 식에 기본행 연산을 수행하여 기약 행사다리꼴로 바꾸면 다음과 같다.

$$\left(\begin{array}{ccc|c} 1 & -3 & -2 & 0 \\ 2 & -1 & 2 & 0 \end{array}\right) \xrightarrow{-2M_1 + M_2} \left(\begin{array}{ccc|c} 1 & -3 & -2 & 0 \\ 0 & 5 & 6 & 0 \end{array}\right) \xrightarrow{\frac{1}{5}M_2} \left(\begin{array}{ccc|c} 1 & -3 & -2 & 0 \\ 0 & 1 & 6/5 & 0 \end{array}\right)$$

$$\xrightarrow{3M_2 + M_1} \left(\begin{array}{ccc|c} 1 & 0 & 8/5 & 0 \\ 0 & 1 & 6/5 & 0 \end{array}\right)$$

위의 마지막 확대행렬이 기약 행사다리꼴이다. 이 기약 행사다리꼴로부터 다음 관계식을 얻을 수 있다.

$$x_1 + \frac{8}{5}x_3 = 0$$
$$x_2 + \frac{6}{5}x_3 = 0$$

x_3만이 위 두 식에 공통으로 포함되어 있으므로, $x_3 = 5c$(c는 0이 아닌 상수)라 가정할 수 있다. 그러면 $x_1 = -8c$, $x_2 = -6c$가 되고, 이를 정리하면 주어진 선형 연립방정식의 해는 다음과 같다.

$$\begin{pmatrix} x_1 \\ x_2 \\ x_3 \end{pmatrix} = \begin{pmatrix} -8 \\ -6 \\ 5 \end{pmatrix} c$$

유제 10-13 동차형 선형 연립방정식 : 미지수의 개수가 방정식 개수보다 많은 경우

다음 선형 연립방정식의 해를 가우스-조단 소거법을 사용하여 구하라.

$$2x_1 - x_2 - 2x_3 = 0$$
$$x_1 - 3x_2 - 2x_3 = 0$$

정답 : $\begin{pmatrix} x_1 \\ x_2 \\ x_3 \end{pmatrix} = \begin{pmatrix} 4 \\ -2 \\ 5 \end{pmatrix} c$ (c는 0이 아닌 상수)

기본행 연산에 의한 역행렬 구하기

9.3.3절의 식 (9.16)에서는 공식을 사용하여 역행렬을 구하는 방법에 대해 설명하였다. 여기에서는 기본행 연산을 수행하여 역행렬 구하는 방법에 대해 살펴보고자 한다.

> **$n\times n$ 행렬 $\vec{A}$의 역행렬 구하기**
>
> ❶ 단계 1 : $n\times n$ 단위행렬을 $\vec{I}$ 라 하고 확대행렬 $(\vec{A} \mid \vec{I})$를 만든다.
>
> ❷ 단계 2 : 행렬 $\vec{A}$가 기약 행사다리꼴이 될 때까지 기본행 연산을 수행한다.
>
> ❸ 단계 3 : (i) 기약 행사다리꼴에서 한 행의 모든 원소가 0인 행이 나타나면 행렬 $\vec{A}$는 역행렬이 존재하지 않는다.
>
> (ii) 기약 행사다리꼴에서 모든 원소가 0인 행이 없으면 행렬 $\vec{A}$를 단위행렬로 만들 수 있고, 이때 확대행렬은 $(\vec{I} \mid \vec{B})$가 된다. 그러면 행렬 $\vec{B}$가 행렬 $\vec{A}$의 역행렬이 된다.

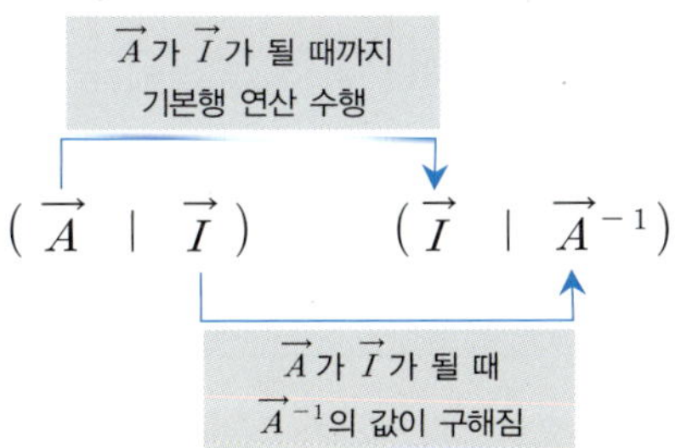

예제 10-14 역행렬 구하기 : 기본행 연산 이용

기본행 연산을 수행하여 다음 행렬 $\vec{A}$의 역행렬을 구하라.

$$\vec{A}=\begin{bmatrix} -1 & 2 & -3 \\ 2 & -2 & 1 \\ 1 & 0 & 1 \end{bmatrix}$$

풀이

확대행렬 $(\vec{A} \mid \vec{I})$에 기본행 연산을 수행하면

$$(\vec{A} \mid \vec{I})=\left[\begin{array}{ccc|ccc} -1 & 2 & -3 & 1 & 0 & 0 \\ 2 & -2 & 1 & 0 & 1 & 0 \\ 1 & 0 & 1 & 0 & 0 & 1 \end{array}\right] \xrightarrow{M_{13}} \left[\begin{array}{ccc|ccc} 1 & 0 & 1 & 0 & 0 & 1 \\ 2 & -2 & 1 & 0 & 1 & 0 \\ -1 & 2 & -3 & 1 & 0 & 0 \end{array}\right]$$

$$\xrightarrow[M_1+M_3]{-2M_1+M_2} \left[\begin{array}{ccc|ccc} 1 & 0 & 1 & 0 & 0 & 1 \\ 0 & -2 & -1 & 0 & 1 & -2 \\ 0 & 2 & -2 & 1 & 0 & 1 \end{array}\right]$$

$$\xrightarrow{-\frac{1}{2}M_2} \left[\begin{array}{ccc|ccc} 1 & 0 & 1 & 0 & 0 & 1 \\ 0 & 1 & 1/2 & 0 & -1/2 & 1 \\ 0 & 2 & -2 & 1 & 0 & 1 \end{array}\right]$$

$$\xrightarrow{-2M_2+M_3} \left[\begin{array}{ccc|ccc} 1 & 0 & 1 & 0 & 0 & 1 \\ 0 & 1 & 1/2 & 0 & -1/2 & 1 \\ 0 & 0 & -3 & 1 & 1 & -1 \end{array}\right]$$

$$\xrightarrow{-\frac{1}{3}M_3} \left[\begin{array}{ccc|ccc} 1 & 0 & 1 & 0 & 0 & 1 \\ 0 & 1 & 1/2 & 0 & -1/2 & 1 \\ 0 & 0 & 1 & -1/3 & -1/3 & 1/3 \end{array}\right]$$

$$\xrightarrow[-\frac{1}{2}M_3+M_2]{-M_3+M_1} \left[\begin{array}{ccc|ccc} 1 & 0 & 0 & 1/3 & 1/3 & 2/3 \\ 0 & 1 & 0 & 1/6 & -1/3 & 5/6 \\ 0 & 0 & 1 & -1/3 & -1/3 & 1/3 \end{array}\right]$$

이다. 확대행렬의 좌측 3×3 행렬이 단위행렬이므로 우측 3×3 행렬이 행렬 $\overrightarrow{A}$의 역행렬이 된다. 그러므로

$$\overrightarrow{A}^{-1} = \begin{bmatrix} \frac{1}{3} & \frac{1}{3} & \frac{2}{3} \\ \frac{1}{6} & -\frac{1}{3} & \frac{5}{6} \\ -\frac{1}{3} & -\frac{1}{3} & \frac{1}{3} \end{bmatrix}$$

이다.

Command Window

: 코딩

```
A=sym([-1 2 -3;2 -2 1;1 0 1]);                    % 행렬 A를 심볼릭으로 정의
A1=sym([-1 2 -3 1 0 0;2 -2 1 0 1 0;1 0 1 0 0 1]); % 행렬 A의 확대행렬 정의
U1=rref(A1)                                        % 확대행렬의 기약 행사다리꼴 계산
U2=inv(A)                                          % A의 역행렬
```

: 결과

```
U1 = [1, 0, 0,  1/3,  1/3, 2/3]
     [0, 1, 0,  1/6, -1/3, 5/6]
     [0, 0, 1, -1/3, -1/3, 1/3]

U2 = [1/3, 1/3, 2/3]
     [1/6, -1/3, 5/6]
     [-1/3, -1/3, 1/3]                             % [예제 10-14]의 결과와 동일
```

유제 10-14 역행렬 구하기 : 기본행 연산 이용

기본행 연산을 수행하여 다음 행렬 $\vec{A}$의 역행렬을 구하라.

$$\vec{A}=\begin{bmatrix}-3 & 1 & -1 \\ 1 & -1 & 2 \\ 2 & 2 & 0\end{bmatrix}$$

정답 : $\vec{A}^{-1}=\begin{bmatrix}-\frac{1}{3} & -\frac{1}{6} & \frac{1}{12} \\ \frac{1}{3} & \frac{1}{6} & \frac{5}{12} \\ \frac{1}{3} & \frac{2}{3} & \frac{1}{6}\end{bmatrix}$

10.2 고윳값과 고유벡터

지금까지 행렬의 기본적인 개념과 행렬을 이용하여 선형 연립방정식의 해를 구하는 방법 등을 살펴보았다. 특히 10.1.3절에서 설명한 기본행 연산을 이용하여 선형 연립방정식의 해를 구하는 문제를 정확하게 이해했다면, 이 절에서 설명할 고윳값과 고유벡터 문제에 쉽게 접근할 수 있다. 왜냐하면 비동차형 선형 연립방정식 문제의 특별한 형태가 고윳값과 고유벡터 문제이기 때문이다.

10.2.1 고윳값과 고유벡터의 기본 개념

고윳값과 고유벡터는 수학에서 뿐만 아니라 공학의 많은 분야에서 매우 중요하게 사용되는 개념이므로 개념을 확실하게 이해하고 넘어가야 한다.

$n\times n$ 행렬 $\vec{A}$에 대해 생각해 보자. 비동차형 선형 연립방정식의 경우에는 식 (10.2)에서 본 바와 같이

$$\vec{A}\,\vec{X}=\vec{B}$$

의 형태를 취하였다. 이제 행렬 $\vec{A}$와 선형 연립방정식의 해 벡터 $\vec{X}$를 곱할 경우, $\vec{X}$ 자신의 상수배가 되는 특별한 경우가 존재하는지에 관심을 갖게 된다. 왜냐하면 그 관계를 만족하는 $\vec{X}$가 존재하는지를 판정하는 것이 공학을 비롯한 많은 응용 분야에서 매우 중요하기 때문이다. 여기서 벡터 $\vec{X}$를 비동차형 선형

연립방정식의 해 벡터와 구분하기 위해 $\overrightarrow{V}$로 표기하기로 한다. 만약 $\overrightarrow{V}$가 존재한다면 위 식은 다음과 같이 다시 쓸 수 있다.

$$\overrightarrow{A}\ \overrightarrow{V} = \lambda\,\overrightarrow{V}$$

여기서 λ는 임의의 상수이다. 그러면 고윳값과 고유벡터는 다음과 같이 정의된다.

정의 10-1 고윳값과 고유벡터

비동차형 선형 연립방정식의 $n \times n$의 계수행렬 $\overrightarrow{A}$에 대해

$$\overrightarrow{A}\ \overrightarrow{V} = \lambda\,\overrightarrow{V} \tag{10.9}$$

를 만족하는 0이 아닌 해 벡터 $\overrightarrow{V}$가 존재한다면, 상수 λ를 $\overrightarrow{A}$의 **고윳값** eigenvalue이라 하고, $\overrightarrow{V}$를 고윳값 λ에 대응하는 **고유벡터** eigenvector라 한다.

고윳값은 **특성값** characteristic value이라고도 한다.

예를 들면 $\overrightarrow{V_1} = \begin{bmatrix} 0 \\ 1 \end{bmatrix}$은 행렬 $\overrightarrow{A} = \begin{bmatrix} 2 & 0 \\ 1 & 1 \end{bmatrix}$의 고유벡터이다. 왜냐하면

$$\overrightarrow{A}\ \overrightarrow{V_1} = \begin{bmatrix} 2 & 0 \\ 1 & 1 \end{bmatrix}\begin{bmatrix} 0 \\ 1 \end{bmatrix} = (1)\begin{bmatrix} 0 \\ 1 \end{bmatrix} = (1)\,\overrightarrow{V_1}$$

이 되어 식 (10.9)를 만족하기 때문이다. 이때 1이 고윳값이 된다. 또한 $\overrightarrow{V_2} = \begin{bmatrix} 1 \\ 1 \end{bmatrix}$도 행렬 $\overrightarrow{A} = \begin{bmatrix} 2 & 0 \\ 1 & 1 \end{bmatrix}$의 고유벡터이다. 왜냐하면

$$\overrightarrow{A}\ \overrightarrow{V_2} = \begin{bmatrix} 2 & 0 \\ 1 & 1 \end{bmatrix}\begin{bmatrix} 1 \\ 1 \end{bmatrix} = (2)\begin{bmatrix} 1 \\ 1 \end{bmatrix} = (2)\,\overrightarrow{V_2}$$

가 되어 식 (10.9)를 만족하기 때문이다. 이때에는 2가 고윳값이 된다.

고윳값과 고유벡터에 대해 구체적으로 설명하기에 앞서, 식 (10.9)에 정의된 고윳값과 고유벡터의 기하학적 의미를 $\overrightarrow{A}$가 2×2인 경우를 통해 살펴보기로 한다.

[그림 10-2]에 나타낸 바와 같이 일반적인 선형 연립방정식의 경우, $\overrightarrow{A}\ \overrightarrow{X}$는 $\overrightarrow{B} = \begin{bmatrix} b_1 \\ b_2 \end{bmatrix}$이므로 원점에서 시작하여 점 $(b_1,\ b_2)$까지 이르는 벡터이다. 그러나 식 (10.9)를 만족하는 고윳값, 고유벡터의 경우에는 $\overrightarrow{A}\ \overrightarrow{V} = \lambda\,\overrightarrow{V}$이므로 벡터 $\overrightarrow{A}\ \overrightarrow{V}$와 벡터 $\overrightarrow{V} = \begin{bmatrix} v_1 \\ v_2 \end{bmatrix}$의 방향이 같다. 다만 벡터의 크기는 고윳값 λ에 의해 좌우된다.

(a) 비동차형 선형 연립방정식($\overrightarrow{A}$가 2×2인 경우) (b) 고윳값, 고유벡터인 경우($\overrightarrow{A}$가 2×2인 경우)

[그림 10-2] **고윳값과 고유벡터의 기하학적 의미**

식 (10.9)의 고윳값과 고유벡터 방정식은 비동차형 선형 연립방정식이다. 그러나 다음과 같이 변형시키면 동차형이 된다.

$$\overrightarrow{A}\,\overrightarrow{V} - \lambda\overrightarrow{V} = \overrightarrow{0}$$

행렬의 성질을 이용하여 위 식을 다음과 같이 다시 쓸 수 있다.

$$(\overrightarrow{A} - \lambda\overrightarrow{I})\overrightarrow{V} = \overrightarrow{0} \tag{10.10}$$

행렬 $\overrightarrow{A}$와 해벡터 $\overrightarrow{V}$를

$$\overrightarrow{A} = \begin{bmatrix} a_{11} & a_{12} & \cdots & a_{1n} \\ a_{21} & a_{22} & \cdots & a_{2n} \\ \vdots & \vdots & \vdots & \vdots \\ a_{n1} & a_{n2} & \cdots & a_{nn} \end{bmatrix}, \quad \overrightarrow{V} = \begin{bmatrix} v_1 \\ v_2 \\ \vdots \\ v_n \end{bmatrix}$$

으로 놓고, 이를 식 (10.10)에 대입하면

$$(\overrightarrow{A} - \lambda\overrightarrow{I})\overrightarrow{V} = \begin{bmatrix} (a_{11}-\lambda) & a_{12} & \cdots & a_{1n} \\ a_{21} & (a_{22}-\lambda) & \cdots & a_{2n} \\ \vdots & \vdots & \vdots & \vdots \\ a_{n1} & a_{n2} & \cdots & (a_{nn}-\lambda) \end{bmatrix} \begin{bmatrix} v_1 \\ v_2 \\ \vdots \\ v_n \end{bmatrix} = \begin{bmatrix} 0 \\ 0 \\ \vdots \\ 0 \end{bmatrix}$$

이고, 이것을 전개하면

$$\begin{aligned} (a_{11}-\lambda)v_1 + a_{12}v_2 + \cdots + a_{1n}v_n &= 0 \\ a_{21}v_1 + (a_{22}-\lambda)v_2 + \cdots + a_{2n}v_n &= 0 \\ \vdots \qquad\qquad & \vdots \\ a_{n1}v_1 + a_{22}v_2 + \cdots + (a_{nn}-\lambda)v_n &= 0 \end{aligned} \tag{10.11}$$

이다. 식 (10.11)의 자명한 해는 $v_1 = v_2 = \cdots = v_n = 0$인데, 이것은 별 의미가 없고, 자명하지 않은 해를 구하는 것이 필요하다.

이미 [예제 10-4]와 10.1절에서 동차형 선형 연립방정식 $\overrightarrow{A}\,\overrightarrow{X}=\overrightarrow{0}$ 이 자명하지 않은 해를 갖기 위해서는 $\det\overrightarrow{A}=0$이어야 함을 보였다. 그러므로 식 (10.10) 또는 식 (10.11)이 자명하지 않은 해 $\overrightarrow{V}$를 갖기 위해서는

$$\det(\overrightarrow{A}-\lambda\overrightarrow{I})=0 \tag{10.12}$$

이어야 한다. 식 (10.12)는 λ에 관한 n차 방정식으로서 행렬 $\overrightarrow{A}$의 **특성방정식** characteristic equation이라 하고, 특성방정식의 근이 n개가 구해진다. 이 근들이 바로 고윳값(또는 특성값)이 된다.

이제 고윳값과 고유벡터를 구하는 방법에 대해 살펴보자. 고윳값과 고유벡터는 다음과 같은 순서로 구하면 된다.

고윳값과 고유벡터 구하는 순서

❶ 식 (10.12)의 특성방정식을 풀면 고윳값이 구해진다. 고윳값이 모두 실수인 경우(**중복도** multiplicity가 $r(r\le n)$인 중복값을 갖는 경우 포함), 복소수인 경우로 나뉜다.

❷ 구해진 고윳값 $\lambda_i(i=1,\,2,\,\cdots,\,n)$를 식 (10.10)이나 식 (10.11)에 대입하여 $v_1,\,v_2,\,\cdots,\,v_n$을 구하면, λ_i에 대응하는 고유벡터 $\overrightarrow{V_i}$가 구해진다 (구하는 방법은 10.1절 참조).

다양한 유형의 고윳값과 고유벡터를 구하는 문제를 풀어보도록 하자.

10.2.2 고윳값이 실수인 경우

고윳값이 실수인 경우는 서로 다른 실수인 경우와 중복값인 경우가 있는데, 이때 고유벡터들은 모두 실수를 원소로 갖는 벡터가 된다. 다음 예제들을 통하여 각각의 경우에 대해 고윳값과 고유벡터를 구해보자.

예제 10-15 고윳값, 고유벡터 구하기 : 고윳값이 서로 다른 실수인 경우(2×2)

다음 행렬 $\overrightarrow{A}$의 고윳값과 고유벡터를 구하라.

$$\overrightarrow{A}=\begin{bmatrix}3 & 2\\ 4 & 1\end{bmatrix}$$

풀이

특성방정식 $\det(\vec{A}-\lambda\vec{I})=0$은

$$\det(\vec{A}-\lambda\vec{I})=\begin{vmatrix}3-\lambda & 2\\ 4 & 1-\lambda\end{vmatrix}=(3-\lambda)(1-\lambda)-8=(\lambda+1)(\lambda-5)=0$$

이므로, 고윳값은 $\lambda_1=-1$, $\lambda_2=5$이다.

❶ $\lambda_1=-1$일 때

$\lambda_1=-1$을 식 (10.10)의 λ에 대입하면

$$\begin{bmatrix}3-(-1) & 2\\ 4 & 1-(-1)\end{bmatrix}\begin{bmatrix}v_1\\ v_2\end{bmatrix}_1=\begin{bmatrix}0\\ 0\end{bmatrix},\quad \begin{bmatrix}4 & 2\\ 4 & 2\end{bmatrix}\begin{bmatrix}v_1\\ v_2\end{bmatrix}_1=\begin{bmatrix}0\\ 0\end{bmatrix} \quad \cdots\cdots ①$$

으로서, 식 ①은 동차형 연립방정식 문제가 된다. 이를 기약 행사다리꼴로 변환하면

$$\begin{bmatrix}1 & \frac{1}{2}\\ 0 & 0\end{bmatrix}\begin{bmatrix}v_1\\ v_2\end{bmatrix}=\begin{bmatrix}0\\ 0\end{bmatrix} \quad \cdots\cdots ②$$

이 되고, 10.1절에서 설명한 것처럼 모든 원소가 0으로 구성된 행의 개수가 1개이므로 식 ②의 해는 1개이다. 식 ②를 풀면

$$v_1+\frac{1}{2}v_2=0$$

이다. $v_2=-2c$(c는 임의의 상수)라 놓으면 고윳값 $\lambda_2=-1$에 대응하는 고유벡터는 다음과 같다.

$$\vec{V_1}=\begin{bmatrix}v_1\\ v_2\end{bmatrix}_1=\begin{bmatrix}1\\ -2\end{bmatrix}c$$

❷ $\lambda_2=5$일 때

$\lambda_2=5$를 식 (10.10)의 λ에 대입하면

$$\begin{bmatrix}3-5 & 2\\ 4 & 1-5\end{bmatrix}\begin{bmatrix}v_1\\ v_2\end{bmatrix}_2=\begin{bmatrix}0\\ 0\end{bmatrix},\quad \begin{bmatrix}-2 & 2\\ 4 & -4\end{bmatrix}\begin{bmatrix}v_1\\ v_2\end{bmatrix}_2=\begin{bmatrix}0\\ 0\end{bmatrix} \quad \cdots\cdots ③$$

이다. 이를 기약 행사다리꼴로 변환하면

$$\begin{bmatrix}1 & -1\\ 0 & 0\end{bmatrix}\begin{bmatrix}v_1\\ v_2\end{bmatrix}_2=\begin{bmatrix}0\\ 0\end{bmatrix} \quad \cdots\cdots ④$$

이므로, 식 ④를 풀면

$$v_1-v_2=0$$

이다. $v_2=c$(임의의 상수)라 놓으면 고윳값 $\lambda_2=5$에 대응하는 고유벡터는 다음과 같다.

$$\vec{V_2}=\begin{bmatrix}v_1\\ v_2\end{bmatrix}_2=\begin{bmatrix}1\\ 1\end{bmatrix}c$$

```
Command Window
: 코딩
A=sym([3 2;4 1]);                    % 행렬 A를 심볼릭으로 정의
[V,U]=eig(A) 1                       % A의 고윳값과 고유벡터 구하기

: 결과
V = [-1/2, 1]
    [1, 1]
U = [-1, 0]
    [0, 5] 2                         % [예제 10-15]의 결과와 동일
```

MATLAB TIP!

1 '[V,U]=eig(A)' : 행렬 $\vec{A}$의 고윳값과 고유벡터를 구한다.
- U : 고윳값(대각행렬)
- V : 대응하는 고유벡터

2 U의 고윳값 -1에 대응하는 고유벡터는 V의 $\begin{bmatrix}-1/2\\1\end{bmatrix}$이고, U의 고윳값 5에 대응하는 고유벡터는 V의 $\begin{bmatrix}1\\1\end{bmatrix}$이다.

유제 10-15 고윳값, 고유벡터 구하기 : 고윳값이 서로 다른 실수인 경우(2×2)

기본행 연산을 수행하여 다음 행렬 $\vec{A}$의 역행렬을 구하라.

$$\vec{A}=\begin{bmatrix}-3 & 1\\ 0 & -1\end{bmatrix}$$

정답 : $\lambda_1=-3,\ \vec{V_1}=\begin{bmatrix}v_1\\v_2\end{bmatrix}_1=\begin{bmatrix}1\\0\end{bmatrix}c$

$\lambda_2=-1,\ \vec{V_2}=\begin{bmatrix}v_1\\v_2\end{bmatrix}_2=\begin{bmatrix}\frac{1}{2}\\1\end{bmatrix}c$

예제 10-16 고윳값, 고유벡터 구하기 : 고윳값이 서로 다른 실수인 경우(3×3)

다음 행렬 $\vec{A}$의 고윳값과 고유벡터를 구하라.

$$\vec{A}=\begin{bmatrix}-1 & 1 & 1\\ 2 & 1 & 0\\ 1 & 0 & 1\end{bmatrix}$$

풀이

특성방정식 $\det(\vec{A}-\lambda\vec{I})=0$은

$$\begin{aligned}\det(\vec{A}-\lambda\vec{I})&=\begin{vmatrix}-1-\lambda & 1 & 1\\ 2 & 1-\lambda & 0\\ 1 & 0 & 1-\lambda\end{vmatrix}\\&=(-1-\lambda)(1-\lambda)^2-(1-\lambda)-2(1-\lambda)=(\lambda-1)(\lambda+2)(\lambda-2)=0\end{aligned}$$

이므로, 고윳값은 $\lambda_1=1,\ \lambda_2=2,\ \lambda_3=-2$이다.

❶ $\lambda_1 = 1$일 때

$\lambda_1 = 1$을 식 (10.10)의 λ에 대입하면

$$\begin{bmatrix} -1-1 & 1 & 1 \\ 2 & 1-1 & 0 \\ 1 & 0 & 1-1 \end{bmatrix} \begin{bmatrix} v_1 \\ v_2 \\ v_3 \end{bmatrix}_1 = \begin{bmatrix} 0 \\ 0 \\ 0 \end{bmatrix}, \quad \begin{bmatrix} -2 & 1 & 1 \\ 2 & 0 & 0 \\ 1 & 0 & 0 \end{bmatrix} \begin{bmatrix} v_1 \\ v_2 \\ v_3 \end{bmatrix}_1 = \begin{bmatrix} 0 \\ 0 \\ 0 \end{bmatrix} \qquad \cdots\cdots ①$$

이고, 식 ①의 동차형 연립방정식 문제를 기약 행사다리꼴로 변환하면

$$\begin{bmatrix} 1 & 0 & 0 \\ 0 & 1 & 1 \\ 0 & 0 & 0 \end{bmatrix} \begin{bmatrix} v_1 \\ v_2 \\ v_3 \end{bmatrix}_1 = \begin{bmatrix} 0 \\ 0 \\ 0 \end{bmatrix} \qquad \cdots\cdots ②$$

이 된다. 식 ②의 기약 행사다리꼴 행렬에서 모든 원소가 0으로 구성된 행의 개수가 1개이므로, 식 ②의 해는 1개이다. 식 ②를 풀면

$$v_1 = 0, \quad v_2 + v_3 = 0$$

이므로, $v_3 = c$(임의의 상수)로 놓으면 고윳값 $\lambda_1 = 1$에 대응하는 고유벡터는 다음과 같다.

$$\overrightarrow{V_1} = \begin{bmatrix} v_1 \\ v_2 \\ v_3 \end{bmatrix}_1 = \begin{bmatrix} 0 \\ -1 \\ 1 \end{bmatrix} c$$

❷ $\lambda_2 = 2$일 때

$\lambda_2 = 2$를 식 (10.10)의 λ에 대입하면

$$\begin{bmatrix} -1-2 & 1 & 1 \\ 2 & 1-2 & 0 \\ 1 & 0 & 1-2 \end{bmatrix} \begin{bmatrix} v_1 \\ v_2 \\ v_3 \end{bmatrix}_2 = \begin{bmatrix} 0 \\ 0 \\ 0 \end{bmatrix}, \quad \begin{bmatrix} -3 & 1 & 1 \\ 2 & -1 & 0 \\ 1 & 0 & -1 \end{bmatrix} \begin{bmatrix} v_1 \\ v_2 \\ v_3 \end{bmatrix}_2 = \begin{bmatrix} 0 \\ 0 \\ 0 \end{bmatrix} \qquad \cdots\cdots ③$$

이다. 이를 기약 행사다리꼴로 변환하면

$$\begin{bmatrix} 1 & 0 & -1 \\ 0 & 1 & -2 \\ 0 & 0 & 0 \end{bmatrix} \begin{bmatrix} v_1 \\ v_2 \\ v_3 \end{bmatrix}_2 = \begin{bmatrix} 0 \\ 0 \\ 0 \end{bmatrix} \qquad \cdots\cdots ④$$

이므로 식 ④의 해는 1개이고,

$$v_1 - v_3 = 0, \quad v_2 - 2v_3 = 0 \qquad \cdots\cdots ⑤$$

의 관계가 성립한다. 식 ⑤를 풀기 위해 $v_3 = c$(임의의 상수)라 놓으면 고윳값 $\lambda_2 = 2$에 대응하는 고유벡터는 다음과 같다.

$$\overrightarrow{V_2} = \begin{bmatrix} v_1 \\ v_2 \\ v_3 \end{bmatrix}_2 = \begin{bmatrix} 1 \\ 2 \\ 1 \end{bmatrix} c$$

❸ $\lambda_3 = -2$일 때

$\lambda_3 = -2$를 식 (10.10)의 λ에 대입하면

$$\begin{bmatrix} -1+2 & 1 & 1 \\ 2 & 1+2 & 0 \\ 1 & 0 & 1+2 \end{bmatrix} \begin{bmatrix} v_1 \\ v_2 \\ v_3 \end{bmatrix}_3 = \begin{bmatrix} 0 \\ 0 \\ 0 \end{bmatrix}, \quad \begin{bmatrix} 1 & 1 & 1 \\ 2 & 3 & 0 \\ 1 & 0 & 3 \end{bmatrix} \begin{bmatrix} v_1 \\ v_2 \\ v_3 \end{bmatrix}_3 = \begin{bmatrix} 0 \\ 0 \\ 0 \end{bmatrix} \qquad \cdots\cdots ⑥$$

이다. 이를 기약 행사다리꼴로 변환하면

$$\begin{bmatrix} 1 & 0 & 3 \\ 0 & 1 & -2 \\ 0 & 0 & 0 \end{bmatrix} \begin{bmatrix} v_1 \\ v_2 \\ v_3 \end{bmatrix}_3 = \begin{bmatrix} 0 \\ 0 \\ 0 \end{bmatrix} \qquad \cdots\cdots ⑦$$

이므로, 식 ⑦의 해는 1개이고

$$v_1 + 3v_3 = 0, \quad v_2 - 2v_3 = 0$$

이 얻어진다. 식 ⑦을 풀기 위해 $v_3 = c$(임의의 상수)라 놓으면 고윳값 $\lambda_3 = -2$에 대응하는 고유벡터는 다음과 같다.

$$\overrightarrow{V_3} = \begin{bmatrix} v_1 \\ v_2 \\ v_3 \end{bmatrix}_3 = \begin{bmatrix} -3 \\ 2 \\ 1 \end{bmatrix} c$$

Command Window

: 코딩

```
A=sym([-1 1 1;2 1 0;1 0 1]);          % 행렬 A를 심볼릭으로 정의
[V,U]=eig(A)                          % A의 고윳값과 고유벡터 구하기
```

: 결과

```
V = [0, 1, -3]
    [-1, 2, 2]
    [1, 1, 1]
U = [1, 0, 0]
    [0, 2, 0]
    [0, 0, -2]                        % [예제 10-16]의 결과와 동일
```

유제 10-16 고윳값, 고유벡터 구하기 : 고윳값이 서로 다른 실수인 경우(3×3)

다음 행렬 $\vec{A}$의 고윳값과 고유벡터를 구하라.

$$\vec{A}=\begin{bmatrix} 2 & 1 & 1 \\ 3 & 0 & 1 \\ -1 & -1 & 0 \end{bmatrix}$$

정답 : $\lambda_1=1,\ \vec{V_1}=\begin{bmatrix} 1 \\ 1 \\ -2 \end{bmatrix}c,\ \lambda_2=2,\ \vec{V_2}=\begin{bmatrix} -1 \\ -1 \\ 1 \end{bmatrix}c,\ \lambda_3=-1,\ \vec{V_3}=\begin{bmatrix} -1 \\ 2 \\ 1 \end{bmatrix}c$

예제 10-17 고윳값, 고유벡터 구하기 : 고윳값이 중복값인 경우(2×2)

다음 행렬 $\vec{A}$의 고윳값과 고유벡터를 구하라.

$$\vec{A}=\begin{bmatrix} 3 & 0 \\ -1 & 3 \end{bmatrix}$$

MATLAB 풀이

풀이

특성방정식 $\det(\vec{A}-\lambda\vec{I})=0$은

$$\det\begin{bmatrix} 3-\lambda & 0 \\ -1 & 3-\lambda \end{bmatrix}=(3-\lambda)(3-\lambda)=0$$

이므로, 고윳값은 $\lambda_1=\lambda_2=3$으로 중복값을 갖는다. $\lambda_1=\lambda_2=3$을 식 (10.10)의 λ에 대입하면

$$\begin{bmatrix} 3-3 & 0 \\ -1 & 3-3 \end{bmatrix}\begin{bmatrix} v_1 \\ v_2 \end{bmatrix}_{1,2}=\begin{bmatrix} 0 \\ 0 \end{bmatrix},\quad \begin{bmatrix} 0 & 0 \\ -1 & 0 \end{bmatrix}\begin{bmatrix} v_1 \\ v_2 \end{bmatrix}_{1,2}=\begin{bmatrix} 0 \\ 0 \end{bmatrix} \qquad \cdots\cdots ①$$

이 되고, 식 ①의 해는

$$v_1=0,\quad v_2=c(\text{임의의 상수})$$

이므로, 고윳값 $\lambda_1=\lambda_2=3$에 대응하는 고유벡터는 다음과 같다.

$$\vec{V_1}=\vec{V_2}=\begin{bmatrix} v_1 \\ v_2 \end{bmatrix}_{1,2}=\begin{bmatrix} 0 \\ 1 \end{bmatrix}c$$

유제 10-17 고윳값, 고유벡터 구하기 : 고윳값이 중복값인 경우(2×2)

다음 행렬 $\vec{A}$의 고윳값과 고유벡터를 구하라.

$$\vec{A}=\begin{bmatrix} 3 & 1 \\ -1 & 1 \end{bmatrix}$$

정답 : $\lambda_1=\lambda_2=2,\ \vec{V_1}=\vec{V_2}=\begin{bmatrix} -1 \\ 1 \end{bmatrix}c$

예제 10-18 고윳값, 고유벡터 구하기 : 고윳값이 중복값인 경우(3×3)

다음 행렬 $\vec{A}$의 고윳값과 고유벡터를 구하라.

$$\vec{A}=\begin{bmatrix}1 & 1 & -1\\ -1 & 3 & -1\\ -1 & 1 & 1\end{bmatrix}$$

MATLAB 풀이

풀이

특성방정식 $\det(\vec{A}-\lambda\vec{I})=0$은

$$\det(\vec{A}-\lambda\vec{I})=\begin{vmatrix}1-\lambda & 1 & -1\\ -1 & 3-\lambda & -1\\ -1 & 1 & 1-\lambda\end{vmatrix}=(1-\lambda)(3-\lambda)(1-\lambda)+2-(3-\lambda)+2(1-\lambda)$$
$$=(\lambda-1)(\lambda-2)^2=0$$

이고, 고윳값은 $\lambda_1=1$, $\lambda_2=\lambda_3=2$(중복값)이다.

❶ $\lambda_1=1$일 때

고윳값이 중복되지 않은 경우에는 앞의 예제들과 풀이 과정이 같다. $\lambda_1=1$을 식 (10.10)의 λ에 대입하면

$$\begin{bmatrix}1-1 & 1 & -1\\ -1 & 3-1 & -1\\ -1 & 1 & 1-1\end{bmatrix}\begin{bmatrix}v_1\\ v_2\\ v_3\end{bmatrix}_1=\begin{bmatrix}0\\0\\0\end{bmatrix},\quad \begin{bmatrix}0 & 1 & -1\\ -1 & 2 & -1\\ -1 & 1 & 0\end{bmatrix}\begin{bmatrix}v_1\\ v_2\\ v_3\end{bmatrix}_1=\begin{bmatrix}0\\0\\0\end{bmatrix}$$

이고, 위 식의 동차형 연립방정식 문제를 기약 행사다리꼴로 변환하면

$$\begin{bmatrix}1 & 0 & -1\\ 0 & 1 & -1\\ 0 & 0 & 0\end{bmatrix}\begin{bmatrix}v_1\\ v_2\\ v_3\end{bmatrix}_1=\begin{bmatrix}0\\0\\0\end{bmatrix}$$

이 된다. 위 식을 풀면

$$v_1=v_3,\quad v_2=v_3$$

이므로, $v_3=c$(임의의 상수)로 놓으면 고윳값 $\lambda_1=1$에 대응하는 고유벡터는 다음과 같다.

$$\vec{V_1}=\begin{bmatrix}v_1\\ v_2\\ v_3\end{bmatrix}_1=\begin{bmatrix}1\\1\\1\end{bmatrix}c$$

❷ $\lambda_2=\lambda_3=2$일 때

이는 [예제 10-17]과 같이 중복값을 갖는 경우이다. $\lambda_2=\lambda_3=2$를 식 (10.10)의 λ에 대입하면

$$\begin{bmatrix}1-2 & 1 & -1\\ -1 & 3-2 & -1\\ -1 & 1 & 1-2\end{bmatrix}\begin{bmatrix}v_1\\ v_2\\ v_3\end{bmatrix}_{2,3}=\begin{bmatrix}0\\0\\0\end{bmatrix},\quad \begin{bmatrix}-1 & 1 & -1\\ -1 & 1 & -1\\ -1 & 1 & -1\end{bmatrix}\begin{bmatrix}v_1\\ v_2\\ v_3\end{bmatrix}_{2,3}=\begin{bmatrix}0\\0\\0\end{bmatrix}$$

이다. 이를 기약 행사다리꼴로 변환하면

$$\begin{bmatrix} 1 & -1 & 1 \\ 0 & 0 & 0 \\ 0 & 0 & 0 \end{bmatrix} \begin{bmatrix} v_1 \\ v_2 \\ v_3 \end{bmatrix}_{2,\,3} = \begin{bmatrix} 0 \\ 0 \\ 0 \end{bmatrix}$$

이고, 모든 원소가 0으로 구성된 행의 개수(부족한 행렬계수)가 2개이므로, 위 식의 해는 2개이다. 위 식을 풀면

$$v_1 - v_2 + v_3 = 0 \qquad \cdots\cdots ①$$

의 관계가 성립한다. 위 식을 만족하는 간단한 해를 구하기 위해 $v_3 = 0$이라 놓으면, 식 ①은 $v_1 = v_2$이므로 고윳값 $\lambda_2 = 2$에 대응하는 고유벡터는

$$\overrightarrow{V_2} = \begin{bmatrix} v_1 \\ v_2 \\ v_3 \end{bmatrix}_2 = \begin{bmatrix} 1 \\ 1 \\ 0 \end{bmatrix} c$$

가 된다. 또 하나의 해를 구하기 위해 $v_2 = 0$이라 놓으면, 식 ①은 $v_1 + v_3 = 0$이므로, 고윳값 $\lambda_3 = 2$에 대응하는 또 하나의 고유벡터는

$$\overrightarrow{V_3} = \begin{bmatrix} v_1 \\ v_2 \\ v_3 \end{bmatrix}_3 = \begin{bmatrix} -1 \\ 0 \\ 1 \end{bmatrix} c$$

가 얻어진다.

고윳값이 중복값으로 나타난 것은 [예제 10-17]과 같지만, [예제 10-17]의 경우에는 중복된 고윳값에 대응하는 고유벡터가 1개 밖에 구해지지 않은 반면, 이 예제에서는 중복된 고윳값에 대응하는 고유벡터들을 모두 구할 수 있다는 점이 다르다.

유제 10-18 고윳값, 고유벡터 구하기 : 고윳값이 중복값인 경우(3×3)

다음 행렬 $\overrightarrow{A}$의 고윳값과 고유벡터를 구하라.

$$\overrightarrow{A} = \begin{bmatrix} -1 & 1 & 1 \\ 1 & -1 & 1 \\ 1 & 1 & -1 \end{bmatrix}$$

정답 : $\lambda_1 = 1,\ \overrightarrow{V_1} = \begin{bmatrix} 1 \\ 1 \\ 1 \end{bmatrix} c,\quad \lambda_2 = -2,\ \overrightarrow{V_2} = \begin{bmatrix} -1 \\ 1 \\ 0 \end{bmatrix} c,\quad \lambda_3 = -2,\ \overrightarrow{V_3} = \begin{bmatrix} -1 \\ 0 \\ 1 \end{bmatrix} c$

10.2.3 고윳값이 복소수인 경우

지금까지 우리는 고윳값이 실수값을 가질 때 고유벡터를 구하는 예제들을 풀어 보았다. 이제 마지막으로 고윳값이 복소수인 경우에 대해 살펴보고자 한다. 특성방정식 식 (10.12)의 근이 복소수인 경우에는 항상 근이 켤레복소수의 값을 취하므로 다음과 같은 정리가 성립한다.

정리 10-2 고윳값이 복소수인 경우

모든 원소가 실수로 구성된 $n\times n$ 행렬 $\vec{A}$ 에 대해, $\vec{A}$ 의 고윳값 중 하나가 $\lambda=\alpha+\beta i\ (\beta\neq 0)$ 이고, λ에 대응하는 고유벡터가 $\vec{V}$ 이면, 그것의 켤레복소수 $\overline{\lambda}=\alpha-\beta i$ 도 $\vec{A}$ 의 고윳값이고, $\overline{\lambda}$에 대응하는 고유벡터는 $\overline{\vec{V}}$ 이다.

증명 행렬 $\vec{A}$ 가 실수를 원소로 갖는 행렬이므로 고윳값을 구하기 위한 특성방정식 $\det(\vec{A}-\lambda\vec{I})=0$ 은 실수를 계수로 갖는 방정식이다. 이 방정식의 근들이 고윳값인데, 실수 계수를 갖는 방정식의 근이 복소수이면 그것의 켤레복소수도 방정식의 근이 된다. 즉 $\lambda=\alpha+\beta i\ (\beta\neq 0)$ 가 특성방정식의 근이므로 $\overline{\lambda}=\alpha-\beta i$ 도 특성방정식의 근이 된다.

또한 λ에 대응하는 고유벡터가 $\vec{V}$ 이면 고윳값 고유벡터의 정의에 의해

$$\vec{A}\,\vec{V}=\lambda\,\vec{V}$$

의 관계가 성립한다. 이 방정식의 양변에 켤레복소수를 취하면

$$\overline{\vec{A}}\ \overline{\vec{V}}=\overline{\lambda}\ \overline{\vec{V}}$$

인데, $\vec{A}$의 모든 원소가 실수이므로 $\overline{\vec{A}}=\vec{A}$ 이다. 따라서 위 식은

$$\vec{A}\ \overline{\vec{V}}=\overline{\lambda}\ \overline{\vec{V}}$$

이고, 결국 $\overline{\lambda}$에 대응하는 고유벡터가 $\overline{\vec{V}}$ 임을 알 수 있다. ■

예제 10-19 고윳값, 고유벡터 구하기 : 고윳값이 복소수인 경우(2×2)

다음 행렬 $\vec{A}$의 고윳값과 고유벡터를 구하라.

$$\vec{A}=\begin{bmatrix}-1 & -1\\ 4 & -1\end{bmatrix}$$

풀이

특성방정식 $\det(\vec{A}-\lambda\vec{I})=0$은

$$\det\begin{bmatrix} -1-\lambda & -1 \\ 4 & -1-\lambda \end{bmatrix} = (-1-\lambda)^2+4 = \lambda^2+2\lambda+5$$
$$= (\lambda+1-2i)(\lambda+1+2i)=0$$

이고, 고윳값은 $\lambda_1=-1+2i$, $\lambda_2=\overline{\lambda_1}=-1-2i$이다.

❶ $\lambda_1=-1+2i$**일 때**

이는 고윳값이 복소값을 갖는 경우이다. $\lambda_1=-1+2i$를 식 (10.10)의 λ에 대입하면

$$\begin{bmatrix} -1+1-2i & -1 \\ 4 & -1+1-2i \end{bmatrix}\begin{bmatrix} v_1 \\ v_2 \end{bmatrix}_1 = \begin{bmatrix} 0 \\ 0 \end{bmatrix}, \quad \begin{bmatrix} -2i & -1 \\ 4 & -2i \end{bmatrix}\begin{bmatrix} v_1 \\ v_2 \end{bmatrix}_1 = \begin{bmatrix} 0 \\ 0 \end{bmatrix} \quad \cdots\cdots ①$$

이다. 이를 기약 행사다리꼴로 변환하면

$$\begin{bmatrix} 1 & -\frac{i}{2} \\ 0 & 0 \end{bmatrix}\begin{bmatrix} v_1 \\ v_2 \end{bmatrix}_1 = \begin{bmatrix} 0 \\ 0 \end{bmatrix} \quad \cdots\cdots ②$$

이고, 식 ②의 해는 1개이다. 식 ②를 풀면

$$v_1 - \frac{i}{2}v_2 = 0 \quad \cdots\cdots ③$$

의 관계가 성립한다. 식 ③을 만족하는 해를 구하기 위해 $v_2=2c$(c는 임의의 상수)라 놓으면 $v_1=ci$이므로, 고윳값 $\lambda_1=-1+2i$에 대응하는 고유벡터는 다음과 같다.

$$\vec{V_1} = \begin{bmatrix} v_1 \\ v_2 \end{bmatrix}_1 = \begin{bmatrix} i \\ 2 \end{bmatrix}c$$

❷ $\lambda_2=\overline{\lambda_1}=-1-2i$에 대응하는 고유벡터는 [정리 10-2]를 이용하면 다음과 같이 얻어진다.

$$\vec{V_2} = \overline{\vec{V_1}} = \begin{bmatrix} v_1 \\ v_2 \end{bmatrix}_2 = \begin{bmatrix} -i \\ 2 \end{bmatrix}c$$

Command Window

: 코딩

```
A=sym([-1 -1;4 -1]);          % 행렬 A를 심볼릭으로 정의
[V,U]=eig(A)                  % A의 고윳값과 고유벡터 구하기
```

: 결과

```
V = [-i/2, i/2]
    [1,    1]
U = [-1-2*i, 0]
    [0, -1+2*i]               % [예제 10-19]의 결과와 동일
```

유제 10-19 고윳값, 고유벡터 구하기 : 고윳값이 복소수인 경우(2×2)

다음 행렬 $\vec{A}$의 고윳값과 고유벡터를 구하라.

$$\vec{A}=\begin{bmatrix}1 & -1\\ 2 & -1\end{bmatrix}$$

정답 : $\lambda_1=-i,\ \vec{V_1}=\begin{bmatrix}1-i\\ 2\end{bmatrix}c,\quad \lambda_2=i,\ \vec{V_2}=\begin{bmatrix}1+i\\ 2\end{bmatrix}c$

10.2.4 고윳값과 고유벡터의 응용 예

앞의 예제들을 통하여 고윳값과 그 고윳값에 대응하는 고유벡터를 구하는 방법에 대해 공부하였다. 고윳값과 고유벡터는 많은 분야에서 중요한 개념으로 응용되고 있으며, 그 예를 들어보고자 한다.

예제 10-20 고윳값, 고유벡터 구하기 : 응용 문제(정적 시스템)

[그림 10-3]과 같이 주어진 공학에서의 휨 buckling 문제를 고려해 보자. [그림 10-3(a)]는 아무런 힘이 가해지지 않은 평형상태를 나타내고 있고, [그림 10-3(b)]는 왼쪽 끝에 수평방향의 힘 F가 가해진 상태에서의 변화 상태를 보여주고 있다. 여기에서 k_1과 k_2는 스프링 상수값이고, L은 가늘고 긴 강체 rigid body의 길이이다. 이 경우 힘 F와 스프링 상수와 스프링 변위 사이의 관계식을 구하고, 관계식이 고윳값, 고유벡터 문제임을 확인한 뒤 고윳값과 고유벡터를 구한다. 그리고 각각의 고윳값과 고유벡터가 갖는 물리적인 의미를 설명해 보자.

MATLAB 풀이

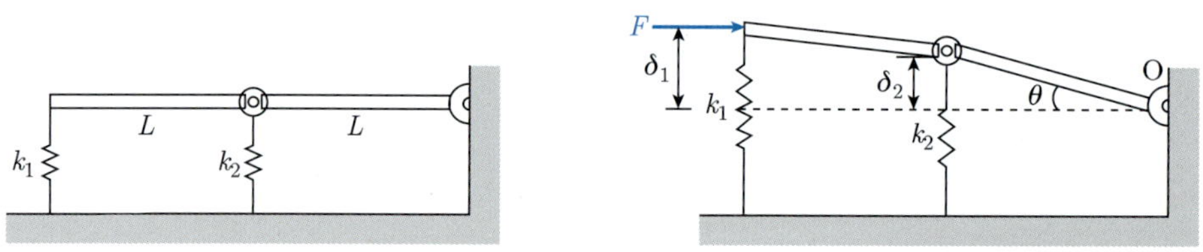

(a) 휨의 평형상태　　(b) 외력의 작용상태

[그림 10-3] 휨의 문제

풀이

[그림 10-4]는 [그림 10-3(b)]의 **자유물체도** free body diagram이다. 여기에서 f_1은 좌측 스프링에 작용하는 힘이고, f_2는 우측 스프링에 작용하는 힘이고, f_3는 점 O에서 위 방향으로 작용하는 반력을 나타낸다.

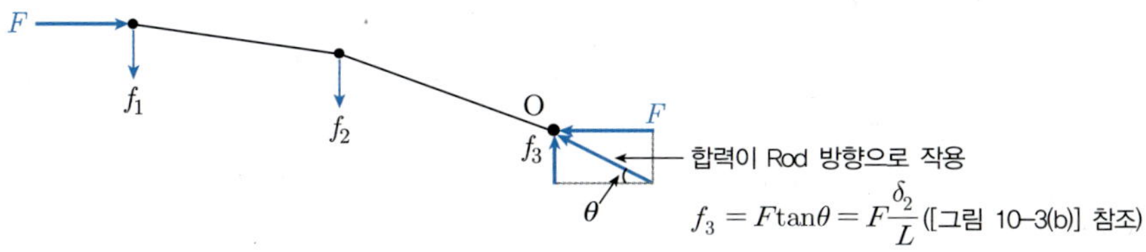

[그림 10-4] **자유물체도**

[그림 10-4]에서 힘의 평형과 **모멘트** moment 평형을 고려하여 방정식을 세워보면 다음과 같다.

$$\sum \overrightarrow{F} = 0 \quad : \; -f_1 - f_2 + f_3 = 0 \qquad \cdots\cdots ①$$

$$\sum \overrightarrow{M_o} = 0 \quad : \; -F\delta_1 + f_1(2L) + f_2(L) = 0 \qquad \cdots\cdots ②$$

또한 스프링에 작용하는 힘들은 다음 관계식이 성립한다.

$$f_1 = k_1\delta_1, \quad f_2 = k_2\delta_2 \qquad \cdots\cdots ③$$

[그림 10-4]의 점 O에서 기하학적인 원리에 의해 반력 f_3와 힘 F의 합력이 강체의 길이 방향으로 작용해야만 하므로

$$f_3 = F\tan\theta = F\frac{\delta_2}{L} \qquad \cdots\cdots ④$$

의 관계가 성립한다. 식 ③과 식 ④를 식 ①과 식 ②에 대입하면

$$-k_1\delta_1 - k_2\delta_2 + F\frac{\delta_2}{L} = 0 \qquad \cdots\cdots ⑤$$

$$-F\delta_1 + k_1\delta_1(2L) + k_2\delta_2(L) = 0 \qquad \cdots\cdots ⑥$$

이 되고, 식 ⑤와 식 ⑥의 순서를 바꾸어 정리하면

$$2k_1\delta_1 + k_2\delta_2 = \frac{F}{L}\delta_1 \qquad \cdots\cdots ⑦$$

$$k_1\delta_1 + k_2\delta_2 = \frac{F}{L}\delta_2 \qquad \cdots\cdots ⑧$$

가 얻어진다. 식 ⑦과 식 ⑧을 행렬방정식으로 나타내면 관계식이 다음과 같다.

$$\begin{bmatrix} 2k_1 & k_2 \\ k_1 & k_2 \end{bmatrix}\begin{bmatrix} \delta_1 \\ \delta_2 \end{bmatrix} = \frac{F}{L}\begin{bmatrix} \delta_1 \\ \delta_2 \end{bmatrix} \qquad \cdots\cdots ⑨$$

결과적으로 식 ⑨는 고윳값과 고유벡터 문제가 된다. 식 ⑨에 있는 상수들을 다음과 같이 정의하자.

$$\frac{k_1}{k_2} = \alpha\,, \quad \frac{F}{Lk_2} = \lambda \qquad \cdots\cdots ⑩$$

식 ⑩의 관계를 식 ⑨에 대입하면

$$\begin{bmatrix} 2\alpha & 1 \\ \alpha & 1 \end{bmatrix} \begin{bmatrix} \delta_1 \\ \delta_2 \end{bmatrix} = \lambda \begin{bmatrix} \delta_1 \\ \delta_2 \end{bmatrix} \qquad \cdots\cdots ⑪$$

가 된다. 즉 고윳값은 λ로서 외력과 관련된 값이고, 고유벡터는 $\begin{bmatrix} \delta_1 \\ \delta_2 \end{bmatrix}$로서 스프링들의 변위와 관련된 값들이다. 식 ⑪의 계산을 간단히 하기 위해 스프링 상수 k_1과 k_2를 같게 놓으면, 식 ⑩에서 $\alpha = 1$이 되고 고윳값은

$$\det \begin{bmatrix} 2-\lambda & 1 \\ 1 & 1-\lambda \end{bmatrix} = (2-\lambda)(1-\lambda) - 1 = \lambda^2 - 3\lambda + 1 = 0$$

에 의해 다음과 같이 구해진다.

$$\lambda_1 = 0.3820, \quad \lambda_2 = 2.6180$$

❶ $\lambda_1 = 0.3820$일 때

$\lambda_1 = 0.3820$을 식 (10.10)의 λ에 대입하면

$$\begin{bmatrix} 2-0.3820 & 1 \\ 1 & 1-0.3820 \end{bmatrix} \begin{bmatrix} \delta_1 \\ \delta_2 \end{bmatrix}_1 = \begin{bmatrix} 0 \\ 0 \end{bmatrix} \qquad \cdots\cdots ⑫$$

이고, 식 ⑫를 풀면 고유벡터는

$$\overrightarrow{V_1} = \begin{bmatrix} \delta_1 \\ \delta_2 \end{bmatrix}_1 = \begin{bmatrix} -0.5257 \\ 0.8507 \end{bmatrix} \qquad \cdots\cdots ⑬$$

이 얻어진다. 위 식의 고유벡터는 **정규화** normalization 한 값, 즉 벡터의 크기를 1($\sqrt{\delta_1^2 + \delta_2^2} = 1$)이 되게 한 것이다.

❷ $\lambda_2 = 2.6180$일 때

이 경우에도 ❶의 경우와 같은 방법으로 고유벡터를 구하면

$$\overrightarrow{V_2} = \begin{bmatrix} \delta_1 \\ \delta_2 \end{bmatrix}_2 = \begin{bmatrix} 0.8507 \\ 0.5257 \end{bmatrix} \qquad \cdots\cdots ⑭$$

이 된다. 마찬가지로 위 식의 고유벡터 역시 정규화한 값이다.

이 공학 문제의 경우 고윳값과 그에 대응하는 고유벡터가 중요한 의미를 갖는데, 외력 F의 크기에 따라 스프링의 변위가 [그림 10-5]와 같은 특별한 형태를 취한다는 사실이다. 이러한 현상을 스프링의 **휨 모드** buckling mode 라고 한다.

[그림 10-5(a)]의 휨 모드 I에서는 고윳값 λ_1에 상당하는 외력의 크기 $F(F = \lambda_1 L k_2 = 0.3820 L k_2$: 식 ⑩ 참조)가 작용했을 때 스프링의 변위 패턴을 보여준다. [그림 10-5(b)]의 휨 모드 II에서는 고윳값 λ_2에 상당하는 외력의 크기 $F(F = \lambda_2 L k_2 = 2.6180 L k_2)$가 작용했을 때의 스프링의 변위 패턴을 보여준다.

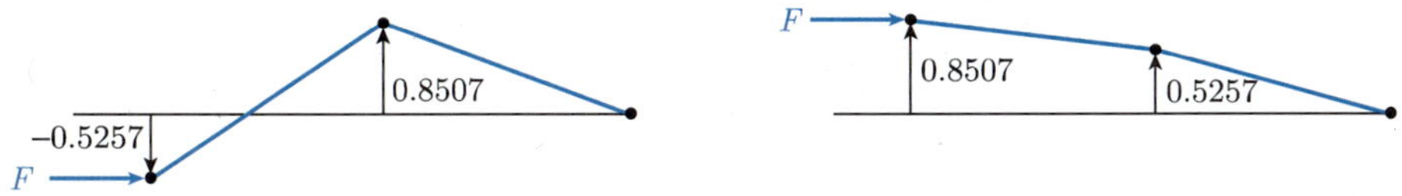

$(F=\lambda_1 Lk_2 = 0.3820Lk_2)$

(a) 휨 모드 I

$(F=\lambda_2 Lk_2 = 2.6180Lk_2)$

(b) 휨 모드 II

[그림 10-5] 휨 모드 유형

위의 응용 예는 움직임이 시간과 무관한 **정적 시스템** static system에 관한 것이었고, 이제 움직임이 시간에 따라 변하는 **동적 시스템** dynamic system에 관한 예를 들어보도록 하겠다.

예제 10-21 고윳값, 고유벡터 구하기 : 응용문제(동적 시스템)

[그림 10-6]의 질량-스프링 시스템을 고려해 보자. 이 동적 시스템의 수학적 모델링 식을 구하고, 모델링 식이 고윳값, 고유벡터 문제임을 확인한다. 그리고 고윳값과 고유벡터를 구한 다음, 각각의 고윳값과 고유벡터가 갖는 물리적인 의미를 설명해 보자.

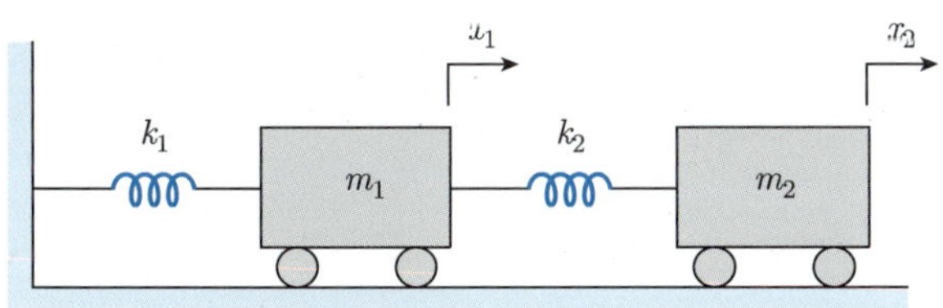

[그림 10-6] 질량-스프링 시스템

풀이

이 시스템의 수학적인 모델링 식을 얻기 위한 자유물체도는 [그림 10-7]과 같다.

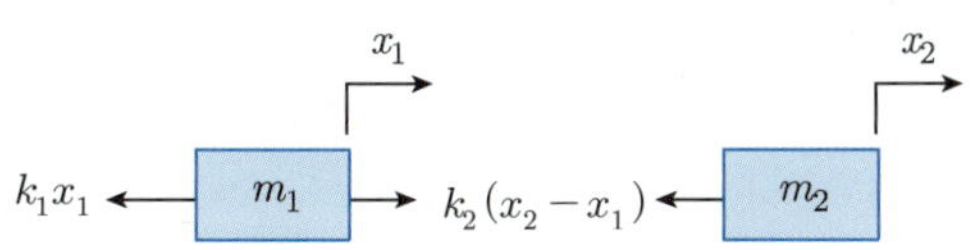

[그림 10-7] [그림 10-6] 시스템의 자유물체도

[그림 10-7]에 뉴턴 제2법칙$\left(\sum F = m\,x''\right)$을 사용하여 운동방정식을 구하면 다음과 같다.

$$m_1\,x_1'' = k_2(x_2-x_1) - k_1x_1$$
$$m_2\,x_2'' = -k_2(x_2-x_1)$$

두 식을 행렬방정식으로 나타내면

$$\begin{bmatrix} m_1 & 0 \\ 0 & m_2 \end{bmatrix}\begin{bmatrix} x_1'' \\ x_2'' \end{bmatrix} = \begin{bmatrix} -k_1-k_2 & k_2 \\ k_2 & -k_2 \end{bmatrix}\begin{bmatrix} x_1 \\ x_2 \end{bmatrix} \quad \cdots\cdots ①$$

이다. 여기서 질량행렬 mass matrix $\overrightarrow{M}$, 스프링 행렬 stiffness matrix $\overrightarrow{K}$, 가속도 벡터 $\overrightarrow{x}''$, 변위 벡터 $\overrightarrow{x}$를 각각 다음과 같이 정의하면

$$\overrightarrow{M} = \begin{bmatrix} m_1 & 0 \\ 0 & m_2 \end{bmatrix}, \quad \overrightarrow{K} = \begin{bmatrix} k_1+k_2 & -k_2 \\ -k_2 & k_2 \end{bmatrix}, \quad \overrightarrow{x}'' = \begin{bmatrix} x_1'' \\ x_2'' \end{bmatrix}, \quad \overrightarrow{x} = \begin{bmatrix} x_1 \\ x_2 \end{bmatrix}$$

식 ①은 다음과 같이 다시 쓸 수 있다.

$$\overrightarrow{M}\ \overrightarrow{x}'' = -\overrightarrow{K}\overrightarrow{x}, \quad \overrightarrow{M}\ \overrightarrow{x}'' + \overrightarrow{K}\overrightarrow{x} = \overrightarrow{0} \quad \cdots\cdots ②$$

식 ① 또는 식 ②의 미분방정식을 풀기 위해 미분방정식의 해가

$$\overrightarrow{x} = \overrightarrow{V}\cos\omega t \quad \cdots\cdots ③$$

라 가정하면

$$\overrightarrow{x}'' = -\omega^2\overrightarrow{V}\cos\omega t \quad \cdots\cdots ④$$

이므로, 식 ③과 식 ④를 식 ②에 대입하면

$$-\omega^2\overrightarrow{M}\ \overrightarrow{V}\cos\omega t + \overrightarrow{K}\ \overrightarrow{V}\cos\omega t = \overrightarrow{0} \quad \cdots\cdots ⑤$$

이다. $\cos\omega t \neq 0$에 대해 식 ⑤는

$$-\omega^2\overrightarrow{M}\ \overrightarrow{V} + \overrightarrow{K}\ \overrightarrow{V} = \overrightarrow{0}, \quad \overrightarrow{K}\ \overrightarrow{V} = \omega^2\overrightarrow{M}\ \overrightarrow{V} \quad \cdots\cdots ⑥$$

가 된다. 식 ⑥을 일반적인 고윳값 문제 generalized eigenvalue problem라 한다. 만약 위 식에서 $\overrightarrow{M} = \overrightarrow{I}$이고, $\omega^2 = \lambda$라면

$$\overrightarrow{K}\ \overrightarrow{V} = \lambda\ \overrightarrow{V} \quad \cdots\cdots ⑦$$

가 되므로 고윳값, 고유벡터 문제가 된다. 풀이 결과를 간단히 하기 위해 $m_1 = m_2 = 1$, $k_1 = k_2 = 1$이라 놓으면 식 ⑦은 다음과 같다.

$$\begin{bmatrix} 2 & -1 \\ -1 & 1 \end{bmatrix}\begin{bmatrix} x_1 \\ x_2 \end{bmatrix} = \lambda\begin{bmatrix} x_1 \\ x_2 \end{bmatrix} \quad \cdots\cdots ⑧$$

앞의 많은 예제들에서 풀었던 것과 동일한 방법으로 식 ⑧을 풀면 고윳값과 대응하는 고유벡터들이 다음과 같이 얻어진다.

$$\lambda_1 = 2.6180\,(\omega_1 = \sqrt{\lambda_1} = 1.6180), \quad \overrightarrow{V_1} = \begin{bmatrix} x_1 \\ x_2 \end{bmatrix}_1 = \begin{bmatrix} 0.8507 \\ -0.5257 \end{bmatrix}$$

$$\lambda_2 = 0.3820\,(\omega_2 = \sqrt{\lambda_2} = 0.6180), \quad \overrightarrow{V_2} = \begin{bmatrix} x_1 \\ x_2 \end{bmatrix}_2 = \begin{bmatrix} 0.5257 \\ 0.8507 \end{bmatrix}$$

식 ③에서 $\vec{x} = \vec{V}\cos\omega t$ 라 가정하였으므로 $\vec{V}$는 $t=0$일 때 $\vec{x}$의 값, 즉 $\vec{V}=\vec{x}(0)$ (초깃값)이 된다. 지금까지 얻은 결과들로부터 [그림 10-8]과 같은 두 종류의 **진동모드** vibration mode를 생각할 수 있다.

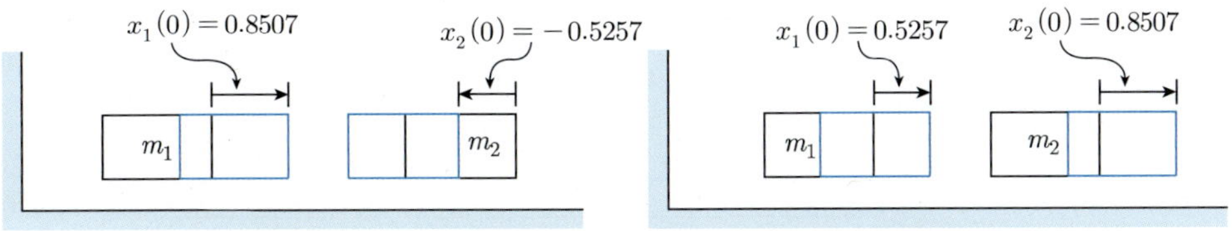

[그림 10-8] **진동모드 유형**

진동모드 I은 초기변위가 $x_1(0)=0.8507$, $x_2(0)=-0.5257$로 주어졌을 때 발생된다. 이때 운동방정식 ②의 해는 식 ③에 의해 $\vec{x}=\vec{V_1}\cos\omega_1 t$ 이므로

$$\begin{bmatrix} x_1 \\ x_2 \end{bmatrix}_1 = \begin{bmatrix} 0.8507 \\ -0.5257 \end{bmatrix} \cos 1.6180t \qquad \cdots\cdots ⑨$$

가 된다.

진동모드 II는 초기변위가 $x_1(0)=0.5257$, $x_2(0)=0.8507$로 주어졌을 때 발생된다. 이때 운동방정식 ②의 해는 마찬가지로 식 ③에 의해 $\vec{x}=\vec{V_2}\cos\omega_2 t$ 이므로

$$\begin{bmatrix} x_1 \\ x_2 \end{bmatrix}_2 = \begin{bmatrix} 0.5257 \\ 0.8507 \end{bmatrix} \cos 0.6180t \qquad \cdots\cdots ⑩$$

가 된다.

식 ⑨를 MATLAB을 사용하여 그래프로 나타내면 [그림 10-9]와 같다. 그림에서 볼 수 있는 바와 같이 질량 m_1인 물체와 질량 m_2인 물체가 진폭은 다르고 상호 반대방향으로 같은 주기를 가지고 움직이고 있음을 알 수 있다.

```
t=0:0.1:10;
x1=0.8507*cos(1.6180*t);
x2=-0.5257*cos(1.6180*t);
plot(t,x1,'k-',t,x2,'b:')
```

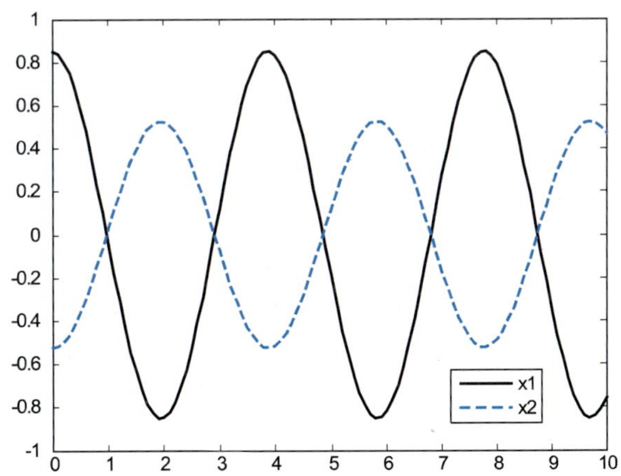

[그림 10-9] **진동모드 I의 MATLAB 코드와 시뮬레이션 결과**

식 ⑩ 역시 MATLAB을 사용하여 그래프로 나타내면 [그림 10-10]과 같다. 그림에서 볼 수 있듯이 질량 m_1인 물체와 질량 m_2인 물체의 진폭은 다르지만, 같은 주기를 갖고 서로 같은 방향으로 움직이고 있음을 알 수 있다.

[그림 10-9]와 [그림 10-10]의 또 다른 차이점은 $\omega_1(=1.6180)$이 $\omega_2(=0.6180)$보다 크기 때문에 [그림 10-9]의 주기가 [그림 10-10]의 주기보다 훨씬 빠르다는 점이다.

```
t=0:0.1:20;
x1=0.5257*cos(0.6180*t);
x2=0.8507*cos(0.6180*t);
plot(t,x1,'k-',t,x2,'b:')
```

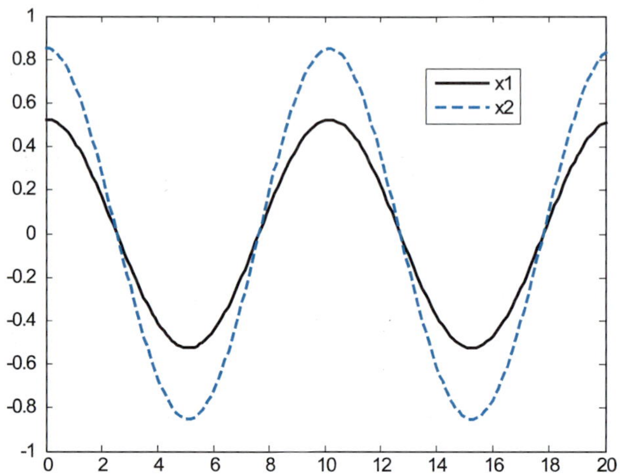

[그림 10-10] 진동모드 II의 MATLAB 코드와 시뮬레이션 결과

여기에서는 두 시스템에 대한 예만 들었지만, 고윳값과 고유벡터는 공학 분야에서 매우 중요하게 응용되고 있음을 다시 한 번 강조한다.

10.3 행렬의 대각화

10.2절에서 설명한 고윳값, 고유벡터와 이 절에서 설명할 행렬의 대각화 및 10.4절에서 설명할 행렬의 거듭제곱은 11장에서 설명할 선형 연립 미분방정식의 해를 구하는 데 매우 중요한 역할을 한다.

$n \times n$ 행렬 $\overrightarrow{A}$에 대해 $\overrightarrow{P}^{-1}\overrightarrow{A}\,\overrightarrow{P}=\overrightarrow{D}$, 즉 **대각행렬** diagonal matrix을 만족하는 가역행렬 $\overrightarrow{P}$가 존재한다면 행렬 $\overrightarrow{A}$는 **대각화 가능 행렬** diagonalizable matrix이다. 행렬의 대각화 가능 문제는 10.2절에서 다룬 고유벡터와 관련하여 다음 정리가 성립한다.

정리 10-3 대각화 가능 조건

$n \times n$ 행렬 $\vec{A}$의 고윳값 $\lambda_1, \lambda_2, \cdots, \lambda_n$에 대응하는 고유벡터 $\vec{V}_1, \vec{V}_2, \cdots, \vec{V}_n$이 서로 일차독립인 벡터들이면 행렬 $\vec{A}$는 **대각화 가능 행렬**이다.

증명 고윳값과 고유벡터 사이에는 다음 관계가 성립한다.

$$\vec{A}\vec{V}_1 = \lambda_1 \vec{V}_1, \quad \vec{A}\vec{V}_2 = \lambda_2 \vec{V}_2, \ \cdots, \ \vec{A}\vec{V}_n = \lambda_n \vec{V}_n \quad \cdots\cdots ①$$

$\vec{V}_1, \vec{V}_2, \cdots, \vec{V}_n$은 모두 $n \times 1$의 열벡터이고 서로 일차독립이므로, 이들로 구성된 새로운 $n \times n$ 행렬

$$\vec{P} = \left[\vec{V}_1 \ \vec{V}_2 \ \cdots \ \vec{V}_n\right]$$

은 역행렬이 존재하는 가역행렬이다. $\vec{A}$를 $\vec{P}$에 곱하고, 식 ①을 이용하면

$$\begin{aligned} \vec{A}\vec{P} &= \vec{A}\left[\vec{V}_1 \ \vec{V}_2 \ \cdots \ \vec{V}_n\right] \\ &= \left[\vec{A}\vec{V}_1 \ \vec{A}\vec{V}_2 \ \cdots \ \vec{A}\vec{V}_n\right] \\ &= \left[\lambda_1\vec{V}_1 \ \lambda_2\vec{V}_2 \ \cdots \ \lambda_n\vec{V}_n\right] \\ &= \left[\vec{V}_1 \ \vec{V}_2 \ \cdots \ \vec{V}_n\right]\begin{bmatrix} \lambda_1 & 0 & \cdots & 0 \\ 0 & \lambda_2 & \cdots & 0 \\ \vdots & \vdots & \vdots & \vdots \\ 0 & 0 & \cdots & \lambda_n \end{bmatrix} \\ &= \vec{P}\vec{D} \qquad \cdots\cdots ② \end{aligned}$$

가 얻어진다. $\vec{P}$는 가역행렬이므로 식 ②의 왼쪽에 $\vec{P}^{-1}$을 곱하면

$$\begin{aligned} \vec{P}^{-1}\vec{A}\vec{P} &= \vec{P}^{-1}\vec{P}\vec{D} \\ &= \vec{D} \qquad \cdots\cdots ③ \end{aligned}$$

이므로, $\vec{A}$는 대각화 가능 행렬이다. ■

10.2절에서 $n \times n$ 행렬 $\vec{A}$는 n개의 고윳값을 가지며, 그에 대응하는 고유벡터를 갖는다는 사실을 알았다. 또한 고윳값의 유형이 서로 다른 실수인 경우, 복소수인 경우, 중복값을 갖는 경우로 구분된다는 사실도 알았다. 여기에서는 고윳값의 세 가지 유형에 대해 행렬을 대각화하는 방법에 대해 살펴보고, 또한 대칭행렬의 대각화에 대해서도 공부하고자 한다.

10.3.1 고윳값 유형별 행렬의 대각화

■ 서로 다른 실수인 경우

이 경우에는 각 고윳값에 대응하는 고유벡터가 구해지고, 구해진 고유벡터들 사이에 서로 일차독립이므로 [정리 10-3]에 의해 행렬의 대각화가 가능하다.

예제 10-22 행렬의 대각화 : 고윳값이 서로 다른 실수인 경우

다음 행렬 $\vec{A}$를 대각화하라.

$$\vec{A}=\begin{bmatrix}3 & 2\\4 & 1\end{bmatrix}$$

풀이

특성방정식 $\det(\vec{A}-\lambda\vec{I})=0$을 이용하여 고윳값을 구하면 $\lambda_1=5$, $\lambda_2=-1$이 얻어지며, 이는 서로 다른 실수이다. 그러므로 고윳값에 대응하는 일차독립인 고유벡터가 다음과 같이 얻어진다([예제 10-15] 참조).

$$\lambda_1=5,\quad \vec{V_1}=\begin{bmatrix}v_1\\v_2\end{bmatrix}_1=\begin{bmatrix}1\\1\end{bmatrix}$$

$$\lambda_2=-1,\quad \vec{V_2}=\begin{bmatrix}v_1\\v_2\end{bmatrix}_2=\begin{bmatrix}-1\\2\end{bmatrix}$$

…… 고유벡터에 상수 c가 곱해져야 하지만 $c=1$로 해도 무관하므로 이 이후부터는 $c=1$로 간주하여 생략하기로 한다.

가역행렬 $\vec{P}$를 다음과 같이 정의하자.

$$\vec{P}=[\vec{V_1}\ \vec{V_2}]=\begin{bmatrix}1 & -1\\1 & 2\end{bmatrix}$$

그러면

$$\vec{P}^{-1}=\frac{1}{3}\begin{bmatrix}2 & 1\\-1 & 1\end{bmatrix}$$

이므로 대각행렬 $\vec{D}$는 다음과 같이 구해진다.

$$\vec{D}=\vec{P}^{-1}\vec{A}\,\vec{P}=\frac{1}{3}\begin{bmatrix}2 & 1\\-1 & 1\end{bmatrix}\begin{bmatrix}3 & 2\\4 & 1\end{bmatrix}\begin{bmatrix}1 & -1\\1 & 2\end{bmatrix}=\begin{bmatrix}5 & 0\\0 & -1\end{bmatrix}=\begin{bmatrix}\lambda_1 & 0\\0 & \lambda_2\end{bmatrix}$$

만약 가역행렬 $\vec{P}$를

$$\vec{P}=[\vec{V_2}\ \vec{V_1}]=\begin{bmatrix}-1 & 1\\2 & 1\end{bmatrix}$$

로 정의한다면 대각행렬 $\vec{D}$는

$$\vec{D}=\begin{bmatrix}-1 & 0\\0 & 5\end{bmatrix}=\begin{bmatrix}\lambda_2 & 0\\0 & \lambda_1\end{bmatrix}$$

이 된다는 사실을 기억하기 바란다.

```
Command Window
: 코딩
A=sym([3 2;4 1]);                       % 행렬 A를 심볼릭으로 정의
[P,U]=eig(A)                            % A의 고윳값과 고유벡터 구하기
D=inv(P)*A*P                            % 대각형렬 D=P^-1 A P 계산

: 결과
P = [-1/2, 1]
    [1, 1]
U = [-1, 0]
    [0, 5]
D = [-1, 0]
    [0, 5]                              % [예제 10-22]의 결과와 동일
```

유제 10-20 행렬의 대각화 : 고윳값이 서로 다른 실수인 경우

다음 행렬 $\vec{A}$를 대각화하라.

$$\vec{A} = \begin{bmatrix} -1 & 2 \\ 1 & -2 \end{bmatrix}$$

정답 : $\vec{D} = \vec{P}^{-1}\vec{A}\vec{P} = \begin{bmatrix} 0 & 0 \\ 0 & -3 \end{bmatrix} = \begin{bmatrix} \lambda_1 & 0 \\ 0 & \lambda_2 \end{bmatrix}$

■ 복소수인 경우

이 경우에도 각 고윳값에 대응하는 고유벡터가 구해지고, 구해진 고유벡터들 사이에 서로 일차독립이므로 [정리 10-3]에 의해 행렬의 대각화가 가능하다.

예제 10-23 행렬의 대각화 : 고윳값이 복소수인 경우

다음 행렬 $\vec{A}$를 대각화하라.

$$\vec{A} = \begin{bmatrix} 2 & -1 \\ 5 & 6 \end{bmatrix}$$

풀이

특성방정식 $\det(\vec{A} - \lambda\vec{I}) = 0$을 이용하여 고윳값을 구하면 $\lambda_1 = 4+i$, $\lambda_2 = 4-i$가 얻어지고, 이는 복소수이다. 고윳값에 대응하는 일차독립인 고유벡터가 다음과 같이 얻어진다.

$$\lambda_1 = 4+i, \quad \vec{V_1} = \begin{bmatrix} -2+i \\ 5 \end{bmatrix}$$

$$\lambda_2 = 4-i, \quad \vec{V_2} = \begin{bmatrix} -2-i \\ 5 \end{bmatrix}$$

가역행렬 $\vec{P}$를 다음과 같이 정의하자.

$$\vec{P}=[\vec{V}_1\ \vec{V}_2]=\begin{bmatrix}-2+i & -2-i\\ 5 & 5\end{bmatrix}$$

그러면

$$\vec{P}^{-1}=\frac{1}{10}\begin{bmatrix}-5i & 1-2i\\ 5i & 1+2i\end{bmatrix}$$

이므로, 대각행렬 $\vec{D}$는 다음과 같이 구해진다.

$$\vec{D}=\vec{P}^{-1}\vec{A}\,\vec{P}=\frac{1}{10}\begin{bmatrix}-5i & 1-2i\\ 5i & 1+2i\end{bmatrix}\begin{bmatrix}2 & -1\\ 5 & 6\end{bmatrix}\begin{bmatrix}-2+i & -2-i\\ 5 & 5\end{bmatrix}=\begin{bmatrix}4+i & 0\\ 0 & 4-i\end{bmatrix}=\begin{bmatrix}\lambda_1 & 0\\ 0 & \lambda_2\end{bmatrix}$$

Command Window

: 코딩

```
A=sym([2 -1;5 6]);                % 행렬 A를 심볼릭으로 정의
[P,U]=eig(A)                      % A의 고윳값과 고유벡터 구하기
D=inv(P)*A*P                      % 대각행렬 D=P^-1 A P 계산
```

: 결과

```
P = [-2/5-i/5, -2/5+i/5]
    [1, 1]
U = [4-i, 0]
    [0, 4+i]
D = [4-i, 0]
    [0, 4+i]                      % [예제 10-23]의 결과와 동일
```

유제 10-21 **행렬의 대각화 : 고윳값이 복소수인 경우**

다음 행렬 $\vec{A}$를 대각화하라.

$$\vec{A}=\begin{bmatrix}1 & 2\\ -2 & 1\end{bmatrix}$$

정답 : $\vec{D}=\begin{bmatrix}1-2i & 0\\ 0 & 1+2i\end{bmatrix}=\begin{bmatrix}\lambda_1 & 0\\ 0 & \lambda_2\end{bmatrix}$

■ 중복값을 갖는 경우

이 경우에는 중복된 고윳값에 대응하는 고유벡터가 모두 구해지면, 구해진 고유벡터들 사이에 서로 일차독립이므로 [정리 10-3]에 의해 행렬의 대각화가 가능하다. 그러나 중복된 고윳값에 대해 고유벡터가 하나라도 구해지지 않으면 [정리 10-3]의 증명에 나오는 식 ③과 같은 완전한 대각화는 불가능하다.

예제 10-24 행렬의 대각화 : 고윳값이 중복값인 경우(대각화 가능)

다음 행렬 $\vec{A}$를 대각화하라.

MATLAB 풀이

$$\vec{A}=\begin{bmatrix}3 & -1 & -1\\ 1 & 1 & -1\\ 1 & -1 & 1\end{bmatrix}$$

풀이

특성방정식 $\det(\vec{A}-\lambda\vec{I})=0$을 이용하여 고윳값을 구하면 $\lambda_1=1$, $\lambda_2=\lambda_3=2$가 얻어지고, 2개의 고윳값이 중복되어 나타난다. 그러나 비록 고윳값이 중복되었다 할지라도 10.2절에서 설명한 바와 같이 $\vec{A}-\lambda_2\vec{I}=\vec{0}$의 방정식을 기약 행사다리꼴로 변형했을 때, 0으로 구성된 행의 개수가 2개이므로 2개의 고유벡터가 모두 구해진다. 그 값들을 구해보면 다음과 같다.

$$\lambda_1=1,\ \ \vec{V_1}=\begin{bmatrix}1\\1\\1\end{bmatrix}\qquad \lambda_2=2,\ \ \vec{V_2}=\begin{bmatrix}1\\1\\0\end{bmatrix}\qquad \lambda_3=2,\ \ \vec{V_3}=\begin{bmatrix}1\\0\\1\end{bmatrix}$$

가역행렬 $\vec{P}$를 다음과 같이 정의하자.

$$\vec{P}=[\vec{V}_1\ \vec{V}_2\ \vec{V}_3]=\begin{bmatrix}1 & 1 & 1\\ 1 & 1 & 0\\ 1 & 0 & 1\end{bmatrix}$$

그러면

$$\vec{P}^{-1}=\begin{bmatrix}-1 & 1 & 1\\ 1 & 0 & -1\\ 1 & -1 & 0\end{bmatrix}$$

이므로, 대각행렬 $\vec{D}$는 다음과 같이 구해진다.

$$\vec{D}=\vec{P}^{-1}\vec{A}\,\vec{P}=\begin{bmatrix}-1 & 1 & 1\\ 1 & 0 & -1\\ 1 & -1 & 0\end{bmatrix}\begin{bmatrix}3 & -1 & -1\\ 1 & 1 & -1\\ 1 & -1 & 1\end{bmatrix}\begin{bmatrix}1 & 1 & 1\\ 1 & 1 & 0\\ 1 & 0 & 1\end{bmatrix}=\begin{bmatrix}1 & 0 & 0\\ 0 & 2 & 0\\ 0 & 0 & 2\end{bmatrix}=\begin{bmatrix}\lambda_1 & 0 & 0\\ 0 & \lambda_2 & 0\\ 0 & 0 & \lambda_3\end{bmatrix}$$

유제 10-22 행렬의 대각화 : 고윳값이 중복값인 경우(대각화 가능)

다음 행렬 $\vec{A}$를 대각화하라.

$$\vec{A}=\begin{bmatrix}2 & 1 & 1\\ 1 & 2 & 1\\ 1 & 1 & 2\end{bmatrix}$$

정답 : $\vec{D}=\vec{P}^{-1}\vec{A}\,\vec{P}=\begin{bmatrix}4 & 0 & 0\\ 0 & 1 & 0\\ 0 & 0 & 1\end{bmatrix}=\begin{bmatrix}\lambda_1 & 0 & 0\\ 0 & \lambda_2 & 0\\ 0 & 0 & \lambda_3\end{bmatrix}$

예제 10-25 **행렬의 대각화 : 고윳값이 중복값인 경우(대각화 불가능)**

다음 행렬 $\vec{A}$를 대각화하라.

$$\vec{A}=\begin{bmatrix} 2 & 0 \\ 1 & 2 \end{bmatrix}$$

풀이

특성방정식 $\det(\vec{A}-\lambda\vec{I})=0$을 이용하여 고윳값을 구하면 $\lambda_1=\lambda_2=2$가 얻어지고 2개의 고윳값이 중복되어 나타난다. 그리고 $\lambda_1=\lambda_2=2$에 대응하는 고유벡터를 구해보면

$$\vec{V}_1=\vec{V}_2=\begin{bmatrix} 0 \\ 1 \end{bmatrix}$$

로서, 일차독립인 고유벡터가 1개밖에 구해지지 않는다. 이때 행렬 $\vec{A}$는 대각화가 불가능하다.

유제 10-23 **행렬의 대각화 : 고윳값이 중복값인 경우(대각화 불가능)**

다음 행렬 $\vec{A}$를 대각화하라.

$$\vec{A}=\begin{bmatrix} 3 & 0 \\ -1 & 3 \end{bmatrix}$$

정답 : 대각화 불가능

행렬의 대각화 요약

❶ $n\times n$ 행렬 $\vec{A}$가 n개의 서로 다른 고윳값(복소 고윳값 포함)을 가지면 $\vec{A}$는 대각화가 가능하다.

❷ $n\times n$ 행렬 $\vec{A}$가 $r(r<n)$개의 중복 고윳값을 갖는다 할지라도 그 중복 고윳값에 대응하는 일차독립인 고유벡터 r개를 모두 구할 수 있다면, $\vec{A}$는 대각화가 가능하지만 그렇지 않으면 대각화가 불가능하다.

❸ 위의 ❶과 ❷를 종합하면 $n\times n$ 행렬 $\vec{A}$를 대각화하기 위해서는 $\vec{A}$가 n개의 일차독립인 고유벡터를 가져야만 한다는 것이다.

10.3.2 대칭행렬의 대각화

앞에서는 고윳값의 유형에 따른 행렬의 대각화에 대해 살펴보았다. 이제 특별한 형태의 행렬인 대칭행렬의 대각화에 대해 살펴보고자 한다.

9.1절에서 $n \times n$ 행렬 $\vec{A}$의 **전치행렬**을 $\vec{A}^T$이라 할 때, $\vec{A} = \vec{A}^T$의 관계가 성립하면 **대칭행렬**이라고 정의한 바 있다. 이러한 대칭행렬의 대각화와 관련된 다음의 정리를 살펴보자.

> **정리 10-4 대칭행렬의 고윳값**
>
> $n \times n$ 행렬 $\vec{A}$가 모두 실수원소를 갖는 대칭행렬이면 $\vec{A}$의 고윳값은 모두 실수이다.

증명 행렬 $\vec{A}$의 고윳값 λ에 대응하는 고유벡터를 $\vec{V}$라 하면

$$\vec{A}\,\vec{V} = \lambda \vec{V} \qquad \cdots\cdots ①$$

의 관계가 성립한다. 위 식에 켤레복소값을 취하면

$$\overline{\vec{A}\,\vec{V}} = \bar{\lambda}\,\overline{\vec{V}} \qquad \cdots\cdots ②$$

이다. 행렬 $\vec{A}$는 모든 원소가 실수이므로 $\overline{\vec{A}} = \vec{A}$이고, 식 ②는

$$\vec{A}\,\overline{\vec{V}} = \bar{\lambda}\,\overline{\vec{V}} \qquad \cdots\cdots ③$$

가 된다. 식 ③의 양변의 각 행렬을 전치시키면

$$\overline{\vec{V}}^T \vec{A}^T = \bar{\lambda}\,\overline{\vec{V}}^T \qquad \cdots\cdots ④$$

인데, 행렬 $\vec{A}$가 대칭행렬이므로 식 ④는

$$\overline{\vec{V}}^T \vec{A} = \bar{\lambda}\,\overline{\vec{V}}^T \qquad \cdots\cdots ⑤$$

이 된다. 이제 식 ⑤의 우측에 $\vec{V}$를 곱하면 다음 식이 얻어진다.

$$\overline{\vec{V}}^T \vec{A}\,\vec{V} = \bar{\lambda}\,\overline{\vec{V}}^T \vec{V} \qquad \cdots\cdots ⑥$$

한편, 식 ①의 좌측에 $\overline{\vec{V}}^T$을 곱하면

$$\overline{\vec{V}}^T \vec{A}\,\vec{V} = \lambda\,\overline{\vec{V}}^T \vec{V} \qquad \cdots\cdots ⑦$$

이므로, 식 ⑥에서 식 ⑦을 빼면

$$0 = (\bar{\lambda} - \lambda)\,\overline{\vec{V}}^T \vec{V} \qquad \cdots\cdots ⑧$$

가 된다. 이때 고유벡터 $\vec{V}$는 영벡터가 아니고 벡터 크기는 $n \times 1$이고, $\vec{V}^T$의 크기는 $1 \times n$이므로

$$\vec{V} = \begin{bmatrix} v_1 \\ v_2 \\ \vdots \\ v_n \end{bmatrix}$$

이라 하면

$$\overline{\vec{V}}^T \vec{V} = v_1^2 + v_2^2 + \cdots + v_n^2 \qquad \cdots\cdots ⑨$$

이다. 식 ⑨는 항상 0보다 크므로 식 ⑧이 성립하기 위해서는 $\lambda = \bar{\lambda}$여야 한다. $\lambda = \bar{\lambda}$가 만족되는 유일한 경우는 λ가 실수일 때이다. ■

예제 10-26 대칭행렬의 대각화

다음 대칭행렬의 고윳값들이 모두 실수임을 확인하고 대각화하라.

$$\vec{A} = \begin{bmatrix} 0 & 1 & 1 \\ 1 & 0 & 1 \\ 1 & 1 & 0 \end{bmatrix}$$

MATLAB 풀이

풀이

특성방정식 $\det(\vec{A} - \lambda \vec{I}) = 0$을 이용하여 고윳값을 구하면 $\lambda_1 = 2$, $\lambda_2 = \lambda_3 = -1$이 얻어지고, 모두 실수임을 알 수 있다. 대칭행렬 $\vec{A}$를 대각화하기 위해 고윳값들에 대응하는 일차독립인 고유벡터들을 구하면 다음과 같다.

$$\lambda_1 = 2, \quad \vec{V_1} = \begin{bmatrix} 1 \\ 1 \\ 1 \end{bmatrix}$$

$$\lambda_2 = -1, \quad \vec{V_2} = \begin{bmatrix} -1 \\ 1 \\ 0 \end{bmatrix}$$

$$\lambda_3 = -1, \quad \vec{V_3} = \begin{bmatrix} -1 \\ 0 \\ 1 \end{bmatrix}$$

중복 고유값들에 대해 대응하는 고유벡터들이 모두 구해진다. 그러므로 가역행렬 $\vec{P}$를 다음과 같이 정의하자.

$$\vec{P} = [\vec{V_1} \ \vec{V_2} \ \vec{V_3}] = \begin{bmatrix} 1 & -1 & -1 \\ 1 & 1 & 0 \\ 1 & 0 & 1 \end{bmatrix}$$

그러면

$$\vec{P}^{-1} = \frac{1}{3}\begin{bmatrix} 1 & 1 & 1 \\ -1 & 2 & -1 \\ -1 & -1 & 2 \end{bmatrix}$$

이므로, 대각행렬 $\vec{D}$는 다음과 같이 구해진다.

$$\vec{D} = \vec{P}^{-1}\vec{A}\,\vec{P} = \frac{1}{3}\begin{bmatrix} 1 & 1 & 1 \\ -1 & 2 & -1 \\ -1 & -1 & 2 \end{bmatrix}\begin{bmatrix} 0 & 1 & 1 \\ 1 & 0 & 1 \\ 1 & 1 & 0 \end{bmatrix}\begin{bmatrix} 1 & -1 & -1 \\ 1 & 1 & 0 \\ 1 & 0 & 1 \end{bmatrix} = \begin{bmatrix} 2 & 0 & 0 \\ 0 & -1 & 0 \\ 0 & 0 & -1 \end{bmatrix} = \begin{bmatrix} \lambda_1 & 0 & 0 \\ 0 & \lambda_2 & 0 \\ 0 & 0 & \lambda_3 \end{bmatrix}$$

유제 10-24 **대칭행렬의 대각화**

다음 대칭행렬의 고윳값들이 모두 실수임을 확인하고 대각화하라.

$$\vec{A} = \begin{bmatrix} 1 & -1 & 0 \\ -1 & 0 & 1 \\ 0 & 1 & 1 \end{bmatrix}$$

정답 : $\vec{D} = \vec{P}^{-1}\vec{A}\,\vec{P} = \begin{bmatrix} 1 & 0 & 0 \\ 0 & 2 & 0 \\ 0 & 0 & -1 \end{bmatrix} = \begin{bmatrix} \lambda_1 & 0 & 0 \\ 0 & \lambda_2 & 0 \\ 0 & 0 & \lambda_3 \end{bmatrix}$

[정리 10-4]는 실수 원소로 구성된 대칭행렬의 고윳값은 모두 실수임을 나타내고 있다. 다음은 고유벡터의 **직교성** orthogonality에 관한 정리이다.

정리 10-5 대칭행렬의 고유벡터의 직교성

$n \times n$ 행렬 $\vec{A}$가 대칭행렬이라 하면 $\vec{A}$가 서로 다른 고윳값을 가질 때, 그 고윳값에 대응하는 고유벡터들은 서로 일차독립이고 직교한다.

증명 $\vec{A}$의 임의의 서로 다른 고윳값 λ_i와 λ_j에 대응하는 고유벡터를 각각 $\vec{V}_i$와 $\vec{V}_j$라 하자. 그러면 고윳값과 고유벡터의 정의에 의해

$$\vec{A}\,\vec{V}_i = \lambda_i \vec{V}_i \qquad \cdots\cdots ①$$

$$\vec{A}\,\vec{V}_j = \lambda_j \vec{V}_j \qquad \cdots\cdots ②$$

의 관계가 성립한다. 식 ①을 전치시키면 다음과 같다.

$$\left(\vec{A}\,\vec{V}_i\right)^T = \left(\lambda_i \vec{V}_i\right)^T$$

$$\vec{V}_i^T \vec{A}^T = \lambda_i \vec{V}_i^T \qquad \cdots\cdots ③$$

$\vec{A}$가 대칭행렬이므로 $\vec{A}^T = \vec{A}$이고, 식 ③은

$$\vec{V}_i^T \vec{A} = \lambda_i \vec{V}_i^T \qquad \cdots\cdots ④$$

이 된다. 이제, 식 ④의 우측에 $\vec{V}_j$를 곱하면

$$\vec{V}_i^T \vec{A} \vec{V}_j = \lambda_i \vec{V}_i^T \vec{V}_j \qquad \cdots\cdots ⑤$$

가 된다. 한편, 식 ⑤의 좌변과 같게 하기 위해 식 ②의 좌측에 $\vec{V}_i^T$을 곱하면

$$\vec{V}_i^T \vec{A} \vec{V}_j = \lambda_j \vec{V}_i^T \vec{V}_j \qquad \cdots\cdots ⑥$$

이고, 식 ⑤에서 식 ⑥을 빼면

$$0 = (\lambda_i - \lambda_j) \vec{V}_i^T \vec{V}_j \qquad \cdots\cdots ⑦$$

가 되는데, 고윳값들은 서로 다르기 때문에 $\lambda_i \neq \lambda_j$이므로

$$\vec{V}_i^T \vec{V}_j = 0 \qquad \cdots\cdots ⑧$$

이어야 한다. 식 ⑧은 두 n차원 벡터

$$\vec{V}_i = \begin{bmatrix} v_1 \\ v_2 \\ \vdots \\ v_n \end{bmatrix}, \quad \vec{V}_j = \begin{bmatrix} v_1 \\ v_2 \\ \vdots \\ v_n \end{bmatrix}$$

의 내적 $\vec{V}_i \cdot \vec{V}_j = \vec{V}_i^T \vec{V}_j$가 0임을 의미하므로 두 벡터는 서로 직교한다. ■

예제 10-27 고유벡터의 직교성(서로 다른 고윳값인 경우)

다음 대칭행렬의 고유벡터들이 서로 직교함을 보여라.

$$\vec{A} = \begin{bmatrix} 1 & 1 & 1 \\ 1 & 0 & -1 \\ 1 & -1 & 0 \end{bmatrix}$$

풀이

특성방정식 $\det(\vec{A} - \lambda \vec{I}) = 0$을 이용하여 고윳값을 구하면 $\lambda_1 = -\sqrt{3}$, $\lambda_2 = \sqrt{3}$, $\lambda_3 = 1$이 얻어지고, 모두 서로 다른 실수이다. 그 고윳값에 대응하는 고유벡터들을 구하면 다음과 같다.

$$\lambda_1 = -\sqrt{3}, \quad \vec{V}_1 = \begin{bmatrix} 1-\sqrt{3} \\ 1 \\ 1 \end{bmatrix}$$

$$\lambda_2 = \sqrt{3}, \quad \vec{V}_2 = \begin{bmatrix} 1+\sqrt{3} \\ 1 \\ 1 \end{bmatrix}$$

$$\lambda_3 = 1, \quad \vec{V}_3 = \begin{bmatrix} 0 \\ -1 \\ 1 \end{bmatrix}$$

고유벡터들 사이에 직교성을 살펴보면

$$\vec{V}_1^T \vec{V}_2 = \begin{bmatrix} 1-\sqrt{3} & 1 & 1 \end{bmatrix} \begin{bmatrix} 1+\sqrt{3} \\ 1 \\ 1 \end{bmatrix} = (1-\sqrt{3})(1+\sqrt{3}) + (1)(1) + (1)(1) = 0$$

$$\vec{V}_2^T \vec{V}_3 = \begin{bmatrix} 1+\sqrt{3} & 1 & 1 \end{bmatrix} \begin{bmatrix} 0 \\ -1 \\ 1 \end{bmatrix} = (1+\sqrt{3})(0) + (1)(-1) + (1)(1) = 0$$

$$\vec{V}_1^T \vec{V}_3 = \begin{bmatrix} 1-\sqrt{3} & 1 & 1 \end{bmatrix} \begin{bmatrix} 0 \\ -1 \\ 1 \end{bmatrix} = (1-\sqrt{3})(0) + (1)(-1) + (1)(1) = 0$$

이므로, 서로 직교함을 알 수 있다.

Command Window

: 코딩

```
A=sym([1 1 1;1 0 -1;1 -1 0]);        % 행렬 A를 심볼릭으로 정의
[V,U]=eig(A)                          % A의 고윳값, 고유벡터 구하기
U1=dot(V(:,1),V(:,2)) 1 2             % 고유벡터 V1과 V2의 직교 여부 확인
U2=dot(V(:,2),V(:,3));                % 고유벡터 V2와 V3의 직교 여부 확인
U2=simplify(U2)                       % U2의 계산 결과 단순화
U3=dot(V(:,1),V(:,3))                 % 고유벡터 V1과 V3의 직교 여부 확인
```

: 결과

```
V = [1-3^(1/2), 3^(1/2)+1, 0]
    [1, 1, -1]
    [1, 1, 1]
U = [-3^(1/2), 0, 0]
    [0, 3^(1/2), 0]
    [0, 0, 1]
U1 = 0
U2 = 0
U3 = 0                                % [예제 10-27]의 결과와 동일
```

MATLAB TIP!

1. 'A(:,i)' : 행렬 $\vec{A}$의 i열의 벡터를 정의하고자 할 때 사용한다.
2. 'dot(a,b)' : 결과가 0이면 벡터 $\vec{a}$와 벡터 $\vec{b}$는 서로 직교한다.

유제 10-25 고유벡터의 직교성(서로 다른 고윳값인 경우)

다음 대칭행렬의 고유벡터들이 서로 직교함을 보여라.

$$\vec{A} = \begin{bmatrix} 1 & 0 & 1 \\ 0 & 1 & 0 \\ 1 & 0 & 1 \end{bmatrix}$$

정답 : 고유벡터들이 서로 직교

10.2절에서 살펴본 바와 같이 일반적으로 $n \times n$ 행렬 $\vec{A}$ 의 고윳값이 r개가 중복되는 경우에는 그에 대응하는 고유벡터가 모두 구해지지 않는 경우도 있었다. 하지만 $\vec{A}$가 대칭행렬인 경우에는 몇 개의 고윳값이 중복된다 할지라도 n개의 일차독립인 고유벡터들이 구해진다. 따라서 대칭행렬은 언제나 대각화가 가능하다. 그러나 주의해야 할 점은 구해진 모든 고유벡터들이 서로 직교하는 경우도 있고 일부 고유벡터들 사이에 직교하지 않는 경우도 있다는 사실이다.

예제 10-28 고유벡터의 직교성(중복 고윳값인 경우)

다음 대칭행렬의 고유벡터들이 서로 직교하는지 확인하라.

$$\vec{A} = \begin{bmatrix} 0 & 1 & 1 \\ 1 & 0 & 1 \\ 1 & 1 & 0 \end{bmatrix}$$

MATLAB 풀이

풀이

특성방정식 $\det(\vec{A} - \lambda \vec{I}) = 0$을 이용하여 고윳값을 구하면 $\lambda_3 = 2$, $\lambda_1 = \lambda_2 = -1$ 이 얻어지고, 2개의 고윳값이 중복되었다. 그 고윳값에 대응하는 고유벡터들을 구하면 다음과 같다.

$$\lambda_1 = 2, \quad \vec{V}_1 = \begin{bmatrix} 1 \\ 1 \\ 1 \end{bmatrix}$$

$$\lambda_2 = -1, \quad \vec{V}_2 = \begin{bmatrix} -1 \\ 1 \\ 0 \end{bmatrix}$$

$$\lambda_3 = -1, \quad \vec{V}_3 = \begin{bmatrix} -1 \\ 0 \\ 1 \end{bmatrix}$$

즉 중복된 고윳값에 대응하는 고유벡터들이 모두 구해짐을 알 수 있다. 고유벡터들의 직교 여부를 확인해보면

$$\vec{V}_1^T \vec{V}_2 = [1 \ \ 1 \ \ 1] \begin{bmatrix} -1 \\ 1 \\ 0 \end{bmatrix} = (1)(-1) + (1)(1) + (1)(0) = 0$$

이므로, $\vec{V}_1$과 $\vec{V}_2$는 직교하고,

$$\vec{V}_2^T\vec{V}_3 = [-1 \ \ 1 \ \ 0]\begin{bmatrix}-1\\0\\1\end{bmatrix} = (-1)(-1)+(1)(0)+(0)(1) = 1$$

이므로, $\vec{V}_2$과 $\vec{V}_3$는 직교하지 않고,

$$\vec{V}_1^T\vec{V}_3 = [1 \ \ 1 \ \ 1]\begin{bmatrix}-1\\0\\1\end{bmatrix} = (1)(-1)+(1)(0)+(1)(1) = 0$$

이므로, $\vec{V}_1$과 $\vec{V}_3$는 직교한다.

유제 10-26 고유벡터의 직교성(중복 고윳값인 경우)

다음 대칭행렬의 고유벡터들이 서로 직교하는지 확인하라.

$$\vec{A} = \begin{bmatrix}1 & 0 & 0\\0 & 0 & 1\\0 & 1 & 0\end{bmatrix}$$

정답 : 서로 직교 ($\vec{V}_1^T\ \vec{V}_2 = \vec{V}_2^T\ \vec{V}_3 = \vec{V}_1^T\ \vec{V}_3 = 0$)

[정의 10-2]는 고유벡터들의 직교성에 대해 설명하고 있는데, **직교행렬**을 다음과 같이 정의한다.

정의 10-2 직교행렬

$n \times n$ 행렬 $\vec{A}$가

$$\vec{A}^{-1} = \vec{A}^T \tag{10.13}$$

을 만족하면, $\vec{A}$는 직교행렬 orthogonal matrix 이다.

즉 $\vec{A}^{-1}\vec{A} = \vec{I}$ 이므로 $\vec{A}^T\vec{A} = \vec{I}$ 를 만족하면 $\vec{A}$는 직교행렬이다.

예제 10-29 직교행렬

다음 3×3 단위행렬이 직교행렬임을 보여라.

$$\vec{A} = \begin{bmatrix}1 & 0 & 0\\0 & 1 & 0\\0 & 0 & 1\end{bmatrix}$$

풀이

단위행렬 $\vec{A}$의 역행렬은 $\vec{A}$이고, $\vec{A}$의 전치행렬 $\vec{A}^T$도 $\vec{A}$이다. 따라서

$$\vec{A}^T\vec{A} = \begin{bmatrix} 1 & 0 & 0 \\ 0 & 1 & 0 \\ 0 & 0 & 1 \end{bmatrix}\begin{bmatrix} 1 & 0 & 0 \\ 0 & 1 & 0 \\ 0 & 0 & 1 \end{bmatrix} = \begin{bmatrix} 1 & 0 & 0 \\ 0 & 1 & 0 \\ 0 & 0 & 1 \end{bmatrix} = \vec{I}$$

이므로, $\vec{A}$는 직교행렬이다.

Command Window

```
: 코딩
A=sym([1 0 0;0 1 0;0 0 1]);          % 행렬 A를 심볼릭으로 정의
A1=inv(A)                            % 행렬 A의 역행렬 구하기
U=A1*A                               % A^-1 A=I 임을 확인

: 결과
A1 = [1, 0, 0]
     [0, 1, 0]
     [0, 0, 1]
U = [1, 0, 0]
    [0, 1, 0]
    [0, 0, 1]                        % [예제 10-29]의 결과와 동일
```

다음은 정규직교 벡터 집합에 대한 정의이다.

정의 10-3 정규직교 벡터 집합

n차원 벡터 $\vec{V}_1$, $\vec{V}_2$, $\cdots$, $\vec{V}_n$의 임의의 서로 다른 두 벡터 쌍이 서로 직교이고, 각 벡터들이 모두 단위벡터들이면 이 벡터들을 **정규직교 벡터 집합** orthonormal vector set이라 한다.

[정의 10-3]을 수식으로 나타내면 다음과 같다.

$$\begin{cases} \vec{V}_i \cdot \vec{V}_j = 0 & (i \neq j,\ i, j = 1, 2, \cdots, n) \\ \vec{V}_i \cdot \vec{V}_i = 1 & (i = 1, 2, \cdots, n) \end{cases} \tag{10.14}$$

식 (10.14)에서 $\vec{V}_i \cdot \vec{V}_i = 1$이라 함은 열벡터 $\vec{V}_i$가

$$\overrightarrow{V_i} = \begin{bmatrix} v_1 \\ v_2 \\ \vdots \\ v_n \end{bmatrix}$$

으로 정의될 때 $\overrightarrow{V_i}$의 벡터 **노름**norm $\| \overrightarrow{V}_i \|$ 를 의미하며

$$\overrightarrow{V_i} \cdot \overrightarrow{V_i} = \| \overrightarrow{V}_i \|^2 = \overrightarrow{V}_i^T \overrightarrow{V}_i = v_1^2 + v_2^2 + \cdots + v_n^2 = 1$$

임을 나타낸다.

예를 들면 다음의 세 벡터들은 정규직교이다.

$$\overrightarrow{V}_1 = \begin{bmatrix} 0 \\ -\dfrac{1}{\sqrt{2}} \\ \dfrac{1}{\sqrt{2}} \end{bmatrix}, \quad \overrightarrow{V}_2 = \begin{bmatrix} 1 \\ 0 \\ 0 \end{bmatrix}, \quad \overrightarrow{V}_3 = \begin{bmatrix} 0 \\ \dfrac{1}{\sqrt{2}} \\ \dfrac{1}{\sqrt{2}} \end{bmatrix}$$

왜냐하면

$$\overrightarrow{V}_1 \cdot \overrightarrow{V}_2 = \overrightarrow{V}_1^T \overrightarrow{V}_2 = \begin{bmatrix} 0 & -\dfrac{1}{\sqrt{2}} & \dfrac{1}{\sqrt{2}} \end{bmatrix} \begin{bmatrix} 1 \\ 0 \\ 0 \end{bmatrix} = 0$$

$$\overrightarrow{V}_2 \cdot \overrightarrow{V}_3 = \overrightarrow{V}_2^T \overrightarrow{V}_3 = \begin{bmatrix} 1 & 0 & 0 \end{bmatrix} \begin{bmatrix} 0 \\ \dfrac{1}{\sqrt{2}} \\ \dfrac{1}{\sqrt{2}} \end{bmatrix} = 0$$

$$\overrightarrow{V}_1 \cdot \overrightarrow{V}_3 = \overrightarrow{V}_1^T \overrightarrow{V}_3 = \begin{bmatrix} 0 & -\dfrac{1}{\sqrt{2}} & \dfrac{1}{\sqrt{2}} \end{bmatrix} \begin{bmatrix} 0 \\ \dfrac{1}{\sqrt{2}} \\ \dfrac{1}{\sqrt{2}} \end{bmatrix} = 0$$

이므로, 세 벡터들 사이에 서로 직교하고

$$\sqrt{\overrightarrow{V_1} \cdot \overrightarrow{V_1}} = \| \overrightarrow{V}_1 \| = \sqrt{\overrightarrow{V}_1^T \overrightarrow{V}_1} = \sqrt{0^2 + \left(-\frac{1}{\sqrt{2}}\right)^2 + \left(\frac{1}{\sqrt{2}}\right)^2} = 1$$

$$\sqrt{\overrightarrow{V_2} \cdot \overrightarrow{V_2}} = \| \overrightarrow{V}_2 \| = \sqrt{\overrightarrow{V}_2^T \overrightarrow{V}_2} = \sqrt{1^2 + 0^2 + 0^2} = 1$$

$$\sqrt{\overrightarrow{V_3} \cdot \overrightarrow{V_3}} = \| \overrightarrow{V}_3 \| = \sqrt{\overrightarrow{V}_3^T \overrightarrow{V}_3} = \sqrt{0^2 + \left(\frac{1}{\sqrt{2}}\right)^2 + \left(\frac{1}{\sqrt{2}}\right)^2} = 1$$

이므로, 각 벡터들이 모두 단위벡터이다. 따라서 [정의 10-3]에 의해 세 벡터들은 정규직교이다.

10.4 행렬의 거듭제곱

2^3, 5^2 등과 같은 숫자들에 대한 거듭제곱은 그동안 많이 접했기 때문에 쉽게 이해할 수 있다. 그러나 $n \times n$ 행렬 $\vec{A}$에 대한 **행렬의 거듭제곱** powers of matrices $\vec{A}^n$(n은 양의 정수)은 다소 생소하기도 하고, 컴퓨터를 사용하지 않으면 계산을 빠르게 할 수 없다. 즉 $\vec{A}^2 = \vec{A}\,\vec{A}$, $\vec{A}^3 = \vec{A}\,\vec{A}\,\vec{A}$인데, $\vec{A}$를 반복해서 곱하는 것은 그다지 좋은 계산 방법이 아니라는 의미이다.

따라서 행렬의 거듭제곱 $\vec{A}^n$을 계산하는 다른 방법인 **케일리-해밀턴[6] 정리** Cayley-Hamilton theorem를 소개하고자 한다. 이 정리는 행렬방정식과 관련된 문제를 푸는 데 매우 유용하게 사용된다.

6 Arthur Cayley (1821 ~ 1895) 영국의 수학자이며 14년 동안 변호사로도 활동하였다.
William Hamilton (1805 ~ 1865) 영국의 수학자로서 기하광학 및 해석역학의 기초를 확립하였다.

정리 10-6 케일리-해밀턴 정리

$n \times n$ 행렬 $\vec{A}$의 특성방정식이

$$\det(\vec{A} - \lambda\vec{I}) = \lambda^n + a_{n-1}\lambda^{n-1} + \cdots + a_1\lambda + a_0 = 0$$

이면 $\vec{A}$는 자신의 특성방정식을 만족시킨다. 즉

$$\vec{A}^n + a_{n-1}\vec{A}^{n-1} + \cdots + a_1\vec{A} + a_0\vec{I} = \vec{0} \tag{10.15}$$

이다. 즉 $P(\lambda) = 0$이 $\vec{A}$의 특성방정식이면 $P(\vec{A}) = \vec{0}$이다.

증명 $\vec{A} - \lambda\vec{I}$의 수반행렬은 λ의 다항식이므로

$$adj\,(\vec{A} - \lambda\vec{I}) = \begin{bmatrix} p_{11}(\lambda) & p_{12}(\lambda) & \cdots & p_{1n}(\lambda) \\ p_{21}(\lambda) & p_{22}(\lambda) & \cdots & p_{2n}(\lambda) \\ \vdots & \vdots & \vdots & \vdots \\ p_{n1}(\lambda) & p_{n2}(\lambda) & \cdots & p_{nn}(\lambda) \end{bmatrix} = \vec{Q}(\lambda) \quad \cdots\cdots ①$$

이다. 또한

$$(\vec{A} - \lambda\vec{I})^{-1} = \frac{adj\,(\vec{A} - \lambda\vec{I})}{\det(\vec{A} - \lambda\vec{I})}$$

이므로

$$(\vec{A} - \lambda\vec{I})^{-1}(\vec{A} - \lambda\vec{I}) = \frac{adj\,(\vec{A} - \lambda\vec{I})}{\det(\vec{A} - \lambda\vec{I})}(\vec{A} - \lambda\vec{I}) \quad \cdots\cdots ②$$

이고, 식 ②의 좌변은 단위행렬이 된다. 그러므로 식 ②는

$$\left[\det(\vec{A}-\lambda\vec{I})\right]\vec{I} = \left[adj\,(\vec{A}-\lambda\vec{I})\right](\vec{A}-\lambda\vec{I}) \qquad \cdots\cdots ③$$

가 되며, $\det(\vec{A}-\lambda\vec{I}) = P(\lambda)$이고, 식 ①에 의해 $adj\,(\vec{A}-\lambda\vec{I}) = \vec{Q}(\lambda)$ 이므로 식 ③은

$$P(\lambda)\vec{I} = \vec{Q}(\lambda)(\vec{A}-\lambda\vec{I}) \qquad \cdots\cdots ④$$

이다. 그런데 [정리 10-6]의 가정에 의하면

$$P(\lambda) = \lambda^n + a_{n-1}\lambda^{n-1} + \cdots + a_1\lambda + a_0 \qquad \cdots\cdots ⑤$$

이다. 식 ⑤의 양변에 단위행렬 $\vec{I}$를 곱하면

$$P(\lambda)\vec{I} = \lambda^n\vec{I} + a_{n-1}\lambda^{n-1}\vec{I} + \cdots + a_1\lambda\vec{I} + a_0\vec{I} \qquad \cdots\cdots ⑥$$

이므로, 식 ⑥의 λ 대신 $\vec{A}$를 대입하면 식 ④의 좌변은

$$P(\vec{A})\vec{I} = P(\vec{A}) = \vec{A}^n + a_{n-1}\vec{A}^{n-1} + \cdots + a_1\vec{A} + a_0\vec{I} \qquad \cdots\cdots ⑦$$

이고, 식 ④에도 λ 대신 $\vec{A}$를 대입하면

$$P(\vec{A}) = \vec{Q}(\vec{A})(\vec{A}-\vec{A}) = \vec{0} \qquad \cdots\cdots ⑧$$

의 결과가 얻어진다. 따라서 식 ⑦과 식 ⑧이 같으므로

$$P(\vec{A}) = \vec{A}^n + a_{n-1}\vec{A}^{n-1} + \cdots + a_1\vec{A} + a_0\vec{I} = \vec{0}$$

이 된다. ■

예를 들면 2×2 행렬

$$\vec{A} = \begin{bmatrix} 1 & -2 \\ -1 & 2 \end{bmatrix}$$

의 특성방정식은

$$\begin{aligned}\det(\vec{A}-\lambda\vec{I}) &= \det\begin{bmatrix} 1-\lambda & -2 \\ -1 & 2-\lambda \end{bmatrix} \\ &= (1-\lambda)(2-\lambda)-2 \\ &= \lambda^2 - 3\lambda = 0\end{aligned}$$

이므로 케일리-해밀턴 정리에 의하면

$$\vec{A}^2 - 3\vec{A} = \vec{0}$$

이 성립한다. 이 관계가 성립하는지 직접 계산해 보자.

$$\begin{aligned}\vec{A}^2 - 3\vec{A} &= \begin{bmatrix} 1 & -2 \\ -1 & 2 \end{bmatrix}\begin{bmatrix} 1 & -2 \\ -1 & 2 \end{bmatrix} - 3\begin{bmatrix} 1 & -2 \\ -1 & 2 \end{bmatrix} \\ &= \begin{bmatrix} 3 & -6 \\ -3 & 6 \end{bmatrix} - \begin{bmatrix} 3 & -6 \\ -3 & 6 \end{bmatrix} \\ &= \begin{bmatrix} 0 & 0 \\ 0 & 0 \end{bmatrix} = \vec{0}\end{aligned}$$

그러므로 케일리-해밀턴 정리가 만족된다.

식 (10.15)를 이용하면 $\vec{A}$를 n번 곱하지 않고도 거듭제곱 $\vec{A}^n$을 쉽게 얻을 수 있다. 앞에서의 예를 다시 고려해 보자.

$$\vec{A} = \begin{bmatrix} 1 & -2 \\ -1 & 2 \end{bmatrix}$$

이면 특성방정식은 $\lambda^2 - 3\lambda = 0$이었고, 케일리-해밀턴 정리에 의해

$$\vec{A}^2 - 3\vec{A} = \vec{0}$$

이 구해졌다. 즉

$$\vec{A}^2 = 3\vec{A} \qquad \cdots\cdots ①$$

이다. 식 ①의 양변에 $\vec{A}$를 곱하면

$$\vec{A}^3 = 3\vec{A}^2 = 3(3\vec{A}) = 9\vec{A} \qquad \cdots\cdots ②$$

이고, 식 ②의 양변에 $\vec{A}$를 곱하면

$$\vec{A}^4 = 9\vec{A}^2 = 9(3\vec{A}) = 27\vec{A} \qquad \cdots\cdots ③$$

이므로, 이러한 과정을 반복하면 $\vec{A}^n$을 $\vec{A}$의 상수배로 나타낼 수 있다.

예제 10-30 케일리-해밀턴 정리에 의한 행렬의 거듭제곱 구하기

케일리-해밀턴 정리를 이용하여 다음 행렬 $\vec{A}$에 대해 $\vec{A}^4$을 계산하라.

$$\vec{A} = \begin{bmatrix} 2 & 1 & 0 \\ -2 & 0 & 1 \\ 0 & -1 & -2 \end{bmatrix}$$

풀이

$\vec{A}$의 특성방정식은

$$\det(\vec{A}-\lambda\vec{I})=\det\begin{bmatrix}2-\lambda & 1 & 0\\ -2 & -\lambda & 1\\ 0 & -1 & -2-\lambda\end{bmatrix}$$
$$=(2-\lambda)(-\lambda)(-2-\lambda)+(2-\lambda)-2(2+\lambda)$$
$$=\lambda^3-\lambda+2=0$$

이다. 케일리-해밀턴 정리에 의하면

$$\vec{A}^3-\vec{A}+2\vec{I}=\vec{0}$$

이므로

$$\vec{A}^3=\vec{A}-2\vec{I}=\begin{bmatrix}2 & 1 & 0\\ -2 & 0 & 1\\ 0 & -1 & -2\end{bmatrix}-2\begin{bmatrix}1 & 0 & 0\\ 0 & 1 & 0\\ 0 & 0 & 1\end{bmatrix}$$
$$=\begin{bmatrix}0 & 1 & 0\\ -2 & -2 & 1\\ 0 & -1 & -4\end{bmatrix}$$

$$\vec{A}^4=\vec{A}^2-2\vec{A}=\begin{bmatrix}2 & 1 & 0\\ -2 & 0 & 1\\ 0 & -1 & -2\end{bmatrix}\begin{bmatrix}2 & 1 & 0\\ -2 & 0 & 1\\ 0 & -1 & -2\end{bmatrix}-2\begin{bmatrix}2 & 1 & 0\\ -2 & 0 & 1\\ 0 & -1 & -2\end{bmatrix}$$
$$=\begin{bmatrix}-2 & 0 & 1\\ 0 & -3 & -4\\ 2 & 4 & 7\end{bmatrix}$$

이 구해진다.

Command Window

: 코딩

```
r=sym('r');                              % 고윳값 λ를 심볼릭으로 정의
A=sym([2 1 0;-2 0 1;0 -1 -2]);           % 행렬 A를 심볼릭으로 정의
A1=sym([2-r 1 0;-2 -r 1;0 -1 -2-r]);     % 행렬 (A-λI)를 심볼릭으로 정의
D=det(A1)                                % A1의 행렬식 구하기
U=A^4 [1]                                % A^4 계산
```

: 결과

```
D = -r^3+r-2                             % A의 특성방정식과 동일
U = [-2, 0, 1]
    [0, -3, -4]
    [2, 4, 7]                            % [예제 10-30]의 결과와 동일
```

MATLAB TIP!

[1] 'A^n' : 행렬 $\vec{A}$의 거듭제곱 $\vec{A}^n$을 구한다.

유제 10-27 케일리-해밀턴 정리에 의한 행렬의 거듭제곱 구하기

케일리-해밀턴 정리를 이용하여 다음 행렬 $\vec{A}$에 대해 $\vec{A}^4$을 계산하라.

$$\vec{A} = \begin{bmatrix} 1 & -1 & 0 \\ -1 & 0 & -1 \\ 0 & 1 & 2 \end{bmatrix}$$

정답 : $\vec{A}^4 = \begin{bmatrix} 4 & 0 & 7 \\ 0 & -3 & -7 \\ -7 & 7 & 4 \end{bmatrix}$

지금까지 케일리-해밀턴 정리를 사용하여 행렬 $\vec{A}$의 거듭제곱 $\vec{A}^n$을 간단히 계산하는 방법에 대하여 설명하였다. 아울러 케일리-해밀턴 정리를 사용하면 $\vec{A}$의 역행렬도 구할 수 있다.

행렬 $\vec{A}$가 가역행렬($\det \vec{A} \neq 0$)이면 $\vec{A}$의 특성방정식이

$$\det(\vec{A} - \lambda \vec{I}) = \lambda^n + a_{n-1}\lambda^{n-1} + \cdots + a_1\lambda + a_0 = 0$$

이고, 케일리-해밀턴 정리에 의하면

$$\vec{A}^n + a_{n-1}\vec{A}^{n-1} + \cdots + a_1\vec{A} + a_0\vec{I} = \vec{0}$$

이므로 위 식의 양변에 $\vec{A}^{-1}$을 곱하면

$$\vec{A}^{n-1} + a_{n-1}\vec{A}^{n-2} + \cdots + a_1\vec{I} + a_0\vec{A}^{-1} = \vec{0} \tag{10.16}$$

이다. 따라서 식 (10.16)을 풀면

$$\vec{A}^{-1} = \frac{1}{a_0}\left(-\vec{A}^{n-1} - a_{n-1}\vec{A}^{n-2} - \cdots - a_2\vec{A} - a_1\vec{I}\right) \tag{10.17}$$

이므로, 식 (10.17)에 의해 역행렬이 구해진다. 여기서 $\vec{A}$는 가역행렬이므로 $a_0 \neq 0$이어야 한다.

예제 10-31 케일리-해밀턴 정리에 의한 역행렬 구하기

케일리-해밀턴 정리를 이용하여 다음 행렬 $\vec{A}$의 역행렬을 구하라.

$$\vec{A} = \begin{bmatrix} 2 & 1 & 0 \\ -2 & 0 & 1 \\ 0 & -1 & -2 \end{bmatrix}$$

풀이

[예제 10-30]에서 $\vec{A}$ 의 특성방정식은

$$\det(\vec{A}-\lambda\vec{I}) = \lambda^3-\lambda+2=0$$

이 얻어졌으므로, 케일리-해밀턴 정리에 의해

$$\vec{A}^3-\vec{A}+2\vec{I}=\vec{0} \qquad \cdots\cdots ①$$

이 된다. 식 ①의 양변에 $\vec{A}^{-1}$을 곱하면

$$\vec{A}^2-\vec{I}+2\vec{A}^{-1}=\vec{0} \qquad \cdots\cdots ②$$

이므로, 식 ②를 풀면

$$\vec{A}^{-1}=\frac{1}{2}(-\vec{A}^2+\vec{I}) = -\frac{1}{2}\begin{bmatrix} 2 & 1 & 0 \\ -2 & 0 & 1 \\ 0 & -1 & -2 \end{bmatrix}\begin{bmatrix} 2 & 1 & 0 \\ -2 & 0 & 1 \\ 0 & -1 & -2 \end{bmatrix}+\frac{1}{2}\begin{bmatrix} 1 & 0 & 0 \\ 0 & 1 & 0 \\ 0 & 0 & 1 \end{bmatrix}$$
$$=\frac{1}{2}\begin{bmatrix} -1 & -2 & -1 \\ 4 & 4 & 2 \\ -2 & -2 & -2 \end{bmatrix}$$

가 구해진다.

Command Window

: 코딩

```
A=sym([2 1 0;-2 0 1;0 -1 -2]);         % 행렬 A를 심볼릭으로 정의
U=1/2*(-A^2+eye(3)) [1]                % A^-1 계산
B1=A*U                                 % A^-1의 검산
B2=U*A                                 % A^-1의 검산
```

: 결과

```
U = [-1/2, -1, -1/2]
    [2, 2, 1]
    [-1, -1, -1]                       % [예제 10-31]의 결과와 동일
B1 = B2 = [1, 0, 0]
          [0, 1, 0]
          [0, 0, 1]                    % 검산결과 이상 없음
```

MATLAB TIP!

[1] 'eye(n)' : $n \times n$ 단위 행렬을 나타낸다.

유제 10-28 케일리-해밀턴 정리에 의한 역행렬 구하기

케일리-해밀턴 정리를 이용하여 다음 행렬 $\vec{A}$의 역행렬을 구하라.

$$\vec{A}=\begin{bmatrix} 1 & -1 & 0 \\ -2 & 0 & -1 \\ 1 & -1 & -1 \end{bmatrix}$$

정답 : $\vec{A}^{-1}=\frac{1}{2}\begin{bmatrix} -1 & -1 & 1 \\ -3 & -1 & 1 \\ 2 & 0 & -2 \end{bmatrix}$

Chapter 10 연습문제

10.1 **(행렬과 연립방정식)** 다음 연립방정식을 행렬을 이용하여 $\vec{A}\vec{X}=\vec{B}$ 의 형태로 나타내라.

(a) $\begin{aligned}-x_1-2x_2&=2\\ x_1-x_2&=3\end{aligned}$

(b) $\begin{aligned}x_1+x_2-x_3&=0\\ x_1+2x_2-x_3&=-3\\ x_1+x_2-x_3&=3\end{aligned}$

10.2 **(행렬과 연립방정식)** [연습문제 10.1]과 반대로 주어진 $\vec{A}\vec{X}=\vec{B}$ 의 형태의 식을 행렬 없이 연립방정식으로 나타내라.

$$\begin{bmatrix}-1 & 1 & -2\\ 0 & -2 & 4\\ -1 & -1 & 2\end{bmatrix}\begin{bmatrix}x\\ y\\ z\end{bmatrix}=\begin{bmatrix}1\\ 2\\ 3\end{bmatrix}$$

10.3 **(비동차형 연립방정식 해 구하기)** 역행렬을 이용하여 다음 연립방정식의 해를 구하라.

(a) $\begin{aligned}-x_1+4x_2&=3\\ 3x_1-2x_2&=4\end{aligned}$

(b) $\begin{aligned}2x_1+4x_2&=3\\ 3x_1-2x_2&=4\end{aligned}$

(c) $\begin{aligned}-x_1+x_2&=3\\ 2x_1-2x_2&=5\end{aligned}$

(d) $\begin{aligned}x_1+2x_2-x_3&=1\\ x_1-x_2-3x_3&=3\\ 2x_1-2x_2-x_3&=2\end{aligned}$

(e) $\begin{aligned}-x_1+x_2&=3\\ 2x_1-2x_2+x_3&=4\\ 3x_1+2x_2-x_3&=1\end{aligned}$

(f) $\begin{aligned}-x_1-2x_2+x_3&=2\\ -2x_1-2x_2+x_3&=4\\ -3x_1-4x_2+2x_3&=6\end{aligned}$

10.4 **(비동차형 연립방정식 해 구하기)** 크래머 공식을 이용하여 다음 연립방정식의 해를 구하라.

(a) $\begin{aligned}x_1-2x_2&=3\\ 2x_1-2x_2&=1\end{aligned}$

(b) $\begin{aligned}-2x_1+x_2&=2\\ 2x_1+2x_2&=3\end{aligned}$

(c) $\begin{aligned}-x_1+x_2&=3\\ x_1-4x_2&=2\end{aligned}$

(d) $\begin{aligned}-x_1+2x_2-2x_3&=2\\ 2x_1-2x_2-x_3&=4\\ x_1-2x_2-3x_3&=2\end{aligned}$

(e) $\begin{aligned}2x_1+2x_2-x_3&=0\\ -x_1+2x_2-x_3&=2\\ x_1+x_2+x_3&=2\end{aligned}$

(f) $\begin{aligned}-x_1+2x_2&=2\\ x_1-2x_2+x_3&=3\\ x_1+x_2+2x_3&=4\end{aligned}$

10.5 (비동차형 연립방정식 해 구하기) 가우스-조단 소거법을 이용하여 다음 연립방정식의 해를 구하라.

(a) $-x_1+4x_2=-1$
$3x_1-x_2=0$

(b) $2x_1+3x_2=-1$
$2x_1-x_2=1$

(c) $-x_1+x_2=2$
$2x_1-2x_2=1$

(d) $-x_1+2x_2=2$
$x_1-2x_2+x_3=3$
$x_1+x_2+2x_3=4$

(e) $x_1-2x_2+x_3=4$
$x_1-x_2+2x_3=3$
$2x_1+x_2+x_3=4$

(f) $2x_1-x_2+x_3=-2$
$-x_1-2x_2-2x_3=3$
$x_1-3x_2-x_3=1$

(g) $2x_1-2x_2+x_3=2$
$x_1-x_2+x_3=1$
$x_1-x_2+2x_3=1$

(h) $2x_1-2x_2+x_3=2$
$x_1-x_2+x_3=1$
$x_1-x_2+2x_3=3$

(i) $x_1-x_2+x_3=0$
$3x_1-2x_2-2x_3=-1$
$4x_1-3x_2-x_3=2$

10.6 (동차형 연립방정식 해 구하기) 가우스-조단 소거법을 이용하여 다음 연립방정식의 해를 구하라.

(a) $-x_1+4x_2=0$
$x_1-4x_2=0$

(b) $2x_1-3x_2=0$
$2x_1-x_2=0$

(c) $-x_1+x_2=0$
$2x_1-3x_2=0$

(d) $x_1-2x_2+x_3=0$
$2x_1-x_2-3x_3=0$
$3x_1-3x_2-2x_3=0$

(e) $3x_1+x_2+2x_3=0$
$-x_1+2x_2-2x_3=0$
$x_1+5x_2-2x_3=0$

(f) $2x_1-x_2+2x_3=0$
$3x_1-2x_2+x_3=0$
$x_1-x_2-x_3=0$

(g) $x_1-x_2+x_3=0$
$2x_1-2x_2+2x_3=0$
$3x_1-3x_2+3x_3=0$

(h) $2x_1-x_2-2x_3=0$
$4x_1-2x_2-4x_3=0$
$-2x_1+x_2+2x_3=0$

(i) $2x_1+x_2-x_3=0$
$-2x_1-x_2+x_3=0$
$4x_1+2x_2-2x_3=0$

(j) $2x_1-x_2+x_3=0$
$-2x_1-x_2+2x_3=0$
$x_1-2x_2+2x_3=0$

(k) $x_1-2x_2+x_3=0$
$2x_1-2x_2-x_3=0$
$x_1-4x_2+2x_3=0$

(l) $3x_1-2x_2-x_3=0$
$x_1-2x_2+4x_3=0$

10.7 (역행렬 구하기) 기본행 연산을 이용하여 다음 행렬의 역행렬을 구하라.

(a) $\vec{A}=\begin{bmatrix}1&-1\\-2&1\end{bmatrix}$

(b) $\vec{A}=\begin{bmatrix}-2&2&-1\\0&-2&1\\1&3&2\end{bmatrix}$

(c) $\vec{A}=\begin{bmatrix}2&-1&3\\-1&1&-2\\2&3&1\end{bmatrix}$

(d) $\vec{A}=\begin{bmatrix}2&-1&3&0\\-1&1&-2&1\\2&0&1&-1\\1&-1&0&-2\end{bmatrix}$

10.8 **응용** **(연립방정식 해 구하기)** 다음과 같이 주어진 전기회로에 대해 회로에 흐르는 전류에 관한 연립방정식을 세우고 그 해를 구하라.

(a)

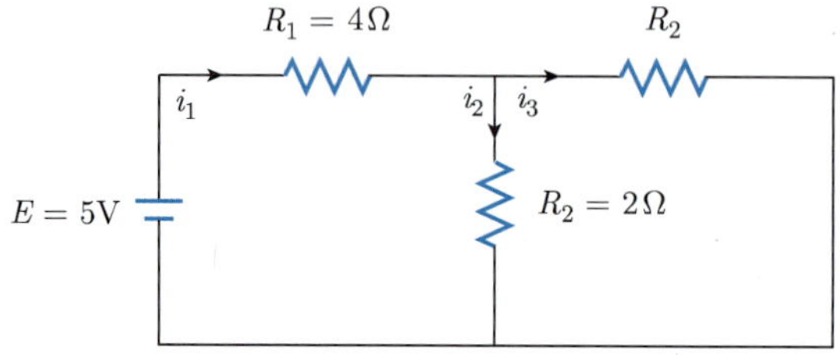

(b)

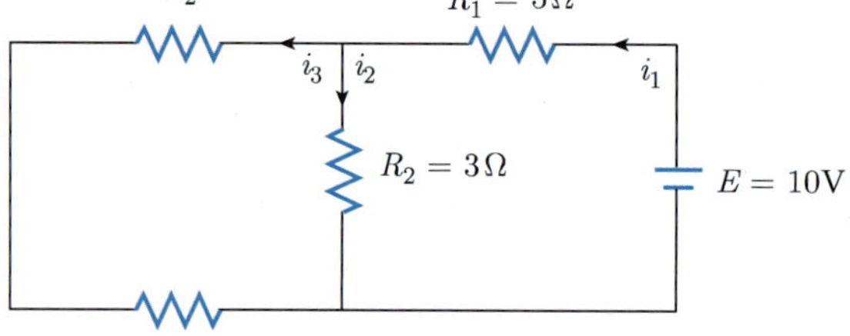

10.9 **(고윳값, 고유벡터 구하기)** 다음 행렬의 고윳값과 고유벡터를 구하라.

(a) $\vec{A} = \begin{bmatrix} -2 & -1 \\ 3 & 2 \end{bmatrix}$ (b) $\vec{A} = \begin{bmatrix} -1 & 0 \\ 1 & 3 \end{bmatrix}$ (c) $\vec{A} = \begin{bmatrix} 1 & 2 \\ -3 & -6 \end{bmatrix}$

(d) $\vec{A} = \begin{bmatrix} 4 & -2 \\ 0 & 4 \end{bmatrix}$ (e) $\vec{A} = \begin{bmatrix} 1 & 1 \\ -1 & 3 \end{bmatrix}$ (f) $\vec{A} = \begin{bmatrix} 4 & 5 \\ -5 & -6 \end{bmatrix}$

(g) $\vec{A} = \begin{bmatrix} 1 & -1 \\ 1 & 1 \end{bmatrix}$ (h) $\vec{A} = \begin{bmatrix} 2 & -1 \\ 5 & 6 \end{bmatrix}$ (i) $\vec{A} = \begin{bmatrix} 2 & 2 \\ -4 & -2 \end{bmatrix}$

(j) $\vec{A} = \begin{bmatrix} 1 & 1 & -1 \\ 0 & 1 & 1 \\ 0 & 1 & -1 \end{bmatrix}$ (k) $\vec{A} = \begin{bmatrix} 1 & 1 & 4 \\ 0 & 1 & 0 \\ 1 & 1 & 1 \end{bmatrix}$ (l) $\vec{A} = \begin{bmatrix} 2 & 0 & 0 \\ 1 & 3 & -2 \\ -1 & 0 & 1 \end{bmatrix}$

(m) $\vec{A} = \begin{bmatrix} 3 & -1 & -1 \\ 1 & 1 & -1 \\ 1 & -1 & 1 \end{bmatrix}$ (n) $\vec{A} = \begin{bmatrix} 5 & 1 & 1 \\ 1 & 5 & 1 \\ 1 & 1 & 5 \end{bmatrix}$ (o) $\vec{A} = \begin{bmatrix} 2 & 1 & 1 \\ 1 & 2 & 1 \\ 1 & 1 & 2 \end{bmatrix}$

(p) $\vec{A} = \begin{bmatrix} 2 & 2 & -1 \\ 0 & 1 & 0 \\ 1 & 0 & 0 \end{bmatrix}$ (q) $\vec{A} = \begin{bmatrix} -2 & 0 & 0 \\ 1 & -2 & 0 \\ 1 & 1 & -2 \end{bmatrix}$ (r) $\vec{A} = \begin{bmatrix} 2 & 3 & 0 \\ 0 & 2 & 2 \\ 0 & 0 & 2 \end{bmatrix}$

(s) $\vec{A} = \begin{bmatrix} 0 & 3 & 6 \\ 1 & 2 & 2 \\ 0 & -4 & -3 \end{bmatrix}$ (t) $\vec{A} = \begin{bmatrix} 1 & -1 & 0 \\ -1 & 1 & 2 \\ 0 & -1 & 1 \end{bmatrix}$ (u) $\vec{A} = \begin{bmatrix} -2 & 0 & -1 \\ 0 & -2 & -1 \\ 4 & 4 & 2 \end{bmatrix}$

10.10 **(행렬의 대각화)** 다음 행렬을 대각화하라.

(a) $\vec{A}=\begin{bmatrix}-1&0\\1&3\end{bmatrix}$ (b) $\vec{A}=\begin{bmatrix}1&-1\\1&1\end{bmatrix}$ (c) $\vec{A}=\begin{bmatrix}1&1\\-1&3\end{bmatrix}$

(d) $\vec{A}=\begin{bmatrix}-1&1&1\\2&1&0\\1&0&1\end{bmatrix}$ (e) $\vec{A}=\begin{bmatrix}1&-1&0\\-1&1&2\\0&-1&1\end{bmatrix}$ (f) $\vec{A}=\begin{bmatrix}4&1&1\\1&4&1\\1&1&4\end{bmatrix}$

(g) $\vec{A}=\begin{bmatrix}1&1&-1\\-1&3&-1\\-1&1&1\end{bmatrix}$ (h) $\vec{A}=\begin{bmatrix}-2&0&0\\1&-2&0\\1&1&-2\end{bmatrix}$ (i) $\vec{A}=\begin{bmatrix}0&3&6\\1&2&2\\0&-4&-3\end{bmatrix}$

10.11 **(대칭행렬의 대각화)** 다음 행렬을 대각화하라.

(a) $\vec{A}=\begin{bmatrix}-1&1&1\\1&-1&1\\1&1&-1\end{bmatrix}$ (b) $\vec{A}=\begin{bmatrix}1&2&0\\2&1&0\\0&0&2\end{bmatrix}$ (c) $\vec{A}=\begin{bmatrix}2&2&1\\2&1&2\\1&2&2\end{bmatrix}$

10.12 **(고유벡터의 직교성)** 다음 대칭행렬의 고유벡터들이 서로 직교함을 보여라.

(a) $\vec{A}=\begin{bmatrix}0&-1&1\\-1&0&-2\\1&-2&0\end{bmatrix}$ (b) $\vec{A}=\begin{bmatrix}0&-1&1\\-1&0&-1\\1&-1&0\end{bmatrix}$

10.13 **(행렬의 거듭제곱)** 케일리-해밀턴 정리를 사용하여 $\vec{A}^4$을 계산하라.

(a) $\vec{A}=\begin{bmatrix}3&2\\4&1\end{bmatrix}$ (b) $\vec{A}=\begin{bmatrix}1&1&4\\0&1&0\\1&1&1\end{bmatrix}$ (c) $\vec{A}=\begin{bmatrix}1&-1&0\\-1&0&1\\2&1&-1\end{bmatrix}$

10.14 **(행렬의 거듭제곱)** 케일리-해밀턴 정리를 사용하여 $\vec{A}^{-1}$을 계산하라.

(a) $\vec{A}=\begin{bmatrix}1&-1&0\\-1&1&2\\0&-1&1\end{bmatrix}$ (b) $\vec{A}=\begin{bmatrix}1&-1&0\\-1&0&1\\2&1&-1\end{bmatrix}$

Chapter

11

행렬의 응용 II

Applications of Matrix II

학습목표

- 행렬 및 고윳값과 고유벡터를 이용하여 동차형 및 비동차형 선형 연립 미분방정식의 해를 구할 수 있다.
- 행렬의 지수함수의 계산 과정을 이해할 수 있다.
- 행렬의 지수함수를 이용하여 선형 연립 미분방정식의 해를 구할 수 있다.

11장의 MATLAB 명령어

3장, 5장에서 설명한 바 있는 선형 연립 미분방정식은 9장에서 설명한 행렬과 10장에서 설명한 고윳값과 고유벡터를 이용해서도 해를 구할 수가 있다. 구하는 방법에 따라 장단점이 있기 때문에 선형 연립 미분방정식의 해를 구하는 다양한 방법에 대해 숙지하는 것이 필요하다.

이 장에서는 행렬 및 고윳값과 고유벡터를 이용하여 선형 연립 미분방정식의 해를 구하는 것에 대해 살펴보고자 한다. 선형 연립 미분방정식은 동차형과 비동차형으로 구분되는데, 먼저 11.1절에서 선형 연립 미분방정식의 개요에 대해 설명한 뒤, 11.2절에서는 동차형 선형 연립 미분방정식의 해를 구하는 방법들에 대해 설명한다. 11.3절에서는 비동차형 선형 연립 미분방정식의 해를 구하는 방법들에 대해 설명한다. 마지막으로 11.4절에서는 행렬의 지수함수에 대해 살펴보고, 행렬의 지수함수를 이용하여 선형 연립 미분방정식의 해를 구하는 방법에 대해 설명하고자 한다.

11.1 선형 연립 미분방정식

지금까지 행렬의 기본적인 개념, 행렬을 이용하여 선형 연립방정식의 해를 구하는 방법, 고윳값과 고유벡터 구하기, 행렬의 대각화 및 거듭제곱에 대해 살펴보았다.

이 절에서는 지금까지 살펴 본 행렬에 관한 개념들을 토대로 행렬을 이용하여 선형 연립 미분방정식을 푸는 방법에 대해 다루고자 한다. 선형 연립 미분방정식의 풀이에 대해서는 3.6절과 5.6절에서도 설명한 바 있으나 부분적인 내용에 국한하여 설명하였고, 선형 연립 미분방정식의 풀이에 대해서는 여기에서 집중적으로 다루고자 한다.

선형 연립 미분방정식의 해를 결정하는 데 있어서 10.2절에서 설명한 고윳값과 고유벡터가 직접 관련이 되기 때문에, 고윳값과 고유벡터를 구하는 데 자신이 없다면 10.2절을 완전히 이해한 후에 이 절을 공부하기를 바란다.

다음은 미지수가 n개이고 방정식이 n개인 일반적인 **1계 연립 미분방정식** first order simultaneous differential equations이다.

$$\begin{aligned}
\frac{dx_1}{dt} &= f_1(x_1, x_2, \cdots, x_n, t) \\
\frac{dx_2}{dt} &= f_2(x_1, x_2, \cdots, x_n, t) \\
&\vdots \\
\frac{dx_n}{dt} &= f_n(x_1, x_2, \cdots, x_n, t)
\end{aligned} \tag{11.1}$$

식 (11.1)을 다음과 같은 관계식으로 나타낼 수 있다면 **1계 선형 연립 미분방정식** first order linear simultaneous differential equations이라 한다.

$$\begin{aligned}
\frac{dx_1}{dt} &= a_{11}x_1 + a_{12}x_2 + \cdots + a_{1n}x_n + u_1(t) \\
\frac{dx_2}{dt} &= a_{21}x_1 + a_{22}x_2 + \cdots + a_{2n}x_n + u_2(t) \\
&\vdots \\
\frac{dx_n}{dt} &= a_{n1}x_1 + a_{n2}x_2 + \cdots + a_{nn}x_n + u_n(t)
\end{aligned} \tag{11.2}$$

식 (11.2)를 행렬을 이용하여 나타내면 다음과 같다.

$$\frac{d}{dt}\begin{bmatrix} x_1 \\ x_2 \\ \vdots \\ x_n \end{bmatrix} = \begin{bmatrix} a_{11} & a_{12} & \cdots & a_{1n} \\ a_{21} & a_{22} & \cdots & a_{2n} \\ \vdots & \vdots & \vdots & \vdots \\ a_{n1} & a_{n2} & \cdots & a_{nn} \end{bmatrix} \begin{bmatrix} x_1 \\ x_2 \\ \vdots \\ x_n \end{bmatrix} + \begin{bmatrix} u_1(t) \\ u_2(t) \\ \vdots \\ u_n(t) \end{bmatrix} \tag{11.3}$$

여기서

$$\vec{X} = \begin{bmatrix} x_1 \\ x_2 \\ \vdots \\ x_n \end{bmatrix}, \quad \vec{A} = \begin{bmatrix} a_{11} & a_{12} & \cdots & a_{1n} \\ a_{21} & a_{22} & \cdots & a_{2n} \\ \vdots & \vdots & \vdots & \vdots \\ a_{n1} & a_{n2} & \cdots & a_{nn} \end{bmatrix}, \quad \vec{U}(t) = \begin{bmatrix} u_1(t) \\ u_2(t) \\ \vdots \\ u_n(t) \end{bmatrix}$$

라 놓으면 식 (11.3)은 다음과 같이 다시 쓸 수 있다.

$$\frac{d\vec{X}}{dt} = \vec{A}\,\vec{X} + \vec{U}(t) \tag{11.4}$$

식 (11.4)를 **비동차형** nonhomogeneous 선형 연립 미분방정식이라 한다.

만약 $\vec{U}(t) = \vec{0}$ 이면 식 (11.4)는

$$\frac{d\vec{X}}{dt} = \vec{A}\,\vec{X} \tag{11.5}$$

이고, 이를 **동차형** homogeneous 선형 연립 미분방정식이라 부른다.

11.2 동차형 선형 연립 미분방정식

이 절에서는 동차형 선형 연립 미분방정식의 일반해를 구하는 방법에 대해 살펴보고자 한다.

다음 식으로 주어진 간단한 선형 연립 미분방정식에 대하여 생각해 보자.

$$\frac{dx_1}{dt} = x_1 + 2x_2 \qquad \cdots\cdots ①$$

$$\frac{dx_2}{dt} = 2x_1 + x_2 \qquad \cdots\cdots ②$$

식 ①과 식 ②를 식 (11.5)의 형태로 다시 쓰면

$$\frac{d}{dt}\begin{bmatrix} x_1 \\ x_2 \end{bmatrix} = \begin{bmatrix} 1 & 2 \\ 2 & 1 \end{bmatrix}\begin{bmatrix} x_1 \\ x_2 \end{bmatrix} \qquad \cdots\cdots ③$$

이다. 이는 $\vec{U}(t) = \vec{0}$이므로 동차형 선형 연립 미분방정식이다. 식 ③과 같이 상수계수를 갖는 선형 연립 미분방정식의 해는 일반적으로 다음과 같은 지수함수 형태를 취한다.

$$x_1(t) = v_1 e^{\lambda t}, \quad x_2(t) = v_2 e^{\lambda t} \qquad \cdots\cdots ④$$

여기서 v_1, v_2, λ는 상수이다. 식 ④가 식 ①과 식 ②의 해라고 가정하고, 식 ④를 식 ①과 식 ②에 대입하면

$$v_1 \lambda e^{\lambda t} = v_1 e^{\lambda t} + 2v_2 e^{\lambda t} \qquad \cdots\cdots ⑤$$

$$v_2 \lambda e^{\lambda t} = 2v_1 e^{\lambda t} + v_2 e^{\lambda t} \qquad \cdots\cdots ⑥$$

이다. 항상 $e^{\lambda t} > 0$이므로 식 ⑤와 식 ⑥은 다음과 같이 간략하게 쓸 수 있다.

$$v_1 \lambda = v_1 + 2v_2 \qquad \cdots\cdots ⑦$$

$$v_2 \lambda = 2v_1 + v_2 \qquad \cdots\cdots ⑧$$

따라서 식 ⑦과 식 ⑧은 행렬을 이용하여 다음과 같이 나타낼 수 있다.

$$\begin{bmatrix} 1 & 2 \\ 2 & 1 \end{bmatrix}\begin{bmatrix} v_1 \\ v_2 \end{bmatrix} = \lambda \begin{bmatrix} v_1 \\ v_2 \end{bmatrix} \qquad \cdots\cdots ⑨$$

식 ⑨는 고윳값과 고유벡터 문제이므로 식 ③의 선형 연립 미분방정식의 해를 구하는 문제는 결국, 고윳값과 고유벡터 문제로 귀결된다. 즉 선형 연립 미분방정식 ③의 해가 식 ④라고 가정했을 때, 해에 포함되어 있는 상수 v_1, v_2, λ들은 식 ⑨를 만족해야 하는데, 이때 λ는 식 ③의 계수행렬의 고윳값이고, v_1과 v_2는 λ에 대응하는 고유벡터이다(10.2절 참고).

예제 11-1 선형 연립 미분방정식의 해

벡터 $\vec{X}_1 = \begin{bmatrix} x_1 \\ x_2 \end{bmatrix}_1 = \begin{bmatrix} -4 \\ 1 \end{bmatrix} e^{-t}$과 $\vec{X}_2 = \begin{bmatrix} x_1 \\ x_2 \end{bmatrix}_2 = \begin{bmatrix} 0 \\ 1 \end{bmatrix} e^{3t}$이 선형 연립 미분방정식

$$\frac{d}{dt}\begin{bmatrix} x_1 \\ x_2 \end{bmatrix} = \begin{bmatrix} -1 & 0 \\ 1 & 3 \end{bmatrix}\begin{bmatrix} x_1 \\ x_2 \end{bmatrix}$$

의 해가 됨을 증명하라.

풀이

벡터 $\vec{X}_1=\begin{bmatrix}x_1\\x_2\end{bmatrix}_1=\begin{bmatrix}-4\\1\end{bmatrix}e^{-t}$이 연립 미분방정식의 해가 됨을 보이기 위해 $\vec{X}_1$과 $\dfrac{d\vec{X}_1}{dt}$을 주어진 연립 미분방정식에 대입하면, 미분방정식의 좌변은

$$\frac{d}{dt}\begin{bmatrix}x_1\\x_2\end{bmatrix}_1=\begin{bmatrix}4\\-1\end{bmatrix}e^{-t} \qquad \cdots\cdots ①$$

이고, 우변은

$$\begin{bmatrix}-1&0\\1&3\end{bmatrix}\begin{bmatrix}-4\\1\end{bmatrix}e^{-t}=\begin{bmatrix}4\\-1\end{bmatrix}e^{-t} \qquad \cdots\cdots ②$$

이다. 식 ①과 식 ②는 같으므로 벡터 $\vec{X}_1$은 연립 미분방정식의 해이다.

마찬가지로 벡터 $\vec{X}_2=\begin{bmatrix}x_1\\x_2\end{bmatrix}_2=\begin{bmatrix}0\\1\end{bmatrix}e^{3t}$이 연립 미분방정식의 해가 됨을 보이기 위해 $\vec{X}_2$와 $\dfrac{d\vec{X}_2}{dt}$를 주어진 연립 미분방정식에 대입하면 미분방정식의 좌변은

$$\frac{d}{dt}\begin{bmatrix}x_1\\x_2\end{bmatrix}_2=\begin{bmatrix}0\\3\end{bmatrix}e^{3t} \qquad \cdots\cdots ③$$

이고, 우변은

$$\begin{bmatrix}-1&0\\1&3\end{bmatrix}\begin{bmatrix}0\\1\end{bmatrix}e^{3t}=\begin{bmatrix}0\\3\end{bmatrix}e^{3t} \qquad \cdots\cdots ④$$

이다. 식 ③과 식 ④는 같으므로 벡터 $\vec{X}_2$도 역시 연립 미분방정식의 해이다.

11.2.1 해벡터와 일반해

[예제 11-1]에서 벡터 $\vec{X}_1=\begin{bmatrix}-4\\1\end{bmatrix}e^{-t}$과 $\vec{X}_2=\begin{bmatrix}0\\1\end{bmatrix}e^{3t}$이 주어진 연립 미분방정식의 해임을 증명하였는데, 행렬 $\begin{bmatrix}-1&0\\1&3\end{bmatrix}$의 고윳값과 고유벡터를 구해보면 고윳값이 $\lambda_1=-1$, $\lambda_2=3$이고, $\lambda_1=-1$에 대응하는 고유벡터는 $\vec{V}_1=\begin{bmatrix}-4\\1\end{bmatrix}$이고, $\lambda_2=3$에 대응하는 고유벡터는 $\vec{V}_2=\begin{bmatrix}0\\1\end{bmatrix}$이다. 그러므로 [예제 11-1]에 주어진 연립 미분방정식의 해는 다음과 같이 표현할 수 있다.

$$\vec{X}_1=\vec{V}_1e^{\lambda_1 t},\quad \vec{X}_2=\vec{V}_2e^{\lambda_2 t}$$

이제 식 (11.5)의 일반적인 선형 연립 미분방정식의 경우에 대해 살펴보자. 이 경우에도 마찬가지로

$$\overrightarrow{X}_i = \overrightarrow{V}_i e^{\lambda_i t} \qquad (i = 1,\ 2,\ \cdots,\ n) \tag{11.6}$$

일 때 식 (11.6)을 식 (11.5)의 해라고 가정하고, 식 (11.5)에 대입하면

$$\lambda_i \overrightarrow{V}_i e^{\lambda_i t} = \overrightarrow{A}\ \overrightarrow{V}_i e^{\lambda_i t}$$

이고, $e^{\lambda_i t}$을 소거하면

$$\lambda_i \overrightarrow{V}_i = \overrightarrow{A}\ \overrightarrow{V}_i \tag{11.7}$$

이므로 고윳값, 고유벡터 문제가 된다. 따라서 선형 연립 미분방정식의 해를 구하기 위해서는 행렬 $\overrightarrow{A}$의 고윳값들과 그 고윳값들에 대응하는 고유벡터들을 구하면 된다.

정의 11-1 해벡터

동차형 선형 연립 미분방정식

$$\frac{d\overrightarrow{X}}{dt} = \overrightarrow{A}\ \overrightarrow{X}$$

를 만족하는 해 $\overrightarrow{X}_i = \overrightarrow{V}_i e^{\lambda_i t}\ (i = 1,\ 2,\ \cdots,\ n)$을 **해벡터**solution vector라 한다. 여기서 λ_i는 행렬 $\overrightarrow{A}$의 고윳값이고, $\overrightarrow{V}_i$는 λ_i에 대응하는 고유벡터이다.

식 (11.7)로부터 고윳값과 고유벡터가 모두 구해진다면 연립 미분방정식

$$\frac{d\overrightarrow{X}}{dt} = \overrightarrow{A}\ \overrightarrow{X}$$

의 해벡터들은

$$\overrightarrow{X}_1 = \overrightarrow{V}_1 e^{\lambda_1 t} = \begin{bmatrix} v_1 \\ v_2 \\ \vdots \\ v_n \end{bmatrix}_1 e^{\lambda_1 t}$$

$$\overrightarrow{X}_2 = \overrightarrow{V}_2 e^{\lambda_2 t} = \begin{bmatrix} v_1 \\ v_2 \\ \vdots \\ v_n \end{bmatrix}_2 e^{\lambda_2 t} \qquad (11.8)$$

$$\vdots$$

$$\overrightarrow{X}_n = \overrightarrow{V}_n e^{\lambda_n t} = \begin{bmatrix} v_1 \\ v_2 \\ \vdots \\ v_n \end{bmatrix}_n e^{\lambda_n t}$$

이다.

다음은 연립 미분방정식의 일반해를 구할 때 매우 중요하게 적용되는 **중첩의 원리** principle of superposition에 대한 정의이다.

정의 11-2 중첩의 원리

식 (11.8)이

$$\frac{d\overrightarrow{X}}{dt} = \overrightarrow{A}\,\overrightarrow{X}$$

를 만족하는 해벡터들이면, 그 해벡터들의 일차결합인

$$\overrightarrow{X} = c_1\overrightarrow{X}_1 + c_2\overrightarrow{X}_2 + \cdots + c_n\overrightarrow{X}_n$$

역시 해이다. 여기서 c_1, c_2, $\cdots$, c_n은 임의의 상수이다.

[예제 11-1]에서 $\overrightarrow{X}_1 = \begin{bmatrix} -4 \\ 1 \end{bmatrix} e^{-t}$과 $\overrightarrow{X}_2 = \begin{bmatrix} 0 \\ 1 \end{bmatrix} e^{3t}$은 선형 연립 미분방정식

$$\frac{d}{dt}\begin{bmatrix} x_1 \\ x_2 \end{bmatrix} = \begin{bmatrix} -1 & 0 \\ 1 & 3 \end{bmatrix}\begin{bmatrix} x_1 \\ x_2 \end{bmatrix}$$

의 해벡터들이다. 따라서 중첩의 원리에 의해

$$\overrightarrow{X} = c_1\overrightarrow{X}_1 + c_2\overrightarrow{X}_2 = c_1\begin{bmatrix} -4 \\ 1 \end{bmatrix} e^{-t} + c_2\begin{bmatrix} 0 \\ 1 \end{bmatrix} e^{3t}$$

이 주어진 미분방정식의 해가 된다. 이를 확인해 보기 위해 $\overrightarrow{X}$를 미분방정식에 대입하면

$$\frac{d\vec{X}}{dt} = -c_1\begin{bmatrix}-4\\1\end{bmatrix}e^{-t} + 3c_2\begin{bmatrix}0\\1\end{bmatrix}e^{3t} = c_1\begin{bmatrix}4\\-1\end{bmatrix}e^{-t} + c_2\begin{bmatrix}0\\3\end{bmatrix}e^{3t} \quad \cdots\cdots ①$$

이고,

$$\begin{aligned}\vec{A}\,\vec{X} &= \begin{bmatrix}-1 & 0\\1 & 3\end{bmatrix}\left\{c_1\begin{bmatrix}-4\\1\end{bmatrix}e^{-t} + c_2\begin{bmatrix}0\\1\end{bmatrix}e^{3t}\right\}\\ &= c_1\begin{bmatrix}-1 & 0\\1 & 3\end{bmatrix}\begin{bmatrix}-4\\1\end{bmatrix}e^{-t} + c_2\begin{bmatrix}-1 & 0\\1 & 3\end{bmatrix}\begin{bmatrix}0\\1\end{bmatrix}e^{3t}\\ &= c_1\begin{bmatrix}4\\-1\end{bmatrix}e^{-t} + c_2\begin{bmatrix}0\\3\end{bmatrix}e^{3t} \quad \cdots\cdots ②\end{aligned}$$

이다. 식 ①과 식 ②가 같으므로 $\vec{X}$도 해가 된다.

$\vec{X}$가 동차형 선형 연립 미분방정식의 일반해가 되기 위해서는 중첩의 원리에 포함되어 있는 해벡터들, $\vec{X}_1$, $\vec{X}_2$, $\cdots$, $\vec{X}_n$이 서로 일차독립이어야 한다는 사실이 매우 중요하다. 이러한 해벡터들이 서로 일차독립인지 아니면 일차종속인지에 대한 정의는 6.6절의 [정의 6-6]에서와 마찬가지로 다음과 같이 정의된다.

정의 11-3 해벡터의 일차독립과 일차종속

식 (11.8)이

$$\frac{d\vec{X}}{dt} = \vec{A}\,\vec{X}$$

를 만족하는 해백터들일 때, 헤벡터들의 일차결합으로 표현된 방정식

$$c_1\vec{X}_1 + c_2\vec{X}_2 + \cdots + c_n\vec{X}_n = \vec{0} \qquad (11.9)$$

을 만족시키는 0이 아닌 상수 $c_1, c_2, \cdots, c_n$이 존재하지 않는다면, 즉 $c_1 = c_2 = \cdots = c_n = 0$이 식 (11.9)를 만족시키는 유일한 경우라면, 해벡터 $\vec{X}_1$, $\vec{X}_2$, $\cdots$, $\vec{X}_n$은 서로 **일차독립** linearly independent이고, 일차독립이 아닌 경우를 **일차종속** linearly dependent이라 한다.

예를 들면 $\vec{X}_1 = \begin{bmatrix}-1\\2\end{bmatrix}e^{-t}$과 $\vec{X}_2 = \begin{bmatrix}-2\\4\end{bmatrix}e^{-t}$은 $\vec{X}_2 = 2\vec{X}_1$이므로 일차종속이다. 식 (11.9)를 사용하여 확인해 보면

$$c_1\vec{X}_1 + c_2\vec{X}_2 = \vec{0}$$

으로부터

$$c_1\overrightarrow{X}_1 + c_2\overrightarrow{X}_2 = c_1\begin{bmatrix}-1\\2\end{bmatrix}e^{-t} + c_2\begin{bmatrix}-2\\4\end{bmatrix}e^{-t} = \begin{bmatrix}0\\0\end{bmatrix}$$

이고, 위 식을 풀면 $e^{-t} \neq 0$이므로

$$-c_1 - 2c_2 = 0$$
$$2c_1 + 4c_2 = 0$$

이다. 위 두 식을 만족시키는 c_1과 c_2를 구하면, 0이 아닌 임의의 k에 대해

$$c_1 = -2k\,, \quad c_2 = k$$

가 얻어진다. 따라서 0이 아닌 상수 c_1과 c_2가 구해지므로 $\overrightarrow{X}_1$과 $\overrightarrow{X}_2$는 서로 일차종속이다.

[예제 11-1]의 두 해벡터 $\overrightarrow{X}_1 = \begin{bmatrix}-4\\1\end{bmatrix}e^{-t}$과 $\overrightarrow{X}_2 = \begin{bmatrix}0\\1\end{bmatrix}e^{3t}$을 고려해 보자. 이것들은 서로 일차독립인데, 이를 식 (11.9)를 이용해 확인해 보자.

$$c_1\overrightarrow{X}_1 + c_2\overrightarrow{X}_2 = \vec{0}$$

으로부터

$$c_1\overrightarrow{X}_1 + c_2\overrightarrow{X}_2 = c_1\begin{bmatrix}-4\\1\end{bmatrix}e^{-t} + c_2\begin{bmatrix}0\\1\end{bmatrix}e^{3t} = \begin{bmatrix}0\\0\end{bmatrix}$$

이고, 위 식을 풀면

$$-4c_1e^{-t} + (0)c_2e^{3t} = 0$$
$$c_1e^{-t} + c_2e^{3t} = 0$$

이다. 위 두 식을 만족시키는 c_1과 c_2는

$$c_1 = c_2 = 0$$

이 유일하다. 따라서 $\overrightarrow{X}_1$과 $\overrightarrow{X}_2$는 서로 일차독립이다.

3.1절의 [정의 3-2]와 [정의 3-3]에서와 유사하게 선형 연립 미분방정식의 해벡터들이 서로 일차독립인지를 판별하기 위해 다음 정리를 사용한다.

정리 11-1 해벡터의 일차독립

식 (11.8)과 같이 주어진 해벡터들을 다음과 같이 가정하자.

$$\vec{X}_1 = \begin{pmatrix} x_{11} \\ x_{21} \\ \vdots \\ x_{n1} \end{pmatrix}, \quad \vec{X}_2 = \begin{pmatrix} x_{12} \\ x_{22} \\ \vdots \\ x_{n2} \end{pmatrix}, \quad \cdots, \quad \vec{X}_n = \begin{pmatrix} x_{1n} \\ x_{2n} \\ \vdots \\ x_{nn} \end{pmatrix}$$

이 해벡터들이 서로 일차독립이기 위해서는 그 해벡터들로 구성된 **론스키안**Wronskian [1]이 0이 아니어야 한다. 즉,

$$W(\vec{X}_1, \vec{X}_2, \cdots, \vec{X}_n) = \begin{vmatrix} x_{11} & x_{12} & \cdots & x_{1n} \\ x_{21} & x_{22} & \cdots & x_{2n} \\ \vdots & \vdots & \vdots & \vdots \\ x_{n1} & x_{n2} & \cdots & x_{nn} \end{vmatrix} \neq 0 \tag{11.10}$$

1 [정의 3-2]와 달리 여기에서는 도함수를 포함하지 않는다.

[정의 11-3]을 사용하여 일차독립 여부를 결정하였던 동일한 앞의 두 예를 [정리 11-1]을 사용하여 다시 한 번 확인해 보자. 먼저,

$$\vec{X}_1 = \begin{bmatrix} -1 \\ 2 \end{bmatrix} e^{-t}, \quad \vec{X}_2 = \begin{bmatrix} -2 \\ 4 \end{bmatrix} e^{-t}$$

에 대해 론스키안을 구해 보면

$$W(\vec{X}_1, \vec{X}_2) = \begin{vmatrix} x_{11} & x_{12} \\ x_{21} & x_{22} \end{vmatrix} = \begin{vmatrix} -e^{-t} & -2e^{-t} \\ 2e^{-t} & 4e^{-t} \end{vmatrix} = -4e^{-2t} + 4e^{-2t} = 0$$

이다. 그러므로 이 경우에는 [정리 11-1]로는 판별하기 어렵다. 두 번째 예인

$$\vec{X}_1 = \begin{bmatrix} -4 \\ 1 \end{bmatrix} e^{-t}, \quad \vec{X}_2 = \begin{bmatrix} 0 \\ 1 \end{bmatrix} e^{3t}$$

에 대해서도 론스키안을 구해 보면

$$W(\vec{X}_1, \vec{X}_2) = \begin{vmatrix} x_{11} & x_{12} \\ x_{21} & x_{22} \end{vmatrix} = \begin{vmatrix} -4e^{-t} & 0 \\ e^{-t} & e^{3t} \end{vmatrix} = -4e^{2t} \neq 0$$

이므로, $\vec{X}_1$과 $\vec{X}_2$는 서로 일차독립이다. 일차독립인 경우에는 [정리 11-1]을 사용해도 [정의 11-3]을 사용한 것과 동일한 결과를 얻을 수 있음을 알 수 있다. 다만 론스키안이 0인 경우에는 [정리 11-1]을 사용하여 결론을 내릴 수 없다.

식 (11.8)이 선형 연립 미분방정식 (11.5)의 n개의 해벡터들이고, 서로 일차독립이면 일반해는 다음과 같다.

정리 11-2 일반해(동차형)

식 (11-8)의 해벡터 $\overrightarrow{X}_1$, $\overrightarrow{X}_2$, $\cdots$, $\overrightarrow{X}_n$이 서로 일차독립이면, 동차형 선형 연립 미분방정식

$$\frac{d\overrightarrow{X}}{dt} = \overrightarrow{A}\,\overrightarrow{X}$$

의 일반해는

$$\overrightarrow{X} = c_1\overrightarrow{X}_1 + c_2\overrightarrow{X}_2 + \cdots + c_n\overrightarrow{X}_n \qquad (11.11)$$

이다. 여기서 c_1, c_2, $\cdots$, c_n은 임의의 상수이다.

지금까지 살펴본 바에 의하면 [예제 11-1]의 동차형 선형 연립 미분방정식

$$\frac{d}{dt}\begin{bmatrix} x_1 \\ x_2 \end{bmatrix} = \begin{bmatrix} -1 & 0 \\ 1 & 3 \end{bmatrix}\begin{bmatrix} x_1 \\ x_2 \end{bmatrix}$$

의 두 해벡터

$$\overrightarrow{X}_1 = \begin{bmatrix} -4 \\ 1 \end{bmatrix} e^{-t}, \quad \overrightarrow{X}_2 = \begin{bmatrix} 0 \\ 1 \end{bmatrix} e^{3t}$$

은 서로 일차독립이므로, 주어진 미분방정식의 일반해는

$$\begin{aligned} \overrightarrow{X} &= c_1\overrightarrow{X}_1 + c_2\overrightarrow{X}_2 \\ &= c_1\begin{bmatrix} -4 \\ 1 \end{bmatrix} e^{-t} + c_2\begin{bmatrix} 0 \\ 1 \end{bmatrix} e^{3t} \end{aligned}$$

임을 알 수 있다.

식 (11.5)의 동차형 선형 연립 미분방정식

$$\frac{d\overrightarrow{X}}{dt} = \overrightarrow{A}\,\overrightarrow{X}$$

의 일반해를 구하기 위해서는 위 식의 일차독립인 해벡터들을 모두 구해야만 한다. 해벡터를 식 (11.6)과 같이

$$\overrightarrow{X}_i = \overrightarrow{V}_i e^{\lambda_i t} \qquad (i = 1,\ 2,\ \cdots,\ n)$$

이라 했을 때, 식 (11.7)과 같이

$$\lambda_i \vec{V}_i = \vec{A}\,\vec{V}_i$$

이므로, 고윳값, 고유벡터 문제가 됨을 앞에서 언급한 바 있다. 또한 식 (11.7)의 고윳값은 세 가지 유형이 있다는 사실도 알고 있다. 따라서 고윳값의 유형별로 식 (11.5)의 일반해를 구하는 문제를 살펴보도록 하자. 그리고 마지막으로 10.3절에서 다룬 행렬의 대각화에 의해 식 (11.5)의 일반해를 구하는 방법에 대해 설명하고자 한다.

11.2.2 고윳값이 서로 다른 실수인 경우

식 (11.5)의 $n \times n$ 계수행렬 $\vec{A}$가 n개의 서로 다른 실수 고윳값, λ_1, λ_2, $\cdots$, λ_n을 가지면, 이에 대응하는 고유벡터들이 모두 구해지고, 구해진 고유벡터들은 모두 서로 일차독립이다. 그 고유벡터들을 $\vec{V}_1$, $\vec{V}_2$, $\cdots$, $\vec{V}_n$이라 놓으면, 식 (11.6)에 의해 해벡터들은

$$\vec{X}_1 = \vec{V}_1 e^{\lambda_1 t}, \quad \vec{X}_2 = \vec{V}_2 e^{\lambda_2 t}, \quad \cdots, \quad \vec{X}_n = \vec{V}_n e^{\lambda_n t} \tag{11.12}$$

이 된다. 따라서 식 (11.5)의 일반해에 관한 다음 정리가 성립한다.

정리 11-3 일반해(동차형) : 고윳값이 서로 다른 실수인 경우

λ_1, λ_2, $\cdots$, λ_n이 식 (11.5)의 행렬 $\vec{A}$의 서로 다른 실수 고윳값이고, 그에 대응하는 고유벡터가 $\vec{V}_1$, $\vec{V}_2$, $\cdots$, $\vec{V}_n$이면 식 (11.5)의 일반해는

$$\vec{X} = c_1 \vec{V}_1 e^{\lambda_1 t} + c_2 \vec{V}_2 e^{\lambda_2 t} + \cdots + c_n \vec{V}_n e^{\lambda_n t} \tag{11.13}$$

이다. 여기서 c_1, c_2, $\cdots$, c_n은 임의의 상수이다.

예제 11-2 일반해(동차형) : 고윳값이 서로 다른 실수인 경우

다음 선형 연립 미분방정식의 일반해를 구하라.

$$\frac{dx}{dt} = 2x + y + z, \quad \frac{dy}{dt} = 3x + z, \quad \frac{dz}{dt} = -x - y$$

풀이

주어진 미분방정식을 식 (11.5)와 같은 행렬을 이용하여 표현하면

$$\frac{d}{dt}\begin{bmatrix} x \\ y \\ z \end{bmatrix} = \begin{bmatrix} 2 & 1 & 1 \\ 3 & 0 & 1 \\ -1 & -1 & 0 \end{bmatrix}\begin{bmatrix} x \\ y \\ z \end{bmatrix}$$

이므로, 동차형 선형 연립 미분방정식이다. 따라서 일반해를 구하기 위해서는 계수행렬의 고윳값과 고유벡터를 구해야 한다. 10.2절에서 설명한 방법에 의해 고윳값과 고유벡터를 구하면

$$\lambda_1 = 1, \qquad \overrightarrow{V}_1 = \begin{bmatrix} v_1 \\ v_2 \\ v_3 \end{bmatrix}_1 = \begin{bmatrix} 1 \\ 1 \\ -2 \end{bmatrix} c$$

$$\lambda_2 = 2, \qquad \overrightarrow{V}_2 = \begin{bmatrix} v_1 \\ v_2 \\ v_3 \end{bmatrix}_2 = \begin{bmatrix} -1 \\ -1 \\ 1 \end{bmatrix} c$$

$$\lambda_3 = -1, \qquad \overrightarrow{V}_3 = \begin{bmatrix} v_1 \\ v_2 \\ v_3 \end{bmatrix}_3 = \begin{bmatrix} -1 \\ 2 \\ 1 \end{bmatrix} c$$

가 되고, c는 임의의 상수이므로 $c=1$을 택하면 해벡터는

$$\overrightarrow{X}_1 = \overrightarrow{V}_1 e^{\lambda_1 t} = \begin{bmatrix} 1 \\ 1 \\ -2 \end{bmatrix} e^{t}$$

$$\overrightarrow{X}_2 = \overrightarrow{V}_2 e^{\lambda_2 t} = \begin{bmatrix} -1 \\ -1 \\ 1 \end{bmatrix} e^{2t}$$

$$\overrightarrow{X}_3 = \overrightarrow{V}_3 e^{\lambda_3 t} = \begin{bmatrix} -1 \\ 2 \\ 1 \end{bmatrix} e^{-t}$$

이다. 따라서 [정리 11–3]에 의해 일반해는

$$\begin{aligned} \overrightarrow{X} &= c_1 \overrightarrow{V}_1 e^{\lambda_1 t} + c_2 \overrightarrow{V}_2 e^{\lambda_2 t} + c_3 \overrightarrow{V}_3 e^{\lambda_3 t} \\ &= c_1 \begin{bmatrix} 1 \\ 1 \\ -2 \end{bmatrix} e^{t} + c_2 \begin{bmatrix} -1 \\ -1 \\ 1 \end{bmatrix} e^{2t} + c_3 \begin{bmatrix} -1 \\ 2 \\ 1 \end{bmatrix} e^{-t} \end{aligned}$$

이고, 이를 정리하면

$$\begin{aligned} x &= c_1 e^{t} - c_2 e^{2t} - c_3 e^{-t} \\ y &= c_1 e^{t} - c_2 e^{2t} + 2c_3 e^{-t} \\ z &= -2c_1 e^{t} + c_2 e^{2t} + c_3 e^{-t} \end{aligned}$$

이 얻어진다. 일반해가 맞게 구해졌는지를 확인해 보려면 구한 값을 주어진 미분방정식에 대입해 보면 된다.

Command Window

```
: 코딩
% 3.6절에서 사용한 dsolve를 이용하는 방법
[x,y,z]=dsolve('Dx=2*x+y+z, Dy=3*x+z, Dz=-x-y')

% 고윳값, 고유벡터에 의한 방법
A=sym([2 1 1;3 0 1;-1 -1 0]);                    % 행렬 A를 심볼릭으로 정의
[V,U]=eig(A)                                      % A의 고윳값과 고유벡터 구하기
t=sym('t','real'); c1=sym('c1','real'); c2=sym('c2','real'); c3=sym('c3');
                                                  % t, c1, c2, c3를 심볼릭으로 정의
X=V*diag(exp(diag(U*t)))*[c1;c2;c3] [1]           % [정리 11-3]에 의한 일반해 구하기

: 결과
x = -(C1*exp(t))/2-C2*exp(-t)-C3*exp(2*t)
y = 2*C2*exp(-t)-(C1*exp(t))/2-C3*exp(2*t)
z = C1*exp(t)+C2*exp(-t)+C3*exp(2*t)
V = [-1/2, -1, -1]
    [-1/2, -1, 2]
    [1, 1, 1]
U = [1, 0, 0]
    [0, 2, 0]
    [0, 0, -1]
X = -(c1*exp(t))/2-c2*exp(2*t)-c3*exp(-t) : x
     2*c3*exp(-t)-c2*exp(2*t)-(c1*exp(t))/2 : y
     c1*exp(t)+c2*exp(2*t)+c3*exp(-t) : z
% 상수 처리를 적절하게 하면 [예제 11-2]의 결과와 동일하다.
```

MATLAB TIP!

[1] 'diag(A)' : $n\times n$ 행렬 A의 대각원소를 나타낼 수 있다.

- 'diag(diag(A))' : 다시 대각행렬을 만들 수 있다.

유제 11-1 **일반해(동차형) : 고윳값이 서로 다른 실수인 경우**

다음 선형 연립 미분방정식의 일반해를 구하라.

$$\frac{dx}{dt}=x+y+4z,\quad \frac{dy}{dt}=y,\quad \frac{dz}{dt}=x+y+z$$

정답 : $x=4c_1e^t-2c_2e^{-t}+2c_3e^{3t},\ y=-4c_1e^t,\ z=c_1e^t+c_2e^{-t}+c_3e^{3t}$

11.2.3 고윳값이 중복되는 경우

10.2절에서 특성방정식 $\det(\vec{A}-\lambda\vec{I})=0$ 의 근인 고윳값이 중복되는 경우에는 이에 대응하는 고유벡터가 중복되는 고윳값의 개수만큼 모두 구해지는 경우도 있고, 그렇지 않은 경우도 있음을 설명하였다. 이런 각각의 경우에 대해 선형 연립 미분방정식의 해를 어떻게 구하는지에 대해 살펴보자.

중복되는 고유값에 대응하는 고유벡터가 모두 구해지는 경우

식 (11.5)의 행렬 $\overrightarrow{A}$에 대한 m개의 중복 고윳값, $\lambda_1 = \lambda_2 = \cdots = \lambda_m$(중복도 m)에 대응하는 고유벡터들이 모두 구해지면, 구해진 고유벡터들은 모두 서로 일차독립이다. 고유벡터들을 $\overrightarrow{V}_1$, $\overrightarrow{V}_2$, $\cdots$, $\overrightarrow{V}_m$이라 놓으면, 식 (11.6)에 의해 해벡터들은

$$\overrightarrow{X}_1 = \overrightarrow{V}_1 e^{\lambda_1 t},\ \overrightarrow{X}_2 = \overrightarrow{V}_2 e^{\lambda_1 t},\ \cdots,\ \overrightarrow{X}_m = \overrightarrow{V}_m e^{\lambda_1 t} \tag{11.14}$$

이 된다. 또한 중복되지 않은 고윳값 λ_{m+1}, λ_{m+2}, $\cdots$, λ_n에 대응하는 고유벡터를 $\overrightarrow{V}_{m+1}$, $\overrightarrow{V}_{m+2}$, $\cdots$, $\overrightarrow{V}_n$이라 놓으면, 식 (11.6)에 의해 해벡터들은

$$\overrightarrow{X}_{m+1} = \overrightarrow{V}_{m+1} e^{\lambda_{m+1} t},\ \overrightarrow{X}_{m+2} = \overrightarrow{V}_{m+2} e^{\lambda_{m+2} t},\ \cdots,\ \overrightarrow{X}_n = \overrightarrow{V}_n e^{\lambda_n t} \tag{11.15}$$

이다. 따라서 식 (11.5)의 일반해에 관한 다음 정리가 성립된다.

정리 11-4 일반해 (동차형) : 고윳값이 중복되는 경우 ①

식 (11.5)의 행렬 $\overrightarrow{A}$가 m개의 중복된 고윳값 $\lambda_1 = \lambda_2 = \cdots = \lambda_m$을 갖고, 그에 대응하는 고유벡터 $\overrightarrow{V}_1$, $\overrightarrow{V}_2$, $\cdots$, $\overrightarrow{V}_m$이 모두 구해지면, 식 (11.5)의 일반해는

$$\overrightarrow{X} = c_1 \overrightarrow{V}_1 e^{\lambda_1 t} + \cdots + c_m \overrightarrow{V}_m e^{\lambda_1 t} + c_{m+1} \overrightarrow{V}_{m+1} e^{\lambda_{m+1} t} + \cdots + c_n \overrightarrow{V}_n e^{\lambda_n t} \tag{11.16}$$

이다. 여기서 c_1, $\cdots$, c_m, c_{m+1}, $\cdots$, c_n은 임의의 상수이다.

예제 11-3 일반해(동차형) : 고윳값이 중복되는 경우 ①

다음 선형 연립 미분방정식의 일반해를 구하라.

$$\frac{dx}{dt} = x + y - z,\quad \frac{dy}{dt} = -x + 3y - z,\quad \frac{dz}{dt} = -x + y + z$$

풀이

주어진 미분방정식을 식 (11.5)와 같은 행렬을 이용하여 표현하면

$$\frac{d}{dt}\begin{bmatrix} x \\ y \\ z \end{bmatrix} = \begin{bmatrix} 1 & 1 & -1 \\ -1 & 3 & -1 \\ -1 & 1 & 1 \end{bmatrix}\begin{bmatrix} x \\ y \\ z \end{bmatrix}$$

이므로, 동차형 선형 연립 미분방정식이다. 계수행렬의 고윳값을 구하면

$$\lambda_1 = 1, \ \lambda_2 = \lambda_3 = 2$$

가 되어, 2개의 고윳값이 중복되어(중복도 $m=2$) 나타난다. 그러나 고윳값에 대응하는 고유벡터를 구해보면

$$\lambda_1 = 1, \quad \vec{V}_1 = \begin{bmatrix} v_1 \\ v_2 \\ v_3 \end{bmatrix}_1 = \begin{bmatrix} 1 \\ 1 \\ 1 \end{bmatrix}$$

$$\lambda_2 = 2, \quad \vec{V}_2 = \begin{bmatrix} v_1 \\ v_2 \\ v_3 \end{bmatrix}_2 = \begin{bmatrix} 1 \\ 1 \\ 0 \end{bmatrix}$$

$$\lambda_3 = 2, \quad \vec{V}_3 = \begin{bmatrix} v_1 \\ v_2 \\ v_3 \end{bmatrix}_3 = \begin{bmatrix} -1 \\ 0 \\ 1 \end{bmatrix}$$

이 구해진다. 중복된 고윳값에 대응하는 고유벡터들이 모두 구해짐을 알 수 있다. 그러므로 중복되지 않은 고윳값에 대한 해벡터는 식 (11.15)에 의해

$$\vec{X}_1 = \vec{V}_1 e^{\lambda_1 t} = \begin{bmatrix} 1 \\ 1 \\ 1 \end{bmatrix} e^t$$

이고, 중복된 고윳값에 대한 해벡터들은 식 (11.14)에 의해

$$\vec{X}_2 = \vec{V}_2 e^{\lambda_2 t} = \begin{bmatrix} 1 \\ 1 \\ 0 \end{bmatrix} e^{2t}$$

$$\vec{X}_3 = \vec{V}_3 e^{\lambda_2 t} = \begin{bmatrix} -1 \\ 0 \\ 1 \end{bmatrix} e^{2t}$$

이다. 그러면 [정리 11-4]에 의해 일반해는

$$\begin{aligned} \vec{X} &= c_1 \vec{V}_1 e^{\lambda_1 t} + c_2 \vec{V}_2 e^{\lambda_2 t} + c_3 \vec{V}_3 e^{\lambda_2 t} \\ &= c_1 \begin{bmatrix} 1 \\ 1 \\ 1 \end{bmatrix} e^t + c_2 \begin{bmatrix} 1 \\ 1 \\ 0 \end{bmatrix} e^{2t} + c_3 \begin{bmatrix} -1 \\ 0 \\ 1 \end{bmatrix} e^{2t} \end{aligned}$$

이고, 이를 정리하면

$$\begin{aligned} x &= c_1 e^t + c_2 e^{2t} - c_3 e^{2t} \\ y &= c_1 e^t + c_2 e^{2t} \\ z &= c_1 e^t + c_3 e^{2t} \end{aligned}$$

이 얻어진다.

```
Command Window
: 코딩
% 고윳값, 고유벡터에 의한 방법
A=sym([1 1 -1;-1 3 -1;-1 1 1]);                % 행렬 A를 심볼릭으로 정의
[V,U]=eig(A)                                   % 행렬 A의 고윳값, 고유벡터 구하기
t=sym('t','real'); c1=sym('c1','real'); c2=sym('c2','real'); c3=sym('c3');
                                               % t, c1, c2, c3를 심볼릭으로 정의
X=V*diag(exp(diag(U*t)))*[c1;c2;c3]            % [정리 11-4]에 의한 일반해 구하기

: 결과
V = [1, 1, -1]
    [1,  1,  0]
    [1,  0,  1]
U = [1, 0, 0]
    [0, 2, 0]
    [0, 0, 2]
X = c1*exp(t)+c2*exp(2*t)-c3*exp(2*t) : x
    c1*exp(t)+c2*exp(2*t) : y
    c1*exp(t)+c3*exp(2*t) : z                  % [예제 11-3]의 결과와 동일
```

유제 11-2 일반해(동차형) : 고윳값이 중복되는 경우 ①

다음 선형 연립 미분방정식의 일반해를 구하라.

$$\frac{dx}{dt} = -x+y+z, \quad \frac{dy}{dt} = x-y+z, \quad \frac{dz}{dt} = x+y-z$$

정답 : $x = c_1e^t - c_2e^{-2t} - c_3e^{-2t}$, $y = c_1e^t + c_2e^{-2t}$, $z = c_1e^t + c_3e^{-2t}$

중복되는 고유값에 대응하는 고유벡터가 한 개만 구해지는 경우

식 (11.5)의 행렬 $\vec{A}$에 대한 m개의 중복 고윳값 $\lambda_1 = \lambda_2 = \cdots = \lambda_m$(중복도 m)에 대응하는 고유벡터가 단 하나만 구해지면, 구해지지 않은 고유벡터 $(m-1)$개에 대한 해벡터를 포함하여 m개의 해벡터는 다음과 같다.

$$\begin{aligned}
\vec{X}_1 &= \vec{V}_1 e^{\lambda_1 t} \\
\vec{X}_2 &= \vec{V}_1 t\, e^{\lambda_1 t} + \vec{V}_2\, e^{\lambda_1 t} \\
&\ \vdots \\
\vec{X}_m &= \vec{V}_1 \frac{t^{m-1}}{(m-1)!} e^{\lambda_1 t} + \vec{V}_2 \frac{t^{m-2}}{(m-2)!} e^{\lambda_1 t} + \cdots + \vec{V}_m\, e^{\lambda_1 t}
\end{aligned} \tag{11.17}$$

여기서 $\vec{V}_1$은 고윳값 λ_1에 대응하는 고유벡터이고, $\vec{V}_1$을 제외한 $\vec{V}_i$는 $\vec{X}_j$가 해벡터가 되도록 구해야 하는 벡터들이다. 여기서 $i, j = 2, 3, \cdots, m$인 정수이다. 이제 $\vec{V}_i$를 구하는 방법에 대해 설명하고자 한다.

먼저 λ_1이 중복도 $m=2$인 고윳값이고, 이에 대한 고유벡터가 $\vec{V}_1$ 하나만 구해지는 경우에 대해 살펴보자. 그러면 식 (11.17)에 의해 해벡터들은

$$\begin{aligned}\vec{X}_1 &= \vec{V}_1 e^{\lambda_1 t} \\ \vec{X}_2 &= \vec{V}_1 t\, e^{\lambda_1 t} + \vec{V}_2\, e^{\lambda_1 t} \qquad \cdots\cdots ①\end{aligned}$$

이다. 식 ①이 식 (11.5)의 해벡터이므로 식 ①을 식 (11.5)에 대입하면

$$\begin{aligned}\frac{d\vec{X}_2}{dt} &= \vec{A}\,\vec{X}_2 \\ \frac{d}{dt}\left(\vec{V}_1 t\, e^{\lambda_1 t} + \vec{V}_2\, e^{\lambda_1 t}\right) &= \vec{A}\left(\vec{V}_1 t\, e^{\lambda_1 t} + \vec{V}_2\, e^{\lambda_1 t}\right) \\ \lambda_1 \vec{V}_1 t\, e^{\lambda_1 t} + \vec{V}_1 e^{\lambda_1 t} + \lambda_1 \vec{V}_2\, e^{\lambda_1 t} &= \vec{A}\,\vec{V}_1 t\, e^{\lambda_1 t} + \vec{A}\,\vec{V}_2\, e^{\lambda_1 t} \qquad \cdots\cdots ②\end{aligned}$$

이고, 식 ②를 t에 관해 정리하면

$$\left(\vec{A}\,\vec{V}_1 - \lambda_1 \vec{V}_1\right) t\, e^{\lambda_1 t} + \left(\vec{A}\,\vec{V}_2 - \lambda_1 \vec{V}_2 - \vec{V}_1\right) e^{\lambda_1 t} = \vec{0} \qquad \cdots\cdots ③$$

이다. $e^{\lambda_1 t} \neq 0$이므로 식 ③이 t에 관계없이 항상 성립하기 위해서는

$$\begin{aligned}\vec{A}\,\vec{V}_1 - \lambda_1 \vec{V}_1 &= \vec{0} \qquad \cdots\cdots ④ \\ \vec{A}\,\vec{V}_2 - \lambda_1 \vec{V}_2 - \vec{V}_1 &= \vec{0} \qquad \cdots\cdots ⑤\end{aligned}$$

을 만족해야 한다. 식 ④는 중복 고윳값 λ_1과 이에 대응하는 고유벡터 $\vec{V}_1$의 관계식으로서 이미 알고 있는 값이다. 식 ⑤로부터

$$\left(\vec{A} - \lambda_1 \vec{I}\right)\vec{V}_2 = \vec{V}_1 \qquad (11.18)$$

의 관계식을 얻을 수 있고, 식 (11.18)을 풀면 $\vec{V}_2$를 구할 수 있다.

다음은 λ_1이 중복도 $m=3$인 고윳값이고, 이에 대한 고유벡터가 $\vec{V}_1$ 하나만 구해지는 경우에 대해 살펴보자. 이때 식 (11.17)에 의해 해벡터들은

$$\vec{X}_1 = \vec{V}_1 e^{\lambda_1 t}$$
$$\vec{X}_2 = \vec{V}_1 t\, e^{\lambda_1 t} + \vec{V}_2\, e^{\lambda_1 t}$$
$$\vec{X}_3 = \vec{V}_1 \frac{t^2}{2} e^{\lambda_1 t} + \vec{V}_2 t\, e^{\lambda_1 t} + \vec{V}_3\, e^{\lambda_1 t} \qquad \cdots\cdots ⑥$$

이다. 식 ⑥이 식 (11.5)의 해벡터이므로, 식 ⑥을 식 (11.5)에 대입하면

$$\frac{d\vec{X}_3}{dt} = \vec{A}\,\vec{X}_3\,,$$
$$\frac{d}{dt}\left(\vec{V}_1 \frac{t^2}{2} e^{\lambda_1 t} + \vec{V}_2 t\, e^{\lambda_1 t} + \vec{V}_3\, e^{\lambda_1 t}\right) = \vec{A}\left(\vec{V}_1 \frac{t^2}{2} e^{\lambda_1 t} + \vec{V}_2 t\, e^{\lambda_1 t} + \vec{V}_3\, e^{\lambda_1 t}\right)$$
$$\lambda_1 \vec{V}_1 \frac{t^2}{2} e^{\lambda_1 t} + \vec{V}_1 t\, e^{\lambda_1 t} + \lambda_1 \vec{V}_2 t\, e^{\lambda_1 t} + \vec{V}_2\, e^{\lambda_1 t} + \lambda_1 \vec{V}_3\, e^{\lambda_1 t}$$
$$= \vec{A}\,\vec{V}_1 \frac{t^2}{2} e^{\lambda_1 t} + \vec{A}\,\vec{V}_2 t\, e^{\lambda_1 t} + \vec{A}\,\vec{V}_3\, e^{\lambda_1 t} \qquad \cdots\cdots ⑦$$

이고, 식 ⑦을 t에 관해 정리하면

$$\left(\vec{A}\,\vec{V}_1 - \lambda_1 \vec{V}_1\right)\frac{t^2}{2} e^{\lambda_1 t} + \left(\vec{A}\,\vec{V}_2 - \lambda_1 \vec{V}_2 - \vec{V}_1\right) t\, e^{\lambda_1 t}$$
$$+ \left(\vec{A}\,\vec{V}_3 - \lambda_1 \vec{V}_3 - \vec{V}_2\right) e^{\lambda_1 t} = \vec{0} \qquad \cdots\cdots ⑧$$

이다. $e^{\lambda_1 t} \neq 0$이므로 식 ⑧이 t에 관계없이 항상 성립하기 위해서는

$$\vec{A}\,\vec{V}_1 - \lambda_1 \vec{V}_1 = \vec{0} \qquad \cdots\cdots ⑨$$
$$\vec{A}\,\vec{V}_2 - \lambda_1 \vec{V}_2 - \vec{V}_1 = \vec{0} \qquad \cdots\cdots ⑩$$
$$\vec{A}\,\vec{V}_3 - \lambda_1 \vec{V}_3 - \vec{V}_2 = \vec{0} \qquad \cdots\cdots ⑪$$

을 만족해야만 한다. 식 ⑨, 식 ⑩은 식 ④, 식 ⑤와 같고, 식 ⑪로부터

$$\left(\vec{A} - \lambda_1 \vec{I}\right)\vec{V}_3 = \vec{V}_2 \qquad (11.19)$$

의 관계식을 얻을 수 있고, 식 (11.19)를 풀면 $\vec{V}_3$를 구할 수 있다.

중복도가 4 이상인 경우에도 동일한 방법을 수행하여 해벡터를 모두 구할 수 있다. 따라서 중복도 m의 고윳값에 대해 고유벡터가 단 하나만 구해질 때, 식 (11.5)의 일반해에 관한 다음 정리가 성립된다.

정리 11-5 일반해(동차형) : 고윳값이 중복되는 경우 ②

식 (11.5)의 행렬 $\overrightarrow{A}$가 m개의 중복된 고윳값 $\lambda_1 = \lambda_2 = \cdots = \lambda_m$을 갖고 그에 대응하는 고유벡터가 오직 1개만 구해질 때, 중복된 고윳값에 대한 해벡터들이 식 (11.17)과 같고, 중복되지 않은 고윳값에 대한 해벡터들이 식 (11.15)와 같으면 식 (11.5)의 일반해는 다음과 같다.

$$\overrightarrow{X} = c_1\overrightarrow{X}_1 + c_2\overrightarrow{X}_2 + \cdots + c_m\overrightarrow{X}_m + c_{m+1}\overrightarrow{X}_{m+1} + \cdots + c_n\overrightarrow{X}_n \tag{11.20}$$

예제 11-4 일반해(동차형) : 고윳값이 중복되는 경우 ②

다음 선형 연립 미분방정식의 일반해를 구하라.

$$\frac{dx}{dt} = 3x, \quad \frac{dy}{dt} = -x + 3y$$

풀이

주어진 미분방정식을 식 (11.5)와 같은 행렬을 이용하여 표현하면

$$\frac{d}{dt}\begin{bmatrix} x \\ y \end{bmatrix} = \begin{bmatrix} 3 & 0 \\ -1 & 3 \end{bmatrix}\begin{bmatrix} x \\ y \end{bmatrix}$$

이므로 동차형 선형 연립 미분방정식이다. 계수행렬의 고윳값을 구하면

$$\lambda_1 = \lambda_2 = 3$$

이 되어 중복도 2인 고윳값 3을 얻는다. 따라서 이 고윳값에 대응하는 고유벡터는

$$\lambda_1 = \lambda_2 = 3, \quad \overrightarrow{V}_1 = \begin{bmatrix} v_1 \\ v_2 \end{bmatrix} = \begin{bmatrix} 0 \\ 1 \end{bmatrix}$$

로서, 중복된 고윳값에 대응하는 고유벡터가 하나만 구해진다. 이러한 경우의 첫 번째 해벡터는

$$\overrightarrow{X}_1 = \overrightarrow{V}_1 e^{\lambda_1 t} = \begin{bmatrix} 0 \\ 1 \end{bmatrix} e^{3t}$$

이다. 두 번째 해벡터와 독립인 해벡터를 구하기 위해 식 (11.18)로부터 $\overrightarrow{V}_2$를 구하면

$$(\overrightarrow{A} - \lambda_1\overrightarrow{I})\overrightarrow{V}_2 = \overrightarrow{V}_1$$

$$\left\{\begin{bmatrix} 3 & 0 \\ -1 & 3 \end{bmatrix} - 3\begin{bmatrix} 1 & 0 \\ 0 & 1 \end{bmatrix}\right\}\begin{bmatrix} v_1 \\ v_2 \end{bmatrix} = \begin{bmatrix} 0 \\ 1 \end{bmatrix}$$

$$\overrightarrow{V}_2 = \begin{bmatrix} v_1 \\ v_2 \end{bmatrix} = \begin{bmatrix} -1 \\ 0 \end{bmatrix}$$

이 된다. 그러므로 두 번째 해벡터는 식 (11.17)로부터

$$\begin{aligned}\vec{X}_2 &= \vec{V}_1 t\, e^{\lambda_1 t} + \vec{V}_2\, e^{\lambda_1 t} \\ &= \begin{bmatrix} 0 \\ 1 \end{bmatrix} t\, e^{3t} + \begin{bmatrix} -1 \\ 0 \end{bmatrix} e^{3t}\end{aligned}$$

이다. 해벡터가 모두 정해졌으므로 주어진 미분방정식의 일반해는 식 (11.20)에 의해

$$\begin{aligned}\vec{X} &= c_1\vec{X}_1 + c_2\vec{X}_2 \\ &= c_1\begin{bmatrix} 0 \\ 1 \end{bmatrix} e^{3t} + c_2\left\{\begin{bmatrix} 0 \\ 1 \end{bmatrix} t\, e^{3t} + \begin{bmatrix} -1 \\ 0 \end{bmatrix} e^{3t}\right\}\end{aligned}$$

이고, 이를 정리하면

$$x = -c_2 e^{3t}, \quad y = (c_1 + c_2 t)\, e^{3t}$$

이다.

Command Window

```
: 코딩
A=sym([3 0;-1 3]);                          % 행렬 A를 심볼릭으로 정의
[V,U]=eig(A)                                % 행렬 A의 고윳값, 고유벡터 구하기
[x,y]=dsolve('Dx=3*x, Dy=-x+3*y')           % 선형 연립 미분방정식의 해 구하기

: 결과
V = 0
    1
U = [3, 0]
    [0, 3]
x = -C1*exp(3*t)
y = C2*exp(3*t)+C1*t*exp(3*t)               % [예제 11-4]의 결과와 동일
```

유제 11-3 일반해(동차형) : 고윳값이 중복되는 경우 ②

다음 선형 연립 미분방정식의 일반해를 구하라.

$$\frac{dx}{dt} = 3x + y, \quad \frac{dy}{dt} = -x + y$$

정답 : $x = -c_1 e^{2t} - (c_2 + c_2 t)e^{2t}$, $y = c_1 e^{2t} + c_2 t e^{2t}$

예제 11-5 일반해(동차형) : 고윳값이 중복되는 경우 ②

다음 선형 연립 미분방정식의 일반해를 구하라.

$$\frac{dx}{dt} = -2x, \quad \frac{dy}{dt} = x - 2y, \quad \frac{dz}{dt} = x + y - 2z$$

MATLAB 풀이

풀이

주어진 미분방정식을 식 (11.5)와 같은 행렬을 이용하여 표현하면

$$\frac{d}{dt}\begin{bmatrix} x \\ y \\ z \end{bmatrix} = \begin{bmatrix} -2 & 0 & 0 \\ 1 & -2 & 0 \\ 1 & 1 & -2 \end{bmatrix}\begin{bmatrix} x \\ y \\ z \end{bmatrix}$$

이다. 계수행렬의 고윳값을 구하면

$$\lambda_1 = \lambda_2 = \lambda_3 = -2$$

가 되어 중복도 3인 고윳값 -2를 얻는다. 이 고윳값에 대응하는 고유벡터는

$$\lambda_1 = \lambda_2 = \lambda_3 = -2, \quad \vec{V}_1 = \begin{bmatrix} v_1 \\ v_2 \\ v_3 \end{bmatrix} = \begin{bmatrix} 0 \\ 0 \\ 1 \end{bmatrix}$$

로서 중복된 고윳값에 대응하는 고유벡터가 단 하나만 구해진다. 이러한 경우의 첫 번째 해벡터는

$$\vec{X}_1 = \vec{V}_1 e^{\lambda_1 t} = \begin{bmatrix} 0 \\ 0 \\ 1 \end{bmatrix} e^{-2t}$$

이다. 첫 번째 해벡터와 독립인 두 번째 해벡터를 구하기 위해 식 (11.18)로부터 $\vec{V}_2$를 구하면

$$(\vec{A} - \lambda_1 \vec{I})\vec{V}_2 = \vec{V}_1$$

$$\left\{\begin{bmatrix} -2 & 0 & 0 \\ 1 & -2 & 0 \\ 1 & 1 & -2 \end{bmatrix} - (-2)\begin{bmatrix} 1 & 0 & 0 \\ 0 & 1 & 0 \\ 0 & 0 & 1 \end{bmatrix}\right\}\begin{bmatrix} v_1 \\ v_2 \\ v_3 \end{bmatrix}_2 = \begin{bmatrix} 0 \\ 0 \\ 1 \end{bmatrix}$$

$$\vec{V}_2 = \begin{bmatrix} v_1 \\ v_2 \\ v_3 \end{bmatrix}_2 = \begin{bmatrix} 0 \\ 1 \\ 0 \end{bmatrix}$$

이 된다. 그러므로 두 번째 해벡터는 식 (11.17)로부터

$$\begin{aligned} \vec{X}_2 &= \vec{V}_1 t\, e^{\lambda_1 t} + \vec{V}_2\, e^{\lambda_1 t} \\ &= \begin{bmatrix} 0 \\ 0 \\ 1 \end{bmatrix} t\, e^{-2t} + \begin{bmatrix} 0 \\ 1 \\ 0 \end{bmatrix} e^{-2t} \end{aligned}$$

이다. 첫 번째, 두 번째 해벡터와 독립인 세 번째 해벡터를 구하기 위해 식 (11.19)로부터 $\vec{V}_3$를 구하면

$$(\vec{A} - \lambda_1 \vec{I})\vec{V}_3 = \vec{V}_2$$

$$\left\{\begin{bmatrix} -2 & 0 & 0 \\ 1 & -2 & 0 \\ 1 & 1 & -2 \end{bmatrix} - (-2)\begin{bmatrix} 1 & 0 & 0 \\ 0 & 1 & 0 \\ 0 & 0 & 1 \end{bmatrix}\right\}\begin{bmatrix} v_1 \\ v_2 \\ v_3 \end{bmatrix}_3 = \begin{bmatrix} 0 \\ 1 \\ 0 \end{bmatrix}$$

$$\vec{V}_3 = \begin{bmatrix} v_1 \\ v_2 \\ v_3 \end{bmatrix}_3 = \begin{bmatrix} 1 \\ -1 \\ 0 \end{bmatrix}$$

이 된다. 그러므로 세 번째 해벡터는 식 (11.17)로부터

$$\begin{aligned}\vec{X}_3 &= \vec{V}_1 \frac{t^2}{2} e^{\lambda_1 t} + \vec{V}_2 t\, e^{\lambda_1 t} + \vec{V}_3\, e^{\lambda_1 t} \\ &= \begin{bmatrix} 0 \\ 0 \\ 1 \end{bmatrix} \frac{t^2}{2} e^{-2t} + \begin{bmatrix} 0 \\ 1 \\ 0 \end{bmatrix} t\, e^{-2t} + \begin{bmatrix} 1 \\ -1 \\ 0 \end{bmatrix} e^{-2t}\end{aligned}$$

이다. 따라서 주어진 미분방정식의 일반해는 식 (11.20)에 의해

$$\begin{aligned}\vec{X} &= c_1\vec{X}_1 + c_2\vec{X}_2 + c_3\vec{X}_3 \\ &= c_1 \begin{bmatrix} 0 \\ 0 \\ 1 \end{bmatrix} e^{-2t} + c_2 \left\{ \begin{bmatrix} 0 \\ 0 \\ 1 \end{bmatrix} t\, e^{-2t} + \begin{bmatrix} 0 \\ 1 \\ 0 \end{bmatrix} e^{-2t} \right\} + c_3 \left\{ \begin{bmatrix} 0 \\ 0 \\ 1 \end{bmatrix} \frac{t^2}{2} e^{-2t} + \begin{bmatrix} 0 \\ 1 \\ 0 \end{bmatrix} t e^{-2t} + \begin{bmatrix} 1 \\ -1 \\ 0 \end{bmatrix} e^{-2t} \right\}\end{aligned}$$

이고, 이를 정리하면 다음과 같다.

$$x = c_3 e^{-2t}, \quad y = c_2 e^{-2t} + c_3 t e^{-2t} - c_3 e^{-2t}, \quad z = c_1 e^{-2t} + c_2 t e^{-2t} + c_3 \frac{t^2}{2} e^{-2t}$$

유제 11-4 일반해(동차형) : 고윳값이 중복되는 경우 ②

다음 선형 연립 미분방정식의 일반해를 구하라.

$$\frac{dx}{dt} = 2x + 3y, \quad \frac{dy}{dt} = 2y + 2z, \quad \frac{dz}{dt} = 2z$$

정답 : $x = c_1 e^{2t} + c_2 t e^{2t} + c_3 \frac{t^2}{2} e^{2t}$, $y = \frac{1}{3} c_2 e^{2t} + \frac{1}{3} c_3 t e^{2t}$, $z = \frac{1}{6} c_3 e^{2t}$

11.2.4 고윳값이 복소수인 경우

10.2절에서 특성방정식 $\det(\vec{A} - \lambda \vec{I}) = 0$ 의 근인 고윳값이 복소수인 경우도 배웠다. 이에 대응하는 고유벡터 역시 복소값을 갖는다. 2×2 행렬 $\vec{A}$에 대해 고유값 λ_1이 복소수이고 이에 대응하는 고유벡터가 $\vec{V}$라면, 그것의 켤레복소수 $\overline{\lambda_1}$ 역시 고윳값이고, 이에 대응하는 고유벡터는 $\overline{\vec{V}}$ 이다.[2] 따라서 선형 연립 미분방정식의 해벡터는

2 [정리 10-2] 참조

$$\vec{X}_1 = \vec{V} e^{\lambda_1 t}, \quad \vec{X}_2 = \overline{\vec{V}}\, e^{\overline{\lambda_1} t} \tag{11.21}$$

이고, 두 해벡터 $\vec{X}_1$과 $\vec{X}_2$는 일차독립이다. 따라서 복소 고윳값을 갖는 경우에도 2×2 행렬 $\vec{A}$에 대해 식 (11.5)의 일반해에 관한 다음 정리가 성립된다.

정리 11-6 일반해(동차형) : 고윳값이 복소수인 경우

λ_1과 $\overline{\lambda_1}$가 식 (11.5)의 2×2 행렬 $\overrightarrow{A}$의 복소 고윳값들이고, 그에 대응하는 고유벡터가 각각 $\overrightarrow{V}$와 $\overline{\overrightarrow{V}}$ 이면, 식 (11.5)의 일반해는

$$\overrightarrow{X} = c_1 \overrightarrow{V} e^{\lambda_1 t} + c_2 \overline{\overrightarrow{V}}\, e^{\overline{\lambda_1} t} \tag{11.22}$$

이다. 여기서 c_1, c_2는 임의의 상수이다.

예제 11-6 일반해(동차형) : 고윳값이 복소수인 경우

다음 선형 연립 미분방정식의 일반해를 구하라.

$$\frac{dx}{dt} = x - y, \quad \frac{dy}{dt} = x + y$$

MATLAB 풀이

풀이

Hint 오일러 공식 : $e^{ix} = \cos x + i \sin x$

주어진 미분방정식을 식 (11.5)와 같은 행렬을 이용하여 표현하면

$$\frac{d}{dt}\begin{bmatrix} x \\ y \end{bmatrix} = \begin{bmatrix} 1 & -1 \\ 1 & 1 \end{bmatrix}\begin{bmatrix} x \\ y \end{bmatrix}$$

이다. 계수행렬의 고윳값을 구하면

$$\lambda_1 = 1+i, \quad \lambda_2 = 1-i$$

로 복소수이다. 이 고윳값에 대응하는 고유벡터는

$$\lambda_1 = 1+i, \qquad \overrightarrow{V_1} = \begin{bmatrix} v_1 \\ v_2 \end{bmatrix}_1 = \begin{bmatrix} i \\ 1 \end{bmatrix}$$

$$\lambda_2 = \overline{\lambda_1} = 1-i, \ \overrightarrow{V}_2 = \overline{\overrightarrow{V_1}} = \begin{bmatrix} v_1 \\ v_2 \end{bmatrix}_2 = \begin{bmatrix} -i \\ 1 \end{bmatrix}$$

이다. 따라서 해벡터는 식 (11.21)에 의해

$$\overrightarrow{X}_1 = \overrightarrow{V}_1 e^{\lambda_1 t} = \begin{bmatrix} i \\ 1 \end{bmatrix} e^{(1+i)t}$$

$$\overrightarrow{X}_2 = \overrightarrow{V}_2 e^{\lambda_2 t} = \begin{bmatrix} -i \\ 1 \end{bmatrix} e^{(1-i)t}$$

이므로, 주어진 미분방정식의 일반해는 식 (11.22)에 의해

$$\begin{aligned}\overrightarrow{X} &= c_1 \overrightarrow{X}_1 + c_2 \overrightarrow{X}_2 \\ &= c_1 \begin{bmatrix} i \\ 1 \end{bmatrix} e^{(1+i)t} + c_2 \begin{bmatrix} -i \\ 1 \end{bmatrix} e^{(1-i)t}\end{aligned} \quad \cdots\cdots ①$$

이다. 그러나 일반해는 실수함수로 구하는 것이 바람직하다. 이를 위해 오일러 공식을 사용하면

$$e^{(1+i)t} = e^{t}(\cos t + i\sin t)$$
$$e^{(1-i)t} = e^{t}(\cos t - i\sin t) \quad \cdots\cdots ②$$

이므로, 식 ②를 식 ①에 대입하면

$$\vec{X} = c_1\begin{bmatrix} i \\ 1 \end{bmatrix} e^{t}(\cos t + i\sin t) + c_2\begin{bmatrix} -i \\ 1 \end{bmatrix} e^{t}(\cos t - i\sin t)$$
$$= \begin{bmatrix} (c_1 - c_2)i \\ c_1 + c_2 \end{bmatrix} e^{t}\cos t + \begin{bmatrix} -c_1 - c_2 \\ (c_1 - c_2)i \end{bmatrix} e^{t}\sin t \quad \cdots\cdots ③$$

이다. 식 ③에 포함되어 있는 상수들을 다음과 같이 다시 정의하면

$$C_1 = (c_1 - c_2)i, \quad C_2 = c_1 + c_2$$

식 ③은

$$\vec{X} = \begin{bmatrix} C_1 \\ C_2 \end{bmatrix} e^{t}\cos t + \begin{bmatrix} -C_2 \\ C_1 \end{bmatrix} e^{t}\sin t \quad \cdots\cdots ④$$

이므로 실수함수의 일반해가

$$x = C_1 e^{t}\cos t - C_2 e^{t}\sin t$$
$$y = C_2 e^{t}\cos t + C_1 e^{t}\sin t \quad \cdots\cdots ⑤$$

와 같이 구해진다.

유제 11-5 일반해(동차형) : 고윳값이 복소수인 경우

다음 선형 연립 미분방정식의 일반해를 구하라.

$$\frac{dx}{dt} = x - y, \quad \frac{dy}{dt} = 2x - y$$

정답 : $x = (C_1 - C_2)\cos t - (C_1 + C_2)\sin t$, $y = 2C_1\cos t - 2C_2\sin t$

고윳값이 복소수인 경우에는 고유벡터도 복소수로 구성되므로 해벡터와 일반해가 복소수로 나타난다. 그러므로 실수함수의 해벡터와 일반해를 구하기 위해서는 [예제 11-6]과 같이 상수들을 다시 정의하면 된다. 이러한 과정을 일반화하면 다음과 같다.

행렬 $\vec{A}$ 의 고윳값 $\lambda_1 = \alpha + \beta i$에 대응하는 고유벡터가 $\vec{V}$라 하면 식 (11.21)에 의해 두 해벡터들은

$$\begin{aligned} \vec{X}_1 &= \vec{V} e^{\lambda_1 t} = \vec{V} e^{(\alpha+\beta i)t} = \vec{V} e^{\alpha t}(\cos\beta t + i\sin\beta t) \\ \vec{X}_2 &= \overline{\vec{V}}\, e^{\overline{\lambda_1} t} = \overline{\vec{V}}\, e^{(\alpha-\beta i)t} = \overline{\vec{V}}\, e^{\alpha t}(\cos\beta t - i\sin\beta t) \end{aligned} \tag{11.23}$$

이고, 식 (11.23)이 해벡터들이면 [정의 11-2]의 중첩의 원리에 의해 그것들의 선형결합인

$$\begin{aligned} \vec{Y}_1 &= \frac{1}{2}\left(\vec{X}_1 + \vec{X}_2\right) \\ \vec{Y}_2 &= \frac{i}{2}\left(-\vec{X}_1 + \vec{X}_2\right) \end{aligned} \tag{11.24}$$

역시 해벡터가 된다. 식 (11.23)을 식 (11.24)에 대입하여 정리하면

$$\begin{aligned} \vec{Y}_1 &= \frac{1}{2}\left(\vec{X}_1 + \vec{X}_2\right) \\ &= \frac{1}{2}\left(\vec{V} + \overline{\vec{V}}\right) e^{\alpha t}\cos\beta t - \frac{i}{2}\left(-\vec{V} + \overline{\vec{V}}\right) e^{\alpha t}\sin\beta t \\ \vec{Y}_2 &= \frac{i}{2}\left(-\vec{X}_1 + \vec{X}_2\right) \\ &= \frac{i}{2}\left(-\vec{V} + \overline{\vec{V}}\right) e^{\alpha t}\cos\beta t + \frac{1}{2}\left(\vec{V} + \overline{\vec{V}}\right) e^{\alpha t}\sin\beta t \end{aligned} \tag{11.25}$$

이다. 식 (11.25)에서 $\frac{1}{2}\left(\vec{V} + \overline{\vec{V}}\right)$와 $\frac{i}{2}\left(-\vec{V} + \overline{\vec{V}}\right)$는 모두 실수 원소들로 구성되는 벡터이고, $\frac{1}{2}\left(\vec{V} + \overline{\vec{V}}\right)$는 $\vec{V}$의 실수부이고, $\frac{i}{2}\left(-\vec{V} + \overline{\vec{V}}\right)$는 $\vec{V}$의 허수부임을 이해하기 바란다. 그러므로

$$\begin{aligned} \vec{P} &= \mathrm{Re}\left(\vec{V}\right) = \frac{1}{2}\left(\vec{V} + \overline{\vec{V}}\right) \\ \vec{Q} &= \mathrm{Im}\left(\vec{V}\right) = \frac{i}{2}\left(-\vec{V} + \overline{\vec{V}}\right) \end{aligned}$$

로 놓으면, 식 (11.25)는 다음과 같이 나타낼 수 있다.

$$\begin{aligned} \vec{Y}_1 &= \left(\vec{P}\cos\beta t - \vec{Q}\sin\beta t\right) e^{\alpha t} \\ \vec{Y}_2 &= \left(\vec{Q}\cos\beta t + \vec{P}\sin\beta t\right) e^{\alpha t} \end{aligned} \tag{11.26}$$

결국 식 (11.26)은 실수함수로 표현된 해벡터들이므로, 실수함수로 표현된 일반해는 다음과 같이 나타낼 수 있다.

정리 11-7 일반해(동차형) : 고윳값이 복소수인 경우

λ_1과 $\overline{\lambda_1}$가 식 (11.5)의 2×2 행렬 $\overrightarrow{A}$의 복소 고윳값들이고, 그에 대응하는 고유벡터가 각각 $\overrightarrow{V}$과 $\overline{\overrightarrow{V}}$ 이면 식 (11.5)의 일반해는

$$\overrightarrow{X}=c_1\overrightarrow{Y}_1+c_2\overrightarrow{Y}_2 \tag{11.27}$$

이다. 여기서 c_1, c_2는 임의의 상수이고, $\overrightarrow{Y}_1$, $\overrightarrow{Y}_2$는 식 (11.26)과 같다.

예제 11-7 일반해(동차형) : 고윳값이 복소수인 경우

[예제 11-6]의 문제에 대해 [정리 11-7]을 이용하여 일반해를 구하라.

$$\frac{dx}{dt}=x-y,\quad \frac{dy}{dt}=x+y$$

풀이

고유벡터가

$$\overrightarrow{V}_1=\begin{bmatrix} i \\ 1 \end{bmatrix}=\begin{bmatrix} 0 \\ 1 \end{bmatrix}+\begin{bmatrix} 1 \\ 0 \end{bmatrix}i$$

이므로, $\overrightarrow{V}_1$의 실수부는 $\overrightarrow{P}=\begin{bmatrix} 0 \\ 1 \end{bmatrix}$, $\overrightarrow{V}_1$의 허수부는 $\overrightarrow{Q}=\begin{bmatrix} 1 \\ 0 \end{bmatrix}$이다. 복소함수로 표현된 해벡터는

$$\overrightarrow{X}_1=\overrightarrow{V}_1e^{\lambda_1 t}=\begin{bmatrix} i \\ 1 \end{bmatrix}e^{(1+i)t}=\begin{bmatrix} i \\ 1 \end{bmatrix}e^t(\cos t+i\sin t)$$
$$\overrightarrow{X}_2=\overline{\overrightarrow{V}_1}\,e^{\overline{\lambda_1}t}=\begin{bmatrix} -i \\ 1 \end{bmatrix}e^{(1-i)t}=\begin{bmatrix} -i \\ 1 \end{bmatrix}e^t(\cos t-i\sin t)$$

이므로 식 (11.26)의 실수함수로 표현된 해벡터는

$$\overrightarrow{Y}_1=\left\{\begin{bmatrix} 0 \\ 1 \end{bmatrix}\cos t-\begin{bmatrix} 1 \\ 0 \end{bmatrix}\sin t\right\}e^t,\quad \overrightarrow{Y}_2=\left\{\begin{bmatrix} 1 \\ 0 \end{bmatrix}\cos t+\begin{bmatrix} 0 \\ 1 \end{bmatrix}\sin t\right\}e^t$$

이고, 일반해는 식 (11.27)에 의해

$$\begin{aligned}\overrightarrow{X}&=c_1\overrightarrow{Y}_1+c_2\overrightarrow{Y}_2\\&=c_1\left\{\begin{bmatrix} 0 \\ 1 \end{bmatrix}\cos t-\begin{bmatrix} 1 \\ 0 \end{bmatrix}\sin t\right\}e^t+c_2\left\{\begin{bmatrix} 1 \\ 0 \end{bmatrix}\cos t+\begin{bmatrix} 0 \\ 1 \end{bmatrix}\sin t\right\}e^t\end{aligned}$$

이다. 따라서

$$x=-c_1e^t\sin t+c_2e^t\cos t$$
$$y=c_1e^t\cos t+c_2e^t\sin t$$

가 얻어진다. 이 결과는 [예제 11-6]의 풀이 결과의 식 ⑤와 약간 차이가 있는데, 이는 상수 값이 동일하지 않아 나타난 현상이다. 즉, 식 ⑤의 C_1을 c_2로 C_2를 c_1으로 바꾸면 결과는 같아진다.

유제 11-6 일반해(동차형) : 고윳값이 복소수인 경우

[유제 11-5]의 문제에 대해 [정리 11-7]을 이용하여 일반해를 구하라.

$$\frac{dx}{dt} = x - y, \quad \frac{dy}{dt} = 2x - y$$

정답 : $x = (c_1 - c_2)\cos t - (c_1 + c_2)\sin t,\ y = 2c_1 \cos t - 2c_2 \sin t$

지금까지 특성방정식 $\det(\vec{A} - \lambda\vec{I}) = 0$ 의 근의 유형별로 동차형 선형 연립 미분방정식의 일반해를 구하는 방법에 대해 살펴보았다.

11.2.5 행렬의 대각화에 의한 해

이제 마지막으로 10.3절에서 설명한 행렬의 **대각화** diagonalization를 이용하여 동차형 선형 연립 미분방정식의 일반해를 구하는 방법에 대해 살펴보고자 한다.

식 (11.5)에 의하면 동차형 선형 연립 미분방정식은

$$\frac{d\vec{X}}{dt} = \vec{A}\,\vec{X}$$

이고, 다음과 같이 표현할 수도 있다.

$$\frac{d}{dt}\begin{bmatrix} x_1 \\ x_2 \\ \vdots \\ x_n \end{bmatrix} = \begin{bmatrix} a_{11} & a_{12} & \cdots & a_{1n} \\ a_{21} & a_{22} & \cdots & a_{2n} \\ \vdots & \vdots & \vdots & \vdots \\ a_{n1} & a_{n2} & \cdots & a_{nn} \end{bmatrix}\begin{bmatrix} x_1 \\ x_2 \\ \vdots \\ x_n \end{bmatrix}$$

이와 같은 미분방정식을 **커플 시스템** coupled system이라 한다. 그러나 행렬 $\vec{A}$ 가 대각행렬이 되면 $\frac{dx_i}{dt}$ 가 오직 x_i항만으로 표현이 가능한데, 이러한 시스템을 **디커플 시스템** decoupled system이라 한다.

10.3절에서 이미 설명한 바와 같이, 행렬 $\vec{A}$가 n개의 일차독립인 고유벡터 $\vec{V}_1, \vec{V}_2, \cdots, \vec{V}_n$을 갖게 되면 고유벡터들로 구성된 $n \times n$ 행렬 $\vec{P} = [\vec{V}_1\ \vec{V}_2 \cdots \vec{V}_n]$은 가역행렬이 되고, $\vec{P}^{-1}\vec{A}\vec{P} = \vec{D}$ 인 대각행렬이 만들어진다. 만약, 행렬 $\vec{A}$ 에 대해 n개의 일차독립인 고유벡터를 구할 수 없다면 행렬의 대각화가 불가능하기 때문에 이 방법은 일반해를 구할 때 사용할 수 없다.

$\overrightarrow{A}$가 대각화 가능한 경우 $\overrightarrow{X}=\overrightarrow{P}\,\overrightarrow{W}$를 식 (11.5)에 대입하면

$$\overrightarrow{P}\frac{d\overrightarrow{W}}{dt}=\overrightarrow{A}\,\overrightarrow{P}\,\overrightarrow{W},\quad \overrightarrow{P}^{-1}\overrightarrow{P}\frac{d\overrightarrow{W}}{dt}=\overrightarrow{P}^{-1}\overrightarrow{A}\,\overrightarrow{P}\,\overrightarrow{W}$$

이므로

$$\frac{d\overrightarrow{W}}{dt}=\overrightarrow{D}\,\overrightarrow{W} \tag{11.28}$$

이다. 특히 대각행렬 $\overrightarrow{D}$는 계수행렬 $\overrightarrow{A}$의 고윳값을 대각원소로 가지므로

$$\frac{d}{dt}\begin{bmatrix} w_1 \\ w_2 \\ \vdots \\ w_n \end{bmatrix}=\begin{bmatrix} \lambda_1 & 0 & \cdots & 0 \\ 0 & \lambda_2 & \cdots & 0 \\ \vdots & \vdots & \vdots & \vdots \\ 0 & 0 & \cdots & \lambda_n \end{bmatrix}\begin{bmatrix} w_1 \\ w_2 \\ \vdots \\ w_n \end{bmatrix} \tag{11.29}$$

이고, 식 (11.29)는 디커플 시스템이다. 여기서 주의해야 할 점은 고윳값과 고유벡터의 순서가 일치해야 한다는 점이다. 예를 들면 $\overrightarrow{P}$에 있는 고유벡터, $\overrightarrow{V}_1$과 $\overrightarrow{V}_2$의 순서가 바뀌면 이에 대응하는 $\overrightarrow{D}$에 있는 고윳값 λ_1과 λ_2의 순서도 바뀌어야 한다. 식 (11.29)를 풀어 쓰면

$$\frac{dw_1}{dt}=\lambda_1 w_1,\quad \frac{dw_2}{dt}=\lambda_2 w_2,\quad \cdots,\quad \frac{dw_n}{dt}=\lambda_n w_n \tag{11.30}$$

이고, 식 (11.30)의 일반해는

$$w_1=c_1e^{\lambda_1 t},\quad w_2=c_2e^{\lambda_2 t},\quad \cdots,\quad w_n=c_ne^{\lambda_n t} \tag{11.31}$$

이고, 해벡터는

$$\overrightarrow{W}=\begin{bmatrix} w_1 \\ w_2 \\ \vdots \\ w_n \end{bmatrix}=\begin{bmatrix} c_1e^{\lambda_1 t} \\ c_2e^{\lambda_2 t} \\ \vdots \\ c_ne^{\lambda_n t} \end{bmatrix} \tag{11.32}$$

이다. 따라서 식 (11.5)의 일반해는

$$\overrightarrow{X}=\overrightarrow{P}\,\overrightarrow{W} \tag{11.33}$$

의 계산에 의해 얻어진다.

예제 11-8 일반해(동차형) : 대각화에 의한 방법

[예제 11-2]의 시스템에 대해 행렬의 대각화를 이용하여 일반해를 구하라.

$$\frac{dx}{dt} = 2x+y+z, \quad \frac{dy}{dt} = 3x+z, \quad \frac{dz}{dt} = -x-y$$

풀이

주어진 미분방정식을 식 (11.5)와 같은 행렬을 이용하여 표현하면

$$\frac{d\vec{X}}{dt} = \vec{A}\,\vec{X}, \quad \frac{d}{dt}\begin{bmatrix} x \\ y \\ z \end{bmatrix} = \begin{bmatrix} 2 & 1 & 1 \\ 3 & 0 & 1 \\ -1 & -1 & 0 \end{bmatrix}\begin{bmatrix} x \\ y \\ z \end{bmatrix} \qquad \cdots\cdots ①$$

이다. 행렬 $\vec{A}$의 고윳값과 고유벡터를 구하면

$$\lambda_1 = 1, \quad \vec{V}_1 = \begin{bmatrix} v_1 \\ v_2 \\ v_3 \end{bmatrix}_1 = \begin{bmatrix} 1 \\ 1 \\ -2 \end{bmatrix}$$

$$\lambda_2 = 2, \quad \vec{V}_2 = \begin{bmatrix} v_1 \\ v_2 \\ v_3 \end{bmatrix}_2 = \begin{bmatrix} -1 \\ -1 \\ 1 \end{bmatrix}$$

$$\lambda_3 = -1, \quad \vec{V}_3 = \begin{bmatrix} v_1 \\ v_2 \\ v_3 \end{bmatrix}_3 = \begin{bmatrix} -1 \\ 2 \\ 1 \end{bmatrix}$$

이므로 대각화를 위한 행렬 $\vec{P}$는

$$\vec{P} = \left[\vec{V}_1 \ \vec{V}_2 \ \vec{V}_3\right] = \begin{bmatrix} 1 & -1 & -1 \\ 1 & -1 & 2 \\ -2 & 1 & 1 \end{bmatrix} \qquad \cdots\cdots ②$$

이고, $\vec{P}$에 의해 만들어지는 $\vec{A}$의 대각행렬은

$$\vec{P}^{-1}\vec{A}\,\vec{P} = \vec{D} = \begin{bmatrix} \lambda_1 & 0 & 0 \\ 0 & \lambda_2 & 0 \\ 0 & 0 & \lambda_3 \end{bmatrix} = \begin{bmatrix} 1 & 0 & 0 \\ 0 & 2 & 0 \\ 0 & 0 & -1 \end{bmatrix}$$

이다. 앞에서 언급한 바와 같이 $\vec{P}$ 안에 있는 고유벡터의 순서를 다음과 같이 바꾸면

$$\vec{P}_1 = \left[\vec{V}_1 \ \vec{V}_3 \ \vec{V}_2\right] = \begin{bmatrix} 1 & -1 & -1 \\ 1 & 2 & -1 \\ -2 & 1 & 1 \end{bmatrix}$$

대각행렬이

$$\vec{P}_1^{-1}\vec{A}\,\vec{P}_1 = \vec{D}_1 = \begin{bmatrix} \lambda_1 & 0 & 0 \\ 0 & \lambda_3 & 0 \\ 0 & 0 & \lambda_2 \end{bmatrix} = \begin{bmatrix} 1 & 0 & 0 \\ 0 & -1 & 0 \\ 0 & 0 & 2 \end{bmatrix}$$

이어야 한다. 여기에서는 행렬 $\overrightarrow{P}$를 선택하도록 한다. 주어진 미분방정식

$$\frac{d\overrightarrow{X}}{dt} = \overrightarrow{A}\,\overrightarrow{X}$$

에 식 $\overrightarrow{X} = \overrightarrow{P}\,\overrightarrow{W}$을 대입하면, 식 (11.28)과 식 (11.29)가 다음과 같이 구해진다.

$$\frac{d\overrightarrow{W}}{dt} = \overrightarrow{D}\,\overrightarrow{W}$$

$$\frac{d}{dt}\begin{bmatrix} w_1 \\ w_2 \\ w_3 \end{bmatrix} = \begin{bmatrix} 1 & 0 & 0 \\ 0 & 2 & 0 \\ 0 & 0 & -1 \end{bmatrix}\begin{bmatrix} w_1 \\ w_2 \\ w_3 \end{bmatrix} \qquad \cdots\cdots ③$$

식 ③을 풀면 식 (11.32)의 $\overrightarrow{W}$가

$$\overrightarrow{W} = \begin{bmatrix} w_1 \\ w_2 \\ w_3 \end{bmatrix} = \begin{bmatrix} c_1 e^{t} \\ c_2 e^{2t} \\ c_3 e^{-t} \end{bmatrix} \qquad \cdots\cdots ④$$

이 된다. 따라서 주어진 미분방정식의 일반해는 식 ②와 식 ④를 식 $\overrightarrow{X} = \overrightarrow{P}\,\overrightarrow{W}$에 대입하여 다음과 같이 구할 수 있다.

$$\begin{aligned} \overrightarrow{X} = \overrightarrow{P}\,\overrightarrow{W} &= \begin{bmatrix} x \\ y \\ z \end{bmatrix} \\ &= \begin{bmatrix} 1 & -1 & -1 \\ 1 & -1 & 2 \\ -2 & 1 & 1 \end{bmatrix}\begin{bmatrix} c_1 e^{t} \\ c_2 e^{2t} \\ c_3 e^{-t} \end{bmatrix} \\ &= \begin{bmatrix} c_1 e^{t} - c_2 e^{2t} - c_3 e^{-t} \\ c_1 e^{t} - c_2 e^{2t} + 2c_3 e^{-t} \\ -2c_1 e^{t} + c_2 e^{2t} + c_3 e^{-t} \end{bmatrix} \end{aligned}$$

그러므로

$$x = c_1 e^{t} - c_2 e^{2t} - c_3 e^{-t}, \quad y = c_1 e^{t} - c_2 e^{2t} + 2c_3 e^{-t}, \quad z = -2c_1 e^{t} + c_2 e^{2t} + c_3 e^{-t} \qquad \cdots\cdots ⑤$$

이고, 식 ⑤는 [예제 11-2]의 결과와 정확히 일치한다. 참고로 식 ⑤를 식 (11.13)과 같은 형태로 나타내 보면

$$\begin{aligned} \overrightarrow{X} = \begin{bmatrix} x \\ y \\ z \end{bmatrix} &= c_1 \begin{bmatrix} 1 \\ 1 \\ -2 \end{bmatrix} e^{t} + c_2 \begin{bmatrix} -1 \\ -1 \\ 1 \end{bmatrix} e^{2t} + c_3 \begin{bmatrix} -1 \\ 2 \\ 1 \end{bmatrix} e^{-t} \\ &= c_1 \overrightarrow{V}_1 e^{\lambda_1 t} + c_2 \overrightarrow{V}_2 e^{\lambda_2 t} + c_3 \overrightarrow{V}_3 e^{\lambda_3 t} \end{aligned}$$

이다.

Command Window

```
: 코딩
A=sym([2 1 1;3 0 1;-1 -1 0]);                % 행렬 A를 심볼릭으로 정의
[V,U]=eig(A)                                 % A의 고윳값과 고유벡터 구하기
P=V;                                         % 대각화를 위한 행렬 P 정의
D=inv(P)*A*P;                                % 대각행렬 구하기
t=sym('t','real'); c1=sym('c1','real'); c2=sym('c2','real'); c3=sym('c3');
                                             % t, c1, c2, c3를 심볼릭으로 정의
X=P*diag(exp(diag(U*t)))*[c1;c2;c3]          % [정리 11-3]에 의한 일반해 구하기

: 결과
V = [-1/2, -1, -1]
    [-1/2, -1, 2]
    [1, 1, 1]
U = [1, 0, 0]
    [0, 2, 0]
    [0, 0, -1]
X = -(c1*exp(t))/2-c2*exp(2*t)-c3*exp(-t)
     2*c3*exp(-t)-c2*exp(2*t)-(c1*exp(t))/2
     c1*exp(t)+c2*exp(2*t)+c3*exp(-t)
```

% MATLAB은 첫 번째 고유벡터를 $-\frac{1}{2}\vec{V}_1 = \begin{bmatrix} -1/2 \\ -1/2 \\ 1 \end{bmatrix}$을 사용하였다.

유제 11-7 일반해(동차형) : 대각화에 의한 방법

다음 시스템에 대해 행렬의 대각화를 이용하여 일반해를 구하라.

$$\frac{dx}{dt} = x + y + 4z, \quad \frac{dy}{dt} = x + y + z, \quad \frac{dz}{dt} = z$$

정답 : $x = -c_1 - c_2e^t + c_3e^{2t}$, $y = c_1 - 4c_2e^t + c_3e^{2t}$, $z = c_2e^t$

11.3 비동차형 선형 연립 미분방정식

비동차형 선형 연립 미분방정식은 식 (11.2), 식 (11.3), 식 (11.4)와 같이 주어진다. 이것이 동차형 선형 연립 미분방정식과 다른 것은 $\vec{U}(t) \neq \vec{0}$이라는 사실이다. 비동차형 선형 연립 미분방정식의 일반해를 구하는 것에 대해서는 3.6절에서도 간단히 언급하였지만, 행렬을 이용하여 구하는 것이 쉽고 보편적이기 때문에 이 절에서 보다 자세히 설명하고자 한다.

3.3절에서는 상수 계수를 갖는 비동차 선형 미분방정식의 해를 구하는 방법들 중에서 **미정계수법**method of undetermined coefficients과 **매개변수변환법**method of variation of parameters에 대해 살펴보았다. 행렬을 이용하는 경우에도 3.3절에서와 마찬가지로 두 가지 방법을 모두 적용할 수 있다. 주어진 문제에 따라 미정계수법이 쉽고 간편할 때도 있고, 매개변수변환법이 간단한 경우도 있으나 매개변수변환법의 사용을 더 권하고 싶다. 또한 행렬을 이용하는 경우에는 행렬의 대각화를 이용하는 방법도 있다.

3.1절에서 식 (3.1)의 비동차 선형 미분방정식의 해를 구할 때, $f(x)=0$이라 가정하고 구한 해, 즉 동차 선형 미분방정식의 해 $y_c(x)$를 보조해, $f(x)$를 고려하고 구한 해 $y_p(x)$를 특수해, 보조해와 특수해를 합한 해를 일반해라고 정의하였다. 비동차 선형 연립 미분방정식의 경우에도 이와 유사하게 일반해를 정의할 수 있는데, 스칼라 함수가 아닌 원소가 함수로 구성된 벡터로 표시된다. 다시 말해 식 (11.4)의 비동차 선형 연립 미분방정식

$$\frac{d\vec{X}}{dt}=\vec{A}\,\vec{X}+\vec{U}(t)$$

3 동차형의 일반해가 비동차형의 보조해가 된다.

에서 $\vec{U}(t)=\vec{0}$인 동차형의 일반해를 **보조해**complementary solution 3라 하고, $\vec{U}(t)$를 고려하여 구한 해를 **특수해**particular solution라 하면, 비동차 선형 연립 미분방정식의 **일반해**general solution$(\vec{X})$는 보조해$(\vec{X}_c)$와 특수해$(\vec{X}_p)$를 합하면 되고, 다음과 같이 나타낼 수 있다.

$$\vec{X}=\vec{X}_c+\vec{X}_p \tag{11.34}$$

보조해 $\vec{X}_c$는 식 (11.11)에서도 보았듯이

$$\vec{X}_c=c_1\vec{X_1}+c_2\vec{X_2}+\cdots+c_n\vec{X_n} \tag{11.35}$$

에 의해 구하면 된다. 특수해를 구하는 방법으로는 미정계수법, 매개변수변환법, 대각화에 의한 방법이 있는데, 지금부터 이러한 방법들에 대해 살펴보고자 한다.

11.3.1 미정계수법

미정계수법은 3.3절에서와 마찬가지로 입력함수 $\overrightarrow{U}(t)$로부터 특수해 $\overrightarrow{X}_p$를 가정하는 방법이다. 함수 $\overrightarrow{U}(t)$가 취할 수 있는 형태는 매우 다양하지만 $\overrightarrow{U}(t)$가 다항함수, 삼각함수, 지수함수, 또는 이러한 함수들의 합 또는 곱의 형태를 취하는 경우 미정계수법을 적용할 수 있다. 이러한 함수들의 경우, 그 함수들의 도함수도 자신의 함수와 유사한 형태를 갖기 때문에 $\overrightarrow{X}_p$를 가정할 수 있다. 지금부터 미정계수법에 의해 $\overrightarrow{X}_p$를 구하는 예제들을 통해 미정계수법에 대해 이해도를 높이도록 하자.

예제 11-9 일반해(비동차형) : 미정계수법

다음 선형 연립 미분방정식의 일반해를 구하라.

$$\frac{dx}{dt} = -2x - y + 2, \quad \frac{dy}{dt} = 3x + 2y + 1$$

풀이

주어진 미분방정식을 행렬로 표현하면

$$\frac{d}{dt}\begin{bmatrix} x \\ y \end{bmatrix} = \begin{bmatrix} -2 & -1 \\ 3 & 2 \end{bmatrix}\begin{bmatrix} x \\ y \end{bmatrix} + \begin{bmatrix} 2 \\ 1 \end{bmatrix}$$

이다. 비동차형의 일반해를 구하기 위해서는 먼저 동차형

$$\frac{d}{dt}\begin{bmatrix} x \\ y \end{bmatrix} = \begin{bmatrix} -2 & -1 \\ 3 & 2 \end{bmatrix}\begin{bmatrix} x \\ y \end{bmatrix}$$

의 일반해(비동차형의 보조해)를 구해야 한다. 11.2절에서 설명한 방법에 의해 고윳값과 고유벡터를 구해서 두 해벡터를 구하면

$$\overrightarrow{X}_1 = \begin{bmatrix} -1 \\ 3 \end{bmatrix} e^t, \quad \overrightarrow{X}_2 = \begin{bmatrix} -1 \\ 1 \end{bmatrix} e^{-t}$$

이고, 두 해벡터는 서로 일차독립이므로 보조해는 식 (11.35)를 이용하면

$$\begin{aligned} \overrightarrow{X}_c &= c_1\overrightarrow{X_1} + c_2\overrightarrow{X_2} \\ &= c_1\begin{bmatrix} -1 \\ 3 \end{bmatrix} e^t + c_2\begin{bmatrix} -1 \\ 1 \end{bmatrix} e^{-t} \end{aligned}$$

이 된다. 다음으로 미정계수법을 사용하여 비동차형의 특수해를 구해야 한다. 함수 $\overrightarrow{U}(t)$는

$$\overrightarrow{U}(t) = \begin{bmatrix} 2 \\ 1 \end{bmatrix}$$

로서, 상수들을 원소로 갖는 벡터이므로 특수해를

$$\vec{X}_p = \begin{bmatrix} a \\ b \end{bmatrix}$$

로 가정할 수 있다. 그러면 $\vec{X}_p$가 해이므로 주어진 미분방정식에 $\vec{X}$ 대신 $\vec{X}_p$를 대입하면

$$\frac{d}{dt}\begin{bmatrix} a \\ b \end{bmatrix} = \begin{bmatrix} -2 & -1 \\ 3 & 2 \end{bmatrix}\begin{bmatrix} a \\ b \end{bmatrix} + \begin{bmatrix} 2 \\ 1 \end{bmatrix}$$

$$\begin{bmatrix} 0 \\ 0 \end{bmatrix} = \begin{bmatrix} -2a-b \\ 3a+2b \end{bmatrix} + \begin{bmatrix} 2 \\ 1 \end{bmatrix}$$

이다. 그러므로

$$-2a-b+2=0$$
$$3a+2b+1=0$$

이 되고, 이 식을 풀면

$$a=5, \quad b=-8$$

이다. 따라서 식 (11.34)에 의해 주어진 비동차형 선형 연립 미분방정식의 일반해는

$$\vec{X} = \vec{X}_c + \vec{X}_p = c_1\begin{bmatrix} -1 \\ 3 \end{bmatrix}e^t + c_2\begin{bmatrix} -1 \\ 1 \end{bmatrix}e^{-t} + \begin{bmatrix} 5 \\ -8 \end{bmatrix}$$

이므로 다음과 같다.

$$x = -c_1e^t - c_2e^{-t} + 5$$
$$y = 3c_1e^t + c_2e^{-t} - 8$$

Command Window

: 코딩

```
A=sym([-2 -1;3 2]);                               % 행렬 A를 심볼릭으로 정의
[V,U]=eig(A)                                      % 행렬 A의 고윳값, 고유벡터 구하기
[x,y]=dsolve('Dx=-2*x-y+2, Dy=3*x+2*y+1');        % 선형 연립 미분방정식의 해 구하기
x=simplify(x)                                     % x를 간단하게 표현
y=simplify(y)                                     % y를 간단하게 표현
```

: 결과

```
V = [-1/3, -1]
    [1, 1]
U = [1, 0]
    [0, -1]
x = 5-C2*exp(-t)-(C1*exp(t))/3 [1]
y = C1*exp(t)+C2*exp(-t)-8
```

[1] 고유벡터를 다른 값으로 사용하여 [예제 11-9]의 풀이 결과가 다르게 나타났으나 둘 다 해가 된다.

유제 11-8 일반해(비동차형) : 미정계수법

다음 선형 연립 미분방정식의 일반해를 구하라.

$$\frac{dx}{dt} = -x+1, \quad \frac{dy}{dt} = x+3y+1$$

정답 : $x = -4c_1e^{-t}+1,\ y = c_1e^{-t}+c_2e^{3t}-\frac{2}{3}$

예제 11-10 일반해(비동차형) : 미정계수법

다음 선형 연립 미분방정식의 일반해를 구하라.

MATLAB 풀이

$$\frac{dx}{dt} = x-y+t, \quad \frac{dy}{dt} = x+y+1$$

풀이

주어진 미분방정식을 행렬로 표현하면

$$\frac{d}{dt}\begin{bmatrix} x \\ y \end{bmatrix} = \begin{bmatrix} 1 & -1 \\ 1 & 1 \end{bmatrix}\begin{bmatrix} x \\ y \end{bmatrix} + \begin{bmatrix} t \\ 1 \end{bmatrix}$$

이다. 동차형

$$\frac{d}{dt}\begin{bmatrix} x \\ y \end{bmatrix} = \begin{bmatrix} 1 & -1 \\ 1 & 1 \end{bmatrix}\begin{bmatrix} x \\ y \end{bmatrix}$$

의 일반해를 구하기 위해 계수행렬의 고윳값과 고유벡터를 구하면

$$\lambda_1 = 1+i, \quad \vec{V_1} = \begin{bmatrix} i \\ 1 \end{bmatrix}$$
$$\lambda_2 = 1-i, \quad \vec{V_2} = \begin{bmatrix} -i \\ 1 \end{bmatrix}$$

로, 복소값이 나온다. 해벡터들을 구하기 위해 첫 번째 고유벡터를 이용하면

$$\vec{V}_1 = \begin{bmatrix} 0 \\ 1 \end{bmatrix} + \begin{bmatrix} 1 \\ 0 \end{bmatrix} i$$

이므로

$$\vec{P} = \mathrm{Re}\left(\vec{V}_1\right) = \begin{bmatrix} 0 \\ 1 \end{bmatrix}, \quad \vec{Q} = \mathrm{Im}\left(\vec{V}_1\right) = \begin{bmatrix} 1 \\ 0 \end{bmatrix}$$

이고, 식 (11.26)에 의해 두 해벡터들을 다음과 같이 구할 수 있다.

$$\vec{Y}_1 = \left(\vec{P}\cos\beta t - \vec{Q}\sin\beta t\right)e^{\alpha t} = \left\{\begin{bmatrix} 0 \\ 1 \end{bmatrix}\cos t - \begin{bmatrix} 1 \\ 0 \end{bmatrix}\sin t\right\}e^t$$
$$\vec{Y}_2 = \left(\vec{Q}\cos\beta t + \vec{P}\sin\beta t\right)e^{\alpha t} = \left\{\begin{bmatrix} 1 \\ 0 \end{bmatrix}\cos t + \begin{bmatrix} 0 \\ 1 \end{bmatrix}\sin t\right\}e^t$$

따라서 보조해는 식 (11.35)를 이용하면

$$\begin{aligned}\vec{X}_c &= c_1\vec{Y}_1 + c_2\vec{Y}_2 \\ &= c_1\left\{\begin{bmatrix}0\\1\end{bmatrix}\cos t - \begin{bmatrix}1\\0\end{bmatrix}\sin t\right\}e^t + c_2\left\{\begin{bmatrix}1\\0\end{bmatrix}\cos t + \begin{bmatrix}0\\1\end{bmatrix}\sin t\right\}e^t\end{aligned}$$

이다. 다음으로 미정계수법을 사용하여 비동차형의 특수해를 구하자. 함수 $\vec{U}(t)$가

$$\vec{U}(t) = \begin{bmatrix}t\\1\end{bmatrix}$$

이므로, 특수해를

$$\vec{X}_p = \begin{bmatrix}a_1t + a_2\\b_1t + b_2\end{bmatrix}$$

라 가정하고, 주어진 미분방정식에 $\vec{X}$ 대신 $\vec{X}_p$를 대입하면

$$\begin{aligned}\frac{d}{dt}\begin{bmatrix}a_1t+a_2\\b_1t+b_2\end{bmatrix} &= \begin{bmatrix}1 & -1\\1 & 1\end{bmatrix}\begin{bmatrix}a_1t+a_2\\b_1t+b_2\end{bmatrix} + \begin{bmatrix}t\\1\end{bmatrix} \\ \begin{bmatrix}a_1\\b_1\end{bmatrix} &= \begin{bmatrix}a_1t+a_2-b_1t-b_2\\a_1t+a_2+b_1t+b_2\end{bmatrix} + \begin{bmatrix}t\\1\end{bmatrix}\end{aligned}$$

이다. 그러므로

$$\begin{aligned}(a_1 - b_1 + 1)\,t - a_1 + a_2 - b_2 = 0 \\ (a_1 + b_1)\,t + a_2 - b_1 + b_2 + 1 = 0\end{aligned}$$

이 되고, 이 식이 t에 관계없이 항상 성립하기 위해서는

$$\begin{aligned}a_1 - b_1 + 1 &= 0 \\ -a_1 + a_2 - b_2 &= 0 \\ a_1 + b_1 &= 0 \\ a_2 - b_1 + b_2 + 1 &= 0\end{aligned}$$

을 만족해야만 한다. 위 식을 풀면

$$a_1 = -\frac{1}{2}, \quad a_2 = -\frac{1}{2}, \quad b_1 = \frac{1}{2}, \quad b_2 = 0$$

이다. 따라서 특수해는

$$\vec{X}_p = \begin{bmatrix}-\frac{1}{2}t - \frac{1}{2}\\ \frac{1}{2}t\end{bmatrix}$$

이고, 주어진 비동차형 선형 연립 미분방정식의 일반해는 식 (11.34)에 의해

$$\vec{X} = \vec{X}_c + \vec{X}_p$$

$$= c_1\left\{\begin{bmatrix}0\\1\end{bmatrix}\cos t - \begin{bmatrix}1\\0\end{bmatrix}\sin t\right\}e^t + c_2\left\{\begin{bmatrix}1\\0\end{bmatrix}\cos t + \begin{bmatrix}0\\1\end{bmatrix}\sin t\right\}e^t + \begin{bmatrix}-\frac{1}{2}t - \frac{1}{2}\\ \frac{1}{2}t\end{bmatrix}$$

이므로 다음과 같다.

$$x = (-c_1 \sin t + c_2 \cos t)\, e^t - \frac{1}{2}t - \frac{1}{2}$$
$$y = (c_1 \cos t + c_2 \sin t)\, e^t + \frac{1}{2}t$$

유제 11-9 일반해(비동차형) : 미정계수법

다음 선형 연립 미분방정식의 일반해를 구하라.

$$\frac{dx}{dt} = 2x - 3y + 1, \quad \frac{dy}{dt} = 3x + 2y + 1$$

정답 : $x = (c_1 \cos 3t - c_2 \sin 3t)e^{2t} - \frac{5}{13}$, $y = (c_1 \sin 3t + c_2 \cos 3t)e^{2t} + \frac{1}{13}$

위 예제는 비교적 $\vec{U}(t)$가 간단한 경우이다. 그러나 $\vec{U}(t)$가 복잡해지면 복잡해질수록 미정계수의 개수가 늘어나기 때문에 계산량이 많아진다. 또한 계수행렬에 대한 고윳값과 $\vec{U}(t)$ 안에 있는 함수에 따라 특수해 $\vec{X}_p$를 가정할 때 고려해야 할 부분이 많다. 따라서 비동차형 선형 연립 미분방정식의 일반해를 구할 때 미정계수법보다는 다음에 설명할 매개변수변환법을 사용하는 것이 더 나을 수도 있다.

11.3.2 매개변수변환법

동차형 선형 연립 미분방정식의 해벡터 $\vec{X}_1, \vec{X}_2, \cdots, \vec{X}_n$이 서로 일차독립이면, 식 (11.5)

$$\frac{d\vec{X}}{dt} = \vec{A}\,\vec{X}$$

의 일반해는 식 (11.11)인

$$\vec{X} = c_1\overrightarrow{X_1} + c_2\overrightarrow{X_2} + \cdots + c_n\overrightarrow{X_n}$$

이다. 여기서 $\vec{X}$는 일반해로서 다음과 같이 나타낸다.

$$\vec{X} = \begin{bmatrix} x_1 \\ x_2 \\ \vdots \\ x_n \end{bmatrix}$$

만약 해벡터들을

$$\vec{X}_1 = \begin{bmatrix} x_{11} \\ x_{21} \\ \vdots \\ x_{n1} \end{bmatrix}, \quad \vec{X}_2 = \begin{bmatrix} x_{12} \\ x_{22} \\ \vdots \\ x_{n2} \end{bmatrix}, \cdots, \vec{X}_n = \begin{bmatrix} x_{1n} \\ x_{2n} \\ \vdots \\ x_{nn} \end{bmatrix}$$

이라 놓으면, 식 (11.11)의 식은

$$\begin{aligned} \vec{X} &= c_1\begin{bmatrix} x_{11} \\ x_{21} \\ \vdots \\ x_{n1} \end{bmatrix} + c_2\begin{bmatrix} x_{12} \\ x_{22} \\ \vdots \\ x_{n2} \end{bmatrix} + \cdots + c_n\begin{bmatrix} x_{1n} \\ x_{2n} \\ \vdots \\ x_{nn} \end{bmatrix} \\ &= \vec{\Phi}(t)\,\vec{C} \end{aligned} \tag{11.36}$$

이다. 여기서 $\vec{\Phi}(t)$는 $\dfrac{d\vec{X}}{dt} = \vec{A}\,\vec{X}$의 **기본 행렬** fundamental matrix 4, $\vec{C}$는 상수벡터이고, 각각 다음과 같이 나타낸다.

4 $\vec{\Phi}(t)$를 상태천이행렬(state transition matrix)이라 부르기도 한다.

$$\vec{\Phi}(t) = \left[\vec{X}_1\ \vec{X}_2\ \cdots\ \vec{X}_n\right] = \begin{bmatrix} x_{11} & x_{12} & \cdots & x_{1n} \\ x_{21} & x_{22} & \cdots & x_{2n} \\ \vdots & \vdots & \vdots & \vdots \\ x_{n1} & x_{n2} & \cdots & x_{nn} \end{bmatrix}, \quad \vec{C} = \begin{bmatrix} c_1 \\ c_2 \\ \vdots \\ c_n \end{bmatrix}$$

$\vec{\Phi}(t)$가 $\dfrac{d\vec{X}}{dt} = \vec{A}\,\vec{X}$의 기본 행렬이므로 $\vec{\Phi}(t)$는 $\dfrac{d\vec{X}}{dt} = \vec{A}\,\vec{X}$를 만족해야 한다. 따라서

$$\frac{d\vec{\Phi}(t)}{dt} = \vec{A}\,\vec{\Phi}(t) \tag{11.37}$$

이다. 또한 초깃값 문제에 있어서는 $\dfrac{d\vec{X}}{dt} = \vec{A}\,\vec{X}$의 해가

$$\overrightarrow{X}(t) = \overrightarrow{\Phi}(t)\ \overrightarrow{X}(0) \tag{11.38}$$

이고, 여기서 $\overrightarrow{X}(0)$은 초깃값들로 구성된 벡터로서 다음과 같다.

$$\overrightarrow{X}(0) = \begin{bmatrix} x_1(0) \\ x_2(0) \\ \vdots \\ x_n(0) \end{bmatrix}$$

식 (11.38)에 $t=0$을 대입하면

$$\overrightarrow{X}(0) = \overrightarrow{\Phi}(0)\ \overrightarrow{X}(0)$$

이므로

$$\overrightarrow{\Phi}(0) = \overrightarrow{I} \tag{11.39}$$

의 관계가 성립한다.

식 (11.5)의 동차형 선형 연립 미분방정식의 일반해가 기본 행렬을 사용하여 식 (11.36)과 같이 표현될 수 있는데, 비동차형 선형 연립 미분방정식의 특수해의 경우 식 (11.36)의 상수벡터 $\overrightarrow{C}$ 대신 함수벡디 $\overrightarrow{W}(t)$로 대치된

$$\overrightarrow{X}_p = \overrightarrow{\Phi}(t)\ \overrightarrow{W}(t) \tag{11.40}$$

를 만족하는 $\overrightarrow{W}(t)$가 존재하는지를 확인해 볼 필요가 있다. 만약 존재한다고 가정하면 식 (11.40)은 식 (11.4)를 만족해야만 한다. 따라서 식 (11.40)을 식 (11.4)에 대입하면

$$\frac{d}{dt}\left[\overrightarrow{\Phi}(t)\overrightarrow{W}(t)\right] = \overrightarrow{A}\ \overrightarrow{\Phi}(t)\overrightarrow{W}(t) + \overrightarrow{U}(t)$$

$$\overrightarrow{\Phi}(t)\frac{d\overrightarrow{W}(t)}{dt} + \frac{d\overrightarrow{\Phi}(t)}{dt}\overrightarrow{W}(t) = \overrightarrow{A}\ \overrightarrow{\Phi}(t)\overrightarrow{W}(t) + \overrightarrow{U}(t)$$

이다. 식 (11.37)을 위 식 좌변의 두 번째 항에 대입하면

$$\overrightarrow{\Phi}(t)\frac{d\overrightarrow{W}(t)}{dt} + \overrightarrow{A}\ \overrightarrow{\Phi}(t)\overrightarrow{W}(t) = \overrightarrow{A}\ \overrightarrow{\Phi}(t)\overrightarrow{W}(t) + \overrightarrow{U}(t)$$

이므로

$$\overrightarrow{\Phi}(t)\frac{d\overrightarrow{W}(t)}{dt} = \overrightarrow{U}(t) \tag{11.41}$$

가 얻어지는데, $\vec{\Phi}(t)$는 서로 일차독립인 해벡터들로 구성된 $n \times n$ 행렬이므로 가역행렬이다. 식 (11.41)의 양변의 왼쪽에 $\vec{\Phi}^{-1}(t)$를 곱하면

$$\frac{d\vec{W}(t)}{dt} = \vec{\Phi}^{-1}(t)\vec{U}(t) \tag{11.42}$$

가 되고, 식 (11.42)를 적분하면

$$\vec{W}(t) = \int \vec{\Phi}^{-1}(t)\vec{U}(t)\,dt \tag{11.43}$$

가 되므로, 식 (11.40)을 만족하는 $\vec{W}(t)$가 존재한다는 결론을 얻을 수 있다. 따라서 식 (11.43)을 식 (11.40)에 대입하면 비동차형 선형 연립 미분방정식의 특수해는

$$\vec{X}_p = \vec{\Phi}(t)\int \vec{\Phi}^{-1}(t)\vec{U}(t)\,dt \tag{11.44}$$

가 된다. 그러므로 비동차형 선형 연립 미분방정식의 일반해는

$$\begin{aligned}\vec{X} &= \vec{X}_c + \vec{X}_p \\ &= \vec{\Phi}(t)\,\vec{C} + \vec{\Phi}(t)\int \vec{\Phi}^{-1}(t)\vec{U}(t)\,dt \end{aligned} \tag{11.45}$$

이다. 식 (11.45)에 의해 구해지는 일반해는 미정계수법에 비해 더 간편하게 해를 구할 수 있다는 장점이 있다.

예제 11-11 일반해(비동차형) : 매개변수변환법

다음 선형 연립 미분방정식의 일반해를 구하라.

$$\frac{dx}{dt} = 3x + 2y + 2, \quad \frac{dy}{dt} = 4x + y + e^{2t}$$

MATLAB 풀이

풀이

주어진 미분방정식을 행렬로 표현하면

$$\frac{d}{dt}\begin{bmatrix} x \\ y \end{bmatrix} = \begin{bmatrix} 3 & 2 \\ 4 & 1 \end{bmatrix}\begin{bmatrix} x \\ y \end{bmatrix} + \begin{bmatrix} 2 \\ e^{2t} \end{bmatrix} \quad \cdots\cdots ①$$

이다. 계수행렬의 고윳값과 고유벡터가

$$\lambda_1 = -1, \quad \vec{V}_1 = \begin{bmatrix} -1 \\ 2 \end{bmatrix} \quad \cdots\cdots ②$$

$$\lambda_2 = 5, \quad \vec{V}_2 = \begin{bmatrix} 1 \\ 1 \end{bmatrix} \quad \cdots\cdots ③$$

이므로 해벡터는

$$\overrightarrow{X}_1=\begin{bmatrix}-1\\2\end{bmatrix}e^{-t},\quad \overrightarrow{X}_2=\begin{bmatrix}1\\1\end{bmatrix}e^{5t} \qquad \cdots\cdots ④$$

이고, 식 ④의 두 해벡터가 서로 일차독립이므로 보조해는 식 (11.35)를 이용하면

$$\begin{aligned}\overrightarrow{X}_c &= c_1\overrightarrow{X_1}+c_2\overrightarrow{X_2}\\ &= c_1\begin{bmatrix}-1\\2\end{bmatrix}e^{-t}+c_2\begin{bmatrix}1\\1\end{bmatrix}e^{5t}\end{aligned} \qquad \cdots\cdots ⑤$$

이 된다. 이제 식 (11.44)를 이용하여 특수해를 구해야 한다. 이를 위해서는 기본 행렬 $\overrightarrow{\Phi}(t)$와 $\overrightarrow{\Phi}^{-1}(t)$를 구해야만 한다. 식 (11.36)에서 정의된 $\overrightarrow{\Phi}(t)$는

$$\overrightarrow{\Phi}(t)=[\overrightarrow{X}_1\ \overrightarrow{X}_2]$$

이므로, 식 ④에 의해 기본 행렬은

$$\overrightarrow{\Phi}(t)=[\overrightarrow{X}_1\ \overrightarrow{X}_2]=\begin{bmatrix}-e^{-t} & e^{5t}\\ 2e^{-t} & e^{5t}\end{bmatrix} \qquad \cdots\cdots ⑥$$

이고, 기본 행렬의 역행렬은

$$\begin{aligned}\overrightarrow{\Phi}^{-1}(t) &= \frac{1}{\det[\overrightarrow{\Phi}(t)]}\begin{bmatrix}e^{5t} & -e^{5t}\\ -2e^{-t} & -e^{-t}\end{bmatrix}\\ &= \frac{1}{-e^{-t}e^{5t}-2e^{-t}e^{5t}}\begin{bmatrix}e^{5t} & -e^{5t}\\ -2e^{-t} & -e^{-t}\end{bmatrix}\\ &= \frac{1}{-3e^{4t}}\begin{bmatrix}e^{5t} & -e^{5t}\\ -2e^{-t} & -e^{-t}\end{bmatrix}\\ &= \frac{1}{3}\begin{bmatrix}-e^{t} & e^{t}\\ 2e^{-5t} & e^{-5t}\end{bmatrix}\end{aligned} \qquad \cdots\cdots ⑦$$

이다. 또한

$$\overrightarrow{U}(t)=\begin{bmatrix}2\\ e^{2t}\end{bmatrix} \qquad \cdots\cdots ⑧$$

이므로, 식 ⑥, 식 ⑦, 식 ⑧을 식 (11.44)에 대입하면 특수해

$$\begin{aligned}\overrightarrow{X}_p &= \overrightarrow{\Phi}(t)\int\overrightarrow{\Phi}^{-1}(t)\overrightarrow{U}(t)\,dt\\ &= \begin{bmatrix}-e^{-t} & e^{5t}\\ 2e^{-t} & e^{5t}\end{bmatrix}\int\left\{\frac{1}{3}\begin{bmatrix}-e^{t} & e^{t}\\ 2e^{-5t} & e^{-5t}\end{bmatrix}\begin{bmatrix}2\\ e^{2t}\end{bmatrix}\right\}dt\\ &= \frac{1}{3}\begin{bmatrix}-e^{-t} & e^{5t}\\ 2e^{-t} & e^{5t}\end{bmatrix}\int\begin{bmatrix}-2e^{t}+e^{3t}\\ 4e^{-5t}+e^{-3t}\end{bmatrix}dt\\ &= \frac{1}{3}\begin{bmatrix}-e^{-t} & e^{5t}\\ 2e^{-t} & e^{5t}\end{bmatrix}\begin{bmatrix}-2e^{t}+\frac{1}{3}e^{3t}\\ -\frac{4}{5}e^{-5t}-\frac{1}{3}e^{-3t}\end{bmatrix}\\ &= \begin{bmatrix}-\frac{2}{9}e^{2t}+\frac{2}{5}\\ \frac{1}{9}e^{2t}-\frac{8}{5}\end{bmatrix}\end{aligned} \qquad \cdots\cdots ⑨$$

이 구해진다. 따라서 식 ⑤와 식 ⑨를 식 (11.45)에 대입하면 일반해

$$\vec{X} = \vec{X}_c + \vec{X}_p$$

$$= c_1 \begin{bmatrix} -1 \\ 2 \end{bmatrix} e^{-t} + c_2 \begin{bmatrix} 1 \\ 1 \end{bmatrix} e^{5t} + \begin{bmatrix} -\frac{2}{9}e^{2t} + \frac{2}{5} \\ \frac{1}{9}e^{2t} - \frac{8}{5} \end{bmatrix} \quad \cdots\cdots ⑩$$

이 얻어진다. 이를 다시 쓰면 다음과 같다.

$$x = -c_1 e^{-t} + c_2 e^{5t} - \frac{2}{9}e^{2t} + \frac{2}{5}$$

$$y = 2c_1 e^{-t} + c_2 e^{5t} + \frac{1}{9}e^{2t} - \frac{8}{5} \quad \cdots\cdots ⑪$$

유제 11-10 일반해(비동차형) : 매개변수변환법

다음 선형 연립 미분방정식의 일반해를 구하라.

$$\frac{dx}{dt} = 3x + 2y - e^{-t}, \quad \frac{dy}{dt} = x + 2y - 2$$

정답 : $x = 2c_1 e^{4t} - c_2 e^{t} + \frac{3}{10}e^{-t} - 1$, $y = c_1 e^{4t} + c_2 e^{t} - \frac{1}{10}e^{-t} + \frac{3}{2}$

11.3.3 대각화에 의한 방법

이제 마지막으로 행렬의 대각화를 이용한 비동차형 선형 연립 미분방정식의 풀이 과정에 대해 설명하고자 한다.

11.2절에서 동차형 선형 연립 미분방정식의 계수행렬 $\vec{A}$ 가 n개의 일차독립인 고유벡터를 가지면 행렬 $\vec{A}$ 는 대각화가 가능하고, 대각화를 통하여 동차형 선형 연립 미분방정식을 디커플 시스템으로 바꿀 수 있음을 설명한 바 있다. 마찬가지로 비동차형 선형 연립 미분방정식의 경우에도 행렬의 대각화를 이용하여 디커플 시스템으로 바꿀 수 있다. 식 (11.4)의 비동차형 선형 연립 미분방정식을 다시 고려해 보자.

$$\frac{d\vec{X}}{dt} = \vec{A}\,\vec{X} + \vec{U}(t)$$

$n \times n$ 행렬 $\vec{P}$는 가역행렬이고

$$\vec{P}^{-1}\vec{A}\,\vec{P} = \vec{D}$$

에 의해 $\vec{A}$를 대각화시킬 수 있는 행렬이라 가정하자. 변수변환을 위해

$$\vec{X} = \vec{P}\,\vec{W} \tag{11.46}$$

라 놓고, 이것을 식 (11.4)에 대입하면

$$\frac{d(\vec{P}\,\vec{W})}{dt} = \vec{A}\,\vec{P}\,\vec{W} + \vec{U}(t)$$

$$\vec{P}\frac{d\vec{W}}{dt} = \vec{A}\,\vec{P}\,\vec{W} + \vec{U}(t)$$

가 되고, 위 식의 왼쪽에 $\vec{P}^{-1}$를 곱하면

$$\frac{d\vec{W}}{dt} = \vec{P}^{-1}\vec{A}\,\vec{P}\,\vec{W} + \vec{P}^{-1}\vec{U}(t)$$

$$\frac{d\vec{W}}{dt} = \vec{D}\,\vec{W} + \vec{P}^{-1}\vec{U}(t) \tag{11.47}$$

가 얻어진다. 따라서 식 (11.47)을 풀어서 $\vec{W}$를 구한 다음, $\vec{W}$를 식 (11.46)에 대입하면 비동차형 선형 연립 미분방정식의 일반해 $\vec{X}$가 구해진다.

예제 11-12 일반해(비동차형) : 대각화에 의한 방법

다음 선형 연립 미분방정식의 일반해를 구하라.

$$\frac{dx}{dt} = -2x - y + t, \quad \frac{dy}{dt} = 3x + 2y - 2$$

풀이

주어진 미분방정식을 행렬로 표현하면

$$\frac{d}{dt}\begin{bmatrix} x \\ y \end{bmatrix} = \begin{bmatrix} -2 & -1 \\ 3 & 2 \end{bmatrix}\begin{bmatrix} x \\ y \end{bmatrix} + \begin{bmatrix} t \\ -2 \end{bmatrix} \qquad \cdots\cdots ①$$

이고,

$$\vec{U}(t) = \begin{bmatrix} t \\ -2 \end{bmatrix} \qquad \cdots\cdots ②$$

이다. 계수행렬의 고윳값과 고유벡터는

$$\lambda_1 = 1, \qquad \vec{V}_1 = \begin{bmatrix} -1 \\ 3 \end{bmatrix} \qquad \cdots\cdots ③$$

$$\lambda_2 = -1, \quad \vec{V}_2 = \begin{bmatrix} -1 \\ 1 \end{bmatrix} \qquad \cdots\cdots ④$$

이므로, 대각화를 위한 행렬 $\vec{P}$는

$$\vec{P} = [\vec{V}_1 \ \ \vec{V}_2] = \begin{bmatrix} -1 & -1 \\ 3 & 1 \end{bmatrix} \qquad \cdots\cdots ⑤$$

이고, $\vec{P}$의 역행렬은

$$\vec{P}^{-1} = \frac{1}{\det\vec{P}}\begin{bmatrix} 1 & 1 \\ -3 & -1 \end{bmatrix} = \frac{1}{2}\begin{bmatrix} 1 & 1 \\ -3 & -1 \end{bmatrix} \qquad \cdots\cdots ⑥$$

이 얻어진다. 또한 $\vec{P}$에 의해 만들어지는 $\vec{A}$의 대각행렬은

$$\vec{P}^{-1}\vec{A}\vec{P} = \vec{D} = \begin{bmatrix} \lambda_1 & 0 \\ 0 & \lambda_2 \end{bmatrix} = \begin{bmatrix} 1 & 0 \\ 0 & -1 \end{bmatrix} \qquad \cdots\cdots ⑦$$

이다. $\vec{W} = \begin{bmatrix} w_1 \\ w_2 \end{bmatrix}$로 놓고, 식 (11.46)과 같이 변수변환을 한 뒤, 식 ②, 식 ⑥, 식 ⑦을 식 (11.47)에 대입하여 풀면

$$\begin{aligned} \frac{d}{dt}\begin{bmatrix} w_1 \\ w_2 \end{bmatrix} &= \begin{bmatrix} 1 & 0 \\ 0 & -1 \end{bmatrix}\begin{bmatrix} w_1 \\ w_2 \end{bmatrix} + \frac{1}{2}\begin{bmatrix} 1 & 1 \\ -3 & -1 \end{bmatrix}\begin{bmatrix} t \\ -2 \end{bmatrix} \\ &= \begin{bmatrix} 1 & 0 \\ 0 & -1 \end{bmatrix}\begin{bmatrix} w_1 \\ w_2 \end{bmatrix} + \begin{bmatrix} \frac{1}{2}t - 1 \\ -\frac{3}{2}t + 1 \end{bmatrix} \end{aligned} \qquad \cdots\cdots ⑧$$

이다. 식 ⑧을 풀어 쓰면

$$\begin{aligned} \frac{dw_1}{dt} &= w_1 + \frac{1}{2}t - 1 \\ \frac{dw_2}{dt} &= -w_2 - \frac{3}{2}t + 1 \end{aligned} \qquad \cdots\cdots ⑨$$

이고, 이것은 1계 선형 미분방정식이다. 이를 풀면(상미분방정식 풀이법 참조)

$$\begin{aligned} w_1 &= c_1e^t - \frac{1}{2}t + \frac{1}{2} \\ w_2 &= c_2e^{-t} - \frac{3}{2}t + \frac{5}{2} \end{aligned} \qquad \cdots\cdots ⑩$$

이다. 따라서 식 ⑩은

$$\vec{W} = \begin{bmatrix} w_1 \\ w_2 \end{bmatrix} = \begin{bmatrix} c_1e^t - \frac{1}{2}t + \frac{1}{2} \\ c_2e^{-t} - \frac{3}{2}t + \frac{5}{2} \end{bmatrix} \qquad \cdots\cdots ⑪$$

로 쓸 수 있으므로, 식 ⑤와 식 ⑪을 식 (11.46)에 대입하면 주어진 미분방정식의 일반해가 다음과 같이 구해진다.

$$\begin{aligned}\vec{X} &= \vec{P}\,\vec{W}\\ &= \begin{bmatrix} -1 & -1 \\ 3 & 1 \end{bmatrix} \begin{bmatrix} c_1 e^{t} - \frac{1}{2}t + \frac{1}{2} \\ c_2 e^{-t} - \frac{3}{2}t + \frac{5}{2} \end{bmatrix}\\ &= \begin{bmatrix} -c_1 e^{t} - c_2 e^{-t} + 2t - 3 \\ 3c_1 e^{t} + c_2 e^{-t} - 3t + 4 \end{bmatrix} \qquad \cdots\cdots ⑫\end{aligned}$$

따라서

$$\begin{aligned} x &= -c_1 e^{t} - c_2 e^{-t} + 2t - 3 \\ y &= 3c_1 e^{t} + c_2 e^{-t} - 3t + 4 \qquad \cdots\cdots ⑬\end{aligned}$$

이다.

Command Window

: 코딩

```
A=sym([-2 -1;3 2]);                        % 행렬 A를 심볼릭으로 정의
[V,U]=eig(A)                               % 행렬 A의 고윳값, 고유벡터 구하기
[x,y]=dsolve('Dx=-2*x-y+t, Dy=3*x+2*y-2');
x=simplify(x)                              % x를 간단하게 표현
y=simplify(y)                              % y를 간단하게 표현
```

: 결과

```
V = [-1/3, -1]
    [1, 1]
U = [1, 0]
    [0, -1]
x = 2*t-(C1*exp(t))/3-C2*exp(-t)-3
y = C1*exp(t)-3*t+C2*exp(-t)+4
                     % 위의 대각화에 의해 구한 결과와 상수부분이 다르지만 동일한 해임
```

유제 11-11 일반해(비동차형) : 대각화에 의한 방법

대각화에 의한 방법을 사용하여 유제 [11-10]의 선형 연립 미분방정식의 일반해를 구하라.

$$\frac{dx}{dt} = 3x + 2y - e^{-t}, \quad \frac{dy}{dt} = x + 2y - 2$$

정답 : $x = 2c_1 e^{4t} - c_2 e^{t} + \frac{3}{10}e^{-t} - 1,\;\; y = c_1 e^{4t} + c_2 e^{t} - \frac{1}{10}e^{-t} + \frac{3}{2}$

11.4 행렬의 지수함수

마지막으로 **행렬의 지수함수**에 대해 간단히 설명하고 이 장을 마무리하고자 한다.

간단한 선형 미분방정식 $\frac{dx}{dt} = \alpha x$의 일반해는 $x = ce^{\alpha t}$이다. 여기서 α는 임의의 상수이고, $e^{\alpha t}$은 지수함수이다. 4.1절의 **매클로린 급수**에 의하면 지수함수 $e^{\alpha t}$은 다음과 같이 전개된다.

$$e^{\alpha t} = \sum_{k=0}^{\infty} \frac{(\alpha t)^k}{k!} = 1 + \alpha t + \frac{(\alpha t)^2}{2!} + \frac{(\alpha t)^3}{3!} + \cdots$$

만약 $e^{\alpha t}$에서 α를 행렬 $\vec{A}$로 대치하면 $e^{\vec{A}t}$가 되고, 이를 **행렬의 지수함수**matrix exponential라고 부른다. 지수함수와 마찬가지로 행렬의 지수함수에 대해서도 급수 형태로 다음과 같이 정의할 수 있다.

정의 11-4 행렬의 지수함수

$n \times n$ 행렬 $\vec{A}$에 대해 행렬의 지수함수는 다음과 같이 정의한다.

$$e^{\vec{A}t} = \sum_{k=0}^{\infty} \frac{(\vec{A}t)^k}{k!} = 1 + \vec{A}t + \vec{A}^2\frac{t^2}{2!} + \vec{A}^3\frac{t^3}{3!} + \vec{A}^4\frac{t^4}{4!} + \cdots \quad (11.48)$$

앞에서 언급한 동차형 선형 연립 미분방정식인 식 (11.5)

$$\frac{d\vec{X}}{dt} = \vec{A}\vec{X}$$

의 일반해도 선형 미분방정식 $\frac{dx}{dt} = \alpha x$ 의 일반해가 $x = ce^{\alpha t}$인 것처럼 행렬의 지수함수를 사용하여 다음과 같이 나타낼 수 있다.

정리 11-8 일반해(동차형) : 행렬의 지수함수에 의한 해

$n \times n$ 행렬 $\vec{A}$에 대해 식 (11.5)의 일반해는 다음과 같다.

$$\vec{X} = e^{\vec{A}t}\vec{C} \quad (11.49)$$ [5]

여기서 $\vec{C}$는 상수들로 구성된 $n \times 1$ 벡터이다.

5 식 (11.36)과 식 (11.49)를 비교해보면 $\vec{\Phi}(t) = e^{\vec{A}t}$이므로 $e^{\vec{A}t}$도 기본 행렬이다.

증명 이를 증명하기 위해 식 (11.48)의 양변을 미분하여 행렬의 지수함수에 대한 도함수를 다음과 같이 구한다. 멱급수 전개를 참고하여 수식을 전개한다.

$$\frac{d}{dt}e^{\vec{A}t} = \vec{A} + \vec{A}^2 t + \frac{1}{2!}\vec{A}^3 t^2 + \frac{1}{3!}\vec{A}^4 t^3 + \cdots$$
$$= \vec{A}\left(\vec{I} + \vec{A}\,t + \frac{1}{2!}\vec{A}^2 t^2 + \frac{1}{3!}\vec{A}^3 t^3 + \cdots\right)$$
$$= \vec{A}\,e^{\vec{A}t}$$

식 (11.49)를 식 (11.5)에 대입하고 위 식을 이용하면

$$\frac{d}{dt}\left(e^{\vec{A}t}\vec{C}\right) = \vec{A}\left(e^{\vec{A}t}\vec{C}\right)$$
$$\vec{A}\,e^{\vec{A}t}\vec{C} = \vec{A}\left(e^{\vec{A}t}\vec{C}\right)$$

가 되어 관계식을 만족하므로, 식 (11.49)는 식 (11.5)의 일반해가 된다. ■

동차형과 유사하게 비동차형 선형 연립 미분방정식인 식 (11.4)

$$\frac{d\vec{X}}{dt} = \vec{A}\,\vec{X} + \vec{U}(t)$$

의 일반해를 다음과 같이 구할 수 있다.

정리 11-9 일반해(비동차형) : 행렬의 지수함수에 의한 해

$n\times n$ 행렬 $\vec{A}$에 대해 식 (11.4)의 일반해는 다음과 같다.

$$\vec{X} = \vec{X}_c + \vec{X}_p = e^{\vec{A}t}\vec{C} + e^{\vec{A}t}\int_{t_0}^{t} e^{-\vec{A}v}\,\vec{U}(v)\,dv^{6} \qquad (11.50)$$

여기서 $\vec{C}$는 상수들로 구성된 $n\times 1$ 벡터이다.

6 비동차형 미분방정식 $\frac{dx}{dt} = \alpha x + u(t)$ 의 일반해는 $x = x_c + x_p = ce^{\alpha t} + e^{\alpha t}\int_{t_0}^{t} e^{-\alpha v}u(v)\,dv$ 임을 참고한다.

증명 이를 증명하기 위해 식 (11.50)을 식 (11.4)에 대입해 보면 식 (11.4)의 좌변은

$$\frac{d}{dt}\left\{e^{\vec{A}t}\vec{C} + e^{\vec{A}t}\int_{t_0}^{t} e^{-\vec{A}v}\,\vec{U}(v)\,dv\right\}$$
$$= \vec{A}\,e^{\vec{A}t}\vec{C} + e^{\vec{A}t}\frac{d}{dt}\int_{t_0}^{t} e^{-\vec{A}v}\,\vec{U}(v)\,dv + \vec{A}\,e^{\vec{A}t}\int_{t_0}^{t} e^{-\vec{A}v}\,\vec{U}(v)\,dv$$
$$= \vec{A}\,e^{\vec{A}t}\vec{C} + e^{\vec{A}t}e^{-\vec{A}t}\vec{U}(t) + \vec{A}\,e^{\vec{A}t}\int_{t_0}^{t} e^{-\vec{A}v}\,\vec{U}(v)\,dv$$
$$= \vec{A}\,e^{\vec{A}t}\vec{C} + \vec{U}(t) + \vec{A}\,e^{\vec{A}t}\int_{t_0}^{t} e^{-\vec{A}v}\,\vec{U}(v)\,dv \qquad \cdots\cdots ①$$

이고, 식 (11.4)의 우변은 다음과 같다.

$$\vec{A}\,\vec{X}+\vec{U}(t)=\vec{A}\left\{e^{\vec{A}\,t}\vec{C}+e^{\vec{A}\,t}\int_{t_0}^{t}e^{-\vec{A}\,v}\,\vec{U}(v)\,dv\right\}+\vec{U}(t)$$

$$=\vec{A}\,e^{\vec{A}\,t}\vec{C}+\vec{A}\,e^{\vec{A}\,t}\int_{t_0}^{t}e^{-\vec{A}\,v}\,\vec{U}(v)\,dv+\vec{U}(t) \quad \cdots\cdots ②$$

따라서 식 ①과 식 ②가 같으므로 식 (11.50)은 식 (11.4)의 일반해이다. ■

한편, 행렬의 지수함수 $e^{\vec{A}\,t}$을 계산하는 문제에 대해 생각해 보자.

기본 행렬 $\vec{\Phi}(t)$는 식 (11.5)를 만족하므로

$$\frac{d\vec{\Phi}(t)}{dt}=\vec{A}\,\vec{\Phi}(t) \tag{11.51}$$

이고, 식 (11.51)에 라플라스 변환을 취하면

$$s\,\vec{\Phi}(s)-\vec{\Phi}(0)=\vec{A}\,\vec{\Phi}(s)$$

이다. $\vec{\Phi}(0)=\vec{I}$ 임을 고려하고, 위 식을 $\vec{\Phi}(s)$에 대해 풀면

$$\begin{aligned}\vec{\Phi}(s)&=\left(s\,\vec{I}-\vec{A}\right)^{-1}\vec{I}\\&=\left(s\,\vec{I}-\vec{A}\right)^{-1}\end{aligned} \tag{11.52}$$

이므로, 라플라스 역변환에 의해

$$\begin{aligned}\vec{\Phi}(t)&=\mathcal{L}^{-1}\left[\left(s\,\vec{I}-\vec{A}\right)^{-1}\right]\\&=e^{\vec{A}\,t}\end{aligned} \tag{11.53}$$

이 된다. 그러므로 행렬의 지수함수는 식 (11.53)을 이용하여 계산할 수 있다. 그러나 행렬 $\vec{A}$가 간단한 경우를 제외하고는 $e^{\vec{A}\,t}$을 계산하는 것은 그리 쉽지 않기 때문에 복잡한 행렬 $\vec{A}$에 대해서는 컴퓨터를 사용하여 계산하는 수밖에 없다. 따라서 $e^{\vec{A}\,t}$을 계산하는 간단한 예제를 풀어보는 것으로 이 절을 마친다.

예제 11-13 행렬의 지수함수 계산

다음 행렬 $\vec{A}$에 대해 행렬의 지수함수 $e^{\vec{A}t}$을 계산하라.

$$\vec{A}=\begin{bmatrix} 0 & -1 \\ 2 & -3 \end{bmatrix}$$

풀이

주어진 행렬 $\vec{A}$에 대해

$$(s\vec{I}-\vec{A})=\begin{bmatrix} s & 0 \\ 0 & s \end{bmatrix}-\begin{bmatrix} 0 & -1 \\ 2 & -3 \end{bmatrix}=\begin{bmatrix} s & 1 \\ -2 & s+3 \end{bmatrix}$$

이므로, 이것의 역행렬은

$$\begin{aligned}(s\vec{I}-\vec{A})^{-1} &= \frac{1}{\det(s\vec{I}-\vec{A})}\begin{bmatrix} s+3 & -1 \\ 2 & s \end{bmatrix} \\ &= \frac{1}{(s+1)(s+2)}\begin{bmatrix} s+3 & -1 \\ 2 & s \end{bmatrix} \\ &= \begin{bmatrix} \dfrac{s+3}{(s+1)(s+2)} & \dfrac{-1}{(s+1)(s+2)} \\ \dfrac{2}{(s+1)(s+2)} & \dfrac{s}{(s+1)(s+2)} \end{bmatrix}\end{aligned}$$

이다. 식 (11.53)을 이용하면

$$\begin{aligned}e^{\vec{A}t} &= \vec{\Phi}(t)=\mathcal{L}^{-1}\left[(s\vec{I}-\vec{A})^{-1}\right] \\ &= \begin{bmatrix} \mathcal{L}^{-1}\left\{\dfrac{s+3}{(s+1)(s+2)}\right\} & \mathcal{L}^{-1}\left\{\dfrac{-1}{(s+1)(s+2)}\right\} \\ \mathcal{L}^{-1}\left\{\dfrac{2}{(s+1)(s+2)}\right\} & \mathcal{L}^{-1}\left\{\dfrac{s}{(s+1)(s+2)}\right\} \end{bmatrix} \\ &= \begin{bmatrix} -e^{-2t}+2e^{-t} & e^{-2t}-e^{-t} \\ -2e^{-2t}+2e^{-t} & 2e^{-2t}-e^{-t} \end{bmatrix}\end{aligned}$$

…… 라플라스 역변환을 구하기 위해서는 5장에서 설명한 부분분수 전개법을 참조한다.

이 얻어진다.

Command Window

```
: 코딩
% 일반해 구하기(대각화에 의한 방법)
A=sym([0 -1;2 -3]);          % 행렬 A를 심볼릭으로 정의
s=sym('s');                  % 복소변수 s를 심볼릭으로 정의
B=inv(s*eye(2)-A); 1 2       % (sI-A)^-1 계산
U=ilaplace(B) 3              % e^At 계산

: 결과
U = [-exp(-2*t)+2*exp(-t),  exp(-2*t)-exp(-t)]
    [-2*exp(-2*t)+2*exp(-t),  2*exp(-2*t)-exp(-t)] % [예제 11-13]의 결과와 동일
```

MATLAB TIP!

1. 'inv(A)' : 행렬 $\vec{A}$의 역행렬을 구한다.
2. 'eye(n)' : $n\times n$ 단위 행렬을 생성한다.
3. 'ilaplace(B)' : 함수 B의 라플라스 역변환을 구한다.

Chapter 11 연습문제

11.1 **(행렬과 선형 연립 미분방정식)** 다음 선형 연립 미분방정식을 행렬 형태로 표현하라.

(a) $\dfrac{dx}{dt} = 4x - 4y$, $\dfrac{dy}{dt} = 2x - 3y$

(b) $\dfrac{dx}{dt} = -x + 2y$, $\dfrac{dy}{dt} = 2x + 3y$

(c) $\dfrac{dx}{dt} = -x - 2y$, $\dfrac{dy}{dt} = -x - 4y$

(d) $\dfrac{dx}{dt} = 2x - 2y$, $\dfrac{dy}{dt} = -2x + 2y + z$, $\dfrac{dz}{dt} = -x - y + z$

(e) $\dfrac{dx}{dt} = x - 2y - z$, $\dfrac{dy}{dt} = -x - y - z$, $\dfrac{dz}{dt} = -2x - 2y + z$

(f) $\dfrac{dx}{dt} = -x + 2y - z$, $\dfrac{dy}{dt} = -3x - 2y - z$, $\dfrac{dz}{dt} = 2x - y - z$

11.2 **(행렬과 선형 연립 미분방정식)** 행렬 형태로 표현된 선형 연립 미분방정식을 행렬을 사용하지 않고 나타내라.

(a) $\dfrac{d\vec{X}}{dt} = \begin{bmatrix} -1 & 2 \\ 1 & -2 \end{bmatrix}\begin{bmatrix} x \\ y \end{bmatrix}$

(b) $\dfrac{d\vec{X}}{dt} = \begin{bmatrix} 1 & -2 \\ 3 & -2 \end{bmatrix}\begin{bmatrix} x \\ y \end{bmatrix}$

(c) $\dfrac{d\vec{X}}{dt} = \begin{bmatrix} -1 & 2 & 1 \\ 1 & -2 & 2 \\ 0 & 3 & -1 \end{bmatrix}\begin{bmatrix} x \\ y \\ z \end{bmatrix}$

(d) $\dfrac{d\vec{X}}{dt} = \begin{bmatrix} -1 & 2 & 0 \\ 2 & -1 & -2 \\ -1 & 3 & 3 \end{bmatrix}\begin{bmatrix} x \\ y \\ z \end{bmatrix}$

11.3 **(선형 연립 미분방정식의 해벡터)** 벡터 $\vec{X}$가 주어진 선형 연립 미분방정식의 해벡터임을 보여라.

(a) $\dfrac{dx}{dt} = 4x + y$, $\dfrac{dy}{dt} = 2x + 5y$, $\vec{X} = \begin{bmatrix} 1 \\ 2 \end{bmatrix} e^{6t}$

(b) $\dfrac{dx}{dt} = 2x - y$, $\dfrac{dy}{dt} = -4x - y$, $\vec{X} = \begin{bmatrix} -1 \\ 1 \end{bmatrix} e^{3t}$

(c) $\dfrac{dx}{dt} = 5x - 2y$, $\dfrac{dy}{dt} = 5y$, $\vec{X} = \begin{bmatrix} 1 \\ 0 \end{bmatrix} e^{5t}$

(d) $\dfrac{dx}{dt} = x + 3y$, $\dfrac{dy}{dt} = 3x + y$, $\vec{X} = \begin{bmatrix} 1 \\ 1 \end{bmatrix} e^{4t}$

(e) $\dfrac{dx}{dt} = x + y$, $\dfrac{dy}{dt} = -x + 3y$, $\vec{X} = \begin{bmatrix} 1 \\ 1 \end{bmatrix} e^{2t}$

(f) $\dfrac{dx}{dt} = -2x - y$, $\dfrac{dy}{dt} = 2x$, $\vec{X} = \begin{bmatrix} \frac{1}{2}\cos t - \frac{1}{2}\sin t \\ \sin t \end{bmatrix} e^{-t}$

11.4 **(동차형 선형 연립 미분방정식의 일반해)** 다음 선형 연립 미분방정식의 일반해를 고윳값, 고유벡터를 이용하여 구하라.

(a) $\frac{dx}{dt} = -x - y$
$\frac{dy}{dt} = -2x - 2y$

(b) $\frac{dx}{dt} = -2x - y$
$\frac{dy}{dt} = 3x + 2y$

(c) $\frac{dx}{dt} = x + 2y$
$\frac{dy}{dt} = -3x - 6y$

(d) $\frac{dx}{dt} = 4x - 2y$
$\frac{dy}{dt} = 4y$

(e) $\frac{dx}{dt} = x + y$
$\frac{dy}{dt} = -x + 3y$

(f) $\frac{dx}{dt} = 3x - y$
$\frac{dy}{dt} = 2x + y$

(g) $\frac{dx}{dt} = -x - y$
$\frac{dy}{dt} = 4x - y$

(h) $\frac{dx}{dt} = 2x + 2y$
$\frac{dy}{dt} = -4x - 2y$

(i) $\frac{dx}{dt} = -x + y + z$
$\frac{dy}{dt} = 2x + y$
$\frac{dz}{dt} = x + z$

(j) $\frac{dx}{dt} = 2x$
$\frac{dy}{dt} = x + 3y - 2z$
$\frac{dz}{dt} = -x + z$

(k) $\frac{dx}{dt} = x + y - z$
$\frac{dy}{dt} = y + z$
$\frac{dz}{dt} = y - z$

(l) $\frac{dx}{dt} = 3x + y + z$
$\frac{dy}{dt} = x + 3y + z$
$\frac{dz}{dt} = x + y + 3z$

(m) $\frac{dx}{dt} = 3x - y - z$
$\frac{dy}{dt} = x + y - z$
$\frac{dz}{dt} = x - y + z$

(n) $\frac{dx}{dt} = x$
$\frac{dy}{dt} = x + y$
$\frac{dz}{dt} = 2x + y + z$

(o) $\frac{dx}{dt} = 2x + 2y - z$
$\frac{dy}{dt} = y$
$\frac{dz}{dt} = x$

(p) $\frac{dx}{dt} = 3y + 6z$
$\frac{dy}{dt} = x + 2y + 2z$
$\frac{dz}{dt} = -4y - 3z$

(q) $\frac{dx}{dt} = x - y$
$\frac{dy}{dt} = -x + y + 2z$
$\frac{dz}{dt} = -y + z$

11.5 **(동차형 선형 연립 미분방정식의 일반해)** 다음 동차형 선형 연립 미분방정식의 일반해를 행렬의 대각화를 이용하여 구하라.

(a) $\frac{dx}{dt} = x + y + 4z$
$\frac{dy}{dt} = y$
$\frac{dz}{dt} = x + y + z$

(b) $\frac{dx}{dt} = 6x + y + z$
$\frac{dy}{dt} = x + 6y + z$
$\frac{dz}{dt} = x + y + 6z$

11.6 **(비동차형 선형 연립 미분방정식의 일반해)** 다음 비동차형 선형 연립 미분방정식의 일반해를 미정계수법을 이용하여 구하라.

(a) $\dfrac{dx}{dt} = 4x + y + 2$
$\dfrac{dy}{dt} = 2x + 5y - 3$

(b) $\dfrac{dx}{dt} = x + 3y - 3$
$\dfrac{dy}{dt} = 3x + y + 2$

(c) $\dfrac{dx}{dt} = -2x - y + t$
$\dfrac{dy}{dt} = 3x + 2y - 2$

(d) $\dfrac{dx}{dt} = x + 2y + \cos t$
$\dfrac{dy}{dt} = -3x - 6y + 2$

(e) $\dfrac{dx}{dt} = 5x - 2y + 3$
$\dfrac{dy}{dt} = 5y - e^{-t}$

(f) $\dfrac{dx}{dt} = 2x - y + 3$
$\dfrac{dy}{dt} = 5x + 6y - 2$

11.7 **(비동차형 선형 연립 미분방정식의 일반해)** 다음 비동차형 선형 연립 미분방정식의 일반해를 매개변수변환법을 이용하여 구하고, [연습문제 11.6]의 결과와 비교하라.

(a) $\dfrac{dx}{dt} = 4x + y + 2$
$\dfrac{dy}{dt} = 2x + 5y - 3$

(b) $\dfrac{dx}{dt} = x + 3y - 3$
$\dfrac{dy}{dt} = 3x + y + 2$

(c) $\dfrac{dx}{dt} = -2x - y + t$
$\dfrac{dy}{dt} = 3x + 2y - 2$

(d) $\dfrac{dx}{dt} = x + 2y + \cos t$
$\dfrac{dy}{dt} = -3x - 6y + 2$

(e) $\dfrac{dx}{dt} = 5x - 2y + 3$
$\dfrac{dy}{dt} = 5y - e^{-t}$

(f) $\dfrac{dx}{dt} = 2x - y + 3$
$\dfrac{dy}{dt} = 5x + 6y - 2$

11.8 **(비동차형 선형 연립 미분방정식의 일반해)** 다음 비동차형 선형 연립 미분방정식의 일반해를 구하라.

(a) $\dfrac{dx}{dt} = x + y + 4z + 2$
$\dfrac{dy}{dt} = y + 1$
$\dfrac{dz}{dt} = x + y + z + t$

(b) $\dfrac{dx}{dt} = x + y - z + e^{3t}$
$\dfrac{dy}{dt} = x + 6y + z + 2$
$\dfrac{dz}{dt} = x + y + 6z - e^{3t}$

11.9 **(대각화에 의한 일반해 구하기)** 다음 비동차형 선형 연립 미분방정식의 일반해를 행렬의 대각화를 이용하여 구하라.

(a) $\dfrac{dx}{dt}=x+2y-e^{t}$, $\dfrac{dy}{dt}=3x+2y+2e^{t}$

(b) $\dfrac{dx}{dt}=x+3y-3$, $\dfrac{dy}{dt}=3x+y+2$

(c) $\dfrac{dx}{dt}=x+2y-2$, $\dfrac{dy}{dt}=2x+y+e^{4t}$, $\dfrac{dz}{dt}=2z+t$

(d) $\dfrac{dx}{dt}=-x+y+z+e^{3t}$, $\dfrac{dy}{dt}=x-y+z-2$, $\dfrac{dz}{dt}=x+y-z-2$

11.10 응용 **(연립 미분방정식 해 구하기)** 다음 주어진 각 전기회로에 흐르는 전류에 관한 연립 미분방정식을 세우고, 회로에 흐르는 모든 전류를 구하라. 여기서 $R_1=0\Omega$, $R_2=1\Omega$, $L_1=1\text{H}$, $L_2=1\text{H}$, $e_1(t)=10\text{V}$, $e_2(t)=10e^{-t}\text{V}$ 이다.

(a)

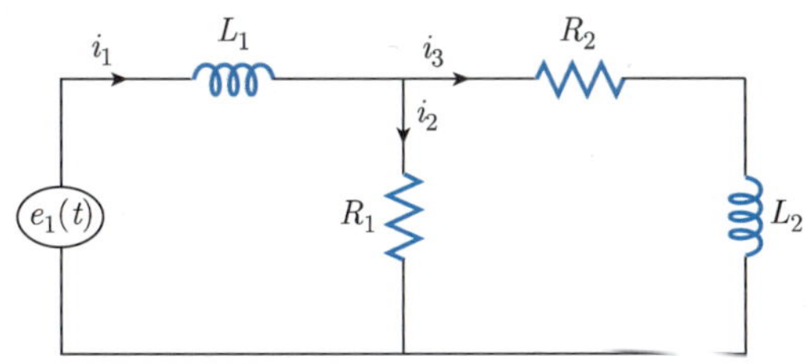

(b)

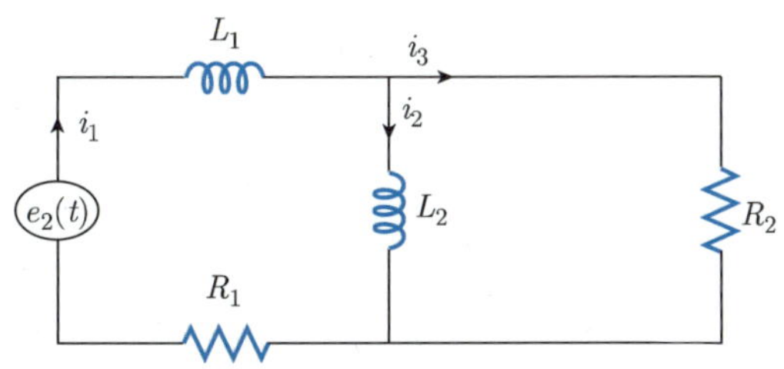

Chapter

12

푸리에 해석

Fourier Analysis

학습목표

- 벡터의 직교성을 함수의 직교성으로 확장하여 직교함수의 개념을 이해할 수 있다.
- 임의의 주기함수를 삼각함수에 의한 급수로 표현하는 푸리에 급수의 개념을 이해하고, 다양한 함수들의 푸리에 급수로 전개하는 방법을 이해할 수 있다.
- 유한 구간, 주기함수의 경우에 한하여 적용되는 푸리에 급수를 무한 구간, 비주기함수로 확장하여 적용할 수 있도록 하는 푸리에 적분의 개념을 이해할 수 있다.
- 무한 시간 구간에서 정의된 임의의 함수에 대해 임의의 주파수에서 함수의 정보를 얻기 위한 푸리에 변환을 할 수 있다.

12장의 MATLAB 명령어

1800년대 초, 프랑스의 수학자 푸리에(Joseph Fourier)는 임의의 함수를 삼각함수들의 급수로 나타낼 수 있다는 개념을 도입하였다. 푸리에 급수는 유한 주기의 주기함수를 간단한 형태의 정수배 고조파(harmonic) 삼각함수들로 표현이 가능한데, 이는 임의의 함수를 무한히 많은 직교함수들을 사용하여 나타내는 일반적인 급수의 특수한 경우라고 할 수 있다.

한편, 비주기 함수 또는 시간 축의 모든 구간에서 정의되는 함수에 대한 문제를 해석하기 위해서는 주기함수에 적용되는 푸리에 급수의 개선이 요구되는데, 이를 푸리에 적분이라고 한다.

또한 푸리에 적분의 세 가지 형태(사인 적분, 코사인 적분, 복소 또는 지수 형태)에 대한 새로운 적분 변환이 정의되는데, 이를 푸리에 변환이라 한다. 푸리에 급수에서 발전된 푸리에 변환은 비주기적인 시간 영역의 함수를 주파수 영역의 크기와 위상으로 변환시킨다.

푸리에 급수, 푸리에 적분, 푸리에 변환의 전 분야에 관하여 다루는 용어가 푸리에 해석이다. 이 장에서는 푸리에 급수, 푸리에 적분과 푸리에 변환에 대한 개념을 소개하고, 다양한 함수들의 푸리에 해석에 관한 실제 예제에 대해 공부한다. 또한 푸리에 변환을 사용하여 편미분방정식의 해를 구하는 문제는 13장 편미분방정식에서 다루도록 한다.

12.1 직교함수

이 절에서는 벡터의 내적의 개념을 이용하여 벡터의 직교성이 어떻게 함수의 직교성으로 확장될 수 있는지 살펴보고자 한다.

12.1.1 함수의 내적

n차원의 두 공간벡터 $\vec{u} = < u_1, u_2, \cdots, u_n >$과 $\vec{v} = < v_1, v_2, \cdots, v_n >$을 고려해 보자. 두 벡터의 내적은 다음과 같이 정의되고

$$\vec{u} \cdot \vec{v} = u_1 v_1 + u_2 v_2 + \cdots + u_n v_n = \sum_{k=1}^{n} u_k v_k$$

벡터의 내적이 0이면 두 벡터는 서로 직교한다. 이러한 개념을 함수들에 적용해 보자.

함수 f와 g가 구간 $[a, b]$에서 정의되는 구간 연속함수이고, 함수들의 적분 값이 존재한다면 다음과 같이 **두 함수의 내적** inner product of two functions을 정의할 수 있다.

정의 12-1 함수의 내적

구간 $[a, b]$에서 두 함수 f와 g의 내적은 상수이고, 다음과 같다.

$$< f, g > = \int_a^b f(x) g(x) dx \tag{12.1}$$ [1]

1 $< f, g >$: 함수 f와 g의 내적으로 벡터의 내적과 구분하기 위해 사용한 기호임

함수 f의 **크기** magnitude 또는 **노름** norm은 $\| f \|$으로 표기하고, 다음과 같이 정의된다.

정의 12-2 함수의 크기

$$\| f \| = \sqrt{< f, f >} = \sqrt{\int_a^b [f(x)]^2 dx} \tag{12.2}$$

12.1.2 함수의 직교성

벡터에서 임의의 두 벡터의 내적이 0이면 두 벡터는 서로 직교하는 것과 마찬가지로, 일반적인 함수들도 **직교함수** orthogonal function를 다음과 같이 정의할 수 있다.

> **정의 12-3 직교함수**
>
> 다음과 같은 관계식을 만족한다면 구간 $[a, b]$에서 두 함수 f와 g는 서로 직교한다고 한다.
>
> $$< f,\ g > = \int_a^b f(x)g(x)\,dx = 0 \tag{12.3}$$

예를 들어 두 함수 $f(x) = \sin x$와 $g(x) = \sin 2x$가 구간 $[-\pi,\ \pi]$에서 서로 직교하는지를 살펴보도록 하자. [정의 12-3]에 의하면

2 $\sin A \sin B = \frac{1}{2}[\cos(A-B) - \cos(A+B)]$

$$\begin{aligned} < f,\ g > &= \int_{-\pi}^{\pi} \sin x \sin 2x\ dx = \left[\int_{-\pi}^{\pi} \frac{\cos x - \cos 3x}{2}\ dx\right]^{2} \\ &= \frac{1}{2}\left[\sin x - \frac{1}{3}\sin 3x\right]_{-\pi}^{\pi} \\ &= 0 \end{aligned}$$

이다. 따라서 함수 $f(x) = \sin x$와 $g(x) = \sin 2x$는 직교한다.

서로 직교하는 함수들의 크기가 모두 1일 때, 이러한 함수를 **정규직교함수** orthonormal functions라고 한다. 앞에서 예시한 서로 직교하는 함수 $f(x) = \sin x$와 $g(x) = \sin 2x$의 크기를 계산해 보면 [정의 12-2]에 의해

3 $\sin^2 x = \frac{1-\cos 2x}{2}$

$$\begin{aligned} \| f \| &= \sqrt{\int_{-\pi}^{\pi} [f(x)]^2\,dx} = \sqrt{\int_{-\pi}^{\pi} \sin^2 x\,dx} \\ &= \sqrt{\int_{-\pi}^{\pi} \frac{1-\cos 2x}{2}\,dx}\ ^{3} \\ &= \sqrt{\frac{1}{2}\left[x - \frac{\sin 2x}{2}\right]_{-\pi}^{\pi}} \\ &= \sqrt{\pi} \end{aligned}$$

이고, 같은 방법으로

$$\| g \| = \sqrt{\int_{-\pi}^{\pi} [g(x)]^2 dx} = \sqrt{\int_{-\pi}^{\pi} \sin^2 2x\, dx} = \sqrt{\pi}$$

임을 알 수 있다. 그러므로 각각의 함수의 크기를 1로 만드는 새로운 함수 $f(x) = \dfrac{\sin x}{\sqrt{\pi}}$와 $g(x) = \dfrac{\sin 2x}{\sqrt{\pi}}$는 정규직교함수이다.

일반적으로 $f(x) = \sin mx\,(m = 1, 2, 3, \cdots)$와 $g(x) = \sin nx\,(n = 1, 2, 3, \cdots)$의 구간 $[-\pi, \pi]$에서 직교 여부에 대해 살펴보자.

❶ $m \neq n$인 경우

$$\begin{aligned} < f, g > &= \int_{-\pi}^{\pi} \sin mx \sin nx\, dx \\ &= \frac{1}{2}\int_{-\pi}^{\pi} \{\cos(m-n)x - \cos(m+n)x\}\, dx \text{ [4]} \\ &= \frac{1}{2}\left[\frac{\sin(m-n)x}{m-n} - \frac{\sin(m+n)x}{m+n}\right]_{-\pi}^{\pi} \\ &= 0 \end{aligned}$$

4 $\sin A \sin B = \frac{1}{2}[\cos(A-B) - \cos(A+B)]$

❷ $m = n$인 경우

$$\begin{aligned} < f, g > &= \int_{-\pi}^{\pi} \sin mx \sin nx\, dx = \left[\int_{-\pi}^{\pi} \sin^2 mx\, dx\right] \\ &= \left[\int_{-\pi}^{\pi} \frac{1-\cos 2mx}{2}\, dx\right] = \frac{1}{2}\left[x - \frac{\sin 2mx}{2m}\right]_{-\pi}^{\pi} \\ &= \pi \end{aligned}$$

이다. 따라서 $m \neq n$인 경우, 함수 $f(x) = \sin mx$와 $g(x) = \sin nx$는 직교함수이다. 또한 함수의 크기는

$$\| f \| = \sqrt{\int_{-\pi}^{\pi} f^2(x) dx} = \sqrt{\int_{-\pi}^{\pi} \sin^2 mx\, dx} = \sqrt{\pi}$$

$$\| g \| = \sqrt{\int_{-\pi}^{\pi} g^2(x) dx} = \sqrt{\int_{-\pi}^{\pi} \sin^2 nx\, dx} = \sqrt{\pi}$$

이므로, $m \neq n$인 경우, 함수 $f(x)=\dfrac{\sin mx}{\sqrt{\pi}}$와 $g(x)=\dfrac{\sin nx}{\sqrt{\pi}}$는 정규직교 함수이다.

예제 12-1 직교함수

두 함수 $f(x)=\cos x$와 $g(x)=\cos 3x$가 구간 $\left[0, \dfrac{\pi}{2}\right]$에서 직교함을 보여라.

풀이

Hint $\cos A \cos B = \dfrac{1}{2}[\cos(A+B)+\cos(A-B)]$

[정의 12-3]에 의해

$$< f, g > = \int_0^{\pi/2} \cos x \cos 3x \, dx = \frac{1}{2}\int_0^{\pi/2} (\cos 4x + \cos 2x) dx$$
$$= \frac{1}{2}\left[\frac{\sin 4x}{4} + \frac{\sin 2x}{2}\right]_0^{\pi/2} = 0$$

이다. 따라서 두 함수 $f(x)=\cos x$와 $g(x)=\cos 3x$는 구간 $\left[0, \dfrac{\pi}{2}\right]$에서 직교한다.

Command Window

```
: 코딩
x=sym('x');                              % x의 심볼릭 정의
U=int(cos(x)*cos(3*x),0,pi/2)            % 적분 계산

: 결과
U = 0                                    % [예제 12-1]의 결과와 동일
```

유제 12-1 직교함수

두 함수 $f(x)=\sin \dfrac{\pi}{a}x$와 $g(x)=\sin \dfrac{3\pi}{a}x$가 구간 $[0, a]$에서 직교함을 보여라.

정답 : 두 함수는 주어진 구간에서 직교한다.

예제 12-2 정규직교함수

$m \neq n$일 때, $f_0(x)=1$, $f_1(x)=\cos x$, $f_2(x)=\cos 2x$, $\cdots$, $f_n(x)=\cos nx$가 구간 $[-\pi, \pi]$에서 서로 정규직교함수가 되도록 하라.

풀이

먼저 $m \neq n$일 때 $f(x)=\cos mx\,(m=0, 1, 2, \cdots)$와 $g(x)=\cos nx\,(n=0, 1, 2, \cdots)$가 구간 $[-\pi, \pi]$에서 직교함을 보이자.

❶ **$m=0$, $n \neq 0$인 경우**

$$<f, g> = \int_{-\pi}^{\pi} \cos mx \cos nx \, dx = \int_{-\pi}^{\pi} \cos nx \, dx = \left[\frac{\sin nx}{n} \right]_{-\pi}^{\pi} = 0$$

❷ **$m \neq 0$, $n \neq 0$인 경우**

$$<f, g> = \int_{-\pi}^{\pi} \cos mx \cos nx \, dx = \frac{1}{2}\int_{-\pi}^{\pi} \{\cos(m-n)x + \cos(m+n)x\} \, dx$$

$$= \frac{1}{2}\left[\frac{\sin(m-n)x}{m-n} + \frac{\sin(m+n)x}{m+n} \right]_{-\pi}^{\pi} = 0$$

따라서 함수 $f_0(x)=1$, $f_1(x)=\cos x$, $f_2(x)=\cos 2x$, $\cdots$, $f_n(x)=\cos nx$는 구간 $[-\pi, \pi]$에서 서로 직교함을 알 수 있다. 이제 정규직교함수가 되도록 하기 위해 각 함수들의 크기가 구간 $[-\pi, \pi]$에서 1이 되도록 하면 된다. 각 함수들의 크기는

$$\| f_0 \| = \sqrt{\int_{-\pi}^{\pi} f_0^2(x) dx} = \sqrt{\int_{-\pi}^{\pi} (1) dx} = \sqrt{2\pi}$$

$$\| f_1 \| = \sqrt{\int_{-\pi}^{\pi} f_1^2(x) dx} = \sqrt{\int_{-\pi}^{\pi} (\cos^2 x) dx} = \sqrt{\int_{-\pi}^{\pi} \frac{1+\cos 2x}{2} dx} = \sqrt{\pi}$$

$$\| f_2 \| = \sqrt{\int_{-\pi}^{\pi} f_2^2(x) dx} = \sqrt{\int_{-\pi}^{\pi} (\cos^2 2x) dx} = \sqrt{\int_{-\pi}^{\pi} \frac{1+\cos 4x}{2} dx} = \sqrt{\pi}$$

$$\vdots$$

$$\| f_n \| = \sqrt{\int_{-\pi}^{\pi} f_n^2(x) dx} = \sqrt{\int_{-\pi}^{\pi} (\cos^2 nx) dx} = \sqrt{\int_{-\pi}^{\pi} \frac{1+\cos 2nx}{2} dx} = \sqrt{\pi}$$

이다. 따라서

$$\frac{f_0(x)}{\sqrt{2\pi}} = \frac{1}{\sqrt{2\pi}}, \quad \frac{f_1(x)}{\sqrt{\pi}} = \frac{\cos x}{\sqrt{\pi}}, \quad \frac{f_2(x)}{\sqrt{\pi}} = \frac{\cos 2x}{\sqrt{\pi}}, \quad \cdots, \quad \frac{f_n(x)}{\sqrt{\pi}} = \frac{\cos nx}{\sqrt{\pi}}$$

는 서로 정규직교함수가 된다.

Command Window

: 코딩

```
x=sym('x');                              % x의 심볼릭 정의
U0=sqrt(int(cos(0*x),-pi,pi))            % f0(x)의 크기 계산
U1=sqrt(int((cos(x))^2,-pi,pi))          % f1(x)의 크기 계산
U2=sqrt(int((cos(3*x))^2,-pi,pi))        % f2(x)의 크기 계산
```

: 결과

```
U0 = 2^(1/2)*pi^(1/2)
U1 = pi^(1/2)
U2 = pi^(1/2)                            [예제 12-2]의 결과와 동일
```

12.2 푸리에 급수

앞에서 설명한 바와 같이 사인함수와 코사인함수가 직교함수라는 사실을 이용하면 임의의 주기함수를 삼각함수에 의한 급수로 표현할 수 있다. 이것을 **푸리에 급수** Fourier series라고 하며, 다음과 같이 정의한다.

정의 12-4 푸리에 급수

구간 $(-T,\ T)$에서 정의되는 함수 $f(x)$의 푸리에 급수는 다음과 같다.

$$f(x)=\frac{a_0}{2}+\sum_{n=1}^{\infty}\left(a_n\cos\frac{n\pi}{T}x+b_n\sin\frac{n\pi}{T}x\right) \tag{12.4}$$

[정의 12-4]에 나타난 $a_0,\ a_1,\ a_2,\ \cdots,\ b_1,\ b_2,\ b_3,\ \cdots$은 푸리에 급수의 계수로서 다음과 같이 구할 수 있다.

식 (12.4)의 양변을 구간 $(-T,\ T)$에서 적분하면

$$\begin{aligned}\int_{-T}^{T}f(x)\,dx &= \int_{-T}^{T}\frac{a_0}{2}\,dx+\int_{-T}^{T}\sum_{n=1}^{\infty}\left(a_n\cos\frac{n\pi}{T}x+b_n\sin\frac{n\pi}{T}x\right)dx \\ &= \frac{a_0}{2}\int_{-T}^{T}dx+\sum_{n=1}^{\infty}\left(\int_{-T}^{T}a_n\cos\frac{n\pi}{T}x\,dx+\int_{-T}^{T}b_n\sin\frac{n\pi}{T}x\,dx\right)\end{aligned}$$

…… ①

이다. $n\geq 1$에 대해 $\cos\frac{n\pi}{T}x$와 $\sin\frac{n\pi}{T}x$는 1과 직교함을 이미 설명한 바 있으므로, 식 ①에서 우변의 두 번째 항의 적분은 모두 0이다. 따라서 식 ①은

$$\begin{aligned}\int_{-T}^{T}f(x)\,dx &= \frac{a_0}{2}\int_{-T}^{T}dx \\ &= \frac{a_0}{2}(2T)\end{aligned}$$

이므로

$$a_0=\frac{1}{T}\int_{-T}^{T}f(x)\,dx \tag{12.5}$$

가 된다.

또한 식 (12.4)의 양변에 $\cos \dfrac{m\pi}{T}x$를 곱하고 적분하면

$$\int_{-T}^{T} f(x)\cos\frac{m\pi}{T}x\,dx = \int_{-T}^{T}\frac{a_0}{2}\cos\frac{m\pi}{T}x\,dx$$

$$+\sum_{n=1}^{\infty}\int_{-T}^{T}\left(a_n\cos\frac{m\pi}{T}x\cos\frac{n\pi}{T}x + b_n\cos\frac{m\pi}{T}x\sin\frac{n\pi}{T}x\right)dx \quad \cdots\cdots ②$$

이고, 함수의 직교성에 의하면

$$\int_{-T}^{T}\cos\frac{m\pi}{T}x\,dx = 0 \qquad (m \geq 1)$$

$$\int_{-T}^{T}\cos\frac{m\pi}{T}x\sin\frac{n\pi}{T}x\,dx = 0$$

$$\int_{-T}^{T}\cos\frac{m\pi}{T}x\cos\frac{n\pi}{T}x\,dx = \begin{cases}0 & (m \neq n)\\ T & (m = n)\end{cases}$$

이다. 따라서 식 ②는 다음과 같이 간략하게 표현할 수 있다.

$$\int_{-T}^{T} f(x)\cos\frac{n\pi}{T}x\,dx = a_n T \quad \cdots\cdots ③$$

따라서 식 ③을 풀면

$$a_n = \frac{1}{T}\int_{-T}^{T} f(x)\cos\frac{n\pi}{T}x\,dx \qquad (12.6)$$

의 관계가 성립된다.

유사한 방법으로 식 (12.4)에 $\sin\dfrac{m\pi}{T}x$를 곱하고 적분하면

$$\int_{-T}^{T} f(x)\sin\frac{m\pi}{T}x\,dx = \int_{-T}^{T}\frac{a_0}{2}\sin\frac{m\pi}{T}x\,dx$$

$$+\sum_{n=1}^{\infty}\int_{-T}^{T}\left(a_n\sin\frac{m\pi}{T}x\cos\frac{n\pi}{T}x + b_n\sin\frac{m\pi}{T}x\sin\frac{n\pi}{T}x\right)dx \quad \cdots\cdots ④$$

이고, 함수의 직교성에 의하면

$$\int_{-T}^{T} \sin\frac{m\pi}{T}x\,dx = 0 \qquad (m \geq 1)$$

$$\int_{-T}^{T} \sin\frac{m\pi}{T}x\cos\frac{n\pi}{T}x\,dx = 0$$

$$\int_{-T}^{T} \sin\frac{m\pi}{T}x\sin\frac{n\pi}{T}x\,dx = \begin{cases} 0 & (m \neq n) \\ T & (m = n) \end{cases}$$

이다. 따라서 식 ④는

$$\int_{-T}^{T} f(x)\sin\frac{n\pi}{T}x\,dx = b_n T \qquad \cdots\cdots ⑤$$

가 되고, 식 ⑤를 풀면

$$b_n = \frac{1}{T}\int_{-T}^{T} f(x)\sin\frac{n\pi}{T}x\,dx \qquad (12.7)$$

의 관계가 성립된다. 결과적으로 식 (12.5) ~ 식 (12.7)에 의해 식 (12.4)에서 정의한 푸리에 급수의 계수들이 결정된다.

예제 12-3 푸리에 급수 전개 : 사각파

[그림 12-1]과 같이 주어진 다음 함수를 푸리에 급수로 전개하라.

$$f(x) = \begin{cases} -2 & (-\pi < x \leq 0) \\ 2 & (0 < x < \pi) \end{cases}$$

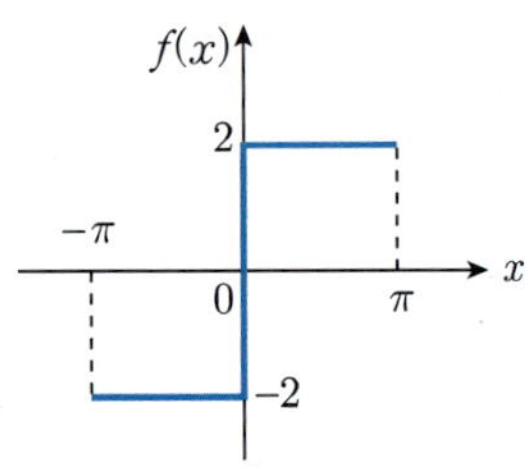

[그림 12-1]

풀이

푸리에 급수로 전개하기 위해서는 계수들을 구하면 된다. 먼저 식 (12.5)에 의해 a_0를 구하면

$$a_0 = \frac{1}{T}\int_{-T}^{T} f(x)\,dx = \frac{1}{\pi}\int_{-\pi}^{\pi} f(x)\,dx$$
$$= \frac{1}{\pi}\int_{-\pi}^{0}(-2)dx + \frac{1}{\pi}\int_{0}^{\pi}(2)dx = 0$$

이고, 식 (12.6)에 의해 a_n을 구하면

$$a_n = \frac{1}{T}\int_{-T}^{T} f(x)\cos\frac{n\pi}{T}x\,dx = \frac{1}{\pi}\int_{-\pi}^{\pi} f(x)\cos\frac{n\pi}{\pi}x\,dx$$

$$= \frac{1}{\pi}\int_{-\pi}^{0}(-2)\cos nx\,dx + \frac{1}{\pi}\int_{0}^{\pi}(2)\cos nx\,dx$$

$$= \frac{1}{\pi}\left[\frac{-2\sin nx}{n}\right]_{-\pi}^{0} + \frac{1}{\pi}\left[\frac{2\sin nx}{n}\right]_{0}^{\pi} = 0$$

이고, 식 (12.7)에 의해 b_n을 구하면

$$b_n = \frac{1}{T}\int_{-T}^{T} f(x)\sin\frac{n\pi}{T}x\,dx = \frac{1}{\pi}\int_{-\pi}^{\pi} f(x)\sin\frac{n\pi}{\pi}x\,dx$$

$$= \frac{1}{\pi}\int_{-\pi}^{0}(-2)\sin nx\,dx + \frac{1}{\pi}\int_{0}^{\pi}(2)\sin nx\,dx$$

$$= \frac{1}{\pi}\left[\frac{2\cos nx}{n}\right]_{-\pi}^{0} + \frac{1}{\pi}\left[\frac{-2\cos nx}{n}\right]_{0}^{\pi}$$

$$= \frac{2-2\cos n\pi-2\cos n\pi+2}{n\pi}$$

$$= \frac{4(1-\cos n\pi)}{n\pi}$$

가 각각 얻어진다. 따라서 함수 $f(x)$의 푸리에 급수 전개식은

$$f(x) = \sum_{n=1}^{\infty}\frac{4(1-\cos n\pi)}{n\pi}\sin nx$$

······ n이 짝수이면 $1-\cos n\pi = 0$임을 기억하자.

이다.

Command Window

: 코딩

```
n=sym('n'); x=sym('x'); pi=sym('pi');            % n, x, π의 심볼릭 정의
a0=1/pi*(int(-2,-pi,0)+int(2,0,pi)) 1           % a0 구하기
a1=int(-2*cos(n*x),-pi,0);
a2=int(2*cos(n*x),0,pi);
an=1/pi*(a1+a2)                                  % an 구하기
b1=int(-2*sin(n*x),-pi,0);
b2=int(2*sin(n*x),0,pi);
bn=1/pi*(b1+b2);                                 % bn 구하기
bn=simplify(bn)                                  % bn을 간단히 하기
```

: 결과

```
a0 = 0
an = 0
bn = (8*sin((pi*n)/2)^2)/(n*pi)                  % [예제 12-3]의 결과와 동일
```

[그림 12-1]에 대해 [예제 12-3]에서 구한 푸리에 급수 전개식을 사용하여 MATLAB에 의한 시뮬레이션 결과를 그림으로 나타내 보자.

MATLAB TIP!

1 'a:p:b' : a부터 b까지 벡터를 생성하는 데 사용되고, 이때 증분값이 p이다.

2 'for' : 반복연산을 수행할 수 있다.

3 'plot' : 다양한 그림을 그릴 수 있다.

4 'axis' : 좌표축의 범위를 정할 수 있다.

5 'xlabel', 'yabel' : x축과 y축에 라벨링을 할 수 있다.

Command Window

```
: 코딩
% f(x)의 시뮬레이션 그래프 그리기
x=-pi:0.1:pi; 1                                   % x 구간 설정

% n=1일 때 f(x)의 급수값
y1=4*(1-cos(pi))/(pi)*sin(x);

% n=3일 때 f(x)의 급수값
y3=4*(1-cos(pi))/(pi)*sin(x)+4*(1-cos(3*pi))/(3*pi)*sin(3*x);

% n=5일 때 f(x)의 급수값
N=5;
y5=0;
for n=1:N 2
  y5=y5+4*(1-cos(n*pi))/(n*pi)*sin(n*x);
end

% n=20일 때 f(x)의 급수값
y20=0;
M=20;
for n=1:M
  y20=y20+4*(1-cos(n*pi))/(n*pi)*sin(n*x);
end
plot(x,y1,'b-',x,y3,'k-',x,y5,'b-',x,y20,'k-') 3   % 여러 그림을 한 화면에 도시
axis([-pi pi -3 3]) 4                              % x축과 y축의 범위 설정
xlabel('x'); ylabel('f (x)') 5                     % x축과 y축의 라벨링
```

[그림 12-2]는 MATLAB을 이용하여 위의 푸리에 급수식 $f(x)$를 n에 따라 시뮬레이션한 결과를 보여준다. n이 커지면 푸리에 급수식이 원래의 함수 $f(x)$에 근접함을 알 수 있다.

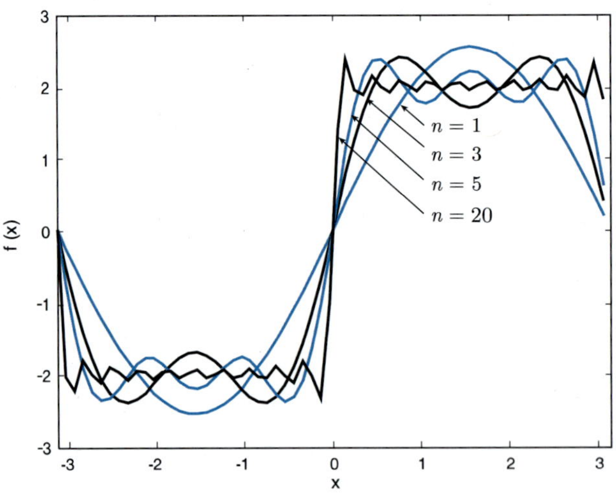

[그림 12-2] [예제 12-3] $f(x)$의 푸리에 급수합

유제 12-2 푸리에 급수 전개 : 사각파

다음 함수를 푸리에 급수로 전개하라.

$$f(x) = \begin{cases} 1 & (-\pi < x \le 0) \\ -1 & (0 < x < \pi) \end{cases}$$

정답 : $f(x) = \sum_{n=1}^{\infty} \frac{2(\cos n\pi - 1)}{n\pi} \sin nx$

예제 12-4 푸리에 급수 전개 : 톱니파

[그림 12-3]과 같이 주어진 다음 함수를 푸리에 급수로 전개하라.

$$f(x) = \begin{cases} x+\pi & (-\pi < x < 0) \\ 0 & (0 < x < \pi) \end{cases}$$

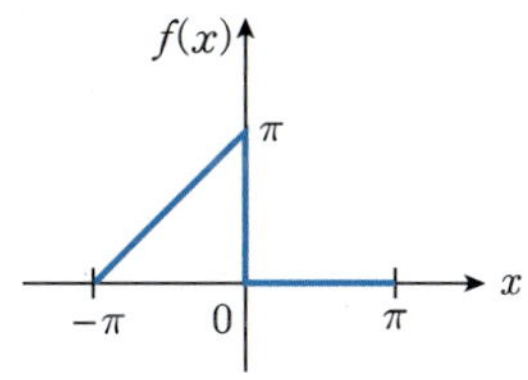

[그림 12-3]

풀이

식 (12.5)에 의해 a_0를 구하면

$$\begin{aligned} a_0 &= \frac{1}{T}\int_{-T}^{T} f(x)\,dx = \frac{1}{\pi}\int_{-\pi}^{\pi} f(x)\,dx \\ &= \frac{1}{\pi}\int_{-\pi}^{0} (x+\pi)\,dx + \frac{1}{\pi}\int_{0}^{\pi} (0)\,dx = \frac{1}{\pi}\left[\frac{x^2}{2} + \pi x\right]\Bigg|_{-\pi}^{0} = \frac{\pi}{2} \end{aligned}$$

이고, 식 (12.6)에 의해 a_n을 구하면

$$\begin{aligned} a_n &= \frac{1}{T}\int_{-T}^{T} f(x)\cos\frac{n\pi}{T}x\,dx = \frac{1}{\pi}\int_{-\pi}^{\pi} f(x)\cos\frac{n\pi}{\pi}x\,dx \\ &= \frac{1}{\pi}\int_{-\pi}^{0} (x+\pi)\cos nx\,dx + \frac{1}{\pi}\int_{0}^{\pi} (0)\cos nx\,dx \\ &= \frac{1}{\pi}\left[\frac{x+\pi}{n}\sin nx\Big|_{-\pi}^{0} - \frac{1}{n}\int_{-\pi}^{0}\sin nx\,dx\right] \\ &= 0 + \frac{1}{\pi}\left[\frac{1}{n^2}\cos nx\right]_{-\pi}^{0} \\ &= \frac{1-\cos n\pi}{\pi n^2} \end{aligned}$$

…… ① 부분적분을 이용하여 적분한다.

이고, 식 (12.7)에 의해 b_n을 구하면

$$\begin{aligned} b_n &= \frac{1}{T}\int_{-T}^{T} f(x)\sin\frac{n\pi}{T}x\,dx = \frac{1}{\pi}\int_{-\pi}^{\pi} f(x)\sin\frac{n\pi}{\pi}x\,dx \\ &= \frac{1}{\pi}\int_{-\pi}^{0} (x+\pi)\sin nx\,dx + \frac{1}{\pi}\int_{0}^{\pi} (0)\sin nx\,dx \end{aligned}$$

…… ② 부분적분을 이용하여 적분한다.

$$
\begin{aligned}
&= \frac{1}{\pi}\left[-\frac{x+\pi}{n}\cos nx\Big|_{-\pi}^{0} + \frac{1}{n}\int_{-\pi}^{0}\cos nx\,dx\right] \\
&= \frac{1}{\pi}\left[-\frac{\pi}{n} + \frac{-\pi+\pi}{n}\cos n\pi\right] + \frac{1}{\pi}\left[\frac{1}{n^2}\sin nx\right]_{-\pi}^{0} \\
&= -\frac{1}{n}
\end{aligned}
$$

이 각각 얻어진다. 따라서 함수 $f(x)$의 푸리에 급수 전개식은

$$
f(x) = \frac{\pi}{4} + \sum_{n=1}^{\infty}\left(\frac{1-\cos n\pi}{\pi n^2}\cos nx - \frac{1}{n}\sin nx\right)
$$

이다.

Command Window

: 코딩

```
n=sym('n'); x=sym('x'); pi=sym('pi');          % n, x, π의 심볼릭 정의
a0=1/pi*int(x+pi,-pi,0)                        % a0 구하기
an=1/pi*int((x+pi)*cos(n*x),-pi,0);            % an 구하기
an=subs(an,sin(pi*n),0)                        % sinnπ 대신 0을 대입
bn=1/pi*int((x+pi)*sin(n*x),-pi,0);            % bn 구하기
bn=subs(bn,sin(pi*n),0)                        % sinnπ 대신 0을 대입
```

: 결과

```
a0 = pi/2
an = (2*sin((pi*n)/2)^2)/(pi*n^2) [1]
bn = -1/n                                      % [예제 12-4]의 결과와 동일
```

MATLAB TIP!

[1] $\sin^2\frac{A}{2} = \frac{1-\cos A}{2}$

[예제 12-4]에서 구한 푸리에 급수 전개식을 사용하여 [그림 12-3]에 대해 MATLAB으로 시뮬레이션한 결과를 그림으로 나타내보자.

Command Window

: 코딩

```
% f(x)의 시뮬레이션 그래프 그리기
x=-pi:0.1:pi;                                  % x 구간 설정

% n=3일 때 f(x)의 급수값
L=3;
y3=0;
for n=1:L
y3=y3+(1-cos(n*pi))/(pi*n^2)*cos(n*x)-1/n*sin(n*x);
end
y3=pi/4+y3;
```

```
% n=10일 때 f(x)의 급수값
M=10;
y10=0;
for n=1:M
y10=y10+(1-cos(n*pi))/(pi*n^2)*cos(n*x)-1/n*sin(n*x);
end
y10=pi/4+y10;

% n=20일 때 f(x)의 급수값
N=20;
y20=0;
for n=1:N
y20=y20+(1-cos(n*pi))/(pi*n^2)*cos(n*x)-1/n*sin(n*x);
end
y20=pi/4+y20;
plot(x,y3,'b-',x,y10,'k-',x,y20,'b-')          % 여러 그림을 한 화면에 도시
axis([-pi pi -0.5 3.5])                          % x축과 y축의 범위 설정
xlabel('x'); ylabel('f (x)')                     % x축과 y축의 라벨링
```

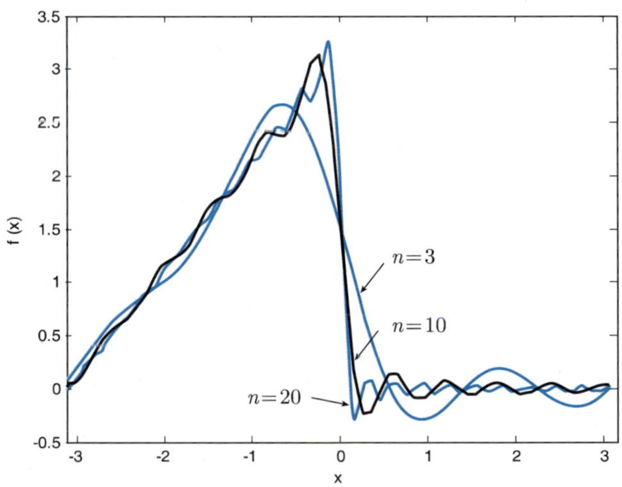

[그림 12-4] [예제 12-4] $f(x)$의 푸리에 급수합

유제 12-3 푸리에 급수 전개 : 톱니파

[그림 12-5]와 같이 주어진 다음 함수를 푸리에 급수로 전개하라.

$$f(x) = \begin{cases} 0 & (-\pi < x \le 0) \\ -x+\pi & (0 < x < \pi) \end{cases}$$

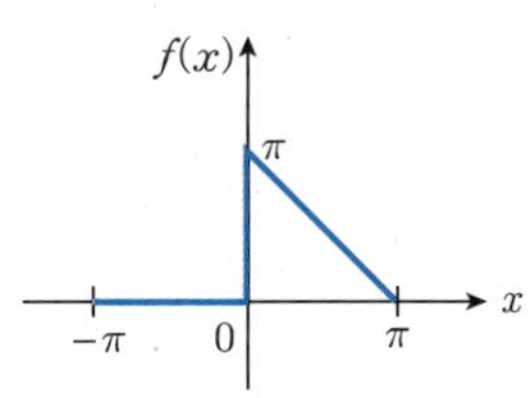

[그림 12-5]

정답 : $f(x) = \frac{\pi}{4} + \sum_{n=1}^{\infty} \left(\frac{1-\cos n\pi}{\pi n^2} \cos nx + \frac{1}{n} \sin nx \right)$

■ **불연속 점에서의 수렴**

함수 $f(x)$가 구간 $(-T,\ T)$에서 불연속점 x_0를 갖는다고 가정하자. 즉 함수 $f(x)$가 구간 $(-T,\ T)$에서 불연속점이 x_0이고 **구간별 연속** piecewise continuous 함수이면, 불연속점 x_0에서 푸리에 급수는 다음과 같이 다시 정의된다.

$$f(x_0) = \frac{f(x_0^-) + f(x_0^+)}{2} \tag{12.8}$$

여기서 $f(x_0^-)$와 $f(x_0^+)$는 불연속점 x_0에서의 **좌극한** left hand limit 과 **우극한** right hand limit 을 각각 나타내고, 불연속점에서의 $f(x_0)$는 좌극한과 우극한의 평균값을 취하는 것으로 볼 수 있다. 예를 들면 [예제 12-3]에서 함수 $f(x)$는 $x=0$에서 불연속점을 갖는 구간별 연속함수이고, 좌극한 $f(0^-)=-2$, 우극한 $f(0^+)=2$이므로, 식 (12.8)에 의해

$$f(0) = \frac{f(0^-) + f(0^+)}{2} = \frac{-2+2}{2} = 0$$

이다. 이는 [그림 12-2]에서도 결과를 확인할 수 있다.

■ **주기확장**

비록 함수 $f(x)$가 주기함수가 아니라 할지라도 구간 $(-T,\ T)$에서 함수 $f(x)$의 푸리에 급수를 나타내는 식 (12.4)의 우측 항은 **주기함수**[5]이다. 물론 식 (12.4)의 우측 항의 각각의 함수들은 서로 다른 주기 $\dfrac{2T}{n}$ $(n \geq 1)$[6]를 갖지만, 한 주기의 양의 정수배도 하나의 주기가 되므로 우측 항의 모든 함수들은 공통적으로 주기 $2T$를 갖게 된다. 이 $2T$가 식 (12.4)의 우측 항의 기본 주기이다. 그러므로 식 (12.4)는 구간 $(-T,\ T)$에서 $f(x)$의 급수합을 나타내고 있을 뿐만 아니라, 동시에 이 구간 밖으로 확장된 $f(x)$에 대해서도 급수합으로 나타낼 수 있다. 이를 **주기확장** periodic extension 이라 한다.

5 임의의 정수 n에 대해 $f(x)=f(x+nT)$가 만족된다면 함수 $f(x)$는 주기함수이고, T가 주기이다.

6 $\cos wx$ 또는 $\sin wx$의 주기는 $\dfrac{2\pi}{w}$임을 기억하자.

예를 들면 [예제 12-3]의 $f(x)$에 대한 푸리에 급수식

$$f(x) = \sum_{n=1}^{\infty} \frac{4(1-\cos n\pi)}{n\pi} \sin nx$$

는 x축 전체 구간에 주기적으로 확장된 함수식

$$f(x) = \begin{cases} -2 & (-\pi < x \le 0) \\ 2 & (0 < x < \pi) \end{cases}$$

로 수렴한다. 그러므로 식 (12.8)을 적용하면 주기적으로 확장된 점 $x=0$, $\pm 2T$, $\pm 4T$, $\cdots$ 또는 $x = \pm T$, $\pm 3T$, $\pm 5T$에서 급수는 각각 다음 값에 수렴한다.

$$f(0) = \frac{f(0^-)+f(0^+)}{2} = \frac{-2+2}{2} = 0$$

$$f(\pi) = \frac{f(\pi^-)+f(\pi^+)}{2} = \frac{-2+2}{2} = 0$$

따라서 [예제 12-3]의 $f(x)$에 대한 주기확장은 [그림 12-6]과 같이 나타낼 수 있다.

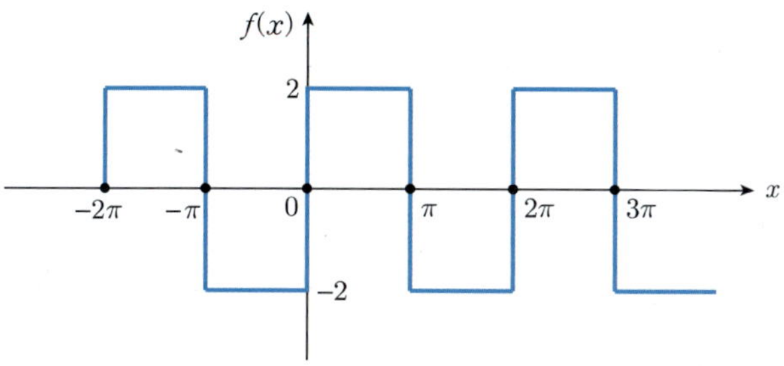

[그림 12-6] [그림 12-1]에 주어진 함수 $f(x)$의 주기확장

■ 우함수와 기함수

지금까지는 임의의 함수에 대한 푸리에 급수에 대해 설명했는데, 만약 주어진 함수 $f(x)$가 대칭적인 특징의 하나인 **우함수**even function나 **기함수**odd function의 형태를 보인다면 푸리에 급수의 계수들을 훨씬 수월하게 구할 수 있다.

이해를 돕기 위해 우함수와 기함수의 정의와 특성에 대해 먼저 언급하고 넘어가도록 하자.

임의의 구간에서 함수 $f(x)$가

$$f(-x) = f(x) \tag{12.9}$$

를 만족하면 우함수이고,

$$f(-x) = -f(x) \tag{12.10}$$

를 만족하면 기함수이다. 우함수는 y축에 대칭인 함수이고, 기함수는 원점에 대칭인 함수이다. [그림 12-7]은 우함수에 대한 예를, [그림 12-8]은 기함수에 대한 예를 보여준다.

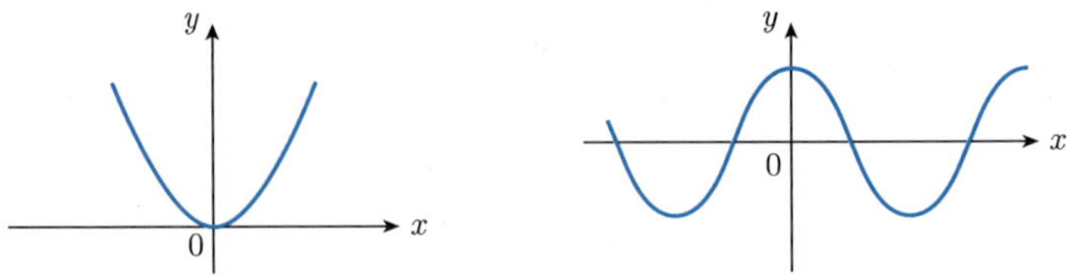

(a) $y = x^2$ (b) $y = \cos x$

[그림 12-7] **우함수의 예**

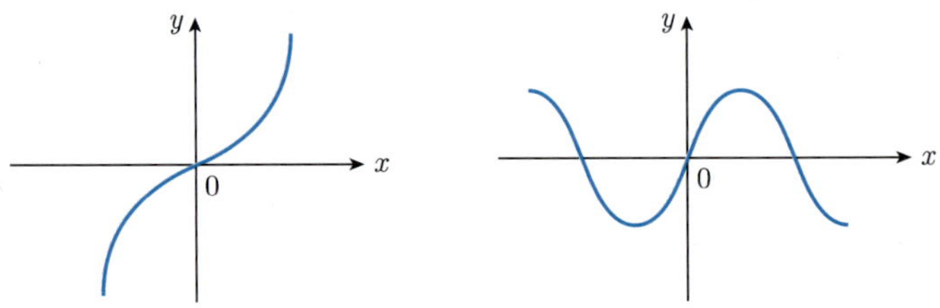

(a) $y = x^3$ (b) $y = \sin x$

[그림 12-8] **기함수의 예**

우함수와 기함수는 다음과 같은 특성이 있다.

❶ 우함수의 합은 우함수이다.
❷ 기함수의 합은 기함수이다.
❸ 두 우함수의 곱은 우함수이다.
❹ 두 기함수의 곱은 우함수이다.
❺ 우함수와 기함수의 곱은 기함수이다.

증명 특성 ❶~❹의 증명은 쉬우므로 생략하고 특성 ❺를 증명해 보자.
함수 $f(x)$는 우함수, 함수 $g(x)$는 기함수라 가정하고, 함수 $h(x)$를 두 함수의 곱 $h(x) = f(x)g(x)$라 하면

$$h(-x) = f(-x)g(-x) = -f(x)g(x) = -h(x)$$

가 되므로, 기함수의 정의에 의하여 함수 $h(x)$는 기함수가 된다. ■

또한 우함수와 기함수의 적분에 관한 다음 정리가 성립된다.

정리 12-1 우함수와 기함수의 적분

$f(x)$가 우함수, $g(x)$가 기함수라고 하면 각 함수의 적분에 대해 다음과 같은 관계식이 성립한다.

$$\int_{-T}^{T} f(x)\,dx = 2\int_{0}^{T} f(x)\,dx \tag{12.11}$$

$$\int_{-T}^{T} g(x)\,dx = 0 \tag{12.12}$$

증명

1 식 (12.11)을 증명해 보자. 식 (12.11)의 좌변은

$$\int_{-T}^{T} f(x)\,dx = \int_{-T}^{0} f(x)\,dx + \int_{0}^{T} f(x)\,dx \qquad \cdots\cdots ①$$

와 같이 쓸 수 있다. 위 식 우변의 첫째 항의 적분은 $x = -v$로 치환하여 다음과 같이 변환할 수 있다.

$$\int_{-T}^{0} f(x)\,dx = \int_{T}^{0} f(-v)(-dv) = -\int_{T}^{0} f(-v)\,dv = \int_{0}^{T} f(-v)\,dv \qquad \cdots\cdots ②$$

그런데 $f(x)$가 우함수이므로 식 (12.9)를 이용하면 식 ②는

$$\int_{-T}^{0} f(x)\,dx = \int_{0}^{T} f(v)\,dv = \int_{0}^{T} f(x)\,dx \qquad \cdots\cdots ③$$

이고, 식 ③을 식 ①에 대입하면

$$\int_{-T}^{T} f(x)\,dx = 2\int_{0}^{T} f(x)\,dx$$

가 된다.

2 식 (12.12)를 증명해 보자. 비슷한 방법으로

$$\int_{-T}^{T} g(x)\,dx = \int_{-T}^{0} g(x)\,dx + \int_{0}^{T} g(x)\,dx \qquad \cdots\cdots ④$$

와 같이 쓸 수 있다. 위 식 우변의 첫째 항의 적분은 $x = -u$로 치환하여 다음과 같이 변환할 수 있다.

$$\int_{-T}^{0} g(x)\,dx = \int_{T}^{0} g(-u)(-du) = -\int_{T}^{0} g(-u)\,du \qquad \cdots\cdots ⑤$$

$$= \int_{0}^{T} g(-u)\,du$$

그런데 $g(x)$가 기함수이므로 식 (12.10)을 이용하면 식 ⑤는

$$\int_{-T}^{0} g(x)\,dx = -\int_{0}^{T} g(u)\,du = -\int_{0}^{T} g(x)\,dx \qquad \cdots\cdots ⑥$$

이고, 식 ⑥을 식 ④에 대입하면 다음과 같이 된다.

$$\int_{-T}^{T} g(x)\,dx = -\int_{0}^{T} g(x)\,dx + \int_{0}^{T} g(x)\,dx = 0$$

■

함수 $f(x)$의 푸리에 급수식 (12.4)를 $f(x)$가 우함수 또는 기함수인 경우에 대해 다시 구해 보자.

■ $f(x)$가 우함수인 경우

$f(x)$가 구간 $(-T,\ T)$에서 우함수이면 앞에서 설명한 우함수와 기함수의 특성과 [정리 12-1]에 의해 식 (12.5) ~ 식 (12.7)의 계수들이 다음과 같이 된다.

$$a_0 = \frac{1}{T}\int_{-T}^{T} f(x)\,dx = \frac{2}{T}\int_{0}^{T} f(x)\,dx \qquad (12.13)$$

$$a_n = \frac{1}{T}\int_{-T}^{T} f(x)\cos\frac{n\pi}{T}x\,dx = \frac{2}{T}\int_{0}^{T} f(x)\cos\frac{n\pi}{T}x\,dx \qquad (12.14)$$ [7]

$$b_n = \frac{1}{T}\int_{-T}^{T} f(x)\sin\frac{n\pi}{T}x\,dx = 0 \qquad (12.15)$$ [8]

7 $f(x)$가 우함수이고, 코사인 함수도 우함수이므로 두 우함수의 곱은 우함수이다.

8 $f(x)$가 우함수이고, 사인 함수는 기함수이므로 우함수와 기함수의 곱은 기함수이다.

따라서 $f(x)$의 푸리에 급수식 (12.4)는 다음과 같이 **코사인 급수**[cosine series]가 된다.

$$f(x) = \frac{a_0}{2} + \sum_{n=1}^{\infty} a_n \cos\frac{n\pi}{T}x \qquad (12.16)$$

여기서 a_0는 식 (12.13), a_n은 식 (12.14)로 주어진다.

■ $f(x)$가 기함수인 경우

$f(x)$가 구간 $(-T,\ T)$에서 기함수이면 앞에서 설명한 우함수와 기함수의 특성과 [정리 12-1]에 의해 식 (12.5) ~ 식 (12.7)의 계수들이 다음과 같이 된다.

$$a_0 = \frac{1}{T}\int_{-T}^{T} f(x)\,dx = 0 \tag{12.17}$$

$$a_n = \frac{1}{T}\int_{-T}^{T} f(x)\cos\frac{n\pi}{T}x\,dx = 0 \tag{12.18}$$ [9]

$$b_n = \frac{1}{T}\int_{-T}^{T} f(x)\sin\frac{n\pi}{T}x\,dx = \frac{2}{T}\int_{0}^{T} f(x)\sin\frac{n\pi}{T}x\,dx \tag{12.19}$$ [10]

9 $f(x)$가 기함수이고, 코사인 함수는 우함수이므로 기함수와 우함수의 곱은 기함수이다.

10 $f(x)$가 기함수이고, 사인 함수도 기함수이므로 두 기함수의 곱은 우함수이다.

따라서 $f(x)$의 푸리에 급수식 (12.4)는 다음과 같이 **사인 급수**sine series가 된다.

$$f(x) = \sum_{n=1}^{\infty} b_n \sin\frac{n\pi}{T}x \tag{12.20}$$

여기서 b_n은 식 (12.19)로 주어진다.

예제 12-5 푸리에 급수 전개 : 우함수

[그림 12-9]와 같이 주어진 함수를 푸리에 급수로 전개하라.

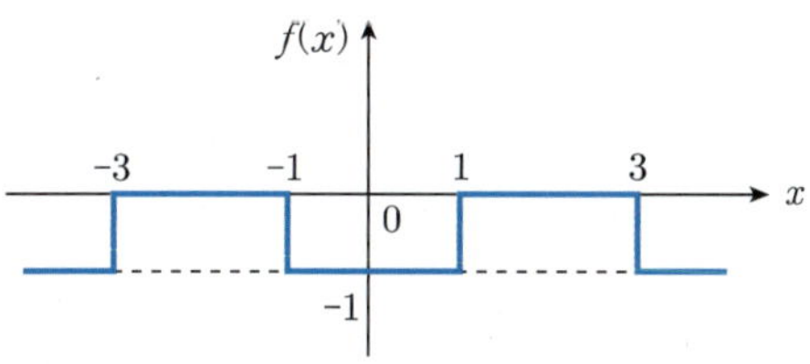

[그림 12-9]

풀이

[그림 12-9]의 함수는 주기함수이고 우함수이다. 이 함수의 한 주기에 대해 다음과 같이 표현할 수 있다.

$$f(x) = \begin{cases} 0 & (-2 < x < -1) \\ -1 & (-1 \le x < 1) \\ 0 & (1 \le x < 2) \end{cases}$$

우함수의 경우 푸리에 급수의 계수들은 식 (12.13) ~ 식 (12.15)에 의해 다음과 같이 구해진다.

$$
\begin{aligned}
a_0 &= \frac{2}{T}\int_0^T f(x)\,dx \\
&= \frac{2}{2}\int_0^2 f(x)\,dx \\
&= \int_0^1 (-1)\,dx + \int_1^2 (0)\,dx \\
&= -1
\end{aligned}
$$

$$
\begin{aligned}
a_n &= \frac{2}{T}\int_0^T f(x)\cos\frac{n\pi}{T}x\,dx \\
&= \frac{2}{2}\int_0^2 f(x)\cos\frac{n\pi}{2}x\,dx \\
&= \int_0^1 (-1)\cos\frac{n\pi}{2}x\,dx + \int_1^2 (0)\cos\frac{n\pi}{2}x\,dx \\
&= -\frac{2}{n\pi}\sin\frac{n\pi}{2}x\Big|_0^1 \\
&= -\frac{2}{n\pi}\sin\frac{n\pi}{2}
\end{aligned}
$$

$$
b_n = 0
$$

따라서 구하고자 하는 푸리에 급수는 식 (12.16)에 의해

$$
\begin{aligned}
f(x) &= \frac{a_0}{2} + \sum_{n=1}^{\infty} a_n \cos\frac{n\pi}{T}x \\
&= -\frac{1}{2} + \sum_{n=1}^{\infty}\left(-\frac{2}{n\pi}\sin\frac{n\pi}{2}\cos\frac{n\pi}{2}x\right)
\end{aligned}
$$

가 된다.

Command Window

: 코딩

```
n=sym('n'); x=sym('x'); pi=sym('pi');          % n, x, π의 심볼릭 정의
an=int(-1*cos(n*pi*x/2),0,1)                   % a_n 구하기
```

: 결과

```
an = -(2*sin((pi*n)/2))/(pi*n)                 % [예제 12-5]의 결과와 동일
```

[예제 12-5]에서 구한 푸리에 급수 전개식을 사용하여 [그림 12-9]에 대해 MATLAB으로 시뮬레이션한 결과를 그림으로 나타내 보자.

Command Window

```
: 코딩
% f(x)의 시뮬레이션 그래프 그리기
x=-2:0.1:2;                                        % x 구간 설정

% n=3일 때 f(x)의 급수값
L=3;
y3=0;
for n=1:L
y3=y3-2/(n*pi)*sin(n*pi/2)*cos(n*pi/2*x);
end
y3=-1/2+y3;

% n=10일 때 f(x)의 급수값
M=10;
y10=0;
for n=1:M
y10=y10-2/(n*pi)*sin(n*pi/2)*cos(n*pi/2*x);
end
y10=-1/2+y10;

% n=20일 때 f(x)의 급수값
N=20;
y20=0;
for n=1:N
y20=y20-2/(n*pi)*sin(n*pi/2)*cos(n*pi/2*x);
end
y20=-1/2+y20;

plot(x,y3,'b-',x,y10,'k-',x,y20,'b-')            % 여러 그림을 한 화면에 도시
axis([-2 2 -1.5 0.5])                             % x축과 y축의 범위 설정
xlabel('x'); ylabel('f (x)')                      % x축과 y축의 라벨링
```

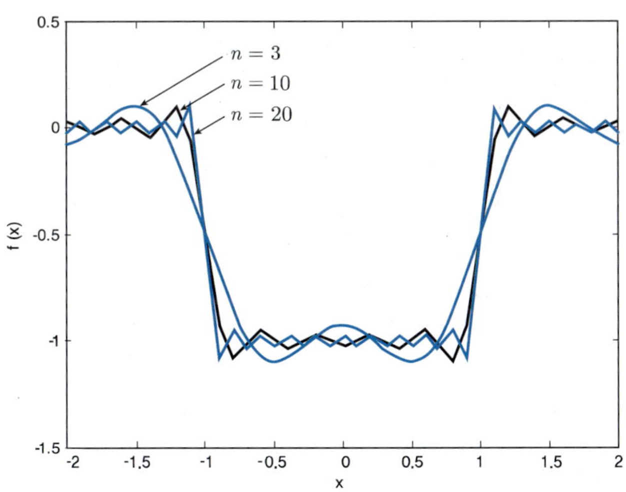

[그림 12-10] [예제 12-5] $f(x)$의 푸리에 급수합

유제 12-4 푸리에 급수 전개 : 우함수

[그림 12-11]과 같이 주어진 함수를 푸리에 급수로 전개하라.

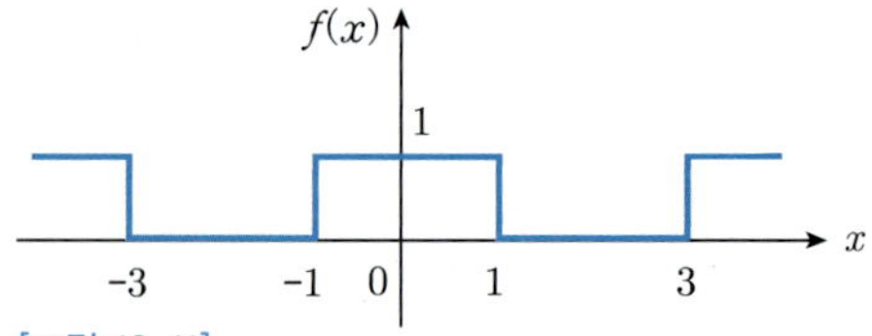

[그림 12-11]

정답 : $f(x)=\frac{1}{2}+\sum_{n=1}^{\infty}\left(\frac{2}{n\pi}\sin\frac{n\pi}{2}\cos\frac{n\pi}{2}x\right)$

예제 12-6 푸리에 급수 전개 : 기함수

[그림 12-12]와 같이 주어진 함수를 푸리에 급수로 전개하라.

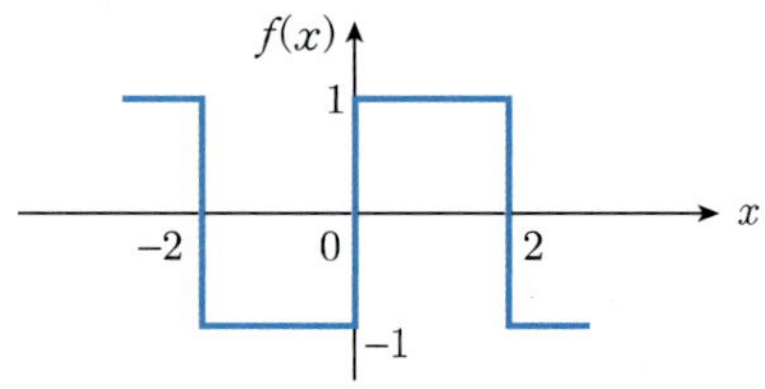

[그림 12-12]

풀이

[그림 12-12]의 함수는 주기함수이고 기함수이다. 이 함수는 한 주기에 대해 다음과 같이 표현할 수 있다.

$$f(x)=\begin{cases}-1 & (-2<x<0)\\ 1 & (0\le x<2)\end{cases}$$

기함수의 경우 푸리에 급수의 계수들은 식 (12.17) ~ 식 (12.19)에 의해 다음과 같이 구해진다.

$$a_0=0,\ \ a_n=0$$

$$\begin{aligned}b_n&=\frac{2}{T}\int_0^T f(x)\sin\frac{n\pi}{T}x\,dx=\frac{2}{2}\int_0^2 f(x)\sin\frac{n\pi}{2}x\,dx\\&=\int_0^2(1)\sin\frac{n\pi}{2}x\,dx=-\frac{2}{n\pi}\cos\frac{n\pi}{2}x\Big|_0^2\\&=\frac{2}{n\pi}(1-\cos n\pi)\end{aligned}$$

따라서 푸리에 급수는 식 (12.20)에 의해 다음과 같이 된다.

$$\begin{aligned}f(x)&=\sum_{n=1}^{\infty}b_n\sin\frac{n\pi}{T}x\\&=\sum_{n=1}^{\infty}\frac{2}{n\pi}(1-\cos n\pi)\sin\frac{n\pi}{2}x\end{aligned}$$

Command Window

: 코딩

```
n=sym('n'); x=sym('x'); pi=sym('pi');       % n, x, π의 심볼릭 정의
bn=int(1*sin(n*pi*x/2),0,2)                 % b_n 구하기
```

: 결과

```
bn = -(2*(cos(pi*n)-1))/(pi*n)              % [예제 12-6]의 결과와 동일
```

[예제 12-6]에서 구한 푸리에 급수 전개식을 사용하여 [그림 12-12]에 대해 MATLAB으로 시뮬레이션한 결과를 그림으로 나타내 보자 (MATLAB 코드는 앞의 예제들과 유사하므로 생략함).

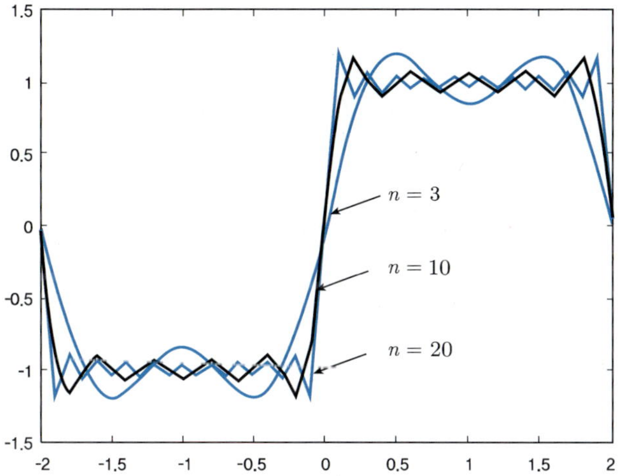

[그림 12-13] [예제 12-6] $f(x)$의 푸리에 급수합

유제 12-5 푸리에 급수 전개 : 기함수

[그림 12-14]와 같이 주어진 함수를 푸리에 급수로 전개하라.

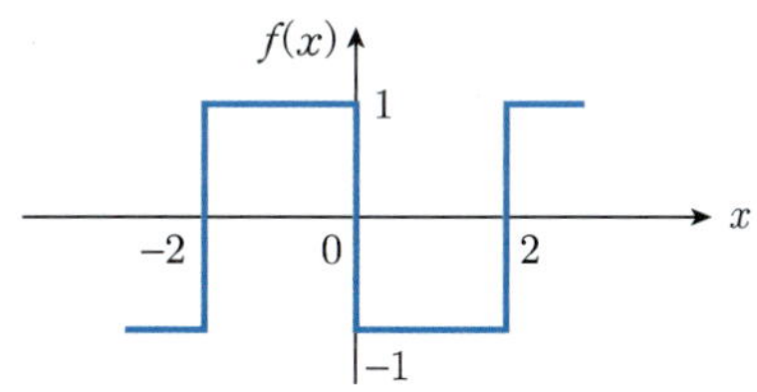

[그림 12-14]

정답 : $f(x) = \sum_{n=1}^{\infty} \frac{2}{n\pi}(\cos n\pi - 1)\sin \frac{n\pi}{2}x$

■ 반구간 전개

지금까지는 함수의 구간 $(-T,\ T)$에 대해 살펴보았다. 그러나 물리나 광학 등의 문제에서 구간 $(0,\ T)$에서만 정의된 비주기 함수의 푸리에 급수 전개가 요구되는 경우도 종종 있다. 이러한 경우에는 구간 $(0,\ T)$에서만 정의된 함수를 구간 $(-T, 0)$에서도 적절하게 정의함으로써 주어진 함수를 주기 $2T$의 푸리에 급수로 나타낼 수 있다. 이를 **반구간 전개** half-range expansion라 하고, 여기에는 다음 두 가지 방법이 주로 사용된다.

구간 $(0, T)$에서 정의된 함수 $f(x)$에 대해

❶ 구간 $(-T, 0)$에서는 $f(x)$의 y축에 관하여 대칭인 함수로 정의한다. 그러면 구간 $(-T, T)$에서 함수는 주기 $2T$인 우함수가 된다. 이와 같은 방법을 **우확장**even expansion이라 한다.

❷ 구간 $(-T, 0)$에서는 $f(x)$의 원점에 관하여 대칭인 함수로 정의한다. 그러면 구간 $(-T, T)$에서 함수는 주기 $2T$인 기함수가 된다. 이와 같은 방법을 **기확장**odd expansion이라 한다.

[그림 12-15]는 구간 $(0, T)$에서 정의된 함수 $f(x)$의 우확장과 기확장을 보여준다.

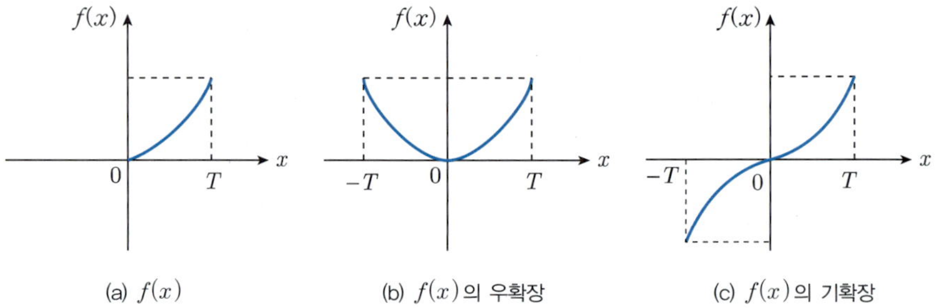

[그림 12-15] 함수 $f(x)$의 우확장과 기확장

우확장을 한 경우 구간 $(-T, T)$에서 함수 $f(x)$는 우함수이므로 코사인 급수로 전개되며, 기확장을 한 경우 구간 $(-T, T)$에서 함수 $f(x)$는 기함수이므로 사인 급수로 전개할 수 있다.

예제 12-7 반구간 전개

[그림 12-16]과 같이 주어진 함수에 대해 우확장에 의한 푸리에 급수 전개식을 구하라.

$$f(x) = \begin{cases} 1 & (0 < x \le 1) \\ 0 & (1 < x < 2) \end{cases}$$

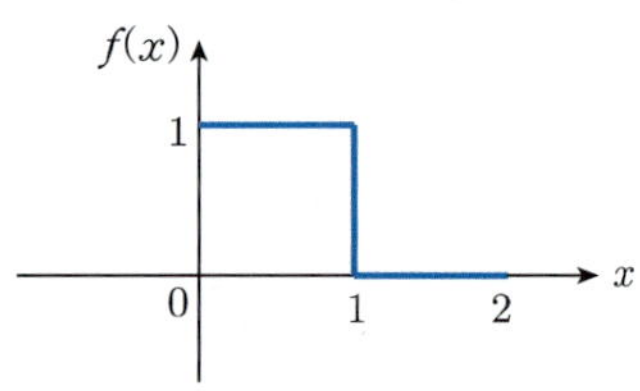

[그림 12-16]

풀이

[그림 12-16]의 함수는 구간 $(0, 2)$에서만 함수가 정의되는 경우이다. 함수 $f(x)$에 대해 우확장을 하면 함수는 우함수로서 다음과 같이 된다.

$$f(x) = \begin{cases} 0 & (-2 < x < -1) \\ 1 & (-1 \le x < 1) \\ 0 & (1 \le x < 2) \end{cases}$$

우함수의 경우 푸리에 급수의 계수들은 식 (12.13) ~ 식 (12.15)에 의해 다음과 같이 구해진다.

$$
\begin{aligned}
a_0 &= \frac{2}{T}\int_0^T f(x)\,dx \\
&= \frac{2}{2}\int_0^2 f(x)\,dx = \int_0^1 (1)\,dx \\
&= 1
\end{aligned}
$$

$$
\begin{aligned}
a_n &= \frac{2}{T}\int_0^T f(x)\cos\frac{n\pi}{T}x\,dx \\
&= \frac{2}{2}\int_0^2 f(x)\cos\frac{n\pi}{2}x\,dx \\
&= \int_0^1 (1)\cos\frac{n\pi}{2}x\,dx = \frac{2}{n\pi}\sin\frac{n\pi}{2}x\Big|_0^1 \\
&= \frac{2}{n\pi}\sin\frac{n\pi}{2}
\end{aligned}
$$

$$b_n = 0$$

따라서 푸리에 급수는 식 (12.16)에 의해

$$
\begin{aligned}
f(x) &= \frac{a_0}{2} + \sum_{n=1}^{\infty} a_n \cos\frac{n\pi}{T}x \\
&= \frac{1}{2} + \sum_{n=1}^{\infty} \frac{2}{n\pi}\sin\frac{n\pi}{2}\cos\frac{n\pi}{2}x
\end{aligned}
$$

가 된다.

Command Window

: 코딩

```
n=sym('n'); x=sym('x'); pi=sym('pi');        % n, x, π의 심볼릭 정의
an=int(cos(n*pi/2*x),0,1)                    % a_n 구하기
```

: 결과

```
an = (2*sin((pi*n)/2))/(pi*n)                % [예제 12-7]의 결과와 동일
```

유제 12-6 반구간 전개

[그림 12-16]과 같이 주어진 다음 함수에 대해 기확장에 의한 푸리에 급수 전개식을 구하라.

$$
f(x) = \begin{cases} 1 & (0 < x \le 1) \\ 0 & (1 < x < 2) \end{cases}
$$

정답 : $f(x) = \sum_{n=1}^{\infty} \frac{2}{n\pi}\left(1-\cos\frac{n\pi}{2}\right)\sin\frac{n\pi}{2}x$

■ **복소 푸리에 급수**

지금까지 살펴본 바와 같이 실변수 함수 $f(x)$는 사인이나 코사인 급수로 표현되고, 표현된 급수 역시 실변수 함수임을 알 수 있다. 이러한 푸리에 급수식은 공학이나 물리학 등에서 나타나는 편미분방정식의 해를 구하는 데 아주 유용하게 사용된다. 그러나 종종 전자공학이나 제어공학 분야의 주기적 신호해석에 대한 응용문제를 풀 때는 함수 $f(x)$를 지수함수를 이용한 복소수 함수의 급수식으로 나타내는 것이 유용하다. 이를 **복소 푸리에 급수**complex Fourier series라고 하며, 지금부터 이에 대해 설명하고자 한다.

[정의 12-4]의 푸리에 급수식 (12.4)

$$f(x)=\frac{a_0}{2}+\sum_{n=1}^{\infty}\left(a_n\cos\frac{n\pi}{T}x+b_n\sin\frac{n\pi}{T}x\right)$$

를 복소형식으로 나타내기 위해서 먼저 3.2절에서 언급한 오일러 공식을 사용하자. 오일러 공식은

$$e^{ix}=\cos x+i\sin x$$
$$e^{-ix}=\cos x-i\sin x$$

이므로

$$e^{i\frac{nx}{T}}=\cos\frac{nx}{T}+i\sin\frac{nx}{T}$$
$$e^{-i\frac{nx}{T}}=\cos\frac{nx}{T}-i\sin\frac{nx}{T}$$

이고, 위의 두 식으로부터 $\cos\frac{nx}{T}$와 $\sin\frac{nx}{T}$에 대해 풀면

$$\cos\frac{nx}{T}=\frac{1}{2}\left(e^{i\frac{nx}{T}}+e^{-i\frac{nx}{T}}\right)$$
$$\sin\frac{nx}{T}=\frac{1}{2i}\left(e^{i\frac{nx}{T}}-e^{-i\frac{nx}{T}}\right)$$

가 된다. 위 두 식을 식 (12.4)에 대입하면

$$
\begin{aligned}
f(x) &= \frac{a_0}{2} + \sum_{n=1}^{\infty}\left(a_n \frac{e^{i\frac{n\pi x}{T}} + e^{-i\frac{n\pi x}{T}}}{2} + b_n \frac{e^{i\frac{n\pi x}{T}} - e^{-i\frac{n\pi x}{T}}}{2i}\right) \\
&= \frac{a_0}{2} + \sum_{n=1}^{\infty}\left(\frac{a_n - ib_n}{2} e^{i\frac{n\pi x}{T}} + \frac{a_n + ib_n}{2} e^{-i\frac{n\pi x}{T}}\right) \qquad (12.21)
\end{aligned}
$$

이다. 여기서 a_0, a_n, b_n은 식 (12.5) ~ 식 (12.7)에 의해 구해지는 계수들이다. 식 (12.21)을 새로운 계수로 바꿔 다시 쓰면

$$
f(x) = c_0 + \sum_{n=1}^{\infty}\left(c_n e^{i\frac{n\pi x}{T}} + \overline{c_n}\, e^{-i\frac{n\pi x}{T}}\right) \qquad (12.22)
$$

이다. 여기서

$$
\begin{aligned}
c_0 &= \frac{a_0}{2} \\
&= \frac{1}{2T}\int_{-T}^{T} f(x)\,dx \qquad (12.23)
\end{aligned}
$$

$$
\begin{aligned}
c_n &= \frac{a_n - ib_n}{2} \\
&= \frac{1}{2}\left(\frac{1}{T}\int_{-T}^{T} f(x)\cos\frac{n\pi}{T}x\,dx - i\frac{1}{T}\int_{-T}^{T} f(x)\sin\frac{n\pi}{T}x\,dx\right) \\
&= \frac{1}{2T}\left[\int_{-T}^{T} f(x)\left(\cos\frac{n\pi}{T}x - i\sin\frac{n\pi}{T}x\right)dx\right] \\
&= \frac{1}{2T}\left[\int_{-T}^{T} f(x)e^{-i\frac{n\pi x}{T}}\,dx\right] \qquad (12.24)
\end{aligned}
$$

$$
\begin{aligned}
\overline{c_n} &= \frac{a_n + ib_n}{2} \\
&= \frac{1}{2}\left(\frac{1}{T}\int_{-T}^{T} f(x)\cos\frac{n\pi}{T}x\,dx + i\frac{1}{T}\int_{-T}^{T} f(x)\sin\frac{n\pi}{T}x\,dx\right) \\
&= \frac{1}{2T}\left[\int_{-T}^{T} f(x)\left(\cos\frac{n\pi}{T}x + i\sin\frac{n\pi}{T}x\right)dx\right] \\
&= \frac{1}{2T}\left[\int_{-T}^{T} f(x)e^{i\frac{n\pi x}{T}}\,dx\right] \qquad (12.25)
\end{aligned}
$$

이고, $\overline{c_n}$은 c_n의 켤레복소수를 나타낸다. 위 식들에 나타난 계수들의 아래첨자

및 지수들이 음이 아닌 정수값을 갖는다. 따라서 식 (12.22) ~ 식 (12.25)를 합과 적분을 사용하여 3개의 계수(c_0, c_n, $\overline{c_n}$)를 동시에 정의하는 보다 함축된 형태로 다음과 같이 다시 쓸 수 있다. 이것이 복소 푸리에 급수의 정의이다.

정의 12-5 복소 푸리에 급수

구간 $(-T, T)$에서 정의되는 함수 $f(x)$의 복소 푸리에 급수는

$$f(x) = \sum_{n=-\infty}^{\infty} c_n e^{i\frac{n\pi x}{T}} \tag{12.26}$$

이다. 여기서

$$c_n = \frac{1}{2T}\int_{-T}^{T} f(x) e^{-i\frac{n\pi x}{T}} dx \qquad (n = 0, \pm 1, \pm 2, \cdots)$$

예제 12-8 복소 푸리에 급수

[그림 12-17]과 같이 주어진 다음 함수를 복소 푸리에 급수로 전개하라.

$$f(x) = \begin{cases} 1 & (-1 < x \le 0) \\ -1 & (0 < x < 1) \end{cases}$$

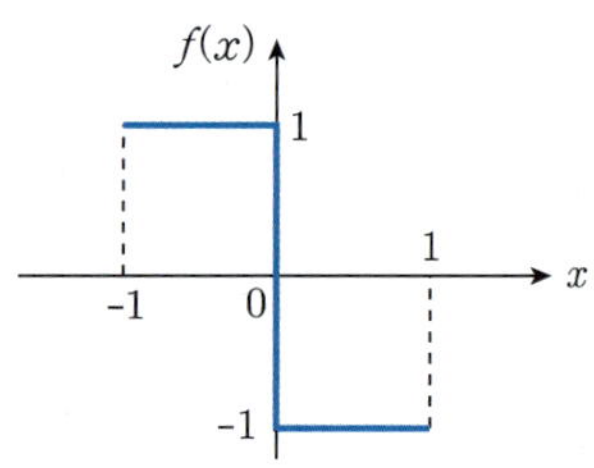

[그림 12-17]

풀이

Hint 오일러 공식 : $e^{\pm i n\pi} = \cos n\pi \pm i \sin n\pi = \cos n\pi = (-1)^n$

$T = 1$ 이고, [정의 12-5]에 의해 복소 푸리에 급수의 계수 c_n은 다음과 같이 구해진다.

$$\begin{aligned} c_n &= \frac{1}{2T}\int_{-T}^{T} f(x) e^{-i\frac{n\pi x}{T}} dx \\ &= \frac{1}{2}\int_{-1}^{1} f(x) e^{-in\pi x} dx \\ &= \frac{1}{2}\int_{-1}^{0} (1) e^{-in\pi x} dx + \frac{1}{2}\int_{0}^{1} (-1) e^{-in\pi x} dx \\ &= -\frac{1}{2in\pi} e^{-in\pi x}\Big|_{-1}^{0} + \frac{1}{2in\pi} e^{-in\pi x}\Big|_{0}^{1} = \frac{1}{2in\pi}\left[e^{in\pi} - 1 + e^{-in\pi} - 1\right] \\ &= \frac{i}{n\pi}(1 - \cos n\pi) \qquad \cdots\cdots ① \end{aligned}$$

← 오일러 공식 이용 $\cos n\pi = \dfrac{e^{in\pi} + e^{-in\pi}}{2}$

따라서 주어진 함수 $f(x)$에 대한 복소 푸리에 급수는 다음과 같다.

$$f(x) = \sum_{n=-\infty}^{\infty} c_n e^{i\frac{n\pi x}{T}}$$
$$= \sum_{n=-\infty}^{\infty} \frac{i}{n\pi}(1-\cos n\pi)\, e^{in\pi x}$$

Command Window

: 코딩

```
n=sym('n'); x=sym('x'); pi=sym('pi');          % n, x, π의 심볼릭 정의
c1=int((1)*exp(-i*n*pi*x),-1,0);               % c_n 구하기
c2=int((-1)*exp(-i*n*pi*x),0,1);
cn=1/2*(c1+c2);
cn=simplify(cn)                                % c_n을 간단히 하기
```

: 결과

```
cn = (exp(-pi*n*1i)*(exp(pi*n*1i)*1i-1i)^2*1i)/(2*n*pi)
                % 오일러 공식을 이용하여 간단히 하면 [예제 12-8 ①]의 결과와 동일
```

유제 12-7 복소 푸리에 급수

다음과 같이 주어진 함수를 푸리에 급수로 전개하라.

$$f(x) = \begin{cases} -1 & (-1 < x \le 0) \\ 1 & (0 < x < 1) \end{cases}$$

정답 : $f(x) = \sum_{n=-\infty}^{\infty} \frac{i}{n\pi}(\cos n\pi - 1)\, e^{in\pi x}$

12.3 푸리에 적분

푸리에 급수를 이용하여 유한구간 $(-T,\ T)$에서 정의된 함수 $f(x)$를 나타낼 수 있고, 정의된 구간 밖에서는 $f(x)$의 주기를 확장하여 함수를 설명할 수 있었다. 즉 푸리에 급수는 유한한 구간 또는 주기함수에 적용되는 중요한 수학적 도구임을 알 수 있다. 그러나 물리학이나 공학 분야에서는 시간 축의 모든 구간에서 정의되는 함수 문제도 있고, 비주기함수 문제도 많이 볼 수 있다. 이러한 문제를 풀기 위해서는 주기함수에 적용되는 푸리에 급수를 개선해야 한다. 이 절에서는 이러한 문제를 다루고자 한다.

주기가 $2T$인 임의의 주기함수 $f(x)$에 대한 푸리에 급수는 식 (12.4)인

$$f(x)=\frac{a_0}{2}+\sum_{n=1}^{\infty}\left(a_n\cos\frac{n\pi}{T}x+b_n\sin\frac{n\pi}{T}x\right)$$

이다. 혼동을 피하기 위해 적분변수를 v로 바꾸고, 식 (12.4)에 식 (12.5) ~ 식 (12.7)의 계수들을 대입하면

$$f(x)=\frac{1}{2T}\int_{-T}^{T}f(v)\,dv+\frac{1}{T}\sum_{n=1}^{\infty}\left[\left\{\int_{-T}^{T}f(v)\cos\frac{n\pi}{T}v\,dv\right\}\cos\frac{n\pi}{T}x\right.$$
$$\left.+\left\{\int_{-T}^{T}f(v)\sin\frac{n\pi}{T}v\,dv\right\}\sin\frac{n\pi}{T}x\right] \quad \cdots\cdots ①$$

이다. $\omega_n=\dfrac{n\pi}{T}$로 놓으면

$$\Delta\omega=\omega_{n+1}-\omega_n=\frac{(n+1)\pi}{T}-\frac{n\pi}{T}=\frac{\pi}{T} \quad \cdots\cdots ②$$

이므로

$$\frac{1}{T}=\frac{\Delta\omega}{\pi} \quad \cdots\cdots ③$$

이다. 식 ③을 식 ①에 대입하면

$$f(x)=\frac{1}{2T}\int_{-T}^{T}f(v)\,dv+\frac{1}{\pi}\sum_{n=1}^{\infty}\left[(\cos\omega_n x)\Delta\omega\int_{-T}^{T}f(v)\cos\omega_n v\,dv\right.$$
$$\left.+(\sin\omega_n x)\Delta\omega\int_{-T}^{T}f(v)\sin\omega_n v\,dv\right\} \quad \cdots\cdots ④$$

가 된다. 이제 $T\to\infty$로 하여 구간을 $(-\infty,\ \infty)$로 확장하면 $\dfrac{1}{T}\to 0$이 되므로, 식 ④의 우변의 첫 번째 항은 0으로 수렴하고 식 ③에 의해 $\Delta\omega\to 0$이 되어, 적분의 정의에 의해

$$\lim_{\Delta\omega\to 0}\sum_{n=1}^{\infty}F(\omega_n)\Delta\omega=\int_0^{\infty}F(\omega)\,d\omega \quad \cdots\cdots ⑤$$

가 된다. 따라서 함수의 적분 $\displaystyle\int_{-\infty}^{\infty}f(v)\,dv$가 존재한다면 식 ④는 다음과 같이 다시 쓸 수 있다.

$$f(x)=\frac{1}{\pi}\int_0^{\infty}\left[\cos\omega x\int_{-\infty}^{\infty}f(v)\cos\omega v\,dv+\sin\omega x\int_{-\infty}^{\infty}f(v)\sin\omega v\,dv\right]d\omega \quad \cdots\cdots ⑥$$

식 ⑥은 비주기함수로서 구간 $(-\infty, \infty)$에서 함수 $f(x)$의 **푸리에 적분**Fourier integral이라 하고, 다음과 같이 정의한다.

정의 12-6 푸리에 적분

구간 $(-\infty, \infty)$에서 정의되는 함수 $f(x)$의 푸리에 적분은

$$f(x) = \int_0^{\infty} [A(\omega)\cos \omega x + B(\omega)\sin \omega x]\, d\omega \qquad (12.27)$$

이다. 여기서

$$A(\omega) = \frac{1}{\pi}\int_{-\infty}^{\infty} f(v)\cos \omega v\, dv, \quad B(\omega) = \frac{1}{\pi}\int_{-\infty}^{\infty} f(v)\sin \omega v\, dv$$

이다.

[정의 12-6]의 푸리에 적분이 함수 $f(x)$에 수렴하기 위한 조건은 다음과 같다.

정리 12-2 푸리에 적분의 수렴조건

함수 $f(x)$가 구간 $(-\infty, \infty)$에서 정의되고, 구간별 매끄러운 함수이며, 동일 구간 내에서 적분가능이면 이 구간에서 $f(x)$의 푸리에 적분은

(1) 연속인 점 x에서는 $f(x)$에 수렴한다.

(2) 불연속인 점 x에서는 산술평균값에 수렴한다.

$$\frac{f(x^+) + f(x^-)}{2}$$

여기서 $f(x^+)$와 $f(x^-)$은 $f(x)$의 점 x에서의 우극한과 좌극한을 나타낸다.

예제 12-9 푸리에 적분

[그림 12-18]과 같이 주어진 다음 함수에 대해 푸리에 적분 표현식을 구하라.

$$f(x) = \begin{cases} 0 & (-\infty < x \le 0) \\ -1 & (0 \le x < 1) \\ 0 & (1 \le x < \infty) \end{cases}$$

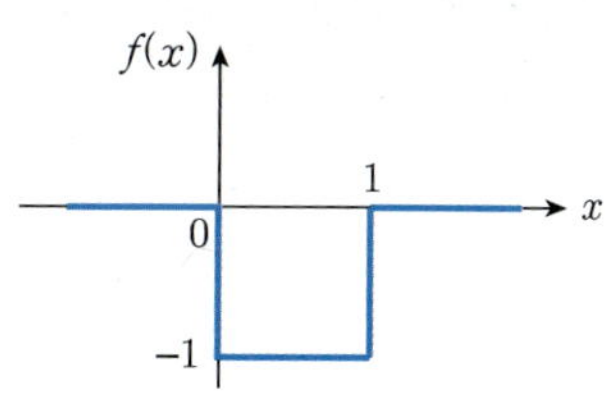

[그림 12-18]

풀이

Hint 삼각함수 공식 이용 : $\sin(\alpha-\beta)=\sin\alpha\cos\beta-\cos\alpha\sin\beta$

[그림 12-18]의 함수는 [정리 12-2]의 가정을 만족하므로 [정의 12-6]으로부터

$$\begin{aligned}
A(\omega) &= \frac{1}{\pi}\int_{-\infty}^{\infty} f(v)\cos\omega v\,dv \\
&= \frac{1}{\pi}\left[\int_{-\infty}^{0} f(v)\cos\omega v\,dv + \int_{0}^{1} f(v)\cos\omega v\,dv + \int_{1}^{\infty} f(v)\cos\omega v\,dv\right] \\
&= \frac{1}{\pi}\left[\int_{-\infty}^{0} (0)\cos\omega v\,dv + \int_{0}^{1}(-1)\cos\omega v\,dv + \int_{1}^{\infty}(0)\cos\omega v\,dv\right] \\
&= -\frac{1}{\pi}\int_{0}^{1}\cos\omega v\,dv \\
&= -\frac{1}{\pi\omega}\sin\omega v\Big|_{0}^{1} \\
&= -\frac{\sin\omega}{\pi\omega} \qquad \cdots\cdots ①
\end{aligned}$$

이고

$$\begin{aligned}
B(\omega) &= \frac{1}{\pi}\int_{-\infty}^{\infty} f(v)\sin\omega v\,dv \\
&= \frac{1}{\pi}\left[\int_{-\infty}^{0} f(v)\sin\omega v\,dv + \int_{0}^{1} f(v)\sin\omega v\,dv + \int_{1}^{\infty} f(v)\sin\omega v\,dv\right] \\
&= \frac{1}{\pi}\left[\int_{-\infty}^{0} (0)\sin\omega v\,dv + \int_{0}^{1}(-1)\sin\omega v\,dv + \int_{1}^{\infty}(0)\sin\omega v\,dv\right] \\
&= -\frac{1}{\pi}\int_{0}^{1}(1)\sin\omega v\,dv \\
&= \frac{1}{\pi\omega}\cos\omega v\Big|_{0}^{1} \\
&= \frac{\cos\omega-1}{\pi\omega} \qquad \cdots\cdots ②
\end{aligned}$$

이다. 식 ①과 식 ②를 식 (12.27)에 대입하면 푸리에 적분식은

$$\begin{aligned}
f(x) &= \int_{0}^{\infty}\left[-\frac{\sin\omega}{\pi\omega}\cos\omega x + \frac{\cos\omega-1}{\pi\omega}\sin\omega x\right]d\omega \\
&= \frac{1}{\pi}\int_{0}^{\infty}\left[\frac{\sin(\omega x-\omega)-\sin\omega x}{\omega}\right]d\omega
\end{aligned}$$

가 얻어진다.

이 예제는 단순한 적분이므로 MATLAB 코딩은 생략한다.

유제 12-8 푸리에 적분

다음과 같이 주어진 함수에 대해 푸리에 적분 표현식을 구하라.

$$f(x)=\begin{cases} 0 & (-\infty < x \le -1) \\ 1 & (-1 \le x < 0) \\ 0 & (0 \le x < \infty) \end{cases}$$

정답 : $f(x)=\dfrac{1}{\pi}\displaystyle\int_0^{\infty}\left[\dfrac{\sin(\omega x+\omega)-\sin\omega x}{\omega}\right]d\omega$

만약 함수 $f(x)$가 우함수 또는 기함수이면 함수의 푸리에 적분이 훨씬 간단해진다. 먼저 함수 $f(x)$가 구간 $(-\infty, \infty)$에서 우함수인 경우를 살펴보자. 이때에는 함수의 곱 $f(x)\cos\omega x$는 우함수이고, $f(x)\sin\omega x$는 기함수가 된다. 그러면 식 (12.11)과 식 (12.12)에 의해 [정의 12-6]의 계수는

$$A(\omega)=\frac{1}{\pi}\int_{-\infty}^{\infty} f(v)\cos\omega v\,dv=\frac{2}{\pi}\int_0^{\infty} f(v)\cos\omega v\,dv$$
$$B(\omega)=\frac{1}{\pi}\int_{-\infty}^{\infty} f(v)\sin\omega v\,dv=0 \tag{12.28}$$

이 된다. 따라서 식 (12.27)은

$$f(x)=\frac{2}{\pi}\int_0^{\infty}\left(\int_0^{\infty} f(v)\cos\omega v\,dv\right)\cos\omega x\,d\omega \tag{12.29}$$

가 되는데, 이를 **푸리에 코사인 적분**Fourier cosine integral이라 부른다. 또한 함수 $f(x)$가 구간 $(-\infty, \infty)$에서 기함수이면 함수의 곱 $f(x)\cos\omega x$는 기함수이고, $f(x)\sin\omega x$는 우함수이다. 그러면 식 (12.11)과 식 (12.12)에 의해 [정의 12-6]의 계수는

$$A(\omega)=\frac{1}{\pi}\int_{-\infty}^{\infty} f(v)\cos\omega v\,dv=0$$
$$B(\omega)=\frac{1}{\pi}\int_{-\infty}^{\infty} f(v)\sin\omega v\,dv=\frac{2}{\pi}\int_0^{\infty} f(v)\sin\omega v\,dv \tag{12.30}$$

가 된다. 따라서 식 (12.27)은

$$f(x)=\frac{2}{\pi}\int_0^{\infty}\left(\int_0^{\infty} f(v)\sin\omega v\,dv\right)\sin\omega x\,d\omega \tag{12.31}$$

가 되는데, 이를 **푸리에 사인 적분** Fourier sine integral 이라 부른다. 식 (12.29)와 식 (12.31)은 $f(x)$가 우함수나 기함수가 아니더라도 한쪽 구간 $(0, \infty)$에서 정의되면 적용할 수 있다. 이때 식 (12.29)를 적용하기 위해서는 구간 $(0, \infty)$에서 정의된 함수를 구간 $(-\infty, 0)$에서 우확장하면 되고, 식 (12.31)을 적용하기 위해서는 구간 $(0, \infty)$에서 정의된 함수를 구간 $(-\infty, 0)$에서 기확장하면 된다.

예제 12-10 푸리에 코사인 적분

[그림 12-19]와 같이 주어진 다음 함수의 푸리에 코사인 적분을 구하라.

$$f(x) = \begin{cases} 1 & (0 < x \le 2) \\ 0 & (2 < x) \end{cases}$$

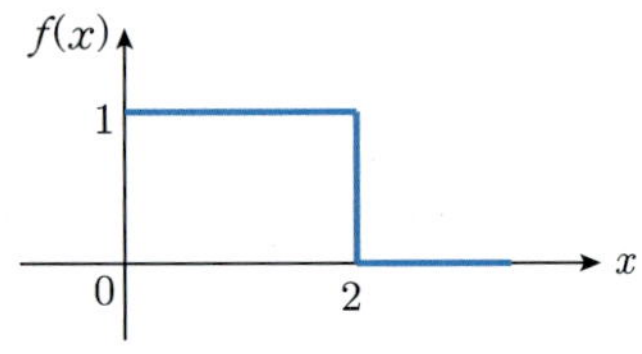

[그림 12-19]

풀이

$f(x)$는 우함수도 기함수도 아니므로, 우확장을 수행하면 푸리에 코사인 적분을 계산할 수 있다. 푸리에 코사인 적분을 구하기 위해 식 (12.28)을 사용하여 $A(\omega)$를 구하면

$$\begin{aligned} A(\omega) &= \frac{2}{\pi}\int_0^\infty f(v)\cos\omega v\,dv \\ &= \frac{2}{\pi}\left[\int_0^2 (1)\cos\omega v\,dv + \int_2^\infty (0)\cos\omega v\,dv\right] \\ &= \frac{2}{\pi\omega}\sin\omega v\Big|_0^2 \\ &= \frac{2\sin 2\omega}{\pi\omega} \end{aligned}$$

이므로, $f(x)$의 코사인 적분은 식 (12.29)에 의해

$$\begin{aligned} f(x) &= \frac{2}{\pi}\int_0^\infty \left(\int_0^\infty f(v)\cos\omega v\,dv\right)\cos\omega x\,d\omega \\ &= \frac{2}{\pi}\int_0^\infty \frac{\sin 2\omega}{\omega}\cos\omega x\,d\omega \end{aligned}$$

가 얻어진다.

유제 12-9 푸리에 사인 적분

[그림 12-19]와 같이 주어진 함수의 푸리에 사인 적분을 구하라.

정답 : $f(x) = \dfrac{2}{\pi}\displaystyle\int_0^\infty \frac{1-\cos 2\omega}{\omega}\sin\omega x\,d\omega$

12.4 푸리에 변환

지금까지 다루었던 적분 변환은 5장에서 설명한 라플라스 변환 하나뿐이었다. 이 절에서는 또 하나의 적분 변환을 살펴보고자 한다.

12.2절에서 구간 $(-T, T)$에서 주기함수 $f(x)$의 푸리에 급수는 식 (12.4)에 의해

$$f_T(x) = \frac{a_0}{2} + \sum_{n=1}^{\infty}\left(a_n \cos\frac{n\pi}{T}x + b_n \sin\frac{n\pi}{T}x\right)$$

임을 설명하였고, 또한 푸리에 적분의 경우 [정리 12-2]에서 함수 $f(x)$의 주기 확장에 의한 수렴조건에 대해서도 살펴보았다.

그러나 종종 함수 $f(x)$가 구간 $(-\infty, \infty)$에서 정의되어 있으나, 주기함수가 아닌 경우 임의의 주파수에서 함수의 정보를 얻어야 할 때가 있다. 즉 푸리에 적분을 새로운 적분 변환으로 발전시킬 수 있다. 이를 **푸리에 변환** Fourier transform 이라 하고, 다음과 같이 정의한다.

정의 12-7 푸리에 변환

함수 $f(x)$가 구간 $(-\infty, \infty)$에서 적분가능하다면, 임의의 ω에 대해 함수 $f(x)$의 푸리에 변환은 다음과 같다.

$$\hat{f}(\omega) = \int_{-\infty}^{\infty} f(x)e^{-i\omega x}\,dx \tag{12.32}$$

함수 $f(x)$의 푸리에 변환은 다음과 같은 기호를 사용하여 나타내기로 한다.

$$\mathscr{F}[f(x)] = \hat{f}(\omega) \tag{12.33}$$

또한 **푸리에 역변환** inverse Fourier transform 의 정의는 다음과 같다.

정의 12-8 푸리에 역변환

함수 $f(x)$의 푸리에 역변환은 다음과 같다.

$$f(x) = \frac{1}{2\pi}\int_{-\infty}^{\infty} \hat{f}(\omega)e^{i\omega x}\,d\omega \tag{12.34}$$

라플라스 변환에서와 마찬가지로 함수의 푸리에 변환이 구해지면 [정의 12-8]에 의해 그 함수의 푸리에 역변환이 구해진다.

예제 12-11 푸리에 변환

다음 함수의 푸리에 변환을 구하라.

$$f(x)=\begin{cases} e^{-x} & (x>0) \\ 0 & (x<0) \end{cases}$$

풀이

함수 $f(x)$에 대해

$$\int_{-\infty}^{\infty} f(x)\,dx = \int_{0}^{\infty} e^{-x}\,dx = -e^{-x}\Big|_{0}^{\infty} = 1$$

이므로, $f(x)$는 구간 $(-\infty, \infty)$에서 적분 가능하다. 따라서 [정의 12-7]에 의해 푸리에 변환은

$$\begin{aligned}\hat{f}(\omega) &= \int_{-\infty}^{\infty} f(x)\,e^{-i\omega x}\,dx \\ &= \int_{-\infty}^{0} (0)\,e^{-i\omega x}\,dx + \int_{0}^{\infty} (e^{-x})\,e^{-i\omega x}\,dx \\ &= -\frac{1}{1+i\omega}e^{-(1+i\omega)x}\Big|_{0}^{\infty} = \frac{1}{1+i\omega}\end{aligned}$$

유제 12-10 푸리에 변환

다음 함수의 푸리에 변환을 구하라.

$$f(x)=\begin{cases} e^{-3x} & (x>0) \\ 0 & (x<0) \end{cases}$$

정답 : $\hat{f}(\omega)=\dfrac{1}{3+i\omega}$

예제 12-12 푸리에 변환

다음 함수의 푸리에 변환을 구하라.

$$f(x)=\begin{cases} x\,e^{-x} & (x>0) \\ 0 & (x<0) \end{cases}$$

풀이

[정의 12-7]에 의해 푸리에 변환은

$$\hat{f}(\omega)=\int_{-\infty}^{\infty} f(x)\,e^{-i\omega x}\,dx$$
$$=\int_{-\infty}^{0}(0)\,e^{-i\omega x}\,dx+\int_{0}^{\infty}(x\,e^{-x})\,e^{-i\omega x}\,dx$$

이다. 부분적분법을 사용하여 적분값을 구하면

$$\hat{f}(\omega)=\int_{0}^{\infty} x\,e^{-(1+i\omega)x}\,dx$$
$$=-\frac{x}{1+i\omega}e^{-(1+i\omega)x}\Big|_{0}^{\infty}+\frac{1}{1+i\omega}\int_{0}^{\infty}e^{-(1+i\omega)x}\,dx$$
$$=-\frac{1}{(1+i\omega)^2}e^{-(1+i\omega)x}\Big|_{0}^{\infty}$$
$$=\frac{1}{(1+i\omega)^2}$$

이다.

유제 12-11 푸리에 변환

다음 함수의 푸리에 변환을 구하라.

$$f(x)=\begin{cases} x & (0<x<2) \\ 0 & (x<0,\ x>2) \end{cases}$$

정답 : $\hat{f}(\omega)=\dfrac{1}{\omega^2}\left[(1+2\omega i)e^{-2\omega i}-1\right]$

함수 f 의 **크기 스펙트럼** amplitude spectrum은 복소함수인 $\hat{f}(\omega)$의 크기, 즉 $|\hat{f}(\omega)|$로 나타낼 수 있으며, 이것은 주파수 ω에서의 크기를 의미한다.

예를 들어 [예제 12-11]에 주어진 함수를 그래프로 그려 보면 [그림 12-20(a)]와 같다. 그 함수의 푸리에 변환이

$$\hat{f}(\omega)=\frac{1}{1+i\omega}$$

이므로, 함수의 크기 스펙트럼은

$$|\hat{f}(\omega)|=\frac{1}{\sqrt{1^2+\omega^2}}$$

이 되고, 크기 스펙트럼을 그림으로 나타내 보면 [그림 12-20(b)]와 같다.

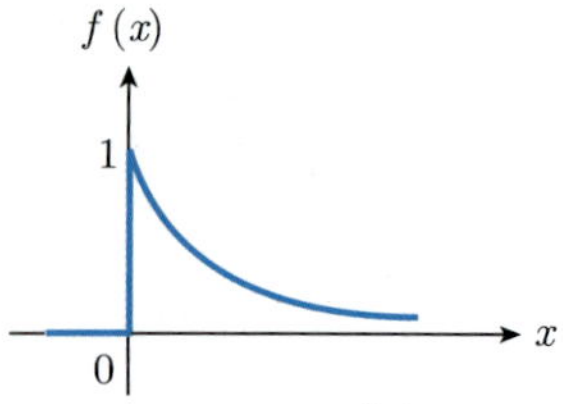

(a) 함수 $f(x)$

: **코딩**

```
w=-10:0.1:10;
mag_f=1./sqrt(1+w.^2);
plot(w,mag_f)
axis([-10 10 0 1])
```

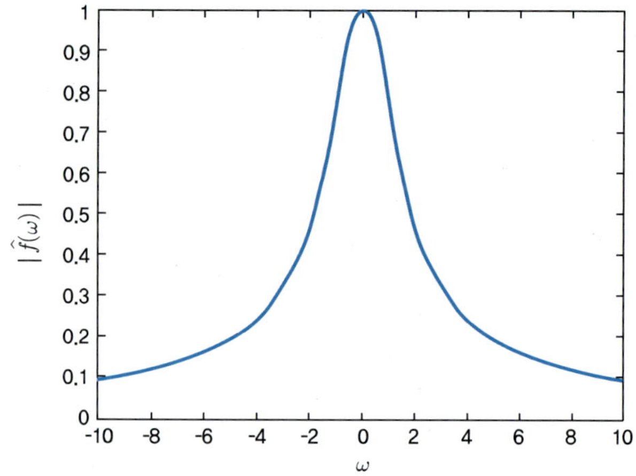

(b) 크기 스펙트럼

[그림 12-20] **푸리에 변환 함수의 크기 스펙트럼 ([예제 12-11])**

참고로 [그림 12-21(a)]와 같은 함수의 푸리에 변환은 $\hat{f}(\omega)=(2/\omega)\sin 2\omega$ 이고, 이 함수의 크기 스펙트럼은 [그림 12-21(b)]와 같다.

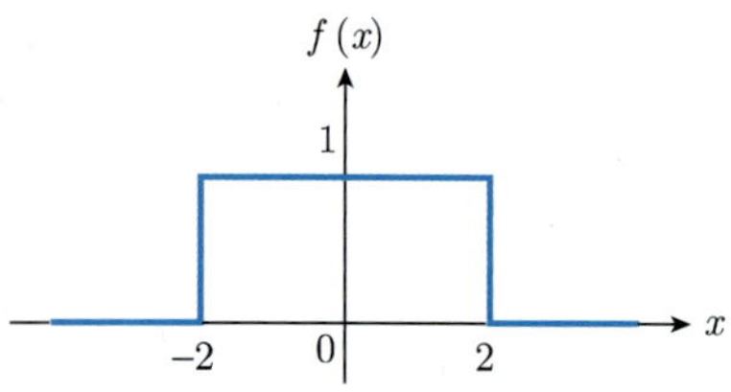

(a) 함수 $f(x)$

: **코딩**

```
w=-8:0.1:8;
mag_f=abs(2*sin(2*w)./w);
plot(w,mag_f)
```

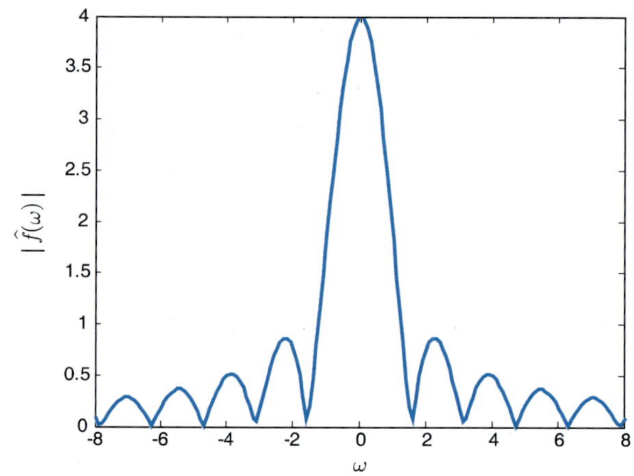

(b) 크기 스펙트럼

[그림 12-21] **푸리에 변환 함수의 크기 스펙트럼**

푸리에 변환의 정의에 기초하여 푸리에 변환의 성질은 다음과 같다.

정리 12-3 푸리에 변환의 선형성

상수 a와 b에 대해

$$\mathcal{F}\{af_1(x)+bf_2(x)\}=a\widehat{f_1}(\omega)+b\widehat{f_2}(\omega) \tag{12.35}$$

푸리에 변환의 정의가 적분에 관한 식이므로 이 정리는 적분 연산자의 선형성을 이용하면 쉽게 증명된다.

푸리에 변환이 신호 해석에 많이 사용되고, 이때에는 지금까지 사용했던 독립변수 x가 시간 t를 의미하게 되고, 다음과 같은 **시간 이동** time shifting에 관한 정리가 성립한다.

정리 12-4 시간 이동

상수 a에 대해

$$\mathcal{F}\{f(t-a)\} = e^{-i\omega a}\hat{f}(\omega) \qquad (12.36)$$

이다. 여기서 $\mathcal{F}[f(t)] = \hat{f}(\omega)$이다.

증명 식 (12.36)의 좌변은 푸리에 변환의 [정의 12-7]에 의해

$$\mathcal{F}\{f(t-a)\} = \int_{-\infty}^{\infty} f(t-a)e^{-i\omega t}dt$$

이다. 위 식의 적분을 위해 $u = t-a$로 치환하여 적분하면

$$\begin{aligned}\int_{-\infty}^{\infty} f(t-a)e^{-i\omega t}dt &= \int_{-\infty}^{\infty} f(u)e^{-i\omega(u+a)}du \\ &= e^{-i\omega a}\int_{-\infty}^{\infty} f(u)e^{-i\omega u}du \\ &= e^{-i\omega a}\hat{f}(\omega)\end{aligned}$$

■

예제 12-13 시간 이동

다음 함수 $f(x)$의 푸리에 변환을 구하고, 그 결과와 [정리 12-4]를 이용하여 함수 $g(x)$의 푸리에 변환을 구하라.

$$f(x) = \begin{cases} 1 & (-1 < x < 0) \\ 0 & (x < -1,\ x > 0) \end{cases}, \qquad g(x) = \begin{cases} 1 & (1 < x < 2) \\ 0 & (x < 1,\ x > 2) \end{cases}$$

풀이

[정의 12-7]에 의해 푸리에 변환은 다음과 같다.

$$\begin{aligned}\hat{f}(\omega) &= \int_{-\infty}^{\infty} f(x)e^{-i\omega x}dx \\ &= \int_{-\infty}^{-1}(0)e^{-i\omega x}dx + \int_{-1}^{0}(1)e^{-i\omega x}dx + \int_{0}^{\infty}(0)e^{-i\omega x}dx \\ &= -\frac{1}{i\omega}e^{-i\omega x}\Big|_{-1}^{0} = \frac{e^{i\omega}-1}{i\omega}\end{aligned}$$

함수 $f(x)$와 함수 $g(x)$를 비교해보면 $g(x) = f(x-2)$임을 알 수 있다. 따라서 [정리 12-4]를 이용하면

함수 $g(x)$의 푸리에 변환식은 다음과 같다.

$$\hat{g}(\omega) = \mathcal{F}\{f(x-2)\} = e^{-2i\omega}\hat{f}(\omega) = e^{-2i\omega}\frac{e^{i\omega}-1}{i\omega}$$

함수 $g(x)$를 푸리에 변환 정의를 사용하여 구해도 같은 결과가 얻어진다.

유제 12-12 시간 이동

[예제 12-3]의 결과와 [정리 12-4]를 이용하여 다음 함수 $g(x)$의 푸리에 변환을 구하라.

$$g(x) = \begin{cases} 1 & (-3 < x < -2) \\ 0 & (x < -3,\ x > -2) \end{cases}$$

정답 : $\hat{g}(\omega) = e^{2i\omega}\dfrac{e^{i\omega}-1}{i\omega}$

정리 12-5 주파수 이동 frequency shifting

상수 ω_0에 대해 다음과 같다.

$$\mathcal{F}\left\{e^{i\omega_0 t}f(t)\right\} = \hat{f}(\omega-\omega_0) \qquad (12.37)$$

증명 이 정리의 증명은 [정리 12-4]의 증명과 유사하므로 생략한다.

정리 12-6 스케일링 scaling **정리**

0이 아닌 상수 a에 대해 다음과 같다.

$$\mathcal{F}\{f(at)\} = \frac{1}{|a|}\hat{f}\left(\frac{\omega}{a}\right) \qquad (12.38)$$

증명 푸리에 변환의 [정의 12-7]에 의해

$$\mathcal{F}\{f(at)\} = \int_{-\infty}^{\infty} e^{-i\omega t}f(at)dt$$

이다. $u = at$로 치환하여 위 식을 적분하면 다음과 같다.

$$\int_{-\infty}^{\infty} e^{-i\omega t}f(at)dt = \int_{-\infty}^{\infty} e^{-i\omega\frac{u}{a}}f(u)\frac{du}{a}$$

$$= \frac{1}{|a|}\int_{-\infty}^{\infty} e^{-i\frac{\omega}{a}u}f(u)\,du = \frac{1}{|a|}\hat{f}\left(\frac{\omega}{a}\right) \qquad ■$$

정리 12-7 대칭 정리

다음의 관계식을 푸리에 **대칭 정리** symmetry theorem 라 한다.

$$\mathcal{F}\{\hat{f}(\omega)\} = 2\pi f(-t) \tag{12.39}$$

증명 푸리에 변환의 정의에 의해

$$\mathcal{F}\{\hat{f}(\omega)\} = \int_{-\infty}^{\infty} \hat{f}(\omega) e^{-i\omega t} d\omega = 2\pi \frac{1}{2\pi}\int_{-\infty}^{\infty} \hat{f}(\omega) e^{i\omega(-t)} d\omega$$

이고, 푸리에 역변환의 [정의 12-8]에 의해

$$\frac{1}{2\pi}\int_{-\infty}^{\infty} \hat{f}(\omega) e^{i\omega(-t)} d\omega = f(-t)$$

이다. 따라서 다음의 관계가 증명된다.

$$\mathcal{F}\{\hat{f}(\omega)\} = 2\pi f(-t)$$

■

정리 12-8 컨볼루션 정리 convolution theorem

$$\mathcal{F}\{f(t) * g(t)\} = \mathcal{F}\{f(t)\} \cdot \mathcal{F}\{g(t)\} \tag{12.40}$$

증명 푸리에 변환과 컨볼루션의 정의에 의해

$$\mathcal{F}\{f(t) * g(t)\} = \int_{-\infty}^{\infty}\int_{-\infty}^{\infty} f(t-\tau) g(\tau) e^{-i\omega t} d\tau dt$$

이고, 적분의 순서를 변경하면 다음과 같다.

$$\int_{-\infty}^{\infty}\int_{-\infty}^{\infty} f(t-\tau) g(\tau) e^{-i\omega t} dt\, d\tau = \int_{-\infty}^{\infty}\left[g(\tau)\int_{-\infty}^{\infty} f(t-\tau)\, e^{-i\omega t} dt\right] d\tau$$

[정리 12-4]인 시간 이동 정리를 사용하면 다음과 같이 증명된다.

$$\begin{aligned}\int_{-\infty}^{\infty}\left[g(\tau)\int_{-\infty}^{\infty} f(t-\tau)\, e^{-i\omega t} dt\right] d\tau &= \int_{-\infty}^{\infty} g(\tau)\hat{f}(\omega) e^{-i\omega\tau} d\tau \\ &= \hat{f}(\omega)\int_{-\infty}^{\infty} g(\tau) e^{-i\omega\tau} d\tau \\ &= \hat{f}(\omega)\,\hat{g}(\omega)\end{aligned}$$

■

마지막으로 도함수의 푸리에 변환에 대해 살펴보고자 한다. 5장에서 설명한 도함수의 라플라스 변환을 이용하여 미분방정식의 해를 구하는 것이 가능하였듯이 도함수의 푸리에 변환을 이용해서도 미분방정식의 해를 구할 수 있다. 그러기 위해서는 먼저 도함수의 푸리에 변환에 대해 알아야 한다. 다음 정리는 도함수의 푸리에 변환 구하는 공식을 설명해 주고 있다.

정리 12-9 도함수의 푸리에 변환

$f(x)$가 구간 $(-\infty, \infty)$에서 연속이고 적분가능하며, $f'(x)$는 모든 유한 구간에서 구간별로 연속이고, $x \to \pm\infty$일 때 $f(x) \to 0$이라고 가정하면, 다음 관계식이 성립한다.

$$\mathcal{F}\{f'(x)\} = i\omega \hat{f}(\omega) \tag{12.41}$$

증명 다음과 같이 푸리에 변환의 정의와 부분적분으로 증명할 수 있다.

$$\begin{aligned}\mathcal{F}\{f'(x)\} &= \int_{-\infty}^{\infty} f'(x) e^{-i\omega x}\, dx \\ &= f(x) e^{-i\omega x}\Big|_{-\infty}^{\infty} + i\omega \int_{-\infty}^{\infty} f(x) e^{-i\omega x}\, dx \\ &= i\omega \int_{-\infty}^{\infty} f(x) e^{-i\omega x}\, dx = i\omega \hat{f}(\omega)\end{aligned}$$

■

정리 12-10 도함수의 푸리에 변환

$f(x)$와 $f'(x)$가 구간 $(-\infty, \infty)$에서 연속이고 적분가능하며, $f''(x)$는 모든 유한 구간에서 구간별로 연속이고, $x \to \pm\infty$일 때 $f(x) \to 0$, $f'(x) \to 0$이라고 가정하면, 다음 관계식이 성립한다.

$$\mathcal{F}\{f''(x)\} = (i\omega)^2 \hat{f}(\omega) \tag{12.42}$$

증명 $f'(x) = g(x)$로 놓으면 식 (12.41)에 의해

$$\begin{aligned}\mathcal{F}\{f''(x)\} &= \mathcal{F}\{g'(x)\} = i\omega \hat{g}(\omega) = i\omega (i\omega) \hat{f}(\omega) \\ &= (i\omega)^2 \hat{f}(\omega) = -\omega^2 \hat{f}(\omega)\end{aligned}$$

■

고계도함수에 대한 푸리에 변환도 유사하게 구할 수 있다. 도함수의 푸리에 변환을 이용한 미분방정식의 풀이에 관하여는 여기에서 설명하지 않고 13장 편미분방정식에서 다루도록 하겠다.

Chapter 12 연습문제

12.1 **(직교함수)** $m \neq n$일 때, $f(x)=\cos mx\,(m=0, 1, 2, \cdots)$와 $g(x)=\cos nx\,(n=0, 1, 2, \cdots)$가 구간 $[-\pi, \pi]$에서 직교함을 보여라.

12.2 **(정규직교함수)** $f_0(x)=1$, $f_1(x)=\sin x$, $f_2(x)=\sin 2x$가 구간 $\left[0, \frac{\pi}{2}\right]$에서 서로 정규직교함수가 되도록 하라.

12.3 **(푸리에 급수 전개)** 오른쪽 그림과 같이 주어진 함수를 푸리에 급수로 전개하라.

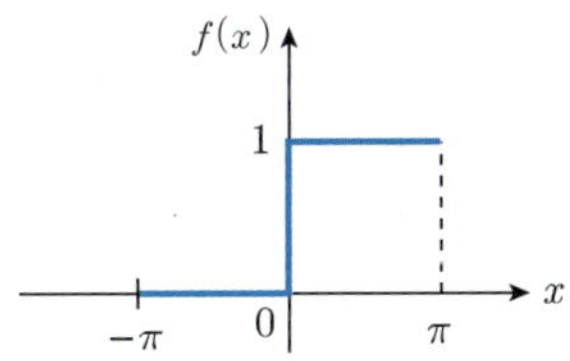

$$f(x)=\begin{cases} 0 & (-\pi < x < 0) \\ 1 & (0 < x < \pi) \end{cases}$$

12.4 **(푸리에 급수 전개)** 오른쪽 그림과 같이 주어진 함수를 푸리에 급수로 전개하라.

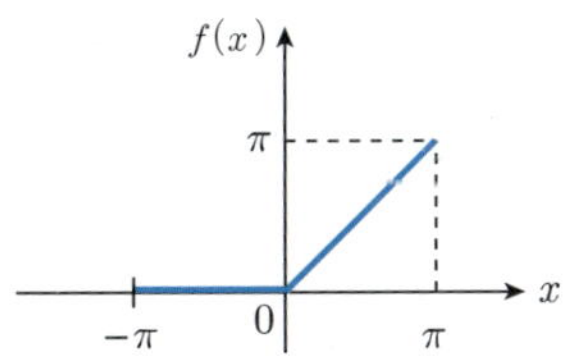

$$f(x)=\begin{cases} 0 & (-\pi < x < 0) \\ x & (0 < x < \pi) \end{cases}$$

12.5 **(푸리에 급수 전개)** 오른쪽 그림과 주어진 함수를 푸리에 급수로 전개하라.

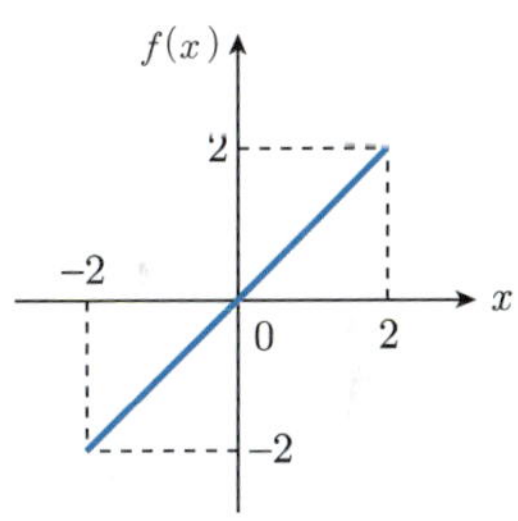

$$f(x)=x \qquad (-2 < x < 2)$$

12.6 **(푸리에 급수 전개)** 오른쪽 그림과 같이 주어진 함수를 푸리에 급수로 전개하라.

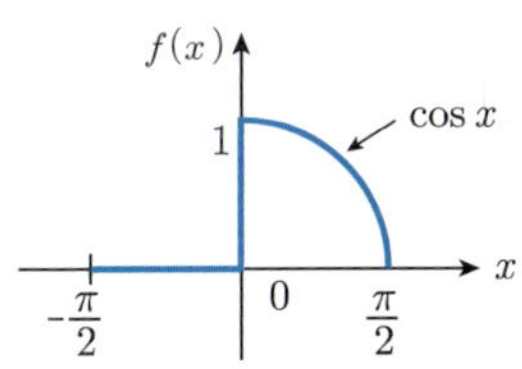

$$f(x)=\begin{cases} 0 & \left(-\frac{\pi}{2} < x \leq 0\right) \\ \cos x & \left(0 < x < \frac{\pi}{2}\right) \end{cases}$$

12.7 **(푸리에 급수 전개)** 오른쪽 그림과 같이 주어진 함수를 푸리에 급수로 전개하라.

$$f(x)=\begin{cases} x+\pi & (-\pi<x\le 0) \\ -2x+\pi & (0<x<\pi) \end{cases}$$

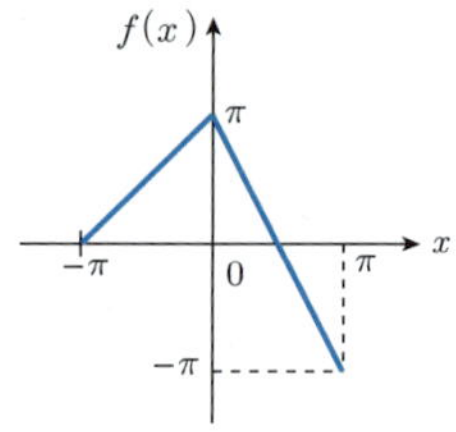

12.8 **(푸리에 급수 전개)** 다음과 같이 주어진 우함수를 푸리에 급수로 전개하라.

(a) $f(x)=\begin{cases} -1 & (-2<x<-1) \\ 1 & (-1\le x<1) \\ -1 & (1\le x<2) \end{cases}$

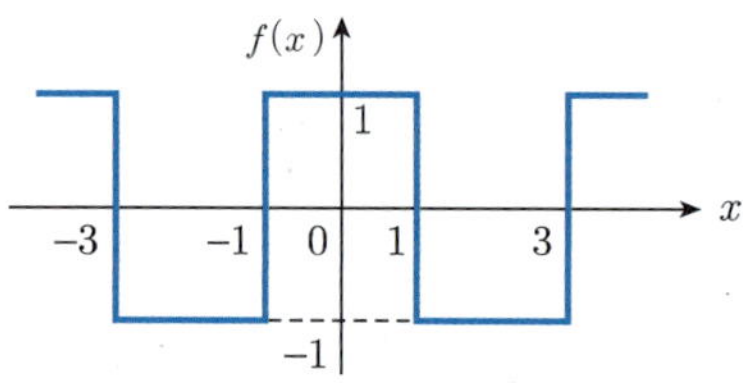

(b) $f(x)=\begin{cases} 1 & (-2<x<-1) \\ -1 & (-1\le x<1) \\ 1 & (1\le x<2) \end{cases}$

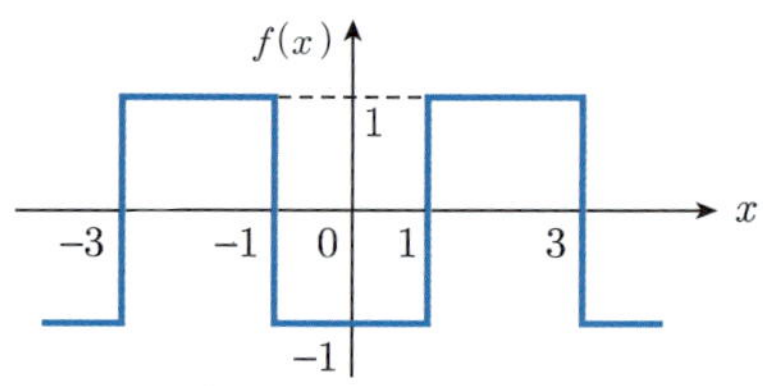

(c) $f(x)=\begin{cases} x+\pi & (-\pi<x\le 0) \\ -x+\pi & (0<x<\pi) \end{cases}$

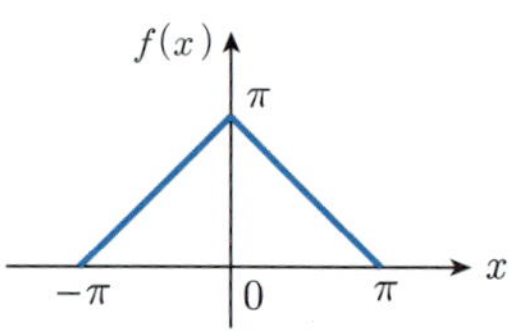

(d) $f(x)=|x| \quad (-\pi<x<\pi)$

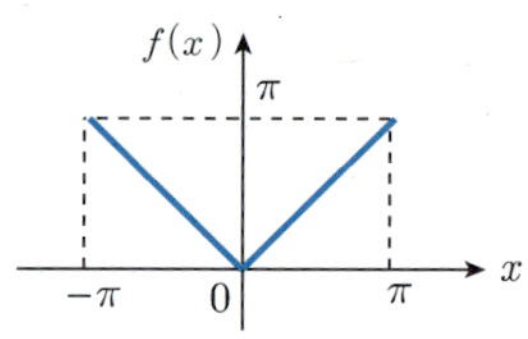

12.9 **(푸리에 급수 전개)** 다음과 같이 주어진 기함수를 푸리에 급수로 전개하라.

(a) $f(x)=x$
$(-\pi<x<\pi)$

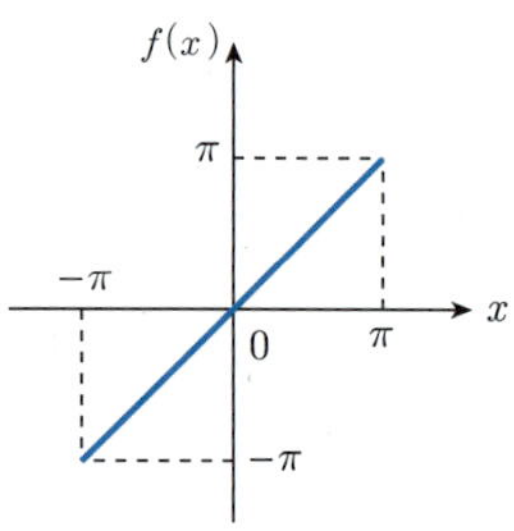

(b) $f(x)=-x$
$(-\pi<x<\pi)$

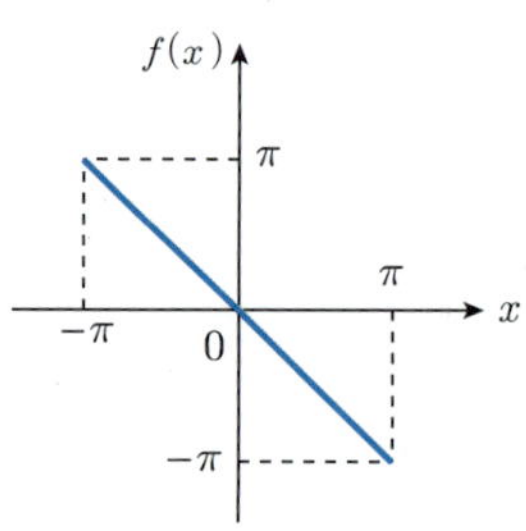

(c) $f(x)=x^3$
$(-\pi<x<\pi)$

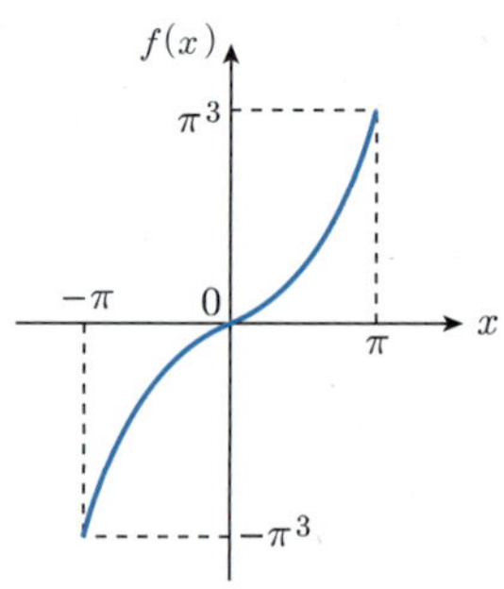

12.10 (푸리에 급수 전개) 다음과 같이 주어진 함수를 우확장 반구간 전개에 의한 푸리에 급수로 전개하라.

(a) $f(x)=\begin{cases}0 & (0<x\le 1)\\ 1 & (1<x<2)\end{cases}$　　　(b) $f(x)=x \quad (0<x<1)$

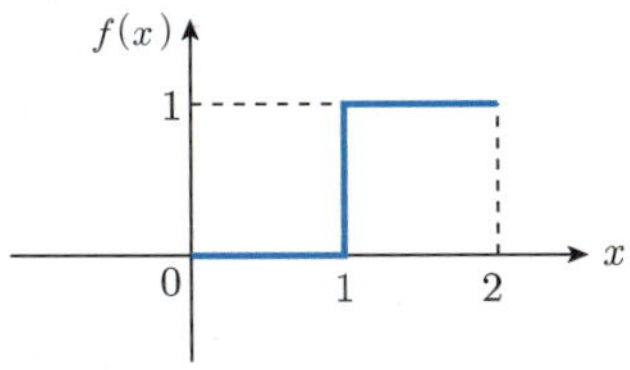

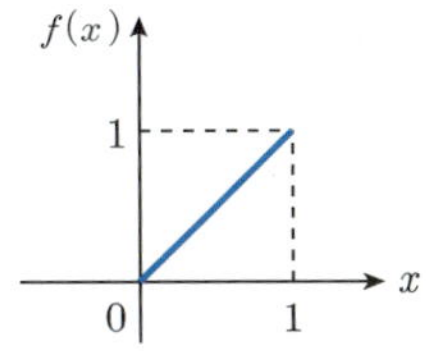

12.11 (푸리에 급수 전개) [연습문제 12.10]에 주어진 함수를 기확장 반구간 전개에 의한 푸리에 급수로 전개하라.

12.12 (복소 푸리에 급수 전개) 다음과 같이 주어진 함수를 복소 푸리에 급수로 전개하라.

(a) $f(x)=\begin{cases}0 & (-\pi<x\le 0)\\ 1 & (0<x<\pi)\end{cases}$　　　(b) 구간 $(-1, 1)$에서 $f(x)=e^x$

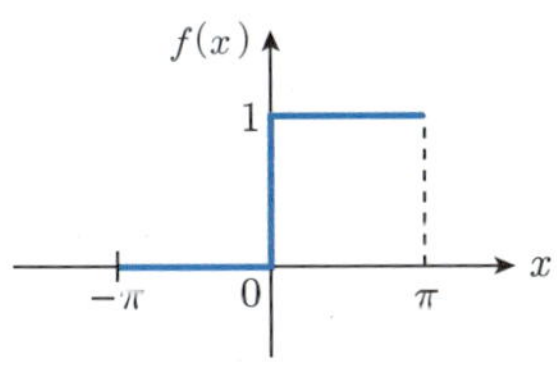

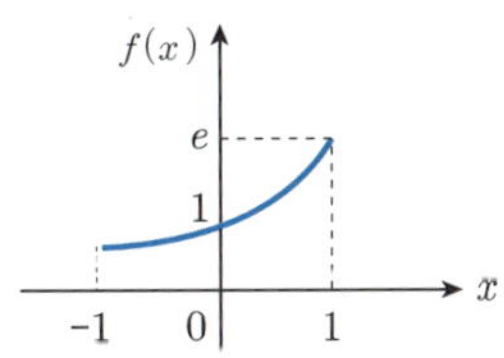

12.13 (푸리에 적분) 오른쪽 그림과 같이 주어진 함수에 대해 푸리에 적분 표현식을 구하라.

$$f(x)=\begin{cases}0 & (-\infty<x\le 0)\\ 1 & (0\le x<1)\\ 0 & (1\le x<\infty)\end{cases}$$

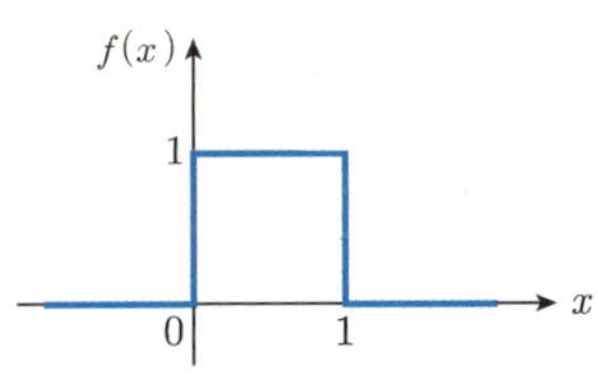

12.14 (푸리에 코사인 적분) 다음과 같이 주어진 함수의 푸리에 코사인 적분을 구하라.

(a) $f(x) = e^{-2x} \quad (x > 0)$

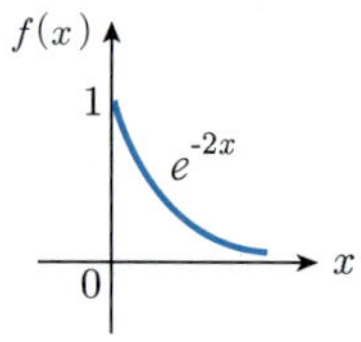

(b) $f(x) = \begin{cases} \sin x & (0 < x \le \pi) \\ 0 & (\pi < x) \end{cases}$

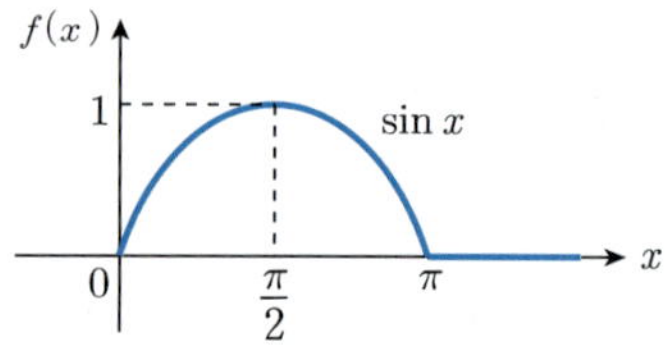

12.15 (푸리에 사인 적분) [연습문제 12.14]에 주어진 함수의 푸리에 사인 적분을 구하라.

12.16 (푸리에 변환) 다음과 같이 주어진 함수의 푸리에 변환을 구하라.

(a) $f(x) = \begin{cases} c & (0 < x < 2) \\ 0 & (x \le 0,\ x \ge 2) \end{cases}$

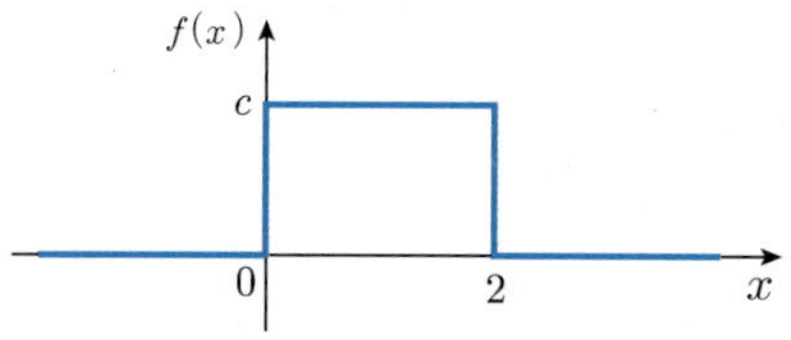

(b) $f(x) = \begin{cases} c & (-a < x < a) \\ 0 & (x \le -a,\ x \ge a) \end{cases}$

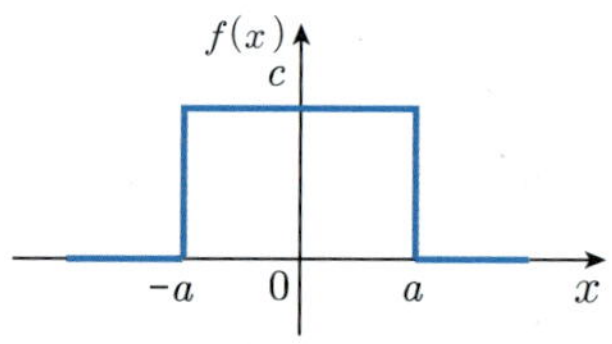

(c) $f(x) = e^{-2x} \quad (x > 0)$

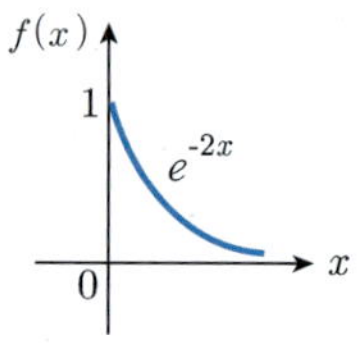

(d) $f(x) = \begin{cases} e^{x} & (x < 0) \\ e^{-x} & (x \ge 0) \end{cases}$

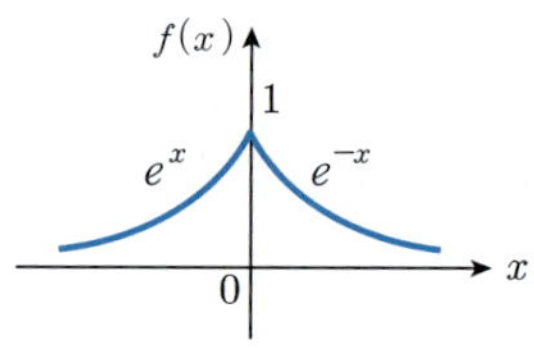

12.17 (시간 이동) [연습문제 12.16(b)]에서 구한 푸리에 변환 결과와 [정리 12-4]를 이용하여 다음 함수의 푸리에 변환을 구하라.

$$g(t) = \begin{cases} 0 & (t < 2,\ t \ge 6) \\ c & (2 \le t < 6) \end{cases}, \quad c > 0$$

Chapter

13

편미분방정식

Partial Differential Equations

학습목표

- 편미분방정식의 기본 개념에 대해 살펴보고, 매우 널리 알려진 편미분방정식의 종류를 이해한다.
- 변수분리법을 사용하여 선형 편미분방정식의 풀이를 구하는 방법에 대해 고찰한다.
- 경계값 문제(Boundary Value Problem, BVP)와 초깃값 문제(Initial Value Problem, IVP)에 대해 이해한다.
- 파동방정식, 열전도방정식, 라플라스 방정식과 같은 물리계의 대표적인 편미분방정식의 해를 구하는 방법에 대해 살펴보고, 라플라스 변환과 푸리에 변환을 이용하여 해를 구해본다.

공학이나 물리학에서 취급하고 있는 문제들은 문제를 단순화하기 위해 상미분방정식으로 모델링하여 해석하는 경우가 대부분이다. 그러나 상미분방정식으로는 해결이 안 되는 경우도 많다. 예를 들면, 물리학 분야의 양자역학, 기계공학의 3대 역학이라 불리는 고체역학, 유체역학, 열역학, 전기전자분야의 전자기학 등의 문제에서 편미분방정식으로 모델링되어야 하는 경우가 종종 발생한다. 따라서 편미분방정식의 이해와 풀이 방법에 대한 이해가 필요하다.

이 장에서는 편미분방정식의 기본 개념에 대해 살펴보고, 보편적인 편미분방정식의 종류를 이해한다. 그리고 편미분방정식에서 매우 중요하게 여겨지는 경계값 문제(Boundary Value Problem, BVP)와 초깃값 문제(Initial Value Problem, IVP)에 대해 학습한다. 또한, 편미분방정식의 풀이법으로 널리 사용되는 변수분리법에 대해 살펴보고, 아울러 라플라스 변환과 푸리에 변환을 이용하여 해를 구하는 방법에 대해서도 살펴보고자 한다.

편미분방정식을 풀기 위한 MATLAB 명령어는 'pdepe'이고, 또한 필요에 따라 별도의 프로그램 코딩을 통하여 정확한 해를 구할 수 있다. 그러나 편미분방정식은 그 풀이 과정이 길고 복잡하며, 그 결과 역시 단순하게 표현되지 않으므로 MATLAB 코딩 부분은 생략하고자 한다.

13.1 기본 개념

여러 물리학적 또는 기하학적 문제와 관련하여 물리적인 종속변수가 하나의 독립변수에 의존할 때에는 그 시스템의 **지배방정식** governing equation 이 **상미분방정식** ordinary differential equations 으로 나타나지만, 둘 이상의 독립변수에 의존하게 된다면 **편미분방정식** partial differential equations 이 된다. 실제로 아주 단순하고 간단한 시스템만이 상미분방정식으로 모델링될 뿐 대부분의 시스템은 편미분방정식으로 모델링된다. 그러나 편미분방정식은 그 풀이 과정이 복잡하므로 모델링식을 단순화하기 위하여 여러 가지 가정들을 적용하여 상미분방정식으로 모델링하는 경우가 많다. 하지만 경우에 따라서는 반드시 편미분방정식으로 모델링해야만 되는 경우가 있다. 예를 들면, 물리학 분야의 양자역학, 기계공학의 3대 역학이라 불리는 고체역학, 유체역학, 열역학, 전기전자 분야의 전자기학 등의 문제에서 편미분방정식으로 모델링되어야 하는 경우가 종종 발생한다.

편미분방정식의 **계수** order 는 미분방정식에 포함된 가장 높은 도함수의 계수를 말한다. 상미분방정식에서와 마찬가지로 편미분방정식의 경우에도 종속변수와 종속변수의 편도함수에 관해 1차이면 **선형** linear 이고, 그렇지 않으면 모두 **비선형** nonlinear 이라 부른다. 비선형의 경우에는 풀이 자체가 매우 난해하므로 본 장에서는 선형에 국한하여 설명하고자 한다. 식 (13.1)은 2계 선형 편미분방정식의 일반적인 형태를 보여주고 있다.

$$A\frac{\partial^2 u}{\partial x^2}+B\frac{\partial^2 u}{\partial x\,\partial y}+C\frac{\partial^2 u}{\partial y^2}+D\frac{\partial u}{\partial x}+E\frac{\partial u}{\partial y}+Fu=f(x,y) \qquad (13.1)$$

여기서 계수 $A, B, \cdots, F$는 상수이거나 또는 x와 y에 의존하는 함수이다. 만약 $A, B, \cdots, F$가 상수일 경우에는 식 (13.1)을 상수 계수를 갖는 2계 선형 편미분방정식, 함수일 경우에는 변수 계수를 갖는 2계 선형 편미분방정식이라 부른다. 또한, 식 (13.1)에서 $f(x, y)=0$일 때의 편미분방정식을 **동차형** homogeneous, $f(x, y)\neq 0$일 때를 **비동차형** nonhomogeneous 이라 부른다.

일반적으로 널리 알려진 대표적인 편미분 방정식들을 살펴보면 다음과 같다.

❶ **1차원 파동방정식** one dimensional wave equation

$$\frac{\partial^2 u}{\partial t^2}=c^2\frac{\partial^2 u}{\partial x^2} \qquad (13.2)$$

② **2차원 파동방정식** two dimensional wave equation

$$\frac{\partial^2 u}{\partial t^2} = c^2\left(\frac{\partial^2 u}{\partial x^2} + \frac{\partial^2 u}{\partial y^2}\right) \tag{13.3}$$

③ **1차원 열전도 방정식** one dimensional heat equation

$$\frac{\partial u}{\partial t} = c^2\frac{\partial^2 u}{\partial x^2} \tag{13.4}$$

④ **2차원 열전도 방정식** two dimensional heat equation

$$\frac{\partial u}{\partial t} = c^2\left(\frac{\partial^2 u}{\partial x^2} + \frac{\partial^2 u}{\partial y^2}\right) \tag{13.5}$$

⑤ **2차원 라플라스 방정식** two dimensional Laplace equation

$$\frac{\partial^2 u}{\partial x^2} + \frac{\partial^2 u}{\partial y^2} = 0 \tag{13.6}$$

⑥ **2차원 포아송 방정식** two dimensional Poisson equation [1]

$$\frac{\partial^2 u}{\partial x^2} + \frac{\partial^2 u}{\partial y^2} = f(x,\ y) \tag{13.7}$$

1 라플라스 방정식의 우변이 0이 아닌 방정식을 말한다.

⑦ **3차원 라플라스 방정식** three dimensional Laplace equation

$$\frac{\partial^2 u}{\partial x^2} + \frac{\partial^2 u}{\partial y^2} + \frac{\partial^2 u}{\partial z^2} = 0 \tag{13.8}$$

여기서 c는 상수, t는 시간, x, y, z는 직교좌표의 독립변수들이다. 실제 위와 같은 편미분방정식들을 풀 때에는 어떤 면의 경계면에서 해의 값이 주어지는 **경계조건** boundary conditions이나, 초기 시간$(t=0)$에서의 u 또는 $\frac{\partial u}{\partial t}$의 값이 주어지는 **초기 조건** initial conditions을 고려하여 풀게 된다.

상미분방정식의 일반해를 구할 때 기본해들을 알면 그 기본해들의 일차결합도 해가 된다는 사실을 보인 바 있다. 편미분방정식의 경우에도 유사하게 다음과 같은 **중첩의 원리** principle of superposition가 성립한다.

정리 13-1 중첩의 원리

u_1과 u_2가 어떤 영역에서 각각 동차형 선형 편미분방정식의 기본해들이라면 그것들의 일차결합인

$$u = c_1u_1 + c_2u_2$$

도 역시 같은 영역에서 주어진 방정식의 기본해가 된다. 여기서 c_1과 c_2는 임의의 상수이다.

이 정리의 증명은 간단하므로 독자에게 맡긴다.

식 (13.1)의 동차형 상수 계수를 갖는 2계 선형 편미분방정식은 다음과 같이 세 종류로 분류된다.

❶ $B^2 - 4AC < 0$인 경우 **타원형** Elliptic

❷ $B^2 - 4AC = 0$인 경우 **포물형** Parabolic

❸ $B^2 - 4AC > 0$인 경우 **쌍곡형** Hyperbolic

타원형의 예 :

[그림 13-1]과 같은 평면위에서의 온도분포에 관한 방정식이 다음과 같이 주어지는 경우를 살펴보자.

$$\frac{\partial^2 T}{\partial x^2} + \frac{\partial^2 T}{\partial y^2} = 0$$

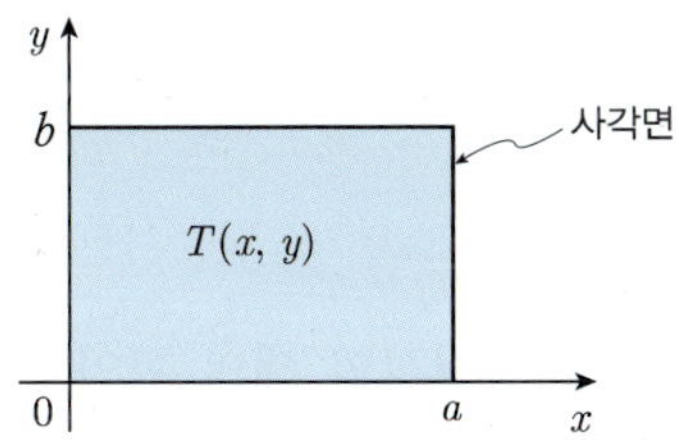

[그림 13-1] 평면 위 온도분포

판별식이

$B^2 - 4AC = 0 - 4(1)(1) = -4 < 0$이므로 타원형이다.

포물형의 예 :

[그림 13-2]와 같은 로드의 길이 방향으로의 온도분포에 관한 방정식이 다음과 같이 주어지는 경우를 살펴보자.

$$\frac{\partial T}{\partial t} = k \frac{\partial^2 T}{\partial x^2}$$

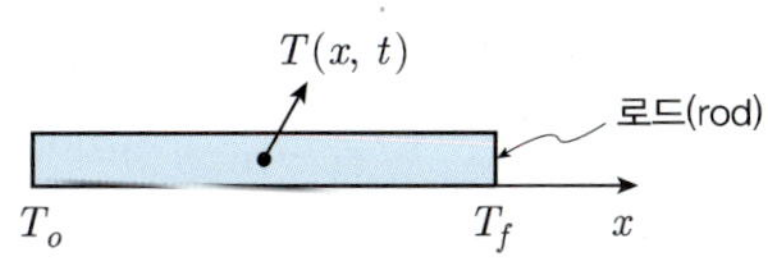

[그림 13-2] 로드 길이 방향 온도분포

판별식이 $B^2 - 4AC = 0 - 4(-k)(0) = 0$이므로 포물형이다.

쌍곡형의 예 :

[그림 13-3]과 같은 현의 수평축으로부터의 수직 변위에 관한 방정식이 다음과 같이 주어지는 경우를 살펴보자.

$$\frac{\partial^2 u}{\partial x^2} = \frac{1}{c^2} \frac{\partial^2 u}{\partial t^2}$$

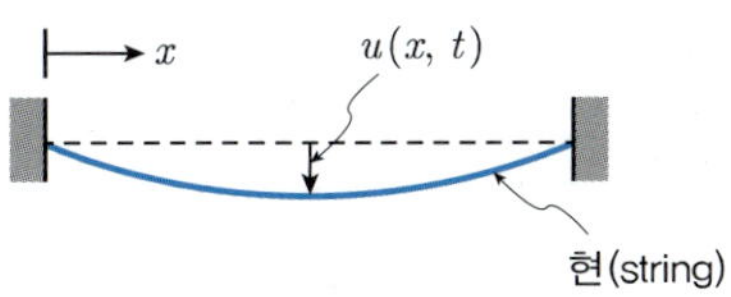

[그림 13-3] 현의 상하방향 움직임

판별식이 $B^2 - 4AC = 0 - 4(1)\left(-\frac{1}{c^2}\right) = \frac{4}{c^2} > 0$이므로 쌍곡형이다.

편도함수들의 표기를 간단하게 하기 위해 이후로부터는 [정의 7-8]에서 정의한 다음과 같은 표기들을 사용하고자 한다.

사용하는 변수들

독립변수 : x, y, z(직교좌표의 독립변수들), t(시간)

종속변수 : $u(x, y, z, t)$

편도함수 표기

$$u_x = \frac{\partial u}{\partial x}, \quad u_y = \frac{\partial u}{\partial y}, \quad u_t = \frac{\partial u}{\partial t},$$

$$u_{xx} = \frac{\partial^2 u}{\partial x^2}, \quad u_{xy} = \frac{\partial}{\partial y}\left(\frac{\partial u}{\partial x}\right), \quad u_{yx} = \frac{\partial}{\partial x}\left(\frac{\partial u}{\partial y}\right), \quad u_{yy} = \frac{\partial^2 u}{\partial y^2}$$

편미분방정식의 해의 확인 :

편미분방정식의 풀이 과정을 설명하기에 앞서 다음과 같이 주어진 1차원 열전도 방정식에 대해 고찰해 보자.

$$u_t = u_{xx}$$

주어진 미분방정식의 해는

$$u(x, t) = \frac{1}{2}x^2 + t$$

이다. $u(x, t)$를 미분방정식에 대입해 보면 $u_t = 1 = u_{xx}$을 만족하므로 $u(x, t)$가 편미분방정식의 해임을 확인해 볼 수 있다.

지금까지 설명한 편미분방정식에 대한 기본 개념을 바탕으로 다음 절에서는 편미분방정식의 풀이 방법에 대해 살펴보고자 한다. 이에 앞서, 편미분방정식의 풀이에 대한 이해를 돕기 위해 다음과 같은 간단한 문제들에 대해 먼저 살펴보고 파동방정식, 열전도방정식, 라플라스 방정식과 같은 문제로 확대하여 풀이 과정을 전개하고자 한다.

예제 13-1 간단한 편미분방정식 풀이

다음의 편미분방정식의 해를 구하라.

$$u_{xx} - 4u = 0$$

풀이

이 문제의 경우 y에 대한 도함수가 없으므로 $u'' - 4u = 0$을 풀면 된다. 3장에서 설명한 상미분방정식의 경우에는 그 기본해가 $u_1 = e^{2x}$, $u_2 = e^{-2x}$이므로 중첩의 원리에 의해 $u = c_1 e^{2x} + c_2 e^{-2x}$($c_1$과 c_2는 상수)이 얻어

지지만, 여기에서는 c_1과 c_2가 y의 함수가 될 수 있으므로 주어진 편미분방정식의 해는

$$u(x, y) = c_1(y)e^{2x} + c_2(y)e^{-2x}$$

이 얻어진다.

유제 13-1 간단한 편미분방정식 풀이

다음의 편미분방정식의 해를 구하라.

$$u_{xx} - u = 0$$

정답 : $u(x, y) = c_1(y)e^{x} + c_2(y)e^{-x}$

예제 13-2 간단한 편미분방정식 풀이

다음의 편미분방정식의 해를 구하라.

$$u_{xy} - u_x = 0$$

풀이

$u_x = v$라 놓으면 주어진 미분방정식은

$$v_y - v = 0$$

이고, 변수 분리하여 위 식을 적분하면 다음과 같은 결과를 얻는다.

$$\frac{\partial v}{v} = \partial y, \quad \ln v = y + c_1(x), \quad v(x, y) = c(x)e^{y} \qquad \cdots\cdots ①$$

여기서 $c(x) = e^{c_1(r)}$이고 적분싱수이다. $u_x - v$를 식 ①에 대입하면

$$\frac{\partial u}{\partial x} = c(x)e^{y} \qquad \cdots\cdots ②$$

이고, 식 ②를 x에 관해 적분하면

$$u(x, y) = \int c(x)e^{y}dx = e^{y}\int c(x)dx + b(y) = a(x)e^{y} + b(y)$$

가 얻어진다. 여기서 $a(x) = \int c(x)\,dx$이고, $b(y)$는 적분상수이다.

유제 13-2 간단한 편미분방정식 풀이

다음의 편미분방정식의 해를 구하라.

$$u_{xy} + u_x = 0$$

정답 : $u(x, y) = a(x)e^{-y} + b(y)$, $a(x)$는 [예제 13-2]와 동일

13.2 변수분리법

독립변수가 x와 y로 구성된 편미분방정식의 **일반해** general solution는 $u(x, y)$로서 함수 내에 두 개의 독립변수 x와 y가 포함된다. 편미분방정식의 해는 여러 가지 방법을 사용하여 구할 수 있겠지만, 본 절에서는 그중 가장 쉽고 간단한 **변수분리법** method of separation of variables에 대해 살펴보고자 한다.

만약 편미분방정식의 해가 식 (13.9)와 같이 x의 함수와 y의 함수의 곱의 형태로 분리되어 나타난다고 가정하면 변수분리법에 의해 편미분방정식을 상미분방정식들의 조합으로 바꿀 수 있고, 따라서 상미분방정식들을 풀게 되면 결국 편미분방정식의 해가 얻어진다. 이런 풀이 방법이 **변수분리법**이다. 다음 예제는 주어진 편미분방정식에 변수분리법을 사용하여 미분방정식의 해를 구하는 실례를 보여주고 있다.

$$u(x, y) = F(x)G(y) \tag{13.9}$$

예제 13-3 변수분리법

다음 편미분방정식의 곱의 형태 해를 얻기 위해 변수분리법을 사용하라.

$$u_x + u_y = 0$$

풀이

식 (13.9)에 의해 $u(x, y) = F(x)\,G(y)$라 놓으면 $u_x = F'(x)\,G(y)$, $u_y = F(x)\,G'(y)$이므로 이것들을 미분방정식에 대입하면

$$F'(x)\,G(y) = -F(x)\,G'(y)$$

가 된다. 이것을 변수 분리하면

$$\frac{F'(x)}{F(x)} = -\frac{G'(y)}{G(y)}$$

이다. 그러나 위 식의 좌변은 x만의 함수이고, 우변은 y만의 함수이므로 좌변과 우변이 같아지기 위해서는 좌변과 우변이 둘 다 상수이어야 한다. 따라서 위 식은 다음과 같이 다시 쓸 수 있다.

$$\frac{F'(x)}{F(x)} = -\frac{G'(y)}{G(y)} = \alpha$$

여기서 α는 임의의 상수이다. 그러므로 다음과 같은 두 개의 상미분방정식들이 얻어진다.

$$F'(x) - \alpha F(x) = 0, \qquad G'(y) + \alpha G(y) = 0$$

그리고 상미분방정식들을 풀면

$$F(x) = Ae^{\alpha x}, \qquad G(y) = Be^{-\alpha y}$$

이고, 여기서 A와 B는 적분상수들이다. 따라서 구하고자 하는 편미분방정식의 해는

$$u(x, y) = F(x)\,G(y) = \left(Ae^{\alpha x}\right)\left(Be^{-\alpha y}\right) = Ce^{\alpha(x-y)}$$

이다. 여기서 $C = AB$이다.

유제 13-3 변수분리법

다음 편미분방정식의 곱의 형태 해를 얻기 위해 변수분리법을 사용하라.

$$u_x - u_y = 0$$

정답 : $u(x, y) = Ce^{\alpha(x+y)}$

13.3 파동방정식

■ 수학적 모델링

[그림 13-4]는 길이 L의 진동하는 현의 수직 변위 $u(x, t)$를 보여주고 있다. 이러한 시스템에 대해 수학적인 모델링 식을 먼저 구해보도록 하자. 정확한 수식을 구하려면 수식이 매우 복잡해지기 때문에 방정식을 풀거나 해석하는 데 많은 어려움들이 있다. 그러므로 좀 더 간단한 모델링 식을 유도하기 위해 다음과 같은 적절한 가정들이 필요하다.

물리적 가정

① 현은 균질이고 완전 탄성체이며 단위길이당 질량은 일정하다.

② 현의 변위 u는 길이에 비해 매우 작고, 현의 기울기도 모든 점에서 작다.

③ 장력은 굽은 현의 접선 방향으로 작용하며 중력에 비해 매우 크다.

④ 현이 움직일 때 어떠한 저항도 받지 않고, 현에 가해지는 외력은 없다.

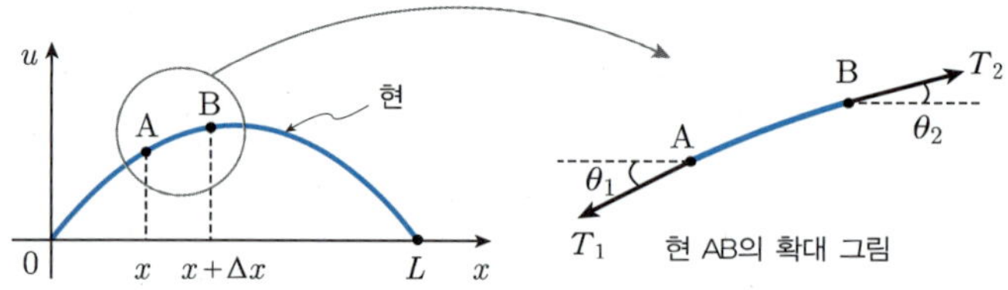

[그림 13-4] 현의 상하방향 움직임

[그림 13-4]의 점 A와 B 사이의 작은 부분에 대해 고려해 보자. 현의 운동방정식을 구하기 위해 점 A와 B 사이의 현에 대해 자유물체도를 그려 보면 [그림 13-4]의 오른쪽 그림과 같다. 여기서 T_1과 T_2는 각각 점 A와 점 B에서 현의 접선 방향으로 작용하는 장력들이다.

현의 운동이 상하방향으로만 움직이고 수평방향의 움직임은 없다고 가정하면 장력의 수평방향성분은 일정해야 한다.

$$T_1 \cos\theta_1 = T_2 \cos\theta_2 = T \text{ (상수)} \tag{13.10}$$

수직방향의 운동방정식을 구하기 위해 자유물체도로부터 뉴턴 제2법칙을 적용하면

$$\rho \Delta x \frac{\partial^2 u}{\partial t^2} = T_2 \sin\theta_2 - T_1 \sin\theta_1 \tag{13.11}$$

이다. 여기서 ρ는 현의 단위길이당 질량, Δx는 휘지 않는 현의 미소길이, $\rho \Delta x$는 고려하고 있는 작은 현의 질량, $\dfrac{\partial^2 u}{\partial t^2}$는 현의 상하방향의 가속도이다. 식 (13.11)을 장력 T로 나누면

$$\frac{\rho \Delta x}{T} \frac{\partial^2 u}{\partial t^2} = \frac{T_2 \sin\theta_2}{T} - \frac{T_1 \sin\theta_1}{T} \tag{13.12}$$

이 되고, 식 (13.12)의 우변에 식 (13.10)을 대입하고 간단히 하면

$$\frac{\rho \Delta x}{T} \frac{\partial^2 u}{\partial t^2} = \frac{T_2 \sin\theta_2}{T_2 \cos\theta_2} - \frac{T_1 \sin\theta_1}{T_1 \cos\theta_1}$$

$$\frac{\rho \Delta x}{T} \frac{\partial^2 u}{\partial t^2} = \tan\theta_2 - \tan\theta_1 \tag{13.13}$$

이 얻어진다. 여기서 $\tan\theta_1$은 점 x에서 현의 기울기이므로 $\tan\theta_1 = \left(\dfrac{\partial u}{\partial x}\right)_x$ 이

고, $\tan\theta_2$는 점 $x+\Delta x$에서 현의 기울기이므로 $\tan\theta_2 = \left(\frac{\partial u}{\partial x}\right)_{x+\Delta x}$ 이다. 따라서 식 (13.13)은 다음과 같이 다시 쓸 수 있다.

$$\frac{\rho\Delta x}{T}\frac{\partial^2 u}{\partial t^2} = \left(\frac{\partial u}{\partial x}\right)_{x+\Delta x} - \left(\frac{\partial u}{\partial x}\right)_x \tag{13.14}$$

마지막으로 식 (13.14)의 양변을 Δx로 나누고 Δx를 0으로 놓으면

$$\frac{\rho}{T}\frac{\partial^2 u}{\partial t^2} = \lim_{\Delta x\to 0}\frac{1}{\Delta x}\left[\left(\frac{\partial u}{\partial x}\right)_{x+\Delta x} - \left(\frac{\partial u}{\partial x}\right)_x\right] \tag{13.15}$$

가 되고, 식 (13.15)는 다음과 같이 다시 쓸 수 있다.

$$\frac{\rho}{T}\frac{\partial^2 u}{\partial t^2} = \frac{\partial^2 u}{\partial x^2}$$

$$\frac{\partial^2 u}{\partial t^2} = c^2\frac{\partial^2 u}{\partial x^2} \tag{13.16}$$

식 (13.16)을 **1차원 파동방정식** one dimensional wave equation이라 부른다. 여기서 $c^2 = \frac{T}{\rho}$인 상수이고, 이는 항상 양수이다.

■ 1차원 파동방정식의 풀이

[그림 13-4]의 현의 움직임을 보기 위해서는 식 (13.16)과 같이 주어진 1차원 파동방정식을 풀어야만 한다. 이때 **경계조건** boundary conditions과 **초기조건** initial conditions들이 주어진다. 그림에서 보는 바와 같이 양단에서 현이 x축에 고정되어 있으므로 $x=0$일 때와 $x=L$일 때는 다음과 같은 경계조건들이 주어진다.

$$u(0,t)=0, \quad u(L,t)=0, \quad t>0$$

또한 $t=0$일 때 초기변위와 초기속도와 같은 초기조건들이 주어지는데, 이러한 초기조건들을 다음과 같이 가정할 수 있다.

$$\text{초기변위 : } u(x,0)=f(x), \quad \text{초기속도 : } \left.\frac{\partial u}{\partial t}\right|_{t=0} = g(x), \quad 0<x<L$$

따라서 주어진 경계조건들과 초기조건들을 만족하는 1차원 파동방정식을 풀어야 한다. 경계조건들과 초기조건들이 주어진 1차원 파동방정식은 다음과 같다.

1차원 파동방정식 : $\dfrac{\partial^2 u}{\partial t^2} = c^2 \dfrac{\partial^2 u}{\partial x^2}$ (13.16)

경계조건 : $u(0, t) = 0, \quad u(L, t) = 0, \quad t > 0$

초기조건 : $u(x, 0) = f(x), \quad \left.\dfrac{\partial u}{\partial t}\right|_{t=0} = g(x), \quad 0 < x < L$

1차원 파동방정식을 풀기 위해 13.2절에서 설명한 변수분리법을 사용하자. $u(x, t) = F(x)\,G(t)$라 놓으면

$$u_{xx} = F''(x)\,G(t), \qquad u_{tt} = F(x)\,G''(t) \tag{13.17}$$

이므로 식 (13.17)을 1차원 파동방정식 (13.16)에 대입하면

$$F(x)\,G''(t) = c^2 F''(x)\,G(t) \tag{13.18}$$

이고, 식 (13.18)을 변수분리하면

$$\frac{G''(t)}{c^2 G(t)} = \frac{F''(x)}{F(x)} = \alpha \ \text{(상수)}$$

이므로 다음과 같은 두 개의 상미분방정식들이 얻어진다.

$$F''(x) - \alpha F(x) = 0 \tag{13.19}$$

$$G''(t) - \alpha c^2 G(t) = 0 \tag{13.20}$$

먼저 식 (13.19)가 두 개의 경계조건

$$u(0, t) = F(0)\,G(t) = 0, \ u(L, t) = F(L)\,G(t) = 0, \ t > 0$$

을 만족하는 해를 구해 보자. 여기서 $G(t) = 0$이면 $u(x, t) = F(x)\,G(t) = 0$이므로 $G(t)$가 0이면 안 된다. 따라서 두 경계조건으로부터 $F(0) = 0$, $F(L) = 0$임을 알 수 있다.

❶ $\alpha = 0$인 경우

이때에는 식 (13.19)를 x에 관해 두 번 적분하여 풀면 $F(x) = c_1 + c_2 x$이다. 두 경계조건들을 이용하면 적분상수들 $c_1 = c_2 = 0$이 되므로 $F(x) = 0$이고, 따라서 $u(x, t) = 0$이 된다. 이것은 의미가 없는 해이므로 $\alpha \neq 0$이다.

❷ $\alpha = \lambda^2 > 0$인 경우

식 (13.19)의 일반해는 3장에서 설명한 상미분방정식의 풀이법을 사용하면 $F(x) = c_1 e^{\lambda x} + c_2 e^{-\lambda x}$이고, 두 경계조건들에 의해 마찬가지로 $c_1 = c_2 = 0$이 되어 $F(x) = 0$, $u(x, t) = 0$이므로 무의미한 해가 된다. 따라서 α는 양수가 아니다.

❸ $\alpha = -\beta^2 < 0$인 경우

식 (13.19)는 다음과 같이 다시 쓸 수 있다.

$$F''(x) + \beta^2 F(x) = 0 \tag{13.21}$$

식 (13.21)의 일반해는

$$F(x) = c_1 \cos \beta x + c_2 \sin \beta x \tag{13.22}$$

이고, 경계조건을 대입하면 $c_1 = 0$, $c_2 \sin \beta L = 0$이며, $c_2 = 0$이면 $F(x) = 0$이므로 $c_2 \neq 0$이다. 따라서 $\sin \beta L = 0$이 되고, 이 식을 만족하기 위해서는

$$\beta L = n\pi, \quad \beta = \frac{n\pi}{L}, \quad (n = 1, 2, 3, \cdots) \tag{13.23}$$

의 관계가 성립해야 한다. 따라서

$$F(x) = c_2 \sin \frac{n\pi}{L} x, \quad (n = 1, 2, 3, \cdots) \tag{13.24}$$

의 해가 얻어진다. 이제 $G(t)$를 구하기 위해 식 (13.23)의 β를 $\alpha = -\beta^2$에 대입한 후, α를 식 (13.20)에 대입하면 식 (13.20)은 다음과 같이 된다.

$$G''(t) + \left(\frac{cn\pi}{L}\right)^2 G(t) = 0 \tag{13.25}$$

식 (13.25)의 일반해는

$$G(t) = c_3 \cos \frac{cn\pi}{L} t + c_4 \sin \frac{cn\pi}{L} t \tag{13.26}$$

이다. 적분상수들을 $c_2 c_3 = A_n$, $c_2 c_4 = B_n$이라 놓으면 1차원 파동방정식 (13.16)과 경계조건들을 만족하는 해는 $u(x, t) = F(x)\,G(t)$이므로

$$u_n(x, t) = \left(A_n \cos\frac{cn\pi}{L}t + B_n \sin\frac{cn\pi}{L}t\right)\sin\frac{n\pi}{L}x, \quad (n = 1, 2, 3, \cdots) \tag{13.27}$$

$$u(x, t) = \sum_{n=1}^{\infty} u_n(x, t) = \sum_{n=1}^{\infty}\left(A_n \cos\frac{cn\pi}{L}t + B_n \sin\frac{cn\pi}{L}t\right)\sin\frac{n\pi}{L}x \tag{13.28}$$

이다. 이제 초기조건들을 고려하기 위해 식 (13.28)에 초기변위에 관한 조건 $u(x, 0) = f(x)$를 대입하면

$$u(x, 0) = \sum_{n=1}^{\infty} A_n \sin\frac{n\pi}{L}x = f(x) \tag{13.29}$$

가 얻어지는데, 이는 기함수의 반구간 전개 문제이므로 식 (12.19)에 의해

$$A_n = \frac{2}{L}\int_0^L f(x)\sin\frac{n\pi}{L}x\,dx \tag{13.30}$$

가 구해진다. 또한 B_n을 구하기 위해서 초기속도에 관한 조건 $\left.\frac{\partial u}{\partial t}\right|_{t=0} = g(x)$를 사용하자. 식 (13.28)을 t에 관해 미분하고 $t = 0$을 대입하면

$$\frac{\partial u(x, t)}{\partial t} = \sum_{n=1}^{\infty}\left(-A_n\frac{cn\pi}{L}\sin\frac{cn\pi}{L}t + B_n\frac{cn\pi}{L}\cos\frac{cn\pi}{L}t\right)\sin\frac{n\pi}{L}x$$

$$\left.\frac{\partial u(x, t)}{\partial t}\right|_{t=0} = \sum_{n=1}^{\infty}\left(B_n\frac{cn\pi}{L}\right)\sin\frac{n\pi}{L}x = g(x) \tag{13.31}$$

가 얻어지고, A_n을 구할 때와 마찬가지로 식 (13.31)이 초기속도의 반구간 사인 전개가 되기 위해서는

$$B_n\frac{cn\pi}{L} = \frac{2}{L}\int_0^L g(x)\sin\frac{n\pi}{L}x\,dx$$

이므로

$$B_n = \frac{2}{cn\pi}\int_0^L g(x)\sin\frac{n\pi}{L}x\,dx \tag{13.32}$$

가 얻어진다.

따라서 1차원 파동방정식 (13.16)의 주어진 경계조건과 초기조건에 대한 해는 식 (13.28)이고, 계수 A_n과 B_n은 각각 식 (13.30)과 식 (13.32)에 의해 구해

진다. 식 (13.27)과 같이 1차원 파동방정식의 해가 되는 함수를 진동하는 현의 **고유함수** eigenfunction라 부르고, $\lambda_n = cn\pi/L$을 **고윳값** eigenvalue이라 부른다. 식 (13.27)의 $u_n(x,\,t)$는 $\lambda_n/(2\pi) = (cn\pi/L)/(2\pi)$의 진동수를 갖는 **조화운동** harmonic motion을 하는데, 이것을 현의 **n-차 정규진동** n-th normal mode이라 부른다. [그림 13-5]는 1차, 2차, 3차, 4차 정규진동 운동의 예를 보여준다. 여기에 정규진동의 **노드점** nodes [2]들이 표기되어 있다.

2 현의 양 끝의 고정점을 제외하고 상하 방향의 움직임이 없는 점을 말한다.

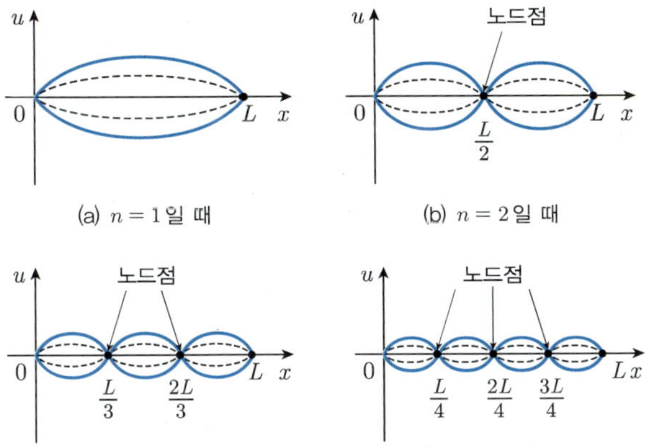

(a) $n=1$일 때 (b) $n=2$일 때 (c) $n=3$일 때 (d) $n=4$일 때

[그림 13-5] 진동하는 현의 정규진동

예제 13-4 1차원 파동방정식

1차원 파동방정식의 해가 식 (13.28)과 같고, 초기속도가 0일 때, 파동방정식의 해를 구하라.

풀이

식 (13.28)에 의해 1차원 파동방정식의 해는

$$u(x,\,t) = \sum_{n=1}^{\infty}\left(A_n \cos\frac{cn\pi}{L}t + B_n \sin\frac{cn\pi}{L}t\right)\sin\frac{n\pi}{L}x$$

이고, 초기속도가 0이므로 $\left.\dfrac{\partial u}{\partial t}\right|_{t=0} = g(x) = 0$이고, 식 (13.32)에 의해 $B_n = 0$이 된다. 그러므로 1차원 파동방정식의 해는 다음과 같이 다시 쓸 수 있다.

$$u(x,\,t) = \sum_{n=1}^{\infty} A_n \cos\frac{cn\pi}{L}t\,\sin\frac{n\pi}{L}x$$

삼각함수 공식을 이용하면

$$u(x,\,t) = \frac{1}{2}\sum_{n=1}^{\infty} A_n\left[\sin\frac{n\pi}{L}(x+ct) + \sin\frac{n\pi}{L}(x-ct)\right]$$ …… ① 삼각함수의 공식 이용(부록 표 참조)

또는

$$u(x,t) = \frac{1}{2}\sum_{n=1}^{\infty} A_n \left[\sin\frac{n\pi}{L}(x+ct)\right] + \frac{1}{2}\sum_{n=1}^{\infty} A_n \left[\sin\frac{n\pi}{L}(x-ct)\right]$$

이다. 위 식의 두 급수들은 함수 $f(x)$에 대한 푸리에 사인급수 식 (12.20)으로부터 x 대신 $x-ct$와 $x+ct$를 대입하여 얻은 식이므로 다음과 같이 쓸 수도 있다.

$$u(x,t) = \frac{1}{2}\left[\bar{f}(x+ct) + \bar{f}(x-ct)\right] \qquad \cdots\cdots ②$$

여기서 $\bar{f}$는 기함수 $f(x)$의 주기 $2L$인 주기확장 함수이고, 식 ②를 1차원 파동방정식 (13.16)의 D'Alembert[3] **해**라고 부른다.

3 Jean D'Alembert (1717 ~ 1788) 프랑스 수학자로서 역학에서 중요한 업적을 남겼다.

유제 13-4 1차원 파동방정식

1차원 파동방정식의 해에 대해, 초기변위가 $f(x) = x$이고, 초기속도가 0일 때, 파동방정식의 해를 구하라.

Hint 식 (13.30)으로부터 부분적분을 이용해 A_n을 구한다.

정답 : $u(x,t) = \sum_{n=1}^{\infty}\left(-\frac{2L}{n\pi}\cos n\pi \cos\frac{cn\pi}{L}t\right)\sin\frac{n\pi}{L}x$

13.4 열전도방정식

열에 관한 물리적인 성질들과 가우스 발산정리 등을 사용하여 열전도에 관한 1차원 열전도방정식을 유도할 수 있다. 물론 이때에도 1차원 파동방정식의 유도 과정에서와 마찬가지로 많은 가정들을 세우는 것이 필요하다. 여기에서는 유도 과정은 생략하고 그 결과 식만을 이용하도록 하겠다.

3차원 공간에서 열전도방정식은

$$\frac{\partial u}{\partial t} = c^2\left(\frac{\partial^2 u}{\partial x^2} + \frac{\partial^2 u}{\partial y^2} + \frac{\partial^2 u}{\partial z^2}\right)$$

이다. 여기서 $c^2 = \frac{K}{\gamma\rho}$로서 열확산 계수라 부르고, K는 열전도도, γ는 비열, ρ는 물질의 밀도를 각각 나타낸다. [그림 13-6]과 같은 로드에서 열의 흐름을 고려한다면 열이 다른 방향으로는 완전히 단열되어 있고 오직 x축 방향으로만 흐른다고 가정할 수 있다. 이때 로드에서의 온도에 관한 1차원 열전도방정식은 식 (13.4)에 나타낸 바와 같다.

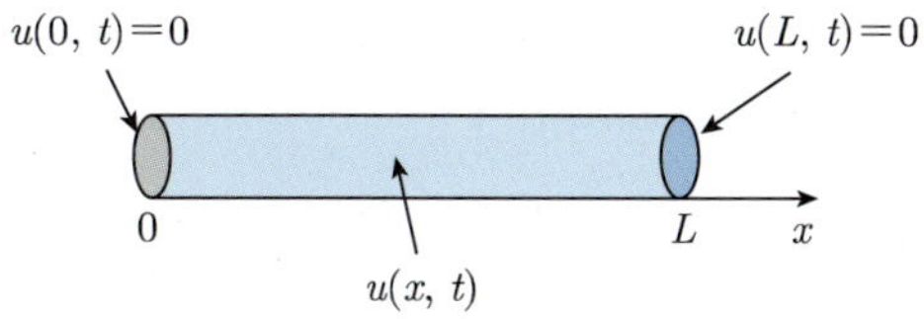

[그림 13-6] 로드의 열전도

■ 1차원 열전도방정식의 풀이

1차원 파동방정식에서와 마찬가지로 경계조건과 초기조건이 주어진다. 예를 들어 로드의 양단이 단열되어 있는 경우라면 다음과 같은 경계조건들이 주어진다.

$$u(0,\ t)=0, \quad u(L,\ t)=0, \quad t>0$$

또한 1차원 파동방정식의 경우에는 두 개의 초기조건들이 필요했는데, 여기에서는 $t=0$일 때 초기변위만이 필요하다.

$$\text{초기변위}: \ u(x,\ 0)=f(x), \quad 0<x<L$$

따라서 주어진 경계조건들과 초기조건들을 만족하는 1차원 열전도방정식을 풀어야 한다. 경계조건들과 초기조건들이 주어진 1차원 열전도방정식은 다음과 같다.

1차원 열전도방정식 : $\dfrac{\partial u}{\partial t}=c^2\dfrac{\partial^2 u}{\partial x^2}$ (13.4)

경계조건 : $u(0,\ t)=0,\ u(L,\ t)=0,\ t>0$

초기조건 : $u(x,\ 0)=f(x),\ 0<x<L$

1차원 열전도방정식을 풀기 위해 13.2절에서 설명한 변수분리법을 사용하자. $u(x,\ t)=F(x)\,G(t)$라 놓으면

$$u_{xx}=F''(x)\,G(t), \quad u_t=F(x)\,G'(t) \tag{13.33}$$

이므로 식 (13.33)을 1차원 열전도방정식 (13.4)에 대입하면

$$F(x)\,G'(t)=c^2F''(x)\,G(t) \tag{13.34}$$

이고, 식 (13.34)를 변수분리하면

$$\frac{G'(t)}{c^2\,G(t)} = \frac{F''(x)}{F(x)} = \alpha \ (\text{상수})$$

이므로 다음과 같은 두 개의 상미분방정식들이 얻어진다.

$$F''(x) - \alpha F(x) = 0 \tag{13.35}$$

$$G'(t) - \alpha c^2\,G(t) = 0 \tag{13.36}$$

식 (13.35)가 두 개의 경계조건 $u(0,\,t) = 0$, $u(L,\,t) = 0$, $t > 0$을 만족하는 해를 구해 보자. 두 경계조건으로부터 $F(0) = 0$, $F(L) = 0$임을 1차원 파동방정식의 풀이 과정에서 설명하였다. 1차원 파동방정식 풀이 과정에서와 마찬가지로 $\alpha \geq 0$이면 경계조건을 만족하는 $u(x,\,t) = F(x)G(t) = 0$이므로 $\alpha = -\beta^2 < 0$이어야만 한다. 이 경우 식 (13.35)를 다음과 같이 다시 쓸 수 있다.

$$F''(x) + \beta^2 F(x) = 0 \tag{13.37}$$

식 (13.37)의 일반해는

$$F(x) = c_1 \cos\beta x + c_2 \sin\beta x \tag{13.38}$$

이고, 경계조건으로부터 얻어진 관계식 $F(0) = 0$, $F(L) = 0$을 대입하면 $c_1 = 0$, $c_2 \sin\beta L = 0$이며, $c_2 = 0$이면 $F(x) = 0$이므로 $c_2 \neq 0$이다. 따라서 $\sin\beta L = 0$이 되고, 이 식을 만족하기 위해서는

$$\beta L = n\pi,\ \ \beta = \frac{n\pi}{L},\ \ (n = 1,\ 2,\ 3, \cdots) \tag{13.39}$$

의 관계가 성립해야 한다. 따라서

$$F(x) = c_2 \sin\frac{n\pi}{L}x,\ \ (n = 1,\ 2,\ 3, \cdots) \tag{13.40}$$

의 해가 얻어진다. 이제 $G(t)$를 구하기 위해 식 (13.39)의 β를 $\alpha = -\beta^2$에 대입한 후, α를 식 (13.36)에 대입하면

$$G'(t) + \left(\frac{cn\pi}{L}\right)^2 G(t) = 0 \tag{13.41}$$

이고, 식 (13.41)의 일반해는

$$G_n(t) = c_3 e^{-\left(\frac{cn\pi}{L}\right)^2 t}, \quad (n = 1,\ 2,\ 3, \cdots) \tag{13.42}$$

이다. 적분상수들을 $c_2 c_3 = A_n$이라 놓으면 1차원 열전도방정식 (13.4)와 경계조건들을 만족하는 해는 $u(x, t) = F(x)\,G(t)$이므로

$$u_n(x, t) = A_n \sin\frac{n\pi}{L}x\, e^{-\left(\frac{cn\pi}{L}\right)^2 t}, \quad (n = 1,\ 2,\ 3, \cdots) \tag{13.43}$$

$$u(x, t) = \sum_{n=1}^{\infty} A_n \sin\frac{n\pi}{L}x\, e^{-\left(\frac{cn\pi}{L}\right)^2 t} \tag{13.44}$$

이다. 이제 초기조건 $u(x, 0) = f(x)$를 고려해보자. 식 (13.44)에 $t = 0$을 대입하면

$$u(x, 0) = f(x) = \sum_{n=1}^{\infty} A_n \sin\frac{n\pi}{L}x \tag{13.45}$$

가 얻어지는데, 이는 기함수의 반구간 선개 문제이므로 식 (12.19)에 의해

$$A_n = \frac{2}{L}\int_0^L f(x)\sin\frac{n\pi}{L}x\,dx \tag{13.46}$$

가 구해진다. 결론적으로 주어진 경계조건과 초기조건을 만족하는 1차원 열전도방정식의 해는 식 (13.44)이고, 계수 A_n은 식 (13.46)에 의해 구해진다.

예제 13-5 1차원 열전도방정식

다음과 같은 1차원 열전도방정식의 해를 구하라.

$$\frac{\partial u}{\partial t} = c^2\frac{\partial^2 u}{\partial x^2},\ \text{경계조건 : } u(0, t) = 0,\ u(L, t) = 0,\ \text{초기조건 : } u(x, 0) = \begin{cases} 1, & 0 < x < \frac{L}{2} \\ 0, & \frac{L}{2} < x < L \end{cases}$$

풀이

1차원 열전도방정식의 해는 식 (13.44)에 의해

$$u(x, t) = \sum_{n=1}^{\infty} A_n \sin\frac{n\pi}{L}x\, e^{-\left(\frac{cn\pi}{L}\right)^2 t}$$

이고, 계수는

$$
\begin{aligned}
A_n &= \frac{2}{L}\int_0^L f(x)\sin\frac{n\pi}{L}x\,dx \\
&= \frac{2}{L}\left[\int_0^{L/2}(1)\sin\frac{n\pi}{L}x\,dx + \int_{L/2}^{L}(0)\sin\frac{n\pi}{L}x\,dx\right] \\
&= \frac{2}{L}\left[\int_0^{L/2}\sin\frac{n\pi}{L}x\,dx\right] \\
&= \frac{2}{L}\left[-\frac{L}{n\pi}\cos\frac{n\pi}{L}x\right]\Bigg|_0^{L/2} \\
&= \frac{2}{n\pi}\left(1-\cos\frac{n\pi}{2}\right)
\end{aligned}
$$

이다. 따라서 주어진 경계조건과 초기조건을 만족하는 1차원 열전도방정식의 해는

$$
\begin{aligned}
u(x,t) &= \sum_{n=1}^{\infty} A_n \sin\frac{n\pi}{L}x\, e^{-\left(\frac{cn\pi}{L}\right)^2 t} \\
&= \sum_{n=1}^{\infty} \frac{2}{n\pi}\left(1-\cos\frac{n\pi}{2}\right)\sin\frac{n\pi}{L}x\, e^{-\left(\frac{cn\pi}{L}\right)^2 t}
\end{aligned}
$$

이다.

유제 13-5 1차원 열전도방정식

다음과 같은 1차원 열전도방정식의 해를 구하라.

$$
\frac{\partial u}{\partial t} = c^2\frac{\partial^2 u}{\partial x^2},\ \text{경계조건 : } u(0,t)=0,\ u(L,t)=0,\ \text{초기조건 : } u(x,0)=\begin{cases} 0, & 0<x<\frac{L}{2} \\ 1, & \frac{L}{2}<x<L \end{cases}
$$

정답 : $u(x,t) = \sum_{n=1}^{\infty} \frac{2}{n\pi}\left(\cos\frac{n\pi}{2} - \cos n\pi\right)\sin\frac{n\pi}{L}x\, e^{-\left(\frac{cn\pi}{L}\right)^2 t}$

13.5 라플라스 방정식

라플라스 방정식은 정전계, 중력계 및 유체역학의 속도 등과 같은 퍼텐셜과 관련된 문제에서 자주 나타난다. 13.4절에서는 1차원 열전도방정식에 대해 살펴보았다. 이것을 y축 방향으로 확대하면 2차원 열전도방정식이고, 이는 13.1절의 식 (13.5)에서 언급한 바가 있다. 이를 다시 쓰면 다음과 같다.

$$\frac{\partial u}{\partial t}=c^2\left(\frac{\partial^2 u}{\partial x^2}+\frac{\partial^2 u}{\partial y^2}\right) \tag{13.47}$$

만약 열전도가 정상상태steady state(시간에 무관)이면 $\frac{\partial u}{\partial t}=0$이므로 식 (13.5) 또는 식 (13.47)은

$$\frac{\partial^2 u}{\partial x^2}+\frac{\partial^2 u}{\partial y^2}=0 \tag{13.48}$$

이고, 이것은 **2차원 라플라스 방정식**이 된다(식 13.6과 동일). 시간에 무관한 2차원 열전도 문제는 고려되고 있는 영역에서의 지배방정식 (13.48)과 경계조건으로 구성되고, 시간과 관련한 초기조건은 주어지지 않는다. 따라서 라플라스 방정식은 **경계값 문제**가 된다. 경계값 문제의 경우 경계조건에 따라 다음과 같이 세 가지 유형이 있다.

❶ 경계에서 u 값이 주어지는 경우

❷ 경계에서 법선 도함수 $\frac{\partial u}{\partial r}$ 값이 주어지는 경우

❸ 경계에서 ❶과 ❷가 다 주어지는 경우, 즉 $au+\frac{\partial u}{\partial r}$ (a는 상수)

❶은 Dirichlet 경계조건, ❷는 Neumann 경계조건, ❸은 Robin 경계조건으로 알려져 있다.

■ 2차원 라플라스 방정식의 풀이

[그림 13-7]의 직사각형 내에서 Dirichlet 경계조건 문제를 살펴보자.

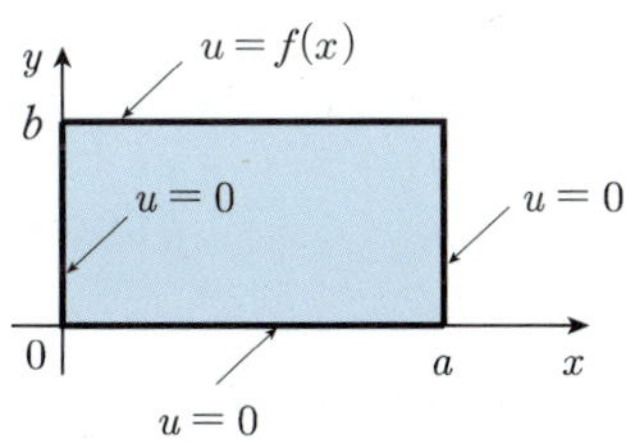

[그림 13-7] 직사각형 평판 내의 온도분포

다음과 같은 경계조건들이 주어진다.

$$u(0,\, y)=0,\quad u(a,\, y)=0,\quad u(x,\, 0)=0,\quad u(x,\, b)=f(x)$$

따라서 주어진 경계조건들을 만족하는 2차원 라플라스 방정식을 풀어야 하고, 이를 요약하면 다음과 같다.

2차원 라플라스 방정식 : $\dfrac{\partial^2 u}{\partial x^2}+\dfrac{\partial^2 u}{\partial y^2}=0$ (13.48)

경계조건 : $u(0,\ y)=0,\ \ u(a,\ y)=0,\ \ u(x,\ 0)=0,\ \ u(x,\ b)=f(x)$

2차원 라플라스 방정식을 풀기 위해 13.2절에서 설명한 변수분리법을 사용하자.

$u(x,\ y)=F(x)\,G(y)$라 놓으면

$$u_{xx}=F''(x)\,G(y),\quad u_{yy}=F(x)\,G''(y) \tag{13.49}$$

이므로 식 (13.49)를 2차원 라플라스 방정식 (13.48)에 대입하면

$$F''(x)\,G(y)+F(x)\,G''(y)=0 \tag{13.50}$$

이고, 식 (13.50)을 변수분리하면

$$-\frac{F''(x)}{F(x)}=\frac{G''(y)}{G(y)}=\alpha\ \ (\text{상수})$$

이므로 다음과 같은 두 개의 상미분방정식들이 얻어진다.

$$F''(x)+\alpha F(x)=0 \tag{13.51}$$

$$G''(y)-\alpha\,G(y)=0 \tag{13.52}$$

먼저, 식 (13.51)이 두 개의 경계조건 $u(0,\ y)=0,\ u(a,\ y)=0$을 만족하는 해를 구해 보자. 두 경계조건으로부터 $F(0)=0,\ F(a)=0$임을 알 수 있다. 식 (13.51)의 일반해는

$$F(x)=c_1\cos\sqrt{\alpha}\,x+c_2\sin\sqrt{\alpha}\,x \tag{13.53}$$

이고, 경계조건 $F(0)=0,\ F(a)=0$을 대입하면 $c_1=0,\ c_2\sin\sqrt{\alpha}\,a=0$이며, $c_2=0$이면 $F(x)=0$이므로 $c_2\neq 0$이다. 따라서 $\sin\sqrt{\alpha}\,a=0$이 되고, 이 식을 만족하기 위해서는

$$\sqrt{\alpha}\,a=n\pi,\ \ \alpha=\left(\frac{n\pi}{a}\right)^2,\ \ (n=1,\ 2,\ 3,\cdots) \tag{13.54}$$

의 관계가 성립해야 한다. 따라서

$$F(x) = c_2 \sin\frac{n\pi x}{a}, \quad (n = 1,\ 2,\ 3, \cdots) \tag{13.55}$$

의 해가 얻어진다. 이제 $G(y)$를 구하기 위해 식 (13.52)가 경계조건 $u(x,\ 0) = 0$, $u(x,\ b) = f(x)$를 만족하는 해를 구해보자.

식 (13.52)의 일반해는

$$G(y) = c_3 e^{n\pi y/a} + c_4 e^{-n\pi y/a}, \ (n = 1,\ 2,\ 3, \cdots) \tag{13.56}$$

이고, 경계조건 $u(x,\ 0) = 0$으로부터 $G(0) = 0$임을 알 수 있고, 이것을 식 (13.56)에 대입하면 $c_3 = -c_4$가 되므로 식 (13.56)은 다음과 같이 다시 쓸 수 있다.

$$G(y) = c_3(e^{n\pi y/a} - e^{-n\pi y/a}) = 2c_3 \sinh\frac{n\pi y}{a}, \ (n = 1,\ 2,\ 3, \cdots) \tag{13.57}$$

따라서 2차원 라플라스 방정식의 고유함수는 다음과 같이 얻어진다.

$$\begin{aligned} u_n(x,\ y) &= F_n(x)\, G_n(y) \\ &= A_n \sin\frac{n\pi x}{a} \sinh\frac{n\pi y}{a}, \ (n = 1,\ 2,\ 3, \cdots) \end{aligned} \tag{13.58}$$

여기서 $A_n = 2c_2c_3$이다. 식 (13.58)은 직사각형 하단에서의 경계조건을 만족한다. 직사각형 상단에서의 경계조건 $u(x,\ b) = f(x)$를 만족하는 해를 구하기 위해 무한급수

$$u(x,\ y) = \sum_{n=1}^{\infty} u_n(x,\ y) \tag{13.59}$$

를 고려해 보자. 식 (13.58)과 상단에서의 경계조건 $u(x,\ b) = f(x)$를 식 (13.59)에 대입하면

$$\begin{aligned} u(x,\ b) = f(x) &= \sum_{n=1}^{\infty} A_n \sin\frac{n\pi x}{a} \sinh\frac{n\pi b}{a} \\ &= \sum_{n=1}^{\infty} \left(A_n \sinh\frac{n\pi b}{a}\right) \sin\frac{n\pi x}{a} \end{aligned} \tag{13.60}$$

가 얻어진다. 식 (13.60)은 괄호 안의 값이 기함수 $f(x)$의 푸리에 계수이어야 함을 알 수 있다. 따라서 식 (12.19)로부터 계수 A_n을 다음과 같이 구할 수 있다.

$$A_n \sinh\frac{n\pi b}{a} = \frac{2}{a}\int_0^a f(x)\sin\frac{n\pi x}{a}\,dx$$

$$A_n = \frac{2}{a\sinh\frac{n\pi b}{a}}\int_0^a f(x)\sin\frac{n\pi x}{a}\,dx \qquad (13.61)$$

그러므로 최종적으로 다음과 같은 2차원 라플라스 방정식의 경계값 문제의 해를 구할 수 있다.

$$u(x, y) = \sum_{n=1}^{\infty} A_n \sin\frac{n\pi x}{a}\sinh\frac{n\pi y}{a} \qquad (13.62)$$

여기서 A_n은 식 (13.61)로부터 구할 수 있다.

경계조건이 다른 ❷와 ❸의 경우에도 유사한 방법으로 풀이가 가능하지만, 단순한 산술 계산량이 많아지므로 여기에서는 다루지 않을 것이다.

예제 13-6 2차원 라플라스 방정식

다음과 같은 2차원 라플라스 방정식의 해를 구하라.

2차원 라플라스 방정식 : $\frac{\partial^2 u}{\partial x^2} + \frac{\partial^2 u}{\partial y^2} = 0$

경계조건 : $u(0, y) = 0,\ u(a, y) = 0,\ u(x, 0) = 0,\ u(x, b) = x$

풀이

2차원 라플라스 방정식의 해는 식 (13.62)에 의해

$$u(x, y) = \sum_{n=1}^{\infty} A_n \sin\frac{n\pi x}{a}\sinh\frac{n\pi y}{a}$$

이고, 계수는

$$\begin{aligned} A_n &= \frac{2}{a\sinh\frac{n\pi b}{a}}\int_0^a f(x)\sin\frac{n\pi x}{a}\,dx \\ &= \frac{2}{a\sinh\frac{n\pi b}{a}}\int_0^a x\sin\frac{n\pi x}{a}\,dx \\ &= -\frac{2a}{n\pi}\frac{\cos n\pi}{\sinh(n\pi b/a)} \end{aligned}$$

이다. 따라서 주어진 경계조건과 초기조건을 만족하는 2차원 라플라스 방정식의 해는

$$u(x, y) = \sum_{n=1}^{\infty} A_n \sin\frac{n\pi x}{a} \sinh\frac{n\pi y}{a}$$

$$= \sum_{n=1}^{\infty}\left(-\frac{2a}{n\pi}\frac{\cos n\pi}{\sinh(n\pi b/a)}\right)\sin\frac{n\pi x}{a}\sinh\frac{n\pi y}{a}$$

이다.

유제 13-6 **2차원 라플라스 방정식**

다음과 같은 2차원 라플라스 방정식의 해를 구하라.

2차원 라플라스 방정식 : $\dfrac{\partial^2 u}{\partial x^2} + \dfrac{\partial^2 u}{\partial y^2} = 0$

경계조건 : $u(0, y) = 0$, $u(a, y) = 0$, $u(x, 0) = 0$, $u(x, b) = a - x$

정답 : $u(x, y) = \displaystyle\sum_{n=1}^{\infty}\left(\frac{2a}{n\pi}\frac{1}{\sinh(n\pi b/a)}\right)\sin\frac{n\pi x}{a}\sinh\frac{n\pi y}{a}$

13.6 라플라스 변환에 의한 해 구하기

상미분방정식 풀이법 중의 하나로 5장에서는 라플라스 변환법을 다뤘다. 편미분방정식을 풀 때에도 라플라스 변환법의 적용이 가능하다. 다만, 라플라스 변환을 이용하여 미분방정식 문제를 풀기 위해서는 함수의 라플라스 변환과 역변환이 구해지는 경우에 한한다.

간단한 1계 편미분방정식을 예를 들어 라플라스 변환에 의해 편미분방정식의 해를 구하는 방법에 대해 살펴보고자 한다. 다음과 같이 주어진 1계 편미분방정식을 고려해 보자.

$$\frac{\partial v}{\partial x} + x\frac{\partial v}{\partial t} = x, \quad v(x, 0) = 1, \quad v(0, t) = 1 \tag{13.63}$$

라플라스 변환에서는 단위계단함수를 $u(t)$라 표기하므로 변수의 혼동을 피하기 위해 방정식의 종속변수를 u를 사용하지 않고 v를 사용하였다. 라플라스 변환에 의해 해를 구하기 위해서는 식 (13.63)의 양변에 라플라스 변환을 취해야 하므로 각 항별 라플라스 변환을 구해 보자. 먼저, 좌변의 첫 번째 항의 라플라

스 변환은

$$\mathcal{L}\left[\frac{\partial v(x, t)}{\partial x}\right]=\frac{d}{dx}[\mathcal{L}\{v(x, t)\}]=\frac{d}{dx}[V(x, s)]$$

이다. 변수 t에 관한 라플라스 변환이므로 이때 변수 x는 라플라스 변환 변수가 아니다. 그리고 변수 t에 대해 라플라스 변환을 취하면 변수 t는 사라지고 s가 나온다. 따라서 x에 대한 편미분은 전미분으로 바꿀 수 있다. 좌변의 두 번째 항의 라플라스 변환은

$$\mathcal{L}\left[x\frac{\partial v(x, t)}{\partial t}\right]=x[sV(x, s)-v(x, 0)]=xsV(x, s)-x$$

이다. 라플라스 변환 시 변수 x는 상수로 간주되고 $\frac{\partial v(x, t)}{\partial t}$는 1계 도함수의 라플라스 변환 공식 (5.6)을 이용하면 되고, 이때 $v(x, 0)=1$을 대입한다. 따라서 식 (13.63)의 양변에 라플라스 변환을 취하여 다음의 식을 얻는다.

$$\frac{d}{dx}[V(x, s)]+xsV(x, s)-x=\frac{x}{s}$$

$$\frac{d}{dx}[V(x, s)]+xsV(x, s)=\frac{x(s+1)}{s} \tag{13.64}$$

식 (13.64)는 1계 선형 상미분방정식이므로 식 (2.18)을 이용하여 $V(x, s)$를 다음과 같이 구할 수 있다.

$$\begin{aligned} V(x, s)&=e^{-\int(sx)dx}\left[\int\frac{x(s+1)}{s}e^{\int(sx)dx}dx+c\right] \\ &=e^{-\frac{s}{2}x^2}\left[\frac{s+1}{s}\int xe^{\frac{s}{2}x^2}dx+c\right] \qquad \cdots\cdots \text{① 치환적분 이용} \\ &=e^{-\frac{s}{2}x^2}\left[\frac{s+1}{s}\frac{1}{s}e^{\frac{s}{2}x^2}+c\right] \\ &=\frac{s+1}{s}\frac{1}{s}+ce^{-\frac{s}{2}x^2} \end{aligned} \tag{13.65}$$

한편 $v(0, t)=1$이면 $V(0, s)=\frac{1}{s}$이므로 이것을 식 (13.65)에 대입하면 적분상수 $c=-\frac{1}{s^2}$이 구해진다. 이것을 식 (13.65)에 대입하면

$$V(x, s)=\frac{s+1}{s^2}-\frac{1}{s^2}e^{-\frac{s}{2}x^2} \tag{13.66}$$

이 된다. 이제 식 (13.66)을 라플라스 역변환하면 주어진 편미분방정식의 해가

구해지며 그 결과는 다음과 같다.

$$v(x,t)=u(t)+t-\left(t-\frac{1}{2}x^2\right)u\left(t-\frac{1}{2}x^2\right) \cdots\cdots \text{② 이동정리 이용} \qquad (13.67)$$

여기서, $u(t)$는 단위계단함수를 나타낸다. 식 (13.67)이 식 (13.63)의 1계 편미분방정식의 해가 된다.

13.7 푸리에 변환에 의한 해 구하기

라플라스 변환과 마찬가지로 푸리에 변환을 이용하여 편미분방정식의 풀이가 가능하다. 이에 대한 이해를 돕기 위해 13.4절에서 다뤘던 1자원 열전도방정식을 예를 들어 설명하고자 한다. 13.4절에서는 로드의 길이가 $0<x<L$인 경우에 대해 고려하였는데 여기에서는 식 (13.68)과 같이 주어진 무한히 긴 로드에 대해 살펴보자.

$$\frac{\partial u}{\partial t}=c^2\frac{\partial^2 u}{\partial x^2},\quad t>0,\quad -\infty<x<\infty \qquad (13.68)$$

$$u(x,0)=f(x),\quad f(x)=\begin{cases} u_0, & |x|<1 \\ 0, & |x|>1 \end{cases}$$

주어진 지배방정식의 양변에 푸리에 변환을 취하면 식 (12.33)과 식 (12.42)에 의해 다음이 얻어진다.

$$\mathcal{F}\left(\frac{\partial u}{\partial t}\right)=\mathcal{F}\left(c^2\frac{\partial^2 u}{\partial x^2}\right)$$

$$\frac{d}{dt}\hat{u}(\omega,t)=-c^2\omega^2\hat{u}(\omega,t) \qquad (13.69)$$

식 (13.69)는 $\hat{u}(\omega,t)$에 관한 1계 선형 상미분방정식이고 그 해는 다음과 같다.

$$\hat{u}(\omega,t)=ae^{-c^2\omega^2 t} \qquad (13.70)$$

여기서 a는 적분상수이다. 또한, 초기조건의 푸리에 변환은

$$\mathcal{F}[u(x,0)] = \hat{u}(\omega,0) = \int_{-\infty}^{\infty} f(x)e^{-i\omega x}dx$$
$$= \int_{-1}^{1} u_0 e^{-i\omega x}dx$$
$$= u_0 \frac{e^{i\omega} - e^{-i\omega}}{i\omega} \tag{13.71}$$

이다. 식 (13.71)에 오일러 공식을 적용하면

$$\hat{u}(\omega,0) = 2u_0 \frac{\sin\omega}{\omega} \tag{13.72}$$

이다. 식 (13.70)의 적분상수 a를 구하기 위해 식 (13.70)에 $t=0$을 대입하고 식 (13.72)의 결과를 이용하면 적분상수 a가 다음과 같이 얻어진다.

$$a = 2u_0 \frac{\sin\omega}{\omega} \tag{13.73}$$

따라서 식 (13.70)을 다음과 같이 다시 쓸 수 있다.

$$\hat{u}(\omega,t) = 2u_0 \frac{\sin\omega}{\omega} e^{-c^2\omega^2 t} \tag{13.74}$$

이제 식 (12.34)를 이용하여 식 (13.74)의 푸리에 역변환을 하면

$$u(\omega,t) = \frac{u_0}{\pi}\int_{-\infty}^{\infty} \frac{\sin\omega}{\omega} e^{-c^2\omega^2 t} e^{i\omega x} d\omega \tag{13.75}$$

이다. 오일러 공식 $e^{i\omega x} = \cos\omega x + i\sin\omega x$를 사용하면 식 (13.75)는 다음과 같다.

$$u(\omega,t) = \frac{u_0}{\pi}\int_{-\infty}^{\infty} \frac{\sin\omega}{\omega} e^{-c^2\omega^2 t} (\cos\omega x + i\sin\omega x) d\omega \tag{13.76}$$

그러나 식 (13.76)에서 $\sin\omega x$와 관련된 항의 적분은 피적분함수가 ω에 대한 기함수이므로 0이다. 따라서 주어진 1차원 열전도방정식을 푸리에 변환에 의해 구한 해는 다음과 같다.

$$u(\omega,t) = \frac{u_0}{\pi}\int_{-\infty}^{\infty} \frac{\sin\omega}{\omega} e^{-c^2\omega^2 t} \cos\omega x\, d\omega \tag{13.77}$$

열전도방정식뿐만 아니라 다른 편미분방정식들도 푸리에 변환을 이용하여 유사하게 풀 수 있다.

Chapter 13 연습문제

13.1 **(유형 분류)** 다음과 같이 주어진 편미분방정식의 유형이 타원형인지, 포물형인지, 쌍곡형인지 구분하라.

(a) $\dfrac{\partial^2 u}{\partial x^2}+2\dfrac{\partial^2 u}{\partial x\,\partial y}+\dfrac{\partial^2 u}{\partial y^2}-u=0$

(b) $2\dfrac{\partial^2 u}{\partial x^2}-\dfrac{\partial^2 u}{\partial x\,\partial y}-\dfrac{\partial u}{\partial x}+\dfrac{\partial u}{\partial y}+u=0$

(c) $\dfrac{\partial^2 u}{\partial x^2}+\dfrac{\partial^2 u}{\partial y^2}-2\dfrac{\partial u}{\partial y}+u=0$

13.2 **(해의 여부 확인)** 다음 물음에 답하라.

(a) 다음 함수가 파동방정식 $\dfrac{\partial^2 u}{\partial t^2}=c^2\dfrac{\partial^2 u}{\partial x^2}$의 해임을 확인하라.

$$u=(c_1 x+c_2)(c_3 t+c_4)$$

(b) 다음 함수가 열전도방정식 $\dfrac{\partial u}{\partial t}=\dfrac{\partial^2 u}{\partial x^2}$의 해임을 확인하라.

$$u=c_1 x+c_2$$

(c) 다음 함수가 라플라스 방정식 $\dfrac{\partial^2 u}{\partial x^2}+\dfrac{\partial^2 u}{\partial y^2}=0$의 해임을 확인하라.

$$u=(c_1 x+c_2)(c_3 y+c_4)$$

13.3 **(간단한 편미분방정식 풀이)** 변수분리법을 이용하여 다음 편미분방정식의 해 $u(x, y)$를 구하라.

(a) $\dfrac{\partial^2 u}{\partial x^2}+u=0$

(b) $\dfrac{\partial}{\partial y}\left(\dfrac{\partial u}{\partial x}\right)-\dfrac{\partial u}{\partial x}=0$

(c) $x\dfrac{\partial u}{\partial x}-2\dfrac{\partial u}{\partial y}=0$

(d) $\dfrac{\partial u}{\partial x}+2\dfrac{\partial u}{\partial y}=u$

13.4 **(1차원 파동방정식)** 양단이 고정된 1차원 파동방정식의 초기조건이 다음과 같이 주어질 경우 파동방정식의 해를 구하라.

$$1\text{차원 파동방정식 : }\ \frac{\partial^2 u}{\partial t^2}=c^2\frac{\partial^2 u}{\partial x^2}$$

(a) $u(x,0)=f(x)=L-x,\quad \left.\frac{\partial u}{\partial t}\right|_{t=0}=g(x)=0,\quad 0<x<L$

(b) $u(x,0)=f(x)=\begin{cases} x, & 0<x<\frac{L}{2} \\ L-x, & \frac{L}{2}<x<L \end{cases},\quad \left.\frac{\partial u}{\partial t}\right|_{t=0}=g(x)=0,\quad 0<x<L$

(c) $u(x,0)=f(x)=0,\quad \left.\frac{\partial u}{\partial t}\right|_{t=0}=g(x)=0.2\sin 2x,\quad 0<x<\pi$

13.5 **(1차원 열전도방정식)** 경계조건과 초기조건이 다음과 같이 주어진 길이 L인 로드의 1차원 열전도방정식의 해를 구하라.

$$\text{1차원 열전도방정식 : } \frac{\partial u}{\partial t}=c^2\frac{\partial^2 u}{\partial x^2}$$

(a) 경계조건 : $u(0,t)=0,\quad u(L,t)=0,\quad t>0$
초기조건 : $u(x,0)=f(x)=1,\quad 0<x<L$

(b) 경계조건 : $u(0,t)=0,\quad u(L,t)=0,\quad t>0$
초기조건 : $u(x,0)=f(x)=x,\quad 0<x<L$

(c) 경계조건 : $u(0,t)=0,\quad u(L,t)=0,\quad t>0$
초기조건 : $u(x,0)=f(x)=L-x,\quad 0<x<L$

13.6 **(2차원 라플라스 방정식)** 경계조건이 다음과 같이 주어진 2차원 라플라스 방정식의 해를 구하라.

$$\text{2차원 라플라스 방정식 : } \frac{\partial^2 u}{\partial x^2}+\frac{\partial^2 u}{\partial y^2}=0$$

(a) 경계조건 : $u(0,y)=0,\ u(a,y)=0,\ \frac{\partial u(x,0)}{\partial y}=0,\ u(x,b)=f(x)$

(b) 경계조건 : $u(0,y)=0,\ u(a,y)=0,\ \frac{\partial u(x,0)}{\partial y}=0,\ u(x,b)=x$

(c) 경계조건 : $u(0,y)=0,\ u(a,y)=0,\ \frac{\partial u(x,0)}{\partial y}=0,\ u(x,b)=a-x$

13.7 **(라플라스 변환 이용)** 라플라스 변환을 이용하여 다음 편미분방정식을 풀어라.

(a) $\frac{\partial v}{\partial x}+\frac{\partial v}{\partial t}=1,\quad v(x,0)=1,\quad v(0,t)=1$

(b) $\frac{\partial v}{\partial x}+\frac{\partial v}{\partial t}=t,\quad v(x,0)=0,\quad v(0,t)=0$

Chapter

14

복소 해석

Complex Analysis

학습목표

- 복소수에 관한 기본 개념에 대해 살펴보고, 실수에서와 마찬가지로 복소수의 거듭제곱과 제곱근을 구할 수 있다.
- 복소함수에 대한 기본 개념, 극한, 연속성에 대해 살펴보고, 다양한 복소함수에 대한 도함수를 구할 수 있다.
- 복소평면에서의 다양한 경로에 대한 경로의 선적분 계산 방법에 대해 살펴보고, 이를 구하기 위한 공식들도 유도할 수 있다.
- 복소함수를 표현하기에 유용한 급수들에 대해 살펴보고, 복소함수의 경로에 따른 선적분을 쉽게 구할 때 사용되는 유수에 대해 이해할 수 있다.

14장의 MATLAB 명령어

공학이나 물리학에서 취급하고 있는 문제들은 실수 영역에서 처리할 수 있는 문제들도 많지만, 복소수나 복소함수와 관련되는 문제들도 적지 않다. 복소수와 관련된 문제들은 간단하게는 복소수에 관한 지식만으로 해결할 수 있는 경우도 있고, 복소해석함수에 대한 좀 더 깊은 지식이 필요한 경우도 있다. 기계적인 진동 시스템이나 간단한 전기회로 등과 같은 문제가 전자에 해당되고, 기계공학의 유체유동이나 열전도 문제 등과 전기공학의 정전기학 등과 같은 문제가 후자에 해당한다.

이 장에서는 위에서 언급한 두 종류의 문제를 다루기 위해 요구되는 기본적인 내용 위주로 설명하고자 한다. 먼저 복소수의 정의로부터 시작하여 복소변수와 복소함수에 관한 개념에 대해 설명하고, 복소평면에서의 미분과 적분에 관한 이론을 다룬 뒤, 마지막으로 유수와 급수에 대해 간략하게 설명할 것이다. 좀 더 자세한 설명이 필요하다면, 복소해석에 관한 다른 서적들을 참고하기 바란다.

14.1 복소수

14.1.1 기본 개념

일반적으로 **수**number는 **실수**real number와 **복소수**complex numbers로 구분된다. 실수는 우리가 익히 잘 알고 있고, 복소수는 이미 배워서 알고는 있지만 그다지 자주 접하지 않기 때문에 실수에 비해 다소 어려울 수 있다. 또한 함수도 **실함수**와 **복소함수**로 구분되는데, 이 절에서는 복소수에 대해 먼저 다루고자 한다.

복소수는 모든 2차 방정식들을 풀기 위해 14세기경부터 사용되었다. 예를 들면 방정식 $x^2-1=0$은 두 개의 실근 $x=\pm 1$을 갖는다. 그러나 방정식 $x^2+1=0$은 실근이 존재하지 않는다. 왜냐하면 임의의 실수 x에 대해 $x^2 \geq 0$이므로 $x^2+1 \geq 1 \neq 0$이기 때문이다. 한편, 복소수의 개념을 사용하게 되면 모든 2차 방정식뿐만 아니라 고차의 **다항 방정식**polynomial equation의 근도 구할 수 있다.

방정식의 근을 구하는 데 유용하게 사용되는 복소수는 다음과 같이 정의된다.

정의 14-1 복소수

복소수 z는 실수 a와 b의 **순서쌍**ordered pair으로서

$$z = a + i\,b = \langle a,\ b \rangle$$

와 같이 나타내고, 복소수 z의 **실수 부분**real part은 $a = \mathrm{Re}(z)$, **허수 부분**imaginary part은 $b = \mathrm{Im}(z)$으로 표현된다. 또한 i는 **허수단위**imaginary unit로서 $i = \sqrt{-1}$로 정의된다.

임의의 두 복소수 $z_1 = a_1 + i\,b_1$과 $z_2 = a_2 + i\,b_2$에 대해 $\mathrm{Re}(z_1) = \mathrm{Re}(z_2)$(또는 $a_1 = a_2$)이고, $\mathrm{Im}(z_1) = \mathrm{Im}(z_2)$(또는 $b_1 = b_2$)이면 두 복소수는 **서로 같다**($z_1 = z_2$)고 한다.

방정식 $z^2+1=0$은 [정의 14-1]과 같이 정의되는 복소수를 이용하여 근을 구할 수 있다. 복소수 $z = x + i\,y$(x와 y는 실수)라 놓고, 방정식에 대입해 보면

$$(x + i\,y)^2 + 1 = 0$$

이고, 위 식을 전개하면

$$x^2 + 2ixy + (iy)^2 + 1 = 0$$

이다. 그리고 $i = \sqrt{-1}$ 임을 이용하면

$$x^2 - y^2 + 1 + 2ixy = 0$$

이 된다. 따라서 위 식이 항상 성립하기 위해서는 실수 부분과 허수 부분이 모두 0이 되어야 하므로

$$x^2 - y^2 + 1 = 0, \; 2xy = 0$$

의 두 식을 만족해야만 한다. 위 식의 두 번째 식은 $x = 0$이거나 $y = 0$이 되어야 한다. 만약 $y = 0$이면 $x^2 - y^2 + 1 = 0$으로부터 $x^2 + 1 = 0$이 되어 방정식을 만족하는 실수 x가 존재하지 않는다. 만약 $x = 0$이면 $x^2 - y^2 + 1 = 0$으로부터 $-y^2 + 1 = 0$이므로 $y = \pm 1$ 이 된다. 그런데 $z = x + iy$로 놓았기 때문에 방정식 $z^2 + 1 = 0$은 다음과 같은 두 개의 복소수 근을 갖는다.

$$z = 0 + i, \; z = 0 - i$$

복소수는 [그림 14-1]과 같은 **복소평면**complex plane이라고 하는 2차 평면 위에서 한 점으로 간주되거나 벡터로 취급될 수 있다.

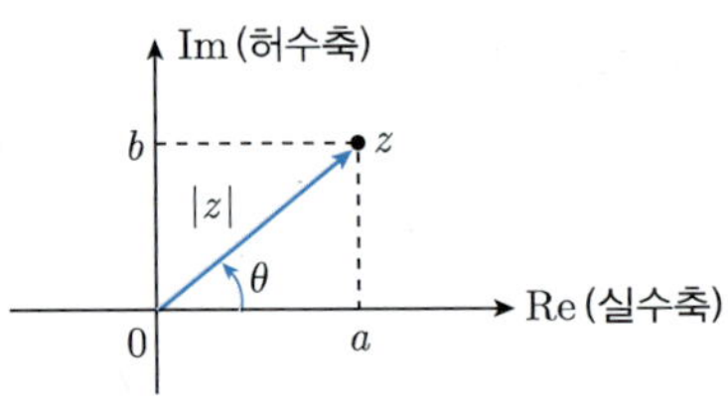

[그림 14-1] 복소수

[그림 14-1]을 보면 복소수 z는 복소수의 **크기**magnitude $|z|$와 양의 실수축으로부터 **반시계 방향**counterclockwise으로의 **회전각도**(이를 복소수의 **편각**argument이라 하고 $\arg(z)$로 표기) θ로 나타낼 수 있다. 즉 그림에서 $a = |z|\cos\theta$, $b = |z|\sin\theta$이므로

$$z = a + ib = |z|\cos\theta + i|z|\sin\theta = |z|(\cos\theta + i\sin\theta) \tag{14.1}$$

여기서 $|z| = \sqrt{a^2 + b^2}$ 이고, $\theta = \tan^{-1}\dfrac{b}{a}$이다. 편각은 θ에 $2n\pi$(n은 정수)를

더해도 식 (14.1)의 관계가 성립함을 알 수 있는데, 이 중에서 $-\pi < \theta \leq \pi$ 범위 내에서의 편각 θ를 특별히 **주편각**principal argument이라 부르고, $Arg(z)$로 나타낸다.

복소수를 [정의 14-1]과 같이 $z=a+ib$로 표기하는 방법을 **직각좌표 방식**rectangular form이라 부르고, 크기와 각도를 이용하여 식 (14.1) 또는 $z=|z|\angle\theta$로 표기하는 방법을 **극형식**polar form이라 한다.

예제 14-1 복소수 표현

직각좌표 방식으로 표현된 복소수 $z=1+\sqrt{3}\,i$를 극형식으로 나타내라.

풀이

극형식으로 나타내기 위해서는 복소수의 크기 $|z|$와 편각 θ를 구해야 한다. 식 (14.1)을 이용하면

$$|z| = \sqrt{a^2+b^2} = \sqrt{(1)^2+(\sqrt{3})^2} = 2$$

$$\theta = \tan^{-1}\frac{b}{a} = \tan^{-1}\frac{\sqrt{3}}{1} = \frac{\pi}{3}$$

가 구해진다. 따라서 극형식은

$$z = |z|\angle\theta = 2\angle\frac{\pi}{3}$$

이다.

Command Window

```
: 코딩
z_m=abs(1+sqrt(3)*i) 1                    % 복소수의 크기 계산
th_r=angle(1+sqrt(3)*i) 2                 % 복소수의 각도 계산(radian)

: 결과
z_m = 2.0000
th_r = 1.0472   (=π/3)                    % [예제 14-1]의 결과와 동일
```

MATLAB TIP!

1. 'abs(z)' : 복소수 z의 크기를 계산한다.
2. 'angle(z)' : 복소수 z의 각도를 radian 단위로 계산한다.

유제 14-1 복소수 표현

직각좌표 방식으로 표현된 복소수 $z=\sqrt{3}+i$를 극형식으로 나타내라.

정답 : $z=|z|\angle\theta = 2\angle\frac{\pi}{6}$

예제 14-2 복소수 표현

극형식으로 표현된 복소수 $z=|z|\angle\theta=\sqrt{2}\angle\frac{\pi}{4}$를 직각좌표 방식으로 나타내라.

풀이

직각좌표 방식으로 나타내기 위해서는 복소수의 실수 부분과 허수 부분을 구해야 한다. 식 (14.1)을 이용하면

$$a=\mathrm{Re}(z)=|z|\cos\theta=\sqrt{2}\cos\frac{\pi}{4}=1$$

$$b=\mathrm{Im}(z)=|z|\sin\theta=\sqrt{2}\sin\frac{\pi}{4}=1$$

이 각각 구해진다. 따라서 직각좌표 방식은 다음과 같다.

$$z=a+bi=1+i$$

Command Window

: 코딩

```
a=sqrt(2)*cos(pi/4)                    % a=Re(z) 계산
b=sqrt(2)*sin(pi/4)                    % b=Im(z) 계산
```

: 결과

```
a = 1.0000
b = 1.0000                             % [예제 14-2]의 결과와 동일
```

유제 14-2 복소수 표현

극형식으로 표현된 복소수 $z=|z|\angle\theta=\sqrt{2}\angle\left(-\frac{\pi}{4}\right)$를 직각좌표 방식으로 나타내라.

정답 : $z=1-i$

복소수는 덧셈, 뺄셈, 곱셈, 나눗셈의 사칙연산이 가능하다. 임의의 두 복소수를 $z_1=a_1+i\,b_1$과 $z_2=a_2+i\,b_2$라 하면, 복소수의 사칙연산을 다음과 같이 정의한다.

❶ 덧셈 addition : $z_1+z_2=(a_1+i\,b_1)+(a_2+i\,b_2)=(a_1+a_2)+i(b_1+b_2)$

❷ 뺄셈 subtraction : $z_1-z_2=(a_1+i\,b_1)-(a_2+i\,b_2)$
$=(a_1-a_2)+i(b_1-b_2)$

❸ 곱셈 product : $z_1z_2=(a_1+i\,b_1)(a_2+i\,b_2)$
$=(a_1a_2-b_1b_2)+i(a_1b_2+a_2b_1)$

❹ 나눗셈 division : $\dfrac{z_1}{z_2} = \dfrac{a_1 + i\,b_1}{a_2 + i\,b_2} = \dfrac{(a_1 + i\,b_1)(a_2 - i\,b_2)}{(a_2 + i\,b_2)(a_2 - i\,b_2)}$

$$= \frac{a_1 a_2 + b_1 b_2}{a_2^2 + b_2^2} + i\,\frac{a_2 b_1 - a_1 b_2}{a_2^2 + b_2^2} \qquad (a_2 \neq 0,\ b_2 \neq 0)$$

또한 극형식에 의한 복소수의 곱셈과 나눗셈에 대해 살펴보자. 복소수 z_1은 크기가 r_1, 편각이 θ_1이고, 복소수 z_2는 크기가 r_2, 편각이 θ_2라면

$$z_1 = r_1(\cos\theta_1 + i\sin\theta_1), \quad z_2 = r_2(\cos\theta_2 + i\sin\theta_2)$$

라 쓸 수 있다. 그러면 두 복소수의 곱셈은 다음과 같이 얻어지고

$$\begin{aligned} z_1 z_2 &= r_1(\cos\theta_1 + i\sin\theta_1)\,r_2(\cos\theta_2 + i\sin\theta_2) \\ &= r_1 r_2\left[(\cos\theta_1\cos\theta_2 - \sin\theta_1\sin\theta_2) + i(\sin\theta_1\cos\theta_2 + \cos\theta_1\sin\theta_2)\right] \\ &= r_1 r_2\left[\cos(\theta_1 + \theta_2) + i\sin(\theta_1 + \theta_2)\right] \end{aligned}$$

…… ① 삼각함수의 공식 이용(부록 표 참조)

$z_2 \neq 0$이면 두 복소수의 나눗셈은 다음과 같이 얻어진다.

$$\begin{aligned} \frac{z_1}{z_2} &= \frac{r_1(\cos\theta_1 + i\sin\theta_1)}{r_2(\cos\theta_2 + i\sin\theta_2)} \\ &= \frac{r_1}{r_2}\,\frac{(\cos\theta_1 + i\sin\theta_1)(\cos\theta_2 - i\sin\theta_2)}{(\cos\theta_2 + i\sin\theta_2)(\cos\theta_2 - i\sin\theta_2)} \\ &= \frac{r_1}{r_2}\,\frac{\left[(\cos\theta_1\cos\theta_2 + \sin\theta_1\sin\theta_2) + i(\sin\theta_1\cos\theta_2 - \cos\theta_1\sin\theta_2)\right]}{\cos^2\theta_2 + \sin^2\theta_2} \\ &= \frac{r_1}{r_2}\left[(\cos\theta_1\cos\theta_2 + \sin\theta_1\sin\theta_2) + i(\sin\theta_1\cos\theta_2 - \cos\theta_1\sin\theta_2)\right] \\ &= \frac{r_1}{r_2}\left[\cos(\theta_1 - \theta_2) + i\sin(\theta_1 - \theta_2)\right] \end{aligned}$$

…… ② 삼각함수의 공식 이용(부록 표 참조)

극형식에 의한 복소수의 곱셈과 나눗셈의 결과로부터 다음과 같은 관계가 성립함을 알 수 있다.

$$|z_1 z_2| = r_1 r_2 = |z_1||z_2|, \quad \left|\frac{z_1}{z_2}\right| = \frac{r_1}{r_2} = \frac{|z_1|}{|z_2|} \tag{14.2}$$

$$\arg(z_1 z_2) = \arg(z_1) + \arg(z_2), \quad \arg\left(\frac{z_1}{z_2}\right) = \arg(z_1) - \arg(z_2) \tag{14.3}$$

예제 14-3 복소수의 사칙연산

두 복소수 $z_1 = 3 - i$, $z_2 = 1 + 2i$에 대해 다음 문제를 풀어라.

(a) $z_1 + z_2$ (b) $z_1 - z_2$ (c) $z_1 z_2$ (d) $\frac{z_1}{z_2}$

풀이

(a) 두 복소수의 실수 부분과 허수 부분을 각각 더하면 다음 결과가 얻어진다.

$$z_1 + z_2 = (3-i) + (1+2i) = (3+1) + (-1+2)i = 4 + i$$

(b) 두 복소수의 실수 부분과 허수 부분을 각각 빼면 다음 결과가 얻어진다.

$$z_1 - z_2 = (3-i) - (1+2i) = (3-1) + (-1-2)i = 2 - 3i$$

(c) 복소수의 곱셈에 대한 식 ❸을 사용하면 다음 결과가 얻어진다.

$$z_1 z_2 = (3-i)(1+2i) = [(3)(1) - (-1)(2)] + [(3)(2) + (-1)(1)]i = 5 + 5i$$

(d) 복소수의 나눗셈에 대한 식 ❹를 사용하면 다음 결과가 얻어진다.

$$\frac{z_1}{z_2} = \frac{3-i}{1+2i} = \frac{(3-i)(1-2i)}{(1+2i)(1-2i)} = \frac{1-7i}{5} = \frac{1}{5} - \frac{7}{5}i$$

Command Window

: 코딩

```
z1=sym(3-i); z2=sym(1+2*i);        % 복소수 z1과 z2의 심볼릭 정의
U1=z1+z2                           % z1+z2 계산
U2=z1-z2                           % z1-z2 계산
U3=z1*z2                           % z1 z2 계산
U4=z1/z2                           % z1/z2 계산
```

: 결과

```
U1 = 4+1i
U2 = 2-3i
U3 = 5+5i
U4 = 1/5-7i/5                      % [예제 14-3]의 결과와 동일
```

유제 14-3 복소수의 사칙연산

두 복소수 $z_1 = 2 + 3i$, $z_2 = 2 - 2i$에 대해 다음 문제를 풀어라.

(a) $z_1 + z_2$ (b) $z_1 - z_2$ (c) $z_1 z_2$ (d) $\frac{z_1}{z_2}$

정답 : (a) $z_1 + z_2 = 4 + i$, (b) $z_1 - z_2 = 5i$, (c) $z_1 z_2 = 10 + 2i$, (d) $\frac{z_1}{z_2} = -\frac{1}{4} + \frac{5}{4}i$

예제 14-4 복소수의 곱셈과 나눗셈 : 극형식 이용

극형식을 이용하여 두 복소수 $z_1 = 2i$, $z_2 = 1-i$에 대해 다음 문제를 풀어라.

(a) $z_1 z_2$ (b) $\dfrac{z_1}{z_2}$

풀이

(a) 복소수 $z_1 = 2i$는 크기 $r_1 = 2$, 편각 $\arg(z_1) = \dfrac{\pi}{2}$이다. 복소수 $z_2 = 1-i$는 크기 $r_2 = \sqrt{2}$, 편각 $\arg(z_2) = -\dfrac{\pi}{4}$이다. 따라서 식 (14.2)와 식 (14.3)을 이용하면 $z_1 z_2$의 크기는 $|z_1 z_2| = r_1 r_2 = 2\sqrt{2}$이고, $z_1 z_2$의 편각은 $\arg(z_1 z_2) = \arg(z_1) + \arg(z_2) = \dfrac{\pi}{2} - \dfrac{\pi}{4} = \dfrac{\pi}{4}$이다. 그러므로 다음과 같다.

$$z_1 z_2 = 2\sqrt{2}\left(\cos\frac{\pi}{4} + i\sin\frac{\pi}{4}\right)$$

(b) 식 (14.2)와 식 (14.3)을 이용하면 $\dfrac{z_1}{z_2}$의 크기는 $\left|\dfrac{z_1}{z_2}\right| = \dfrac{r_1}{r_2} = \dfrac{2}{\sqrt{2}} = \sqrt{2}$이고, $\dfrac{z_1}{z_2}$의 편각은 $\arg\left(\dfrac{z_1}{z_2}\right) = \arg(z_1) - \arg(z_2) = \dfrac{\pi}{2} - \left(-\dfrac{\pi}{4}\right) = \dfrac{3}{4}\pi$이다. 그러므로 다음과 같다.

$$\frac{z_1}{z_2} = \sqrt{2}\left(\cos\frac{3}{4}\pi + i\sin\frac{3}{4}\pi\right)$$

Command Window

: 코딩

```
z1=2*i;  z2=1-i;                  % 복소수 z1과 z2의 정의
m=abs(z1)*abs(z2);                % z1z2의 크기 계산
n=abs(z1)/abs(z2);                % z1/z2의 크기 계산
a=angle(z1)+angle(z2);            % z1z2의 편각 계산
b=angle(z1)-angle(z2);            % z1/z2의 편각 계산
U1=m*(cos(a)+i*sin(a))            % z1z2의 계산
U2=n*(cos(b)+i*sin(b))            % z1/z2의 계산
```

: 결과

```
U1 = 2.0000+2.0000i               % [예제 14-4(a)]의 결과와 동일
U2 = -1.0000+1.0000i              % [예제 14-4(b)]의 결과와 동일
```

유제 14-4 복소수의 곱셈과 나눗셈 : 극형식 이용

극형식을 이용하여 두 복소수 $z_1 = -2i$, $z_2 = 1+i$에 대해 다음 문제를 풀어라.

(a) $z_1 z_2$ (b) $\dfrac{z_1}{z_2}$

정답 : (a) $z_1 z_2 = 2-2i$, (b) $\dfrac{z_1}{z_2} = -1-i$

복소수 $z=a+i\,b$에서 실수 부분은 같으면서, 허수 부분의 부호만을 바꾼 복소수를 $\overline{z}=a-i\,b$로 표기하고, 이를 복소수 z의 **켤레복소수**complex conjugate라 한다. 그리고 켤레복소수의 경우 사칙연산에 관한 다음 관계식이 성립한다.

$$\overline{z_1+z_2}=\overline{z_1}+\overline{z_2} \tag{14.4}$$

$$\overline{z_1-z_2}=\overline{z_1}-\overline{z_2} \tag{14.5}$$

$$\overline{z_1\,z_2}=\overline{z_1}\;\overline{z_2} \tag{14.6}$$

$$\overline{\left(\frac{z_1}{z_2}\right)}=\frac{\overline{z_1}}{\overline{z_2}} \tag{14.7}$$

$$z\,\overline{z}=|z|^2 \tag{14.8}$$

식 (14.4) ~ 식 (14.7)의 관계식이 성립한다는 사실은 쉽게 알 수 있고, 식 (14.8)의 경우에 대해서만 확인해 보자. $z=x+i\,y$라 놓으면

$$z\,\overline{z}=(x+i\,y)(x-i\,y)=x^2+y^2=|z|^2$$

이 곧바로 얻어진다.

2차원 벡터에서와 유사하게 복소수의 덧셈과 뺄셈의 경우 [그림 14-2]와 같은 평행사변형의 법칙을 통해 기하학적으로 설명할 수 있다.

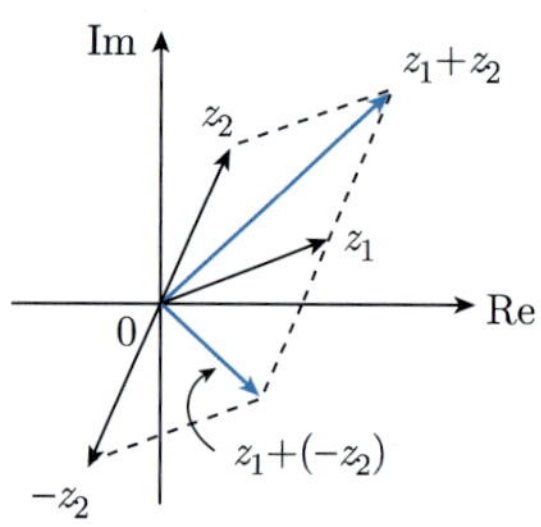

[그림 14-2] 덧셈과 뺄셈의 기하학적 설명

[그림 14-2]의 삼각형으로부터 z_1+z_2의 변의 길이는 z_1과 z_2의 변의 길이의 합보다 클 수 없기 때문에 다음과 같은 **삼각 부등식**triangle inequality이 성립함을 알 수 있다.

$$|z_1+z_2| \le |z_1|+|z_2| \tag{14.9}$$

또한 복소수는 다음과 같은 **대수법칙**arithmetic rules이 성립한다.

정리 14-1 대수법칙

(1) 교환법칙 : $z_1 + z_2 = z_2 + z_1$, $z_1 z_2 = z_2 z_1$

(2) 결합법칙 : $z_1 + (z_2 + z_3) = (z_1 + z_2) + z_3$, $z_1(z_2 z_3) = (z_1 z_2) z_3$

(3) 분배법칙 : $z_1(z_2 + z_3) = z_1 z_2 + z_1 z_3$, $(z_1 + z_2) z_3 = z_1 z_3 + z_2 z_3$

(4) 기타법칙 : $z_1 + (-z_1) = 0$, $z_1 \cdot 1 = z_1 = 1 \cdot z_1$, $z_1 \cdot 0 = 0$

$z_1 + 0 = z_1 = 0 + z_1$, $\dfrac{z_1}{z_1} = 1$ ($z_1 \neq 0$인 경우)

14.1.2 복소수의 거듭제곱과 제곱근

복소수의 거듭제곱과 제곱근에 대해 설명하기 전에 복소수에서 매우 중요하게 사용되는 **오일러 공식**[Euler formula]을 소개하고자 한다(앞 부분에서 여러 번 언급된 바 있음).

실수 x에 대해 삼각함수와 지수함수의 **멱급수**[power series] 전개는 다음과 같다.

$$\sin x = x - \frac{x^3}{3!} + \frac{x^5}{5!} - + \cdots$$

$$\cos x = 1 - \frac{x^2}{2!} + \frac{x^4}{4!} - + \cdots$$

$$e^x = 1 + x + \frac{x^2}{2!} + \frac{x^3}{3!} + \frac{x^4}{4!} + \frac{x^5}{5!} + \cdots$$

지수함수의 멱급수 전개식에 x 대신 ix를 대입해 보면

$$\begin{aligned} e^{ix} &= 1 + ix + \frac{(ix)^2}{2!} + \frac{(ix)^3}{3!} + \frac{(ix)^4}{4!} + \frac{(ix)^5}{5!} + \cdots \\ &= \left(1 - \frac{x^2}{2!} + \frac{x^4}{4!} - + \cdots\right) + i\left(x - \frac{x^3}{3!} + \frac{x^5}{5!} - + \cdots\right) \end{aligned}$$

이다. 따라서 삼각함수의 멱급수 전개식을 이용하면

$$e^{ix} = \cos x + i \sin x \tag{14.10}$$

의 관계가 성립하는데, 이 식 (14.10)을 **오일러 공식**이라 부른다. 또한, 식 (14.10)에 ix 대신 $-ix$를 대입해 보면

$$e^{-ix} = \cos x - i \sin x \tag{14.11}$$

가 되고, 식 (14.10)과 식 (14.11)을 이용하여 $\cos x$와 $\sin x$에 대해 풀면

$$\cos x = \frac{e^{ix} + e^{-ix}}{2}, \quad \sin x = \frac{e^{ix} - e^{-ix}}{2i} \tag{14.12}$$

가 얻어진다. 식 (14.10)~식 (14.12)는 자주 이용되므로 꼭 기억해두는 것이 좋다.

■ **거듭제곱**

복소수 $z = r(\cos\theta + i\sin\theta)$일 때, 식 (14.2)과 식 (14.3)을 사용하면

$$\begin{aligned} z^2 &= r^2[\cos(\theta+\theta) + i\sin(\theta+\theta)] \\ &= r^2[\cos(2\theta) + i\sin(2\theta)] \end{aligned}$$

이고

$$\begin{aligned} z^3 = z^2 z &= r^3[\cos(2\theta+\theta) + i\sin(2\theta+\theta)] \\ &= r^3[\cos(3\theta) + i\sin(3\theta)] \end{aligned}$$

이며, 이 과정을 반복적으로 수행하면 임의의 정수 n에 대해

$$z^n = r^n[\cos(n\theta) + i\sin(n\theta)] \tag{14.13}$$

의 관계식이 얻어진다.

예제 14-5 복소수의 거듭제곱

복소수 $z = 2+2i$에 대해 z^2을 구하라.

풀이

z를 극형식으로 표현하면

$$z = 2\sqrt{2}\left(\cos\frac{\pi}{4} + i\sin\frac{\pi}{4}\right)$$

이다. 따라서 식 (14.13)을 이용하면 다음과 같다.

$$\begin{aligned} z^2 &= (2\sqrt{2})^2\left[\cos\left(2\cdot\frac{\pi}{4}\right) + i\sin\left(2\cdot\frac{\pi}{4}\right)\right] \\ &= 8\left(\cos\frac{\pi}{2} + i\sin\frac{\pi}{2}\right) \\ &= 8i \end{aligned}$$

```
: 코딩
z=2+2*i;                                % 복소수 z의 정의
r=abs(z);                               % z의 크기 계산
a=angle(z);                             % z의 편각 계산
z=r*(cos(a)+i*sin(a));                  % z의 극형식으로 표현
U1=r^2*(cos(2*a)+i*sin(2*a))            % z^2의 극형식으로 계산
U2=z^2                                  % z^2의 직각좌표 방식으로 계산

: 결과
U1 = 0.0000+8.0000i                     % [예제 14-5]의 결과와 동일
U2 = 0.0000+8.0000i                     % 극형식과 직각좌표 방식 결과 동일
```

유제 14-5 복소수의 거듭제곱

복소수 $z=2-2i$에 대해 z^4을 구하라.

정답 : $z^4=-64$

■ 제곱근

만약 $r \geq 0$인 실수이면 방정식 $x^n = r$은 유일한 음이 아닌 해, $x = \sqrt[n]{r}$ 또는 $x = r^{\frac{1}{n}}$을 갖는다.

$z \neq 0$ 인 복소수가 있다고 하자. 그러면 방정식 $w^n = z$의 경우 w가 정확히 n개의 해를 갖는다는 것을 알 수 있다. 이때 w를 z의 n **제곱근** n^{th} root이라 한다.

이제 복소수의 n 제곱근을 구하는 방법에 대해 살펴보자. 먼저 두 복소수를 다음과 같이 놓자.

$$z = r(\cos\theta + i\sin\theta), \quad w = q(\cos\phi + i\sin\phi) \tag{14.14}$$

n 제곱근을 구하기 위해서는 방정식

$$w^n = z \tag{14.15}$$

를 w에 대해서 풀어야 한다. 여기서 z는 0이 아닌 고정값이다. 이것을 풀기 위해서 식 (14.14)를 식 (14.15)에 대입해 보면

$$[q(\cos\phi + i\sin\phi)]^n = r(\cos\theta + i\sin\theta) \tag{14.16}$$

이고, 식 (14.13)을 이용하면 식 (14.16)은

$$q^n(\cos n\phi + i\sin n\phi) = r(\cos\theta + i\sin\theta) \tag{14.17}$$

가 된다. 식 (14.17)이 성립하기 위해서는

$$q^n = r \tag{14.18}$$

$$\cos n\phi + i\sin n\phi = \cos\theta + i\sin\theta \tag{14.19}$$

이어야 하고, 식 (14.18)로부터

$$q = r^{\frac{1}{n}} \tag{14.20}$$

이 얻어진다. 또한 식 (14.19)로부터 양변의 실수 부분과 허수 부분이 같다고 놓으면

$$\cos n\phi = \cos\theta\ , \quad \sin n\phi = \sin\theta \tag{14.21}$$

가 된다. 따라서 임의의 정수 k에 대해

$$n\phi = \theta + 2\pi k \qquad (k = 0, \pm 1, \pm 2, \cdots) \tag{14.22}$$

이므로

$$\phi = \frac{\theta + 2\pi k}{n} \qquad (k = 0, \pm 1, \pm 2, \cdots) \tag{14.23}$$

가 된다. 식 (14.20)과 식 (14.23)을 식 (14.14)의 w에 대입하면 복소수 z의 n 제곱근은

$$w = r^{1/n}\left(\cos\frac{\theta + 2\pi k}{n} + i\sin\frac{\theta + 2\pi k}{n}\right) \qquad (k = 0, \pm 1, \pm 2, \cdots) \tag{14.24}$$

가 얻어진다. 식 (14.24)의 무수히 많은 k 중에서 n개만 정하면 된다. 예를 들면 $k = 0, 1, 2, \cdots, n-1$ 과 같이 정할 수 있다.

다음과 같은 지수함수의 표현으로도 동일한 결과를 구할 수 있다. 두 복소수를

$$z = re^{i\theta}, \quad w = qe^{i\phi} \tag{14.25}$$

이라 놓고, 식 (14.25)를 식 (14.15)에 대입하면

$$\left(qe^{i\phi}\right)^n = re^{i\theta} \tag{14.26}$$

이고, 이를 정리하면

$$q^n e^{in\phi} = r e^{i\theta} \tag{14.27}$$

이 된다. 식 (14.27)이 성립하기 위한 조건으로 식 (14.18)과 식 (14.22)가 성립하므로 복소수 z의 n 제곱근은

$$w = r^{1/n} e^{i\left(\frac{\theta + 2\pi k}{n}\right)} \quad (k = 0, \pm 1, \pm 2, \cdots) \tag{14.28}$$

이 되고, 결국 식 (14.24)와 같다.

예제 14-6 제곱근

복소수 $1 + \sqrt{3}\, i$의 세 제곱근을 구하라.

풀이

$$1 + \sqrt{3}\, i = 2\left(\cos\frac{\pi}{3} + i\sin\frac{\pi}{3}\right)$$

이므로

$$(1 + \sqrt{3}\, i)^{\frac{1}{3}} = (2)^{\frac{1}{3}}\left[\cos\frac{1}{3}\left(\frac{\pi}{3} + 2\pi k\right) + i\sin\frac{1}{3}\left(\frac{\pi}{3} + 2\pi k\right)\right] \quad (k = 0, 1, 2)$$

이다. 따라서

$$(1 + \sqrt{3}\, i)^{\frac{1}{3}} = (2)^{\frac{1}{3}}\left(\cos\frac{\pi}{9} + i\sin\frac{\pi}{9}\right),\ (2)^{\frac{1}{3}}\left(\cos\frac{7\pi}{9} + i\sin\frac{7\pi}{9}\right),\ (2)^{\frac{1}{3}}\left(\cos\frac{13\pi}{9} + i\sin\frac{13\pi}{9}\right)$$

가 얻어진다. 지수함수 형태로도 풀어 보면

$$1 + \sqrt{3}\, i = 2e^{i\frac{\pi}{3}} = 2e^{i\left(\frac{\pi}{3} + 2\pi k\right)}$$

이므로

$$(1 + \sqrt{3}\, i)^{\frac{1}{3}} = (2)^{\frac{1}{3}} e^{i\frac{1}{3}\left(\frac{\pi}{3} + 2\pi k\right)} \quad (k = 0, 1, 2)$$

이다. 따라서 다음 결과가 얻어진다.

$$(1 + \sqrt{3}\, i)^{\frac{1}{3}} = (2)^{\frac{1}{3}} e^{i\frac{\pi}{9}},\ (2)^{\frac{1}{3}} e^{i\frac{7\pi}{9}},\ (2)^{\frac{1}{3}} e^{i\frac{13\pi}{9}}$$

```
: 코딩
z=1+sqrt(3)*i;                                          % 복소수 z의 정의
r=abs(z);                                               % z의 크기 계산
a=angle(z);                                             % z의 편각 계산
w1=r^(1/3)*(cos(a/3)+i*sin(a/3))                        % k=0일 때 3 제곱근
w2=r^(1/3)*(cos((a+2*pi)/3)+i*sin((a+2*pi)/3))          % k=1일 때 3 제곱근
w3=r^(1/3)*(cos((a+4*pi)/3)+i*sin((a+4*pi)/3))          % k=2일 때 3 제곱근
a1=2^(1/3)*exp(i*pi/9)                                  % k=0일 때 3 제곱근
a2=2^(1/3)*exp(i*7*pi/9)                                % k=1일 때 3 제곱근
a3=2^(1/3)*exp(i*13*pi/9)                               % k=2일 때 3 제곱근

: 결과
w1 = 1.1839+0.4309i
w2 = -0.9652+0.8099i
w3 = -0.2188-1.2408i
a1 = 1.1839+0.4309i
a2 = -0.9652+0.8099i
a3 = -0.2188-1.2408i
          % [예제 14-6]의 결과와 동일하고 w1=a1, w2=a2, w3=a3임을 알 수 있다.
```

유제 14-6 제곱근

복소수 $2+2i$의 세 제곱근을 구하라.

정답 : $(2\sqrt{2})^{\frac{1}{3}}\left(\cos\frac{\pi}{12}+i\sin\frac{\pi}{12}\right)$, $(2\sqrt{2})^{\frac{1}{3}}\left(\cos\frac{9\pi}{12}+i\sin\frac{9\pi}{12}\right)$, $(2\sqrt{2})^{\frac{1}{3}}\left(\cos\frac{17\pi}{12}+i\sin\frac{17\pi}{12}\right)$

14.2 복소함수

14.2.1 기본 개념

실변수에서 **실함수**real function가 존재하는 것과 마찬가지로 **복소변수**complex variable에 대해서도 복소함수가 존재한다. 만약 함수의 **정의역**domain을 D라 하자. 그러면 정의역 안의 복소수 z에 대해 $f(z)$의 값들을 f의 **치역**range이라 부른다. 예를 들면 함수 γ가 $\gamma(t)=e^{it}$(여기서, $e^{it}=\cos t+i\sin t$)으로 정의되고, t가 $0\le t\le 2\pi$ 사이의 실수 값일 때, 함수 γ는 실수와 복소수를 상호 대응시켜준다. 이는 **실변수에 대해 복소수 값을 갖는 함수**complex valued functions of a real variable의 한 예이고, 이를 도시해 보면 [그림 14-3]과 같이 나타낼 수 있다.

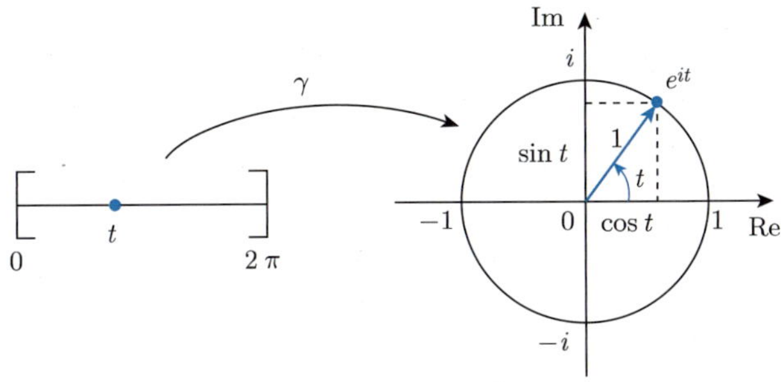

[그림 14-3] 실변수에 대한 복소함수의 예시

또한 함수 $f(z)=|z|$는 **복소변수에 대해 실수 값을 갖는 함수** real valued functions of a complex variable의 한 예이다. 그러나 복소해석에서 가장 주요한 함수는 **복소변수에 대해 복소수 값을 갖는 함수** complex valued functions of a complex variable인데, 이를 간단히 **복소함수** complex function라 부른다. 예를 들면 $w=e^z$, $w=z^2$ 등과 같은 함수들이다. 일반적으로 그러한 함수들은

$$w=f(z) \tag{14.29}$$

로 표기하며, 다음과 같은 기호들을 사용할 것이다.

$$z=x+iy=re^{i\theta}, \quad w=u+iv=qe^{i\phi} \tag{14.30}$$

여기서 x, y, r, θ, u, v, q, ϕ는 모두 실수이고, $r \geq 0$, $q \geq 0$이다. 그리고 대부분의 함수들은 [그림 14-4]의 (a)와 같이 영역 안에 어떠한 구멍 hole도 갖지 않는 영역에서 정의되는데, 그러한 영역을 **단순 연결 영역** simply connected region이라 한다. 또한 [그림 14-4]의 (a)와 같이 영역 D가 경계 부위를 포함하지 않는 경우(점선으로 표시)를 **열린 영역** open region, [그림 14-4]의 (b)와 같이 경계 부위를 포함하는 경우(실선으로 표시)를 **닫힌 영역** closed region이라 부른다.

(a) 단순 연결 영역의 예 (b) 단순 연결 영역이 아닌 예

[그림 14-4] 연결 영역

복소함수 $w=z^2$을 고려해보자. 복소함수의 기하학적인 이해를 돕기 위해 식 (14.30)으로 정의된 복소수 z와 주어진 복소함수를 이용해 z-평면과 이에 대응하는 w-평면 사이의 관계 그래프를 그려보고자 한다. 식 (14.30)에서 $z=x+iy=re^{i\theta}$이므로 복소함수 w는 $w=z^2=r^2e^{i2\theta}$이다. 그러므로 [그림 14-5]와 같이 나타낼 수 있다.

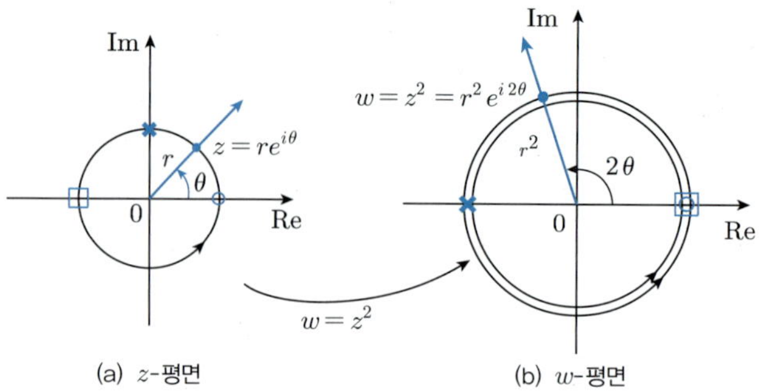

[그림 14-5] **복소수와 복소함수**

일반적으로 복소함수 $w = f(z)$의 실수 부분 u와 허수 부분 v는 복소수 z의 실수 부분 x와 허수 부분 y의 함수로 나타낼 수 있다. 이를 수식으로 표현하면 식 (14.31)이 된다.

$$u = u(x, y), \quad v = v(x, y) \tag{14.31}$$

예제 14-7 복소수와 복소함수의 맵핑

복소수 $z = x + iy$이고, $x = t$, $y = t$ $(t \geq 0)$일 때, 복소함수 $w = e^{-z}$의 맵핑 mapping 그래프를 그려라.

풀이

$w = u + iv$라 놓으면 $w = e^{-z}$이므로

$$w = u + iv = e^{-(x+iy)} = e^{-(t+it)} = e^{-t}e^{-it} = e^{-t}(\cos t - i\sin t)$$

이다. 위 방정식에서 실수 부분과 허수 부분을 서로 같다고 놓으면

$$u = e^{-t}\cos t, \quad v = -e^{-t}\sin t$$

가 된다. 매개변수 t가 0에서 ∞까지 변할 때, e^{-it}는 반경이 1인 단위원 unit circle 위를 시계방향으로 계속 회전한다. 반면, $|e^{-t}e^{-it}| = e^{-t}$이므로 t가 0에서 ∞까지 변할 때, w의 크기는 좌표점 1에서 시작하여 0으로 수렴하게 된다. 이를 도시하면 [그림 14-6]과 같다.

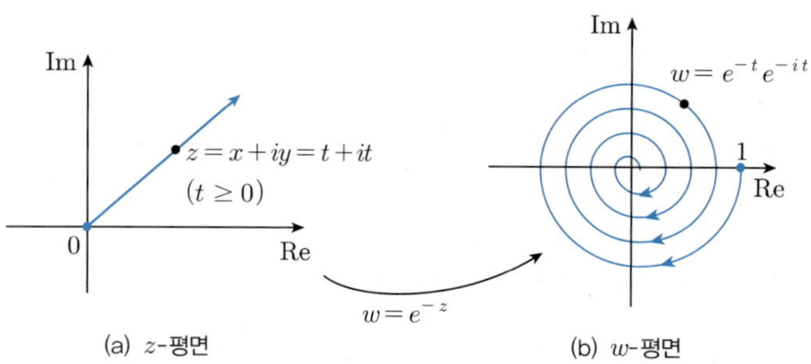

[그림 14-6] **복소함수 $w = e^{-z}$의 맵핑**

예제 14-8 복소수와 복소함수의 영역에 관한 맵핑

영역 $D=\{z:|z|>2\}$일 때, $w=f(z)=\dfrac{1}{z}$의 맵핑 영역을 구하라.

풀이

D의 경계 B는 $|z|=2$로서 중심이 원점이고, 반경이 2인 원이므로 영역 $D=\{z:|z|>2\}$는 [그림 14-7(a)]와 같이 원 밖이다.

또한 경계 B를 따라 이동할 때 영역 D가 왼쪽에 있다면 경계 B에 대한 식은 $z=2e^{-i\theta}(0\le\theta\le2\pi)$로 쓸 수 있다. 한편, w-평면에서는 $w=\dfrac{1}{z}$이므로 w의 경계 B'은 $|z|=2 \Leftrightarrow \dfrac{1}{|z|}=\dfrac{1}{2} \Leftrightarrow \left|\dfrac{1}{z}\right|=\dfrac{1}{2} \Leftrightarrow |w|=\dfrac{1}{2}$이고, $|z|>2 \Leftrightarrow |w|<\dfrac{1}{2}$이므로 w의 영역 D'은 w의 경계 B'의 내부가 된다. 또한 w의 경계 B'을 따라 이동할 때, 영역 D' 역시 왼쪽에 있어야 하므로, w의 경계 B'에 대한 식은 $w=\dfrac{1}{z}=\dfrac{1}{2}e^{i\theta}$ $(0\le\theta\le2\pi)$이 된다. 이를 종합하여 그림으로 나타내면 [그림 14-7]과 같다.

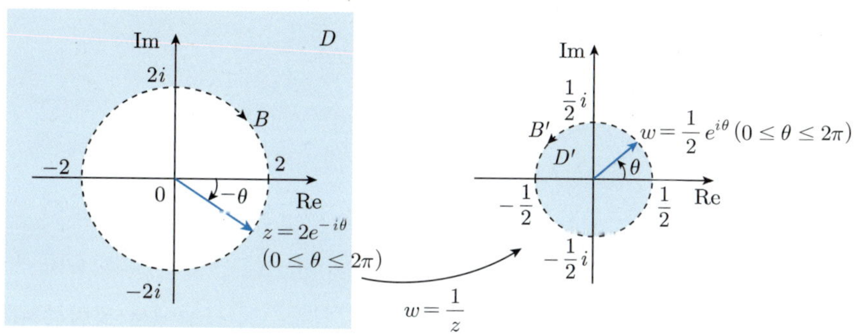

(a) z-평면 (b) w-평면

[그림 14-7] 복소함수의 영역에 관한 맵핑

지금까지 설명한 복소함수의 경우 실함수에서와 마찬가지로 복소함수의 **극한**limit, **연속성**continuity, **도함수**derivative를 정의할 수 있다. 그러나 복소함수의 경우 구하는 과정이 실함수와는 매우 다르다.

14.2.2 복소함수의 극한

복소수 z가 고정된 값이고, $f(z)$가 z_0 근방neighborhood에서 정의되는 복소함수라 가정하자. 그러면 복소함수의 극한에 대해 다음과 같이 정의할 수 있다.

정의 14-2 복소함수의 극한

$z \neq z_0$이고, $|z-z_0| < \delta$일 때, 임의의 양수 ϵ에 대하여 $|f(z)-L| < \epsilon$이 항상 성립하는 양수 δ가 존재한다면, z가 z_0에 접근할 때 복소수 L은 함수 $f(z)$의 극한값이고, 다음과 같이 나타낸다.

$$\lim_{z \to z_0} f(z) = L \tag{14.32}$$

[정의 14-2]의 극한에 대한 기하학적 의미를 이해하려면 [그림 14-8]을 참조하기 바란다.

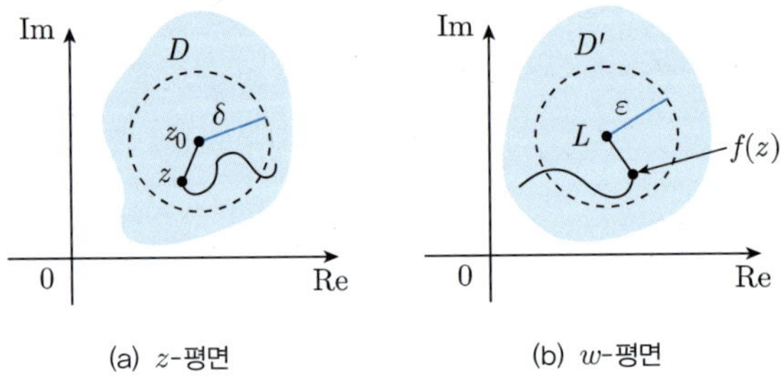

[그림 14-8] 복소함수 극한의 기하학적 의미

이 정의는 실함수에서와 같은 내용이기 때문에 실함수의 극한에서 성립하는 공식들이 다음과 같이 그대로 성립함을 알 수 있다.

정리 14-2 극한의 성질

$\lim_{z \to z_0} f(z) = L$, $\lim_{z \to z_0} g(z) = M$이면 다음과 같은 관계식이 성립한다.

(1) $\lim_{z \to z_0} [f(z) \pm g(z)] = L \pm M$

(2) $\lim_{z \to z_0} [c f(z)] = c L$ (c는 상수)

(3) $\lim_{z \to z_0} [f(z) g(z)] = L M$

(4) $\lim_{z \to z_0} \left[\dfrac{f(z)}{g(z)}\right] = \dfrac{L}{M}$ $(M \neq 0)$

14.2.3 복소함수의 연속성

복소함수의 경우에도 다음과 같이 함수의 연속성을 정의할 수 있다.

정의 14-3 복소함수의 연속성

$\lim_{z \to z_0} f(z) = f(z_0)$이면 복소함수 $f(z)$는 z_0에서 **연속**[continuous]이라 한다.

함수 f가 임의의 영역 D 안에 있는 모든 점 z_0에 대해 연속이면, 함수 $f(z)$는 영역 D에서 연속이라 한다.

실함수의 경우와 마찬가지로 복소함수의 경우에도 연속성에 관한 다음과 같은 성질들이 성립한다.

정리 14-3 연속성의 성질

복소함수 $f(z)$와 $g(z)$가 z_0에서 연속이면 $f(z) \pm g(z)$, $cf(z)$, $f(z)g(z)$도 z_0에서 연속이고, 또한 $g(z_0) \neq 0$이면 $\dfrac{f(z)}{g(z)}$도 z_0에서 연속이다.

상수함수 $f(z) = c$와 함수 $g(z) = z$는 연속이다. 따라서 [정리 14-3]에 의하면 모든 다항식으로 구성된 함수도 연속이며, 두 다항식의 분수식으로 구성된 유리함수도 분모가 0이 아니라면 연속임을 알 수 있다.

또한 함수의 연속성에 대한 다음과 같은 정리도 성립함을 알 수 있다.

정리 14-4 연속성에 관한 정리

복소함수의 실수 부분과 허수 부분이 모두 z_0에서 연속이면 그 복소함수는 z_0에서 연속이다.

예제 14-9 복소함수의 연속성

복소함수 e^z이 연속임을 보여라.

풀이

임의의 복소수를 $z = x + iy$라 놓으면

$$e^z = e^{(x+iy)} = e^x e^{iy} = e^x(\cos y + i\sin y)$$

이므로, e^z의 실수 부분은 $e^x \cos y$이고, 허수 부분은 $e^x \sin y$이다. 그런데 실함수 $e^x \cos y$와 $e^x \sin y$는 모든 실수 x와 y의 값에 대해 연속이므로, [정리 14-4]에 의해 함수 e^z은 연속임을 알 수 있다.

유제 14-7 복소함수의 연속성

복소함수 e^{-z}가 연속인지 불연속인지를 보여라.

정답 : e^{-z}은 연속

14.2.4 복소함수의 도함수

다음과 같이 복소함수에 대한 **도함수** derivative를 정의할 수 있다.

정의 14-4 복소함수의 도함수

복소함수 $w = f(z)$가 z_0 근방에서 정의된다고 가정하자. 이때 극한

$$\lim_{\Delta z \to 0} \frac{f(z_0 + \Delta z) - f(z_0)}{\Delta z}$$

이 존재한다면 함수 $f(z)$는 z_0에서 **미분가능** differentiable하다고 말하고, 그러한 경우에 함수 $f(z)$의 z_0에서의 **도함수**를 다음과 같이 나타낸다.

$$f'(z_0) = \lim_{\Delta z \to 0} \frac{f(z_0 + \Delta z) - f(z_0)}{\Delta z}$$

만약 $\Delta z = z - z_0$라 놓으면 $z = z_0 + \Delta z$이므로 [정의 14-4]는 다음과 같이 표기할 수도 있다.

$$f'(z_0) = \lim_{z \to z_0} \frac{f(z) - f(z_0)}{z - z_0}$$

또한 도함수를 다음과 같이 표기하는 방법도 있다.

$$f'(z) = \lim_{h \to 0} \frac{f(z+h) - f(z)}{h}$$

$$f'(z) = \lim_{\Delta z \to 0} \frac{f(z + \Delta z) - f(z)}{\Delta z} \tag{14.33}$$

복소함수에 대한 도함수 $f'(z)$의 정의가 실함수의 도함수와 같기 때문에 실함수에서 성립되는 도함수에 관한 공식들이 복소함수의 경우에도 적용이 가능하고, 다음과 같다.

정리 14-5 도함수의 성질

복소함수 $f(z)$와 $g(z)$가 z에서 미분가능하면 다음의 관계가 성립한다.

(1) $\dfrac{d}{dz}[f(z) \pm g(z)] = f'(z) \pm g'(z)$

(2) $\dfrac{d}{dz}[cf(z)] = cf'(z)$ (c는 상수)

(3) $\dfrac{d}{dz}[f(z)g(z)] = f(z)g'(z) + f'(z)g(z)$

(4) $\dfrac{d}{dz}\left[\dfrac{f(z)}{g(z)}\right] = \dfrac{f'(z)g(z) - f(z)g'(z)}{[g(z)]^2}$ $(g(z) \neq 0)$

(5) $\dfrac{d}{dz}[f\{g(z)\}] = f'[g(z)]\,g'(z)$

식 (14.33)과 [정리 14-5]의 (3)을 사용하여 다음과 같은 미분 공식들을 유도할 수 있다.

정리 14-6 상수, 거듭제곱의 도함수

(1) $f(z) = c$(c는 상수)이면 $f'(z) = 0$이다.

(2) $f(z) = z^n$이면 $f'(z) = nz^{n-1}$이다. 여기서 $n = 1, 2, 3, \cdots$ 이다.

증명

(1) 식 (14.33)에 의하면

$$f'(z) = \lim_{h \to 0} \frac{f(z+h) - f(z)}{h} = \lim_{h \to 0} \frac{c - c}{h} = 0$$

이므로 쉽게 증명이 가능하다.

(2) 먼저 $f(z) = z$인 경우에 대해 도함수를 구해 보면 식 (14.33)에 의해

$$f'(z) = \lim_{h \to 0} \frac{f(z+h) - f(z)}{h} = \lim_{h \to 0} \frac{z + h - z}{h} = 1$$

이 얻어지고, $f(z) = z^2$인 경우에는 $f(z) = zz$이므로 [정리 14-5(3)]을 사용하면

$$f'(z) = zz' + z'z = 2z$$

가 된다. $f(z)=z^3$인 경우에는 $f(z)=z\,z^2$이므로 마찬가지로 [정리 14-5 (3)]을 사용하면

$$f'(z)=z(z^2)'+z'z^2=2z^2+z^2=3z^2$$

이 된다. 이러한 과정을 반복해서 수행하면 $f(z)=z^n$에 대해서도 $f'(z)=nz^{n-1}$을 구할 수 있다. ■

예제 14-10 복소함수의 도함수

다음 복소함수들의 도함수를 구하라.

(a) $f(z)=2z^2-3z+1$　　　(b) $f(z)=\dfrac{z-2}{z^2+1}$

풀이

(a) [정리 14-5(1)]과 [정리 14-6]을 사용하면 다음과 같다.

$$f'(z)=4z-3$$

(b) [정리 14-5(4)]와 [정리 14-6]을 사용하면 다음과 같다.

$$f'(z)=\frac{(z-2)'(z^2+1)-(z-2)(z^2+1)'}{(z^2+1)^2}=\frac{z^2+1-2z(z-2)}{(z^2+1)^2}=\frac{-z^2+4z+1}{(z^2+1)^2}$$

복소함수의 도함수에 대한 MATLAB code는 실변수함수의 도함수에서 사용한 명령어 'diff'가 동일하게 사용되므로 코딩은 생략한다.

유제 14-8 복소함수의 도함수

다음 복소함수들의 도함수를 구하라.

(a) $f(z)=-z^2-2z+2$　　　(b) $f(z)=\dfrac{z^2+1}{z+1}$

정답 : $f'(z)=-2z-2$, $f'(z)=1-\dfrac{2}{(z+1)^2}$

복소함수의 도함수에 대한 접근은 대부분 실함수의 경우와 유사하게 적용되지만 다음과 같은 차이점이 있다. 즉 실함수는 좌극한과 우극한이 같으면 되지만 복소함수의 경우 $f(z)$가 임의의 점 z_0에서 미분가능하려면 식 (14.33)의 Δz가 어느 방향으로부터 0으로 접근하더라도 동일한 값으로 수렴해야 한다는 조건이 추가된다. 따라서 복소함수의 도함수를 구할 때는 특별히 주의를 기울여야 한다.

예제 14-11 복소함수의 도함수 존재 여부

다음 복소함수들의 미분가능 여부를 결정하라.

(a) $f(z) = z$　　　　(b) $f(z) = \bar{z}$

풀이

Hint $\overline{z_1 + z_2} = \overline{z_1} + \overline{z_2}$

(a) 미분가능 여부를 결정하기 위해 식 (14.33)을 사용하여 도함수를 구해보면

$$f'(z) = \lim_{\Delta z \to 0} \frac{f(z+\Delta z) - f(z)}{\Delta z}$$
$$= \lim_{\Delta z \to 0} \frac{z + \Delta z - z}{\Delta z} = \lim_{\Delta z \to 0} \frac{\Delta z}{\Delta z}$$

이다. 그러므로 $f(z) = z$의 미분가능 여부는 $\lim_{\Delta z \to 0} \frac{\Delta z}{\Delta z}$의 극한이 존재하느냐의 여부에 따라 결정되지만 그 극한은 Δz가 실수축을 따라서 0에 접근하는지 허수축을 따라서 0에 접근하는지에 상관없이 모두 동일한 값 1을 갖는다. 따라서 복소함수 $f(z) = z$는 미분가능하다.

(b) 미분가능 여부를 결정하기 위해 식 (14.33)을 사용하여 도함수를 구해 보면

$$f'(z) = \lim_{\Delta z \to 0} \frac{f(z+\Delta z) - f(z)}{\Delta z}$$
$$= \lim_{\Delta z \to 0} \frac{\overline{z + \Delta z} - \bar{z}}{\Delta z} = \lim_{\Delta z \to 0} \frac{\bar{z} + \overline{\Delta z} - \bar{z}}{\Delta z} = \lim_{\Delta z \to 0} \frac{\overline{\Delta z}}{\Delta z}$$

이다. 그러므로 $f(z) = \bar{z}$의 미분가능 여부는 $\lim_{\Delta z \to 0} \frac{\overline{\Delta z}}{\Delta z}$의 극한이 존재하느냐의 여부에 따라 결정된다. 이 극한을 구하기 위해 $\Delta z = \Delta x + i\Delta y$라 놓자. 그리고 먼저 Δz가 실수축을 따라서 0에 접근하는 경우를 생각해 보자. 이때에는 $\Delta y = 0$이므로 $\Delta z = \Delta x$이다. 따라서

$$\lim_{\Delta z \to 0} \frac{\overline{\Delta z}}{\Delta z} = \lim_{\Delta x \to 0} \frac{\overline{\Delta x}}{\Delta x} = \lim_{\Delta x \to 0} \frac{\Delta x}{\Delta x} = 1$$

이다. 반면에 먼저 Δz가 허수축을 따라서 0에 접근하는 경우를 생각해 보자. 이때는 $\Delta x = 0$이므로 $\Delta z = i\Delta y$이다. 따라서

$$\lim_{\Delta z \to 0} \frac{\overline{\Delta z}}{\Delta z} = \lim_{\Delta y \to 0} \frac{\overline{i\Delta y}}{i\Delta y} = \lim_{\Delta y \to 0} \frac{-i\Delta y}{i\Delta y} = -1$$

이다. 그러므로 $\lim_{\Delta z \to 0} \frac{\overline{\Delta z}}{\Delta z}$가 존재하지 않는다. 따라서 복소함수 $f(z) = \bar{z}$는 미분가능하지 않다.

유제 14-9 복소함수의 도함수 존재 여부

복소함수 $f(z)=\overline{z+1}$의 미분가능 여부를 결정하라.

정답 : $f(z)=\overline{z+1}$는 미분가능하지 않다.

복소함수의 경우에는 미분가능성 뿐만 아니라 **해석적**analytic인지 아닌지 여부도 반드시 확인해야만 한다. 해석성에 관한 정의는 다음과 같다.

정의 14-5 복소함수의 해석성

복소함수 $f(z)$가 z_0에서 미분가능할 뿐만 아니라, z_0 근방의 모든 점에서 미분가능하다면 함수 $f(z)$는 z_0에서 해석적이다.

함수 $f(z)$가 임의의 열린 영역 D 안의 모든 점에서 해석적이면 함수 $f(z)$는 영역 D에서 해석적이라 하고, 복소평면 전체에서 해석적인 함수를 **완전함수** entire function라 한다.

14.2.5 코시-리만 방정식

복소함수의 경우에는 실함수의 도함수와는 달리 미분가능성 여부 판단과 아울러 함수가 정해진 영역 안에서 해석적인지 여부도 확인해야 하는데, 이를 판단하기 위해 **코시[1]-리만[2] 방정식**Cauchy-Riemann equation이 사용된다.

1 Augustin Cauchy (1789 ~ 1857) 프랑스 수학자로서 18세기의 수학을 19세기적 단계로 올려놓은 유명한 수학자이다.

2 Bernhard Riemann (1826 ~ 1866) 독일의 수학자로서 해석학, 미분기하학에 혁신적인 업적을 남겼다.

다음 함수 $f(z)$가 임의의 영역 D 안의 모든 z에서 정의된다고 가정하자.

$$f(z)=f(x+iy)=u(x,y)+iv(x,y)$$

$u(x,y)$는 $f(z)$의 실수 부분, $v(x,y)$는 $f(z)$의 허수 부분으로 놓으면 코시-리만 방정식은 다음과 같다.

정리 14-7 코시-리만 방정식

$f'(z)$가 존재하는 영역 D의 내부에서는 다음 관계식이 성립한다.

$$\frac{\partial u}{\partial x}=\frac{\partial v}{\partial y}, \quad \frac{\partial u}{\partial y}=-\frac{\partial v}{\partial x} \tag{14.34}$$

증명 $z=x+iy$가 영역 D 내부의 한 점이고, $f'(z)$가 존재한다고 가정하자.

그러면

$$f'(z) = \lim_{\Delta z \to 0} \frac{f(z+\Delta z) - f(z)}{\Delta z}$$
$$= \lim_{\substack{\Delta x \to 0 \\ \Delta y \to 0}} \frac{[u(x+\Delta x,\ y+\Delta y) + iv(x+\Delta x,\ y+\Delta y)] - [u(x,\ y) + iv(x,\ y)]}{\Delta x + i\Delta y} \quad \cdots\cdots ①$$

이다. 먼저 $\Delta y = 0$으로 고정시키면([그림 14-9(a)] 참조) $\Delta z = \Delta x$(실수)이고, 위 식은

$$f'(z) = \lim_{\Delta x \to 0} \left[\frac{u(x+\Delta x,\ y) - u(x,\ y)}{\Delta x} + i\frac{v(x+\Delta x,\ y) - v(x,\ y)}{\Delta x} \right]$$
$$= \frac{\partial u(x,\ y)}{\partial x} + i\frac{\partial v(x,\ y)}{\partial x} \quad \cdots\cdots ②$$

가 된다. 이제 $\Delta x = 0$으로 고정시키면([그림 14-9(b)] 참조) $\Delta z = i\Delta y$(허수)이고, 위 식은

$$f'(z) = \lim_{\Delta y \to 0} \left[\frac{u(x,\ y+\Delta y) - u(x,\ y)}{i\Delta y} + i\frac{v(x,\ y+\Delta y) - v(x,\ y)}{i\Delta y} \right]$$
$$= -i\frac{\partial u(x,\ y)}{\partial y} + \frac{\partial v(x,\ y)}{\partial y} \quad \cdots\cdots ③$$

가 된다. 식 ②와 식 ③은 같아야 하므로

$$\frac{\partial u(x,\ y)}{\partial x} + i\frac{\partial v(x,\ y)}{\partial x} = -i\frac{\partial u(x,\ y)}{\partial y} + \frac{\partial v(x,\ y)}{\partial y} \quad \cdots\cdots ④$$

이다. 식 ④ 양변의 실수 부분과 허수 부분이 같아야 하므로

$$\frac{\partial u}{\partial x} = \frac{\partial v}{\partial y},\quad \frac{\partial u}{\partial y} = -\frac{\partial v}{\partial x} \quad \cdots\cdots ⑤$$

가 성립한다.

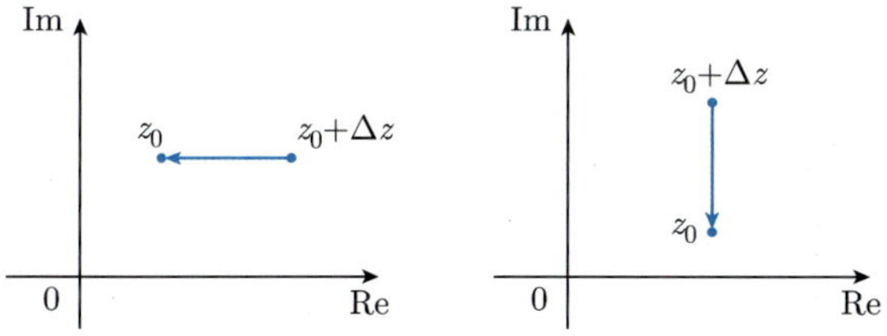

(a) $\Delta y = 0$인 경우　　(b) $\Delta x = 0$인 경우

[그림 14-9] **복소수 극한**

다음은 복소함수의 도함수가 존재하기 위한 조건과 존재할 경우에 도함수를 구하는 공식에 관한 관계식을 보여주고 있다. [정리 14-7]의 증명 안에 있는 식 ②와 식 ③에서 알 수 있는 바와 같이 복소함수 $f(z)$가 미분가능할 경우 $f(z)$의 도함수는 다음 관계식에 의해 구할 수 있다.

정리 14-8 도함수의 존재

$f(z)=u(x,\ y)+iv(x,\ y)$일 때, 1차 편도함수 $u_x,\ v_x,\ u_y,\ v_y$가 z의 근방에 존재하고, z에서 연속이며, z에서 코시-리만 방정식이 만족된다면 도함수 $f'(z)$는 존재하고 다음과 같이 구해진다.

$$f'(z)=\frac{\partial u(x,\ y)}{\partial x}+i\frac{\partial v(x,\ y)}{\partial x}=-i\frac{\partial u(x,\ y)}{\partial y}+\frac{\partial v(x,\ y)}{\partial y} \tag{14.35}$$

[정리 14-8]의 증명은 [정리 14-7]의 증명 과정의 식 ②와 식 ③에서 이미 확인되었으므로 생략하기로 한다.

예제 14-12 코시-리만 방정식의 사용

$z=x+iy$일 때, 코시-리만 방정식을 사용하여 복소함수 $f(z)=z^2$의 도함수 $f'(z)$가 존재함을 보이고, 도함수 $f'(z)$를 구하라.

풀이

$z=x+iy$일 때, 복소함수

$$f(z)=z^2=(x+iy)^2=(x^2-y^2)+2xyi \qquad \cdots\cdots ①$$

이고,

$$f(z)=u(x,\ y)+iv(x,\ y) \qquad \cdots\cdots ②$$

라 놓고, 식 ①과 식 ②의 실수 부분과 허수 부분을 같다고 놓으면

$$u(x,\ y)=x^2-y^2,\quad v(x,\ y)=2xy \qquad \cdots\cdots ③$$

이다. 식 ③은

$$\frac{\partial u}{\partial x}=2x=\frac{\partial v}{\partial y},\quad \frac{\partial u}{\partial y}=-2y=-\frac{\partial v}{\partial x} \qquad \cdots\cdots ④$$

를 만족하므로, 코시-리만 방정식이 성립한다. 따라서 모든 복소수 z에 대해 도함수 $f'(z)$가 존재한다. 그리고 그 도함수는 식 (14.35)에 의해

$$\begin{aligned} f'(z) &= (z^2)' = \frac{\partial u(x, y)}{\partial x} + i\frac{\partial v(x, y)}{\partial x} \\ &= \frac{\partial}{\partial x}(x^2 - y^2) + i\frac{\partial}{\partial x}(2xy) \\ &= 2x + 2yi = 2(x + yi) \\ &= 2z \end{aligned}$$

유제 14-10 코시-리만 방정식의 사용

$z = x + iy$일 때, 코시-리만 방정식을 사용하여 복소함수 $f(z) = -z^2$의 도함수 $f'(z)$가 존재함을 보이고, 도함수 $f'(z)$를 구하라.

정답 : $f'(z)$ 존재, $f'(z) = -2z$

식 (14.34)의 코시-리만 방정식이 **라플라스 방정식** Laplace equation을 만족함을 다음과 같이 증명할 수 있다. 식 (14.34)는

$$\frac{\partial u}{\partial x} = \frac{\partial v}{\partial y}, \quad \frac{\partial u}{\partial y} = -\frac{\partial v}{\partial x} \qquad \cdots\cdots ①$$

이므로 식 ①의 왼쪽 식은 양변을 x에 대해 편미분하고, 우측 식은 y에 대해 편미분하면

$$\frac{\partial^2 u}{\partial x^2} = \frac{\partial^2 v}{\partial y\,\partial x}, \quad \frac{\partial^2 u}{\partial y^2} = -\frac{\partial^2 v}{\partial x\,\partial y} \qquad \cdots\cdots ②$$

이고, 이 식 ②의 두 식을 더하면

$$\frac{\partial^2 u}{\partial x^2} + \frac{\partial^2 u}{\partial y^2} = \frac{\partial^2 v}{\partial y\,\partial x} - \frac{\partial^2 v}{\partial x\,\partial y} = 0 \qquad (14.36)$$

이 나오며, 식 (14.36)은 다음과 같이도 나타낼 수 있다.

$$\nabla^2 u = 0 \qquad (14.37)$$

이와 유사하게 식 ①의 왼쪽 식은 양변을 y에 대해 편미분하고, 우측 식은 x에 대해 편미분하면

$$\frac{\partial^2 u}{\partial x\,\partial y} = \frac{\partial^2 v}{\partial y^2}, \quad -\frac{\partial^2 u}{\partial y\,\partial x} = \frac{\partial^2 v}{\partial x^2} \qquad \cdots\cdots ③$$

이고, 식 ③의 두 식을 더하면

$$\frac{\partial^2 v}{\partial x^2} + \frac{\partial^2 v}{\partial y^2} = -\frac{\partial^2 u}{\partial y\,\partial x} + \frac{\partial^2 u}{\partial x\,\partial y} = 0 \tag{14.38}$$

이 나오며, 식 (14.38)은 다음과 같이 나타낼 수도 있다.

$$\nabla^2 v = 0 \tag{14.39}$$

식 (14.37)과 식 (14.39)를 **라플라스 방정식**이라 한다.

14.2.6 삼각함수와 쌍곡선함수

실수 x에 대한 오일러 공식으로부터

$$\cos x = \frac{e^{ix} + e^{-ix}}{2}, \quad \sin x = \frac{e^{ix} - e^{-ix}}{2i}$$

임을 이미 알고 있다. 마찬가지로 복소수 z에 대해서도 같은 관계가 성립한다.

$$\cos z = \frac{e^{iz} + e^{-iz}}{2}, \quad \sin z = \frac{e^{iz} - e^{-iz}}{2i} \tag{14.40}$$

또한 실함수에서 성립하는 삼각함수에 관한 공식들이 복소수 z에 대해서도 동일하게 성립함을 알 수 있다. 예를 들면

$$\tan z = \frac{\sin z}{\cos z}, \quad \cot z = \frac{\cos z}{\sin z}, \quad \sec z = \frac{1}{\cos z}, \quad \csc z = \frac{1}{\sin z}$$
$$\cos^2 z + \sin^2 z = 1, \quad \cos(-z) = \cos z, \quad \sin(-z) = -\sin z$$
$$\cos(z \pm w) = \cos z \cos w \mp \sin z \sin w$$
$$\sin(z \pm w) = \sin z \cos w \pm \cos z \sin w$$

등이다. 식 (14.40)의 코사인함수와 사인함수는 모두 완전함수이고, 해석함수이다. 따라서 도함수가 존재하고, 각각의 도함수는 다음과 같다.

$$\frac{d}{dz}\sin z = \frac{d}{dz}\left(\frac{e^{iz} - e^{-iz}}{2i}\right) = \frac{e^{iz} + e^{-iz}}{2} = \cos z \tag{14.41}$$

$$\frac{d}{dz}\cos z = \frac{d}{dz}\left(\frac{e^{iz} + e^{-iz}}{2}\right) = \frac{ie^{iz} - ie^{-iz}}{2} = -\sin z \tag{14.42}$$

그 밖의 다른 삼각함수의 경우에도 해석적인 모든 점에서 복소함수의 도함수는 실함수의 도함수와 같다.

삼각함수에서와 마찬가지로 **쌍곡선 함수** hyperbolic function의 경우에도 실수 x에 대해 성립하는 다음 공식이 복소수 z에 대해서도 동일하게 성립됨을 알 수 있다.

$$\cosh z = \frac{e^{z}+e^{-z}}{2}, \quad \sinh z = \frac{e^{z}-e^{-z}}{2} \tag{14.43}$$

식 (14.40)과 식 (14.43)을 비교해 보면

$$\cos(iz) = \cosh z, \quad \sin(iz) = i\sinh z \tag{14.44}$$

의 관계를 얻을 수 있고, 식 (14.44)에 z 대신 iz를 대입하면

$$\cos z = \cosh(iz), \quad \sin z = -i\sinh(iz) \tag{14.45}$$

의 관계도 얻을 수 있다. 그밖에 다음 관계식들도 동일하게 성립한다.

$$\tanh z = \frac{\sinh z}{\cosh z}, \quad \coth z = \frac{1}{\tanh z}, \quad \operatorname{sech} z = \frac{1}{\cosh z}, \quad \operatorname{csch} z = \frac{1}{\sinh z}$$

식 (14.43)의 쌍곡선 코사인함수와 쌍곡선 사인함수는 모두 완전함수이고, 해석함수이다. 따라서 도함수가 존재하고, 각각의 도함수는 다음과 같다.

$$\frac{d}{dz}\sinh z = \cosh z, \quad \frac{d}{dz}\cosh z = \sinh z \tag{14.46}$$

그 밖의 다른 쌍곡선 함수의 경우에는 해석적인 모든 점에서 복소함수의 도함수가 실함수의 도함수와 동일하게 성립한다.

14.2.7 로그함수

실함수의 경우 $x > 0$이면 $\ln x$는 유일한 실수 y가 되고, 다음 관계가 성립함을 이미 알고 있다.

$$y = \ln x \Leftrightarrow x = e^{y} \tag{14.47}$$

만약 z와 w가 복소수라면 복소함수에서도 식 (14.47)과 같이 로그함수의 관계식을 쓸 수 있다.

$$w = \ln z \Leftrightarrow z = e^{w} \tag{14.48}$$

복소함수에서 로그함수에 대해 공부하기 위해 $z = e^{w_0}$의 관계를 살펴보자. 이때 z는 무수히 많은 로그값을 가짐을 알 수 있다. 왜냐하면 $e^{\pm i 2\pi n} = 1$이기 때문이다. 그러므로 $n = 0,\ 1,\ 2,\ \cdots$ 에 대해 z의 로그값들은 $w_0 \pm i\,2\pi n$이 된다. 따라서 z가 로그값을 갖는다면 그것은 무수히 많은 값을 갖는다. 따라서 다음과 같은 선택을 하게 된다.

❶ $w = \ln z$에서 z의 로그값들을 모두 취하는 경우이고, 이때 $w = \ln z$를 **다가함수** multi-valued function라 한다.

❷ $w = \ln z$에서 z의 로그값들 중에서 하나의 값만을 취하고 나머지 모든 값들은 버리는 경우이고, 이때 $w = \ln z$를 **단가함수** single-valued function라 한다.

위의 관점들은 둘 다 유용하다. $e^{w} \neq 0$임을 생각하면 $z = 0$은 어떤 로그값도 가질 수가 없지만, $z \neq 0$인 z는 무수히 많은 로그값을 갖는다. 두 복소수를 $z = re^{i\theta}$, $w = u + iv$라 가정하자. 그러면 식 (14.48)에 의해

$$w = \ln z \Leftrightarrow z = e^{w} \Leftrightarrow re^{i\theta} = e^{u+iv} = e^{u}e^{iv} \tag{14.49}$$

의 관계가 성립하므로

$$r = e^{u},\ v = \theta \pm 2\pi n \quad (n = 0,\ 1,\ 2,\ \cdots) \tag{14.50}$$

의 결과가 나온다. 여기서 $r = |z| > 0$이고 u는 실수이므로 $r = e^{u}$은 유일한 해 $u = \ln r$이 되고, $\ln z = w = u + iv = \ln r + i(\theta \pm 2\pi n)$이 되므로, 이를 정리하면 복소수의 로그에 대해 다음과 같이 정의할 수 있다.

정의 14-6 복소수의 로그

$z \neq 0$인 $z = re^{i\theta}$과 $w = u + iv$에 대해 $\ln z$는 다음과 같다.

$$\ln z = \ln r + i(\theta \pm 2\pi n) \quad (n = 0,\ 1,\ 2,\ \cdots) \tag{14.51}$$

식 (14.51)에서 종종 $n = 0$을 선택하여 $\theta = \arg(z)$만을 편각으로 고려하면 편리하다. 이때에는 $-\pi < \theta \leq \pi$의 범위의 θ 값만 취하는데, 14.1.1절에서 이를

$Arg(z)$로 표기하고 **주편각**principal argument이라 했다. 이렇게 얻어진 로그값을 **주값**principal value이라 부르고 $\text{Ln}\,z$로 표기하며, 관계식은 다음과 같다.

정의 14-7 복소수의 로그(주값)

$$\text{Ln}\,z = \ln|z| + i\,Arg(z) \tag{14.52}$$

식 (14.51)과 식 (14.52)로부터 다음의 관계도 성립한다.

$$\ln z = \text{Ln}\,z \pm i\,2\pi n \qquad (n = 0,\ 1,\ 2,\ \cdots) \tag{14.53}$$

예를 들면 $z = x > 0$이고, $Arg(z) = 0$이면 $\text{Ln}\,z = \ln|z| + i\,0 = \ln x$ 이다. 즉 z가 양의 실수일 때, $\text{Ln}\,z$는 실수 로그값과 같다.

예제 14-13 복소수의 로그

$z = \sqrt{3} + i$에 대해 $\ln z$와 $\text{Ln}\,z$를 구하라.

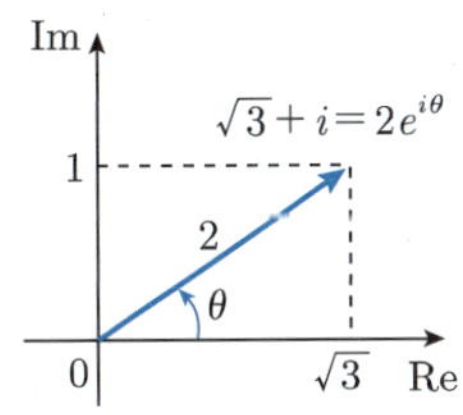

[그림 14-10]

풀이

식 (14.51)을 사용하면

$$\ln(\sqrt{3} + i) = \ln 2 + i(\theta \pm 2\pi n) \qquad (n = 0,\ 1,\ 2,\ \cdots)$$

이다. $\theta = \dfrac{\pi}{6}$ 이므로

$$\ln(\sqrt{3} + i) = \ln 2 + i\left(\frac{\pi}{6} \pm 2\pi n\right)$$

이다. 그러므로 식 (14.52)에 의해 $n = 0$을 취하면 다음과 같이 된다.

$$\text{Ln}(\sqrt{3} + i) = \ln 2 + \frac{\pi}{6}i$$

Command Window

: 코딩

```
z=sqrt(3)+i;          % 복소수 z의 정의
U=log(z)              % z의 Ln z 계산
```

: 결과

```
U = 0.6931+0.5236i ①  % [예제 14-13]의 Ln z의 결과와 동일
```

MATLAB TIP!

① 'log(z)' : 로그의 주값 ($\text{Ln}\,z$)만을 계산한다.

유제 14-11 **복소수의 로그**

$z=\sqrt{3}-i$에 대해 $\ln z$와 $\operatorname{Ln} z$를 구하라.

정답 : $\ln(\sqrt{3}-i)=\ln 2+i\left(-\frac{\pi}{6}\pm 2\pi n\right)$, $\operatorname{Ln}(\sqrt{3}+i)=\ln 2-\frac{\pi}{6}i$

잘 알고 있는 실함수의 로그에서의 다음 규칙들이 복소수의 로그에서도 성립한다. 다만 주값에 대해서는 예외이다.

정리 14-9 로그의 공식

z_1과 z_2가 임의의 복소수일 때, 다음 관계가 성립한다.

$$\ln(z_1 z_2)=\ln z_1+\ln z_2,\quad \ln\frac{z_1}{z_2}=\ln z_1-\ln z_2 \qquad (14.54)$$

증명 $z_1=r_1 e^{i\theta_1}$, $z_2=r_2 e^{i\theta_2}$이라 놓으면 식 (14.51)에 의해

$$\ln z_1=\ln r_1+i(\theta_1\pm 2\pi n_1)\qquad (n_1=0,\ 1,\ 2,\ \cdots)$$
$$\ln z_2=\ln r_2+i(\theta_2\pm 2\pi n_2)\qquad (n_2=0,\ 1,\ 2,\ \cdots)$$

이므로

$$\begin{aligned}\ln z_1+\ln z_2&=\ln r_1+i(\theta_1\pm 2\pi n_1)+\ln r_2+i(\theta_2\pm 2\pi n_2)\\&=\ln(r_1 r_2)+i\left[(\theta_1+\theta_2)\pm 2\pi(n_1+n_2)\right]\end{aligned}\qquad \cdots\cdots ①$$

이다. 한편

$$z_1 z_2=\left(r_1 e^{i\theta_1}\right)\left(r_2 e^{i\theta_2}\right)=r_1 r_2 e^{i(\theta_1+\theta_2)}$$

이므로

$$\ln(z_1 z_2)=\ln(r_1 r_2)+i(\theta_1+\theta_2\pm 2\pi n)\qquad (n=0,\ 1,\ 2,\ \cdots)\qquad \cdots\cdots ②$$

이다. 여기서 n이나 n_1+n_2가 모두 음이 아닌 정수이므로 식 ①과 식 ②는 같다. $\ln\frac{z_1}{z_2}=\ln z_1-\ln z_2$ 에 대해서도 같은 방법으로 증명할 수 있으므로 생략한다. ■

예제 14-14 **로그의 곱셈**

$z_1=1-\sqrt{3}i$, $z_2=1+i$에 대해 $\ln(z_1 z_2)$와 $\operatorname{Ln}(z_1 z_2)$를 구하라.

풀이

식 (14.51)을 사용하면

$$\ln z_1 = \ln(1-\sqrt{3}\,i) = \ln 2 + i\left(-\frac{\pi}{3} \pm 2\pi n_1\right) \qquad (n_1 = 0,\ 1,\ 2,\ \cdots)$$

$$\ln z_2 = \ln(1+i) = \ln\sqrt{2} + i\left(\frac{\pi}{4} \pm 2\pi n_2\right) \qquad (n_2 = 0,\ 1,\ 2,\ \cdots)$$

이므로, [정리 14-9]의 증명에 있는 식 ②를 사용하면 다음과 같다.

$$\begin{aligned}\ln(z_1 z_2) &= \ln(2\sqrt{2}) + i\left[\left(-\frac{\pi}{3} + \frac{\pi}{4}\right) \pm 2\pi(n_1+n_2)\right] \\ &= \ln(2\sqrt{2}) + i\left(-\frac{\pi}{12} \pm 2\pi n\right) \qquad (n = 0,\ 1,\ 2,\ \cdots)\end{aligned}$$

$\text{Ln}(z_1 z_2)$는 $\ln(z_1 z_2)$에서 $n=0$을 대입하면 되므로 다음과 같다.

$$\text{Ln}(z_1 z_2) = \ln(2\sqrt{2}) - i\frac{\pi}{12}$$

Command Window

: 코딩

```
z1=1-sqrt(3)*i; z2=1+i;          % 복소수 z1과 z2의 정의
U=log(z1*z2)                     % z의 Ln(z1z2) 계산
```

: 결과

```
U = 1.0397-0.2618i               % [예제 14-14]의 Ln(z1z2)의 결과와 동일
```

유제 14-12 로그의 곱셈

$z_1 = \sqrt{3} + i$, $z_2 = 1 + i$에 대해 $\ln(z_1 z_2)$와 $\text{Ln}(z_1 z_2)$를 구하라.

정답 : $\ln(z_1 z_2) = \ln(2\sqrt{2}) + i\left(\frac{5\pi}{12} \pm 2\pi n\right)$, $\text{Ln}(z_1 z_2) = \ln(2\sqrt{2}) + i\frac{5\pi}{12}$

$\ln z$는 다가함수임을 앞에서 설명하였다. 그러나 다가함수의 경우, 특정한 값을 정해 놓고 문제를 풀어야만 한다. 만약 z가 변할 때, 임의로 아무 값이나 $\ln z$의 값을 정한다면 유용한 함수를 얻을 수 없을 것이다. 선택한 값이 z에 따라 일정하게 변하도록 $\ln z$의 값을 정해야 한다. 그러한 선택을 다가함수의 **분기**branch라고 부른다. 예를 들면 영역 D 안에 있는 z에 대해 $\ell(z)$가 다가 로그함수 중 한 값(즉 $e^{\ell(z)} = z$)이라고 하고, $\ell(z)$가 영역 D에서 연속이면, $\ell(z)$는 로그함수의 분기이다. 로그함수의 분기에 대해 다음과 같이 도함수를 구할 수 있다.

정리 14-10 로그함수의 도함수

$\ell(z)$가 영역 D에서 로그함수의 분기이면, $\ell(z)$는 D에서 해석적이고,

$$\ell'(z) = \frac{1}{z} \tag{14.55}$$

이다.

증명 이를 증명하기 위해서는

$$\lim_{h\to 0}\frac{\ell(z+h)-\ell(z)}{h} = \frac{1}{z}$$

임을 보이면 된다.

$\ell(z)$가 로그함수의 분기이므로 $e^{\ell(z)} = z$, $e^{\ell(z+h)} = z+h$임을 알 수 있다. 따라서

$$\begin{aligned}\lim_{h\to 0}\frac{\ell(z+h)-\ell(z)}{h} &= \lim_{h\to 0}\frac{\ell(z+h)-\ell(z)}{z+h-z} = \lim_{h\to 0}\frac{\ell(z+h)-\ell(z)}{e^{\ell(z+h)}-e^{\ell(z)}} \\ &= \frac{1}{\left[\lim_{h\to 0}\dfrac{e^{\ell(z+h)}-e^{\ell(z)}}{\ell(z+h)-\ell(z)}\right]}\end{aligned}$$

이고, 위 식의 [ ] 안은 $w = \ell(z)$에서 e^w의 도함수에 대한 설명이다. 그러므로

$$\lim_{h\to 0}\frac{\ell(z+h)-\ell(z)}{h} = \frac{1}{\left[\lim_{h\to 0}\dfrac{e^{\ell(z+h)}-e^{\ell(z)}}{\ell(z+h)-\ell(z)}\right]} = \frac{1}{e^{\ell(z)}} = \frac{1}{z}$$

이 된다. ■

로그함수의 분기 $\ell(z)$를 일반적으로 $\ln z$로 표기하기도 한다.

14.3 복소평면에서의 적분

평면 위에서의 실함수의 선적분에 대해 8장에서 설명하였다. 이 절에서는 8장에서와 유사하게 복소평면에서 경로를 따라서 복소함수의 적분을 구하는 방법에 대해 살펴보고자 한다. 복소평면에서의 적분도 평면에서의 선적분과 비슷하게 정의된다.

$f(z)$가 영역 D 안에서 연속인 복소함수라 하자. 이때 [그림 14-11]에서와 같이 주어진 영역 D 안의 경로 C를 따라 임의의 두 점 z_1과 z_2 사이에서 함수 $f(z)$를 적분하고자 한다. 이를 **복소함수의 선적분**complex line integral이라 하고, $\int_C f(z)\,dz$로 표기한다.

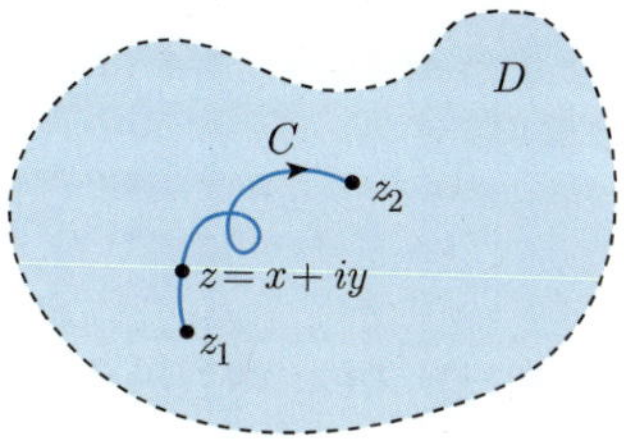

[그림 14-11] 복소함수의 선적분

영역 D 안에서 **경로**path or contour는 [그림 14-12]에 나타난 바와 같이 적분 구간 $a \le t \le b$에서 z에 대해 연속인 함수 $z(t)$이다.

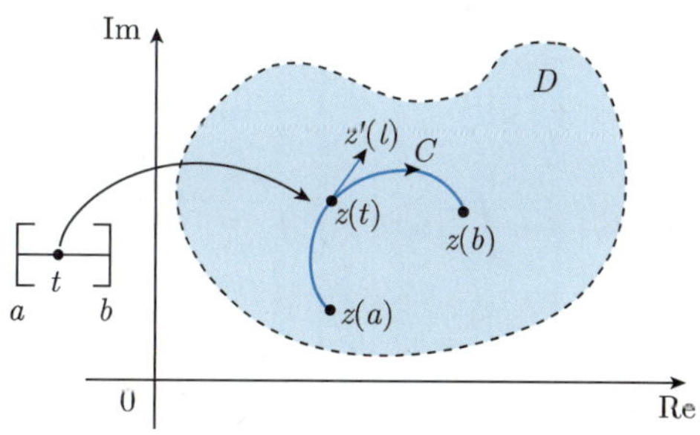

[그림 14-12] 복소함수의 적분 경로

$z = x + iy$일 때, $a \le t \le b$에 대해 $z'(t) = x'(t) + iy'(t)$가 존재한다면 경로 C는 **매끄러운 경로**smooth path라 하고, 경로 C가 여러 개의 매끄러운 경로들에 의해 구간별로 연결되어 있다면 **구간별 매끄러운 경로**piecewise smooth path라 한다([그림 14-13] 참조).

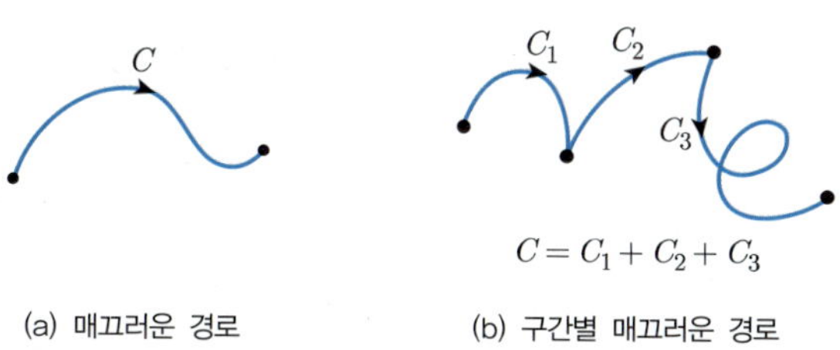

[그림 14-13] 적분 경로의 유형

만약 적분 경로 C가 n개의 매끄러운 경로로 연결되어 있는 구간별 매끄러운 경로 $C = C_1 + C_2 + \cdots + C_n$이라면 복소함수의 선적분은 다음과 같이 정의된다.

정의 14-8 구간별 매끄러운 경로의 선적분

$$\int_C f(z)\,dz = \int_{C_1} f(z)\,dz + \int_{C_2} f(z)\,dz + \cdots + \int_{C_n} f(z)\,dz \quad (14.56)$$

그러므로 복소함수의 선적분 $\int_C f(z)\,dz$를 구하기 위해서는 먼저 매끄러운 경로 $C_i\ (i=1,\ 2,\ \cdots,\ n)$에서의 $\int_{C_i} f(z)\,dz$가 구해져야만 한다. 이를 위해, 적분 경로 C가 $a \le t \le b$에 대해 $z(t) = x(t) + i\,y(t)$로 주어진 매끄러운 경로이고, 복소함수 $f(z) = u(z) + i\,v(z) = u(x,\ y) + i\,v(x,\ y)$라고 가정하면, 다음과 같은 경로의 선적분 계산식을 얻을 수 있다.

$$\begin{aligned}\int_C f(z)\,dz &= \int_C [u(x,\ y) + i\,v(x,\ y)]\,(dx + i\,dy)\\ &= \int_C [u(x,\ y)dx - v(x,\ y)\,dy] + i\int_C [u(x,\ y)dy + v(x,\ y)\,dx]\end{aligned} \quad (14.57)$$

그러면 식 (14.57)의 선적분들은 xy-평면 위에서의 선적분들로 바뀌고, 적분 경로 C가 $a \le t \le b$에 대해 $z(t) = x(t) + i\,y(t)$로 주어진 매끄러운 경로이므로, 식 (14.57)은 다음 식으로 선적분 계산을 할 수 있다.

$$\begin{aligned}\int_C f(z)\,dz &= \int_a^b \{u[(x(t),\ y(t)]\,x'(t) - v[(x(t),\ y(t)]\,y'(t)\}\,dt\\ &\quad + i\int_a^b \{u[(x(t),\ y(t)]\,y'(t) + v[(x(t),\ y(t)]\,x'(t)\}\,dt\end{aligned} \quad (14.58)$$

또한

$$(u + i\,v)(x' + i\,y') = u\,x' - v\,y' + i\,(u\,y' + v\,x') \quad (14.59)$$

의 관계가 성립하므로, 식 (14.58)의 적분기호 내부의 항들이 식 (14.59)의 우변과 같다. 따라서 식 (14.58)은 식 (14.59)의 좌변을 사용하여 다음과 같이 다시 쓸 수 있다.

$$\int_C f(z)\,dz = \int_a^b \{u[(x(t),\, y(t)] + i\,v[(x(t),\, y(t)]\}[x'(t) + i\,y'(t)]\,dt$$

(14.60)

따라서 다음의 정리가 성립한다.

정리 14-11 경로의 선적분 계산 공식

$$\int_C f(z)\,dz = \int_a^b f[z(t)]\,z'(t)\,dt \qquad (14.61)$$

식 (14.61)과 경로의 선적분의 선형성으로부터 다음 관계식이 성립한다.

$$\int_C [\alpha f(z) + \beta g(z)]\,dz = \alpha \int_C f(z)\,dz + \beta \int_C g(z)\,dz \qquad (14.62)$$

적분 경로 C가 $a \le t \le b$에 대해 $z = z(t)$로 주어진 구간별 매끄러운 경로이고, 적분 경로 $-C$는 방향만 반대인 C라고 정의한다면 다음 관계가 성립한다.

정리 14-12 적분 경로가 반대인 경로의 선적분

$$\int_C f(z)\,dz = -\int_{-C} f(z)\,dz \qquad (14.63)$$

8장에서 다루었던 평면상에서의 실함수의 선적분과 마찬가지로 복소함수에서도 유사한 관계식들이 성립함을 알 수 있다.

예제 14-15 경로의 선적분 계산

[그림 14-14]와 같이 주어진 경로 C에 대해 다음의 선적분을 계산하라.

$$\int_C (z^2 + 1)\,dz$$

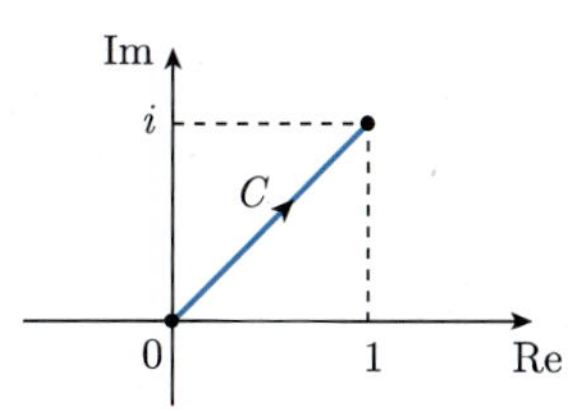

[그림 14-14]

풀이

[그림 14-14]에서 보는 바와 같이 적분 경로 C에 대해서는 $z(t) = t + ti,\ 0 \le t \le 1$이다. 따라서 식 (14.61)을 사용하면 다음과 같은 결과를 얻는다.

$$\int_C (z^2+1)\,dz = \int_0^1 [(t+it)^2+1](1+i)dt = \int_0^1 (2t^2 i+1)(1+i)dt$$
$$= \int_0^1 [1-2t^2+i(1+2t^2)]dt = \frac{1}{3}+\frac{5}{3}i$$

Command Window

: 코딩

```
t=sym('t');                    % t의 심볼릭 정의
z=t+t*i;                       % 복소함수 z의 정의
U=int((z^2+1)*diff(z),0,1)     % 경로 C를 따라 적분 계산
```

: 결과

```
U = 1/3+5i/3                   % [예제 14-15]의 결과와 동일
```

유제 14-13 경로의 선적분 계산

[그림 14-14]와 같이 주어진 경로 C에 대해 다음의 선적분을 계산하라.

$$\int_{-C} (z^2+1)\,dz$$

정답 : $\int_{-C} (z^2+1)\,dz = -\frac{1}{3}-\frac{5}{3}i$

정의 14-9 원시함수

복소함수 $f(z)$가 영역 D에서 연속이고, D 안의 모든 z에 대해 $F'(z) = f(z)$의 관계가 성립하면, $F(z)$는 D에서 $f(z)$의 **원시함수**primitive function 라고 한다.

원시함수와 관련한 다음 정리도 성립한다.

정리 14-13 기본정리fundamental theorem

복소함수 $f(z)$가 영역 D에서 원시함수 $F(z)$를 가지고, z_1과 z_2가 D 안의 임의의 두 점이라면, z_1과 z_2를 연결하는 임의의 구간별 매끄러운 경로 C에 대해 다음 관계가 성립한다.

$$\int_C f(z)\,dz = F(z_2) - F(z_1) \tag{14.64}$$

증명 적분 경로 C가 $a \le t \le b$에 대해 $z(t)$로 주어진다고 가정하면 위 식은 다음과 같이 증명할 수 있다. 식 (14.61)에 의해

$$\begin{aligned}\int_C f(z)\,dz &= \int_a^b f[z(t)]\,z'(t)\,dt = \int_a^b F'[z(t)]\,z'(t)\,dt \\ &= \int_a^b \left\{\frac{d}{dt}F[z(t)]\right\}dt \\ &= F[z(t)]_a^b = F[z(b)] - F[z(a)] = F(z_2) - F(z_1)\end{aligned}$$

이다. ■

식 (14.64)는 구간별 매끄러운 경로에 대해서도 성립한다. [그림 14-15]와 같이 연결된 적분 경로 $C = C_1 + C_2$에 대한 경로의 선적분은 식 (14.56)을 사용하면

$$\int_C f(z)\,dz = \int_{C_1} f(z)\,dz + \int_{C_2} f(z)\,dz$$

이므로, 위 식에 식 (14.64)를 적용하면

$$\int_C f(z)\,dz = [F(z_3) - F(z_1)] + [F(z_2) - F(z_3)] = F(z_2) - F(z_1)$$

이 되고, $C = C_1 + C_2 + \cdots + C_n$ 인 경우에도 같은 결과를 얻을 수 있다.

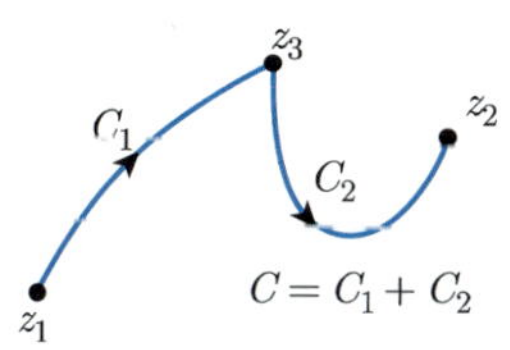

[그림 14-15] 구간별 매끄러운 경로

정리 14-14 닫힌 경로의 선적분

복소함수 $f(z)$가 영역 D에서 원시함수 $F(z)$를 가지고, 적분 경로 C가 D 안의 임의의 **닫힌 구간별 매끄러운 경로** closed piecewise smooth curve 이면

$$\int_C f(z)\,dz = 0 \qquad (14.65)$$

이다.

증명 이 증명은 매우 간단하다. 적분 경로 C가 닫혀 있으므로 식 (14.64)에서 $z_1 = z_2$이다. 따라서 다음과 같다.

$$\int_C f(z)\,dz = F(z_2) - F(z_1) = 0$$

■

예제 14-16 닫힌 경로의 선적분 계산

[그림 14-16]과 같이 주어진 닫힌 경로에 대해 함수 $f(z)=z^2$의 경로 적분을 계산하라.

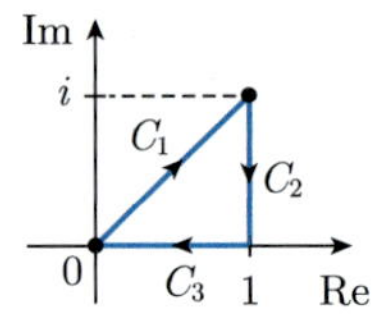

[그림 14-16]

풀이

복소함수 $f(z)=z^2$은 전 복소수 영역에서 원시함수 $F(z)=\dfrac{z^3}{3}$을 갖고, 경로 C_1의 경우 $z_1=0$, $z_2=1+i$, 경로 C_2의 경우 $z_1=1+i$, $z_2=1$, 경로 C_3의 경우 $z_1=1$, $z_2=0$이므로, 식 (14.64)에 의해 닫힌 경로의 경로 적분은

$$\begin{aligned}\int_{C_1+C_2+C_3} z^2\,dz &= \int_{C_1} z^2\,dz + \int_{C_2} z^2\,dz + \int_{C_3} z^2\,dz \\ &= \frac{z^3}{3}\bigg|_0^{1+i} + \frac{z^3}{3}\bigg|_{1+i}^{1} + \frac{z^3}{3}\bigg|_1^{0} \\ &= \frac{(1+i)^3}{3} + \frac{1}{3} - \frac{(1+i)^3}{3} - \frac{1}{3} = 0\end{aligned}$$

이 구해진다.

Command Window

: 코딩

```
t=sym('t');                         % t의 심볼릭 정의
z1=t*(1+i); [1]                     % 복소함수 z1의 정의
z2=1+i*t; [2]                       % 복소함수 z2의 정의
z3=t; [3]                           % 복소함수 z3의 정의
U1=int(z1^2*diff(z1),0,1);          % 경로 C1을 따라 적분 계산
U2=int(z2^2*diff(z2),1,0);          % 경로 C2를 따라 적분 계산
U3=int(z3^2*diff(z3),1,0);          % 경로 C3를 따라 적분 계산
U=U1+U2+U3
```

: 결과

```
U = 0                               % [예제 14-16]의 결과와 동일
```

MATLAB TIP!

1. 경로 C_1에 대해 복소함수를 $z_1=t(1+i)$로 표기 가능
2. 경로 C_2에 대해 복소함수를 $z_2=1+it$로 표기 가능
3. 경로 C_3에 대해 복소함수를 $z_3=t$로 표기 가능

유제 14-14 닫힌 경로의 선적분 계산

[그림 14-16]과 반대의 경로에 대해 함수 $f(z)=z^2$의 경로 적분을 계산하라.

정답 : $\displaystyle\int_{-(C_1+C_2+C_3)} z^2\,dz = 0$

복소함수 $f(z)$가 영역 D에서 원시함수를 갖고, z_1과 z_2가 D 안의 고정된 두 점이라 하자. 그러면 $\int_C f(z)\,dz$는 영역 D 안에서 z_1과 z_2를 연결하는 모든 구간별 매끄러운 경로에 대해서 동일한 값을 갖는다([그림 14-17] 참조).

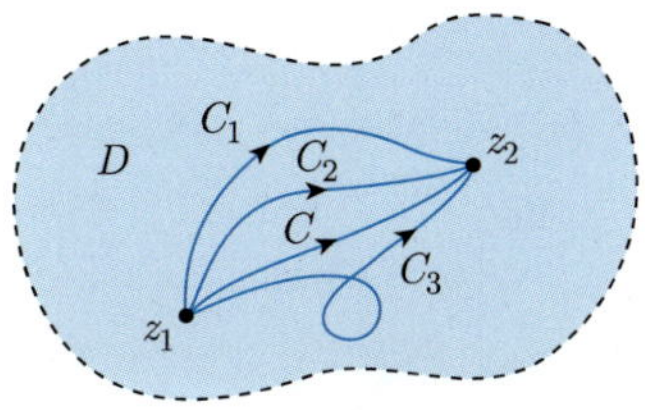

[그림 14-17] 서로 다른 경로 예시

정리 14-15 경로에 무관한 선적분

$\int_C f(z)\,dz$가 영역 D 안에서 z_1과 z_2를 연결하는 모든 구간별 매끄러운 경로에 대해서 동일한 값을 갖는다면 경로의 선적분은 D 안에서 **경로에 무관하다** independent of path 고 한다.

[정리 14-15]는 다음과 같이 표현할 수도 있다. 영역 D 안에 있는 모든 구간별 매끄러운 경로 C에 대해 [그림 14-17]의 경우 다음과 같이 나타낼 수 있다.

$$\int_C f(z)\,dz = \int_{C_1} f(z)\,dz = \int_{C_2} f(z)\,dz = \int_{C_3} f(z)\,dz \tag{14.66}$$

예제 14-17 경로에 무관한 선적분 계산

적분 경로 $C = C_1 + C_2$가 [그림 14-18]과 같이 주어진 경우, 점 z_1에서 z_2까지 경로의 선적분 $\int_C 2z\,dz$를 구하라.

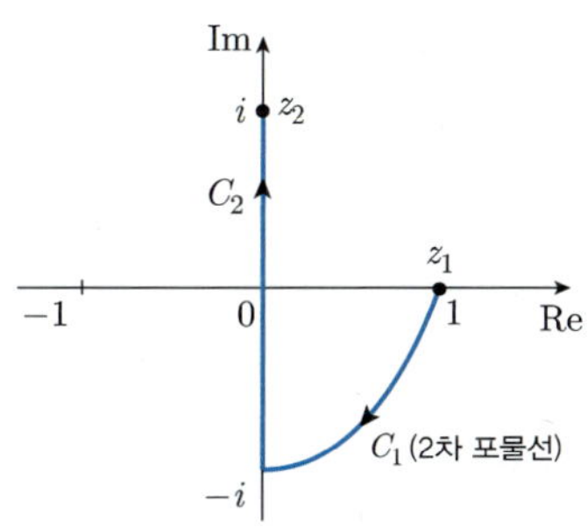

[그림 14-18]

풀이

❶ 적분 경로 $C = C_1 + C_2$에 대한 경로의 선적분 문제이다. 적분 경로 C_1의 경우 $z = x + i(x^2-1)$, $dz = (1+2xi)\,dx$를 $\int_C 2z\,dz$에 대입하여 x의 적분 구간(1부터 0까지)에 대해 적분하면 되고, 적분 경로 C_2의 경우에도 $z = iy$, $dz = i\,dy$를 $\int_C 2z\,dz$에 대입하여 y의 적분 구간(−1부터 1까지)에 대해 적분한 후, 합하면 된다.

$$\begin{aligned}\int_C 2z\,dz &= \int_{C_1} 2z\,dz + \int_{C_2} 2z\,dz \\ &= \int_1^0 2[x+i(x^2-1)](1+2ix)\,dx + \int_{-1}^1 2iy(i\,dy)\end{aligned}$$

$$= \int_{1}^{0} [-2x^3 + 3x + i(3x^2 - 1)]\,dx + \int_{-1}^{1} (-2y)\,dy$$

$$= 2\left[-\frac{2}{4}x^4 + \frac{3}{2}x^2 + i(x^3 - x)\right]\bigg|_{1}^{0} + 2\left[-\frac{1}{2}y^2\right]\bigg|_{-1}^{1}$$

$$= -2$$

❷ 또 다른 방법은 $f(z) = 2z$가 원시함수를 가지는 해석함수이므로 경로의 선적분은 적분 경로에 무관하기 때문에 적분 경로 C를 계산하기 편리하게 [그림 14-19]와 같이 바꾸어 계산해도 된다. 이때 $z = x + i(-x+1)$, $dz = (1-i)\,dx$를 $\int_C 2z\,dz$에 대입하여 x의 적분 구간을 1에서 0까지 적분하면 각각의 적분 경로에 대한 적분값이 구해진다.

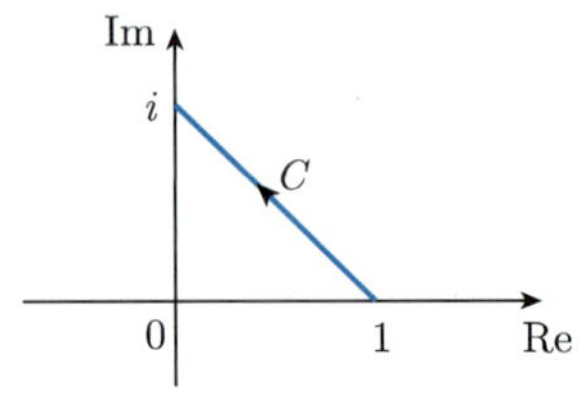

[그림 14-19]

$$\int_C 2z\,dz = \int_{1}^{0} 2[x + i(-x+1)](1-i)\,dx$$

$$= 2\int_{1}^{0} [1 + i(1-2x)]\,dx$$

$$= 2[x + i(x - x^2)]\,\Big|_{1}^{0}$$

$$= -2$$

❸ 또한 $f(z) = 2z$는 원시함수 $F(z) = z^2$을 가지므로, 식 (14.64)를 사용하여 다음과 같이 구할 수도 있다.

$$\int_C f(z)\,dz = F(z_2) - F(z_1) = (i)^2 - (1)^2 = -2$$

Command Window

: 코딩

```
x=sym('x');                          % x의 심볼릭 정의
U=2*int(1+i*(1-2*x),1,0)             % 경로 C를 따라 적분 계산
```

: 결과

```
U =-2                                % [예제 14-17]의 결과와 동일
```

유제 14-15 경로에 무관한 선적분 계산

적분 경로가 [그림 14-18]과 반대로 주어진 경우, 점 z_2에서 z_1까지 경로의 선적분 $\int_{-C} 2z\,dz$를 구하라.

정답 : $\int_{-C} 2z\,dz = 2$

■ 코시 정리와 적분 공식들

앞에서 영역 D의 모든 점 z에서 $f'(z)$가 존재하면, 복소함수 $f(z)$는 영역 D에서 해석적이라고 했다. 해석적인 복소함수 $f(z)$에 대해 **코시 정리** Cauchy's theorem는 다음과 같다.

정리 14-16 코시 정리

복소함수 $f(z)$가 영역 D 안에서 해석적이고, 적분 경로 C가 D 안에 놓이는 **구간별 단순 닫힌 곡선** piecewise simple closed curve이라면 다음과 같다([그림 14-20] 참조).

$$\int_C f(z)\,dz = 0 \tag{14.67}$$

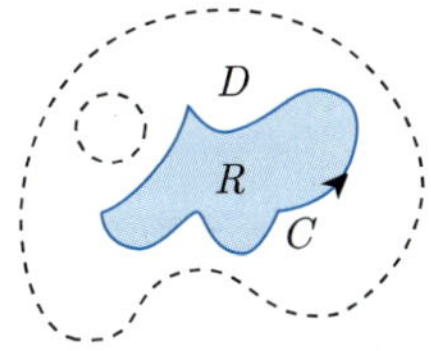

[그림 14-20] 코시 정리 적용 가능 영역

증명 이 정리를 증명하기 위해 8장의 식 (8.25)의 **그린 정리** Green's theorem를 사용하자. 그린 정리는 구간별 단순 닫힌 곡선 C에 대해 함수 $P(x, y)$와 $Q(x, y)$가 C에서와 C의 내부에서 연속이고 미분가능한 함수들이라 하면, 식 (8.25)에 의해

$$\oint_C P\,dx + Q\,dy = \iint_R \left(\frac{\partial Q}{\partial x} - \frac{\partial P}{\partial y}\right) dA$$

이다. 여기서 R은 C에 의해 한정되는 영역이다.

복소함수 $f(z) = u(x, y) + i\,v(x, y)$라 놓으면

$$\begin{aligned}\int_C f(z)\,dz &= \int_C (u + i\,v)(dx + i\,dy)\\ &= \int_C (u\,dx - v\,dy) + i\int_C (v\,dx + u\,dy)\end{aligned}$$

이다. 위 식의 우변 첫째 항의 경우 $u = P$, $-v = Q$라 놓고, 둘째 항의 경우 $v = P$, $u = Q$라 놓고, 각각 그린 정리를 적용하면 위 식은

$$\begin{aligned}\int_C f(z)\,dz &= \int_C (u\,dx - v\,dy) + i\int_C (v\,dx + u\,dy)\\ &= \iint_R \left(\frac{\partial(-v)}{\partial x} - \frac{\partial u}{\partial y}\right) dA + i\iint_R \left(\frac{\partial u}{\partial x} - \frac{\partial v}{\partial y}\right) dA\\ &= 0 + 0i = 0\end{aligned}$$ [3]

이 된다. ■

3 코시-리만 방정식 참조

4 양의 방향은 경로를 따라 이동할 때 영역이 왼쪽에 위치하는 경우를 말한다.

정리 14-17 적분관련 정리

적분 경로 C와 Γ가 구간별 양의 방향[4]의 단순 닫힌 곡선이고, Γ가 C의 내부에 있다고 하자([그림 14-21] 참조). 복소함수 $f(z)$가 적분 경로 C와 Γ 위에서, 그리고 C와 Γ 사이의 영역에서 해석적이라면

$$\int_C f(z)\,dz = \int_\Gamma f(z)\,dz \tag{14.68}$$

의 관계가 성립한다.

증명 이 정리는 $f(z)$가 해석적인 영역을 벗어나지 않는다면 적분 경로 C가 새로운 곡선 Γ로 바뀌어도 $\int_C f(z)\,dz$는 일정하다는 것을 의미한다.

[그림 14-21]에서처럼 C 위의 임의의 점 z_1과 Γ 위의 임의의 점 z_2를 택하여 두 점들을 직선으로 연결하되, 그 선이 C나 Γ를 가로지르지 않도록 한다. P_{12}가 두 점들을 연결한 직선이라 하고, 영역 내에서 한정되고, 그 영역 내에서 $f(z)$가 해석적이 되는 P_{12}, $-\Gamma$, $-P_{12}$, C의 순서를 따라 이동하는 닫힌 곡선을 만들어 보자. 이 영역을 그림에서 음영으로 표시하였다. 이 닫힌 곡선에 코시 정리를 적용하면

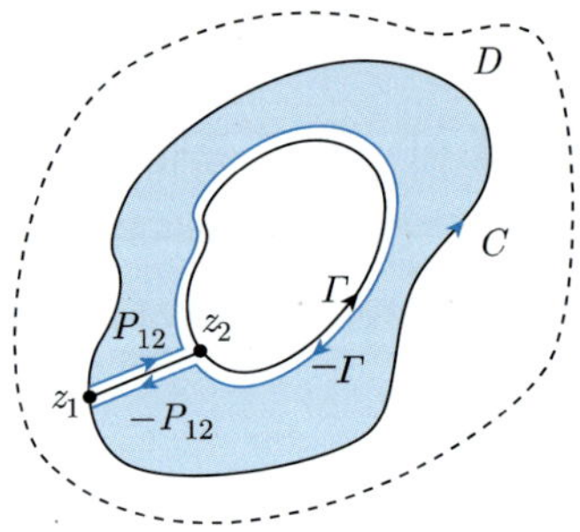

[그림 14-21] [정리 14-17] 증명

$$\int_{P_{12}-\Gamma-P_{12}+C} f(z)\,dz = 0$$

이고, 이것은 다시 다음과 같이 정리할 수 있다.

$$\int_{P_{12}} f(z)\,dz + \int_{-\Gamma} f(z)\,dz + \int_{-P_{12}} f(z)\,dz + \int_C f(z)\,dz = 0$$
$$\int_{P_{12}} f(z)\,dz - \int_{P_{12}} f(z)\,dz - \int_\Gamma f(z)\,dz + \int_C f(z)\,dz = 0$$

따라서 다음과 같다.

$$\int_C f(z)\,dz = \int_\Gamma f(z)\,dz$$

■

예제 14-18 [정리 14-17]의 응용

적분 경로 C가 [그림 14-22]와 같이 구간별 양의 방향의 단순 닫힌 곡선이고, i가 C 내부의 점일 때, 경로의 선적분 $\int_C \frac{1}{z-i}\,dz$를 구하라.

풀이

[그림 14-22]와 같이 Γ와 Γ의 내부가 C 안에 놓이도록 하고, Γ를 중심이 i이고 반경 $r>0$인 양의 방향의 원이라 하자. 그러면 $f(z)=\dfrac{1}{z-i}$이 C와 Γ 위에서와 C와 Γ 사이의 영역에서 해석적이기 때문에 식 (14.68)에 의해

$$\int_C \frac{1}{z-i}\,dz = \int_\Gamma \frac{1}{z-i}\,dz$$

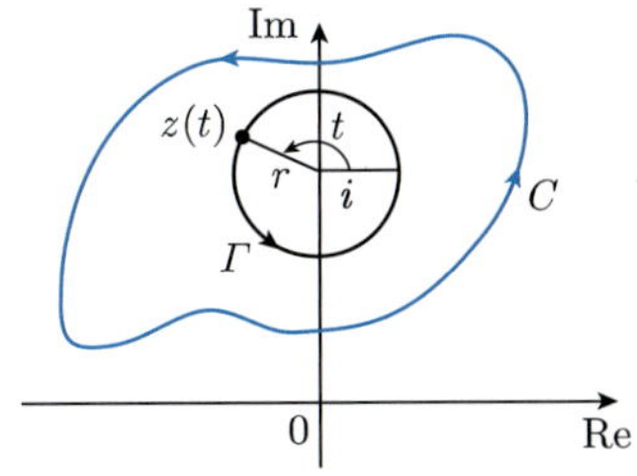

[그림 14-22]

이다. Γ는 원이므로 다음과 같이 매개변수로 쓸 수 있다.

$$z(t)=i+re^{it} \qquad (0\le t\le 2\pi)$$

그러면 다음과 같이 경로의 선적분이 가능하다.

$$\int_C \frac{1}{z-i}\,dz = \int_\Gamma \frac{1}{z-i}\,dz = \int_0^{2\pi} \frac{1}{re^{it}} ri\,e^{it}dt = 2\pi i$$

Command Window

: 코딩

```
t=sym('t'); r=sym('r');          % t, r의 심볼릭 정의
z=i+r*exp(i*t);                  % 경로 Γ를 매개변수로 표현
dz=diff(z);                      % z'(t) 구하기
f=1/(z-i);                       % 적분하고자 하는 함수 정의
U=int(f*dz,0,2*pi)
```

: 결과

```
U = pi*2i                        % [예제 14-18]의 결과와 동일
```

유제 14-16 [정리 14-17]의 응용

적분 경로 C가 구간별 양의 방향의 단순 닫힌 곡선이고, $-i$가 C 내부의 점일 때, 경로의 선적분 $\displaystyle\int_C \frac{1}{z+i}\,dz$를 구하라.

정답 : $\displaystyle\int_C \frac{1}{z+i}\,dz = 2\pi i$

정리 14-18 코시 적분 공식

적분 경로 C와 Γ가 [정리 14-17]을 모두 만족하고, a가 C 내부의 고정된 한 점일 때, 다음의 **코시 적분 공식** Cauchy integral formula 이 성립한다.

$$f(a)=\frac{1}{2\pi i}\int_C \frac{f(z)}{z-a}\,dz \tag{14.69}$$

증명 복소함수 $f(z)$와 마찬가지로 복소함수 $\dfrac{f(z)}{z-a}$도 적분 경로 C와 Γ 위에서, 그리고 C와 Γ 사이의 영역에서 해석적이다. 그러므로 식 (14.68)에 의해

$$\int_C \frac{f(z)}{z-a}\,dz = \int_\Gamma \frac{f(z)}{z-a}\,dz$$

가 성립한다. 적분 경로 Γ를 [예제 14-18]에서와 유사하게 중심이 a이고 반경 $r>0$인 양의 방향의 원이라 놓을 때, 반경 r이 거의 0에 가까우면 Γ에 있는 모든 z에 대해 $f(z)\approx f(a)$이다. 따라서

$$\int_C \frac{f(z)}{z-a}\,dz = \int_\Gamma \frac{f(z)}{z-a}\,dz \approx \int_\Gamma \frac{f(a)}{z-a}\,dz$$
$$= f(a)\int_\Gamma \frac{1}{z-a}\,dz = f(a)(2\pi i) \ ^{5}$$

5 $\int_\Gamma \frac{1}{z-a}dz = 2\pi i$는 [예제 14-18]에서 i 대신 a인 경우임

이다. 그러므로 양변을 $2\pi i$로 나누면 다음과 같이 된다.

$$f(a) = \frac{1}{2\pi i}\int_C \frac{f(z)}{z-a}\,dz$$

■

예제 14-19 코시 적분 공식

적분 경로 C가 [그림 14-23]과 같이 양의 방향의 타원일 때, 경로의 선적분 $\int_C \dfrac{e^z}{z^2-2z-8}dz$를 구하라.

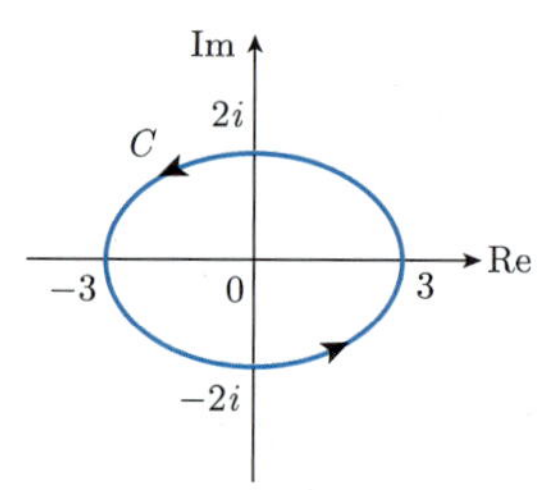

[그림 14-23]

풀이

$\int_C \dfrac{e^z}{z^2-2z-8}dz = \int_C \dfrac{e^z}{(z+2)(z-4)}dz$이므로, 이 문제는 코시 적분 공식을 만족하고, $a=-2$, $f(z)=\dfrac{e^z}{z-4}$이다. 따라서 코시 적분 공식에 의해

$$\int_C \frac{f(z)}{z-a}dz = \int_C \frac{e^z/(z-4)}{z+2}dz = f(-2)(2\pi i) = -\frac{e^{-2}}{3}(\pi i)$$

이다. 이 문제는 코시 적분 공식을 바로 적용하여 값을 구하였으므로 MATLAB에 의한 풀이 과정은 없다.

유제 14-17 코시 적분 공식

적분 경로 C가 [그림 14-23]과 같이 양의 방향의 타원일 때, 경로의 선적분 $\int_C \dfrac{e^z}{z^2+2z-8}dz$를 구하라.

정답 : $\int_C \dfrac{e^z}{z^2+2z-8}dz = \dfrac{e^2}{3}(\pi i)$

정리 14-19 고계 도함수에 대한 코시 적분 공식

복소함수 $f(z)$가 영역 D 안에서 해석적이고, 적분 경로 C가 D 안의 임의의 구간별 양의 방향의 단순 닫힌 곡선이라 하자. 그리고 $f(z)$는 C 위에서도 해석적이며, a가 C 내부의 임의의 점일 때([그림 14-24] 참조), $f(z)$는 D 안에서 무한히 미분가능하고, 그 결과는 다음과 같다.

$$f^{(n)}(a)=\frac{n!}{2\pi i}\int_C \frac{f(z)}{(z-a)^{n+1}}\,dz \qquad (n=0,\ 1,\ 2,\ \cdots) \qquad (14.70)$$

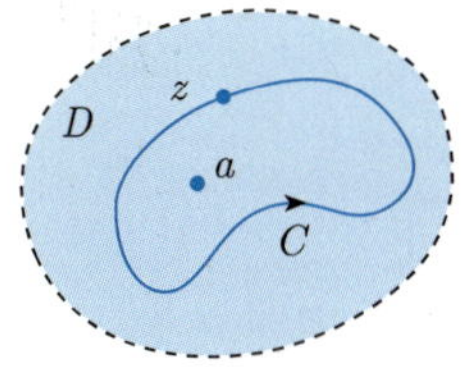

[그림 14-24] [정리 14-19] 증명

증명 $n=0$이면 식 (14.70)은

$$f^{(0)}(a)=\frac{0!}{2\pi i}\int_C \frac{f(z)}{(z-a)^{0+1}}\,dz$$

$$f(a)=\frac{1}{2\pi i}\int_C \frac{f(z)}{(z-a)}\,dz$$

이므로, 코시 적분 공식과 정확하게 일치한다.

또한 코시 적분 공식 안에 있는 피적분함수는 C 상의 점 z와 C 안에 있는 점 a에서 연속이다. 그리고

$n=1$이면 점 a에서 함수 $f(z)$의 미분은

$$\begin{aligned}
f'(a) &= \lim_{\triangle a\to 0}\frac{f(a+\triangle a)-f(a)}{\triangle a}\\
&= \lim_{\triangle a\to 0}\frac{1}{\triangle a}[f(a+\triangle a)-f(a)]\\
&= \lim_{\triangle a\to 0}\frac{1}{\triangle a}\left[\frac{1}{2\pi i}\oint_C \frac{f(z)}{z-(a+\triangle a)}dz-\frac{1}{2\pi i}\oint_C \frac{f(z)}{z-a}dz\right]\\
&= \lim_{\triangle a\to 0}\frac{1}{\triangle a}\left[\frac{1}{2\pi i}\oint_C f(z)\left(\frac{1}{z-(a+\triangle a)}-\frac{1}{z-a}\right)dz\right]\\
&= \lim_{\triangle a\to 0}\frac{1}{\triangle a}\left[\frac{1}{2\pi i}\oint_C f(z)\frac{\triangle a}{(z-a-\triangle a)(z-a)}\,dz\right]\\
&= \frac{1}{2\pi i}\oint_C \frac{f(z)}{(z-a)^2}\,dz
\end{aligned}$$

가 얻어진다. 같은 방법으로 $n=2$일 때도

$$f^{(2)}(a)=\frac{2!}{2\pi i}\oint_C \frac{f(z)}{(z-a)^3}\,dz$$

를 얻을 수 있고, 이것을 일반적으로 표현하면 다음과 같이 된다.

$$f^{(n)}(a) = \frac{n!}{2\pi i} \oint_C \frac{f(z)}{(z-a)^{n+1}} dz$$ ■

예제 14-20 도함수의 코시 적분 공식

[그림 14-23]과 같이 주어진 적분 경로 C에 대해 경로의 선적분 $\int_C \frac{\cos z}{(z-1)^2} dz$를 구하라.

풀이

식 (14.70)에서 $n=1$, $a=1$, $f(z)=\cos z$임을 고려하여 풀면

$$\frac{1!}{2\pi i}\int_C \frac{\cos z}{(z-1)^2} dz = \frac{d}{dz}\cos z\bigg|_{z=1} = -\sin 1 \qquad \cdots\cdots \frac{d}{dz}\cos z\bigg|_{z=1} = f'(1)$$

이고, 따라서 다음과 같다.

$$\int_C \frac{\cos z}{(z-1)^2} dz = -2\pi i(\sin 1)$$

유제 14-18 도함수의 코시 적분 공식

[그림 14-23]과 같이 주어진 적분 경로 C에 대해 경로의 선적분 $\int_C \frac{\sin z}{(z-1)^2} dz$를 구하라.

정답 : $\int_C \frac{\sin z}{(z-1)^2} dz = 2\pi i(\cos 1)$

14.4 급수와 유수

이 절에서는 **급수**series와 **유수**residue에 대해 살펴보고자 한다. 앞 절에서 복소함수 $f(z)$가 영역 D 안의 임의의 점 a에서 해석적이면 $f(z)$는 무한히 미분가능함을 설명하였고, 이때는 복소함수에서도 실함수에서와 마찬가지로 **테일러 급수 전개**Taylor series expansion가 가능하다. 그러나 만약 $f(z)$가 점 a에서 해석적이지 않으면 $f(z)$는 **로렌츠 급수 전개**Laurent series expansion가 가능한데, 로렌츠 급수는 **유수**residue의 개념을 제시한다.

14.4.1 급수

복소수에서의 급수는 실수에서와 대부분 유사하다. 실수에서의 무한급수가

$$1+x+x^2+\cdots+x^n+\cdots=\frac{1}{1-x}\quad,\quad |x|<1\quad(-1<x<1)$$

임을 생각해 보면, 복소수에서도 무한급수를 이와 유사하게 다음과 같이 쓸 수 있다([그림 14-25] 참조).

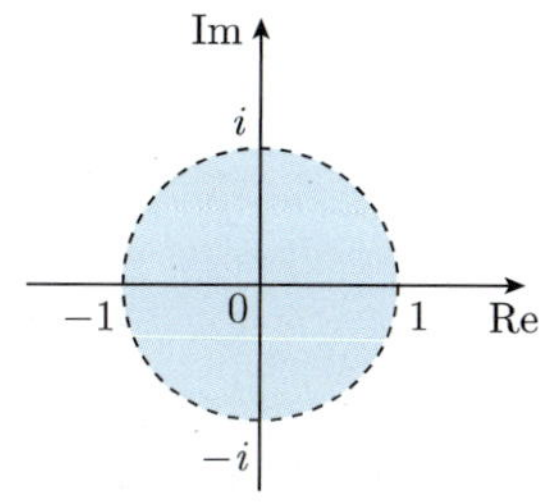

[그림 14-25] 급수가 수렴하기 위한 z의 범위

$$1+z+z^2+\cdots+z^n+\cdots=\frac{1}{1-z}\quad,\quad |z|<1$$

복소함수 $f(z)$가 영역 D 안에서 해석적이면 $f(z)$는 무한히 미분가능하므로 D 안의 임의의 점 a에 관해 테일러 급수를 다음과 같이 쓸 수 있다.

$$f(z)\approx\sum_{n=0}^{\infty}\frac{f^{(n)}(a)}{n!}(z-a)^n \tag{14.71}$$

적분 경로 C가 영역 D 안에 전적으로 놓이는 양의 방향의 원이고, 원의 중심이 a이며, z_0는 원의 내부에 있는 임의의 점이라 하자([그림 14-26] 참조).

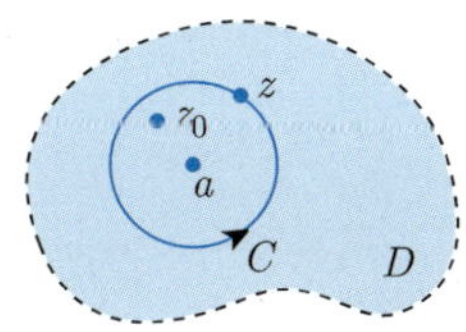

[그림 14-26] 급수에 관한 식 (14.74) 유도

코시 적분 공식에 의하면 원의 내부에 있는 임의의 점 z_0에 대해 식 (14.69)로부터

$$f(z_0)=\frac{1}{2\pi i}\int_C\frac{f(z)}{z-z_0}dz \tag{14.72}$$

가 된다. 점 z가 C 위에 있고, z_0은 C의 내부에 있으므로

$$|z_0-a|<|z-a|,\quad \left|\frac{z_0-a}{z-a}\right|<1$$

이다. 그러므로 다음과 같다.

$$\begin{aligned}\frac{1}{z-z_0}&=\frac{1}{(z-a)-(z_0-a)}=\frac{1}{z-a}\left[\frac{1}{1-\left(\dfrac{z_0-a}{z-a}\right)}\right]\\&=\frac{1}{z-a}\sum_{n=0}^{\infty}\left(\frac{z_0-a}{z-a}\right)^n=\sum_{n=0}^{\infty}\frac{(z_0-a)^n}{(z-a)^{n+1}}\end{aligned} \tag{14.73}$$

식 (14.73)을 식 (14.72)에 대입하면

$$\begin{aligned} f(z_0) &= \frac{1}{2\pi i}\int_C \sum_{n=0}^{\infty}\frac{(z_0-a)^n}{(z-a)^{n+1}}f(z)\,dz \\ &= \sum_{n=0}^{\infty}\left[\frac{1}{2\pi i}\int_C \frac{f(z)}{(z-a)^{n+1}}\,dz\,(z_0-a)^n\right] \end{aligned} \tag{14.74}$$

이다. 식 (14.74)는 다음과 같이 다시 쓸 수 있다.

$$f(z_0) = \sum_{n=0}^{\infty} a_n (z_0-a)^n \tag{14.75}$$

여기서 a_n은 다음과 같다.

$$a_n = \frac{1}{2\pi i}\int_C \frac{f(z)}{(z-a)^{n+1}}\,dz \tag{14.76}$$

한편, 도함수의 코시 적분 공식은 식 (14.70)으로부터

$$f^{(n)}(z_0) = \frac{n!}{2\pi i}\int_C \frac{f(z)}{(z-z_0)^{n+1}}\,dz \tag{14.77}$$

이므로, 식 (14.77)과 식 (14.76)으로부터 다음의 관계식을 얻을 수 있고,

$$a_n = \frac{1}{n!}f^{(n)}(z_0) \tag{14.78}$$

이상의 내용을 정리하면 다음 정리가 성립함을 알 수 있다.

정리 14-20 테일러 급수 전개

복소함수 $f(z)$가 영역 D 안에서 해석적이고, a가 D 안의 한 점이면 $f(z)$는 a에 관하여 다음과 같이 **테일러 급수 전개**가 가능하다.

$$f(z) = \sum_{n=0}^{\infty} a_n (z-a)^n \tag{14.79}$$

여기서 a_n은 다음과 같다.

$$a_n = \frac{1}{n!}f^{(n)}(a) \tag{14.80}$$

테일러 급수는 영역 D 안에서 원의 중심을 a로 하여 만들 수 있는 가장 큰 원의 반경이 r이라 할 때, $|z-a|< r$이 되는 모든 z에 대해 수렴한다. 복소수 테일러 급수는 실수에서와 마찬가지로 a_n에 대한 같은 공식으로부터 계산된다. 따라서 모든 실수 멱급수 전개들이 실변수를 복소변수로 대치시킴으로써 다음과 같이 복소수 멱급수 전개로 확장될 수 있다.

$$e^z = \sum_{n=0}^{\infty} \frac{z^n}{n!} \qquad (|z|< \infty) \qquad (14.81)$$

$$\sin z = \sum_{n=0}^{\infty} \frac{(-1)^n z^{(2n+1)}}{(2n+1)!} \qquad (|z|< \infty) \qquad (14.82)$$

$$\cos z = \sum_{n=0}^{\infty} \frac{(-1)^n z^{2n}}{(2n)!} \qquad (|z|< \infty) \qquad (14.83)$$

[그림 14-27]과 같은 **환형** annulus 영역을 고려해 보자. 이 경우 복소함수 $f(z)$는 환형 영역 내에서는 해석적이지만 작은 원 내부와 큰 원 외부 영역에서는 **특이점** singular point[7]을 가질 수도 있다. 이 경우 $f(z)$는 작은 원 내부에 존재하는 특이점 때문에 이 영역에서 테일러 급수 전개가 불가능하다. 이때는 로렌츠 급수에 의한 전개가 가능하다.

7 특이점에 대한 정의는 14.4.2절을 참조하기 바란다.

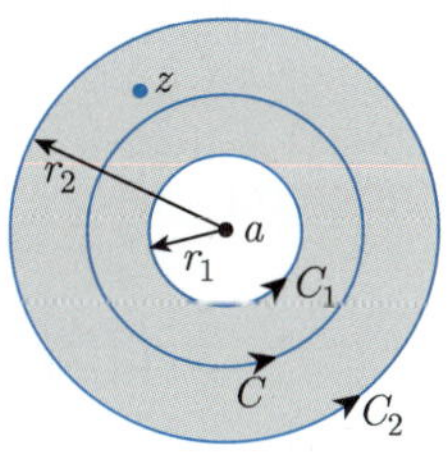

[그림 14-27] 환형 영역

정리 14-21 로렌츠 급수 전개

복소함수 $f(z)$가 [그림 14-27]의 **환형** annulus 영역에서 해석적이고, z가 $r_1 < |z-a| < r_2$를 만족하는 영역 내의 임의의 점이라면

$$f(z) = \sum_{n=-\infty}^{\infty} a_n (z-a)^n \qquad (14.84)$$

의 관계가 성립한다. 여기서 a_n은 다음과 같다.

$$a_n = \frac{1}{2\pi i} \int_C \frac{f(\zeta)}{(\zeta - a)^{(n+1)}} d\zeta \qquad (n = 0, \pm 1, \pm 2, \cdots) \qquad (14.85)$$

식 (14.84)와 식 (14.85)를 $z=a$에 관한 $f(z)$의 **로렌츠 급수**라 한다. 이 정리의 증명은 복잡하고 어려우므로 생략하기로 한다.

14.4.2 유수

복소함수의 적분을 계산하기 위해 로렌츠 급수가 사용된다. 기본 개념은 로렌츠 급수를 구하기 위해 대수학과 미분적분학을 사용하는 것이다. 그러면 식 (14.85)로부터 a_n을 알게 되고, 계산을 쉽게 하기 위해 $n=-1$을 사용하면

$$a_{-1} = \frac{1}{2\pi i}\int_C \frac{f(\zeta)}{(\zeta-a)^{(-1+1)}}\,d\zeta = \frac{1}{2\pi i}\int_C f(\zeta)\,d\zeta$$

이므로

$$\int_C f(\zeta)\,d\zeta = 2\pi i\,a_{-1} \tag{14.86}$$

이 된다. 여기서 a_{-1}은 아는 값이므로 복소함수의 적분값을 구할 수 있다. 이때 a_{-1}을 $z=a$에서의 복소함수 $f(z)$의 **유수**residue라 하고, 다음과 같이 쓴다.

$$a_{-1} = Res\,[f(z),\,a] \tag{14.87}$$

따라서 식 (14.86)을 유수에 의한 표현으로 다시 쓰면 다음과 같다.

$$\int_C f(\zeta)\,d\zeta = 2\pi i\,Res\,[f(z),\,a] \tag{14.88}$$

예제 14-21 로렌츠 급수

다음의 복소함수에 대해 $a=0$에 관하여 로렌츠 급수와 그 점에서 유수를 구하라.

(a) $f(z)=\dfrac{\cos z}{z}$ (b) $f(z)=\dfrac{e^{-z}}{z^2}$

풀이

(a) 로렌츠 급수는

$$\frac{\cos z}{z} = \frac{1-\dfrac{z^2}{2!}+\dfrac{z^4}{4!}-+\cdots}{z} = (1)z^{-1}-\frac{1}{2!}z+\frac{1}{4!}z^3-+\cdots$$

이고, 유수는 z^{-1}의 계수이므로 다음과 같다.

$$a_{-1} = Res\left[\frac{\cos z}{z}, 0\right] = 1$$

(b) 로렌츠 급수는

$$\frac{e^{-z}}{z^2} = \frac{1+(-z)+\frac{(-z)^2}{2!}+\frac{(-z)^3}{3!}+\cdots}{z^2} = z^{-2}-z^{-1}+\frac{1}{2!}-\frac{1}{3!}z+-\cdots$$

이고, 유수는 z^{-1}의 계수이므로 다음과 같다.

$$a_{-1} = Res\left[\frac{e^{-z}}{z^2}, 0\right] = -1$$

유제 14-19 로렌츠 급수

다음의 복소함수에 대해 $a=0$에 관하여 유수를 구하라.

(a) $f(z) = \dfrac{\cos z}{z^2}$ (b) $f(z) = \dfrac{e^{-z}}{z}$

정답 : (a) $a_{-1} = Res\left[\frac{\cos z}{z^2}, 0\right] = 0$, (b) $a_{-1} = Res\left[\frac{e^{-z}}{z}, 0\right] = 1$

복소함수 $f(z)$가 $z=a$에서 해석적이지 않으면 점 a를 **특이점**singular point이라 한다. 이러한 특이점들 중에서 $f(z)$가 $0<|z-a|<r$ 내에서 해석적이 되도록 $r>0$인 r이 존재한다면 이를 **고립된 특이점**isolated singularity이라 한다. 이 경우 $f(z)$는 $z=a$에 관해 다음과 같은 로렌츠 급수 전개가 가능하다.

$$f(z) = \sum_{n=-\infty}^{\infty} a_n(z-a)^n \quad (0<|z-a|<r) \tag{14.89}$$

고립된 특이점에 대해 다음과 같이 말할 수 있다.

❶ 식 (14.89)에서 $z-a$에 관한 음의 거듭제곱의 모든 계수 a_{-k}가 0이면, 즉 $a_{-1}=a_{-2}=a_{-3}=\cdots=0$이면, a를 **제거 가능한 특이점**removable singularity이라 한다.

❷ 식 (14.89)에서 $z-a$에 관한 음의 거듭제곱의 계수들 중에서 $p<-n$에 대해 $a_n=0$이면, a는 ***p*차의 극점**pole of order p이다. 이때는 식 (14.89)가 다음과 같이 된다.

$$f(z)=\frac{a_{-p}}{(z-a)^p}+\frac{a_{-(p-1)}}{(z-a)^{(p-1)}}+\cdots+\frac{a_{-1}}{z-a}$$
$$+a_0+a_1(z-a)+a_2(z-a)^2+\cdots \qquad (14.90)$$

❸ $n<0$인 n에 대해 무수히 많은 a_n이 0이 아닌 값을 가지면 a를 **진성 특이점**essential singularity이라 한다.

예를 들면

$$\frac{e^z}{z^3}= z^{-3}+z^{-2}+\frac{1}{2!}z^{-1}+\frac{1}{3!}z^0+\frac{1}{4!}z+\cdots$$

은 $z=0$에서 3차의 극점을 갖는다. 또한

$$e^{\left(-\frac{1}{z^2}\right)}=1-\frac{1}{z^2}+\frac{1}{2!}\left(\frac{1}{z^4}\right)-+\cdots$$

의 경우에는 $a_{-2}=-1$, $a_{-4}=\frac{1}{2!}$, $\cdots$으로서 무수히 많은 $a_{-n}\neq 0$인 경우이므로 점 $z=0$은 진성 특이점이 되고,

$$\frac{\sin z}{z}=1-\frac{1}{3!}z^2+\frac{1}{5!}z^4-+\cdots \qquad (0<|z|<\infty)$$

의 경우에는 $a_{-1}=a_{-2}=a_{-3}=\cdots=0$이므로 $z=0$은 제거 가능한 특이점임을 알 수 있다.

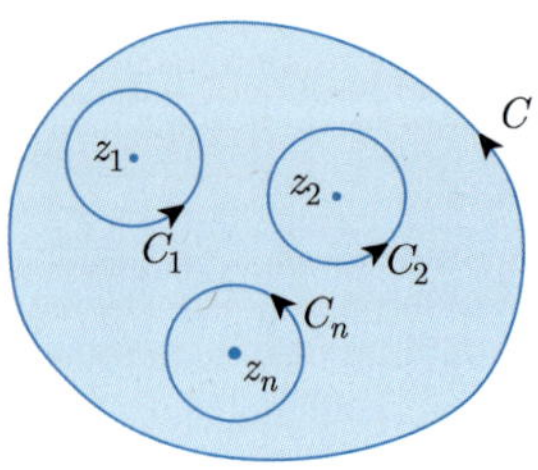

[그림 14-28] **유수 정리**

[그림 14-28]에서 보는 바와 같이 복소함수 $f(z)$가 고립된 특이점들을 갖는 경우에는 다음과 같은 **유수 정리**residue theorem를 적용할 수 있다.

정리 14-22 유수 정리

복소함수 $f(z)$가 구간별 양의 방향의 단순 닫힌 곡선 C 안에 있는 유한 개의 고립된 특이점 z_1, z_2, $\cdots$, z_n을 제외하고, C 위에서와 그 내부에서 해석적인 함수라면

$$\int_C f(z)\,dz=\sum_{k=1}^{n}\int_{C_k} f(z)\,dz=2\pi i\sum_{k=1}^{n} Res\left[f(z),\, z_k\right] \qquad (14.91)$$

의 관계가 성립한다.

복소함수의 적분을 구하고자 할 때, 적분을 피하기 위해서는 간단한 방법으로 유수를 구할 수 있어야 위의 유수 정리가 유용하게 된다. 그러면 이제 특이점 a에서 복소함수 $f(z)$의 로렌츠 급수가 식 (14.89)로 주어질 때, 유수를 구하는 방법을 살펴보고자 한다. 이를 위해 다음과 같은 정리가 성립된다.

정리 14-23 p차의 극점에서의 유수

만약 점 a가 복소함수 $f(z)$의 p차의 극점이면

$$Res[f(z), a] = \lim_{z \to a} \frac{1}{(p-1)!} \frac{d^{(p-1)}}{dz^{(p-1)}}[(z-a)^p f(z)] \qquad (14.92)$$

의 관계가 성립한다.

증명 p차의 극점을 갖는다고 가정했으므로 $a_{-(p+1)} = a_{-(p+2)} = \cdots = 0$이고, $a_{-p} \neq 0$이다. 식 (14.89)를 사용하여 $0 < |z-a| < r$에 대한 $f(z)$의 로렌츠 급수 전개식은 식 (14.90)과 같다. 식 (14.90)의 양변에 $(z-a)^p$을 곱하면

$$\begin{aligned}&(z-a)^p f(z)\\&= a_{-p} + a_{-(p-1)}(z-a) + \cdots + a_{-1}(z-a)^{p-1} + a_0(z-a)^p + \cdots\end{aligned}$$

이 되고, 위 식의 양변을 $(p-1)$번 미분하면

$$\begin{aligned}&\frac{d^{(p-1)}}{dz^{(p-1)}}[(z-a)^p f(z)]\\&= 0 + 0 + \cdots + 0 + a_{-1}(p-1)! + a_0 p!(z-a) + a_1 \frac{(p+1)!}{2}(z-a)^2 + \cdots\end{aligned}$$

이므로, 위 식의 양변에 $z \to a$로 극한을 취하면

$$\lim_{z \to a} \frac{d^{(p-1)}}{dz^{(p-1)}}[(z-a)^p f(z)] = a_{-1}(p-1)!$$

이다. 따라서

$$a_{-1} = \lim_{z \to a} \frac{1}{(p-1)!} \frac{d^{(p-1)}}{dz^{(p-1)}}[(z-a)^p f(z)]$$

이고, 식 (14.87)에서 보는 바와 같이 $a_{-1} = Res[f(z), a]$이므로 식 (14.92)가 만족된다. ■

위 정리에서 $p=1$이면

$$Res[f(z), a] = \lim_{z \to a}[(z-a)f(z)] \tag{14.93}$$

임을 주목하기 바란다.

예제 14-22 유수 정리

[그림 14-23]과 같이 주어진 적분 경로 C에 대해 유수 정리를 사용하여 함수 $f(z)=\dfrac{\cos z}{z}$의 경로의 선적분을 구하라.

풀이

피적분함수 $f(z)=\dfrac{\cos z}{z}$는 C의 내부에 있는 점 $z=0$을 제외한 모든 점에서 해석적이고, 다음과 같이 로렌츠 급수 전개가 가능하다.

$$\frac{\cos z}{z} = (1)z^{-1} - \frac{1}{2!}z + \frac{1}{4!}z^3 - + \cdots \qquad (0<|z|<\infty)$$

그러므로 점 $z=0$에서의 유수는

$$a_{-1} = Res\left[\frac{\cos z}{z}, 0\right] = 1$$

이다. 따라서 식 (14.91)의 유수 정리를 사용하면 $k=1$이고, $z_k=0$이므로

$$\int_C \frac{\cos z}{z}dz = 2\pi i\, Res\left[\frac{\cos z}{z},\ 0\right] = 2\pi i$$

이다.

유제 14-20 유수 정리

[그림 14-23]과 같이 주어진 적분 경로 C에 대해 유수 정리를 사용하여 함수 $f(z)=\dfrac{\cos z}{z^2}$의 경로의 선적분을 구하라.

정답 : $\displaystyle\int_C \frac{\cos z}{z^2}dz=0$

Chapter 14 연습문제

14.1 **(복소수 표현)** 다음 복소수를 직각좌표 방식으로 나타내라.

(a) $2\left(\cos\frac{\pi}{6}+i\sin\frac{\pi}{6}\right)$ (b) $\sqrt{2}\left(\cos\frac{\pi}{3}+i\sin\frac{\pi}{3}\right)$

(c) $4\angle\frac{\pi}{4}$ (d) $3\angle\pi$

14.2 **(복소수 표현)** 다음 복소수를 극형식으로 나타내라.

(a) $1+2i$ (b) $2i$

(c) $\frac{1-i}{1+i}$ (d) $\frac{i}{2+2i}$

14.3 **(사칙연산)** $z_1=2+i$, $z_2=1-i$일 때, 다음을 직각좌표 방식으로 나타내라.

(a) z_1+3z_2 (b) $(z_1+z_2)^2$

(c) $2z_1-3z_2$ (d) z_1z_2

(e) $\frac{z_1}{z_1+z_2}$ (f) $\frac{z_1}{z_2^2}$

14.4 **(거듭제곱)** 다음 복소수의 거듭제곱을 구하라.

(a) $z=\sqrt{3}+i$일 때, z^4 (b) $z=1-i$일 때, z^3

(c) $z=2+2\sqrt{3}\,i$일 때, z^6 (d) $z=1+i$일 때, z^{10}

14.5 **(제곱근)** 다음 복소수의 제곱근을 구하라.

(a) $z=\sqrt{3}-i$일 때, $z^{\frac{1}{3}}$ (b) $z=1+i$일 때, $z^{\frac{1}{5}}$

(c) $z=2+2\sqrt{3}\,i$일 때, $z^{\frac{1}{4}}$ (d) $z=1-i$일 때, $z^{\frac{1}{5}}$

14.6 **(극한)** 다음 복소함수의 극한을 구하라.

(a) $\lim_{z\to i}(2z^2-3z+1)$ (b) $\lim_{z\to -i}\frac{z^4-1}{z-i}$

14.7 **(도함수)** 다음 복소함수의 도함수를 구하라.

(a) $f(z)=z^2-3z+5$

(b) $f(z)=(z-1)(z^2-2z+3)$

(c) $f(z)=\dfrac{2z+3-i}{z+1}$

(d) $f(z)=\dfrac{2z^2+3z-1}{z^2+1}$

14.8 **(코시-리만 방정식)** 다음 복소함수가 해석적인지 아닌지를 결정하라.

(a) $f(z)=z-\bar{z}$

(b) $f(z)=z+\bar{z}$

(c) $f(z)=\dfrac{1}{1-z}$

(d) $f(z)=\dfrac{1}{1+z}$

(e) $f(z)=e^z$

(f) $f(z)=e^{-z}$

14.9 **(복소수의 로그)** 다음 복소수에 대해 $\ln z$와 $\mathrm{Ln}\, z$를 구하라.

(a) $z=-2$

(b) $z=-2+2i$

(c) $z=-1+\sqrt{3}\,i$

(d) $z=1-i$

(e) $z=1+i$

(f) $z=-2i$

14.10 **(로그의 곱셈)** 다음 복소수에 $\ln(z_1z_2)$와 $\mathrm{Ln}(z_1z_2)$를 구하라.

(a) $z_1=-2,\ z_2=-2+2i$

(b) $z_1=-2i,\ z_2=1-i$

14.11 **(경로의 선적분)** 다음 경로의 선적분을 계산하라.

(a) $\displaystyle\int_C (z^2-2z)\,dz \quad C: z(t)=t+2ti \quad (0\le t\le 2)$

(b) $\displaystyle\int_C (2z^2)\,dz \quad C: z(t)=t+t^2 i \quad (0\le t\le 1)$

(c) $\displaystyle\int_C \frac{1}{z}\,dz \quad C:$ 오른쪽 그림

(d) $\displaystyle\int_{-C} \frac{1}{z}\,dz \quad C:$ 오른쪽 그림

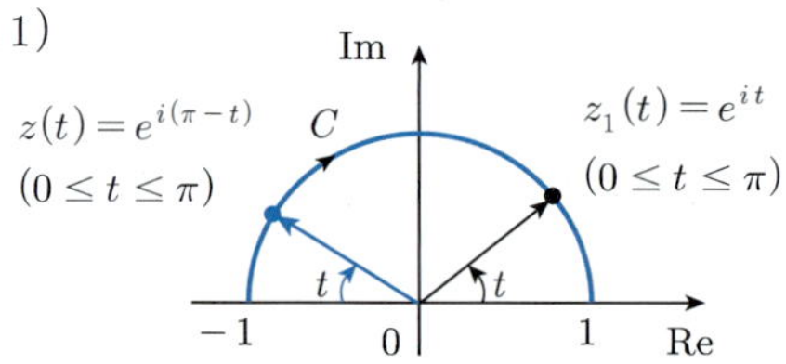

14.12 **(닫힌 경로의 선적분)** 오른쪽 그림과 같은 닫힌 경로에 대해 경로의 선적분을 계산하라.

(a) $\displaystyle\int_C (z^2)\,dz$

(b) $\displaystyle\int_C (2z^2-1)\,dz$

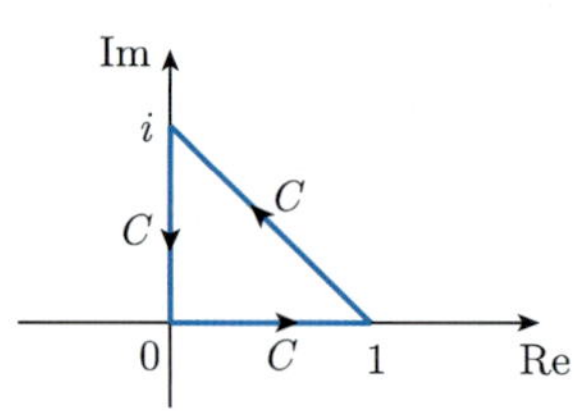

14.13 **(닫힌 경로의 선적분)** 오른쪽 그림과 같은 경로에 대해 경로의 선적분을 계산하라.

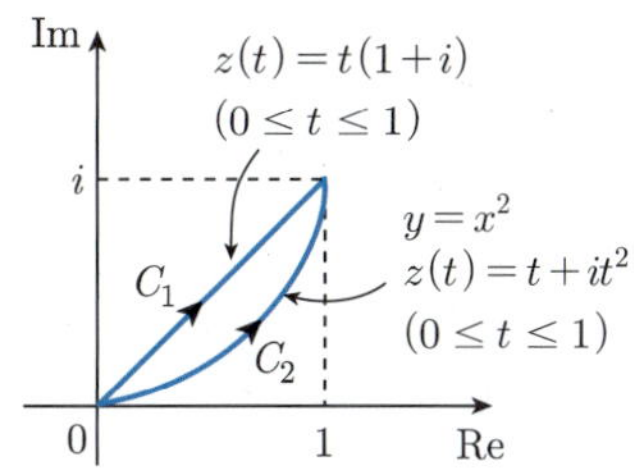

(a) $\int_{C_1} z^2 dz$ (b) $\int_{C_2} z^2 dz$

(c) $\int_{C_1 - C_2} z^2 dz$

14.14 **(경로에 무관한 선적분)** 오른쪽 그림과 같은 경로에 대해 점 z_1에서 점 z_2까지 경로의 선적분 $\int_C 2z\,dz$를 다음과 같은 방법에 의해 각각 구하고, 모두 동일한 결과가 얻어지는지를 확인하라.

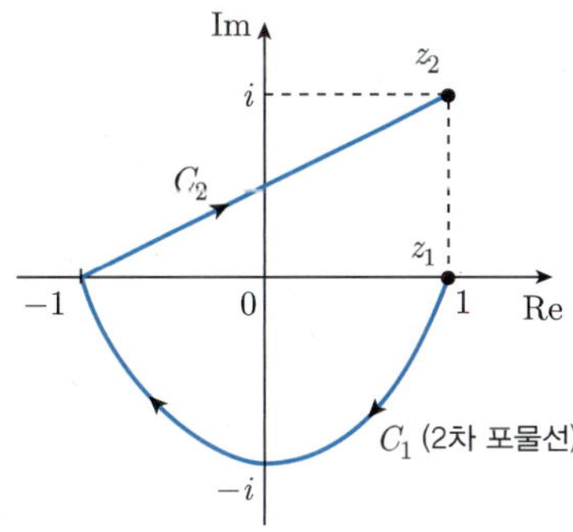

(a) 경로 $C = C_1 + C_2$를 따라서 직접 적분

(b) 경로를 아래 그림과 같이 변경하여 적분

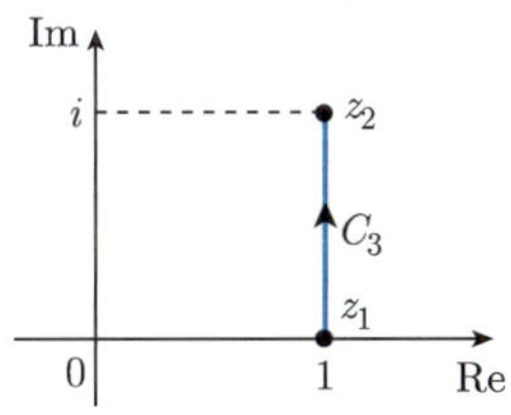

(c) 식 (14.64)를 이용하여 적분

14.15 **(경로에 무관한 선적분)** 오른쪽 그림과 같은 경로에 대해 경로의 선적분을 계산하라.

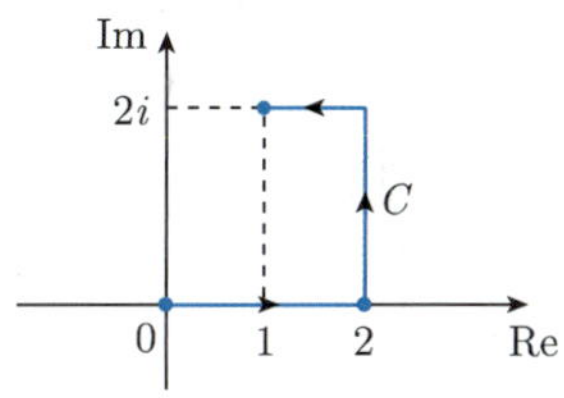

(a) $\int_C (3z-1)dz$ (b) $\int_C e^z dz$

14.16 **([정리 14-17]의 응용)** 적분 경로 C가 오른쪽 그림과 같이 구간별 양의 방향의 단순 닫힌 곡선이고, a가 C 내부의 고정된 한 점일 때, 경로의 선적분 $\int_C \frac{1}{z-a} dz$를 구하라.

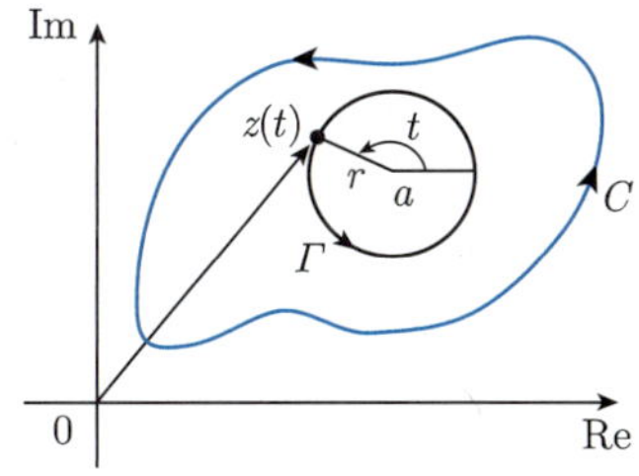

14.17 **(코시 적분 공식)** 적분 경로 C가 오른쪽 그림과 같은 양의 방향의 타원일 때, 경로의 선적분 $\int_C \frac{e^z}{z-2}\,dz$를 구하라.

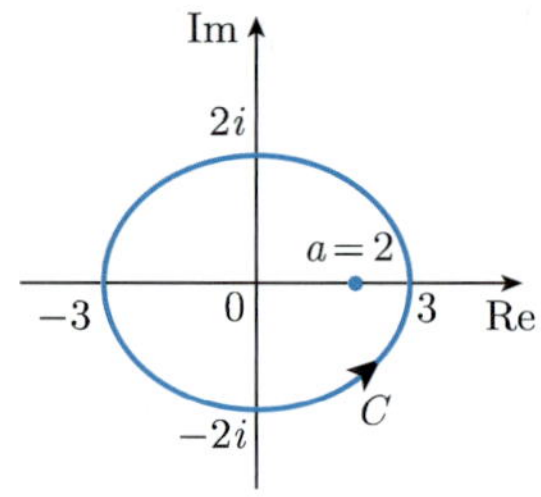

14.18 **(도함수의 코시 적분 공식)** 적분 경로 C가 [연습문제 14.17]의 그림과 같은 양의 방향의 타원일 때, 다음 경로의 선적분을 계산하라.

(a) $\int_C \frac{\cos z}{(z-2)^3}\,dz$

(b) $\int_C \frac{\sin z}{z^3-3z^2+4}\,dz$

14.19 **(로렌츠 급수)** 복소함수 $f(z)=e^{-\frac{1}{z^2}}$에 대해 $a=0$에 관하여 로렌츠 급수와 그 점에서 유수를 구하라.

14.20 **(로렌츠 급수)** 복소함수 $f(z)=\frac{4z+10}{z^2+2z-8}$에 대해 $a=2$에 관하여 로렌츠 급수를 구하라.

14.21 **(유수 정리)** 적분 경로 C가 [연습문제 14.17]의 그림과 같은 양의 방향의 타원일 때, 유수정리를 사용하여 다음 경로의 선적분을 구하라.

(a) $\int_C \frac{\sin z}{z^2}\,dz$

(b) $\int_C \frac{\cos z}{z^3+z^2}\,dz$

부록

Appendix

유용한 공식

Useful formulas

A.1 대수식

2차방정식 근의 공식

$$ax^2+bx+c=0 \text{ 이면 } x=\frac{-b\pm\sqrt{b^2-4ac}}{2a}$$

기본적인 인수분해

1. $x^2-a^2=(x-a)(x+a)$
2. $x^3-a^3=(x-a)(x^2+ax+a^2)$
3. $x^3+a^3=(x+a)(x^2-ax+a^2)$
4. $x^4-a^4=(x^2-a^2)(x^2+a^2)$

이항정리

1. $(x+y)^2=x^2+2xy+y^2$
2. $(x-y)^2=x^2-2xy+y^2$
3. $(x+y)^3=x^3+3x^2y+3xy^2+y^3$
4. $(x-y)^3=x^3-3x^2y+3xy^2-y^3$

기본 연산

1. $a^0=1,\ a\neq 0$
2. $(ab)^x=a^xb^x$
3. $a^xa^y=a^{x+y}$
4. $(a^x)^y=a^{xy}$
5. $\left(\frac{a}{b}\right)^x=\frac{a^x}{b^x}$
6. $\frac{a^x}{a^y}=a^{x-y}$
7. $a^{-x}=\frac{1}{a^x}$
8. $\sqrt[n]{a}=a^{\frac{1}{n}}$
9. $\sqrt[n]{ab}=\sqrt[n]{a}\sqrt[n]{b}$
10. $\sqrt[n]{a^m}=a^{\frac{m}{n}}$
11. $\sqrt[n]{\frac{a}{b}}=\frac{\sqrt[n]{a}}{\sqrt[n]{b}}$

A.2 기하학적 공식

삼각형

- $h = a\sin\angle C$
- $\triangle ABC$의 면적 : $\frac{1}{2}bh$
- 코사인 법칙

$a^2 = b^2 + c^2 - 2bc\cos\angle A$

$b^2 = a^2 + c^2 - 2ac\cos\angle B$

$c^2 = a^2 + b^2 - 2ab\cos\angle C$

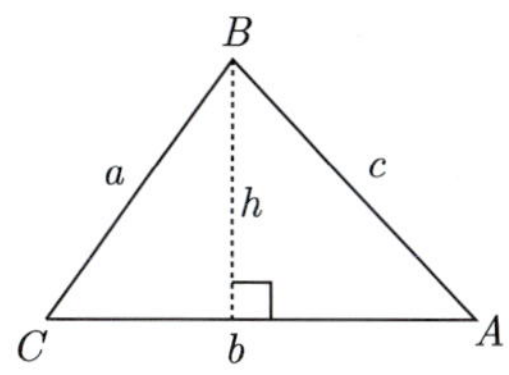

정삼각형

- 높이 :

$h = a\sin\theta = \frac{\sqrt{3}\,a}{2}$

- 면적 :

$A = \frac{1}{2}ah = \frac{\sqrt{3}\,a^2}{4}$

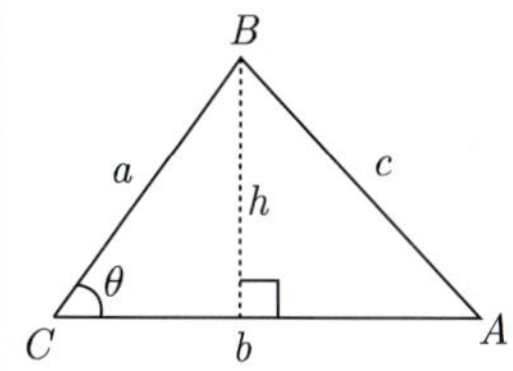

직각 삼각형

- 피타고라스 정리 :

$c^2 = a^2 + b^2$

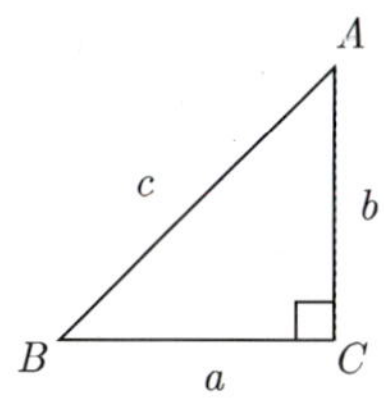

평행사변형

- 면적 : $A = ah$

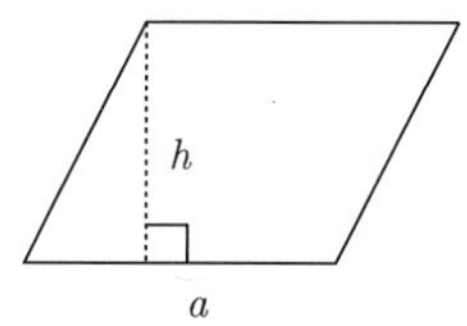

사다리꼴

- 면적 : $A = \frac{h}{2}(a+b)$

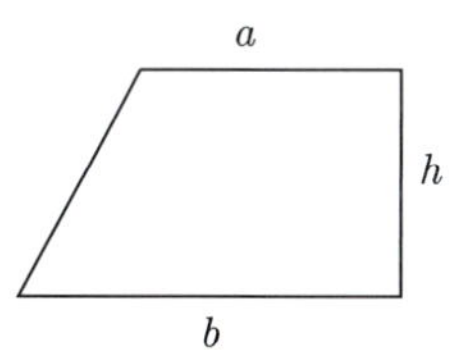

원

- 면적 $A = \pi r^2$
- 원주 : $2\pi r$

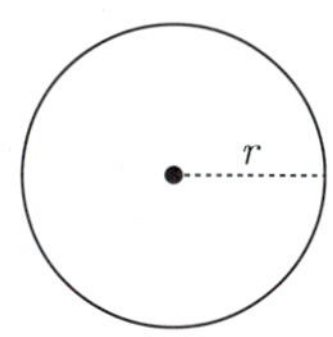

부채꼴

- 면적 : $A = \frac{\theta r^2}{2}$

(θ는 라디안)

$s = r\theta$

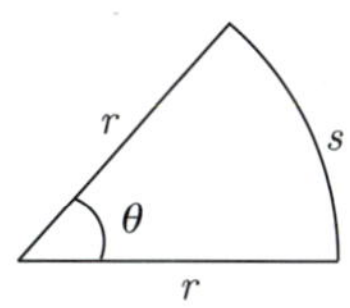

타원

- 면적 : $A = \pi ab$
- 원주 길이 :

$L \approx 2\pi\sqrt{\frac{a^2 + b^2}{2}}$

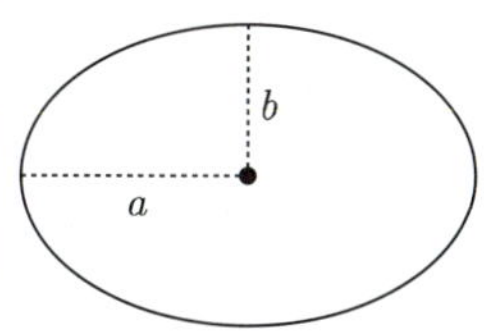

원뿔

- 부피 : $V = \frac{\pi r^2 h}{3}$

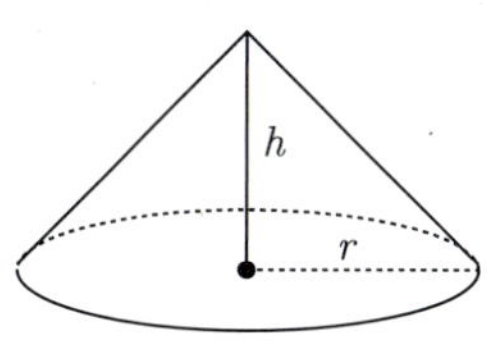

구

- 부피 : $V = \frac{4}{3}\pi r^3$
- 표면적 : $S = 4\pi r^2$

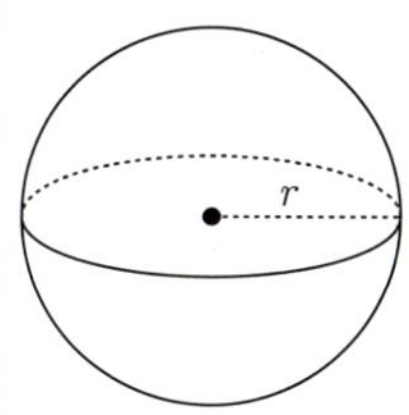

A.3 삼각함수 공식

관련 공식

1. $\sin x = \dfrac{1}{\csc x}$
2. $\cos x = \dfrac{1}{\sec x}$
3. $\tan x = \dfrac{1}{\cot x}$
4. $\tan x = \dfrac{\sin x}{\cos x}$
5. $\cot x = \dfrac{\cos x}{\sin x}$
6. $\sin(-x) = -\sin x$
7. $\cos(-x) = \cos x$
8. $\csc(-x) = -\csc x$
9. $\tan(-x) = -\tan x$
10. $\sec(-x) = \sec x$
11. $\cot(-x) = -\cot x$

피타고라스 등식

1. $\sin^2 x + \cos^2 x = 1$
2. $1 + \tan^2 x = \sec^2 x$
3. $1 + \cot^2 x = \csc^2 x$

여함수 등식

1. $\sin\left(\dfrac{\pi}{2} - x\right) = \cos x$
2. $\cos\left(\dfrac{\pi}{2} - x\right) = \sin x$
3. $\tan\left(\dfrac{\pi}{2} - x\right) = \cot x$
4. $\csc\left(\dfrac{\pi}{2} - x\right) = \sec x$
5. $\sec\left(\dfrac{\pi}{2} - x\right) = \csc x$
6. $\cot\left(\dfrac{\pi}{2} - x\right) = \tan x$

삼각함수 값 계산을 위한 그림

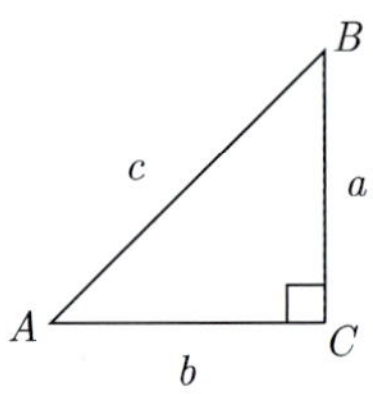

$$\sin A = \frac{a}{c}$$
$$\sin B = \frac{b}{c}$$
$$\cos A = \frac{b}{c}$$
$$\cos B = \frac{a}{c}$$
$$\tan A = \frac{a}{b}$$
$$\tan B = \frac{b}{a}$$

㉮

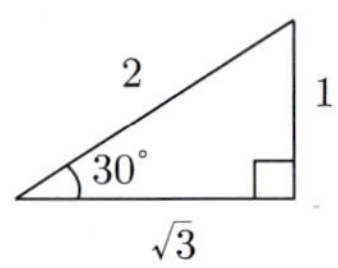

$$\sin 30° = \frac{1}{2}$$
$$\cos 30° = \frac{\sqrt{3}}{2}$$
$$\tan 30° = \frac{1}{\sqrt{3}}$$

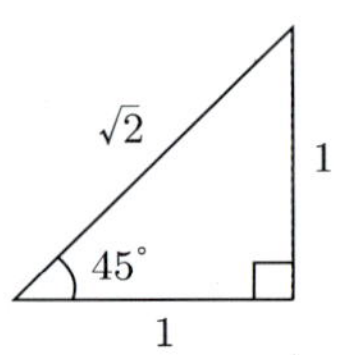

$$\sin 45° = \frac{1}{\sqrt{2}}$$
$$\cos 45° = \frac{1}{\sqrt{2}}$$
$$\tan 45° = 1$$

반각공식

1. $\sin^2 u = \dfrac{1-\cos 2u}{2}$
2. $\cos^2 u = \dfrac{1+\cos 2u}{2}$
3. $\tan^2 u = \dfrac{1-\cos 2u}{1+\cos 2u}$

2배각 공식

1. $\sin 2u = 2\sin u \cos u$
2. $\cos 2u = \cos^2 u - \sin^2 u$
3. $\tan 2u = \dfrac{2\tan u}{1-\tan^2 u}$

3배각 공식

1. $\sin 3u = 3\sin u - 4\sin^3 u$
2. $\cos 3u = 4\cos^3 u - 3\cos u$
3. $\tan 3u = \dfrac{3\tan u - \tan^3 u}{1-3\tan^2 u}$

합과 차의 공식

1. $\sin(u \pm v) = \sin u \cos v \pm \cos u \sin v$
2. $\cos(u \pm v) = \cos u \cos v \mp \sin u \sin v$
3. $\tan(u \pm v) = \dfrac{\tan u \pm \tan v}{1 \mp \tan u \tan v}$

합의 곱 법칙

1. $\sin u + \sin v = 2\sin\left(\dfrac{u+v}{2}\right)\cos\left(\dfrac{u-v}{2}\right)$
2. $\sin u - \sin v = 2\cos\left(\dfrac{u+v}{2}\right)\sin\left(\dfrac{u-v}{2}\right)$
3. $\cos u + \cos v = 2\cos\left(\dfrac{u+v}{2}\right)\cos\left(\dfrac{u-v}{2}\right)$
4. $\cos u - \cos v = -2\sin\left(\dfrac{u+v}{2}\right)\sin\left(\dfrac{u-v}{2}\right)$

곱의 합 법칙

1. $\sin u \sin v = \dfrac{1}{2}[\cos(u-v) - \cos(u+v)]$
2. $\cos u \cos v = \dfrac{1}{2}[\cos(u-v) + \cos(u+v)]$
3. $\sin u \cos v = \dfrac{1}{2}[\sin(u+v) + \sin(u-v)]$
4. $\cos u \sin v = \dfrac{1}{2}[\sin(u+v) - \sin(u-v)]$

A.4 라플라스 변환표

$f(t)$	$\mathcal{L}[f(t)]=F(s)$	$f(t)$	$\mathcal{L}[f(t)]=F(s)$
1	$\frac{1}{s}$	$t\sin kt$	$\frac{2ks}{(s^2+k^2)^2}$
t	$\frac{1}{s^2}$	$t\cos kt$	$\frac{s^2-k^2}{(s^2+k^2)^2}$
t^n	$\frac{n!}{s^{n+1}}$ (n은 양의 정수)	$1-\cos kt$	$\frac{k^2}{s(s^2+k^2)}$
$\sin kt$	$\frac{k}{s^2+k^2}$	$\delta(t)$	1
$\cos kt$	$\frac{s}{s^2+k^2}$	$\delta(t-a)$	e^{-as}
e^{at}	$\frac{1}{s-a}$	$u(t-a)$	$\frac{e^{-as}}{s}$
$\sinh kt$	$\frac{k}{s^2-k^2}$	$e^{at}f(t)$	$F(s-a)$
$\cosh kt$	$\frac{s}{s^2-k^2}$	$f(t-a)\,u(t-a)$	$e^{-as}F(s)$
$e^{at}t$	$\frac{1}{(s-a)^2}$	$g(t)\,u(t-a)$	$e^{-as}\mathcal{L}\,g(t+a)$
$e^{at}t^n$	$\frac{n!}{(s-a)^{n+1}}$ (n은 양의 정수)	$f^{(n)}(t)$	$s^nF(s)-s^{n-1}f(0)-\cdots$
$e^{at}\sin kt$	$\frac{k}{(s-a)^2+k^2}$	$t^nf(t)$	$(-1)^n\frac{d^n}{ds^n}F(s)$
$e^{at}\cos kt$	$\frac{s-a}{(s-a)^2+k^2}$	$\int_0^t f(\tau)g(t-\tau)d\tau$	$F(s)G(s)$

A.5 미분과 적분 공식

미분 공식

1. $\frac{d}{dx}[c] = 0$
2. $\frac{d}{dx}[x] = 1$
3. $\frac{d}{dx}[cx] = c$
4. $\frac{d}{dx}[x^n] = nx^{n-1}$
5. $\frac{d}{dx}[u \pm v] = u' \pm v'$
6. $\frac{dy}{dx} = \frac{dy}{du}\frac{du}{dx}$
7. $\frac{d}{dx}[uv] = uv' + u'v$
8. $\frac{d}{dx}\left[\frac{u}{v}\right] = \frac{u'v - uv'}{v^2}$
9. $\frac{d}{dx}[\ln x] = \frac{1}{x}$
10. $\frac{d}{dx}[e^x] = e^x$
11. $\frac{d}{dx}[b^x] = b^x \ln b$
12. $\frac{d}{dx}[\sin x] = \cos x$
13. $\frac{d}{dx}[\cos x] = -\sin x$
14. $\frac{d}{dx}[\tan x] = \sec^2 x$
15. $\frac{d}{dx}[\cot x] = -\csc^2 x$
16. $\frac{d}{dx}[\sec x] = \sec x \tan x$
17. $\frac{d}{dx}[\csc x] = -\csc x \cot x$

적분 공식

1. $\int kf(x)dx = k\int f(x)dx$
2. $\int [f(x) \pm g(x)]dx = \int f(x)dx \pm \int g(x)dx$
3. $\int dx = x + C$
4. $\int x^n dx = \frac{x^{n+1}}{n+1} + C \quad (n \neq -1)$
5. $\int \frac{dx}{x} = \ln|x| + C$
6. $\int e^x dx = e^x + C$
7. $\int \sin x\, dx = -\cos x + C$
8. $\int \cos x\, dx = \sin x + C$
9. $\int \tan x\, dx = -\ln|\cos x| + C$
10. $\int \cot x\, dx = \ln|\sin x| + C$
11. $\int \sec x\, dx = \ln|\sec x + \tan x| + C$
12. $\int \csc x\, dx = -\ln|\csc x + \cot x| + C$
13. $\int \sec^2 x\, dx = \tan x + C$
14. $\int \csc^2 x\, dx = -\cot x + C$
15. $\int \sec x \tan x\, dx = \sec x + C$
16. $\int \csc x \cot x\, dx = -\csc x + C$

찾아보기 Index

숫자

가

나

다

라

마

바

사

아

자

차

카

타

파

하

A

B

C

D

O

P

R

S

T

U

V ~ Z

O

P

R

S

T

U

V ~ Z